国家科学技术学术著作出版基金资助出版

雷达目标探测技术丛书

MIMO 雷达认知波形设计理论与方法

崔国龙　余显祥　孔令讲　编著

電子工業出版社
Publishing House of Electronics Industry
北京 · BEIJING

内 容 简 介

认知多输入多输出（MIMO）雷达通过与环境交互学习来动态改变发射波形，具备提升复杂电磁环境下雷达目标检测、跟踪、抗干扰性能的潜力，已成为雷达领域研究的前沿热点。MIMO雷达认知波形设计是其关键技术之一，本书系统地论述了MIMO雷达认知波形设计理论与方法，主要包括MIMO雷达认知波形设计的理论架构、具有良好自/互相关特性的MIMO雷达波形优化设计、MIMO雷达窄带/宽带发射波束赋形、MIMO雷达快时间发射波形设计、MIMO雷达快时间/慢时间发射与接收联合设计，以及MIMO系统多功能共存/一体化波形设计等。

本书可供从事认知雷达技术研究和应用的工程技术人员参考，也可为高等院校信息与通信工程及电子工程专业的师生学习参考。

图书在版编目（CIP）数据

MIMO雷达认知波形设计理论与方法 / 崔国龙，余显祥，孔令讲编著. -- 北京 : 电子工业出版社，2025. 1.
(雷达目标探测技术丛书). -- ISBN 978-7-121-49163-4

Ⅰ. TN951

中国国家版本馆CIP数据核字第2024PK6774号

责任编辑：刘小琳　　文字编辑：赵娜
印　　刷：北京盛通印刷股份有限公司
装　　订：北京盛通印刷股份有限公司
出版发行：电子工业出版社
　　　　　北京市海淀区万寿路173信箱　邮编 100036
开　　本：720×1 000　1/16　印张：26　字数：554千字
版　　次：2025年1月第1版
印　　次：2025年1月第1次印刷
定　　价：160.00元

凡所购买电子工业出版社图书有缺损问题，请向购买书店调换。若书店售缺，请与本社发行部联系，联系及邮购电话：（010）88254888，88258888。

质量投诉请发邮件至 zlts@phei.com.cn，盗版侵权举报请发邮件至 dbqq@phei.com.cn。

本书咨询联系方式：liuxl@phei.com.cn，（010）88254538。

前　言

随着科技的快速发展，电磁环境日益复杂多变、无人机/隐身战机/高速飞行器等新型目标不断涌现，海浪、高山和城市等非均匀强时变地海杂波，严重限制了现有雷达的检测、跟踪、抗干扰与识别能力，给国防安全带来严峻的威胁。认知多输入多输出（Multiple-Input Multiple-Output，MIMO）雷达可以通过不断与环境交互学习，动态改变发射波形和处理方法，具备大幅提高目标检测、跟踪及抗干扰等性能的潜力。

相比传统雷达，认知MIMO雷达最显著的特征是引入自适应发射功能。其中，认知波形设计是自适应发射的基础，也是认知MIMO雷达的关键技术之一。其主要通过充分利用目标与环境知识，综合考虑MIMO雷达系统硬件、软件和处理资源约束，建立基于目标检测、参数估计或抗干扰等性能的优化设计准则，并利用先进的数学优化理论进行计算，设计出匹配目标和环境适应的MIMO雷达认知波形。其数学本质等效于如何利用数学理论，求解一个非凸高维、多约束及多代价的优化问题。

国内外学者已经开展了MIMO雷达认知波形设计的相关理论研究工作。作者也在该领域方向从事了10多年的科研工作，在*IEEE Transactions on Signal Processing*、*IEEE Transactions on Aerospace and Electronic Systems*、《中国科学：信息科学》、《雷达学报》等国内外期刊上，发表了50余篇相关学术论文。本书的写作意图在于系统地总结作者在该领域方向的研究成果，丰富雷达技术领域专业书籍，为相关专业技术人员和学生提供参考。

本书基于统计信号处理和数学非凸优化理论，系统地论述了MIMO雷达认知波形设计理论与方法，全书主要内容共10章。

第1章介绍了研究背景与现状，从MIMO雷达发射波束赋形、良好自/互相关特性的MIMO雷达波形优化设计、信号无关干扰下的MIMO雷达波形优化设计、信号相关干扰下的MIMO雷达发射或（与）接收处理方法，以及MIMO系统多功能一体化波形优化设计等方向概述了MIMO雷达波形设计发展的趋势、优化方法及性能潜力。

第2章介绍了MIMO雷达认知波形设计理论架构，包括MIMO雷达的分类和特点、认知 MIMO 雷达框架、MIMO 雷达波形设计准则与约束、非凸约束优化理论。

第 3 章首先给出了基于经典波形的正交波形设计方法；然后构建了以最小化波形加权积分旁瓣电平为准则的恒模正交波形设计模型，提出了基于降阶四次序列迭代法和基于模式搜索法的优化算法。

第 4 章给出了 MIMO 雷达窄带发射波束赋形方法，首先最小化发射波束方向图积分旁瓣电平计算波形协方差矩阵，然后建立了协方差矩阵均方估计误差最小的波形设计模型，并提出了一种基于坐标下降的优化求解方法。

第 5 章通过最小化发射波束方向图模板匹配误差与空-频阻带能量，建立了基于恒模或变模约束下的宽带 MIMO 雷达发射波束赋形模型，提出了内嵌迭代优化算法和内嵌序列交替方向乘子法，分别求解恒模和变模约束下宽带波束赋形问题。

第 6 章首先建立了 MIMO 雷达点目标与杂波回波模型，推导了杂波环境中信干噪比（Signal to Interference Noise Ratio，SINR）波形设计准则；然后以最大化最差 SINR 为准则构建了 MIMO 雷达快时间稳健波形设计模型，并提出了联合丁克尔巴赫法和坐标下降法的算法；最后建立了最大化 SINR 的快时间探通一体化波形设计模型，提出了联合序列块增强、丁克尔巴赫迭代过程、序列凸逼近、交替方向乘子法的优化算法。

第 7 章给出了杂波环境中 MIMO 雷达快时间波形与接收联合设计方法，以最大化最差 SINR 为准则，建立了 MIMO 雷达快时间稳健波形与接收联合设计模型，提出了半定规划-随机化算法和内嵌半定规划-随机化算法。

第 8 章首先建立了杂波先验下 MIMO 雷达动目标回波模型，推导了动目标环境下 SINR 波形设计准则；然后建立了基于最大化 SINR 准则的 MIMO 雷达慢时间稳健发射与接收联合设计模型，并提出了块坐标下降算法和序列贪婪优化算法；最后考虑杂波入射角偏差，建立了最大化最差 SINR 准则的 MIMO 雷达慢时间稳健发射与接收联合设计模型，提出了一种序列迭代方法求解优化波形及滤波向量。

第 9 章给出了 MIMO 雷达与通信共存波形设计方法。首先设计了基于最大化通信速率为准则的 MIMO 雷达与 MIMO 通信发射波形；然后，基于最优化雷达输出 SINR，给出了运动平台下 MIMO 雷达和 MIMO 通信系统频谱共存设计；最后，在频谱兼容约束下，实现了 MIMO 雷达正交波形设计、MIMO 雷达快时间发射波形与接收联合设计。

第 10 章给出了 MIMO 探通一体化系统多功能波形设计方法。首先，提出了基于预编码矩阵通信调制的一体化波形设计方法，实现理想雷达方向图，同时控制通信方向用户密码本相位；然后，提出了一种基于空间频谱能量调制的探通一体化波形设计方法，通过调制通信方向上合成信号能量谱密度的形状传输信息；

最后，提出了一种基于发射方向图积分旁瓣电平最小化准则的探通一体化波形设计方法。

本书是作者团队近年来相关研究工作的提炼总结，得到了刘永坚院士、杨晓波教授、杨建宇教授、黄钰林教授、易伟教授、方学立研究员、张立东研究员等专家学者的大力支持，他们还提出了宝贵的意见和建议；电子科技大学杨婧博士、卜祎博士生、邱慧博士生、樊涛博士生、付月硕士，东南大学姚雪博士，重庆大学钱君辉教授等在本书的撰写过程中进行了资料整理、仿真计算和部分文字的撰写等工作；电子工业出版社刘小琳编辑对稿件进行了认真细致的编辑，在此表示衷心感谢！

由于作者视野、认知和水平有限，书中难免存在不完善，甚至缺陷和错误之处，恳请读者批评指正。

作者
2024 年 10 月

目 录

符号表

符　号	说　明
$\mathbb{R}^{N\times M}$	$N\times M$ 维实矩阵集合
$\mathbb{C}^{N\times M}$	$N\times M$ 维复矩阵集合
$\mathbb{H}^{N\times N}$	$N\times N$ 厄米特矩阵集合
$\mathbb{S}^{N\times N}$	$N\times N$ 维对称矩阵集合
$\boldsymbol{I}_N$	$N\times N$ 维单位矩阵
$\mathbf{1}_m$	$m\times 1$ 维全 1 向量
$\mathbf{0}_{N\times M}$	$N\times M$ 维零矩阵
$\boldsymbol{a}$	向量 $\boldsymbol{a}$
$\boldsymbol{A}$	矩阵 $\boldsymbol{A}$
$(\cdot)^{\mathrm{T}}$	转置
$(\cdot)^{*}$	共轭
$(\cdot)^{\mathrm{H}}$	共轭转置
$(\cdot)^{-1}$	求逆
$\mathrm{vec}\{\cdot\}$	矩阵向量化运算
$\mathrm{tr}\{\cdot\}$	矩阵迹
$\mathrm{rank}\{\cdot\}$	矩阵秩
$\det\{\cdot\}$	矩阵行列式
$\lvert\cdot\rvert$	绝对值
$\lVert\cdot\rVert_1$	向量 1 范数
$\lVert\cdot\rVert_2$	向量 2 范数
$\lVert\cdot\rVert_\infty$	向量无穷范数
$\lVert\cdot\rVert_{\mathrm{F}}$	矩阵 Frobenius 范数
$\otimes$	克罗内克积（Kronecker 积）

续表

符　号	说　明
$\odot$	阿达马积（Hadmard 积）
$\Re\{\cdot\}$	实部
$\Im\{\cdot\}$	虚部
$\mathrm{diag}\{\cdot\}$	对角化矩阵
$\mathcal{CN}$	复正态分布
$\mathcal{U}$	均匀分布
$\mathbb{E}[\cdot]$	期望
$\boldsymbol{A}\succeq\boldsymbol{0}$	矩阵 $\boldsymbol{A}$ 为半正定矩阵
$\nabla_{\boldsymbol{s}} f(\boldsymbol{s})$	函数 $f(\boldsymbol{s})$ 对 $\boldsymbol{s}$ 求梯度
$\partial f(t)/\partial t$	函数 $f(t)$ 对 t 求导
$\arg\{\cdot\}$	复数或向量相位
$\mathrm{rect}\{\cdot\}$	矩形函数
$F[\cdot]$	傅里叶变换
$F^{-1}[\cdot]$	逆傅里叶变换

缩略词表

符　　号	英 文 全 称	说　　明
ADMM	Alternation Direction Method of Multipliers	交替方向乘子法
ADPM	Alternating Direction Penalty Method	交替方向惩罚法
AISL	Auto-correlation-Integral Sidelobe Level	自相关积分旁瓣电平
ASK	Amplitude Shift Keying	幅移键控
ASL	Auto-Correlation Sidelobe Level	自相关旁瓣电平
BCD	Block Coordinate Descent	块坐标下降
BOC	Beampattern Optimization Based on Codebook Phase Control	密码本相位控制下的方向图优化
BER	Bit Error Ratio	误码率
BPSK	Binary-Phase Shift Keying	二进制相移键控
BSUM	Block Successive Upper Bound Minimization Method	连续上界最小化方法
BSUM-M	Block Successive Upper Bound Minimization Method of Multipliers	多乘子块连续上界最小化方法
CA	Cyclic Algorithm	循环算法
CAF	Cross Ambiguity Function	互模糊函数
CD	Coordinate Descent	坐标下降
CISL	Cross-correlation Integral Sidelobe Level	互相关积分旁瓣电平
CMC	Constant Modulus Constraint	恒模约束
CNN	Convolutional Neural Network	卷积神经网络
CNR	Clutter to Noise Ratio	杂噪比
CoADMM	Consensus Alternation Direction Method of Multipliers	一致交替方向乘子法
CPI	Coherent Processing Interval	相干处理间隔
CRB	Cramer-Rao Bound	克拉美-罗界
CSI	Channel State Information	信道状态信息
CSL	Cross-correlation Sidelobe Level	互相关旁瓣电平
DA	Dinkelbach Algorithm	丁克尔巴赫算法
DAC	Digital to Analog Convertor	数模转换器

续表

符　号	英文全称	说　明
DA-CD	Dinkelbach Algorithm-Coordinate Descent	丁克尔巴赫算法和坐标下降联合算法
DA-PML	Dinkelbach Algorithm-Power Method-Like	联合丁克尔巴赫算法与拟幂法
DSADMM	Dinkelbach Algorithm, Sequential Convex Approximation and Alternation Direction Method of Multipliers	联合丁克尔巴赫算法、序列凸逼近和交替方向乘子算法
DA-SDP-RA	Dinkelbach Algorithm-Semi-Definite Programming and Randomization Algorithm	联合丁克尔巴赫算法与半定规划-随机化算法
DA-SQR-BS	Dinkelbach Algorithm-Successive Quadratically Constrained Quadratic Programs Refinement-Binary Search	联合丁克尔巴赫算法与二进制搜索改进的连续二次约束二次规划算法
DA-SQR-ND	Dinkelbach Algorithm-Successive Quadratically Constrained Quadratic Programs Refinement-Non-Decreasing	联合丁克尔巴赫算法与非递减提高的连续二次约束二次规划
DAM	Dual Ascent Method	对偶上升法
DFRC	Dual Function Radar and Communication	探通一体化
DFT	Discrete Fourier Transform	离散傅里叶变换
DoA	Direction of Arrival	到达角
DoD	Direction of Departure	离开角
DoF	Degree of Freedom	自由度
EC	Energy Constraint	能量约束
ECM	Electronic Counter Measures	电子对抗
EM	Expectation-Maximization	期望最大化
ESD	Energy Spectral Density	能量谱密度
ESM	Electronic Support Measures	电子支援措施
FFT	Fast Fourier Transformation	快速傅里叶变换
FH	Frequency Hopping	跳频
FIR	Finite Impulse Response	有限冲激响应
FPP-SCA	Feasible Point Pursuit-Sequential Convex Approximation	可行点追踪-序列凸逼近
IADPM	Inexact Alternating Direction Penalty Method	非精确交替方向惩罚法

续表

符　号	英 文 全 称	说　明
ICE	Iteration Convex Enhancement	迭代凸增强
IFFT	Inverse Fast Fourier Transformation	逆快速傅里叶变换
INR	Interference-to-Noise Ratio	干扰噪声比
IOA	Iterative Optimization Algorithm	迭代优化算法
IPM	Interior Point Method	内点法
ISL	Integrated Sidelobe Level	积分旁瓣电平
KKT	Karush-Kuhn-Tucker	卡罗需-库恩-塔克
LA-ADMM	Linear Approximation-ADMM	基于线性近似的交替方向乘子法
LFM	Linear Frequency Modulation	线性调频
LPI	Low-Probability of Intercept	低截获概率
MI	Mutual Information	互信息
MICE	Modified Iterative Convex Enhancement	修正的迭代凸增强
MIMO	Multiple-Input Multiple-Output	多输入多输出
MIMSS	Monotonic Iterative Method for Spectrum Shaping	基于频谱整形的单调迭代法
MM	Majorization-Minimization	主分量最小化
MSE	Mean Squared Error	均方误差
MMSE	Minimum Mean Squared Error	最小化均方误差
MVDR	Minimum Variance Distortionless Response	最小均方无偏响应
NCADMM	Non-Convex Alternation Direction Method of Multipliers	非凸交替方向乘子法
NCoADMM	Nested Consensus Alternation Direction Method of Multipliers	内嵌一致交替方向乘子法
NICE	Nested Iterative Convex Enhancement	内嵌迭代凸增强
NIOA	Nested Iterative Optimization Algorithm	内嵌迭代优化算法
NLFM	Non-Linear Frequency Modulation	非线性调频
NMICE	Nested Modified Iterative Convex Enhancement	内嵌修正的迭代凸增强

续表

符　号	英 文 全 称	说　明
NMSE	Normalized Mean Squared Error	归一化均方误差
NNCADMM	Nested Non-Convex Alternation Direction Method of Multipliers	内嵌非凸交替方向乘子法
NP-hard	Non-Deterministic Polynomial-hard	非确定性多项式难题
NSADMM	Nested Sequential Alternation Direction Method of Multipliers	内嵌序列交替方向乘子法
NSCF	Nested Successive Closed Forms	内嵌连续闭式解
NSCoADMM	Nested Sequential Consensus Alternation Direction Method of Multipliers	内嵌序列一致交替方向乘子法
NSDP-RA	Nested Semi-Definite Programming and Randomization Algorithm	内嵌半定规划-随机化算法
NSIPM	Nested Sequential Interior Point Method	内嵌序列内点法
OFDM	Orthogonal Frequency Division Multiplexing	正交频分复用
OFDM-LFM	Orthogonal Frequency Division Multiplexing-Linear Frequency Modulated	正交频分复用-线性调频波形
PAR	Peak-to-Average-Power Ratio	峰均功率比
PMSR	Peak Mainlobe to Sidelobe Level Ratio	峰值主瓣旁瓣电平比
PML	Power Method-Like	拟幂法
PNR	Power Noise Ratio	功率噪声比
PRI	Pulse Repetition Interval	脉冲重复间隔
PRT	Pulse Repetition Time	脉冲重复时间
PS	Pattern Search	模式搜索
PSK	Phase Shift Keying	相移键控
PSL	Peak Sidelobe Level	峰值旁瓣电平
QA-ADMM	Quadratic Approximation-ADMM	基于二次近似的交替方向乘子法
QAM	Quadrature Amplitude Modulation	正交调幅

续表

符　　号	英 文 全 称	说　　明
QCQP	Quadratically Constrained Quadratic Programs	二次约束二次规划
QoS	Quality of Service	服务质量
QPSK	Quadrature-Phase Shift Keying	四进制相移键控
ROQO	Reduced-Order Quartic Optimization	基于降阶的四次序列迭代
SADMM	Sequential Alternation Direction Method of Multipliers	序列交替方向乘子法
SBE	Sequence Block Enhancement	序列块增强
SBE-DSADMM	Sequence Block Enhancement-DA, SCA and ADMM	基于序列块增强联合丁克尔巴赫迭代过程、序列凸逼近、交替方向乘子法
SBE-DSIPM	Sequence Block Enhancement-DA, SCA and IPM	序列块增强联合丁克尔巴赫迭代过程、序列凸逼近、内点法
SCA	Sequential Convex Approximation	序列凸逼近
SCF	Successive Closed Forms	连续闭式解
SCoADMM	Sequential Consensus Alternation Direction Method of Multipliers	序列一致交替方向乘子法
SDP	Semi-Definite Programming	半定规划
SDP-RA	Semi-Definite Programming and Randomization Algorithm	半定规划-随机化算法
SDR	Semi-Definite Relaxation	半定松弛
SER	Symbol Error Rate	误符率
SGO	Sequential Greedy Optimization	序列贪婪优化
SINR	Signal-to-Interference-Plus-Noise Ratio	信干噪比
SIPM	Sequential Interior Point Method	序列内点法
SISO	Single Input Single Output	单输入单输出
SNR	Signal to Noise Ratio	信噪比

续表

符　号	英文全称	说　明
SPIA	Spectral Position Index and Amplitude	频谱位置索引和幅度
SQCA	Sequential Quasi-Convex-based Algorithm	序列拟凸算法
SQR	Successive Quadratically Constrained Quadratic Programs Refinement	改进的连续二次约束二次规划算法
SQR-BS	Successive Quadratically Constrained Quadratic Programs Refinement-Binary Search	二进制搜索改进的连续二次约束二次规划
SQR-ND	Successive Quadratically Constrained Quadratic Programs Refinement-Non-Decreasing	非递减改进的连续二次约束二次规划
SQUAREM	Squared Iterative Method	平方迭代法
STAP	Space-Time Adaptive Processing	空时自适应处理
TRPIS	Transmit Radiation Pattern Invariance and Selection	发射方向图不变和选择法
ULA	Uniform Linear Array	均匀线阵
WeCAN	Weighted Cyclic Algorithm New	加权新循环算法
WAISL	Weighted Auto-Correlation-Integral Sidelobe Level	加权自相关积分旁瓣电平
WCISL	Weighted Cross-Correlation Integral Sidelobe Level	加权互相关积分旁瓣电平
WISL	Weighted Integral Sidelobe Level	加权积分旁瓣电平
WPSL	Weighted Peak Sidelobe Level	加权峰值旁瓣电平

第 1 章

研究背景与现状

- 研究背景与意义
- 研究动态与发展现状

雷达（Radar），诞生于第二次世界大战期间，源于英文“Radio Detection and Ranging”，即无线电探测和测距。它的基本工作原理是，通过发射电磁信号对目标进行照射并接收目标散射回波，对回波进行处理以获取目标的距离、径向速度、方位和高度等信息[1-4]。随着电子技术的迅猛发展及雷达新理论和新技术的不断涌现，雷达的功能不再局限于探测与测距，也可对目标进行跟踪和成像等[4]。雷达发射的电磁波拥有一定的穿透能力，使得雷达可以在雨、雪和云雾等恶劣天气条件下工作，具备全天候、全天时及可以远距离探测等特点[5]，这一优势使得它在战略预警、火力控制、导弹防御、气象监测、地质勘测和交通管制等国防与民用领域中得到了广泛的应用[1-6]。

1.1 研究背景与意义

早期雷达通常采用机械扫描方式对目标进行探测[5]，即通过天线转动的方式使雷达波束主瓣对准感兴趣区域从而实现探测，但受制于机械传动控制系统，机械雷达不能及时切换方向，也不能实现波束连续扫描，造成扫描速度低、工作方式不灵活及目标探测性能受限等问题。

随着计算机技术、固态技术、信号处理技术（特别是收发相参技术的突破）、光电子技术及支撑雷达系统研制生产的器件、材料、结构、工艺等相关技术的发展，相控阵雷达技术得到了重大发展与应用[7-9]，其主要通过控制阵列天线中每个辐射单元移相器的相移量以改变各阵元信号的相位，从而改变天线波束指向，实现波束快速扫描。与机械扫描雷达相比，相控阵雷达具有较强的抗干扰能力和易于维护的优点。

随着军事科技的快速发展，雷达目标的多样性、探测环境的复杂性和任务的多元化等外部因素[10]对雷达的探测威力、跟踪精度、抗干扰能力和反应速度等性能指标提出了越来越高的要求。尽管传统相控阵雷达可边扫描边跟踪，但仍需通过时间分割的方式对空域进行扫描或对多个目标进行跟踪，使得在感兴趣的空域或目标驻留时间短，导致出现时间与能量资源利用率较低与杂波抑制能力较差等问题，影响目标的速度估计与跟踪性能。同时，相控阵雷达各个阵元发射相同波形，易被敌方截获，只能利用接收端处理的自由度使雷达抗干扰性能受限。

另外，传统相控阵雷达往往发射几种固定波形之一，在接收端通过自适应处理，获取目标信息。这种固定的波形发射方式并未充分利用雷达所处环境的先验信息，使得雷达系统对目标和环境的自适应能力大大降低，从而难以获得满意的探测性能。

为有效弥补传统相控阵雷达的缺陷，充分利用发射波形自由度以提高雷达系统的目标探测性能、工作模式的灵活性和环境的自适应能力，多输入多输出（Multiple-Input Multiple-Output，MIMO）雷达[11-13]受到了广泛关注。MIMO 雷达通过借鉴无线通信系统中的 MIMO 技术[14]，利用多个发射天线发射独立波形，并在接收端采用多个天线接收回波以实现目标探测。根据发射天线与接收天线位置的间距，MIMO 雷达可分为分布式 MIMO 雷达和集中式 MIMO 雷达，如图 1.1 所示。

分布式 MIMO 雷达的收发天线间距足够大，使得天线对目标呈现不同的观测视角，各发射天线的信号相互正交，使得接收天线回波间保持相互独立的统计特性，如图 1.1（a）所示。因此，分布式 MIMO 雷达能够充分利用目标散射多样性以获取空间分集增益，克服目标的闪烁效应，提高目标的检测能力[15]。

集中式 MIMO 雷达的天线间距较小，与相控阵雷达类似，各天线相对于目标具有相同的观测视角，使得各个发射接收通道的目标回波是完全相关的，如图 1.1（b）所示。然而，相较于相控阵雷达各个天线发射相同波形，MIMO 雷达天线发射相关或非相关波形，因此对接收端各天线的回波可进行有效分离，从而可得到长的虚拟天线孔径，提高了目标测角精度、参数辨识及杂波与干扰抑制能力[16-17]。另外，集中式 MIMO 雷达的波形分集优势具有更高的设计自由度，可以依据不同环境与任务需求，通过优化波形设计[12]合理分配空域能量，具有截获概率低、能量利用率高和工作模式灵活等特点，能够满足多任务和多功能等需求，同时有效增强了 MIMO 雷达系统的环境自适应能力。

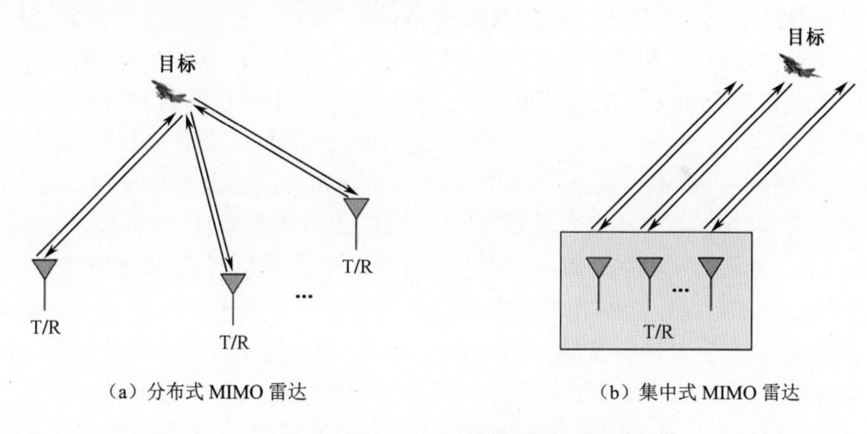

（a）分布式 MIMO 雷达　　（b）集中式 MIMO 雷达

图 1.1　MIMO 雷达探测示意图

综上可知，相比传统相控阵雷达，MIMO 雷达可依据不同探测环境与任务需求，通过优化设计发射波形，按需分配空域能量，设计发射波束，并在接收端采用不同滤波器进行回波分离处理，能够有效提升复杂电磁环境下杂波等干扰的抑制能力，实现对目标有效的探测。其中，波形分集技术赋予了 MIMO 雷达巨大的潜在自由度，如何挖掘这些潜在的自由度，其中“变”发射波形起到了关键的作用。因此，研究不同环境与任务需求下的 MIMO 雷达波形优化设计技术，对挖掘 MIMO 雷达系统潜力、提升其探测性能、增加系统灵活性和提高系统的环境自适应能力具有重要意义。

1.2 研究动态与发展现状

MIMO 雷达波形设计技术是 MIMO 雷达系统的关键技术之一，是近些年来国内外学者关注的焦点[18-19]，特别是在认知雷达[20-22]新概念被提出后，该技术得到了大力发展。该技术旨在依据不同环境与任务需求，综合考虑 MIMO 雷达系统硬件资源和能力等约束，依据目标检测、参数估计或抗干扰等性能优化准则，借鉴先进的优化理论方法，以此设计 MIMO 雷达波形，提升其探测性能，其数学本质等效于如何利用优化理论求解一个非凸高维、多约束及多代价的优化问题[23]。

MIMO 雷达认知波形优化设计可总结为 3 个步骤：①确定优化准则与波形约束条件；②选取优化理论；③波形优化性能评估。其中，优化准则与波形约束条件的选取一般依赖于 MIMO 雷达任务需求、探测环境和硬件物理可实现性等。优化理论的选取通常与实际优化模型的数学特征、系统性能指标和工作任务响应时间等有关。

常用的优化准则包括：①增强 MIMO 雷达目标检测性能的最大化检测概率、最大化信噪比/信干噪比（Signal to Noise Ratio/ Signal-to-Interference-plus-Noise Ratio，SNR/SINR）和最大化相对熵等准则；②衡量 MIMO 雷达目标参数估计性能的最小化克拉美-罗界（Cramer-Rao Bound，CRB）、最小化均方误差（Mean Squared Error，MSE）和最大化互信息（Mutual Information，MI）等准则；③提升 MIMO 雷达信号分辨率、测量精度、杂波抑制及抗电子干扰能力的最小化加权积分旁瓣电平（Weighted Integral Sidelobe Level，WISL）或加权峰值旁瓣电平（Weighted Peak Sidelobe Level，WPSL）和最小化模板匹配误差等准则。

常用的波形约束条件包括波形能量、恒模或峰均功率比（Peak-to-Average-Power Ratio，PAR）、天线功率、相似性和频谱等约束。其中，恒模或 PAR 约束限制波形幅度动态范围，旨在让雷达非线性放大器工作在最大效率状态（饱和或临近饱和状态），在使雷达探测威力足够大的同时，避免输出波形非线性失真。相似性约束保证了优化波形与某个参考波形具有相似的特征，以获得参考波形某些属性（如参考波形具备良好的脉冲压缩特性）。频谱约束限制了雷达波形在某些电磁兼容频段传输的能量，旨在保证雷达与某些电子系统（如通信系统）频谱共存。

综上所述，不同环境与任务需求的 MIMO 雷达认知波形设计优化准则与约束条件具有多样性。此外，MIMO 雷达认知波形优化设计也与目标模型和环境类型紧密相关。以目标模型为例，通过利用雷达带宽与目标物理尺寸之间的相对关系，MIMO 雷达检测的目标模型可分为点目标和扩展目标，也可以对多个目标进行探测。以电磁干扰环境为例，可将干扰分为信号无关干扰与信号相关干扰。信号无关干扰主要是指色噪声、通信干扰和压制干扰等；信号相关干扰主要是指杂波与电子欺骗干扰（如切片转发干扰和密集复制假目标干扰）等。另外，波形的参数变量众多，如频率、脉宽、相位、幅度、带宽及脉冲时间间隔等。因此，MIMO 雷达认知波形优化设计种类丰富，文献层出不穷。本书仅围绕以 MIMO 雷达认知波形的幅度与相位作为设计变量的相关文献进行总结，本书主要研究工作归类在 MIMO 雷达发射波束赋形、良好自/互相关特性的 MIMO 雷达波形设计、信号无关干扰下的 MIMO 雷达波形设计和信号相关干扰下的 MIMO 雷达发射或（与）接收处理方法、MIMO 系统多功能一体化波形优化设计等方面。

1.2.1 MIMO 雷达发射波束赋形

本节介绍基于窄带与宽带 MIMO 雷达波束赋形的波形优化设计方法，该设计主要是指通过约束优化理论，设计发射波形的模与相位，使得 MIMO 雷达发射能量集中于感兴趣的空域，同时降低干扰方向能量辐射，实现波束能量最佳匹配照射，提升 MIMO 雷达的探测性能。

1.2.1.1 窄带 MIMO 雷达发射波束赋形

关于窄带 MIMO 雷达发射波束赋形的相关工作主要可分为两类：一是两步法，首先基于一定的优化准则合成波形协方差矩阵，进而求解满足约束的波形；二是直接合成波形。前者的优点是在设计波形协方差矩阵时，其计算复杂度不会随着发射波形码片数增加而增加，仅与发射天线个数相关，缺点是在合成波形时并不能直接控制方向图性能。后者可以直接控制方向图性能且易找到满足波形多约束条件的解，但计算复杂度与波形长度与发射天线个数均相关。

为得到各个发射天线功率相等约束下的波形协方差矩阵，文献[24]借助梯度搜索的优化方法最小化方向图模板匹配误差。在此基础上，文献[25]提出了基于共轭梯度的方法，解决了天线总功率约束下的波形协方差矩阵优化问题。文献[26]分别考虑了以最大化感兴趣目标方向的功率、最小化方向图模板匹配误差及最小化峰值旁瓣电平（Peak Sidelobe Level，PSL）为设计准则的发射波束赋形设计问题，并提出基于半定规划（Semi-Definite Programming，SDP）的优化方法设计波形协方差矩阵，在此基础上考虑了恒模或 PAR 约束下的波形合成问题，提出循环算法（Cyclic Algorithm，CA）以最小化波形协方差矩阵与期望波形协方差矩阵的拟合误差[27]。文献[28]提出两种无约束波形协方差合成方法，减少了方向图匹配误差，同时提出了基于二进制相移键控（Binary-Phase Shift Keying，BPSK）与四进制相移键控（Quadrature-Phase Shift Keying，QPSK）的恒模信号设计方法[29]。为提高目标方位的鲁棒性，文献[30]利用波形协方差矩阵控制了方向图通带、过渡带、旁瓣区域等纹波电平。文献[31]和[32]借助傅里叶变换高效设计波形协方差矩阵。文献[33]借助凸优化方法最小化了方向图逼近误差的 p 范数。文献[34]提出了一种基于 SDP 的稳健优化技术，降低了导向矢量知识不确定下的 PSL 与积分旁瓣电平（Integrated Sidelobe Level，ISL）。文献[35]通过对波形协方差矩阵的非对角线元素进行修正，提出了基于凸优化的最小化方向图 PSL 方法。文献[36]构建了波形相似性与恒模约束下的最小化方向图 ISL 的优化模型，提出了 CA-序列迭代算法，求解了上述优化问，兼顾了方向图与模糊函数性能。

文献[37]提出了基于基波束的发射方向图赋形方法，可实现恒模约束波形的合成。通过最小化方向图匹配误差及空间自相关与互相关的旁瓣电平，文献[38]和[39]分别提出了基于恒模约束的拟牛顿方法与交替方向乘子（Alternation Direction Method of Multipliers，ADMM）方法，两种方法均将恒模约束的波形转换为无约束的波形相位进行求解。文献[40-42]将加权和的正交波形作为 MIMO 雷达发射波形，通过设计加权系数优化发射方向图。但该类方法获得的波形具有高的 PAR。

文献[43]利用 ADMM 算法解决了恒模约束下的方向图匹配问题，但优化的波形具有差的模糊函数特性。因此，文献[44]进一步提出了基于波形恒模与相似性约束下主分量最小化（Majorization-Minimization，MM）优化算法，仿真结果表明该算法比 ADMM 算法具有更快的收敛速度，同时能够兼顾发射波形的模糊函数特性。文献[45]提出了基于 ADMM 的优化算法，解决了相似性、PAR 和能量约束下最小化 ISL 和空-频发射能量的问题，兼顾了模糊函数特性、发射机工作效率、频谱兼容和方向图多方面性能。基于相同的优化理论，文献[45]解决了恒模约束下最小化 PSL 的问题，该方法通过直接优化波形控制了方向图主瓣纹波，实现了目标方位稳健探测。然而，由于文献[43-45]中的问题呈现非凸特性，其 ADMM 算法的理论收敛性仍无法证明。

文献[46]针对窄带集中式 MIMO 雷达最小旁瓣发射波束图设计问题，提出了直接合成波形的功率分配比最大化设计准则和最小峰值旁瓣之主瓣波纹控制准则，避免了方向图模板的预设，并利用 ADMM 算法求解该问题，实现了波束图 PSL 抑制和纹波控制。文献[47]建立了基于 3dB 主瓣波束宽度、频谱、PAR 约束下的最小化方向图 ISL 的优化模型，提出了一种基于序列交替方向乘子法（Sequential Alternation Direction Method of Multipliers，SADMM）的波形优化算法，可使 MIMO 雷达波束性能与频谱兼容能力得到折中。文献[46]和[47]在一些假设条件下可证明 ADMM 算法收敛。文献[48]提出了天线位置和发射波形联合优化的集中式 MIMO 雷达等波纹波束图设计准则和算法，通过对天线进行选择/布放增加了波束图设计的自由度。

1.2.1.2 宽带 MIMO 雷达发射波束赋形

宽带 MIMO 雷达发射方向图不仅与方位有关，还是频率的函数。文献[49]和[50]通过优化波形功率谱密度矩阵减少宽带方向图模板匹配误差。基于相同的设计准则，文献[51]借助傅里叶变换工具，提出了一种快速迭代的波形优化方法，该方法首先合成波形的频谱，并进一步合成满足恒模或 PAR 约束下的波形。在此基础上，文献[52-54]考虑了恒模约束下的最小化方向图逼近误差问题。文献[55]提出了基于 MM 的优化方法以最小化方向图逼近误差的 p 范数，灵活控制了方向图的 PSL。文献[56]和[57]考虑了基于频谱约束的宽带 MIMO 雷达方向图赋形方法，保证了 MIMO 雷达系统与其他通信系统频谱共存，但计算复杂度大，不利于工程实现。文献[58]针对谱约束下的宽带集中式 MIMO 雷达波束图设计，根据雷达实际应用场景提出了波束图匹配设计和最小峰值旁瓣波束图设计方法，对应提出了M-ADMM和P-ADMM算法，相比于文献[51]以运行时间为代价可获得更好的波束图匹配效果和更低的频谱零陷。文献[59]和[60]分别提出了基于内嵌迭代优化算法（Nested Iterative Optimization Algorithm，NIOA）和内嵌SADMM（Nested Sequential Alternation Direction Method of Multipliers，NSADMM）的波形设计算法，通过最小化发射波束模板匹配误差与空-频阻带能量的加权和，有效平衡了MIMO雷达波束性能与频谱兼容能力之间的矛盾。

1.2.2 良好自/互相关特性的MIMO雷达波形优化设计

区别于相控阵雷达，MIMO雷达通过多个天线发射独立的波形，其回波中包含了多个波形的叠加。因此，良好的波形自相关与互相关特性有助于多波形之间的分离，减少相互干扰，提高多目标检测能力。另外，MIMO雷达发射具有良好自/互相关特性，会在空域中合成低增益的宽波束，以达到覆盖搜索范围较宽的目的，同时具有低截获概率等特点。

针对离散相位编码，文献[61]利用模拟退火与遗传算法将发射波形的自相关峰值与互相关积分旁瓣电平最小化。在此基础上，文献[62]利用交叉熵方法设计了具有一定多普勒容限度的正交多相码波形，但不适用于长序列编码设计。文献[62]通过将非凸恒模约束转换为凸的相位约束设计正交波形，但计算复杂度高，不利于工程实现。文献[63]利用MIMO通信空时编码特性来降低各阵元发射信号之间的互相关。文献[64-68]提出了一系列快速的优化算法，降低了发射波形的自相关峰值与互相关积分旁瓣，得到了具备良好的自相关与互相关特性的恒模发射波形。文献[69]则利用卷积神经网络（Convolutional Neural Network，CNN）来降低损失函数值，从而可优化单波形（加权）自相关和多波形自相关与互相关。文献[70]利用自相关及其快速傅里叶变换（Fast Fourier Transformation，FFT）和逆快速傅里叶变换（Inverse Fast Fourier Transformation，IFFT）关系，提出了基于连续上界最小化方法（Block Successive Upper Bound Minimization Method，BSUM）的恒模和频谱约束下的最小化波形集互相关峰值和自相关峰值旁瓣电平优化方法。

基于环境先验知识，文献[64-70]也通过最小化加权的自相关峰值与互相关积分旁瓣能量，优化了在特定距离延迟单元旁瓣能量，有效对抗了多径干扰、地/海杂波的距离旁瓣干扰及强散射体对特定距离单元的遮蔽。在此基础上，文献[71]提出了一种基于ADMM的优化算法，实现了对自相关与互相关感兴趣距离延迟单元的旁瓣电平的精确控制。为迷惑敌方电子支援措施（Electronic Support Measures，ESM）设备，文献[72]提出了一种利用伴随信号掩蔽MIMO雷达信号的有源抗干扰方法，通过优化遮蔽信号和雷达信号互相关的ISL和PSL以降低遮蔽信号对自身系统的影响。

上述优化的波形均在MIMO雷达接收端考虑了基于匹配滤波器组的接收处

理，因此抑制距离旁瓣的自由度受限。因此，利用相同的 ADMM 优化理论，文献[73]通过联合设计发射波形与接收滤波器组，最小化了自相关与互相关函数的峰值电平。然而，该技术是以牺牲一定的信噪比为代价对旁瓣电平进行抑制的。

1.2.3 信号无关干扰下的 MIMO 雷达波形优化设计

基于发射波束赋形与良好自/互相关特性的 MIMO 雷达波形设计仅从发射端出发，利用了少量的目标与环境知识辅助波形设计，但并未针对特定场景下的干扰环境设计具有针对性的抗干扰波形。本节将介绍基于信号无关干扰环境下的 MIMO 雷达波形优化设计方法。

文献[74]和[75]考虑了基于 CRB 准则的 MIMO 雷达波形优化设计方法，提高了点目标方位或目标散射系数的估计性能。为了验证 MIMO 雷达系统在目标检测与参数估计方面具有优越的性能，文献[76]提出基于 Chernoff 下限与 MI 准则的空时多脉冲最优波形设计算法。在此基础上，为增强非高斯目标探测能力，文献[77]提出抗高斯杂波的发射波形优化方法，分析了 Chernoff 下限与 MI 准则的适用条件。文献[77]通过最大化相对熵准则设计了空时编码波形。文献[78]通过利用序列多假设检验，提出了基于相对熵准则的 SDP 优化技术，提升了多目标检测能力。

文献[79-82]研究了基于 MI 与 MSE 准则下的波形设计技术，解决了扩展目标识别与分类问题，表明当干扰为高斯白噪声且目标功率谱精确已知时，两种设计准则可得到相同的最优波形，否则为不同的波形。在此基础上，文献[83]将干扰建模为色高斯噪声，解决了能量约束下的最优波形设计问题，结果表明最优波形匹配于目标响应矩阵和色噪声相关矩阵。

文献[84]通过引入归一化均方误差（Normalized Mean Squared Error，NMSE）准则，提出了当目标与干扰知识非精确情况下的鲁棒波形优化方法，证明了 MI、MSE 和 NMSE 准则设计的波形均不一样。在此基础上，基于 MSE 与 NMSE 准则，文献[85]进一步深入探索了最优波形矩阵与目标响应矩阵、色噪声相关矩阵三者之间的关系。通过分别考虑相对熵和散度准则，文献[86]导出了最优检测波形相应的闭式解，结果表明两种准则得到的波形相同。

1.2.4 信号相关干扰下的 MIMO 雷达发射或（与）接收处理方法

色噪声干扰与发射波形无关，其干扰回波与目标回波易通过波形设计进行分离。信号相关干扰，即发射信号经不同于目标延时、方位或多普勒频移后的回波，其可通过多径效应产生，也可由电子干扰机发射，因此与发射波形存在极强的相关性，易对微弱目标检测产生影响。

关于信号相关干扰环境下 MIMO 雷达波形优化设计的相关工作主要可分为两类：一是仅通过优化波形提高目标的检测、参数估计和识别分类等性能，二是通过联合优化发射波形（或波形协方差矩阵）与接收滤波器提高目标检测和参数估计等性能。需要说明的是，信号相关干扰环境下的 MIMO 雷达波形设计主要强调信号相关类型的干扰，当然大部分研究在理论建模时也同样考虑了信号无关干扰，如高斯白噪声、通信干扰等。

1.2.4.1　信号相关干扰下的 MIMO 雷达发射波形优化设计

为提升信号相关干扰环境下目标散射矩阵的估计问题，文献[87]提出基于 MSE 准则的发射波形优化方法。文献[88]研究了基于 CRB 准则的稳健优化技术，增强了目标方位参数的估计性能。文献[89]和[90]构建了基于统计与集中式 MIMO 雷达统一的回波模型。文献[89]通过最大化 MI，研究了频谱约束下的波形设计方法，提升了目标检测、参数估计、识别和分类等能力，同时也保证了 MIMO 雷达系统与其他电子系统频谱共存。而文献[90]则考虑了能量、PAR、相似性等约束下最大化相对熵。

为提升目标的检测性能，文献[91]和[92]考虑了 PAR 或相似性约束下基于相对熵准则的波形优化问题，提出了基于 MM 优化理论的波形设计算法。基于相同的波形约束与优化理论，文献[93]研究了基于信息论准则的稳健波形设计问题，提升了目标与干扰统计特性不准确下的目标检测性能。文献[94]解决了恒模与相似性约束下的最大化 SINR 准则波形优化问题，提升了目标与干扰导向矢量矩阵知识不准确下的目标检测性能。文献[95]针对杂波下 MIMO 雷达目标稳健检测问题，分别提出了基于坐标下降（Coordinate Descent，CD）的波形设计算法——丁克尔巴赫算法（Dinkelbach Algorithm，DA），在波形相似性约束下，通过最大化最差（Worst-Case）输出 SINR，提高了信号相关杂波知识不准确情况下目标的检测性能，同时还能兼顾脉冲压缩特性。

1.2.4.2　信号相关干扰下的 MIMO 雷达发射波形与接收联合设计

文献[96]考虑了基于 SINR 准则的发射与接收联合设计问题，提出了单调递增 SINR 的迭代算法，提高了扩展目标检测性能，同时解决了目标脉冲响应矩阵不确定时的稳健发射与接收联合优化问题。文献[97-99]提出了基于波形预编码矩阵与接收滤波器联合设计的优化方法，但优化的波形具有高的 PAR 值，不利于发射机工作在最大效率状态。文献[100]通过最小化恒模约束下的输出杂波峰值及相关函数的峰值电平，提出了基于知识辅助的发射与接收联合设计方法，提升了非均匀杂波下的目标检测性能。文献[101]通过联合优化发射与接收滤波器，解决了 ISL 与 PSL 约束下最大化 SINR 问题。文献[102]考虑了目标方位非精确已知情况下的稳健发射与接收联合优化问题。文献[103]解决了能量与相似性约束下的天线功率、发射波形及接收滤波器联合优化的问题。

文献[104-106]分别提出了一系列迭代优化算法，解决了恒模与相似性约束下的联合发射与接收优化问题，提高了回波的 SINR。文献[107]将恒模约束扩展为 PAR 约束，进一步提升了 SINR。在此基础上，文献[108]将其延伸至多目标场景，提出了基于恒模与相似性约束下的联合发射与接收优化算法。针对杂波下 MIMO

雷达多目标检测问题，文献[109]提出了基于内嵌迭代凸增强（Nested Iterative Convex Enhancement，NICE）与内嵌修正迭代凸增强（Nested Modified Iterative Convex Enhancement，NMICE）的波形与接收滤波器组联合设计算法，在波形频谱约束下，通过最大化最差输出 SINR，有效改善了信号相关杂波下的多目标检测性能，保证了 MIMO 雷达与其他电子系统频谱的共存。

文献[110]通过最小化空-频能量解决了多目标场景下的发射与接收联合设计问题，保证了 MIMO 雷达系统的频谱共存能力，但获得的波形具有高的 PAR，降低了发射机工作效率。文献[111]通过联合优化通信系统的空时协方差矩阵、MIMO 雷达发射波形和接收滤波器提升 SINR，保证了 MIMO 雷达与 MIMO 通信系统的频谱共存能力。

文献[112]和[113]研究了 MIMO 雷达空时二维自适应处理的发射与接收联合优化问题。文献[114-116]从 MIMO 雷达发射方向图角度设计出发，解决了发射波形协方差矩阵与接收滤波器联合设计问题，改善了目标检测性能。

针对距离模糊杂波环境下的动目标检测问题，文献[117]通过假定杂波协方差知识非精确已知，考虑了能量与相似性约束下的最大化 SINR 问题，提出了稳健的慢时间发射与接收设计方法，增强了地、海杂波环境下的动目标检测能力，但设计的波形具有高的 PAR。文献[118]则提出了基于丁克尔巴赫算法的空时收发联合设计算法，在恒模和相似性约束下最大化输出 SINR。文献[119]提出了基于块坐标下降（Block Coordinate Descent，BCD）与序列贪婪优化（Sequential Greedy Optimization，SGO）的波形与接收滤波器联合设计算法，有效增强了距离模糊杂波背景下的慢速目标检测性能。

1.2.5　MIMO 系统多功能一体化波形优化设计

在电子信息系统对抗中，雷达、通信、侦察机和干扰机等多种电子设备通过简单的功能叠加式配备于作战平台已经难以应对敌方综合性电子兵器，因此，为适应现代战争环境，多种电子设备的综合一体化是必然的趋势。其中，雷达和通信设备无论在硬件结构还是在信号处理方法上都具有极强的相似性，两者的有机结合具有很强的实现性。MIMO 雷达多功能波形主要是指通过电磁频谱共享方式，在空域、时域及频域等多个维度上，同时实现雷达探测和信息通信两种功能的发射波形，其设计问题是探通一体化（Dual Function Radar and Communication，DFRC）系统研究的关键问题之一。

由于雷达探测和信息通信对发射波形的要求不同，一般来讲，难以从理论上同时兼顾两者达到最优。从公开发表的文献来看，根据主要功能与辅助功能划分，可分为以探测性能为主和以通信功能为主的两类探通一体波形设计方法。

第一类以探测功能为主的波形设计主要以雷达探测功能为主功能，同时实现探测和通信功能。由于跳频（Frequency Hopping，FH）信号具有易实现、硬件处理相对简单、具有恒模特性适合雷达系统放大器工作等优点，美国 M. G. Amin 团队开展了以雷达探测功能为主的 FH-MIMO 的一体化波形设计[120-126]，在不影响 FH 信号正交性的前提下，将通信信息相位调制在已有的正交 FH 信号中用以传输通信信息。而后通过放松不同 FH 信号的正交性以增加通信数据量和优化探通一体化性能[125]。2022 年，针对随机通信信息调制导致在一个相干处理间隔（Coherent Processing Interval，CPI）内每个脉冲重复间隔（Pulse Repetition Interval，PRI）发射的信号不同带来的距离旁瓣调制问题，采用遗传算法对传输的相位编码序列与跳频码片进行了联合优化，从而获得了距离旁瓣调制电平最低的传输序列与跳频码片的组合[126]。联合相位调制和 FH 信号的一体化信号设计方法，在保证各发射天线信号正交的前提下，通信速率受限于信号的时带宽积，放宽信号的正交特性，能在一定程度上提升通信速率，但后续信号处理方法的复杂度将增加。此外，利用多天线阵列的空域特性使天线阵列的发射能量聚焦于探测目标所在区域，在极大地提高了雷达探测性能的同时为多用户通信提供了可能性。早在 2016 年，M. G. Amin 团队通过优化设计多正交信号的加权矢量实现主瓣探测和旁瓣方向幅度调制通信[127-130]。以天线方向图主瓣与方向图模板主瓣的差异最小为目标函数，约束其整体旁瓣电平及根据传输的信息约束通信接收机所在方向的旁瓣电平值构建优化问题。同年，通过优化设计多正交信号的加权矢量实现主瓣、旁瓣相移键控（Phase Shift Keying，PSK）下行链路通信[131-132]，且有更高的精度和数据率。2018 年，该团队又提出了基于正交调幅（Quadrature Amplitude Modulation，QAM）调制的探通一体化系统框架[133]，在提升通信速率的同时实现了多用户通信。2020 年，电子科技大学崔国龙教授团队在不使用天线方向图模板匹配的前提下，采用恒定模加权，以及波束合成手段控制方向图旁瓣电平嵌入通信信息，实现通信信息传输和期望方向图[134]。近年来，通过选择脉冲位置、载频频率、天线位置及其部分参数的排列组合的类索引调制提高了通信速率。M. G. Amin 团队 2018 年提出了采用置换矩阵混排发射的正交信号顺序以调制通信信息，设计正交信号加权矩阵以实现理想雷达波束图[135]。在此基础上，2019 年该团队进一步拓展至稀疏阵列的正交信号排列和天线分配的联合调制以获得更高的通信数据速率，通信接收端通过恢复混排顺序对传输的信息进行解码[136]。在发射正交信号的 FH-MIMO 系统中，则可以通过各个天线上频率分配与排列组合实现信息的高速传输[137]。2022 年，该团队对基于 FH-MIMO 系统设计的正交一体化波形方法进行了总结和比较，给出了联合相位、天线上频率分配的高速率通信方式[138]。2021 年，西安电子科技大学全英汇教授团队提出了基于 PRI 捷变的通信信息传输方法，通过改变发射信号的 PRI，将通信信息嵌入发射信号中，在通信接收端，通过检测脉冲的 PRI 来完成信息的解调[139]。清华大学刘一民教授团队于 2020 年提出了多载波频率捷变通感一体化系统，通过选择载波频率、发射天线位置的类索引调制提高了通信速率，并研究了后续雷达信号处理算法[140]。2021 年该团队提出了 MIMO 系统多载波相位调制架构，类似通过选择稀疏阵列的载波频率、发射天线位置的联合调制来进一步提高通信速率[141]。

第二类以通信功能为主的波形设计以信息传输功能为主功能，同时实现探测和通信功能。相关研究集中于利用已有的通信波形/通信信息序列，如QPSK序列、正交频分复用（Orthogonal Frequency Division Multiplexing，OFDM）波形等在雷达探测性能的约束下优化通信性能。为降低 MIMO 系统发射端的硬件复杂度，采用低精度的数模转换器（Digital to Analog Convertor，DAC），在此硬件架构下，文献[142-143]研究了基于 QPSK 序列传输的预编码器优化设计。西安电子科技大学刘永军等人对基于脉冲体制下的 MIMO-OFDM 一体化系统的波形设计、参数设计和处理方法等方面进行了研究分析[144-146]。英国曼彻斯特大学的 M. Temiz 等人在 2020 年提出了一种连续波 MIMO-OFDM 系统，该系统采用了一种能够进行干扰利用的新型预编码器，并利用了全子载波进行通信和全向探测[147]。2021 年，该团队提出了新的预编码器方案，通过优化雷达和通信功率输出，以及波束功率分配到各用户，可以提高总的传输比特率和能源效率，而不影响通信容量或/和雷达探测[148]。电子科技大学的田团伟等人于 2021 年研究了 MIMO-OFDM 通信质量约束下的发射/接收波束形成问题[149]。哥伦比亚大学的 Johnston 等人于 2022 年研究了 MIMO-OFDM 系统在功率约束、天线方向图指向约束及误码率约束条件下最大化信干噪比的通信码片及接收滤波器设计[150]。但对通信性能而言，其信道估计和同步等现实问题尚未得到有效解决。悉尼科技大学的 K. Wu 等人提出了新的一体化波形传输方案，并使用单天线通信接收机估计 MIMO-FH DFRC 的定时偏移和信道[151]。针对上述多径信道问题，文献[152]提出了一种基于多天线接收机的 FH-MIMO DFRC 下行通信方案，抑制了天线间和跳频子脉冲间的干扰；同时还研究了精确的时间偏移和信道参数估计方法，以及可靠的解调方法。为了更好地利用一体化信号的时域、频域和空域特性，南方科技大学的刘凡等人开展了一系列 MIMO DFRC 波束形成的研究[153-156]，在不同约束下（如下行通信约束[153]、总功率和单个发射天线功率约束[154]、波形恒模约束[155]、距离旁瓣抑制[156]等）优化发射的天线方向图。2021 年，卢森堡 G. Christos 等人在发射功率和不同雷达波形约束的条件下完成了发射波形和雷达接收滤波器的联合设计[157]。2022 年，大连大学的 R. Liu 等人提出了一个新的基于空时自适应处理和符号级预编码的 DFRC 系统，它兼有这两种技术的优点。基于上述 DFRC 系统优化设计的发射波形和接收滤波器，使雷达输出 SINR 最大化，同时满足通信服务质量（Quality of Service，QoS）约束和等模量、相似度、PAR 等各种波形约束[158]。北京航空航天大学的 N. Zhao 等人研究了基于信号相关干扰的 DFRC 系统发射和接收波束形成的联合设计问题[159]。

本章参考文献

[1] SKOLNIK M. Radar handbook[M]. 3rd ed. New York: McGraw-Hill, 2008.

[2] 丁鹭飞, 耿富录. 雷达原理[M]. 西安: 西安电子科技大学出版社, 2006.
[3] 张明友, 汪学刚. 雷达系统[M]. 2 版. 北京: 电子工业出版社, 2006.
[4] RICHARDS M A. 雷达信号处理基础[M]. 邢孟道, 王彤, 李真芳, 等译. 北京: 电子工业出版社, 2008.
[5] SKOLNIK M. Introduction to radar systems[M]. 3rd ed. New York: McGraw-Hill, 2001.
[6] 蒋庆全. 新体制雷达发展述评[J]. 中国电子科学研究院学报, 2004(3): 37-44.
[7] MAILLOUX R J. Phased array antenna handbook[M]. Boston: Artech House, 2005.
[8] 张光义, 赵玉洁. 相控阵雷达技术[M]. 北京: 电子工业出版社, 2006.
[9] HANSEN R C. Phased array antennas[M]. New Jersey: John Wiley & Sons, 2009.
[10] 杨建宇. 雷达技术发展规律和宏观趋势分析[J]. 雷达学报, 2012, 1(1): 19-27.
[11] LI J, STOICA P. MIMO radar with colocated antennas[J]. IEEE Signal Processing Magazine, 2007, 24(5): 106-114.
[12] LI J, STOICA P. MIMO radar signal processing[M]. New Jersey: John Wiley & Sons, 2009.
[13] HAIMOVICH A M, BLUM R S, CIMINI L. MIMO radar with widely separated antennas[J]. IEEE Signal Processing Magazine, 2008, 25(1): 116-129.
[14] STUBER G L, BARRY J R, MCLAUGHLIN S W, et al. Broadband MIMO-OFDM wireless communications[J]. Proceedings of the IEEE, 2004, 92(2): 271-294.
[15] FISHLER E, HAIMOVICH A, BLUM R, et al. Spatial diversity in radars-models and detection performance[J]. IEEE Transactions on Signal Processing, 2006, 54(3): 823-838.
[16] LI J, STOICA P, XU L, et al. On parameter identifiability of MIMO radar[J]. IEEE Signal Processing Letters, 2007, 14(12): 968-971.
[17] XU L, LI J, STOICA P. Target detection and parameter estimation for MIMO radar systems[J]. IEEE Transactions on Aerospace and Electronic Systems, 2008, 44(3): 927-939.
[18] HE H, LI J, STOICA P. Waveform design for active sensing systems: A computational approach[M]. Cambridge: Cambridge University Press, 2012.
[19] GINI F, MAIO A D, PATTON L. Waveform design and diversity for advanced radar systems[M]. Stevenage: IET Press, 2012.
[20] HAYKIN S. Cognitive radar: A way of the future[J]. IEEE Signal Processing Magazine, 2006, 23(1): 30-40.
[21] GUERCI J R. Cognitive radar: The knowledge-aided fully adaptive approach[M]. London: Artech House, 2010.

[22] FARINA A, MAIO A D, HAYKIN S. The impact of cognition on radar technology [M]. New York: Scitech Publishing, 2017.

[23] 崔国龙, 余显祥, 杨婧, 等. 认知雷达波形优化设计方法综述[J]. 雷达学报, 2019, 8(5): 537-557.

[24] FUHRMANN D R, ANTONIO G S. Transmit beamforming for MIMO radar systems using partial signal correlation[C]. Conference Record of the Thirty-Eighth Asilomar Conference on Signals, Systems and Computers, 2004, Pacific Grove, CA, USA, 2004: 295-299.

[25] AITTOMAKI T, KOIVUNEN V. Signal covariance matrix optimization for transmit beamforming in MIMO radars[C]. 2007 Conference Record of the Forty-First Asilomar Conference on Signals, Systems and Computers, Pacific Grove, CA, USA, 2007: 182-186.

[26] STOICA P, LI J, XIE Y. On probing signal design for MIMO radar[J]. IEEE Transactions on Signal Processing, 2007, 55(8): 4151-4161.

[27] STOICA P, LI J, ZHU X. Waveform synthesis for diversity-based transmit beampattern design[J]. IEEE Transactions on Signal Processing, 2008, 56(6): 2593-2598.

[28] AHMED S, THOMPSON J S, PETILLOT Y R, et al. Unconstrained synthesis of covariance matrix for MIMO radar transmit beampattern[J]. IEEE Transactions on Signal Processing, 2011, 59(8): 3837-3849.

[29] AHMED S, THOMPSON J S, PETILLOT Y R, et al. Finite alphabet constant-envelope waveform design for MIMO radar[J]. IEEE Transactions on Signal Processing, 2011, 59(11): 5326-5337.

[30] HUA G, ABEYSEKERA S S. MIMO radar transmit beampattern design with ripple and transition band control[J]. IEEE Transactions on Signal Processing, 2013, 61(11): 2963-2974.

[31] LIPOR J, AHMED S, ALOUINI M S. Fourier-based transmit beampattern design using MIMO radar[J]. IEEE Transactions on Signal Processing, 2014, 62(9): 2226-2235.

[32] BOUCHOUCHA T, AHMED S, AL-NAFFOURI T, et al. DFT-based closed-form covariance matrix and direct waveforms design for MIMO radar to achieve desired beampatterns[J]. IEEE Transactions on Signal Processing, 2017, 65(8): 2104-2113.

[33] GONG P, SHAO Z, TU G, et al. Transmit beampattern design based on convex optimization for MIMO radar systems[J]. IEEE Transactions on Signal Processing, 2014, 94: 195-201.

[34] AUBRY A, MAIO A D, HUANG Y. MIMO radar beampattern design via

PSL/ISL optimization[J]. IEEE Transactions on Signal Processing, 2016, 64(15): 3955-3967.

[35] 罗涛, 关永峰, 刘宏伟, 等. 低旁瓣 MIMO 雷达发射方向图设计[J]. 电子与信息学报, 2013, 35(12): 2815-2822.

[36] YU X, CUI G, ZHANG T, et al. Constrained transmit beampattern design for colocated MIMO radar[J]. IEEE Transactions on Signal Processing, 2018, 144: 145-154.

[37] 胡亮兵, 刘宏伟, 杨晓超, 等. 集中式 MIMO 雷达发射方向图快速设计方法[J]. 电子与信息学报, 2010, 32(2): 481-484.

[38] WANG Y C, WANG X, LIU H, et al. On the design of constant modulus probing signals for MIMO radar[J]. IEEE Transactions on Signal Processing, 2012, 60(8): 4432-4438.

[39] WANG J, WANG Y. On the design of constant modulus probing waveforms with good correlation properties for MIMO radar via consensus-ADMM approach[J]. IEEE Transactions on Signal Processing, 2019, 67(16): 4317-4332.

[40] AHMED S, ALOUINI M S. MIMO radar transmit beampattern design without synthesising the covariance matrix[J]. IEEE Transactions on Signal Processing, 2014, 62(9): 2278-2289.

[41] SOLTANALIAN M, HU H, STOICA P. Single-stage transmit beamforming design for MIMO radar[J]. IEEE Transactions on Signal Processing, 2014, 102: 132-138.

[42] ZHANG X, HE Z, RAYMAN-BACCHUS L, et al. MIMO radar transmit beampattern matching design[J]. IEEE Transactions on Signal Processing, 2015, 63(8): 2049-2056.

[43] CHENG Z, HE Z, ZHANG S, et al. Constant modulus waveform design for MIMO radar transmit beampattern[J]. IEEE Transactions on Signal Processing, 2017, 65(18): 4912-4923.

[44] ZHAO Z, PALOMAR D P. MIMO transmit beampattern matching under waveform constraints[C]. 2018 IEEE International Conference on Acoustics, Speech and Signal Processing, Calgary, AB, Canada, 2018: 3281-3285.

[45] CHENG Z, HAN C, LIAO B, et al. Communication-aware waveform design for MIMO radar with good transmit beampattern[J]. IEEE Transactions on Signal Processing, 2018, 66(21): 5549-5562.

[46] FAN W, LIANG J, LI J. Constant modulus MIMO radar waveform design with minimum peak sidelobe transmit beampattern[J]. IEEE Transactions on Signal Processing, 2018, 66(16): 4207-4222.

[47] YU X, QIU H, YANG J, et al. Multi-spectrally constrained MIMO radar

beampattern design via sequential convex approximation[J]. IEEE Transactions on Aerospace and Electronic Systems, 2022.

[48] FAN W, LIANG J, FAN X, et al. A unified sparse array design framework for beampattern synthesis[J]. IEEE Transactions on Signal Processing, 2021, 182: 107930.

[49] ANTONIO G S, FUHRMANN D R. Beampattern synthesis for wideband MIMO radar systems[C]. 2018 IEEE International Conference on Acoustics, Speech and Signal Processing, Calgary, AB, Canada, 2018: 3281-3285.

[50] TANG Y, ZHANG Y D, AMIN M G, et al. Wideband multiple-input multiple-output radar waveform design with low peak-to-average ratio constraint[J]. IET Radar, Sonar & Navigation, 2016, 10(2): 325-332.

[51] HE H, STOICA P, LI J. Wideband MIMO systems: Signal design for transmit beampattern synthesis[J]. IEEE Transactions on Signal Processing, 2011, 59(2): 618-628.

[52] LIU H, WANG X, BO J, et al. Wideband MIMO radar waveform design for multiple target imaging[J]. IEEE Sensors Joural, 2016, 16(23): 325-332.

[53] ALDAYEL O, MONGA V, RANGASWAMY M. Tractable transmit MIMO beampattern design under a constant modulus constraint[J]. IEEE Transactions on Signal Processing, 2017, 65(10): 2588-2599.

[54] ALHUJAILI K, MONG V, RANGASWAMY M. Transmit MIMO radar beampattern design via optimization on the complex circle manifold[J]. IEEE Transactions on Signal Processing, 2019, 67(13): 3561-3575.

[55] FAN W, LIANG J, YU G, et al. MIMO radar waveform design for quasi-equiripple transmit beampattern synthesis via weighted minimizationt[J]. IEEE Transactions on Signal Processing, 2019, 67(13): 3397-3411.

[56] KANG B, ALDAYEL O, MONGA V, et al. Spatio-spectral radar beampattern design for coexistence with wireless communication systems[J]. IEEE Transactions on Aerospace and Electronic Systems, 2019, 55(2): 644-657.

[57] MCCORMICK P M, BLUNT S D, METCALF J G. Wideband MIMO frequency-modulated emission design with space-frequency nulling[J]. IEEE Journal of Selected Topics in Signal Processing, 2017, 11(2): 363-378.

[58] FAN W, LIANG J, LU G, et al. Spectrally-agile waveform design for wideband MIMO radar transmit beampattern synthesis via majorization-ADMM[J]. IEEE Transactions on Signal Processing, 2021, 69: 1563-1578.

[59] YU X, CUI G, YANG J, et al. Wideband MIMO radar beampattern shaping with space-frequency nulling[J]. Signal Processing, 2019, 160: 80-87.

[60] YU X, CUI G, YANG J, et al. Wideband MIMO radar waveform design[J]. IEEE

Transactions on Signal Processing, 2019, 67(13): 3487-3501.

[61] DENG H. Polyphase code design for orthogonal netted radar systems[J]. IEEE Transactions on Signal Processing, 2004, 52(11): 3126-3135.

[62] KHAN H A, ZHANG Y, JI C, et al. Optimizing polyphase sequences for orthogonal netted radar[J]. IEEE Signal Processing Letters, 2006, 13(10): 589-592.

[63] SONG X F, ZHOU S L, WILLETT P. Reducing the waveform cross correlation of MIMO radar with space-time coding[J]. IEEE Transactions on Signal Processing, 2010, 58(8): 4213-4224.

[64] HE H, STOICA P, LI J. Designing unimodular sequence sets with good correlations-including an application to MIMO radar[J]. IEEE Transactions on Signal Processing, 2009, 57(11): 4391-4405.

[65] WANG Y C, DONG L, XUE X, et al. On the design of constant modulus sequences with low correlation sidelobes levels[J]. IEEE Communications Letters, 2012, 16(4): 462-465.

[66] SONG J, BABU P, PALOMAR D P. Sequence set design with good correlation properties via majorization-minimization[J]. IEEE Transactions on Signal Processing, 2016, 64(11): 2866-2879.

[67] CUI G, YU X, PIEZZO M, et al. Constant modulus sequence set design with good correlation properties[J]. IEEE Transactions on Signal Processing, 2017, 139: 75-85.

[68] LI Y, VOROBYOV S A. Fast algorithms for designing unimodular waveform(s) with good correlation properties[J]. IEEE Transactions on Signal Processing, 2018, 66(5): 1197-1212.

[69] XIA M, CHEN S, YANG X. New optimization method based on neural networks for designing radar waveforms with good correlation properties[J]. IEEE Access, 2021, 9: 91314-91323.

[70] FAN W, LIANG J, CHEN Z, et al. Spectrally compatible aperiodic sequence set design with low cross-and auto-correlation PSL[J]. Signal Processing, 2021, 183: 107960.

[71] YU G, LIANG J, LI J, et al. Sequence set design with accurately controlled correlation properties[J]. IEEE Transactions on Aerospace and Electronic Systems, 2018, 54(6): 3032-3046.

[72] ZHOU S, ZHANG Y, MA H, et al. Optimized masking for MIMO radar signals[J]. IEEE Transactions on Aerospace and Electronic Systems, 2021, 57(5): 3433-3451.

[73] LIN Z, PU W, LUO Z. Minimax design of constant modulus MIMO waveforms for active sensing[J]. IEEE Signal Processing Letters, 26(10): 1531-1535.

[74] LI J, XU L, STOICA P, et al. Range compression and waveform optimization for MIMO radar: A cramer-rao bound based study[J]. IEEE Transactions on Signal Processing, 2008, 56(1): 218-232.

[75] HULEIHEL W, TABRIKIAN J, SHAVIT R. Optimal adaptive waveform design for cognitive MIMO radar[J]. IEEE Transactions on Signal Processing, 2013, 61(20): 5075-5089.

[76] MAIO A D, LOPS M. Design principles of MIMO radar detectors[J]. IEEE Transactions on Aerospace and Electronic Systems, 2007, 43(3): 886-898.

[77] AUBRY A, LOPS M, TULINO A M, et al. On MIMO detection under non-gaussian target scattering[J]. IEEE Transactions on Information Theory, 2010, 56(11): 5822-5838.

[78] GROSSI E, LOPS M. Space-time code design for MIMO detection based on kullback-leibler divergence[J]. IEEE Transactions on Information Theory, 2012, 58(6): 3989-4004.

[79] WANG L, ZHU W, ZHANG Y, et al. Multi-target detection and adaptive waveform design for cognitive MIMO radar[J]. IEEE Sensors Journal, 2018, 18(24): 9962-9970.

[80] YANG Y, BLUM R. MIMO radar waveform design based on mutual information and minimum mean-square error estimation[J]. IEEE Transactions on Aerospace and Electronic Systems, 2007, 43(1): 330-343.

[81] YANG Y, BLUM R S. Minimax robust MIMO radar waveform design[J]. IEEE Journal of Selected Topics in Signal Processing, 2007, 1(1): 147-155.

[82] YANG Y, BLUM R S, HE Z, et al. MIMO radar waveform design via alternating projection[J]. IEEE Transactions on Signal Processing, 2010, 58(3): 1440-1445.

[83] TANG B, TANG J, PENG Y. MIMO radar waveform design in colored noise based on information theory[J]. IEEE Transactions on Signal Processing, 2010, 58(9): 4684-4697.

[84] ZHANG W, YANG L. Communications-inspired sensing: A case study on waveform design[J]. IEEE Transactions on Signal Processing, 2010, 58(2): 792-803.

[85] TANG B, TANG J, PENG Y. Waveform optimization for MIMO radar in colored noise: Further results for estimation-oriented criteria[J]. IEEE Transactions on Signal Processing, 2011, 60(3): 1517-1522.

[86] 王鹏, 崔琛, 张鑫. 色噪声下认知雷达自适应检测波形设计[J]. 电子信息对抗技术, 2013, 28(5): 39-43.

[87] NAGHIBI T, BEHNIA F. MIMO radar waveform design in the presence of clutter[J]. IEEE Transactions on Aerospace and Electronic Systems, 2011, 47(2):

770-781.

[88] LIU Y, WANG J, WANG H. Robust multiple-input multiple-output radar waveform design in the presence of clutter[J]. IET Radar, Sonar & Navigation, 2016, 10(7): 1249-1259.

[89] TANG B, LI J. Spectrally constrained MIMO radar waveform design based on mutual information[J]. IEEE Transactions on Signal Processing, 2019, 67(3): 821-834.

[90] TANG B, STOICA P. Information-theoretic waveform design for MIMO radar detection in range-spread clutter[J]. IEEE Transactions on Signal Processing, 2021, 182: 107961.

[91] TANG B, NAGHSH M M, TANG J. Relative entropy-based waveform design for MIMO radar detection in the presence of clutter and interference[J]. IEEE Transactions on Signal Processing, 2015, 63(14): 3783-3796.

[92] TANG B, ZHANG Y, TANG J. An efficient minorization maximization approach for MIMO radar waveform optimization via relative entropy[J]. IEEE Transactions on Signal Processing, 2018, 66(2): 400-411.

[93] NAGHSH M M, MODARRES-HASHEMI M, KERAHROODI M A, et al. An information theoretic approach to robust constrained code design for MIMO radars[J]. IEEE Transactions on Signal Processing, 2017, 65(14): 3647-3661.

[94] YU X, CUI G, PIEZZO M, et al. Robust constrained waveform design for MIMO radar with uncertain steering vectors[J]. EURASIP Journal on Advances in Signal Processing, 2017(1): 2.

[95] YU X, CUI G, KONG L, et al. Constrained waveform design for colocated MIMO radar with uncertain steering matrices[J]. IEEE Transactions on Aerospace and Electronic Systems, 2018, 55(1): 356-370.

[96] FRIEDLANDER B. Waveform design for MIMO radars[J]. IEEE Transactions on Aerospace and Electronic Systems, 2007, 43(3): 1227-1238.

[97] CHEN C Y, VAIDYANATHAN P P. MIMO radar waveform optimization with prior information of the extended target and clutter[J]. IEEE Transactions on Signal Processing, 2009, 57(9): 3533-3544.

[98] DULY A J, LOVE D J, KROGMEIER J V. Time-division beamforming for MIMO radar waveform design[J]. IEEE Transactions on Aerospace and Electronic Systems, 2013, 49(2): 1210-1223.

[99] IMANI S, GHORASHI S A. Transmit signal and receive filter design in co-located MIMO radar using a transmit weighting matrix[J]. IEEE Signal Processing Letters, 2015, 22(10): 1521-1524.

[100] JIU B, LIU H, WANG X, et al. Knowledge-based spatial-temporal hierarchical

MIMO radar waveform design method for target detection in heterogeneous clutter zone[J]. IEEE Transactions on Signal Processing, 2015, 63(3): 543-554.

[101] IMANI S, NAYEBI M M, GHORASHI S A. Colocated MIMO radar SINR maximization under ISL and PSL constraints[J]. IEEE Signal Processing Letters, 2018, 25(3): 422-426.

[102] ZHU W, TANG J. Robust design of transmit waveform and receive filter for colocated MIMO radar[J]. IEEE Signal Processing Letters, 2015, 22(11): 2112-2116.

[103] KARBASI S M, RADMARD M, NAYEBI M M, et al. Design of multiple-input multiple-output transmit waveform and receive filter for extended target detection[J]. IET Radar, Sonar & Navigation, 2015, 9(9): 1345-1353.

[104] CUI G, LI H, RANGASWAMY M. MIMO radar waveform design with constant modulus and similarity constraints[J]. IEEE Transactions on Signal Processing, 2014, 62(2): 343-353.

[105] ALDAYEL O, MONGA V, RANGASWAMY M. Successive QCQP refinement for MIMO radar waveform design under practical constraints[J]. IEEE Transactions on Signal Processing, 2016, 64(14): 3760-3774.

[106] WU L, BABU P, PALOMAR D P. Transmit waveform/receive filter design for MIMO radar with multiple waveform constraints[J]. IEEE Transactions on Signal Processing, 2018, 66(6): 1526-1540.

[107] CHENG Z, HE Z, LIAO B, et al. MIMO radar waveform design with PAPR and similarity constraints[J]. IEEE Transactions on Signal Processing, 2018, 66(4): 968-981.

[108] IMANI S, GHORASHI S A. Sequential quasi-convex-based algorithm for waveform design in colocated multiple-input multiple-output radars[J]. IET Signal Processing, 2016, 10(3): 309-317.

[109] YU X, CUI G, YANG J, et al. MIMO radar transmit-receive design for moving target detection in signal-dependent clutter[J]. IEEE Transactions on Vehicular Technology, 2019, 69(1): 522-536.

[110] CHENG Z, LIAO B, HE Z, et al. Spectrally compatible waveform design for MIMO radar in the presence of multiple targets[J]. IEEE Transactions on Signal Processing, 2018, 66(13): 3543-3555.

[111] QIAN J, LOPS M, ZHENG L, et al. Joint system design for coexistence of MIMO radar and MIMO communication[J]. IEEE Transactions on Signal Processing, 2018, 66(13): 3504-3519.

[112] TANG B, TANG J. Joint design of transmit waveforms and receive filters for MIMO radar space-time adaptive processing[J]. IEEE Transactions on Signal Processing, 2016, 64(18): 4707-4722.

[113] WANG Y, LI W, SUN Q, et al. A robust joint design of transmit waveform and receive filter for MIMO radar space time adaptive processing with signal dependent interferences[J]. IET Radar, Sonar & Navigation, 2017: 1321-1332.

[114] AHMED S, ALOUINI M S. MIMO-radar waveform covariance matrix for high SINR and low side-lobe levels[J]. IEEE Transactions on Signal Processing, 2014, 62(8): 2056-2065.

[115] IMANI S, GHORASHI S A, BOLHASANI M. SINR maximization in colocated MIMO radars using transmit covariance matrix[J]. IEEE Transactions on Signal Processing, 2016, 119: 128-135.

[116] HAGHNEGAHDAR M, IMANI S, GHORASHI S A, et al. SINR enhancement in colocated MIMO radar using transmit covariance matrix optimization[J]. IEEE Signal Processing Letters, 2017, 24(3): 339-343.

[117] KARBASI S M, AUBRY A, CAROTENUTO V, et al. Knowledge-based design of space-time transmit code and receive filter for a multiple-input-multiple-output radar in signal-dependent interference[J]. IET Radar, Sonar & Navigation, 2015, 9(8): 1124-1135.

[118] CUI G, YU X, CAROTENUTO V, et al. Space-time transmit code and receive filter design for colocated MIMO radar[J]. IEEE Transactions on Signal Processing, 2016, 65(5): 1116-1129.

[119] YU X, ALHUJAILI K, CUI G, et al. MIMO radar waveform design in the presence of multiple targets and practical constraints[J]. IEEE Transactions on Signal Processing, 2020, 68: 1974-1989.

[120] HASSANIEN A, HIMED B, RIGLING B D. A dual-function MIMO radar-communications system using frequency-hopping waveforms[C]. 2017 IEEE Radar Conference, Seattle, WA, U. S., 2017: 1721-1725.

[121] EEDARA I P, AMIN M G, HASSANIEN A. Controlling clutter modulation in frequency hopping MIMO dual-function radar communication systems[C]. 2020 IEEE International Radar Conference, Washington, DC, U. S., 2020.

[122] EEDARA I P, AMIN M G, HOORFAR A. Optimum code design using genetic algorithm in frequency hopping dual function MIMO radar communication systems[C]. 2020 IEEE Radar Conference, Florence, Italy, 2020.

[123] EEDARA I P, AMIN M G, FABRIZIO G A. Target detection in frequency hopping MIMO dual-function radar-communication systems[C]. 2021 IEEE International Conference on Acoustics, Speech, and Signal Processing, Toronto, Canada, 2021.

[124] EEDARA I P, HASSANIEN A, AMIN M G. Performance analysis of dual-function multiple-input multiple-output radar-communications using frequency

hopping waveforms and phase shift keying signaling[J]. IET Radar, Sonar and Navigation, 2021, 15(4): 402-418.

[125] WANG X, HASSANIEN A. Phase modulated communications embedded in correlated FH-MIMO radar waveforms[C]. 2020 IEEE Radar Conference, Florence, Italy, 2020: 1-6.

[126] EEDARA I P, AMIN M G, HOORFAR A, et al. Dual function frequency hopping MIMO radar system with CSK signaling[J]. IEEE Transactions on Aerospace and Electronic Systems, 2022, 58(3): 1501-1513.

[127] HASSANIEN A, AMIN M G, ZHANG Y D, et al. A dual function radar-communications system using sidelobe control and waveform diversity[C]. 2015 IEEE International Radar Conference, RadarCon 2015, Arlington, VA, U. S., 2015: 1260-1263.

[128] HASSANIEN A, AMIN M G, ZHANG Y D, et al. Dual-function radar-communications: Information embedding using sidelobe control and waveform diversity[J]. IEEE Transactions on Signal Processing, 2015, 64(8): 2168-2181.

[129] HASSANIEN A, AMIN M G, ZHANG Y D, et al. Signaling strategies for dual-function radar communications: An overview[J]. IEEE Aerospace and Electronic Systems Magazine, 2016, 31(10): 36-45.

[130] HASSANIEN A, AMIN M G, ZHANG Y D, et al. Efficient sidelobe ASK based dual-function radar-communications[C]. Radar Sensor Technology XX, Baltimore, MD, U. S., 2016, 98290K.

[131] HASSANIEN A, AMIN M G, ZHANG Y D, et al. Phase-modulation based dual-function radar-communications[J]. IET Radar, Sonar and Navigation, 2016, 10(8): 1411-1421.

[132] HASSANIEN A, AMIN M G, ZHANG Y D, et al. Non-coherent PSK-based dual-function radar-communication systems[C]. 2016 IEEE Radar Conference, Philadelphia, PA, U. S., 2016: 1-6.

[133] AHMED A, ZHANG Y D, HIMED B. Multi-user dual-function radar-communications exploiting sidelobe control and waveform diversity[C]. 2018 IEEE Radar Conference, Oklahoma, U. S., 2018: 698-702.

[134] GEMECHU Y, CUI G, YU X, et al. Beampattern synthesis with sidelobe control and applications[J]. IEEE Transactions on Antennas and Propagation, 2020, 68(1): 297-310.

[135] HASSANIEN A, ABOUTANIOS E, AMIN M G, et al. A dual-function MIMO radar-communication system via waveform permutation[J]. Digital Signal Processing, 2018(83): 118-128.

[136] WANG X, HASSANIEN A, AMIN M G. Dual-function MIMO radar

communications system design via sparse array optimization[J]. IEEE Transactions on Aerospace and Electronic Systems, 2019, 55(3): 1213-1226.

[137] BAXTER W, ABOUTANIOS E, HASSANIEN A. Dual-function MIMO radar communications via frequency-hopping code selection[C]. 52nd Asilomar Conference on Signals, Systems, and Computers, Pacific Grove, USA, 2018: 1126-1130.

[138] BAXTER W, ABOUTANIOS E, HASSANIEN A. Joint radar and communications for frequency-hopped MIMO systems[J]. IEEE Transactions on Signal Processing, 2022, 70: 729-742.

[139] 刘智星, 全英汇, 肖国尧, 等. 基于 PRI 捷变的雷达通信一体化共享信号设计方法[J]. 系统工程与电子技术, 2021, 43(10): 2836-2842.

[140] HUANG T, SHLEZINGER N, XU X, et al. MAJoRCom: A dual-function radar communication system using index modulation[J]. IEEE Transactions on Signal Processing, 2020, 68: 3423-3438.

[141] MA D, SHLEZINGER N, HUANG T, et al. FRaC: FMCW-based joint radar-communications system via index modulation[J]. IEEE Journal of Selected Topics in Signal Processing, 2021, 15(6): 1348-1364.

[142] CHENG Z, SHI S, HE Z. Transmit sequence design for dual-function radar-communication system with One-Bit DACs[J]. IEEE Transactions on Wireless Communications, 2021, 20(9): 5846-5860.

[143] YU X, YANG Q, XIAO Z. A precoding approach for dual-functional radar-communication system with One-Bit DACs[J]. IEEE Journal on Selected Areas in Communications, 2022, 40(6): 1965-1977.

[144] LIU Y, LIAO G, YANG Z, et al. Design of integrated radar and communication system based on MIMO-OFDM waveform[J]. Journal of Systems Engineering and Electronics, 2017, 28(4): 669-680.

[145] LIU Y, LIAO G, YANG Z. Range and angle estimation for MIMO-OFDM integrated radar and communication systems[C]. 2016 CIE International Conference on Radar, Guangzhou, China, 2016: 1-4.

[146] LIU Y, LIAO G, YANG Z, et al. Joint range and angle estimation for an integrated system combining MIMO radar with OFDM communication[J]. Multidimensional Systems and Signal Processing, 2019, 30(2): 661-687.

[147] TEMIZ M, ALSUSA E, BAIDAS M W. A dual-functional massive MIMO OFDM communication and radar transmitter architecture[J]. IEEE Transactions on Vehicular Technology, 2020, 69(12): 14974-14988.

[148] TEMIZ M, ALSUSA E, BAIDAS M W. Optimized precoders for massive MIMO OFDM dual radar-communication systems[J]. IEEE Transactions on Communications, 2021, 69(7): 4781-4794.

[149] TIAN T, ZHANG T, KONG L, et al. Transmit/Receive beamforming for MIMO-OFDM based dual-function radar and communication[J]. IEEE Transactions on Vehicular Technology, 2021, 70(5): 4693-4708.

[150] JOHNSTON J, VENTURINO L, GROSSI E, et al. MIMO OFDM dual-function radar-communication under error rate and beampattern constraints[J]. IEEE Journal on Selected Areas in Communications, 2022, 40(6): 1951-1964.

[151] WU K, ZHANG J, HUANG X, et al. Waveform design and accurate channel estimation for frequency-hopping MIMO radar-based communications[J]. IEEE Transactions on Communications, 2021, 69(2): 1244-1258.

[152] WU K, ZHANG J, HUANG X, et al. Reliable frequency-hopping MIMO radar-based communications with multi-antenna receiver[J]. IEEE Transactions on Communications, 2021, 69(8): 5502-5513.

[153] LIU F, MASOUROS C, LI A, et al. MU-MIMO communications with MIMO radar: from co-existence to joint transmission[J]. IEEE Transactions on Wireless Communication, 2018, 17(4): 2755-2770.

[154] LIU F, ZHOU L, MASOUROS C, et al. Toward dual-functional radar-communication systems: Optimal waveform design[J]. IEEE Transactions on Signal Processing, 2018, 66(16): 4264-4279.

[155] LIU F, MASOUROS C, GRIFFITHS H. Dual-functional radar communication waveform design under constant-modulus and orthogonality constraints[C]. 2019 Sensor Signal Processing for Defence Conference, Brighton, United Kingdom, 2019: 1-5.

[156] LIU F, MASOUROS C, RATNARAJAH T, et al. On range sidelobe reduction for dual-functional radar-communication waveforms[J]. IEEE Wireless Communications Letters, 2020, 9(9): 1572-1576.

[157] TSINOS C, ARORA A, CHATZINOTAS S, et al. Joint transmit waveform and receive filter design for dual-function radar-communication systems[J]. IEEE Journal of Selected Topics in Signal Processing, 2021, 15(6): 1378-1392.

[158] LIU R, LI M, LIU Q, et al. Joint waveform and filter designs for STAP-SLP-based MIMO-DFRC systems[J]. IEEE Journal on Selected Areas in Communications, 2022, 40(6): 1918-1931.

[159] ZHAO N, WANG Y, ZHANG Z, et al. Joint transmit and receive beamforming design for integrated sensing and communication[J]. IEEE Communications Letters, 2022, 26(3): 662-666.

第 2 章

MIMO 雷达认知波形设计理论架构

- MIMO 雷达的基本概念
- MIMO 雷达认知波形设计的理论架构

2.1 MIMO 雷达的基本概念

2.1.1 MIMO 雷达的分类

根据发射天线与接收天线位置的间距，MIMO 雷达可分为分布式 MIMO 雷达和集中式 MIMO 雷达，其信号模型、处理流程等基本概念如下[1-3]。

2.1.1.1 集中式 MIMO 雷达

1. 信号模型

考虑如图 2.1 所示的集中式 MIMO 雷达模型，假设发射阵列与接收阵列都是均匀的线阵，天线阵元数分别为 N_{T} 和 N_{R}，且阵元间距均为 d_{T}，λ 为发射信号的波长。每个天线阵元发射独立的波形，发射的连续时间基带空时信号向量为

$$\boldsymbol{s}(t)=\left[s_1(t),s_2(t),s_3(t),\cdots,s_{N_{\mathrm{T}}}(t)\right]^{\mathrm{T}} \tag{2.1}$$

假设在感兴趣的距离单元内有 L 个目标，第 l 个目标接收到的信号为

$$x_l(t)=\sum_{n_{\mathrm{T}}=1}^{N_{\mathrm{T}}} s_{n_{\mathrm{T}}}(t-\tau_{n_{\mathrm{T}}}^l)\mathrm{e}^{-\mathrm{j}2\pi\frac{d_{\mathrm{T}}\sin\theta_{\mathrm{T}}^l}{\lambda}(n_{\mathrm{T}}-1)} \tag{2.2}$$

其中，$\tau_{n_{\mathrm{T}}}^l$ 是第 n_{T} 个发射阵元到第 l 个目标距离单元的相对时延，θ_{T}^l 为第 l 个目标相对于发射阵列的离开角（Direction of Departure，DoD），$n_{\mathrm{T}}=1,2,3,\cdots,N_{\mathrm{T}}$。

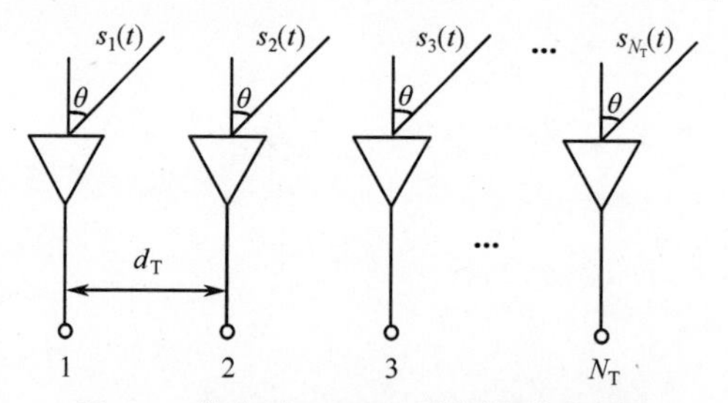

图 2.1　集中式 MIMO 雷达模型示意图

在远场条件下，假设发射信号是窄带的，即 $\max_{n_{\mathrm{T}}}\left\{\tau_{n_{\mathrm{T}}}^l\right\}-\min_{n_{\mathrm{T}}}\left\{\tau_{n_{\mathrm{T}}}^l\right\}\ll\frac{1}{B}$，$B$ 为发射信号带宽，目标在不同发射阵元之间的相对时延差异可以忽略不计，则

$$s_{n_{\mathrm{T}}}\left(t-\tau_{n_{\mathrm{T}}}^l\right)\approx s_{n_{\mathrm{T}}}\left(t-\tau_{\mathrm{T}}\right),n_{\mathrm{T}}=1,2,3,\cdots,N_{\mathrm{T}} \tag{2.3}$$

其中，τ_{T} 表示发射参考阵列到目标所在距离单元的传输时延。

假设目标的复增益为 β_l，第 l 个目标回波信号为

$$z_l(t)=\beta_l\sum_{n_{\mathrm{T}}=1}^{N_{\mathrm{T}}} s_{n_{\mathrm{T}}}(t-\tau_{\mathrm{T}})\mathrm{e}^{-\mathrm{j}2\pi\frac{d_{\mathrm{T}}\sin\theta_{\mathrm{T}}^l}{\lambda}(n_{\mathrm{T}}-1)} \tag{2.4}$$

接收阵列接收的信号是 L 个目标回波信号的叠加，则第 n_{R} 个接收阵元接收到的信号可表示为

$$y_{n_{\mathrm{R}}}(t)=\sum_{l=1}^{L}\left(\alpha_l\sum_{n_{\mathrm{T}}=1}^{N_{\mathrm{T}}}s_{n_{\mathrm{T}}}(t-\tau)\mathrm{e}^{-\mathrm{j}2\pi\frac{d_{\mathrm{T}}\sin\theta_{\mathrm{T}}^{l}}{\lambda}(n_{\mathrm{T}}-1)}\right)\mathrm{e}^{-\mathrm{j}2\pi\frac{d_{\mathrm{T}}\sin\theta_{\mathrm{R}}^{l}}{\lambda}(n_{\mathrm{R}}-1)},n_{\mathrm{R}}=1,2,3,\cdots,N_{\mathrm{R}} \quad (2.5)$$

其中，θ_{R}^{l} 为第 l 个目标相对于接收阵列的到达角（Direction of Arrival，DoA），$\tau=\tau_{\mathrm{T}}+\tau_{\mathrm{R}}$，$\tau_{\mathrm{R}}$ 为目标所在距离单元相对于接收阵元的时间延迟，α_l 为接收信号复增益。

则接收阵列接收到的信号可以表示为

$$\boldsymbol{y}(t)=[y_1(t),y_2(t),y_3(t),\cdots,y_{N_{\mathrm{T}}}(t)]^{\mathrm{T}} \quad (2.6)$$

定义发射阵元和接收阵元的导向矢量分别为

$$\boldsymbol{a}_{\mathrm{T}}(\theta)=\left[1,\mathrm{e}^{-\mathrm{j}2\pi\frac{d_{\mathrm{T}}\sin\theta}{\lambda}},\mathrm{e}^{-\mathrm{j}2\pi\frac{2d_{\mathrm{T}}\sin\theta}{\lambda}},\mathrm{e}^{-\mathrm{j}2\pi\frac{3d_{\mathrm{T}}\sin\theta}{\lambda}},\cdots,\mathrm{e}^{-\mathrm{j}2\pi\frac{d_{\mathrm{T}}\sin\theta}{\lambda}(N_{\mathrm{T}}-1)}\right]^{\mathrm{T}} \quad (2.7)$$

$$\boldsymbol{a}_{\mathrm{R}}(\theta)=\left[1,\mathrm{e}^{-\mathrm{j}2\pi\frac{d_{\mathrm{T}}\sin\theta}{\lambda}},\mathrm{e}^{-\mathrm{j}2\pi\frac{2d_{\mathrm{T}}\sin\theta}{\lambda}},\mathrm{e}^{-\mathrm{j}2\pi\frac{3d_{\mathrm{T}}\sin\theta}{\lambda}},\cdots,\mathrm{e}^{-\mathrm{j}2\pi\frac{d_{\mathrm{T}}\sin\theta}{\lambda}(N_{\mathrm{R}}-1)}\right]^{\mathrm{T}} \quad (2.8)$$

对发射信号 $\boldsymbol{s}(t)$ 进行时域离散采样，得到

$$\begin{aligned}\boldsymbol{S}&=[\boldsymbol{s}_1,\boldsymbol{s}_2,\boldsymbol{s}_3,\cdots,\boldsymbol{s}_{N_{\mathrm{T}}}]^{\mathrm{T}}=[\overline{\boldsymbol{s}}_1,\overline{\boldsymbol{s}}_2,\overline{\boldsymbol{s}}_3,\cdots,\overline{\boldsymbol{s}}_M]\\&=\begin{bmatrix}\boldsymbol{s}_1(1)&\boldsymbol{s}_1(2)&\boldsymbol{s}_1(3)&\cdots&\boldsymbol{s}_1(M)\\\boldsymbol{s}_2(1)&\boldsymbol{s}_2(2)&\boldsymbol{s}_2(3)&\cdots&\boldsymbol{s}_2(M)\\\boldsymbol{s}_3(1)&\boldsymbol{s}_3(2)&\boldsymbol{s}_3(3)&\cdots&\boldsymbol{s}_3(M)\\\vdots&\vdots&\vdots&\vdots&\vdots\\\boldsymbol{s}_{N_{\mathrm{T}}}(1)&\boldsymbol{s}_{N_{\mathrm{T}}}(2)&\boldsymbol{s}_{N_{\mathrm{T}}}(3)&\cdots&\boldsymbol{s}_{N_{\mathrm{T}}}(M)\end{bmatrix}\end{aligned} \quad (2.9)$$

其中，$\boldsymbol{s}_{n_{\mathrm{T}}}=[\boldsymbol{s}_{n_{\mathrm{T}}}(1),\boldsymbol{s}_{n_{\mathrm{T}}}(2),\boldsymbol{s}_{n_{\mathrm{T}}}(3),\cdots,\boldsymbol{s}_{n_{\mathrm{T}}}(M)]^{\mathrm{T}}$ 为第 n_{T} 个发射阵元的 M 个采样点，$\overline{\boldsymbol{s}}_m=[\boldsymbol{s}_1(m),\boldsymbol{s}_2(m),\boldsymbol{s}_3(m),\cdots,\boldsymbol{s}_{N_{\mathrm{T}}}(m)]^{\mathrm{T}}$ 为第 m 个采样时刻的 N_{T} 个发射阵元的发射波形。

则接收信号的时间离散采样模型可以表示为

$$\begin{aligned}\boldsymbol{Y}&=\left[\boldsymbol{y}_1,\boldsymbol{y}_2,\boldsymbol{y}_3,\cdots,\boldsymbol{y}_{N_{\mathrm{T}}}\right]^{\mathrm{T}}=\left[\overline{\boldsymbol{y}}_1,\overline{\boldsymbol{y}}_2,\overline{\boldsymbol{y}}_3,\cdots,\overline{\boldsymbol{y}}_M\right]\\&=\sum_{l=1}^{L}\alpha_l\boldsymbol{a}_{\mathrm{R}}\left(\theta_{\mathrm{R}}^{l}\right)\boldsymbol{a}_{\mathrm{T}}^{\mathrm{T}}\left(\theta_{\mathrm{T}}^{l}\right)\boldsymbol{S}\end{aligned} \quad (2.10)$$

其中，$\overline{\boldsymbol{y}}_m=\sum_{l=1}^{L}\alpha_l\boldsymbol{a}_{\mathrm{R}}\left(\theta_{\mathrm{R}}^{l}\right)\boldsymbol{a}_{\mathrm{T}}^{\mathrm{T}}\left(\theta_{\mathrm{T}}^{l}\right)\overline{\boldsymbol{s}}_m$ 是由 N_{R} 个接收阵列信号的第 m 个采样点组成的 $N_{\mathrm{R}}\times 1$ 的向量。

将接收信号矩阵 $\boldsymbol{Y}$ 表示成向量的形式，则

$$\begin{aligned}\boldsymbol{y}&=\mathrm{vec}\{\boldsymbol{Y}\}\\&=\sum_{l=1}^{L}\alpha_l\boldsymbol{A}\left(\theta_{\mathrm{R}}^{l},\theta_{\mathrm{T}}^{l}\right)\boldsymbol{s}\end{aligned} \quad (2.11)$$

其中，$\boldsymbol{s}=\operatorname{vec}\{\boldsymbol{S}\}$，$\boldsymbol{A}\left(\theta_{\mathrm{R}}^{l},\theta_{\mathrm{T}}^{l}\right)$ 定义为

$$\boldsymbol{A}\left(\theta_{\mathrm{R}}^{l},\theta_{\mathrm{T}}^{l}\right)=\boldsymbol{I}_{M}\otimes\left(\boldsymbol{a}_{\mathrm{R}}\left(\theta_{\mathrm{R}}^{l}\right)\boldsymbol{a}_{\mathrm{T}}^{\mathrm{T}}\left(\theta_{\mathrm{T}}^{l}\right)\right) \tag{2.12}$$

2. 信号处理流程

集中式 MIMO 雷达信号处理流程可以根据发射波束形成位于信号处理流程的位置分为以下两种[1]：联合发射波束形成与接收波束形成，联合发射波束形成与脉冲压缩。

1）联合发射波束形成与接收波束形成

该处理流程主要包括时域一维匹配滤波和综合波束形成，如图 2.2 所示，其中 MIMO 雷达发射正交波形。

时域一维匹配滤波起脉冲压缩和各发射信号分离的作用，即 N_{T} 个时域滤波器分别与 N_{T} 个发射信号相匹配，所以时域滤波器的权系数为

$$\boldsymbol{h}_{n_{\mathrm{T}}}(m)=\boldsymbol{s}_{n_{\mathrm{T}}}^{*}(M-m)\quad n_{\mathrm{T}}=1,2,3,\cdots,N_{\mathrm{T}} \tag{2.13}$$

其中，$\boldsymbol{s}_{n_{\mathrm{T}}}^{*}$ 表示第 $\boldsymbol{n}_{\mathrm{T}}$ 个发射信号 $\boldsymbol{s}_{n_{\mathrm{T}}}$ 的共轭信号。由于 N_{T} 个发射信号相互正交，滤波器在实现匹配滤波的同时，也起到了对目标反射的各发射信号进行分离的作用。

综合波束形成是指对所有接收阵列信号的全部时域一维匹配滤波器的输出进行调相求和处理，波束形成的输出再进行和常规雷达相同的脉冲积累、检测等处理。综合波束形成等效于同时实现接收波束形成和发射波束形成功能，所有路接收信号的全部时域一维匹配滤波器的输出排列成一个向量时就等效于发射和接收阵列联合形成的一个虚拟天线阵列，综合波束形成即对虚拟天线阵列信号进行的波束形成操作。

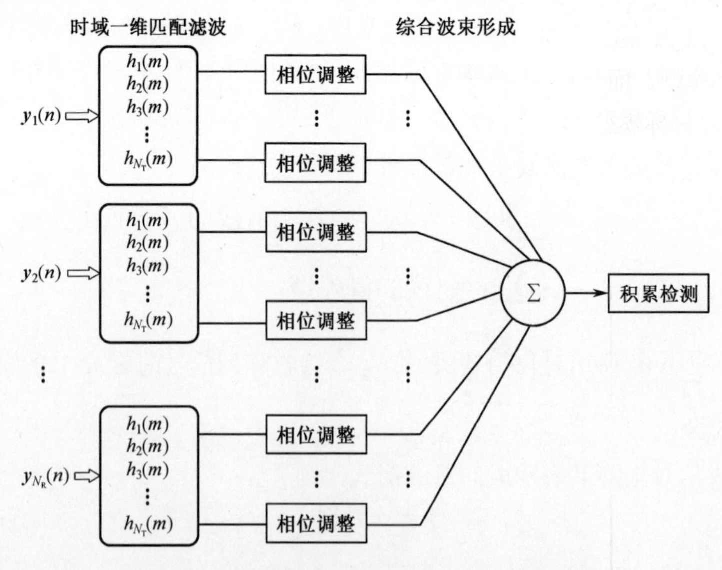

图 2.2 联合发射波束形成与接收波束形成

这种流程是集中式 MIMO 雷达默认的处理流程，通过该流程也很容易对 MIMO 雷达形成的虚拟天线孔径和孔径扩展进行解释，但是当发射波形非完全正交而是部分相关时，该处理流程需要对时域滤波器的个数和其权系数进行相应的修改[2]。

2）联合发射波束形成与脉冲压缩

该处理流程主要包括接收波束形成和脉冲综合，如图 2.3 所示。其中脉冲综合同时实现脉冲压缩和发射波束形成功能。

为了对 θ_{T} 方向的目标进行脉冲综合，脉冲综合要与 θ_{T} 方向的目标回波匹配，其权系数为对 θ_{T} 方向的目标回波进行倒序并取共轭，有

$$\boldsymbol{h}(m)=\boldsymbol{a}_{\mathrm{T}}^{\mathrm{H}}(\theta_{\mathrm{T}})\boldsymbol{S}^{*}(M-m) \tag{2.14}$$

可以看出，脉冲综合不仅和时间有关，还和方向有关，所以其匹配滤波又称为时空两维匹配滤波（其中，时间一维，方向一维），脉冲综合等效于实现了对某方向目标反射的发射信号的匹配滤波，而和接收阵列没有关系，如果对不同方向的目标进行匹配滤波，则其脉冲综合权系数不同。

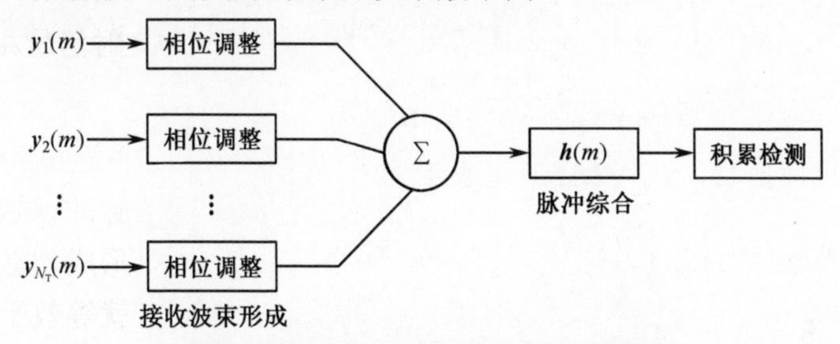

图 2.3　联合发射波束形成和脉冲压缩

2.1.1.2　分布式 MIMO 雷达

在集中式 MIMO 雷达模型中，由于天线间距离较近，在远场情况下可将目标假设为点目标模型，而分布式 MIMO 雷达模型中天线间距离较远，其从不同方向照射目标，因此点目标模型不再适用[3-5]。如图 2.4 所示为分布式 MIMO 雷达模型示意图。

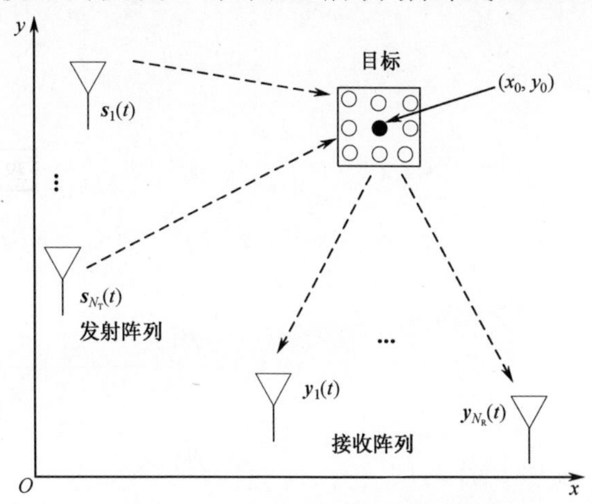

图 2.4　分布式 MIMO 雷达模型示意图

假设目标由无穷多个随机的、各向同性的、独立的均匀分布在矩形区域 $\mathcal{S}=\mathcal{X}\times\mathcal{Y}=\left[x_0-\frac{\Delta x}{2},x_0+\frac{\Delta x}{2}\right]\times\left[y_0-\frac{\Delta y}{2},y_0+\frac{\Delta y}{2}\right]$ 内的散射体所构成，其中，点 (x_0,y_0) 是矩形目标的中心位置。$\Sigma(x,y)$ 表示位于 (x_0+x,y_0+y) 的散射体复增益，其中 $(x,y)\in\mathcal{X}\times\mathcal{Y}$。将 $\Sigma(x,y)$ 建模为零均值的复高斯随机变量，并且假设 $\mathbb{E}\left\{|\Sigma(x,y)|^2\right\}=\frac{1}{\Delta x\Delta y}$。

定义点 (x_1,y_1) 到点 (x_2,y_2) 之间的距离为 $d(x_1,y_1,x_2,y_2)=\sqrt{(x_1-x_2)^2+(y_1-y_2)^2}$，传输时间为 $\tau(x_1,y_1,x_2,y_2)=d(x_1,y_1,x_2,y_2)/c$。

假设发射阵列和接收阵列分别由 N_T 和 N_R 个阵元组成。二维空间中第 n_T 个发射阵元和第 n_R 个接收阵元的位置表示为 $(x_{n_\mathrm{T}},y_{n_\mathrm{T}})$ 和 $(x_{n_\mathrm{R}},y_{n_\mathrm{R}})$。从第 n_T 个发射阵元发射的窄带信号 $s_{n_\mathrm{T}}(t)$，经过目标散射后，被第 n_R 个接收阵元接收的信号为

$$
\begin{aligned}
x_{n_\mathrm{T},n_\mathrm{R}}(t)=&\int_{x_0-\frac{\Delta x}{2}}^{x_0+\frac{\Delta x}{2}}\int_{y_0-\frac{\Delta y}{2}}^{y_0+\frac{\Delta y}{2}}s_{n_\mathrm{T}}\left(t-\tau\left(x_{n_\mathrm{T}},y_{n_\mathrm{T}},\gamma,\beta\right)-\tau\left(x_{n_\mathrm{R}},y_{n_\mathrm{R}},\gamma,\beta\right)\right)\cdot\\
&\Sigma\left(\gamma-x_0,\beta-y_0\right)\mathrm{d}\gamma\mathrm{d}\beta
\end{aligned}
\tag{2.15}
$$

经过变量代换后，式（2.15）可表示为

$$
\begin{aligned}
x_{n_\mathrm{T},n_\mathrm{R}}(t)=&\int_{-\frac{\Delta x}{2}}^{\frac{\Delta x}{2}}\int_{-\frac{\Delta y}{2}}^{\frac{\Delta y}{2}}s_{n_\mathrm{T}}\left(t-\tau\left(x_{n_\mathrm{T}},y_{n_\mathrm{T}},x_0,y_0\right)-\right.\\
&\left(\tau\left(x_{n_\mathrm{T}},y_{n_\mathrm{T}},x_0+\gamma,y_0+\beta\right)-\tau\left(x_{n_\mathrm{T}},y_{n_\mathrm{T}},x_0,y_0\right)\right)-\\
&\tau\left(x_{n_\mathrm{R}},y_{n_\mathrm{R}},x_0,y_0\right)-\\
&\left.\left(\tau\left(x_{n_\mathrm{R}},y_{n_\mathrm{R}},x_0+\gamma,y_0+\beta\right)-\tau\left(x_{n_\mathrm{R}},y_{n_\mathrm{R}},x_0,y_0\right)\right)\right)\Sigma(\gamma,\beta)\mathrm{d}\gamma\mathrm{d}\beta
\end{aligned}
\tag{2.16}
$$

利用窄带假设，$\boldsymbol{s}_\tau(t)=\boldsymbol{s}(t-\tau)\mathrm{e}^{-\mathrm{j}2\pi f_\mathrm{c}\tau}\approx\boldsymbol{s}(t)\mathrm{e}^{-\mathrm{j}2\pi f_\mathrm{c}\tau}$，则有

$$
\begin{aligned}
x_{n_\mathrm{T},n_\mathrm{R}}(t)=&\boldsymbol{s}_{n_\mathrm{T}}\left(t-\tau\left(x_{n_\mathrm{T}},y_{n_\mathrm{T}},x_0,y_0\right)-\tau\left(x_{n_\mathrm{R}},y_{n_\mathrm{R}},x_0,y_0\right)\right)\cdot\\
&\int_{-\frac{\Delta x}{2}}^{\frac{\Delta x}{2}}\int_{-\frac{\Delta y}{2}}^{\frac{\Delta y}{2}}\mathrm{e}^{-\mathrm{j}2\pi f_\mathrm{c}\left(\tau\left(x_{n_\mathrm{T}},y_{n_\mathrm{T}},x_0+\gamma,y_0+\beta\right)-\tau\left(x_{n_\mathrm{T}},y_{n_\mathrm{T}},x_0,y_0\right)\right)}\cdot\\
&\mathrm{e}^{-\mathrm{j}2\pi f_\mathrm{c}\left(\tau\left(x_{n_\mathrm{R}},y_{n_\mathrm{R}},x_0+\gamma,y_0+\beta\right)-\tau\left(x_{n_\mathrm{R}},y_{n_\mathrm{R}},x_0,y_0\right)\right)}\Sigma(\gamma,\beta)\mathrm{d}\gamma\mathrm{d}\beta
\end{aligned}
\tag{2.17}
$$

由于 $\gamma^2+\beta^2\ll(x_{n_\mathrm{T}}-x_0)^2+(y_{n_\mathrm{T}}-y_0)^2$，$\gamma^2+\beta^2\ll(x_{n_\mathrm{R}}-x_0)^2+(y_{n_\mathrm{R}}-y_0)^2$，通过近似可以得到

$$
\tau\left(x_{n_\mathrm{T}},y_{n_\mathrm{T}},x_0+\gamma,y_0+\beta\right)-\tau\left(x_{n_\mathrm{T}},y_{n_\mathrm{T}},x_0,y_0\right)\approx\frac{\beta\left(y_{n_\mathrm{T}}-y_0\right)+\gamma\left(x_{n_\mathrm{T}}-x_0\right)}{cd\left(x_{n_\mathrm{T}},y_{n_\mathrm{T}},x_0,y_0\right)}\tag{2.18}
$$

$$
\tau\left(x_{n_\mathrm{R}},y_{n_\mathrm{R}},x_0+\gamma,y_0+\beta\right)-\tau\left(x_{n_\mathrm{R}},y_{n_\mathrm{R}},x_0,y_0\right)\approx\frac{\beta\left(y_{n_\mathrm{R}}-y_0\right)+\gamma\left(x_{n_\mathrm{R}}-x_0\right)}{cd\left(x_{n_\mathrm{R}},y_{n_\mathrm{R}},x_0,y_0\right)}\tag{2.19}
$$

则

$$x_{n_\mathrm{T},n_\mathrm{R}}(t)=\alpha_{n_\mathrm{T},n_\mathrm{R}}s_{n_\mathrm{T}}\left(t-\tau\left(x_{n_\mathrm{T}},y_{n_\mathrm{T}},x_0,y_0\right)-\tau\left(x_{n_\mathrm{R}},y_{n_\mathrm{R}},x_0,y_0\right)\right) \tag{2.20}$$

其中，c 为光速，且

$$\alpha_{n_\mathrm{T},n_\mathrm{R}}=\int_{-\frac{\Delta x}{2}}^{\frac{\Delta x}{2}}\int_{-\frac{\Delta y}{2}}^{\frac{\Delta y}{2}}\mathrm{e}^{-\mathrm{j}2\pi f_\mathrm{c}\left(\frac{\beta\left(y_{n_\mathrm{T}}-y_0\right)+\gamma\left(x_{n_\mathrm{T}}-x_0\right)}{cd\left(x_{n_\mathrm{T}},y_{n_\mathrm{T}},x_0,y_0\right)}\right)}\mathrm{e}^{-\mathrm{j}2\pi f_\mathrm{c}\left(\frac{\beta\left(y_{n_\mathrm{R}}-y_0\right)+\gamma\left(x_{n_\mathrm{R}}-x_0\right)}{cd\left(x_{n_\mathrm{R}},y_{n_\mathrm{R}},x_0,y_0\right)}\right)}\Sigma(\gamma,\beta)\mathrm{d}\gamma\mathrm{d}\beta \tag{2.21}$$

在假设散射体数目充分大的情况下，利用中心极限定理，可以证明 $\alpha_{n_\mathrm{T},n_\mathrm{R}}$ 是一个复高斯随机变量。

定义第 n_T 个发射阵元相对于第 1 个发射阵元的相位差为

$$\varphi_{n_\mathrm{T}}=2\pi f_\mathrm{c}\left(\tau\left(x_{n_\mathrm{T}},y_{n_\mathrm{T}},x_0,y_0\right)-\tau\left(x_{1_\mathrm{T}},y_{1_\mathrm{T}},x_0,y_0\right)\right) \tag{2.22}$$

第 n_R 个接收阵元相对于第 1 个接收阵元的相位差为

$$\varphi_{n_\mathrm{R}}=2\pi f_\mathrm{c}\left(\tau\left(x_{n_\mathrm{R}},y_{n_\mathrm{R}},x_0,y_0\right)-\tau\left(x_{1_\mathrm{R}},y_{1_\mathrm{R}},x_0,y_0\right)\right) \tag{2.23}$$

在窄带假设下，有

$$\begin{aligned}&s_{n_\mathrm{T}}\left(t-\tau\left(x_{n_\mathrm{T}},y_{n_\mathrm{T}},x_0,y_0\right)-\tau\left(x_{n_\mathrm{R}},y_{n_\mathrm{R}},x_0,y_0\right)\right)\\&=\mathrm{e}^{-\mathrm{j}\varphi_{n_\mathrm{T}}-\mathrm{j}\varphi_{n_\mathrm{R}}}s_{n_\mathrm{T}}(t-\tau)\end{aligned} \tag{2.24}$$

其中，$\tau_{1_\mathrm{T},1_\mathrm{R}}=\tau\left(x_{1_\mathrm{T}},y_{1_\mathrm{T}},x_0,y_0\right)+\tau\left(x_{1_\mathrm{R}},y_{1_\mathrm{R}},x_0,y_0\right)$ 为第 1 个发射阵元相对于散射体中心与第 1 个接收阵元相对于散射体中心的时延之和。从而可得到

$$x_{n_\mathrm{T},n_\mathrm{R}}(t)=\alpha_{n_\mathrm{T},n_\mathrm{R}}\mathrm{e}^{-\mathrm{j}\varphi_{n_\mathrm{T}}-\mathrm{j}\varphi_{n_\mathrm{R}}}s_{n_\mathrm{T}}\left(t-\tau_{1_\mathrm{T},1_\mathrm{R}}\right) \tag{2.25}$$

在第 n_R 个接收阵元将所有发射阵元的目标信号叠加，得到

$$\boldsymbol{y}_{n_\mathrm{R}}(t)=\sum_{n_\mathrm{T}=1}^{N_\mathrm{T}}\alpha_{n_\mathrm{T},n_\mathrm{R}}\mathrm{e}^{-\mathrm{j}\varphi_{n_\mathrm{T}}-\mathrm{j}\varphi_{n_\mathrm{R}}}\boldsymbol{s}_{k_\mathrm{T}}\left(t-\tau_{1_\mathrm{T},1_\mathrm{R}}\right) \tag{2.26}$$

定义发射阵列导向矢量和接收阵列导向矢量分别为

$$\boldsymbol{a}_\mathrm{T}=\left[\mathrm{e}^{-\mathrm{j}\varphi_{1_\mathrm{T}}},\mathrm{e}^{-\mathrm{j}\varphi_{2_\mathrm{T}}},\mathrm{e}^{-\mathrm{j}\varphi_{3_\mathrm{T}}},\cdots,\mathrm{e}^{-\mathrm{j}\varphi_{N_\mathrm{T}}}\right]^\mathrm{T} \tag{2.27}$$

$$\boldsymbol{a}_\mathrm{R}=\left[\mathrm{e}^{-\mathrm{j}\varphi_{1_\mathrm{R}}},\mathrm{e}^{-\mathrm{j}\varphi_{2_\mathrm{R}}},\mathrm{e}^{-\mathrm{j}\varphi_{3_\mathrm{R}}},\cdots,\mathrm{e}^{-\mathrm{j}\varphi_{N_\mathrm{R}}}\right]^\mathrm{T} \tag{2.28}$$

定义接收的目标信号向量、发射信号向量分别为

$$\boldsymbol{y}(t)=[y_1(t),y_2(t),y_3(t),\cdots,y_{N_\mathrm{R}}(t)]^\mathrm{T} \tag{2.29}$$

$$\boldsymbol{s}(t)=[s_1(t),s_2(t),s_3(t),\cdots,s_{N_\mathrm{T}}(t)]^\mathrm{T} \tag{2.30}$$

则接收的目标信号向量可以表示为

$$\boldsymbol{y}(t)=\boldsymbol{A}_\mathrm{R}\boldsymbol{H}\boldsymbol{A}_\mathrm{T}\boldsymbol{s}\left(t-\tau_{1_\mathrm{T},1_\mathrm{R}}\right) \tag{2.31}$$

其中，$\boldsymbol{A}_\mathrm{R}$ 和 $\boldsymbol{A}_\mathrm{T}$ 是对角矩阵，其定义为

$$\boldsymbol{A}_\mathrm{R}=\mathrm{diag}\{\boldsymbol{a}_\mathrm{R}\} \tag{2.32}$$

$$A_{\mathrm{T}} = \mathrm{diag}\{\boldsymbol{a}_{\mathrm{T}}\} \tag{2.33}$$

$\boldsymbol{H}$ 是信道矩阵

$$\boldsymbol{H} = \begin{bmatrix} \alpha_{1,1} & \alpha_{1,2} & \alpha_{1,3} & \cdots & \alpha_{1,N_{\mathrm{T}}} \\ \alpha_{2,1} & \cdots & \cdots & \cdots & \alpha_{2,N_{\mathrm{T}}} \\ \alpha_{3,1} & \cdots & \cdots & \cdots & \alpha_{3,N_{\mathrm{T}}} \\ \vdots & \vdots & \vdots & \vdots & \vdots \\ \alpha_{N_{\mathrm{R}},1} & \alpha_{N_{\mathrm{R}},2} & \alpha_{N_{\mathrm{R}},3} & \cdots & \alpha_{N_{\mathrm{R}},N_{\mathrm{T}}} \end{bmatrix} \tag{2.34}$$

如果发射和接收阵元间距满足空间不相关条件，那么，信道矩阵的所有元素都是独立同分布的、零均值、单位方差的圆对称复高斯随机变量。对角矩阵 $\boldsymbol{A}_{\mathrm{R}}$ 和 $\boldsymbol{A}_{\mathrm{T}}$ 的各主对角线元素的模值为 1，因此，$\boldsymbol{A}_{\mathrm{R}}\boldsymbol{H}\boldsymbol{A}_{\mathrm{T}}$ 与 $\boldsymbol{H}$ 具有相同的分布。

因此，空间分集的 MIMO 雷达目标信号模型可以表示为

$$\boldsymbol{y}(t) = \boldsymbol{H}\boldsymbol{s}\left(t - \tau_{1_{\mathrm{T}},1_{\mathrm{R}}}\right) \tag{2.35}$$

不失一般性，假设信号传输延 $\tau = 0$，于是收发分集的 MIMO 雷达模型的离散时间基带目标模型可以表示为

$$\boldsymbol{y}(n) = \boldsymbol{H}\boldsymbol{s}(n) \tag{2.36}$$

可以看出，由随机元素构成的信道矩阵包含了目标的散射信息，由于目标散射的随机性，目标的角度等相干信息在统计 MIMO 雷达模型中完全丢失。

分布式 MIMO 雷达因为利用了多信道信号传输，并且各信道具有独立性，可以有效地对抗目标的雷达横截面闪烁，有利于提高雷达对目标的检测和参数估计等性能。

2.1.2　MIMO 雷达的特点

2.1.2.1　工作模式灵活

MIMO 雷达的发射波形更为灵活，既可以发射相互正交的波形，又可以发射相同的波形，还能发射非正交信号。通过设计不同的发射波形可以使 MIMO 雷达具有更灵活的工作模式，以应对更加复杂的工作环境[6-7]。

MIMO 雷达的工作模式切换取决于不同的任务需求[8]。MIMO 雷达不同波形、工作模式和形成效果如表 2.1 所示。

表 2.1　MIMO 雷达不同波形、工作模式和形成效果

MIMO 雷达波形	工作模式	形成效果
正交波形	全空域搜索	空域全向发射波束方向图 接收多波束覆盖
相关波形	指定空域搜索	指定空域覆盖的宽波束
	多目标跟踪	多个指向的不同增益波束
相同波形	跟踪	高增益单波束
	远距离空域搜索	

当需要雷达系统进行全空域同时搜索时，MIMO 雷达发射正交波形，此时空域形成全向的发射波束方向图，在接收端形成多波束覆盖搜索空域范围，但此时探测威力不如相控阵雷达。当搜索到目标后，转成相控阵模式进行跟踪；当需要雷达系统进行远距空域搜索时，采用相控阵模式发射相同的波形，形成高增益单波束进行搜索；当对指定空域进行搜索时，采用部分正交模式，形成对指定空域覆盖的宽波束；当对已搜索到的多个目标进行跟踪时，也采用部分正交模式，形成多个指向的波束，并且根据不同指向目标的大小，有选择地进行发射能量分配。

2.1.2.2　抗截获性能提高

假设集中式 MIMO 雷达发射阵列为均匀线阵，天线个数为 N_{T}，间距为 d_{T}，发射信号波长为 λ。每个发射阵元发射独立的波形，采样点数为 M，则其窄带离散基带信号形式为 $\boldsymbol{S}=[\boldsymbol{s}_1,\boldsymbol{s}_2,\boldsymbol{s}_3,\cdots,\boldsymbol{s}_{N_{\mathrm{T}}}]^{\mathrm{T}}=[\bar{\boldsymbol{s}}_1,\bar{\boldsymbol{s}}_2,\bar{\boldsymbol{s}}_3,\cdots,\bar{\boldsymbol{s}}_M]$。其中，$\boldsymbol{s}_{n_{\mathrm{T}}}=[\boldsymbol{s}_{n_{\mathrm{T}}}(1),\boldsymbol{s}_{n_{\mathrm{T}}}(2),\boldsymbol{s}_{n_{\mathrm{T}}}(3),\cdots,\boldsymbol{s}_{n_{\mathrm{T}}}(M)]^{\mathrm{T}}$ 为第 n_{T} 个发射阵元的 M 个采样点，$\bar{\boldsymbol{s}}_m=[\boldsymbol{s}_1(m),\boldsymbol{s}_2(m),\boldsymbol{s}_3(m),\cdots,\boldsymbol{s}_{N_{\mathrm{T}}}(m)]^{\mathrm{T}}$ 为第 m 个采样时刻的 N_{T} 个发射阵元的发射波形。

为简化分析，忽略传播衰减等影响，则在目标方向 θ 处的基带信号表示为

$$\boldsymbol{x}_m=\boldsymbol{a}^{\mathrm{T}}(\theta)\bar{\boldsymbol{s}}_m \tag{2.37}$$

其中，$\boldsymbol{a}_{\mathrm{T}}(\theta)$ 为 $N_{\mathrm{T}}\times 1$ 维的发射导向矢量，具体形式为

$$\boldsymbol{a}_{\mathrm{T}}(\theta)=\left[1,\mathrm{e}^{-\mathrm{j}2\pi\frac{d_{\mathrm{T}}\sin\theta}{\lambda}},\mathrm{e}^{-\mathrm{j}2\pi\frac{2d_{\mathrm{T}}\sin\theta}{\lambda}},\mathrm{e}^{-\mathrm{j}2\pi\frac{3d_{\mathrm{T}}\sin\theta}{\lambda}},\cdots,\mathrm{e}^{-\mathrm{j}2\pi\frac{d_{\mathrm{T}}\sin\theta}{\lambda}(N_{\mathrm{T}}-1)}\right]^{\mathrm{T}} \tag{2.38}$$

MIMO 雷达位于 θ 方向处的目标接收功率可表示为

$$P(\theta)=\mathbb{E}[\boldsymbol{x}_m\boldsymbol{x}_m^{\mathrm{H}}]=\frac{1}{M}\sum_{m=1}^{M}\left\|\boldsymbol{a}_{\mathrm{T}}^{\mathrm{T}}(\theta)\bar{\boldsymbol{s}}_m\right\|^2=\boldsymbol{a}_{\mathrm{T}}^{\mathrm{H}}(\theta)\boldsymbol{R}\boldsymbol{a}_{\mathrm{T}}(\theta) \tag{2.39}$$

其中，$\boldsymbol{R}$ 为发射波形协方差矩阵，具体形式为

$$\boldsymbol{R}=\frac{1}{M}\sum_{m=1}^{M}\bar{\boldsymbol{s}}_m\bar{\boldsymbol{s}}_m^{\mathrm{H}}=\frac{1}{M}\boldsymbol{S}\boldsymbol{S}^{\mathrm{H}} \tag{2.40}$$

如果 MIMO 发射相互正交的波形，即 $\boldsymbol{R}$ 为单位矩阵，则 $\boldsymbol{P}(\theta)=N_{\mathrm{T}}$，表明各个方向辐射的功率相等，实现了空域全覆盖。在相控阵模式下，雷达发射相关波形，此时 $\boldsymbol{R}$ 为 $N_{\mathrm{T}}\times N_{\mathrm{T}}$ 的全为1的矩阵，方向图随着角度变化，能量可以聚焦于某个方向。此时，相比于相控阵雷达，MIMO 波束的主瓣功率增益降低了 N_{T}（发射阵元个数）倍。

由雷达原理可知，距离发射阵元 R 处的功率密度为[9]

$$S=G_{\mathrm{A}}G_{\mathrm{S}}\frac{P_{\mathrm{T}}}{4\pi R^2} \tag{2.41}$$

其中，G_{A} 为发射阵列功率增益；G_{S} 为发射子阵功率增益；P_{T} 为发射峰值功率。根据上述分析可知，当发射正交波形时，MIMO 雷达的发射功率增益为相控阵雷达的 $1/N_{\mathrm{T}}$，即在同一距离处，MIMO 雷达的功率密度只有相控阵的 $1/N_{\mathrm{T}}$。

在不考虑雷达采取其他抗截获措施的情况下，雷达的截获概率因子与雷达的空间功率密度相关。在相同发射功率、相同天线、发射正交波形的情况下，MIMO雷达的截获距离为传统相控阵雷达的$\sqrt{1/N_{\mathrm{T}}}$，而且发射阵元越多，抗截获性能越好。

2.1.2.3　速度分辨率提高

MIMO 雷达与相控阵雷达速度分辨率对比的前提是它们具有相同的探测威力。根据雷达方程可以得到雷达的探测距离R_m为

$$R_m=\left(\frac{P_{\mathrm{T}}G_{\mathrm{T}}G_{\mathrm{R}}\lambda^2\sigma}{(4\pi)^3 S_{\mathrm{R\,min}}L_{\mathrm{S}}}\right)^{1/4} \tag{2.42}$$

其中，P_{T}为雷达发射机峰值功率；G_{T}为雷达天线发射增益；G_{R}为雷达天线接收增益；λ为雷达发射电磁波波长；σ为目标雷达散射截面；$S_{\mathrm{R\,min}}=kT_{\mathrm{R}}B_{\mathrm{R}}(S/N)_{\mathrm{R}}F_{\mathrm{R}}$为雷达系统接收灵敏度，其中$B_{\mathrm{R}}$、$T_{\mathrm{R}}$分别为雷达接收机带宽和等效噪声温度，$F_{\mathrm{R}}$为雷达接收机噪声系数，$(S/N)_{\mathrm{R}}$为雷达系统能检测到目标所需的最小信噪比；$L_{\mathrm{S}}$为雷达系统损耗（包括极化、传输、接收等损耗）。

考虑雷达接收机的匹配处理增益$D_{\mathrm{R}}=N_{\mathrm{p}}B_{\mathrm{R}}T_{\mathrm{p}}$（其中，$N_{\mathrm{p}}$表示相参脉冲积累数，$T_{\mathrm{p}}$为脉宽），则探测距离$R_m$为

$$R_m=\left(\frac{P_{\mathrm{T}}G_{\mathrm{T}}G_{\mathrm{R}}\lambda^2\sigma N_{\mathrm{p}}T_{\mathrm{p}}}{(4\pi)^3 kT_{\mathrm{R}}(S/N)_{\mathrm{R}}F_{\mathrm{R}}L_{\mathrm{S}}}\right)^{1/4} \tag{2.43}$$

如果 MIMO 雷达发射相互正交的波形，通过对雷达发射波束方向图的分析可知，相控阵雷达的波束主瓣功率是 MIMO 雷达的N_{T}倍，为了达到相同的探测威力，MIMO 雷达的积累脉冲个数将提高N_{T}倍。则相控阵雷达和 MIMO 雷达速度分辨率分别为[9]

$$f_{\mathrm{d\,min}}=\frac{f_{\mathrm{r}}}{N_{\mathrm{p}}}\Rightarrow v_{\mathrm{phase}}=\frac{f_{\mathrm{r}}\lambda}{2N_{\mathrm{p}}} \tag{2.44}$$

$$f_{\mathrm{d\,min}}=\frac{f_{\mathrm{r}}}{N_{\mathrm{p}}N_{\mathrm{T}}}\Rightarrow v_{\mathrm{MIMO}}=\frac{f_{\mathrm{r}}\lambda}{2N_{\mathrm{p}}N_{\mathrm{T}}} \tag{2.45}$$

其中，f_{r}为脉冲重复频率，λ为波长，N_{p}为相控阵雷达的积累脉冲个数。因此，MIMO 雷达的速度分辨率提高了N_{T}倍。

2.1.2.4　距离分辨率提高

雷达的距离分辨率与信号的带宽有关，若 MIMO 雷达每个通道发射不同频道的信号，则 MIMO 雷达的带宽主要由单个信号带宽和发射通道间的频率间隔决定。MIMO 雷达的带宽为多子带合成的带宽，相比于相控阵雷达具有更大的带宽，因此距离分辨率比相控阵雷达要高[10]。

2.1.2.5　测角精度提高

MIMO 雷达测角可以联合使用发射和接收天线两端处理，而传统的相控阵雷达只能使用天线接收端处理，其测角精度只和接收天线孔径有关。MIMO 雷达测角精度的提高或天线孔径的扩展和以下两个因素有关。

1）收发天线位置

不同的天线收发位置得到的虚拟天线孔径不同，所带来的天线孔径扩展也不同。如图 2.5 和图 2.6 所示分别为集中式 MIMO 雷达 2 发 4 收和 4 发 4 收及其等效阵列。可以看出，图 2.5 的天线孔径扩展为 1 倍，其测角精度也会提高 1 倍；图 2.6 的天线孔径扩展看似接近 1 倍，其实为大约 40%，因为虚拟天线的中间阵元幅度较大（由较多的阵元合成）、两边阵元幅度较小（由较少的阵元合成），等效于进行了幅度加权，其孔径会有一定损失，所以该收发结构的 MIMO 雷达测角精度大约提升 40%，这种结构是一般雷达天线中常用的收发天线共用等间距线阵结构，这也正是人们常说的 MIMO 雷达测角精度会提升 40%的根源[1]。

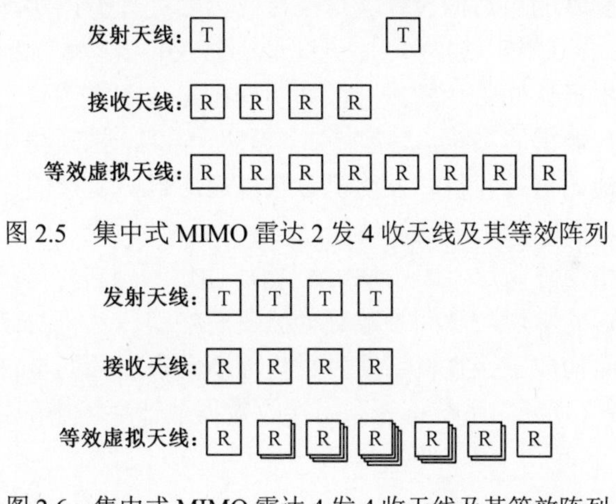

图 2.5　集中式 MIMO 雷达 2 发 4 收天线及其等效阵列

图 2.6　集中式 MIMO 雷达 4 发 4 收天线及其等效阵列

2）发射波形的相关系数

在其他条件都相同的条件下，MIMO 雷达的测角精度随着其发射波形的相关系数改变而变化，在正交波形时其测角精度最高，等效于天线孔径扩展最大，随着波形相关系数的增加，测角精度会下降，在波形完全相关（常规相控阵雷达）时，测角精度最低，等效于没有天线孔径扩展。

2.1.2.6　系统自由度提高

传统相控阵雷达通常发射窄波束，也可以根据情况发射赋形波束。由于相控阵雷达可控的只有相位，控制自由度有限，因而获得复杂的发射波束方向图较为困难。MIMO 雷达各个发射通道的发射波形可以分别控制，因而其可控自由度远大于传统相控阵雷达，可以根据需要通过优化设计发射信号矩阵产生多个虚拟阵元，最终形成优化的方向图。

在发射和接收天线共用的情况下，MIMO 雷达导向矢量为接收导向矢量和发射导向矢量的克罗内克积（Kronecker 积）的形式，表示为

$$\boldsymbol{E}(\theta_{\mathrm{R}},\theta_{\mathrm{T}})=\boldsymbol{a}_{\mathrm{T}}(\theta_{\mathrm{T}})\otimes\boldsymbol{a}_{\mathrm{R}}(\theta_{\mathrm{R}}) \tag{2.46}$$

$\boldsymbol{E}(\theta_{\mathrm{R}},\theta_{\mathrm{T}})$ 中元素的个数为 $N_{\mathrm{T}}N_{\mathrm{R}}$，即总阵元的个数。事实上，根据阵元布阵方式的不同，有效阵元数不同，通常情况下虚拟阵元有重叠，有效阵元数一般小于 $N_{\mathrm{T}}N_{\mathrm{R}}$。对于发射和接收共用的情况，有效阵元数为相控阵雷达的 2 倍，最理想的情况为 $N_{\mathrm{T}}N_{\mathrm{R}}$ 倍。

2.2　MIMO 雷达认知波形设计的理论架构

2.2.1　认知 MIMO 雷达框架

得益于数字任意波形发生器、固态发射机及高速信号处理硬件等先进硬件技术的大力发展，实时的自适应设计波形及接收信号处理得以实现，有力推进了雷达的智能化发展。2006 年，加拿大教授 Simon Haykin 借鉴蝙蝠回声定位系统及认知过程，首次提出了认知雷达的概念，并明确指出认知雷达是引入并模仿人类认知特性的新一代智能雷达系统，具备感知、理解、学习、推断与决策等能力[11-12]，使雷达系统不断地调整接收机和发射机参数以适应日益复杂的探测环境，从而有效提高目标检测、跟踪及抗干扰等性能。

区别于传统相控阵雷达，认知 MIMO 雷达通过利用目标与环境知识，对各个天线阵元发射波形的脉内与脉间参数进行捷变，将雷达系统的自适应接收扩展至自适应发射，从而构成了接收机、发射机与环境动态闭环的全自适应雷达处理架构。其结构如图 2.7 所示，系统首先利用接收数据估计环境中的目标、杂波、干扰

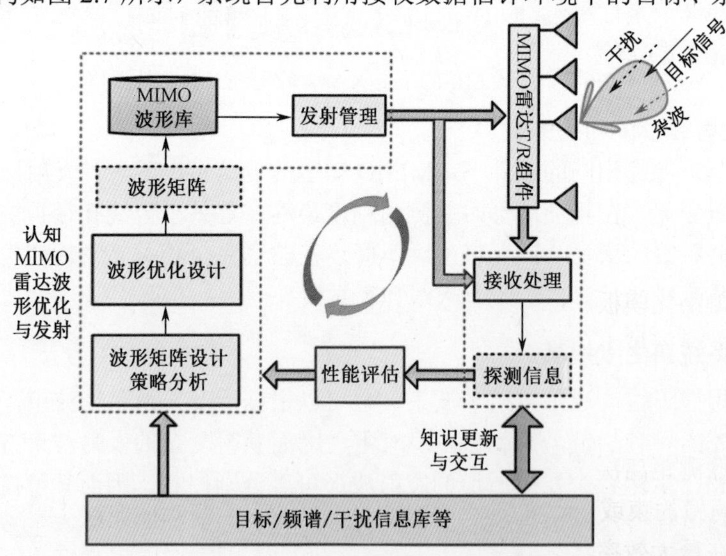

图 2.7　认知 MIMO 雷达系统结构

等散射分布统计特性。然后，为下次最优发射波形的设计提供更精细化的目标和环境等先验信息。最后，雷达利用反馈信息在现有知识和准则下自适应设计最优 MIMO 波形矩阵并发射以实现目标与环境最佳匹配，提高 MIMO 雷达系统性能，从而弥补传统雷达无记忆能力和难以高效利用先验知识的固有缺陷。

2.2.2 MIMO 雷达波形设计准则与约束

MIMO 雷达认知波形设计问题通常是非凸的高维多约束优化问题，包含了波形优化准则与约束条件。优化准则主要与 MIMO 雷达目标检测、参数估计及抗干扰等性能指标直接或间接相关。其中，增强 MIMO 雷达目标检测性能的优化准则如下。

（1）最大化检测概率准则[13]：检测概率越大，目标检测性能越好，这种准则最为直接，但需推导检测概率与 MIMO 雷达波形的关系，求解较为复杂。

（2）最大化 SNR 或 SINR 准则[14-15]：通常 SNR 或 SINR 越大，检测概率越高，因 SNR 或 SINR 更容易与发射波形建立简单的关系，从而被考虑为常用的准则。

（3）最大化相对熵[16]：表示了目标有无二元假设检验的概率密度函数之间的差异程度，相对熵越大，目标检测性能越好。

衡量 MIMO 雷达目标参数估计性能的优化准则如下。

（1）最小化 CRB 准则[17]：目标参数无偏估计的 CRB 越小，参数估计越精确。

（2）最小化均方误差（Minimum Mean Squared Error，MMSE）准则[18]：目标参数估计的 MSE 越小，参数估计越准确。

（3）最大化 MI 准则[19]：雷达回波与目标冲激响应之间的 MI 越大，目标参数估计越精确或识别性能越好。

提升 MIMO 雷达信号分辨率、测量精度、杂波抑制及抗电子干扰能力的优化准则如下。

（1）最小化 WISL 或 WPSL 准则[18]：WISL 或 WPSL 越小，强目标（杂波）返回的旁瓣能量越小，弱目标的发现概率越大，该准则主要用于控制波形模糊函数或 MIMO 雷达发射波束方向图形状，减少多目标之间的相互干扰，提高多目标检测性能。

（2）最小化模板匹配误差准则[18]：多用于方向图、模糊函数、波形频谱模板匹配，匹配误差越小，拟合效果越好、抗干扰能力越强。

波形约束条件主要包含以下 4 种。

（1）能量约束[15]：约束发射波形能量在某个区间，通常由雷达系统发射机或雷达最大探测距离决定。

（2）恒模约束或 PAR 约束[18]：限制波形幅度动态范围，旨在让雷达非线性放大器工作在最大效率状态（饱和或临近饱和状态），避免输出波形非线性失真。

（3）相似性约束[13,15,19]：约束设计波形与某个参考波形相似，以获得参考波形某些属性（如参考波形具备良好的脉冲压缩特性）。

（4）频谱约束[18]：约束 MIMO 雷达波形中某些频段传输的能量，旨在保证雷达与某些方向电子系统（如通信系统）频谱共存。

需要指出的是，在某些雷达认知波形优化问题中，上述优化准则函数可建模为约束条件，某些约束条件也可包含在优化准则中[20]。

2.2.3　非凸约束优化理论

MIMO 雷达波形设计可归结为一个多约束非凸高维的非线性优化问题，难以在多项式时间复杂度内找到最优解。其解决办法通常是利用具有多项式时间复杂度的非凸约束优化理论找到原问题的一个次优解。常用的约束优化理论包括半定松弛（Semi Definite Relaxation，SDR）、CD、ADMM、MM 等算法。

1. SDR 算法

SDR 算法主要思想是通过放松一些非凸约束，将原问题转换为一个 SDP 凸问题，进而采用随机化或矩阵分解等理论找到满足所有原问题约束的次优解[25-27]。考虑如下二次约束二次规划（Quadratically Constrained Quadratic Programs，QCQP）问题

$$\begin{cases}\min\limits_{\boldsymbol{x}\in\mathbb{R}^n} & \boldsymbol{x}^{\mathrm{T}}\boldsymbol{C}\boldsymbol{x}\\ \text{s.t.} & \boldsymbol{x}^{\mathrm{T}}\boldsymbol{A}_i\boldsymbol{x}_i \trianglerighteq_i b_i,\quad i=1,2,3,\cdots,m\end{cases}\tag{2.47}$$

其中，$\trianglerighteq_i$ 可以表示"$\succeq$"、"$=$"或"$\preceq$"中的任意一种，$\boldsymbol{C},\boldsymbol{A}_i\in\mathbb{S}^n$，$b_i\in\mathbb{R},i=1,2,3,\cdots,m$。

首先注意到，

$$\begin{aligned}\boldsymbol{x}^{\mathrm{T}}\boldsymbol{C}\boldsymbol{x}&=\mathrm{tr}\left\{\boldsymbol{x}^{\mathrm{T}}\boldsymbol{C}\boldsymbol{x}\right\}=\mathrm{tr}\left\{\boldsymbol{C}\boldsymbol{x}\boldsymbol{x}^{\mathrm{T}}\right\}\\ \boldsymbol{x}^{\mathrm{T}}\boldsymbol{A}_i\boldsymbol{x}&=\mathrm{tr}\left\{\boldsymbol{x}^{\mathrm{T}}\boldsymbol{A}_i\boldsymbol{x}\right\}=\mathrm{tr}\left\{\boldsymbol{A}_i\boldsymbol{x}\boldsymbol{x}^{\mathrm{T}}\right\}\end{aligned}\tag{2.48}$$

令 $\boldsymbol{X}=\boldsymbol{x}\boldsymbol{x}^{\mathrm{T}}$，则

$$\boldsymbol{x}^{\mathrm{T}}\boldsymbol{C}\boldsymbol{x}=\mathrm{tr}\left\{\boldsymbol{C}\boldsymbol{X}\right\}\tag{2.49}$$

$$\boldsymbol{x}^{\mathrm{T}}\boldsymbol{A}_i\boldsymbol{x}=\mathrm{tr}\left\{\boldsymbol{A}_i\boldsymbol{X}\right\}\tag{2.50}$$

目标函数和约束关于 $\boldsymbol{X}$ 是线性的。

条件 $\boldsymbol{X}=\boldsymbol{x}\boldsymbol{x}^{\mathrm{T}}$ 等价于

$$\boldsymbol{X}\succeq 0,\ \mathrm{rank}\left\{\boldsymbol{X}\right\}\leqslant 1\tag{2.51}$$

因此，QCQP 问题可以重新表示为

$$\begin{cases}\min\limits_{\boldsymbol{X}\in\mathbb{S}^n} & \mathrm{tr}\left\{\boldsymbol{C}\boldsymbol{X}\right\}\\ \text{s.t.} & \mathrm{tr}\left\{\boldsymbol{A}_i\boldsymbol{X}\right\}\trianglerighteq_i b_i,\quad i=1,2,3,\cdots,m\\ & \boldsymbol{X}\succeq 0,\ \mathrm{rank}\left\{\boldsymbol{X}\right\}\leqslant 1\end{cases}\tag{2.52}$$

其中，约束 $\mathrm{tr}\left\{\boldsymbol{A}_i\boldsymbol{X}\right\}\trianglerighteq_i b_i$ 较易求解，但是 $\mathrm{rank}\left\{\boldsymbol{X}\right\}\leqslant 1$ 为该优化问题求解带来了较大难度。

去掉秩 1 约束得到一个放松的 QCQP：

$$\begin{cases}\min\limits_{\boldsymbol{X}\in\mathbb{S}^n} & \mathrm{tr}\left\{\boldsymbol{C}\boldsymbol{X}\right\} \\ \text{s.t.} & \mathrm{tr}\left\{\boldsymbol{A}_i\boldsymbol{X}\right\}\trianglerighteq_i b_i,\quad i=1,2,3,\cdots,m \\ & \boldsymbol{X}\succeq 0\end{cases} \tag{2.53}$$

上述问题是一个凸问题，且是一个 SDP 问题。因此，在多项式时间内，可以用现有的数值算法找到 SDP 的全局最优解。在此基础上，为了找到秩 1 约束的一个可行解，通常利用随机化或矩阵分解方法[27-29]。

2. ADMM 算法

ADMM 算法最早提出于 2010 年[21]，是一种双变量的交替优化算法。考虑如下双变量优化模型：

$$\begin{cases}\min\limits_{\boldsymbol{x},\boldsymbol{z}} & f(\boldsymbol{x})+g(\boldsymbol{z}) \\ \text{s.t.} & \boldsymbol{A}\boldsymbol{x}+\boldsymbol{B}\boldsymbol{z}=\boldsymbol{c}\end{cases} \tag{2.54}$$

其中，$\boldsymbol{x}\in\mathbb{R}^n$，$\boldsymbol{z}\in\mathbb{R}^m$，$\boldsymbol{A}\in\mathbb{R}^{p\times n}$，$\boldsymbol{B}\in\mathbb{R}^{p\times n}$，$\boldsymbol{c}\in\mathbb{R}^p$，于是对应的增广拉格朗日函数为

$$L_\rho(\boldsymbol{x},\boldsymbol{z},\boldsymbol{y})=f(\boldsymbol{x})+g(\boldsymbol{z})+\boldsymbol{y}^{\mathrm{T}}(\boldsymbol{A}\boldsymbol{x}+\boldsymbol{B}\boldsymbol{z}-\boldsymbol{c})+(\rho/2)\|\boldsymbol{A}\boldsymbol{x}+\boldsymbol{B}\boldsymbol{z}-\boldsymbol{c}\|_2^2$$

其中，$\boldsymbol{y}$ 为对偶变量，ρ 为惩罚系数。则对应的 ADMM 迭代步骤为

$$\begin{cases}\boldsymbol{x}^{k+1}=\operatorname*{argmin}\limits_{\boldsymbol{x}} L_\rho\left(\boldsymbol{x},\boldsymbol{z}^k,\boldsymbol{y}^k\right) \\ \boldsymbol{z}^{k+1}=\operatorname*{argmin}\limits_{\boldsymbol{z}} L_\rho\left(\boldsymbol{x}^{k+1},\boldsymbol{z},\boldsymbol{y}^k\right) \\ \boldsymbol{y}^{k+1}=\boldsymbol{y}^k+\rho\left(\boldsymbol{A}\boldsymbol{x}^{k+1}+\boldsymbol{B}\boldsymbol{z}^{k+1}-\boldsymbol{c}\right)\end{cases} \tag{2.55}$$

上述迭代过程包含了变量 $\boldsymbol{x}$ 和 $\boldsymbol{z}$ 的更新步骤及对偶变量 $\boldsymbol{y}$ 的更新步骤。其中，对变量 $\boldsymbol{x}$ 的更新步骤是以固定了 $\boldsymbol{z}$ 为前提的，对变量 $\boldsymbol{z}$ 的更新步骤是以固定了 $\boldsymbol{x}$ 为前提的。换句话说，对变量 $\boldsymbol{x}$ 和 $\boldsymbol{z}$ 的更新步骤是交替进行的。

由于 ADMM 算法可以很好地解决非凸优化问题，因此 ADMM 算法在 MIMO 雷达波形优化领域的应用层出不穷[21-23]。但是 ADMM 算法优化性能受惩罚系数的影响较大，有时甚至无法保证收敛性，很多研究并不能解释其惩罚系数选取的理论依据[24,30]。因此，ADMM 算法在实际中的应用存在一定的局限性。

3. CD 算法

CD 算法是一种基于变量降维的迭代优化算法，特别适合多变量的优化求解。假设某优化问题一共有 K 个变量，则在每次优化中只优化其中某一个变量，而固定其余的 $K-1$ 个变量。通过循环迭代，使得所有变量不断逼近最优解。这种优化

思想与 ADMM 算法也是类似的。

MIMO 雷达的波形优化问题通常为高维非凸问题，因此可将其看作多个变量的联合优化问题。由于波形优化问题一般为恒模问题，只需考虑相位部分。所以可先将波形的每个分量进行随机初始化，再利用 CD 算法对波形的每个相位进行优化。在具有二次规划形式的波形优化问题中，一般可以在一次优化中直接推出波形分量的解析解，不仅大大提高了算法的精确度，也有效提升了算法的计算速度，对于其工程落地具有重要意义[31]。CD 算法还可进一步解决具有相似约束的波形优化问题，并能解决离散约束下的波形优化问题，在近些年受到了广泛的关注。虽然 CD 算法的优点较多，但其仍然存在一些问题。在某些场景中，其不仅不容易收敛，还会使得算法陷入死循环。另外，目前已有的研究问题中，其模型一般基于二次优化模型展开，模式相对简单固定。而对于较为复杂的优化问题，相关研究则相对缺乏。

4. MM 算法

关于 MM 算法的研究最早可以追溯到 1970 年[25]，它与在计算统计学中广泛使用的期望最大化（Expectation-Maximization，EM）算法[32]密切相关。

考虑一个优化问题

$$\begin{cases} \min\limits_{\boldsymbol{x}} & f(\boldsymbol{x}) \\ \text{s.t.} & \boldsymbol{x} \in \mathcal{X} \end{cases} \tag{2.56}$$

其中，$\mathcal{X}$ 是一个非空的闭集，$f(\cdot)$ 可能是非凸的和/或非光滑的。

MM 算法考虑依次解决一系列简单的优化问题，而不是直接最小化 $f(\boldsymbol{x})$。在某个可行的起始点 $\boldsymbol{x}^{(0)}$ 进行初始化，然后迭代为 $\boldsymbol{x}^{(1)},\boldsymbol{x}^{(2)},\boldsymbol{x}^{(3)},\cdots$ 直到满足一定的收敛准则。对于任意一次迭代，如第 t 次迭代，更新规则为

$$\boldsymbol{x}^{(t+1)} \in \arg\min_{x\in\mathcal{X}} u\left(\boldsymbol{x},\boldsymbol{x}^{(t)}\right) \tag{2.57}$$

其中，$u\left(\boldsymbol{x},\boldsymbol{x}^{(t)}\right)$ 是 $f(\boldsymbol{x})$ 在 $\boldsymbol{x}^{(t)}$ 的替代函数，满足如下条件：

（1）$u\left(\boldsymbol{x},\boldsymbol{x}^{(t)}\right) \geqslant f(\boldsymbol{x}), \forall \boldsymbol{x} \in \mathcal{X}$；

（2）$u\left(\boldsymbol{x}^{(t)},\boldsymbol{x}^{(t)}\right) = f\left(\boldsymbol{x}^{(t)}\right)$。

即 $u\left(\boldsymbol{x},\boldsymbol{x}^{(t)}\right)$ 是约束集合上 $f(\boldsymbol{x})$ 的紧上界函数，并且在 $\boldsymbol{x}^{(t)}$ 处与 $f(\boldsymbol{x})$ 重合。

MM 算法的关键在于构建替代函数 $u\left(\boldsymbol{x},\boldsymbol{x}^{(t)}\right)$。一般来说，替代函数需要具有以下特性：

（1）变量具有可分离性（并行计算）；

（2）是凸的且是光滑的；

（3）存在一个闭式的解。

因此，最小化替代函数是高效和可伸缩的，利用易于实现的简洁算法即可求解原问题[33]。

本章参考文献

[1] 赵永波, 刘宏伟. MIMO 雷达技术综述[J]. 数据采集与处理, 2018, 33(3): 389-399.

[2] BEKKERMAN I, TABRIKIAN J. Target detection and localization using MIMO radars and sonars[J]. IEEE Transactions on Signal Processing, 2006, 54(10): 3873-3883.

[3] 夏威. MIMO 雷达模型与信号处理研究[D]. 成都: 电子科技大学, 2008.

[4] 吴曼丽. 分布式 MIMO 雷达波形设计相关技术研究[D]. 南京: 东南大学, 2018.

[5] 江伟伟. MIMO 雷达模型与信号处理方法研究[D]. 北京: 中国舰船研究院, 2013.

[6] 庞娜. MIMO 雷达信号处理技术及实现的研究[D]. 北京: 北京理工大学, 2015.

[7] 刘波. MIMO 雷达正交波形设计及信号处理研究[D]. 成都: 电子科技大学, 2008.

[8] 杨涛. MIMO 雷达波形设计与实时处理系统研究[D]. 西安: 西安电子科技大学, 2014.

[9] 饶利兵. MIMO 雷达性能评估技术[D]. 西安: 西安电子科技大学, 2017.

[10] 池政刚. MIMO 雷达波形优化设计技术[D]. 西安: 西安电子科技大学, 2020.

[11] HAYKIN S. Cognitive radar: A way of the future[J]. IEEE Signal Processing Magazine, 2006, 23(1): 30-40.

[12] GUERCI J R. Cognitive radar: The knowledge-aided fully adaptive approach[M]. London: Artech House, 2010.

[13] ALFONSO F, MAIO A D, HAYKIN S, et al. The impact of cognition on radar technology[M]. New Delhi: Scitech Publishing, 2017.

[14] BERGIN J S, TECHAU P M, DON CARLOS J E. Radar waveform optimization for colored noise mitigation[C]. IEEE International Radar Conference, Arlington, Virginia, 2005: 149-154.

[15] GINI F, MAIO A D, PATTON L. Waveform design and diversity for advanced radar systems[M]. Stevenage: IET Press, 2012.

[16] STOICA P, HE H, LI J. Optimization of the receive filter and transmit sequence for active sensing[J]. IEEE Transactions on Signal Processing, 2012, 60(4): 1730-1740.

[17] BELL M R. Information theory and radar waveform design[J]. IEEE Transactions on Information Theory, 1993, 39(5): 1578-1597.

[18] HE H, LI J, STOICA P. Waveform design for active sensing systems: A

computational approach[M]. Cambridge: Cambridge University Press, 2012.
[19] LI J, GUERCI J R, XU L. Signal waveform's optimal-under-restriction design for active sensing[J]. IEEE Signal Processing Letters, 2006, 13(9): 565-568.
[20] 崔国龙, 余显祥, 杨婧, 等. 认知雷达波形优化设计方法综述[J]. 雷达学报, 2019, 8(5): 537-557.
[21] BOYD S, PARIKH N, CHU E, et al. Distributed optimization and statistical learning via the alternating direction method of multipliers[M]. Norwell: Now Publishers, 2011.
[22] CHENG Z, HAN C, LIAO B, et al. Communication-aware waveform design for MIMO radar with good transmit beampattern[J]. IEEE Transactions on Signal Processing, 2018, 66(21): 5549-5562.
[23] LIANG J, SO H C, LI J, et al. Unimodular sequence design based on alternating direction method of multipliers[J]. IEEE Transactions on Signal Processing, 2016, 64(20): 5367-5381.
[24] 张伟见. MIMO 雷达波形优化设计算法研究[D]. 成都: 电子科技大学, 2021.
[25] VANDENBERGHE L, BOYD S. Semidefinite programming[J]. SIAM Review, 1996, 38(1): 49-95.
[26] LUO Z Q, MA W A, SO A M C, et al. Semidefinite relaxation of quadratic optimization problems[J]. IEEE Signal Processing Magazine, 2010, 27(3): 20-34.
[27] HUANG Y, PALOMAR D. Randomized algorithms for optimal solutions of double-sided QCQP with applications in signal processing[J]. IEEE Transactions on Signal Processing, 2014, 62(5): 1093-1108.
[28] AI W, HUANG Y, ZHANG S. New results on hermitian matrix rank-one decomposition[J]. Mathematical Programming, 2011, 128(1): 253-283.
[29] HUANG Y, PALOMAR D. Rank-constrained separable semidefinite programming with applications to optimal beamforming[J]. IEEE Transactions on Signal Processing, 2010, 58(2): 664-678.
[30] HUANG K, SIDIROPOULOS N. Consensus-ADMM for general quadratically constrained quadratic programming[J]. IEEE Transactions on Signal Processing, 2016, 64(20): 5297-5310.
[31] ORTEGA J M, RHEINBOLDT W C. Iterative solution of nonlinear equations in several variables[M]. New York: Academic Press, 2014.
[32] WU T T, LANGE K. The MM alternative to EM[J]. Statistical Science, 2016, 25(4): 492-505.
[33] SUN Y, BABU P, PALOMAR D. Majorization-minimization algorithms in signal processing, communications, and machine learning[J]. IEEE Transactions on Signal Processing, 2017, 65(3): 794-816.

第3章

MIMO 雷达正交波形设计

- 基于经典波形的正交波形设计
- 基于 WISL 准则的正交波形设计

作为 MIMO 雷达在搜索工作模式下的常用波形，正交波形对于 MIMO 雷达具有重要的意义。

正交波形具有以下两个特点：一是发射能量均匀地向整个空域辐射，不会集中到某个特定的区域内；二是波形间的互相关响应接近于零，各个波形在进行匹配滤波时不会对彼此造成影响[1-2]。

因此，对于集中式 MIMO 雷达，发射正交波形可以在接收端形成虚拟孔径，获得更好的角度估计精度，以及更多的干扰抑制自由度，同时提升了雷达的低截获能力；而对于分布式 MIMO 雷达，利用正交波形可以在接收端提取各个路径中的目标信息，从而可以获得目标空间分集增益，以提高对目标的检测性能[3-4]。

在理想情况下，良好的正交性表现为信号的自相关函数具有理想冲激函数的形式，互相关函数值为零。但在实际中，这样的信号是不存在的，所以，MIMO 雷达正交波形的设计目的在于通过优化，使信号的自相关旁瓣电平（Auto-correlation Sidelobe Level，ASL）和互相关旁瓣电平（Cross-correlation Sidelobe Level，CSL）尽可能低[5-6]。

本章首先研究正交频分复用-线性调频波形（Orthogonal Frequency Division Multiplexing-Linear Frequency Modulated，OFDM-LFM）、正交噪声波形、正交非线性调频（Non-Linear Frequency Modulation，NLFM）波形；然后以最小化发射波形集 WISL 为设计准则，研究基于降阶的四次序列迭代（Reduced-Order Quartic Optimization，ROQO）算法的恒模正交波形设计算法和基于模式搜索（Pattern Search，PS）算法的正交波形设计算法，并分析各个优化算法的收敛性与计算复杂度。通过仿真验证所提算法的有效性与收敛性，并在目标函数、迭代次数、收敛速度等性能上与传统正交波形优化算法进行对比。

3.1　基于经典波形的正交波形设计

经典的雷达波形通常具有一些良好的特性，线性调频（Linear Frequency Modulation，LFM）波形通过对频率进行线性调制获得大时宽带宽积，从而具有良好的距离分辨和多普勒分辨能力，同时，它具有高的平均发射功率，保证了足够远的作用距离，广泛用于实际雷达系统中。白噪声波形模糊图具有理想的图钉形。因此，从雷达模糊函数的角度看，理论上白噪声是最理想的探测波形。NLFM 波形在 LFM 波形的基础上，改变了波形频谱，使其经过匹配滤波器得到较低的旁瓣，不需要加权网络来抑制旁瓣，从而改善了信噪比损失和分辨率下降等问题。本节基于 LFM 波形、白噪声波形和 NLFM 波形完成了正交波形设计。

3.1.1　基于 OFDM 和 LFM 的正交波形设计

本节基于 LFM 波形采用正交频分复用的方式得到正交的 OFDM-LFM 波形[7-10]。

3.1.1.1　OFDM-LFM 波形

假设一组线性调频信号有 N_{T} 个，分别为 $s_1^{\mathrm{LFM}}(t), s_2^{\mathrm{LFM}}(t), \cdots, s_{N_{\mathrm{T}}}^{\mathrm{LFM}}(t)$，则第 n 个复 LFM 信号可以表示为

$$s_n^{\mathrm{LFM}}(t) = A_n \mathrm{e}^{\mathrm{j}2\pi\left(f_n t + \frac{1}{2}\mu_n t^2\right)} \mathrm{e}^{\mathrm{j}\varphi_n} \operatorname{rect}\left(\frac{t}{T}\right) \tag{3.1}$$

其中，A_n、f_n 和 φ_n 分别表示第 n 个发射天线发射信号载波的幅度、频率和初始相位；$\mu_n = B/T$ 为调频斜率，B 为频率变化范围（带宽）；T 为 LFM 脉冲宽度；$\operatorname{rect}(t/T)$ 为矩形函数，表示如下：

$$\operatorname{rect}\left(\frac{t}{T}\right) = \begin{cases} 1, & -T/2 \leqslant t \leqslant T/2 \\ 0, & \text{其他} \end{cases} \tag{3.2}$$

为方便处理和分析，假设这组 LFM 波形具有相同的调频斜率，即 $\mu_n = \mu$；载波频率 f_n 为线性变化，即

$$f_n = f_0 + (n-1)\Delta f, n = 1,2,3,\cdots,N_{\mathrm{T}} \tag{3.3}$$

其中，f_0 为第一个参考信号的载频；Δf 为载频变化的步进频率。因此，第 n 个复 LFM 信号可以写为

$$s_n^{\mathrm{LFM}}(t) = A_n \mathrm{e}^{\mathrm{j}2\pi\left(f_0 t + \frac{1}{2}\mu t^2 + (n-1)\Delta f t\right)} \mathrm{e}^{\mathrm{j}\varphi_n} \operatorname{rect}\left(\frac{t}{T}\right) \tag{3.4}$$

3.1.1.2　OFDM-LFM 波形正交条件分析

为保证发射波形集中任意两个发射波形正交，首先来讨论波形正交的条件。

假设在信号持续时间 T 内，$s_{n_1}(t)$ 和 $s_{n_2}(t)$ 正交，则其正交须满足的条件为

$$\int_0^T s_{n_1}(t) s_{n_2}^*(t) \mathrm{d}t = 0, \ n_1 \neq n_2 \tag{3.5}$$

忽略幅度和初始相位的影响，将式（3.4）代入式（3.5），展开可得

$$\begin{aligned} & \int_0^T \exp\left(\mathrm{j}2\pi\left(f_{n_1} t + \frac{\mu t^2}{2}\right)\right) \exp\left(-\mathrm{j}2\pi\left(f_{n_2} t + \frac{\mu t^2}{2}\right)\right) \mathrm{d}t \\ & = \int_0^T \exp\left(\mathrm{j}2\pi\left(f_{n_1} - f_{n_2}\right)t\right) \mathrm{d}t \\ & = \int_0^T \cos\left(2\pi\left(f_{n_1} - f_{n_2}\right)t\right) \mathrm{d}t + \mathrm{j}\int_0^T \sin\left(2\pi\left(f_{n_1} - f_{n_2}\right)t\right) \mathrm{d}t \\ & = 0 \end{aligned} \tag{3.6}$$

为满足上式，则应保证实部和虚部均为 0，即

$$\begin{aligned} & \frac{\sin\left(2\pi\left(f_{n_1} - f_{n_2}\right)T\right)}{2\pi\left(f_{n_1} - f_{n_2}\right)} = 0 \\ & 1 - \frac{\cos\left(2\pi\left(f_{n_1} - f_{n_2}\right)T\right)}{2\pi\left(f_{n_1} - f_{n_2}\right)} = 0 \end{aligned} \tag{3.7}$$

求解式（3.7），可以得到发射波形集中任意两波形正交的条件为 $\left|f_{n_1}-f_{n_2}\right|\cdot T=k$，其中，$k$ 为整数，即应满足频差 $\Delta f=\left|f_{n_1}-f_{n_2}\right|=k/T$。故任意两正交波形的最小频差为 $\Delta f_{\min}=1/T$。

3.1.2 基于白噪声波形的正交波形簇设计

理想白噪声的自相关函数为 δ 函数，模糊图具有理想的图钉形状。因此，从雷达模糊函数的角度看，理论上白噪声是最理想的探测波形[11]。在实际应用中，理想的白噪声无法实现，通常仅在某一频带内功率谱为（或近似为）常数，为带限白噪声。由于其具有宽谱特性和不可预测性，提供强的电子对抗（Electronic Counter Measures，ECM）特征[12]，通常的截获接收机无法截获噪声雷达信号，因此噪声被认为是最佳的低截获概率（Low-Probability of Intercept，LPI）波形[13]。噪声另外一个重要特性是独立噪声波形是相互正交的，理论上白噪声相关维无穷，因此可以产生无数正交波形。下面将具体讨论基于白噪声的正交波形的设计方法。

白噪声波形的功率谱密度是一个常数，这里假设为

$$P(\omega)=1,\ -\infty<\omega<\infty \tag{3.8}$$

由于平稳过程的功率谱密度 $P(\omega)$ 和自相关函数 $R(\tau)$ 构成一对傅里叶变换，它们之间唯一确定[14]：

$$\begin{cases}P(\omega)=F[R(\tau)]=\int_{-\infty}^{\infty}R(\tau)\mathrm{e}^{-\mathrm{j}\omega\tau}\mathrm{d}\tau\\ R(\tau)=F^{-1}[P(\omega)]=\int_{-\infty}^{\infty}R(\tau)\mathrm{e}^{-\mathrm{j}\omega\tau}\mathrm{d}\tau\end{cases} \tag{3.9}$$

其中，$F[\cdot]$ 和 $F^{-1}[\cdot]$ 分别表示傅里叶变换和逆傅里叶变换，容易得到自相关函数为

$$R(\tau)=\delta(\tau) \tag{3.10}$$

理论上讲，白噪声具有最理想的自相关函数特性，可以提供最佳检测性能。

白噪声信号 $s_n^{\text{noise}}(t)$ 的模糊函数可以计算为[15-16]

$$\begin{aligned}\left|\chi^{\text{noise}}(\tau;f_{\mathrm{d}})\right|&=\left|E\int_{-\infty}^{\infty}s_n^{\text{noise}}(t)(s_n^{\text{noise}}(t-\tau))^{*}\mathrm{e}^{\mathrm{j}2\pi f_{\mathrm{d}}t}\mathrm{d}t\right|\\&=\left|\int_{-\infty}^{\infty}E\left[s_n^{\text{noise}}(t)(s_n^{\text{noise}}(t-\tau))^{*}\right]\mathrm{e}^{\mathrm{j}2\pi f_{\mathrm{d}}t}\mathrm{d}t\right|\\&=\left|\int_{-\infty}^{\infty}R(\tau)\mathrm{e}^{\mathrm{j}2\pi f_{\mathrm{d}}t}\mathrm{d}t\right|\\&=\delta(\tau)\delta(f_{\mathrm{d}})\end{aligned} \tag{3.11}$$

其中，f_{d} 为目标的多普勒频率。可以看出，模糊函数 $\left|\chi^{\text{noise}}(\tau;f_{\mathrm{d}})\right|$ 具有理想的图钉形状，当 $\tau=0$ 且 $f_{\mathrm{d}}=0$ 时，$\left|\chi^{\text{noise}}(0;0)\right|$ 趋近于无穷大；其他情况时，$\left|\chi^{\text{noise}}(\tau;f_{\mathrm{d}})\right|=0$。

由于在现实雷达系统中无法取得无限大的带宽，因此理想白噪声在雷达系统

中很难实现。下面考虑一种便于应用的带限白噪声的正交波形设计方法。

设带限白噪声的功率谱密度为

$$P(\omega)=\begin{cases}\sigma^2, & \omega<|\omega_0| \\ 0, & \omega\geqslant|\omega_0|\end{cases} \tag{3.12}$$

则其自相关函数为

$$R(\tau)=F^{-1}[P(\omega)]=\frac{\sigma^2\omega_0}{\pi}\frac{\sin\omega_0\tau}{\omega_0\tau} \tag{3.13}$$

一般而言，带限白噪声可以将白噪声通过特定的滤波器实现。

理论上，带限白噪声仅能提供 -13.2dB 的自相关 PSL，可通过加窗处理使带限白噪声的 ASL 和 CSL 降低，从而满足波形正交条件。

3.1.3　基于 NLFM 波形的正交波形簇设计

LFM 波形因为其易于产生而应用广泛，但由于主副瓣比较低需要通过引入加权窗函数来抑制旁瓣，由此带来了信噪比降低和主瓣展宽等问题。为解决以上问题，引入 NLFM 波形。在 LFM 波形的基础上，改变波形频谱，使其经过匹配滤波器得到较低的旁瓣，不需要加权网络来抑制旁瓣，使信噪比损失和分辨率下降等问题有所改善。因此，在对信噪比损失有严格要求的情况下，采用 NLFM 波形进行脉压处理，是一种行之有效的办法。这里利用相位逗留原理来设计 NLFM 波形[17]。

3.1.3.1　基于相位逗留原理的波形设计

对以下两个定积分进行分析：

$$\begin{aligned} I_{\mathrm{c}}(P) &= \int_{-\infty}^{\infty} a(t)\cos[P\varphi(t)]\mathrm{d}t \\ I_{\mathrm{s}}(P) &= \int_{-\infty}^{\infty} a(t)\sin[P\varphi(t)]\mathrm{d}t \end{aligned} \tag{3.14}$$

其中，幅度函数 $a(t)$ 和相位函数 $\varphi(t)$ 都是 t 的慢变化函数，P 是一个很大的正数。基于这些特点，式（3.14）中的被积函数在绝大部分积分域内表现为快速振荡的形式，正负两半周的面积几乎相等。只在相位逗留点 $\varphi'(t)=0$ 的邻域是例外，在那里，振荡的频率趋于 0。因此，积分只取决于相位逗留点邻域内的积分值，这个即为相位逗留原理。

上述分析同样也适用于如下定积分：

$$I(P)=I_{\mathrm{c}}(P)+\mathrm{j}I_{\mathrm{s}}(P)=\int_{-\infty}^{\infty} a(t)\exp[\mathrm{j}P\varphi(t)]\mathrm{d}t \tag{3.15}$$

设 $\varphi(t)$ 仅有一个相位逗留点 $t=t_0$，则有 $\varphi'(t_0)=0$。将 $\varphi(t)$ 在 $t=t_0$ 点的邻域进行泰勒级数展开，并取前三项，于是近似有

$$\varphi(t)\approx\varphi(t_0)+\varphi'(t_0)(t-t_0)+\frac{1}{2}\varphi''(t_0)(t-t_0)^2 \tag{3.16}$$

代入 $I(P)=I_{\mathrm{c}}(P)+\mathrm{j}I_{\mathrm{s}}(P)=\int_{-\infty}^{\infty} a(t)\exp[\mathrm{j}P\varphi(t)]\mathrm{d}t$ 得

$$I(P)=\int_{-\infty}^{\infty}a(t)\exp[\mathrm{j}P\varphi(t)]\mathrm{d}t\approx a(t_0)\mathrm{e}^{\mathrm{j}P\varphi(t_0)}\int_{-\infty}^{\infty}\mathrm{e}^{\mathrm{j}\frac{P}{2}\varphi(t_0)(t-t_0)^2}\mathrm{d}t \tag{3.17}$$

由泊松积分公式$\int_{-\infty}^{\infty}\mathrm{e}^{\pm\mathrm{j}u^2}\mathrm{d}u=\sqrt{\pi}\mathrm{e}^{\pm\mathrm{j}\frac{\pi}{4}}$，可得

$$I(P)=\sqrt{2\pi}\frac{a(t_0)}{\sqrt{P\left|\varphi''(t_0)\right|}}\mathrm{e}^{\mathrm{j}\left[P\varphi(t_0)\pm\frac{\pi}{4}\right]} \tag{3.18}$$

当$\varphi''(t_0)>0$时，取“+”号；当$\varphi''(t_0)<0$时，取“−”号。

如果将相位逗留原理应用到如下逆傅里叶变换积分式中：

$$u(t)=\int_{-\infty}^{\infty}\left[U_m(f)\mathrm{e}^{\mathrm{j}\theta(f)}\right]\mathrm{e}^{\mathrm{j}2\pi ft}\mathrm{d}f \tag{3.19}$$

其中，$u(t)$和$U_m(f)\mathrm{e}^{\mathrm{j}\theta(f)}$分别为设计波形的时域和频域表示。观察可知相位函数为

$$\beta(f)=2\pi ft+\theta(f) \tag{3.20}$$

则由此得到

$$\beta'(f)=2\pi t+\theta'(f) \tag{3.21}$$

根据相位逗留原理的定义，得到相位逗留点$f=f_0$存在如下关系：

$$\begin{gathered}\beta'(f)\big|_{f=f_0}=0\\ \theta'(f_0)=-2\pi t\end{gathered} \tag{3.22}$$

将积分方程式得到的相位函数$\beta(f)$在相位逗留点$f=f_0$展成泰勒级数，略去二阶以上各项，根据相位逗留原理，得到

$$u(t)\approx\sqrt{2\pi}\frac{U_m}{\sqrt{\left|\theta''(f_0)\right|}}\mathrm{e}^{\mathrm{j}\left[2\pi f_0t+\theta(f_0)\pm\frac{\pi}{4}\right]} \tag{3.23}$$

其中，当$\theta''(f_0)>0$时，取“+”号；当$\theta''(f_0)<0$时，取“−”号。得到波形的振幅函数为

$$|u(t)|\approx\left|\sqrt{2\pi}\frac{U_m}{\sqrt{\left|\theta''(f_0)\right|}}\right| \tag{3.24}$$

相位函数为

$$\varphi(t)\approx2\pi f_0t+\theta(f_0)\pm\frac{\pi}{4} \tag{3.25}$$

限定信号包络为矩形，于是

$$\theta''(f_0)=KU_m^2(f_0) \tag{3.26}$$

再根据群延时的定义，可得群延迟为

$$T(f)=-\theta'(f)/2\pi=K\int_{-\infty}^{f}U_m^2(f)\mathrm{d}f \tag{3.27}$$

因为群延时和瞬时频率互为反函数，$f(t)=T^{-1}(t)$，因而有

$$\varphi'(t)=2\pi T^{-1}(t) \tag{3.28}$$

或

$$\varphi(t)=2\pi\int_{-\infty}^{t}T^{-1}(x)\mathrm{d}x \tag{3.29}$$

至此，我们得到一种应用相位逗留原理的波形设计方法。现将设计步骤归纳如下：先通过傅里叶变换求出信号的频谱$U_m^2(f)$，如果限定信号的包络为矩形，则可由式（3.27）求出$T(f)$，再根据式（3.29）求出$\varphi(t)$的表达式，从而设计出信号波形。

3.1.3.2 基于窗函数反求的NLFM波形设计

假设NLFM信号$s_n^{\mathrm{NLFM}}(t)=a(t)\exp[\mathrm{j}(\theta(t))]$的频谱为$S_n^{\mathrm{NLFM}}(\omega)$，对应的匹配滤波器传递函数为$\left(S_n^{\mathrm{NLFM}}(\omega)\right)^*$，则脉压输出信号$y_n^{\mathrm{NLFM}}(t)$的频谱为

$$\begin{aligned}F[y_n^{\mathrm{NLFM}}(t)]&=\int_{-\infty}^{\infty}y_n^{\mathrm{NLFM}}(t)\exp(-\mathrm{j}\omega t)\mathrm{d}t\\&=S_n^{\mathrm{NLFM}}(\omega)\left(S_n^{\mathrm{NLFM}}(\omega)\right)^*=|S_n^{\mathrm{NLFM}}(\omega)|^2\end{aligned} \tag{3.30}$$

如果选择某种窗函数$W(\omega)$作为脉压输出信号的频谱，也就确定了脉压输出信号，同时保证脉压输出有足够低的旁瓣电平[18]。

根据相位逗留原理有

$$\theta''(\omega)\approx\frac{|S_n^{\mathrm{NLFM}}(\omega)|^2}{a^2(t)} \tag{3.31}$$

假设发射信号的包络是幅度为1的矩形，即$a(t)=1,\ 0\leqslant t\leqslant T$，根据信号功率谱$\left|S_n^{\mathrm{NLFM}}(f)\right|^2$和所选定的某种窗函数$\left|W(f)\right|$来设计信号，可得

$$\theta''(f)=-2\pi|S(f)|^2=-2\pi W(f) \tag{3.32}$$

式（3.32）中NLFM信号的群延时$T(f)$为

$$T(f)=-\frac{\theta'(f)}{2\pi}=\int_{-\infty}^{f}|S(f)|^2\mathrm{d}f \tag{3.33}$$

对式(3.33)求反函数，可以求得NLFM信号的调频函数$f(t)$为$f(t)=T^{-1}(f)$。

对于简单的函数是容易求出其反函数的，但对解析式复杂的函数来说，求其反函数需借助数值分析的方法。

这种方法得到的信号调频斜率为S形曲线，因此这种NLFM信号也称为S形NLFM信号。例如，hamming窗，其函数表达式为

$$W(f)=0.54+0.46\cos\left(\frac{2\pi f}{B}\right) \tag{3.34}$$

由式（3.33）和式（3.34）可得

$$T(f)=0.54kf+\left(\frac{0.23kB}{\pi}\right)\sin\left(\frac{2\pi f}{B}\right),\ -\frac{B}{2}\leqslant f\leqslant\frac{B}{2} \tag{3.35}$$

式（3.35）即为相位逗留原理求解NLFM信号的基本表达式。

最后，利用频域正交，实现基于 NLFM 波形的正交波形簇。具体而言，能设计一个 NLFM 波形，然后将其进行频谱平移得到 N_{T} 个正交波形。

3.1.4　基于经典波形的正交波形性能分析

本节对 OFDM-LFM 正交波形、白噪声正交波形和 NLFM 正交波形进行相关仿真，通过仿真分析多波形的自相关和互相关特性。

3.1.4.1　OFDM-LFM 正交波形性能分析

设有 4 个正交波形分别为 s_1、s_2、s_3、s_4。每个波形的带宽 $B=100\text{MHz}$，脉宽 $T=10.24\mu\text{s}$，脉冲重复时间 $\text{PRT}=102.4\mu\text{s}$，采样频率 $f_{\mathrm{s}}=10B$，载频 $f_{\mathrm{c}}=15\text{GHz}$，频率间隔 $\Delta f=2B$。

图 3.1 给出了该 OFDM-LFM 波形簇中 4 个波形的自相关和互相关函数（接收端加窗匹配滤波），可知该波形簇每个波形自相关函数的归一化峰值旁瓣电平均低于−40dB，其波形间的互相关函数的归一化峰值旁瓣电平均低于 −70dB。因此，该波形簇具有良好的相关特性。

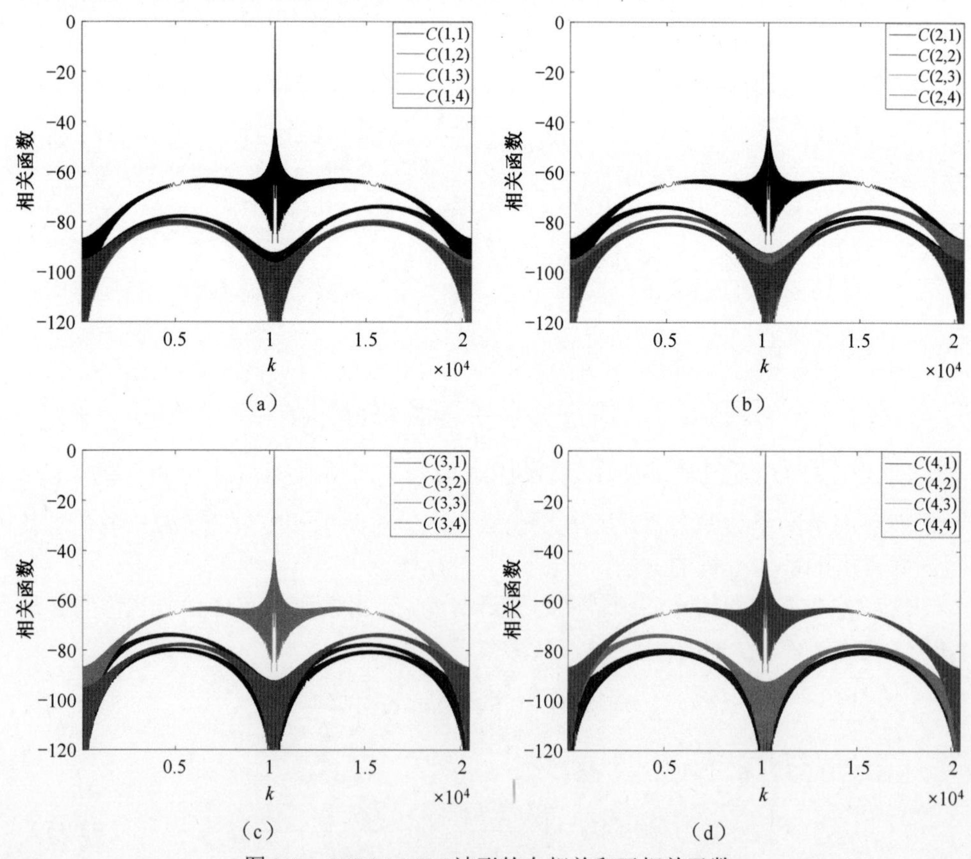

图 3.1　OFDM-LFM 波形的自相关和互相关函数

3.1.4.2　基于带限白噪声的正交波形簇性能分析

一般而言，带限白噪声可以将白噪声通过特定的滤波器实现。例如，将白噪声通过截止频率 $f_p = 5\text{MHz}$ 的低通滤波器。设计的低通滤波器的幅频与相频特性如图 3.2 所示。

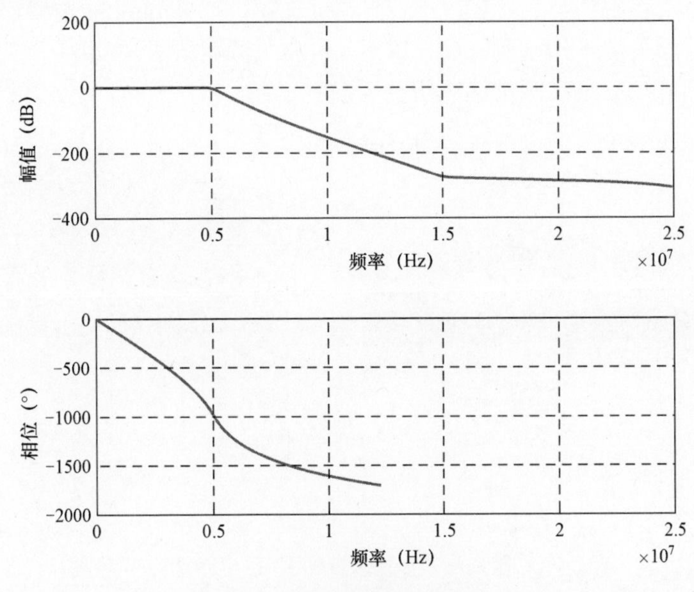

图 3.2　低通滤波器频谱图

用上述白噪声进行噪声滤波后得到的带限白噪声波形及其频谱如图 3.3 所示。

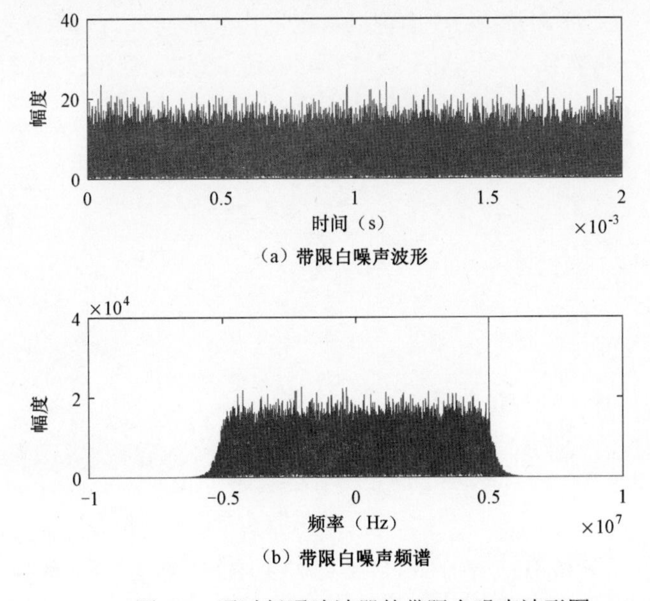

图 3.3　通过低通滤波器的带限白噪声波形图

通常加窗可以抑制自相关函数的旁瓣电平，下面分别通过仿真分析加 hamming 窗和 hanning 窗后的自相关和互相关特性。

从上面的分析可以看出，利用理想白噪声特性，可以设计任意组满足指标要求的正交波形。图 3.3 和图 3.4 表明，在实际应用中，可以根据需要设计滤波器获得一定带宽的带限白噪声。图 3.4 表明通过加窗，如 hamming 窗等，可以将带限白噪声的互相关电平抑制到-36dB 以下，自相关旁瓣低于-32dB。因此，加窗带限白噪声波形可以满足实际雷达应用的需求。

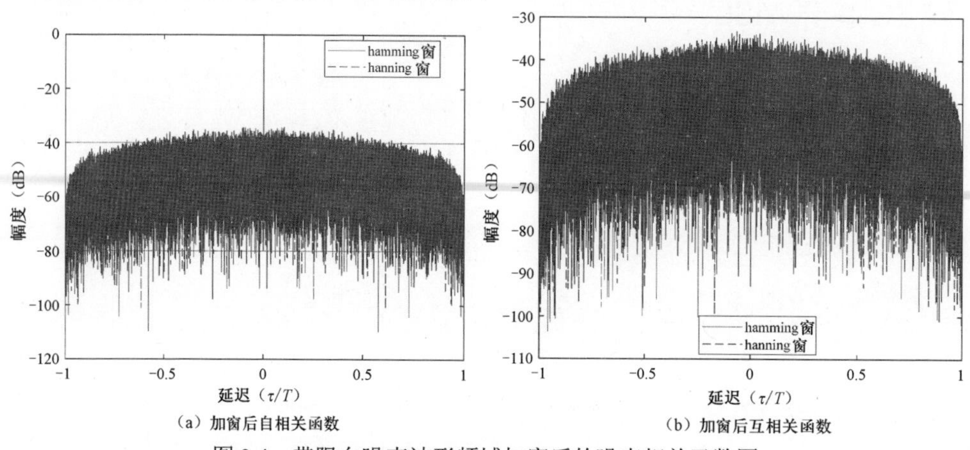

（a）加窗后自相关函数　　（b）加窗后互相关函数

图 3.4　带限白噪声波形频域加窗后的噪声相关函数图

3.1.4.3　基于 NLFM 的正交波形簇性能分析

图 3.5 设定理想 hanning 窗作为功率谱密度函数，通过相位逗留原理设计了基于 NLFM 的正交波形簇，从图 3.5 中可以看出优化波形与理想功率谱密度函数对应的时域波形很好地吻合了。自相关函数旁瓣达到-25dB，互相关旁瓣达到-35dB 以下。

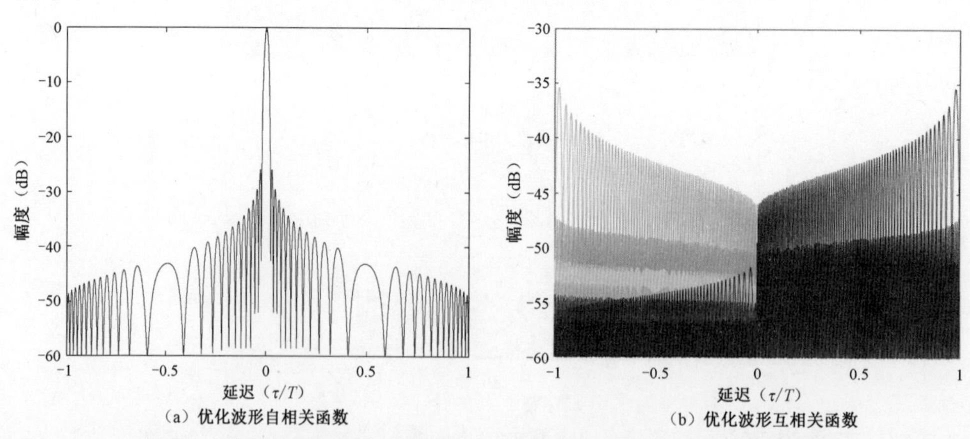

（a）优化波形自相关函数　　（b）优化波形互相关函数

图 3.5　基于 Hanning 窗的 NLFM 正交波形的自相关和互相关函数图

3.2　基于 WISL 准则的正交波形设计

由于相位编码信号具有极高的设计自由度，其自相关函数的 PSL 和互相关函数的 PSL 可以达到很低的水平，有利于对目标的检测；相位编码信号可以具有较大的带宽，提升了 MIMO 雷达的抗截获能力。因此，本节选择相位编码信号作为 MIMO 雷达的发射信号，以最小化正交波形集 WISL 为准则对其进行设计。

3.2.1　基于 WISL 准则的正交波形建模

假设 MIMO 雷达系统有 N_T 个发射天线，每个天线发射独立的波形为 $\boldsymbol{s}_n(m)$，$n=1,2,3,\cdots,N_\mathrm{T}$，$m=1,2,3,\cdots,M$，$M$ 表示一个脉冲内的采样点数。不失一般性，假设发射波形可以表示为

$$\boldsymbol{s}_n(m)=\mathrm{e}^{\mathrm{j}\phi_n(m)} \tag{3.36}$$

其中，$\phi_n(m)\in[0,\ 2\pi]$，定义 $\boldsymbol{s}_n=[\boldsymbol{s}_n(1),\boldsymbol{s}_n(2),\boldsymbol{s}_n(3),\cdots,\boldsymbol{s}_n(M)]^\mathrm{T}$ 为第 n 个天线发射的时域编码，$\boldsymbol{S}=[\boldsymbol{s}_1,\boldsymbol{s}_2,\boldsymbol{s}_3,\cdots,\boldsymbol{s}_{N_\mathrm{T}}]^\mathrm{T}\in\mathbb{C}^{N_\mathrm{T}\times M}$ 为空时波形矩阵。为便于表示，可将空时波形矩阵写成向量形式 $\boldsymbol{s}$，即 $\boldsymbol{s}=\mathrm{vec}\{\boldsymbol{S}\}=\left[\boldsymbol{s}_1(1),\boldsymbol{s}_1(2),\boldsymbol{s}_1(3),\cdots,\boldsymbol{s}_1(M),\boldsymbol{s}_2(1),\boldsymbol{s}_2(2),\right.$ $\left.\boldsymbol{s}_2(3),\cdots,\boldsymbol{s}_{N_\mathrm{T}}(M)\right]^\mathrm{T}$。

空时波形矩阵 $\boldsymbol{S}$ 中第 n 个波形序列 $\boldsymbol{s}_n$ 的自相关函数定义为

$$\boldsymbol{r}_n(k)=\begin{cases}\sum\limits_{m=k+1}^{M}\boldsymbol{s}_n(m)\boldsymbol{s}_n^*(m-k), & 0\leqslant k<M\\ \sum\limits_{m=1}^{M+k}\boldsymbol{s}_n(m)\boldsymbol{s}_n^*(m-k), & -M<k<0\end{cases} \tag{3.37}$$

其中，当 $k=0$ 时，$\boldsymbol{r}_n(0)$ 表示第 n 个相位编码波形信号的能量，$\{\boldsymbol{r}_n(k),\ k=-M+1,\ -M,\ -M-1,\ \cdots,\ -1,1,2,3,\cdots,M-1\}$ 表示自相关函数的旁瓣。同时，

$$\boldsymbol{r}_n(k)=\boldsymbol{r}_n^*(-k),\ k\in\{1,2,3,\cdots,M-1\} \tag{3.38}$$

第 n 个波形序列 $\boldsymbol{s}_n$ 和第 l 个波形序列 $\boldsymbol{s}_l$ 的互相关函数定义为

$$\boldsymbol{r}_{nl}(k)=\begin{cases}\sum\limits_{m=k+1}^{M}\boldsymbol{s}_n(m)\boldsymbol{s}_l^*(m-k), & 0\leqslant k<M\\ \sum\limits_{m=1}^{M+k}\boldsymbol{s}_n(m)\boldsymbol{s}_l^*(m-k), & -M<k<0\end{cases} \tag{3.39}$$

其中，$\boldsymbol{r}_{nl}(k)=\boldsymbol{r}_{ln}^*(-k),\ n,\ l\in\{1,2,3,\cdots,N_\mathrm{T}\};\ m\in\{0,1,2,\cdots,M-1\}$。

3.2.2　正交波形设计算法

本节分别提出了基于 ROQO 的恒模正交波形设计算法和基于 PS 的恒模正交

波形设计算法。

3.2.2.1 基于 ROQO 的恒模正交波形设计算法

第 n 个波形序列的自相关积分旁瓣电平（Auto-correlation-Integral Sidelobe Level，AISL）为

$$\mathrm{AISL}_n = \sum_{k=-M+1,k\neq 0}^{M-1} \left|\boldsymbol{r}_n(k)\right|^2 = 2\sum_{k=1}^{M-1}\left|\boldsymbol{r}_n(k)\right|^2,\quad n\in\{1,2,3,\cdots,N_{\mathrm{T}}\} \tag{3.40}$$

那么，N_{T} 个发射信号所有 AISL 的和为

$$\mathrm{AISL} = \sum_{n=1}^{N_{\mathrm{T}}}\mathrm{AISL}_n = 2\sum_{n=1}^{N_{\mathrm{T}}}\sum_{k=1}^{M-1}\left|\boldsymbol{r}_n(k)\right|^2 \tag{3.41}$$

定义第 n 个波形序列和第 l 个波形序列间的互相关积分旁瓣电平（Cross-correlation Integral Sidelobe Level，CISL）为

$$\mathrm{CISL}_{nl} = \sum_{k=-M+1}^{M-1}\left|\boldsymbol{r}_{nl}(k)\right|^2,\quad n,\ l\in\{1,2,3,\cdots,N_{\mathrm{T}}\};n\neq l \tag{3.42}$$

则 MIMO 雷达所有 CISL 的和为

$$\mathrm{CISL} = \sum_{n=1}^{N_{\mathrm{T}}}\sum_{l=1,l\neq n}^{N_{\mathrm{T}}}\sum_{k=-M+1}^{M-1}\left|\boldsymbol{r}_{nl}(k)\right|^2 \tag{3.43}$$

利用两组非负数的权值 $\{\gamma_k\}_{k=1}^{M-1}$ 和 $\{w_k\}_{k=1-M}^{M-1}$ 分别控制 AISL 和 CISL。则定义所有设计波形的加权自相关积分旁瓣电平（Weighted Auto-correlation Integral Sidelobe Level，WAISL）为

$$\mathrm{WAISL} = 2\sum_{n=1}^{N_{\mathrm{T}}}\sum_{k=1}^{M-1}\gamma_k\left|\boldsymbol{r}_n(k)\right|^2,\quad k\in\{1,2,\cdots,M-1\} \tag{3.44}$$

加权互相关积分旁瓣电平（Weighted Cross-correlation-Integral Sidelobe Level，WCISL）可定义为

$$\begin{gathered}\mathrm{WCISL} = \sum_{n=1}^{N_{\mathrm{T}}}\sum_{l=1,l\neq n}^{N_{\mathrm{T}}}\sum_{k=-M+1}^{M-1} w_k\left|\boldsymbol{r}_{nl}(k)\right|^2,\\ k\in\{-M+1,-M,-M-1,\cdots,0,1,2,\cdots,M-1\}\end{gathered} \tag{3.45}$$

考虑同时优化所有设计的 N_{T} 个波形的相关函数，可得到优化问题的代价函数为

$$\begin{aligned} f(\boldsymbol{s}) &= \mathrm{WAISL} + \mathrm{WCISL}\\ &= \sum_{n=1}^{N_{\mathrm{T}}}\sum_{k=-M+1,k\neq 0}^{M-1}\gamma_k\left|\boldsymbol{r}_n(k)\right|^2 + \sum_{n=1}^{N_{\mathrm{T}}}\sum_{l=1,l\neq n}^{N_{\mathrm{T}}}\sum_{k=-M+1}^{M-1} w_k\left|\boldsymbol{r}_{nl}(k)\right|^2 \end{aligned} \tag{3.46}$$

对于任意的 $k\in\{-M+1,-M,-M-1,\cdots,0,1,2,\cdots,M-1\}$，$\gamma_k$ 和 w_k 关于原点对称。

为保证功率放大器工作在饱和状态，在实际应用中通常要求雷达的发射波形具备恒模特性。所以在此将发射相位编码波形集的每个码片约束为恒模的。

因此，可以构建 MIMO 雷达恒模正交波形设计问题为

$$\mathcal{P}_0\begin{cases}\min\limits_{s} & f(s)\\ \text{s.t.} & |s(m)|=1,\ m\in\mathcal{N}\end{cases}\tag{3.47}$$

其中，$\mathcal{N}=\{1,2,3,\cdots,N_{\mathrm{T}}M\}$，$\boldsymbol{s}(m)$为波形集向量$\boldsymbol{s}$的第$m$个元素。

针对恒模正交波形优化设计问题$\mathcal{P}_0$，这里首先提出了 ROQO 算法，在每次迭代时，通过固定目标函数中部分变量，将目标函数由一个非凸的四次问题降阶为一个凸的二次问题。然后，通过理论证明分析 ROQO 的收敛性。

1. 算法描述

为便于后面的算法讨论，引入偏移矩阵$\boldsymbol{J}_k$，定义为

$$\boldsymbol{J}_k=\begin{bmatrix}0 & \boldsymbol{I}_{(M-k)}\\ 0 & 0\end{bmatrix}_{M\times M}=\boldsymbol{J}_{-k}^{\mathrm{T}},\ k\in\{0,1,2,\cdots,M-1\}\tag{3.48}$$

则$\boldsymbol{s}_n$和$\boldsymbol{s}_l$的互相关函数可表示为

$$\boldsymbol{r}_{nl}(k)=\boldsymbol{s}_n^{\mathrm{H}}\boldsymbol{J}_k\boldsymbol{s}_l=\boldsymbol{r}_{ln}^*(-k),\ k\in\{0,1,2,\cdots,M-1\}\tag{3.49}$$

那么，目标函数$f(\boldsymbol{s})$将重写为

$$f(\boldsymbol{s})=f_0(\boldsymbol{s})+f_1(\boldsymbol{s})+f_2(\boldsymbol{s})-w_0N_{\mathrm{T}}M^2\tag{3.50}$$

其中，$f_0(\boldsymbol{s})$、$f_1(\boldsymbol{s})$和$f_2(\boldsymbol{s})$可分别表示为

$$f_0(\boldsymbol{s})=2\sum_{n=1}^{N_{\mathrm{T}}}\sum_{k=1}^{M-1}(\gamma_k-w_k)\,|\,\boldsymbol{s}_n^{\mathrm{H}}\boldsymbol{J}_k\boldsymbol{s}_n\,|^2\tag{3.51}$$

$$f_1(\boldsymbol{s})=2\sum_{n=1}^{N_{\mathrm{T}}}\sum_{l=1}^{N_{\mathrm{T}}}\sum_{k=1}^{M-1}w_k\,|\,\boldsymbol{s}_l^{\mathrm{H}}\boldsymbol{J}_k\boldsymbol{s}_n\,|^2\tag{3.52}$$

$$f_2(\boldsymbol{s})=\sum_{n=1}^{N_{\mathrm{T}}}\sum_{l=1}^{N_{\mathrm{T}}}w_0\,|\,\boldsymbol{s}_l^{\mathrm{H}}\boldsymbol{s}_n\,|^2\tag{3.53}$$

接下来，将对$f_0(\boldsymbol{s})$、$f_1(\boldsymbol{s})$和$f_2(\boldsymbol{s})$做进一步的化简。

首先，引入块选择矩阵$\boldsymbol{U}_n\in\mathbb{R}^{M\times MN_{\mathrm{T}}},n\in\{1,2,3,\cdots,N_{\mathrm{T}}\}$，即

$$\boldsymbol{U}_n=[\boldsymbol{0}_{M\times(n-1)M},\boldsymbol{I}_M,\boldsymbol{0}_{M\times(N_{\mathrm{T}}-n)M}]\tag{3.54}$$

则利用式（3.54）定义的块选择矩阵，$f_0(\boldsymbol{s})$可以写为

$$\begin{aligned}f_0(\boldsymbol{s})&=2\sum_{n=1}^{N_{\mathrm{T}}}\sum_{k=1}^{M-1}(\gamma_k-w_k)\,|\,\boldsymbol{s}^{\mathrm{H}}\boldsymbol{U}_n^{\mathrm{T}}\boldsymbol{J}_k\boldsymbol{U}_n\boldsymbol{s}\,|^2\\&=2\sum_{n=1}^{N_{\mathrm{T}}}\sum_{k=1}^{M-1}(\gamma_k-w_k)\left|\mathrm{vec}\left\{\boldsymbol{s}\boldsymbol{s}^{\mathrm{H}}\right\}^{\mathrm{H}}\mathrm{vec}\left\{\boldsymbol{U}_n^{\mathrm{T}}\boldsymbol{J}_k\boldsymbol{U}_n\right\}\right|^2\\&=\mathrm{vec}\left\{\boldsymbol{s}\boldsymbol{s}^{\mathrm{H}}\right\}^{\mathrm{H}}\boldsymbol{L}\mathrm{vec}\left\{\boldsymbol{s}\boldsymbol{s}^{\mathrm{H}}\right\}\end{aligned}\tag{3.55}$$

其中，$\boldsymbol{L}\in\mathbb{R}^{N^2N_{\mathrm{T}}^2\times N^2N_{\mathrm{T}}^2}$为与波形集向量$\boldsymbol{s}$无关的常数矩阵，表示为

$$\boldsymbol{L}=2\sum_{n=1}^{N_{\mathrm{T}}}\sum_{k=1}^{M-1}(\gamma_k-w_k)\mathrm{vec}\left\{\boldsymbol{U}_n^{\mathrm{T}}\boldsymbol{J}_k\boldsymbol{U}_n\right\}\mathrm{vec}\left\{\boldsymbol{U}_n^{\mathrm{T}}\boldsymbol{J}_k\boldsymbol{U}_n\right\}^{\mathrm{T}}\tag{3.56}$$

且如果$\gamma_k=w_k,k\in\{1,2,3,\cdots,M-1\}$，$f_0(\boldsymbol{s})=0$。

对于任意一个矩阵 $\boldsymbol{A} \in \mathbb{C}^{M \times M}$，且 $\boldsymbol{S} = [\boldsymbol{s}_1, \boldsymbol{s}_2, \boldsymbol{s}_3, \cdots, \boldsymbol{s}_{N_\mathrm{T}}]^\mathrm{T}$，可以得出

$$\sum_{n=1}^{N_\mathrm{T}} \boldsymbol{s}_n^\mathrm{H} \boldsymbol{A} \boldsymbol{s}_n = \boldsymbol{s}^\mathrm{H} \left(\boldsymbol{I}_{N_\mathrm{T}} \otimes \boldsymbol{A} \right) \boldsymbol{s} \tag{3.57}$$

因此，根据式（3.52）和 $\sum_{n=1}^{N_\mathrm{T}} \boldsymbol{s}_n \boldsymbol{s}_n^\mathrm{H} = \boldsymbol{S}\boldsymbol{S}^\mathrm{H}$，$f_1(\boldsymbol{s})$ 可以化简为

$$\begin{aligned} f_1(\boldsymbol{s}) &= \boldsymbol{s}^\mathrm{H} \left(\boldsymbol{I}_{N_\mathrm{T}} \otimes \left(\sum_{k=1}^{M-1} w_k \boldsymbol{J}_k \boldsymbol{S}\boldsymbol{S}^\mathrm{H} \boldsymbol{J}_k^\mathrm{T} \right) \right) \boldsymbol{s} + \boldsymbol{s}^\mathrm{H} \left(\boldsymbol{I}_{N_\mathrm{T}} \otimes \left(\sum_{k=1}^{M-1} w_k \boldsymbol{J}_k^\mathrm{T} \boldsymbol{S}\boldsymbol{S}^\mathrm{H} \boldsymbol{J}_k \right) \right) \boldsymbol{s} \\ &= \boldsymbol{s}^\mathrm{H} (\boldsymbol{I}_{N_\mathrm{T}} \otimes (\boldsymbol{R}_1(\boldsymbol{S}) + \boldsymbol{R}_2(\boldsymbol{S}))) \boldsymbol{s} \\ &= \boldsymbol{s}^\mathrm{H} \boldsymbol{M}(\boldsymbol{S}) \boldsymbol{s} \end{aligned} \tag{3.58}$$

其中，

$$\boldsymbol{R}_1(\boldsymbol{S}) = \sum_{k=1}^{M-1} w_m \boldsymbol{J}_k \boldsymbol{S}\boldsymbol{S}^\mathrm{H} \boldsymbol{J}_k^\mathrm{T} \tag{3.59}$$

$$\boldsymbol{R}_2(\boldsymbol{S}) = \sum_{k=1}^{M-1} w_k \boldsymbol{J}_k^\mathrm{T} \boldsymbol{S}\boldsymbol{S}^\mathrm{H} \boldsymbol{J}_k \tag{3.60}$$

而

$$\boldsymbol{M}(\boldsymbol{S}) = \boldsymbol{I}_{N_\mathrm{T}} \otimes (\boldsymbol{R}_1(\boldsymbol{S}) + \boldsymbol{R}_2(\boldsymbol{S})) \tag{3.61}$$

$f_2(\boldsymbol{s})$ 可以转化为

$$f_2(\boldsymbol{s}) = \sum_{n=1}^{N_\mathrm{T}} \sum_{l=1}^{N_\mathrm{T}} w_0 \boldsymbol{s}_n^\mathrm{H} \boldsymbol{s}_l \boldsymbol{s}_l^\mathrm{H} \boldsymbol{s}_n = w_0 \boldsymbol{s}^\mathrm{H} (\boldsymbol{I}_{N_\mathrm{T}} \otimes \boldsymbol{S}\boldsymbol{S}^\mathrm{H}) \boldsymbol{s} \tag{3.62}$$

因此，目标函数 $f(\boldsymbol{s})$ 又可以表示为

$$\begin{aligned} f(\boldsymbol{s}) &= f_0(\boldsymbol{s}) + f_1(\boldsymbol{s}) + f_2(\boldsymbol{s}) - w_0 N_\mathrm{T} M^2 \\ &= \mathrm{vec}\left\{\boldsymbol{s}\boldsymbol{s}^\mathrm{H}\right\}^\mathrm{H} \boldsymbol{L} \mathrm{vec}\left\{\boldsymbol{s}\boldsymbol{s}^\mathrm{H}\right\} + \boldsymbol{s}^\mathrm{H} \boldsymbol{Q}(\boldsymbol{S}) \boldsymbol{s} - w_0 N_\mathrm{T} M^2 \end{aligned} \tag{3.63}$$

其中，

$$\boldsymbol{Q}(\boldsymbol{S}) = \boldsymbol{M}(\boldsymbol{S}) + w_0 \boldsymbol{I}_{N_\mathrm{T}} \otimes \boldsymbol{S}\boldsymbol{S}^\mathrm{H} \tag{3.64}$$

进一步地，问题可以等效为

$$\mathcal{P}_s \begin{cases} \min\limits_{\boldsymbol{s}} & \mathrm{vec}\left\{\boldsymbol{s}\boldsymbol{s}^\mathrm{H}\right\}^\mathrm{H} \boldsymbol{L} \mathrm{vec}\left\{\boldsymbol{s}\boldsymbol{s}^\mathrm{H}\right\} + \boldsymbol{s}^\mathrm{H} \boldsymbol{Q}(\boldsymbol{S}) \boldsymbol{s} \\ \text{s.t.} & |\boldsymbol{s}(m)| = 1,\ m \in \mathcal{N} \end{cases} \tag{3.65}$$

可以看出，其目标函数是非凸的，且是关于相位编码波形向量 $\boldsymbol{s}$ 的四次问题，约束条件为非凸的恒模约束，因此，上述问题是一个非确定性多项式难题（Non-deterministic Polynomial-hard，NP-hard），本节在文献[19]的基础上，提出用 ROQO 方法求解上述问题。

该算法在每次迭代时，通过固定目标函数中部分变量 $\boldsymbol{s}$ 为 $\boldsymbol{s}^{(t)}$，使目标函数由一个关于 $\boldsymbol{s}$ 的四次问题降阶为一个关于 $\boldsymbol{s}$ 的二次问题。具体而言，问题可以通过依次求解以下近似问题来解决

$$\mathcal{P}_{s_t}\begin{cases}\min\limits_{s} & g(\boldsymbol{s},\boldsymbol{s}^{(t)})\\ \text{s.t.} & |\boldsymbol{s}(m)|=1,\ m\in\mathcal{N}\end{cases} \tag{3.66}$$

其中，问题$\mathcal{P}_{s_t}$的目标函数表示为

$$\begin{aligned}g(\boldsymbol{s},\boldsymbol{s}^{(t)})&=f_0(\boldsymbol{s},\boldsymbol{s}^{(t)})+f_1(\boldsymbol{s},\boldsymbol{s}^{(t)})+f_2(\boldsymbol{s},\boldsymbol{s}^{(t)})\\&=\text{vec}\left\{\boldsymbol{s}\boldsymbol{s}^{\text{H}}\right\}^{\text{H}}\boldsymbol{L}\text{vec}\left\{\boldsymbol{s}^{(t)}\boldsymbol{s}^{(t)\text{H}}\right\}+\boldsymbol{s}^{\text{H}}\boldsymbol{Q}(\boldsymbol{S}^{(t)})\boldsymbol{s}\end{aligned} \tag{3.67}$$

更具体地，$f_0(\boldsymbol{s},\boldsymbol{s}^{(t)})$可以转化为

$$\begin{aligned}f_0(\boldsymbol{s},\boldsymbol{s}^{(t)})&=2\sum_{n=1}^{N_{\text{T}}}\sum_{k=1}^{M-1}(\gamma_k-w_k)\boldsymbol{s}^{\text{H}}\boldsymbol{U}_n^{\text{T}}\boldsymbol{J}_k\boldsymbol{U}_n\boldsymbol{s}(\boldsymbol{s}^{(t)\text{H}}\boldsymbol{U}_n^{\text{T}}\boldsymbol{J}_k{}^{\text{T}}\boldsymbol{U}_n\boldsymbol{s}^{(t)})\\&=2\sum_{n=1}^{N_{\text{T}}}\sum_{k=1}^{M-1}(\gamma_k-w_k)r_n^{(t)}(-k)\boldsymbol{s}^{\text{H}}\boldsymbol{U}_n^{\text{T}}\boldsymbol{J}_k\boldsymbol{U}_n\boldsymbol{s}\\&=\boldsymbol{s}^{\text{H}}\boldsymbol{G}^{(t)}\boldsymbol{s}\end{aligned} \tag{3.68}$$

其中，$\boldsymbol{G}^{(t)}\in\mathbb{R}^{MN_{\text{T}}\times MN_{\text{T}}}$，且在第$t$次迭代中为常数矩阵

$$\boldsymbol{G}^{(t)}=\left(\gamma_k-w_k\right)r_n^{(t)}\left(-k\right)\boldsymbol{U}_n^{\text{T}}\boldsymbol{J}_k\boldsymbol{U}_n \tag{3.69}$$

则进一步地，问题可以等价转换为

$$\mathcal{P}_{s_1}\begin{cases}\max\limits_{s} & \lambda\boldsymbol{s}^{\text{H}}\boldsymbol{s}-g(\boldsymbol{s},\boldsymbol{s}^{(t)})\\ \text{s.t.} & |\boldsymbol{s}(m)|=1,m\in\mathcal{N}\end{cases} \tag{3.70}$$

其中，$\lambda\geqslant\lambda_{\max}(\boldsymbol{Q}(\boldsymbol{S}_{(i)}))+\lambda_{\max}(\boldsymbol{G}_{(i)})$，$\lambda_{\max}$表示矩阵的最大特征值。此时，$\mathcal{P}_{s_1}$的目标函数是一个凸函数，则其在$\boldsymbol{s}=\boldsymbol{s}^{(t)}$处的一阶泰勒展开函数为

$$\begin{aligned}&\lambda\boldsymbol{s}^{(t)\text{H}}\boldsymbol{s}^{(t)}-g(\boldsymbol{s}^{(t)},\boldsymbol{s}^{(t)})+\Re\{\nabla^{\text{H}}\left(\lambda\boldsymbol{s}^{\text{H}}\boldsymbol{s}-g(\boldsymbol{s},\boldsymbol{s}^{(t)})\right)\Big|_{\boldsymbol{s}=\boldsymbol{s}^{(t)}}(\boldsymbol{s}-\boldsymbol{s}^{(t)})\}\\&=\lambda\boldsymbol{s}^{(t)\text{H}}\boldsymbol{s}^{(t)}-g(\boldsymbol{s}^{(t)},\boldsymbol{s}^{(t)})+2\Re\{[(\lambda\boldsymbol{I}_{MN_{\text{T}}}-\boldsymbol{Q}(\boldsymbol{S}^{(t)})-\boldsymbol{G}^{(t)})\boldsymbol{s}^{(t)}]^{\text{H}}(\boldsymbol{s}-\boldsymbol{s}^{(t)})\}\end{aligned} \tag{3.71}$$

去掉常数项，则问题可以通过优化下面的问题$\mathcal{P}_{s_2}$进行求解

$$\mathcal{P}_{s_2}\begin{cases}\max\limits_{s} & \Re\{\boldsymbol{y}^{(t)\text{H}}\boldsymbol{s}\}\\ \text{s.t.} & |\boldsymbol{s}(m)|=1,m\in\mathcal{N}\end{cases} \tag{3.72}$$

其中，

$$\boldsymbol{y}^{(t)}=(\lambda\boldsymbol{I}_{MN_{\text{T}}}-\boldsymbol{Q}(\boldsymbol{S}^{(t)})-\boldsymbol{G}^{(t)})\boldsymbol{s}^{(t)} \tag{3.73}$$

由于$\boldsymbol{s}^{(t)\text{H}}\boldsymbol{s}^{(t)}=MN_{\text{T}}$和$\boldsymbol{y}^{(t)\text{H}}\boldsymbol{s}^{(t)}$都为常数，所以优化问题又可以进一步等价为

$$\mathcal{P}_{s^{(t+1)}}\begin{cases}\min\limits_{s} & \|\boldsymbol{s}-\boldsymbol{y}^{(t)}\|_2^2\\ \text{s.t.} & |\boldsymbol{s}(m)|=1,m\in\mathcal{N}\end{cases} \tag{3.74}$$

可以看出，上述问题的目标函数和约束条件对于每个$\boldsymbol{s}(m)$是可分离的。因此，求解问题等价于解决$N_{\text{T}}M$个并行独立的子问题。对此，第n个子问题可写为

$$\mathcal{P}_{s_n^{(t+1)}}\begin{cases}\min\limits_{s(m)} & |s(m)-y^{(t)}(m)|^2 \\ \text{s.t.} & |s(m)|=1, m\in\mathcal{N}\end{cases} \tag{3.75}$$

其中，$\boldsymbol{y}^{(t)}(m)$ 为向量 $\boldsymbol{y}^{(t)}$ 的第 m 个元素。上式问题的最优解为

$$\boldsymbol{s}^{(t+1)}(m)=\frac{\boldsymbol{y}^{(t)}(m)}{|\boldsymbol{y}^{(t)}(m)|}=\mathrm{e}^{\mathrm{j}\arg\left\{\boldsymbol{y}^{(t)}(m)\right\}} \tag{3.76}$$

则优化问题 $\mathcal{P}_{s_2}$ 的最优解可以写为

$$\boldsymbol{s}^{(t+1)}=\mathrm{e}^{\mathrm{j}\arg\left\{\boldsymbol{y}^{(t)}\right\}} \tag{3.77}$$

观察式（3.77）可以发现，求解问题的主要计算量产生于求解，确切地说，在于计算 $\boldsymbol{Q}(\boldsymbol{S}^{(t)})\boldsymbol{s}^{(t)}$ 和 $\boldsymbol{G}^{(t)}\boldsymbol{s}^{(t)}$ 。因此，为提升算法收敛速度，接下来，本节将讨论两种特殊的计算结构。

为减少计算时间，本节将 $\boldsymbol{R}_1(\boldsymbol{S})$ 和 $\boldsymbol{R}_2(\boldsymbol{S})$ 的计算转换为如下的运算过程。

$$\begin{aligned}\boldsymbol{R}_1(\boldsymbol{S})&=\mathrm{mat}\left\{\mathrm{vec}\left\{\sum_{k=1}^{M-1}w_k\boldsymbol{J}_k\boldsymbol{S}\boldsymbol{S}^{\mathrm{H}}\boldsymbol{J}_k^{\mathrm{T}}\right\}\right\}\\&=\mathrm{mat}\left\{\boldsymbol{\Omega}\mathrm{vec}\left\{\boldsymbol{S}\boldsymbol{S}^{\mathrm{H}}\right\}\right\}\end{aligned} \tag{3.78}$$

$$\begin{aligned}\boldsymbol{R}_2(\boldsymbol{S})&=\mathrm{mat}\left\{\mathrm{vec}\left\{\sum_{k=1}^{M-1}w_k\boldsymbol{J}_k^{\mathrm{T}}\boldsymbol{S}\boldsymbol{S}^{\mathrm{H}}\boldsymbol{J}_k\right\}\right\}\\&=\mathrm{mat}\left\{\boldsymbol{\Omega}^{\mathrm{T}}\mathrm{vec}\left\{\boldsymbol{S}\boldsymbol{S}^{\mathrm{H}}\right\}\right\}\end{aligned} \tag{3.79}$$

其中，$\boldsymbol{\Omega}$ 是由偏移矩阵 $\boldsymbol{J}_k$ 构成的稀疏矩阵，表示为

$$\boldsymbol{\Omega}=\sum_{k=1}^{M-1}w_k(\boldsymbol{J}_k\otimes\boldsymbol{J}_k) \tag{3.80}$$

因此，在已知 $\boldsymbol{\Omega}$ 的情况下，将 $\boldsymbol{\Omega}$ 作为常数代入每次迭代中，所需的运算量将大大减少。

矩阵向量乘积 $\boldsymbol{G}^{(t)}\boldsymbol{s}^{(t)}$ 可以通过 FFT 运算得到，具体地，由于 $\boldsymbol{G}^{(t)}$ 是一个块矩阵，可以写为

$$\boldsymbol{G}^{(t)}=\begin{bmatrix}\boldsymbol{G}_1^{(t)} & \boldsymbol{0}_{M\times M} & \cdots & \boldsymbol{0}_{M\times M}\\ \boldsymbol{0}_{M\times M} & \boldsymbol{G}_2^{(t)} & \cdots & \boldsymbol{0}_{M\times M}\\ \vdots & \vdots & \vdots & \vdots\\ \boldsymbol{0}_{M\times M} & \boldsymbol{0}_{M\times M} & \cdots & \boldsymbol{G}_{N_{\mathrm{T}}}^{(t)}\end{bmatrix} \tag{3.81}$$

其中，每个矩阵块表示为 $\boldsymbol{G}_n^{(t)}=2\sum\limits_{k=1}^{M-1}(\gamma_k-w_k)\boldsymbol{r}_{nn}^{(t)}(-k)\boldsymbol{J}_k, n\in\{1,2,3,\cdots,N_{\mathrm{T}}\}$ 。显然 $\boldsymbol{G}_n^{(t)}, n\in\{1,2,3,\cdots,N_{\mathrm{T}}\}$ 是一系列托普利兹矩阵。

引理 3.1 假设矩阵 $\boldsymbol{T}$ 是一个 $M\times M$ 具有如下定义的托普利兹矩阵，即

$$\boldsymbol{T}=\begin{bmatrix} t_0 & t_1 & \cdots & t_{M-1} \\ t_{-1} & t_0 & \vdots & \vdots \\ \vdots & \vdots & \vdots & t_1 \\ t_{1-M} & \cdots & t_{-1} & t_0 \end{bmatrix} \tag{3.82}$$

已知矩阵 $\boldsymbol{F}\in\mathbb{C}^{2M\times 2M}$ 是 FFT 矩阵，它的第 (x,y) 个矩阵元素定义为 $F(x,y)=\mathrm{e}^{-\mathrm{j}(2xy\pi)/(2M)}$, $0\leqslant x,y\leqslant 2M$ ，则托普利兹矩阵 $\boldsymbol{T}$ 可以分解为 $\boldsymbol{T}=\dfrac{1}{2M}\boldsymbol{H}^{\mathrm{H}}\mathrm{diag}\{\boldsymbol{Fc}\}\boldsymbol{H}$ ，其中，$\boldsymbol{H}=\boldsymbol{F}\cdot\begin{bmatrix}\boldsymbol{I}_M\\ \boldsymbol{0}_M\end{bmatrix}$，$\boldsymbol{c}=[t_0,t_{-1},\cdots,t_{1-M},0,t_{M-1},\cdots,t_1]^{\mathrm{T}}$。

因此，根据引理 3.1，$\boldsymbol{G}_n^{(t)}, n\in\{1,2,3,\cdots,N_{\mathrm{T}}\}$ 可以重写为

$$\boldsymbol{G}_n^{(t)}=\frac{1}{2N}\boldsymbol{H}^{\mathrm{H}}\mathrm{diag}\left\{\boldsymbol{F}\boldsymbol{g}_n^{(t)}\right\}\boldsymbol{H} \tag{3.83}$$

其中，$\boldsymbol{g}_n^{(t)}=2\left[\boldsymbol{0}_{1\times(M+1)},(\gamma_{M-1}-w_{M-1})\boldsymbol{r}_{nn}^{(t)}(1-M),\cdots,(\gamma_1-w_1)\boldsymbol{r}_{nn}^{(t)}(-1)\right]^{\mathrm{T}}$，$n\in\{1,2,3,\cdots,N_{\mathrm{T}}\}$。

因此，由式（3.83）可得利用 FFT 进行矩阵向量乘积 $\boldsymbol{G}^{(t)}\boldsymbol{s}^{(t)}$ 运算的具体形式为

$$\begin{aligned}\boldsymbol{G}^{(t)}\boldsymbol{s}^{(t)}=\frac{1}{2N}\boldsymbol{H}^{\mathrm{H}}\Big[&\left(\mathrm{diag}\left\{\boldsymbol{F}\boldsymbol{g}_1^{(t)}\right\}\right)^{\mathrm{T}},\left(\mathrm{diag}\left\{\boldsymbol{F}\boldsymbol{g}_2^{(t)}\right\}\right)^{\mathrm{T}},\left(\mathrm{diag}\left\{\boldsymbol{F}\boldsymbol{g}_3^{(t)}\right\}\right)^{\mathrm{T}},\cdots,\\ &\left(\mathrm{diag}\left\{\boldsymbol{F}\boldsymbol{g}_n^{(t)}\right\}\right)^{\mathrm{T}},\cdots,\left(\mathrm{diag}\left\{\boldsymbol{F}\boldsymbol{g}_{N_{\mathrm{T}}}^{(t)}\right\}\right)^{\mathrm{T}}\Big]^{\mathrm{T}}\boldsymbol{H}\boldsymbol{s}^{(t)}\end{aligned} \tag{3.84}$$

另外，假设 $\lambda=\lambda_1+\lambda_2$，其中 $\lambda_1\geqslant\lambda_{\max}(\boldsymbol{G}(\boldsymbol{S}^{(t)}))$，$\lambda_2\geqslant\lambda_{\max}(\boldsymbol{G}^{(t)})$。为减少计算量，根据矩阵理论知识[20]，可以将 λ_1 设置为常数

$$\lambda_1=MN_{\mathrm{T}}\sum_{k=-M+1}^{M-1}w_k \tag{3.85}$$

为避免对 $\boldsymbol{G}^{(t)}$ 进行特征值分解来获得其最大特征值，基于矩阵理论的知识，可设置 λ_2 为 $\|\boldsymbol{G}^{(t)}\|_\infty=\max\limits_{m=1,2,3,\cdots,MN_{\mathrm{T}}}\sum\limits_{n=1}^{MN_{\mathrm{T}}}|\boldsymbol{G}^{(t)}(m,n)|$。类似地，根据引理 3.1，$\|\boldsymbol{G}^{(t)}\|_\infty$ 也可以通过 FFT 有效计算，因为它可以等价地表示为

$$\|\boldsymbol{G}^{(t)}\|_\infty=\max(\overline{\boldsymbol{G}}^{(t)}\boldsymbol{1}_{M\times 1}) \tag{3.86}$$

其中，$\overline{\boldsymbol{G}}^{(t)}(a,b)=|\boldsymbol{G}^{(t)}(a,b)|$，$a,\ b\in\{1,2,3,\cdots,M\}$。

最后得到 ROQO 算法求解 $\mathcal{P}_0$ 的流程总结如算法 3.1 所示。

值得注意的是，在提出的 ROQO 算法中，需要依次求解近似问题 $\mathcal{P}_{s_t}$。而对于近似问题 $\mathcal{P}_{s_t}$，本算法选择了 MM 方法[21]进行求解。在求解的过程中，利用目标函数的下限函数即一阶泰勒展开函数替代对目标函数的直接优化，所以该过程具有较慢的收敛速度。

为了使得 ROQO 算法获得有较快收敛速度的解，可以采用平方迭代法（Squared Iterative Method，SQUAREM）对其进行加速[22]。该算法是一种采用两点迭代策略的加速方法，除了可能出现的对可行性集的投影，不需要额外的参数，并且保证了收敛性。

算法 3.1 流程　ROQO 算法求解 $\mathcal{P}_0$

输入： $M, N_{\mathrm{T}}, \omega_k, \gamma_k$；

输出： $\mathcal{P}_0$ 的解 $\boldsymbol{s}^*$。

（1）$t=0$，初始化 $\boldsymbol{s}^{(0)}$；
（2）根据式（3.80）计算稀疏矩阵 $\boldsymbol{\Omega}$；
（3）根据式（3.85）得到 λ_1；
（4）由式（3.61）、式（3.64）、式（3.78）和式（3.79）计算 $\boldsymbol{Q}(\boldsymbol{S}^{(t)})$；
（5）通过式（3.84）计算得到 $\boldsymbol{G}^{(t)}\boldsymbol{s}^{(t)}$；
（6）根据式（3.86）得到 λ_2，并设置 $\lambda=\lambda_1+\lambda_2$；
（7）通过式（3.73）计算得到 $\boldsymbol{y}^{(t)}$；
（8）$\boldsymbol{s}^{(t+1)}=\mathrm{e}^{\mathrm{j}\arg\left\{\boldsymbol{y}^{(t)}\right\}}$；
（9）更新 $t=t+1$；
（10）若 $\boldsymbol{s}^{(t+1)}$ 满足收敛条件，则 $\boldsymbol{s}^*=\boldsymbol{s}^{(t+1)}$ 并退出，否则返回步骤（4）。

2. 计算复杂度分析与收敛性分析

1）计算复杂度

基于降阶的四次序列迭代算法的每次迭代计算量主要与 $\boldsymbol{y}^{(t)}$ 的更新有关，而 $\boldsymbol{y}^{(t)}$ 的计算主要与 $\boldsymbol{Q}(\boldsymbol{S}^{(t)})\boldsymbol{s}^{(t)}$ 和 $\boldsymbol{G}^{(t)}\boldsymbol{s}^{(t)}$ 有关。本节为提升仿真过程中算法的计算速度，提出了一种特殊的数学结构，即利用稀疏矩阵 $\boldsymbol{\Omega}$，改变了 $\boldsymbol{R}_1(\boldsymbol{S})$ 和 $\boldsymbol{R}_2(\boldsymbol{S})$ 的计算方式。此时根据式（3.61）、式（3.64）、式（3.78）和式（3.79），得到 $\boldsymbol{Q}(\boldsymbol{S}^{(t)})$ 的计算复杂度为 $\mathcal{O}(N_{\mathrm{T}}[2(M-1)^3/3+(M-1)^2+(M-1)/3])$。同时，利用 FFT 计算 $\boldsymbol{G}^{(t)}\boldsymbol{s}^{(t)}$ 和 $\|\boldsymbol{G}^{(t)}\|_\infty$ 均需要 $3N_{\mathrm{T}}$ 次 FFT 运算，而 1 次 FFT 运算所需的计算复杂度为 $\mathcal{O}(M\log_2 M)$。因此，在每次迭代中，基于降阶的四次序列迭代算法所需的计算量为 $\mathcal{O}(2N_{\mathrm{T}}\left(M-1\right)^3/3)$，进而总的计算复杂度为 $\mathcal{O}(I[2N_{\mathrm{T}}\left(M-1\right)^3/3])$，其中，$I$ 表示算法所需的迭代次数。

2）收敛性

对于本节所提出的迭代优化算法，我们合理地假设，当

$$\lim_{t\to\infty}\boldsymbol{s}^{(t)}=\boldsymbol{s}^{(t+1)}=\boldsymbol{s}^* \tag{3.87}$$

成立时，ROQO 算法可以保证收敛，具体证明见附录 A。

3.2.2.2　基于 PS 的恒模正交波形设计算法

令第 n 个天线发射的波形 $\boldsymbol{s}_n$ 中的第 m 个元素为

$$\boldsymbol{s}_n(m)=\frac{1}{\sqrt{M}}\mathrm{e}^{\mathrm{j}\phi_n(m)}, m=1,2,3,\cdots,M \tag{3.88}$$

其中，$\boldsymbol{\phi}_n$ 代表第 n 个波形 $\boldsymbol{s}_n$ 对应的相位向量，并规定矩阵 $\boldsymbol{\Phi}=\left[\boldsymbol{\phi}_1,\boldsymbol{\phi}_2,\boldsymbol{\phi}_3,\cdots,\boldsymbol{\phi}_{N_{\mathrm{T}}}\right]$ 表示信号 $\boldsymbol{S}$ 的相位矩阵。$\boldsymbol{\Phi}$ 中任意元素 $\{\boldsymbol{\phi}_n(m)\}$ 的取值范围为 $(-\pi,\pi]$。

定义 WAISL 为

$$\mathcal{WA}_n(\phi_n) = 2\sum_{k=1}^{M-1} w_k\,|\boldsymbol{r}_n(k)|^2 \tag{3.89}$$

其中，权值常数 $w_k \geqslant 0, k = 1,2,3,\cdots, M-1$，其常根据实际情况取值。波形集总体的 WAISL 特性可以表示为

$$\begin{aligned} &\mathrm{WAISL}(\boldsymbol{\Phi}) = 2\sum_{n=1}^{N_{\mathrm{T}}}\sum_{k=1}^{M-1} w_k\,|\boldsymbol{r}_n(k)|^2 \\ &w_k \geqslant 0, k = 1,2,3,\cdots, M-1 \end{aligned} \tag{3.90}$$

定义 WCISL 为

$$\mathcal{WC}_{nl}(\phi_n,\phi_l) = \sum_{k=-M+1}^{M-1} v_k\,|\boldsymbol{r}_{nl}(k)|^2 \tag{3.91}$$

其中，权值常数 $v_k \geqslant 0$，$k = -M+1, -M, -M-1, \cdots, M-1$，其取值范围与 $\boldsymbol{r}_{nl}(k)$ 中 k 的范围一致。由于 $\mathcal{WC}_{nl}(\phi_n,\phi_l) = \mathcal{WC}_{ln}(\phi_l,\phi_n)$，因而波形集中所有序列的 WCISL 之和可表示为

$$\mathrm{WCISL}(\boldsymbol{\Phi}) = \sum_{n=1}^{N_{\mathrm{T}}}\sum_{l=1,l\neq n}^{N_{\mathrm{T}}} \mathcal{WC}_{nl}(\phi_n,\phi_l) \tag{3.92}$$

用 $\mathcal{J}(\boldsymbol{\Phi})$ 表示目标函数，考虑自相关和互相关 ISL 约束，$\mathcal{J}(\boldsymbol{\Phi})$ 的形式由下式给出：

$$\mathcal{J}(\boldsymbol{\Phi}) = \lambda \mathrm{WAISL}(\boldsymbol{\Phi}) + (1-\lambda)\mathrm{WCISL}(\boldsymbol{\Phi}) \tag{3.93}$$

其中，λ $(0 \leqslant \lambda \leqslant 1)$ 为控制两个罚函数相对权重的加权因子。

正交波形的优化设计问题可以表示如下：

$$\mathcal{P}_1 \begin{cases} \min\limits_{\boldsymbol{\Phi}} & \mathcal{J}(\boldsymbol{\Phi}) \\ \mathrm{s.t.} & \phi_n(m) \in (-\pi, \pi], n = 1,2,3,\cdots, N_{\mathrm{T}}; m = 1,2,3,\cdots, M \end{cases} \tag{3.94}$$

1. 算法描述

最小化问题 $\mathcal{P}_1$ 是位于 $N_{\mathrm{T}} \times M$ 维矩阵空间上的高度非线性问题。本节提出了一种基于 PS 方法的新迭代方法，并通过多维搜索进行优化。经过迭代，得到具有良好相关性的正交波形。与加权新循环算法（Weighted Cyclic Algorithm New, WeCAN）相比，通过 PS 算法获得的优化波形具有更好的性能。同时，PS 算法的收敛速度明显快于 WeCAN。首先将 $N_{\mathrm{T}} \times M$ 维优化问题以迭代的方式分解为多个一维搜索问题。为有效地应用 PS 算法，接下来介绍每个一维过程的目标函数，其解可以在闭式表达式中获得。

用 $\Delta\phi$ 表示相位编码序列 $\boldsymbol{s}_n$ 的第 m 个元素的相位增量，可以得到一个新的相位编码序列，表示为 $\tilde{\boldsymbol{s}}_{n,m}$。根据前文对互相关函数的定义，$\tilde{\boldsymbol{s}}_{n,m}$ 的互相关函数可以表示为 $\tilde{\boldsymbol{r}}_{n,m}(k), k = -M+1, -M, -M-1, \cdots, M-1$。

定义

$$h(a_0, a_1, a_2, a_3, a_4, \theta) = a_0 + a_1\cos\theta + a_2\sin\theta + a_3\cos 2\theta + a_4\sin 2\theta \tag{3.95}$$

则$|\tilde{\boldsymbol{r}}_{m,n}(k)|^2$可以简写为

$$|\tilde{\boldsymbol{r}}_{n,m}(k)|^2 = h\left(a_0, a_1, a_2, a_3, a_4, \Delta\phi\right) \\ k = 1,2,3,\cdots,M-1 \tag{3.96}$$

其中，$a_0(k), a_1(k), a_2(k), a_3(k), a_4(k)$均为实参数，求解方式如下：

以序列$\boldsymbol{s}_1$为例，对$\boldsymbol{s}_1$，其自相关矩阵为

$$\boldsymbol{A}_1 = \boldsymbol{s}_1\boldsymbol{s}_1^{\mathrm{H}} \tag{3.97}$$

$\boldsymbol{s}_1$的自相关函数与这个矩阵的关系为（斜对角线上元素的和）

$$\boldsymbol{r}_1(k) = \sum_j \boldsymbol{A}_1(j+k, j) \tag{3.98}$$

当波形$\boldsymbol{s}_1$中的一个码片$\boldsymbol{s}_1(m)$有相位增量$\Delta\phi$时，变为$\tilde{\boldsymbol{s}}_1(m) = \dfrac{1}{\sqrt{M}}\mathrm{e}^{\mathrm{j}(\phi_1(m)+\Delta\phi)}$。自相关矩阵的第$m$行和第$m$列元素（不包括行列交点处的元素）改变，定义向量

$$\boldsymbol{q}_{\mathrm{r}} = \boldsymbol{s}_1(m)[\boldsymbol{s}_1^{\mathrm{H}}(m-1), \boldsymbol{s}_1^{\mathrm{H}}(m-2), \cdots, \boldsymbol{s}_1^{\mathrm{H}}(1), \underbrace{0\cdots0}_{M-m}]^{\mathrm{T}} \tag{3.99}$$

$$\boldsymbol{q}_{\mathrm{c}} = \boldsymbol{s}_1^{\mathrm{H}}(m)[\boldsymbol{s}_1(m+1), \boldsymbol{s}_1(m+2), \cdots, \boldsymbol{s}_1(M), \underbrace{0\cdots0}_{m-1}]^{\mathrm{T}} \tag{3.100}$$

$\boldsymbol{q}_{\mathrm{r}}$、$\boldsymbol{q}_{\mathrm{c}}$均为$(M-1)\times 1$维的向量。$\boldsymbol{q}_{\mathrm{r}}(k)$、$\boldsymbol{q}_{\mathrm{c}}(k)$分别对应自相关函数$\boldsymbol{r}_1(k), k=1,2,3,\cdots,M-1$的改变元素，变为$\boldsymbol{q}_{\mathrm{r}}(k)\exp(\mathrm{j}\Delta\phi)$、$\boldsymbol{q}_{\mathrm{c}}(k)\exp(-\mathrm{j}\Delta\phi)$。

新的自相关函数记作

$$\tilde{\boldsymbol{r}}_1(k) = \boldsymbol{r}_1(k) - \boldsymbol{q}_{\mathrm{r}}(k) - \boldsymbol{q}_{\mathrm{c}}(k) + \boldsymbol{q}_{\mathrm{r}}(k)\exp(\mathrm{j}\Delta\phi) + \boldsymbol{q}_{\mathrm{c}}(k)\exp(-\mathrm{j}\Delta\phi) \\ k = 1,2,3,\cdots,M-1 \tag{3.101}$$

令

$$\boldsymbol{g}(k) = \boldsymbol{r}_1(k) - \boldsymbol{q}_{\mathrm{r}}(k) - \boldsymbol{q}_{\mathrm{c}}(k) \tag{3.102}$$

用$\boldsymbol{g}_{\mathrm{r}}(k)$、$\boldsymbol{g}_{\mathrm{i}}(k)$分别表示$\boldsymbol{g}(k)$的实部和虚部，则$\left|\tilde{\boldsymbol{r}}_1(k)\right|^2$可写为

$$\left|\tilde{\boldsymbol{r}}_1(k)\right|^2 = \Big|\boldsymbol{g}_{\mathrm{r}}(k) + \mathrm{j}\boldsymbol{g}_{\mathrm{r}}(k) + \left[\Re\{\boldsymbol{q}_{\mathrm{r}}(k)\} + \mathrm{j}\Im\{\boldsymbol{q}_{\mathrm{r}}(k)\}\right](\cos\Delta\phi + \mathrm{j}\sin\Delta\phi) + \\ \left[\Re\{\boldsymbol{q}_{\mathrm{c}}(k)\} + \mathrm{j}\Im\{\boldsymbol{q}_{\mathrm{c}}(k)\}\right](\cos\Delta\phi - \mathrm{j}\sin\Delta\phi)\Big| \tag{3.103}$$

对式（3.103）进行化简，得到

$$\left|\tilde{r}_1(k)\right|^2 = a_0 + a_1\cos\Delta\phi + a_2\sin\Delta\phi + a_3\cos 2\Delta\phi + a_4\sin 2\Delta\phi \tag{3.104}$$

函数中5个参数均为实数

$$\begin{cases} a_0(k) = |\boldsymbol{g}(k)|^2 + \left|\boldsymbol{q}_{\mathrm{r}}(k)\right|^2 + \left|\boldsymbol{q}_{\mathrm{c}}(k)\right|^2 \\ a_1(k) = 2\left[\boldsymbol{g}_{\mathrm{r}}(k)\left(\Re\{\boldsymbol{q}_{\mathrm{r}}(k)\} + \Re\{\boldsymbol{q}_{\mathrm{c}}(k)\}\right) + \boldsymbol{g}_{\mathrm{i}}\left(\Im\{\boldsymbol{q}_{\mathrm{r}}(k)\} + \Im\{\boldsymbol{q}_{\mathrm{c}}(k)\}\right)\right] \\ a_2(k) = 2\left[\boldsymbol{g}_{\mathrm{i}}(k)\left(\Re\{\boldsymbol{q}_{\mathrm{r}}(k)\} - \Re\{\boldsymbol{q}_{\mathrm{c}}(k)\}\right) - \boldsymbol{g}_{\mathrm{r}}(k)\left(\Im\{\boldsymbol{q}_{\mathrm{r}}(k)\} - \Im\{\boldsymbol{q}_{\mathrm{c}}(k)\}\right)\right] \\ a_3(k) = 2\left(\Re\{\boldsymbol{q}_{\mathrm{r}}(k)\}\Re\{\boldsymbol{q}_{\mathrm{c}}(k)\} + \Im\{\boldsymbol{q}_{\mathrm{r}}(k)\}\Im\{\boldsymbol{q}_{\mathrm{c}}(k)\}\right) \\ a_4(k) = 2\left(-\Im\{\boldsymbol{q}_{\mathrm{r}}(k)\}\Re\{\boldsymbol{q}_{\mathrm{c}}(k)\} + \Re\{\boldsymbol{q}_{\mathrm{r}}(k)\}\Im\{\boldsymbol{q}_{\mathrm{c}}(k)\}\right) \end{cases} \tag{3.105}$$

所以

$$\widetilde{\mathcal{WA}}_{n,m}(\Delta\phi)=2\sum_{k=1}^{M-1}w_k\,|\,\tilde{\boldsymbol{r}}_{n,m}(k)|^2=2h(\alpha_{0,n},\alpha_{1,n},\alpha_{2,n},\alpha_{3,n},\alpha_{4,n},\Delta\phi) \quad (3.106)$$

其中，$\alpha_{j,n}=\sum\limits_{k=1}^{M-1}w_k a_j(k), j=0,1,2,3,4$。

同样地，序列 $\boldsymbol{s}_n$ 与 $\boldsymbol{s}_l$ 的互相关函数 $\mathcal{WC}_{nl}$ 可以改写为 $\widetilde{\mathcal{WC}}_{nl,m}(\Delta\phi)$。对 $\boldsymbol{s}_n$，其与 $\boldsymbol{s}_l$ 的互相关矩阵表示为

$$\boldsymbol{A}_{nl}=\frac{1}{M}\boldsymbol{s}_n\boldsymbol{s}_l^* \quad (3.107)$$

由式（3.107）可以改写 $\boldsymbol{s}_n$ 与 $\boldsymbol{s}_l$ 互相关函数的元素：

$$\boldsymbol{r}_{nl}(k)=\begin{cases}\sum\limits_{j=1}^{M-k}\boldsymbol{A}_{nl}(j+k,j), & k=0,1,2,\cdots,M-1\\ \sum\limits_{j=1}^{M+k}\boldsymbol{A}_{nl}(j,j-k), & k=-1,0,1,\cdots,-M+1\end{cases} \quad (3.108)$$

得到的新序列 $\tilde{\boldsymbol{s}}_{n,m}$ 和 $\boldsymbol{s}_l$ 的互相关矩阵 $\widetilde{\boldsymbol{A}}_{nl,m}$ 与原互相关矩阵 $\boldsymbol{A}_{nl}$ 相比，仅第 $\boldsymbol{m}$ 行元素发生了变化。

定义与 $\boldsymbol{A}_{nl}$ 相关的、长度为 $(2M-1)\times 1$ 的向量 $\boldsymbol{q}$：

$$\boldsymbol{q}=\boldsymbol{s}_n(m)[\underbrace{0\cdots 0}_{m-1},\boldsymbol{s}_l^*(1),\boldsymbol{s}_l^*(2),\cdots,\boldsymbol{s}_l^*(M),\underbrace{0\cdots 0}_{M-m}]^{\mathrm{T}} \quad (3.109)$$

则可得

$$\tilde{\boldsymbol{r}}_{nl,m}(k)=\boldsymbol{r}_{nl}(k)-\boldsymbol{q}(k)+\boldsymbol{q}(k)\exp(\mathrm{j}\Delta\phi) \quad (3.110)$$

设

$$\boldsymbol{h}(k)=\boldsymbol{r}_{nl}(k)-\boldsymbol{q}(k) \quad (3.111)$$

式（3.111）可以用一系列实数系数进行简化：

$$|\,\tilde{\boldsymbol{r}}_{nl,m}(k)|^2=h(b_0(k),b_1(k),b_2(k),0,0,\Delta\phi) \quad (3.112)$$

式（3.112）中的实系数 $b_0(k)$、$b_1(k)$、$b_2(k)$ 的求解如下：

$$\begin{cases}b_0(k)=|\,\boldsymbol{h}(k)|^2+|\,\boldsymbol{q}(k)|^2\\ b_1(k)=2[\boldsymbol{h}_{\mathrm{R}}(k)\boldsymbol{q}_{\mathrm{R}}(k)+\boldsymbol{h}_{\mathrm{I}}(k)\boldsymbol{q}_{\mathrm{I}}(k)]\\ b_2(k)=2[\boldsymbol{h}_{\mathrm{I}}(k)\boldsymbol{q}_{\mathrm{R}}(k)-\boldsymbol{h}_{\mathrm{R}}(k)\boldsymbol{q}_{\mathrm{I}}(k)]\end{cases} \quad (3.113)$$

将式（3.112）代入式（3.91），得到

$$\widetilde{\mathcal{WC}}_{nl,m}(\Delta\phi)=\sum_{k=-M+1}^{M-1}v_k\,|\,\tilde{\boldsymbol{r}}_{nl,m}(k)|^2=h(\beta_{0,nl},\beta_{1,nl},\beta_{2,nl},0,0,\Delta\phi) \quad (3.114)$$

其中，$\beta_{0,nl}$、$\beta_{1,nl}$、$\beta_{2,nl}$ 表示为

$$\beta_{j,nl}=\sum_{k=-M+1}^{M-1}v_k b_j(k), j=0,1,2 \quad (3.115)$$

对于式（3.93）中的目标函数，仅自相关函数和互相关函数中与 $\boldsymbol{s}_n$ 相关的部

分，包括第 n 个自相关旁瓣电平和第 n 个互相关旁瓣电平及其他序列变化。用 $\widetilde{\mathcal{J}}_{n,m}(\Delta\phi)$ 表示 $\tilde{\boldsymbol{s}}_{n,m}$ 目标函数变化的部分，并计算为

$$\widetilde{\mathcal{J}}_{n,m}(\Delta\phi)=\lambda\widetilde{\mathcal{WA}}_{n,m}+2(1-\lambda)\sum_{l=1,n\neq l}^{N_T}\widetilde{\mathcal{WC}}_{nl,m}=h(\gamma_0,\gamma_1,\gamma_2,\gamma_3,\gamma_4,\Delta\phi) \quad (3.116)$$

其中，

$$\begin{cases}\gamma_0=2\left(\lambda\alpha_{0,n}+(1-\lambda)\sum_{l=1}^{N_\mathrm{T}}\beta_{0,nl}\right)\\ \gamma_1=2\left(\lambda\alpha_{1,n}+(1-\lambda)\sum_{l=1}^{N_\mathrm{T}}\beta_{1,nl}\right)\\ \gamma_2=2\left(\lambda\alpha_{2,n}+(1-\lambda)\sum_{l=1}^{N_\mathrm{T}}\beta_{2,nl}\right)\\ \gamma_3=2\lambda\alpha_{3,n}\\ \gamma_4=2\lambda\alpha_{4,n}\end{cases} \quad (3.117)$$

特别地，针对目标函数式（3.116）相对于相位增量 $\Delta\phi$ 的最小化问题，用下式表示

$$\Delta\phi^\star=\arg\min_{\Theta}\{\widetilde{\mathcal{J}}_{n,m}(\Delta\phi)\} \quad (3.118)$$

式中，$\Delta\phi^\star$ 可以求出解析解。

由式(3.116)，$\widetilde{\mathcal{J}}_{n,m}(\Delta\phi)$ 关于 $\Delta\phi$ 的一阶偏导数记为 $f_{n,m}(\Delta\phi)$，表达式如下：

$$f_{n,m}(\Delta\phi)=h(0,\gamma_2,-\gamma_1,2\gamma_4,-2\gamma_3,\Delta\phi) \quad (3.119)$$

对于式（3.116），使得目标函数 $\widetilde{\mathcal{J}}_{n,m}(\Delta\phi)$ 达到最小值的最优解 $\Delta\phi^\star$ 为极值点，可通过求解一阶偏导数 $f_{n,m}(\Delta\phi)$ 的根得到。

设 $x=\tan(\Delta\phi/2)$，可得到

$$f_{n,m}(x)=f_p(\gamma_1,\gamma_2,\gamma_3,\gamma_4,x)/(1+x^2)^2 \quad (3.120)$$

由于 $(1+x^2)^2>0$，因此求解一阶偏导 $f_{n,m}(\Delta\phi)$ 的根等价于求解 $f_p(\gamma_1,\gamma_2,\gamma_3,\gamma_4,x)$ 的根，后者是关于 x 的四次多项式，可以进行解析求解，从而可以在这些解析解中找到 $\Delta\phi^\star$。

2. 算法流程

PS 算法流程总结如下：

算法 3.2 流程　PS 算法求解优化问题 $\mathcal{P}_1$

输入： N_T,M，$w_1,w_2,w_3,\cdots,w_N$，$v_1,v_2,v_3,\cdots,v_N$，λ，ε；

输出： $\boldsymbol{\Phi}^\star$。

（1）$t=0$，随机初始化相位矩阵 $\boldsymbol{\Phi}^{(0)}$，计算 N_T 个自相关矩阵 $\boldsymbol{A}_n^{(0)}$ 与 $N_\mathrm{T}(N_\mathrm{T}-1)$

个互相关矩阵 $\boldsymbol{A}_{nl}^{(0)}, n,l=1,2,3,\cdots,N_{\mathrm{T}}; n\neq l$，并计算自相关函数 $\boldsymbol{r}_n^{(0)}(k)$ 和互相关函数 $\boldsymbol{r}_{nl}^{(0)}(k)$。

（2）$t=t+1$，即对应第 t 次迭代。对于 $n=1,2,3,\cdots,N_{\mathrm{T}}$，$m=1,2,3,\cdots,M$ 更新序列 $\boldsymbol{s}_{n-1}$ 的元素顺序。具体地，基于 $\boldsymbol{A}_n$，$\boldsymbol{A}_{nl}$，$\boldsymbol{r}_n$，$\boldsymbol{r}_{nl}$，求解优化问题式（3.118），并用 $\Delta\phi^{\star}$ 表示优化问题的解，更新 $\widetilde{\boldsymbol{A}}_{n,m}^{(t)}$，$\widetilde{\boldsymbol{A}}_{nl,m}^{(t)}$，$\tilde{\boldsymbol{r}}_{n,m}^{(t)}$，$\tilde{\boldsymbol{r}}_{nl,m}^{(t)}$。

（3）若 $\|\boldsymbol{S}^{(t)}-\boldsymbol{S}^{(t-1)}\|<\varepsilon$，其中 ε 是用户定义的停止阈值，则满足收敛条件，$\boldsymbol{S}^{\star}=\boldsymbol{S}^{(t)}$ 并退出，否则返回步骤（2）。

3.2.3　基于 WISL 准则的正交波形簇设计

3.2.3.1　基于 ROQO 的恒模正交波形设计算法性能分析

本节主要针对提出的 ROQO 算法进行性能仿真分析。其中，波形 $\boldsymbol{s}_n$ 的归一化 PSL 幅度值为

$$p_{\mathrm{a}}=\max_{k}\{|\boldsymbol{r}_n(k)/\boldsymbol{r}_n(0)|_{k=1}^{k=M-1}\} \tag{3.121}$$

定义任意两个波形 $\boldsymbol{s}_n$ 和 $\boldsymbol{s}_l$ 之间的归一化 PSL 幅度值为

$$p_{\mathrm{c}}=\max_{k}\{|\boldsymbol{r}_{nl}(k)/\boldsymbol{r}_{nl}(0)|_{k=1-M,n\neq l}^{k=M-1}\} \tag{3.122}$$

同时，定义波形集内所有波形的归一化 PSL 幅度值为

$$p=\max_{n,l,k}\{|\boldsymbol{r}_{nl}(k)/\boldsymbol{r}_n(0)|_{n=1,l=1,k=1-N,n\neq l}^{n=N_{\mathrm{T}},l=N_{\mathrm{T}},k=M-1},|\boldsymbol{r}_n(k)/\boldsymbol{r}_n(0)|_{n=1,k=1}^{n=N_{\mathrm{T}},k=M-1}\} \tag{3.123}$$

则将它们转化为 dB 的表示形式后可分别写为 $\mathrm{PSL_a}=20\lg(p_{\mathrm{a}})$，$\mathrm{PSL_c}=20\lg(p_{\mathrm{c}})$ 和 $\mathrm{PSL}=20\lg(p)$。PSL 在一定程度上反映了设计波形集信号的相关特性。

考虑 MIMO 雷达有 N_{T} 个发射阵元，每个阵元发射相位编码波形，波形的离散采样点数为 M。根据先验信息，可将自相关函数和互相函数的权值分别设置为

$$\gamma_k=\begin{cases}1,\ k\in[-K_1,-1]\cup[1,K_1]\\0,\ 其他\end{cases}\quad K_1为整数，1\leqslant K_1\leqslant M-1 \tag{3.124}$$

$$w_k=\begin{cases}1,\ k\in[-K_2,K_2]\\0,\ 其他\end{cases}\quad K_2为整数，0\leqslant K_2\leqslant M-1 \tag{3.125}$$

1. ROQO 算法性能

为验证算法的有效性，仿真选取 $N_{\mathrm{T}}=2$ 个波形，波形离散采样点数 $M=100$。设置算法的收敛条件为 $\|\boldsymbol{s}^{(t+1)}-\boldsymbol{s}^{(t)}\|\leqslant 10^{-6}$。图 3.6 和图 3.7 分别给出了波形仿真参数 $M=100, N_{\mathrm{T}}=2$ 时，在 $K_1=25, K_2=M-1$ 和 $K_1=25, K_2=25$ 两种不同互相关权值 w_k 选取下的迭代曲线。可以看出，在不同的权值设置条件下，本节所提的 ROQO 算法均能在一定时间和迭代次数内达到收敛条件。

图 3.8 给出了在不同互相关权值 w_k 下设计的第一个波形的自相关函数及两个波形的互相关函数。其中图 3.8（a）最小化了自相关旁瓣区域 $[-25,-1]\cup[1,25]$，同时抑制了波形之间的所有互相关旁瓣。在抑制区域，第一个波形的自相关函数

形成凹槽，而互相关函数的归一化峰值旁瓣 PSL_c 在−18.36dB 左右。图 3.8（b）的自相关函数和互相关函数具有相同的权值约束，即 $K_1 = 25, K_2 = 25$。第一个波形抑制区域内的归一化 PSL_a 和波形之间的归一化 PSL_c 均在−62.64dB 左右。从图 3.8 可以看出，本节所提出的波形设计算法可以通过控制权值来选择旁瓣抑制区域。对比图 3.8（a）和图 3.8（b）的结果可知，通过控制权值可以提升波形在感兴趣区域的自/互相关旁瓣性能。

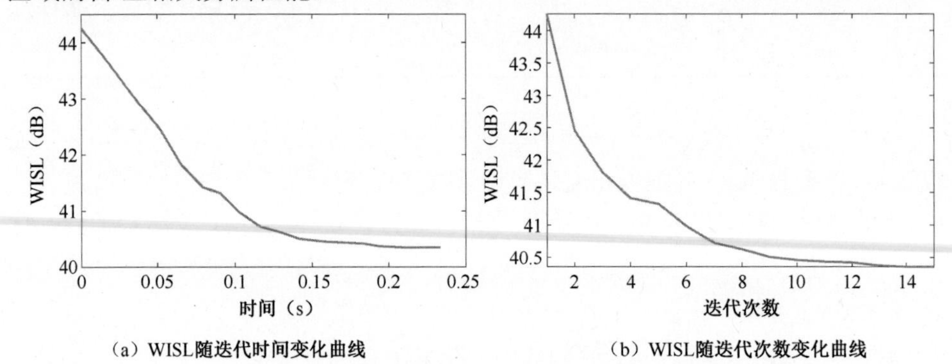

（a）WISL随迭代时间变化曲线　　（b）WISL随迭代次数变化曲线

图 3.6　$K_1 = 25, K_2 = M - 1$ 时算法的迭代曲线

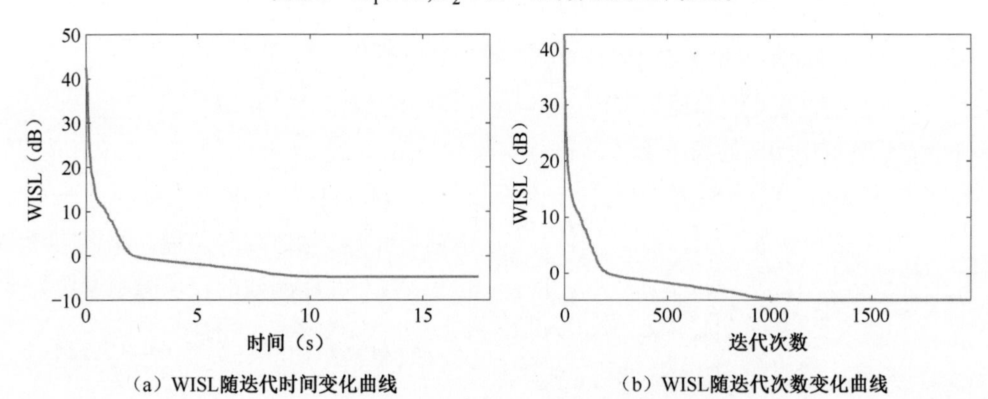

（a）WISL随迭代时间变化曲线　　（b）WISL随迭代次数变化曲线

图 3.7　$K_1 = 25, K_2 = 25$ 时算法的迭代曲线

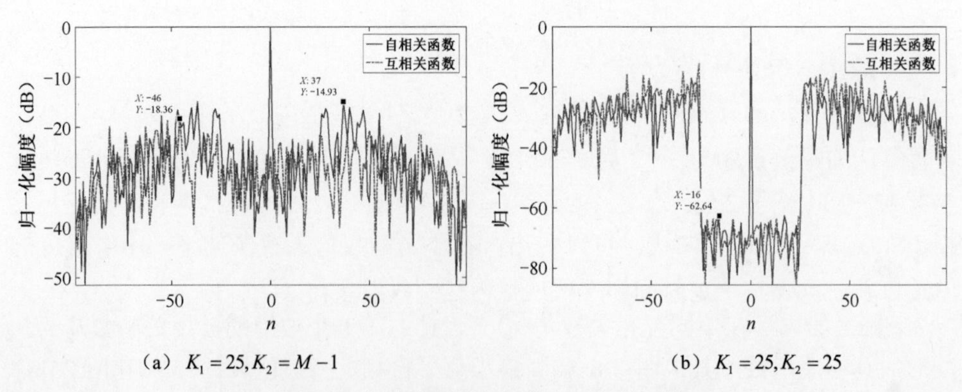

（a）$K_1 = 25, K_2 = M - 1$　　（b）$K_1 = 25, K_2 = 25$

图 3.8　优化波形的自相关和互相关函数

为了评估算法的性能，将所提出的 ROQO 算法与经典的 WeCAN 算法、MM[21-24]算法和 CD[25]算法进行对比，ROQO 算法和 MM 算法均采用了 SQUAREM 加速过程。为公平起见，所有算法均采用相同的恒模随机相位编码波形进行初始化。

为便于讨论与分析，在本次仿真中将自相关函数旁瓣与互相关函数旁瓣的权值设为固定值，且令 $K_1 = K_2 = 29$。对所有算法应用相同的停止条件，当算法的迭代变量值满足 $\|\boldsymbol{s}^{(t+1)} - \boldsymbol{s}^{(t)}\| \leqslant 10^{-6}$ 时，即可视为达到收敛条件，同时，如果出现算法极难达到收敛条件的情况，设置最大迭代时间为 1000s，即算法满足收敛条件或达到最大迭代时间时，将停止迭代。

首先，固定 MIMO 雷达每个发射阵元波形的码片数为 $M = 64$，仿真分析不同波形个数下 ROQO 算法在计算时间内迭代次数和收敛 WISL 值方面的性能。设置四种不同的 MIMO 雷达发射阵元个数场景，分别为 $N_{\mathrm{T}} = 2,3,4,5$，且每个场景均进行 5 次蒙特卡罗仿真。将 ROQO 算法与 MM、CD 和 WeCAN 算法进行对比。其中，5 次蒙特卡罗仿真不同参数下的最小值和平均值分别用 min 和 ave 表示。从表 3.1 可以看出，在考虑的所有仿真参数下，相比于 MM 算法、CD 算法和 WeCAN 算法，ROQO 算法达到迭代停止条件时所需计算时间最短。

表 3.1　不同算法的计算时间

时间	$N_{\mathrm{T}}=2, M=64$		$N_{\mathrm{T}}=3, M=64$		$N_{\mathrm{T}}=4, M=64$		$N_{\mathrm{T}}=5, M=64$	
	min	ave	min	ave	min	ave	min	ave
ROQO	**0.57**	**1.181**	**1.416**	4.255	**3.381**	**6.958**	**4.928**	**13.528**
MM	0.764	1.651	2.137	**4.189**	6.774	10.227	14.299	35.594
CD	13.732	33.215	30.424	91.801	56.369	125.353	96.265	174.689
WeCAN	319.453	636.497	572.733	798.707	957.581	995.761	701.399	970.145

在表 3.2 中，ROQO 算法和 MM 算法在达到收敛条件时具有接近的迭代次数。WeCAN 算法在优化过程中消耗的时间最长，所需的迭代次数最多，而 CD 算法在计算时间和迭代次数方面比 WeCAN 算法表现得更好。从表 3.3 中可以得到，虽然不同算法得到的最小值和平均值在所考虑的参数下都很接近，但 ROQO 算法总是可以得到相对其他算法更小的 WISL 值。

表 3.2　不同算法的迭代次数

迭代次数	$N_{\mathrm{T}}=2, M=64$		$N_{\mathrm{T}}=3, M=64$		$N_{\mathrm{T}}=4, M=64$		$N_{\mathrm{T}}=5, M=64$	
	min	ave	min	ave	min	ave	min	ave
ROQO	137	270	220	627	**333**	685	**363**	**929**
MM	**125**	**264**	**193**	**343**	373	**552**	494	1186
CD	341	718	325	986	646	1467	718	1294
WeCAN	36223	75126	56342	78959	97148	99544	56333	77816

表 3.3　不同算法所得 WISL

WISL	$N_T=2, M=64$		$N_T=3, M=64$		$N_T=4, M=64$		$N_T=5, M=64$	
	min	ave	min	ave	min	ave	min	ave
ROQO	**26.687**	**28.779**	**38.181**	**38.397**	**42.207**	42.434	**44.904**	**44.983**
MM	28.311	28.639	38.192	38.418	42.238	**42.413**	44.947	45.063
CD	27.512	28.733	38.318	38.464	42.231	42.431	44.926	45.071
WeCAN	28.088	28.925	38.608	38.697	42.493	42.576	45.195	45.252

2. 波形设计参数及性能分析

为验证设计波形集的波形个数 N_T 和波形的码片数 M 对信号的自相关和互相关旁瓣的影响，进行了以下仿真。为便于观察和讨论，设置相同的自相关和互相关函数旁瓣权值，且权值均为 1，即 $K_1 = K_2 = M-1$。此时，优化问题等价于在恒模约束条件下最小化波形集的 ISL。停止迭代条件的设置与上述仿真相同。

首先仿真验证波形个数 N_T 对设计波形集内波形的自相关和互相关特性的影响。假设设计的波形集内的波形个数为 $N_T=4$，不同的相位编码信号的码片数分别为 $M=32,64,128,256,512$ 进行 5 次蒙特卡罗仿真，结果取其平均值。图 3.9 和图 3.10 分别为设计波形码片数关于 WISL 和归一化 PSL 的变化曲线。

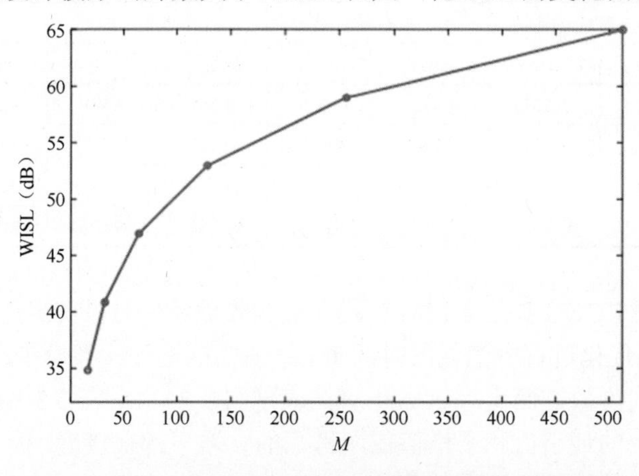

图 3.9　WISL 随相位编码设计波形码片数变化的关系图

从图 3.9 和图 3.10 可以看出，波形簇内相位编码信号的码片数影响优化后信号的 WISL 和 PSL，其中，随着波形内码片数的增加，相位编码信号的 WISL 逐渐增加，而波形簇内每个信号可获得的 PSL 逐渐降低。所以可以看出相位编码信号的自/互相关特性与波形集内信号的码片数有关，码片数越多，信号的自/互相关特性越好。

假设设计的波形集内的波形码片数 $M=128$，进行不同的波形个数 $N_T=2,3,4,5,6$ 的蒙特卡罗仿真，结果取其平均值。波形个数 N_T 关于 WISL 的变化如表 3.4 所示。

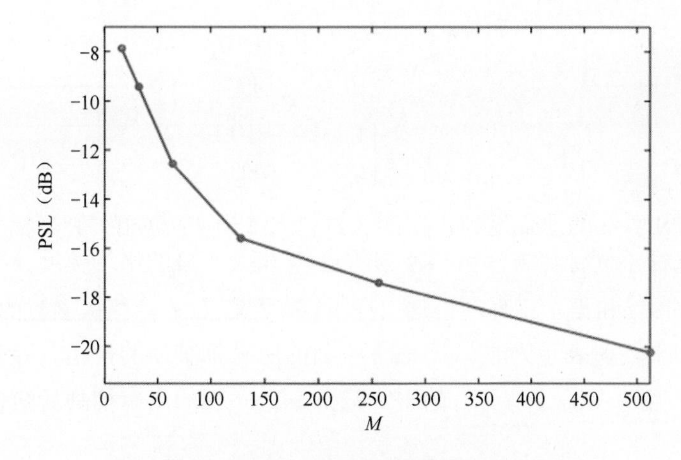

图 3.10　PSL 随设计波形码片数变化的关系图

表 3.4　WISL 与波形个数的关系

波形个数	2	3	4	5	6
WISL（dB）	45.15	49.92	52.94	55.15	56.91

表 3.5 则展示了 N_T 与归一化 PSL 的关系。可以看出，设计的波形个数影响优化后波形的 WISL 和 PSL。其中，随着波形个数 N_T 的增加，波形集的 WISL 逐渐增加。而波形集的归一化 PSL 随着 N_T 的增加呈现上升的趋势。所以，信号的自/互相关特性与波形集内信号的个数有关，信号个数的增加使得正交波形设计难度增加。

表 3.5　PSL 与波形个数的关系

波形个数	2	3	4	5	6
PSL（dB）	−17.83	−15.49	−15.16	−14.64	−13.86

因此，在实际工程应用中，需要折中考虑制约波形相关特性的条件来设计满足应用需求的正交波形。

3.2.3.2　基于 PS 的恒模正交波形设计算法性能分析

在本节示例中将前文所提出的 PS 算法与 WeCAN 算法进行比较。PS 算法和 WeCAN 算法每次迭代都需要 $\mathcal{O}(MN^2)$ 次实数乘法运算，计算量具有相同的数量级。因此，PS 算法和 WeCAN 算法之间总体计算负载的比较取决于它们所进行的迭代次数。不失一般性，本节在所有仿真分析中将波形初始化为具有随机相位参数的单位能量波形。

考虑 $M=100$，$N_T=3$ 的序列。为达到足够的精度，PS 算法的迭代次数为 100，WeCAN 算法的迭代次数为 10000。抑制自相关和互相关旁瓣的权重范围如下：

$$w_k = \begin{cases} 1, & k \in [1,10] \\ 0, & \text{其他} \end{cases} \tag{3.126}$$

$$v_k = \begin{cases} 1, & k \in [-10,10] \\ 0, & \text{其他} \end{cases} \tag{3.127}$$

为展示 PS 算法的迭代过程，在图 3.11 中绘制了自/互相关旁瓣幅度与 λ 的关系，纵坐标表征不同优化方法所得波形的自/互相关旁瓣的平均幅度。令 P_{ij} 表示经算法抑制后的第 i 和第 j 序列的自动-$(i=j)$ 或交叉-$(i \neq j)$ 相关函数的平均幅度。将 $P_{ij}(i=j)$ 的平均值表示为 $P_{\rm a}$，即三个序列的所有抑制后的自相关旁瓣的平均幅度。类似地，用 $P_{\rm c}$ 表示 $P_{ij}(i \neq j)$ 的平均值是三个序列的所有抑制后的自相关旁瓣的平均幅度。

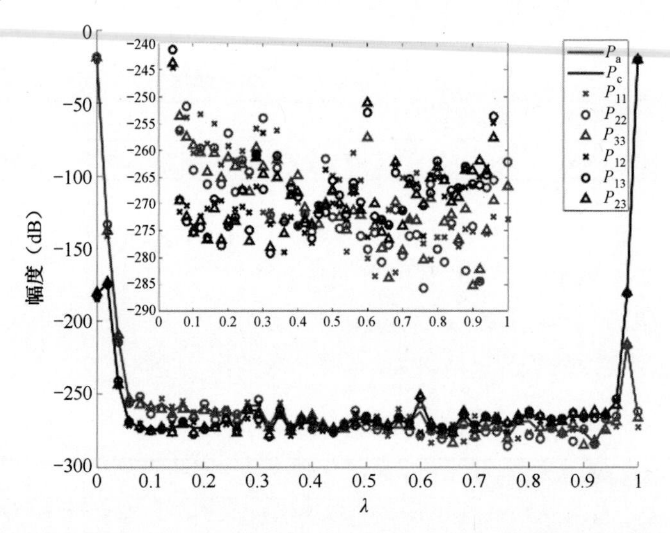

图 3.11　WeCAN 算法与 PS 算法所得波形的自/互相关旁瓣的平均幅度随 λ 的变化

图 3.11 中显示了 $P_{\rm a}$、$P_{\rm c}$ 和 P_{ij} 的值与 λ 的关系。当 λ 值接近 0 或 1 时，抑制自相关旁瓣和互相关旁瓣的能力均较弱。当 λ 值在 0.1～0.9 时，自相关的平均幅度随着 λ 的增加抑制效果减弱，而互相关的平均幅度随着 λ 的增大以大致相同的速率增大。同时，抑制的自相关和互相关旁瓣达到所需的幅度（−290dB～−250dB）。此外，这表明当 $\lambda=0.5$ 时，自相关和互相关的平均旁瓣达到大致相同的水平。

图 3.12 展示了不同的 λ 值对 PS 算法与 WeCAN 算法收敛速度的影响。曲线表明，PS 算法和 WeCAN 算法的目标函数值都随着迭代次数的增加而减小。然而，PS 算法的收敛速度比 WeCAN 算法快得多。特别地，可以观察出 PS 算法在约 10^2 次迭代后目标函数值达到 10^{-25}，而 WeCAN 算法在约 10^4 次迭代后目标函数值达到 10^{-12}。

经过 PS 算法和 WeCAN 算法优化的三个序列的自相关函数和互相关函数分别如图 3.13 和图 3.14 所示。在下面的 PS 算法曲线的仿真中 $\lambda=0.5$ 。PS 算法获得的旁瓣抑制约为-290dB，而 WeCAN 算法仅达到 140dB 左右。基于以上讨论，很容易得出结论，PS 算法与 WeCAN 算法相比，能够以更少的迭代次数，达到更为优秀的旁瓣抑制性能。

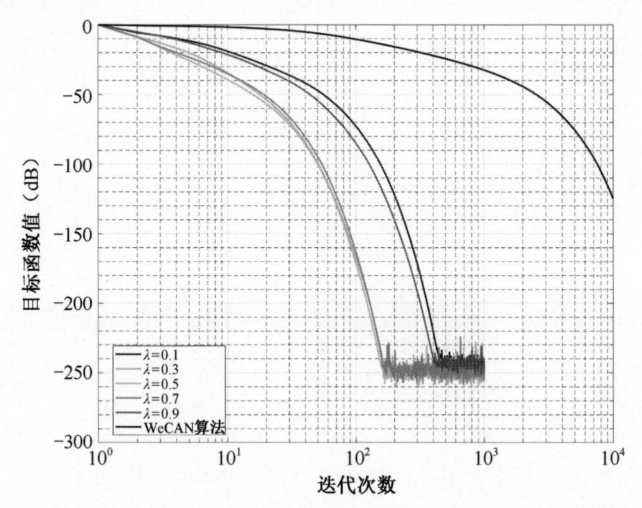

图 3.12　不同的 λ 值对 PS 算法和 WeCAN 算法收敛速度的影响

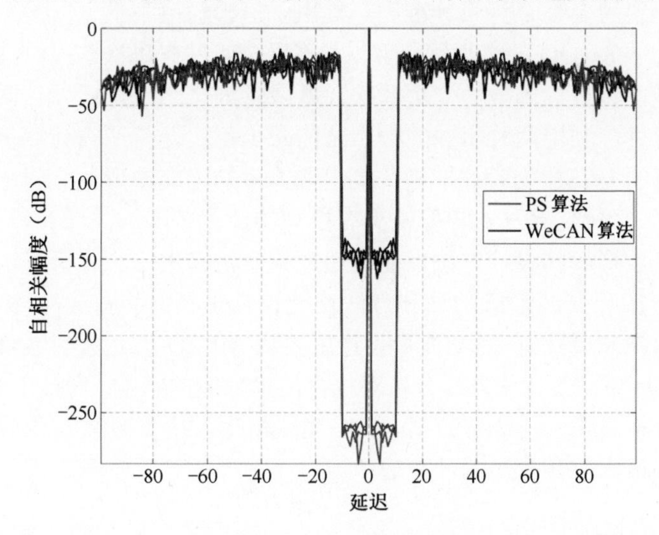

图 3.13　$\lambda=0.5$ 时 PS 算法和 WeCAN 算法得到优化序列的自相关函数

在本节中，通过仿真对 PS 算法与 WeCAN 算法进行比较，结果表明，与 WeCAN 算法相比，PS 算法实现的优化波形具有显著降低的旁瓣水平和更高的计算效率。

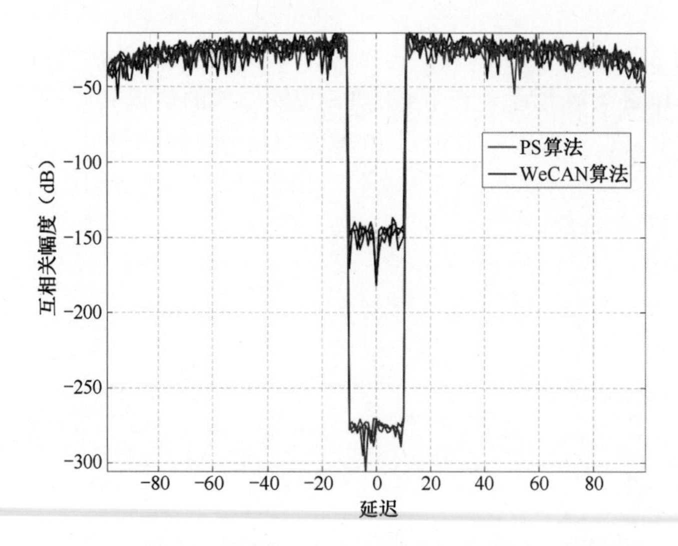

图 3.14 $\lambda = 0.5$ 时 PS 算法和 WeCAN 算法得到优化序列的互相关函数

3.3 本章小结

本章研究了 MIMO 雷达正交波形设计方法。首先，给出了基于三种经典波形的正交波形簇设计方法，即正交 OFDM-LFM、正交噪声波形及正交 NLFM。其次，以最小化波形集的 WISL 为设计准则，提出了恒模约束下的正交波形优化问题，提出了一种基于 ROQO 的波形优化算法，该算法通过在每次迭代时固定目标函数中的部分变量，将目标函数由一个四次问题降阶为一个二次问题。同时，为提升算法的收敛速度，利用两种特殊的数学结构减少每次迭代所需计算量。最后，以最小化波形集的 WISL 为设计准则，提出无约束的正交波形优化问题，提出了一种基于 PS 的波形优化算法，该算法具有更高的计算效率。

上述正交波形簇的设计方法性能均通过数值仿真进行了分析，仿真结果表明基于经典波形的正交波形簇的设计方法均能设计出具有良好自/互相关的正交波形集。基于 ROQO 算法的正交波形设计主要从 MIMO 雷达发射波形个数、收敛速度快慢、码片数参数变化方面分析对优化波形性能的影响。对基于 PS 算法设计的正交波形分析表明，与传统的 WeCAN 算法相比，PS 算法实现的优化波形具有显著降低的旁瓣水平和更高的计算效率。

本章参考文献

[1] LI J, STOICA P. MIMO radar signal processing[M]. New Jersey: Wiley-IEEE Press, 2008.

[2] STOICA P, LI J, XIE Y. On probing signal design for MIMO radar[J]. IEEE

Transactions on Signal Processing, 2007, 55(8): 4151-4161.

[3] LI J, STOICA P. MIMO radar with colocated antennas[J]. IEEE Signal Processing Magazine, 2007, 24(5): 106-114.

[4] LEHMANN N H, HAIMOVICH A M, BLUM R S, et al. High resolution capabilities of MIMO radar[C]. 2006 Fortieth Asilomar Conference on Signals, Systems and Computers, Pacific Grove, USA, 2006.

[5] STOICA P, HE H, LI J, et al. New algorithms for designing unimodular sequences with good correlation properties[J]. IEEE Transactions on Signal Processing, 2009, 57(4): 1415-1425.

[6] HE H, STOICA P, LI J. Designing unimodular sequence sets with good correlations-including an application to MIMO radar[J]. IEEE Transactions on Signal Processing, 2009, 57(11): 4391-4405.

[7] SAN A, FUHRMANN, D, ROBEY F. MIMO radar ambiguity functions[J]. IEEE Journal of Selected Topics in Signal Processing, 2007, 1(1): 167-177.

[8] LEVANON N, MOZESON E. Radar signals[M]. New Jersey: Wiley-IEEE Press, 2004.

[9] KEEL B, BADEN M. Principles of modern radar: Advanced techniques[M]. New Jersey: SciTech Publishing, 2012.

[10] WANG W. Space-time coding MIMO-OFDM SAR for high-resolution imaging[J]. IEEE Transactions on Geoscience and Remote Sensing, 2011, 49(8): 3094-3104.

[11] KULPA K. Signal processing in noise waveform radar[M]. Boston: Artech House, 2013.

[12] FARINA A, SKOLNIK M. Electronic counter-countermeasures[M]. New York: McGraw-Hill, 2008.

[13] PACE P. Detecting and classifying low probability of intercept radar[M]. Boston: Artech House, 2008.

[14] STOICA P, MOSES R. Spectral analysis of signals[M]. New Jersey: Prentice Hall, 2005.

[15] COOK C, BERNFELD M. Radar signals: An introduction to theory and application[M]. London: Artech House, 1993.

[16] RICHARDS M. Fundamentals of radar signal processing[M]. New York: McGraw-Hill Education, 2014.

[17] VIZITIU I, ANTON L, POPESCU F, et al. The synthesis of some NLFM laws using the stationary phase principle[C]. 2012 10th International Symposium on Electronics and Telecommunications IEEE, 2012.

[18] DOERRY A W. Generating nonlinear FM chirp waveforms for radar[R]. Sandia National Laboratories, Albuquerque, NM, and Livermore, CA, 2006.

[19] YANG J, CUI G, YU X, et al. Cognitive local ambiguity function shaping with spectral coexistence[J]. IEEE Access, 2018, 6: 50077-50086.

[20] HORN R A, JOHNSON C R. Topics in matrix analysis[M]. Cambridge: Cambridge University Press, 1991.

[21] SONG J, BABU P, PALOMAR D P. Sequence set design with good correlation properties via majorization-minimization[J]. IEEE Transactions on Signal Processing, 2016, 64(11): 2866-2879.

[22] VARADHAN R, ROLAND C. Simple and globally convergent methods for accelerating the convergence of any EM algorithm[J]. Scandinavian Journal of Statistics, 2008, 35(2): 335-353.

[23] LI Y, VOROBYOV S A. Fast algorithms for designing unimodular waveform (s) with good correlation properties[J]. IEEE Transactions on Signal Processing, 2017,66(5): 1197-1212.

[24] ZHAO L, SONG J, BABU P, et al. A unified framework for low autocorrelation sequence design via majorization-minimization[J]. IEEE Transactions on Signal Processing, 2017, 65(2): 438-453.

[25] CUI G, YU X, PIEZZO M, et al. Constant modulus sequence set design with good correlation properties[J]. Signal Processing, 2017, 139: 75-85.

第 4 章

MIMO 雷达窄带发射波束赋形

- 基于波形相似性约束的 MIMO 雷达发射波束赋形
- 基于波形频谱约束的 MIMO 雷达发射波束赋形

传统相控阵雷达通过移相器控制相位实现波束指向，波束宽度较窄、副瓣高，对大范围空域扫描时间长；且每个发射天线发射相同波形，易被敌方截获，抗干扰的自由度受限。MIMO 雷达作为一种新型雷达，不同天线发射相互独立的波形，其自由度高，可以根据不同需求匹配设计方向图，以期覆盖较宽区域，扫描时间短[1-3]。MIMO 雷达通常有两种工作模式，当探测目标位置未知时，MIMO 雷达通常发射正交波形以实现全空域等功率覆盖，提高目标搜索效率；当目标方位先验已知时，MIMO 雷达通常发射相干波形，使得发射波束方向图功率聚焦于感兴趣的目标区域，同时尽可能减少其他区域能量辐射，从而降低被截获的概率和减少信号相关干扰，提高回波 SINR[4-5]。因此，本章将围绕如何设计匹配不同场景下发射波束的 MIMO 雷达波形进行研究。

4.1 基于波形相似性约束的 MIMO 雷达发射波束赋形

针对窄带 MIMO 雷达发射波束赋形的波形设计方法主要分为两类：一是两步法，首先合成波形协方差矩阵，进而求解满足一定约束的波形[6-8]；二是直接合成波形[9-11]。本节针对第一种两步法设计展开研究。目前，最常用的方法是首先通过最小化 ISL 等准则合成波形协方差矩阵，再利用基于最小化波形协方差矩阵估计的均方误差准则设计满足一定约束的波形。然而，任意 MIMO 雷达发射波束赋形设计，可能导致波形模糊函数性能恶化，如多普勒容忍度或脉冲压缩特性较差等[12]，不利于动目标或微弱目标检测。因此，为兼顾 MIMO 雷达发射波形模糊函数与方向图性能，本节在发射波束的优化问题中，首次引入了波形相似性约束[13]，折中考虑了波形模糊函数与发射波束性能。

本节首先通过最小化方向图 ISL 准则得到最优波形协方差矩阵，提出恒模与相似性约束下的最小化波形协方差矩阵的均方估计误差问题。然后提出一种基于 CD 算法的 MIMO 雷达波形优化算法，并通过理论与仿真分析验证所提 CD 算法的有效性。

4.1.1 恒模与相似性约束下的 MIMO 雷达发射波束优化建模

考虑 MIMO 雷达发射阵列为均匀线阵，天线个数为 N_{T}，间距为半波长，如图 4.1 所示。其中每个发射天线发射独立波形，其窄带离散基带信号的形式表示为 $\boldsymbol{s}_n(m), m=1,2,3,\cdots,M, n=1,2,3,\cdots,N_{\mathrm{T}}$，$M$ 是发射波形的采样数。为简化分析，忽略传播衰减等影响，则在目标方向 θ 处的基带信号表示为[8]

$$x_m = \boldsymbol{a}_{\mathrm{T}}^{\mathrm{H}}(\theta)\overline{\boldsymbol{s}}_m \tag{4.1}$$

其中，$\overline{\boldsymbol{s}}_m = [\boldsymbol{s}_1(m), \boldsymbol{s}_2(m), \boldsymbol{s}_3(m), \cdots, \boldsymbol{s}_{N_{\mathrm{T}}}(m)]^{\mathrm{T}}$ 为第 m 个采样时刻 N_{T} 个发射天线的发射波形，满足关系 $\overline{\boldsymbol{s}}_m(n) = \boldsymbol{s}_n(m), n=1,2,3,\cdots,N_{\mathrm{T}}$。$\boldsymbol{a}_{\mathrm{T}}(\theta)$ 为 $N_{\mathrm{T}}\times 1$ 维的发射导向矢量，具体形式为

$$\boldsymbol{a}_{\mathrm{T}}(\theta)=[1,\mathrm{e}^{\mathrm{j}2\pi\frac{d_{\mathrm{T}}\sin\theta}{\lambda}},\mathrm{e}^{\mathrm{j}2\pi\frac{2d_{\mathrm{T}}\sin\theta}{\lambda}},\mathrm{e}^{\mathrm{j}2\pi\frac{3d_{\mathrm{T}}\sin\theta}{\lambda}},\cdots,\mathrm{e}^{\mathrm{j}2\pi\frac{d_{\mathrm{T}}(N_{\mathrm{T}}-1)\sin\theta}{\lambda}}]^{\mathrm{T}} \tag{4.2}$$

其中，λ 是工作波长，$d_{\mathrm{T}}=\lambda/2$ 为阵元间距。

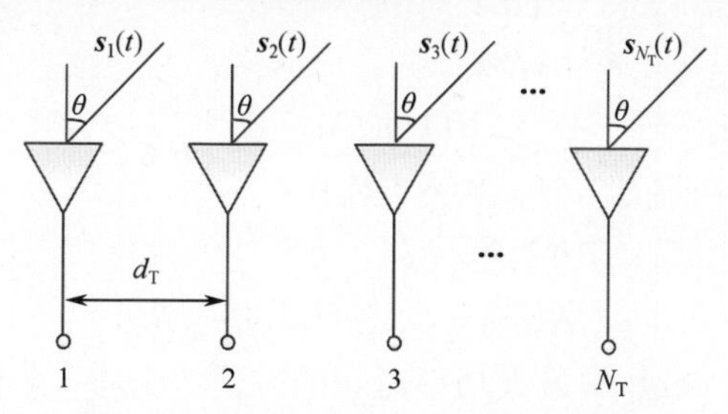

图 4.1　窄带 MIMO 雷达发射阵列示意图

根据式（4.1），MIMO 雷达位于 θ 方向处的目标接收功率可表示为

$$P(\theta)=\mathbb{E}[\boldsymbol{x}_m\boldsymbol{x}_m^{\mathrm{H}}]=\frac{1}{M}\sum_{m=1}^{M}\|\boldsymbol{a}_{\mathrm{T}}^{\mathrm{H}}(\theta)\overline{\boldsymbol{s}}_m\|^2=\boldsymbol{a}_{\mathrm{T}}^{\mathrm{H}}(\theta)\boldsymbol{R}\boldsymbol{a}_{\mathrm{T}}(\theta) \tag{4.3}$$

其中，$\boldsymbol{R}$ 为发射波形协方差矩阵，具体形式为

$$\boldsymbol{R}=\frac{1}{M}\sum_{m=1}^{M}\overline{\boldsymbol{s}}_m\overline{\boldsymbol{s}}_m^{\mathrm{H}}=\frac{1}{M}\boldsymbol{S}\boldsymbol{S}^{\mathrm{H}} \tag{4.4}$$

其中，$\boldsymbol{S}=[\boldsymbol{s}_1,\boldsymbol{s}_2,\boldsymbol{s}_3,\cdots,\boldsymbol{s}_{N_{\mathrm{T}}}]^{\mathrm{T}}$ 表示发射波形矩阵。需要说明的是，式（4.3）给出了一般发射波束方向图的表达式。当 MIMO 雷达发射相干波形，即 $\boldsymbol{R}$ 的秩为 1 时，式（4.3）表示相控阵方向图，即能量聚焦于某个方向。如果 MIMO 发射相互正交的波形，即 $\boldsymbol{R}$ 为单位阵，则式（4.3）为 $P(\theta)=N_{\mathrm{T}}$，表明各个方向辐射的功率相等，实现了空域全覆盖。若 MIMO 雷达发射相关波形，则发射波束形状取决于发射波形的具体形式。

首先将 MIMO 雷达的探测空域分成主瓣区域 Θ_{m} 与旁瓣区域 Θ_{s}，定义发射波束方向图的 ISL 为

$$\mathrm{ISL}=\frac{\int_{\Theta_{\mathrm{s}}}\boldsymbol{a}_{\mathrm{T}}^{\mathrm{H}}(\theta)\boldsymbol{R}\boldsymbol{a}_{\mathrm{T}}(\theta)\mathrm{d}\theta}{\int_{\Theta_{\mathrm{m}}}\boldsymbol{a}_{\mathrm{T}}^{\mathrm{H}}(\theta)\boldsymbol{R}\boldsymbol{a}_{\mathrm{T}}(\theta)\mathrm{d}\theta}=\frac{\mathrm{tr}(\boldsymbol{R}\boldsymbol{A}_{\mathrm{s}})}{\mathrm{tr}(\boldsymbol{R}\boldsymbol{A}_{\mathrm{m}})} \tag{4.5}$$

其中，

$$\boldsymbol{A}_{\mathrm{s}}=\int_{\Theta_{\mathrm{s}}}\boldsymbol{a}_{\mathrm{T}}(\theta)\boldsymbol{a}_{\mathrm{T}}^{\mathrm{H}}(\theta)\,\mathrm{d}\theta \tag{4.6}$$

$$\boldsymbol{A}_{\mathrm{m}}=\int_{\Theta_{\mathrm{m}}}\boldsymbol{a}_{\mathrm{T}}(\theta)\boldsymbol{a}_{\mathrm{T}}^{\mathrm{H}}(\theta)\,\mathrm{d}\theta \tag{4.7}$$

MIMO 雷达发射波束赋形旨在通过控制波形协方差矩阵 $\boldsymbol{R}$ 或发射波形使得发射波形的能量尽可能集中于主瓣区域 Θ_{m}，同时降低从旁瓣区域 Θ_{s} 辐射能量，以减少信号相关干扰回波返回，提高 MIMO 雷达回波 SINR，增强系统的探测性能。因此，可通过优化波形协方差矩阵使得发射波束的 ISL 尽可能小，增大主瓣能量

与旁瓣能量区分度，如图 4.2 所示。从数学优化角度看，基于波形协方差矩阵的发射波束赋形优化问题可建模为

$$\begin{cases} \min\limits_{\boldsymbol{R}} \dfrac{\text{tr}(\boldsymbol{R}\boldsymbol{A}_\text{s})}{\text{tr}(\boldsymbol{R}\boldsymbol{A}_\text{m})} \\ \text{s.t. } 0.5 \leqslant \dfrac{\text{tr}(\boldsymbol{R}\boldsymbol{A}(\theta))}{\text{tr}(\boldsymbol{R}\boldsymbol{A}(\theta_0))} \leqslant 1, \ \forall \theta \in \Theta_\text{m} \\ \quad\ \ \boldsymbol{R} \succeq \boldsymbol{0}_{N_\text{T} \times N_\text{T}} \\ \quad\ \ \boldsymbol{R}(i,i) = C, \ i = 1,2,3,\cdots,N_\text{T} \end{cases} \tag{4.8}$$

其中，θ_0 表示主瓣区域 Θ_m 中最大功率对应的方位，C 是一个正常数。约束 1 是主瓣 3dB 宽度约束[14]，通常用来控制主瓣区域功率衰减程度；约束 2 是半正定矩阵约束，该约束由 $\boldsymbol{R}$ 的定义式（4.4）决定；约束 3 是恒功率约束，限制了每个发射天线的功率等于 C。

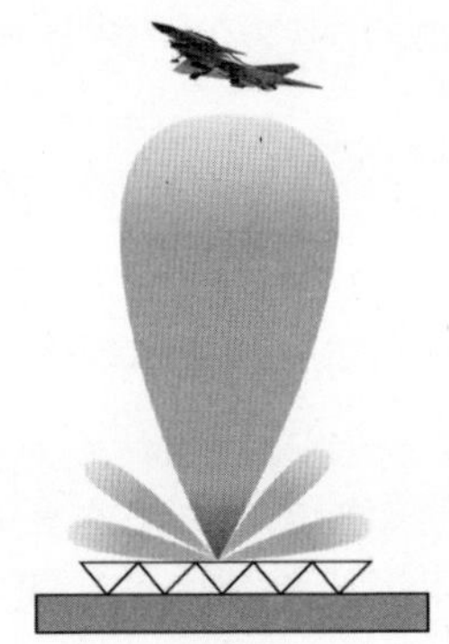

图 4.2　MIMO 雷达发射波束

上述问题可转换为一个半定规划问题，即

$$\begin{cases} \min_{\boldsymbol{Z},z} & \text{tr}(\boldsymbol{Z}\boldsymbol{A}_\text{s}) \\ \text{s.t.} & 0.5\,\text{tr}(\boldsymbol{Z}\boldsymbol{A}(\theta_0)) \leqslant \text{tr}(\boldsymbol{Z}\boldsymbol{A}(\theta)), \ \forall \theta \in \Theta_\text{m} \\ & \text{tr}(\boldsymbol{Z}\boldsymbol{A}(\theta)) \leqslant \text{tr}(\boldsymbol{Z}\boldsymbol{A}(\theta_0)), \ \forall \theta \in \Theta_\text{m} \\ & \text{tr}(\boldsymbol{Z}\boldsymbol{A}_\text{m}) = 1 \\ & \boldsymbol{Z} \succeq 0, z \geqslant 0 \\ & \boldsymbol{Z}(i,i) = zC, \ i = 1,2,3,\cdots,N_\text{T} \end{cases} \tag{4.9}$$

该问题可采用 CVX 工具箱[15]求得最优解 $(\boldsymbol{Z}_\text{o}, z_\text{o})$，因此，式（4.8）的最优解为 $\boldsymbol{R}_\text{o} = \boldsymbol{Z}_\text{o} / z_\text{o}$。

需要说明的是，最优的 $\boldsymbol{R}_\text{o}$ 能够表征发射波束的 ISL 达到最小。因此，可通过设计波形逼近最优的 $\boldsymbol{R}_\text{o}$ 以实现 MIMO 雷达发射波束赋形任务。这里采用最小化波形协方差矩阵估计的均方误差准则设计发射波形，其逼近程度可以刻画为

$$\left\| \frac{1}{M} \boldsymbol{S}\boldsymbol{S}^\text{H} - \boldsymbol{R}_\text{o} \right\|_\text{F}^2 \tag{4.10}$$

式（4.10）的值越小意味着优化的发射波束越逼近于最优的发射波束。

无约束 MIMO 雷达发射波束合成会引起发射波形的性质（如脉冲压缩特性和多普勒容忍度）恶化；也会导致波形幅度动态范围变化剧烈，使得雷达的非线性放大器工作在线性区，大大降低雷达放大器的工作效率，影响雷达的探测威力。为了控制波形模糊函数特性，同时让雷达发射机工作在饱和状态，这里引入了波形相似性与恒模约束[16-19]，即

$$\|\boldsymbol{s}_n-\boldsymbol{s}_{n0}\|_\infty\leqslant\xi_n, n=1,2,3,\cdots,N_{\rm T} \tag{4.11}$$

$$|\boldsymbol{s}_n(m)|=\sqrt{C}, m=1,2,3,\cdots,M, n=1,2,3,\cdots,N_{\rm T} \tag{4.12}$$

其中，$\boldsymbol{s}_{n0}$ 是第 n 个发射天线的参考信号，具有良好的模糊函数特性，ξ_n 是对应的相似性参数，可控制第 n 个天线的发射波形 $\boldsymbol{s}_n$ 与参考波形 $\boldsymbol{s}_{n0}$ 之间的相似程度，ξ_n 越大，$\boldsymbol{s}_n$ 与 $\boldsymbol{s}_{n0}$ 之间的相似性越弱，反之越强。

最后基于恒模与相似性约束下的 MIMO 雷达发射波束赋形建模为

$$\begin{cases}\min\limits_{\boldsymbol{S}}\left\|\dfrac{1}{M}\boldsymbol{S}\boldsymbol{S}^{\rm H}-\boldsymbol{R}_{\rm o}\right\|_{\rm F}^2\\ {\rm s.t.}\ \|\boldsymbol{s}_n-\boldsymbol{s}_{n0}\|_\infty\leqslant\xi_n, n=1,2,3,\cdots,N_{\rm T}\\ \qquad |\boldsymbol{s}_n(m)|=\sqrt{C}, m=1,2,3,\cdots,M, n=1,2,3,\cdots,N_{\rm T}\\ \qquad \boldsymbol{S}=\left[\boldsymbol{s}_1,\boldsymbol{s}_2,\boldsymbol{s}_3,\cdots,\boldsymbol{s}_{N_{\rm T}}\right]^{\rm T}\end{cases} \tag{4.13}$$

观察式（4.13）可知，其目标函数为一个非凸的四次函数，恒模约束为一个 NP-hard 约束[1,4]，因此，上述问题属于一个 NP-hard 问题，无法在多项式时间内求得最优解。常用的方法是通过迭代算法在多项式时间计算复杂度内找到一个次优解。文献[9]将式（4.13）的目标函数进行了近似等价转换，即

$$\begin{cases}\min\limits_{\boldsymbol{S},\boldsymbol{U}}\quad \|\boldsymbol{S}-\sqrt{M}\boldsymbol{R}_{\rm o}^{1/2}\boldsymbol{U}\|_{\rm F}^2\\ {\rm s.t.}\quad \boldsymbol{U}\boldsymbol{U}^{\rm H}=\boldsymbol{I}_{N_{\rm T}}\\ \qquad \|\boldsymbol{s}_n-\boldsymbol{s}_{n0}\|_\infty\leqslant\xi_n, n=1,2,3,\cdots,N_{\rm T}\\ \qquad |\boldsymbol{s}_n(m)|=\sqrt{C}, m=1,2,3,\cdots,M, n=1,2,3,\cdots,N_{\rm T}\\ \qquad \boldsymbol{S}=\left[\boldsymbol{s}_1,\boldsymbol{s}_2,\boldsymbol{s}_3,\cdots,\boldsymbol{s}_{N_{\rm T}}\right]^{\rm T}\end{cases} \tag{4.14}$$

其中，$\boldsymbol{U}\in\mathbb{C}^{N_{\rm T}\times M}$ 为酉矩阵，不失一般性，假定 $\xi_0=\xi_n, n=1,2,3,\cdots,N_{\rm T}$。文献[9]通过循环迭代 $\boldsymbol{S}$ 与 $\boldsymbol{U}$ 的方式提出了基于 CA 的波形优化算法，然而该方法每步迭代需要奇异值分解以求解 $\boldsymbol{U}$，计算复杂度高。另外，CA 并未直接考虑式（4.13）的目标函数，无法保证式（4.13）目标函数值的单调性，逼近效果不理想，同时也未考虑相似性约束以控制波形模糊函数特性。

4.1.2　基于 CD 算法的窄带 MIMO 雷达波形设计算法

针对 CA 存在的问题，本节提出一种基于 CD 算法的波形优化算法。该算法

以序列迭代的方式直接优化式（4.13）的目标函数，在每次迭代中，该算法将非凸高维问题转换为多个存在闭式解的一维问题，降低了计算复杂度，具有较好的逼近效果。

4.1.2.1　算法描述

具体而言，问题式（4.13）的目标函数可展开为

$$\left\|\frac{1}{M}\boldsymbol{S}\boldsymbol{S}^{\mathrm{H}}-\boldsymbol{R}_{\mathrm{o}}\right\|_{\mathrm{F}}^{2}=\frac{1}{M^{2}}\mathrm{tr}(\boldsymbol{S}\boldsymbol{S}^{\mathrm{H}}\boldsymbol{S}\boldsymbol{S}^{\mathrm{H}})-\frac{2}{M}\Re\{\mathrm{tr}(\boldsymbol{S}\boldsymbol{S}^{\mathrm{H}}\boldsymbol{R}_{\mathrm{o}})\}+\mathrm{tr}(\boldsymbol{R}_{\mathrm{o}}^{\mathrm{H}}\boldsymbol{R}_{\mathrm{o}}) \tag{4.15}$$

忽略常数项 $\mathrm{tr}(\boldsymbol{R}_{\mathrm{o}}^{\mathrm{H}}\boldsymbol{R}_{\mathrm{o}})$，利用 $\boldsymbol{R}_{\mathrm{o}}$ 为半定矩阵，替换 $\boldsymbol{S}=[\overline{\boldsymbol{s}}_1,\overline{\boldsymbol{s}}_2,\overline{\boldsymbol{s}}_3,\cdots,\overline{\boldsymbol{s}}_M]$，并对相似性约束进行化简[12]，则问题式（4.13）可等效转换为

$$\begin{cases}\min\limits_{\boldsymbol{S}}\dfrac{1}{M^2}\sum\limits_{i=1}^{M}\sum\limits_{j=1}^{M}|\overline{\boldsymbol{s}}_i^{\mathrm{H}}\overline{\boldsymbol{s}}_j|^2-\dfrac{2}{M}\sum\limits_{i=1}^{M}\overline{\boldsymbol{s}}_i^{\mathrm{H}}\boldsymbol{R}_{\mathrm{o}}\overline{\boldsymbol{s}}_i\\ \text{s.t. } \arg\overline{\boldsymbol{s}}_m(n)\in[\gamma_{nm},\gamma_{nm}+\delta],m=1,2,3,\cdots,M,n=1,2,3,\cdots,N_{\mathrm{T}}\\ \quad |\overline{\boldsymbol{s}}_m(n)|=\sqrt{C},m=1,2,3,\cdots,M,n=1,2,3,\cdots,N_{\mathrm{T}}\\ \quad \boldsymbol{S}=[\overline{\boldsymbol{s}}_1,\overline{\boldsymbol{s}}_2,\overline{\boldsymbol{s}}_3,\cdots,\overline{\boldsymbol{s}}_M]\end{cases} \tag{4.16}$$

其中，$\gamma_{nm}=\arg\boldsymbol{s}_{n0}(m)-\arccos(1-\xi^2/2)$，$\delta=2\arccos(1-\xi^2/2)$，$\xi=\xi_0/\sqrt{C}$。

接下来通过序列优化 $(\overline{\boldsymbol{s}}_1(1),\overline{\boldsymbol{s}}_1(2),\overline{\boldsymbol{s}}_1(3),\cdots,\overline{\boldsymbol{s}}_1(N_{\mathrm{T}}),\overline{\boldsymbol{s}}_2(1),\overline{\boldsymbol{s}}_2(2),\overline{\boldsymbol{s}}_2(3),\cdots,\overline{\boldsymbol{s}}_M(N_{\mathrm{T}}))$ 使目标函数单调减少。为表示方便，用 $\overline{s}_{m,n}$ 代替 $\overline{\boldsymbol{s}}_m(n)$；优化 $\overline{\boldsymbol{s}}_m$ 中的第 n 个元素（假定用 $\hat{\boldsymbol{s}}_{m,n}$ 表示为优化变量）并保持 $\boldsymbol{S}$ 中剩余元素不变，则问题式（4.16）的目标函数可化简为

$$\begin{aligned}&\frac{1}{M^2}\sum_{i=1}^{M}\sum_{j=1}^{M}|\overline{\boldsymbol{s}}_i^{\mathrm{H}}\overline{\boldsymbol{s}}_j|^2-\frac{2}{M}\sum_{i=1}^{M}\overline{\boldsymbol{s}}_i^{\mathrm{H}}\boldsymbol{R}_{\mathrm{o}}\overline{\boldsymbol{s}}_j\\ &=\frac{1}{M^2}\sum_{\substack{i=1\\ i\neq m}}^{M}\sum_{\substack{j=1\\ j\neq m}}^{M}|\overline{\boldsymbol{s}}_i^{\mathrm{H}}\overline{\boldsymbol{s}}_j|^2+\frac{2}{M^2}\sum_{\substack{i=1\\ i\neq m}}^{M}|\hat{\boldsymbol{s}}_{m,n}^{\mathrm{H}}\overline{\boldsymbol{s}}_i|^2+\\ &\quad\frac{1}{M^2}|\hat{\boldsymbol{s}}_{m,n}^{\mathrm{H}}\hat{\boldsymbol{s}}_{m,n}|^2-\frac{2}{M}\hat{\boldsymbol{s}}_{m,n}^{\mathrm{H}}\boldsymbol{R}_{\mathrm{o}}\hat{\boldsymbol{s}}_{m,n}-\frac{2}{M}\sum_{\substack{i=1\\ i\neq m}}^{M}\overline{\boldsymbol{s}}_i^{\mathrm{H}}\boldsymbol{R}_{\mathrm{o}}\overline{\boldsymbol{s}}_i\end{aligned} \tag{4.17}$$

其中，$\hat{\boldsymbol{s}}_{m,n}=[\overline{s}_{m,1},\cdots,\overline{s}_{m,n-1},\hat{s}_{m,n},\overline{s}_{m,n+1}\cdots,\overline{s}_{m,N_{\mathrm{T}}}]^{\mathrm{T}}$。

因此，关于 $\hat{\boldsymbol{s}}_{m,n}$ 作为优化变量的问题可写为

$$\begin{cases}\max\limits_{\hat{s}_{m,n}} & \hat{\boldsymbol{s}}_{m,n}^{\mathrm{H}}\overline{\boldsymbol{R}}_m\hat{\boldsymbol{s}}_{m,n}+c_{-m,-n}\\ \text{s.t.} & \arg\hat{s}_{m,n}\in[\gamma_{nm},\gamma_{nm}+\delta]\\ & |\hat{s}_{m,n}|=\sqrt{C}\end{cases} \tag{4.18}$$

其中，

$$\overline{\boldsymbol{R}}_m = \frac{2}{M}\boldsymbol{R}_\text{o} - \frac{2}{M^2}\sum_{\substack{i=1\\i\neq m}}^{M}\overline{\boldsymbol{s}}_i\overline{\boldsymbol{s}}_i^\text{H} \tag{4.19}$$

$$c_{-m,-n} = \frac{2}{M}\sum_{\substack{i=1\\i\neq m}}^{M}\overline{\boldsymbol{s}}_i^\text{H}\boldsymbol{R}_\text{o}\overline{\boldsymbol{s}}_i - \frac{1}{M^2}\sum_{\substack{i=1\\i\neq m}}^{M}\sum_{\substack{j=1\\j\neq m}}^{M}|\overline{\boldsymbol{s}}_i^\text{H}\overline{\boldsymbol{s}}_j|^2 - \frac{1}{M^2}|\hat{\boldsymbol{s}}_{m,n}^\text{H}\hat{s}_{m,n}|^2 \tag{4.20}$$

进一步地，$\hat{\boldsymbol{s}}_{m,n}^\text{H}\overline{\boldsymbol{R}}_m\hat{s}_{m,n}$ 可展开为

$$\begin{aligned}
&\hat{\boldsymbol{s}}_{m,n}^\text{H}\overline{\boldsymbol{R}}_m\hat{s}_{m,n}\\
&=\sum_{\substack{i=1\\i\neq n}}^{N_\text{T}}\hat{\boldsymbol{s}}_{m,n}^\text{H}\boldsymbol{a}_{m,i}\overline{s}_{m,i} + \hat{\boldsymbol{s}}_{m,n}^\text{H}\boldsymbol{a}_{m,n}\hat{s}_{m,n}\\
&=\sum_{\substack{i=1\\i\neq n}}^{N_\text{T}}\sum_{\substack{j=1\\j\neq n}}^{N_\text{T}}\overline{s}_{m,j}^*a_{m,j,i}\overline{s}_{m,i} + \sum_{\substack{i=1\\i\neq n}}^{N_\text{T}}\hat{s}_{m,n}^*a_{m,n,i}\overline{s}_{m,i} + \hat{\boldsymbol{s}}_{m,n}^\text{H}\boldsymbol{a}_{m,n}\hat{\boldsymbol{s}}_{m,n}\\
&=\sum_{\substack{i=1\\i\neq n}}^{N_\text{T}}\sum_{\substack{j=1\\j\neq n}}^{N_\text{T}}\overline{s}_{m,j}^*a_{m,j,i}\overline{s}_{m,i} + \sum_{\substack{i=1\\i\neq n}}^{N_\text{T}}\hat{s}_{m,n}^*a_{m,n,i}\overline{s}_{m,i} + a_{m,n,n}|\hat{\boldsymbol{s}}_{m,n}|^2 + \sum_{\substack{i=1\\i\neq n}}^{N_\text{T}}\overline{s}_{m,i}^*a_{m,i,n}\hat{\boldsymbol{s}}_{m,n}
\end{aligned} \tag{4.21}$$

其中，

$$\overline{\boldsymbol{R}}_m = [\boldsymbol{a}_{m,1},\boldsymbol{a}_{m,2},\boldsymbol{a}_{m,3},\cdots,\boldsymbol{a}_{m,N_\text{T}}] \tag{4.22}$$

$$\boldsymbol{a}_{m,n} = [a_{m,1,n},a_{m,2,n},a_{m,3,n},\cdots,a_{m,N_\text{T},n}]^\text{T} \in \mathbb{C}^{N_\text{T}\times 1} \tag{4.23}$$

由 $\boldsymbol{R}_\text{o}$ 为半定矩阵可得到 $a_{m,i,n}=a_{m,n,i}^*$，因此 $\hat{\boldsymbol{s}}_{m,n}^\text{H}\overline{\boldsymbol{R}}_m\hat{s}_{m,n}$ 可进一步写为

$$\hat{\boldsymbol{s}}_{m,n}^\text{H}\overline{\boldsymbol{R}}_m\hat{s}_{m,n} = a_{m,n,n}|\hat{\boldsymbol{s}}_{m,n}|^2 + \Re\{2\sum_{\substack{i=1\\i\neq n}}^{N_\text{T}}\hat{s}_{m,n}^*a_{m,n,i}\overline{s}_{m,i}\} + \sum_{\substack{i=1\\i\neq n}}^{N_\text{T}}\sum_{\substack{j=1\\j\neq n}}^{N_\text{T}}\overline{s}_{m,j}^*a_{m,j,i}\overline{s}_{m,i} \tag{4.24}$$

由于 $|\hat{s}_{m,n}|^2=C$，则令

$$b_{m,n,0}=Ca_{m,n,n}, b_{m,n,1}=2\sum_{\substack{i=1\\i\neq n}}^{N_\text{T}}a_{m,n,i}\overline{s}_{m,i}, b_{m,n,2}=\sum_{\substack{i=1\\i\neq n}}^{N_\text{T}}\sum_{\substack{j=1\\j\neq n}}^{N_\text{T}}\overline{s}_{m,j}^*a_{m,j,i}\overline{s}_{m,i} \tag{4.25}$$

忽略常数项 $c_{-m,-n}$，则问题式（4.18）最终可等效转换为

$$\begin{cases}\max\limits_{\hat{s}_{m,n}}, & \Re(b_{m,n,1}\hat{s}_{m,n}^*)\\ \text{s.t.} & \arg\hat{s}_{m,n}\in[\gamma_{nm},\gamma_{nm}+\delta]\\ & |\hat{s}_{m,n}|=\sqrt{C}\end{cases} \tag{4.26}$$

进一步地，上述问题可等效写为

$$\begin{cases}\max\limits_{\varphi_{m,n}}|\sqrt{C}b_{m,n,1}|\cos(\varphi_b+\varphi_{m,n})\\ \text{s.t. } \varphi_{m,n}\in[\gamma_{n,m},\gamma_{n,m}+\delta]\end{cases} \tag{4.27}$$

其中，$\varphi_{m,n}$ 与 φ_b 分别表示 $\hat{s}_{m,n}$ 与 $b_{m,n,1}^*$ 的相位。式（4.27）是一个三角函数问题，

其最优解 $\bar{\varphi}_{m,n}$ 为

$$\bar{\varphi}_{m,n} = -\varphi_b, -\varphi_b \in [\gamma_{n,m}, \gamma_{n,m} + \delta] \tag{4.28}$$

或

$$\bar{\varphi}_{m,n} = \begin{cases} \gamma_{m,n} + \delta, & \cos(\varphi_b + \gamma_{m,n} + \delta) \geqslant \cos(\varphi_b + \gamma_{m,n}) \\ \gamma_{m,n}, & \cos(\varphi_b + \gamma_{m,n} + \delta) < \cos(\varphi_b + \gamma_{m,n}) \end{cases} \tag{4.29}$$

因此，问题式（4.18）的最优解 $\bar{s}_{m,n} = \sqrt{C}\mathrm{e}^{\mathrm{j}\bar{\varphi}_{m,n}}$ 。基于上面类似的步骤，继续优化下一个波形码字，直到满足一定的退出条件。最后总结基于 CD 算法的 MIMO 雷达波束赋形算法流程如下。

算法 4.1 流程 基于 CD 算法的 MIMO 雷达波形设计算法

输入： $\boldsymbol{R}_{\mathrm{o}}, \xi_n, \boldsymbol{s}_{n0}, n = 1,2,3,\cdots,N_{\mathrm{T}}, \kappa$ ；

输出： 问题式（4.13）的次优解 $\boldsymbol{S}^{(*)}$ 。

（1）构造 $\delta, \gamma_{nm}, m = 1,2,3,\cdots,M, n = 1,2,3,\cdots,N_{\mathrm{T}}$ ；

（2）初始化 $\boldsymbol{S}^{(0)} = [\boldsymbol{s}_{10}, \boldsymbol{s}_{20}, \boldsymbol{s}_{30}, \cdots, \boldsymbol{s}_{N_{\mathrm{T}}0}]^{\mathrm{T}}$ ；

（3）计算 $\eta^{(0)} = \| \boldsymbol{R}_{\mathrm{o}} - \boldsymbol{S}^{(0)}\boldsymbol{S}^{(0)\mathrm{H}} / M \|_{\mathrm{F}}^2$ ；

（4）$i = i+1$ 与 $\boldsymbol{S}^{(i)} = \boldsymbol{S}^{(i-1)}$ ；

（5）$m = m+1$ ；

（6）利用式（4.19）构造 $\bar{\boldsymbol{R}}_m$ ；

（7）$n = n+1$ ；

（8）计算 $b_{m,n,1}$ 并求解式（4.27）以更新 $\boldsymbol{S}^{(i)}$ 的 (m,n) 个元素；

（9）如果 $n > N_{\mathrm{T}}, n = 0$ ，则继续下一步，否则回到步骤（7）；

（10）如果 $m > M, m = 0$ ，则继续下一步，否则回到步骤（5）；

（11）计算 $\eta^{(i)} = \| \boldsymbol{R}_{\mathrm{o}} - \boldsymbol{S}^{(i)}\boldsymbol{S}^{(i)\mathrm{H}} / M \|_{\mathrm{F}}^2$ ；

（12）若 $|\eta^{(i)} - \eta^{(i-1)}| \leqslant \kappa$ ，则输出 $\boldsymbol{S}^{(*)} = \boldsymbol{S}^{(i)}$ ，否则回到步骤（4）。

4.1.2.2 计算复杂度分析

为得到最优的发射波形协方差矩阵 $\boldsymbol{R}_{\mathrm{o}}$ ，需求解问题式（4.8）。该问题可转换为一个 SDP 问题，然后利用内点法进行求解，相应的计算复杂度为 $\mathcal{O}(N_{\mathrm{T}}^{3.5})$ [20]。此外，为了利用 $\boldsymbol{R}_{\mathrm{o}}$ 合成满足相似性与恒模条件的波形，则需调用 CD 算法。CD 算法的每次迭代需更新 $\boldsymbol{S}^{(i)}$ ，其中更新 $\boldsymbol{S}^{(i)}$ 的 (m,n) 个元素要求计算 $b_{m,n,1}$ ，相应的计算复杂度为 $\mathcal{O}(N_{\mathrm{T}})$ 。因此，CD 算法每次迭代总的计算复杂度为 $\mathcal{O}(MN_{\mathrm{T}}^2)$ 。最后需要说明的是，CA 的每次迭代都需计算 $\boldsymbol{S}$ 与 $\boldsymbol{U}$ ，相应的计算复杂度为 $\mathcal{O}(MN_{\mathrm{T}}^2 + M^3)$ [21]。故 CD 算法较 CA 具有更低的计算复杂度。

4.1.2.3　收敛性分析

本节从理论上分析基于 CD 算法的 MIMO 雷达波形设计算法的收敛性。假定 $\eta_{m,n}^{(i)}$ 表示更新 $\boldsymbol{S}^{(i)}$ 的第 (m,n) 个元素的目标函数值。由于问题式（4.18）存在闭式解，因此，$\boldsymbol{S}^{(i)}$ 的第 (m,n) 个元素能实现最优更新，可推得

$$\eta^{(i-1)} \geqslant \eta_{1,1}^{(i)} \geqslant \eta_{1,2}^{(i)} \geqslant \cdots \geqslant \eta_{M,N_\mathrm{T}}^{(i)} = \eta^{(i)} \tag{4.30}$$

因此，序列 $\eta^{(i)}$ 单调递减。另外，$\eta^{(i)} = \| \boldsymbol{R}_\mathrm{o} - \boldsymbol{S}^{(i)}\boldsymbol{S}^{(i)\mathrm{H}}/M \|_\mathrm{F}^2 \geqslant 0$，存在下界。根据收敛性定理可知，序列 $\eta^{(i)}$ 单调递减至收敛。

另外，为确保最后 CD 算法的解是一个稳定点，可将 CD 算法优化的波形作为最大块提高算法[22-23]的输入，进一步降低目标函数值。由于最大块提高算法求得的解是一个稳定点，因此可满足局部最优性。

4.1.3　性能分析

本节通过数值仿真说明所提 MIMO 雷达波形设计算法的有效性。首先利用 CVX 凸优化工具箱求解问题式（4.8）得到最优的 $\boldsymbol{R}_\mathrm{o}$。设定相似性参考信号为一组正交的 LFM 信号（LFM 信号具有好的多普勒容忍性），即

$$\boldsymbol{s}_{n0}(m) = \frac{1}{\sqrt{M}} \mathrm{e}^{\mathrm{j}2\pi n(m-1)/N_\mathrm{T}} \mathrm{e}^{\mathrm{j}\pi(m-1)^2/N_\mathrm{T}}, m = 1,2,3,\cdots,M, n = 1,2,3,\cdots,N_\mathrm{T} \tag{4.31}$$

给定一个发射波形矩阵 $\boldsymbol{S}$，定义归一化发射波束方向图为

$$\bar{P}(\theta) = \frac{\boldsymbol{a}_\mathrm{T}^\mathrm{H}(\theta)\boldsymbol{S}\boldsymbol{S}^\mathrm{H}\boldsymbol{a}_\mathrm{T}(\theta)}{\max\limits_{\theta\in[-90^\circ,90^\circ]} \boldsymbol{a}_\mathrm{T}^\mathrm{H}(\theta)\boldsymbol{S}\boldsymbol{S}^\mathrm{H}\boldsymbol{a}_\mathrm{T}(\theta)} \tag{4.32}$$

另给定一个协方差矩阵 $\boldsymbol{R} = \boldsymbol{S}\boldsymbol{S}^\mathrm{H}/M$，定义 $\boldsymbol{R}$ 的均方根误差（RMSE）为

$$\mathrm{RMSE} = \sqrt{\| \boldsymbol{R} - \boldsymbol{R}_\mathrm{o} \|_\mathrm{F}^2 / N_\mathrm{T}} \tag{4.33}$$

首先分析不同相似性参数下发射波束方向图的性能。假定 MIMO 雷达发射天线 $N_\mathrm{T} = 15$，采样数 $M = 64$，$C = 1$，感兴趣的空域主瓣为 $\Theta_\mathrm{m} = [-10^\circ, 10^\circ]$，空域旁瓣范围为 $\Theta_\mathrm{s} = [-90^\circ, -10^\circ) \cup (10^\circ, 90^\circ]$。

图 4.3（a）和图 4.3（b）分别给出了 $\boldsymbol{R}$ 的均方根误差随着迭代次数与 CPU 时间的变化曲线。从图中可知均方根误差随着迭代次数与 CPU 时间增加而单调减少，图中的数值证明了 CD 算法的单调性。另外，相似性参数越大，波形优化自由度越大，使得均方根误差越小。当相似性参数 $\xi = 2$ 时（仅考虑恒模约束），可观察到 CA 算法的均方根误差大约为 0.049，然而 CD 算法的均方根误差大约为 0.003，因此 CD 算法获得的均方根误差较 CA 降低 1 个数量级，更加趋于 0。最后需要指出的是，相比 CA，所提算法能够以更少的计算时间获得更小的均方根误差。

图 4.4 展示了 ISL 随迭代次数的变化结果。从图中可以看出，迭代次数与相似性参数越大，ISL 越低。针对 $\xi = 0.5,\ 1,\ 1.5$，与 CA 相比，CD 算法获得了更低

的 ISL。然而，当 $\xi=2$ 时，CD 算法与 CA 获得了接近的 ISL 值，且靠近于最优的 ISL。

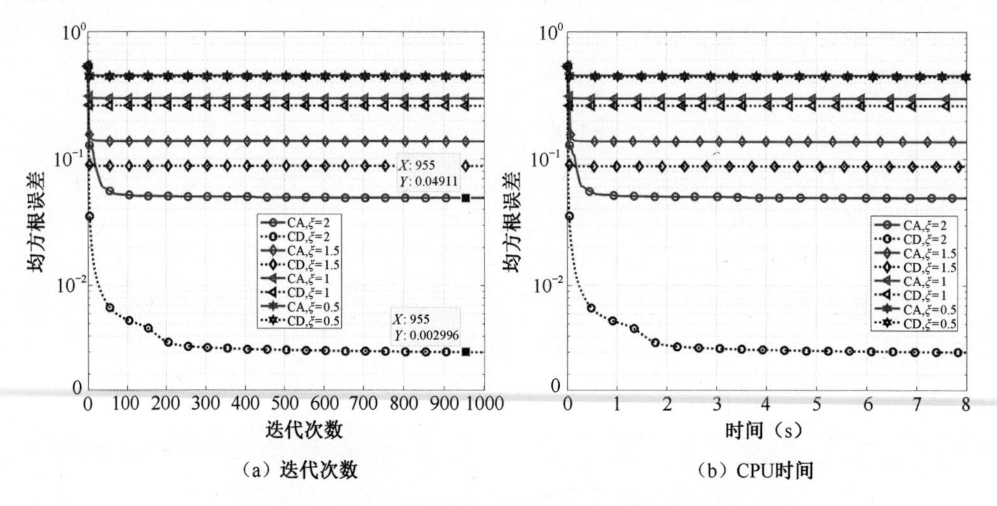

（a）迭代次数　　　　（b）CPU时间

图 4.3　波形协方差矩阵的均方根误差变化结果

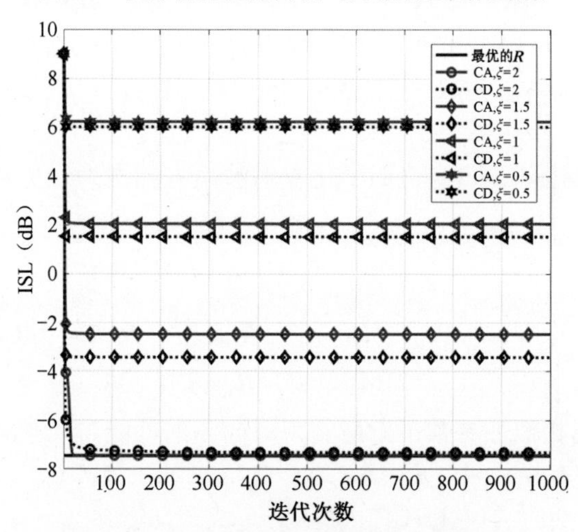

图 4.4　ISL 随迭代次数的变化结果

图 4.5 给出了不同相似性约束下的归一化发射波束方向图。仿真结果表明，两种算法的方向图能量均集中于主瓣 $\Theta_{\mathrm{m}}=[-10°,10°]$ 附近，方向图在旁瓣区域 $\Theta_{\mathrm{s}}=[-90°,-10°)\cup(10°,90°]$ 的电平较低。随着相似性参数变小，方向图的旁瓣电平明显增高，这由拟合的 $\boldsymbol{R}$ 的均方根误差增大所导致；当 $\xi=0.5$, 1, 1.5 时，与 CA 相比，CD 算法的方向图始终保持更低的峰值旁瓣电平（Peak Sidelobe Level，PSL）。在 $\xi=2$ 时（仅考虑恒模约束），CD 算法的方向图几乎与最优的 $\boldsymbol{R}$ 重合，但 CA 的方向图在主瓣区间存在能量损失，且不满足 3dB 主瓣宽度约束要求，因此 CD 算法优于 CA。最后需要指出的是，尽管在某些相似性参数下，数值结果表明 CA 或

CD 算法能够保证 3dB 主瓣约束。从优化角度来看，两种算法优化的波形却无法从理论上满足 3dB 主瓣约束要求。

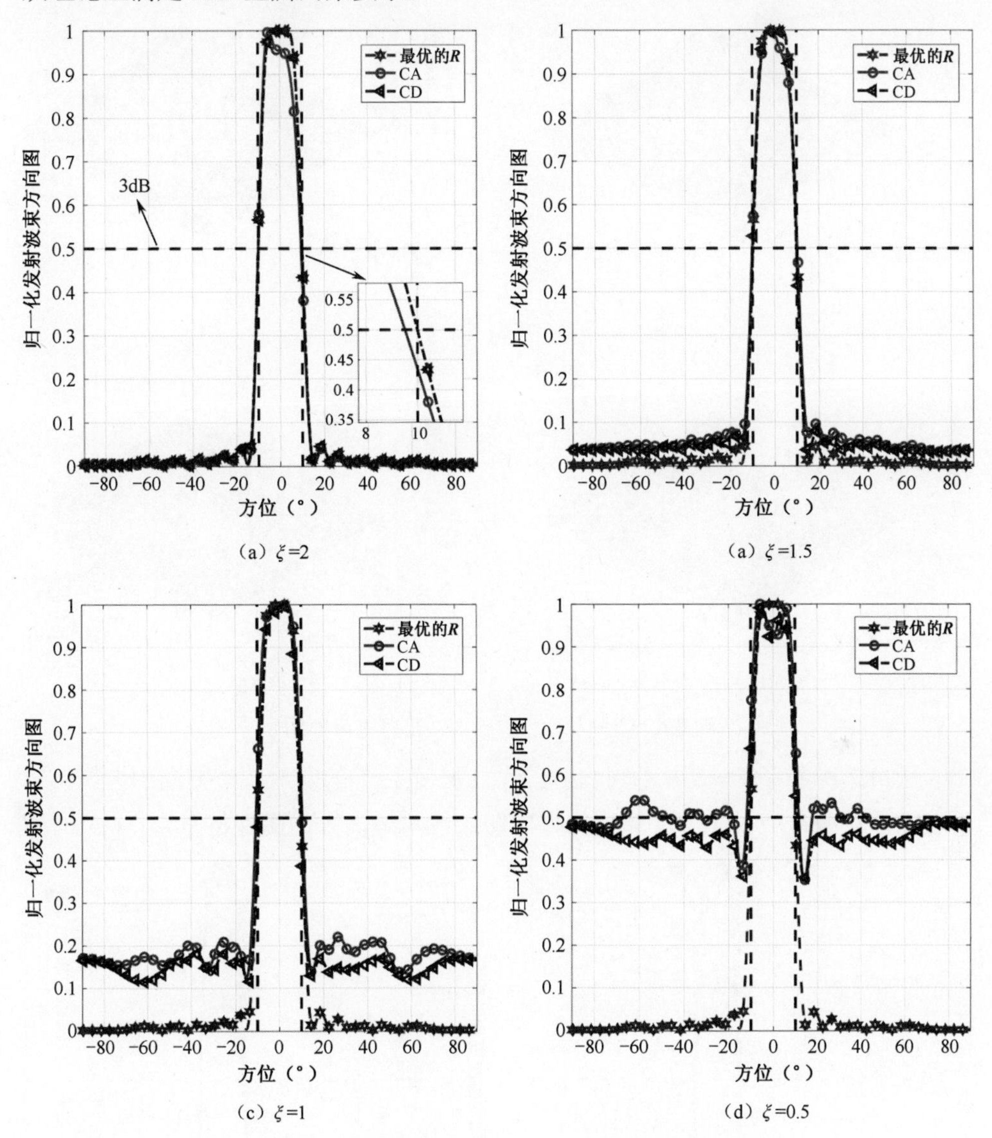

（a）$\xi=2$　　（a）$\xi=1.5$

（c）$\xi=1$　　（d）$\xi=0.5$

图 4.5　不同相似性约束下的归一化发射波束方向图

图 4.6 分析了不同相似性参数下，由 CD 算法优化得到第一个发射天线的波形模糊函数图，可知相似性参数越小，优化波形的模糊函数与 LFM 模糊性能越接近。当$\xi=2$时（无相似性约束），可明显观察到模糊函数的斜脊型消失。结合图 4.5 可知，方向图性能提升是以牺牲波形模糊函数性能为代价的，因此可通过合理地设置相似性参数ξ，折中方向图与模糊函数之间的性能。

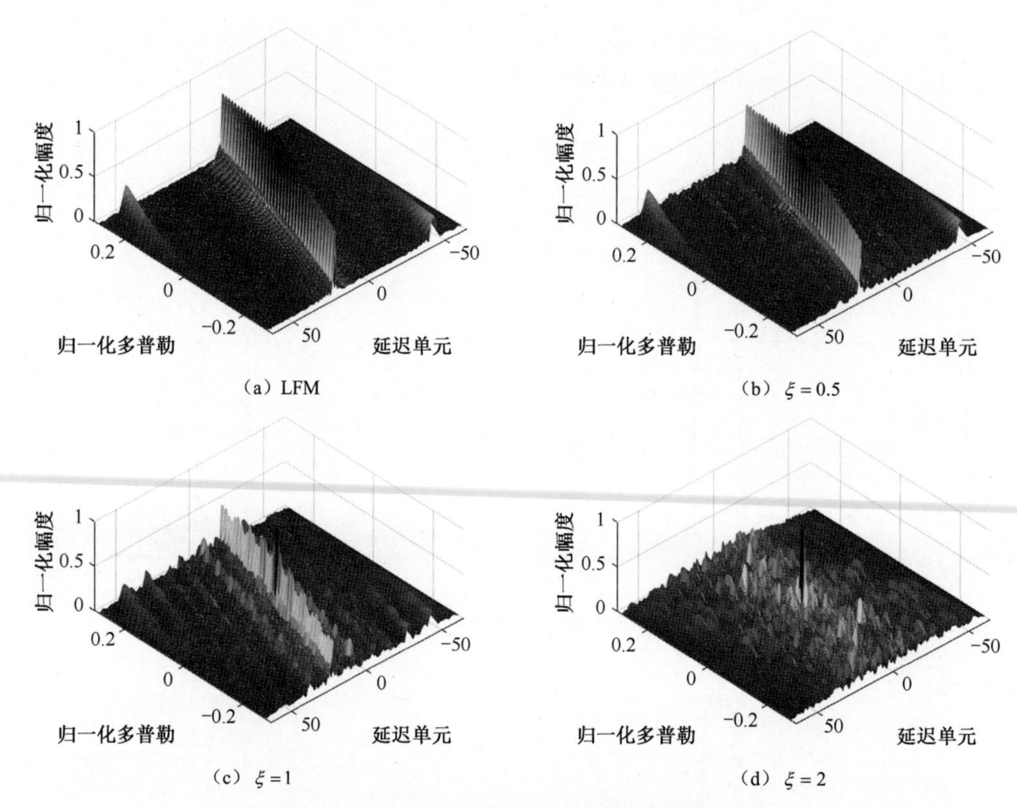

（a）LFM　　（b）$\xi=0.5$

（c）$\xi=1$　　（d）$\xi=2$

图 4.6　不同相似性参数的波形模糊函数图

图 4.7 分析了 $\xi=2$ 时不同发射码片数 M 条件下的发射波束方向图性能。结果表明针对所有的 M，CD 算法的方向图始终与最优方向图保持重合，CA 的方

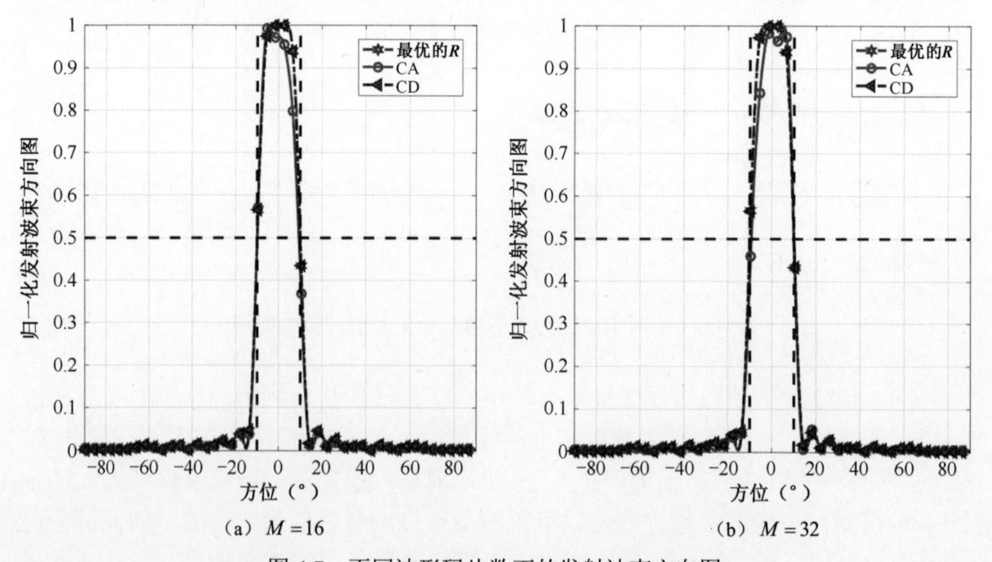

（a）$M=16$　　（b）$M=32$

图 4.7　不同波形码片数下的发射波束方向图

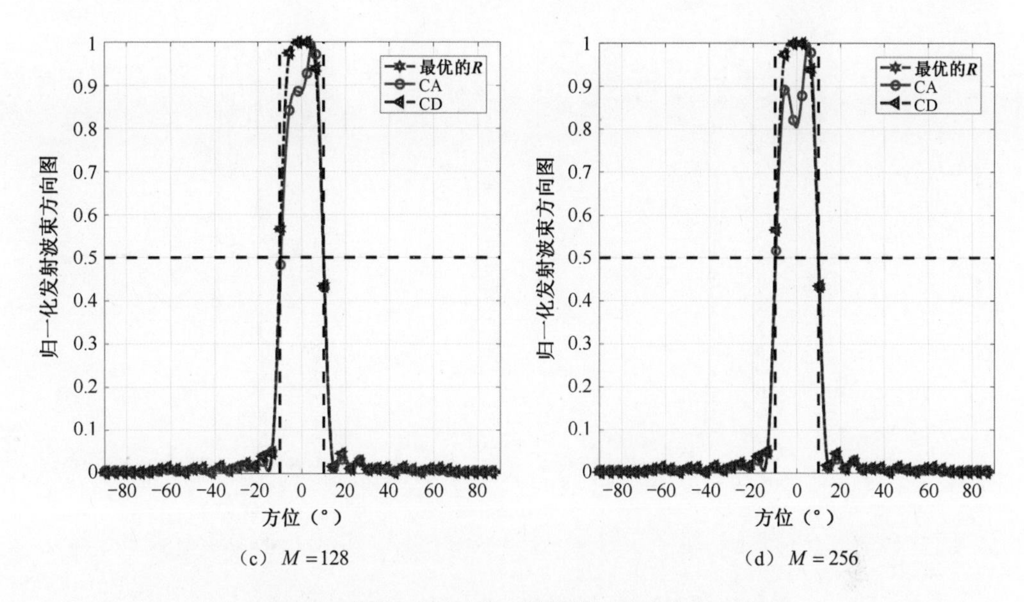

图 4.7　不同波形码片数下的发射波束方向图（续）

向图在主瓣区间存在拟合损失。图 4.8 分析了 $\xi = 2$ 和 $M = 64$ 时不同发射天线个数 N_{T} 下的发射波束方向图性能。可知针对所有的 N_{T}，CD 算法的方向图始终与最优方向图保持重合，但 CA 的方向图主瓣在 N_{T} 较大时存在拟合损失。

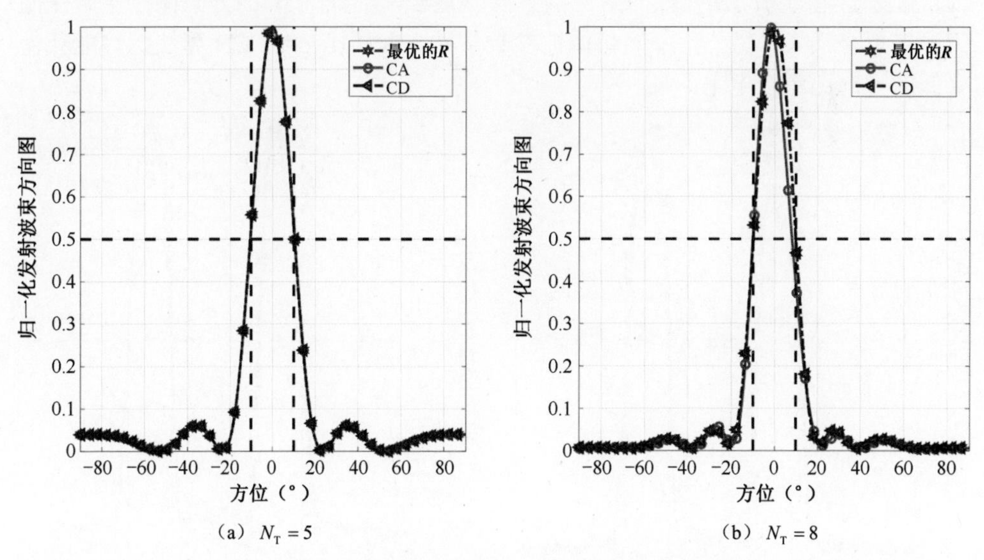

图 4.8　不同发射天线个数下的发射波束方向图

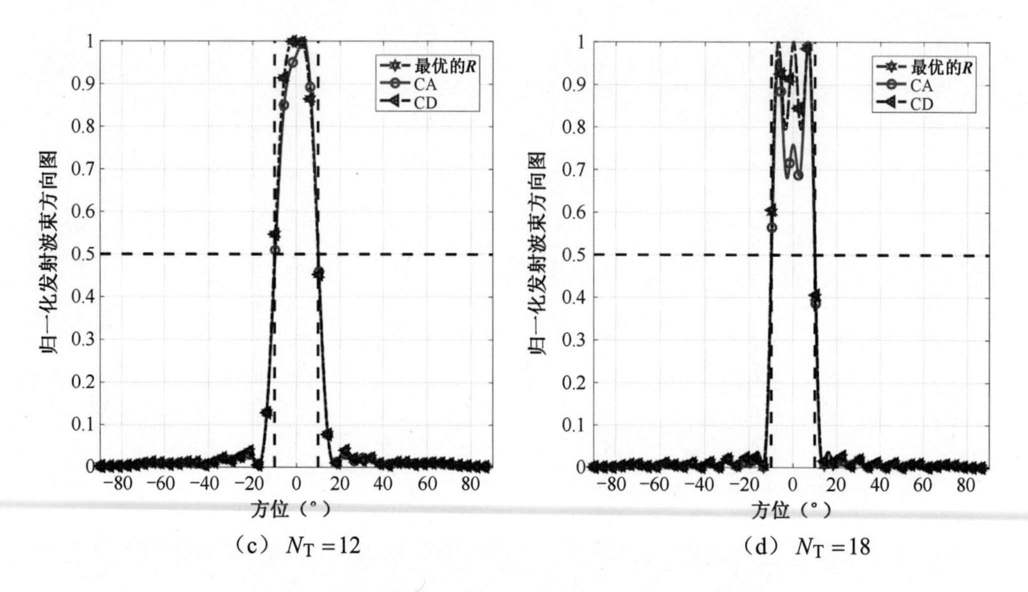

（c）$N_{\mathrm{T}}=12$　　（d）$N_{\mathrm{T}}=18$

图 4.8　不同发射天线个数下的发射波束方向图（续）

最后分析两个主瓣条件下不同相似性参数的方向图性能。首先假定主瓣区域 $\Theta_{\mathrm{m}}=[-40°,-20°]\cup[20°,40°]$，旁瓣区域 $\Theta_{\mathrm{s}}=[-90°,-40°)\cup(-20°,20°)\cup(40°,90°]$。图 4.9 展示了两个主瓣情况下的发射波束方向图性能。从图中可知，当 $\xi=2$ 时，CD 算法优化的方向图仍然与最优的方向图重合，然而 CA 的方向图在主瓣区间仍存在拟合损失。另外，不同相似性参数条件下，相比 CA，CD 算法始终能获得更低的方向图旁瓣电平。

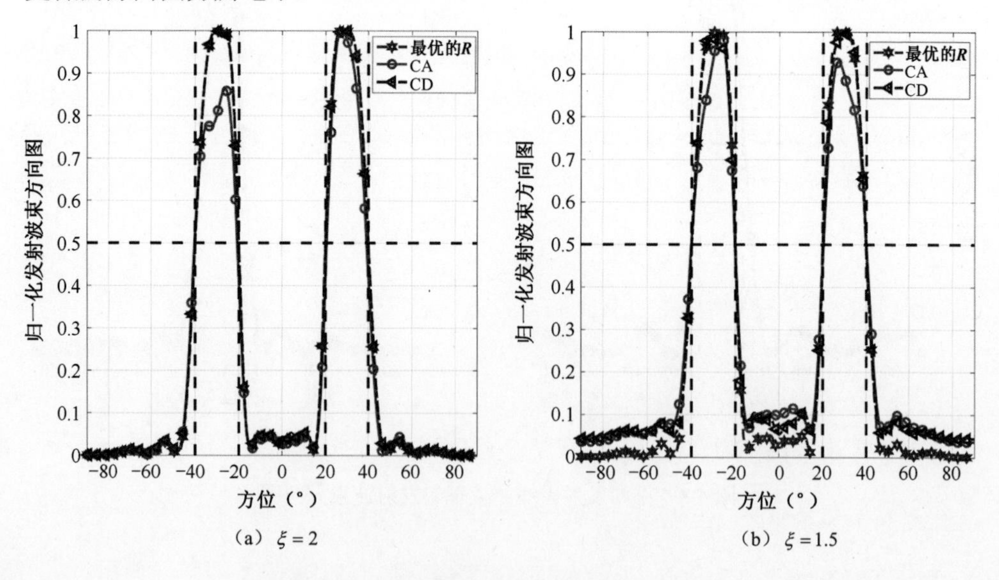

（a）$\xi=2$　　（b）$\xi=1.5$

图 4.9　两个主瓣情况下的发射波束方向图

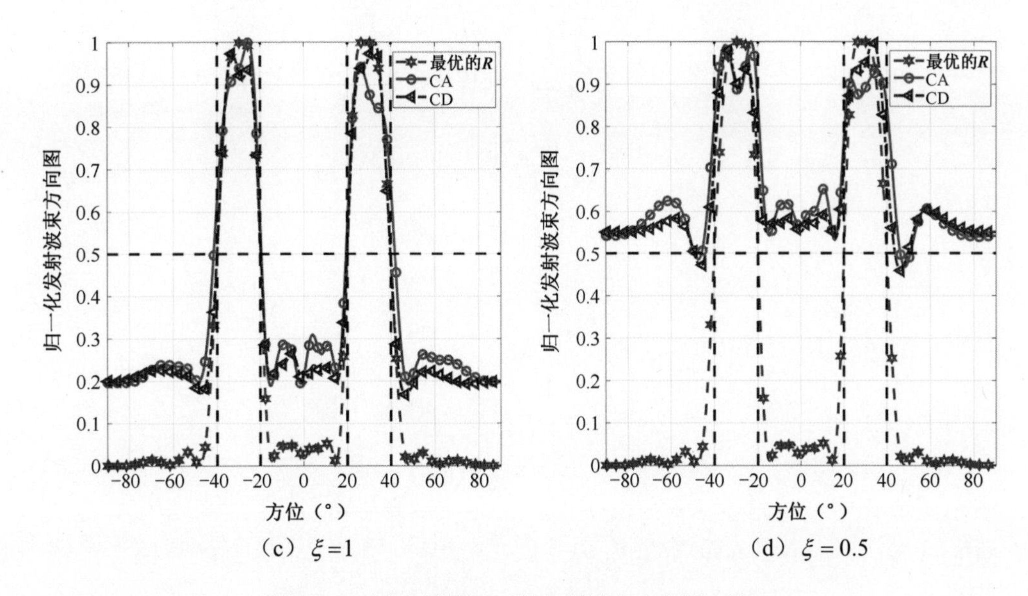

图4.9　两个主瓣情况下的发射波束方向图（续）

4.2　基于波形频谱约束的MIMO雷达发射波束赋形

4.1节考虑了两步法优化波形以实现一个期望的方向图，其计算量少，但从理论上讲无法直接控制方向图性能。本节通过直接合成波形方式考虑了窄带MIMO雷达发射波束赋形。

随着大量复杂电子设备的使用，战场环境中雷达与各种民用电子系统频谱之间相互交叠，导致各个电子系统之间的相互串扰，严重削弱了雷达的探测性能。因此，解决雷达系统与其他电子系统频谱兼容问题非常重要。通过借助频谱分析仪、认知无线电及现代谱估计等手段对电磁频谱环境知识进行获取[24-25]，进而设计波形控制能量谱形状以避开同频带内不同用户间的相互干扰是实现频谱兼容的一种有效方法[26]。因此，有必要研究频谱拥挤环境下MIMO雷达波形设计方法。

本节首先建立基于3dB主瓣波束宽度、频谱、PAR约束下的最小化方向图ISL的优化模型，然后提出一种基于SADMM算法的MIMO雷达波形优化算法，最后通过理论与仿真验证算法的有效性。

4.2.1　频谱约束下的MIMO雷达发射波束优化建模

如4.1节所示，MIMO雷达位于远场θ处的功率可重新表示为

$$
\begin{aligned}
&\frac{1}{M}\sum_{m=1}^{M}\|\boldsymbol{a}_{\mathrm{T}}^{\mathrm{H}}(\theta)\overline{\boldsymbol{s}}_m\|^2 \\
&=\frac{1}{M}\sum_{m=1}^{M}\overline{\boldsymbol{s}}_m^{\mathrm{H}}\boldsymbol{a}_{\mathrm{T}}(\theta)\boldsymbol{a}_{\mathrm{T}}^{\mathrm{H}}(\theta)\overline{\boldsymbol{s}}_m \\
&=\frac{1}{M}\|(\boldsymbol{I}_M\otimes\boldsymbol{a}_{\mathrm{T}}^{\mathrm{H}}(\theta))\boldsymbol{s}\|^2 \\
&=\boldsymbol{s}^{\mathrm{H}}\boldsymbol{A}(\theta)\boldsymbol{s}
\end{aligned}
\tag{4.34}
$$

其中，$\boldsymbol{s}=\mathrm{vec}\{[\boldsymbol{s}_1,\boldsymbol{s}_2,\boldsymbol{s}_3,\cdots,\boldsymbol{s}_{N_{\mathrm{T}}}]^{\mathrm{T}}\}\in\mathbb{C}^{N_{\mathrm{T}}M\times 1}$，

$$
\boldsymbol{A}(\theta)=\frac{1}{M}\boldsymbol{I}_M\otimes(\boldsymbol{a}_{\mathrm{T}}(\theta)\boldsymbol{a}_{\mathrm{T}}^{\mathrm{H}}(\theta))
\tag{4.35}
$$

将旁瓣区域$\varTheta_{\mathrm{s}}$与主瓣区域$\varTheta_{\mathrm{m}}$分别进行离散化处理。令$\phi_k\in\varTheta_{\mathrm{s}},k=1,2,3,\cdots,\tilde{K}$表示离散化的旁瓣角度，$\theta_k\in\varTheta_{\mathrm{m}}$，$k=1,2,3,\cdots,K$表示离散化的主瓣角度。定义MIMO 雷达发射波束方向图的 ISL 为

$$
\mathrm{ISL}=\frac{\sum_{k=1}^{\tilde{K}}\boldsymbol{s}^{\mathrm{H}}\boldsymbol{A}(\phi_k)\boldsymbol{s}}{\sum_{k=1}^{K}\boldsymbol{s}^{\mathrm{H}}\boldsymbol{A}(\theta_k)\boldsymbol{s}}=\frac{\boldsymbol{s}^{\mathrm{H}}\boldsymbol{A}_{\mathrm{s}}\boldsymbol{s}}{\boldsymbol{s}^{\mathrm{H}}\boldsymbol{A}_{\mathrm{m}}\boldsymbol{s}}
\tag{4.36}
$$

其中，

$$
\boldsymbol{A}_{\mathrm{s}}=\frac{1}{M}\sum_{k=1}^{\tilde{K}}\boldsymbol{I}_M\otimes[\boldsymbol{a}_{\mathrm{T}}(\phi_k)\boldsymbol{a}_{\mathrm{T}}^{\mathrm{H}}(\phi_k)],\ \boldsymbol{A}_{\mathrm{m}}=\frac{1}{M}\sum_{k=1}^{K}\boldsymbol{I}_M\otimes[\boldsymbol{a}_{\mathrm{T}}(\theta_k)\boldsymbol{a}_{\mathrm{T}}^{\mathrm{H}}(\theta_k)]
\tag{4.37}
$$

如图 4.10 所示，假定 MIMO 雷达与其他通信系统工作在同一个归一化频段$\varOmega\in[0,1)$，其中，通信系统占据的频段为$\varOmega^p=(f_1^p,f_2^p)\in\varOmega$，$p=1,2,3,\cdots,P$，$f_1^p$与$f_2^p$分别表示第$p$个通信系统工作频段的上下界。为确保 MIMO 雷达系统与通信系统频谱兼容，希望雷达在通信频段尽可能减少传输能量，使得雷达系统与通信系统互不影响工作。通过借助傅里叶变换，MIMO 雷达发射波形在第p个频段传输的能量可表示为[26-27]

$$
E_p=\sum_{n=1}^{N_{\mathrm{T}}}\boldsymbol{s}_n^{\mathrm{H}}\boldsymbol{R}_p\boldsymbol{s}_n
\tag{4.38}
$$

其中，

$$
\boldsymbol{R}_p(m,n)=\begin{cases}\displaystyle\sum_{p=1}^{P}\frac{\mathrm{e}^{\mathrm{j}2\pi f_2^p(m-n)}-\mathrm{e}^{\mathrm{j}2\pi f_1^p(m-n)}}{\mathrm{j}2\pi(m-n)}, & m\neq n\\ \displaystyle\sum_{p=1}^{P}(f_2^p-f_1^p), & m=n\end{cases}
\tag{4.39}
$$

则 MIMO 雷达发射波形在P个频段传输的总能量可写为

$$
E=\sum_{p=1}^{P}E_p=\sum_{p=1}^{P}\sum_{n=1}^{N_{\mathrm{T}}}\boldsymbol{s}_n^{\mathrm{H}}\boldsymbol{R}_p\boldsymbol{s}_n=\sum_{p=1}^{P}\sum_{n=1}^{N_{\mathrm{T}}}\boldsymbol{s}^{\mathrm{H}}\boldsymbol{R}_{n,p}\boldsymbol{s}=\boldsymbol{s}^{\mathrm{H}}\boldsymbol{R}\boldsymbol{s}
\tag{4.40}
$$

其中，

$$\boldsymbol{R}=\sum_{p=1}^{P}\sum_{n=1}^{N_{\mathrm{T}}}\boldsymbol{R}_{n,p} \tag{4.41}$$

$$\boldsymbol{R}_{n,p}=\boldsymbol{\Gamma}_n^{\mathrm{T}}\boldsymbol{R}_p\boldsymbol{\Gamma}_n \tag{4.42}$$

其中，$\boldsymbol{\Gamma}_n$ 为 $M\times N_{\mathrm{T}}M$ 维的矩阵，即

$$\boldsymbol{\Gamma}_n(i,j)=\begin{cases}1, & i=1,2,3,\cdots,M,\ j=n+(i-1)N_{\mathrm{T}}\\ 0, & \text{其他}\end{cases} \tag{4.43}$$

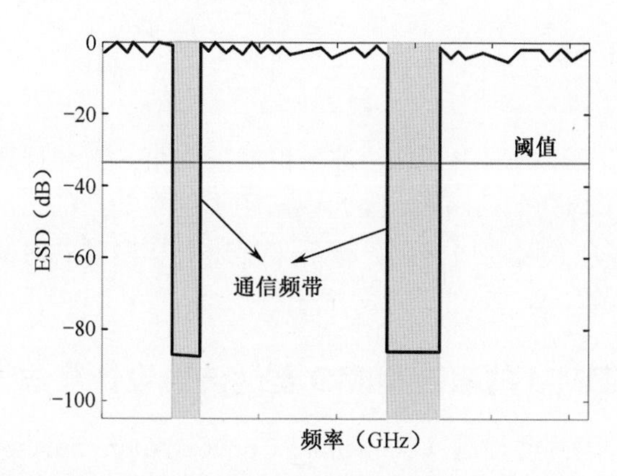

图 4.10　MIMO 雷达与通信系统频谱共存示意图

从数学上讲，MIMO 雷达发射波形应满足

$$E=\boldsymbol{s}^{\mathrm{H}}\boldsymbol{R}\boldsymbol{s}\leqslant\eta \tag{4.44}$$

其中，η 表示 MIMO 雷达在 P 个频段传输波形能量的上界。η 越小，表征 MIMO 雷达与通信系统频谱共存能力越好。

为控制 3dB 的主瓣波束宽度，引入主瓣宽度约束

$$\frac{\boldsymbol{s}^{\mathrm{H}}\boldsymbol{A}(\theta_{\bar{k},k})\boldsymbol{s}}{\boldsymbol{s}^{\mathrm{H}}\boldsymbol{A}(\theta_k)\boldsymbol{s}}\geqslant 0.5,\ \forall k,\ \bar{k}\in\{1,2\} \tag{4.45}$$

其中，$\theta_{2,k}-\theta_{1,k}$，$\theta_{2,k}\geqslant\theta_k\geqslant\theta_{1,k}$ 表示波束中心 θ_k 处的波束宽度。

另外，为了让 MIMO 雷达非线性放大器工作在临近饱和状态或饱和状态，发射波形的模动态范围尽可能小，引入波形 PAR 约束：

$$\frac{\max\limits_{n=1,2,3,\cdots,N_{\mathrm{T}}M}|\boldsymbol{s}(n)|^2}{\dfrac{1}{MN_{\mathrm{T}}}\|\boldsymbol{s}\|^2}\leqslant\gamma \tag{4.46}$$

其中，$\gamma\in[1,\ MN_{\mathrm{T}}]$ 为波形 PAR 上限值。需要指出的是，当 $\gamma=1$ 时，式（4.46）退化为恒模约束，当 $\gamma=MN_{\mathrm{T}}$ 时，意味着对波形的幅度动态范围无约束。这里仅考虑 $\gamma>1$ 的情况，即允许波形的幅度具有一定的动态变化范围。

通过考虑频谱、3dB 波束宽度及 PAR 约束，基于 ISL 准则的 MIMO 雷达波

形设计问题可建模为

$$\mathcal{P}_1\begin{cases}\max\limits_{s} & \dfrac{\boldsymbol{s}^{\mathrm{H}}\boldsymbol{A}_{\mathrm{m}}\boldsymbol{s}}{\boldsymbol{s}^{\mathrm{H}}\boldsymbol{A}_{\mathrm{s}}\boldsymbol{s}} \\ \text{s.t.} & (1)\ \boldsymbol{s}^{\mathrm{H}}\boldsymbol{R}\boldsymbol{s}\leqslant\eta \\ & (2)\ \dfrac{\boldsymbol{s}^{\mathrm{H}}\boldsymbol{A}(\theta_{\bar{k},k})\boldsymbol{s}}{\boldsymbol{s}^{\mathrm{H}}\boldsymbol{A}(\theta_k)\boldsymbol{s}}\geqslant 0.5,\ \forall k,\ \bar{k} \\ & (3)\ \dfrac{\max_{n=1,2,3,\cdots,N_{\mathrm{T}}M}|\boldsymbol{s}(n)|^2}{\dfrac{1}{MN_{\mathrm{T}}}\|\boldsymbol{s}\|^2}\leqslant\gamma \\ & (4)\ \boldsymbol{s}^{\mathrm{H}}\boldsymbol{s}=1\end{cases} \tag{4.47}$$

不失一般性，上述问题中考虑了波形恒能量约束。上述问题的目标函数及约束条件（2）～（4）均为非凸函数，因此该问题是一个非凸的二次分式规划问题，其最优解无法在多项式时间内得到。接下来提出具有多项式时间复杂度的迭代算法以获取一个逼近解。

4.2.2　基于 SADMM 的窄带 MIMO 雷达波形设计算法

本节提出一种序列凸逼近（Sequential Convex Approximation，SCA）算法求解 $\mathcal{P}_1$。首先基于数学特征，将 $\mathcal{P}_1$ 进行等价变换，进而通过一系列凸问题进行序列迭代逼近原问题。为了求解每次迭代的凸问题，采用 ADMM 算法并行求解。

4.2.2.1　算法描述

为便于求解，首先将 $\mathcal{P}_1$ 变换为一个等价问题，即

$$\mathcal{P}_2\begin{cases}\max\limits_{s} & \dfrac{\boldsymbol{s}^{\mathrm{H}}\boldsymbol{A}_{\mathrm{m}}\boldsymbol{s}}{\boldsymbol{s}^{\mathrm{H}}\boldsymbol{A}_{\mathrm{s}}\boldsymbol{s}} \\ \text{s.t.} & \boldsymbol{s}^{\mathrm{H}}\boldsymbol{R}\boldsymbol{s}\leqslant\eta \\ & \dfrac{\boldsymbol{s}^{\mathrm{H}}\boldsymbol{A}(\theta_{\bar{k},k})\boldsymbol{s}}{\boldsymbol{s}^{\mathrm{H}}\boldsymbol{A}(\theta_k)\boldsymbol{s}}\geqslant 0.5,\ \forall k,\ \bar{k} \\ & |\boldsymbol{s}(n)|^2\leqslant\gamma/MN_{\mathrm{T}},\ \forall n \\ & \boldsymbol{s}^{\mathrm{H}}\boldsymbol{s}\geqslant 1\end{cases} \tag{4.48}$$

证明： 首先假定 $v(\mathcal{P}_1)$ 与 $v(\mathcal{P}_2)$ 分别表示 $\mathcal{P}_1$ 与 $\mathcal{P}_2$ 的最优目标函数值。假定 $\boldsymbol{s}_{(*)}$ 为 $\mathcal{P}_1$ 的最优解，显然 $\boldsymbol{s}_{(*)}$ 也为 $\mathcal{P}_2$ 的一个可行解，因此，可推得 $v(\mathcal{P}_1)\leqslant v(\mathcal{P}_2)$。假定 $\bar{\boldsymbol{s}}_{(*)}$ 为 $\mathcal{P}_2$ 的最优解，令 $\tilde{\boldsymbol{s}}_{(*)}=\bar{\boldsymbol{s}}_{(*)}/\|\bar{\boldsymbol{s}}_{(*)}\|$，则 $\tilde{\boldsymbol{s}}_{(*)}$ 为 $\mathcal{P}_1$ 的一个解。其验证如下，首先针对频谱约束，可得

$$\bar{\boldsymbol{s}}_{(*)}^{\mathrm{H}}\boldsymbol{R}\bar{\boldsymbol{s}}_{(*)}\leqslant\eta\Rightarrow\frac{\bar{\boldsymbol{s}}_{(*)}^{\mathrm{H}}\boldsymbol{R}\bar{\boldsymbol{s}}_{(*)}}{\bar{\boldsymbol{s}}_{(*)}^{\mathrm{H}}\bar{\boldsymbol{s}}_{(*)}}\leqslant\frac{\eta}{\bar{\boldsymbol{s}}_{(*)}^{\mathrm{H}}\bar{\boldsymbol{s}}_{(*)}} \tag{4.49}$$

由于 $\bar{s}_{(*)}^{\mathrm{H}}\bar{s}_{(*)}\geqslant 1$，则可得

$$\frac{\bar{\boldsymbol{s}}_{(*)}^{\mathrm{H}}\boldsymbol{R}\bar{\boldsymbol{s}}_{(*)}}{\bar{\boldsymbol{s}}_{(*)}^{\mathrm{H}}\bar{\boldsymbol{s}}_{(*)}}\leqslant\frac{\eta}{\bar{\boldsymbol{s}}_{(*)}^{\mathrm{H}}\bar{\boldsymbol{s}}_{(*)}}\leqslant\eta\Rightarrow\frac{\bar{\boldsymbol{s}}_{(*)}^{\mathrm{H}}\boldsymbol{R}\bar{\boldsymbol{s}}_{(*)}}{\bar{\boldsymbol{s}}_{(*)}^{\mathrm{H}}\bar{\boldsymbol{s}}_{(*)}}=\frac{\bar{\boldsymbol{s}}_{(*)}^{\mathrm{H}}}{\|\bar{\boldsymbol{s}}_{(*)}\|}\boldsymbol{R}\frac{\bar{\boldsymbol{s}}_{(*)}}{\|\bar{\boldsymbol{s}}_{(*)}\|}=\tilde{\boldsymbol{s}}_{(*)}^{\mathrm{H}}\boldsymbol{R}\tilde{\boldsymbol{s}}_{(*)}\leqslant\eta \tag{4.50}$$

针对 3dB 波束宽度约束，由于尺度不变性，显然有

$$\frac{\tilde{\boldsymbol{s}}_{(*)}^{\mathrm{H}}\boldsymbol{A}(\theta_{\bar{k},k})\tilde{\boldsymbol{s}}_{(*)}}{\tilde{\boldsymbol{s}}_{(*)}^{\mathrm{H}}\boldsymbol{A}(\theta_{k})\tilde{\boldsymbol{s}}_{(*)}}=\frac{\bar{\boldsymbol{s}}_{(*)}^{\mathrm{H}}\boldsymbol{A}(\theta_{\bar{k},k})\bar{\boldsymbol{s}}_{(*)}}{\bar{\boldsymbol{s}}_{(*)}^{\mathrm{H}}\boldsymbol{A}(\theta_{k})\bar{\boldsymbol{s}}_{(*)}} \tag{4.51}$$

针对能量约束，显然有 $\tilde{\boldsymbol{s}}_{(*)}^{\mathrm{H}}\tilde{\boldsymbol{s}}_{(*)}=1$。对此，针对 PAR 约束，有

$$\left|\bar{s}_{(*)}(n)\right|^2\leqslant\frac{\gamma}{MN_{\mathrm{T}}}\Rightarrow\frac{\left|\bar{s}_{(*)}(n)\right|^2}{\bar{\boldsymbol{s}}_{(*)}^{\mathrm{H}}\bar{\boldsymbol{s}}_{(*)}}\leqslant\frac{\gamma}{MN_{\mathrm{T}}\bar{\boldsymbol{s}}_{(*)}^{\mathrm{H}}\bar{\boldsymbol{s}}_{(*)}}\leqslant\frac{\gamma}{MN_{\mathrm{T}}}\Rightarrow\left|\tilde{s}_{(*)}(n)\right|^2\leqslant\frac{\gamma}{MN_{\mathrm{T}}} \tag{4.52}$$

因此，可知 $\tilde{\boldsymbol{s}}_{(*)}$ 为 $\mathcal{P}_1$ 的一个可行解，对此，有 $v(\mathcal{P}_1)\geqslant v(\mathcal{P}_2)$，故 $\mathcal{P}_1$ 与 $\mathcal{P}_2$ 等价。

进一步地，$\mathcal{P}_2$ 可等价转化为

$$\begin{cases}\max\limits_{s,t} & t\\ \text{s.t.} & (1)\ \boldsymbol{s}^{\mathrm{H}}\boldsymbol{A}_{\mathrm{s}}\boldsymbol{s}-\dfrac{\boldsymbol{s}^{\mathrm{H}}\boldsymbol{A}_{\mathrm{m}}\boldsymbol{s}}{t}\leqslant 0\\ & (2)\ \boldsymbol{s}^{\mathrm{H}}\boldsymbol{R}\boldsymbol{s}-\eta\leqslant 0\\ & (3)\ 0.5\boldsymbol{s}^{\mathrm{H}}\boldsymbol{A}(\theta_k)\boldsymbol{s}-\boldsymbol{s}^{\mathrm{H}}\boldsymbol{A}(\theta_{\bar{k},k})\boldsymbol{s}\leqslant 0,\quad\forall k,\ \bar{k}\\ & (4)\ |s(n)|^2\leqslant\gamma/MN_{\mathrm{T}},\forall n\\ & (5)\ 1-\boldsymbol{s}^{\mathrm{H}}\boldsymbol{s}\leqslant 0\end{cases} \tag{4.53}$$

下面用 SCA 算法求解上述问题。具体而言，针对第一个约束，首先令 $f^0(\boldsymbol{s})=\boldsymbol{s}^{\mathrm{H}}\boldsymbol{A}_{\mathrm{s}}\boldsymbol{s}$，$f^1(\boldsymbol{s},t)=\boldsymbol{s}^{\mathrm{H}}\boldsymbol{A}_{\mathrm{m}}\boldsymbol{s}/t$。观察约束（1）可知，$f^0(\boldsymbol{s})$ 为凸函数，且 $t>0$，$f^1(\boldsymbol{s},t)$ 也为凸函数，因此约束（1）的左边为两个凸函数之差。因此，可利用凸函数性质将非凸约束（1）放松为一个凸约束。具体来讲，令 $(\bar{\boldsymbol{s}},\bar{t})$ 为约束（1）的可行点，即

$$\bar{t}=\frac{\bar{\boldsymbol{s}}^{\mathrm{H}}\boldsymbol{A}_{\mathrm{m}}\bar{\boldsymbol{s}}}{\bar{\boldsymbol{s}}^{\mathrm{H}}\boldsymbol{A}_{\mathrm{s}}\bar{\boldsymbol{s}}} \tag{4.54}$$

$f^1(\boldsymbol{s},t)$ 为凸函数，因此根据凸函数性质，$f^1(\boldsymbol{s},t)$ 在 $(\bar{\boldsymbol{s}},\bar{t})$ 的一阶泰勒[28]展开为

$$f^1(\boldsymbol{s},t)\geqslant f^1(\bar{\boldsymbol{s}},\bar{t})+\Re\left\{\nabla^{\mathrm{H}}f^1(\boldsymbol{s},t)\Big|_{(\boldsymbol{s},t)=(\bar{\boldsymbol{s}},\bar{t})}\begin{bmatrix}\boldsymbol{s}-\bar{\boldsymbol{s}}\\ t-\bar{t}\end{bmatrix}\right\} \tag{4.55}$$

其中，

$$\nabla f^1(\boldsymbol{s},t)=\begin{bmatrix}\nabla_{\boldsymbol{s}}f^1(\boldsymbol{s},t)\\ \dfrac{\partial f^1(\boldsymbol{s},t)}{\partial t}\end{bmatrix} \tag{4.56}$$

$$\nabla_{\boldsymbol{s}} f^1(\boldsymbol{s},t)=\frac{2\boldsymbol{A}_{\mathrm{m}}\boldsymbol{s}}{t} \tag{4.57}$$

$$\frac{\partial f^1(\boldsymbol{s},t)}{\partial t}=\frac{-\boldsymbol{s}^{\mathrm{H}}\boldsymbol{A}_{\mathrm{m}}\boldsymbol{s}}{t^2} \tag{4.58}$$

进一步可推导

$$\begin{aligned} f^0(\boldsymbol{s})-f^1(\boldsymbol{s},t) &\leqslant f^0(\boldsymbol{s})-f^1(\overline{\boldsymbol{s}},\overline{t})-\Re\left\{\nabla^{\mathrm{H}} f^1(\overline{\boldsymbol{s}},\overline{t})\begin{bmatrix}\boldsymbol{s}-\overline{\boldsymbol{s}}\\ t-\overline{t}\end{bmatrix}\right\} \\ &=\tilde{f}(\boldsymbol{s},\overline{\boldsymbol{s}},t,\overline{t}) \end{aligned} \tag{4.59}$$

观察式（4.59）可知 $\tilde{f}(\boldsymbol{s},\overline{\boldsymbol{s}},t,\overline{t})$ 为一个凸函数。显然，当 $\tilde{f}(\boldsymbol{s},\overline{\boldsymbol{s}},t,\overline{t})\leqslant 0$ 时，可使得约束（1）满足，即 $f^0(\boldsymbol{s})-f^1(\boldsymbol{s},t)\leqslant 0$ 。因此，可利用凸约束 $\tilde{f}(\boldsymbol{s},\overline{\boldsymbol{s}},t,\overline{t})\leqslant 0$ 代替非凸约束 $f^0(\boldsymbol{s})-f^1(\boldsymbol{s},t)\leqslant 0$ 。经过化简后，约束（1）的凸逼近函数为

$$\tilde{f}(\boldsymbol{s},\overline{\boldsymbol{s}},t,\overline{t})=\boldsymbol{s}^{\mathrm{H}}\boldsymbol{A}_{\mathrm{s}}\boldsymbol{s}-\frac{2\Re\{\overline{\boldsymbol{s}}^{\mathrm{H}}\boldsymbol{A}_{\mathrm{m}}\boldsymbol{s}\}}{\overline{t}}+\frac{\overline{\boldsymbol{s}}^{\mathrm{H}}\boldsymbol{A}_{\mathrm{m}}\overline{\boldsymbol{s}}}{\overline{t}^2}t\leqslant 0 \tag{4.60}$$

需要指出的是，凸约束 $\tilde{f}(\boldsymbol{s},\overline{\boldsymbol{s}},t,\overline{t})\leqslant 0$ 为非凸约束 $f^0(\boldsymbol{s})-f^1(\boldsymbol{s},t)\leqslant 0$ 的一个子集。另外，基于凸函数的一阶条件，显然可得

$$f^0(\overline{\boldsymbol{s}})-f^1(\overline{\boldsymbol{s}},\overline{t})=\tilde{f}(\overline{\boldsymbol{s}},\overline{\boldsymbol{s}},\overline{t},\overline{t}) \tag{4.61}$$

$$\nabla^{\mathrm{H}}(f^0(\boldsymbol{s})-f^1(\boldsymbol{s},t))|_{(\boldsymbol{s},t)=(\overline{\boldsymbol{s}},\overline{t})}=\nabla^{\mathrm{H}}\tilde{f}(\boldsymbol{s},\overline{\boldsymbol{s}},t,\overline{t})|_{(\boldsymbol{s},t)=(\overline{\boldsymbol{s}},\overline{t})} \tag{4.62}$$

类似地，约束（3）与约束（5）也可利用凸约束进行近似，即

$$\begin{aligned} &0.5\boldsymbol{s}^{\mathrm{H}}\boldsymbol{A}(\theta_k)\boldsymbol{s}-\boldsymbol{s}^{\mathrm{H}}\boldsymbol{A}(\theta_{\overline{k},k})\boldsymbol{s} \\ &\leqslant 0.5\boldsymbol{s}^{\mathrm{H}}\boldsymbol{A}(\theta_k)\boldsymbol{s}-[\overline{\boldsymbol{s}}^{\mathrm{H}}\boldsymbol{A}(\theta_{\overline{k},k})\overline{\boldsymbol{s}}+\Re\{2\overline{\boldsymbol{s}}^{\mathrm{H}}\boldsymbol{A}(\theta_{\overline{k},k})(\boldsymbol{s}-\overline{\boldsymbol{s}})\}]\leqslant 0 \end{aligned} \tag{4.63}$$

$$1-\boldsymbol{s}^{\mathrm{H}}\boldsymbol{s}\leqslant 1-[\overline{\boldsymbol{s}}^{\mathrm{H}}\overline{\boldsymbol{s}}+\Re\{2\overline{\boldsymbol{s}}^{\mathrm{H}}(\boldsymbol{s}-\overline{\boldsymbol{s}})\}]\leqslant 0 \tag{4.64}$$

综上所述，通过利用上述凸约束逼近问题式（4.53）中所有的非凸约束，则问题式（4.53）可由一个凸问题进行逼近，并求得最优解。然后以此更新 $(\overline{\boldsymbol{s}},\overline{t})$ ，以此类推，继续利用新的凸问题逼近式（4.53），直到收敛。因此，这里提出一种 SCA 算法求解问题式（4.53）。假定在 SCA 算法第 $l-1$ 次 $(\boldsymbol{s},t)$ 的迭代解为 $(\boldsymbol{s}_{(l-1)},t_{(l-1)})$ ，则第 l 次迭代需求解

$$\mathcal{P}_{(l)}\begin{cases}\max\limits_{\boldsymbol{s},t} & t \\ \text{s.t.} & \boldsymbol{s}^{\mathrm{H}}\boldsymbol{A}_{\mathrm{s}}\boldsymbol{s}-\dfrac{2\Re\{\overline{\boldsymbol{s}}^{\mathrm{H}}\boldsymbol{A}_{\mathrm{m}}\boldsymbol{s}\}}{\overline{t}}+\dfrac{\overline{\boldsymbol{s}}^{\mathrm{H}}\boldsymbol{A}_{\mathrm{m}}\overline{\boldsymbol{s}}}{\overline{t}^2}t\leqslant 0 \\ & \boldsymbol{s}^{\mathrm{H}}\boldsymbol{R}\boldsymbol{s}-\eta\leqslant 0 \\ & 0.5\boldsymbol{s}^{\mathrm{H}}\boldsymbol{A}(\theta_k)\boldsymbol{s}+\Re\{\boldsymbol{v}_{\overline{k},k}(\overline{\boldsymbol{s}})^{\mathrm{H}}\boldsymbol{s}\}+v_{\overline{k},k}(\overline{\boldsymbol{s}})\leqslant 0,\ \forall k,\ \overline{k} \\ & |\boldsymbol{s}(n)|^2-\gamma/MN_{\mathrm{T}}\leqslant 0,\ \forall n \\ & \Re\{\boldsymbol{u}(\overline{\boldsymbol{s}})^{\mathrm{H}}\boldsymbol{s}\}+u(\overline{\boldsymbol{s}})\leqslant 0\end{cases} \tag{4.65}$$

其中， $(\overline{\boldsymbol{s}},\overline{t})=(\boldsymbol{s}_{(l-1)},t_{(l-1)}),\boldsymbol{v}_{\overline{k},k}(\overline{\boldsymbol{s}})=-2\boldsymbol{A}(\theta_{\overline{k},k})\overline{\boldsymbol{s}},v_{\overline{k},k}(\overline{\boldsymbol{s}})=\overline{\boldsymbol{s}}^{\mathrm{H}}\boldsymbol{A}(\theta_{\overline{k},k})\overline{\boldsymbol{s}},\boldsymbol{u}(\overline{\boldsymbol{s}})=-2\overline{\boldsymbol{s}},$

$u(\overline{s})=\overline{s}^{\mathrm{H}}\overline{s}+1$。求解 $\mathcal{P}_{(l)}$ 得到 $(s_{(l)},t_{(l)})$ 后，令 $(\overline{s},\overline{t})=(s_{(l)},t_{(l)})$，增加 l 继续求解上述问题，直到收敛。基于 SCA 的 MIMO 雷达波形优化算法流程如下所示。

算法 4.2 流程 基于 SCA 的优化算法求解 $\mathcal{P}_2$

输入： $(s_{(0)},t_{(0)})$；

输出： $\mathcal{P}_2$ 的一个次优解 $s_{(*)}$。

（1） $l=0,(\overline{s},\overline{t})=(s_{(0)},t_{(0)})$；

（2） $l=l+1$；

（3）求解凸问题 $\mathcal{P}_{(l)}$ 得到 $(s_{(l)},t_{(l)})$；

（4）若 $|t_{(l)}-t_{(l-1)}|\leqslant\kappa$，则输出 $s_{(*)}=s_{(l)}$；否则 $(\overline{s},\overline{t})=(s_{(l)},t_{(l)})$，返回步骤（2）。

接下来详细讨论如何求解凸问题 $\mathcal{P}_{(l)}$。事实上 $\mathcal{P}_{(l)}$ 可转换为二阶锥规划问题，然后利用内点法（Interior Point Method，IPM）进行求解，但计算复杂度较大。为解决计算量问题，这里采用 ADMM 算法[29]快速求解 $\mathcal{P}_{(l)}$ 的方法。首先引入辅助变量 $\boldsymbol{h},\{s_{\overline{k},k}\},\{z\}$，将原问题 $\mathcal{P}_{(l)}$ 等效转换为

$$\begin{cases}\min\limits_{s,h,z,\{s_{\overline{k},k}\}} & s^{\mathrm{H}}B(\overline{s},\overline{t})s+\Re\{c(\overline{s},\overline{t})^{\mathrm{H}}s\}\\ \text{s.t.} & h=s\\ & h^{\mathrm{H}}Rh-\eta\leqslant 0\\ & s_{\overline{k},k}=s,\ \forall k,\ \overline{k}\\ & 0.5s_{\overline{k},k}^{\mathrm{H}}A(\theta_k)s_{\overline{k},k}+\Re\{v_{\overline{k},k}(\overline{s})^{\mathrm{H}}s_{\overline{k},k}\}+v_{\overline{k},k}(\overline{s})\leqslant 0,\ \forall k,\ \overline{k}\\ & z=s\\ & |z(n)|^2-\gamma/MN_{\mathrm{T}}\leqslant 0,\forall n\\ & \Re\{u(\overline{s})^{\mathrm{H}}s\}+u(\overline{s})\leqslant 0\end{cases} \tag{4.66}$$

其中，

$$B(\overline{s},\overline{t})=\frac{\overline{t}^{\,2}A_{\mathrm{s}}}{\overline{s}^{\mathrm{H}}A_{\mathrm{m}}\overline{s}} \tag{4.67}$$

$$c(\overline{s},\overline{t})=-\frac{2\overline{t}}{\overline{s}^{\mathrm{H}}A_{\mathrm{m}}\overline{s}}A_{\mathrm{s}}\overline{s} \tag{4.68}$$

将式（4.66）中的等式约束合并入增广拉格朗日函数中，即

$$\begin{aligned}L_{\varrho}(s,h,\{s_{\overline{k},k}\},z,\{\mu_{\overline{k},k}\},\mu_h,\mu_z)=&\,s^{\mathrm{H}}B(\overline{s},\overline{t})s+\Re\{c(\overline{s},\overline{t})^{\mathrm{H}}s\}+\\ &\frac{\varrho}{2}\left\|h-s+\frac{\mu_h}{\varrho}\right\|^2+\sum_{k=1}^{K}\sum_{\overline{k}=1}^{2}\frac{\varrho}{2}\left\|s_{\overline{k},k}-s+\frac{\mu_{\overline{k},k}}{\varrho}\right\|^2+\frac{\varrho}{2}\left\|z-s+\frac{\mu_z}{\varrho}\right\|^2\end{aligned} \tag{4.69}$$

其中，$\mu_h,\mu_{\overline{k},k},\mu_z$ 为 $MN_{\mathrm{T}}\times 1$ 维的拉格朗日乘子向量，ϱ 为惩罚因子。

下面利用快速 ADMM 算法迭代更新 $\boldsymbol{s}, \boldsymbol{h}, \{\boldsymbol{s}_{\bar{k},k}\}, \boldsymbol{z}, \{\boldsymbol{\mu}_{\bar{k},k}\}, \boldsymbol{\mu}_h, \boldsymbol{\mu}_z$，逐步减小 $L_\varrho(\boldsymbol{s}, \boldsymbol{h}, \{\boldsymbol{s}_{\bar{k},k}\}, \boldsymbol{z}, \{\boldsymbol{\mu}_{\bar{k},k}\}, \boldsymbol{\mu}_h, \boldsymbol{\mu}_z)$ 至收敛。假定在第 i 次迭代 $\boldsymbol{s}, \boldsymbol{h}, \{\boldsymbol{s}_{\bar{k},k}\}, \boldsymbol{z}, \{\boldsymbol{\mu}_{\bar{k},k}\}, \boldsymbol{\mu}_h, \boldsymbol{\mu}_z$ 的迭代值记为 $\boldsymbol{s}^{(i)}, \boldsymbol{h}^{(i)}, \{\boldsymbol{s}_{\bar{k},k}^{(i)}\}, \boldsymbol{z}^{(i)}, \{\boldsymbol{\mu}_{\bar{k},k}^{(i)}\}, \boldsymbol{\mu}_h^{(i)}, \boldsymbol{\mu}_z^{(i)}$，其迭代步骤如下所示。

算法 4.3 流程　快速 ADMM 算法求解 $\mathcal{P}_{(l)}$

输入： $\boldsymbol{s}^{(0)}, \{\boldsymbol{s}_{\bar{k},k}^{(0)}\}, \boldsymbol{z}^{(0)}, \{\boldsymbol{\mu}_{\bar{k},k}^{(0)}\}, \boldsymbol{\mu}_h^{(0)} \boldsymbol{\mu}_z^{(0)}$；

输出： $\mathcal{P}_{(l)}$ 的一个最优解 $\boldsymbol{s}_{(l)}$。

（1）$i=0$；

（2）$i=i+1$；

（3）更新 $\boldsymbol{h}^{(i)}, \{\boldsymbol{s}_{\bar{k},k}^{(i)}\}, \boldsymbol{z}^{(i)}, \boldsymbol{s}^{(i)}$：

$$\begin{cases} \boldsymbol{h}^{(i)} := \arg\min\limits_{\boldsymbol{h}} L_\varrho(\boldsymbol{s}^{(i-1)}, \boldsymbol{h}, \{\boldsymbol{s}_{\bar{k},k}^{(i-1)}\}, \boldsymbol{z}^{(i-1)}, \{\boldsymbol{\mu}_{\bar{k},k}^{(i-1)}\}, \boldsymbol{\mu}_h^{(i-1)}, \boldsymbol{\mu}_z^{(i-1)}) \\ \text{s.t.}\ \ \boldsymbol{h}^{\mathrm{H}}\boldsymbol{R}\boldsymbol{h} - \eta \leqslant 0 \end{cases}$$

$$\begin{cases} \{\boldsymbol{s}_{\bar{k},k}^{(i)}\} := \arg\min\limits_{\{\boldsymbol{s}_{\bar{k},k}\}} L_\varrho(\boldsymbol{s}^{(i-1)}, \boldsymbol{h}^{(i)}, \{\boldsymbol{s}_{\bar{k},k}\}, \boldsymbol{z}^{(i-1)}, \{\boldsymbol{\mu}_{\bar{k},k}^{(i-1)}\}, \boldsymbol{\mu}_h^{(i-1)}, \boldsymbol{\mu}_z^{(i-1)}) \\ \text{s.t.}\ 0.5\boldsymbol{s}_{\bar{k},k}^{\mathrm{H}}\boldsymbol{A}(\theta_k)\boldsymbol{s}_{\bar{k},k} + \Re\{\boldsymbol{v}_{\bar{k},k}(\overline{\boldsymbol{s}})^{\mathrm{H}}\boldsymbol{s}_{\bar{k},k}\} + v_{\bar{k},k}(\overline{\boldsymbol{s}}) \leqslant 0, \forall k, \bar{k} \end{cases}$$

$$\begin{cases} \boldsymbol{z}^{(i)} := \arg\min\limits_{\boldsymbol{z}} L_\varrho(\boldsymbol{s}^{(i-1)}, \boldsymbol{h}^{(i)}, \{\boldsymbol{s}_{\bar{k},k}^{(i)}\}, \boldsymbol{z}, \{\boldsymbol{\mu}_{\bar{k},k}^{(i-1)}\}, \boldsymbol{\mu}_h^{(i-1)}, \boldsymbol{\mu}_z^{(i-1)}) \\ \text{s.t.}\ \ |\boldsymbol{z}(n)|^2 - \gamma / MN_{\mathrm{T}} \leqslant 0, \forall n \end{cases}$$

$$\begin{cases} \boldsymbol{s}^{(i)} := \arg\min\limits_{\boldsymbol{s}} L_\varrho(\boldsymbol{s}, \boldsymbol{h}^{(i)}, \{\boldsymbol{s}_{\bar{k},k}^{(i)}\}, \boldsymbol{z}^{(i)}, \{\boldsymbol{\mu}_{\bar{k},k}^{(i-1)}\}, \boldsymbol{\mu}_h^{(i-1)}, \boldsymbol{\mu}_z^{(i-1)}) \\ \text{s.t.}\ \ \Re\{\boldsymbol{u}(\overline{\boldsymbol{s}})^{\mathrm{H}}\boldsymbol{s}\} + u(\overline{\boldsymbol{s}}) \leqslant 0 \end{cases}$$

（4）更新 $\boldsymbol{\mu}_h^{(i)}, \boldsymbol{\mu}_{\bar{k},k}^{(i)}, \boldsymbol{\mu}_z^{(i)}$

$$\boldsymbol{\mu}_{\bar{k},k}^{(i)} = \boldsymbol{\mu}_{\bar{k},k}^{(i-1)} + \varrho(\boldsymbol{s}_{\bar{k},k}^{(i)} - \boldsymbol{s}^{(i)}), \boldsymbol{\mu}_h^{(i)} = \boldsymbol{\mu}_h^{(i-1)} + \varrho(\boldsymbol{h}^{(i)} - \boldsymbol{s}^{(i)}), \boldsymbol{\mu}_z^{(i)} = \boldsymbol{\mu}_z^{(i-1)} + \varrho(\boldsymbol{h}^{(i)} - \boldsymbol{s}^{(i)})$$

（5）若满足预设的退出条件，则 $\boldsymbol{s}_{(l)} = \boldsymbol{s}^{(i)}$，否则返回步骤（2）。

下面讨论如何更新 $\boldsymbol{h}^{(i)}, \{\boldsymbol{s}_{\bar{k},k}^{(i)}\}, \boldsymbol{z}^{(i)}, \boldsymbol{s}^{(i)}$。首先固定 $\boldsymbol{s}^{(i-1)}, \{\boldsymbol{s}_{\bar{k},k}^{(i-1)}\}, \boldsymbol{z}^{(i-1)}, \{\boldsymbol{\mu}_{\bar{k},k}^{(i-1)}\}, \boldsymbol{\mu}^{(i-1)}$，忽略目标函数 $L_\varrho(\boldsymbol{s}^{(i-1)}, \boldsymbol{h}, \{\boldsymbol{s}_{\bar{k},k}^{(i-1)}\}, \boldsymbol{z}^{(i-1)}, \{\boldsymbol{\mu}_{\bar{k},k}^{(i-1)}\}, \boldsymbol{\mu}_h^{(i-1)}, \boldsymbol{\mu}_z^{(i-1)})$ 中与 $\boldsymbol{h}$ 无关的常数，则关于 $\boldsymbol{h}$ 的优化问题可表示为

$$\begin{cases} \min_{\boldsymbol{h}} \dfrac{\varrho}{2}\left\| \boldsymbol{h} - \boldsymbol{s}^{(i-1)} + \dfrac{\boldsymbol{\mu}_h^{(i-1)}}{\varrho} \right\|^2 \\ \text{s.t.}\ \ \boldsymbol{h}^{\mathrm{H}}\boldsymbol{R}\boldsymbol{h} - \eta \leqslant 0 \end{cases} \tag{4.70}$$

上述问题可通过卡罗需-库恩-塔克（Karush-Kuhn-Tucker，KKT）条件找到最优解，这里不再赘述。

同理，关于 $\{\boldsymbol{s}_{\bar{k},k}\}$ 更新的优化问题可写为

$$\begin{cases}\min\limits_{s_{\bar{k},k}} & 0.5\varrho\|\boldsymbol{s}_{\bar{k},k}-\boldsymbol{s}^{(i-1)}+\dfrac{\boldsymbol{\mu}_{\bar{k},k}^{(i-1)}}{\varrho}\|^2 \\ \text{s.t.} & 0.5\boldsymbol{s}_{\bar{k},k}^{\mathrm{H}}\boldsymbol{A}(\theta_k)\boldsymbol{s}_{\bar{k},k}+\Re\{\boldsymbol{v}_{\bar{k},k}(\bar{\boldsymbol{s}})^{\mathrm{H}}\boldsymbol{s}_{\bar{k},k}\}+v_{\bar{k},k}(\bar{\boldsymbol{s}})\leqslant 0\end{cases} \tag{4.71}$$

上述问题同样可以利用 KKT 条件找到最优解。

针对 $\boldsymbol{z}$ 的更新问题可以写为

$$\begin{cases}\min\limits_{\boldsymbol{z}} & 0.5\varrho\|\boldsymbol{z}-\boldsymbol{s}^{(i-1)}+\dfrac{\boldsymbol{\mu}_z^{(i-1)}}{\varrho}\|^2 \\ \text{s.t.} & |z(n)|^2-\dfrac{\gamma}{MN_{\mathrm{T}}}\leqslant 0,\forall n\end{cases} \tag{4.72}$$

上述问题可以转化为 $N_{\mathrm{T}}M$ 个独立子问题，其中关于第 n 个子问题可以写为

$$\begin{cases}\min\limits_{z(n)} & 0.5\varrho\|z(n)-\boldsymbol{s}^{(i-1)}(n)+\dfrac{\boldsymbol{\mu}_z^{(i-1)}(n)}{\varrho}\|^2 \\ \text{s.t.} & |z(n)|^2-\dfrac{\gamma}{MN_{\mathrm{T}}}\leqslant 0\end{cases} \tag{4.73}$$

则上述问题的最优解为

$$\boldsymbol{z}^{(i)}(n)=\begin{cases}\bar{z}_n, & |\bar{z}_n|^2\leqslant\gamma/MN_{\mathrm{T}} \\ \dfrac{\sqrt{\gamma/MN_{\mathrm{T}}}\,\bar{z}_n}{|\bar{z}_n|}, & \text{其他}\end{cases} \tag{4.74}$$

其中，$\bar{z}_n=\boldsymbol{s}^{(i-1)}(n)-\dfrac{\boldsymbol{\mu}_z^{(i-1)}(n)}{\varrho}$。

最后针对 $\boldsymbol{s}$ 的更新问题等价为

$$\begin{cases}\min\limits_{\boldsymbol{s}} & \boldsymbol{s}^{\mathrm{H}}\bar{\boldsymbol{B}}\boldsymbol{s}+\Re\{\boldsymbol{c}^{(i)\mathrm{H}}\boldsymbol{s}\} \\ \text{s.t.} & \Re\{\boldsymbol{u}(\bar{\boldsymbol{s}})^{\mathrm{H}}\boldsymbol{s}\}+u(\bar{\boldsymbol{s}})\leqslant 0\end{cases} \tag{4.75}$$

其中，

$$\bar{\boldsymbol{B}}=\boldsymbol{B}(\bar{\boldsymbol{s}},\bar{t})+\frac{(2K+2)\varrho}{2}\boldsymbol{I}_{MN_{\mathrm{T}}} \tag{4.76}$$

$$\begin{aligned}\boldsymbol{c}^{(i)}=\boldsymbol{c}(\bar{\boldsymbol{s}})-2\rho\bar{\boldsymbol{s}}-\sum_{k=1}^{K}\sum_{k=1}^{2}\varrho\left(\boldsymbol{s}_{\bar{k},k}^{(i)}+\frac{\boldsymbol{\mu}_{\bar{k},k}^{(i-1)}}{\varrho}\right)- \\ \varrho\left(\boldsymbol{z}^{(i)}+\frac{\boldsymbol{\mu}_z^{(i-1)}}{\varrho}\right)-\varrho\left(\boldsymbol{h}^{(i)}+\frac{\boldsymbol{\mu}_h^{(i-1)}}{\varrho}\right)\end{aligned} \tag{4.77}$$

上述问题可通过 KKT 条件找到其最优解。具体而言，上述问题的 KKT 条件为

$$\begin{cases}\tilde{\gamma}(\Re\{\boldsymbol{u}(\bar{\boldsymbol{s}})^{\mathrm{H}}\boldsymbol{s}\}+u(\bar{\boldsymbol{s}}))=0 \\ \tilde{\gamma}\geqslant 0 \\ \Re\{\boldsymbol{u}(\bar{\boldsymbol{s}})^{\mathrm{H}}\boldsymbol{s}\}+u(\bar{\boldsymbol{s}})\leqslant 0 \\ 2\bar{\boldsymbol{B}}\boldsymbol{s}+\boldsymbol{c}^{(i)}+\tilde{\gamma}u(\bar{\boldsymbol{s}})=0\end{cases} \tag{4.78}$$

下面分两种情况讨论上述问题的最优解，首先假定 $\tilde{\gamma}=0$，则 $\boldsymbol{s}^{(i)}=-\bar{\boldsymbol{B}}^{-1}\boldsymbol{c}^{(i)}/2$，则将 $\boldsymbol{s}^{(i)}$ 代入约束 $\Re\{\boldsymbol{u}(\bar{s})^{\mathrm{H}}\boldsymbol{s}\}+u(\bar{s})\leqslant 0$，若满足约束，则最优解是 $-\bar{\boldsymbol{B}}^{-1}\boldsymbol{c}^{(i)}/2$，否则，继续 $\tilde{\gamma}>0$，则最优解 $\boldsymbol{s}^{(i)}=-\bar{\boldsymbol{B}}^{-1}(\tilde{\gamma}u(\bar{s})+\boldsymbol{c}^{(i)})/2$，基于 KKT 条件，则可得

$$\Re\{\boldsymbol{u}(\bar{s})^{\mathrm{H}}\boldsymbol{s}^{(i)}\}+u(\bar{s})=0 \tag{4.79}$$

因此，可推得

$$\tilde{\gamma}=\frac{2u(\bar{s})-\Re\{\boldsymbol{u}(\bar{s})^{\mathrm{H}}\bar{\boldsymbol{B}}^{-1}\boldsymbol{c}^{(i)}\}}{\boldsymbol{u}(\bar{s})^{\mathrm{H}}\bar{\boldsymbol{B}}^{-1}u(\bar{s})} \tag{4.80}$$

将 $\tilde{\gamma}$ 代入 $-\bar{\boldsymbol{B}}^{-1}(\gamma u(\bar{s})+\boldsymbol{c}^{(i)})/2$，得到上述问题的最优解。

观察 SCA 算法可知，需找到问题 $\mathcal{P}_2$ 的一个初始可行点以启动 SCA 算法，即

$$\begin{cases}\text{find} & \boldsymbol{s}\\ \text{s.t.} & \boldsymbol{s}^{\mathrm{H}}\boldsymbol{R}\boldsymbol{s}-\eta\leqslant 0\\ & 0.5\boldsymbol{s}^{\mathrm{H}}\boldsymbol{A}(\theta_k)\boldsymbol{s}-\boldsymbol{s}^{\mathrm{H}}\boldsymbol{A}(\theta_{\bar{k},k})\boldsymbol{s}\leqslant 0,\ \ \forall k,\ \bar{k}\\ & |\boldsymbol{s}(n)|^2\leqslant\gamma/MN_{\mathrm{T}},\ \forall n\\ & 1-\boldsymbol{s}^{\mathrm{H}}\boldsymbol{s}\leqslant 0\end{cases} \tag{4.81}$$

类似地，SCA 算法可求解上述问题，即每次迭代都需要求解

$$\begin{cases}\min\limits_{\boldsymbol{s},a,\{b_{\bar{k},k}\}} & \varpi\left(a+\sum\limits_{k=1}^{K}\sum\limits_{\bar{k}=1}^{2}b_{\bar{k},k}\right)\\ \text{s.t.} & \boldsymbol{s}^{\mathrm{H}}\boldsymbol{R}\boldsymbol{s}-\eta\leqslant 0\\ & 0.5\boldsymbol{s}^{\mathrm{H}}\boldsymbol{A}(\theta_k)\boldsymbol{s}+\Re\{\boldsymbol{v}_{\bar{k},k}(\bar{s})^{\mathrm{H}}\boldsymbol{s}\}+v_{\bar{k},k}(\bar{s})\\ & -b_{\bar{k},k}\leqslant 0,\forall k,\bar{k}\\ & b_{\bar{k},k}\geqslant 0,\forall k,\bar{k}\\ & |\boldsymbol{s}(n)|^2-\gamma/MN_{\mathrm{T}}\leqslant 0,\forall n\\ & \Re\{\boldsymbol{u}(\bar{s})^{\mathrm{H}}\boldsymbol{s}\}+u(\bar{s})-a\leqslant 0,a\geqslant 0\end{cases} \tag{4.82}$$

其中，$a,\{b_{\bar{k},k}\}$ 为松弛变量，ϖ 是一个足够大的正数，其作用是用来惩罚 $a,\{b_{\bar{k},k}\}$ 趋向 0。因此，针对每次迭代需要判断目标函数是否为 0，若满足，则停止迭代；否则，继续增加迭代次数，继续求解上述凸问题，直到收敛。这里不再赘述。

最后需要指出的是，由于 $\mathcal{P}_{(l)}$ 为凸问题，因此，针对 $\varrho>0$，ADMM 算法能够保证 $\mathcal{P}_{(l)}$ 收敛到全局最优点[29]。为了加速 ADMM 算法求解 $\mathcal{P}_{(l)}$，可使用 $\mathcal{P}_{(l-1)}$ 得到的 $\boldsymbol{s}_{(l-1)}$ 与最优的拉格朗日乘子作为当前 ADMM 算法求解 $\mathcal{P}_{(l)}$ 的初始解。

4.2.2.2　计算复杂度分析

基于 SCA 算法流程可知，每步迭代的计算量主要与求解凸问题 $\mathcal{P}_{(l)}$ 有关，因此需调用快速 ADMM 算法求解 $\mathcal{P}_{(l)}$，其每次迭代的主要计算量与更新 $\boldsymbol{h}$、$\{\boldsymbol{s}_{\bar{k},k}\}$、$\boldsymbol{z}$、$\boldsymbol{s}$ 有关。具体而言，更新 $\boldsymbol{h}$、$\{\boldsymbol{s}_{\bar{k},k}\}$、$\boldsymbol{s}$ 分别需求解 $\boldsymbol{R}$、$\boldsymbol{A}(\theta_k)$、$\bar{\boldsymbol{B}}$ 的逆矩阵。由于 $\boldsymbol{R}$、$\boldsymbol{A}(\theta_k)$、$\bar{\boldsymbol{B}}$ 并不随着迭代次数变化，它们的逆矩阵可以在 SCA 算法启

动之前求解出来。因此，快速 ADMM 的每次迭代计算复杂度为$\mathcal{O}((N_{\mathrm{T}}M)^2)$。SCA 算法每次迭代的计算复杂度为$\mathcal{O}(I(N_{\mathrm{T}}M)^2)$，其中，$I$ 表示在 SCA 算法的每次迭代中 ADMM 算法总的迭代次数。为便于后续描述，这里将其求解$\mathcal{P}_2$的算法过程命名为 SADMM 算法。最后需要说明的是，在 SCA 算法框架下，也可采用序列内点法（Sequential Interior Point Method，SIPM）算法求解$\mathcal{P}_2$，其中每步迭代采用 IPM 算法[30]求解凸问题求解$\mathcal{P}_{(l)}$，其计算复杂度为$\mathcal{O}((N_{\mathrm{T}}M)^3)$。对比可知，本节所提 SADMM 算法的计算复杂度降低了 1 个数量级。

4.2.2.3　收敛性分析

本节主要讨论 SCA 算法的收敛性。

定理 4.1　（1）$\mathcal{P}_{(l)}$ 的目标函数值序列 $\{t_{(l)}\}_{l=1}^{\infty}$ 是单调递增序列；

（2）序列 $\{t_{(l)}\}_{l=1}^{\infty}$ 收敛至有限值；

（3）随着 $l\to\infty$，假定 $(\boldsymbol{s}_{(l)},t_{(l)})$ 的极限点 $(\boldsymbol{s}_{(*)},t_{(*)})$ 是 $\mathcal{P}_2$ 的一个正则点，则极限点 $(\boldsymbol{s}_{(*)},t_{(*)})$ 满足 $\mathcal{P}_2$ 的一阶 KKT 最优性条件。

相关证明可参照文献[31]，这里不再赘述。

4.2.3　性能分析

本节通过数值仿真验证所提算法的有效性。考虑一个 MIMO 雷达系统发射天线 $N_{\mathrm{T}}=10$，每个天线发射波形码片数 $M=32$。设定发射波束主瓣中心角度 $\theta_1=0°$，3dB 主瓣宽度最小与最大方位角分别为 $\theta_{1,1}=-8°$，$\theta_{1,2}=8°$，发射波束旁瓣区域 $\Theta_{\mathrm{s}}=[-90°,-10°]\cup[10°,90°]$。通信系统占用的归一化频带范围为 $\Omega_1=(0.1,0.2)$，$\Omega_2=(0.4,0.45)$，$\Omega_3=(0.7,0.85)$。

图 4.11 给出了 $\eta=10^{-4}$ 时，不同 γ 条件下 ISL 随迭代次数的变化结果。观察可知，ISL 随着迭代次数的增加而逐渐减少至收敛，数值验证了 SADMM 算法的收敛性。另外，ISL 也随着 γ 的增加而减小，这是由问题式（4.47）的可行域增大而导致。

图 4.12 给出了不同 γ 条件下的归一化发射波束方向图。从图中可知，不同 γ 值条件下方向图均满足 3dB 主瓣宽度约束要求，方向图能量均集中于 3dB 主瓣宽度内。此外，可明显观察到 γ 越大，其优化的方向图的旁瓣电平越低，与图 4.11 的结果相符合。

图 4.13 展示了不同 γ 条件下第二个发射天线的每个采样波形功率。可以看出，SADMM 算法获得的波形均满足相应的 PAR 约束要求。例如，针对 $\gamma=1.1$，每个采样波形的 PAR 上限值为 $1.1/N_{\mathrm{T}}M=1.1/320\approx0.003438$。如图 4.13（a）所示，显然每个采样波形的功率均满足 PAR 约束要求。尽管 γ 越大，方向图性能越好，但其采样波形的功率动态范围变大，使得雷达的非线性放大器工作在线性区，导

致雷达发射机不能工作在最大效率状态，致使雷达的探测威力减弱。在实际工程中，应折中考虑方向图性能与雷达探测威力。

图 4.14 展示了$\gamma=1.1$时不同η 条件下的 ISL 随迭代次数的变化结果。曲线表明，η 值越大，优化问题式（4.47）的可行域增加，ISL 越低。SADMM 算法仍然保证了 ISL 单调递减至收敛。图 4.15 给出了$\gamma=1.1$时不同η 条件下的归一化发射波束方向图，可知η 值越大，方向图的旁瓣电平越低，方向图性能越好。此外，不同η 值下，其主瓣始终满足 3dB 约束要求。

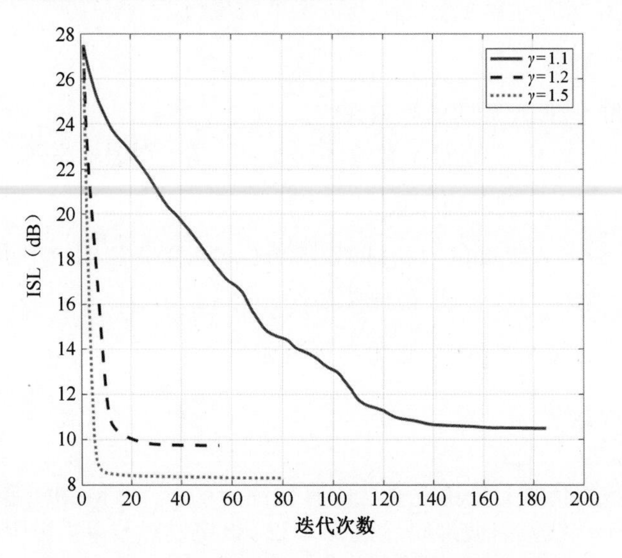

图 4.11　不同γ 条件下 ISL 随迭代次数的变化结果

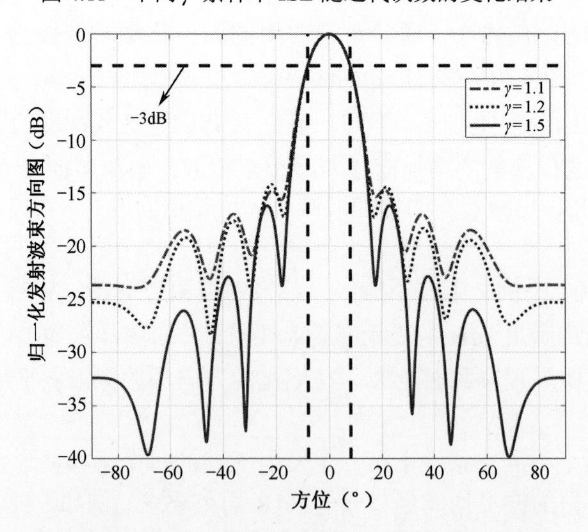

图 4.12　不同γ 条件下的归一化发射波束方向图

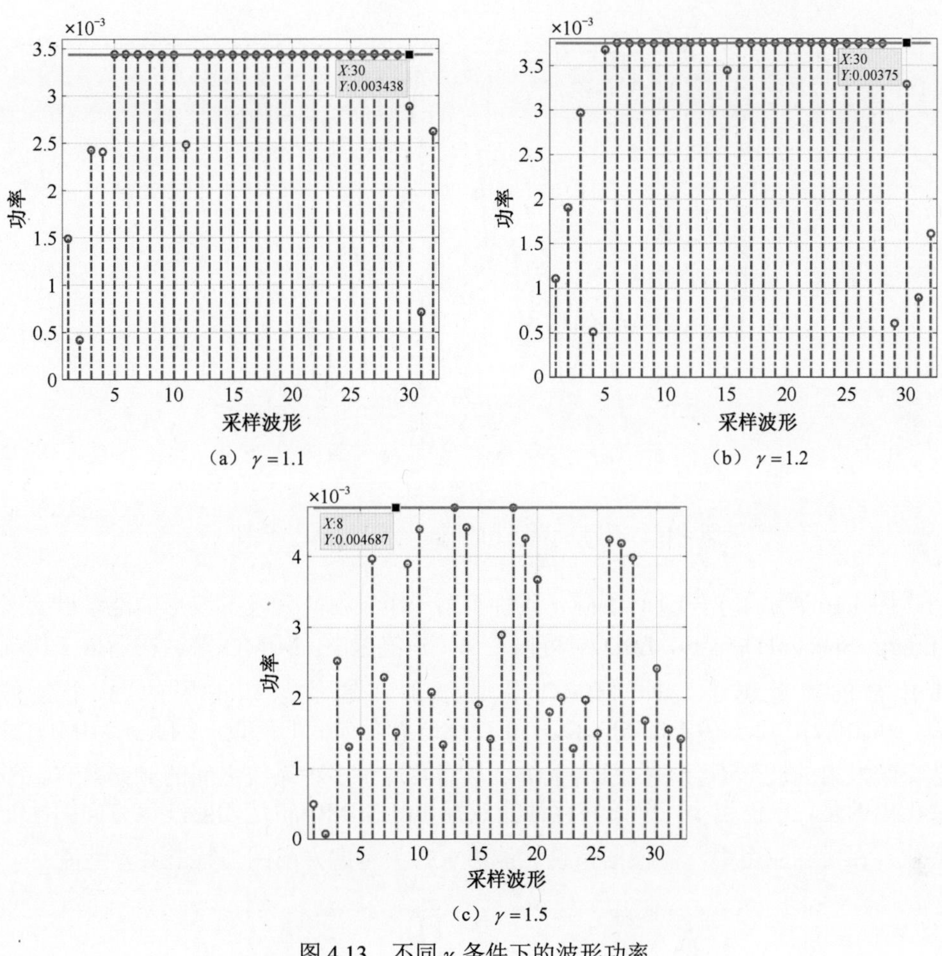

（a）$\gamma=1.1$　　（b）$\gamma=1.2$

（c）$\gamma=1.5$

图 4.13　不同 γ 条件下的波形功率

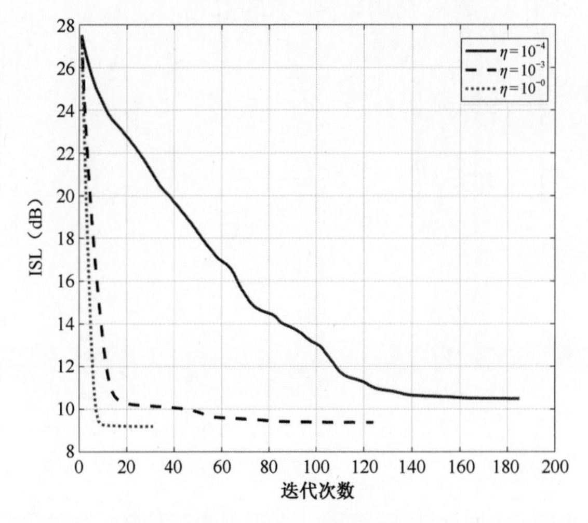

图 4.14　不同 η 条件下的 ISL 随迭代次数的变化结果

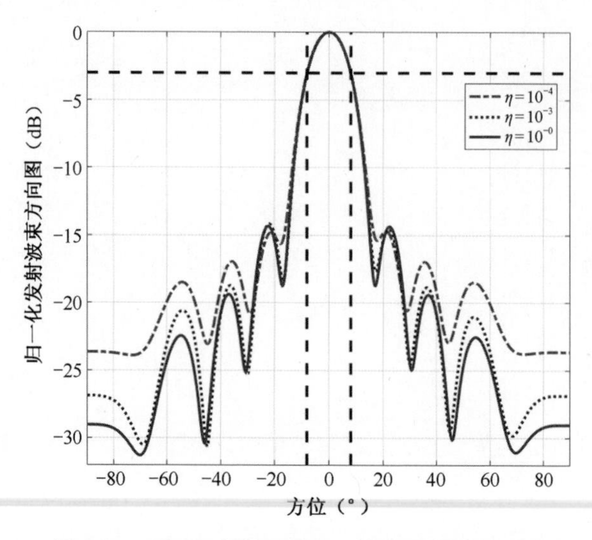

图 4.15　不同η条件下的归一化发射波束方向图

图 4.16 展示了$\gamma=1.1$时不同η条件下第一个发射阵元发射波形的能量谱密度（Energy Spectral Density，ESD）。可以看出，η值越小，MIMO 雷达在通信工作频带传播的能量越小，即 MIMO 雷达波形在通信系统占用的 3 个频带$\Omega_1=(0.1,0.2)$，$\Omega_2=(0.4,0.45)$，$\Omega_3=(0.7,0.85)$具有很低的能量。因此，MIMO 雷达系统发射的波形不会干扰通信系统，从而实现了多种系统之间的频谱兼容。需要指出的是，η值越小，频谱共存性能越好，但 MIMO 雷达发射波束方向图性能恶化。在实际应用中，需根据系统性能需求折中考虑方向图与频谱共存性能。

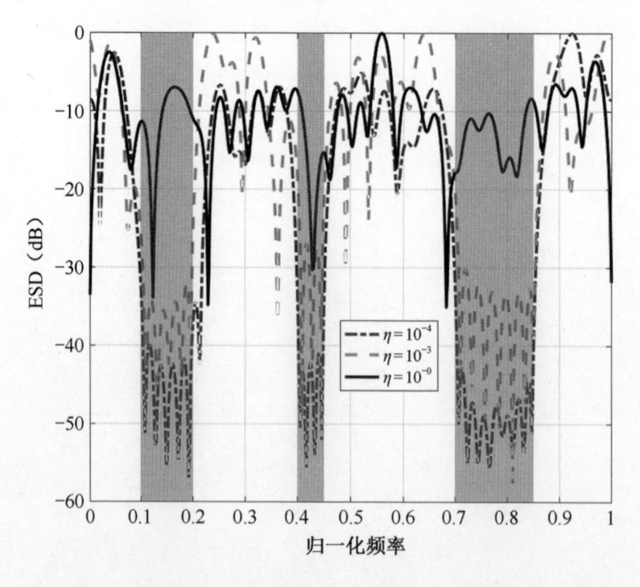

图 4.16　不同η条件下的第一个发射阵元发射波形的 ESD

图 4.17 给出了 $\gamma = 1.2$，$\eta = 10^{-3}$ 时，不同发射天线个数 N_T 条件下的归一化发射波束方向图。观察可知，所提算法对不同天线个数均能实现好的方向图。

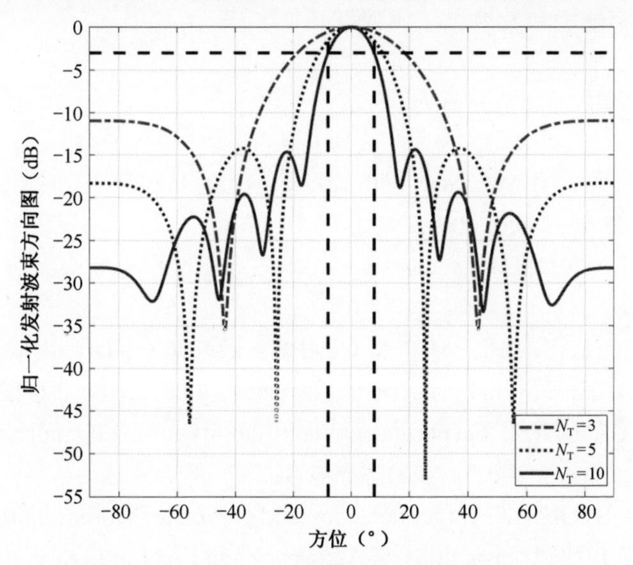

图 4.17　不同 N_T 条件下的归一化发射波束方向图

4.3　本章小结

本章首先通过最小化发射波束 ISL 准则得到发射最优波形协方差矩阵，然后构建了恒模与相似性约束下最小化波形协方差矩阵均方估计误差的问题，进一步提出了一种基于 CD 的 MIMO 雷达波形优化算法。该算法通过序列优化波形矢量中一个码元将原问题分解成多个存在闭式解的一维问题。理论分析表明，相比 CA 算法，所提算法具有低的计算复杂度，同时能够保证波形协方差矩阵均方估计误差单调递减至收敛。仿真分析表明，在考虑相似性约束时，CD 算法较 CA 算法收敛速度快，协方差矩阵估计误差小，方向图性能好。此外，随着相似性参数的变小，优化的波形与参考波形具备越相似的模糊函数特性，但方向图的性能变差。因此，可调节相似性参数需兼顾方向图与模糊函数性能。仿真分析还表明，当考虑恒模约束下的不同波形码字和发射天线个数时，CD 算法的方向图仍然优于 CA 算法。

本章首先以发射波束方向图的 ISL 准则，建立了基于 3dB 主瓣波束宽度、频谱、PAR 和能量约束下的 MIMO 雷达波形设计问题。然后提出了一种基于 SADMM 的波形优化算法，该算法通过利用一系列凸问题逼近原问题。在 SADMM 算法的每一次迭代中，提出了基于快速的 ADMM 优化算法对凸问题进行求解。理论分析表明，SADMM 算法具有低的计算复杂度，同时能够保证发射波束方向图的 ISL 单调递减至收敛，且收敛的解满足一阶最优性条件。仿真结果表明，所提算法确保了 MIMO 雷达系统与其他电子系统频谱共存。另外，频谱共存能力越好，方向图性能越差，PAR 值越高，方向图性能越好。在实际应用中，应折中考虑方向图性能、频谱共存能力和发射机工作效率。

本章参考文献

[1] LI J, STOICA P. MIMO radar with colocated antennas[J]. IEEE Signal Processing Magazine, 2007, 24(5): 106-114.

[2] LI J, STOICA P. MIMO radar signal processing[M]. New Jersey: John Wiley & Sons, 2009.

[3] HAIMOVICH A M, BLUM R S, CIMINI L. MIMO radarwith widely separated antennas[J]. IEEE Signal Processing Magazine, 2008, 25(1): 116-129.

[4] LI J, STOICA P, XU L. On parameter identifiability of MIMO radar[J]. IEEE Signal Processing Letters, 2007, 14(12): 968-971.

[5] XU L, LI J, STOICA P. Target detection and parameter estimation for MIMO radar Systems[J]. IEEE Transactions on Aerospace and Electronic Systems, 2008, 44(3): 927-939.

[6] FUHRMANN D R, ANTONIO G S. Transmit beamforming for MIMO radar systems using partial signal correlation[C]. Conference Record of the Thirty-Eighth Asilomar Conference on Signals, Systems and Computers, 2004, Pacific Grove, CA, USA, 2004: 295-299.

[7] AITTOMAKI T, KOIVUNEN V. Signal covariance matrix optimization for transmit beamforming in MIMO radars[C]. 2007 Conference Record of the Forty-First Asilomar Conference on Signals, Systems and Computers, Pacific Grove, CA, USA, 2007: 182-186.

[8] LI J, STOICA P, XIE Y. On probing signal design for MIMO radar[J]. IEEE Transactions on Signal Processing, 2007, 55(8): 4151-4161.

[9] CHENG Z, HE Z, ZHANG S, et al. Constant modulus waveform design for MIMO radar transmit beampattern[J]. IEEE Transactions on Signal Processing, 2017, 65(18): 4912-4923.

[10] ZHAO Z, PALOMAR D P. MIMO transmit beampattern matching under waveform constraints[C]. 2018 IEEE International Conference on Acoustics, Speech and Signal Processing, Calgary, Canada, 2018: 3281-3285.

[11] CHENG Z, HAN C, LIAO B, et al. Communication-aware waveform design for MIMO radar with good transmit beampattern[J]. IEEE Transactions on Signal Processing, 2018, 66(21): 5549-5562.

[12] LI J, GUERCI J R, XU L. Signal waveforms optimal-under restriction design for

active sensing[J]. IEEE Signal Processing Letters, 2006, 13(9): 565-568.

[13] 崔国龙, 余显祥, 杨婧, 等. 认知雷达波形优化设计方法综述[J]. 雷达学报, 2019, 8(5): 537-557.

[14] AUBRY A, MAIO A D, HUANG Y. MIMO radar beampattern design via PSL/ISL optimization[J]. IEEE Transactions on Signal Processing, 2016, 64(15): 3955-3967.

[15] GRANT M, BOYD S. CVX: MATLAB software for disciplined convex programming [EB/OL]. http: //cvxr.com/cvx, 2008.

[16] MAIO A D, NICOLA S D, HUANG Y, et al. Design of phase codes for radar performance optimization with a similarity constraint[J]. IEEE Transactions on Signal Processing. 2009, 57(2): 610-621.

[17] AUBRY A, MAIO A D, PIEZZO M. Cognitive design of the receive filter and transmitted phase code in reverberating environment[J]. IET Radar, Sonar & Navigation, 2012, 6(9): 822-833.

[18] YU X, CUI G, GE P, et al. Constrained radar waveform design algorithm for spectral coexistence[J]. Electronic Letters, 2017, 53(8): 558-560.

[19] CUI G, YU X, FOGLIA G, et al. Quadratic optimization with similarity constraint for unimodular sequence synthesis[J]. IEEE Transactions on Signal Processing, 2017, 65(18): 4756-4769.

[20] LUO Z, MA W, SOA M, et al. Semidef-inite relaxation of quadratic optimization problems[J]. IEEE Signal Processing Magazine, 2010, 27(3): 20-34.

[21] STOICA P, LI J, ZHU X. Waveform synthesis for diversity-based transmit beampattern design[J]. IEEE Transactions on Signal Processing, 2008, 56(6): 2593-2598.

[22] CHEN B, HE S, LI Z, et al. Maximum block improvement and polynomial optimization[J]. SIAM Journal on Optimization, 2012, 22(11): 87-107.

[23] AUBRY A, MAIO A D, JIANG B, et al. Ambiguity function shaping for cognitive radar via complex quartic optimization[J]. IEEE Transactions on Signal Processing, 2013, 61(22): 5603-5619.

[24] 李玉翔. 知识辅助的 MIMO 雷达波形设计技术研究[D]. 郑州: 解放军信息工程大学, 2017.

[25] 卢术平. 基于知识的雷达目标检测与波形设计算法研究[D]. 成都: 电子科技大学, 2018.

[26] AUBRY A, MAIO A D, PIEZZO M, et al. Radar waveform design in a spectrally crowded environment via nonconvex quadratic optimization[J]. IEEE Transactions on Aerospace and Electronic Systems, 2014, 50(2): 1138-1152.

[27] HE H, LI J, STOICA P. Waveform design for active sensing systems: a computational approach[M]. Cambridge: Cambridge University Press, 2012.

[28] AUBRY A, MAIO A D, HUANG Y, et al. A new radar waveform design algorithm with improved feasibility for spectral coexistence[J]. IEEE Transactions on Aerospace and Electronic Systems, 2015, 52(2): 1029-1038.

[29] BOYD S, PARIKH N, CHU E, et al. Distributed optimization and statistical learning via the alternating direction method of multipliers[J]. Foundations and Trends in Machine Learning, 2011, 3(1): 1-122.

[30] BOYD S, VANDENBERGHE L. Convex optimization[M]. Cambridge: Cambridge University Press, 2004.

[31] RAZAVIYAYN M, HONG M, LUO Z. A unified convergence analysis of block successive minimization methods for nonsmooth optimization[J]. SIAM Journal on Optimization, 2013, 23(2): 1126-1153.

第 5 章

MIMO 雷达宽带发射波束赋形

- 基于波形恒模约束的宽带 MIMO 雷达发射波束赋形
- 基于波形变模约束的宽带 MIMO 雷达发射波束赋形

相比窄带雷达，宽带雷达具有更高的距离分辨率，能够获取更精细的目标信息，有更加可靠的目标检测、跟踪性能及更好的抗干扰能力[1-2]。因此，宽带 MIMO 雷达波形具有高分辨等优点，有利于在接收端对目标参数进行精确估计与分析[3-6]。相比于窄带 MIMO 雷达方向图，宽带 MIMO 雷达方向图不仅是方位的函数，也是频率的函数，更易面临同频电磁冲突。本章利用电磁频谱的先验信息，研究基于恒模约束的宽带 MIMO 雷达发射波束赋形方法，旨在设计一个可预期的 MIMO 雷达宽带方向图，同时，雷达系统还具备频谱共存能力[7-8]。在此基础上，为了提升波形设计自由度以实现更好的方向图与频谱共存性能，进一步研究了波形变模约束条件下的宽带 MIMO 雷达发射波束赋形方法。

5.1　基于波形恒模约束的宽带 MIMO 雷达发射波束赋形

本节针对宽带 MIMO 雷达更易面临同频电磁冲突的问题，首先通过最小化方向图模板匹配误差与空-频阻带能量，提出基于恒模约束下的宽带 MIMO 雷达发射波束赋形问题；然后提出基于 NIOA 的宽带 MIMO 雷达波形设计算法，且为降低尺度因子对方向图性能造成的影响，提出一种方向图模板尺度因子自适应更新方法；最后通过数值仿真验证所提算法的有效性。

5.1.1　恒模约束下的宽带 MIMO 雷达发射波束优化建模

考虑一个宽带 MIMO 雷达有 N_{T} 个发射天线，以阵元间距 d 进行均匀线阵分布。假定第 n 个天线发射的波形记为 $s_n(t)\mathrm{e}^{\mathrm{j}2\pi f_c t}, n=1,2,3,\cdots,N_{\mathrm{T}}$，其中 f_{c} 是载频，$s_n(t)$ 为基带信号，带宽大小为 B（单位为 Hz），如图 5.1 所示。

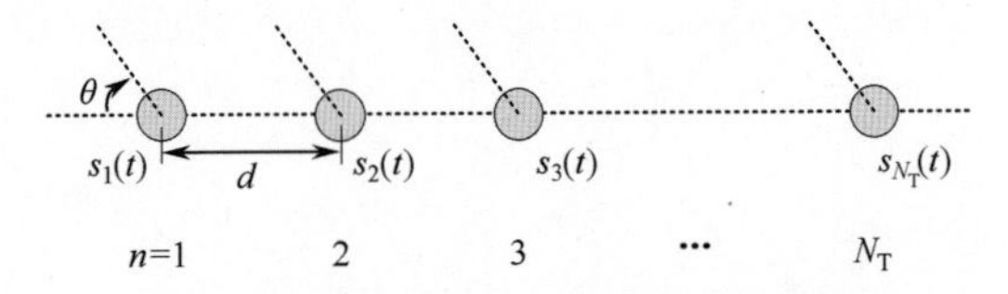

图 5.1　宽带 MIMO 雷达发射阵列示意图

则位于远场方位 θ 处的信号可记为[6,9]

$$x_\theta(t)=\sum_{n=1}^{N} s_n\left(t-\frac{(n-1)d\cos\theta}{c}\right)\mathrm{e}^{\mathrm{j}2\pi f_{\mathrm{c}}\left(t-\frac{(n-1)d\cos\theta}{c}\right)} \tag{5.1}$$

其中，c 表示光速。

为便于分析与信号处理，通常考虑对数据进行离散化。首先，利用 $T_{\mathrm{s}}=1/B$ 的采样周期对信号 $s_n(t)$ 进行离散化，并将其写成向量形式 $\boldsymbol{s}_n$，即

$$\boldsymbol{s}_n(m)=s_n(mT_{\mathrm{s}}), m=1,2,3,\cdots,M, n=1,2,3,\cdots,N_{\mathrm{T}} \tag{5.2}$$

其中，M 表示发射波形采样数。

对感兴趣的空域[0°,180°]以方位间隔 $\Delta\theta$ 均匀分成 L 个网格点，第 l 个网格点

记为 $\theta_l=(l-1)\Delta\theta$。同理，对频率范围$[-B/2,B/2]$以频率间隔$\Delta f$均匀离散化为$M$个点，其中，第$k$个频率点记为$f_k=\bar{k}/MT_s$，$\bar{k}=-M/2+k-1$，$k=1,2,3,\cdots,M$。

为建立时域与频域的关系，令第n个天线发射波形$\{\boldsymbol{s}_n(m)\}_{m=1}^{M}$的离散傅里叶变换（Discrete Fourier Transform，DFT）为

$$\boldsymbol{y}_n(k)=\frac{1}{\sqrt{M}}\sum_{m=1}^{M}\boldsymbol{s}_n(m)\mathrm{e}^{-\mathrm{j}2\pi\frac{m-1}{M}\bar{k}} \tag{5.3}$$

其中，$\bar{k}=-M/2+k-1$，$k=1,2,3,\cdots,M$。记在空间方位θ_l，频率f_k+f_c处的归一化导向矢量为

$$\boldsymbol{a}_{\theta_l,f_k}=\frac{1}{\sqrt{N_\mathrm{T}}}[1,\mathrm{e}^{\mathrm{j}2\pi f_\mathrm{c}(1+f_k/f_\mathrm{c})d\cos\theta_l/c},\cdots,\mathrm{e}^{\mathrm{j}2\pi f_\mathrm{c}(1+f_k/f_\mathrm{c})(N-1)d\cos\theta_l/c}]^\mathrm{T} \tag{5.4}$$

令$\boldsymbol{y}^{(k)}=[\boldsymbol{y}_1(k),\boldsymbol{y}_2(k),\boldsymbol{y}_3(k),\cdots,\boldsymbol{y}_{N_\mathrm{T}}(k)]^\mathrm{T}$表示在离散频率$f_k$处$N_\mathrm{T}$个发射天线发射的频域信号形式。基于式（5.1），MIMO 雷达在远场方位θ_l，频率f_k+f_c处的频域信号形式可表示为[6]

$$x=\boldsymbol{a}_{\theta_l,f_k}^\mathrm{H}\boldsymbol{y}^{(k)} \tag{5.5}$$

进一步地，定义宽带 MIMO 雷达离散的空-频方向图如下[10-11]：

$$P_{\theta_l,f_k}=|\boldsymbol{a}_{\theta_l,f_k}^\mathrm{H}\boldsymbol{y}^{(k)}|^2 \tag{5.6}$$

由式（5.4）可知，f_k/f_c的值较大，使得导向矢量是方位与频率的函数，因此宽带 MIMO 雷达方向图不仅与θ_l相关，还与频率f_k相关。若f_k/f_c非常小，式（5.4）将退化成窄带 MIMO 雷达的发射导向矢量。利用 DFT 建立$\boldsymbol{y}^{(k)}$与发射波形的关系

$$\boldsymbol{y}^{(k)}=\boldsymbol{H}_k\boldsymbol{s} \tag{5.7}$$

其中，

$$\boldsymbol{s}=\mathrm{vec}([\boldsymbol{s}_1,\boldsymbol{s}_2,\boldsymbol{s}_3,\cdots,\boldsymbol{s}_{N_\mathrm{T}}]^\mathrm{T}) \tag{5.8}$$

$$\boldsymbol{H}_k=\boldsymbol{a}_k^\mathrm{T}\otimes\boldsymbol{I}_{N_\mathrm{T}} \tag{5.9}$$

$$\boldsymbol{a}_k=\frac{1}{\sqrt{M}}[1,\mathrm{e}^{-\mathrm{j}2\pi\frac{\bar{k}}{M}},\mathrm{e}^{-\mathrm{j}2\pi\frac{\bar{k}\cdot2}{M}},\mathrm{e}^{-\mathrm{j}2\pi\frac{\bar{k}\cdot3}{M}},\cdots,\mathrm{e}^{-\mathrm{j}2\pi\frac{\bar{k}(M-1)}{M}}]^\mathrm{T} \tag{5.10}$$

由式（5.6）和式（5.7）可知，宽带 MIMO 雷达方向图同样依赖于发射波形$\boldsymbol{s}$，因此可通过一定的优化准则，使得发射波束方向图逼近于期望的方向图。因此，令$d_{l,k}^0$表示在空频单元(θ_l,f_k)期望的方向图，利用方向图模板的均方匹配误差刻画逼近程度，

$$\sum_{l=1}^{L}\sum_{k=1}^{K}[d_{l,k}^0-|\boldsymbol{a}_{\theta_l,f_k}^\mathrm{H}\boldsymbol{H}_k\boldsymbol{s}|]^2 \tag{5.11}$$

上述误差越小，表明方向图性能越好。

由于大量电子设备的使用使得无线应用频段越来越拥挤，宽带 MIMO 雷达工作在宽频带更易受到同频信号的干扰。例如，在某个感兴趣空-频区域上存在同频

干扰或强杂波散射体，为实现与该区域内的电子系统频谱共存或减少该区域内的强干扰能量返回，要求 MIMO 雷达在该区域辐射的能量尽可能小。因此，在认知空-频阻带条件下[12-13]，考虑最小化方向图模板匹配误差，以及空-频阻带能量加权和作为目标函数，即

$$f(\boldsymbol{s})=(1-\gamma)\sum_{(\theta_l,f_k)\in\Theta_1}[d_{l,k}^0-|\boldsymbol{a}_{\theta_l,f_k}^{\mathrm{H}}\boldsymbol{H}_k\boldsymbol{s}|]^2+\gamma\sum_{(\theta_p,f_q)\in\Theta_2}|\boldsymbol{a}_{\theta_p,f_q}^{\mathrm{H}}\boldsymbol{H}_q\boldsymbol{s}|^2 \tag{5.12}$$

其中，$\gamma\in[0,1]$ 表示加权系数，兼顾方向图逼近误差与空-频阻带能量。$f(\boldsymbol{s})$ 中的第一项表示在 Θ_1 集合中空-频单元 (θ_l,f_k) 的方向图匹配误差总和，第二项表示在 Θ_2 集合中空-频单元 (θ_p,f_q) 方向图能量。因此，最小化 $f(\boldsymbol{s})$ 意味着在能够获得一个较好的方向图的同时，也能保证具备较好的频谱共存与抗同频干扰能力，如图 5.2 所示。

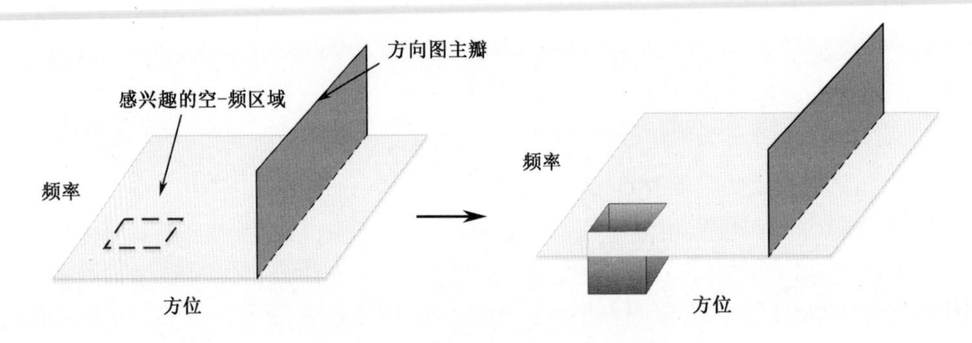

图 5.2　宽带 MIMO 雷达方向图模板

为了让雷达非线性放大器工作处于饱和状态，通常使设计的波形具备恒模特性[14-16]，即 $|\boldsymbol{s}(m)|=\chi, m=1,2,3,\cdots,N_{\mathrm{T}}M$，其中，$\chi$ 为波形幅度。最后基于恒模约束的宽带 MIMO 雷达波束赋形优化问题可建模为

$$\mathcal{P}_1\begin{cases}\min\limits_{\boldsymbol{s}} & f(\boldsymbol{s})\\ \text{s.t.} & \boldsymbol{s}\in\Omega_s\end{cases} \tag{5.13}$$

其中，$\Omega_s=\{\boldsymbol{s}\,||\,\boldsymbol{s}(m)|=\chi, m=1,2,3,\cdots,N_{\mathrm{T}}M\}$。由于恒模约束为一个 NP-hard 约束，因此上述问题是一个 NP-hard 问题[17]。接下来提出一种基于 NIOA 的波形设计算法求解该问题。

5.1.2　基于 NIOA 的宽带 MIMO 雷达波形设计算法

NIOA 算法的思路是通过利用交替最小化方法将原问题 $\mathcal{P}_1$ 转换为两个易于求解的子问题。其中一个子问题经过推导存在闭式解，对另一个子问题提出基于迭代优化算法（Iterative Optimization Algorithm，IOA）进行求解。IOA 保证了该子问题的目标函数值单调递减至收敛，相应的解满足一阶最优性条件。

5.1.2.1　算法描述

通过引入辅助变量 $\{\phi_{l,k}\}$，目标函数 $f(\boldsymbol{s})$ 可等价为

$$f_0(\boldsymbol{s},\{\phi_{l,k}\})=(1-\gamma)\sum_{(\theta_l,f_k)\in\Theta_1}|d_{l,k}^0\mathrm{e}^{\mathrm{j}\phi_{l,k}}-\boldsymbol{a}_{\theta_l,f_k}^{\mathrm{H}}\boldsymbol{H}_k\boldsymbol{s}|^2+\gamma\sum_{(\theta_p,f_q)\in\Theta_2}|\boldsymbol{a}_{\theta_p,f_q}^{\mathrm{H}}\boldsymbol{H}_q\boldsymbol{s}|^2 \quad (5.14)$$

观察式（5.14）可知，变量 $\boldsymbol{s}$ 与 $\{\phi_{l,k}\}$ 在约束条件中相互独立。因此，可通过交替迭代 $\boldsymbol{s}$ 与 $\{\phi_{l,k}\}$ 最小化 $f_0(\boldsymbol{s},\{\phi_{l,k}\})$。具体而言，假定 $\boldsymbol{s}^{(q-1)}$ 与 $\{\phi_{l,k}^{(q-1)}\}$ 分别表示 $\boldsymbol{s}$ 与 $\{\phi_{l,k}\}$ 在第 $q-1$ 次迭代的解，则固定 $\boldsymbol{s}^{(q-1)}$ 最小化 $f_0(\boldsymbol{s}^{(q-1)},\{\phi_{l,k}\})$，可求得 $\{\phi_{l,k}^{(q-1)}\}$，即

$$\min_{\{\phi_{l,k}\}}\ f_0(\boldsymbol{s}^{(q-1)},\{\phi_{l,k}\}) \quad (5.15)$$

上述问题的最优解为

$$\phi_{l,k}^{(q-1)}=\arg\{\boldsymbol{a}_{\theta_l,f_k}^{\mathrm{H}}\boldsymbol{H}_k\boldsymbol{s}^{(q-1)}\} \quad (5.16)$$

固定 $\{\phi_{l,k}^{(q-1)}\}$ 最小化 $f_0(\boldsymbol{s},\{\phi_{l,k}^{(q-1)}\})$，可得到 $\boldsymbol{s}^{(q)}$，即

$$\mathcal{P}^{(q)}\begin{cases}\min\limits_{\boldsymbol{s}} & f_0(\boldsymbol{s},\{\phi_{l,k}^{(q-1)}\})\\ \text{s.t.} & \boldsymbol{s}\in\Omega_{\boldsymbol{s}}\end{cases} \quad (5.17)$$

然后重复上述步骤直至收敛。

需要说明的是，由于 $\boldsymbol{s}$ 满足一定的约束条件，若期望方向图值 $d_{l,k}^0$ 设置得不合理，会极大地影响优化的方向图性能。下面提出一种方向图模板尺度因子自适应更新方法。具体而言，$d_{l,k}^0$ 会随着迭代次数变化而变化。在第 q 次迭代时，$d_{l,k}^0$ 更新为

$$d_{l,k}^0=d_{l,k}^{(q)} \quad (5.18)$$

其中，

$$d_{l,k}^{(q)}=\alpha^{(q-1)}d_{l,k}^{(q-1)},\forall(l,k)\in\Theta_1 \quad (5.19)$$

$$\alpha^{(q-1)}=\sum_{(\theta_m,f_n)\in\Theta}|\boldsymbol{a}_{\theta_m,f_n}^{\mathrm{H}}\boldsymbol{H}_n\boldsymbol{s}^{(q-1)}|/\sum_{(\theta_m,f_n)\in\Theta}d_{m,n}^{(q-1)} \quad (5.20)$$

其中，$\Theta=\Theta_1\cup\Theta_2$。针对第 0 次迭代，赋值 $d_{l,k}^{(0)}=d_{l,k}^0$。观察式（5.20）可知，当迭代算法收敛时，即随着 $q\to\infty$，$\boldsymbol{s}^{(q-1)}=\boldsymbol{s}^{(q)}$，易求得

$$\lim_{q\to\infty}\alpha^{(q)}=1 \quad (5.21)$$

即 $d_{l,k}^0$ 不再发生变化。

最后基于交替最小化算法求解 $\mathcal{P}_1$ 的流程总结如下。

算法 5.1 流程　基于交替最小化方法求解 $\mathcal{P}_1$

输入： $\boldsymbol{s}^{(q)},\{d_{l,k}^{(0)}\},(\theta_l,f_k)\in\Theta_1$；

输出： $\mathcal{P}_1$ 的次优解 $\boldsymbol{s}^{(*)}$。

（1）$q=0$；

（2）$q=q+1$；

（3）更新$\phi_{l,k}^{(q-1)}=\arg\{\boldsymbol{a}^{\mathrm{H}}(\theta_l,f_k)\boldsymbol{H}_k\boldsymbol{s}_{(q-1)}\},(\theta_l,f_k)\in\Theta_1$；

（4）计算$\alpha^{(q-1)}$与$d_{l,k}^{(q)},(\theta_l,f_k)\in\Theta_1$，令$d_{l,k}^{0}=d_{l,k}^{(q)}$；

（5）求解$\mathcal{P}^{(q)}$找到$\boldsymbol{s}^{(q)}$；

（6）若$\|\boldsymbol{s}^{(q)}-\boldsymbol{s}^{(q-1)}\|/\|\boldsymbol{s}^{(q)}\|\leqslant\tau_1$，则$\boldsymbol{s}^{(*)}=\boldsymbol{s}^{(q)}$并退出，否则返回步骤（2）。

下面讨论如何求解$\mathcal{P}^{(q)}$。$\mathcal{P}^{(q)}$中的目标函数$f_0(\boldsymbol{s},\{\phi_{l,k}^{(q-1)}\})$可进一步化简为

$$f_0(\boldsymbol{s},\{\phi_{l,k}^{(q-1)}\})=\boldsymbol{s}^{\mathrm{H}}\boldsymbol{R}\boldsymbol{s}+2\Re\{\boldsymbol{s}^{\mathrm{H}}\boldsymbol{r}^{(q)}\}+\overline{c}^{(q)} \tag{5.22}$$

其中，

$$\boldsymbol{R}=(1-\gamma)\sum_{(l,k)\in\Theta_1}\boldsymbol{H}_k^{\mathrm{H}}\boldsymbol{a}_{\theta_l,f_k}\boldsymbol{a}_{\theta_l,f_k}^{\mathrm{H}}\boldsymbol{H}_k+\gamma\sum_{(p,q)\in\Theta_2}\boldsymbol{H}_q^{\mathrm{H}}\boldsymbol{a}_{\theta_p,f_q}\boldsymbol{a}_{\theta_p,f_q}^{\mathrm{H}}\boldsymbol{H}_q \tag{5.23}$$

$$\boldsymbol{r}^{(q)}=-(1-\gamma)\sum_{(l,k)\in\Theta_1}d_{l,k}^{0}\mathrm{e}^{\mathrm{j}\phi_{l,k}^{(q-1)}}\boldsymbol{H}_k^{\mathrm{H}}\boldsymbol{a}_{\theta_l,f_k} \tag{5.24}$$

$$\overline{c}^{(q)}=(1-\gamma)\sum_{(l,k)\in\Theta_1}\left|d_{l,k}^{0}\right|^2 \tag{5.25}$$

忽略$f_0(\boldsymbol{s},\{\phi_{l,k}^{(q-1)}\})$中的常数项$\overline{c}^{(q)}$，$\mathcal{P}^{(q)}$可等价转换为

$$\min_{\boldsymbol{s}\in\Omega_s}\ \boldsymbol{s}^{\mathrm{H}}\boldsymbol{R}\boldsymbol{s}+2\Re\{\boldsymbol{s}^{\mathrm{H}}\boldsymbol{r}^{(q)}\} \tag{5.26}$$

上述问题的目标函数是凸函数，约束条件为恒模约束，因此上述问题仍然是一个NP-hard问题，下面根据IOA求解上述问题。具体而言，首先将其等价转换为

$$\max_{\boldsymbol{s}\in\Omega_s}\ \boldsymbol{s}^{\mathrm{H}}\boldsymbol{R}_0\boldsymbol{s}-2\Re\{\boldsymbol{s}^{\mathrm{H}}\boldsymbol{r}^{(q)}\} \tag{5.27}$$

其中，

$$\boldsymbol{R}_0=N_{\mathrm{T}}M\chi^2\lambda\boldsymbol{I}_{N_{\mathrm{T}}M}-\boldsymbol{R}\succeq 0 \tag{5.28}$$

$\lambda\geqslant\lambda_{\max}(\boldsymbol{R})$。基于矩阵理论的知识，可设置$\lambda$为

$$\lambda=\max\left\{\sum_{m=1}^{N_{\mathrm{T}}M}|\boldsymbol{R}(1,m)|,\sum_{m=1}^{N_{\mathrm{T}}M}|R(2,m)|,\sum_{m=1}^{N_{\mathrm{T}}M}|R(3,m)|,\cdots,\sum_{m=1}^{N_{\mathrm{T}}M}|\boldsymbol{R}(N_{\mathrm{T}}M,m)|\right\} \tag{5.29}$$

令式（5.27）中目标函数为$g(\boldsymbol{s})=\boldsymbol{s}^{\mathrm{H}}\boldsymbol{R}_0\boldsymbol{s}-2\Re\{\boldsymbol{s}^{\mathrm{H}}\boldsymbol{r}^{(q)}\}$。由于$g(\boldsymbol{s})$为凸函数，此问题式（5.27）是一个最大化凸目标函数。因此，可通过序列迭代算法最大化$g(\boldsymbol{s})$的下限函数来单调提高目标函数值$g(\boldsymbol{s})$[18]。具体来讲，假定在第l次的迭代解是$\boldsymbol{s}_{(l)}$，则第$l+1$次迭代需要求解：

$$\max_{\boldsymbol{s}\in\Omega_s}\ g(\boldsymbol{s}_{(l)})+\Re\{\nabla^{\mathrm{H}}g(\boldsymbol{s})|_{\boldsymbol{s}=\boldsymbol{s}_{(l)}}(\boldsymbol{s}-\boldsymbol{s}_{(l)})\} \tag{5.30}$$

需要说明的是，上述目标函数为$g(\boldsymbol{s})$在$\boldsymbol{s}=\boldsymbol{s}_{(l)}$处的一阶泰勒函数。

通过化简，上述问题等价为

$$\min_{s\in\Omega_s} -2\Re\{\bar{s}_{(l)}^{\mathrm{H}}s\} \tag{5.31}$$

其中，

$$\bar{s}_{(l)} = R_0 s_{(l)} - r^{(q)} \tag{5.32}$$

利用 $s^{\mathrm{H}}s = N_{\mathrm{T}}M\chi^2$，上述问题进一步等价为

$$\min_{s\in\Omega_s} \| s - \bar{s}_{(l)} \|^2 \tag{5.33}$$

观察式（5.33）可知，目标函数与约束条件关于 s 中的每个元素均相互独立。因此，求解上述问题等价于求解 $N_{\mathrm{T}}M$ 个独立子问题，其中第 m 个子问题可写为

$$\begin{cases}\min\limits_{s_m} & |s_m - \bar{s}_{(l)m}|^2 \\ \text{s.t.} & |s_m| = \chi\end{cases} \tag{5.34}$$

其中，$s_m = s(m)$，$\bar{s}_{(l)m} = \bar{s}_{(l)}(m)$。式（5.34）问题的最优解为

$$\frac{\bar{s}_{(l)m}}{|\bar{s}_{(l)m}|}\chi \tag{5.35}$$

最后式（5.30）问题的最优解为

$$s_{(l+1)} = \chi\left[\frac{\bar{s}_{(l)1}}{|\bar{s}_{(l)1}|}, \frac{\bar{s}_{(l)2}}{|\bar{s}_{(l)2}|}, \frac{\bar{s}_{(l)3}}{|\bar{s}_{(l)3}|}, \cdots, \frac{\bar{s}_{(l)N_{\mathrm{T}}M}}{|\bar{s}_{(l)N_{\mathrm{T}}M}|}\right]^{\mathrm{T}} \tag{5.36}$$

最后基于 IOA 求解 $\mathcal{P}^{(q)}$ 的流程总结如下。

算法 5.2 流程　基于 IOA 求解 $\mathcal{P}^{(q)}$

输入： $R, r^{(i)}, \chi$；

输出： $\mathcal{P}^{(q)}$ 的次优解 $s^{(q)}$。

（1）根据式（5.29）构造 λ；

（2）$l=0$，构造 $R_0 = N_{\mathrm{T}}M\chi^2\lambda I_{N_{\mathrm{T}}M} - R$；

（3）更新 $l = l+1$；

（4）构造 $\bar{s}_{(l-1)} = R_0 s_{(l-1)} - r^{(q)}$，通过式（5.36）计算 $s_{(l)}$；

（5）若 $\| s_{(l)} - s_{(l-1)} \| \leqslant \tau_1 = 10^{-5}$，则 $s^{(q)} = s_{(l)}$ 并退出，否则返回步骤（3）。

5.1.2.2　计算复杂度分析

交替最小化算法的每次迭代计算量主要与求解 $\mathcal{P}^{(q)}$ 有关。本节提出 IOA 求解 $\mathcal{P}^{(q)}$，其每次迭代的计算复杂度主要与 $\bar{s}_{(l-1)}$ 的更新有关，相应的计算复杂度为 $\mathcal{O}((N_{\mathrm{T}}M)^2)$，因此交替最小化算法每次迭代需要的计算量为 $\mathcal{O}(I(N_{\mathrm{T}}M)^2)$，其中，$I$ 表示交替最小化算法的 IOA 所需的迭代次数。为进一步说明 IOA 计算复杂度的优势，将其与其他算法的计算复杂度进行了比较。实际上，也可采用半定规划-随

机化算法（Semi-Definite Programming and Randomization Algorithm，SDP-RA）[19]、连续闭式解（Successive Closed Forms，SCF）算法[7]和非凸交替方向乘子法（Non-Convex Alternation Direction Method of Multipliers，NCADMM）[20]求解 $\mathcal{P}^{(q)}$，相应的计算复杂度分别为 $\mathcal{O}((N_\mathrm{T}M)^{3.5}+I(N_\mathrm{T}M)^2)$、$\mathcal{O}((N_\mathrm{T}M)^3+I(N_\mathrm{T}M)^{2.373})$ 和 $\mathcal{O}((N_\mathrm{T}M)^3+I(N_\mathrm{T}M)^2)$。因此，IOA 的计算复杂度更低，工程实用性更强。

为便于后续描述分析，当在交替最小化算法框架下求解 $\mathcal{P}_1$ 时，在每次迭代中，若采用 SDP-RA、SCF 与 NCADMM 求解 $\mathcal{P}^{(q)}$，则可将其整个求解 $\mathcal{P}_1$ 的算法过程分别命名为内嵌 NCADMM（Nested Non-Convex Alternation Direction Method of Multipliers，NNCADMM）、内嵌 SCF（Nested Successive Closed Forms，NSCF）算法和内嵌 SDP-RA（Nested Semi-Definite Programming and Randomization Algorithm，NSDP-RA）。

5.1.2.3　收敛性分析

本节分析 IOA 的收敛特性。

定理 5.1　假定 $g(\boldsymbol{s}_{(l)})=\boldsymbol{s}_{(l)}^\mathrm{H}\boldsymbol{R}_0\boldsymbol{s}_{(l)}-2\Re\{\boldsymbol{r}^{(q)\mathrm{H}}\boldsymbol{s}_{(l)}\}$ 表示式（5.27）的目标函数值，则 IOA 具有以下三个性质：

（1）IOA 保证了目标函数值 $g(\boldsymbol{s}_{(l)})$ 单调递增。

（2）IOA 保证了 $g(\boldsymbol{s}_{(l)})$ 收敛至有限值。

（3）相应的解 $\boldsymbol{s}_{(*)}$ 满足 KKT 条件。

证明：由于问题式（5.27）的目标函数为凸函数，则利用凸函数的一阶条件可得

$$\begin{aligned}g(\boldsymbol{s}_{(l+1)})&\geqslant g(\boldsymbol{s}_{(l)})+\Re\{\nabla^\mathrm{H}g(\boldsymbol{s})|_{\boldsymbol{s}=\boldsymbol{s}_{(l)}}(\boldsymbol{s}_{(l+1)}-\boldsymbol{s}_{(l)})\}\\&=\boldsymbol{s}_{(l)}^\mathrm{H}\boldsymbol{R}_0\boldsymbol{s}_{(l)}-2\Re\{\boldsymbol{r}^{(q)\mathrm{H}}\boldsymbol{s}_{(l)}\}+2\Re\{(\boldsymbol{R}_0\boldsymbol{s}_{(l)}-\boldsymbol{r}^{(q)})^\mathrm{H}(\boldsymbol{s}_{(l+1)}-\boldsymbol{s}_{(l)})\}\\&=2\Re\{(\boldsymbol{R}_0\boldsymbol{s}_{(l)}-\boldsymbol{r}^{(q)})^\mathrm{H}\boldsymbol{s}_{(l+1)}\}-\boldsymbol{s}_{(l)}^\mathrm{H}\boldsymbol{R}_0\boldsymbol{s}_{(l)}\end{aligned}\tag{5.37}$$

由于 $\boldsymbol{s}_{(l+1)}$ 是问题式（5.30）的最优解，则可得

$$2\Re\{(\boldsymbol{R}_0\boldsymbol{s}_{(l)}-\boldsymbol{r}^{(q)})^\mathrm{H}\boldsymbol{s}_{(l+1)}\}\geqslant 2\Re\{(\boldsymbol{R}_0\boldsymbol{s}_{(l)}-\boldsymbol{r}^{(q)})^\mathrm{H}\boldsymbol{s}_{(l)}\}\tag{5.38}$$

进一步地

$$\begin{aligned}&2\Re\{(\boldsymbol{R}_0\boldsymbol{s}_{(l)}-\boldsymbol{r}^{(q)})^\mathrm{H}\boldsymbol{s}_{(l+1)}\}-\boldsymbol{s}_{(l)}^\mathrm{H}\boldsymbol{R}_0\boldsymbol{s}_{(l)}\\&\geqslant 2\Re\{(\boldsymbol{R}_0\boldsymbol{s}_{(l)}-\boldsymbol{r}^{(q)})^\mathrm{H}\boldsymbol{s}_{(l)}\}-\boldsymbol{s}_{(l)}^\mathrm{H}\boldsymbol{R}_0\boldsymbol{s}_{(l)}=g(\boldsymbol{s}_{(l)})\end{aligned}\tag{5.39}$$

结合式（5.37）和式（5.39）可推得 $g(\boldsymbol{s}_{(l+1)})>g(\boldsymbol{s}_{(l)})$。观察式（5.26）明显可知，它的目标函数有下界，反之可知式（5.27）的目标函数有上界。因此，$g(\boldsymbol{s}_{(l)})$ 单调递增至收敛。

下面证明 $\boldsymbol{s}_{(*)}$ 是式（5.26）的 KKT 点。由于恒模约束满足线性独立约束正则条件[21]，并且 $\boldsymbol{s}_{(l+1)}$ 是式（5.30）的最优解，因此 $\boldsymbol{s}_{(l+1)}$ 是式（5.30）的一个 KKT 点，即

$$\begin{cases} \boldsymbol{s}_{(l+1)}^{\mathrm{H}} \boldsymbol{\Lambda}_i \boldsymbol{s}_{(l+1)} = \chi^2 \\ -2(\boldsymbol{R}_0 \boldsymbol{s}_{(l)} - \boldsymbol{r}^{(q)}) + \sum_{i=1}^{N_{\mathrm{T}}M} 2v_i^* \boldsymbol{\Lambda}_i \boldsymbol{s}_{(l+1)} = \boldsymbol{0}_{N_{\mathrm{T}}M} \end{cases} \tag{5.40}$$

其中，$v_i^{(l+1)}$ 为拉格朗日乘子，$\boldsymbol{\Lambda}_i \in \mathbb{R}^{N_{\mathrm{T}}M \times N_{\mathrm{T}}M}$，其第 (i,i) 个元素为 1，其他为 0。

当 $l \to \infty$ 时，$g(\boldsymbol{s}_{(l)})$ 收敛至有限值，由于 $\boldsymbol{s}_{(l+1)}$ 是式（5.30）的唯一最优解，因此有 $\boldsymbol{s}_{(l)} = \boldsymbol{s}_{(l+1)} = \boldsymbol{s}_{(*)}$。最后令 $v_i^{(l+1)} = v_i^{(*)}$，基于上面的 KKT 条件，有

$$\begin{cases} \boldsymbol{s}_{(*)}^{\mathrm{H}} \boldsymbol{\Lambda}_i \boldsymbol{s}_{(*)} = \chi^2 \\ -2(\boldsymbol{R}_0 \boldsymbol{s}_{(*)} - \boldsymbol{r}^{(q)}) + \sum_{i=1}^{N_{\mathrm{T}}M} 2v_i^* \boldsymbol{\Lambda}_i \boldsymbol{s}_{(*)} = \boldsymbol{0}_{N_{\mathrm{T}}M} \end{cases} \tag{5.41}$$

综上讨论可知，$\boldsymbol{s}_{(*)}$ 是式（5.26）的 KKT 点，证毕。

下面讨论交替最小化算法的收敛性。若期望的方向图不进行自适应更新，易证明交替最小化方法能够单调减小 $f_0(\boldsymbol{s},\{\phi_{l,k}\})$ 至收敛。但由于尺度因子会对方向图性能造成影响，交替最小化算法实时更新了期望的方向图值，因此目前无法从理论角度给出收敛性证明。但随后的仿真实验表明，自适应更新尺度因子能获得一个较好的方向图。

5.1.3　性能分析

本节通过数值仿真说明 IOA 的有效性。定义感兴趣的空-频域为

$$\varTheta = \{(\theta, f) \mid \theta \in [0°, 180°], f \in [f_{\mathrm{c}} - \frac{B}{2}, f_{\mathrm{c}} + \frac{B}{2}]\} \tag{5.42}$$

定义空-频置零区域为

$$\varTheta_2 = \{(\theta, f) \mid \theta \in [30°, 50°], f \in [f_{\mathrm{c}} - \frac{B}{2}, f_{\mathrm{c}}]\} \tag{5.43}$$

方向图模板定义为

$$d_{l,k}^0 = \begin{cases} 1, & \theta = 120°, f \in [f_{\mathrm{c}} - \frac{B}{2}, f_{\mathrm{c}} + \frac{B}{2}] \\ 0, & \text{其他} \end{cases} \tag{5.44}$$

假定宽带 MIMO 雷达工作中心频率 $f_{\mathrm{c}} = 1\mathrm{GHz}$，信号带宽 $B = 200\mathrm{MHz}$，阵元间距 $d = c / 2(f_{\mathrm{c}} + B / 2)$，阵元数 $N_{\mathrm{T}} = 10$，波形采样数 $M = 32$，波形模 $\chi = 1/\sqrt{M}$，方位间隔 $\Delta\theta = 1°$。设置交替最小化方法外循环退出条件为 $\| \boldsymbol{s}_{(l)} - \boldsymbol{s}_{(l-1)} \| \leqslant 10^{-5}$，其中求解子问题的内循环退出条件为 $\| \boldsymbol{s}^{(q)} - \boldsymbol{s}^{(q-1)} \| / \| \boldsymbol{s}^{(q)} \| \leqslant 10^{-4}$。图 5.3(a)和图 5.3(b)分别给出了 $\gamma = 0.1$ 条件下目标函数值 $f(\boldsymbol{s})$ 随迭代次数与 CPU 计算时间的变化结果，其中 NNCADMM 中的惩罚因子 $\rho = 100$。可以看出所有算法都能够使得目标函数值减小，且快速趋于一致。另外，相比于其他算法，NIOA 收敛速度最快，NSDP-RA 收敛速度最慢，与计算复杂度分析结论相符合。

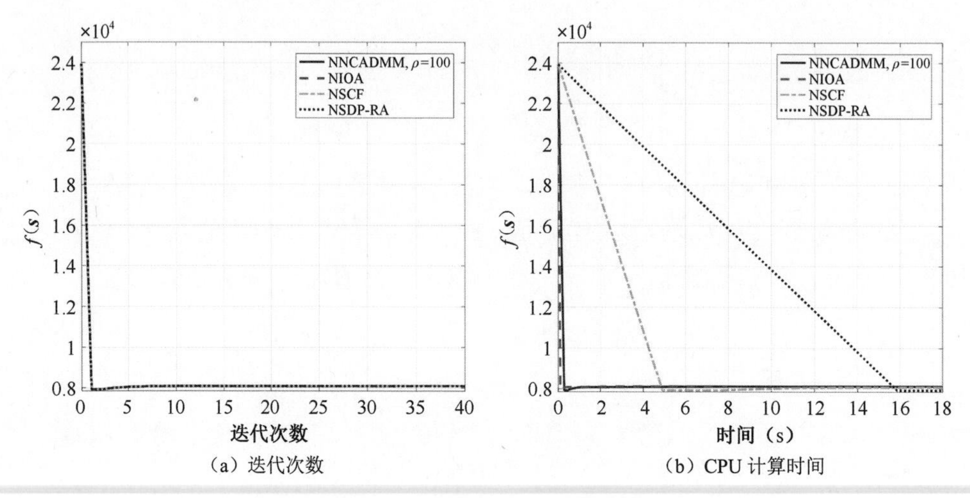

（a）迭代次数　　（b）CPU 计算时间

图 5.3　$\gamma = 0.1$ 的 $f(\boldsymbol{s})$ 变化曲线

图 5.4（a）和图 5.4（b）分别展示了 $\gamma = 0.99$ 条件下目标函数值 $f(\boldsymbol{s})$ 随迭代次数与 CPU 计算时间的变化结果，其中 NNCADMM 中的惩罚因子 $\rho = 1,10,100$。同样可观察到所有算法都能够使得目标函数值减小，且快速趋于一致。尽管当 ρ 值取较小时，NNCADMM 算法的目标函数下降速度优于 NIOA，但不同 ρ 值会影响 NNCADMM 算法的收敛特性与速度。从理论上讲，NCADMM 算法的收敛性证明仍是一个开放性问题。

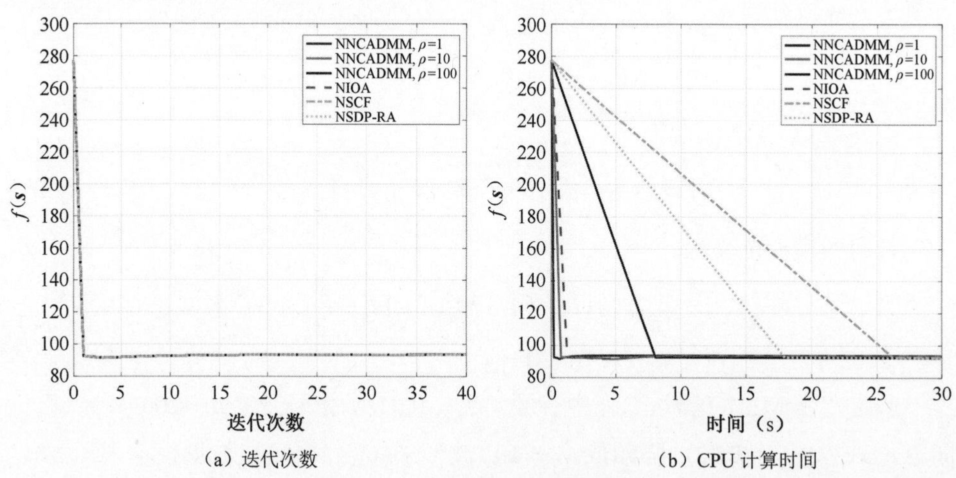

（a）迭代次数　　（b）CPU 计算时间

图 5.4　$\gamma = 0.99$ 的 $f(\boldsymbol{s})$ 变化曲线

表 5.1 给出了所有算法收敛时的目标函数值 $f(\boldsymbol{s})$、迭代次数 n 和 CPU 计算时间。从表中可知，针对不同的 γ，NNCADMM 算法需调谐惩罚因子 ρ 值以保证收敛。所有算法最终都实现了相近的目标函数值。此外，尽管 NIOA 与 NSCF 算法具有相似的迭代次数，但 NIOA 具有更快的收敛速度。

表 5.1 目标函数值 $f(s)$、迭代次数 n 和计算时间

算法	$\gamma=0.1$			$\gamma=0.99$		
	$f(s)$	n	时间（s）	$f(s)$	n	时间（s）
NNCADMM, $\rho=0.1$	不收敛	不收敛	不收敛	不收敛	不收敛	不收敛
NNCADMM, $\rho=1$	不收敛	不收敛	不收敛	93	564	50.4
NNCADMM, $\rho=10$	不收敛	不收敛	不收敛	93	567	101.7
NNCADMM, $\rho=100$	8122.6	258	19.76	93	566	705.3
NIOA	8122.5	257	7.9	93.1	421	46.4
NSCF	8122.5	258	144.7	93.1	423	808.4
NSDP-RA	8121	181	2893.8	93.7	118	2027.2

图 5.5 与图 5.6 分别画出了 $\gamma=0.1$ 与 $\gamma=0.99$ 时的 NNCADMM 算法、NIOA、NSCF 算法和 NSDP-RA 的方向图。观察可知，所有算法均能获得性能接近的方向图。其中，发射波束方向图能量均汇集于主瓣 $\theta=120^\circ$ 附近，且在所有主瓣频点上的电平基本保持恒定，同时在方向图旁瓣区域形成较低的电平，与期望的方向图理论值相符。针对 $\gamma=0.99$，方向图在 $\Theta_2=\{(\theta,f)\,|\,\theta\in[30^\circ,50^\circ],f\in[0.9\,\text{GHz},1\,\text{GHz}]\}$ 范围内形成很深的零陷凹口，其中 NIOA 的方向图在凹槽处的峰值旁瓣电平（Peak Sidelobe Level，PSL）大约为-31dB，有效减少了该区域内的信号相关干扰能量返回，同时也可保证与工作在该区域的其他电子系统频谱共存。当 $\gamma=0.1$ 时，所有算法的方向图相较于 $\gamma=0.99$ 在 Θ_2 区域内具有较高的电平值，但在其他区域内具有较好的方向图拟合性能。因此，可根据实际需求合理选择 γ，从而兼顾 MIMO 雷达频谱共存能力与方向图性能。

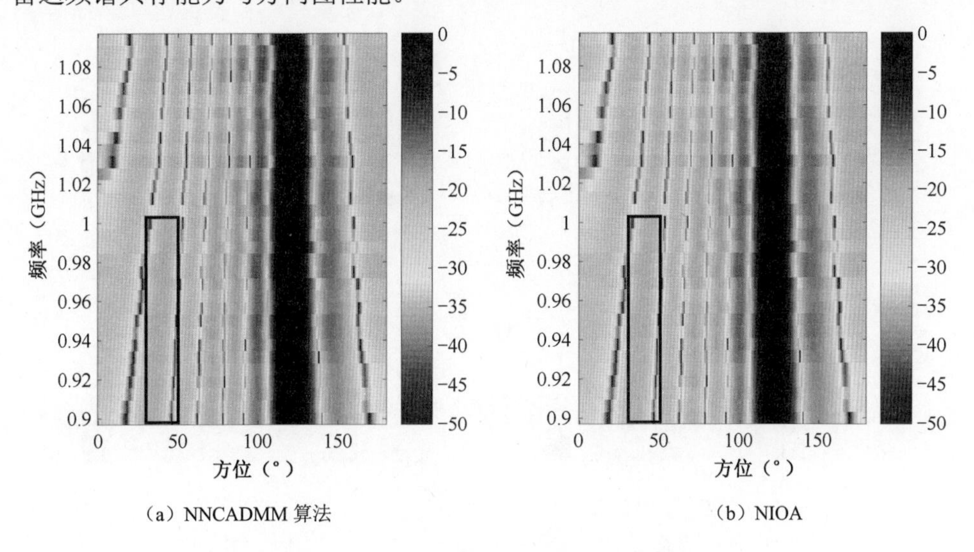

（a）NNCADMM 算法　　（b）NIOA

图 5.5 $\gamma=0.1$ 的宽带 MIMO 雷达方向图

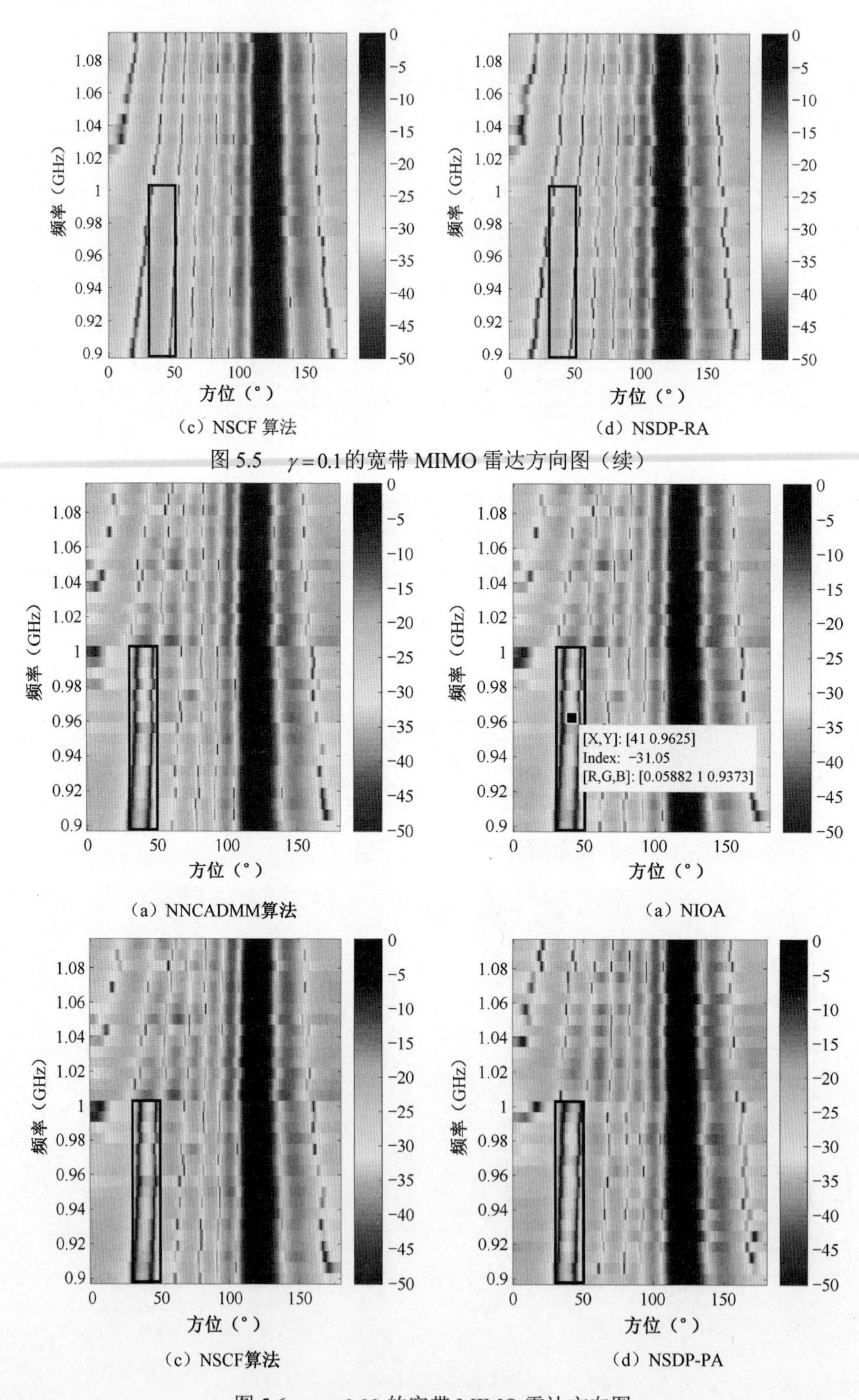

（c）NSCF 算法　　（d）NSDP-RA

图 5.5　$\gamma=0.1$的宽带 MIMO 雷达方向图（续）

（a）NNCADMM算法　　（a）NIOA

（c）NSCF算法　　（d）NSDP-PA

图 5.6　$\gamma=0.99$ 的宽带 MIMO 雷达方向图

图 5.7 展示了文献[7]所提 SCF 算法在 $\gamma = 0.1, 0.99$ 时的方向图，需要说明的是，该算法并不对方向图模板进行自适应更新。观察可知，发射波束方向图能量主要集中于低频部分，与理论设置不相符合，究其原因是方向图尺度因子未正确选择。对比图 5.5 和图 5.6 可知，所提自适应更新方向图因子方法可有效解决方向图模板尺度因子选择问题，大大减少了试验次数，提升了计算效率。

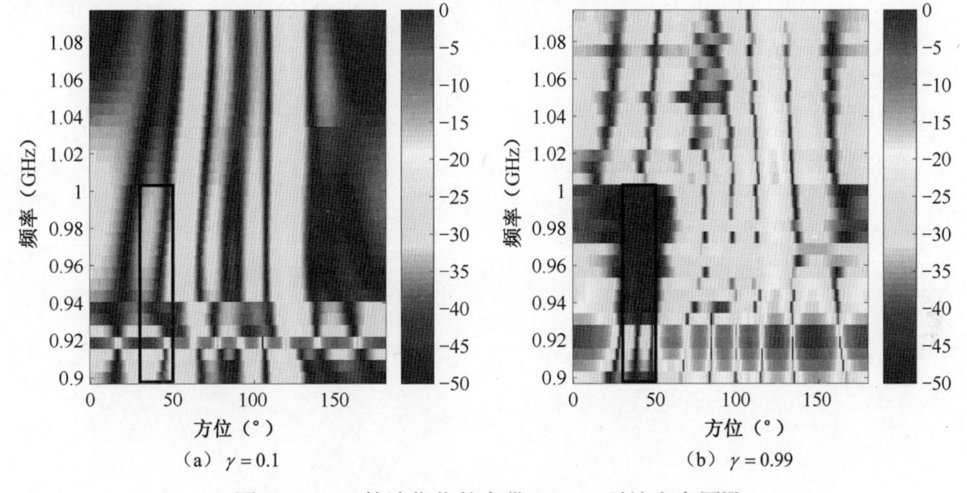

（a）$\gamma = 0.1$　　（b）$\gamma = 0.99$

图 5.7　SCF 算法优化的宽带 MIMO 雷达方向图[7]

5.2　基于波形变模约束的宽带 MIMO 雷达发射波束赋形

5.1 节研究了基于恒模约束下宽带 MIMO 雷达发射波束赋形问题。恒模约束下波形优化自由度受限，使得宽带 MIMO 雷达方向图逼近性能提升有限[22]。在此基础上，本节放松恒模约束为波形变模约束（允许波形幅度在一定范围内波动），并同时考虑天线功率约束与能量约束，旨在使宽带 MIMO 雷达方向图具有更好的逼近性能。

信号模型与代价函数与 5.1 节一样，不再赘述。本节首先引入了波形模、天线功率与能量约束，进而建立相应宽带 MIMO 雷达波形优化模型，然后提出 NSADMM 算法的宽带 MIMO 雷达波形优化算法，分析算法计算复杂度与收敛性，最后进行仿真验证。

5.2.1　变模约束下的宽带 MIMO 雷达发射波束优化建模

类似于 5.1 节，本节仍然以最小化方向图逼近误差与空-频阻带能量的加权和作为目标函数。接下来主要介绍波形模约束、天线功率约束和能量约束。首先定义集合符号 $\mathcal{N} = \{1,2,3,\cdots,N_{\mathrm{T}}\}$, $\mathcal{M} = \{1,2,3,\cdots,M\}$, $\mathcal{S} = \{1,2,3,\cdots,MN_{\mathrm{T}}\}$ 。

波形恒模约束通常为一个严格的幅度约束，其优化自由度仅考虑了波形相位，导致 MIMO 雷达方向图逼近效果不理想。为进一步提高 MIMO 雷达方向图性能，

提升波形优化自由度，可适当允许波形幅度在一定范围内波动。因此，本节引入一种波形变模约束[23]解决上述问题，即

$$1/\sqrt{M}-a \leqslant |\boldsymbol{s}_n(m)| \leqslant 1/\sqrt{M}+a,\ m\in\mathcal{M},\ n\in\mathcal{N} \tag{5.45}$$

其中，$1/\sqrt{M}-a$ 与 $1/\sqrt{M}+a$ 分别表示第 n 个发射天线发射波形 $\boldsymbol{s}_n(m)$ 幅度的下界和上界，a 是一个小的正常数。如图 5.8 所示，当 $a=0$ 时，式（5.45）退化成恒模约束。事实上，针对天线恒功率约束情况，式（5.45）是 PAR 约束的推广形式。尽管 PAR 约束了波形的峰值功率，但并未对波形的功率下限进行约束，因此可能出现大部分波形的功率等于峰值功率，而其他功率接近于 0 的极端情况。式（5.45）的约束能够有效解决这种问题。

为保证每个发射天线功率工作在相应的动态范围内，限制其每个发射天线的功率[23-24]：

$$1-\tilde{\alpha} \leqslant \frac{1}{M}\|\boldsymbol{s}_n\|^2 \leqslant 1+\tilde{\alpha} \tag{5.46}$$

其中，$1-\tilde{\alpha}$ 与 $1+\tilde{\alpha}$ 分别表示第 n 个发射天线功率的下界和上界，$\tilde{\alpha}\in[0,1]$。当 $\tilde{\alpha}=0$ 时，式（5.46）退化成恒功率约束。

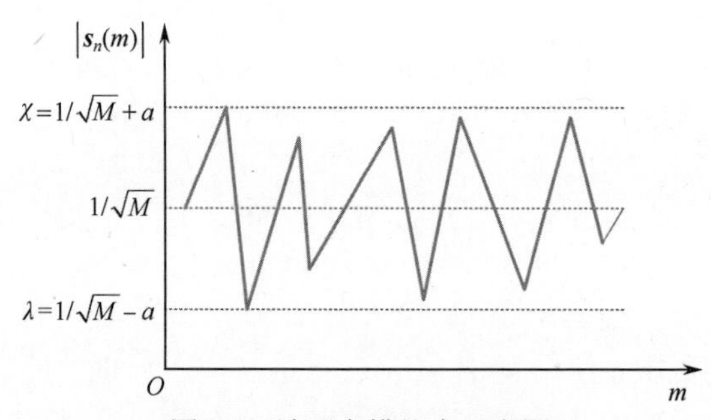

图 5.8　波形变模约束示意图

此外，考虑 MIMO 雷达发射波形的总能量约束[25]

$$N_{\mathrm{T}}(1-\tilde{\beta}) \leqslant \|\boldsymbol{s}\|^2 \leqslant N_{\mathrm{T}}(1+\tilde{\beta}) \tag{5.47}$$

其中，$\tilde{\beta}\in[0,1]$，其取值与 MIMO 雷达最大探测距离相关。当 $\tilde{\beta}=0$ 时，式（5.47）退化成恒能量约束。

令 $\lambda=1/\sqrt{M}-a, \chi=1/\sqrt{M}+a, p_1=1-\tilde{\alpha}, p_2=1+\tilde{\alpha}, e_1=N_{\mathrm{T}}(1-\tilde{\beta}), e_2=N_{\mathrm{T}}(1+\tilde{\beta})$，最后，关于宽带 MIMO 雷达波束赋形的优化问题可写为

$$\mathcal{P}_1\begin{cases}\min\limits_{s} & f(\boldsymbol{s})\\ \text{s.t.} & \boldsymbol{s}\in\boldsymbol{\Omega}_s\end{cases} \tag{5.48}$$

其中，$\boldsymbol{\Omega}_s=\{\boldsymbol{s}\,|\,\lambda\leqslant|\boldsymbol{s}_n(m)|\leqslant\chi, p_1\leqslant\|\boldsymbol{s}_n\|^2/M\leqslant p_2, m\in\mathcal{M}, n\in\mathcal{N}, e_1\leqslant\|\boldsymbol{s}\|^2\leqslant e_2\}$。

上述问题仍然是一个 NP-hard 问题。下面提出基于 NSADMM 的波形设计算法求解上述问题。

5.2.2　基于 NSADMM 的宽带 MIMO 雷达波形设计算法

与 5.1 节类似，通过引入辅助变量 $\{\phi_{l,k}\}$，将目标函数 $f(\boldsymbol{s})$ 转换为 $f_0(\boldsymbol{s},\{\phi_{l,k}\})$，进一步采用交替迭代方法最小化 $f_0(\boldsymbol{s},\{\phi_{l,k}\})$，下面主要介绍如何求解 $\mathcal{P}^{(q)}$。

5.2.2.1　算法描述

$\mathcal{P}^{(q)}$ 可等价转换为

$$\begin{aligned}\min_{\boldsymbol{s}}\quad & \boldsymbol{s}^{\mathrm{H}}\boldsymbol{R}\boldsymbol{s}+2\Re\{\boldsymbol{s}^{\mathrm{H}}\boldsymbol{r}^{(q)}\}\\ \text{s.t.}\quad & -\boldsymbol{s}^{\mathrm{H}}\boldsymbol{E}_i\boldsymbol{s}+\lambda^2\leqslant 0,\ \boldsymbol{s}^{\mathrm{H}}\boldsymbol{E}_i\boldsymbol{s}-\chi^2\leqslant 0,\ i\in\mathcal{S}\\ & -\boldsymbol{s}^{\mathrm{H}}\boldsymbol{H}_n\boldsymbol{s}+\epsilon_1\leqslant 0,\ \boldsymbol{s}^{\mathrm{H}}\boldsymbol{H}_n\boldsymbol{s}-\epsilon_2\leqslant 0,\ n\in\mathcal{N}\\ & -\boldsymbol{s}^{\mathrm{H}}\boldsymbol{s}+e_1\leqslant 0,\ \boldsymbol{s}^{\mathrm{H}}\boldsymbol{s}-e_2\leqslant 0\end{aligned}\tag{5.49}$$

其中，$\mathcal{S}=\{1,2,3,\cdots,N_{\mathrm{T}}M\}$，$\epsilon_1=Mp_1$，$\epsilon_2=Mp_2$，

$$\boldsymbol{E}_i(k,k)=\begin{cases}1, & k=i\\ 0, & k\neq i\end{cases}\tag{5.50}$$

$k\in\{1,2,3,\cdots,N_{\mathrm{T}}M\}$。

$$\boldsymbol{H}_n(k,k)=\begin{cases}1, & k=n+mN_{\mathrm{T}}, m=0,1,2,\cdots,M-1\\ 0, & 其他\end{cases}\tag{5.51}$$

观察式（5.49）可知，$-\boldsymbol{s}^{\mathrm{H}}\boldsymbol{E}_i\boldsymbol{s}+\lambda^2\leqslant 0$、$-\boldsymbol{s}^{\mathrm{H}}\boldsymbol{H}_n\boldsymbol{s}+\epsilon_1\leqslant 0$ 和 $-\boldsymbol{s}^{\mathrm{H}}\boldsymbol{s}+e_1\leqslant 0$ 为非凸约束，等式左边均为凹函数。因此，通过借助一阶泰勒逼近，将非凸约束通过一个凸子集进行逼近。具体来讲，利用凹函数性质，可得

$$-\boldsymbol{s}^{\mathrm{H}}\boldsymbol{E}_i\boldsymbol{s}\leqslant-\bar{\boldsymbol{s}}^{\mathrm{H}}\boldsymbol{E}_i\bar{\boldsymbol{s}}-2\Re\{\bar{\boldsymbol{s}}^{\mathrm{H}}\boldsymbol{E}_i(\boldsymbol{s}-\bar{\boldsymbol{s}})\}\tag{5.52}$$

其中，$\bar{\boldsymbol{s}}$ 为上述优化问题的任意一个可行点。

因此，如果 $-\bar{\boldsymbol{s}}^{\mathrm{H}}\boldsymbol{E}_i\bar{\boldsymbol{s}}-2\Re\{\bar{\boldsymbol{s}}^{\mathrm{H}}\boldsymbol{E}_i(\boldsymbol{s}-\bar{\boldsymbol{s}})\}\leqslant-\lambda^2$，可推得 $-\boldsymbol{s}^{\mathrm{H}}\boldsymbol{E}_i\boldsymbol{s}\leqslant-\lambda^2$。进一步地，逼近的约束可写为 $\Re\{\bar{\boldsymbol{s}}^{\mathrm{H}}\boldsymbol{E}_i(\boldsymbol{s}-\bar{\boldsymbol{s}})\}\geqslant\lambda^2-\bar{\boldsymbol{s}}^{\mathrm{H}}\boldsymbol{E}_i\bar{\boldsymbol{s}}$。由于 $\boldsymbol{s}^{\mathrm{H}}\boldsymbol{E}_i\boldsymbol{s}\geqslant\lambda^2$，因此有 $\lambda^2-\bar{\boldsymbol{s}}^{\mathrm{H}}\boldsymbol{E}_i\bar{\boldsymbol{s}}\leqslant 0$。对此，可利用 $\Re\{\bar{\boldsymbol{s}}^{\mathrm{H}}\boldsymbol{E}_i(\boldsymbol{s}-\bar{\boldsymbol{s}})\}\geqslant 0$ 保证 $\Re\{\bar{\boldsymbol{s}}^{\mathrm{H}}\boldsymbol{E}_i(\boldsymbol{s}-\bar{\boldsymbol{s}})\}\geqslant\lambda^2-\bar{\boldsymbol{s}}^{\mathrm{H}}\boldsymbol{E}_i\bar{\boldsymbol{s}}$。

图 5.9 展示了 $-\boldsymbol{s}^{\mathrm{H}}\boldsymbol{E}_i\boldsymbol{s}+\lambda^2\leqslant 0$ 的逼近过程，其中，图 5.9 的右图表示了非凸 $\boldsymbol{s}^{\mathrm{H}}\boldsymbol{E}_i\boldsymbol{s}\geqslant\lambda^2$ 的区域（阴影区域），图 5.9 中间的图表示了非凸 $\boldsymbol{s}^{\mathrm{H}}\boldsymbol{E}_i\boldsymbol{s}\geqslant\lambda^2$ 的凸子集 $\Re\{\bar{\boldsymbol{s}}^{\mathrm{H}}\boldsymbol{E}_i(\boldsymbol{s}-\bar{\boldsymbol{s}})\}\geqslant 0$ 区域（阴影区域）。然而，观察可知，非凸 $\boldsymbol{s}^{\mathrm{H}}\boldsymbol{E}_i\boldsymbol{s}\geqslant\lambda^2$ 可能会过度放松。因此，利用 $\Re\{\bar{\boldsymbol{s}}^{\mathrm{H}}\boldsymbol{E}_i(\boldsymbol{s}-\lambda\bar{\boldsymbol{s}}/\|\boldsymbol{E}_i\bar{\boldsymbol{s}}\|)\}\geqslant 0$ 作为非凸 $\boldsymbol{s}^{\mathrm{H}}\boldsymbol{E}_i\boldsymbol{s}\geqslant\lambda^2$ 的凸子集，如图 5.9（a）所示。需特别说明的是，$\Re\{\bar{\boldsymbol{s}}^{\mathrm{H}}\boldsymbol{E}_i(\boldsymbol{s}-\lambda\bar{\boldsymbol{s}}/\|\boldsymbol{E}_i\bar{\boldsymbol{s}}\|)\}\geqslant 0$ 包含了 $\Re\{\bar{\boldsymbol{s}}^{\mathrm{H}}\boldsymbol{E}_i(\boldsymbol{s}-\bar{\boldsymbol{s}})\}\geqslant 0$。综上所述，可利用凸子集 $\Re\{\bar{\boldsymbol{s}}^{\mathrm{H}}\boldsymbol{E}_i(\boldsymbol{s}-\lambda\bar{\boldsymbol{s}}/\|\boldsymbol{E}_i\bar{\boldsymbol{s}}\|)\}\geqslant 0$ 作为非凸约束 $-\boldsymbol{s}^{\mathrm{H}}\boldsymbol{E}_i\boldsymbol{s}+\lambda^2\leqslant 0$ 的逼近。同理，可利用 $\Re\{\bar{\boldsymbol{s}}^{\mathrm{H}}\boldsymbol{H}_n(\boldsymbol{s}-\sqrt{\epsilon_1}\bar{\boldsymbol{s}}/\|\boldsymbol{H}_n\bar{\boldsymbol{s}}\|)\}\geqslant 0$ 和 $\Re\{\bar{\boldsymbol{s}}^{\mathrm{H}}(\boldsymbol{s}-\sqrt{e_1}\bar{\boldsymbol{s}}/\|\bar{\boldsymbol{s}}\|)\}\geqslant 0$ 对非凸约束 $-\boldsymbol{s}^{\mathrm{H}}\boldsymbol{H}_n\boldsymbol{s}+\epsilon_1\leqslant 0$ 和 $-\boldsymbol{s}^{\mathrm{H}}\boldsymbol{s}+e_1\leqslant 0$ 分别进行逼近。接下来提出一种序列凸逼近方法求解 $\mathcal{P}^{(q)}$。假定在第 $l-1$ 次迭代的解是 $\boldsymbol{s}_{(l-1)}$，利用 $\bar{\boldsymbol{s}}=\boldsymbol{s}_{(l-1)}$，将所有的非凸约束按照上述讨论进行凸逼近，则在第 l 次迭代时需求解

一个凸问题，即

$$
\mathcal{P}_l^{(q)}\begin{cases}\min\limits_{s} & s^{\mathrm{H}}Rs+2\Re\{s^{\mathrm{H}}r^{(q)}\} \\ \text{s.t.} & \Re\{\bar{s}^{\mathrm{H}}E_i(s-\lambda\bar{s}/\|E_i\bar{s}\|)\}\geqslant 0 \\ & s^{\mathrm{H}}E_i s\leqslant\chi^2, i\in\mathcal{S} \\ & \Re\{\bar{s}^{\mathrm{H}}H_n(s-\sqrt{\epsilon_1}\bar{s}/\|H_n\bar{s}\|)\}\geqslant 0 \\ & s^{\mathrm{H}}H_n s\leqslant\epsilon_2, n\in\mathcal{N} \\ & \Re\{\bar{s}^{\mathrm{H}}(s-\sqrt{e_1}\bar{s}/\|\bar{s}\|)\}\geqslant 0, s^{\mathrm{H}}s\leqslant e_2\end{cases} \tag{5.53}
$$

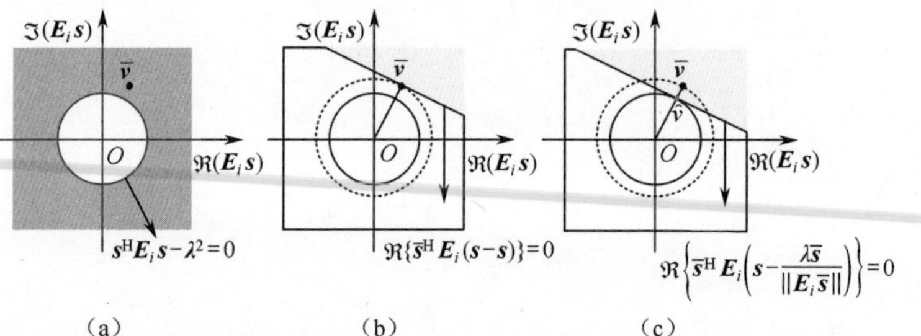

图 5.9　非凸约束逼近过程，其中 $\bar{v}=(\Re\{\lambda\bar{s}/\|E_i\bar{s}\|\},\Im\{\lambda\bar{s}/\|E_i\bar{s}\|\})$

然后继续增加 l，更新 $\bar{s}$，继续求解 $\mathcal{P}^{(q)}$ 直到收敛。图 5.10 展示了上述迭代过程，其中，左上图表示利用 $s_{(1)}$ 求解 $\mathcal{P}_2^{(q)}$ 得到最优解 $s_{(2)}$，右下图表示利用 $s_{(2)}$ 求解 $\mathcal{P}_3^{(q)}$ 得到最优解 $s_{(3)}$ 的过程，依此类推，直到收敛。

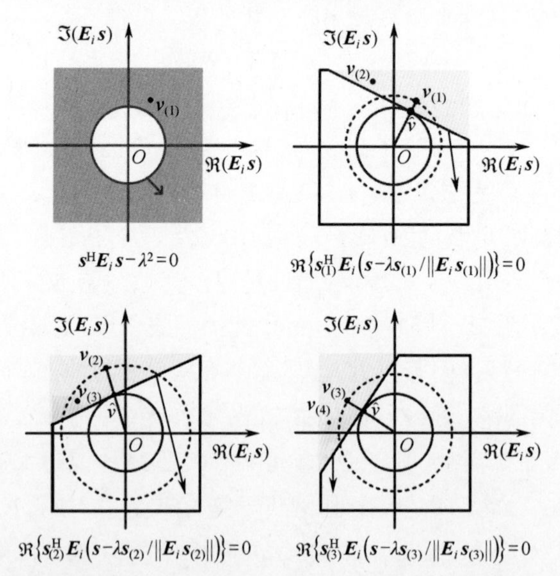

图 5.10　序列凸逼近的迭代过程，其中 $v_{(i)}=(\Re\{\lambda s_{(i)}/\|E_i s_{(i)}\|\},\Im\{\lambda s_{(i)}/\|E_i s_{(i)}\|\})$

上述问题 $\mathcal{P}_l^{(q)}$ 可转换为一个二阶锥规划问题并利用 CVX 工具求得全局最优解。然而该算法具有高的计算复杂度。下面采用 ADMM 算法并行求解。

通过引入辅助变量，将 $\mathcal{P}_l^{(q)}$ 等价转换为实值优化形式，如下：

$$\begin{cases} \min\limits_{x,y,z,h} & \boldsymbol{x}^{\mathrm{T}}\boldsymbol{A}\boldsymbol{x}+\boldsymbol{c}_q^{\mathrm{T}}\boldsymbol{x} \\ \text{s.t.} & \boldsymbol{y}=\boldsymbol{x},\ \boldsymbol{y}\in\Omega_y \\ & \boldsymbol{z}=\boldsymbol{x},\boldsymbol{z}\in\Omega_z \\ & \boldsymbol{h}=\boldsymbol{x},\boldsymbol{h}\in\Omega_h \end{cases} \tag{5.54}$$

其中，

$$\Omega_y=\{\boldsymbol{y}\mid\overline{\boldsymbol{x}}^{(0)\mathrm{T}}\boldsymbol{\Lambda}_i\boldsymbol{y}\geqslant\varsigma_i,\ \boldsymbol{y}^{\mathrm{T}}\boldsymbol{\Lambda}_i\boldsymbol{y}\leqslant\chi^2, i\in\mathcal{S}\} \tag{5.55}$$

$$\Omega_z=\{\boldsymbol{z}\mid\overline{\boldsymbol{x}}^{(0)\mathrm{T}}\boldsymbol{\Gamma}_n\boldsymbol{z}\geqslant\eta_n,\ \boldsymbol{z}^{\mathrm{T}}\boldsymbol{\Gamma}_n\boldsymbol{z}\leqslant\epsilon_2, n\in\mathcal{N}\} \tag{5.56}$$

$$\Omega_h=\{\boldsymbol{h}\mid\overline{\boldsymbol{x}}^{(0)\mathrm{T}}\boldsymbol{h}\geqslant\overline{e}_1,\ \boldsymbol{h}^{\mathrm{T}}\boldsymbol{h}\leqslant e_2\} \tag{5.57}$$

$$\boldsymbol{A}=\begin{bmatrix}\Re\{\boldsymbol{R}\} & -\Im\{\boldsymbol{R}\} \\ \Im\{\boldsymbol{R}\} & \Re\{\boldsymbol{R}\}\end{bmatrix} \tag{5.58}$$

$\boldsymbol{x}=[(\Re\{\boldsymbol{s}\})^{\mathrm{T}},(\Im\{\boldsymbol{s}\})^{\mathrm{T}}]^{\mathrm{T}}$，$\overline{\boldsymbol{x}}^{(0)}=[(\Re\{\overline{\boldsymbol{s}}\})^{\mathrm{T}},(\Im\{\overline{\boldsymbol{s}}\})^{\mathrm{T}}]^{\mathrm{T}}$，$\boldsymbol{c}_q=2[(\Re\{\boldsymbol{r}^{(q)}\})^{\mathrm{T}},(\Im\{\boldsymbol{r}^{(q)}\})^{\mathrm{T}}]^{\mathrm{T}}$；$\varsigma_i,\eta_n,\overline{e}_1,\boldsymbol{\Lambda}_i,\boldsymbol{\Gamma}_n$ 的定义见附录 B。

首先构造增广的拉格朗日函数，即

$$\begin{aligned} L_\varrho(\boldsymbol{x},\boldsymbol{y},\boldsymbol{z},\boldsymbol{h},\boldsymbol{u}_y,\boldsymbol{u}_z,\boldsymbol{u}_h)=\ & \boldsymbol{x}^{\mathrm{T}}\boldsymbol{A}\boldsymbol{x}+\boldsymbol{c}_q^{\mathrm{T}}\boldsymbol{x}+ \\ & \boldsymbol{u}_y^{\mathrm{T}}(\boldsymbol{y}-\boldsymbol{x})+\frac{\varrho}{2}\|\boldsymbol{y}-\boldsymbol{x}\|^2+\boldsymbol{u}_z^{\mathrm{T}}(\boldsymbol{z}-\boldsymbol{x})+ \\ & \frac{\varrho}{2}\|\boldsymbol{z}-\boldsymbol{x}\|^2+\boldsymbol{u}_h^{\mathrm{T}}(\boldsymbol{h}-\boldsymbol{x})+\frac{\varrho}{2}\|\boldsymbol{h}-\boldsymbol{x}\|^2 \end{aligned}$$

其中，ϱ 为惩罚函数，$\boldsymbol{u}_y,\boldsymbol{u}_z,\boldsymbol{u}_h$ 为拉格朗日乘子向量。

下面将序列 $\boldsymbol{x},\boldsymbol{y},\boldsymbol{z},\boldsymbol{h},\boldsymbol{u}_y,\boldsymbol{u}_z,\boldsymbol{u}_h$ 更新为最小化 $L_\varrho(\boldsymbol{x},\boldsymbol{y},\boldsymbol{z},\boldsymbol{h},\boldsymbol{u}_y,\boldsymbol{u}_z,\boldsymbol{u}_h)$。假定 $\boldsymbol{x},\boldsymbol{y},\boldsymbol{z},\boldsymbol{h},\boldsymbol{u}_y,\boldsymbol{u}_z,\boldsymbol{u}_h$ 在第 t 次迭代的解为 $\boldsymbol{x}^{(t)},\boldsymbol{y}^{(t)},\boldsymbol{z}^{(t)},\boldsymbol{h}^{(t)},\boldsymbol{u}_y^{(t)},\boldsymbol{u}_z^{(t)},\boldsymbol{u}_h^{(t)}$，则在 $t+1$ 次的更新分别为

$$\boldsymbol{y}^{(t+1)}:=\arg\min_{\boldsymbol{y}\in\Omega_y}\ L_\varrho(\boldsymbol{x}^{(t)},\boldsymbol{y},\boldsymbol{z}^{(t)},\boldsymbol{h}^{(t)},\boldsymbol{u}_y^{(t)},\boldsymbol{u}_z^{(t)},\boldsymbol{u}_h^{(t)}) \tag{5.59}$$

$$\boldsymbol{z}^{(t+1)}:=\arg\min_{\boldsymbol{z}\in\Omega_z}\ L_\varrho(\boldsymbol{x}^{(t)},\boldsymbol{y}^{(t+1)},\boldsymbol{z},\boldsymbol{h}^{(t)},\boldsymbol{u}_y^{(t)},\boldsymbol{u}_z^{(t)},\boldsymbol{u}_h^{(t)}) \tag{5.60}$$

$$\boldsymbol{h}^{(t+1)}:=\arg\min_{\boldsymbol{h}\in\Omega_h}\ L_\varrho(\boldsymbol{x}^{(t)},\boldsymbol{y}^{(t+1)},\boldsymbol{z}^{(t+1)},\boldsymbol{h},\boldsymbol{u}_y^{(t)},\boldsymbol{u}_z^{(t)},\boldsymbol{u}_h^{(t)}) \tag{5.61}$$

$$\boldsymbol{x}^{(t+1)}:=\arg\min_{\boldsymbol{x}}\ L_\varrho(\boldsymbol{x},\boldsymbol{y}^{(t+1)},\boldsymbol{z}^{(t+1)},\boldsymbol{h}^{(t+1)},\boldsymbol{u}_y^{(t)},\boldsymbol{u}_z^{(t)},\boldsymbol{u}_h^{(t)}) \tag{5.62}$$

$$\boldsymbol{u}_y^{(t+1)}=\boldsymbol{u}_y^{(t)}+\varrho(\boldsymbol{y}^{(t+1)}-\boldsymbol{x}^{(t+1)}) \tag{5.63}$$

$$\boldsymbol{u}_z^{(t+1)}=\boldsymbol{u}_z^{(t)}+\varrho(\boldsymbol{z}^{(t+1)}-\boldsymbol{x}^{(t+1)}) \tag{5.64}$$

$$\boldsymbol{u}_h^{(t+1)}=\boldsymbol{u}_h^{(t)}+\varrho(\boldsymbol{h}^{(t+1)}-\boldsymbol{x}^{(t+1)}) \tag{5.65}$$

首先，固定 $\boldsymbol{z}^{(t)},\boldsymbol{h}^{(t)},\boldsymbol{x}^{(t)},\boldsymbol{u}_y^{(t)},\boldsymbol{u}_z^{(t)},\boldsymbol{u}_h^{(t)}$，最小化 $L_\varrho(\boldsymbol{x}^{(t)},\boldsymbol{y},\boldsymbol{z}^{(t)},\boldsymbol{h}^{(t)},\boldsymbol{u}_y^{(t)},\boldsymbol{u}_z^{(t)},\boldsymbol{u}_h^{(t)})$ 求解 $\boldsymbol{y}$。忽略与 $\boldsymbol{y}$ 的无关项，问题式（5.59）可重写为

$$\min_{y\in\Omega_y}\ \frac{\varrho}{2}\|\boldsymbol{y}-\boldsymbol{c}_{\boldsymbol{y}}^{(t)}\|^2$$

其中，$\boldsymbol{c}_{\boldsymbol{y}}^{(t)}=\boldsymbol{x}^{(t)}-\boldsymbol{u}_{\boldsymbol{y}}^{(t)}/\varrho$。观察上式可知，目标函数与约束 $\Omega_{\boldsymbol{y}}$ 均关于 $\boldsymbol{\alpha}_i$ 独立，$i=1,2,3,\cdots,N_{\mathrm{T}}M$，其中 $\boldsymbol{\alpha}_i=[\boldsymbol{y}(i),\boldsymbol{y}(i+N_{\mathrm{T}}M)]^{\mathrm{T}}$。因此，上述问题可分为 $N_{\mathrm{T}}M$ 个独立子问题进行求解，其中第 i 个子优化问题为

$$\begin{cases}\min\limits_{\alpha_i}\dfrac{\varrho}{2}\|\boldsymbol{\alpha}_i-\boldsymbol{\beta}_i\|^2\\ \text{s.t. }\boldsymbol{\alpha}_i^{(0)\mathrm{T}}\boldsymbol{\alpha}_i\geqslant\varsigma_i,\boldsymbol{\alpha}_i^{\mathrm{T}}\boldsymbol{\alpha}_i\leqslant\chi^2\end{cases}\tag{5.66}$$

其中，$\boldsymbol{\alpha}_i^{(0)}=[\overline{\boldsymbol{x}}^{(0)}(i),\overline{\boldsymbol{x}}^{(0)}(i+N_{\mathrm{T}}M)]^{\mathrm{T}}$，$\boldsymbol{\beta}_i=[\boldsymbol{c}_{\boldsymbol{y}}^{(t)}(i),\boldsymbol{c}_{\boldsymbol{y}}^{(t)}(i+N_{\mathrm{T}}M)]^{\mathrm{T}}$。为便于求解，将问题转换为一般形式，即

$$\begin{cases}\min\limits_{\alpha_i}\quad c_1\boldsymbol{\alpha}_i^{\mathrm{T}}\boldsymbol{\alpha}_i+\boldsymbol{c}_2^{\mathrm{T}}\boldsymbol{\alpha}_i\\ \text{s.t.}\quad \boldsymbol{\alpha}_i^{\mathrm{T}}\boldsymbol{\alpha}_i+c_3\leqslant0,\boldsymbol{c}_4^{\mathrm{T}}\boldsymbol{\alpha}_i+c_5\leqslant0\end{cases}\tag{5.67}$$

其中，$c_1=\varrho/2,\boldsymbol{c}_2=-\varrho/\boldsymbol{\beta}_i,c_3=-\chi^2,\boldsymbol{c}_4=-\boldsymbol{\alpha}_i,c_5=\varsigma_i$。上述问题可利用 KKT 条件找到最优解。

具体证明过程见附录 C。

下面固定 $\boldsymbol{y}^{(t+1)},\boldsymbol{h}^{(t)},\boldsymbol{x}^{(t)},\boldsymbol{u}_{\boldsymbol{y}}^{(t)},\boldsymbol{u}_{\boldsymbol{z}}^{(t)},\boldsymbol{u}_{\boldsymbol{h}}^{(t)}$，最小化 $L_{\varrho}(\boldsymbol{x}^{(t)},\boldsymbol{y}^{(t+1)},\boldsymbol{z},\boldsymbol{h}^{(t)},\boldsymbol{u}_{\boldsymbol{y}}^{(t)},\boldsymbol{u}_{\boldsymbol{z}}^{(t)},\boldsymbol{u}_{\boldsymbol{h}}^{(t)})$ 求解 $\boldsymbol{z}$。类似地，原问题可转换为

$$\min_{z\in\Omega_z}\ \boldsymbol{u}^{(t)\mathrm{T}}(\boldsymbol{z}-\boldsymbol{x}^{(t)})+\frac{\varrho}{2}\|\boldsymbol{z}-\boldsymbol{x}^{(t)}\|^2\tag{5.68}$$

同理，求解上述问题等效于求解 N_{T} 个独立的子问题，其中，第 n 个子问题可写为

$$\begin{cases}\min\limits_{z_n}\quad \dfrac{\varrho}{2}\boldsymbol{z}_n^{\mathrm{T}}\boldsymbol{z}_n-\left(\dfrac{\varrho}{2}\boldsymbol{x}_n^{(t)}-\boldsymbol{u}_n^{(t)}\right)^{\mathrm{T}}\boldsymbol{z}_n\\ \text{s.t.}\quad \overline{\boldsymbol{x}}_n^{(0)\mathrm{T}}\boldsymbol{z}_n\geqslant\eta_n,\boldsymbol{z}_n^{\mathrm{T}}\boldsymbol{z}_n\leqslant\epsilon_2\end{cases}\tag{5.69}$$

其中，$z_n(i)=z(n+(i-1)N_{\mathrm{T}}),i=1,2,3,\cdots,2M,n\in\mathcal{N}$，$\overline{\boldsymbol{x}}_n^{(0)}(i)=\overline{\boldsymbol{x}}^{(0)}(n+(i-1)N_{\mathrm{T}})$，

$$\overline{\boldsymbol{x}}_n^{(t)}(i)=\boldsymbol{x}^{(t)}(n+(i-1)N_{\mathrm{T}})\tag{5.70}$$

$$\boldsymbol{u}_n^{(t)}(i)=\boldsymbol{u}^{(t)}(n+(i-1)N_{\mathrm{T}}),i=1,2,3,\cdots,2M\tag{5.71}$$

类似地，上述问题可通过 KKT 条件进行求解。

同理，针对 $\boldsymbol{h}$ 的更新，问题式（5.61）可写为

$$\min_{h\in\Omega_h}\quad \boldsymbol{u}_{\boldsymbol{h}}^{(t)\mathrm{T}}(\boldsymbol{h}-\boldsymbol{x}^{(t)})+\frac{\varrho}{2}\|\boldsymbol{h}-\boldsymbol{x}^{(t)}\|^2\tag{5.72}$$

上述问题同样可用 KKT 条件找到最优解，这里不再赘述。

类似地，针对 $\boldsymbol{x}$ 的求解，问题式（5.62）可等价为

$$\min_{\boldsymbol{x}}\quad \boldsymbol{x}^{\mathrm{T}}\boldsymbol{A}^{(t)}\boldsymbol{x}+\boldsymbol{c}_q^{(t)\mathrm{T}}\boldsymbol{x}\tag{5.73}$$

其中，

$$\boldsymbol{A}^{(t)}=\boldsymbol{A}+\frac{3\varrho}{2}\boldsymbol{I}_{2N_\mathrm{T}M} \tag{5.74}$$

$$\boldsymbol{c}_q^{(t)}=\boldsymbol{c}_q-\boldsymbol{u}_{\boldsymbol{y}}^{(t)}-\varrho\boldsymbol{y}^{(t+1)}-\boldsymbol{u}_z^{(t)}-\varrho\boldsymbol{z}^{(t+1)}-\boldsymbol{u}_{\boldsymbol{h}}^{(t)}-\varrho\boldsymbol{h}^{(t+1)} \tag{5.75}$$

上述问题是一个无约束的凸问题，其最优解可通过求导得到。

下面讨论快速 ADMM 的退出条件及 ϱ 的选取。本节中设置 ADMM 算法的退出条件为

$$\max\{\|\boldsymbol{x}^{(t)}-\boldsymbol{y}^{(t)}\|,\|\boldsymbol{x}^{(t)}-\boldsymbol{h}^{(t)}\|,\|\boldsymbol{z}^{(t)}-\boldsymbol{x}^{(t)}\|,\|\boldsymbol{x}^{(t)}-\boldsymbol{x}^{(t+1)}\|\}\leqslant\tau_2 \tag{5.76}$$

文献[26]给出了一种 ϱ 的选取方法。具体而言，将式（5.54）等价为

$$\begin{cases}\min\limits_{\boldsymbol{x},\boldsymbol{w}} & \dfrac{1}{2}\boldsymbol{x}^\mathrm{T}\bar{\boldsymbol{A}}\boldsymbol{x}+\boldsymbol{c}_q^\mathrm{T}\boldsymbol{x}\\ \text{s.t.} & \boldsymbol{B}\boldsymbol{w}=\boldsymbol{x},\boldsymbol{w}=[\boldsymbol{y}^\mathrm{T},\boldsymbol{z}^\mathrm{T},\boldsymbol{h}^\mathrm{T}]^\mathrm{T}\\ & \boldsymbol{y}\in\Omega_y,\ \boldsymbol{z}\in\Omega_z,\ \boldsymbol{h}\in\Omega_h\end{cases} \tag{5.77}$$

其中，$\bar{\boldsymbol{A}}=2\boldsymbol{A},\boldsymbol{B}=[\boldsymbol{I}_{2N_\mathrm{T}M},\boldsymbol{I}_{2N_\mathrm{T}M},\boldsymbol{I}_{2N_\mathrm{T}M}]^\mathrm{T}\in\mathbb{R}^{2N_\mathrm{T}M\times6N_\mathrm{T}M}$，其最优 ϱ 的值可设为 $\varrho=\dfrac{1}{\sqrt{\lambda_{\min}(\widehat{\boldsymbol{A}})\lambda_{\max}(\widehat{\boldsymbol{A}})}}$，$\widehat{\boldsymbol{A}}=\boldsymbol{B}\bar{\boldsymbol{A}}^{-1}\boldsymbol{B}^\mathrm{T}$，$\lambda_{\min}(\widehat{\boldsymbol{A}})$ 表示 $\widehat{\boldsymbol{A}}$ 中不为 0 的最小特征值，$\lambda_{\max}(\widehat{\boldsymbol{A}})$ 为矩阵 $\widehat{\boldsymbol{A}}$ 的最大特征。

快速 ADMM 算法求解式（5.54）的过程如下。

算法 5.3 流程　快速 ADMM 算法求解式（5.54）

输入：$\boldsymbol{A}_0,\varrho,\{\boldsymbol{\Gamma}_n\}$，$\boldsymbol{c}_x,\bar{\boldsymbol{x}}^{(0)},\boldsymbol{x}^{(0)},\boldsymbol{y}^{(0)},\boldsymbol{z}^{(0)},\boldsymbol{h}^{(0)},\boldsymbol{u}_y^{(0)},\boldsymbol{u}_z^{(0)},\boldsymbol{u}_h^{(0)},\tau_1,\tau_2$；

输出：式（5.54）的最优解 $\boldsymbol{x}^{(*)}$。

（1）$t=0$；

（2）$t=t+1$；

（3）利用 KKT 条件更新 $\boldsymbol{y}^{(t+1)},\boldsymbol{z}^{(t+1)},\boldsymbol{h}^{(t+1)}$；

（4）求解式（5.73）得到 $\boldsymbol{x}^{(t+1)}$；

（5）更新 $\boldsymbol{u}_y^{(t+1)},\boldsymbol{u}_z^{(t+1)},\boldsymbol{u}_h^{(t+1)}$；

（6）若 $\max\{\|\boldsymbol{x}^{(t)}-\boldsymbol{y}^{(t)}\|,\|\boldsymbol{x}^{(t)}-\boldsymbol{h}^{(t)}\|,\|\boldsymbol{z}^{(t)}-\boldsymbol{x}^{(t)}\|,\|\boldsymbol{x}^{(t)}-\boldsymbol{x}^{(t+1)}\|\}\leqslant\tau_2$，则 $\boldsymbol{x}^{(*)}=\boldsymbol{x}^{(t+1)}$ 并退出，否则返回步骤（2）。

将基于 ADMM 的序列凸逼近算法求解 $\mathcal{P}^{(q)}$ 的过程命名为 SADMM 算法。

算法 5.4 流程　SADMM 算法求解 $\mathcal{P}^{(q)}$

输入： $\boldsymbol{R},\boldsymbol{r}^{(q)},\boldsymbol{s}_{(0)}$；

输出： $\mathcal{P}^{(q)}$ 的次优解 $\boldsymbol{s}^{(q)}$。

（1）$l=0$；

（2）$l=l+1$，$\overline{\boldsymbol{s}}=\boldsymbol{s}_{(l-1)}$；

（3）利用 ADMM 算法找到 $\mathcal{P}_l^{(q)}$ 的最优解 $\boldsymbol{s}_{(l)}$；

（4）若 $\|\boldsymbol{s}_{(l)}-\boldsymbol{s}_{(l-1)}\|/\|\boldsymbol{s}_{(l)}\|\leqslant\tau_3$，则 $\boldsymbol{s}^{(q)}=\boldsymbol{s}_{(l)}$ 并退出，否则返回步骤（2）。

5.2.2.2　计算复杂度分析

首先，分析 ADMM 算法的计算复杂度。其计算量主要与 $\boldsymbol{y}^{(t)},\boldsymbol{z}^{(t)},\boldsymbol{h}^{(t)},\boldsymbol{x}^{(t)}$ 的更新有关。其中，$\boldsymbol{y}^{(t)},\boldsymbol{z}^{(t)},\boldsymbol{h}^{(t)}$ 的更新能够通过并行的方式进行求解，并且利用 KKT 条件能够得到 $\boldsymbol{y}^{(t)},\boldsymbol{z}^{(t)},\boldsymbol{h}^{(t)}$ 的闭式解，相应的计算复杂度为 $\mathcal{O}(N_\mathrm{T}M)$。此外，$\boldsymbol{x}^{(t)}$ 的更新需求解 $\boldsymbol{A}^{(t)}$ 的逆矩阵。由于 $\boldsymbol{A}^{(t)}=\boldsymbol{A}+3\varrho\boldsymbol{I}_{2N_\mathrm{T}M}/2$，可以通过 $\boldsymbol{A}$ 的逆矩阵计算 $\boldsymbol{A}^{(t)}$ 的逆矩阵。故可在整个交替最小化算法之前求解 $\boldsymbol{A}$ 的逆矩阵来降低计算复杂度。因此，$\boldsymbol{x}^{(t)}$ 的更新计算复杂度为 $\mathcal{O}((N_\mathrm{T}M)^2)$，故 ADMM 算法每次迭代的计算复杂度为 $\mathcal{O}((N_\mathrm{T}M)^2)$。

接下来分析 SADMM 算法的计算复杂度。由于 SADMM 算法每次需要调用快速的 ADMM 算法求解式（5.54），因此，SADMM 每次的迭代计算复杂度为 $\mathcal{O}(I(N_\mathrm{T}M)^2)$，其中，$I$ 表示在 SADMM 算法每次迭代中 ADMM 算法运行的迭代次数。

事实上，凸问题式（5.54）也可用 IPM[21]进行求解，相应的计算复杂度为 $\mathcal{O}((N_\mathrm{T}M)^3)$。另外，一致交替方向乘子法（Consensus Alternation Direction Method of Multipliers，CoADMM）[27]也可求解式（5.54），但需对每对二次约束引入一个辅助变量。因此，CoADMM 算法总共需要引入 $MN_\mathrm{T}+N_\mathrm{T}+1$ 个辅助变量，使得问题规模与原问题接近，且辅助变量个数与发射天线的个数及发射波形的长度有关。综上所述，所提的快速 ADMM 算法具有更低的计算复杂度。

基于上面的讨论，可采用序列 CoADMM（Sequential Consensus Alternation Direction Method of Multipliers，SCoADMM）算法与 SIPM 算法求解 $\mathcal{P}^{(q)}$。实际上，也可直接利用 CoADMM 算法求解非凸问题 $\mathcal{P}^{(q)}$。因此，为后续便于比较，当利用交替最小化方法求解 $\mathcal{P}_1$ 时，其每次迭代可调用 SADMM、CoADMM、SCoADMM 和 SIPM 算法求解子问题 $\mathcal{P}^{(q)}$。这里将其过程分别命名为 NSADMM 算法、内嵌 CoADMM 算法（Nested Consensus Alternation Direction Method of Multipliers，NCoADMM）、内嵌 SCoADMM 算法（Nested Sequential Consensus Alternation Direction Method of Multipliers，NSCoADMM）和内嵌 SIPM（Nested Sequential

Interior Point Method，NSIPM）。

5.2.2.3　收敛性分析

本节分析 SADMM 算法的收敛特性。

定理 5.2　假定 $\boldsymbol{s}_{(l)}$ 为 $\mathcal{P}_l^{(q)}$ 的最优解，令 $v_q(\boldsymbol{s}_{(l)})=\boldsymbol{s}_{(l)}^{\mathrm{H}}\boldsymbol{R}\boldsymbol{s}_{(l)}+2\Re\{\boldsymbol{s}_{(l)}^{\mathrm{H}}\boldsymbol{r}^{(q)}\}$，则 SADMM 算法具有以下三个性质。

（1）该算法保证目标函数值序列 $v_q(\boldsymbol{s}_{(l)})$ 单调减小；

（2）该算法保证 $v_q(\boldsymbol{s}_{(l)})$ 收敛至有限值；

（3）收敛解 $\boldsymbol{s}_{(*)}$ 是 $\mathcal{P}_l^{(q)}$ 的一个 KKT 点。

具体证明过程见附录 D。

5.2.3　性能分析

假定感兴趣的空-频域定义为 $\Theta=\{(\theta,f)\,|\,\theta\in[0°,180°],f\in[f_{\mathrm{c}}-B/2,f_{\mathrm{c}}+B/2]\}$，空-频置零的区域定义为 $\Theta_2=\{(\theta,f)\,|\,\theta\in[30°,50°],f\in[f_{\mathrm{c}}-B/2,f_{\mathrm{c}}]\}$，方向图模板定义为

$$d_{l,k}^{0}=\begin{cases}1, & \theta=120°,f\in[f_{\mathrm{c}}-\dfrac{B}{2},f_{\mathrm{c}}+\dfrac{B}{2}]\\ 0, & 其他\end{cases}\tag{5.78}$$

宽带 MIMO 雷达工作中心频率 $f_{\mathrm{c}}=1\mathrm{GHz}$，发射信号带宽 $B=200\mathrm{MHz}$，阵元间距 $d=c/2(f_{\mathrm{c}}+B/2)$，阵元数 $N_{\mathrm{T}}=10$，波形采样数 $M=32$，方位步长 $\Delta\theta=1°$，天线功率上下限分别设置为 $p_1=(1-\tilde{\alpha})/M$ 和 $p_2=(1+\tilde{\alpha})/M$，其中 $\tilde{\alpha}=0.5$，波形能量下界和上界分别为 $e_1=N_{\mathrm{T}}(1-\tilde{\beta})$ 和 $e_2=N_{\mathrm{T}}(1+\tilde{\beta})$，其中 $\beta=0.2$。

图 5.11（a）与图 5.11（b）分别展示了不同 a 值条件下目标函数值 $f(\boldsymbol{s})$ 随迭代次数与 CPU 计算时间变化的结果。由图 5.11 可以看出，随着迭代次数与计算时间的增加，所有算法的目标函数值逐渐减小，并在经过几次迭代后快速收敛至较低的值。相比其他算法，NSADMM 算法收敛速度最快。另外，随着 a 值的增加，波形幅度优化的自由度增大，目标函数值 $f(\boldsymbol{s})$ 降低。图 5.11（a）和图 5.11（b）也表明了 NISPM 与 NSADMM 算法具有相同的目标函数值，且均优于 NCoADMM 与 NSCoADMM 算法，这是由于所提的快速 ADMM 算法能保证凸问题收敛至全局最优解。

图 5.12 所示为 $\gamma=0.99$ 时尺度因子 $\alpha^{(q)}$ 随迭代次数变化的曲线。由图 5.12 可知，经过 1 次迭代后，$\alpha^{(q)}$ 收敛趋于 1，即方向图模板值 $d_{l,k}^{0}$ 不再更新，说明所提的自适应尺度因子方法能够保证收敛。

表 5.2 总结了不同 a 值条件下所有算法优化的目标函数值 $f(\boldsymbol{s})$、迭代次数和计算时间。由表 5.2 可知，a 值越大，目标函数值越小。NSADMM 算法较 NCoADMM 和 NSCoADMM 算法有更小的目标函数值与更快的收敛速度，但需更

迭代次数多，其每次迭代的计算效率均优于其他两种算法。另外，NSADMM 与 NSIPM 算法的迭代次数和目标函数值相同，但 NSADMM 算法计算效率更高。

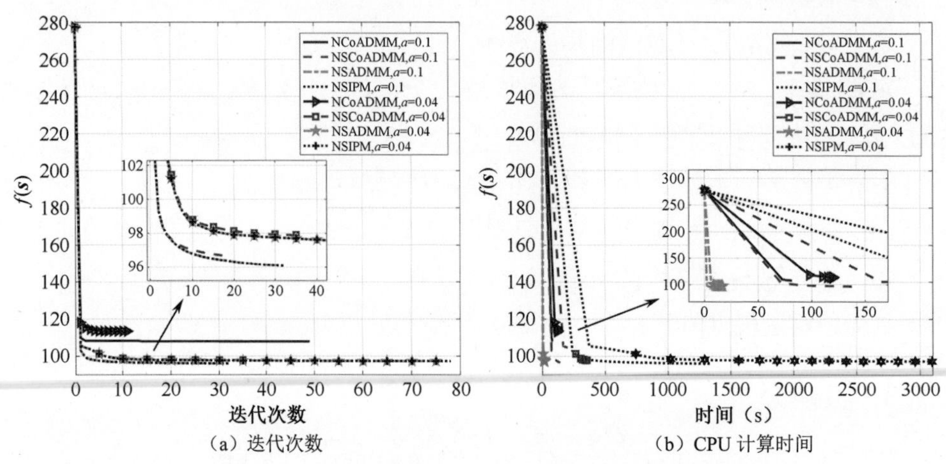

（a）迭代次数　　　　（b）CPU 计算时间

图 5.11　不同 a 值条件下 $\gamma=0.99$ 的 $f(\boldsymbol{s})$ 变化曲线

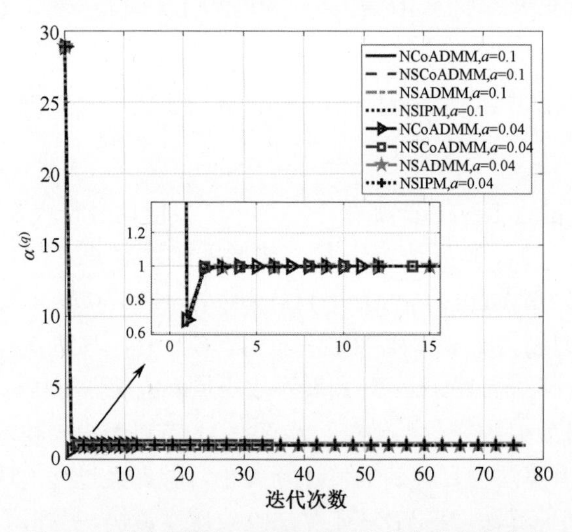

图 5.12　方向图模板尺度因子随迭代次数变化曲线

表 5.2　不同 a 值条件下的目标函数值 $f(s)$、迭代次数 n 和计算时间

算　法	$a=0.1$			$a=0.04$		
	$f(\boldsymbol{s})$	n	时间（s）	$f(\boldsymbol{s})$	n	时间（s）
NCoADMM	108.3	3	77.5	113.6	6	108.5
NSCoADMM	96.7	19	142.7	97.9	36	355.8
NSADMM	96.1	33	6.0	97.3	79	17.4
NSIPM	96.1	33	1371.5	97.3	79	3199.7

图 5.13 给出了不同a值下所有算法的宽带 MIMO 雷达方向图。由图 5.13 可知，所有方向图的能量主要集中于$\theta = 120^\circ$附近，且在所有频点主瓣的电平基本保持恒定，说明方向图频率一致性较好，与理论设置一致。方向图在感兴趣空-频区域$\Theta_2 = \{(\theta, f) \mid \theta \in [30^\circ, 50^\circ], f \in [0.9\text{GHz}, 1\text{GHz}]\}$呈现零陷，NSADMM 算法的方向图在置零区域内 PSL 分别为-36.5dB 与-35.4dB，保证了 MIMO 雷达频谱共存能力与抗干扰性能。另外，对比 NCoADMM 算法，NSCoADMM 与 NSADMM 算法优化的方向图更加平滑。最后也可观察到，a值越大，波形幅度自由度越高，方向图拟合误差越小，所有算法的方向图效果越好。但由于波形幅度动态范围变大，雷达的非线性放大器工作在线性放大区，导致放大器不能以最大效率工作，使得 MIMO 雷达探测威力降低。在实际中，应合理选择a值，以平衡探测威力与 MIMO 雷达方向图性能。

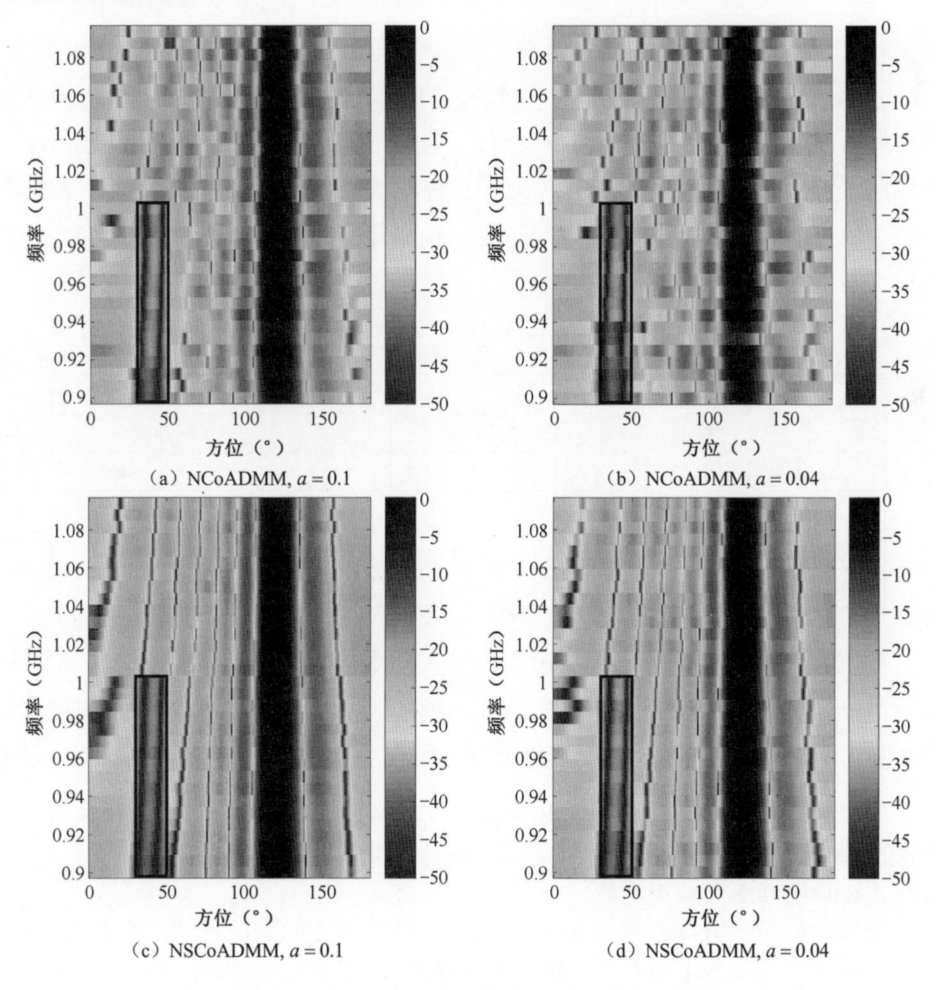

（a）NCoADMM, $a = 0.1$　（b）NCoADMM, $a = 0.04$

（c）NSCoADMM, $a = 0.1$　（d）NSCoADMM, $a = 0.04$

图 5.13　$\gamma = 0.99$ 时的宽带 MIMO 雷达方向图

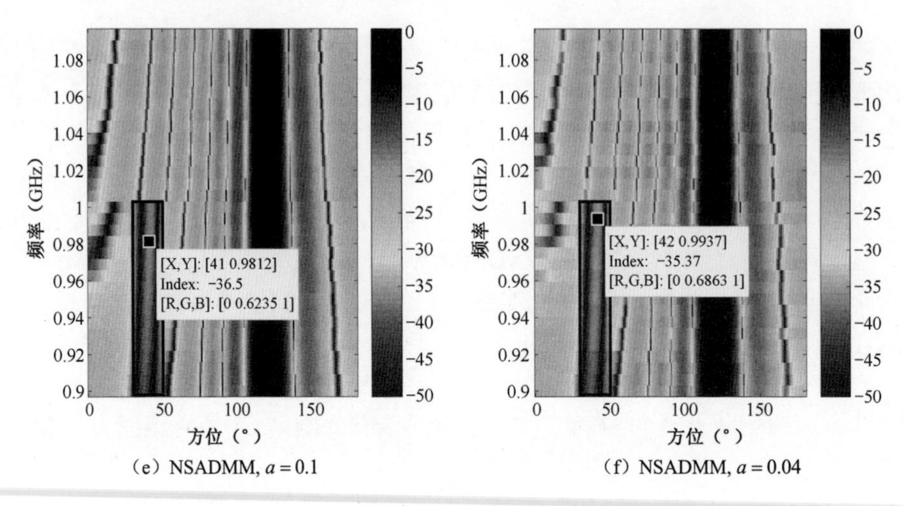

（e）NSADMM, $a=0.1$　　（f）NSADMM, $a=0.04$

图 5.13　$\gamma=0.99$ 的宽带 MIMO 雷达方向图（续）

下面分析方向图模板值不随迭代次数变化时 MIMO 雷达方向图性能。具体而言，假定$\gamma=0.99$，$a=0.1$，$\tilde{d}_{l,k}^0=\alpha_f d_{l,k}^0$，其中，$\tilde{d}_{l,k}^0$为新的方向图模板值，$\alpha_f$为比例因子。表 5.3 总结了$\alpha_f=1,20$时的目标函数值$f(\boldsymbol{s})$、迭代次数及计算时间。可以看出，NSADMM 算法相比于 NCoADMM 与 NSCoADMM 算法拥有更快的收敛速度与更小的目标函数值。

表 5.3　不同α_f条件下的目标函数值$f(s)$、迭代次数n和计算时间

算　法	$\alpha_f=1$			$\alpha_f=20$		
	$f(\boldsymbol{s})$	n	时间（s）	$f(\boldsymbol{s})$	n	时间（s）
NCoADMM	1.4	3	35.4	122.2	4	88.6
NSCoADMM	0.502	6	287.3	122.01	20	157.9
NSADMM	0.499	8	10.4	122.01	32	5.35
NSIPM	0.499	8	961.9	122.01	32	1433.1

图 5.14 分析了不同α_f条件下宽带 MIMO 雷达方向图的性能。由图 5.14 可知，当$\alpha_f=1$时，方向图主瓣消失。NSCoADMM 与 NSADMM 算法的方向图能量主要汇集于低频部分，逼近效果不理想。当$\alpha_f=20$时，方向图效果与理论预期相符合。说明针对固定方向图模板值时，需要合理选择比例因子，才能实现好的方向图拟合。相比 NCoADMM 算法，NSCoADMM 与 NSADMM 算法的方向图更加平滑，说明其逼近效果更好。

下面分析$a=0.1$时不同γ值条件下 MIMO 雷达方向图的性能。如表 5.4 所示给出了不同γ值条件下所有算法的目标函数值$f(\boldsymbol{s})$、迭代次数和计算时间。可观察到，相比 NCoADMM 与 NSCoADMM 算法，NSADMM 算法的计算效率高并且目标函数值小。

表 5.4　不同 γ 值条件下的目标函数值 $f(s)$ 、迭代次数 n 和计算时间

算　法	$\gamma = 0.5$			$\gamma = 0.1$		
	$f(s)$	n	时间（s）	$f(s)$	n	时间（s）
NCoADMM	5527	3	77.9	9704	4	52.4
NSCoADMM	5150	48	186.9	9365	47	182.2
NSADMM	5111	29	19.5	9345	30	21.3
NSIPM	5111	29	1071.9	9345	30	1080.9

图 5.15 给出了相应的宽带 MIMO 雷达方向图性能。通过结合图 5.13（a）、图 5.13（c）和图 5.13（e）可知，γ 值越大，$\Theta_2 = \{(\theta, f) \mid \theta \in [30^\circ, 50^\circ], f \in [0.9\text{GHz}, 1\text{GHz}]\}$ 区域内的电平越低，置零效果越好。可根据实际需求合理选择 γ，以折中考虑 MIMO 雷达频谱兼容能力与方向图性能。

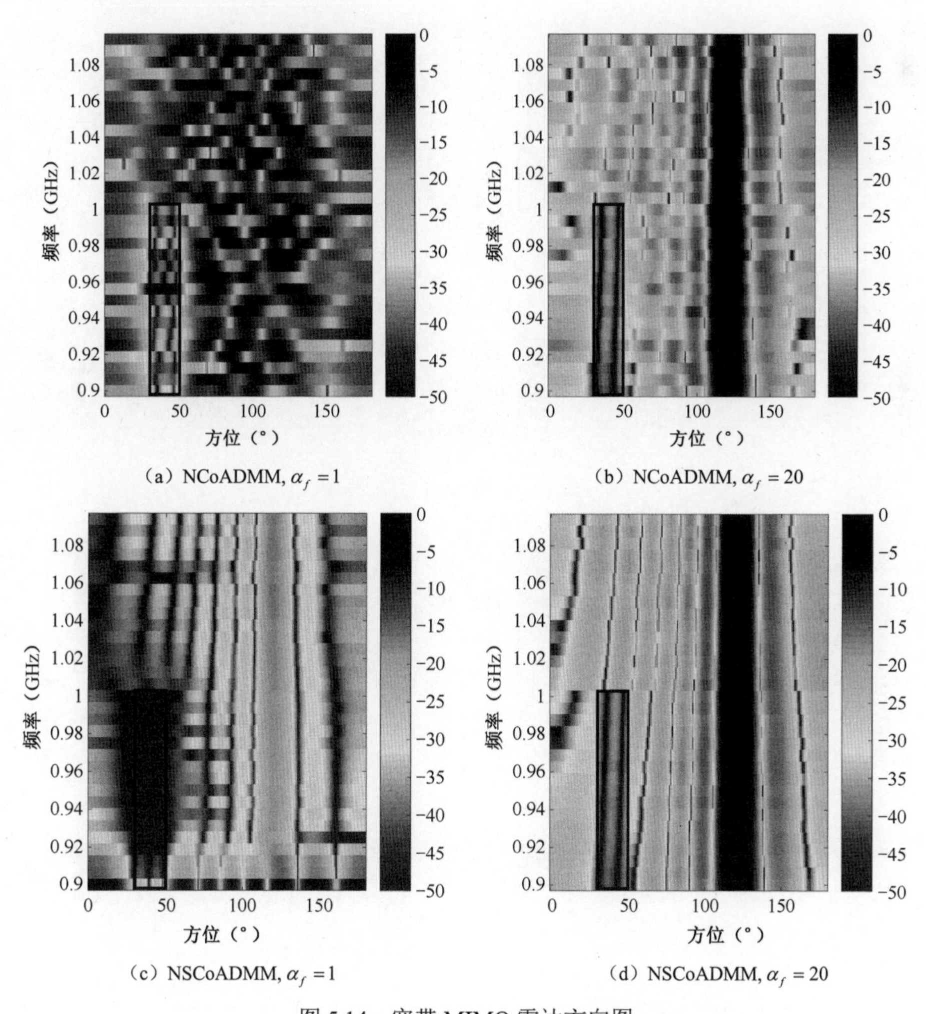

（a）NCoADMM, $\alpha_f = 1$　（b）NCoADMM, $\alpha_f = 20$

（c）NSCoADMM, $\alpha_f = 1$　（d）NSCoADMM, $\alpha_f = 20$

图 5.14　宽带 MIMO 雷达方向图

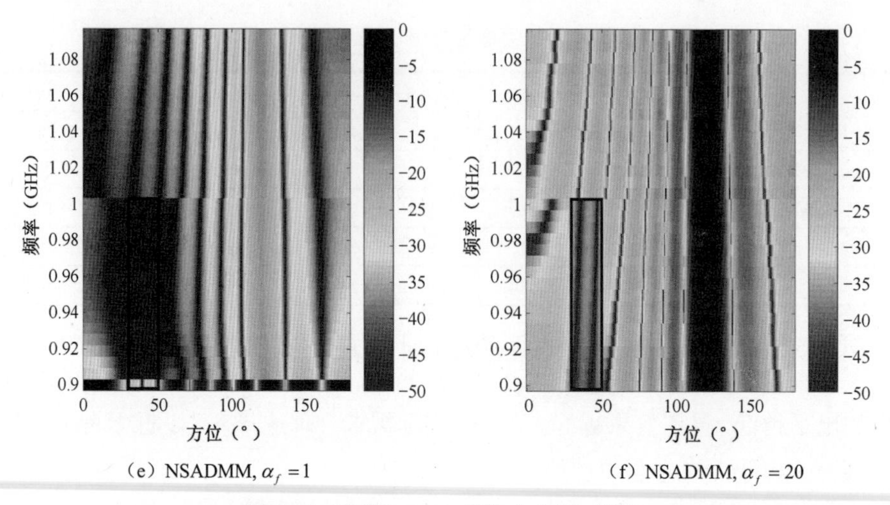

（e）NSADMM, $\alpha_f = 1$　　（f）NSADMM, $\alpha_f = 20$

图 5.14　宽带 MIMO 雷达方向图（续）

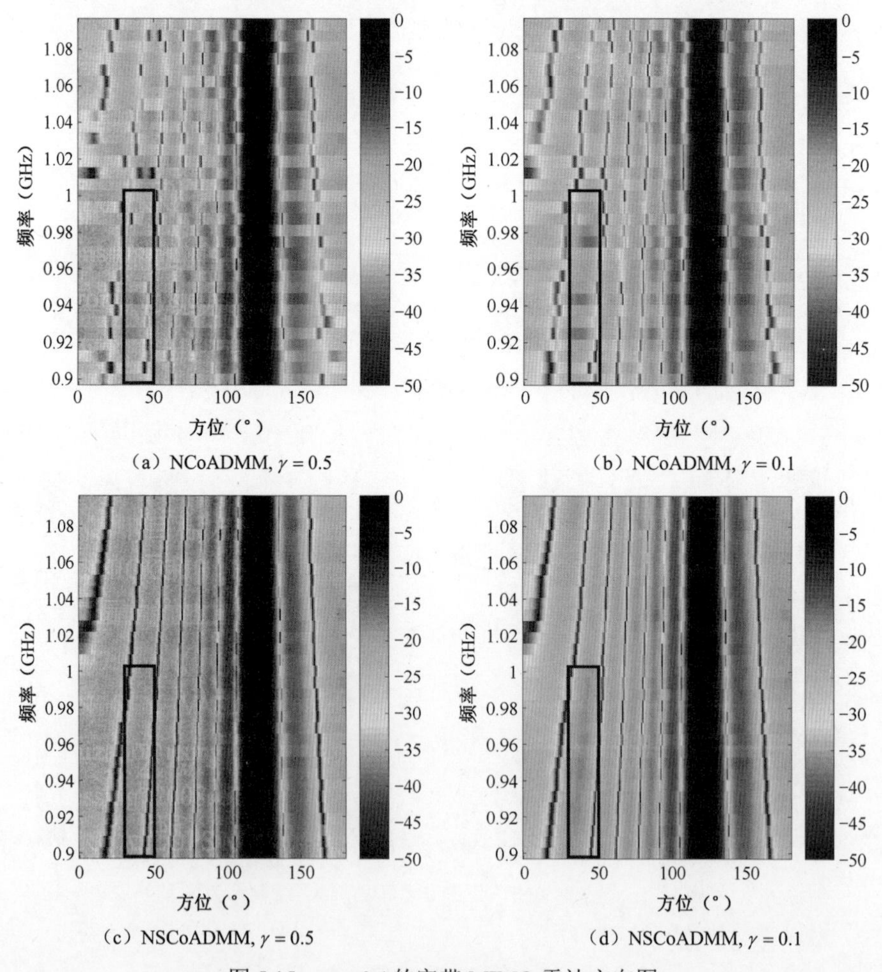

（a）NCoADMM, $\gamma = 0.5$　　（b）NCoADMM, $\gamma = 0.1$

（c）NSCoADMM, $\gamma = 0.5$　　（d）NSCoADMM, $\gamma = 0.1$

图 5.15　$a = 0.1$ 的宽带 MIMO 雷达方向图

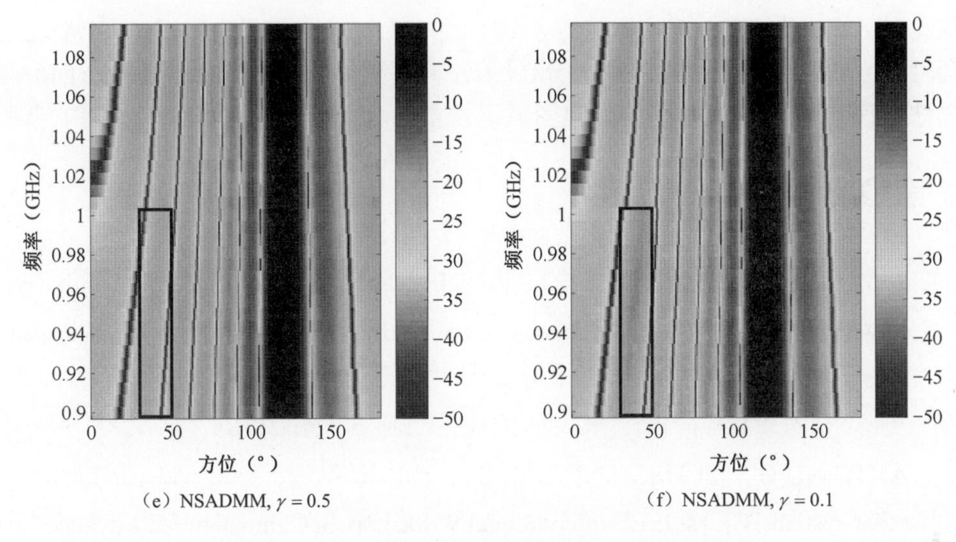

（e）NSADMM, $\gamma = 0.5$　　（f）NSADMM, $\gamma = 0.1$

图 5.15　$a = 0.1$ 的宽带 MIMO 雷达方向图（续）

5.3　本章小结

本章通过最小化恒模约束下的方向图模板匹配误差与空-频阻带能量的加权和，提出了一种基于 NIOA 的宽带 MIMO 雷达波形设计算法。该算法的每次迭代都将原问题转换为一个恒模约束下的二次优化问题，进而提出 IOA 进行迭代求解。在每次迭代中，IOA 利用一阶泰勒展开函数对目标函数进行逼近并推导其闭式解，最后证明了 IOA 能够保证目标函数单调递减至收敛，相应的解满足一阶最优性条件。另外，为解决方向图模板尺度因子如何选择的问题，提出了一种自适应的尺度因子更新方法。理论分析表明，本章所提算法相比现有算法具有最低的计算量复杂度。仿真分析验证了相比其他算法 NIOA 的收敛速度快，可通过方向图模板尺度因子自适应更新方法得到一个合理的方向图，同时优化的方向图能够在感兴趣的区域实现空-频置零，保证了宽带 MIMO 雷达系统与其他电子系统频谱共存。

为进一步提高波形优化自由度，基于相同的代价函数，5.2 节首先通过放松恒模约束为波形变模约束，构建了基于波形模、天线功率与能量约束下的宽带 MIMO 雷达发射波束优化模型。然后提出了基于 NSADMM 算法的宽带 MIMO 雷达波形迭代优化算法，在每次迭代中，NSADMM 算法将原问题转换为一个非凸的二次约束二次规划（Quadratically Constrained Quadratic Programs，QCQP）问题，通过利用一系列凸的 QCQP 问题对其进行逼近，进而提出了快速 SADMM 迭代算法。本章理论证明 SADMM 算法能够保证目标函数单调递减至收敛，相应的波形解满足一阶最优性条件，同时相比 NCoADMM 算法、NSCoADMM 算法和 NSIPM 算法，其具有更低的计算复杂度。仿真实验表明，NSADMM 算法具有更快的收敛特性，同时相比 NCoADMM 算法，NSADMM 算法具有更好的方向图。另外，NSADMM 算法具有比恒模约束更好的方向图逼近性能，但降低了发射机工作效率。

本章参考文献

[1] SHIRMAN Y D, LESHCHENKO S P, ORLENKO V M. Advantages and problems of wideband radar[C]. 2003 Proceedings of the International Conference on Radar, Adelaide, SA, Australia, 2003: 15-21.

[2] 王德纯. 宽带相控阵雷达[M]. 北京: 国防工业出版社, 2010.

[3] ANTONIO G S, FUHRMANN D R. Beampattern synthesis for wideband MIMO radar systems[C]. 1st IEEE International Workshop on Computational Advances in Multi-Sensor Adaptive Processing, Puerto Vallarta, Mexico, 2005: 105-108.

[4] TANG Y, ZHANG Y D, AMIN M G, et al. Wideband multiple-input multiple-output radar waveform design with low peak-to-average ratio constraint[J]. IET Radar, Sonar & Navigation, 2016, 10(2): 325-332.

[5] LIU H, WANG X, BO J, et al. Wideband MIMO radar waveform design for multiple target imaging[J]. IEEE Sensors Journal, 2016, 16(23): 325-332.

[6] HE H, STOICA P, LI J. Wideband MIMO systems: Signal design for transmit beampattern synthesis[J]. IEEE Transactions on Signal Processing, 2011, 59(2): 618-628.

[7] ALDAYEL O, MONGA V, RANGASWAMY M. Tractable transmit MIMO beampattern design under a constant modulus constraint[J]. IEEE Transactions on Signal Processing, 2017, 65(10): 2588-2599.

[8] KANG B, ALDAYEL O, MONGA V, et al. Spatio-spectral radar beampattern design for co-existence with wireless communication systems[J]. IEEE Transactions on Aerospace and Electronic Systems, 2019, 55(2): 644-657.

[9] ALDAYEL O, MONGA V, RANGASWAMY M. Tractable transmit MIMO beampatterndesign under a constant modulus constraint[J]. IEEE Transactions on Signal Processing, 2017, 65(10): 2588-2599.

[10] MCCORMICK P M, BLUNT S D, METCALF J G. Wideband MIMO frequency-modulated emission design with space-frequency nulling[J]. IEEE Journal of Selected Topics in Signal Processing, 2017, 11(2): 363-378.

[11] YU X, CUI G, YANG J, et al. Wideband MIMO radar beampattern shaping with space-frequency nulling[J]. Signal Processing, 2019, 160: 80-87.

[12] GUERCI J R. Cognitive radar: The knowledge aided fully adaptive approach[J]. Aeronautical Journal, 2011, 115: 390.

[13] AUBRY A, MAIO A D, FARINA A M. Wicks. Knowledge-aided (potentially cognitive) transmit signal and receive filter design in signal-dependent clutter[J]. IEEE Transactions on Aerospace and Electronic Systems, 2013, 49(1): 93-117.

[14] CUI G, FU Y, YU X, et al. Local ambiguity function shaping via unimodular sequence design[J]. IEEE Signal Processing Letter, 2017, 24(7): 977-981.

[15] CUI G, YU X, PIEZZO M, et al. Constant modulus sequence set design with good correlation properties[J]. Signal Processing, 2017: 139: 75-85.

[16] HE H, LI J, STOICA P. Waveform design for active sensing systems: A computational approach[M]. Cambridge: Cambridge University Press, 2012.

[17] MAIO A D, NICOLA S D, HUANG Y, et al. Design of phase codes for radar performance optimization with a similarity constraint[J]. IEEE Transactions on Signal Processing, 2009, 57(2): 610-621.

[18] AUBRY A, MAIO A D, ZAPPONE A, et al. A new sequential optimization procedure and its applications to resource allocation for wireless systems[J]. IEEE Transactions on Signal Processing, 2018, 66(24): 6518-6533.

[19] GUI G, LI H, RANGASWAMYM. MIMO radar waveform design with constant modulus and similarity constraints[J]. IEEE Transactions on Signal Processing, 2014, 62(2): 343-353.

[20] LIANG J, SO H C, LI J, et al. Unimodular sequence design based on alternating direction method of multipliers[J]. IEEE Transactions on Signal Processing, 2016, 64(2): 5367-5381.

[21] BOYD S, VANDENBERGHE L. Convex optimization[M]. Cambridge: Cambridge University Press, 2004.

[22] KANG B, ALDAYEL O, MONGA V, et al. Spatio-spectral radar beampattern design for coexistence with wireless communication systems[J]. IEEE Transactions on Aerospace Electronic Systems, 2019, 55(2): 644-657.

[23] ZHAO L, SONG J, BABU P, et al. A unified framework for low autocorrelation sequence design via majorization-minimization[J]. IEEE Transactions on Signal Processing, 2017, 65(2): 438-453.

[24] STOICA P, LI J, XIE Y. On probing signal design for MIMO radar[J]. IEEE Transactions on Signal Processing, 2007, 55(8): 4151-4161.

[25] AUBRY A, MAIO A D, PIEZZO M. et al. Radar waveform design in a spectrally crowded environment via nonconvex quadratic optimization[J]. IEEE Transactions on Aerospace and Electronic Systems, 2014, 50(2): 1138-1152.

[26] GHADIMI E, TEIXEIRA A, SHAMES I, et al. Optimal parameter selection for the alternating direction method of multipliers (ADMM): Quadratic problems[J]. IEEE Transactions on Automatic Control, 2015, 60(3): 644-658.

[27] HUANG K, SIDIROPOULOS N D. Consensus-ADMM for general quadratically constrained quadratic Pprogramming[J]. IEEE Transactions on Signal Processing, 2016, 64(20): 5297-5310.

第 6 章

MIMO 雷达快时间发射波形设计

- MIMO 雷达信号相关杂波下的 SINR 准则
- MIMO 雷达快时间稳健发射波形设计
- MIMO 雷达快时间一体化发射波形设计

第4章和第5章从发射端角度研究了基于MIMO雷达发射波束赋形的波形设计方法。这些方法通常假定杂波在空间上是均匀分布或近似均匀分布的，未充分考虑杂波的空域分布特性。然而，非均匀时变的地理环境，使得实际中MIMO雷达接收的杂波回波在空间上呈现非均匀的特性。例如，具有非均匀、多变和强独立散射等特性的散射体与雷达探测信号相互作用，导致MIMO雷达接收回波中混有强杂波散射与非高斯随机分布等信号。因此，第4、第5章设计的发射波束未充分利用杂波等先验知识，无法有效对抗较强的方位旁瓣杂波，导致回波SINR性能提升有限。认知雷达研究领域表明：若能充分利用探测环境中的目标与干扰先验信息，辅助波形设计，可大幅度提升雷达干扰抑制能力，提高目标检测性能，增强系统环境自适应能力[1-9]。

本章首先分析MIMO雷达系统模型，包括点目标与杂波回波建模，其中杂波可以建模为多个独立点目标回波求和，是一种特殊的目标回波模型。利用信号的平均功率与杂波加噪声的平均功率之比推导SINR设计准则。然后基于杂波与目标导向矢量矩阵知识的不确定性，建立了最差SINR优化准则。在此基础上，针对波形连续相位与离散相位两种情况，分别建立波形恒模与相似性约束下最大化最差SINR数学模型，进而设计基于丁克尔巴赫算法和坐标下降联合算法（Dinkelbach Algorithm - Coordinate Descent，DA-CD）的MIMO雷达稳健发射波形优化算法，并分析算法的收敛性与计算复杂度，最后通过仿真验证所提算法的有效性。此外，提出基于频谱位置索引和幅度（Spectral Position Index and Amplitude，SPIA）调制的MIMO雷达快时间波形设计方法，建立基于通信信息调制约束、发射方向图主瓣、旁瓣电平约束和波形变模约束下最大化SINR数学模型，进而设计基于序列块增强联合丁克尔巴赫迭代过程、序列凸逼近、交替方向乘子法（Sequence Block Enhancement-DA, SCA and ADMM，SBE-DSADMM）的MIMO雷达一体化波形优化算法，并分析算法的收敛性和计算复杂度，最后通过仿真验证所提算法的有效性。

6.1 MIMO 雷达信号相关杂波下的 SINR 准则

本节利用杂波等先验知识，分析MIMO雷达系统模型，包括点目标与杂波回波建模，其中杂波可以建模为多个独立点目标回波求和，是一种特殊的目标回波模型；利用信号的平均功率与杂波加噪声的平均功率之比推导SINR设计准则。

考虑一个窄带MIMO雷达具有均匀布阵形式的N_{T}个发射阵元与N_{R}个接收阵元，第n个发射阵元发射的离散基带信号形式可以表示为$\boldsymbol{s}_n=[\boldsymbol{s}_n(1),\boldsymbol{s}_n(2),\boldsymbol{s}_n(3),\cdots,\boldsymbol{s}_n(M)]^{\mathrm{T}}$，其中$n=1,2,3,\cdots,N_{\mathrm{T}}$，$M$表示波形采样数。假定探测的远场环境中存在一个点目标及与目标位于相同距离单元的K个独立不相关的点杂波，如图6.1所示。那么MIMO雷达在N_{R}个接收阵元的第m个采样的基带离散回波$\boldsymbol{x}_m$可记为[10-11]

$$\boldsymbol{x}_m = \alpha_0 \boldsymbol{A}(\theta_0)\overline{\boldsymbol{s}}_m + \boldsymbol{d}_m + \boldsymbol{v}_m \tag{6.1}$$

其中，$\overline{\boldsymbol{s}}_m = [\boldsymbol{s}_1(m), \boldsymbol{s}_2(m), \boldsymbol{s}_3(m), \cdots, \boldsymbol{s}_{N_\mathrm{T}}(m)]^\mathrm{T}$，$\alpha_0$ 是目标回波信号的复幅度，θ_0 表示目标的方位，$\boldsymbol{A}(\theta) = \boldsymbol{a}_\mathrm{R}^*(\theta)\boldsymbol{a}_\mathrm{T}^\mathrm{H}(\theta)$ 是在方位 θ 的导向矩阵，$\boldsymbol{a}_\mathrm{R}(\theta)$ 与 $\boldsymbol{a}_\mathrm{T}(\theta)$ 分别为方位 θ 上归一化的接收与发射导向矢量，记为

$$\boldsymbol{a}_\mathrm{R}(\theta) = \frac{1}{\sqrt{N_\mathrm{R}}}[1, \mathrm{e}^{\mathrm{j}2\pi\frac{d_\mathrm{R}}{\lambda}\sin\theta}, \mathrm{e}^{\mathrm{j}2\pi\frac{d_\mathrm{R}}{\lambda}\cdot 2\sin\theta}, \mathrm{e}^{\mathrm{j}2\pi\frac{d_\mathrm{R}}{\lambda}\cdot 3\sin\theta}, \cdots, \mathrm{e}^{\mathrm{j}2\pi\frac{d_\mathrm{R}}{\lambda}\cdot(N_\mathrm{R}-1)\sin\theta}]^\mathrm{T} \tag{6.2}$$

$$\boldsymbol{a}_\mathrm{T}(\theta) = \frac{1}{\sqrt{N_\mathrm{T}}}[1, \mathrm{e}^{\mathrm{j}2\pi\frac{d_\mathrm{T}}{\lambda}\sin\theta}, \mathrm{e}^{\mathrm{j}2\pi\frac{d_\mathrm{T}}{\lambda}\cdot 2\sin\theta}, \mathrm{e}^{\mathrm{j}2\pi\frac{d_\mathrm{T}}{\lambda}\cdot 3\sin\theta}, \cdots, \mathrm{e}^{\mathrm{j}2\pi\frac{d_\mathrm{T}}{\lambda}\cdot(N_\mathrm{T}-1)\sin\theta}]^\mathrm{T} \tag{6.3}$$

其中，d_T 与 d_R 分别为发射与接收阵元的间距。

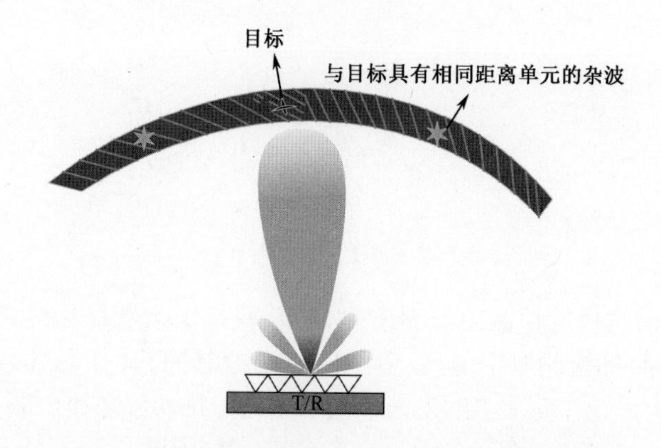

图 6.1　信号相关杂波下的 MIMO 雷达探测示意图

$\boldsymbol{d}_m$ 建模为 K 个信号相关独立的点杂波回波叠加

$$\boldsymbol{d}_m = \sum_{k=1}^{K} \alpha_k \boldsymbol{A}(\theta_k)\overline{\boldsymbol{s}}_m \tag{6.4}$$

其中，α_k 是第 k 个点杂波回波的复幅度，建模为零均值的独立随机变量，且满足

$$\mathbb{E}[\alpha_{k_1}\alpha_{k_2}^*] = \begin{cases} \delta_{k_1}^2, & k_1 = k_2 \\ 0, & k_1 \neq k_2 \end{cases} \tag{6.5}$$

$\delta_{k_1}^2$ 表示 α_{k_1} 的方差，$\boldsymbol{v}_m$ 表示为加性噪声，建模为独立同分布的圆对称复高斯随机矢量，即

$$\boldsymbol{v}_m \sim \mathcal{CN}(0, \sigma_v^2 \boldsymbol{I}_{N_\mathrm{R}}) \tag{6.6}$$

其中，σ_v^2 表示噪声方差。

基于系统模型式（6.1）可得目标回波的功率为

$$
\begin{aligned}
&\frac{1}{M}\sum_{m=1}^{M}\mathbb{E}[\|\alpha_0\boldsymbol{A}(\theta_0)\overline{\boldsymbol{s}}_m\|^2] \\
&=\mathbb{E}[\|\alpha_0\|^2]\sum_{m=1}^{M}\frac{1}{M}\overline{\boldsymbol{s}}_m^{\mathrm{H}}\boldsymbol{a}_{\mathrm{T}}(\theta_0)\boldsymbol{a}_{\mathrm{R}}^{\mathrm{T}}(\theta_0)\boldsymbol{a}_{\mathrm{R}}^{*}(\theta_0)\boldsymbol{a}_{\mathrm{T}}^{\mathrm{H}}(\theta_0)\overline{\boldsymbol{s}}_m \\
&=\mathbb{E}[\|\alpha_0\|^2]\boldsymbol{a}_{\mathrm{T}}^{\mathrm{H}}(\theta_0)\frac{1}{M}\sum_{m=1}^{M}\overline{\boldsymbol{s}}_m\overline{\boldsymbol{s}}_m^{\mathrm{H}}\boldsymbol{a}_{\mathrm{T}}(\theta_0) \\
&=\delta_0^2\boldsymbol{a}_{\mathrm{T}}^{\mathrm{H}}(\theta_0)\boldsymbol{R}\boldsymbol{a}_{\mathrm{T}}(\theta_0)
\end{aligned}
\tag{6.7}
$$

其中，$\delta_0^2=\mathbb{E}[\|\alpha_0\|^2]$，$\boldsymbol{R}$ 表示波形协方差矩阵，即

$$
\boldsymbol{R}=\frac{1}{M}\sum_{m=1}^{M}\overline{\boldsymbol{s}}_m\overline{\boldsymbol{s}}_m^{\mathrm{H}}=\frac{1}{M}\boldsymbol{S}\boldsymbol{S}^{\mathrm{H}}
\tag{6.8}
$$

其中，$\boldsymbol{S}=[\boldsymbol{s}_1,\boldsymbol{s}_2,\boldsymbol{s}_3,\cdots,\boldsymbol{s}_{N_{\mathrm{T}}}]^{\mathrm{T}}$。

相似地，杂波的回波功率可以表示为

$$
\begin{aligned}
&\frac{1}{M}\sum_{m=1}^{M}\mathbb{E}\left[\left\|\sum_{k=1}^{K}\alpha_k\boldsymbol{A}(\theta_k)\overline{\boldsymbol{s}}_m\right\|^2\right] \\
&=\sum_{k=1}^{K}\delta_k^2\boldsymbol{a}_{\mathrm{T}}^{\mathrm{H}}(\theta_k)\boldsymbol{R}\boldsymbol{a}_{\mathrm{T}}(\theta_k)
\end{aligned}
\tag{6.9}
$$

在 MIMO 雷达目标检测中，输出的 SINR 直接影响着目标检测概率，通常输出 SINR 越大，目标检测概率越高。因此，本章考虑 SINR 作为目标检测性能优化准则。基于以上讨论，定义 SINR 为目标功率与干扰功率之比，即

$$
\rho(\boldsymbol{R})=\frac{\delta_0^2\boldsymbol{a}_{\mathrm{T}}^{\mathrm{H}}(\theta_0)\boldsymbol{R}\boldsymbol{a}_{\mathrm{T}}(\theta_0)}{\sum_{k=1}^{K}\delta_k^2\boldsymbol{a}_{\mathrm{T}}^{\mathrm{H}}(\theta_k)\boldsymbol{R}\boldsymbol{a}_{\mathrm{T}}(\theta_k)+\sigma^2}
\tag{6.10}
$$

其中，$\sigma^2=MN_{\mathrm{T}}\sigma_v^2$ 表示噪声功率。从上式可知，SINR 与 $\boldsymbol{R}$ 相关，可通过优化 $\boldsymbol{R}$ 提升 SINR，从而提高目标检测能力。然而，计算 SINR 需要已知目标方位 θ_0 与功率 δ_0^2、杂波方位 θ_k 与功率 δ_k^2 和噪声功率 σ^2。这些信息可通过认知模式获取，如可利用已知的杂波知识库得到，或者通过 MIMO 雷达扫描感兴趣的空域，进行在线估计[12]。

6.2 MIMO 雷达快时间稳健发射波形设计

本节基于杂波与目标导向矢量矩阵知识的不确定性，建立了最差 SINR 优化准则。在此基础上，针对波形连续相位与离散相位两种情况，分别建立波形恒模与相似性约束下最大化最差 SINR 数学模型，进而设计了基于 CD 与 DA-CD 的 MIMO 雷达稳健发射波形优化算法。

6.2.1　基于最大化最差 SINR 雷达稳健波形设计模型

由于方位估计误差、阵列非理想特性和非完美校正等因素，使得实际的导向矢量 $\boldsymbol{a}_{\mathrm{T}}(\theta_k)$ 无法精确得到。因此，假定导向矢量 $\boldsymbol{a}_{\mathrm{T}}(\theta_k)$ 的相关矩阵 $\boldsymbol{M}(\theta_k)=\boldsymbol{a}_{\mathrm{T}}(\theta_k)\boldsymbol{a}_{\mathrm{T}}^{\mathrm{H}}(\theta_k)$ 位于一个不确定集合内，即

$$\|\boldsymbol{M}(\theta_k)-\bar{\boldsymbol{M}}(\theta_k)\|_{\mathrm{F}}\leqslant\varepsilon_k, k=0,1,2,\cdots,K \tag{6.11}$$

其中，$\bar{\boldsymbol{M}}(\theta_k)$ 表示理论导向矢量 $\boldsymbol{a}_{\mathrm{T}}(\theta_k)$ 的相关矩阵，ε_k 表示不确定集的控制参数。为对抗目标与杂波导向矢量矩阵所导致的模型失配，使得目标检测性能具有稳健特性，定义最差 SINR 为

$$\begin{cases}\min\limits_{\{\boldsymbol{M}(\theta_k)\}_{k=0}^{K}} & \dfrac{\delta_0^2\boldsymbol{a}_{\mathrm{T}}^{\mathrm{H}}(\theta_0)\boldsymbol{R}\boldsymbol{a}_{\mathrm{T}}(\theta_0)}{\sum\limits_{k=1}^{K}\delta_k^2\boldsymbol{a}_{\mathrm{T}}^{\mathrm{H}}(\theta_k)\boldsymbol{R}\boldsymbol{a}_{\mathrm{T}}(\theta_k)+\sigma^2}\\ \text{s.t.} & \|\boldsymbol{M}(\theta_k)-\bar{\boldsymbol{M}}(\theta_k)\|_{\mathrm{F}}\leqslant\varepsilon_k, k=0,1,2,\cdots,K\end{cases} \tag{6.12}$$

为保证雷达非线性放大器工作在饱和或临近饱和状态，避免输出的波形非线性失真，设计的波形通常具有恒模特征[13-16]，即

$$|\boldsymbol{s}_n(m)|=\sqrt{\zeta}, n=1,2,3,\cdots,N_{\mathrm{T}}, m=1,2,3,\cdots,M \tag{6.13}$$

其中，ζ 为常数。此外，可以考虑相位离散的情况，即

$$|\boldsymbol{s}_n(m)|\in\sqrt{\zeta}\left\{1,\mathrm{e}^{\mathrm{j}2\pi\frac{1}{\bar{L}}},\mathrm{e}^{\mathrm{j}2\pi\frac{2}{\bar{L}}},\mathrm{e}^{\mathrm{j}2\pi\frac{3}{\bar{L}}},\cdots,\mathrm{e}^{\mathrm{j}2\pi\frac{\bar{L}-1}{\bar{L}}}\right\}, n=1,2,\cdots,N_{\mathrm{T}}, m=1,2,\cdots,M \tag{6.14}$$

其中，$\bar{L}$ 是离散相位个数。

任意的 SINR 优化会导致波形具有较差的模糊函数，因此，可控制波形与某个具有优良属性的波形具有一定的相似性，以兼顾良好的脉冲压缩等特性[17]，即

$$\|\boldsymbol{s}_n-\boldsymbol{s}_{n0}\|_{\infty}\leqslant\xi_0, n=1,2,3,\cdots,N_{\mathrm{T}} \tag{6.15}$$

其中，ξ_0 是相似性参数，可控制第 n 个阵元的发射波形 $\boldsymbol{s}_n$ 与参考波形 $\boldsymbol{s}_{n0}$ 之间的相似程度，ξ_0 越大，$\boldsymbol{s}_n$ 与 $\boldsymbol{s}_{n0}$ 之间的相似性越弱，反之越强。

为有效提升输出 SINR，关于发射波形的优化问题建模为

$$\begin{cases}\max\limits_{\boldsymbol{s}}\ \min\limits_{\{\boldsymbol{M}(\theta_k)\}_{k=0}^{K}} & \dfrac{\delta_0^2\boldsymbol{a}_{\mathrm{T}}^{\mathrm{H}}(\theta_0)\boldsymbol{R}\boldsymbol{a}_{\mathrm{T}}(\theta_0)}{\sum\limits_{k=1}^{K}\delta_k^2\boldsymbol{a}_{\mathrm{T}}^{\mathrm{H}}(\theta_k)\boldsymbol{R}\boldsymbol{a}_{\mathrm{T}}(\theta_k)+\sigma^2}\\ \text{s.t.} & \|\boldsymbol{M}(\theta_k)-\bar{\boldsymbol{M}}(\theta_k)\|_{\mathrm{F}}\leqslant\varepsilon_k, k=0,1,2,\cdots,K\\ & \|\boldsymbol{s}_n-\boldsymbol{s}_{n0}\|_{\infty}\leqslant\xi_0, n=1,2,3,\cdots,N_{\mathrm{T}}\\ & \boldsymbol{s}_n(m)\in\varPhi_1 \text{或} \varPhi_2, n=1,2,3,\cdots,N_{\mathrm{T}}, m=1,2,3,\cdots,M\end{cases} \tag{6.16}$$

其中，$\varPhi_1=\{\boldsymbol{s}_n(m)\,|\,|\boldsymbol{s}_n(m)|=\sqrt{\zeta}\}$，$\varPhi_2=\sqrt{\zeta}\{1,\mathrm{e}^{\mathrm{j}2\pi\frac{1}{\bar{L}}},\mathrm{e}^{\mathrm{j}2\pi\frac{2}{\bar{L}}},\mathrm{e}^{\mathrm{j}2\pi\frac{3}{\bar{L}}},\cdots,\mathrm{e}^{\mathrm{j}2\pi\frac{(\bar{L}-1)}{\bar{L}}}\}$。由于 $\boldsymbol{s}_n$ 需要满足连续或离散相位情况，为保证上述问题的可行性，$\boldsymbol{s}_{n0}$ 需要满足相应的约束，即

$$\boldsymbol{s}_{n0}(m) \in \Phi_1 \text{或} \Phi_2, n=1,2,3,\cdots,N_{\mathrm{T}}, m=1,2,3,\cdots,M \tag{6.17}$$

观察式（6.16）可知，该优化问题本质上等效于优化一个期望的方向图，使其方向图能量尽可能集中于感兴趣的目标方向，减少在杂波方向的能量辐射。相较于第 2 章发射方向图赋形问题，本节所考虑的问题利用了杂波与目标先验知识，使得优化的方向图可以更有针对性地抑制某些方向信号相关杂波的能力。

本节将提出两种优化算法求解上述问题。为便于求解，首先对上述问题进行化简。代价函数中的分子（目标回波功率）可等价化简为

$$\begin{aligned}
&\delta_0^2 \boldsymbol{a}_{\mathrm{T}}^{\mathrm{H}}(\theta_0)\boldsymbol{R}\boldsymbol{a}_{\mathrm{T}}(\theta_0)\\
&=\frac{\delta_0^2}{M}\left\|\boldsymbol{S}^{\mathrm{H}}\boldsymbol{a}_{\mathrm{T}}(\theta_0)\right\|^2\\
&=\frac{\delta_0^2}{M}\left\|\mathrm{vec}\left\{\boldsymbol{a}_{\mathrm{T}}^{\mathrm{H}}(\theta_0)\boldsymbol{S}\right\}\right\|^2\\
&=\frac{\delta_0^2}{M}\left\|\left(\boldsymbol{I}_M \otimes \boldsymbol{a}_{\mathrm{T}}^{\mathrm{H}}(\theta_0)\right)\mathrm{vec}\left\{\boldsymbol{S}\right\}\right\|^2\\
&=\frac{\delta_0^2}{M}\boldsymbol{s}^{\mathrm{H}}\boldsymbol{A}_0\boldsymbol{s}
\end{aligned} \tag{6.18}$$

其中，$\boldsymbol{s}=\mathrm{vec}\left\{\boldsymbol{S}\right\} \in \mathbb{C}^{N_{\mathrm{T}}M}$，$\boldsymbol{A}_0=\boldsymbol{I}_M \otimes \boldsymbol{M}(\theta_0)$。同理，杂波回波功率可写成相似的形式，最后问题式（6.16）可以等价为

$$\begin{cases}
\max\limits_{\boldsymbol{s}} \min\limits_{\{\boldsymbol{M}(\theta_k)\}_{k=0}^K} & \dfrac{\dfrac{\delta_0^2}{M}\boldsymbol{s}^{\mathrm{H}}\boldsymbol{A}_0\boldsymbol{s}}{\sum\limits_{k=1}^K \dfrac{\delta_k^2}{M}\boldsymbol{s}^{\mathrm{H}}\boldsymbol{A}_k\boldsymbol{s}+\sigma^2}\\
\text{s.t.} & \|\boldsymbol{M}(\theta_k)-\bar{\boldsymbol{M}}(\theta_k)\|_{\mathrm{F}} \leqslant \varepsilon_k, k=0,1,2,\cdots,K\\
& \|\boldsymbol{s}_n-\boldsymbol{s}_{n0}\|_\infty \leqslant \xi_0, n=1,2,3,\cdots,N_{\mathrm{T}}\\
& \boldsymbol{s}_n(m)\in\Phi_1 \text{或} \Phi_2, n=1,2,3,\cdots,N_{\mathrm{T}}, m=1,2,3,\cdots,M
\end{cases} \tag{6.19}$$

其中，$\boldsymbol{A}_k=\boldsymbol{I}_M \otimes \boldsymbol{M}(\theta_k), k=1,2,3,\cdots,K$。上述问题可进一步等价为

$$\begin{cases}
\max\limits_{\boldsymbol{s}} & \dfrac{\min\limits_{\boldsymbol{A}_0}\dfrac{\delta_0^2}{M}\boldsymbol{s}^{\mathrm{H}}\boldsymbol{A}_0\boldsymbol{s}}{\max\limits_{\{\boldsymbol{A}_k\}_{k=1}^K}\sum\limits_{k=1}^K \dfrac{\delta_k^2}{M}\boldsymbol{s}^{\mathrm{H}}\boldsymbol{A}_k\boldsymbol{s}+\sigma^2}\\
\text{s.t.} & \|\boldsymbol{A}_k-\bar{\boldsymbol{A}}_k\|_{\mathrm{F}} \leqslant \varepsilon_k,\ \boldsymbol{A}_k \succeq 0, k=0,1,2,\cdots,K\\
& \|\boldsymbol{s}_n-\boldsymbol{s}_{n0}\|_\infty \leqslant \xi_0, n=1,2,3,\cdots,N_{\mathrm{T}}\\
& \boldsymbol{s}_n(m)\in\Phi_1 \text{或} \Phi_2, n=1,2,3,\cdots,N_{\mathrm{T}}, m=1,2,3,\cdots,M
\end{cases} \tag{6.20}$$

其中，$\bar{\boldsymbol{A}}_k=\boldsymbol{I}_M \otimes \bar{\boldsymbol{M}}(\theta_k)$。目标函数分子与分母的最优解分别为

$$\boldsymbol{A}_0^{(*)}=\begin{cases}
\bar{\boldsymbol{A}}_0-\varepsilon_0\boldsymbol{I}_{MN_{\mathrm{T}}}, & \bar{\boldsymbol{A}}_0-\varepsilon_0\boldsymbol{I}_{MN_{\mathrm{T}}} \succeq \boldsymbol{0}\\
\boldsymbol{0}, & \bar{\boldsymbol{A}}_0-\varepsilon_0\boldsymbol{I}_{MN_{\mathrm{T}}} \prec \boldsymbol{0}
\end{cases} \tag{6.21}$$

$$A_k^{(*)} = \bar{A}_k + \varepsilon_k I_{MN_\mathrm{T}}, k = 1,2,3,\cdots,K \tag{6.22}$$

具体证明过程见附录 E。

上述问题式（6.20）可以重写为

$$\begin{cases} \max\limits_{s} & \dfrac{s^\mathrm{H} X_0 s}{s^\mathrm{H} Y_0 s} \\ \text{s.t.} & \| s - s_0 \|_\infty \leqslant \xi \\ & s(i) \in \Phi_1 \text{或} \Phi_2, i = 1,2,3,\cdots,N_\mathrm{T}M \end{cases} \tag{6.23}$$

其中，

$$X_0 = \frac{\delta_0^2}{M} A_k^{(*)} \tag{6.24}$$

$$Y_0 = \sum_{k=1}^{K} \frac{\delta_k^2}{M} A_k^{(*)} + I_{MN_\mathrm{T}} \frac{\sigma_v^2}{c} \tag{6.25}$$

$$s_0 = \mathrm{vec}\left\{ [s_{10}, s_{20}, s_{30}, \cdots, s_{N_\mathrm{T}0}]^\mathrm{T} \right\} \tag{6.26}$$

对相似性约束进行化简，可得到

$$\begin{cases} \max\limits_{s} & \dfrac{s^\mathrm{H} X_0 s}{s^\mathrm{H} Y_0 s} \\ \text{s.t.} & \arg\{s(i)\} \in [\gamma_i, \gamma_i + \delta] \text{ 或 } \dfrac{2\pi}{\bar{L}}[\beta_i, \beta_i + 1, \beta_i + 2, \cdots, \beta_i + \varpi_d - 1] \\ & | s(i) | = \sqrt{\zeta}, i = 1,2,3,\cdots,N_\mathrm{T}M \end{cases} \tag{6.27}$$

其中，

$$\gamma_i = \arg\{s_0(i)\} - \arccos\left(1 - \frac{\xi^2}{2}\right),\ \delta = 2\arccos\left(1 - \frac{\xi^2}{2}\right) \tag{6.28}$$

$$\beta_i = \frac{\bar{L}\arg\{s_0(i)\}}{2\pi} - \left\lfloor \frac{\bar{L}\arccos\left(1 - \dfrac{\xi^2}{2}\right)}{2\pi} \right\rfloor \tag{6.29}$$

$$\varpi_d = \begin{cases} 1 + 2\left\lfloor \dfrac{\bar{L}\arccos(1 - \xi^2/2)}{2\pi} \right\rfloor, & \xi \in [0,2) \\ \bar{L}, & \xi = 2 \end{cases} \tag{6.30}$$

其中，$\xi = \xi_0 / \sqrt{\zeta}$ 。

6.2.2　基于 CD 算法的 MIMO 雷达稳健波形设计算法

本节提出基于 CD 算法的迭代波形设计方法。与第 2 章求解思路类似，CD 算法的核心思想是在每次迭代中优化一个波形码字，同时固定剩余码字，将原高维非凸问题转换为多个易于求解的一维子问题，通过得到各子问题的最优解，进而迭代求解原优化问题[18]。

6.2.2.1　算法描述

观察式（6.27）可知，波形中每个码字约束是相互独立的。因此，可按序列规律优化每个码字元素，从而单调提高 SINR。具体而言，令 $\boldsymbol{s}^{(n)}=\boldsymbol{s}^{(n-1)}$，在 n 次迭代中仅优化 $\boldsymbol{s}^{(n)}$ 中的第 i 个元素，为简化描述，令 $s_i=\boldsymbol{s}(i)$，则该问题可写为

$$\mathcal{P}^{s_i^{(n)}}\begin{cases}\max\limits_{s_i} & \dfrac{\overline{\boldsymbol{s}}_i^{(n)\mathrm{H}}\boldsymbol{X}_0\overline{\boldsymbol{s}}_i^{(n)}}{\overline{\boldsymbol{s}}_i^{(n)\mathrm{H}}\boldsymbol{Y}_0\overline{\boldsymbol{s}}_i^{(n)}}\\ \text{s.t.} & \arg\{s_i\}\in[\gamma_i,\gamma_i+\delta]\text{或}\dfrac{2\pi}{L}[\beta_i,\beta_i+1,\beta_i+2,\cdots,\beta_i+\varpi_d-1]\\ & |s_i|=\sqrt{\zeta}\end{cases}\tag{6.31}$$

其中，$\overline{\boldsymbol{s}}_i^{(n)}=[s_1^{(n)},s_2^{(n)},\cdots,s_{i-1}^{(n)},s_i,s_{i+1}^{(n)},\cdots,s_{N_\mathrm{T}M}^{(n)}]^\mathrm{T}$。类似第 4 章，分子可化简为

$$\overline{\boldsymbol{s}}_i^{(n)\mathrm{H}}\boldsymbol{X}_0\overline{\boldsymbol{s}}_i^{(n)}=\Re\left\{x_{1,i}s_i\right\}+x_{2,i}\tag{6.32}$$

其中，

$$x_{1,i}=2\sum_{\substack{l=1\\l\neq i}}^{MN_\mathrm{T}}a_{l,i}s_l^{(n)^*}\tag{6.33}$$

$$x_{2,i}=a_{i,i}\zeta+\sum_{\substack{k=1\\k\neq i}}^{N_\mathrm{T}M}\sum_{\substack{l=1\\l\neq i}}^{N_\mathrm{T}M}s_l^{(n+1)^*}a_{l,k}s_k^{(n)}\tag{6.34}$$

$$\boldsymbol{X}_0=[\boldsymbol{a}_1,\boldsymbol{a}_2,\boldsymbol{a}_3,\cdots,\boldsymbol{a}_{MN_\mathrm{T}}]\tag{6.35}$$

$$\boldsymbol{a}_l=[a_{l,1},a_{l,2},a_{l,3},\cdots,a_{l,MN_\mathrm{T}}]^\mathrm{T}\in\mathbb{C}^{MN_T},l=1,2,3,\cdots,MN_\mathrm{T}\tag{6.36}$$

同理，分母可表示为

$$\overline{\boldsymbol{s}}_i^{(n)\mathrm{H}}\boldsymbol{Y}_0\overline{\boldsymbol{s}}_i^{(n)}=\Re\left\{y_{1,i}s_i\right\}+y_{2,i}\tag{6.37}$$

其中，

$$y_{1,i}=2\sum_{\substack{l=1\\l\neq i}}^{MN_\mathrm{T}}b_{l,i}s_l^{(n)^*}\tag{6.38}$$

$$y_{2,i}=b_{i,i}\zeta+\sum_{\substack{k=1\\k\neq i}}^{N_\mathrm{T}M}\sum_{\substack{l=1\\l\neq i}}^{N_\mathrm{T}M}s_l^{(n)^*}b_{l,k}s_k^{(n)}\tag{6.39}$$

$$\boldsymbol{Y}_0=[\boldsymbol{b}_1,\boldsymbol{b}_2,\boldsymbol{b}_3,\cdots,\boldsymbol{b}_{MN_\mathrm{T}}]\tag{6.40}$$

$$\boldsymbol{b}_l=[b_{l,1},b_{l,2},b_{l,3},\cdots,b_{l,MN_\mathrm{T}}]^\mathrm{T}\in\mathbb{C}^{MN_\mathrm{T}},l=1,2,3,\cdots,MN_\mathrm{T}\tag{6.41}$$

因此，式（6.31）可重新表示为

$$\begin{cases} \max\limits_{s_i} & \dfrac{\Re\left\{x_{1,i}s_i\right\}+x_{2,i}}{\Re\left\{y_{1,i}s_i\right\}+y_{2,i}} \\ \text{s.t.} & \arg\left\{s_i\right\}\in[\gamma_i,\gamma_i+\delta]\ \text{或}\ \dfrac{2\pi}{L}[\beta_i,\beta_i+1,\beta_i+2,\cdots,\beta_i+\varpi_d-1] \\ & |s_i|=\sqrt{\zeta} \end{cases} \tag{6.42}$$

针对离散相位情况，式（6.42）可通过遍历的方法求得最优解。针对连续的相位情况，通过基于 DA 的迭代算法得到最优解。该算法通过引入一个参数将线性分式规划转换为线性规划。具体而言，首先计算第 $t-1$ 次的目标函数值，即

$$\mu_t=\frac{\Re\left\{x_{1,i}s_{i(t-1)}\right\}+x_{2,i}}{\Re\left\{y_{1,i}s_{i(t-1)}\right\}+y_{2,i}} \tag{6.43}$$

其中，$s_{i(t-1)}$ 表示第 $t-1$ 次迭代解。然后利用 μ_t 将原目标函数转换为线性规划问题，即

$$\begin{cases} \max\limits_{s_i} & \chi(\mu_t)=\Re\left\{x_{1,i}s_i\right\}+x_{2,i}-\mu_t\left[\Re(y_{1,i}s_i)+y_{2,i}\right] \\ \text{s.t.} & \arg\left\{s_i\right\}\in[\gamma_i,\gamma_i+\delta] \\ & |s_i|=\sqrt{\zeta} \end{cases} \tag{6.44}$$

进一步地，上述问题可等价转换为

$$\begin{cases} \max\limits_{s_i} & \Re(c_i s_i) \\ \text{s.t.} & \arg s_i\in[\gamma_i,\gamma_i+\delta] \\ & |s_i|=\sqrt{\zeta} \end{cases} \tag{6.45}$$

其中，$c_i=x_{1,i}-\mu_t y_{1,i}$。上述问题可进一步转换为

$$\begin{cases} \max\limits_{\varphi_i}, & \cos(\varphi_{c_i}+\varphi_i) \\ \text{s.t.} & \varphi_i\in[\gamma_i,\gamma_i+\delta] \end{cases} \tag{6.46}$$

其中，φ_{c_i} 与 φ_i 分别是 c_i 与 s_i 的相位。类似第 2 章，上述问题的最优解为

$$\varphi_{i(t)}=-\varphi_{c_i},-\varphi_{c_i}\in[\gamma_i,\gamma_i+\delta] \tag{6.47}$$

或者

$$\varphi_{i(t)}=\begin{cases} \gamma_i+\delta, & \cos(\varphi_{c_i}+\gamma_i+\delta)\geqslant\cos(\varphi_{c_i}+\gamma_i) \\ \gamma_i, & \cos(\varphi_{c_i}+\gamma_i+\delta)<\cos(\varphi_{c_i}+\gamma_i) \end{cases} \tag{6.48}$$

因此，问题式（6.44）的最优解 $s_{i(t)}=\sqrt{\zeta}\mathrm{e}^{\mathrm{j}\varphi_{i(t)}}$。

再一次更新 μ_t 并重复上述步骤直到收敛。基于 DA 求解问题式（6.42）的流程总结如下，需要说明的是，DA 具有线性的收敛特性，能保证收敛到全局最优解。

算法 6.1 流程　基于 DA 求解 $\mathcal{P}^{s_i^{(n)}}$

输入： $\boldsymbol{X}_0,\boldsymbol{Y}_0,s_k^{(n)},k=1,2,3,\cdots,N_{\mathrm{T}}M,k\neq i,\gamma_i,\delta$ ；

输出： $\mathcal{P}^{s_i^{(n)}}$ 的最优解 $s_i^{(n)}$ 。

（1）构造 $x_{k,i},y_{k,i},k=1,2$ ；

（2）初始化 $t=0$ ， $s_{i(0)}=s_i^{(n-1)}$ ；

（3）$t=t+1$ ， $\mu_t=\left[\Re\left\{x_{1,i}s_{i(t-1)}\right\}+x_{2,i}\right]\Big/\left[\Re\left\{y_{1,i}s_{i(t-1)}\right\}+y_{2,i}\right]$；

（4）计算式（6.44）得到最优解 $s_{i(t)}$；

（5）若 $\left|\chi\left(\mu_t\right)\right|\leqslant\tau$ ，则输出 $s_i^{(n)}=s_{i(t)}$， 否则返回步骤（3）。

最后，利用 CD 算法求解式（6.27）的流程总结如下。

算法 6.2 流程　CD 算法求解式（6.27）

输入： $\boldsymbol{X}_0,\boldsymbol{Y}_0,\boldsymbol{s}^{(0)},\gamma_i,i=1,2,3,\cdots,N_{\mathrm{T}}M,\delta$ ；

输出： 式（6.27）的次优解 $\boldsymbol{s}^{(*)}$ 。

（1）$n=0$ ，计算 $\rho_0=\boldsymbol{s}^{(0)\mathrm{H}}\boldsymbol{X}_0\boldsymbol{s}^{(0)}/\boldsymbol{s}^{(0)\mathrm{H}}\boldsymbol{Y}_0\boldsymbol{s}^{(0)}$ ；

（2）$n=n+1$ ， $\boldsymbol{s}^{(n)}=\boldsymbol{s}^{(n-1)}$ ， $i=0$；

（3）$i=i+1$ ，利用丁克尔巴赫算法找到 $\mathcal{P}^{s_i^{(n)}}$ 的最优解 $s_i^{(n)}$；

（4）若 $i=N_{\mathrm{T}}M$ ，则继续下一步，否则返回步骤（3）;

（5）计算 $\rho_n=\boldsymbol{s}^{(n)\mathrm{H}}\boldsymbol{X}_0\boldsymbol{s}^{(n)}/\boldsymbol{s}^{(n)\mathrm{H}}\boldsymbol{Y}_0\boldsymbol{s}^{(n)}$ ，若 $\left|\rho_n-\rho_{n-1}\right|\leqslant\tau_1$ （τ_1 是小的正常数），则输出 $\boldsymbol{s}^{(*)}=\boldsymbol{s}^{(n)}$ ，否则返回步骤（2）。

6.2.2.2　计算复杂度分析

本节主要分析了基于 CD 算法求解式（6.27）的计算复杂度。观察上述 CD 算法流程可知，每步迭代需要调用 $N_{\mathrm{T}}M$ 次丁克尔巴赫算法求解 $P_{s_i^{(n)}}$ 。根据丁克尔巴赫算法框图可知，其计算量主要与构造 $x_{k,i},y_{k,i},k=1,2$ 有关，即需要计算式（6.33）、式（6.34）、式（6.38）与式（6.39），相应的计算复杂度为 $\mathcal{O}((N_{\mathrm{T}}M)^2)$ 。因此，对于每步迭代，CD 算法求解式（6.27）的计算复杂度为 $\mathcal{O}((N_{\mathrm{T}}M)^3)$ 。需要指出的是，以上主要分析了连续情况的计算复杂度。类似地，针对离散的情况，CD 算法每步迭代的计算复杂度为 $\mathcal{O}((N_{\mathrm{T}}M)^3+N_{\mathrm{T}}M\bar{L})$ 。

6.2.2.3　收敛性分析

下面讨论 CD 算法的收敛性。假定 CD 算法第 n 次迭代的目标函数值为

$$\rho_n = \frac{\boldsymbol{s}^{(n)\mathrm{H}} \boldsymbol{X}_0 \boldsymbol{s}^{(n)}}{\boldsymbol{s}^{(n)\mathrm{H}} \boldsymbol{Y}_0 \boldsymbol{s}^{(n)}} \tag{6.49}$$

在第 n 次迭代中更新 $\boldsymbol{s}^{(n)}$ 中的第 i 个码字元素的最优目标函数值为

$$v_i^n = \frac{\Re\left\{x_{1,i} s_i^{(n)}\right\} + x_{2,i}}{\Re\left\{y_{1,i} s_i^{(n)}\right\} + y_{2,i}} \tag{6.50}$$

由于在 CD 算法的每次迭代中 $\boldsymbol{s}^{(n)}$ 各个元素均能实现最优更新，因此，可得

$$\rho_{n-1} \leqslant v_i^n \leqslant v_{i+1}^n \leqslant v_{i+2}^n \leqslant \cdots \leqslant v_{MN_\mathrm{T}}^n = \rho_n \tag{6.51}$$

上式表明，提出的基于 CD 算法的波形约束设计方法能够保证 SINR 目标函数值单调增加。由于

$$\sum_{k=1}^{K} \boldsymbol{s}^\mathrm{H} \boldsymbol{A}_k \boldsymbol{s} \geqslant 0 \tag{6.52}$$

可得

$$\rho_n \leqslant \frac{\boldsymbol{s}^{(n)\mathrm{H}} \boldsymbol{X}_0 \boldsymbol{s}^{(n)}}{\sigma^2} = \frac{\delta_0^{\ 2} \mathrm{tr}\left\{(\boldsymbol{I}_M \otimes (\boldsymbol{a}_\mathrm{T}(\theta_0) \boldsymbol{a}_\mathrm{T}^\mathrm{H}(\theta_0))) \boldsymbol{s}^{(n)} \boldsymbol{s}^{(n)\mathrm{H}}\right\}}{M\sigma^2} \tag{6.53}$$

此外，针对 $\boldsymbol{A}, \boldsymbol{B} \succeq \boldsymbol{0}$，可得 $\mathrm{tr}\{\boldsymbol{A}\}\mathrm{tr}\{\boldsymbol{B}\} \geqslant \mathrm{tr}\{\boldsymbol{AB}\} \geqslant 0$。因此，式（6.53）可进一步放大为

$$\rho_n \leqslant \frac{\delta_0^{\ 2} \mathrm{tr}\left\{\boldsymbol{I}_M \otimes (\boldsymbol{a}_\mathrm{T}(\theta_0) \boldsymbol{a}_\mathrm{T}^\mathrm{H}(\theta_0))\right\} \mathrm{tr}\left\{\boldsymbol{s}^{(n)} \boldsymbol{s}^{(n)\mathrm{H}}\right\}}{M\sigma^2} \tag{6.54}$$

利用 $\mathrm{tr}\left\{\boldsymbol{I}_M \otimes (\boldsymbol{a}_\mathrm{T}(\theta_0) \boldsymbol{a}_\mathrm{T}^\mathrm{H}(\theta_0))\right\} = M, \mathrm{tr}\{\boldsymbol{s}^{(n)} \boldsymbol{s}^{(n)\mathrm{H}}\} = N_\mathrm{T} M \zeta$，式（6.54）可重写为

$$\rho_n \leqslant N_\mathrm{T} M \zeta \frac{\delta_0^{\ 2}}{\sigma^2} \tag{6.55}$$

式（6.55）表明，序列 $\{\rho_n\}$ 单调递增且有上界。因此，基于 CD 算法的迭代算法能够保证目标函数值 SINR 单调递增至有限值。

6.2.3　基于 DA-CD 算法的 MIMO 雷达稳健波形设计算法

本节提出另外一种基于 DA-CD 算法的 MIMO 雷达波形设计算法求解式（6.27）。首先利用 DA 将原分式问题转换为二次优化问题，然后利用 CD 算法求解该问题。

6.2.3.1　算法描述

在每一次迭代中，DA 将问题式（6.27）转换为一个二次优化问题。具体而言，首先假定第 n 次迭代引入的参数值为

$$\mu^n = \frac{\boldsymbol{s}^{(n-1)\mathrm{H}} \boldsymbol{X}_0 \boldsymbol{s}^{(n-1)}}{\boldsymbol{s}^{(n-1)\mathrm{H}} \boldsymbol{Y}_0 \boldsymbol{s}^{(n-1)}} \tag{6.56}$$

则第 n 次迭代，利用 μ^n 可将式（6.27）转换为一个二次问题

$$\begin{cases} \max\limits_{s} & \bar{f}(\boldsymbol{s}) = \boldsymbol{s}^{\mathrm{H}} \boldsymbol{H}_n \boldsymbol{s} \\ \text{s.t.} & \arg\left\{\boldsymbol{s}_i\right\} \in [\gamma_i, \gamma_i + \delta] \\ & |\boldsymbol{s}_i| = \sqrt{\zeta}, i = 1,2,3,\cdots, N_{\mathrm{T}} M \end{cases} \tag{6.57}$$

其中，$\boldsymbol{H}_n = \boldsymbol{X}_0 - \mu^n \boldsymbol{Y}_0$。类似地，可采用 CD 算法求解得到一个问题式（6.57）的次优解。

具体而言，假定 $\boldsymbol{s}_{(l)} = [s_{1(l)}, s_{2(l)}, \cdots, s_{i-1(l)}, s_{i(l)}, s_{i+1(l)}, \cdots, s_{MN_{\mathrm{T}}(l)}]^{\mathrm{T}} \in \mathbb{C}^{N_{\mathrm{T}} M}$ 为 CD 算法第 l 次迭代解，则优化 $\boldsymbol{s}_{(l)}$ 中第 i 个元素的问题可表示为

$$\begin{cases} \max\limits_{s_i} & \bar{f}(\boldsymbol{s}_i; \boldsymbol{s}_{-i(l)}) \\ \text{s.t.} & \arg\left\{\boldsymbol{s}_i\right\} \in [\gamma_i, \gamma_i + \delta] \\ & |\boldsymbol{s}_i| = \sqrt{\zeta} \end{cases} \tag{6.58}$$

其中，

$$\boldsymbol{s}_{-i(l)} = [s_{1(l)}, s_{2(l)}, \cdots, s_{i-1(l)}, s_{i+1(l)}, \cdots, s_{MN_{\mathrm{T}}(l)}]^{\mathrm{T}} \in \mathbb{C}^{MN_{\mathrm{T}}-1} \tag{6.59}$$

$$\bar{f}\left(\boldsymbol{s}_i; \boldsymbol{s}_{-i(l)}\right) = \bar{f}\left(\boldsymbol{s}_{(l_i)}\right) \tag{6.60}$$

其中，

$$\boldsymbol{s}_{(l_i)} = [s_{1(l)}, s_{2(l)}, \cdots, s_{i-1(l)}, s_i, s_{i+1(l)}, \cdots, s_{MN_{\mathrm{T}}(l)}]^{\mathrm{T}} \in \mathbb{C}^{N_{\mathrm{T}} M} \tag{6.61}$$

目标函数可以化简为

$$\bar{f}(\boldsymbol{s}_i; \boldsymbol{s}_{-i(l)}) = \Re\left\{g_{1,i} \boldsymbol{s}_i\right\} + g_{2,i} \tag{6.62}$$

其中，

$$g_{1,i} = 2 \sum_{\substack{n=1 \\ n \neq i}}^{MN_{\mathrm{T}}} r_{n,i} s_{n(l)}^{*} \tag{6.63}$$

$$g_{2,i} = r_{i,i} \zeta + \sum_{\substack{k=1 \\ k \neq i}}^{N_{\mathrm{T}} M} \sum_{\substack{n=1 \\ n \neq i}}^{N_{\mathrm{T}} M} s_{n(l)}^{*} r_{n,k} s_{k(l)} \tag{6.64}$$

其中，$r_{l,k}$ 表示 $\boldsymbol{H}_n$ 的 l 行 k 列元素，$(l,k) = \{1,2,3,\cdots,N_{\mathrm{T}} M\}^2$。

因此，式（6.58）可等效重写为

$$\begin{cases} \max\limits_{s_i} & \Re\left\{g_{1,i} \boldsymbol{s}_i\right\} \\ \text{s.t.} & \arg\left\{\boldsymbol{s}_i\right\} \in [\gamma_i, \gamma_i + \delta] \\ & |\boldsymbol{s}_i| = \sqrt{\zeta} \end{cases} \tag{6.65}$$

上述问题的最优解可以通过 6.2.2 节的方法求得，这里不再赘述。

因此，基于 CD 算法求解式（6.57）的过程可总结如下。

算法 6.3 流程　基于 CD 算法求解式（6.57）

输入：$\boldsymbol{H}_n, \boldsymbol{s}^{(n-1)}, \gamma_i, i=1,2,3,\cdots,N_{\mathrm{T}}M, \delta$；

输出：式（6.57）的次优解 $\boldsymbol{s}^{(n)}$。

（1）$l=0$，$\boldsymbol{s}_{(0)}=\boldsymbol{s}^{(n-1)}$，计算 $\bar{f}(\boldsymbol{s}_{(0)})$；

（2）$l=l+1$，$\boldsymbol{s}_{(l)}=\boldsymbol{s}_{(l-1)}$，$i=0$；

（3）$i=i+1$，构造 $g_{1,i}$ 求解式（6.65）找到最优解 $s_{i(l)}$；

（4）若 $i=N_{\mathrm{T}}M$，继续下一步，否则返回步骤（3）；

（5）计算 $f(\boldsymbol{s}_{(l)})$，若 $\left|\bar{f}(\boldsymbol{s}_{(l)})-\bar{f}(\boldsymbol{s}_{(l-1)})\right| \leqslant \tau_1$，则输出 $\boldsymbol{s}^{(n)}=\boldsymbol{s}_{(l)}$，否则返回步骤（2）。

最后基于 DA-CD 算法求解式（6.27）的总结如下。

算法 6.4 流程　基于 DA-CD 算法求解式（6.27）

输入：$\boldsymbol{X}_0, \boldsymbol{Y}_0, \boldsymbol{s}^{(0)}, \gamma_i, i=1,2,3,\cdots,N_{\mathrm{T}}M, \delta$；

输出：式（6.27）的最优解 $\boldsymbol{s}^{(*)}=\boldsymbol{s}^{(n)}$。

（1）$n=0$；

（2）$n=n+1$，$\mu^n=\boldsymbol{s}^{(n-1)\mathrm{H}}\boldsymbol{X}_0\boldsymbol{s}^{(n-1)}/\boldsymbol{s}^{(n-1)\mathrm{H}}\boldsymbol{Y}_0\boldsymbol{s}^{(n-1)}$；

（3）构造 $\boldsymbol{H}_n=\boldsymbol{X}_0-\mu^n\boldsymbol{Y}_0$；

（4）利用 CD 算法求解式（6.57）得到次优解 $\boldsymbol{s}^{(n)}$；

（5）若 $\left|\bar{f}(\boldsymbol{s}^{(n)})\right| \leqslant \tau$，则输出 $\boldsymbol{s}^{(*)}=\boldsymbol{s}^{(n)}$，否则返回步骤（2）。

6.2.3.2　计算复杂度分析

首先讨论基于连续相位情况的计算复杂度。观察 DA-CD 算法可知，在每步迭代中，需调用 CD 算法求解式（6.57）。在 CD 算法的每步迭代中，需求解 MN_{T} 个问题式（6.65），其计算量主要与求解 $g_{1,i}, i=1,2,3,\cdots,N_{\mathrm{T}}M$ 有关，即需计算 MN_{T} 次式（6.63），相应的计算复杂度为 $\mathcal{O}((MN_{\mathrm{T}})^2)$。因此，CD 算法求解式（6.57）的计算复杂度为 $\mathcal{O}(L(MN_{\mathrm{T}})^2)$，其中，$L$ 表示在 DA-CD 算法的每次迭代中，CD 算法求解式（6.57）需要的迭代次数。类似于上面的讨论，针对离散相位情况，CD 算法求解式（6.57）的计算复杂度为 $\mathcal{O}(L((MN_{\mathrm{T}})^2+M\bar{L}N_{\mathrm{T}}))$，这里不再赘述。

为进一步说明所提算法的有效性，针对相位连续的情况，分析并对比了其他算法的复杂度。具体而言，针对问题式（6.27），可直接采用半定规划-随机化算法（Semi-Definite Programming and Randomization Algorithm，SDP-RA）进行求解，其相应的计算复杂度为 $\mathcal{O}((MN_{\mathrm{T}})^{3.5}+\bar{I}(MN_{\mathrm{T}})^2)$，其中，$\bar{I}$ 是随机化次数。针对问题式（6.57），也可采用 SDP-RA、拟幂法[19]（Power Method-Like，PML）、二进制搜索改进的连续二次约束二次规划（Successive Quadratically Constrained Quadratic Programs Refinement-Binary Search，SQR-BS）和非递减改进的连续二次约束二次规划[20]（Successive Quadratically Constrained Quadratic Programs Refinement-Non-Decreasing，SQR-ND）算法进行求解。对此，可利用联合丁克尔巴赫算法与半定规划-随机化算法（Dinkelbach Algorithm-SDP-RA，DA-SDP-RA）、联合丁克尔巴赫算法与拟幂法（Dinkelbach Algorithm-PML，DA-PML）、联合丁克尔巴赫算法与二进制搜索改进的连续二次约束二次规划（Dinkelbach Algorithm-SQR-BS，DA-SQR-BS）算法、联合丁克尔巴赫算法与非递减改进的连续二次约束二次规划（Dinkelbach Algorithm-SQR-ND，DA-SQR-ND）算法求解式（6.27），其中 DA-SDP-RA、DA-PML、联合丁克尔巴赫算法与二进制搜索改进的连续二次约束二次规划算法（Dinkelbach Algorithm-Successive Quadratically Constrained Quadratic Programs Refinement-Binary Search，DA-SQR-BS）和 DA-SQR-ND 算法表示在 DA 框架下，采用 SDP-RA、PML、SQR-BS 和 SQR-ND 算法分别求解问题式（6.57）。表 6.1 总结了上述算法每次迭代的计算复杂度，其中 F 表示 SQR-BS/ND 的迭代次数。观察可知，DA-CD 算法具有更低的计算复杂度，更适合工程应用与实现。

表 6.1 每次迭代的计算复杂度

算　法	计算复杂度
CD	$\mathcal{O}((MN_{\mathrm{T}})^3)$
DA-CD	$\mathcal{O}(L(MN_{\mathrm{T}})^2)$
DA-PML	$\mathcal{O}((MN_{\mathrm{T}})^3+L(MN_{\mathrm{T}})^2)$
DA-SQR-BS	$\mathcal{O}(F(MN_{\mathrm{T}})^{3.5})$
DA-SQR-ND	$\mathcal{O}(F(MN_{\mathrm{T}})^{3.5})$
DA-SDP-RA	$\mathcal{O}((MN_{\mathrm{T}})^{3.5}+\bar{I}(MN_{\mathrm{T}})^2)$

6.2.3.3 收敛性分析

尽管问题式（6.57）不能通过 CD 算法找到最优解，但 CD 算法能保证目标函数值 SINR 单调提升至收敛。相比初始值，CD 算法始终可找到一个增强的解，即通过 CD 优化的目标函数值优于初始解的目标函数值。基于该特征，在 DA-CD 算法的第 n 次迭代中，当利用 CD 算法求解式（6.57）时，可通过 $\boldsymbol{s}^{(n-1)}$ 初始化 CD 算法获得一个增强解。基于以上讨论，可得到

$$\bar{f}(\boldsymbol{s}^{(n-1)})=\boldsymbol{s}^{(n-1)\mathrm{H}}\boldsymbol{H}_n\boldsymbol{s}^{(n-1)}\leqslant\bar{f}(\boldsymbol{s}^{(n)})=\boldsymbol{s}^{(n)\mathrm{H}}\boldsymbol{H}_n\boldsymbol{s}^{(n)} \tag{6.66}$$

利用 $\boldsymbol{H}_n=\boldsymbol{X}_0-\mu^n\boldsymbol{Y}_0$，式（6.66）可等效写为

$$\boldsymbol{s}^{(n-1)\mathrm{H}}\left(\boldsymbol{X}_0-\mu^n\boldsymbol{Y}_0\right)\boldsymbol{s}^{(n-1)}\leqslant\boldsymbol{s}^{(n)\mathrm{H}}\left(\boldsymbol{X}_0-\mu^n\boldsymbol{Y}_0\right)\boldsymbol{s}^{(n)} \tag{6.67}$$

基于 μ^n 的定义，可进一步推得

$$\boldsymbol{s}^{(n-1)\mathrm{H}}\left(\boldsymbol{X}_0-\frac{\boldsymbol{s}^{(n-1)\mathrm{H}}\boldsymbol{X}_0\boldsymbol{s}^{(n-1)}}{\boldsymbol{s}^{(n-1)\mathrm{H}}\boldsymbol{Y}_0\boldsymbol{s}^{(n-1)}}\boldsymbol{Y}_0\right)\boldsymbol{s}^{(n-1)}\leqslant\boldsymbol{s}^{(n)\mathrm{H}}\left(\boldsymbol{X}_0-\frac{\boldsymbol{s}^{(n-1)\mathrm{H}}\boldsymbol{X}_0\boldsymbol{s}^{(n-1)}}{\boldsymbol{s}^{(n-1)\mathrm{H}}\boldsymbol{Y}_0\boldsymbol{s}^{(n-1)}}\boldsymbol{Y}_0\right)\boldsymbol{s}^{(n)} \tag{6.68}$$

进一步化简可得

$$\frac{\boldsymbol{s}^{(n-1)\mathrm{H}}\boldsymbol{X}_0\boldsymbol{s}^{(n-1)}}{\boldsymbol{s}^{(n-1)\mathrm{H}}\boldsymbol{Y}_0\boldsymbol{s}^{(n-1)}} \leqslant \frac{\boldsymbol{s}^{(n)\mathrm{H}}\boldsymbol{X}_0\boldsymbol{s}^{(n)}}{\boldsymbol{s}^{(n)\mathrm{H}}\boldsymbol{Y}_0\boldsymbol{s}^{(n)}} \tag{6.69}$$

因此，DA-CD 算法保证了目标函数值单调递增至收敛。

6.2.4　MIMO 雷达稳健设计算法性能分析

本节针对连续相位与离散相位两种情况，通过仿真验证所提算法的有效性。考虑 MIMO 雷达具有 $N_\mathrm{T}=12$ 个发射阵元，其间距为半波长，发射波形的码片数 $M=16$，波形幅度 $\zeta=1/M$。考虑正交 LFM 信号为相似性波形，即

$$\boldsymbol{s}_{n0}(m)=\frac{\exp\{\mathrm{j}2\pi n(m-1)/M\}\exp\{\mathrm{j}\pi(m-1)^2/M\}}{\sqrt{M}} \tag{6.70}$$

其中，$n=1,2,3,\cdots,N_\mathrm{T}$，$m=1,2,3,\cdots,M$。

考虑目标位于 $\theta_0=15°$，相应的功率 $\sigma_0^2=20\mathrm{dB}$。假定空间中存在 $K=3$ 个与目标位于相同距离单元的信号相关干扰，分别位于 $\theta_1=-30°$、$\theta_2=-20°$ 和 $\theta_3=40°$，相应的功率分别为 $\sigma_1^2=30\ \mathrm{dB}$、$\sigma_2^2=28\ \mathrm{dB}$ 和 $\sigma_3^2=25\ \mathrm{dB}$，噪声功率 $\sigma_v^2=0\ \mathrm{dB}$。针对 3 个信号相关干扰，假定了其导向矢量相关矩阵的不确定度 $\varepsilon=\varepsilon_1=\varepsilon_2=\varepsilon_3$。此外，考虑所有迭代算法的初始值为 $\boldsymbol{s}_0$，退出条件为 $\kappa=10^{-3}$。设置 SDP-RA 中随机化次数 $I=1000$、改进的连续二次约束二次规划（Successive Quadratically Constrained Quadratic Programs Refinement，SQR）算法中迭代次数 $F=2$。

6.2.4.1　连续相位情况

首先考虑目标与干扰导向矢量精确已知的情况，即 $\varepsilon_0=\varepsilon=0$，图 6.2 给出了不同相似性参数下 SINR 随迭代次数变化的结果。可观察到，所有算法的 SINR 随

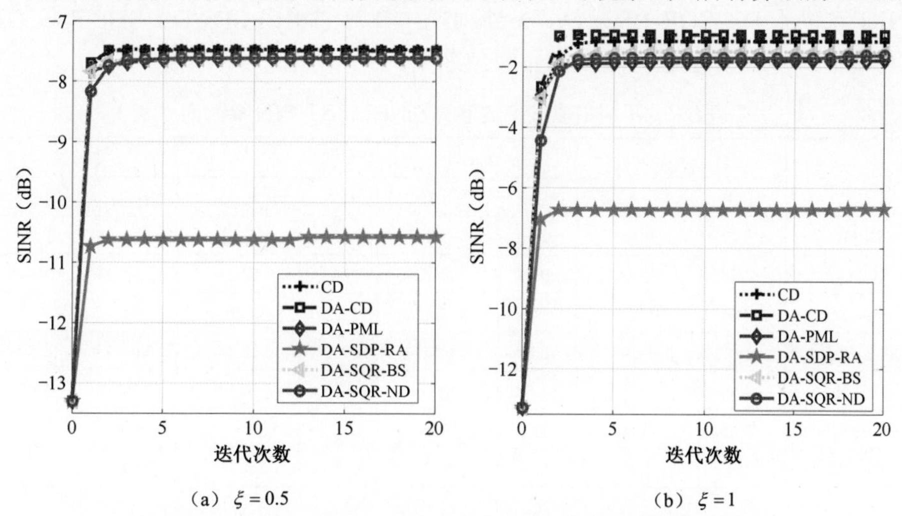

（a）$\xi=0.5$　　（b）$\xi=1$

图 6.2　不同相似性参数下的 SINR 随迭代次数变化的结果

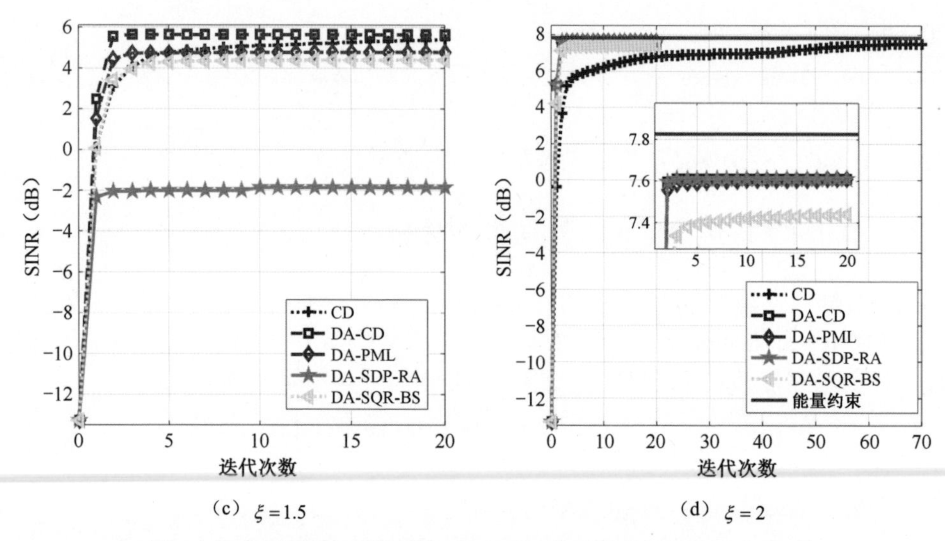

（c）$\xi=1.5$　　（d）$\xi=2$

图 6.2　不同相似性参数下的 SINR 随迭代次数变化的结果（续）

着迭代次数增加而单调增加，经过几次迭代之后，所有算法均快速收敛。另外，相似性参数越大，SINR 越高，这是由相似性参数越大，波形优化自由度越高所致。当$\xi=2$时（仅考虑恒模约束），可观察到 CD、DA-CD、DA-PML、DA-SDP-RA 和 SDP-RA 的 SINR 趋于一致，相比于能量约束的 SINR 上界低了大约 0.2dB，这是由波形恒模约束所带来的 SINR 性能损失。

表 6.2 给出了不同相似性参数下所有算法的 SINR 与计算时间，其中，DA-SQR-ND 算法受限于$\xi\leqslant\sqrt{2}$。可以看出，当$\xi=0.5,1,1.5$时，DA-CD 与 CD 算法具有接近的 SINR 值，且优于 DA-PML、DA-SDP-RA、DA-SQR 和 SDP-RA 算法。当$\xi=2$时，CD、DA-CD、DA-PML、DA-SDP-RA 和 SDP-RA 算法获得了相同的 SINR，略高于 DA-SQR-BS 算法。另外，DA-CD 算法相比 CD、DA-SDP-RA、DA-SQR 和 SDP-RA 算法极大地提高了收敛速度。

表 6.2　不同相似性参数下的 SINR（dB）与计算时间

算　法	$\xi=0.5$		$\xi=1$		$\xi=1.5$		$\xi=2$	
	SINR	时间（s）	SINR	时间（s）	SINR	时间（s）	SINR	时间（s）
CD	−7.47	0.16	−1.14	0.2	5.58	1.12	7.61	2.31
DA-CD	−7.48	0.016	−0.92	0.027	5.63	0.041	7.61	0.064
DA-PML	−7.66	0.024	−1.7	0.041	4.78	0.083	7.61	0.032
DA-SDP-RA	−10.7	7.54	−6.82	6.52	−1.74	13.14	7.61	12.59
DA-SQR-BS	−7.66	84.5	−1.53	207.6	4.36	678.1	7.4	558.1
DA-SQR-ND	−7.65	115.4	−1.72	162.7	—	—	—	—
SDP-RA	−10.73	5.46	−6.89	5.41	−2.1	5.55	7.61	5.5

图 6.3 给出了 DA-CD 算法优化的第 11 个发射阵元波形的脉冲压缩结果。仿

真分析表明，随着相似性参数的提高，即优化波形与 LFM 越不相似，脉冲压缩的 PSL 升高，脉冲压缩特性逐渐变差。对比表 6.2 可知，波形脉冲压缩特性的提升是以牺牲一定的输出 SINR 作为代价的。因此，在实际 MIMO 雷达系统中，可通过合理选取相似性参数值平衡脉冲压缩特性与目标检测性能。

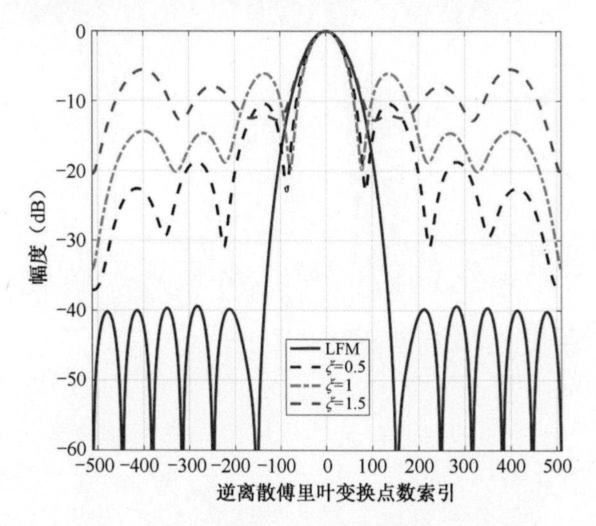

图 6.3　DA-CD 算法优化波形的脉冲压缩结果

图 6.4 分别展示了参考波形（正交 LFM）与所有算法优化波形的发射方向图。从图中可以观察到，CD、DA-CD、DA-PML 和 DA-SQR-BS 算法的发射方向图将能量聚集在方位 $\theta=15^\circ$ 附近，同时在 $\theta=-30^\circ,-20^\circ,40^\circ$ 具有很低的电平。但 DA-SDP-RA 和 SDP-RA 仅保证了在目标方向上辐射最大电平，正交 LFM 的方向图在整个空域中均匀分布。因此，仅有 CD、DA-CD、DA-PML 和 DA-SQR-BS 算法的方向图保证了目标方向辐射最大功率，杂波方向辐射最低的能量，从而提高了感兴趣目标方向能量返回，降低了信号相关杂波能量返回，提升了目标回波 SINR，增强了系统目标检测与抗干扰能力。另外，相比 DA-PML 与 DA-SQR-BS 算法，CD 和 DA-CD 算法的方向图在目标方向拥有接近的功率电平，但在干扰方向上呈现更低的零陷，说明 CD 和 DA-CD 算法优于 DA-PML 和 DA-SQR-BS 算法，这一结论也与表 6.2 的 SINR 结果相一致。

图 6.5 给出了所有算法的 SINR 随不同相似性参数变化的结果。可以看出，随着相似性参数的增加，输出的 SINR 逐渐提高，这是由波形优化自由度增加所致。在大多数情况下，CD 与 CD-DA 算法的 SINR 优于其他算法，说明 CD 与 CD-DA 算法具备良好的稳健性。需要指出的是，正如图 6.3 所示，相似性参数提高，优化波形与参考信号越不相似，波形模糊函数特性变得越差。因此，相似性参数 ξ 兼顾了 SINR 与发射波形模糊函数性能。在实际工程中，应根据 MIMO 雷达实际需求合理设置 ξ 来平衡目标检测性能与模糊函数性能，使两者得到较好的折中。

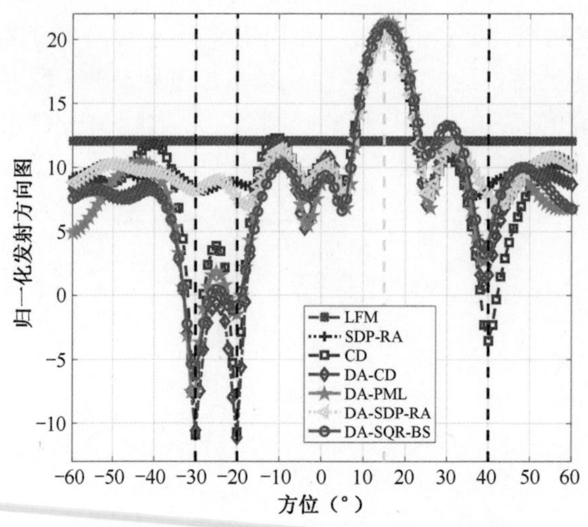

图 6.4　连续相位情况下的发射方向图

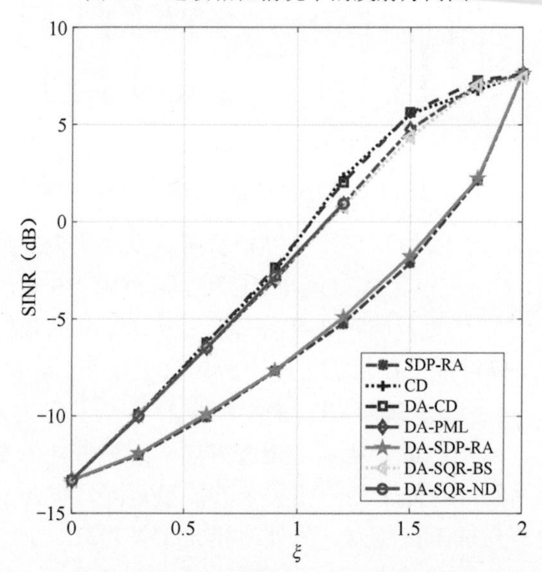

图 6.5　连续相位情况下 SINR 随不同相似性参数变化的结果

假定 $\varepsilon_0 = 0$，即在目标的导向矢量矩阵精确已知的情况下，图 6.6（a）和图 6.6（b）分别展示了非稳健设计与稳健设计下最差的 SINR 随着干扰不确定参数 ε 变化的结果。可以看出，随着不确定参数 ε 的增加，非稳健设计与稳健设计的 SINR 逐渐减少，这是因为随着 ε 增加，干扰方向的导向矢量矩阵知识越不准确，造成理论干扰导向矢量与实际导向矢量失配越大，使得 SINR 恶化。此外，针对较小的 ε，非稳健设计与稳健设计的最差 SINR 相同，但 CD 与 DA-CD 算法较其他算法有更大的输出 SINR。当 ε 变大时，稳健设计的 SINR 优于非稳健设计，表明稳健优化算法可进一步提升 SINR 性能，此时 CD、DA-CD、DA-PML 与 DA-SQR-BS 算法获得了相近的 SINR，且优于 DA-SDP-RA 与 SDP-RA 算法。

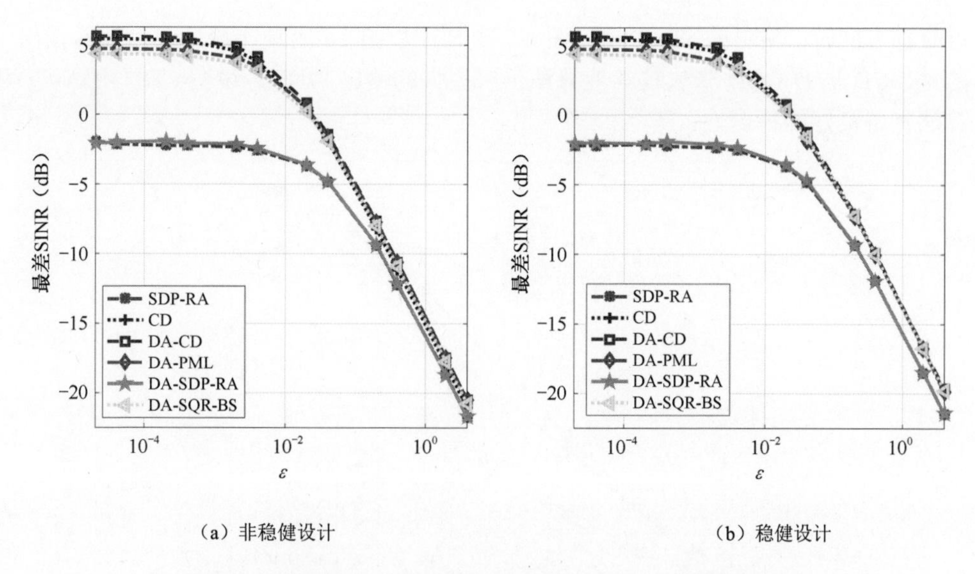

（a）非稳健设计　　（b）稳健设计

图 6.6　连续情况下的最差 SINR 随着不确定度参数变化结果

下面分析杂波方向靠近目标方向时的方向图与输出 SINR 性能。具体而言，设定 $\theta_2 = 10°$（与目标方向相差 $5°$），$\varepsilon_0 = \varepsilon = 0$，$\xi = 1.5$，其他仿真参数与图 6.4 保持相同。图 6.7 展示了连续相位情况下目标与干扰方向接近的发射方向图，即正交 LFM 与所有算法优化波形的发射方向图。结果表明，相较于图 6.4，当杂波方向靠近目标方向时，杂波方向的发射能量急剧增加，同时方向图峰值出现较小偏移，使得感兴趣目标方向发射能量减少，造成 SINR 性能恶化。尽管如此，CD 与 DA-CD 算法的方向图仍优于其他算法。

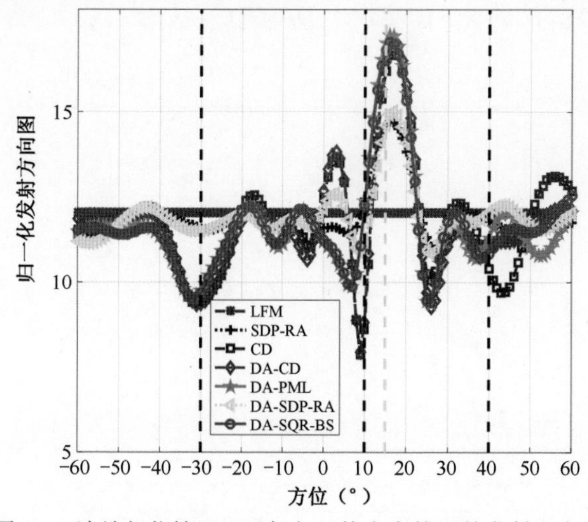

图 6.7　连续相位情况下目标与干扰方向接近的发射方向图

图 6.8 给出了干扰方向接近目标方向时所有算法的 SINR 随不同相似性参数变化的曲线。结果再次表明，相似性参数越大，SINR 越好。可知，当杂波方向接

近目标方向时，输出的 SINR 相比图 6.5 的 SINR 性能将有所下降。最后需要指出的是，CD 与 DA-CD 算法较其他算法仍有更大的输出 SINR，说明 CD 与 DA-CD 算法具备良好的稳健性。

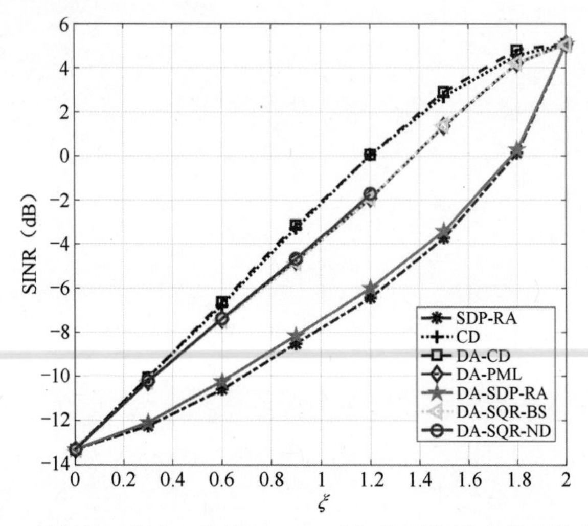

图 6.8　目标与干扰方向接近时 SINR 随不同相似性参数变化的曲线

6.2.4.2　离散相位情况

本节通过数值仿真验证离散相位情况下所提算法的有效性。假定 $\varepsilon_0 = \varepsilon = 0$，图 6.9 考虑了离散相位个数 $L = 2$（二相码）与相似性参数 $\xi = 2$ 时的 SINR 随迭代次数变化的结果。观察可知，随着迭代次数增加，CD 与 DA-CD 算法的 SINR 单调提高至收敛，且优于 DA-SDP-RA 算法，然而 DA-PML 算法不能提升 SINR。另外，可看到 CD 算法的 SINR 略优于 DA-CD 算法。

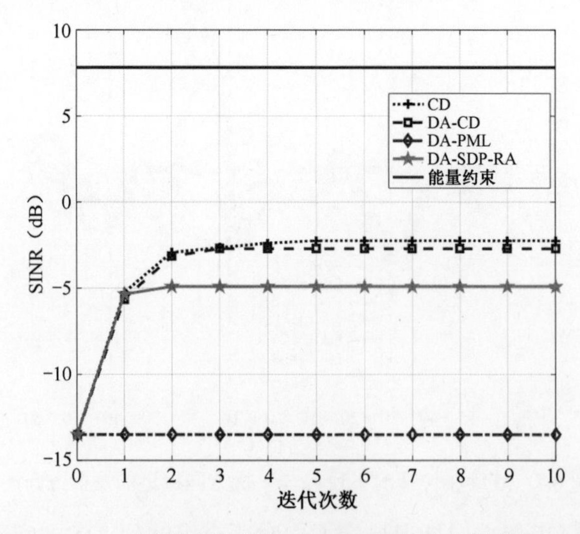

图 6.9　$L = 2$ 时离散相位情况下 SINR 随迭代次数变化的结果

图 6.10 给出了 $L=32$ 时不同相似性参数下 SINR 随迭代次数变化的结果。由图 6.10 可知，所有算法的 SINR 随着迭代次数增加而逐渐提高至收敛。当 $\xi=0.5,1,1.5$ 时，CD 和 DA-CD 算法拥有接近的输出 SINR，DA-CD 算法较 DA-SDP-RA 算法极大地提升了输出 SINR，DA-PML 算法性能介于 DA-CD 算法与 DA-SDP-RA 算法之间。当 $\xi=2$ 时，DA-CD 与 DA-SDP-RA 算法获得了相同的 SINR，靠近于能量约束下的 SINR 上界，均优于 CD 与 DA-PML 算法。同时也观察到 CD 算法优于 DA-PML 算法。

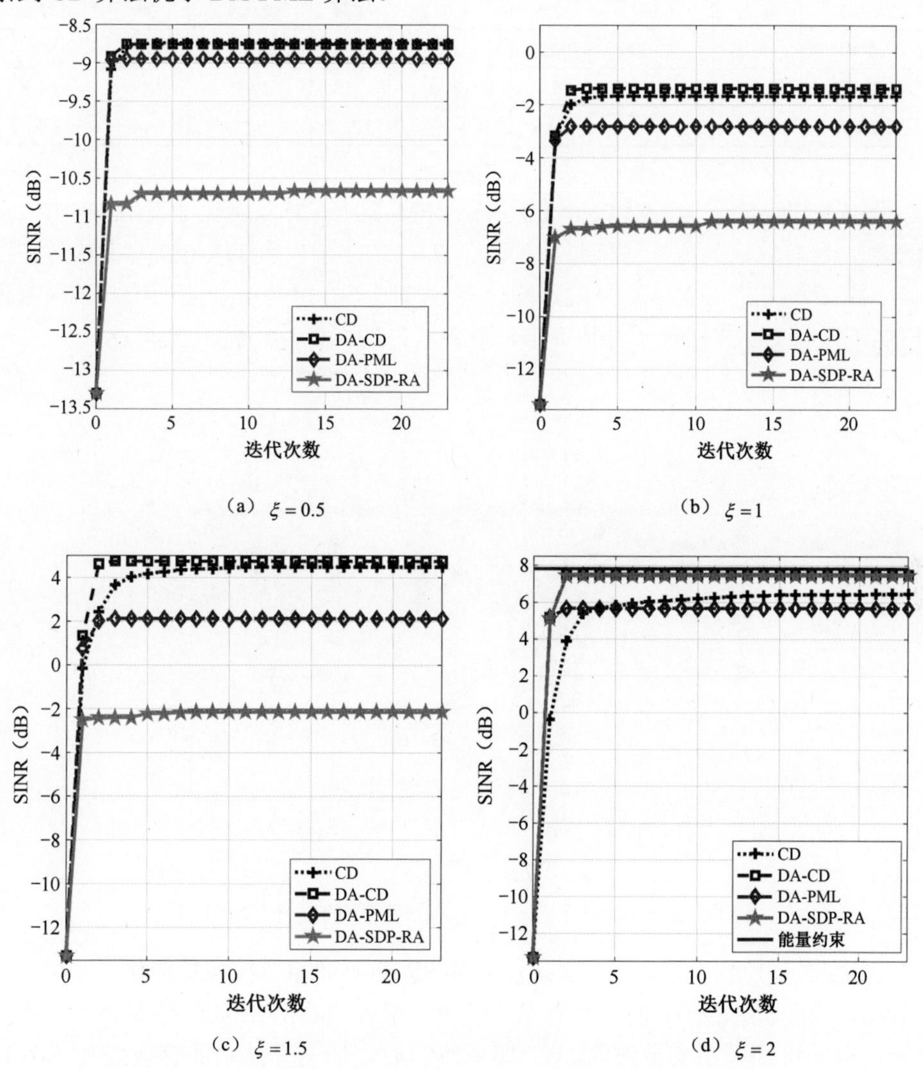

图 6.10　$L=32$ 时离散相位情况下 SINR 随迭代次数变化的结果

表 6.3 给出了 $L=32$ 时离散相位情况下所有算法的输出 SINR 与计算时间。观察可知，相比 CD 算法、DA-SDP-RA 和 SDP-RA，DA-CD 算法与 DA-PML 算法

极大地提升了计算效率。另外，CD 算法与 DA-CD 算法的 SINR 性能优于 DA-PML 算法。

表 6.3　$L=32$ 时离散相位情况下的 SINR（dB）与计算时间

算　法	$\xi=0.5$		$\xi=1$		$\xi=1.5$		$\xi=2$	
	SINR	时间（s）	SINR	时间（s）	SINR	时间（s）	SINR	时间（s）
CD	−8.74	0.12	−1.68	0.15	4.48	0.32	6.45	0.48
DA-CD	−8.75	0.031	−1.39	0.03	4.74	0.044	7.49	0.022
DA-PML	−8.95	0.023	−2.8	0.032	2.14	0.067	5.68	0.025
DA-SDP-RA	−10.75	18.01	−6.47	17.52	−2.3	29.72	7.45	57.47
SDP-RA	−10.9	5.37	−6.8	8.85	−2.54	9.11	7.44	12.46

图 6.11 展示了$\xi=1.5$和$L=2$下正交 LFM 及所有算法优化的发射方向图。可观察到，所有算法的方向图能量均汇集于$\theta=15°$，但仅有 DA-CD 与 CD 算法的方向图在$\theta=-30°,-20°,40°$呈现零陷，有效抑制了方位旁瓣杂波能量。该现象说明 DA-CD 与 CD 算法优于其他算法，具备较好的抗信号相关干扰能力。

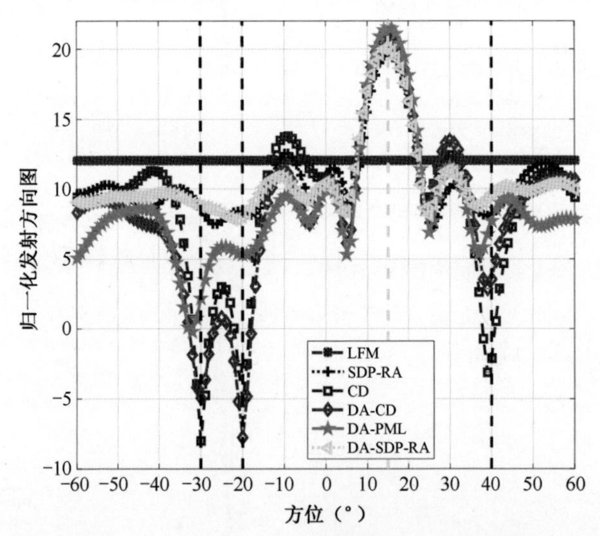

图 6.11　$\xi=1.5, L=32$ 时离散情况下的发射方向图

图 6.12 分别画出了$L=8,32$条件下 SINR 随不同相似性参数变化的结果。可以看出，当$L=8$, $\xi\leqslant0.6$时，所有算法获得了接近的输出 SINR，这是由L较小时优化问题的可行域不变导致的。当$0.6<\xi<2$时，所有算法均能有效提升 SINR，CD 和 DA-CD 算法优于 DA-PML、DA-SDP-RA 和 SDP-RA 算法。当$\xi=2$时，DA-CD、DA-SDP-RA 和 SDP-RA 算法优于 DA-PML 和 CD 算法，CD 算法优于 DA-PML 算法。当$L=32$时，CD、DA-CD 和 DA-PML 算法优于 DA-SDP-RA 与 SDP-RA 算法。但针对较大的相似性参数，CD 与 DA-CD 算法优于 DA-PML 算

法。另外，也可观察到当 L 增加时，波形优化自由度增加，输出 SINR 增加。

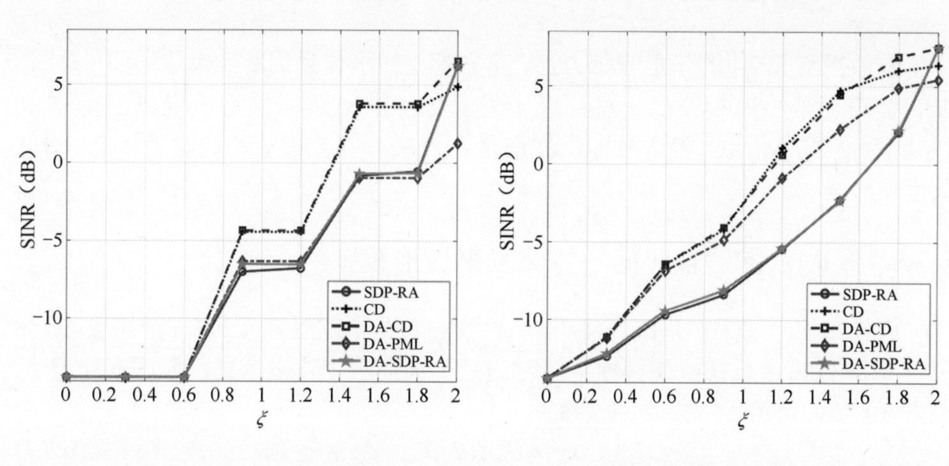

（a） $L=8$　　（b） $L=32$

图 6.12　离散相位情况下 SINR 随不同相似性参数变化的结果

假定 $\varepsilon_0=0$，即在目标导向矢量矩阵精确已知的情况下，图 6.13（a）和图 6.13（b）分别展示了 $L=32, \xi=1.5$ 时非稳健设计与稳健设计下最差 SINR 随着杂波干扰导向矢量矩阵不确定参数 ε 变化的结果。观察可知，针对较小 ε 值，非稳健设计与稳健设计实现了相同的 SINR，CD 和 DA-CD 算法优于 DA-PML、DA-SDP-RA 和 SDP-RA 算法。当 ε 值较大时，稳健设计优于非稳健设计，CD、DA-PML 和 DA-CD 算法拥有相同的 SINR，且优于 DA-SDP-RA 和 SDP-RA。

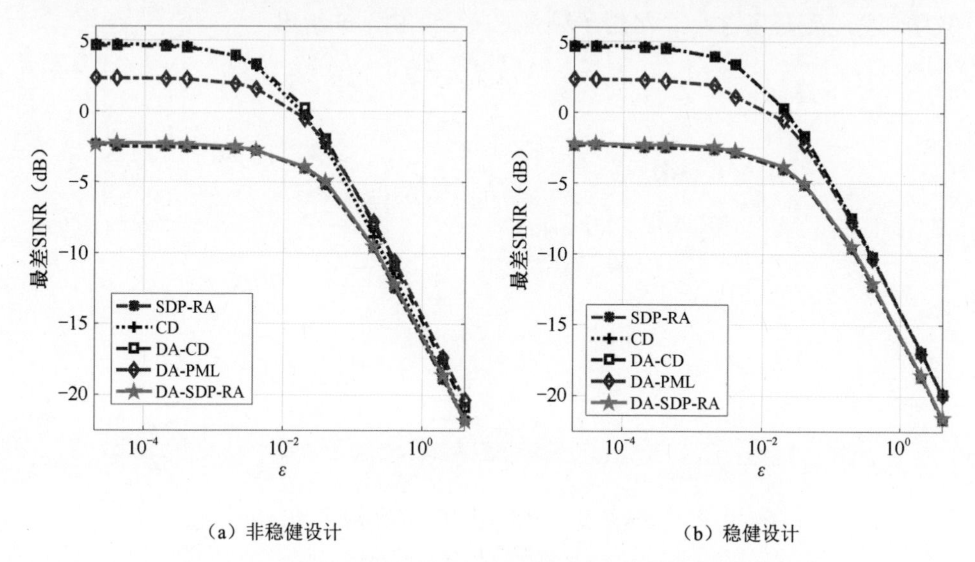

（a）非稳健设计　　（b）稳健设计

图 6.13　$L=32, \xi=1.5$ 时最差 SINR 随不同确定度参数变化的结果

6.3 MIMO 雷达快时间一体化发射波形设计

本节提出 SPIA 的信息调制方法，建立基于通信信息调制约束、发射方向图主瓣、旁瓣电平约束和波形变模约束下最大化 SINR 数学模型，提出基于 SBE-DSADMM 的 MIMO 雷达一体化波形优化算法，并分析算法的收敛性和计算复杂度。

6.3.1 MIMO 雷达快时间一体化发射波形模型

假设在信号相关的杂波环境下，一个具有 N_T 个发射阵元和 N_R 个接收阵元的窄带 MIMO 雷达正在检测目标，同时向 C 个通信用户发送信息，如图 6.14 所示。根据 6.1 节，可得雷达接收回波模型

$$\boldsymbol{x}_m = \alpha_0 \boldsymbol{A}(\theta_0)\overline{\boldsymbol{s}}_m + \boldsymbol{d}_m + \boldsymbol{v}_m \tag{6.71}$$

本小节提出一种通过空间合成信号频谱通带和阻带位置选择及幅度调制来传输信息的调制方法。具体来说，对指向用户方向的空间合成信号子频带进行选择来传输信息，控制这些子频带的 ESD，以形成通带和阻带。假设 C 个用户方位角为 φ_c， $c=1,2,3,\cdots,C$，则 φ_c 方向上的空间合成信号 $\boldsymbol{x}_c \in \mathbb{C}^M$ 为

$$\boldsymbol{x}_c = \boldsymbol{S}\boldsymbol{a}^*\left(\varphi_c\right) \tag{6.72}$$

其中，$\boldsymbol{S}=\left[\boldsymbol{s}_1,\boldsymbol{s}_2,\boldsymbol{s}_3,\cdots,\boldsymbol{s}_{N_\mathrm{T}}\right]\in\mathbb{C}^{M\times N_\mathrm{T}}$。

假设 $\boldsymbol{x}_c, c=1,2,3,\cdots,C$ 的归一化频带为 $\Omega_c\in[0,1)$，具有 L_c 个子频带 $\Omega_{l_c}=(f_{l_c,1},f_{l_c,2})\subset\Omega_c, l_c=1,2,3,\cdots,L_c$，其中 $f_{l_c,1}$ 和 $f_{l_c,2}$ 分别表示 Ω_{l_c} 的归一化下频率和上频率。$\mathcal{L}_c$ 是包含 L_c 个可用子频带的集合，由下式给出

$$\mathcal{L}_c := \{\Omega_{1_c},\Omega_{2_c},\Omega_{3_c},\cdots,\Omega_{L_c}\} \tag{6.73}$$

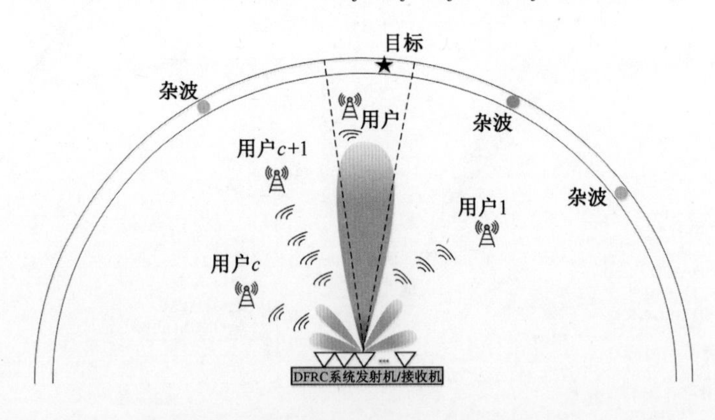

图 6.14 信号相关杂波环境下 DFRC 系统探测和通信工作场景

频谱位置索引调制通过选择不同的子频带来传输信息。对用户 c 而言，根据通信要求，从备选的子频带集合 $\mathcal{L}_c$ 选择 Q_c 个子频带用于信息传输，所有可能的位置选择集合为

$$\mathcal{T}_c := \{\mathcal{L}_c^{(k)} \| \mathcal{L}_c^{(k)} | = Q_c,\ \mathcal{L}_c^{(k)} \subset \mathcal{L}_c\} \tag{6.74}$$

其中，$\mathcal{L}_c^{(k)}$ 表示在集合 $\mathcal{T}_c$ 中第 k 种位置的选择方式，则可能的位置选择方式的总数为

$$|\mathcal{T}_c| = C_{L_c}^{Q_c} = \frac{(L_c)!}{(Q_c)!(L_c - Q_c)!} \tag{6.75}$$

根据式（6.75），采用频谱位置索引调制可传输的最大比特数为

$$D_{c,1} = \left\lfloor \log_2\left(C_{L_c}^{Q_c}\right)\right\rfloor \tag{6.76}$$

此外，所选子频带的幅度也可以用于传输信息。不失一般性地假设，阻带对应通信比特“1”，通带对应通信比特“0”。因此，采用幅度调制可传输的信息比特数为 $D_{c,2} = Q_c$。最终向用户 c 传输信息的速率为

$$D_c = \frac{D_{c,1} + D_{c,2}}{T_{\mathrm{r}}} \tag{6.77}$$

其中，T_{r} 为脉冲重复周期。

下面给出一个简单的示例，假设 MIMO-DFRC 系统分别向位于 φ_1,φ_2 的两个用户传输信息，根据式（6.72），空间远场合成的离散基带信号可以被表示为 $\boldsymbol{x}_1 = \boldsymbol{Sa}^*(\varphi_1)$，$\boldsymbol{x}_2 = \boldsymbol{Sa}^*(\varphi_2)$。考虑用于传输信息的子频带集合为（不失一般性，假设 $\mathcal{L}_1 = \mathcal{L}_2$）

$$\mathcal{L}_1 := \{\Omega_{1_1}, \Omega_{2_1}, \Omega_{3_1}, \cdots, \Omega_{L_1}\} = \{(0.1,0.13),(0.3,0.33),(0.6,0.63),(0.8,0.83)\}$$

$$\mathcal{L}_2 := \{\Omega_{1_2}, \Omega_{2_2}, \Omega_{3_2}, \cdots, \Omega_{L_2}\} = \{(0.1,0.13),(0.3,0.33),(0.6,0.63),(0.8,0.83)\}$$

根据通信需求，选择其中 $Q_1 = 2$ 个位置传输信息给用户 1，则有如下 6 种可能的传输信息子频带位置选择方式：

$$\begin{aligned}
&\mathcal{L}_1^{(1)} = \{(0.1,0.13),(0.3,0.33)\},\ \mathcal{L}_1^{(2)} = \{(0.1,0.13),(0.6,0.63)\},\\
&\mathcal{L}_1^{(3)} = \{(0.1,0.13),(0.8,0.83)\},\ \mathcal{L}_1^{(4)} = \{(0.3,0.33),(0.6,0.63)\},\\
&\mathcal{L}_1^{(5)} = \{(0.3,0.33),(0.8,0.83)\},\ \mathcal{L}_1^{(6)} = \{(0.6,0.63),(0.8,0.83)\}
\end{aligned} \tag{6.78}$$

根据式（6.76），最大传输的比特数为 $D_{1,1} = 2$，所以任意选择上述 6 种可能的传输信息子频带位置中的 4 种来传输信息。在这里不失一般性地选择 $\mathcal{L}_1^{(1)},\mathcal{L}_1^{(2)},\mathcal{L}_1^{(3)},\mathcal{L}_1^{(6)}$ 分别传输信息序列“00”“01”“10”“11”。此外，被选择的 2 个子频带的幅度也可以用来传输信息。图 6.15 给出了当二进制序列“0101”被传输给用户 1 时的子频带选择和所选子频带的幅度设定。具体而言，选择子频带 $\mathcal{L}_1^{(2)} = \{(0.1,0.13),(0.6,0.63)\}$ 传输“0101”的前两位，$\Omega_{1_1} = (0.1,0.13)$ 为通带传输第三位“0”，$\Omega_{3_1} = (0.6,0.63)$ 为阻带传输第四位“1”。

类似地，假设需要选择 $Q_2 = 1$ 个位置来传输信息给用户 2，则有如下 4 种可能的传输信息子频带位置选择方式：

$$\begin{aligned}
&\mathcal{L}_2^{(1)} = \{(0.1,0.13)\},\ \mathcal{L}_2^{(2)} = \{(0.3,0.33)\},\\
&\mathcal{L}_2^{(3)} = \{(0.6,0.63)\},\ \mathcal{L}_2^{(4)} = \{(0.8,0.83)\}
\end{aligned} \tag{6.79}$$

因传输的比特数为 $D_{2,1}=2$，不失一般性地选择 $\mathcal{L}_2^{(1)},\mathcal{L}_2^{(2)},\mathcal{L}_2^{(3)},\mathcal{L}_2^{(4)}$ 分别传输信息序列“00”“01”“10”“11”。图 6.15 也给出了当二进制序列“010”被发送给用户 2 时的子频带选择和所选子频带的幅度设定。具体而言，选择子频带 $\mathcal{L}_2^{(2)}=\{(0.3,0.33)\}$ 传输“010”的前两位，$\Omega_{2_2}=(0.3,0.33)$ 为通带传输第三位“0”。

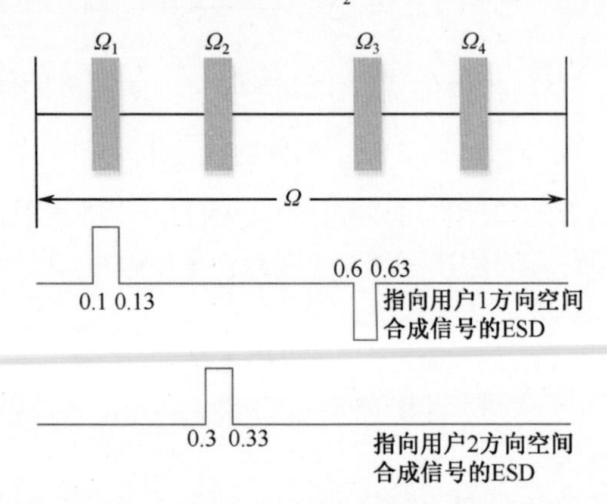

图 6.15　联合传输信息子频带位置索引和幅度调制示意图

接下来提出一种通信解调方法，假设信道状态信息已知，则位于 φ_c 方向的通信用户 c 接收的基带信号可表示为

$$\tilde{\boldsymbol{x}}_c=\beta^{(c)}\boldsymbol{S}\boldsymbol{a}^*(\varphi_c)+\boldsymbol{n}_c \tag{6.80}$$

其中，$\beta^{(c)}$ 为包含了信道状态信息的复常数，$\boldsymbol{n}_c\in\mathbb{C}^{M\times1}$ 为均值为 0、方差为 δ_c^2 的加性高斯白噪声向量。

我们利用接收信号 $\tilde{\boldsymbol{x}}_c$ 的频带能量解调信息。具体来讲，对接收信号 $\tilde{\boldsymbol{x}}_c$ 做 P 点 DFT，计算每个子频带 $\Omega_{l_c},l_c=1,2,3,\cdots,L_c$ 的能量 e_{l_c}(dB)[21]

$$e_{l_c}=10\lg\frac{\hat{\boldsymbol{x}}_c^{\mathrm{H}}\boldsymbol{F}_{l_c}\boldsymbol{F}_{l_c}^{\mathrm{H}}\hat{\boldsymbol{x}}_c}{N_{l_c}} \tag{6.81}$$

其中，$\hat{\boldsymbol{x}}_c=[\hat{\boldsymbol{x}}_c^{\mathrm{T}},\boldsymbol{0}_{\mathrm{P}-M}^{\mathrm{T}}]^{\mathrm{T}}\in\mathbb{C}^{\mathrm{P}}$, $\boldsymbol{F}_{l_c}\in\mathbb{C}^{\mathrm{P}\times(N_{l_c}+1)}$ 为 DFT 矩阵，其中第 n_{l_c} 列为 $[1,\mathrm{e}^{\mathrm{j}2\pi f_{l_c}^{n_l}},\mathrm{e}^{\mathrm{j}2\pi f_{l_c}^{n_l}\cdot 2},\cdots,\mathrm{e}^{\mathrm{j}2\pi f_{l_c}^{n_l}\cdot(P-1)}]^{\mathrm{T}}$，$f_{l_c}^{n_l}=f_{l_c,1}+(n_{l_c}-1)2\pi/P$，$n_{l_c}=1,2,3,\cdots,N_{l_c}+1$，$N_{l_c}=\left\lfloor\dfrac{f_{l_c,2}-f_{l_c,1}}{2\pi/P}\right\rfloor$

所有备选子频带的平均能量为

$$\overline{e}_c=\sum_{l=1}^{L_c}\frac{e_{l_c}}{L_c} \tag{6.82}$$

接着，设定双门限阈值分别为 $\overline{e}_c+\gamma$ 和 $\overline{e}_c-\gamma$，其中 γ 为一个小的正常数。如果第 l_c 个子频带能量 $e_{l_c}>\overline{e}_c+\gamma$，则判定此频带为通带；如果第 l_c 个子频带能量 $e_{l_c}<\overline{e}_c-\gamma$，则判定此频带为阻带。因此用于传输信息的子频带位置及其幅度均被

检测出来，从而实现信息的解调。SPIA 解调示意图如图 6.16 所示。

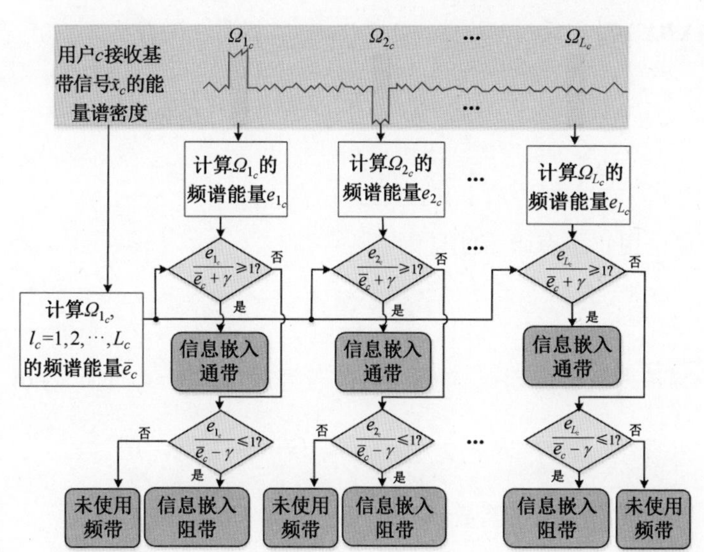

图 6.16　SPIA 解调示意图

本节通过最大化 SINR 并考虑 SPIA 调制、主瓣电平、旁瓣电平和变模约束构建一体化信号优化设计问题。

在雷达目标检测中，输出的 SINR 直接影响着目标检测概率，通常输出的 SINR 越大，目标检测概率越高。所以本节中的 DFRC 信号设计追求最大化 SINR。根据等式（6.75）和式（6.77），接收器输出端的 SINR 可写为

$$\rho(\boldsymbol{R})=\frac{\delta_0^2\boldsymbol{a}_{\mathrm{T}}^{\mathrm{H}}(\theta_0)\boldsymbol{R}\boldsymbol{a}_{\mathrm{T}}(\theta_0)}{\sum_{k=1}^{K}\delta_k^2\boldsymbol{a}_{\mathrm{T}}^{\mathrm{H}}(\theta_k)\boldsymbol{R}\boldsymbol{a}_{\mathrm{T}}(\theta_k)+\delta^2} \tag{6.83}$$

其中，$\delta^2=MN_{\mathrm{T}}\delta_v^2$ 表示噪声功率。从式（6.83）可知，计算 SINR 需要目标方位 θ_0 与功率 δ_0^2、杂波方位 θ_k 与功率 δ_k^2 和噪声功率 δ^2 的先验信息。这些信息可通过认知模式获取[22-23]。

假设选择 Q_c 个子频带来向用户 c 发送信息，具体地，假设这些子频带为 $\Omega_{q_c}=(f_{q_c,1},f_{q_c,2})\in\mathcal{L}_c,q_c=1,2,3,\cdots,Q_c$，则这些子频带的能量可以写为

$$E_c=\sum_{q_c=1}^{Q_c}\alpha_{q_c}\boldsymbol{x}_c^{\mathrm{H}}\boldsymbol{R}_{q_c}\boldsymbol{x}_c=\sum_{q_c=1}^{Q_c}\alpha_{q_c}\boldsymbol{a}^{\mathrm{T}}(\varphi_c)\boldsymbol{S}^{\mathrm{H}}\boldsymbol{R}_{q_c}\boldsymbol{S}\boldsymbol{a}^{*}(\varphi_c) \tag{6.84}$$

其中，$\boldsymbol{R}_{q_c}$ 中的第 (m,n) 元素为[23-26]

$$\boldsymbol{R}_{q_c}(m,n)=\begin{cases}\dfrac{\mathrm{e}^{\mathrm{j}2\pi f_{q_c,2}(m-n)}-\mathrm{e}^{\mathrm{j}2\pi f_{q_c,1}(m-n)}}{\mathrm{j}2\pi(m-n)}, & m\neq n\\ f_{q_c,2}-f_{q_c,1}, & m=n\end{cases}$$

其中，$\alpha_{q_c} \in \{0,1\}$ 为第 q_c 个子频带的权重因子。

由 $\operatorname{tr}\left\{\boldsymbol{AXBX}^{\mathrm{T}}\boldsymbol{C}\right\} = \operatorname{vec}\left\{\boldsymbol{X}\right\}^{\mathrm{T}}(\boldsymbol{B}^{\mathrm{T}} \otimes \boldsymbol{CA})\operatorname{vec}\left\{\boldsymbol{X}\right\}$ [27]，可得

$$E_c = \sum_{q_c=1}^{Q_c} \alpha_{q_c} \boldsymbol{s}^{\mathrm{H}}[\boldsymbol{R}_{q_c}^{\mathrm{H}} \otimes (\boldsymbol{a}(\theta_{0c})\boldsymbol{a}^{\mathrm{H}}(\theta_{0c}))]\boldsymbol{s} \tag{6.85}$$

其中，$\boldsymbol{s} = \operatorname{vec}\left\{\left[\boldsymbol{s}_1, \boldsymbol{s}_2, \boldsymbol{s}_3, \cdots, \boldsymbol{s}_{N_{\mathrm{T}}}\right]^{\mathrm{T}}\right\} \in \mathbb{C}^{N_{\mathrm{T}}M}$ 。

此外，C 个用户所有阻带能量为

$$E_{\mathrm{s}} = \sum_{c=1}^{C} E_c = \boldsymbol{s}^{\mathrm{H}}\boldsymbol{R}_{\mathrm{s}}\boldsymbol{s} \tag{6.86}$$

若第 q_c 个子频带为阻带，则 α_{q_c} 的值为 1；若为通带，则 α_{q_c} 的值为 0，并且

$$\boldsymbol{R}_{\mathrm{s}} = \sum_{c=1}^{C}\sum_{q_c=1}^{Q_c} \alpha_{q_c}[\boldsymbol{R}_{q_c}^{\mathrm{H}} \otimes (\boldsymbol{a}(\varphi_c)\boldsymbol{a}^{\mathrm{H}}(\varphi_c))] \tag{6.87}$$

为有效地通信，令阻带能量满足：

$$\boldsymbol{s}^{\mathrm{H}}\boldsymbol{R}_{\mathrm{s}}\boldsymbol{s} \leqslant \eta_{\mathrm{s}} \tag{6.88}$$

其中，η_{s} 是阻带能量的上限。

类似地，用户 c 的通带能量为

$$E_{\mathrm{p}c} = \boldsymbol{s}^{\mathrm{H}}\boldsymbol{R}_{\mathrm{c}}\boldsymbol{s} \tag{6.89}$$

若第 q_c 个子频带为通带，则 α_{q_c} 的值为 1；若为阻带，则 α_{q_c} 的值为 0，并且

$$\boldsymbol{R}_{\mathrm{c}} = \sum_{q_c=1}^{Q_c} \alpha_{q_c}[\boldsymbol{R}_{q_c}^{\mathrm{H}} \otimes (\boldsymbol{a}(\varphi_c)\boldsymbol{a}^{\mathrm{H}}(\varphi_c))]$$

为实现可靠的通信，对每个用户实施频谱通带能量约束，即

$$\eta_{\mathrm{p}c} \leqslant \boldsymbol{s}^{\mathrm{H}}\boldsymbol{R}_{\mathrm{c}}\boldsymbol{s},\ c = 1,2,3,\cdots,C \tag{6.90}$$

其中，$\eta_{\mathrm{p}c}$ 为向用户 c 传输能量的下界。

为降低非目标方向的回波强度，必须进行波束方向图 ISL 约束。令 $\vartheta_k, k = 1,2,3,\cdots,\bar{K}$ 和 ϕ_k，$k = 1,2,3,\cdots,\tilde{K}$ 分别表示主瓣区域和副瓣区域，则波束方向图 ISL 可表示为[21]

$$\frac{\boldsymbol{s}^{\mathrm{H}}\boldsymbol{A}_{\mathrm{s}}\boldsymbol{s}}{\boldsymbol{s}^{\mathrm{H}}\boldsymbol{A}_{\mathrm{m}}\boldsymbol{s}} \leqslant \varepsilon \tag{6.91}$$

其中，$\boldsymbol{A}_{\mathrm{s}} = \dfrac{1}{M}\sum_{k=1}^{\tilde{K}} \boldsymbol{I}_M \otimes [\boldsymbol{a}(\phi_k)\boldsymbol{a}^{\mathrm{H}}(\phi_k)]$，$\boldsymbol{A}_{\mathrm{m}} = \dfrac{1}{M}\sum_{k=1}^{\bar{K}} \boldsymbol{I}_M \otimes [\boldsymbol{a}(\vartheta_k)\boldsymbol{a}^{\mathrm{H}}(\vartheta_k)]$，$\varepsilon$ 为发射阵元方向图 ISL 的上限。

为了将发射的能量控制在一定的空间范围内，引入主瓣宽度约束[21]

$$P_L - \delta \leqslant \frac{\boldsymbol{s}^{\mathrm{H}}\boldsymbol{A}_k\boldsymbol{s}}{\boldsymbol{s}^{\mathrm{H}}\boldsymbol{A}_0\boldsymbol{s}} \leqslant P_L + \delta,\ k = 1,2 \tag{6.92}$$

其中，$\boldsymbol{A}_k = \left(\boldsymbol{I}_M \otimes [\boldsymbol{a}(\theta_{\mathrm{m}k})\boldsymbol{a}^{\mathrm{H}}(\theta_{\mathrm{m}k})]\right)/M$，$\Phi(\theta_{\mathrm{m}2} \geqslant \theta_0 \geqslant \theta_{\mathrm{m}1})$ 表示波束宽度，$P_L \in (0,1)$，δ 是一个小的正数。

为减轻信号非线性失真的影响，引入如下变模约束[28-29]：

$$\frac{1}{N_{\mathrm{T}}} - \kappa \leqslant |\boldsymbol{s}_n(m)|^2 \leqslant \frac{1}{N_{\mathrm{T}}} + \kappa \tag{6.93}$$

其中，$\frac{1}{N_{\mathrm{T}}} - \kappa$ 与 $\frac{1}{N_{\mathrm{T}}} + \kappa$ 分别表示下界和上界，κ 是一个小的正常数。当 $\kappa = 0$ 时，式（6.93）退化成恒模约束。

为使 MIMO-DFRC 系统在实现多用户通信的同时具有良好的探测性能，通过最大化 SINR 并考虑上述多个实际约束，构建了如下优化问题：

$$\mathcal{P}_1 \begin{cases} \max\limits_{s} & \dfrac{\boldsymbol{s}^{\mathrm{H}}\boldsymbol{U}_0\boldsymbol{s}}{\boldsymbol{s}^{\mathrm{H}}\boldsymbol{V}_0\boldsymbol{s}} \\ \text{s.t.} & (1)\ \dfrac{\boldsymbol{s}^{\mathrm{H}}\boldsymbol{A}_{\mathrm{s}}\boldsymbol{s}}{\boldsymbol{s}^{\mathrm{H}}\boldsymbol{A}_{\mathrm{m}}\boldsymbol{s}} \leqslant \varepsilon \\ & (2)\ \boldsymbol{s}^{\mathrm{H}}\boldsymbol{R}_{\mathrm{s}}\boldsymbol{s} \leqslant \eta_{\mathrm{s}} \\ & (3)\ \eta_{\mathrm{p}c} \leqslant \boldsymbol{s}^{\mathrm{H}}\boldsymbol{R}_{\mathrm{c}}\boldsymbol{s},\ c = 1,2,3,\cdots,C \\ & (4)\ P_L - \delta \leqslant \dfrac{\boldsymbol{s}^{\mathrm{H}}\boldsymbol{A}_k\boldsymbol{s}}{\boldsymbol{s}^{\mathrm{H}}\boldsymbol{A}_0\boldsymbol{s}} \leqslant P_L + \delta,\ k = 1,2 \\ & (5)\ \dfrac{1}{N_{\mathrm{T}}} - \kappa \leqslant |\boldsymbol{s}_n(m)|^2 \leqslant \dfrac{1}{N_{\mathrm{T}}} + \kappa \end{cases} \tag{6.94}$$

其中，$\boldsymbol{A}_0 = \left(\boldsymbol{I}_M \otimes \left[\boldsymbol{a}(\theta_0)\boldsymbol{a}^{\mathrm{H}}(\theta_0)\right]\right)/M$，$\boldsymbol{A}_k = \left(\boldsymbol{I}_M \otimes \left[\boldsymbol{a}(\theta_k)\boldsymbol{a}^{\mathrm{H}}(\theta_k)\right]\right)/M$，$\boldsymbol{U}_0 = \delta_0^2\boldsymbol{A}_0$，$\boldsymbol{V}_0 = \sum_{k=1}^{K}\delta_k^2\boldsymbol{A}_k + \boldsymbol{I}_{MN_{\mathrm{T}}}\delta_v^2 N_{\mathrm{T}}$。

为求解上述非凸高维多约束优化问题式（6.94），6.3.2 节提出了 SBE-DSADMM 优化算法。

6.3.2 基于 SBE-DSADMM 的一体化信号设计算法

为求解优化问题式（6.94），本节提出一种基于 SBE-DSADMM 的一体化信号设计方法。该算法思想是通过序列块增强（Sequence Block Enhancement，SBE）序列优化块变量 $\boldsymbol{s}_1, \boldsymbol{s}_2, \boldsymbol{s}_3, \cdots, \boldsymbol{s}_{N_{\mathrm{T}}}$ 来单调提高 SINR 至收敛。为求解关于每个块变量的非凸子问题，采用 DA、SCA 将其近似为一个凸子问题，最后利用交替方向乘子法（Alternation Direction Method of Multipliers，ADMM）并行快速求解该凸子问题。

6.3.2.1 算法描述

在每次迭代时固定其他变量不变，仅优化一个块变量来提高目标函数值。假定 $\boldsymbol{s}_n^{(i)}$ 是通过第 n 个阵元发射的第 i 个优化信号，$n=1,2,3,\cdots,N_{\mathrm{T}}$，那么在第 i 次迭代时需要求解的非凸子问题为

$$\mathcal{P}_{\boldsymbol{s}_n^{(i)}}\begin{cases}\max\limits_{\boldsymbol{s}_n} & f(\boldsymbol{s}_1^{(i)},\boldsymbol{s}_2^{(i)},\cdots,\boldsymbol{s}_{n-1}^{(i)},\boldsymbol{s}_n,\boldsymbol{s}_{n+1}^{(i-1)},\cdots,\boldsymbol{s}_{N_{\mathrm{T}}}^{(i-1)})\\ \text{s.t.} & \boldsymbol{s}_n\in\mathcal{S}_n^{(i)}\end{cases}$$

其中，$\mathcal{S}_n^{(i)}$ 为第 i 次迭代关于变量 $\boldsymbol{s}_n$ 的可行集。

接下来，利用联合丁克尔巴赫算法与拟幂法（Dinkelbach Algorithm, Sequential Convex Approximation and Alternation Direction Method of Multipliers，DSADMM）求解子问题 $\mathcal{P}_{\boldsymbol{s}_n^{(i)}}$，在此之前，将其等价地转化为如下形式：

$$\mathcal{P}_{\boldsymbol{s}_n^{(i)}}\begin{cases}\max\limits_{\boldsymbol{s}_n} & f(\boldsymbol{s}_n;\overline{\boldsymbol{s}}_{-n}^{(i)})\\ \text{s.t.} & \boldsymbol{s}_n^{\mathrm{H}}\boldsymbol{A}_{sn}\boldsymbol{s}_n+\Re\left\{\boldsymbol{a}_{sn}^{\mathrm{H}}\boldsymbol{s}_n\right\}+a_{sn}\leqslant\varepsilon\left(\boldsymbol{s}_n^{\mathrm{H}}\boldsymbol{A}_{mn}\boldsymbol{s}_n+\Re\left\{\boldsymbol{a}_{mn}^{\mathrm{H}}\boldsymbol{s}_n\right\}+a_{mn}\right)\\ & \boldsymbol{s}_n^{\mathrm{H}}\boldsymbol{R}_{sn}\boldsymbol{s}_n+\Re\left\{\boldsymbol{s}_{sn}^{\mathrm{H}}\boldsymbol{s}_n\right\}+r_{sn}\leqslant 0\\ & \eta_{\mathrm{pc}}\leqslant\boldsymbol{s}^{\mathrm{H}}\boldsymbol{R}_c\boldsymbol{s},\ c=1,2,3,\cdots,C\\ & (P_L-\delta)(\boldsymbol{s}_n^{\mathrm{H}}\boldsymbol{A}_{0n}\boldsymbol{s}_n+\Re\left\{\boldsymbol{a}_{0n}^{\mathrm{H}}\boldsymbol{s}_n\right\}+a_{0n})-(\boldsymbol{s}_n^{\mathrm{H}}\boldsymbol{A}_{kn}\boldsymbol{s}_n+\Re\left\{\boldsymbol{a}_{kn}^{\mathrm{H}}\boldsymbol{s}_n\right\}+a_{kn})\leqslant 0,\\ & k=1,2\\ & (\boldsymbol{s}_n^{\mathrm{H}}\boldsymbol{A}_{kn}\boldsymbol{s}_n+\Re\left\{\boldsymbol{a}_{kn}^{\mathrm{H}}\boldsymbol{s}_n\right\}+a_{kn})-(P_L+\delta)\times(\boldsymbol{s}_n^{\mathrm{H}}\boldsymbol{A}_{0n}\boldsymbol{s}_n+\Re\left\{\boldsymbol{a}_{0n}^{\mathrm{H}}\boldsymbol{s}_n\right\}+a_{0n})\leqslant 0,\\ & k=1,2\\ & |\boldsymbol{s}_n(m)|^2\leqslant\dfrac{1}{N_{\mathrm{T}}}+\kappa\\ & \dfrac{1}{N_{\mathrm{T}}}-\kappa\leqslant|\boldsymbol{s}_n(m)|^2\end{cases}\tag{6.95}$$

其中，$f(\boldsymbol{s}_n;\overline{\boldsymbol{s}}_{-n}^{(i)})=\dfrac{\boldsymbol{s}_n^{\mathrm{H}}\boldsymbol{U}_n\boldsymbol{s}_n+\Re\left\{\boldsymbol{u}_n^{\mathrm{H}}\boldsymbol{s}_n\right\}+u_n}{\boldsymbol{s}_n^{\mathrm{H}}\boldsymbol{V}_n\boldsymbol{s}_n+\Re\left\{\boldsymbol{v}_n^{\mathrm{H}}\boldsymbol{s}_n\right\}+v_n}$。具体证明过程见附录 F。

然而 $\mathcal{P}_{\boldsymbol{s}_n^{(i)}}$ 依然是一个非凸优化问题。根据分式规划理论，引进参数 w 将目标函数 $f(\boldsymbol{s}_n;\overline{\boldsymbol{s}}_{-n}^{(i)})$ 改写成如下形式：

$$\chi(w,\boldsymbol{s}_n)=f_0(\boldsymbol{s}_n)-wf_1(\boldsymbol{s}_n)$$

其中，$f_0(\boldsymbol{s}_n)=\boldsymbol{s}_n^{\mathrm{H}}\boldsymbol{U}_n\boldsymbol{s}_n+\Re\left\{\boldsymbol{u}_n^{\mathrm{H}}\boldsymbol{s}_n\right\}+u_n$，$f_1(\boldsymbol{s}_n)=\boldsymbol{s}_n^{\mathrm{H}}\boldsymbol{V}_n\boldsymbol{s}_n+\Re\left\{\boldsymbol{v}_n^{\mathrm{H}}\boldsymbol{s}_n\right\}+v_n$。因此，优化问题 $\mathcal{P}_{\boldsymbol{s}_n^{(i)}}$ 可以变为

$$\begin{cases}\max\limits_{w\ \ \boldsymbol{s}_n} & \chi(w,\boldsymbol{s}_n)\\ \text{s.t.} & \{\boldsymbol{s}_n\}\in\mathcal{S}_n^{(i)}\end{cases}\tag{6.96}$$

利用 DA 求解优化问题式（6.96）。假设第 t 次迭代时，优化问题式（6.96）的解为 $w_{(t)}$，$\boldsymbol{s}_{n(t)}$。交替迭代求解的具体过程如下：

（1）已知 $\boldsymbol{s}_{n(t-1)}, w_{(t)} = f_0(\boldsymbol{s}_{n(t-1)}) / f_1(\boldsymbol{s}_{n(t-1)})$；

（2）已知 $w_{(t)}$，通过求解式（6.97）更新 $\boldsymbol{s}_{n(t)}$：

$$\begin{cases} \max\limits_{\boldsymbol{s}_n} & \chi(w_{(t)}, \boldsymbol{s}_n) \\ \text{s.t.} & (1)\ \boldsymbol{s}_n^{\mathrm{H}} \boldsymbol{A}_{sn} \boldsymbol{s}_n + \Re\left\{\boldsymbol{a}_{sn}^{\mathrm{H}} \boldsymbol{s}_n\right\} + a_{sn} \leqslant \varepsilon\left(\boldsymbol{s}_n^{\mathrm{H}} \boldsymbol{A}_{mn} \boldsymbol{s}_n + \Re\left\{\boldsymbol{a}_{mn}^{\mathrm{H}} \boldsymbol{s}_n\right\} + a_{mn}\right) \\ & (2)\ \boldsymbol{s}_n^{\mathrm{H}} \boldsymbol{R}_{sn} \boldsymbol{s}_n + \Re\left\{\boldsymbol{s}_{sn}^{\mathrm{H}} \boldsymbol{s}_n\right\} + r_{sn} \leqslant 0 \\ & (3)\ \eta_{\mathrm{pc}} \leqslant \boldsymbol{s}^{\mathrm{H}} \boldsymbol{R}_{\mathrm{c}} \boldsymbol{s},\ c = 1,2,3,\cdots,C \\ & (4)\ (P_L - \delta)(\boldsymbol{s}_n^{\mathrm{H}} \boldsymbol{A}_{0n} \boldsymbol{s}_n + \Re\left\{\boldsymbol{a}_{0n}^{\mathrm{H}} \boldsymbol{s}_n\right\} + a_{0n}) - (\boldsymbol{s}_n^{\mathrm{H}} \boldsymbol{A}_{kn} \boldsymbol{s}_n + \Re\left\{\boldsymbol{a}_{kn}^{\mathrm{H}} \boldsymbol{s}_n\right\} + a_{kn}) \leqslant 0, \\ & k = 1,2 \\ & (5)\ (\boldsymbol{s}_n^{\mathrm{H}} \boldsymbol{A}_{kn} \boldsymbol{s}_n + \Re\left\{\boldsymbol{a}_{kn}^{\mathrm{H}} \boldsymbol{s}_n\right\} + a_{kn}) - (P_L + \delta) \times (\boldsymbol{s}_n^{\mathrm{H}} \boldsymbol{A}_{0n} \boldsymbol{s}_n + \Re\left\{\boldsymbol{a}_{0n}^{\mathrm{H}} \boldsymbol{s}_n\right\} + a_{0n}) \leqslant 0, \\ & k = 1,2 \\ & (6)\ |\boldsymbol{s}_n(m)|^2 \leqslant \dfrac{1}{N_{\mathrm{T}}} + \kappa \\ & (7)\ \dfrac{1}{N_{\mathrm{T}}} - \kappa \leqslant |\boldsymbol{s}_n(m)|^2 \end{cases} \tag{6.97}$$

（3）重复上述过程直至收敛。

遗憾的是，优化问题式（6.97）依然是非凸的。对此，采用 SCA 将其近似等效为一个凸问题：

$$\mathcal{P}_{\boldsymbol{s}_{n(t)}} \begin{cases} \max\limits_{\boldsymbol{s}_n} & \boldsymbol{s}_n^{\mathrm{H}} \boldsymbol{D}_n \boldsymbol{s}_n + \Re\left\{\boldsymbol{d}_n^{\mathrm{H}} \boldsymbol{s}_n\right\} + d_n \\ \text{s.t.} & (1)\ \boldsymbol{s}_n^{\mathrm{H}} \boldsymbol{B}_n \boldsymbol{s}_n + \Re\left\{\boldsymbol{b}_n^{\mathrm{H}} \boldsymbol{s}_n\right\} + b_n \leqslant 0 \\ & (2)\ \boldsymbol{s}_n^{\mathrm{H}} \boldsymbol{R}_{sn} \boldsymbol{s}_n + \Re\left\{\boldsymbol{r}_{sn}^{\mathrm{H}} \boldsymbol{s}_n\right\} + r_{sn} \leqslant 0 \\ & (3)\ \boldsymbol{s}_n^{\mathrm{H}} \overline{\boldsymbol{A}}_{kn} \boldsymbol{s}_n + \Re\left\{\overline{\boldsymbol{a}}_{kn}^{\mathrm{H}} \boldsymbol{s}_n\right\} + \overline{a}_{kn} \leqslant 0,\ k = 1,2 \\ & (4)\ \boldsymbol{s}_n^{\mathrm{H}} \tilde{\boldsymbol{A}}_{kn} \boldsymbol{s}_n + \Re\left\{\tilde{\boldsymbol{a}}_{kn}^{\mathrm{H}} \boldsymbol{s}_n\right\} + \tilde{a}_{kn} \leqslant 0,\ k = 1,2 \\ & (5)\ \Re\left\{\overline{\boldsymbol{r}}_{cn}^{\mathrm{H}} \boldsymbol{s}_n\right\} + \overline{r}_{cn} \leqslant 0, c = 1,2,3,\cdots,C \\ & (6)\ \boldsymbol{s}_n(m)^{\mathrm{H}} \boldsymbol{s}_n(m) - 1/N_t - \kappa \leqslant 0, m = 1,2,3,\cdots,M \\ & (7)\ \Re\left\{\overline{p}_1 \boldsymbol{s}_n(m)\right\} + \overline{p}_2 \leqslant 0, m = 1,2,3,\cdots,M \end{cases} \tag{6.98}$$

具体证明过程见附录 G。

最后，采用 ADMM 算法求解优化问题 $\mathcal{P}_{\boldsymbol{s}_{n(t)}}$，引入辅助变量 $\{\boldsymbol{h}_{\overline{c}}\}, \{\boldsymbol{v}_c\}, \boldsymbol{z}$，将优化问题 $\mathcal{P}_{\boldsymbol{s}_{n(t)}}$ 等效为

$$\left\{\begin{array}{ll}\min\limits_{\boldsymbol{h},\{\boldsymbol{h}_{\bar{c}}\},\{\boldsymbol{v}_c\},\boldsymbol{z}} & -\boldsymbol{h}^{\mathrm{H}}\boldsymbol{D}_n\boldsymbol{h}-\Re\left\{\boldsymbol{d}_n^{\mathrm{H}}\boldsymbol{h}\right\}-d_n \\ \text{s.t.} & \boldsymbol{h}_1=\boldsymbol{h},\boldsymbol{h}_1^{\mathrm{H}}\boldsymbol{R}_{sn}\boldsymbol{h}_1+\Re\left\{\boldsymbol{r}_{sn}^{\mathrm{H}}\boldsymbol{h}_1\right\}+r_{sn}\leqslant 0 \\ & \boldsymbol{h}_2=\boldsymbol{h},\boldsymbol{h}_2^{\mathrm{H}}\boldsymbol{B}_n\boldsymbol{h}_2+\Re\left\{\boldsymbol{b}_n^{\mathrm{H}}\boldsymbol{h}_2\right\}+b_n\leqslant 0 \\ & \boldsymbol{h}_k=\boldsymbol{h},k=3,4,\boldsymbol{h}_k^{\mathrm{H}}\bar{\boldsymbol{A}}_{k_0n}\boldsymbol{h}_k+\Re\left\{\bar{\boldsymbol{a}}_{k_0n}^{\mathrm{H}}\boldsymbol{h}_k\right\}+\bar{a}_{k_0n}\leqslant 0 \\ & \boldsymbol{h}_{\bar{k}}=\boldsymbol{h},\bar{k}=5,6,\boldsymbol{h}_{\bar{k}}^{\mathrm{H}}\tilde{\boldsymbol{A}}_{k_1n}\boldsymbol{h}_{\bar{k}}+\Re\left\{\tilde{\boldsymbol{a}}_{k_1n}^{\mathrm{H}}\boldsymbol{h}_{\bar{k}}\right\}+\tilde{a}_{k_1n}\leqslant 0 \\ & \boldsymbol{v}_c=\boldsymbol{h},c=1,2,3,\cdots,C,\Re\left\{\bar{\boldsymbol{r}}_{cn}^{\mathrm{H}}\boldsymbol{v}_c\right\}+\bar{r}_{cn}\leqslant 0, \\ & \boldsymbol{z}=\boldsymbol{h},\boldsymbol{z}(m)^{\mathrm{H}}\boldsymbol{z}(m)-1/N_{\mathrm{T}}-\kappa\leqslant 0,m=1,2,3,\cdots,M \\ & \Re\left\{\bar{\boldsymbol{p}}_1\boldsymbol{z}(m)\right\}+\bar{p}_2\leqslant 0,m=1,2,3,\cdots,M\end{array}\right. \tag{6.99}$$

其中，$k_0=k-2,k_1=\bar{k}-4$，上述问题的增广拉格朗日函数构造如下[30]：

$$\begin{aligned}&L_{\varrho}(\boldsymbol{h},\{\boldsymbol{h}_{\bar{c}}\},\{\boldsymbol{v}_c\},\boldsymbol{z},\{\boldsymbol{\mu}_{\bar{c}}\},\{\boldsymbol{\mu}_c\},\boldsymbol{\mu}_z)\\&=-\boldsymbol{h}^{\mathrm{H}}\boldsymbol{D}_n\boldsymbol{h}-\Re\left\{\boldsymbol{d}_n^{\mathrm{H}}\boldsymbol{h}\right\}-d_n+\sum_{\bar{c}=1}^{6}\frac{\varrho}{2}\|\boldsymbol{h}_{\bar{c}}-\boldsymbol{h}+\frac{\boldsymbol{\mu}_{\bar{c}}}{\varrho}\|^2+\\&\sum_{c=1}^{C}\frac{\varrho}{2}\|\boldsymbol{v}_c-\boldsymbol{h}+\frac{\boldsymbol{\mu}_c}{\varrho}\|^2+\frac{\varrho}{2}\|\boldsymbol{z}-\boldsymbol{h}+\frac{\boldsymbol{\mu}_z}{\varrho}\|^2\end{aligned} \tag{6.100}$$

其中，$\{\boldsymbol{\mu}_{\bar{c}}\},\{\boldsymbol{\mu}_c\},\boldsymbol{\mu}_z$ 为拉格朗日乘子向量，$\varrho>0$ 为惩罚因子。

ADMM 算法的具体步骤见附录 H，本节提出的 SBE-DSADMM 算法流程如算法 6.5 所示。

算法 6.5 流程　SBE-DSADMM 算法求解 $\mathcal{P}_1$

输入：初始可行点 $\boldsymbol{s}_0$；

输出：优化问题 $\mathcal{P}_1$ 的一个次优解 $\boldsymbol{s}^{(*)}$。

（1）$i=0$，初始化 $\boldsymbol{s}^{(i)}=\boldsymbol{s}_0$，计算目标函数值 $f(\boldsymbol{s}_1^{(i)},\boldsymbol{s}_2^{(i)},\boldsymbol{s}_3^{(i)},\cdots,\boldsymbol{s}_{N_{\mathrm{T}}}^{(i)})$；

（2）$i:=i+1,n=0$；

（3）$n:=n+1$；

（4）$t=0$，$\boldsymbol{s}_{n(t)}=\boldsymbol{s}_n^{(i-1)}$；

（5）$t=t+1$；

（6）计算 $w_{(t)}=f_0(\boldsymbol{s}_{n(t-1)})/f_1(\boldsymbol{s}_{n(t-1)})$，$\boldsymbol{D}_n$ 和 $\boldsymbol{d}_n$；

（7）采用 ADMM 算法得到优化问题 $\mathcal{P}_{\boldsymbol{s}_{n(t)}}$ 的最优解 $\boldsymbol{s}_{n(t)}^{*}$；

（8）若满足 $|w_{(t)}-w_{(t-1)}|\leqslant\kappa_1$，则 $\boldsymbol{s}_n^{(i)}=\boldsymbol{s}_{n(t)}^{*}$，否则返回步骤（5）；

（9）若 $n<N$，则返回步骤（3）。

（10）若满足 $|f(\boldsymbol{s}_1^{(i-1)},\boldsymbol{s}_2^{(i-1)},\boldsymbol{s}_3^{(i-1)},\cdots,\boldsymbol{s}_{N_{\mathrm{T}}}^{(i-1)})-f(\boldsymbol{s}_1^{(i)},\boldsymbol{s}_2^{(i)},\boldsymbol{s}_3^{(i)},\cdots,\boldsymbol{s}_{N_{\mathrm{T}}}^{(i)})|\leqslant\kappa_2$，则输出 $\boldsymbol{s}^{(*)}=\boldsymbol{s}^{(i)}$，否则返回步骤（2）。

6.3.2.2　初始可行点求解

观察 SBE-DSADMM 算法可知，需要初始可行点 $\boldsymbol{s}_0$ 启动算法，因此构建了如下优化问题来求解 $\boldsymbol{s}_0$。

$$\mathcal{P}_{s_0}\begin{cases}\text{find} & \boldsymbol{s}\\ \text{s.t.} & \dfrac{\boldsymbol{s}^{\rm H}\boldsymbol{A}_{\rm s}\boldsymbol{s}}{\boldsymbol{s}^{\rm H}\boldsymbol{A}_{\rm m}\boldsymbol{s}}\leqslant\varepsilon\\ & \boldsymbol{s}^{\rm H}\boldsymbol{R}_{\rm s}\boldsymbol{s}\leqslant\eta_{\rm s}\\ & \eta_{{\rm p}c}\leqslant\boldsymbol{s}^{\rm H}\boldsymbol{R}_{\rm c}\boldsymbol{s},\ c=1,2,3,\cdots,C\\ & P_L-\delta\leqslant\dfrac{\boldsymbol{s}^{\rm H}\boldsymbol{A}_k\boldsymbol{s}}{\boldsymbol{s}^{\rm H}\boldsymbol{A}_0\boldsymbol{s}}\leqslant P_L+\delta,\ k=1,2\\ & \dfrac{1}{N_{\rm T}}-\kappa\leqslant|\boldsymbol{s}(n)|^2\leqslant\dfrac{1}{N_{\rm T}}+\kappa, n=1,2,3,\cdots,MN_{\rm T}\end{cases}\tag{6.101}$$

将优化问题 $\mathcal{P}_{s_0}$ 的非凸约束近似为凸约束。同时，引入一些松弛变量以确保其可行性[31]。具体来说，对于第一个约束，如果 $\boldsymbol{A}_{\rm s}\succeq\varepsilon\boldsymbol{A}_{\rm m}$，则为凸约束，否则，该约束被近似为 $\boldsymbol{s}^{\rm H}\boldsymbol{A}_{\rm s}\boldsymbol{s}-\varepsilon\left(\overline{\boldsymbol{s}}^{\rm H}\boldsymbol{A}_{\rm m}\overline{\boldsymbol{s}}+2\Re\left\{\overline{\boldsymbol{s}}^{\rm H}\boldsymbol{A}_{\rm m}(\boldsymbol{s}-\overline{\boldsymbol{s}})\right\}\right)$，其中 $\overline{\boldsymbol{s}}$ 为上一次迭代值。其他约束也采用相同的处理方式，可将问题 $\mathcal{P}_{s_0}$ 近似为如下凸优化问题：

$$\begin{cases}\min\limits_{\boldsymbol{s},\bar{b},\{\boldsymbol{b}_c\},\{\boldsymbol{b}_{\tilde{c}}\}} & \bar{\rho}\left[\sum\limits_{c=1}^{C}\boldsymbol{b}_c+\sum\limits_{\tilde{c}=1}^{5}\boldsymbol{b}_{\tilde{c}}+\bar{b}\right]\\ \text{s.t.} & \boldsymbol{s}^{\rm H}\boldsymbol{R}_{\rm s}\boldsymbol{s}\leqslant\eta_{\rm s}\\ & \Re\left\{\overline{\boldsymbol{r}}_c^{\rm H}\boldsymbol{s}\right\}+\overline{r}_c-\boldsymbol{b}_c\leqslant0,\ \boldsymbol{b}_c\geqslant0,\ c=0,1,2,\cdots,C-1\\ & \boldsymbol{s}^{\rm H}\overline{\boldsymbol{A}}_{\rm s}\boldsymbol{s}+\Re\left\{\overline{\boldsymbol{a}}_{\rm s}^{\rm H}\boldsymbol{s}\right\}+\overline{a}_{\rm s}-\boldsymbol{b}_c\leqslant0,\ \boldsymbol{b}_c\geqslant0,\ c=C\\ & \boldsymbol{s}^{\rm H}\overline{\boldsymbol{A}}_k\boldsymbol{s}+\Re\left\{\overline{\boldsymbol{a}}_k^{\rm H}\boldsymbol{s}\right\}+\overline{a}_k-\boldsymbol{b}_k\leqslant0,\ \boldsymbol{b}_k\geqslant0,\ k=C+1,\ C+2\\ & \boldsymbol{s}^{\rm H}\tilde{\boldsymbol{A}}_k\boldsymbol{s}+\Re\left\{\tilde{\boldsymbol{a}}_k^{\rm H}\boldsymbol{s}\right\}+\tilde{a}_k-\boldsymbol{b}_k\leqslant0,\ \boldsymbol{b}_k\geqslant0,\ k=C+3,\ C+4\\ & \boldsymbol{s}(n)^{\rm H}\boldsymbol{s}(n)-1/N_{\rm T}-\kappa\leqslant0,\ n=1,2,3,\cdots,MN_{\rm T}\\ & \Re\left\{\overline{q}_1\boldsymbol{s}(n)\right\}+\overline{q}_2-\bar{b}\leqslant0,\ \bar{b}\geqslant0\end{cases}\tag{6.102}$$

其中，$\bar{b},\{\boldsymbol{b}_c\},\{\boldsymbol{b}_{\tilde{c}}\}$ 为松弛变量，$\bar{\rho}$ 是一个足够大的正数，用来惩罚接近 0 的松弛变量。$\overline{\boldsymbol{r}}_c=-2\boldsymbol{R}_{\rm c}\overline{\boldsymbol{s}}$，$\overline{r}_c=\eta_{\rm pc}+\overline{\boldsymbol{s}}\boldsymbol{R}_{\rm c}\overline{\boldsymbol{s}}$，$\overline{q}_1=-2\overline{\boldsymbol{s}}(n)$，$\overline{q}_2=1/N_{\rm T}-\kappa+\overline{\boldsymbol{s}}(n)^{\rm H}\overline{\boldsymbol{s}}(n)$。如果约束 1、4 为凸约束，则 $\overline{\boldsymbol{A}}_{\rm s}=\boldsymbol{A}_{\rm s}-\varepsilon\boldsymbol{A}_{\rm m}$，$\overline{\boldsymbol{A}}_k=(P_L-\delta)\boldsymbol{A}_0-\boldsymbol{A}_k$，$\tilde{\boldsymbol{A}}_k=\boldsymbol{A}_k-(P_L+\delta)\boldsymbol{A}_0$，$\overline{\boldsymbol{a}}_{\rm s}=0$，$\overline{\boldsymbol{a}}_{\rm k}=0$，$\tilde{\boldsymbol{a}}_k=0$，$\overline{a}_{\rm s}=0$，$\overline{a}_k=0$，$\tilde{a}_k=0$。否则，$\overline{\boldsymbol{A}}_{\rm s}=\boldsymbol{A}_{\rm s}$，$\overline{\boldsymbol{A}}_k=(P_L-\delta)\boldsymbol{A}_0$，$\tilde{\boldsymbol{A}}_k=\boldsymbol{A}_k$，$\overline{\boldsymbol{a}}_{\rm s}=-2\varepsilon\boldsymbol{A}_{\rm m}\overline{\boldsymbol{s}}$，$\overline{\boldsymbol{a}}_k=-2\boldsymbol{A}_k\overline{\boldsymbol{s}}$，$\tilde{\boldsymbol{a}}_k=-2(\boldsymbol{P}_L+\boldsymbol{\delta})\boldsymbol{A}_0\overline{\boldsymbol{s}}$，$\overline{\boldsymbol{a}}_{\rm s}=\boldsymbol{\varepsilon}(\overline{\boldsymbol{s}}^{\rm H}\boldsymbol{A}_{\rm m}\overline{\boldsymbol{s}})$，$\overline{\boldsymbol{a}}_k=\overline{\boldsymbol{s}}^{\rm H}\boldsymbol{A}_k\overline{\boldsymbol{s}}$，$\tilde{\boldsymbol{a}}_k=(\boldsymbol{P}_L+\boldsymbol{\delta})(\overline{\boldsymbol{s}}^{\rm H}\boldsymbol{A}_0\overline{\boldsymbol{s}})$。采用 CVX 工具箱求解上述凸问题。

6.3.2.3 计算复杂度分析

SBE-DSADMM 算法的计算复杂度主要与两个因素有关，一是迭代更新 $u_n, v_n, a_{sn}, a_{mn}, r_{sn}, r_{cn}, a_{kn}, a_{0n}$，其计算复杂度为 $\mathcal{O}((N_\mathrm{T}M)^2)$；二是 ADMM 求解子问题 $\mathcal{P}_{s_{n(t)}}$，其计算复杂度为 $\mathcal{O}(L_A T_D M^2)$，其中 L_A 和 T_D 分别为 ADMM 和 DP 算法的迭代次数。因此，SBE-DSADMM 算法求解优化问题 $\mathcal{P}_1$ 的计算复杂度为 $\mathcal{O}(I_B N_\mathrm{T}^3 M^2) + \mathcal{O}(I_B L_A T_D N_\mathrm{T} M^2) + \mathcal{O}(N_\mathrm{T} M^3)$，其中，$I_B$ 为 SBE-DSADMM 算法的迭代次数，$\mathcal{O}(N_\mathrm{T} M^3)$ 为计算 $\boldsymbol{D}_n$ 的逆的计算复杂度。

6.3.2.4 收敛性分析

本节分析 SBE-DSADMM 算法的收敛性。

（1）ADMM 算法将 $\mathcal{P}_{s_{n(t)}}$ 分解为多个具有闭合解的凸子问题。

（2）DSADMM 算法保证迭代序列 $w_{(t)}$ 单调递增至收敛[21]。

（3）由于采用了 SBE 算法，因此

$$\begin{aligned} & f(\boldsymbol{s}_1^{(i-1)}, \boldsymbol{s}_2^{(i-1)}, \boldsymbol{s}_3^{(i-1)}, \cdots, \boldsymbol{s}_{N_\mathrm{T}}^{(i-1)}) \leqslant f(\boldsymbol{s}_1^{(i)}, \boldsymbol{s}_2^{(i-1)}, \boldsymbol{s}_3^{(i-1)}, \cdots, \boldsymbol{s}_{N_\mathrm{T}}^{(i-1)}) \leqslant \cdots \leqslant \\ & f(\boldsymbol{s}_1^{(i)}, \boldsymbol{s}_2^{(i)}, \boldsymbol{s}_3^{(i)}, \cdots, \boldsymbol{s}_{N_\mathrm{T}-1}^{(i)}, \boldsymbol{s}_{N_\mathrm{T}}^{(i-1)}) \leqslant f(\boldsymbol{s}_1^{(i)}, \boldsymbol{s}_2^{(i)}, \boldsymbol{s}_3^{(i)}, \cdots, \boldsymbol{s}_{N-1}^{(i)}, \boldsymbol{s}_{N_\mathrm{T}}^{(i)}) \end{aligned} \tag{6.103}$$

这意味着目标函数值随着迭代次数单调增加，另外，$f(\boldsymbol{s}_1, \boldsymbol{s}_2, \boldsymbol{s}_3, \cdots, \boldsymbol{s}_{N_\mathrm{T}})$ 的上界是矩阵 $\boldsymbol{V}_0^{-1}\boldsymbol{U}_0$ 的最大特征值。因此，目标函数单调递增至收敛。

6.3.3 MIMO 雷达快时间一体化波形设计性能分析

本节从检测和通信性能两方面对所提出的 SPIA 调制方法进行分析。为证明提出 SBE-DSADMM 算法的优越性，引入序列块增强联合丁克尔巴赫迭代过程、序列凸逼近、内点法（Sequence Block Enhancement-DA, SCA and IPM，SBE-DSIPM）算法[32]作为参照，SBE-DSIPM 使用 IPM 算法代替 ADMM 算法来解决优化问题。

若无特殊说明，本节仿真参数设置如表 6.4 所示。

表 6.4 仿真参数设置

参数名称	参数设置
天线阵列样式	均匀线性阵列
天线间距	半波长
发射天线数	$N_\mathrm{T} = 8$
信号快时间采样点数	$M = 32$
主瓣宽度约束参数	$\theta_0 = 15°$，$\theta_1 = 5$，$\theta_2 = 25$，$P_L = 0.5$，$\delta = 0.05$
旁瓣范围	$[-90°, 5°] \cup [25°, 90°]$
阵元方向图 ISL 上限	$\varepsilon = 1.5$
阻带能量上限	$\eta_\mathrm{s} = 5 \times 10^{-5} \times n_\mathrm{s}$
阻带数目	n_s

续表

参数名称	参数设置
SBE 算法退出条件	$\kappa_2 = 10^{-5}$
DA 退出条件	$\kappa_1 = 10^{-2}$
通信用户位置	$-70°$
目标位置	$\theta_0 = 15°$
目标功率	$\delta_0^2 = 20\text{dB}$
信号相关杂波位置	$30°, 60°$
信号相关杂波功率	25dB, 30dB
归一化备选子频带	$\Omega_{1_1} = (0.1, 0.13)$，$\Omega_{2_1} = (0.2, 0.23)$，$\Omega_{3_1} = (0.3, 0.33)$， $\Omega_{4_1} = (0.4, 0.43)$，$\Omega_{5_1} = (0.5, 0.53)$，$\Omega_{6_1} = (0.6, 0.63)$， $\Omega_{7_1} = (0.7, 0.73)$，$\Omega_{8_1} = (0.8, 0.83)$，$\Omega_{9_1} = (0.9, 0.93)$

6.3.3.1　探测性能分析

本节分析通带能量下界η_{p1}、波形模值波动范围κ、不同传输信息子频带数Q_1对发射方向图的影响。

在图 6.17 中，选择$\Omega_{5_1} = (0.5, 0.53)$，$\Omega_{6_1} = (0.6, 0.63)$，$\Omega_{7_1} = (0.7, 0.73)$，$\Omega_{9_1} = (0.9, 0.93)$作为信息传输子频带，其幅度调制传输的信息序列为“0101”。图 6.17（a）给出了$\eta_{p1} = 2$，$\kappa = 0.0001, 0.05$时 SINR 随迭代次数的变化，可以看到 SBE-DSADMM 和 SBE-DSIPM 算法均使 SINR 随迭代次数的增加而单调递增，且两种算法收敛的 SINR 几乎相同，这是因为采用 ADMM 算法可得凸问题$\mathcal{P}_{s_{n(t)}}$的最优解。SINR 随迭代时间的变化如图 6.17（b）所示，可以看出 SBE-DSADMM 算法比 SBE-DSIPM 算法收敛得更快。此外可得，κ越大，收敛的 SINR 越大，因为增大κ相当于扩大了问题$\mathcal{P}_1$的可行集。图 6.17（c）为$\eta_{p1} = 2, 5$，$\kappa = 0.05$时 SINR 随迭代次数的变化，结果再次表明 SBE-DSADMM 和 SBE-DSIPM 算法收敛的 SINR 相近。图 6.17（d）为 SINR 随迭代时间的变化，同样可得 SBE-DSADMM 算法的收敛速度更快。此外，η_{p1}越小，收敛的 SINR 越大，因为问题$\mathcal{P}_1$的可行集随η_{p1}的减小而增大。

图 6.17（e）为$\eta_{p1} = 2$，$\kappa = 00001, 0.05$时的发射方向图，可得优化后的发射方向图在通信方向$-70°$附近有较高的旁瓣电平，是因为需要传输较多的能量给通信用户。此外，最大化 SINR 保证了目标方向（$\theta_0 = 15°$）辐射能量最大和杂波方向（$-30°$和$-60°$）的辐射能量较小，从而增强了目标检测和杂波抑制能力。κ越大，发射方向图性能越好，与图 6.17（a）和图 6.17（b）的结论一致。图 6.17（f）展示了当$\eta_{p1} = 2, 5$，$\kappa = 0.05$时的发射方向图，可得杂波方向（$-30°$和$-60°$）上形成了零陷。此外，η_{p1}值越小，发射方向图性能越好，与图 9.17（c）和图 6.17（d）的结论一致。

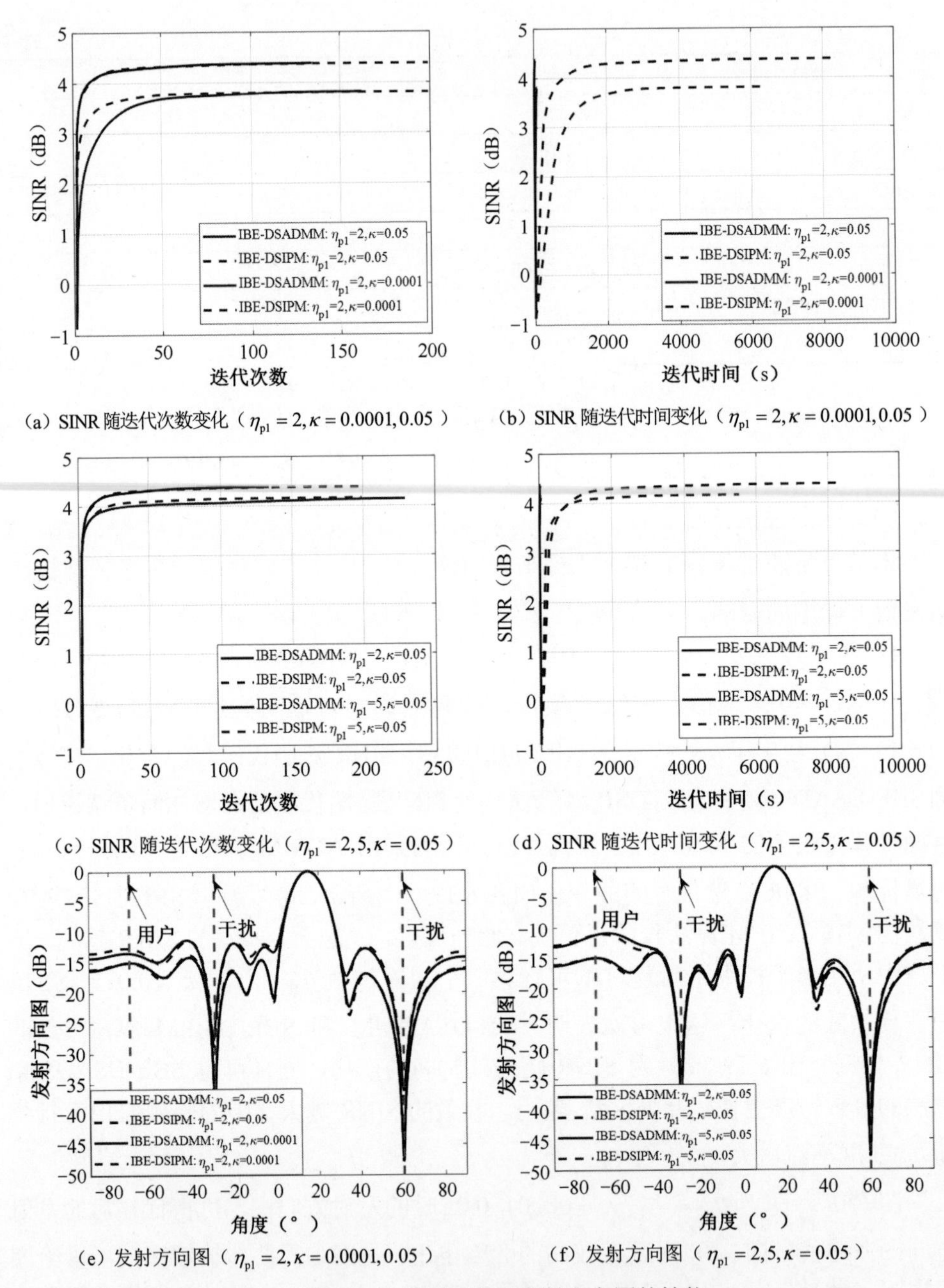

（a）SINR 随迭代次数变化（$\eta_{\text{p1}} = 2, \kappa = 0.0001, 0.05$）
（b）SINR 随迭代时间变化（$\eta_{\text{p1}} = 2, \kappa = 0.0001, 0.05$）
（c）SINR 随迭代次数变化（$\eta_{\text{p1}} = 2, 5, \kappa = 0.05$）
（d）SINR 随迭代时间变化（$\eta_{\text{p1}} = 2, 5, \kappa = 0.05$）
（e）发射方向图（$\eta_{\text{p1}} = 2, \kappa = 0.0001, 0.05$）
（f）发射方向图（$\eta_{\text{p1}} = 2, 5, \kappa = 0.05$）

图 6.17　不同参数下发射方向图的性能

图 6.18 分析了当$\eta_{\text{p1}} = 2$，$\kappa = 0.05$时信息嵌入子频带个数Q_1（$Q_1 = 2,3,4$）的影响，随机选择了 250 个嵌入子频带位置。图 6.18（a）为上述 250 种位置选择方式对应的收敛 SINR，可以看出收敛的 SINR 在很小的范围内波动。SINR 最大时位置选择对应的发射方向图如图 6.18（b）所示，结果再次表明，不同数目子频带具有相近的 SINR 收敛值，这与图 6.18（a）一致。

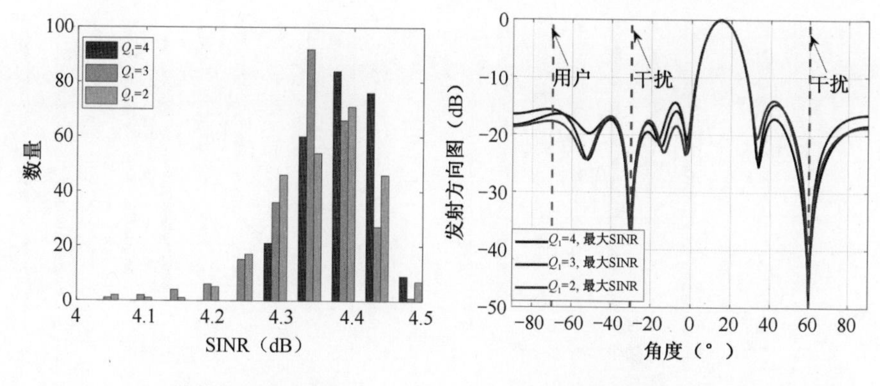

（a）收敛 SINR 的直方图　　（b）具有最大收敛 SINR 的发射方向图

图 6.18　$Q_1 = 2,3,4$ 的发射方向图性能

6.3.3.2　通信性能分析

本节分析通带能量下限 η_{p1}、一体化波形模值波动范围 κ 及传输信息子频带数 Q_1 对通信性能的影响。图 6.19（a）给出了在参数 $\eta_{\mathrm{p1}} = 2,5$，$\kappa = 0.05, 0.0001$，$Q_1 = 2,4$ 下的误符率（Symbol Error Ratio，SER）随功率噪声比（Power Noise Ratio，PNR）的变化曲线，根据式（6.80），第 c 个用户接收的 PNR 被定义为 $|\beta_c|^2/\delta_c^2$。该曲线表明，η_{p1} 越大，传输给通信用户的能量越大，SER 越小。另外，κ 越小，发射方向图的旁瓣电平越高，SER 也越小。但是，η_{p1} 的增加和 κ 的减少均提高了旁瓣电平，不利于探测。由此说明，为平衡检测和 SER 性能，应恰当设置 η_{p1} 和 κ 值。由图 6.19（a）可知，Q_1 越小，SER 越低。需要注意的是，尽管不同的 Q_1 值几乎不会影响收敛的 SINR，但也需要恰当设置 Q_1 的值平衡通信速率和 SER。图 6.19（b）～图 6.19（d）给出了分别选择 $Q_1 = 2,3,4$ 个子频带优化后的 ESD 曲线，结果表明可以根据传输的信息在准确的位置形成通带和阻带。

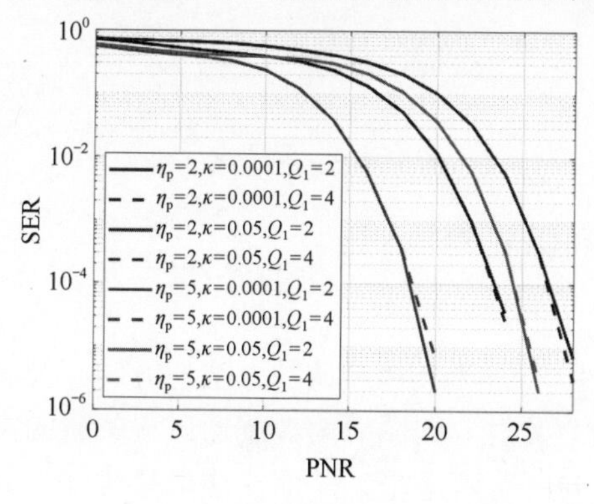

（a）$\eta_{\mathrm{p1}} = 2,5$，$\kappa = 0.05, 0.0001$，$Q_1 = 2,4$ 时 SER 随 PNR 变化的曲线

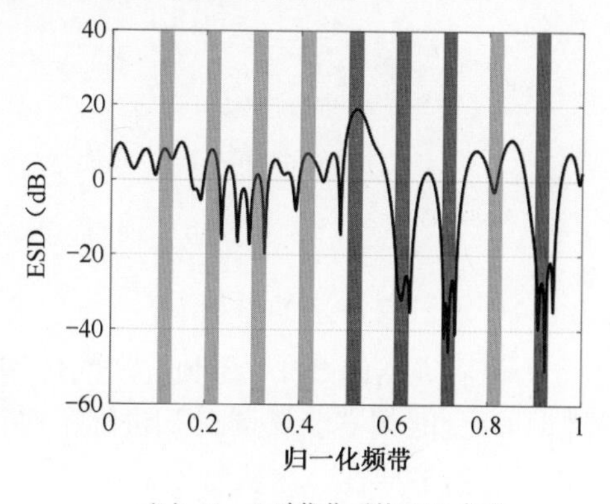

（b）$Q_1 = 4$ 时优化后的 ESD 曲线

图 6.19　通信性能分析

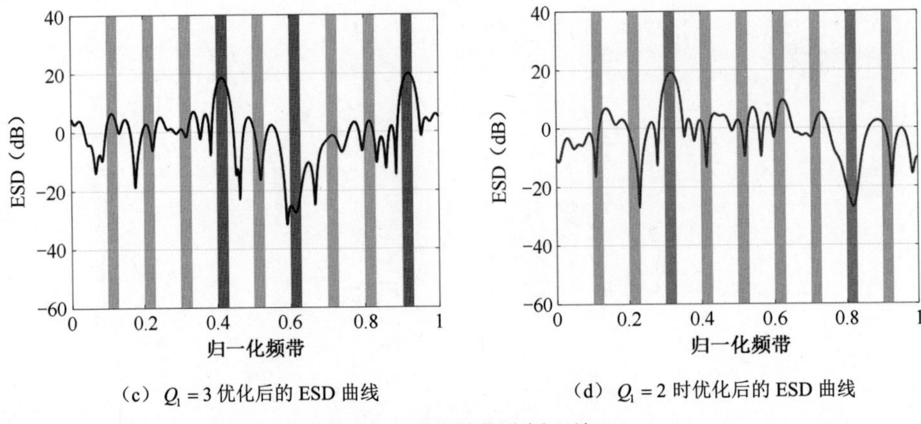

（c）$Q_1 = 3$ 优化后的 ESD 曲线　　（d）$Q_1 = 2$ 时优化后的 ESD 曲线

图 6.19　通信性能分析（续）

6.3.3.3　通信用户和杂波情况变化分析

本节分析了提出的 SPIA 调制方法在不同应用场景下的性能，具体来说，考虑了不同数量的通信用户和干扰源，假设信号相关的干扰源与目标在相同的距离单元内，图 6.20（a）和图 6.20（b）分别显示了 2 个通信用户 3 个干扰源和 1 个通信用户 4 个干扰源的优化发射方向图。可以看出，能量集中在目标方向附近，并且在杂波方向上形成了零陷。此外，η_{p1} 越大，旁瓣电平将变得越高。

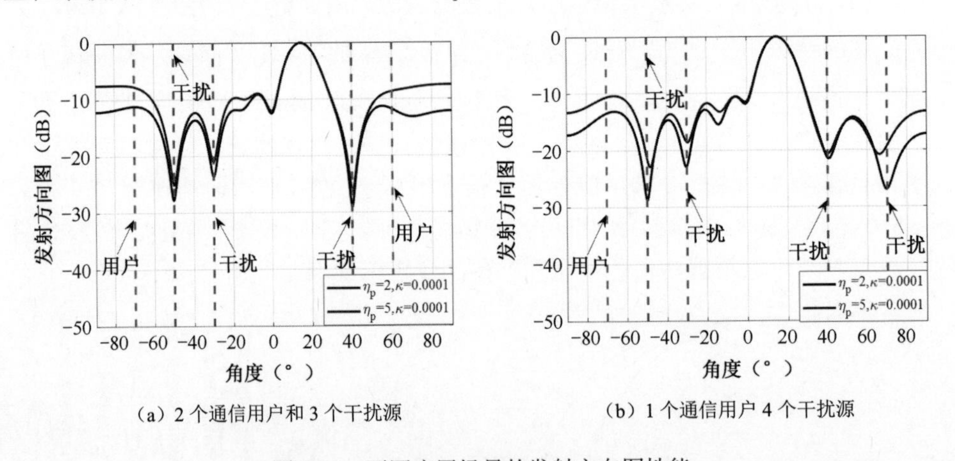

（a）2 个通信用户和 3 个干扰源　　（b）1 个通信用户 4 个干扰源

图 6.20　不同应用场景的发射方向图性能

6.3.3.4　对已有方法的分析

为说明提出的 SPIA 调制方法的优越性，这里将 SPIA 调制方法与方向图旁瓣调制[33]和空间频谱能量调制[21]进行了比较。发射方向图旁瓣调制通过权矢量的设计和信号的多样性，来实现不同的发射方向图旁瓣电平，从而完成信息传输。其使用的正交信号的数量等于传输比特数，且需要多次优化获得多个权矢量。阵列样式、天线间距、发射天线数、通信用户位置、主瓣宽度约束参数、旁瓣范围等参数如表 6.4 所示。图 6.21（a）和图 6.21（b）分别画出了发射方向图旁瓣调制[33]

和 SPIA 调制方法获得的发射方向图（$Q_1 = 4$）。结果表明，SPIA 调制方法的发射方向图性能优于旁瓣调制方法。另外，SPIA 调制方法能在干扰源的方向上产生零点，有利于抑制杂波。而发射方向图旁瓣调制[33]没有考虑杂波，而且需要设计正交信号集来满足通信速率要求。

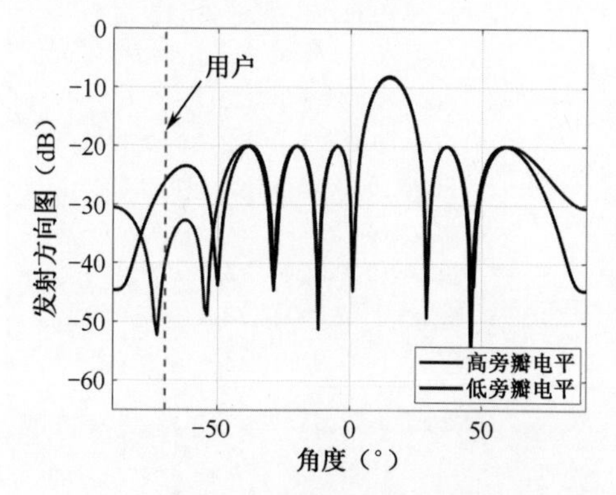

（a）使用发射方向图旁瓣调制[33]的波束方向图

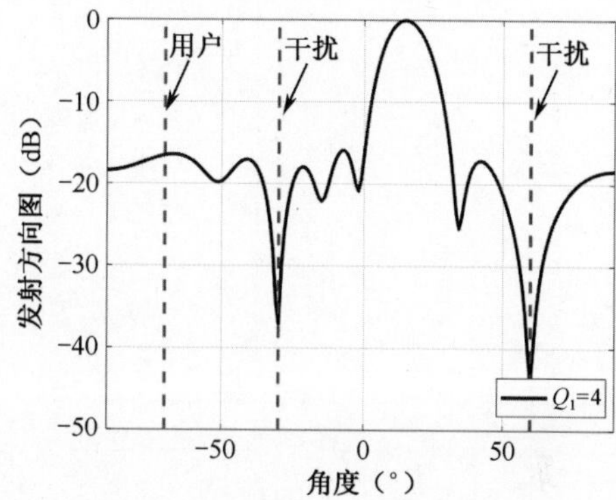

（b）使用 SPIA 调制的波束方向图

图 6.21　与文献[33]中发射方向图旁瓣调制的比较

在与空间频谱能量调制[21]比较时，参数设置如表 6.5 所示。图 6.22（a）给出了 SPIA 调制方法和空间频谱能量调制方法获得的发射方向图，由图可知采用 SPIA 调制方法可以在杂波方向上形成零陷，显然空间频谱能量调制[21]并没有考虑杂波。图 6.22（b）为每 PRT 传输的比特数与信息嵌入子频带数量之间的关系。由于空间频谱能量调制[21]采用子频带的能量来嵌入信息，因此每 PRT 传输的比特数等于可用频率子频带数。而提出的 SPIA 方法通信速率随着嵌入信息子频带数目的增加而增加。当选择 6 个以上的子频带时，所提出的 SPIA 方法比空间频谱调制方法[21]具有更高的通信速率。图 6.22（c）为采用 SPIA 调制方法时通信用户 1 的 ESD 曲线，从 20 个可用子频带中选择了 10 个子频带传输信息。图 6.22（d）为采用空间频谱能量调制[21]方法时通信用户 1 的 ESD 曲线，20 个可用子频带均被用于传输信息。

表 6.5　仿真参数设置

参　数	SPIA 调制方法	空间频谱能量调制方法
两个用户位置	−70°, 60°	−70°, 60°
通带能量下界	$\eta_{p1} = \eta_{p2} = 2$	$\eta_{p1} = \eta_{p2} = 2$
阻带能量上界	$\eta_s = 5\times10^{-5}\times n_s$	$\eta_s = 5\times10^{-5}\times n_s$
两个干扰源的位置	−30°, 50°	无
两个干扰源的功率	25dB, 30dB	无
目标功率	$\delta_0^2 = 0\text{dB}$	无

续表

参　　数	SPIA 调制方法	空间频谱调制方法
选择嵌入信息的子频带	空间频谱幅度方法[21]从可用的 20 个子频带中选择 10 个传输信息	20 个子频带均被选择 $\Omega_1=(0.02,0.04)$，$\Omega_2=(0.07,0.09)$， $\Omega_3=(0.12,0.14)$，$\Omega_4=(0.17,0.19)$， $\Omega_5=(0.22,0.24)$，$\Omega_6=(0.27,0.29)$， $\Omega_7=(0.32,0.34)$，$\Omega_8=(0.37,0.39)$， $\Omega_9=(0.42,0.44)$，$\Omega_{10}=(0.47,0.49)$， $\Omega_{11}=(0.52,0.54)$，$\Omega_{12}=(0.57,0.59)$， $\Omega_{13}=(0.62,0.64)$，$\Omega_{14}=(0.67,0.69)$， $\Omega_{15}=(0.72,0.74)$，$\Omega_{16}=(0.77,0.79)$， $\Omega_{17}=(0.82,0.84)$，$\Omega_{18}=(0.87,0.89)$， $\Omega_{19}=(0.92,0.94)$，$\Omega_{20}=(0.97,0.99)$.

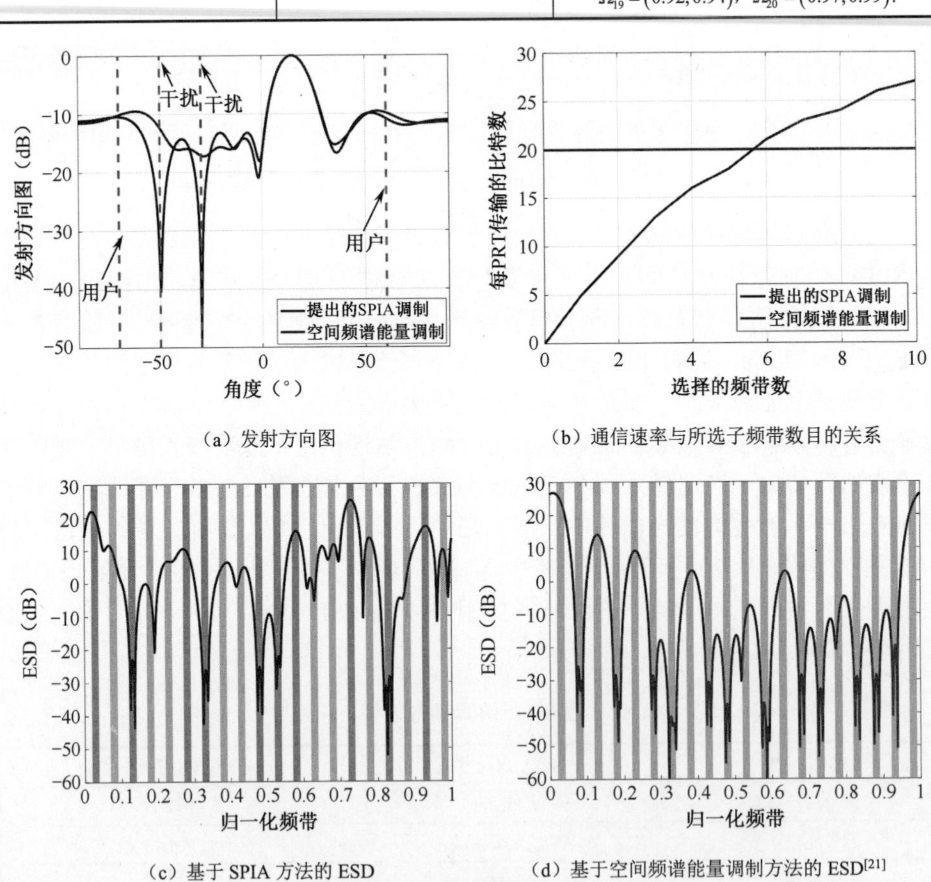

（a）发射方向图　　（b）通信速率与所选子频带数目的关系

（c）基于 SPIA 方法的 ESD　　（d）基于空间频谱能量调制方法的 ESD[21]

图 6.22　与文献[21]中空间频谱能量调制方法的比较

6.4　本章小结

本章首先利用杂波等先验知识，分析 MIMO 雷达系统模型，包括点目标与杂波回波建模，其中信号相关杂波可以建模为多个独立点目标回波求和。利用信号的平均功率与杂波加噪声的平均功率之比推导了 SINR 设计准则。

其次，通过最大化最差的目标回波功率与杂波干扰功率之比，构建了基于恒模与相似性约束的 MIMO 雷达稳健波形优化模型。通过将高维问题转换为多个一维易于求解的子问题，提出了基于 CD 与 DA-CD 的适用于波形连续与离散相位约束的优化算法。理论证明了基于 CD 与 DA-CD 的两种波形算法均能够保证最差的 SINR 单调递增至收敛，相比其他算法，CD 与 DA-CD 两种算法具有更低的计算复杂度。仿真分析表明，在考虑相似性约束时，CD 与 DA-CD 两种 MIMO 雷达稳健波形优化算法具有相近的 SINR，优于其他算法。DA-CD 算法具有最快的收敛特性。设计的波形能够折中考虑 SINR 性能与波形模糊函数特性，具有抗杂波导向矢量矩阵知识不确定的特性。仿真分析也表明，杂波导向矢量矩阵知识越不准确，目标的检测性能越差。另外，杂波干扰方位越靠近目标方位，目标的检测性能越差。

最后，提出了一种 SPIA 信息调制方法的 MIMO DFRC 信号设计方法，以实现信号相关杂波中的雷达检测和通信。为有效抑制信号相关杂波并提高雷达检测性能，构建了以 SINR 为准则结合综合参数约束和 SPIA 信息调制约束的波形优化设计问题，提出了 SBE-DSADMM 算法求解上述高维多约束非凸优化问题。该算法基于 SBE 框架，序列优化块变量单调递增目标函数，在每次迭代中使用了 DA、SCA 和 ADMM 算法。仿真结果表明向通信用户方向传输的能量越大，波形模值波动范围越小，发射方向图的旁瓣越高，探测性能越差，但通信 SER 越低，体现了雷达探测性能和通信性能的折中。此外，用于传输信息的子频带数目越多，通信速率越高，SER 也越高。

本章参考文献

[1] 李玉翔. 知识辅助的 MIMO 雷达波形设计技术研究[D]. 郑州: 解放军信息工程大学, 2017.

[2] LI J, STOICA P. Joint optimization of transmit and receive beamforming in active arrays[J]. IEEE Signal Processing Letters, 2014, 21(1): 39-42.

[3] FRIEDLANDER B. Waveform design for MIMO radars[J]. IEEE Transactions on Aerospace and Electronic Systems, 2007, 43(3): 1227-1238.

[4] NAGHIBI T, BEHNIA F. MIMO radar waveform design in the presence of clutter[J]. IEEE Transactions on Aerospace and Electronic Systems, 2011, 47(2): 770-781.

[5] CHEN C Y, VAIDYANATHAN P P. MIMO radar waveform optimization with prior information of the extended target and clutter[J]. IEEE Transactions on Signal Processing, 2009, 57(9): 3533-3544.

[6] IMANI S, GHORASHI S A. Transmit signal and receive filter design in co-located MIMO radar using a transmit weighting matrix[J]. IEEE Signal Processing Letters, 2015, 22(10): 1521-1524.

[7] JIU B, LIU H, WANG X, et al. Knowledge-based spatial-temporal hierarchical MIMO radar waveform design method for target detection in heterogeneous clutter zone[J]. IEEE Transactions on Signal Processing, 2015, 63(3): 543-554.

[8] CUI G, YU X, CAROTENUTO V, et al. Space-time transmit code and receive filter design for collocated MIMO radar[J]. IEEE Transactions on Signal Processing, 2017, 65(5): 1116-1129.

[9] TANG B, TANG J. Joint design of transmit waveforms and receive filters for MIMO radar space time adaptive processing[J]. IEEE Transactions on Signal Processing, 2016, 64(18): 4707-4722.

[10] CUI G, LI H, RANGASWAMY M. MIMO radar waveform design with constant modulus and similarity constraints[J]. IEEE Transactions on Signal Processing, 2014, 62(2): 343-353.

[11] LI H, HIMED B. Transmit subaperturing for MIMO radars with co-located antennas[J]. IEEE Journal on Selected Topics in Signal Processing, 2010, 4(1): 55-65.

[12] AUBRY A, MAIO A D, JIANG B, et al. Ambiguity function shaping for cognitive radar via complex quartic optimization[J]. IEEE Transactions on Signal Processing, 2013, 61(22): 5603-5619.

[13] CUI G, FU Y, YU X, et al. Local ambiguity function shaping via unimodular sequence design[J]. IEEE Signal Processing Letters, 2017, 24(7): 977-981.

[14] MAIO A D, NICOLA S D, HUANG Y, et al. Design of phase codes for radar performance optimization with a similarity constraint[J]. IEEE Transactions on Signal Processing, 2009, 57(3): 610-621.

[15] LIANG J, SO H C, LI J, et al. Unimodular sequence design based on alternating direction method of multipliers[J]. IEEE Transactions on Signal Processing, 2016, 64(2): 5367-5381.

[16] ALDAYEL O, MONGA V, RANGASWAMY M. Tractable transmit MIMO beampattern design under a constant modulus constraint[J]. IEEE Transactions on Signal Processing, 2017, 65(10): 2588-2599.

[17] LI J, GUERCI J R, XU L. Signal waveforms optimal-under-restriction design for active sensing[J]. IEEE Signal Processing Letters, 2006, 13(9): 565-568.

[18] KERAHROODI M A, AUBRY A, MAIO A D, et al. A coordinate-descent

framework to design low PSL/ISL sequences[J]. IEEE Transactions on Signal Processing, 2017, 65(22): 5942-5956.

[19] AUBRY A, MAIO A D, FARINA A, et al. Knowledge-aided (potentially cognitive) transmit signal and receive filter design in signal-dependent clutter[J]. IEEE Transactions on Aerospace and Electronic Systems, 2013, 49(1): 93-117.

[20] ALDAYEL O, MONGA V, RANGASWAMY M. Successive QCQP refinement for MIMO radar waveform design under practical constraints[J]. IEEE Transactions on Signal Processing, 2016, 64(14): 3760-3774.

[21] YU X, YAO X, YANG J, et al. Integrated waveform design for MIMO radar and communication via spatio-spectral modulation[J]. IEEE Transactions on Signal Process, 2022, 70: 2293-2305.

[22] AUBRY A, MAIO A D, FARINA A, et al. Knowledge-aided (potentially cognitive) transmit signal and receive filter design in signal-dependent clutter[J]. IEEE Transactions on Aerospace and Electronic. Systems, 2013, 49(1): 93-117.

[23] YU X, CUI G, YANG J, et al. Quadratic optimization for unimodular sequence design via an ADPM framework[J]. IEEE Transactions on Signal Processing, 2020, 68: 3619-3634.

[24] HE H, LI J, STOICA P. Waveform design for active sensing systems: A computational approach[M]. Cambridge: Cambridge University Press, 2012.

[25] AUBRY A, MAIO A D, PIEZZO M, et al. Radar waveform design in a spectrally crowded environment via nonconvex quadratic optimization[J]. IEEE Transactions on Aerospace and Electronic Systems, 2014, 50(2): 1138-1152.

[26] YU X, ALHUJAILI K, CUI G, et al. MIMO radar waveform design in the presence of multiple targets and practical constraints[J]. IEEE Transactions on Signal Processing, 2020, 68: 1974-1989.

[27] SEBER G A F. A matrix handbook for statisticians[M]. Hoboken: Wiley-Interscience, 2007.

[28] ZHAO L, SONG J, BABU P, et al. A unified framework for low autocorrelation sequence design via majorization-minimization[J]. IEEE Transactions on Signal Processing, 2017, 65(2): 438-453.

[29] YU X, CUI G, YANG J, et al. Wideband MIMO radar waveform design[J]. IEEE Transactions Signal Processing, 2019, 67(13): 3487-3501.

[30] BERTSEKAS D P, TSITSIKLIS J N. Parallel and distributed computation: numerical methods[M]. New York: Athena Scientific, 1997.

[31] MEHANNA O, HUANG K, GOPALAKRISHNAN B, et al. Feasible point pursuit and successive approximation of non-convex QCQPs[J]. IEEE Signal Processing Letters, 2015, 22(7): 804-808.

[32] YU X, YAO X, QIU H, et al. Integrated MIMO signal design via spatio-spectral modulation[C]. 30th European Signal Processing Conference, Belgrade, Serbia, 2022: 1911-1915.
[33] HASSANIEN A, AMIN M G, ZHANG Y D, et al. Dual-function radar-communications: Information embedding using sidelobe control and waveform diversity[J]. IEEE Transactions on Signal Processing, 2016, 64(8): 2168-2181.

第 7 章

MIMO 雷达快时间发射与接收联合设计

- MIMO 雷达快时间发射与接收滤波器联合设计模型
- 基于 SDP-RA 的 MIMO 雷达发射与接收滤波器联合设计
- 基于 NSDP-RA 的 MIMO 雷达发射与接收滤波器联合设计
- 性能分析

第 6 章仅考虑了信号相关杂波干扰下的 MIMO 雷达发射波形优化设计算法[1-5]。为适应日益复杂的电磁环境，进一步提高目标检测性能，本章针对如何提高信号相关杂波干扰与高斯白噪声背景下目标检测性能的问题，从发射与接收端联合处理的角度[6-12]，考虑恒模与相似性约束，提出了两种基于半松弛和随机化方法的序列优化算法，提升了复杂电磁环境下 MIMO 雷达的目标检测性能。

本章首先建立单目标回波模型及相同距离单元不同方位单元的信号相关杂波干扰模型和高斯白噪声模型，通过最大化最差输出 SINR，建立基于波形恒模与相似性约束的发射与接收联合设计问题，进而提出基于半松弛定理和随机化方法[13]的顺序优化算法，并详细讨论算法的计算复杂度，最后对算法进行仿真分析验证。

7.1　MIMO 雷达快时间发射与接收滤波器联合设计模型

假定窄带 MIMO 雷达具有均匀布阵形式的 N_T 个发射阵元与 N_R 个接收阵元。第 n 个发射阵元发射离散的基带信号形式记为 $\boldsymbol{s}_n=\left[\boldsymbol{s}_n(1),\boldsymbol{s}_n(2),\boldsymbol{s}_n(3),\cdots,\boldsymbol{s}_n(M)\right]^\mathrm{T}$，其中，$n=1,2,3,\cdots,N_\mathrm{T}$，$m=1,2,3,\cdots,M$，$M$ 表示波形采样数。忽略传播衰减等影响，假定方向 θ 处的基带信号为

$$\boldsymbol{a}_\mathrm{T}^\mathrm{T}(\theta)\overline{\boldsymbol{s}}_m, m=1,2,3,\cdots,M \tag{7.1}$$

其中，$\overline{\boldsymbol{s}}_m=\left[\boldsymbol{s}_1(m),\boldsymbol{s}_2(m),\boldsymbol{s}_3(m),\cdots,\boldsymbol{s}_{N_\mathrm{T}}(m)\right]^\mathrm{T}$ 为 $N_\mathrm{T}\times 1$ 的矢量，表示接收到的 N_T 个发射波形的第 m 个采样点。$\boldsymbol{a}_\mathrm{T}(\theta)$ 是发射导向矢量，当阵元间距 $d_\mathrm{T}=\lambda/2$ 时，$\boldsymbol{a}_\mathrm{T}(\theta)$ 表示为[14]

$$\boldsymbol{a}_\mathrm{T}(\theta)=\frac{1}{\sqrt{N_\mathrm{T}}}\left[1,\mathrm{e}^{\mathrm{j}2\pi\frac{d_\mathrm{T}}{\lambda}\sin\theta},\mathrm{e}^{\mathrm{j}2\pi\frac{d_\mathrm{T}}{\lambda}2\sin\theta},\cdots,\mathrm{e}^{\mathrm{j}2\pi\frac{d_\mathrm{T}}{\lambda}(N_\mathrm{T}-1)\sin\theta}\right]^\mathrm{T} \tag{7.2}$$

假定远场的探测环境中存在 1 个静止的点目标，以及与目标位于相同距离单元的 K 个信号相关干扰，回波离散形式可写为目标回波、干扰和噪声信号的叠加[15]，即

$$\boldsymbol{x}_m=\alpha_0\boldsymbol{a}_\mathrm{R}(\theta_0)\boldsymbol{a}_\mathrm{T}^\mathrm{T}(\theta_0)\overline{\boldsymbol{s}}_m+\sum_{k=1}^{K}\alpha_k\boldsymbol{a}_\mathrm{R}(\theta_k)\boldsymbol{a}_\mathrm{T}^\mathrm{T}(\theta_k)\overline{\boldsymbol{s}}_m+\boldsymbol{v}_m \tag{7.3}$$

其中，α_0 和 α_k 分别表示目标和第 k 个干扰的幅度，θ_0 和 $\theta_k\neq\theta_0$ 分别为目标和第 k 个干扰的方位。$\boldsymbol{a}_\mathrm{R}(\theta)\in\mathbb{C}^{N_\mathrm{R}\times 1}$ 表示接收导向矢量，相似地，对于阵元间距 $d_\mathrm{R}=\lambda/2$ 的均匀线阵，$\boldsymbol{a}_\mathrm{R}(\theta)$ 可表示为

$$\boldsymbol{a}_\mathrm{R}(\theta)=\frac{1}{\sqrt{N_\mathrm{R}}}\left[1,\mathrm{e}^{\mathrm{j}2\pi\frac{d_\mathrm{R}}{\lambda}\sin\theta},\mathrm{e}^{\mathrm{j}2\pi\frac{d_\mathrm{R}}{\lambda}2\sin\theta},\cdots,\mathrm{e}^{\mathrm{j}2\pi\frac{d_\mathrm{R}}{\lambda}(N_\mathrm{R}-1)\sin\theta}\right]^\mathrm{T} \tag{7.4}$$

$\boldsymbol{v}(m)\in\mathbb{C}^{N_\mathrm{R}\times 1}$ 表示均值为零、协方差矩阵为 $\sigma_v^2\boldsymbol{I}$ 的循环复杂高斯白噪声向量。

令 $\boldsymbol{x}=[\boldsymbol{x}_1^\mathrm{T},\boldsymbol{x}_2^\mathrm{T},\boldsymbol{x}_3^\mathrm{T},\cdots,\boldsymbol{x}_M^\mathrm{T}]^\mathrm{T}$，$\boldsymbol{s}=[\overline{\boldsymbol{s}}_1^\mathrm{T},\overline{\boldsymbol{s}}_2^\mathrm{T},\overline{\boldsymbol{s}}_3^\mathrm{T},\cdots,\overline{\boldsymbol{s}}_M^\mathrm{T}]^\mathrm{T}$，$\boldsymbol{v}=[\boldsymbol{v}_1^\mathrm{T},\boldsymbol{v}_2^\mathrm{T},\boldsymbol{v}_3^\mathrm{T},\cdots,\boldsymbol{v}_M^\mathrm{T}]^\mathrm{T}$，

式（7.3）可以改写为

$$\boldsymbol{x}=\alpha_0\boldsymbol{A}(\theta_0)\boldsymbol{s}+\sum_{k=1}^{K}\alpha_k\boldsymbol{A}(\theta_k)\boldsymbol{s}+\boldsymbol{v} \tag{7.5}$$

其中，$\boldsymbol{A}(\theta)$ 由观测角 θ 决定，表示为

$$\boldsymbol{A}(\theta)=\boldsymbol{I}_M\otimes\left[\boldsymbol{a}_{\mathrm{R}}(\theta)\boldsymbol{a}_{\mathrm{T}}^{\mathrm{T}}(\theta)\right] \tag{7.6}$$

在高斯干扰的情况下，目标的检测概率通常是信噪比的单调递增函数。因此，我们通过最大化输出信干噪比来设计 MIMO 雷达波形。具体地说，为实现对感兴趣的距离-方位单元回波进行检测，采用线性有限脉冲响应（Finite Impulse Response，FIR）接收滤波器对回波进行滤波，从而得到目标信息，滤波器的输出可写为

$$r=\boldsymbol{w}^{\mathrm{H}}\boldsymbol{x}=\alpha_0\boldsymbol{w}^{\mathrm{H}}\boldsymbol{A}(\theta_0)\boldsymbol{s}+\boldsymbol{w}^{\mathrm{H}}\sum_{k=1}^{K}\alpha_k\boldsymbol{A}(\theta_k)\boldsymbol{s}+\boldsymbol{w}^{\mathrm{H}}\boldsymbol{v} \tag{7.7}$$

定义输出信干噪比 SINR 为

$$\begin{aligned}\rho(\boldsymbol{s},\boldsymbol{w})&=\frac{\mathbb{E}[|\alpha_0\boldsymbol{w}^{\mathrm{H}}\boldsymbol{A}(\theta_0)\boldsymbol{s}|^2]}{\mathbb{E}[|\boldsymbol{w}^{\mathrm{H}}\sum_{k=1}^{K}\alpha_k\boldsymbol{A}(\theta_k)\boldsymbol{s}|^2]+\sigma_n^2\boldsymbol{w}^{\mathrm{H}}\boldsymbol{w}}\\&=\frac{\beta_0|\boldsymbol{w}^{\mathrm{H}}\boldsymbol{A}(\theta_0)\boldsymbol{s}|^2}{\boldsymbol{w}^{\mathrm{H}}\sum_I(\boldsymbol{s})\boldsymbol{w}+\boldsymbol{w}^{\mathrm{H}}\boldsymbol{w}}\end{aligned} \tag{7.8}$$

其中，$\sum_I(\boldsymbol{s})$ 为

$$\sum_I(\boldsymbol{s})=\sum_{k=1}^{K}\beta_k\boldsymbol{A}(\theta_k)\boldsymbol{s}\boldsymbol{s}^{\mathrm{H}}\boldsymbol{A}^{\mathrm{H}}(\theta_k) \tag{7.9}$$

式中，$\beta_0=\mathbb{E}[|\alpha_0|^2]/\sigma_v^2$ 表示信噪比，$\beta_k=\mathbb{E}[|\alpha_k|^2]/\sigma_v^2$ 表示第 k 个干扰的干噪比。

观察式（7.8）可知，杂波能量 $\boldsymbol{w}^{\mathrm{H}}\sum_I(\boldsymbol{s})\boldsymbol{w}$ 由接收滤波器 $\boldsymbol{w}$ 和发射波形 $\boldsymbol{s}$ 共同决定。计算目标函数需要已知干扰位置 θ_k，$k=1,2,3,\cdots,K$ 的先验信息。但在实际场景中，干扰的确切位置可能是未知的。假定干扰的位置可以被建模为一个期望已知的随机变量，此时干扰位置可以由期望值代替。本节考虑了当干扰的确切位置和期望位置是已知的情况。

为提高 MIMO 雷达的目标检测能力，这里考虑以最大化输出 SINR 为设计准则：

$$\max_{\boldsymbol{s},\boldsymbol{w}}\ \rho(\boldsymbol{s},\boldsymbol{w})=\frac{\beta_0|\boldsymbol{w}^{\mathrm{H}}\boldsymbol{A}(\theta_0)\boldsymbol{s}|^2}{\boldsymbol{w}^{\mathrm{H}}\sum_I(\boldsymbol{s})\boldsymbol{w}+\boldsymbol{w}^{\mathrm{H}}\boldsymbol{w}} \tag{7.10}$$

为保证雷达非线性放大器工作处于饱和或临近饱和状态，避免输出的波形非线性失真，对波形施加恒模约束：

$$|s(q)| = \frac{1}{\sqrt{N_{\mathrm{T}}M}} \mathrm{e}^{\mathrm{j}\varphi_q}, q = 1,2,3,\cdots,N_{\mathrm{T}}M \tag{7.11}$$

其中，φ_q 表示波形 $\boldsymbol{s}$ 的相位。

另外，为保证波形具有良好的低旁瓣和模糊函数特性，考虑相似性约束[16]，即用一个具有良好特性的参考波形约束所设计的波形，假设参考波形为 $\boldsymbol{s}_0$，相似性约束可表示为

$$\|\boldsymbol{s} - \boldsymbol{s}_0\|_\infty \leqslant \epsilon \tag{7.12}$$

式（7.12）可等效为

$$|\boldsymbol{s}(q) - \boldsymbol{s}_0(q)| \leqslant \epsilon, q = 1,2,3,\cdots,N_{\mathrm{T}}M \tag{7.13}$$

结合恒模约束，式（7.13）可进一步改写为

$$\varphi_q = \arg \boldsymbol{s}(q) \in [\gamma_q, \gamma_q + \delta_q], \quad q = 1,2,3,\cdots,N_{\mathrm{T}}M \tag{7.14}$$

其中，

$$\gamma_q = \arg \boldsymbol{s}_0(q) - \arccos\left(1 - \frac{\epsilon^2}{2}\right) \tag{7.15}$$

$$\delta_q = 2\arccos\left(1 - \frac{\epsilon^2}{2}\right) \tag{7.16}$$

其中，$0 \leqslant \epsilon \leqslant 2$。当 $\epsilon = 0$ 时，波形 $\boldsymbol{s}$ 与参考波形相同；当 $\epsilon = \sqrt{2}$ 时，相似约束消失，只有恒模约束有效。

综上所述，以最大化 SINR 作为优化准则，基于 MIMO 雷达发射与接收滤波器联合设计问题可建模为

$$\begin{cases} \max\limits_{s,w} \ \rho(\boldsymbol{s},\boldsymbol{w}) = \dfrac{\beta_0 \,|\, \boldsymbol{w}^{\mathrm{H}} \boldsymbol{A}(\theta_0) \boldsymbol{s}^2}{\boldsymbol{w}^{\mathrm{H}} \sum_I (\boldsymbol{s}) \boldsymbol{w} + \boldsymbol{w}^{\mathrm{H}} \boldsymbol{w}} \\ \text{s.t.} \ \ \arg \boldsymbol{s}(q) \in [\gamma_q, \gamma_q + \delta_q] \\ \qquad |\boldsymbol{s}(q)| = 1/\sqrt{N_{\mathrm{T}}M}, q = 1,2,3,\cdots,N_{\mathrm{T}}M \end{cases} \tag{7.17}$$

观察式（7.17）可知，目标函数为一个分式非光滑的非凸函数，另外，恒模约束为 NP-hard 约束。因此，无法在多项式时间复杂度内求得最优解。下面，提供两种序列优化算法来解决这个问题。

7.2 基于 SDP-RA 的 MIMO 雷达发射与接收滤波器联合设计

本节提出了基于 SDP-RA 的序列优化算法求解式（7.17）。该算法主要思想是将波形和滤波器分开求解。针对滤波器子问题，采用最小均方无偏响应（Minimum Variance Distortionless Response，MVDR）方法求解。针对波形子问题，首先利用半定松弛定理放缩，然后采用随机化方法求解。

7.2.1　算法描述

观察式（7.17），滤波器 $\boldsymbol{w}$ 没有任何约束，因此，可以固定 $\boldsymbol{s}$，优化 $\boldsymbol{w}$，然后固定 $\boldsymbol{w}$，优化 $\boldsymbol{s}$，以此类推，依次迭代。

首先，给定 $\boldsymbol{s}$，式（7.17）只与变量 $\boldsymbol{w}$ 有关，可写为

$$\max_{\boldsymbol{w}} \frac{|\boldsymbol{w}^{\mathrm{H}}\boldsymbol{A}(\theta_0)\boldsymbol{s}|^2}{\boldsymbol{w}^{\mathrm{H}}\sum_I(\boldsymbol{s})\boldsymbol{w}+\boldsymbol{w}^{\mathrm{H}}\boldsymbol{w}} \tag{7.18}$$

式（7.18）可等价为一个 MVRD 问题[16-17]

$$\begin{cases}\min\limits_{\boldsymbol{w}}\ \boldsymbol{w}^{\mathrm{H}}\left[\sum_I(\boldsymbol{s})+\boldsymbol{I}\right]\boldsymbol{w}\\ \text{s.t.}\ \ \boldsymbol{w}^{\mathrm{H}}\boldsymbol{A}(\theta_0)\boldsymbol{s}=1\end{cases} \tag{7.19}$$

因此，$\boldsymbol{w}$ 的闭式解为

$$\boldsymbol{w}=\frac{\left[\sum_I(\boldsymbol{s})+\boldsymbol{I}\right]^{-1}\boldsymbol{A}(\theta_0)\boldsymbol{s}}{\boldsymbol{s}^{\mathrm{H}}\boldsymbol{A}^{\mathrm{H}}(\theta_0)\left[\sum_I(\boldsymbol{s})+\boldsymbol{I}\right]^{-1}\boldsymbol{A}(\theta_0)\boldsymbol{s}} \tag{7.20}$$

将式（7.20）代入式（7.17）可得

$$\begin{cases}\max\limits_{\boldsymbol{s}}\ \boldsymbol{s}^{\mathrm{H}}\boldsymbol{\Phi}(\boldsymbol{s})\boldsymbol{s}\\ \text{s.t.}\ \ \arg \boldsymbol{s}(q)\in[\gamma_q,\gamma_q+\delta_q]\\ \qquad |\boldsymbol{s}(q)|=\dfrac{1}{\sqrt{N_{\mathrm{T}}M}},q=1,2,3,\cdots,N_{\mathrm{T}}M\end{cases} \tag{7.21}$$

其中，$\boldsymbol{\Phi}(\boldsymbol{s})$ 为

$$\boldsymbol{\Phi}(\boldsymbol{s})=\boldsymbol{A}^{\mathrm{H}}(\theta_0)\left[\sum_I(\boldsymbol{s})+\boldsymbol{I}\right]^{-1}\boldsymbol{A}(\theta_0) \tag{7.22}$$

观察式（7.21）可知，当 $\sum_I(\boldsymbol{s})=0$ 时，相当于没有干扰，SINR 取得上界，因此可以得到

$$\max_{\boldsymbol{s},\boldsymbol{w}}\ \rho(\boldsymbol{s},\boldsymbol{w})\leqslant\beta_{\mathrm{UB}} \tag{7.23}$$

其中，$\beta_{\mathrm{UB}}=\beta_0\lambda_{\max}\left(\boldsymbol{A}^{\mathrm{H}}(\theta_0)\boldsymbol{A}(\theta_0)\right)$ 表示 SINR 的上界。

如果忽略 $\boldsymbol{\Phi}(\boldsymbol{s})$ 与信号的相关性，即令 $\boldsymbol{\Phi}(\boldsymbol{s})=\boldsymbol{\Phi}_0$，$\boldsymbol{\Phi}_0$ 为一个常数矩阵，通过去除相似约束和一阶约束[16]，将问题式（7.21）松弛为 SDP 问题

$$\begin{cases}\max\limits_{\boldsymbol{Z}}\ \mathrm{tr}\left\{\boldsymbol{\Phi}_0\boldsymbol{Z}\right\}\\ \text{s.t.}\ \ \mathrm{diag}\left\{\boldsymbol{Z}\right\}=\boldsymbol{I}\\ \qquad \boldsymbol{Z}\succeq\boldsymbol{0}\end{cases} \tag{7.24}$$

其中，$\boldsymbol{Z}\succeq\boldsymbol{0}$ 表示 $\boldsymbol{Z}$ 为半定矩阵。上述 SDP 问题可以利用 MATLAB 软件 CVX 工具箱有效求解[18]。

然后，利用随机化方法[13,16]找到满足秩 1 约束 $\boldsymbol{Z}$ 的一个可行解，从而得到 $\boldsymbol{s}$ 的一个近似解。下面介绍采用随机化方法的求解过程：

令 $\boldsymbol{\xi}$ 为一个均值为 0 的随机向量，其协方差矩阵表示为 $\boldsymbol{Z}=\mathbb{E}\left[\boldsymbol{\xi\xi}^{\mathrm{H}}\right]$，考虑以下随机优化问题[13]：

$$\begin{cases}\max\limits_{\boldsymbol{Z}=\mathbb{E}\left[\boldsymbol{\xi\xi}^{\mathrm{H}}\right]\succeq\boldsymbol{0}} \mathbb{E}\left[\boldsymbol{\xi}^{\mathrm{H}}\boldsymbol{\Phi}_0\boldsymbol{\xi}\right] \\ \text{s.t.}\ \mathbb{E}\left[\operatorname{diag}\left\{\boldsymbol{\xi\xi}^{\mathrm{H}}\right\}\right]=\boldsymbol{I}\end{cases} \tag{7.25}$$

可以看出，问题式（7.25）与问题式（7.24）是等价的。因此，问题式（7.25）是问题式（7.24）的随机化描述，可以通过求解问题式（7.25）得到一个近似的一阶解。

接下来讨论如何将随机化方法与相似约束相结合。令 $\boldsymbol{Z}_0^{\star}$ 为问题式（7.24）的一个最优解，$\boldsymbol{\xi}_i, i=1,2,3,\cdots,L$ 为服从 $\boldsymbol{\xi}_i\sim\mathcal{N}(0,\ \boldsymbol{C}_0)$ 的同分布高斯随机向量，L 为总的随机试验次数。协方差矩阵 $\boldsymbol{C}_0$ 为

$$\boldsymbol{C}_0=\boldsymbol{Z}_0^{*}\odot[\boldsymbol{p}_c\boldsymbol{p}_c^{\mathrm{H}}] \tag{7.26}$$

其中，$\boldsymbol{p}_c$ 为

$$\boldsymbol{p}_c=\frac{1}{\sqrt{N_{\mathrm{T}}M}}[\mathrm{e}^{-\mathrm{j}\gamma_1},\mathrm{e}^{-\mathrm{j}\gamma_2},\mathrm{e}^{-\mathrm{j}\gamma_3},\cdots,\mathrm{e}^{-\mathrm{j}\gamma_{N_{\mathrm{T}}M}}]^{\mathrm{T}} \tag{7.27}$$

因此，第 i 次随机试验表示为

$$\boldsymbol{s}_i(q)=\boldsymbol{p}_c^{*}(q)\mu(\boldsymbol{\xi}_i(q)), q=1,2,3,\cdots,N_{\mathrm{T}}M \tag{7.28}$$

其中，

$$\mu(\boldsymbol{\xi}_i(q))=\exp\left(\mathrm{j}\frac{\arg(\boldsymbol{\xi}_i(q))}{2\pi}\delta_q\right) \tag{7.29}$$

因为 $0\leqslant\frac{\arg(\boldsymbol{\xi}_i(q))}{2\pi}\leqslant 1$，显然，式（7.28）保证了相似约束得到满足，最后，在 L 次随机化试验中选择使目标函数值最大的解作为最优解，即

$$\boldsymbol{s}^{*}=\arg\max_{\boldsymbol{s}_i}\boldsymbol{s}_i^{\mathrm{H}}\boldsymbol{\Phi}_0\boldsymbol{s}_i \tag{7.30}$$

易知，只要随机化试验的次数足够多，随机化方法就会产生一个很好的近似解[13,16]。

然而，对于信号相关干扰，$\boldsymbol{\Phi}(\boldsymbol{s})$ 是发射波形的非线性函数，因此，文献[16]中的方法不能直接用于问题式（7.21）。基于上述讨论，本节提出了一种序列优化算法，用迭代 $\boldsymbol{s}$ 的方式找到一个增强解。其核心思路为：在第 p 次迭代中，首先计算矩阵 $\boldsymbol{\Phi}(\boldsymbol{s}^{(p-1)})$，$\boldsymbol{s}^{(p-1)}$ 为第 $p-1$ 次迭代得到的解；然后，采用松弛随机化方法求解 $\boldsymbol{\Phi}(\boldsymbol{s}^{(p-1)})$，求得的 $\boldsymbol{s}^{(p-1)}$ 用于下一次迭代，更新 $\boldsymbol{s}$。一直重复这一过程，直到输出的 SINR 满足一定的迭代停止条件。其算法流程如下所示。

算法 7.1 流程　基于 SDP-RA 的序列优化算法求解问题式（7.21）

输入：$\{\theta_0,\theta_1,\theta_2,\cdots,\theta_K\},\{\alpha_0,\alpha_1,\alpha_2,\cdots,\alpha_K\},\boldsymbol{s}_0,\varepsilon$；

输出：问题式（7.21）的一个次优解 $\boldsymbol{s}^*$。

（1）令 $p=1$，初始化发射波形 $\boldsymbol{s}^{(1)}=\boldsymbol{s}_0$；

（2）令 $p=p+1$，按下列步骤执行 SDP-RA；

- 计算：

$$\boldsymbol{\Phi}(\boldsymbol{s}^{(p-1)})=\boldsymbol{A}^{\mathrm{H}}(\theta_0)\left(\sum_I(\boldsymbol{s}^{(p-1)})+\boldsymbol{I}\right)^{-1}\boldsymbol{A}(\theta_0)$$

$$\sum_I(\boldsymbol{s}^{(p-1)})=\sum_{k=1}^{K}\beta_k\boldsymbol{A}(\theta_k)\boldsymbol{s}^{(p-1)}\boldsymbol{s}^{(p-1)\mathrm{H}}\boldsymbol{A}^{\mathrm{H}}(\theta_k)$$

- SDP：计算下列 SDP 问题，记解为 $\boldsymbol{Z}^*$

$$\begin{cases}\max\limits_{\boldsymbol{Z}}\ \mathrm{tr}\left\{\boldsymbol{\Phi}^{(p-1)}\boldsymbol{Z}\right\}\\ \text{s.t.}\ \ \mathrm{diag}\{\boldsymbol{Z}\}=\boldsymbol{I}\\ \qquad \boldsymbol{Z}\succeq\boldsymbol{0}\end{cases}$$

- 随机化：产生随机向量 $\xi_i\in\mathbb{C}^{N_{\mathrm{T}}M\times1},i=1,2,3,\cdots,L$，服从 $\xi_i\sim\mathcal{N}(\boldsymbol{0},\boldsymbol{C}_0)$，$L$ 为总的随机试验次数，协方差矩阵 $\boldsymbol{C}_0$ 为 $\boldsymbol{C}_0=\boldsymbol{Z}^*\odot[\boldsymbol{p}_c\boldsymbol{p}_c^{\mathrm{H}}]$；
- 第 i 次随机试验有 $\boldsymbol{s}_i^{(p)}(q)=\boldsymbol{p}_c^*(q)\mu(\xi_i(q)),q=1,2,3,\cdots,N_{\mathrm{T}}M$，从 $\boldsymbol{s}_i^{(p)}$ 中选择 $\boldsymbol{s}^{(p)}$，有 $\boldsymbol{s}^{(p)}=\arg\max\limits_{\boldsymbol{s}_i^{(p)}}\boldsymbol{s}_i^{(p)\mathrm{H}}\boldsymbol{\Phi}\left(\boldsymbol{s}^{(p-1)}\right)\boldsymbol{s}_i^{(p)}$；

（3）计算目标函数值：$\rho^{(p)}=\boldsymbol{s}^{(p)\mathrm{H}}\boldsymbol{\Phi}(\boldsymbol{s}^{(p-1)})\boldsymbol{s}^{(p)}$，如果 $|\rho^{(p)}-\rho^{(p-1)}|\leqslant\varepsilon$，则输出 $\boldsymbol{s}^*=\boldsymbol{s}^{(p)}$，否则返回步骤（2），直到收敛。

7.2.2　计算复杂度分析

基于 SDP-RA 的顺序优化算法的推导过程可知，每步迭代的计算量主要与 $\boldsymbol{s}^{(p-1)}$ 的求解相关。其中，$\boldsymbol{\Phi}(\boldsymbol{s}^{(p-1)})$ 和 $\sum_I(\boldsymbol{s}^{(p-1)})$ 的计算复杂度为 $\mathcal{O}\left(M^3N_{\mathrm{T}}^3\right)$[19]，求解 SDP 问题，相应的计算复杂度为 $\mathcal{O}\left(M^{3.5}N_{\mathrm{T}}^{3.5}\right)$[20]，此外，需采用随机化方法求解 $\boldsymbol{s}^{(p)}$，相应的计算复杂度为 $\mathcal{O}\left(LM^2N_{\mathrm{T}}^2\right)$[20]，综上讨论可知，在第 p 次迭代，基于 SDP-RA 的序列优化算法的计算复杂度为 $\mathcal{O}\left(M^{3.5}N_{\mathrm{T}}^{3.5}\right)+\mathcal{O}\left(LM^2N_{\mathrm{T}}^2\right)$。

7.3　基于 NSDP-RA 的 MIMO 雷达发射与接收滤波器联合设计

7.2 节提出的 SDP-RA 算法需要做大量的随机化试验才能收敛到一个好的解，

且由于每次迭代中计算的目标函数为原问题的一个修正函数，不能保证每次迭代的 SINR 不减小。针对此问题，本节提出了一种基于 NSDP-RA 的序列优化算法，以确保每次迭代的 SINR 不下降，同时在每次迭代中均对滤波器进行更新。

7.3.1 算法描述

本节将介绍基于 NSDP-RA 的序列优化算法，同时迭代优化发射波形和接收滤波器。具体来说，在第 p 次迭代时，首先固定滤波器 $\boldsymbol{w}^{(p-1)}$，最大化 SINR 来更新波形，然后在固定的 $\boldsymbol{s}^{(p)}$ 下，更新接收滤波器 $\boldsymbol{w}^{(p)}$。重复上述步骤，直到 SINR 收敛。文献[21-23]使用了类似的流程。

固定 $\boldsymbol{s}$，优化 $\boldsymbol{w}$ 的表达式如式（7.20）所示。下面讨论在给定 $\boldsymbol{w}$ 的条件下，通过最大化 SINR 来求解 $\boldsymbol{s}$。

易得

$$\begin{cases} |\boldsymbol{w}^{\mathrm{H}}\boldsymbol{A}(\theta_0)\boldsymbol{s}|^2 = |\boldsymbol{s}^{\mathrm{H}}\boldsymbol{A}^{\mathrm{H}}(\theta_0)\boldsymbol{w}|^2 \\ \left|\boldsymbol{w}^{\mathrm{H}}\sum_{k=1}^{K}\alpha_k\boldsymbol{A}(\theta_k)\boldsymbol{s}\right|^2 = \left|\boldsymbol{s}^{\mathrm{H}}\sum_{k=1}^{K}\alpha_k^*\boldsymbol{A}^{\mathrm{H}}(\theta_k)\boldsymbol{w}\right|^2 \end{cases} \tag{7.31}$$

SINR 的一个等效表达为

$$\rho(\boldsymbol{s},\boldsymbol{w}) = \frac{\beta_0\left(\boldsymbol{s}^{\mathrm{H}}\sum_t(\boldsymbol{w})\boldsymbol{s}\right)}{\boldsymbol{s}^{\mathrm{H}}\sum_I(\boldsymbol{w})\boldsymbol{s} + \boldsymbol{w}^{\mathrm{H}}\boldsymbol{w}} \tag{7.32}$$

其中，

$$\sum_t(\boldsymbol{w}) = \boldsymbol{A}^{\mathrm{H}}(\theta_0)\boldsymbol{w}\boldsymbol{w}^{\mathrm{H}}\boldsymbol{A}(\theta_0) \tag{7.33}$$

$$\sum_I(\boldsymbol{w}) = \sum_{k=1}^{K}\beta_k\boldsymbol{A}^{\mathrm{H}}(\theta_k)\boldsymbol{w}\boldsymbol{w}^{\mathrm{H}}\boldsymbol{A}(\theta_k) \tag{7.34}$$

因此，在给定 $\boldsymbol{w}$ 的条件下，优化问题可以表示为

$$\begin{cases} \max\limits_{\boldsymbol{s}} \ \dfrac{\boldsymbol{s}^{\mathrm{H}}\sum_t(\boldsymbol{w})\boldsymbol{s}}{\boldsymbol{s}^{\mathrm{H}}\sum_I(\boldsymbol{w})\boldsymbol{s} + \boldsymbol{w}^{\mathrm{H}}\boldsymbol{w}} \\ \text{s.t.} \ \ \arg\boldsymbol{s}(q) \in [\gamma_q, \gamma_q + \delta_q] \\ \qquad |\boldsymbol{s}(q)| = \dfrac{1}{\sqrt{N_{\mathrm{T}}M}}, q = 1,2,3,\cdots,N_{\mathrm{T}}M \end{cases} \tag{7.35}$$

问题式（7.35）依然是一个非凸优化问题，通常很难获得最优解。同样，采用基于松弛随机化方法求得近似解。

首先，将问题式（7.35）放松为一个分式 SDR 问题

$$\begin{cases} \max\limits_{Z} \dfrac{\operatorname{tr}\left\{\sum_t(\boldsymbol{w})\boldsymbol{Z}\right\}}{\operatorname{tr}\left\{\boldsymbol{\Phi}(\boldsymbol{w})\boldsymbol{Z}\right\}} \\ \text{s.t.}\ \operatorname{diag}\{\boldsymbol{Z}\}=\boldsymbol{I} \\ \quad \boldsymbol{Z}\succeq\boldsymbol{0} \end{cases} \tag{7.36}$$

其中，$\boldsymbol{\Phi}(\boldsymbol{w})=\sum_I(\boldsymbol{w})+\boldsymbol{w}^{\mathrm{H}}\boldsymbol{w}\boldsymbol{I}$。令 $\boldsymbol{X}=y\boldsymbol{Z}$，通过 Charnes-Cooper 变换，分式问题式（7.35）等价为一个 SDP 问题[24]

$$\begin{cases} \max\limits_{X,y} \operatorname{tr}\left\{\sum_t(\boldsymbol{w})\boldsymbol{X}\right\} \\ \text{s.t.}\ \operatorname{tr}\left\{\boldsymbol{\Phi}(\boldsymbol{w})\boldsymbol{X}\right\}=1 \\ \quad \operatorname{diag}\{\boldsymbol{Z}\}=\boldsymbol{I} \\ \quad \boldsymbol{Z}\succeq\boldsymbol{0} \end{cases} \tag{7.37}$$

假设问题式(7.37)的一个解为$(\boldsymbol{X}^\star,y^\star)$，则$\boldsymbol{Z}^\star=\boldsymbol{X}^\star/y^\star$也为问题式(7.37)的解。与 7.2 节类似，可以采用随机化方法恢复一阶最优性约束和相似约束，并求出问题式（7.35）的近似解。算法流程如下所示。

算法 7.2 流程　基于 NSDP-RA 的序列优化算法求解问题式（7.17）

输入：$\{\theta_0,\theta_1,\theta_2,\cdots,\theta_K\},\{\alpha_0,\alpha_1,\alpha_2,\cdots,\alpha_K\},\boldsymbol{s}_0,\varepsilon$；

输出：问题式（7.17）的一个次优解$(\boldsymbol{s}^*,\boldsymbol{w}^*)$。

（1）令 $p=1$，初始化发射波形 $\boldsymbol{s}^{(1)}=\boldsymbol{s}_0$，并计算

$$\boldsymbol{w}_1=\frac{\left[\sum_I(\boldsymbol{s}_1)+\boldsymbol{I}\right]^{-1}\boldsymbol{A}(\theta_0)\boldsymbol{s}_1}{\boldsymbol{s}_1^{\mathrm{H}}\boldsymbol{A}^{\mathrm{H}}(\theta_0)\left[\sum_I(\boldsymbol{s}_1)+\boldsymbol{I}\right]^{-1}\boldsymbol{A}(\theta_0)\boldsymbol{s}_1}$$

（2）令 $p=p+1$，按下列步骤执行 SDR 和随机化方法；

- 计算$\sum_t(\boldsymbol{w}^{(p-1)})$和$\boldsymbol{\Phi}(\boldsymbol{w}^{(p-1)})$：

$$\sum_t(\boldsymbol{w}^{(p-1)})=\boldsymbol{A}^{\mathrm{H}}(\theta_0)\boldsymbol{w}^{(p-1)}\boldsymbol{w}^{(p-1)\mathrm{H}}\boldsymbol{A}(\theta_0),$$

$$\boldsymbol{\Phi}(\boldsymbol{w}^{(p-1)})=\sum_I(\boldsymbol{w}^{(p-1)})+\boldsymbol{w}^{(p-1)\mathrm{H}}\boldsymbol{w}^{(p-1)}\boldsymbol{I}$$

- SDP：计算下列 SDP 问题，记解为$(\boldsymbol{X}^*,y^*)$

$$\begin{cases} \max\limits_{X,y} \operatorname{tr}\left\{\sum_t(\boldsymbol{w}^{(p-1)})\boldsymbol{X}\right\} \\ \text{s.t.}\ \operatorname{tr}\left\{\boldsymbol{\Phi}(\boldsymbol{w}^{(p-1)})\boldsymbol{X}\right\}=1 \\ \quad \operatorname{diag}\{\boldsymbol{X}\}=y\boldsymbol{I} \\ \quad \boldsymbol{X}\succeq\boldsymbol{0},y\geqslant 0 \end{cases}$$

- 随机化：令 $\boldsymbol{Z}^{*}=\boldsymbol{X}^{*}/y^{*}$，产生随机向量 $\xi_i \in \mathbb{C}^{N_{\mathrm{T}}M\times 1}, i=1,2,3,\cdots,L$，服从 $\xi_i \sim \mathcal{N}(0, \boldsymbol{C})$，$L$ 为总的随机试验次数。协方差矩阵 $\boldsymbol{C}$ 为 $\boldsymbol{C}=\boldsymbol{Z}^{\star}\odot[\boldsymbol{p}_c\boldsymbol{p}_c^{\mathrm{H}}]$；
- 第 i 次随机试验有 $\boldsymbol{s}_i^{(p)}(k)=\boldsymbol{p}_c^{*}(q)\mu(\xi_i(q)), q=1,2,3,\cdots,N_{\mathrm{T}}M$，从 $\boldsymbol{s}_i^{(p)}$ 中选择 $\boldsymbol{s}^{(p)}$，有 $\boldsymbol{s}^{(p)}=\arg\max\limits_{\boldsymbol{s}_i^{(p)}} \boldsymbol{s}_i^{(p)\mathrm{H}}\boldsymbol{\Phi}\left(\boldsymbol{s}_{p-1}\right)\boldsymbol{s}_i^{(p)}$；
- 计算

$$\boldsymbol{w}_p=\frac{\left[\sum\limits_{I}(\boldsymbol{s}^{(p)})+\boldsymbol{I}\right]^{-1}\boldsymbol{A}(\theta_0)\boldsymbol{s}^{(p)}}{\boldsymbol{s}^{(p)\mathrm{H}}\boldsymbol{A}^{\mathrm{H}}(\theta_0)\left[\sum\limits_{I}(\boldsymbol{s}^{(p)})+\boldsymbol{I}\right]^{-1}\boldsymbol{A}(\theta_0)\boldsymbol{s}^{(p)}}$$

（3）计算目标函数值：$\beta^{(p)}=\rho(\boldsymbol{s}^{(p)},\boldsymbol{w}^{(p)})$，如果 $|\beta^{(p)}-\beta^{(p-1)}|\leqslant\varepsilon$，则输出 $\boldsymbol{s}^{\star}=\boldsymbol{s}^{(p)}$ 和 $\boldsymbol{w}^{\star}=\boldsymbol{w}^{(p)}$，否则返回步骤（2），直到收敛。

7.3.2 计算复杂度分析

NSDP-RA 算法的计算量主要由求解 SDP 问题和随机化方法决定，其中，求解 SDP 问题，相应的计算复杂度为 $\mathcal{O}\left(M^{3.5}N_{\mathrm{T}}^{3.5}\right)$[20]，此外，需采用随机化方法求解 $\boldsymbol{s}^{(p)}$，相应的计算复杂度为 $\mathcal{O}\left(LM^2N_{\mathrm{T}}^2\right)$[20]，综上讨论可知，在第 p 次迭代，算法 7-2 的计算复杂度为 $\mathcal{O}\left(M^{3.5}N_{\mathrm{T}}^{3.5}\right)+\mathcal{O}\left(LM^2N_{\mathrm{T}}^2\right)$。数值仿真结果表明，算法 7.2 比算法 7.1 收敛时间更长，随机化试验次数更少。

7.4 性能分析

本节通过数值仿真分析算法 7.1 与算法 7.2 的有效性。假定 MIMO 雷达发射阵元与接收阵元数分别为 $N_{\mathrm{T}}=4$ 与 $N_{\mathrm{R}}=8$，发射与接收阵元间距半波长 $d_{\mathrm{T}}=d_{\mathrm{R}}=\lambda/2$，目标位于 θ_0 处，其能量为 $|\alpha_0|^2=20\,\mathrm{dB}$，空间中有三个信号相关干扰，分别位于 $\theta_1=-50^\circ$，$\theta_2=-10^\circ$ 和 $\theta_3=40^\circ$ 处，其能量为 $|\alpha_i|^2=30\,\mathrm{dB}$，$i=1,2,3$。噪声的方差为 $\sigma_v^2=0\,\mathrm{dB}$。以正交 LFM 信号作为参考波形，令 $\boldsymbol{S}_0$ 表示 LFM 的空时波形矩阵，则有

$$\boldsymbol{S}_0(n,m)=\frac{\exp\left\{\dfrac{\mathrm{j}2\pi n(m-1)}{M}\right\}\exp\left\{\dfrac{\mathrm{j}\pi(m-1)^2}{M}\right\}}{\sqrt{MN_{\mathrm{T}}}} \tag{7.38}$$

其中，$n=1,2,3,\cdots,N_{\mathrm{T}}$，$m=1,2,3,\cdots,M$，$\boldsymbol{s}_0=\mathrm{vec}\{\boldsymbol{S}_0\}$。需要说明的是，LFM 波形具有良好的脉冲压缩和模糊特性，可以用于点目标的识别，但在干扰环境下，SINR 急剧下降。

后续章节中，令 SDP-RA-CMC 和 NSDP-RA-CMC 分别表示求解包含恒模约束（Constant Modulus Constraint，CMC）问题的算法 7.1 和算法 7.2，SDP-RA-CMSC 和 NSDP-RA-CMSC 分别表示求解包含恒模约束和相似性约束问题的算法 7.1 和算法 7.2。仿真试验中，SDP-RA 的随机化试验次数是 $L=20000$，NSDP-RA 的随机化试验次数是 $L=200$。

此外，考虑采用方向图评估波形的干扰抑制能力，记优化的波形和滤波器分别为 $\boldsymbol{s}^*$ 和 $\boldsymbol{w}^*$，方向图表示为

$$P(\theta)=\left|(\boldsymbol{w}^*)^{\mathrm{H}}\boldsymbol{A}(\theta)\boldsymbol{s}^*\right|^2 \tag{7.39}$$

7.4.1　恒模约束波形

若只考虑能量约束（Energy Constraint，EC），不考虑恒模约束，将算法 7.1 和算法 7.2 分别记为 SDP-RA-EC 和 NSDP-RA-EC。本节将其与 SDP-RA-CMC 和 NSDP-RA-CMC 进行对比。图 7.1 和图 7.2 分别给出了目标方位角为 $\theta_0=15^\circ$ 和 $\theta_0=45^\circ$ 两种情况下 SINR 随迭代次数变化的性能曲线和方向图。观察可知，4 种算法的 SINR 都随迭代次数的增加而逐渐提升，其中，SDP-RA-CMC 和 SDP-RA-EC 收敛得非常快（迭代 2～3 次），NSDP-RA-EC 和 NSDP-RA-CMC 收敛速度较慢（大约需要 30 次迭代）。此外，4 种算法得到的最优 SINR 值几乎相同，与 SINR 的上界值 20dB（当干扰不存在或完全抑制时）相比，性能差距小于 0.3dB。如图 7.1（b）所示，在干扰位置，即 $\theta_1=-50^\circ$，$\theta_2=-10^\circ$ 和 $\theta_3=40^\circ$ 处，均出现零陷，零陷值均在−90dB 左右。同时，恒模约束和能量约束下可以获得相近的 SINR，表明恒模约束不会造成显著的信噪比损失，因此出于实际工程应用考虑，有必要在 MIMO 波形设计中添加恒模约束。

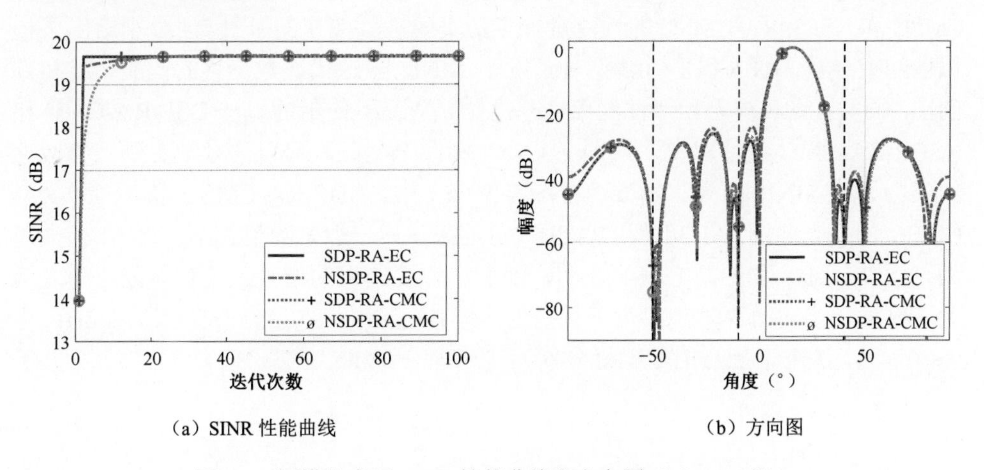

（a）SINR 性能曲线　　（b）方向图

图 7.1　恒模约束下 SINR 性能曲线和方向图（$\theta_0=15^\circ$）

目标方位离干扰方位越近，信噪比能达到的值越小。图 7.2 中，目标位置 $\theta_0 = 45^\circ$ 离位于 $\theta_3 = 40^\circ$ 的干扰较近。在这种情况下，4 种算法的信噪比与信噪比上限之间的差距增大到约 7dB。此外，NSDP-RA-EC 和 NSDP-RA-CMC 的最优 SINR 值略优于 SDP-RA-EC 和 SDP-RA-CMC。图 7.2（b）中的方向图还显示，$\theta_3 = 40^\circ$ 的零陷没有其他两个干扰位置的零陷深。同样地，施加恒模约束的 SDP-RA-CMC 和 NSDP-RA-CMC 算法与 SDP-RA-EC 和 NSDP-RA-CMC 相比，SINR 几乎没有损失。

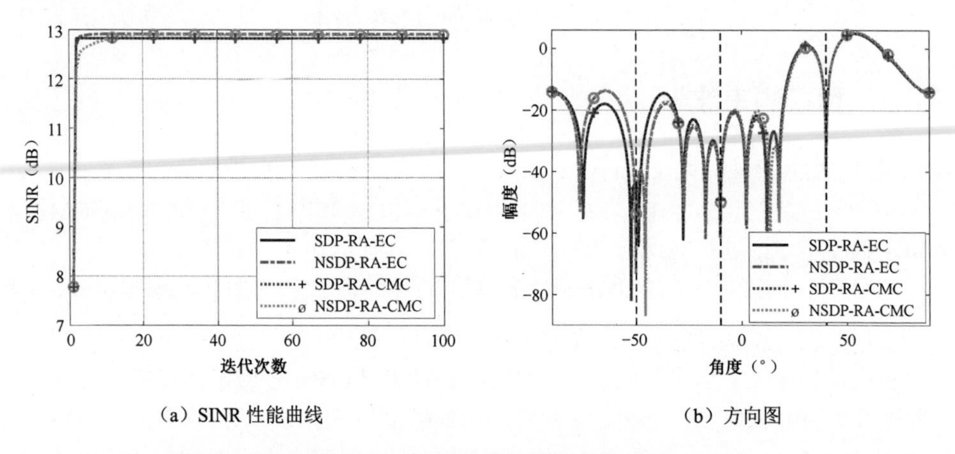

（a）SINR 性能曲线　　（b）方向图

图 7.2　恒模约束下 SINR 性能曲线和方向图（$\theta_0 = 45^\circ$）

7.4.2　恒模约束和相似性约束波形

下面在考虑恒模约束和相似性约束同时存在的情况下，对算法 SDP-RA-CMSC 和 NSDP-RA-CMSC 的性能进行了仿真验证。图 7.3 和图 7.4 分别给出了相似性约束参数 $\epsilon = 1.5$ 和 $\epsilon = 0.5$ 两种情况下 SINR 随迭代次数变化的性能曲线和方向图。同时，将其与无相似性约束（$\epsilon = 2$）的情况下使用的算法 DSP-RA-CMC 和 NSDP-RA-CMC 进行对比。从图 7.3（a）和图 7.4（a）可以清楚地看到，相似性约束会导致 SINR 损失。例如，在图 7.3（a）中，SDP-RA-CMSC 和 NSDP-RA-CMSC 的损失分别为 1.3dB 和 2.4dB。总的来说，一般 ϵ 的值越小，SINR 损失越大。图 7.3（b）和图 7.4（b）表明，随着相似性约束的增强，干扰零陷也随之增大。例如，当 $\epsilon = 1.5$ 时，3 个干扰点的零陷值分别为−85dB、−65dB、−63dB；当 $\epsilon = 0.5$ 时，3 个干扰点的零陷值分别为−75dB、−58dB、−59dB。

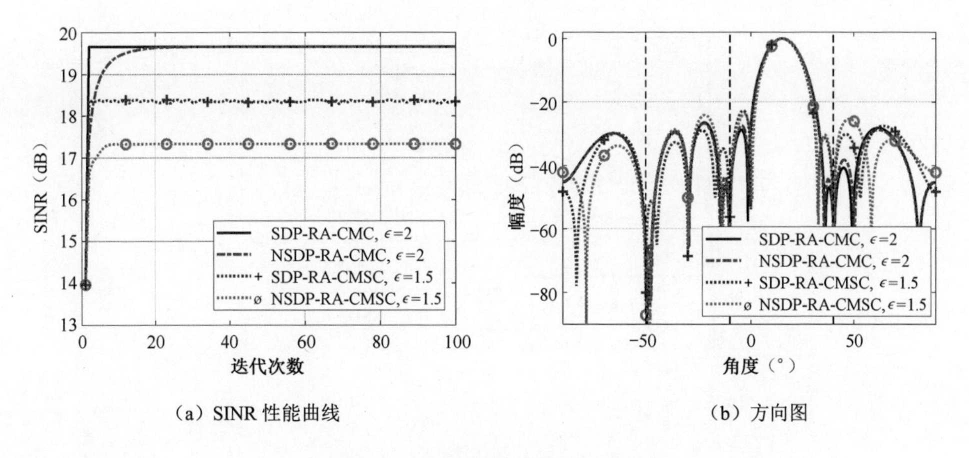

（a）SINR 性能曲线　　（b）方向图

图 7.3　SINR 性能曲线和方向图

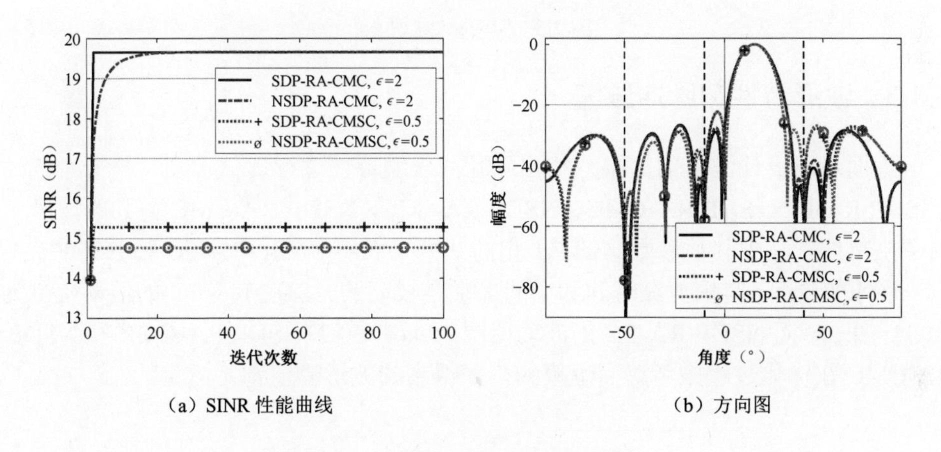

（a）SINR 性能曲线　　（b）方向图

图 7.4　SINR 性能曲线和方向图

当干扰位置不是精确已知，即干扰位置不匹配时，考虑干扰位置是随机变量，将其均值作为干扰点位置。下面考虑将 3 个干扰的位置建模为高斯随机变量，其统计平均值为$\theta_1 = -50^\circ$，$\theta_2 = -10^\circ$和$\theta_3 = 40^\circ$，方差为$\sigma^2 = 4^\circ$。图 7.5 给出了干扰位置不匹配时 SINR 随迭代次数变化的性能曲线，并与图 7.3 和图 7.4 的 SINR 的性能曲线进行对比。图 7.5 的曲线表明，与匹配情况（干扰位置精确已知）相比，在所有不匹配情况下，SDP-RA 和 NSDP-RA 都出现了 SINR 损失。例如，ϵ 的值分别为 2、1.5、0.5 时，SDP-RA 的信噪比损失分别约为 0.5dB、1.4dB 和 0.9dB；NSDP-RA 的损失分别约为 0.55dB、0.9dB 和 0.9dB。

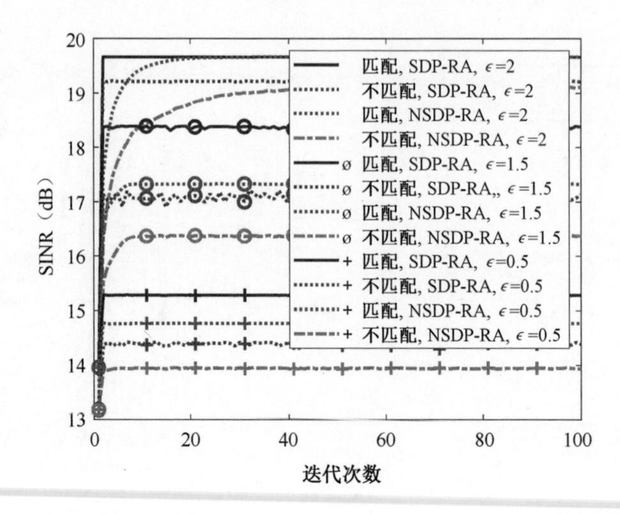

图 7.5　SINR 性能曲线

7.4.3　波形特性和脉冲压缩

下面对所设计波形的振幅、相位和脉冲压缩特性进行评估。图 7.6 分别描述了 SDP-RA-EC、SDP-RA-CMC、NSDP-RA-EC 和 NSDP-RA-CMC 得到的波形 $\boldsymbol{s}^{*}$ 的幅度特性，其中其他参数与图 7.1 相同。结果表明，SDP-RA-EC 和 NSDP-RA-EC 得到的波形，其幅值在时间和空间上都是波动的。SDP-RA-EC 的波动范围为 0.055～0.17，而 NSDP-RA-EC 的波动范围为 0.01～0.27。SDP-RA-CMC 和 NSDP-RA-CMC 在优化过程中考虑了恒模约束，得到的波形幅值都是恒定的。

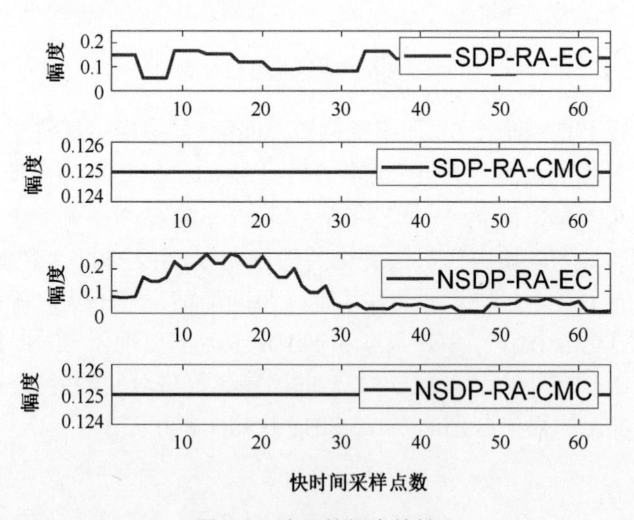

图 7.6　波形的幅度特性

下面，考虑在相似性约束下得到的波形的相位特性。图 7.7（a）和图 7.7（b）分别给出了 SDP-RA-CMSC 和 NSDP-RA-CMSC 算法得到的波形的相位，其仿真参数与图7.3相同。同时，将所设计波形的相位与参考的LFM波形的相位进行对比。从图7.7中可以看出，随着ϵ的减小，两种算法得到的波形都越来越接近参考LFM。这个结果符合相似性约束的本质，即θ的值越小，所设计波形的相位约束越强。

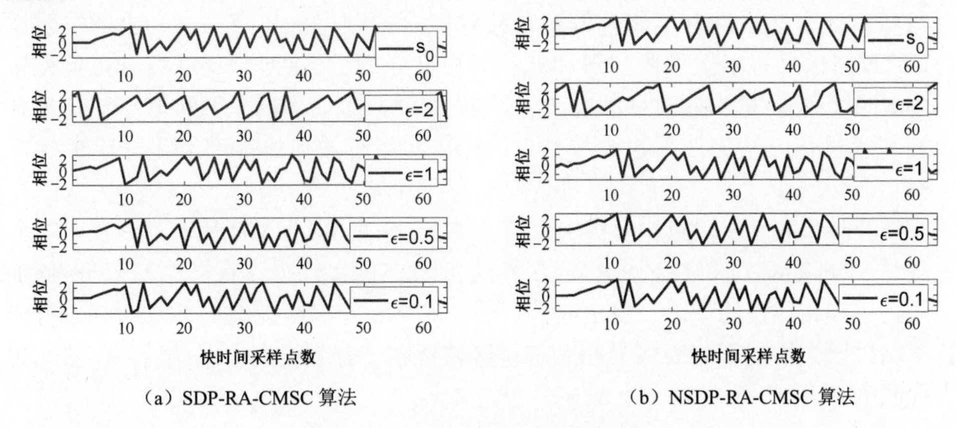

（a）SDP-RA-CMSC算法　　（b）NSDP-RA-CMSC算法

图7.7　不同ϵ下的波形相位特性

最后，图7.8展示了所设计波形的脉冲压缩特性。首先将SDP-RA-CMSC和NSDP-RA-CMSC得到的$N_{\mathrm{T}}M\times 1$维的波形矢量$\boldsymbol{s}^*$改写为$N_{\mathrm{T}}\times M$维的矩阵$\boldsymbol{S}^*$，$\boldsymbol{S}^*$的每一行为第n个阵元发射波形。令$\boldsymbol{s}_n^*$为$\boldsymbol{S}^*$的第n行，$n=1,2,3,\cdots,N_{\mathrm{T}}$。下面，以$\boldsymbol{S}^*$第一行$\boldsymbol{s}_1^*$为例（其他行具有相同的特性），在频域实现匹配滤波器来获得脉压特性。图7.8（a）和图7.8（b）分别为SDP-RA-CMSC和NSDP-RA-CMSC算法在不同相似性约束（$\epsilon=0.1$、$\epsilon=0.5$、$\epsilon=1$、$\epsilon=2$）下所得的脉冲压缩结果，其他仿真参数同图7.3。结果表明，随着ϵ增大，旁瓣电平越来越高。其中，当$\epsilon=2$时，旁瓣电平与主瓣电平基本相同；当$\epsilon=1$和$\epsilon=0.5$时，旁瓣电平分别为-10dB和-15dB。从前面的讨论中已知，ϵ的值越大，SINR损失越小。因此，在实践中，需要根据实际的应用场景，在相似性约束和波形的输出SINR之间适当进行权衡。

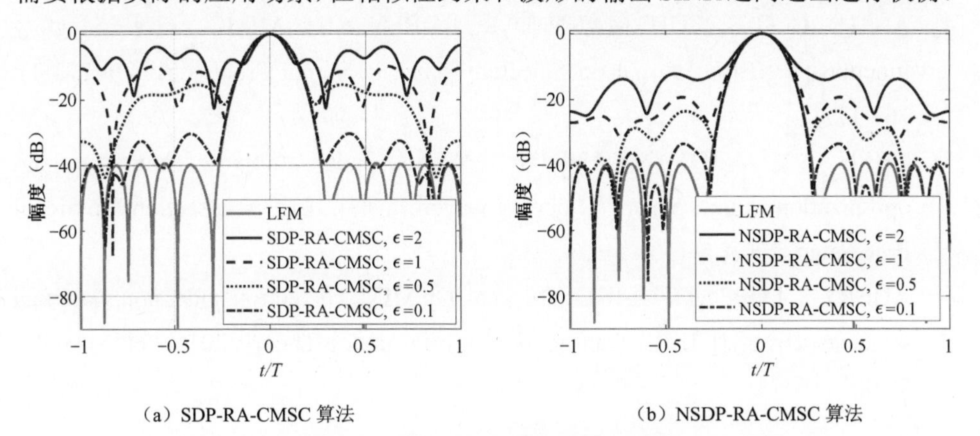

（a）SDP-RA-CMSC算法　　（b）NSDP-RA-CMSC算法

图7.8　不同ϵ下的波形脉冲压缩特性

7.5 本章小结

本章首先描述了单个点目标与信号相关干扰下的 MIMO 雷达回波模型，构建了基于恒模与相似性约束下最大输出 SINR 的优化模型。然后基于半定松弛定理与随机化方法，提出了两种发射与接收联合的顺序优化算法。为求解发射波形，通过将原目标函数按照波形和滤波器进行分离，再通过放缩法将非凸问题转化为 SDP 问题，最后通过随机化方法求解 SDP 问题，提出了两种基于半定松弛定理与随机化方法的波形设计算法，理论证明相应波形解能够满足一阶最优性条件。

仿真结果表明，在施加恒模约束的条件下，SDP-RA-CMC 和 NSDP-RA-CMC 算法与 SDP-RA-EC 和 NSDP-RA-EC 算法相比，SINR 几乎没有损失。当同时施加恒模约束和相似性约束时，SDP-RA-CMSC 和 NSDP-RA-CMSC 算法可在干扰位置非精确已知情况下实现信号相关干扰区域置零，有效提高了系统的抗信号相关干扰能力。

本章参考文献

[1] FUHRMANN D R, ANTONIO G S. Transmit beamforming for MIMO radar systems using signal cross-correlation[J]. IEEE Transactions on Aerospace and Electronic Systems, 2008, 44(1): 171-186.

[2] STOICA P, LI J, XIE Y. On probing signal design for MIMO radar[J]. IEEE Transactions on Signal Processing, 2007, 55(8): 4151-4161.

[3] WANG Y, WANG X, LIU H, et al. On the design of constant modulus probing signals for MIMO radar[J]. IEEE Transactions on Signal Processing, 2012, 60(8): 4432-4438.

[4] ANTONIO G S, FUHRMANN D R, ROBEY F C. MIMO radar ambiguity functions[J]. IEEE Journal on Selected Topics in Signal Processing, 2007, 1(1): 167-177.

[5] CHEN C Y, VAIDYANATHAN P P. MIMO radar ambiguity properties and optimization using frequency-hopping waveforms[J]. IEEE Transactions on Signal Processing, 2008, 56(12): 5926-5936.

[6] AUBRY A, LOPS M, TULINO A M, et al. On MIMO detection under non-Gaussian target scattering[J]. IEEE Transactions on Information Theory, 2010, 56(11): 5822-5838.

[7] YANG Y, BLUM R S. MIMO radar waveform design based on mutual information and minimum mean-square error estimation[J]. IEEE Transactions on Aerospace and Electronic Systems, 2007, 43(1): 330-343.

[8] YANG Y, BLUM R S. Minimax robust MIMO radar waveform design[J]. IEEE Journal on Selected Topics in Signal Processing, 2007, 1(1): 147-155.

[9] LESHEM A, NAPARSTEK O, NEHORAI A. Information theoretic adaptive radar waveform design for multiple extended targets[J]. IEEE Journal on Selected Topics in Signal Processing, 2007, 1(1): 42-55.

[10] LI J, XU L, STOICA P, et al. Range compression and waveform optimization for MIMO radar: A Cramér-Rao bound based study[J]. IEEE Transactions on Signal Processing, 2008, 56(1): 218-232.

[11] FRIEDLANDER B. Waveform design for MIMO radars[J]. IEEE Transactions on Aerospace and Electronic Systems, 2007, 43(3): 1227-1238.

[12] NAGHIBI T, BEHNIA F. MIMO radar waveform design in the presence of clutter[J]. IEEE Transactions on Aerospace and Electronic Systems, 2011, 47(2): 770-781.

[13] LUO Z, MA W, SO A, et al. Semidefinite relaxation of quadratic optimization problems[J]. IEEE Signal Processing Magazine, 2010, 27(3): 20-34.

[14] LI J, STOICA P. MIMO radar with colocated antennas[J]. IEEE Signal Processing Magazine, 2007, 24(5): 106-114.

[15] LI H, HIMED B. Transmit subaperturing for MIMO radars with co-located antennas[J]. IEEE Journal on Selected Topics in Signal Processing, 2010, 4(1): 55-65.

[16] CAPON J. High resolution frequency-wavenumber spectrum analysis[J]. Proceedings of the IEEE, 1969, 57(8): 1408-1418.

[17] MAIO A D, NICOLA S D, HUANG Y, et al. Design of phase codes for radar performance optimization with a similarity constraint[J]. IEEE Transactions on Signal Processing, 2009, 57(3): 610-621.

[18] BOYD S, VANDENBERGHE L. Convex optimization[M]. Cambridge: Cambridge University Press, 2004.

[19] GOLUB G H, VAN LOAN C F. Matrix computations[M]. 3rd ed. Baltimore: Johns Hopkins University Press, 1996.

[20] AUBRY A, MAIO A D, PIEZZO M, et al. Cognitivedesign of the receive filter and transmitted phase code in reverberating environment[J]. IET Radar, Sonar & Navigation, 2012, 6(9): 822-833.

[21] CHEN C Y, VAIDYANATHAN P P. MIMO radar waveform optimizationwith prior information of the extended target and clutter[J]. IEEE Transactions on Signal Processing, 2009, 57(9): 3533-3544.

[22] FRIEDLANDER B. Waveform design for MIMO radars[J]. IEEE Transactions on Aerospace and Electronic Systems, 2007, 43(3): 1227-1238.

[23] RICHARDS M A, SCHEER J A, HOLM W A. Principles of modern radar: Basic principles[M]. New York: Scitech, 2010.

第 8 章

MIMO 雷达慢时间发射与接收联合设计

- MIMO 雷达动目标回波模型
- 基于波形恒模与相似性约束的 MIMO 雷达发射与接收联合设计
- 基于波形变模与相似性约束的 MIMO 雷达发射与接收联合设计
- 基于 STAP 的慢时间稳健发射和接收联合设计

第 7 章通过利用杂波先验信息，开展了 MIMO 雷达快时间发射与接收联合设计，提高了 SINR，保障了目标检测性能。但当复杂电磁环境中存在大量杂波时，仅通过快时间发射与接收联合设计实现会使杂波抑制的自由度受限，目标检测性能改善不明显。例如，机载雷达对地观测运动目标时，其接收回波中往往伴随着具有一定多普勒展宽的大量地、海杂波；此外，当机载雷达工作在中高重频模式时，其回波中也常常混有大量信号相关的距离模糊杂波，会导致目标检测性能的进一步恶化。因此，本章将从慢时间收发端联合处理的角度出发，充分利用发射波形与接收处理端的自由度，提升杂波下的 MIMO 雷达动目标检测性能。

依据目标与距离模糊杂波位于不同距离环或多普勒单元的特征，文献[1-7]通过利用目标与环境信息，提出了基于单天线配置雷达的慢时间波形与接收滤波器联合优化方法，提升了距离模糊杂波环境下动目标的检测性能。图 8.1 展示了传统发射脉冲串与慢时间调制发射脉冲串，其主要区别在于慢时间调制脉冲可控制慢时间波形幅度 a_n 与相位 ϕ_n 等参数，完成距离模糊杂波抑制任务。

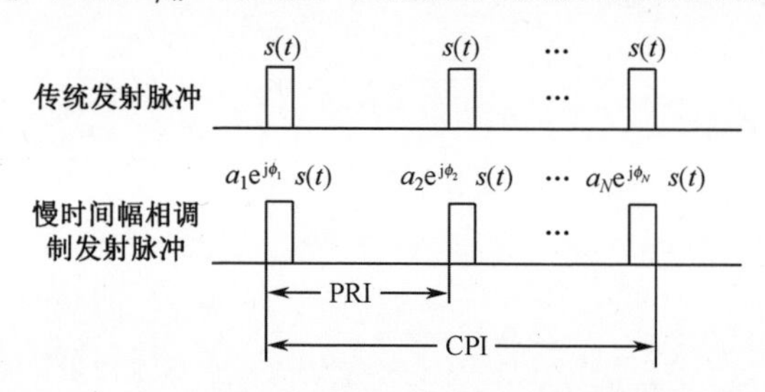

图 8.1　传统发射脉冲串与慢时间调制发射脉冲串

为进一步提升波形优化自由度，实现更好的慢速目标检测性能，本章首先将单天线配置雷达延伸至MIMO雷达，构建慢时域发射与接收滤波器联合优化问题，提出基于 BCD 与 SGO 的发射与接收优化方法，具有低的计算复杂度，有利于工程实现，对提升信号相关距离模糊杂波背景下 MIMO 雷达动目标检测性能具有重要意义。

基于 BCD 与 SGO 的发射与接收优化方法虽然改善了慢速目标的检测性能，但设计过程需基于假设目标与杂波先验知识精确已知，由于实际环境的瞬息万变，系统在复杂环境下获得的信息通常是不准确，甚至是无法预知的，而一旦先验信息存在偏差，此时设计的序列必然与实际应用场景失配。因此，本章深入研究稳健的 MIMO 慢时间发射与接收联合设计与处理方法。利用 MIMO 雷达空时自适应处理（Space-Time Adaptive Processing，STAP）技术，分析不确定杂波信息下的稳健恒模序列设计与处理方法。依据杂波的二维空时耦合特性定义杂波导向矢量，并基于其协方差的二次不确定约束建立 Max-min 优化问题，最后采用一种序列迭代方法求解。

8.1　MIMO 雷达动目标回波模型

假定窄带 MIMO 雷达具有均匀布阵形式的 N_{T} 个发射阵元与 N_{R} 个接收阵元。每个发射阵元发射 K 个慢时间编码调制的相干脉冲串。假定发射阵元在第 k 个发射脉冲的慢时间编码表示为

$$\overline{\boldsymbol{s}}_k=[\boldsymbol{s}_1(k),\boldsymbol{s}_2(k),\boldsymbol{s}_3(k),\cdots,\boldsymbol{s}_{N_{\mathrm{T}}}(k)]^{\mathrm{T}}\in\mathbb{C}^{N_{\mathrm{T}}\times 1},k=1,2,3,\cdots,K \tag{8.1}$$

其中，$\boldsymbol{s}_n(k)$ 表示第 n 个发射阵元在第 k 个发射脉冲的编码，$n=1,2,3,\cdots,N_{\mathrm{T}}$。

MIMO 雷达接收信号后下变频到基带，然后对每个接收脉冲进行匹配滤波，并进行采样。针对一个位于远场方位 θ_0 处的目标，其第 k 个慢时间时刻的观测量可表示为

$$\boldsymbol{x}_k=\alpha_0\mathrm{e}^{\mathrm{j}2\pi(k-1)f_{d_0}}\boldsymbol{A}(\theta_0)\overline{\boldsymbol{s}}_k+\boldsymbol{d}_k+\boldsymbol{v}_k \tag{8.2}$$

其中，α_0 表示目标回波信号的复散射系数，$f_{\mathrm{d}_0}=2v_{\mathrm{r}}T_{\mathrm{r}}/\lambda$ 表示目标归一化的多普勒频率，v_{r} 表示目标与雷达的径向速度，T_{r} 为 PRT，λ 为工作波长，

$$\boldsymbol{A}(\theta)=\boldsymbol{a}_{\mathrm{R}}^*(\theta)\boldsymbol{a}_{\mathrm{T}}^{\mathrm{H}}(\theta) \tag{8.3}$$

$$\boldsymbol{a}_{\mathrm{T}}(\theta)=\frac{1}{\sqrt{N_{\mathrm{T}}}}\left[1,\mathrm{e}^{\mathrm{j}2\pi\frac{d_{\mathrm{T}}}{\lambda}\sin\theta},\mathrm{e}^{\mathrm{j}2\pi\frac{d_{\mathrm{T}}}{\lambda}2\sin\theta},\cdots,\mathrm{e}^{\mathrm{j}2\pi\frac{d_{\mathrm{T}}}{\lambda}(N_{\mathrm{T}}-1)\sin\theta}\right]^{\mathrm{T}} \tag{8.4}$$

$$\boldsymbol{a}_{\mathrm{R}}(\theta)=\frac{1}{\sqrt{N_{\mathrm{R}}}}\left[1,\mathrm{e}^{\mathrm{j}2\pi\frac{d_{\mathrm{R}}}{\lambda}\sin\theta},\mathrm{e}^{\mathrm{j}2\pi\frac{d_{\mathrm{R}}}{\lambda}2\sin\theta},\cdots,\mathrm{e}^{\mathrm{j}2\pi\frac{d_{\mathrm{R}}}{\lambda}(N_{\mathrm{R}}-1)\sin\theta}\right]^{\mathrm{T}} \tag{8.5}$$

$\boldsymbol{d}_k\in\mathbb{C}^{N_{\mathrm{R}}\times 1},k=1,2,3,\cdots,K$ 表示 M 个独立不相关点杂波的回波叠加矢量。具体而言，如图 8.2 所示，将 MIMO 雷达探测空域以间隔 $2\pi/(L+1)$ 等分为 $L+1$ 等份，即

$$\varTheta=\{0,1,2,\cdots,L\}\times\frac{2\pi}{L+1} \tag{8.6}$$

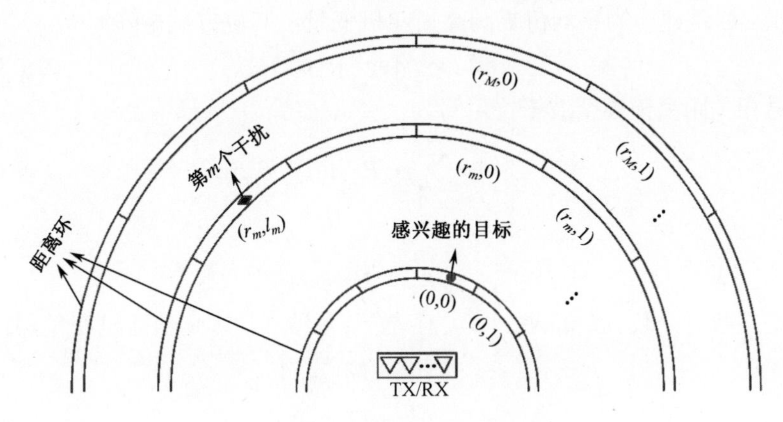

图 8.2　MIMO 雷达慢时间域系统模型

假定第 m 个信号相关杂波源位于距离-方位单元

$$(r_m, l_m), r_m \in \{0,1,2,\cdots,K-1\}, l_m \in \{0,1,2,\cdots,L\} \tag{8.7}$$

$\boldsymbol{d}_k$ 可表示为

$$\boldsymbol{d}_k = \sum_{m=1}^{M} \rho_m \mathrm{e}^{\mathrm{j}2\pi f_{\mathrm{d}_m}(k-1)} \boldsymbol{A}(\theta_m) \boldsymbol{J}^{r_m} \boldsymbol{s}_k, 0 \leqslant r_m \leqslant k-1 \tag{8.8}$$

其中，ρ_m，f_{d_m} 和 $\theta_m = 2\pi l_m/(L+1)$ 分别表示第 m 个信号的复散射系数、归一化多普勒频率和方位角。$\boldsymbol{J}^r$ 为一个位移矩阵，满足 $\boldsymbol{J}^r = \boldsymbol{J}^{-r\mathrm{T}}$，它的第 (k_1,k_2) 个元素可表示为

$$\boldsymbol{J}^r(k_1,k_2) = \begin{cases} 1, & k_1 - k_2 = r \\ 0, & k_1 - k_2 \neq r \end{cases} \tag{8.9}$$

其中，$r \in \{0,1,2,\cdots,K-1\}$，$(k_1,k_2) \in \{1,2,3,\cdots,K\}^2$。需要指出的是，$\boldsymbol{d}_k$ 是 MIMO 雷达一般情况的距离模糊杂波回波模型，若 $r_m = 0, m = 1,2,3,\cdots,M$，则退化成距离无模糊杂波回波模型。

$\boldsymbol{v}_k \in \mathbb{C}^{N_\mathrm{R} \times 1}, k = 1,2,3,\cdots,K$ 表示加性高斯白噪声，建模为独立同分布的复圆零均值高斯随机向量，即

$$\boldsymbol{v}_k \sim \mathcal{CN}(0, \sigma^2 \boldsymbol{I}_{N_\mathrm{R}}) \tag{8.10}$$

将不同慢时间时刻的观察量、发射波形、距离模糊杂波及噪声整理成矢量形式，即 $\boldsymbol{x} = [\boldsymbol{x}_1^\mathrm{T}, \boldsymbol{x}_2^\mathrm{T}, \boldsymbol{x}_3^\mathrm{T}, \cdots, \boldsymbol{x}_K^\mathrm{T}]^\mathrm{T}$, $\boldsymbol{s} = [\boldsymbol{s}_1^\mathrm{T}, \boldsymbol{s}_2^\mathrm{T}, \boldsymbol{s}_3^\mathrm{T}, \cdots, \boldsymbol{s}_K^\mathrm{T}]^\mathrm{T}$, $\boldsymbol{d} = [\boldsymbol{d}_1^\mathrm{T}, \boldsymbol{d}_2^\mathrm{T}, \boldsymbol{d}_3^\mathrm{T}, \cdots, \boldsymbol{d}_K^\mathrm{T}]^\mathrm{T}$, $\boldsymbol{v} = [\boldsymbol{v}_1^\mathrm{T}, \boldsymbol{v}_2^\mathrm{T}, \boldsymbol{v}_3^\mathrm{T}, \cdots, \boldsymbol{v}_K^\mathrm{T}]^\mathrm{T}$，则 MIMO 雷达慢时间回波模型可写为

$$\boldsymbol{x} = \alpha_0 \hat{\boldsymbol{A}}(f_{\mathrm{d}_0}, \theta_0) \boldsymbol{s} + \boldsymbol{d} + \boldsymbol{v} \tag{8.11}$$

其中，

$$\hat{\boldsymbol{A}}(f_\mathrm{d}, \theta) = \mathrm{diag}\{\boldsymbol{p}(f_\mathrm{d})\} \otimes \boldsymbol{A}(\theta) \tag{8.12}$$

$$\boldsymbol{p}(f_\mathrm{d}) = [1, \mathrm{e}^{\mathrm{j}2\pi f_\mathrm{d}}, \mathrm{e}^{\mathrm{j}2\pi \cdot 2 f_\mathrm{d}}, \cdots, \mathrm{e}^{\mathrm{j}2\pi \cdot (K-1) f_\mathrm{d}}]^\mathrm{T} \tag{8.13}$$

噪声矢量 $\boldsymbol{v}$ 通常建模为零均值复圆高斯随机变量，其协方差矩阵为

$$\boldsymbol{\Sigma}_{\boldsymbol{v}} = \mathbb{E}[\boldsymbol{v}\boldsymbol{v}^\mathrm{H}] = \sigma_v^2 \boldsymbol{I}_{N_\mathrm{R} K} \tag{8.14}$$

信号相关距离模糊杂波干扰可写为

$$\boldsymbol{d} = \sum_{m=1}^{M} \rho_m \boldsymbol{P}_{r_m} \hat{\boldsymbol{A}}(f_{\mathrm{d}_m}, \theta_m) \boldsymbol{s} \tag{8.15}$$

其中，

$$\boldsymbol{P}_{r_m} = \boldsymbol{J}^{r_m} \otimes \boldsymbol{I}_{N_\mathrm{R}} \tag{8.16}$$

假定复散射系数 $\rho_m, m = 1,2,3,\cdots,M$ 与 α_0 是独立的零均值随机变量，其方差为

$$\sigma_m^2 = \mathbb{E}[|\rho_m^2|] \tag{8.17}$$

$$\sigma_0^2 = \mathbb{E}[|\alpha_0|^2] \tag{8.18}$$

此外，将 f_{d_m} 建模为均值为 $\bar{f}_{\mathrm{d}_m}$ 的均匀分布随机变量，即

$$f_{\mathrm{d}_m} \sim U\left(\bar{f}_{\mathrm{d}_m} - \frac{\varepsilon_m}{2}, \bar{f}_{\mathrm{d}_m} + \frac{\varepsilon_m}{2}\right), m \in 1,2,3,\cdots,M \tag{8.19}$$

其中， ε_m 为不确定集。

杂波 $\boldsymbol{d}$ 的协方差矩阵可计算为

$$\boldsymbol{\Sigma}_{\boldsymbol{d}}(\boldsymbol{s}) = \mathbb{E}[\boldsymbol{d}\boldsymbol{d}^{\mathrm{H}}] = \sum_{m=1}^{M}\left(\boldsymbol{J}^{r_m} \otimes \boldsymbol{A}(\theta_m)\right)\left[(\boldsymbol{s}\boldsymbol{s}^{\mathrm{H}}) \odot \boldsymbol{\varXi}_m\right]\left(\boldsymbol{J}^{r_m} \otimes \boldsymbol{A}(\theta_m)\right)^{\mathrm{H}} \tag{8.20}$$

其中，

$$\boldsymbol{\varXi}_m = \sigma_m^2 \boldsymbol{\Phi}_{\varepsilon_m}^{\bar{f}_{\mathrm{d}_m}} \otimes \boldsymbol{Y}_t \tag{8.21}$$

$$\boldsymbol{\Phi}_{\varepsilon_m}^{\bar{f}_{\mathrm{d}_m}}(k_1,k_2) = \mathrm{e}^{\mathrm{j}2\pi\bar{f}_{\mathrm{d}_m}(k_1-k_2)} \frac{\sin[\pi\varepsilon_m(k_1-k_2)]}{\pi\varepsilon_m(k_1-k_2)}, \ \forall(k_1,k_2) \in \{1,2,3,\cdots,K\}^2 \tag{8.22}$$

$$\boldsymbol{Y}_t = \boldsymbol{1}_{N_{\mathrm{T}}}\boldsymbol{1}_{N_{\mathrm{T}}}^{\mathrm{T}} \tag{8.23}$$

观察干扰协方差矩阵 $\boldsymbol{\Sigma}_{\boldsymbol{d}}(\boldsymbol{s})$ 可知，计算 $\boldsymbol{\Sigma}_{\boldsymbol{d}}(\boldsymbol{s})$ 需要已知 $\theta_m, \sigma_m^2, \bar{f}_{\mathrm{d}_m}, \varepsilon_m$ 等信息。该信息可通过认知模式进行在线估计，或者利用特定的环境知识数据库进行获取，如地理信息数据库、数字地图、先前的扫描信息、跟踪信息、杂波谱和电磁环境信息等[2]。

8.2　基于波形恒模与相似性约束的MIMO雷达发射与接收联合设计

本节首先通过最大化 SINR，建立恒模与相似性约束下的 MIMO 雷达慢时间发射与接收的联合优化问题，进而提出基于 BCD 的发射与接收联合优化方法，并用理论分析算法计算复杂度与收敛性，最后，仿真验证 BCD 算法的有效性。

8.2.1　恒模约束下的 MIMO 雷达发射与接收联合设计建模

MIMO 雷达目标检测性能通常与接收回波的 SINR 成正相关，即 SINR 越大，目标的检测性能越好。因此，本节将利用 SINR 作为性能优化准则。为提升感兴趣目标的检测性能，通常需对该目标所在方位与多普勒单元的回波进行空时滤波，来达到抑制干扰与提升目标功率的目的。假定杂波回波与噪声回波相互独立，令观测量 $\boldsymbol{x}$ 通过一个 FIR 空时接收滤波器 $\boldsymbol{w}$，则目标回波 SINR 定义为

$$\hat{\rho}(\boldsymbol{s},\boldsymbol{w}) = \frac{\left|\alpha_0 \boldsymbol{w}^{\mathrm{H}} \hat{\boldsymbol{A}}(f_{\mathrm{d}_0},\theta_0)\boldsymbol{s}\right|^2}{\mathbb{E}\left[\left|\boldsymbol{w}^{\mathrm{H}}\boldsymbol{d}\right|^2\right] + \mathbb{E}\left[\left|\boldsymbol{w}^{\mathrm{H}}\boldsymbol{v}\right|^2\right]} = \frac{\sigma_0^2 \boldsymbol{w}^{\mathrm{H}} \hat{\boldsymbol{A}}(f_{\mathrm{d}_0},\theta_0)\boldsymbol{s}\boldsymbol{s}^{\mathrm{H}} \hat{\boldsymbol{A}}^{\mathrm{H}}(f_{\mathrm{d}_0},\theta_0)\boldsymbol{w}}{\boldsymbol{w}^{\mathrm{H}}\boldsymbol{\Sigma}_{\boldsymbol{d}}(\boldsymbol{s})\boldsymbol{w} + \sigma_v^2 \boldsymbol{w}^{\mathrm{H}}\boldsymbol{w}} \tag{8.24}$$

观察式（8.24）可知分子表示目标功率，分母代表干扰功率。计算 $\hat{\rho}(\boldsymbol{s},\boldsymbol{w})$ 通常需精确已知 f_{d_0} 与 θ_0 的值。实际上， f_{d_0} 与 θ_0 的信息通常无法精确获得。本节假设 f_{d_0} 与 θ_0 分别是服从均值为 $\bar{f}_{\mathrm{d}_0}$ 与 $\bar{\theta}_0$ 的均匀随机变量，即

$$f_{\mathrm{d}_0} \sim U\left(\bar{f}_{\mathrm{d}_0}-\frac{\varepsilon_0}{2},\bar{f}_{\mathrm{d}_0}+\frac{\varepsilon_0}{2}\right),\theta_0 \sim U\left(\bar{\theta}_0-\frac{\vartheta_0}{2},\bar{\theta}_0+\frac{\vartheta_0}{2}\right) \tag{8.25}$$

其中，ε_0 与 ϑ_0 分别为归一化多普勒与方位的不确定集。

则定义平均的 SINR 作为优化准则

$$\rho(\boldsymbol{s},\boldsymbol{w})=\mathbb{E}[\hat{\rho}(\boldsymbol{s},\boldsymbol{w})] \tag{8.26}$$

通过数学运算，$\rho(\boldsymbol{s},\boldsymbol{w})$ 进一步可写成两种等价形式：

$$\rho(\boldsymbol{s},\boldsymbol{w})=\frac{\boldsymbol{w}^{\mathrm{H}}\boldsymbol{\Gamma}(\boldsymbol{S})\boldsymbol{w}}{\boldsymbol{w}^{\mathrm{H}}\boldsymbol{\Sigma}_{dv}(\boldsymbol{S})\boldsymbol{w}}=\frac{\boldsymbol{s}^{\mathrm{H}}\boldsymbol{\Theta}(\boldsymbol{W})\boldsymbol{s}}{\boldsymbol{s}^{\mathrm{H}}\bar{\boldsymbol{\Sigma}}_{dv}(\boldsymbol{W})\boldsymbol{s}} \tag{8.27}$$

其中，

$$\boldsymbol{\Gamma}(\boldsymbol{S})=\sigma_0^2\mathbb{E}\left[\left(\mathrm{diag}\{\boldsymbol{p}(f_{\mathrm{d}_0})\}\otimes\boldsymbol{A}(\theta_0)\right)\boldsymbol{S}\left(\left(\mathrm{diag}\{\boldsymbol{p}(f_{\mathrm{d}_0})\}\right)^{\mathrm{H}}\otimes\boldsymbol{A}^{\mathrm{H}}(\theta_0)\right)\right] \tag{8.28}$$

$$\boldsymbol{\Sigma}_{dv}(\boldsymbol{S})=\sum_{m=1}^{M}\left(\boldsymbol{J}^{r_m}\otimes\boldsymbol{A}(\theta_m)\right)\left(\boldsymbol{S}\odot\boldsymbol{\Xi}_m\right)\left(\boldsymbol{J}^{r_m}\otimes\boldsymbol{A}(\theta_m)\right)^{\mathrm{H}}+\sigma_v^2\boldsymbol{I}_{N_{\mathrm{R}}K} \tag{8.29}$$

$$\boldsymbol{\Theta}(\boldsymbol{W})=\sigma_0^2\mathbb{E}\left[\left(\left(\mathrm{diag}\{\boldsymbol{p}(f_{\mathrm{d}_0})\}\right)^{\mathrm{H}}\otimes\boldsymbol{A}^{\mathrm{H}}(\theta_0)\right)\boldsymbol{W}\left(\mathrm{diag}\{\boldsymbol{p}(f_{\mathrm{d}_0})\}\otimes\boldsymbol{A}(\theta_0)\right)\right] \tag{8.30}$$

$$\bar{\boldsymbol{\Sigma}}_{dv}(\boldsymbol{W})=\sum_{m=1}^{M}\left(\boldsymbol{J}^{r_m}\otimes\boldsymbol{A}(\theta_m)\right)^{\mathrm{H}}\left(\boldsymbol{W}\odot\bar{\boldsymbol{\Xi}}_m\right)\left(\boldsymbol{J}^{r_m}\otimes\boldsymbol{A}(\theta_m)\right)+\frac{\sigma_v^2\mathrm{tr}\{\boldsymbol{W}\}\boldsymbol{I}_{N_{\mathrm{T}}K}}{E} \tag{8.31}$$

$$\bar{\boldsymbol{\Xi}}_m=\sigma_m^2\boldsymbol{\Psi}_{\varepsilon_m}^{\bar{f}_{\mathrm{d}m}}\otimes\boldsymbol{Y}_r,\boldsymbol{\Psi}_{\varepsilon_m}^{\bar{f}_{\mathrm{d}m}}(k_1,k_2)=\left(\boldsymbol{\Phi}_{\varepsilon_m}^{\bar{f}_{\mathrm{d}m}}(k_1,k_2)\right)^*,\forall(k_1,k_2)\in\{1,2,3,\cdots,K\}^2 \tag{8.32}$$

$$\boldsymbol{Y}_r=\boldsymbol{1}_{N_{\mathrm{R}}}\boldsymbol{1}_{N_{\mathrm{R}}}^{\mathrm{T}} \tag{8.33}$$

其中，$E=\boldsymbol{s}^{\mathrm{H}}\boldsymbol{s}$ 表示波形能量，$\boldsymbol{S}=\boldsymbol{s}\boldsymbol{s}^{\mathrm{H}}\in\mathbb{H}^{KN_{\mathrm{T}}}$，$\boldsymbol{W}=\boldsymbol{w}\boldsymbol{w}^{\mathrm{H}}\in\mathbb{H}^{KN_{\mathrm{R}}}$，$\boldsymbol{\Gamma}(\boldsymbol{S})$ 与 $\boldsymbol{\Theta}(\boldsymbol{W})$ 可写成块矩阵，形式如下：

$$\boldsymbol{\Gamma}(\boldsymbol{S})=(\sigma_0^2\boldsymbol{\Gamma}_{m_1m_2})_{K\times K} \tag{8.34}$$

$$\boldsymbol{\Theta}(\boldsymbol{W})=(\sigma_0^2\boldsymbol{\Theta}_{i_1i_2})_{K\times K} \tag{8.35}$$

其中，$\boldsymbol{\Gamma}_{m_1m_2}\in\mathbb{C}^{N_{\mathrm{R}}\times N_{\mathrm{R}}}$，$\boldsymbol{\Theta}_{i_1i_2}\in\mathbb{C}^{N_{\mathrm{T}}\times N_{\mathrm{T}}}$，$\forall(m_1,m_2,i_1,i_2)\in\{1,2,3,\cdots,K\}^4$。

具体证明过程见附录 I。

为确保雷达非线性放大器工作处于最大效率状态，同时使得优化波形具有良好的模糊函数特性，这里考虑恒模与相似性约束分别如下：

$$s_i=\frac{1}{\sqrt{N_{\mathrm{T}}K}}\mathrm{e}^{\mathrm{j}\varphi_i},i=1,2,3,\cdots,N_{\mathrm{T}}K \tag{8.36}$$

$$\|\boldsymbol{s}-\boldsymbol{s}_0\|_\infty\leqslant\xi_0 \tag{8.37}$$

其中，$s_i=\boldsymbol{s}(i),i=1,2,3,\cdots,N_{\mathrm{T}}K$，$\boldsymbol{s}_0$ 为相似性波形，ξ_0 为相似性参数。

综上讨论，以最大化 SINR 为准则，基于发射与接收的联合优化问题可写为

$$\mathcal{P}_1\begin{cases}\max\limits_{s,w} & \rho(\boldsymbol{s},\boldsymbol{w}) \\ \text{s.t.} & \|\boldsymbol{s}-\boldsymbol{s}_0\|_\infty \leqslant \xi_0 \\ & |s_i| = \dfrac{1}{\sqrt{N_\mathrm{T}K}}, i=1,2,3,\cdots,N_\mathrm{T}K \\ & \|\boldsymbol{w}\|^2 = 1\end{cases} \tag{8.38}$$

上述问题是一个 NP-hard 问题[8-9]，无法在多项式时间内找到最优解。下面提出一种基于 BCD 算法的发射与接收联合优化方法，确保在多项式时间内能够求得上述问题的一个局部最优解。

8.2.2　基于 BCD 算法的 MIMO 雷达发射与接收联合设计算法

这里提出一种基于 BCD 算法的发射与接收联合设计方法求解上述问题。该算法的思想是通过序列优化块变量 $\boldsymbol{w}, s_1, s_2, \cdots, s_{N_\mathrm{T}K}$ 来单调提高 SINR 至收敛。

8.2.2.1　算法描述

BCD 算法在每次迭代中通过固定其他变量不变，仅优化一个块变量来提高目标函数值。具体而言，假定 $\boldsymbol{w}, s_1, s_2, \cdots, s_{N_\mathrm{T}K}$ 在第 n 次迭代的解为 $\boldsymbol{w}^{(n)}, s_1^{(n)}, s_2^{(n)}, \cdots, s_{N_\mathrm{T}K}^{(n)}$。首先固定 $s_1^{(n-1)}, s_2^{(n-1)}, \cdots, s_{N_\mathrm{T}K}^{(n-1)}$，通过优化 $\boldsymbol{w}$ 最大化 SINR，则相应的优化问题为

$$\mathcal{P}_{\boldsymbol{w}^{(n)}}\begin{cases}\max\limits_{\boldsymbol{w}} & \dfrac{\boldsymbol{w}^\mathrm{H}\boldsymbol{\Gamma}\left(\boldsymbol{s}^{(n-1)}\boldsymbol{s}^{(n-1)\mathrm{H}}\right)\boldsymbol{w}}{\boldsymbol{w}^\mathrm{H}\boldsymbol{\Sigma}_{dv}\left(\boldsymbol{s}^{(n-1)}\boldsymbol{s}^{(n-1)\mathrm{H}}\right)\boldsymbol{w}} \\ \text{s.t.} & \|\boldsymbol{w}\|^2 = 1\end{cases} \tag{8.39}$$

其中，$\boldsymbol{s}^{(n-1)} = [s_1^{(n-1)}, s_2^{(n-1)}, \cdots, s_{N_\mathrm{T}K}^{(n-1)}]^\mathrm{T}$。$\mathcal{P}_{\boldsymbol{w}^{(n)}}$ 实际上是一个经典的二次分式规划问题，其最优解是 $(\boldsymbol{\Sigma}_{dv}(\boldsymbol{s}\boldsymbol{s}^\mathrm{H}))^{-1}\boldsymbol{\Gamma}(\boldsymbol{s}\boldsymbol{s}^\mathrm{H})$ 最大特征值对应的归一化特征向量。

接下来固定 $\boldsymbol{w}^{(n)}, s_1^{(n)}, s_2^{(n)}, \cdots, s_{i-1}^{(n)}, s_{i+1}^{(n-1)}, \cdots, s_{N_\mathrm{T}K}^{(n-1)}$，优化 s_i，则原问题 $\mathcal{P}_1$ 转换为

$$\mathcal{P}_{s_i^{(n)}}\begin{cases}\max\limits_{s_i} & \dfrac{\overline{\boldsymbol{s}}_i^{(n)\mathrm{H}}\boldsymbol{\Theta}\left(\boldsymbol{w}^{(n)}\boldsymbol{w}^{(n)\mathrm{H}}\right)\overline{\boldsymbol{s}}_i^{(n)}}{\overline{\boldsymbol{s}}_i^{(n)\mathrm{H}}\overline{\boldsymbol{\Sigma}}_{dv}\left(\boldsymbol{w}^{(n)}\boldsymbol{w}^{(n)\mathrm{H}}\right)\overline{\boldsymbol{s}}_i^{(n)}} \\ \text{s.t.} & \arg s_i \in [\gamma_i, \gamma_i+\delta] \\ & |s_i| = \dfrac{1}{\sqrt{N_\mathrm{T}K}}\end{cases} \tag{8.40}$$

其中，$\overline{\boldsymbol{s}}_i^{(n)} = [s_1^{(n)}, s_2^{(n)}, \cdots, s_{i-1}^{(n)}, s_i, s_{i+1}^{(n-1)}, \cdots, s_{N_\mathrm{T}K}^{(n-1)}]^\mathrm{T}$, $\gamma_i = \arg s_{0i} - \arccos(1-\xi^2/2)$, $\xi = \sqrt{N_\mathrm{T}K}\xi_0$，$\delta = 2\arccos(1-\xi^2/2)$，$0 \leqslant \xi \leqslant 2$。

类似于 4.1 节，上述问题可采用 DA 进行求解并找到最优解，此处不再赘述。最后基于 BCD 的发射与接收联合设计算法总结如下。

算法 8.1 流程　基于 BCD 算法求解 $\mathcal{P}_1$

输入： $\bar{\theta}_0,\vartheta_0,\boldsymbol{s}_0,\xi,\sigma_m,r_m,\bar{f}_{\mathrm{d}_m},\varepsilon_m,m=0,1,2,\cdots,M,\theta_p,p=1,2,3,\cdots,M$；

输出： $\mathcal{P}_1$ 的次优解 $(\boldsymbol{s}^{(*)},\boldsymbol{w}^{(*)})$。

（1）利用 $\boldsymbol{s}_0$ 构造 $\gamma_m,\delta,m=1,2,3,\cdots,N_{\mathrm{T}}K$；

（2）初始化 $n=0$， $\boldsymbol{s}^{(0)}=\boldsymbol{s}_0$，构造 $\boldsymbol{\Sigma}_{dv}(\boldsymbol{s}^{(0)}\boldsymbol{s}^{(0)\mathrm{H}}),\boldsymbol{\Gamma}(\boldsymbol{s}^{(0)}\boldsymbol{s}^{(0)\mathrm{H}})$；

（3）求解 $\mathcal{P}^{\boldsymbol{w}^{(0)}}$，找到 $\boldsymbol{w}^{(0)}$，计算 $\rho_0=\rho(\boldsymbol{s}^{(0)},\boldsymbol{w}^{(0)})$；

（4）$n=n+1$，构造 $\bar{\boldsymbol{\Sigma}}_{dv}(\boldsymbol{w}^{(n)}\boldsymbol{w}^{(n)\mathrm{H}}),\boldsymbol{\Theta}(\boldsymbol{w}^{(n)}\boldsymbol{w}^{(n)\mathrm{H}})$， $\boldsymbol{s}^{(n)}=\boldsymbol{s}^{(n-1)}$， $i=0$；

（5）$i=i+1$，利用丁克尔巴赫算法找到 $\mathcal{P}^{s_i^{(n)}}$ 的最优解 $s_i^{(n)}$；

（6）若 $i=N_{\mathrm{T}}M$，则继续下一步，否则返回步骤（5）；

（7）构造 $\boldsymbol{\Sigma}_{dv}(\boldsymbol{s}^{(n)}\boldsymbol{s}^{(n)\mathrm{H}}),\boldsymbol{\Gamma}(\boldsymbol{s}^{(n)}\boldsymbol{s}^{(n)\mathrm{H}})$，求解 $\mathcal{P}^{\boldsymbol{w}^{(n)}}$，找到 $\boldsymbol{w}^{(n)}$；

（8）计算 $\rho_n=\rho(\boldsymbol{s}^{(n)},\boldsymbol{w}^{(n)})$，若 $\left|\rho_n-\rho_{n-1}\right|\leqslant\tau_1$，则输出 $\boldsymbol{s}^{(*)}=\boldsymbol{s}^{(n)},\boldsymbol{w}^{(*)}=\boldsymbol{w}^{(n)}$，否则返回步骤（4）。

8.2.2.2　计算复杂度分析

本节分析基于 BCD 算法求解 $\mathcal{P}_1$ 的计算复杂度。观察算法 8.1 流程可知，每次迭代的计算量主要与求解 $\mathcal{P}^{\boldsymbol{w}^{(n)}}$ 和 $\mathcal{P}^{s_i^{(n)}},i=1,2,3,\cdots,KN_{\mathrm{T}}$ 有关。前者需要计算 $\boldsymbol{\Sigma}_{dv}(\boldsymbol{s}^{(n)}\boldsymbol{s}^{(n)\mathrm{H}})$ 的逆矩阵，其计算量为 $\mathcal{O}((N_{\mathrm{R}}K)^3)$；后者需要调用 KN_{T} 次丁克尔巴赫算法，基于第 2 章的讨论，相应的计算复杂度为 $\mathcal{O}((N_{\mathrm{T}}K)^3)$。因此，BCD 算法求解 $\mathcal{P}_1$ 的每次迭代计算复杂度为 $\mathcal{O}((N_{\mathrm{R}}K)^3)+\mathcal{O}((N_{\mathrm{T}}K)^3)$。

事实上，第 7 章提出了 NSDP-RA 算法求解 $\mathcal{P}_1$，其每次的迭代利用 SDP-RA 求解波形，且每次迭代的计算复杂度为 $\mathcal{O}((N_{\mathrm{R}}K)^3)+\mathcal{O}((N_{\mathrm{T}}K)^{3.5})+\mathcal{O}(L(N_{\mathrm{T}}K)^2)$，其中 L 是高斯随机化次数。基于上述讨论，基于 BCD 的发射与接收联合优化方法在计算复杂度上明显优于 NSDP-DA 算法。

8.2.2.3　收敛性分析

这里分析了基于 BCD 的发射与接收联合设计方法的单调性。在第 n 次迭代时，初始化 $\boldsymbol{s}^{(n)}=\boldsymbol{s}^{(n-1)}$，且 $\mathcal{P}^{s_i^{(n)}},i=1,2,3,\cdots,N_{\mathrm{T}}K$ 均能得到最优解，可推得

$$\rho(\boldsymbol{s}^{(n-1)},\boldsymbol{w}^{(n-1)})\leqslant v_1^n\leqslant v_2^n\leqslant\cdots\leqslant v_{KN_{\mathrm{T}}}^n=\rho(\boldsymbol{s}^{(n)},\boldsymbol{w}^{(n-1)}) \tag{8.41}$$

其中，v_i^n 表示优化 $\mathcal{P}^{s_i^{(n)}}$ 的目标函数值，固定 $\boldsymbol{s}^{(n)}$，求解 $\mathcal{P}^{\boldsymbol{w}^{(n)}}$ 可得到最优解 $\boldsymbol{w}^{(n)}$，因此，有

$$\rho(\boldsymbol{s}^{(n)},\boldsymbol{w}^{(n-1)})\leqslant\rho(\boldsymbol{s}^{(n)},\boldsymbol{w}^{(n)}) \tag{8.42}$$

进一步地，

$$\rho(\boldsymbol{s}^{(n-1)},\boldsymbol{w}^{(n-1)})\leqslant\rho(\boldsymbol{s}^{(n)},\boldsymbol{w}^{(n)}) \tag{8.43}$$

此外，类似于 5.1.3.3 节的证明，易知$\rho(\boldsymbol{s}^{(n)},\boldsymbol{w}^{(n)})$具有上界。因此，BCD 算法保证了 SINR 目标函数值单调提升至收敛。

8.2.3　性能分析

本节通过非均匀杂波与均匀杂波两个场景验证 BCD 算法的有效性。假定 MIMO 雷达工作频率$f_0=1.4\,\text{GHz}$，发射阵元个数$N_\text{T}=4$，接收阵元个数$N_\text{R}=8$。发射与接收阵元间距$d_\text{T}=d_\text{R}=\lambda/2$，相干脉冲串个数$K=13$，相似性波形为正交 LFM 相位编码信号，其表达式为

$$\boldsymbol{S}^{(0)}(n_\text{T},k)=\frac{\exp\left\{\dfrac{\text{j}2\pi n_\text{T}(k-1)}{N_\text{T}}\right\}\exp\left\{\dfrac{\text{j}\pi(k-1)^2}{N_\text{T}}\right\}}{\sqrt{KN_\text{T}}},n_\text{T}=1,2,3,\cdots,N_\text{T},k=1,2,3,\cdots,K \tag{8.44}$$

将此相似性波形设为$\boldsymbol{s}_0=\text{vec}\left\{\boldsymbol{S}^{(0)}\right\}$。假定目标功率$\sigma_0^2=10\text{dB}$，方位均值$\overline{\theta}_0=0^\circ$，方位不确定参数$\vartheta=2^\circ$，多普勒均值$\overline{f}_{\text{d}_0}=0.4$，多普勒不确定度$\varepsilon_0=0.08$，白噪声功率$\sigma_v^2=0\text{dB}$。BCD 算法退出参数$\varsigma=10^{-3}$，$\kappa=10^{-3}$，$|\rho_n-\rho_{n-1}|\leqslant10^{-3}$。

8.2.3.1　非均匀杂波场景

首先考虑一个非均匀相关杂波场景。假定该场景中存在 3 个杂波干扰，其方位分别为$\theta_1=-55^\circ,\ \theta_2=-20^\circ,\ \theta_3=40^\circ$，相应的距离环为$r_i=0,\ i=1,2,3$，多普勒均值为$\overline{f}_{\text{d}_1}=-0.35,\ \overline{f}_{\text{d}_2}=-0.15,\ \overline{f}_{\text{d}_3}=0.25$，多普勒不确定度为$\varepsilon_i=0.08,\ i=1,2,3$，功率分别为$\sigma_1^2=30\,\text{dB},\ \sigma_2^2=28\,\text{dB},\ \sigma_3^2=25\,\text{dB}$。

图 8.3 给出了不同相似性参数ξ条件下 BCD 算法与 NSDP-RA 算法的 SINR 随迭代次数变化的结果，同时也展示了仅考虑波形能量约束（$\|\boldsymbol{s}\|^2=1$）条件下 SINR 的变化结果[10]。观察可知，BCD 算法能够保证 SINR 随着迭代次数增加而逐渐提高至收敛，验证了 BCD 算法的单调收敛特性。此外，相似性参数ξ越大，SINR 越大。这是因为相似性参数越大，相似性约束越弱，优化问题$\mathcal{P}_1$的可行域越大。

当$\xi=0.1,0.5,1.3$时，BCD 算法较 NSDP-RA 算法获得更高的 SINR 增益。针对$\xi=2$（仅考虑恒模约束），BCD 算法与 NSDP-RA 算法具有相同的 SINR，但均小于能量约束下的 SINR 增益。

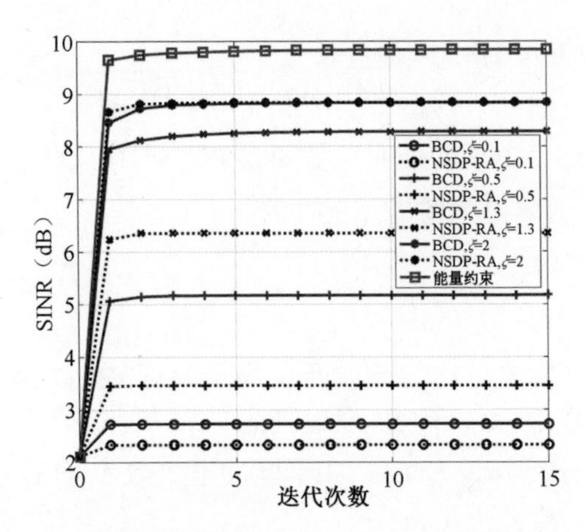

图 8.3　非均匀杂波场景下 SINR 随迭代次数变化的结果

表 8.1 给出了不同相似性参数条件下 BCD 与 NSDP-RA 算法的 SINR、迭代次数 n 及计算时间。观察可知，随着相似性参数增大，BCD 算法收敛所需的迭代次数增加，使得消耗的时间资源增大，但能获得更高的输出 SINR。这是相似性参数增加，优化问题的可行域增大引起的。此外，对比 NSDP-RA 算法，BCD 算法具有更快的收敛速度。

表 8.1　非均匀杂波场景下的 SINR、迭代次数及计算时间

算法	$\xi=0.1$			$\xi=0.5$			$\xi=1.3$			$\xi=2$		
	SINR（dB）	n	时间（s）	SINR（dB）	n	时间（s）	SINR（dB）	n	时间（s）	SINR（dB）	n	时间（s）
BCD	2.7	2	0.324	5.2	6	0.894	8.3	12	1.72	8.8	13	1.812
NSDP-RA	2.3	3	4.01	3.5	3	3.97	6.3	4	5.35	8.8	7	9.36

下面分析 $\xi=2$ 的互模糊函数随迭代次数变化的特点。定义第 n 次迭代互模糊函数为

$$g^{(n)}(\boldsymbol{s}^{(n)},\boldsymbol{w}^{(n)},r,f,\theta)=|\boldsymbol{w}^{(n)\mathrm{H}}\boldsymbol{P}_r\hat{\boldsymbol{A}}(f,\theta)\boldsymbol{s}^{(n)}|^2 \tag{8.45}$$

图 8.4（a）～图 8.4（c）分别给出了 BCD 算法在迭代次数 $n=0,1,15$ 时的互模糊函数的等高图，其中 3 个杂波区域分别用矩形黑框标出。可以看出，迭代次数越多，互模糊函数在杂波区域（$\theta=-55°,-0.39\leqslant f\leqslant-0.31$, $\theta=-20°,-0.19\leqslant f\leqslant-0.11$ 和 $\theta=40°,0.21\leqslant f\leqslant0.29$）的电平越低，在感兴趣的目标区域（$-1°\leqslant\theta_1\leqslant1°$, $0.36\leqslant f\leqslant0.44$）的电平越高，这是迭代次数增加，输出的 SINR 增大，目标处能量与杂波处能量区分度增大引起的，说明了优化的发射波形与接收滤波器可有效提升抗信号相关杂波能力。此外，当 $n=0$ 时，图 8.4（a）是 LFM 编码波形与最优滤波器的互模糊函数图，观察可知尽管杂波区域具有低的旁瓣电平，但仍无法有效检测目标，表明利用传统的 LFM 编码波形不能有效抑制信号相关干扰。

接下来分析目标方位与多普勒不确定度对 SINR 性能的影响，定义均匀随机

变量多普勒与目标方位的方差分别为

$$\sigma_v = \frac{\varepsilon_0}{\sqrt{12}},\ \sigma_\theta = \frac{\vartheta_0}{\sqrt{12}} \tag{8.46}$$

图 8.5 展示了不同相似性参数条件下 BCD 与 NSDP-RA 算法的 SINR 随着多普勒与目标方位方差变化的结果。仿真分析表明，针对所有的方差，相似性参数越大，SINR 越大。此外，SINR 随着目标方位与多普勒方差的增大而单调减少，这是目标方位与多普勒方差越大，目标方位与多普勒的知识越不准确，导致 SINR 性能恶化。结果也再次说明，在考虑相似性约束时，针对不同的目标方位与多普勒方差，BCD 算法仍然优于 NSDP-RA 算法。

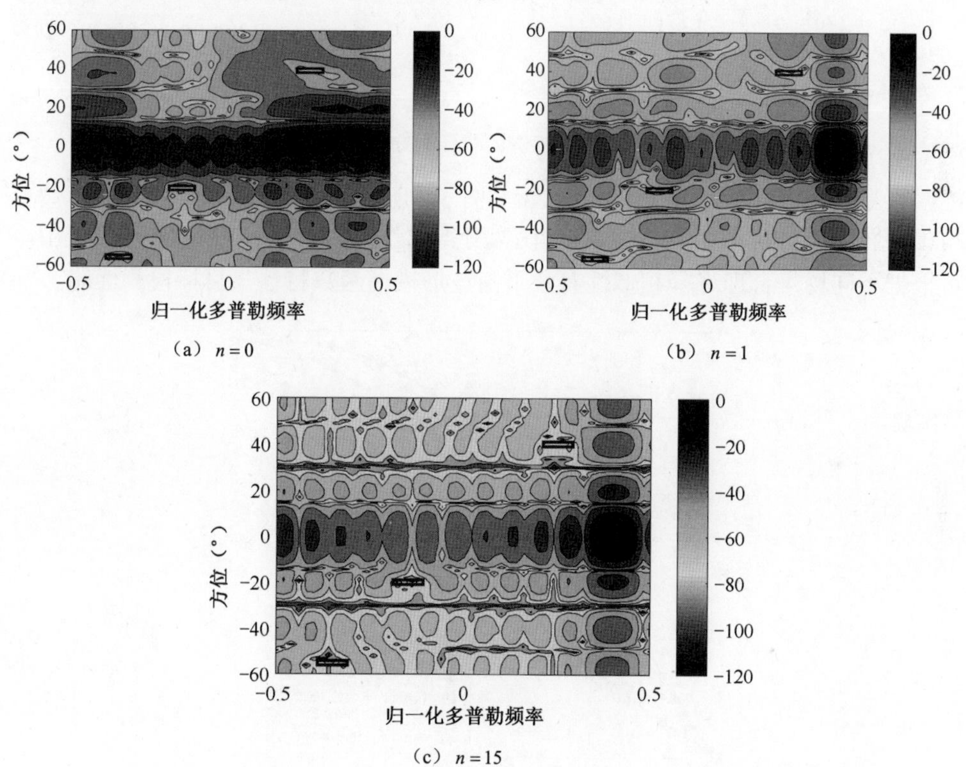

图 8.4　非均匀杂波下的互模糊函数随迭代次数变化的等高图

接下来分析不同初始值对 BCD 与 NSDP-RA 算法的影响。如图 8.6 所示给出了 500 次不同初始值的蒙特卡罗实验中最大输出 SINR、平均的 SINR 和相似性编码 $\boldsymbol{s}_0$ 作为初始值的 SINR 与相似性参数变化的关系图，其中每一次蒙特卡罗实验的初始值为恒模的随机相位编码信号。可以看出，最大输出 SINR 优于平均 SINR，说明不同初始值确实对算法存在较大影响。最大输出 SINR 与相似性编码 $\boldsymbol{s}_0$ 作为初始值的 SINR 重合，说明在该非均匀杂波场景下，相似性编码 $\boldsymbol{s}_0$ 是一个稳健的初始解。此外，相似性参数增加，SINR 增大。当考虑相似性约束时，BCD 算法较 NSDP-

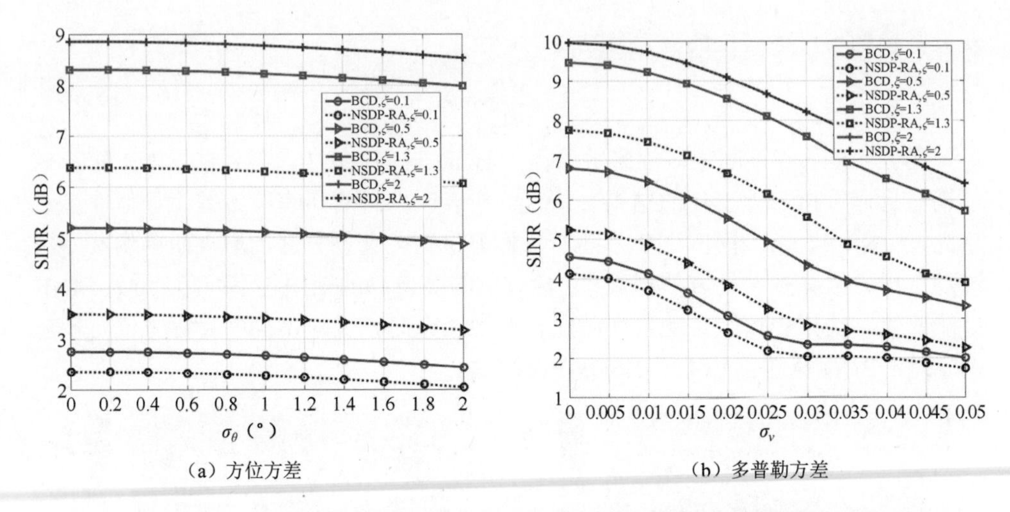

（a）方位方差　　（b）多普勒方差

图 8.5　非均匀杂波场景下 SINR 随目标方位与多普勒方差变化图

RA 算法具有更高的 SINR。正如 5.1.3 节图 5.6 所示，相似性参数越大，优化波形与相似性编码 $\boldsymbol{s}_0$ 越不相似，波形模糊函数变得越差。因此，在 MIMO 雷达系统中，可根据不同场景合理选择相似性参数平衡波形模糊函数特性与目标检测性能。

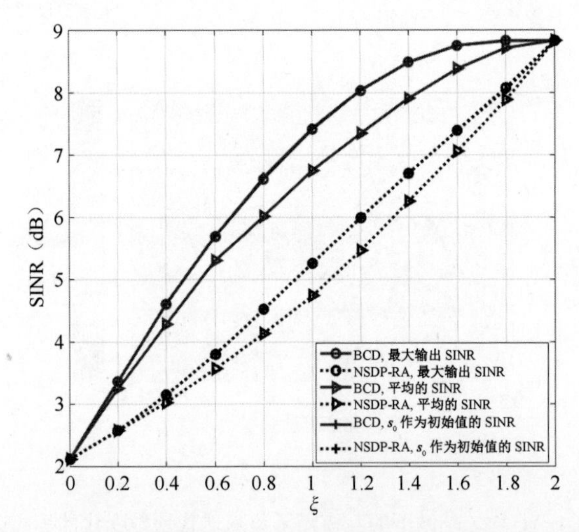

图 8.6　非均匀杂波场景下 SINR 随相似性参数变化曲线图

8.2.3.2　均匀杂波场景

本节考虑一个均匀相关杂波场景。假定场景中存在 $M=50$ 个信号相关杂波干扰，相应的距离环为 $r_i=0,\ i=1,2,3,\cdots,50$，其方位角均匀分布在 $[-90°,90°]$，每个点杂波的功率为 $\sigma_i^2=25\text{dB},\ i=1,2,3,\cdots,50$，对应的多普勒频率均值 $f_{\text{d}_i}=0,\ i=1,2,3,\cdots,50$，多普勒不确定度 $\varepsilon_i=0.08,\ i=1,2,3,\cdots,50$。

图 8.7 展示了不同相似性参数条件下 SINR 随迭代次数变化的结果。可以看

出，在均匀杂波场景下，BCD 算法的 SINR 仍然能够随着迭代次数增加而单调增加，然而 NSDP-RA 算法不能保证单调性。例如，当 $\xi=1.3$ 时，NSDP-RA 算法的 SINR 先增加后减少，这是由于 NSDP-RA 算法在理论上无法证明其单调特性。另外，当相似性参数变大时，波形可行域增加，两种算法均获得了更高的 SINR。需要指出的是，当 $\xi=0.1,0.5,1.3$ 时，BCD 算法较 NSDP-RA 算法具有更高的 SINR。

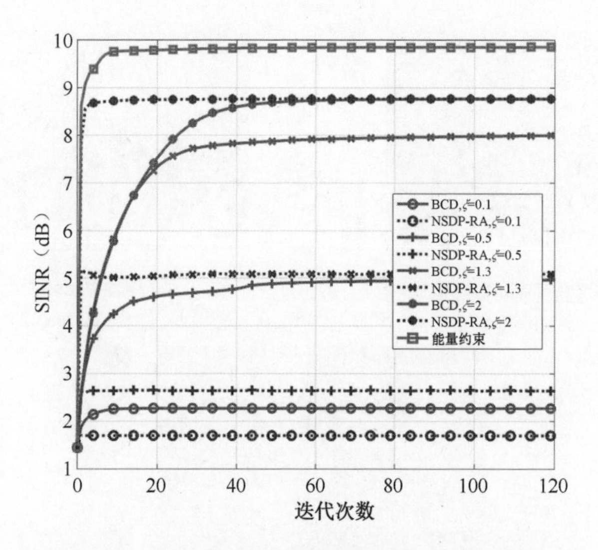

图 8.7　均匀杂波场景下的 SINR 随迭代次数变化图

表 8.2 总结了 BCD 与 NSDP-RA 算法最终优化的 SINR、迭代次数和计算时间。从表 8.2 中可知，当 $\xi=0.1,0.5$ 时，相比 NSDP-RA 算法，BCD 算法可通过较少的时间获得更高的 SINR。当 $\xi=1.3$ 时，BCD 算法尽管需耗费更多计算资源，但输出的 SINR 较 NSDP-RA 算法高 3dB。当 $\xi=2$ 时，BCD 算法与 NSDP-RA 算法获得了相同的 SINR，但 BCD 算法的计算效率更高。

表 8.2　均匀杂波场景下的 SINR、迭代次数 n 和计算时间

算法	$\xi=0.1$			$\xi=0.5$			$\xi=1.3$			$\xi=2$		
	SINR（dB）	n	时间（s）	SINR（dB）	n	时间（s）	SINR（dB）	n	时间（s）	SINR（dB）	n	时间（s）
BCD	2.3	12	2.63	4.9	68	13.01	8	120	21.49	8.8	82	15.87

图 8.8（a）～图 8.8（c）分别展示了 BCD 算法在迭代次数 $n=0,10,80$ 时互模糊函数的等高图，其中 $n=0$ 表示初始状态下的互模糊函数的等高图。从图中观察可知，随着迭代次数增加，互模糊函数能量逐渐汇集于方位-多普勒区域 $-1°\leqslant\theta\leqslant1°$ 和 $0.36\leqslant f_{\mathrm{d}}\leqslant0.44$ 内，在区域 $-90°\leqslant\theta\leqslant90°$, $-0.04\leqslant f_{\mathrm{d}}\leqslant-0.04$ 内的电平逐渐降低。说明 BCD 算法优化的波形与接收滤波器能够有效对抗信号相关杂波干扰，提升回波 SINR。

图 8.9（a）和图 8.9（b）分别展示了均匀杂波场景下不同相似参数条件下 SINR 随目标方位和多普勒方差变化的结果。仿真结果表明，随着目标的方位与多普勒方差增加，目标的方位与多普勒信息越不准确，SINR 越低。而且再次观察到，当 $\xi = 0.1, 0.5, 1.3$ 时，BCD 算法输出的 SINR 始终优于 NSDP-RA 算法。当 $\xi = 2$ 时，即仅考虑恒模约束时，BCD 算法与 NSDP-RA 算法的 SINR 增益趋于一致。

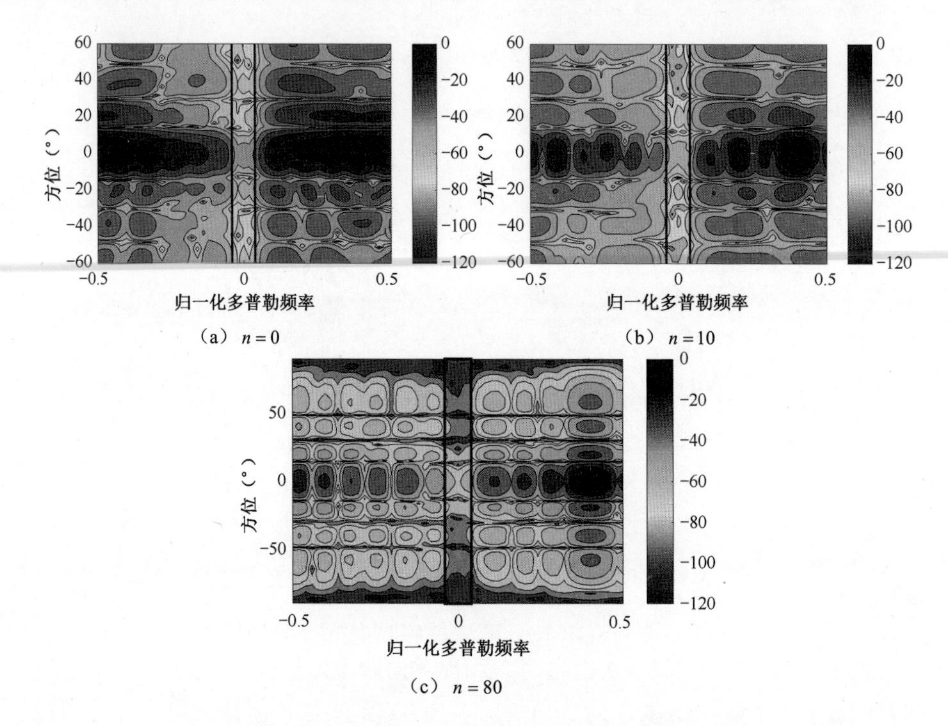

（a）$n=0$　　（b）$n=10$

（c）$n=80$

图 8.8　均匀杂波场景下互模糊函数随迭代次数变化等高图

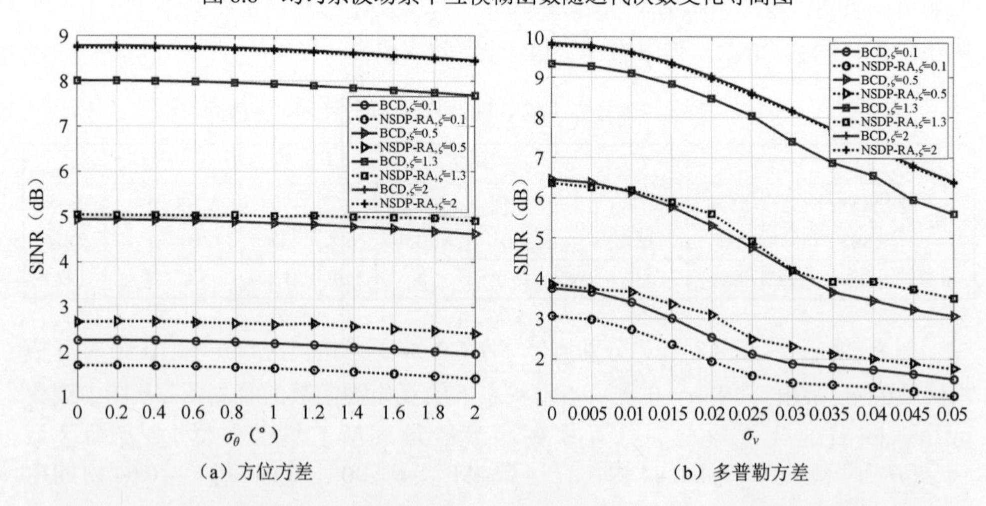

（a）方位方差　　（b）多普勒方差

图 8.9　均匀杂波场景下不同相似参数条件下 SINR 随目标方位与多普勒方差变化的结果

图 8.10 展示了 500 次不同初始值的蒙特卡罗实验中最大输出 SINR、平均的 SINR 和相似性编码 $\boldsymbol{s}_0$ 作为初始值的 SINR 与相似性参数的关系曲线。观察可知相似性编码 $\boldsymbol{s}_0$ 作为初始值的 SINR 与最大的 SINR 性能接近，说明了相似性编码可作为一个良好的初始值。另外，SINR 随着相似性参数增加而单调增加，相比 NSDP-RA 算法，BCD 算法具有更好的 SINR 性能。

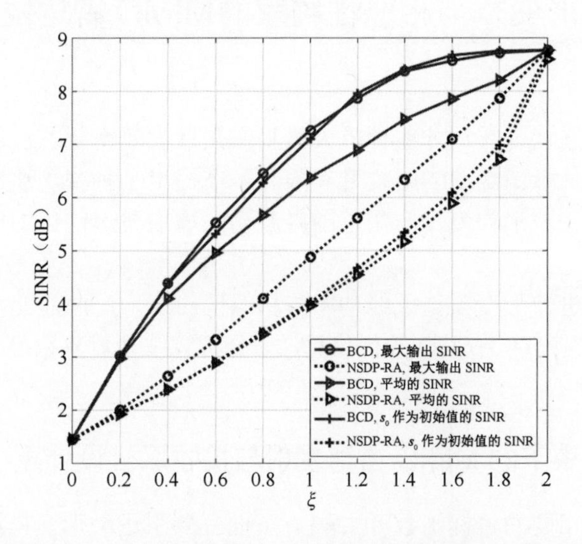

图 8.10　均匀杂波场景下 SINR 随相似性参数变化的曲线

图 8.10 的均匀杂波仅考虑了第 0 个距离环上的杂波，即与目标距离环相同。在此基础上，接下来考虑第 1 个距离环存在距离模糊杂波，其杂波的参数与第 0 个保持一样，目标参数保持不变。图 8.11（a）和图 8.11（b）分别给出了 BCD 算法在 $\theta = 0^\circ$ 与 $f_{\rm d} = 0$ 的互模糊函数切面图。从图 8.11（a）可看出，互模糊函数在第 0 个与第 1 个距离环和归一化多普勒频率 0 附近形成凹口，主要能量聚集在

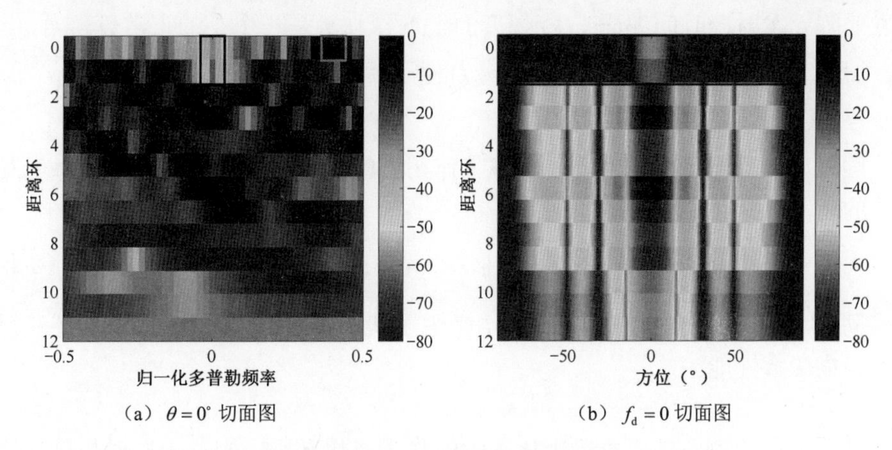

（a）$\theta = 0^\circ$ 切面图　　（b）$f_{\rm d} = 0$ 切面图

图 8.11　互相关模糊函数

第 0 个距离环和归一化多普勒频率 0.4 频率附近。从图 8.11（b）可知，互模糊函数在 $-90° \leqslant \theta \leqslant 90°, r = 0,1$ 区域形成很深的零陷。上述结果说明了 BCD 算法优化的互模糊函数能够在第 1 个距离环的杂波区域形成很深的凹槽，因此可有效对抗信号相关距离模糊杂波，提升慢时间目标检测性能。

8.3　基于波形变模与相似性约束的MIMO雷达发射与接收联合设计

恒模约束能够保证雷达非线性放大器工作在最大效率状态，但是波形可优化的自由度少，其目标函数 SINR 提升有限。本节提出一种基于波形变模约束的优化模型，旨在允许波形幅度在一定范围内波动，增加波形优化的自由度，从而进一步提高 SINR。

本节首先引进波形变模、天线功率与相似性约束，进而建立发射与接收联合优化模型，然后提出基于 SGO 的优化算法，分析算法计算复杂度与收敛性，最后进行仿真验证。

8.3.1　变模约束下的 MIMO 雷达发射与接收联合设计建模

考虑与上节相同的目标函数 $\rho(\boldsymbol{s},\boldsymbol{w})$，下面主要引进波形变模约束、相似性约束及发射阵元的功率约束。

为进一步提高 SINR 优化自由度，针对第 i 个发射阵元发射的慢时间码字幅度，考虑其幅度约束如下：

$$\frac{1}{\sqrt{KN_{\mathrm{T}}}} - a_i \leqslant |\boldsymbol{s}_i(k)| \leqslant \frac{1}{\sqrt{KN_{\mathrm{T}}}} + a_i, k \in \mathcal{K}, i \in \mathcal{N}_{\mathrm{T}} \tag{8.47}$$

其中，$\mathcal{K} = \{1,2,3,\cdots,K\}$，$\mathcal{N}_{\mathrm{T}} = \{1,2,3,\cdots,N_{\mathrm{T}}\}$，$1/\sqrt{K} - a_i$ 与 $1/\sqrt{K} + a_i$ 分别为第 i 个发射阵元发射慢时间编码 $\boldsymbol{s}_i(k)$ 幅度的上下界，a_i 是一个小的正常数。当 $a_i = 0$ 时，式（8.47）退化成恒模约束。为便于后续分析，令 $\lambda_i = 1/\sqrt{KN_{\mathrm{T}}} - a_i$，$\chi_i = 1/\sqrt{KN_{\mathrm{T}}} + a_i$。

同时，为保证每个发射阵元功率工作在相应的动态范围内，限制其每个发射阵元的功率：

$$\frac{1}{K}\| \boldsymbol{s}_i \|^2 = \zeta,\ i \in \mathcal{N}_{\mathrm{T}} \tag{8.48}$$

同时，针对每个阵元的发射波形，考虑了其相似性约束[13-15,21]，以保证获得良好的模糊函数性能

$$\| \boldsymbol{s}_i - \boldsymbol{s}_{0i} \|_\infty \leqslant \xi_i,\ i \in \mathcal{N}_{\mathrm{T}} \tag{8.49}$$

结合上述约束条件，以最大化 SINR 作为优化准则，则关于发射与接收的联合优化问题建模为

$$\mathcal{P}_1\begin{cases}\max\limits_{\boldsymbol{s},\boldsymbol{w}} & \rho(\boldsymbol{s},\boldsymbol{w})\\ \text{s.t.} & \boldsymbol{s}_i\in\mathcal{S}_i, i\in\mathcal{N}_\mathrm{T}\\ & \|\boldsymbol{w}\|^2=1\end{cases}\tag{8.50}$$

其中，

$$\mathcal{S}_i=\{\|\boldsymbol{s}_i-\boldsymbol{s}_{0i}\|_\infty\leqslant\xi_i,\ \lambda_i\leqslant|\boldsymbol{s}_i(k)|\leqslant\chi_i,\ \frac{1}{K}\|\boldsymbol{s}_i\|^2=\zeta,\ k\in\mathcal{K}\}\tag{8.51}$$

不失一般性，假定$\lambda_i\leqslant|\boldsymbol{s}_{0i}(k)|\leqslant\chi_i$，$\|\boldsymbol{s}_{0i}\|^2=\bar{\zeta}$，$i\in\mathcal{N}_\mathrm{T}$，其中，$\bar{\zeta}=K\zeta$。需要指出的是，当$\lambda_i=\chi_i$时，上述问题退化成 8.2 节的恒模约束问题，可采用 BCD 方法进行求解。本节提出的优化模型允许控制波形幅度的变化以追求更高的 SINR 增益。上述问题仍然是一个 NP-hard 问题，下面提出一种基于 SGO 的发射与接收联合优化方法。

8.3.2　基于 SGO 的 MIMO 雷达发射与接收联合设计算法

8.2 节介绍的 BCD 算法保证了每步迭代的子问题都能够找到全局最优解。实际中由于问题更加复杂，每步迭代所解决的子问题无法在合理的多项式时间内找到最优解，但可在多项式时间内找到次优解。因此，这里提出一种基于 SGO 的算法求解上述问题。首先假定

$$f(\boldsymbol{s}_1,\boldsymbol{s}_2,\boldsymbol{s}_3,\cdots,\boldsymbol{s}_{N_\mathrm{T}},\boldsymbol{w})=\rho(\boldsymbol{s},\boldsymbol{w})\tag{8.52}$$

通过观察上述问题可知，$\boldsymbol{w},\boldsymbol{s}_1,\boldsymbol{s}_2,\cdots,\boldsymbol{s}_{N_\mathrm{T}}$ 的约束条件相互独立，因此，可通过序列迭代 $\boldsymbol{w},\boldsymbol{s}_1,\boldsymbol{s}_2,\boldsymbol{s}_3,\cdots,\boldsymbol{s}_{N_\mathrm{T}}$ 提高 $f(\boldsymbol{s}_1,\boldsymbol{s}_2,\boldsymbol{s}_3,\cdots,\boldsymbol{s}_{N_\mathrm{T}},\boldsymbol{w})$。

8.3.2.1　算法描述

具体而言，假定$\boldsymbol{w}^{(n)}$与$\boldsymbol{s}_i^{(n-1)}$表示 SGO 算法的$n-1$次迭代接收滤波器与第i个发射阵元发射波形的解，则在第n次迭代，需求解$\mathcal{P}^{s_i^{(n)}},i\in\mathcal{N}_\mathrm{T}$与$\mathcal{P}^{w^{(n)}}$：

$$\mathcal{P}^{s_i^{(n)}}\begin{cases}\max\limits_{\boldsymbol{s}_i} & f(\boldsymbol{s}_1^{(n)},\boldsymbol{s}_2^{(n)},\boldsymbol{s}_3^{(n)},\cdots,\boldsymbol{s}_{i-1}^{(n)},\boldsymbol{s}_i,\boldsymbol{s}_{i+1}^{(n-1)},\cdots,\boldsymbol{s}_{N_\mathrm{T}}^{(n-1)},\boldsymbol{w}^{(n-1)})\\ \text{s.t.} & \boldsymbol{s}_i\in\mathcal{S}_i\end{cases}\tag{8.53}$$

$$\mathcal{P}^{w^{(n)}}\begin{cases}\max\limits_{\boldsymbol{w}} & f(\boldsymbol{s}_1^{(n)},\boldsymbol{s}_2^{(n)},\boldsymbol{s}_3^{(n)},\cdots,\boldsymbol{s}_{N_\mathrm{T}}^{(n)},\boldsymbol{w}^{(n-1)})\\ \text{s.t.} & \|\boldsymbol{w}\|^2=1,\end{cases}\tag{8.54}$$

同理，$\mathcal{P}^{w^{(n)}}$是一个经典的二次分式规划问题，其最优解$\boldsymbol{w}^{(n)}$是矩阵$(\boldsymbol{\Sigma}_{dv}(\boldsymbol{s}^{(n)}\boldsymbol{s}^{(n)\mathrm{H}}))^{-1}\boldsymbol{\Gamma}(\boldsymbol{s}^{(n)}\boldsymbol{s}^{(n)\mathrm{H}})$最大特征值对应的特征向量，其中，

$$\boldsymbol{s}^{(n)}=\mathrm{vec}\left\{[\boldsymbol{s}_1^{(n)},\boldsymbol{s}_2^{(n)},\boldsymbol{s}_3^{(n)},\cdots,\boldsymbol{s}_{N_\mathrm{T}}^{(n)}]^\mathrm{T}\right\}\tag{8.55}$$

下面将详细介绍如何求解$\mathcal{P}^{s_i^{(n)}}$。首先重新定义目标函数为

$$\tilde{f}\left(\boldsymbol{s}_i;\boldsymbol{s}_{-i}^{(n)},\boldsymbol{w}^{(n-1)}\right)=f(\boldsymbol{s}_1^{(n)},\boldsymbol{s}_2^{(n)},\boldsymbol{s}_3^{(n)},\cdots,\boldsymbol{s}_{i-1}^{(n)},\boldsymbol{s}_i,\boldsymbol{s}_{i+1}^{(n-1)},\cdots,\boldsymbol{s}_{N_\mathrm{T}}^{(n-1)},\boldsymbol{w}^{(n-1)})\tag{8.56}$$

其中，

$$\boldsymbol{s}_{-i}^{(n)}=\operatorname{vec}\left\{[\boldsymbol{s}_1^{(n)},\boldsymbol{s}_2^{(n)},\boldsymbol{s}_3^{(n)},\cdots,\boldsymbol{s}_{i-1}^{(n)},\boldsymbol{0}_{K\times1},\boldsymbol{s}_{i+1}^{(n-1)},\cdots,\boldsymbol{s}_{N_\mathrm{T}}^{(n-1)}]^\mathrm{T}\right\}\in\mathbb{C}^{N_\mathrm{T}K\times1} \tag{8.57}$$

$\tilde{f}\left(\boldsymbol{s}_i;\boldsymbol{s}_{-i}^{(n)},\boldsymbol{w}^{(n-1)}\right)$ 可进一步化简为

$$\tilde{f}\left(\boldsymbol{s}_i;\boldsymbol{s}_{-i}^{(n)},\boldsymbol{w}^{(n-1)}\right)=\frac{\boldsymbol{s}_i^\mathrm{H}\boldsymbol{H}_i^{(n)}\boldsymbol{s}_i+2\Re\left\{\boldsymbol{s}_i^\mathrm{H}\boldsymbol{r}_i^{(n)}\right\}+a_i^{(n)}}{\boldsymbol{s}_i^\mathrm{H}\overline{\boldsymbol{H}}_i^{(n)}\boldsymbol{s}_i+2\Re\left\{\boldsymbol{s}_i^\mathrm{H}\overline{\boldsymbol{r}}_i^{(n)}\right\}+b_i^{(n)}} \tag{8.58}$$

其中，

$$\boldsymbol{H}_i^{(n)}(p,q)=\boldsymbol{\Theta}(\boldsymbol{w}^{(n-1)})(i+(p-1)N_\mathrm{T},i+(q-1)N_\mathrm{T}),\forall p,q\in\mathcal{K} \tag{8.59}$$

$$\overline{\boldsymbol{H}}_i^{(n)}(p,q)=\overline{\boldsymbol{\Sigma}}_{dv}(\boldsymbol{w}^{(n-1)})(i+(p-1)N_\mathrm{T},i+(q-1)N_\mathrm{T}),\forall p,q\in\mathcal{K} \tag{8.60}$$

$\boldsymbol{r}_i^{(n)}(p),\overline{\boldsymbol{r}}_i^{(n)}(p)$ 分别等于 $\boldsymbol{\Theta}(\boldsymbol{w}^{(n-1)})\boldsymbol{s}_{-i}^{(n)}$ 与 $\overline{\boldsymbol{\Sigma}}_{dv}(\boldsymbol{w}^{(n-1)})\boldsymbol{s}_{-i}^{(n)}$ 的第 $i+(p-1)N_\mathrm{T}$ 元素。此外，

$$a_i^{(n)}=\boldsymbol{s}_{-i}^{(n)\mathrm{H}}\boldsymbol{\Theta}(\boldsymbol{w}^{(n-1)})\boldsymbol{s}_{-i}^{(n)},b_i^{(n)}=\boldsymbol{s}_{-i}^{(n)\mathrm{H}}\overline{\boldsymbol{\Sigma}}_{dv}(\boldsymbol{w}^{(n-1)})\boldsymbol{s}_{-i}^{(n)} \tag{8.61}$$

具体证明过程见附录 J。

因此，$\mathcal{P}^{s_i^{(n)}}$ 可简化为

$$\begin{cases}\max\limits_{\boldsymbol{s}_i} & \tilde{f}\left(\boldsymbol{s}_i;\boldsymbol{s}_{-i}^{(n)},\boldsymbol{w}^{(n-1)}\right)\\ \text{s.t.} & \boldsymbol{s}_i\in\mathcal{S}_i\end{cases} \tag{8.62}$$

上述问题为非凸的二次分式规划问题，利用 DA 进行求解，其算法如下：

算法 8.2 流程　DA 求解 $\mathcal{P}^{s_i^{(n)}}$

输入： $\boldsymbol{s}^{(n-1)},\boldsymbol{\Theta}\left(\boldsymbol{w}^{(n-1)}\right),\overline{\boldsymbol{\Sigma}}_{dv}\left(\boldsymbol{w}^{(n-1)}\right)$；

输出： $\mathcal{P}^{s_i^{(n)}}$ 的次优解 $\boldsymbol{s}_i^{(n)}$。

（1）初始化 $\boldsymbol{h}_i^{(0)}=\boldsymbol{s}_i^{(n-1)},l=0$；

（2）$l=l+1$；

（3）$\mu^{l-1}=\tilde{f}\left(\boldsymbol{h}_i^{(l-1)};\boldsymbol{s}_{-i}^{(n)},\boldsymbol{w}^{(n-1)}\right)$；

（4）求解 $\mathcal{P}_n^{\boldsymbol{h}_i^{(l)}}$ 找到 $\boldsymbol{h}_i^{(l)}$，即

$$\mathcal{P}_n^{\boldsymbol{h}_i^{(l)}}\begin{cases}\max\limits_{\boldsymbol{h}_i} & \boldsymbol{h}_i^\mathrm{H}\boldsymbol{R}_i^{(n,l)}\boldsymbol{h}_i+\Re\left\{\boldsymbol{h}_i^\mathrm{H}\boldsymbol{c}_i^{(n,l)}\right\}+v_i^{(n,l)}\\ \text{s.t.} & \boldsymbol{h}_i\in\mathcal{S}_i\end{cases} \tag{8.63}$$

其中，$\boldsymbol{R}_i^{(n,l)}=(\boldsymbol{H}_i^{(n)}-\mu^{l-1}\overline{\boldsymbol{H}}_i^{(n)})/t_i^{n,l},\boldsymbol{c}_i^{(n,l)}=2(\boldsymbol{r}_i^{(n)}-\mu^{l-1}\boldsymbol{r}_i^{(n)})/t_i^{n,l}$，$v_i^{(n,l)}=(a_i^{(n)}-\mu^{l-1}b_i^{(n)})/t_i^{n,l},t_i^{n,l}=\boldsymbol{h}_i^{(l-1)\mathrm{H}}\overline{\boldsymbol{H}}_i^{(n)}\boldsymbol{h}_i^{(l-1)}+2\Re\left\{\boldsymbol{h}_i^{(l-1)\mathrm{H}}\overline{\boldsymbol{r}}_i^{(n)}\right\}+b_i^{(n)}$；

（5）若 $|\boldsymbol{h}_i^\mathrm{H}\boldsymbol{R}_i^{(n,l)}\boldsymbol{h}_i+\Re\left\{\boldsymbol{h}_i^\mathrm{H}\boldsymbol{c}_i^{(n,l)}\right\}+v_i^{(n,l)}|\leqslant\kappa_1$，则输出 $\boldsymbol{s}_i^{(n)}=\boldsymbol{h}_i^{(l)}$，否则返回步骤（2）。

因此，基于 SGO 算法的求解发射与接收的联合设计流程总结如下。

算法 8.3 流程　SGO 算法求解 $\mathcal{P}_1$

输入： $\bar{\theta}_0,\vartheta_0,\boldsymbol{s}_0,\xi,\varrho,\boldsymbol{u},\tau_1,\tau_2,\sigma_m,r_m,\varepsilon_m,m=0,1,2,\cdots,M,\theta_p,p=1,2,3,\cdots,M,\chi_i,\lambda_i$

输出： $\mathcal{P}_1$ 的次优解 $(\boldsymbol{s}^{(*)},\boldsymbol{w}^{(*)})$。

（1）利用 $\boldsymbol{s}_0$ 构造 $\gamma_m,\delta,m=1,2,3,\cdots,N_{\mathrm{T}}K$；

（2）初始化 $n=0$，$\boldsymbol{s}^{(0)}=\boldsymbol{s}_0$，构造 $\boldsymbol{\Sigma}_{dv}(\boldsymbol{s}^{(0)}\boldsymbol{s}^{(0)\mathrm{H}}),\boldsymbol{\Gamma}(\boldsymbol{s}^{(0)}\boldsymbol{s}^{(0)\mathrm{H}})$；

（3）求解 $\mathcal{P}^{\boldsymbol{w}^{(0)}}$ 找到 $\boldsymbol{w}^{(0)}$，计算 $\rho_0=\rho(\boldsymbol{s}^{(0)},\boldsymbol{w}^{(0)})$；

（4）$n=n+1$，构造 $\bar{\boldsymbol{\Sigma}}_{dv}(\boldsymbol{w}^{(n)}\boldsymbol{w}^{(n)\mathrm{H}}),\boldsymbol{\Theta}(\boldsymbol{w}^{(n)}\boldsymbol{w}^{(n)\mathrm{H}})$，$\boldsymbol{s}^{(n)}=\boldsymbol{s}^{(n-1)}$，$i=0$；

（5）$i=i+1$，利用 DA 求解 $\mathcal{P}^{\boldsymbol{s}_i^{(n)}}$ 得到 $\boldsymbol{s}_i^{(n)}$；

（6）若 $i=N_{\mathrm{T}}$，则继续下一步，否则返回步骤（5）；

（7）构造 $\boldsymbol{\Sigma}_{dv}(\boldsymbol{s}^{(n)}\boldsymbol{s}^{(n)\mathrm{H}}),\boldsymbol{\Gamma}(\boldsymbol{s}^{(n)}\boldsymbol{s}^{(n)\mathrm{H}})$，求解 $\mathcal{P}^{\boldsymbol{w}^{(n)}}$ 找到 $\boldsymbol{w}^{(n)}$；

（8）计算 ρ_n，若 $|\rho_n-\rho_{n-1}|\leqslant\tau_1$，则输出 $\boldsymbol{s}^{(*)}=\boldsymbol{s}^{(n)},\boldsymbol{w}^{(*)}=\boldsymbol{w}^{(n)}$，否则返回步骤（4）。

下面讨论如何求解 DA 中的问题 $\mathcal{P}_n^{\boldsymbol{h}_i^{(l)}}$。该问题仍然是一个非凸的问题。因此，这里提出了一种基于交替方向惩罚法（Alternating Direction Penalty Method，ADPM）的优化算法求解 $\mathcal{P}_n^{\boldsymbol{h}_i^{(l)}}$，首先 $\mathcal{P}_n^{\boldsymbol{h}_i^{(l)}}$ 可等效转换为

$$\begin{cases}\min\limits_{\boldsymbol{h}_i} & -\boldsymbol{h}_i^{\mathrm{H}}\boldsymbol{R}_i^{(n,l)}\boldsymbol{h}_i-\Re\left\{\boldsymbol{h}_i^{\mathrm{H}}\boldsymbol{c}_i^{(n,l)}\right\}\\ \text{s.t.} & \boldsymbol{h}_i\in\mathcal{S}_i\end{cases}\tag{8.64}$$

上述问题可直接利用 CoADMM 算法[16]进行求解，然而，该算法需要对每个二次约束引入一个辅助变量，其计算量很大。此外，相比 $\boldsymbol{h}_i^{(l-1)}$，优化得到的解也无法保证是一个增强解。

为了得到一个增强解，这里提出如下一种单调性约束条件：

$$d^{(n,l)}(\boldsymbol{h}_i)+\eta\|\boldsymbol{h}_i-\boldsymbol{h}_i^{(l-1)}\|^2\leqslant d^{(n,l)}(\boldsymbol{h}_i^{(l-1)})\tag{8.65}$$

其中，η 是一个小的正常数，

$$d^{(n,l)}(\boldsymbol{h}_i)=-\boldsymbol{h}_i^{\mathrm{H}}\boldsymbol{R}_i^{(n,l)}\boldsymbol{h}_i-\Re\left\{\boldsymbol{h}_i^{\mathrm{H}}\boldsymbol{c}_i^{(n,l)}\right\}\tag{8.66}$$

由式（8.66）可知，$d^{(n,l)}(\boldsymbol{h}_i)\leqslant d^{(n,l)}(\boldsymbol{h}_i^{(l-1)})$，因此，始终能够找到一个增强解 $\boldsymbol{h}_i^{(l)}$。

基于上面的讨论，通过引入单调性约束，问题式（8.64）可重写为

$$
\overline{\mathcal{P}}_n^{\boldsymbol{h}_i^{(l)}}
\begin{cases}
\min\limits_{\boldsymbol{h}_i} & d^{(n,l)}(\boldsymbol{h}_i) \\
\text{s.t.} & |\boldsymbol{h}_i(k)|^2 - 2\Re\left\{\boldsymbol{h}_i^{\mathrm{H}}(k)\boldsymbol{s}_{0i}(k)\right\} \leqslant t_{i,k}, k \in \mathcal{K} \\
& \lambda_i^2 \leqslant |\boldsymbol{h}_i(k)|^2 \leqslant \chi_i^2, k \in \mathcal{K} \\
& \|\boldsymbol{h}_i\|^2 = \overline{\zeta} \\
& d^{(n,l)}(\boldsymbol{h}_i) + \eta\|\boldsymbol{h}_i - \boldsymbol{h}_i^{(l-1)}\|^2 \leqslant d^{(n,l)}(\boldsymbol{h}_i^{(l-1)})
\end{cases}
\tag{8.67}
$$

其中，$t_{i,k} = \xi_i^2 - |\boldsymbol{s}_{0i}(k)|^2$。为了利用 ADPM 算法求解上述问题，首先引入 $\boldsymbol{x}_1$ 与 $\boldsymbol{x}_2$ 两个辅助变量，然后将上式问题等价转换为如下实数值优化问题：

$$
\begin{cases}
\min\limits_{\boldsymbol{x},\boldsymbol{x}_1,\boldsymbol{x}_2} & \boldsymbol{x}^{\mathrm{T}}\boldsymbol{B}\boldsymbol{x} + \boldsymbol{c}_0^{\mathrm{T}}\boldsymbol{x} \\
\text{s.t.} & \boldsymbol{x} = \boldsymbol{x}_1 = \boldsymbol{x}_2 \\
& \boldsymbol{z}_k^{\mathrm{T}}\boldsymbol{z}_k + \boldsymbol{z}_k^{\mathrm{T}}\boldsymbol{c}_k \leqslant t_{i,k}, k \in \mathcal{K} \\
& \lambda_i^2 \leqslant \boldsymbol{z}_k^{\mathrm{T}}\boldsymbol{z}_k \leqslant \chi_i^2, k \in \mathcal{K} \\
& \boldsymbol{x}^{\mathrm{T}}\boldsymbol{x} = \overline{\zeta} \\
& \boldsymbol{x}_2^{\mathrm{T}}\boldsymbol{B}\boldsymbol{x}_2 + \overline{\boldsymbol{c}}_0^{\mathrm{T}}\boldsymbol{x}_2 \leqslant c_1
\end{cases}
\tag{8.68}
$$

其中，$\boldsymbol{x} = [(\Re\{\boldsymbol{h}_i\})^{\mathrm{T}}, (\Im\{\boldsymbol{h}_i\})^{\mathrm{T}}]^{\mathrm{T}} \in \mathbb{R}^{2K\times 1}, \boldsymbol{z}_k = [\boldsymbol{x}_1(k), \boldsymbol{x}_1(k+K)]^{\mathrm{T}}, k \in \mathcal{K}$

$$
\boldsymbol{c}_0 = -[(\Re\{\boldsymbol{c}_i^{(n,l)}\})^{\mathrm{T}}, (\Im\{\boldsymbol{c}_i^{(n,l)}\})^{\mathrm{T}}]^{\mathrm{T}} \tag{8.69}
$$

$$
\overline{\boldsymbol{c}}_0 = -[(\Re\{\boldsymbol{c}_i^{(n,l)} + 2\eta\boldsymbol{h}_i^{(l-1)}\})^{\mathrm{T}}, (\Im\{\boldsymbol{c}_i^{(n,l)} + 2\eta\boldsymbol{h}_i^{(l-1)}\})^{\mathrm{T}}]^{\mathrm{T}} \tag{8.70}
$$

$$
c_1 = d^{(n,l)}(\boldsymbol{h}_i^{(l-1)}) - 2\eta\overline{\zeta} \tag{8.71}
$$

$$
\boldsymbol{c}_k = -2[(\Re\{\boldsymbol{s}_{0i}(k)\}), (\Im\{\boldsymbol{s}_{0i}(k)\})]^{\mathrm{T}} \tag{8.72}
$$

$$
\boldsymbol{B} = \begin{bmatrix} \Re\{-\boldsymbol{R}_i^{(n,l)}\} & -\Im\{-\boldsymbol{R}_i^{(n,l)}\} \\ \Im\{-\boldsymbol{R}_i^{(n,l)}\} & \Re\{-\boldsymbol{R}_i^{(n,l)}\} \end{bmatrix} \tag{8.73}
$$

接下来构造如下拉格朗日增广函数：

$$
L(\boldsymbol{x},\boldsymbol{x}_1,\boldsymbol{x}_2,\boldsymbol{u}_1,\boldsymbol{u}_2,\varrho_1,\varrho_2) = \boldsymbol{x}^{\mathrm{T}}\boldsymbol{B}\boldsymbol{x} + \boldsymbol{c}_0^{\mathrm{T}}\boldsymbol{x} + \sum_{p=1}^{2}\boldsymbol{u}_p^{\mathrm{T}}(\boldsymbol{x}_p - \boldsymbol{x}) + \sum_{p=1}^{2}\frac{\varrho_p}{2}\|\boldsymbol{x}_p - \boldsymbol{x}\|^2 \tag{8.74}
$$

其中，$\boldsymbol{u}_p \in \mathbb{R}^{2K}$ 与 $\varrho_p > 0$ 分别表示拉格朗日乘子与惩罚因子。

下面通过 ADPM 迭代算法序列迭代 $(\boldsymbol{x},\boldsymbol{x}_1,\boldsymbol{x}_2,\boldsymbol{u}_1,\boldsymbol{u}_2,\varrho_1,\varrho_2)$ 最小化拉格朗日增广函数 $L(\boldsymbol{x},\boldsymbol{x}_1,\boldsymbol{x}_2,\boldsymbol{u}_1,\boldsymbol{u}_2,\varrho_1,\varrho_2)$。具体而言，假定 $\boldsymbol{x},\boldsymbol{x}_1,\boldsymbol{x}_2,\boldsymbol{u}_1,\boldsymbol{u}_2,\varrho_1,\varrho_2$ 的第 t 次迭代解分别表示为 $\boldsymbol{x}^{(t)},\boldsymbol{x}_1^{(t)},\boldsymbol{x}_2^{(t)},\boldsymbol{u}_1^{(t)},\boldsymbol{u}_2^{(t)},\varrho_1^{(t)},\varrho_2^{(t)}$，其更新可通过分别求解下面问题得到。

$$
\begin{cases}
\min\limits_{\boldsymbol{x}_1} & L(\boldsymbol{x}^{(t-1)},\boldsymbol{x}_1,\boldsymbol{x}_2^{(t-1)},\boldsymbol{u}_1^{(t-1)},\boldsymbol{u}_2^{(t-1)},\varrho_1^{(t-1)},\varrho_2^{(t-1)}) \\
\text{s.t.} & \boldsymbol{z}_k^{\mathrm{T}}\boldsymbol{z}_k + \boldsymbol{z}_k^{\mathrm{T}}\boldsymbol{c}_k \leqslant t_k, k \in \mathcal{K} \\
& \lambda_i^2 \leqslant \boldsymbol{z}_k^{\mathrm{T}}\boldsymbol{z}_k \leqslant \chi_i^2, k \in \mathcal{K}
\end{cases}
\tag{8.75}
$$

$$\begin{cases}\min\limits_{x_2} & L(\boldsymbol{x}^{(t-1)},\boldsymbol{x}_1^{(t)},\boldsymbol{x}_2,\boldsymbol{u}_1^{(t-1)},\boldsymbol{u}_2^{(t-1)},\varrho_1^{(t-1)},\varrho_2^{(t-1)}) \\ \text{s.t.} & \boldsymbol{x}_2^{\mathrm{T}}\boldsymbol{A}\boldsymbol{x}_2+\overline{\boldsymbol{c}}_0^{\mathrm{T}}\boldsymbol{x}_2\leqslant c_1\end{cases} \tag{8.76}$$

$$\begin{cases}\min\limits_{x} & L(\boldsymbol{x},\boldsymbol{x}_1^{(t)},\boldsymbol{x}_2^{(t)},\boldsymbol{u}_1^{(t-1)},\boldsymbol{u}_2^{(t-1)},\varrho_1^{(t-1)},\varrho_2^{(t-1)}) \\ \text{s.t.} & \boldsymbol{x}^{\mathrm{T}}\boldsymbol{x}=\overline{\zeta}\end{cases} \tag{8.77}$$

$$\varrho_p^{(t)}=\begin{cases}\varrho_p^{(t-1)}, & \Delta r_p^{(t)}\leqslant\delta_{1,c}\Delta r_p^{(t-1)} \\ \varrho_p^{(t-1)}\delta_{2,c}, & 其他\end{cases},p=1,2 \tag{8.78}$$

$$\boldsymbol{u}_p^{(t)}=\delta_{3,c}(\boldsymbol{u}_p^{(t-1)}+\varrho_p^{(t)}(\boldsymbol{x}_p^{(t)}-\boldsymbol{x}^{(t)})),p=1,2 \tag{8.79}$$

其中，$\Delta r_p^{(t)}=\|\boldsymbol{x}_p^{(t)}-\boldsymbol{x}^{(t)}\|$，$0<\delta_{1,c}<1$，$\delta_{2,c}>1$，$\delta_{3,c}$ 是一个足够大的正常数。需要说明的是，区别于 ADMM 算法使用一个固定的惩罚因子，ADPM 算法根据前后两次迭代的残差自适应地增加惩罚因子［见式（8.78）］，能够解决 ADMM 中惩罚因子如何选择的问题，同时具备了更高概率的收敛特性[17-18]。下面分别具体介绍如何更新 $\boldsymbol{x}^{(t)},\boldsymbol{x}_1^{(t)},\boldsymbol{x}_2^{(t)}$。

首先介绍如何更新 $\boldsymbol{x}_1$。通过忽略 $L(\boldsymbol{x}^{(t-1)},\boldsymbol{x}_1,\boldsymbol{x}_2^{(t-1)},\boldsymbol{u}_1^{(t-1)},\boldsymbol{u}_2^{(t-1)},\varrho_1^{(t-1)},\varrho_2^{(t-1)})$ 中与 $\boldsymbol{x}_1$ 不相关的常数值，可知式（8.75）中可分为 K 个独立的子问题，其中，第 k 个子问题可写为

$$\begin{cases}\min\limits_{z_k} & \|\boldsymbol{z}_k-\boldsymbol{z}_k^{(t)}\|^2 \\ \text{s.t.} & \left\|\boldsymbol{z}_k+\dfrac{\boldsymbol{c}_k}{2}\right\|^2\leqslant t_{i,k}+\|\boldsymbol{c}_k\|^2/4 \\ & \lambda_i^2\leqslant\boldsymbol{z}_k^{\mathrm{T}}\boldsymbol{z}_k\leqslant\chi_i^2\end{cases} \tag{8.80}$$

其中，$\boldsymbol{z}_k^{(t)}=-\boldsymbol{c}_{x_{1,k}}^{(t)}/\varrho_1^{(t-1)}$，$\boldsymbol{c}_{x_{1,k}}^{(t)}=[\boldsymbol{c}_{\boldsymbol{x}_1}^{(t)}(k),\ \boldsymbol{c}_{\boldsymbol{x}_1}^{(t)}(k+K)]^{\mathrm{T}}$，

$$\boldsymbol{c}_{\boldsymbol{x}_1}^{(t)}=\boldsymbol{u}_1^{(t-1)}-\varrho_1^{(t-1)}\boldsymbol{x}^{(t-1)} \tag{8.81}$$

具体证明过程见附录 K。

尽管上述问题为一个非凸的问题，但其最优解可通过如下几何方法进行求解。

算法 8.4 流程　几何方法求解式（8.80）

输入：$\boldsymbol{z}_{k_i},i=1,2,3,\cdots,4$；

输出：式（8.80）的最优解 $\boldsymbol{z}_k^*$。

（1）若 $\boldsymbol{z}_{k_1}^{\mathrm{T}}\boldsymbol{z}_{k_1}+\boldsymbol{z}_{k_1}^{\mathrm{T}}\boldsymbol{c}_k\leqslant t_{i,k}$，则输出 $\boldsymbol{z}_k^*=\boldsymbol{z}_{k_1}$ 并退出，否则继续下一步；

（2）若 $\lambda_i^2\leqslant\boldsymbol{z}_{k_3}^{\mathrm{T}}\boldsymbol{z}_{k_3}\leqslant\chi_i^2$，则输出 $\boldsymbol{z}_k^*=\boldsymbol{z}_{k_1}$ 并退出，否则继续下一步；

（3）输出 $\boldsymbol{z}_k^*=\arg\min\limits_{z_{k2},z_{k4}}\left\{\|\boldsymbol{z}_{k_2}-\boldsymbol{z}_k^{(t)}\|^2,\|\boldsymbol{z}_{k_4}-\boldsymbol{z}_k^{(t)}\|^2\right\}$。

类似地，忽略 $L(\boldsymbol{x}^{(t-1)},\boldsymbol{x}_1^{(t)},\boldsymbol{x}_2,\boldsymbol{u}_1^{(t-1)},\boldsymbol{u}_2^{(t-1)},\varrho_1^{(t-1)},\varrho_2^{(t-1)})$ 中与 $\boldsymbol{x}_2$ 不相关的常数值，则问题式（8.76）可转换为

$$\begin{cases}\min\limits_{\boldsymbol{x}_2} & \dfrac{1}{2}\varrho_2^{(t-1)}\boldsymbol{x}_2^{\mathrm{T}}\boldsymbol{x}_2+\boldsymbol{c}_{\boldsymbol{x}_2}^{(t)\mathrm{T}}\boldsymbol{x}_2 \\ \text{s.t.} & \boldsymbol{x}_2^{\mathrm{T}}\boldsymbol{B}\boldsymbol{x}_2+\overline{\boldsymbol{c}}_0^{\mathrm{T}}\boldsymbol{x}_2\leqslant c_1\end{cases} \tag{8.82}$$

其中，

$$\boldsymbol{c}_{\boldsymbol{x}_2}^{(t)}=\boldsymbol{u}_2^{(t-1)}-\varrho_2^{(t-1)}\boldsymbol{x}^{(t-1)} \tag{8.83}$$

上述问题是一个 QCQP-1 问题，其闭式解可通过 KKT 条件进行求解，这里不再详述。

通过固定 $\boldsymbol{x}_1^{(t)},\boldsymbol{x}_2^{(t)},\boldsymbol{u}_1^{(t-1)}\boldsymbol{u}_2^{(t-1)},\varrho_1^{(t-1)},\varrho_2^{(t-1)}$，问题式（8.77）可转化为

$$\begin{cases}\min\limits_{\boldsymbol{x}} & \boldsymbol{x}^{\mathrm{T}}\boldsymbol{B}_0^{(t)}\boldsymbol{x}+\boldsymbol{c}_{\boldsymbol{x}}^{(t)\mathrm{T}}\boldsymbol{x} \\ \text{s.t.} & \boldsymbol{x}^{\mathrm{T}}\boldsymbol{x}=\overline{\zeta}\end{cases} \tag{8.84}$$

其中，

$$\boldsymbol{B}_0^{(t)}=\boldsymbol{B}+\frac{1}{2}(\varrho_1^{t-1}+\varrho_2^{(t-1)})\boldsymbol{I}_{2M} \tag{8.85}$$

$$\boldsymbol{c}_{\boldsymbol{x}}^{(t)}=\boldsymbol{c}_0-\boldsymbol{u}_1^{(t-1)}-\varrho_1^{(t-1)}\boldsymbol{x}_1^{(t)}-\boldsymbol{u}_2^{(t-1)}-\varrho_2^{(t-1)}\boldsymbol{x}_2^{(t)} \tag{8.86}$$

类似地，上述问题可通过 KKT 条件找到最优解。

文献[19]建议 ADPM 算法的退出条件为

$$e_{\text{pri}}^{(t)}=\sum_{p=1}^{2}\|\boldsymbol{x}^{(t)}-\boldsymbol{x}_p^{(t)}\|\leqslant\epsilon_{\text{pri}}^{(t)} \tag{8.87}$$

$$e_{\text{dual}}^{(t)}=\sum_{p=1}^{2}\varrho_p^{(0)}\|\boldsymbol{x}_p^{(t-1)}-\boldsymbol{x}_p^{(t)}\|\leqslant\epsilon_{\text{dual}}^{(t)} \tag{8.88}$$

其中，

$$\epsilon_{\text{pri}}^{(t)}=\sqrt{4K}\epsilon_{\text{abs}}+\epsilon_{\text{rel}}\max\left\{2\|\boldsymbol{x}^{(t)}\|,\ \sum_{p=1}^{2}\left\|\boldsymbol{x}_p^{(t)}\right\|\right\} \tag{8.89}$$

$$\epsilon_{\text{dual}}^{(t)}=\sqrt{2K}\epsilon_{\text{abs}}+\epsilon_{\text{rel}}\sum_{p=1}^{2}\left\|\boldsymbol{u}_p^{(t)}\right\| \tag{8.90}$$

其中，$\epsilon_{\text{abs}}>0,\epsilon_{\text{rel}}>0$ 分别表示绝对与相对误差。

此外，惩罚因子的初始值为[20]

$$\varrho_1^{(0)}=\varrho_2^{(0)}=1/\sqrt{\lambda_{\min}(\widehat{\boldsymbol{B}})\lambda_{\max}(\widehat{\boldsymbol{B}})} \tag{8.91}$$

其中，$\widehat{\boldsymbol{B}}=\boldsymbol{E}_I\boldsymbol{B}^{-1}\boldsymbol{E}_I^{\mathrm{T}}$，$\boldsymbol{E}_I=[\boldsymbol{I}_{2K},\boldsymbol{I}_{2K}]^{\mathrm{T}}\in\mathbb{R}^{4K\times2K}$。

最后基于 ADPM 算法求解 $\overline{\mathcal{P}}_n^{\boldsymbol{h}_i^{(t)}}$ 的总结如下。

算法 8.5 流程　基于 ADPM 算法求解式（8.68）

输入： $\boldsymbol{B}, \boldsymbol{u}_1, \boldsymbol{u}_2, c_0, \overline{c}_0, \overline{\zeta}, c_k, t_{i,k}, k \in \mathcal{K}, c_1, \chi_i, \lambda_i, \eta, \epsilon_{\text{abs}}, \epsilon_{\text{rel}}, \delta_{q,c}, q=1,2,3$；

输出： 式（8.68）的一个次优解 $\boldsymbol{x}^{(*)}$；

（1）首先对 $\boldsymbol{B}$ 进行特征值分解；

（2）令 $t=0, \boldsymbol{x}^{(0)}=[(\Re\{\boldsymbol{h}_i^{(l-1)}\})^{\text{T}}, (\Im\{\boldsymbol{h}_i^{(l-1)}\})^{\text{T}}]^{\text{T}}$，$\boldsymbol{u}_1^{(0)}=\boldsymbol{u}_2^{(0)}=\boldsymbol{0}_{2M}$；

（3）$t:=t+1$；

（4）更新 $\boldsymbol{x}_1^{(t)}$，$\boldsymbol{x}_2^{(t)}$，$\boldsymbol{x}^{(t)}$，$\varrho_p^{(t)}$，$\boldsymbol{u}_p^{(t)}$，$p=1,2$；

（5）若 $e_{\text{pri}}^{(t)} \leqslant \epsilon_{\text{pri}}^{(t)}$，$e_{\text{dual}}^{(t)} \leqslant \epsilon_{\text{dual}}^{(t)}$，则输出 $\boldsymbol{x}^{(*)}=\boldsymbol{x}^{(t)}$，否则返回步骤（3）。

8.3.2.2　计算复杂度分析

本节详细分析基于 SGO 的发射与接收联合设计的计算复杂度，该算法的计算量主要与求解 $\mathcal{P}_{\boldsymbol{w}^{(n)}}$ 和 $\mathcal{P}_{s_i^{(n)}}, i=1,2,3,\cdots,N_{\text{T}}$ 有关。前者需要求解矩阵 $(\boldsymbol{\Sigma}_{dv}(\boldsymbol{s}^{(n)}\boldsymbol{s}^{(n)\text{H}}))^{-1}\boldsymbol{\Gamma}(\boldsymbol{s}^{(n)}\boldsymbol{s}^{(n)\text{H}})$ 的最大特征值，其相应的计算复杂度为 $\mathcal{O}((N_{\text{R}}K)^3)$；后者求解 $\mathcal{P}_{s_i^{(n)}}$ 需要调用丁克尔巴赫迭代算法，其每次迭代需要调用 ADPM 算法求解非凸的二次规划问题。因此，首先分析 ADPM 算法的计算复杂度。

ADPM 算法的计算量主要与更新 $\boldsymbol{x}^{(t)}, \boldsymbol{x}_2^{(t)}$ 有关，分别需要计算 $\boldsymbol{B}$ 与 $\boldsymbol{B}_0^{(t)}$ 的逆。由于 $\boldsymbol{B}_0^{(t)}=\boldsymbol{B}+(\varrho_1^{t-1}+\varrho_2^{(t-1)})\boldsymbol{I}_{2M}/2$，其逆矩阵的计算只与 $\boldsymbol{B}$ 有关。由于 $\boldsymbol{B}$ 与迭代次数无关，因此在调用 ADPM 算法之前，可以对 $\boldsymbol{B}$ 求逆，即可表示为 $\boldsymbol{B}^{-1}=\boldsymbol{U}\boldsymbol{\Lambda}^{-1}\boldsymbol{U}^{\text{H}}$，其中，$\boldsymbol{U}$ 为酉矩阵，$\boldsymbol{\Lambda}$ 为由 $\boldsymbol{B}$ 的特征值构成对角元素的对角矩阵。基于上述讨论，执行 ADPM 算法需要 $\mathcal{O}(K^3)+\mathcal{O}(IK^2)$ 的计算复杂度，其中，I 表示 ADPM 算法的迭代次数。事实上，CoADMM 算法[16]也可求解式（8.68），然而该算法需要对每对二次约束引入一个辅助变量，因此共需引入 $2(K+1)$ 个辅助变量。引入辅助变量的个数与发射波形长度有关，使得其问题规模与原问题接近。

由于丁克尔巴赫算法的每次迭代都需要调用 ADPM 算法，因此丁克尔巴赫算法求解 $\mathcal{P}_{s_i^{(n)}}$ 的计算复杂度为 $\mathcal{O}(\tilde{I}K^3)+\mathcal{O}(\tilde{I}IK^2)$。SGO 算法的每次迭代计算复杂度为 $\mathcal{O}\left(\left(N_{\text{R}}K\right)^3\right)+\mathcal{O}(\tilde{I}N_{\text{T}}K^3)+\mathcal{O}(\tilde{I}IN_{\text{T}}K^2)$。另外需要指出的是，多乘子块连续上界最小化方法（Block Successive Upper Bound Minimization Method of Multipliers，BSUM-M）算法[11]可以直接求解 $\mathcal{P}_1$，其每次迭代计算复杂度为 $\mathcal{O}\left(\left(N_{\text{R}}K\right)^3\right)+\mathcal{O}((N_{\text{T}}K)^3)$。因此，提出的 SGO 算法在计算复杂度方面优于 BSUM-M 算法。

8.3.2.3　收敛性分析

本节对基于 SGO 的算法收敛性进行分析。首先分析 ADPM 算法的收敛性。

定理 8.1　假定随着$t \to \infty$，序列$\{\varrho_1^{(t)}\}$，$\{\varrho_2^{(t)}\}$有界，$\boldsymbol{u}_1^{(t)}$与$\boldsymbol{u}_2^{(t)}$不再更新，ADPM 算法的解$\boldsymbol{x}^{(*)}$是问题式（8.68）的一个 KKT 点，即满足一阶最优性条件。

具体证明过程见参考文献[17]。

需要说明的是，在理论上目前无法证明 ADPM 算法一定能保证得到式(8.68)的一个可行解。但只要上述定理中的假设条件成立，ADPM 算法就可找到一个解，且该解满足一阶最优性条件。此外，ADPM 算法的收敛特性与初始值$\boldsymbol{x}^{(0)}$的选取相关。一般来讲，选取的初始值越靠近最优解，收敛的概率越高。因此，可利用 DA 算法上一次的迭代值初始化$\boldsymbol{x}^{(0)} = [(\Re\{\overline{\boldsymbol{h}}_i^{(l-1)}\})^{\mathrm{T}}, (\Im\{\overline{\boldsymbol{h}}_i^{(l-1)}\})^{\mathrm{T}}]^{\mathrm{T}}$，以减小 ADPM 算法不收敛的概率。

接下来讨论 DA 算法的收敛特性。

定理 8.2　假定 ADPM 算法得到的$\boldsymbol{h}_i^{(l)}$是$\overline{\mathcal{P}}_{\boldsymbol{h}_i^{(l)}}^{(n)}$的一个 KKT 点，$\mathcal{P}^{s_i^{(n)}}$的目标函数值序列$\{\mu^l\}_{l=1}^{\infty}$是非递减序列，序列$\{\mu^l\}_{l=1}^{\infty}$收敛至有限值，则利用 DA 求得的极限点$\boldsymbol{h}_i^{(*)}$满足问题$\mathcal{P}^{s_i^{(n)}}$一阶 KKT 最优性条件。

具体证明过程见附录 L。

若 DA 算法的初始值$\boldsymbol{h}_i^{(0)} = \boldsymbol{s}_i^{(n-1)}$，则基于上面的讨论可得

$$
\begin{aligned}
& f(\boldsymbol{s}_1^{(n)}, \boldsymbol{s}_2^{(n)}, \boldsymbol{s}_3^{(n)}, \cdots, \boldsymbol{s}_{i-1}^{(n)}, \boldsymbol{s}_i^{(n-1)}, \boldsymbol{s}_{i+1}^{(n-1)}, \cdots, \boldsymbol{s}_{N_{\mathrm{T}}}^{(n-1)}, \boldsymbol{w}^{(n-1)}) \\
&= \tilde{f}\left(\boldsymbol{s}_i^{(n-1)}; \boldsymbol{s}_{-i}^{(n)}, \boldsymbol{w}^{(n-1)}\right) = \mu^0 \leqslant \mu^1 \leqslant \mu^2 \leqslant \cdots \leqslant \mu^* = \tilde{f}\left(\boldsymbol{h}_i^{(*)}; \boldsymbol{s}_{-i}^{(n)}, \boldsymbol{w}^{(n-1)}\right) \\
&= \tilde{f}\left(\boldsymbol{s}_i^{(n)}; \boldsymbol{s}_{-i}^{(n)}, \boldsymbol{w}^{(n-1)}\right) = f(\boldsymbol{s}_1^{(n)}, \boldsymbol{s}_2^{(n)}, \boldsymbol{s}_3^{(n)}, \cdots, \boldsymbol{s}_{i-1}^{(n)}, \boldsymbol{s}_i^{(n)}, \boldsymbol{s}_{i+1}^{(n-1)}, \cdots, \boldsymbol{s}_{N_{\mathrm{T}}}^{(n-1)}, \boldsymbol{w}^{(n-1)})
\end{aligned} \tag{8.92}
$$

进一步可得

$$
\begin{aligned}
& f(\boldsymbol{s}_1^{(n-1)}, \boldsymbol{s}_2^{(n-1)}, \boldsymbol{s}_3^{(n-1)}, \cdots, \boldsymbol{s}_{i-1}^{(n-1)}, \boldsymbol{s}_i^{(n-1)}, \boldsymbol{s}_{i+1}^{(n-1)}, \cdots, \boldsymbol{s}_{N_{\mathrm{T}}}^{(n-1)}, \boldsymbol{w}^{(n-1)}) \\
\leqslant & f(\boldsymbol{s}_1^{(n)}, \boldsymbol{s}_2^{(n)}, \boldsymbol{s}_3^{(n)}, \cdots, \boldsymbol{s}_{i-1}^{(n-1)}, \boldsymbol{s}_i^{(n-1)}, \boldsymbol{s}_{i+1}^{(n-1)}, \cdots, \boldsymbol{s}_{N_{\mathrm{T}}}^{(n-1)}, \boldsymbol{w}^{(n-1)}) \\
& \vdots \\
\leqslant & f(\boldsymbol{s}_1^{(n)}, \boldsymbol{s}_2^{(n)}, \boldsymbol{s}_3^{(n)}, \cdots, \boldsymbol{s}_{i-1}^{(n)}, \boldsymbol{s}_i^{(n)}, \boldsymbol{s}_{i+1}^{(n-1)}, \cdots, \boldsymbol{s}_{N_{\mathrm{T}}}^{(n-1)}, \boldsymbol{w}^{(n-1)}) \\
& \vdots \\
\leqslant & f(\boldsymbol{s}_1^{(n)}, \boldsymbol{s}_2^{(n)}, \boldsymbol{s}_3^{(n)}, \cdots, \boldsymbol{s}_{i-1}^{(n)}, \boldsymbol{s}_i^{(n)}, \boldsymbol{s}_{i+1}^{(n)}, \cdots, \boldsymbol{s}_{N_{\mathrm{T}}}^{(n)}, \boldsymbol{w}^{(n-1)})
\end{aligned} \tag{8.93}
$$

由$\boldsymbol{w}^{(n)}$为问题$\mathcal{P}^{\boldsymbol{w}^{(n)}}$的最优解可得

$$
\begin{aligned}
\rho(\boldsymbol{s}^{(n-1)}, \boldsymbol{w}^{(n-1)}) &= f(\boldsymbol{s}_1^{(n-1)}, \boldsymbol{s}_2^{(n-1)}, \boldsymbol{s}_3^{(n-1)}, \cdots, \boldsymbol{s}_{i-1}^{(n-1)}, \boldsymbol{s}_i^{(n-1)}, \boldsymbol{s}_{i+1}^{(n-1)}, \cdots, \boldsymbol{s}_{N_{\mathrm{T}}}^{(n-1)}, \boldsymbol{w}^{(n-1)}) \\
&\leqslant f(\boldsymbol{s}_1^{(n)}, \boldsymbol{s}_2^{(n)}, \boldsymbol{s}_3^{(n)}, \cdots, \boldsymbol{s}_{i-1}^{(n)}, \boldsymbol{s}_i^{(n)}, \boldsymbol{s}_{i+1}^{(n)}, \cdots, \boldsymbol{s}_{N_{\mathrm{T}}}^{(n)}, \boldsymbol{w}^{(n-1)}) \\
&\leqslant f(\boldsymbol{s}_1^{(n)}, \boldsymbol{s}_2^{(n)}, \boldsymbol{s}_3^{(n)}, \cdots, \boldsymbol{s}_{i-1}^{(n)}, \boldsymbol{s}_i^{(n)}, \boldsymbol{s}_{i+1}^{(n)}, \cdots, \boldsymbol{s}_{N_{\mathrm{T}}}^{(n)}, \boldsymbol{w}^{(n)}) \\
&= \rho(\boldsymbol{s}^{(n)}, \boldsymbol{w}^{(n)})
\end{aligned} \tag{8.94}
$$

因此，提出的基于 SGO 算法能保证目标函数值 SINR 单调递增至收敛。

8.3.3 性能分析

本节通过数值仿真验证所提 SGO 算法的有效性。假定 MIMO 雷达工作波长 $\lambda = 0.3\,\text{m}$，发射阵元个数 $N_{\text{T}} = 5$，接收阵元个数 $N_{\text{R}} = 5$，发射与接收阵元间距 $d_{\text{T}} = d_{\text{R}} = \lambda/2$，相干脉冲串 $K = 16$，脉冲重复时间 $T = 1\text{ms}$，占空比为 0.5，相似编码仍为 LFM 编码信号。不失一般性，考虑波形相似性参数为 $\xi_1 = \xi_2 = \xi_3 = \cdots = \xi_{N_{\text{T}}}$，$\xi = \xi_1\sqrt{N_{\text{T}}K}$，每个发射阵元的功率 $\bar{\zeta} = 1/N_{\text{T}}$，每个码片的波形幅度的上下界为 $\chi_1 = \chi_2 = \chi_3 = \cdots = \chi_{N_{\text{T}}}, \lambda_1 = \lambda_2 = \lambda_3 = \cdots = \lambda_{N_{\text{T}}}$，其中，$\chi_1 = 1/\sqrt{KN_{\text{T}}} + a$，$\lambda_1 = 1/\sqrt{KN_{\text{T}}} - a$。

假定目标的功率 $\sigma_0^2 = 10\text{dB}$，方位均值 $\bar{\theta}_0 = 10^\circ$，方位不确定参数 $\vartheta = 6^\circ$，多普勒频率均值 $\bar{f}_{\text{d}_0} = 0.15$，多普勒不确定度 $\varepsilon_0 = 0.08$，白噪声功率为 0dB。假定空间中存在 $M = 50$ 个信号相关的地杂波与海杂波，均位于距离环 $r_k = 0, k \in \mathcal{K}$。具体而言，假定 $M_1 = 14$ 与 $M_2 = 28$ 个地杂波分别均匀分布在方位区间 $[-\pi/2, -2\pi/9]$ 与 $[-\pi/18, \pi/2]$ 内，对应的多普勒频率均值均为 $\bar{f}_{\text{d}_k} = 0$，多普勒不确定度均为 $\varepsilon_k = 0.08$，功率均为 $\sigma_k^2 = 30\,\text{dB}$，$k = 1,2,3,\cdots,M_1 + M_2$。假定 $M_3 = 10$ 个海杂波分别均匀分布在方位区间 $[-2\pi/9, -\pi/18]$ 内，对应的多普勒频率均值均为 $\bar{f}_{\text{d}_k} = 0.14$，多普勒不确定度均为 $\varepsilon_k = 0.08$，功率均为 $\sigma_k^2 = 25\,\text{dB}$，$k = M_1 + M_2 + 1, \cdots, M_1 + M_2 + M_3$。设定 SGQ 算法参数 $\kappa_1 = 10^{-2}, \kappa_2 = 10^{-4}, \eta = 10^{-3}$, $\epsilon_{\text{abs}} = 10^{-4}, \epsilon_{\text{rel}} = 10^{-5}, \delta_{1,c} = 0.999$, $\delta_{2,c} = 1.001$, $\delta_{3,c} = 10^{-4}$, $\nu = 10^4$。

图 8.12 展示了不同 a 值下 $\xi = 0.1$ 时的 SINR 随迭代次数与 CPU 计算时间的变化曲线，其中，SGO-ADPM 和 SGO-CoADMM 算法分别表示在 SGO 算法框架下，利用 ADPM 算法与 CoADMM 算法求解 $\bar{\mathcal{P}}_n^{\boldsymbol{h}_i^{(l)}}$。从图 8.12 中可以看出，SGO-ADPM 和 SGO-CoADMM 算法随着迭代次数增加而单调增加至收敛，验证了 SGO 算法的收敛性。随着 a 的增加，SGO-ADPM、SGO-CoADMM 和 BSUM-M 算法的 SINR 逐渐提高，这是 a 变大，其波形幅度优化自由度变大引起的。当 $a = 0$（恒模情况下）时，SGO-ADPM 与 SGO-CoADMM 算法与 BCD 算法拥有相同的 SINR，均优于 BSUM-M 与 NSDP-RA 算法，其中 BCD 算法具有最快的收敛速度。当 $a = 0.008, 0.016$ 时，SGO-ADPM 与 SGO-CoADMM 算法具有相同的 SINR，较 BSUM-M 算法有更高的 SINR，但 SGO-ADPM 算法的计算效率最高。

图 8.13 与图 8.14 分别展示了 $\xi = 0.5, 1$ 时的 SINR 随迭代次数与 CPU 计算时间的变化曲线。可观察到 SGO-ADPM 与 SGO-CoADMM 算法具有相同的 SINR 增益，均优于 NSDP-RA、BCD 和 BSUM-M 算法。当 $a = 0.008, 0.016$ 时，相比 SGO-CoADMM 与 BSUM-M 算法，SGO-ADPM 算法具有更快的收敛速度。曲线也再次表明了 a 值越大，SINR 越高。此外，对比图 8.12 可知，相似性参数越大，算法的 SINR 越高。

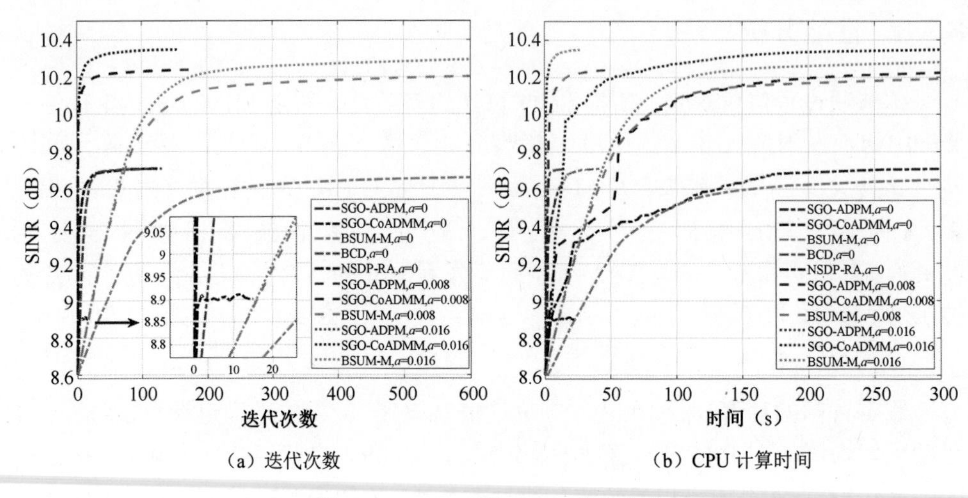

（a）迭代次数　　（b）CPU 计算时间

图 8.12　$\xi=0.1$ 的 SINR 变化曲线

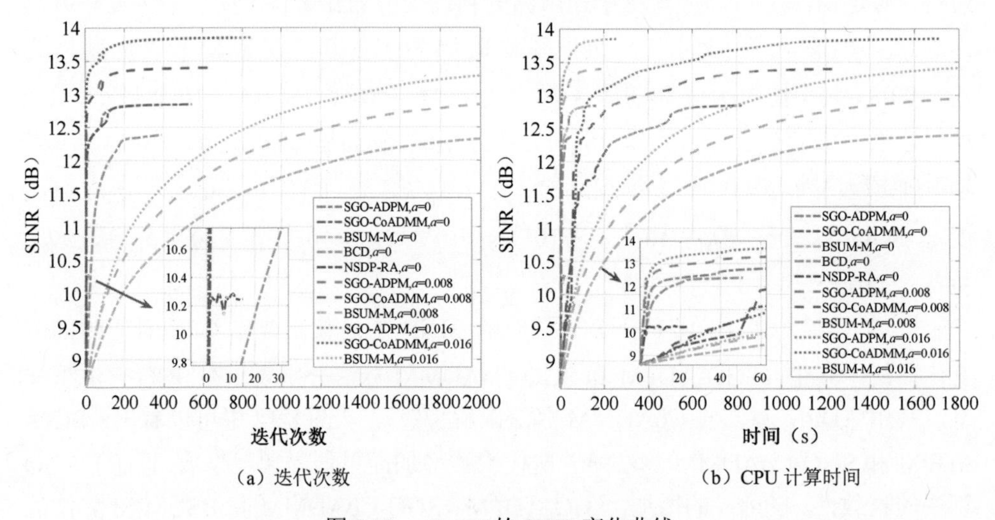

（a）迭代次数　　（b）CPU 计算时间

图 8.13　$\xi=0.5$ 的 SINR 变化曲线

设定 $r=0, a=0.008, \xi=1$，图 8.15 展示了 LFM 编码信号与最优滤波器、SGO-ADPM 和 BSUM-M 算法的互模糊函数的等高图。观察可知，3 种算法的互模糊函数均能在地杂波方位区间 $[-\pi/2,-2\pi/9]$ 与 $[-\pi/18,\pi/2]$ 对应的归一化多普勒区间 $[-0.04,0.04]$，海杂波方位区间 $[-2\pi/9,-\pi/18]$ 对应的归一化多普勒区间 $[0.1,0.18]$ 形成零陷凹口，但地杂波区域比海杂波区域具有更深的凹口。同时也可以看出，SGO-ADPM 与 BSUM-M 算法的互模糊函数图能量聚集于方位区间 $[7^\circ,13^\circ]$ 和归一化多普勒区间 $[0.1,0.18]$，但 SGO-ADPM 的互模糊函数图拥有更好的归一化多普勒分辨率，这是因为 SGO-ADPM 算法拥有更高的 SINR。上述结果表明，SGO-ADPM 算法可通过优化发射波形与滤波器设计一个期望的互模糊函数抑制信号相关杂波。

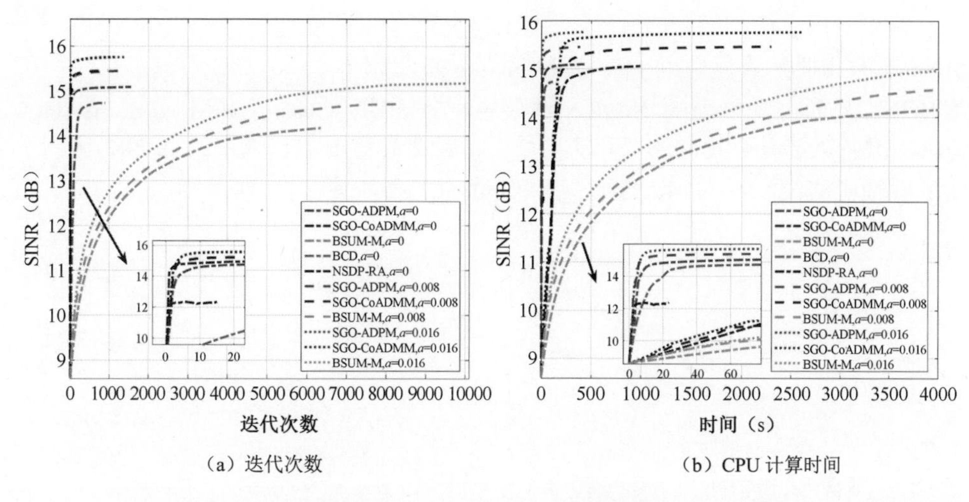

（a）迭代次数　　　　　　　（b）CPU 计算时间

图 8.14　$\xi=1$ 的 SINR 变化曲线

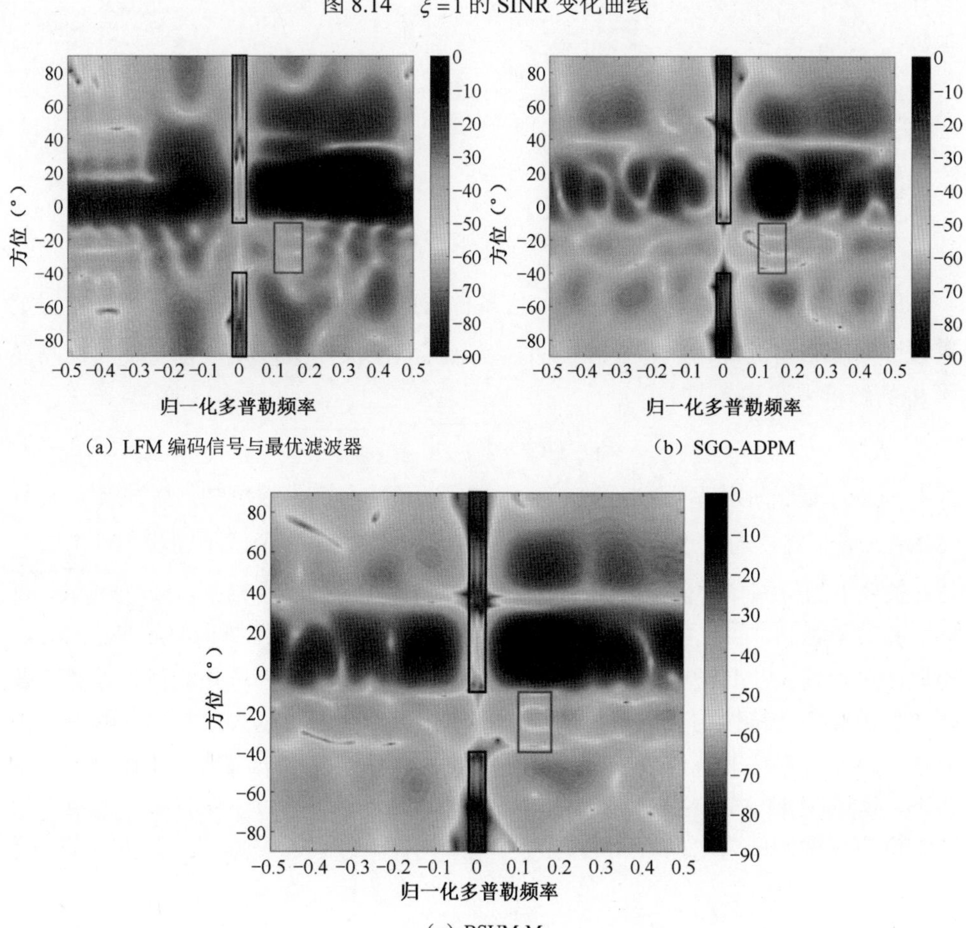

（a）LFM 编码信号与最优滤波器　　　　　　（b）SGO-ADPM

（c）BSUM-M

图 8.15　互模糊函数的等高图

图 8.16 画出了不同 a 值条件下 SINR 随相似性参数变化的曲线。由该图可知，SINR 随着相似性参数 ξ 与 a 值增大而增加，这是由于 ξ 与 a 越大，波形优化自由度越高，从而得到更高的 SINR。结果也再次表明，SGO-ADPM 算法与 SGO-CoADMM 算法具有相同的 SINR，且在 $\xi \geqslant 0.2$ 的情况下，输出的 SINR 值高于 BSUM-M、NSDP-RA 和 BCD 算法的 SINR 值。

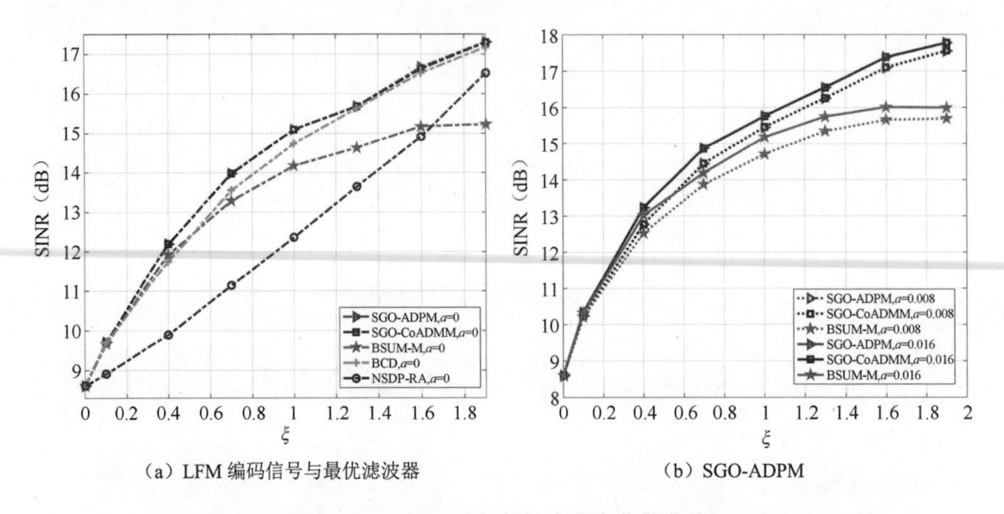

（a）LFM 编码信号与最优滤波器　　（b）SGO-ADPM

图 8.16　SINR 随相似性参数变化的曲线

最后分析不同相似性参数 ξ 与 a 值条件下的目标检测性能。具体而言，假定观测目标是非起伏目标，即 $\sigma_0^2 = |\alpha_0|^2$。根据纽曼-皮尔逊准则，该目标的检测概率 P_d 的解析表达式为[14]

$$P_\mathrm{d} = Q(\sqrt{2\rho(\boldsymbol{s}^*, \boldsymbol{w}^*)}, \sqrt{-2\ln P_\mathrm{fa}}) \tag{8.95}$$

其中，$Q(\cdot,\cdot)$ 是一阶马库姆 Q 函数，P_fa 为虚警概率；由 Q 函数可知，P_d 与 $\rho(\boldsymbol{s}^*, \boldsymbol{w}^*)$（SINR）成正比。通过设置虚警概率 $P_\mathrm{fa} = 10^{-6}$，图 8.17 展示了不同相似性参数 ξ 与 a 条件下的检测概率随目标功率 $|\alpha_0|^2$ 变化的曲线。可以观察到，$|\alpha_0|^2$ 越大，目标检测概率越高。同时可以看出，相似性参数 ξ 与 a 越大，检测概率越高。然而，相似性参数越大，其波形的模糊函数特性越差。说明可合理选择相似性参数来兼顾波形模糊函数特性与观测目标的检测概率。另外，a 值越大，波形的幅度自由度越大，使得雷达非线性放大器工作在线性区，导致发射机不能工作在最大效率状态，造成 MIMO 雷达探测威力降低。因此，合理选择 a 可平衡目标检测概率与 MIMO 雷达探测威力之间的矛盾。

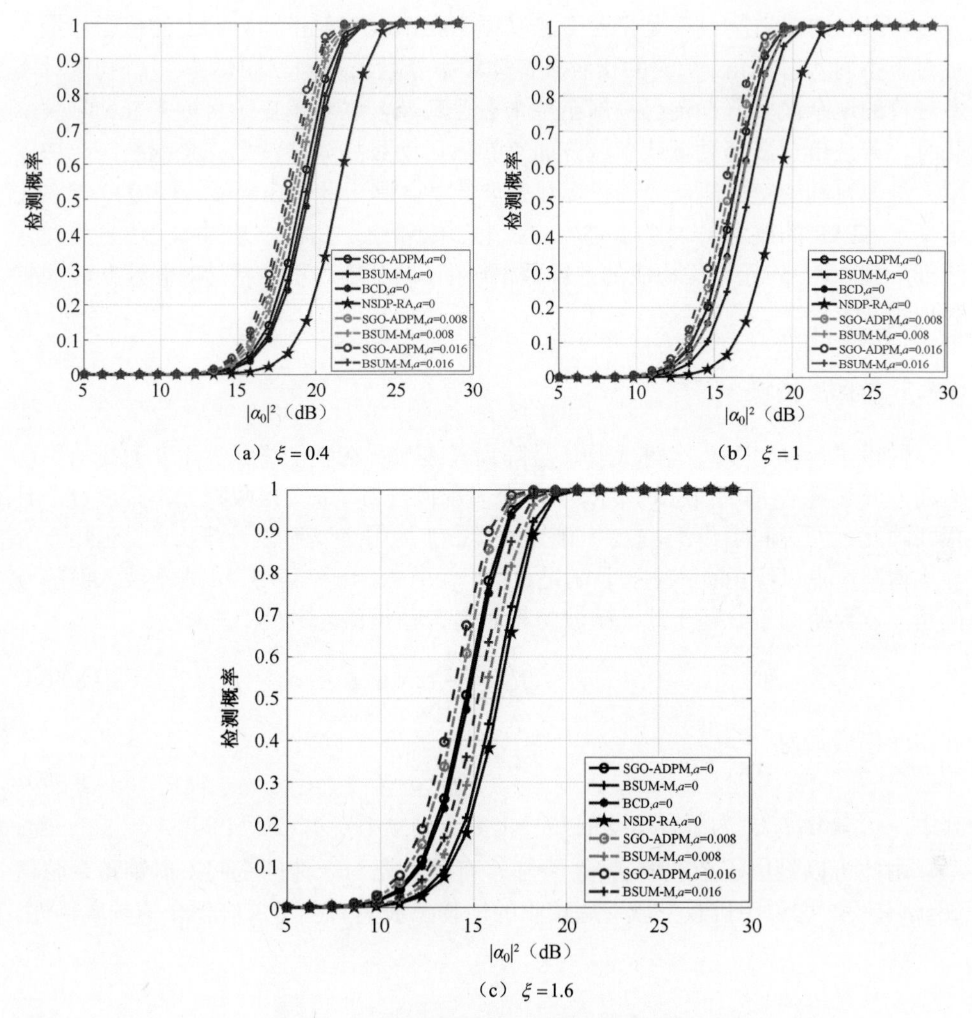

图 8.17　检测概率随目标功率的变化曲线

8.4　基于 STAP 的慢时间稳健发射和接收联合设计

无论是地基雷达还是空域雷达，要想在地面强杂波干扰下有效检测出运动目标，杂波的抑制必不可少[22]。

传统地基雷达通常采用动目标显示、动目标检测或脉冲多普勒处理等方式来进行杂波抑制，这些技术通常是对采样信号进行时域或多普勒域的带阻滤波，以此实现动目标与静止地物杂波的分离[23]。对空域强杂波干扰，一般可基于阵列信号处理方式，在某一 DOA 上进行空域滤波，从而抑制空域中某 DOA 上的杂波点干扰。需要指出的是，前述两种干扰抑制方式都是基于一维滤波处理进行的，故仅可单一滤除某多普勒单元或某 DOA 上的杂波点。

然而，对于机载雷达，平台固有的运动特性赋予了静止地物杂波一定的相对速度，其相对多普勒频率是平台多普勒频率在杂波入射锥角方向上的投影分量，且对于不同入射锥角，杂波的相对多普勒频率分量也不同。因此，从多普勒域看，多方位的地杂波多普勒谱已扩展至整个多普勒域，以至覆盖了目标多普勒频率，此时，若从单一多普勒域或空域方面来看，运动目标和杂波已完全混叠，无法仅用一维多普勒或空域滤波分离目标和杂波[23-24]。基于此，Brennan 于 1973 年率先定义了 STAP 的概念[25]，基于空域的波束形成理论，其将一维的阵元信号处理方法推广到脉冲-阵元采样构成的二维数据场中，以此实现机载雷达对强地杂波的有效抑制[26]。

8.4.1 杂波特性

假设平台以速度 v_{a} 匀速飞行，且阵列天线配置在正侧视条件下（天线沿平台运动方向配置），如图 8.18 所示，N_{T} 个发射阵元和 N_{R} 个接收阵元平行放置，且相邻阵元之间等间隔（$d=\lambda/2$）排列，其中 λ 为雷达发射信号波长。设远场一个静止地杂波点以锥角 ψ 入射，且满足 $\cos\psi=\cos\theta\cos\varphi$，其中，$\theta$ 为杂波入射的方位角，φ 为俯仰角。基于此，杂波的相对多普勒频移为[23-24]

$$f_{\mathrm{gc}}=\frac{2v_{\mathrm{a}}}{\lambda}\cos\psi \tag{8.96}$$

其归一化形式为

$$\overline{f}_{\mathrm{gc}}=\overline{f}_{\mathrm{a}}\cos\psi \tag{8.97}$$

其中，$\overline{f}_{\mathrm{a}}=4v_{\mathrm{a}}T_{\mathrm{r}}/\lambda$ 为平台运动的归一化多普勒频率，T_{r} 表示 PRT。

由此可以看出，杂波的 $\overline{f}_{\mathrm{gc}}$ 除了与 $\overline{f}_{\mathrm{a}}$ 有关，还与杂波的空间入射锥角余弦值 $\cos\psi$ 有关，这说明机载空域雷达接收的地物杂波具有空时二维耦合的频率特性。

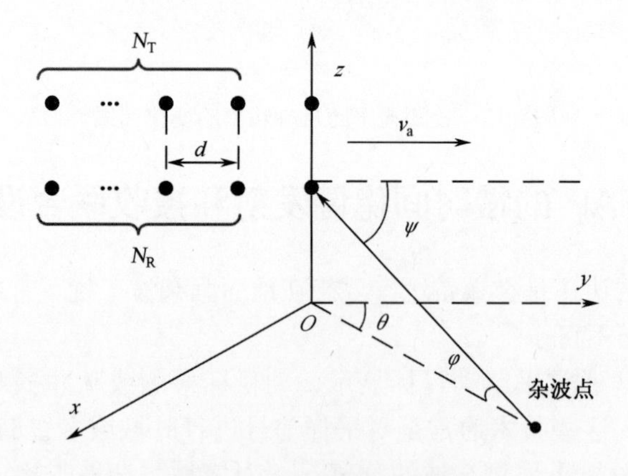

图 8.18 机载雷达天线模型

8.4.2 STAP 原理

基于以上所述的杂波频率特性，此时杂波的抑制需借助空时二维平面上的带阻滤波来实现。其中，对于空间数据，可通过空间内有序排列的天线单元获得，即每时刻各阵元的快拍数据；而时间数据可来源于 CPI 内一系列连续的脉冲串，即慢时间采样数据。

假设雷达对一个 CPI 内所接收到的数据同时进行空域和时域的处理。具体而言，N_{R} 个接收阵元同时接收 K 个脉冲串的回波，每个回波经采样得长度为 L_1 的接收序列，对应 L_1 个检测距离门。将以上空域、慢时域及快时域这三个维度的数据累加在一起，即可形成一个包含所有目标及干扰信息的数据立方体，若从每个快时域中的距离门切入，可得一张空-时域（该时域指的是慢时域，以多普勒谱形式体现）二维快照，基于此可进行杂波的抑制和目标的检测。STAP 其实就是一种自适应二维波束形成，根据一个 CPI 内得到的高维数据设计高维接收滤波向量，以保证每个距离门的 SINR 最大。

8.4.3　杂波多普勒与其空间频率的关系

本节将对杂波点的空间频率进行讨论，并推导出其与杂波多普勒之间的关系。

仍假设一个入射锥角为 ψ 的杂波，用矢量 $\boldsymbol{X}(t)$ 表示 t 时刻 N_{R} 个接收阵元的快拍数据，若第一个阵元接收的回波为 $s(t)$，则阵列信号可表示为[27]

$$\boldsymbol{X}(t)=\begin{bmatrix} x_1(t) \\ x_2(t) \\ \vdots \\ x_{N_{\mathrm{R}}}(t) \end{bmatrix}=\begin{bmatrix} s(t)\mathrm{e}^{\mathrm{j}2\pi f_0 t} \\ s(t-\tau_{\mathrm{d}})\mathrm{e}^{\mathrm{j}2\pi f_0 (t-\tau_0)} \\ \vdots \\ s\left[t-(N_{\mathrm{R}}-1)\tau_{\mathrm{d}}\right]\mathrm{e}^{\mathrm{j}2\pi f_0\left[t-(N_{\mathrm{R}}-1)\tau_0\right]} \end{bmatrix} \tag{8.98}$$

其中，f_0 为信号载频，$\tau_0 = d\cos\psi/c$ 为阵元间的时延，c 为光速。若假设 $s(t)$ 为窄带慢变信号，即有 $s(t-i\tau_0)\approx s(t),\ i=1,2,3,\cdots,N_{\mathrm{R}}-1$，则式（8.98）可化简为

$$\boldsymbol{X}(t)=\begin{bmatrix} s(t)\mathrm{e}^{\mathrm{j}2\pi f_0 t} \\ s(t)\mathrm{e}^{\mathrm{j}2\pi f_0 (t-\tau_0)} \\ \vdots \\ s(t)\mathrm{e}^{\mathrm{j}2\pi f_0\left[t-(N_{\mathrm{R}}-1)\tau_0\right]} \end{bmatrix}=s(t)\mathrm{e}^{\mathrm{j}2\pi f_0 t}\begin{bmatrix} 1 \\ \mathrm{e}^{-\mathrm{j}2\pi\gamma_{\mathrm{R}}} \\ \vdots \\ \mathrm{e}^{-\mathrm{j}2\pi(N_{\mathrm{R}}-1)\gamma_{\mathrm{R}}} \end{bmatrix} \tag{8.99}$$

其中，$\gamma_{\mathrm{R}} = d_{\mathrm{T}}\cos\psi/\lambda$ 称为空间频率，d_{T} 为接收阵元间隔，可定义接收导向矢量为 $\boldsymbol{a}_{\mathrm{R}}(\psi)=\left[1,\mathrm{e}^{-\mathrm{j}2\pi\gamma_{\mathrm{R}}},\mathrm{e}^{-\mathrm{j}2\pi\cdot 2\gamma_{\mathrm{R}}},\cdots,\mathrm{e}^{-\mathrm{j}2\pi\cdot(N_{\mathrm{R}}-1)\gamma_{\mathrm{R}}}\right]^{\mathrm{T}}$。类似地，针对 N_{T} 个发射阵元，可定义其发射导向矢量 $\boldsymbol{a}_{\mathrm{T}}(\psi)=\left[1,\mathrm{e}^{-\mathrm{j}2\pi\gamma_{\mathrm{T}}},\mathrm{e}^{-\mathrm{j}2\pi\cdot 2\gamma_{\mathrm{T}}},\cdots,\mathrm{e}^{-\mathrm{j}2\pi(N_{\mathrm{T}}-1)\gamma_{\mathrm{T}}}\right]^{\mathrm{T}}$，$\gamma_{\mathrm{T}} = d_{\mathrm{T}}\cos\psi/\lambda$ 也表示空间频率。若发射阵元和接收阵元数目相同，且阵元间隔相等，即满足 $N_{\mathrm{T}} = N_{\mathrm{R}}$ 且 $d_{\mathrm{T}} = d_{\mathrm{R}} = d$ 时，导向矢量 $\boldsymbol{a}_{\mathrm{R}}(\psi)=\boldsymbol{a}_{\mathrm{T}}(\psi)$，空间频率为[27]

$$\gamma = d\frac{\cos\psi}{\lambda} \tag{8.100}$$

回顾式（8.96），取杂波多普勒频率的归一化形式：

$$\bar{f}_{\mathrm{gc}} = \frac{4v_{\mathrm{a}}T_{\mathrm{R}}}{\lambda}\cos\psi = \bar{f}_{\mathrm{a}}\cos\psi \tag{8.101}$$

其中，$\bar{f}_{\mathrm{a}}$ 为运动平台的归一化多普勒，联合式（8.100）可得 $\bar{f}_{\mathrm{gc}}$ 与 γ 的关系：

$$\bar{f}_{\mathrm{gc}} = \tilde{K}\gamma \tag{8.102}$$

可知两者存在斜率为 $\tilde{K} = \bar{f}_{\mathrm{a}}\lambda/d$ 的线性关系。一般取 $d \approx \lambda/2$，则斜率 $\tilde{K} = 2\bar{f}_{\mathrm{a}}$。实际上，两者之间的线性关系能为后续的求解带来极大的方便，同时仿真实验也会再次证明该线性关系的正确性。

8.4.4　STAP 中稳健的恒模序列设计与处理

本节基于 8.4.2 节中的 STAP 原理，首先建立 MIMO 雷达的 STAP 信号模型，并推导其 SINR 表达式，然后分析了杂波多普勒信息存在的不确定性，并基于此构建了稳健序列设计与处理优化问题，最后用仿真实验证明了设计及相关算法的性能。

8.4.4.1　问题描述

考虑机载 MIMO 雷达的 STAP 模型，其中发射阵元为 N_{T} 个，接收阵元为 N_{R} 个，假设 N_{T} 个发射阵元的发射信号 $\{s_1(t), s_2(t), s_3(t), \cdots, s_{N_{\mathrm{T}}}(t)\}$ 都为窄带信号，则入射锥角为 ψ_{T}，速度为 v_{T}，双程时延为 τ_{d} 的接收目标阵列信号描述为[28]

$$\tilde{\boldsymbol{y}}_{\mathrm{T}}(t) = \beta_{\mathrm{T}}\boldsymbol{a}_{\mathrm{T}}(\psi_{\mathrm{T}})\boldsymbol{a}_{\mathrm{R}}^{\mathrm{T}}(\psi_{\mathrm{T}})\boldsymbol{s}(t-\tau_{\mathrm{d}})\mathrm{e}^{\mathrm{j}2\pi(f_0+f_{\mathrm{D}})(t-\tau_{\mathrm{d}})} \tag{8.103}$$

其中，β_{T} 为目标幅度参数，$\boldsymbol{a}_{\mathrm{R}}(\psi_{\mathrm{T}})$ 和 $\boldsymbol{a}_{\mathrm{T}}(\psi_{\mathrm{T}})$ 分别为目标的发射及接收导向矢量，矢量 $\boldsymbol{s}(t) = [s_1(t), s_2(t), s_3(t), \cdots, s_{N_{\mathrm{T}}}(t)]^{\mathrm{T}}$ 表示 t 时刻各阵元发射信号快拍序列，f_0 为信号载频，$f_{\mathrm{D}} = 2v_{\mathrm{T}}/\lambda$ 为目标多普勒频率，λ 为信号波长。去除载频 f_0 的影响，得其基带接收信号为

$$\boldsymbol{y}_{\mathrm{T}}(t) = \alpha_{\mathrm{T}}\boldsymbol{a}_{\mathrm{T}}(\psi_{\mathrm{T}})\boldsymbol{a}_{\mathrm{R}}^{\mathrm{T}}(\psi_{\mathrm{T}})\boldsymbol{s}(t-\tau_{\mathrm{d}})\mathrm{e}^{\mathrm{j}2\pi f_{\mathrm{D}}t} \tag{8.104}$$

其中，$\alpha_{\mathrm{T}} = \beta_{\mathrm{T}}\mathrm{e}^{-\mathrm{j}2\pi(f_0+f_{\mathrm{D}})\tau_{\mathrm{d}}}$。

考虑在一个 CPI 内各阵元重复发射 K 个脉冲，则目标关于一个 CPI 内第 k 个脉冲的回波经高速模拟数字转换器（ADC）采样后得数据矩阵 $\boldsymbol{Y}_{\mathrm{T},k}$，表示如下：

$$\boldsymbol{Y}_{\mathrm{T},k} = \alpha_{\mathrm{T}}\mathrm{e}^{\mathrm{j}2\pi(k-1)f_{\mathrm{d}}}\boldsymbol{a}_{\mathrm{T}}(\psi_{\mathrm{T}})\boldsymbol{a}_{\mathrm{R}}^{\mathrm{T}}(\psi_{\mathrm{T}})\boldsymbol{S} \tag{8.105}$$

其中，$f_{\mathrm{d}} = f_{\mathrm{D}}T_{\mathrm{R}}$ 为目标归一化多普勒频率。矩阵 $\boldsymbol{S} = [\boldsymbol{s}_1, \boldsymbol{s}_2, \boldsymbol{s}_3, \cdots, \boldsymbol{s}_{N_{\mathrm{T}}}]^{\mathrm{T}} \in \mathbb{C}^{N_{\mathrm{T}}\times L_1}$ 是系统波形矩阵，$\boldsymbol{s}_n (n = 1,2,3,\cdots,N_{\mathrm{T}})$ 表示第 n 个阵元发射信号 $s_n(t)$ 的采样序列，长度为 L_1。

联合考虑一个 CPI 内的 K 个脉冲，则一个 CPI 内目标的空时快拍为 $\boldsymbol{y}_{\mathrm{T}} = \left[\mathrm{vec}^{\mathrm{T}}\{\boldsymbol{Y}_{\mathrm{T},1}^{\mathrm{T}}\}, \mathrm{vec}^{\mathrm{T}}\{\boldsymbol{Y}_{\mathrm{T},2}^{\mathrm{T}}\}, \cdots, \mathrm{vec}^{\mathrm{T}}\{\boldsymbol{Y}_{\mathrm{T},K}^{\mathrm{T}}\}\right]^{\mathrm{T}}$。又因为

$$\mathrm{vec}^{\mathrm{T}}\{\boldsymbol{Y}_{\mathrm{T},k}^{\mathrm{T}}\} = \alpha_{\mathrm{T}}\mathrm{e}^{\mathrm{j}2\pi(k-1)f_{\mathrm{d}}}\left(\boldsymbol{I}_{N_{\mathrm{R}}} \otimes \boldsymbol{S}^{\mathrm{T}}\right)\left(\boldsymbol{a}_{\mathrm{T}}(\psi_{\mathrm{T}}) \otimes \boldsymbol{a}_{\mathrm{R}}(\psi_{\mathrm{T}})\right),\quad k = 1,2,3,\cdots,K$$

进而 $\boldsymbol{y}_{\mathrm{T}}$ 可化简为[28]

$$\boldsymbol{y}_{\mathrm{T}}=\alpha_{\mathrm{T}}\left(\boldsymbol{I}_K\otimes\boldsymbol{I}_{N_{\mathrm{R}}}\otimes\boldsymbol{S}^{\mathrm{T}}\right)\left(\boldsymbol{u}\left(f_{\mathrm{d}}\right)\otimes\boldsymbol{a}_{\mathrm{T}}\left(\psi_{\mathrm{t}}\right)\otimes\boldsymbol{a}_{\mathrm{R}}\left(\psi_{\mathrm{T}}\right)\right) \tag{8.106}$$

其中，$\boldsymbol{u}\left(f_{\mathrm{d}}\right)=\left[1,\mathrm{e}^{\mathrm{j}2\pi f_{\mathrm{d}}},\mathrm{e}^{\mathrm{j}2\pi\cdot 2f_{\mathrm{d}}},\cdots,\mathrm{e}^{\mathrm{j}2\pi\cdot(K-1)f_{\mathrm{d}}}\right]^{\mathrm{T}}$ 是目标频率向量。

对第 k 个发射脉冲，如果目标在第 r 个距离单元，则位于第 $r+l$ 个距离单元的第 m 个杂波回波信号矩阵为

$$\boldsymbol{Y}_{\mathrm{c},k,l,m}=\alpha_{\mathrm{c},l,m}\mathrm{e}^{\mathrm{j}2\pi(k-1)f_{\mathrm{c},l,m}T_{\mathrm{R}}}\boldsymbol{a}_{\mathrm{T}}\left(\psi_{\mathrm{c},l,m}\right)\boldsymbol{a}_{\mathrm{R}}^{\mathrm{T}}\left(\psi_{\mathrm{c},l,m}\right)\boldsymbol{S}\boldsymbol{J}_l \tag{8.107}$$

其中，$\alpha_{\mathrm{c},l,m}$、$f_{\mathrm{c},l,m}$ 和 $\psi_{\mathrm{c},l,m}$ 分别表示杂波的信号幅度、归一化多普勒及入射锥角。$\boldsymbol{J}_l=\boldsymbol{J}_{-l}^{\mathrm{T}}\in\mathbb{C}^{L\times L}$ 是转移矩阵，表示为

$$\boldsymbol{J}_l\left(n,k\right)=\begin{cases}1, & n-k+l=0\\ 0, & \text{其他}\end{cases},\left(n,k\right)\in\left\{1,2,3,\cdots,L_1\right\}^2 \tag{8.108}$$

类似式（8.106），可将 $\boldsymbol{Y}_{\mathrm{c},k,l,m}$ 写成空时快拍的形式：

$$\boldsymbol{y}_{\mathrm{c},l,m}=\alpha_{\mathrm{c},l,m}\left(\boldsymbol{I}_K\otimes\boldsymbol{I}_{N_{\mathrm{R}}}\otimes\boldsymbol{J}_l^{\mathrm{T}}\boldsymbol{S}^{\mathrm{T}}\right)\left(\boldsymbol{u}\left(f_{\mathrm{c},l,m}\right)\otimes\boldsymbol{a}_{\mathrm{T}}\left(\psi_{\mathrm{c},l,m}\right)\otimes\boldsymbol{a}_{\mathrm{R}}\left(\psi_{\mathrm{c},l,m}\right)\right) \tag{8.109}$$

其中，$\boldsymbol{u}\left(f_{\mathrm{c},l,m}\right)$、$\boldsymbol{a}_{\mathrm{T}}\left(\psi_{\mathrm{c},l,m}\right)$ 及 $\boldsymbol{a}_{\mathrm{R}}\left(\psi_{\mathrm{c},l,m}\right)$ 分别为杂波的频率向量、接收导向矢量及发射导向矢量。

若仅考虑目标附近 $2P+1$ 个距离单元内的强杂波点，则可建立杂波回波为若干独立杂波块的叠加[28]：

$$\boldsymbol{y}_{\mathrm{c}}=\sum_{l=-P}^{P}\sum_{m=1}^{M}\boldsymbol{y}_{\mathrm{c},l,m} \tag{8.110}$$

其中，M 表示每个独立距离单元上存在的杂波点数。

基于推导，可得杂波及噪声干扰下的回波空时快拍信号模型为

$$\boldsymbol{y}=\boldsymbol{y}_{\mathrm{T}}+\boldsymbol{y}_{\mathrm{c}}+\boldsymbol{n} \tag{8.111}$$

其中，$\boldsymbol{n}\in\mathbb{C}^{N_{\mathrm{R}}KL\times 1}$ 表示方差为 σ_n^2 的白噪声序列。

设滤波器组向量为 $\boldsymbol{w}=\left[\boldsymbol{w}_1^{\mathrm{T}},\boldsymbol{w}_2^{\mathrm{T}},\boldsymbol{w}_3^{\mathrm{T}},\cdots,\boldsymbol{w}_{N_{\mathrm{R}}}^{\mathrm{T}}\right]^{\mathrm{T}}$，其中 $\boldsymbol{w}_n\in\mathbb{C}^{KL_1\times 1},n=1,2,3,\cdots,N_{\mathrm{R}}$ 表示第 n 个接收阵元的滤波向量，则回波信号 $\boldsymbol{y}$ 通过 $\boldsymbol{w}$ 后的输出 SINR 为[28]

$$\varUpsilon\left(\boldsymbol{w},\boldsymbol{S}\right)=\frac{\left|\alpha_{\mathrm{T}}\right|^2\left|\boldsymbol{w}^{\mathrm{H}}\tilde{\boldsymbol{S}}^{\mathrm{T}}\boldsymbol{v}_{\mathrm{T}}\right|^2}{\boldsymbol{w}^{\mathrm{H}}\left(\tilde{\boldsymbol{R}}_{\mathrm{c}}+\sigma_n^2\boldsymbol{I}_{N_{\mathrm{R}}ML}\right)\boldsymbol{w}} \tag{8.112}$$

其中，$\tilde{\boldsymbol{S}}=\boldsymbol{I}_K\otimes\boldsymbol{I}_{N_{\mathrm{R}}}\otimes\boldsymbol{S},\boldsymbol{v}_{\mathrm{T}}=\boldsymbol{u}\left(f_{\mathrm{d}}\right)\otimes\boldsymbol{a}_{\mathrm{T}}\left(\psi_{\mathrm{T}}\right)\otimes\boldsymbol{a}_{\mathrm{R}}\left(\psi_{\mathrm{T}}\right)$，杂波协方差矩阵 $\tilde{\boldsymbol{R}}_{\mathrm{c}}$ 表示为

$$\tilde{\boldsymbol{R}}_{\mathrm{c}}=\sum_{l=-P}^{P}\sum_{m=1}^{M}\sigma_{\mathrm{c},l,m}^2\tilde{\boldsymbol{S}}_l^{\mathrm{T}}\llcorner\left[\boldsymbol{v}_{\mathrm{c},l,m}\boldsymbol{v}_{\mathrm{c},l,m}^{\mathrm{H}}\right]\tilde{\boldsymbol{S}}_l^{*} \tag{8.113}$$

且有 $\tilde{\boldsymbol{S}}_l=\boldsymbol{I}_K\otimes\boldsymbol{I}_{N_{\mathrm{R}}}\otimes\boldsymbol{S}\boldsymbol{J}_l,\boldsymbol{v}_{\mathrm{c},l,m}=\boldsymbol{u}\left(f_{\mathrm{c},l,m}\right)\otimes\boldsymbol{a}_{\mathrm{T}}\left(\psi_{\mathrm{c},l,m}\right)\otimes\boldsymbol{a}_{\mathrm{R}}\left(\psi_{\mathrm{c},l,m}\right)$。

杂波归一化多普勒频率 $f_{\mathrm{c},l,m}$ 与平台运动归一化多普勒频率 $\overline{f}_{\mathrm{a}}$ 有如下关系：

$$f_{\mathrm{c},l,m}=\bar{f}_{\mathrm{a}}\cos\left(\psi_{\mathrm{c},l,m}\right) \tag{8.114}$$

与杂波空间频率 $\gamma_{\mathrm{c},l,m}=\dfrac{d\cos\left(\psi_{\mathrm{c},l,m}\right)}{\lambda}$ 也有线性关系，重述如下：

$$f_{\mathrm{c},l,m}=\tilde{K}\gamma_{\mathrm{c},l,m} \tag{8.115}$$

其中，$\tilde{K}=\lambda\bar{f}_{\mathrm{a}}/d$ 。

由式（8.114）可知，若杂波入射锥角 $\psi_{\mathrm{c},l,m}$ 精确已知，则其归一化多普勒频率 $f_{\mathrm{c},l,m}$ 也精确已知，可以基于此进行最优 STAP 处理。然而，杂波入射锥角 $\psi_{\mathrm{c},l,m}$ 信息往往存在偏差，进而导致了 $f_{\mathrm{c},l,m}$ 的不确定性。

若假设 $\bar{f}_{\mathrm{a}}$=0.5，λ=2d，则斜率 $\tilde{K}=1$，由式（8.115），即有 $\gamma_{\mathrm{c},l,m}=f_{\mathrm{c},l,m}$ 成立。因为杂波不可能平行于天线阵入射，则对于任意入射锥角 $\psi_{\mathrm{c},l,m}\in(0,\pi)$，其余弦 $\cos(\psi_{\mathrm{c},l,m})\in(-1,1)$。假设第 l 个单元上的第 m 个杂波点归一化多普勒频率 $f_{\mathrm{c},l,m}$，在子区间 $\left[\hat{f}_{\mathrm{c},l,m}-\varepsilon_{\mathrm{c},l,m}/2,\hat{f}_{\mathrm{c},l,m}+\varepsilon_{\mathrm{c},l,m}/2\right]$ 内均匀分布，其中，$\hat{f}_{\mathrm{c},l,m}$ 为中心频率，$\varepsilon_{\mathrm{c},l,m}$ 表示分布子区间的大小。因此，只要假设 M 个杂波分布子区间能完全覆盖 $f_{\mathrm{c},l,m}$ 的取值区间 $(-0.5,0.5)$，则基于有限个杂波分布点的 STAP 即可近似实现对整个多普勒频率区间内潜在杂波点的抑制。

因为 $\gamma_{\mathrm{c},l,m}=f_{\mathrm{c},l,m}$，$\boldsymbol{a}_{\mathrm{R}}(\psi_{\mathrm{c},l,m})$、$\boldsymbol{a}_{\mathrm{T}}(\psi_{\mathrm{c},l,m})$ 和 $\boldsymbol{u}(f_{\mathrm{c},l,m})$ 具有与 $f_{\mathrm{c},l,m}$ 有关的相同形式，则导向矢量 $\boldsymbol{v}_{\mathrm{c},l,m}=\boldsymbol{u}(f_{\mathrm{c},l,m})\otimes\boldsymbol{a}_{\mathrm{T}}(\psi_{\mathrm{c},l,m})\otimes\boldsymbol{a}_{\mathrm{R}}(\psi_{\mathrm{c},l,m})$ 也仅与 $f_{\mathrm{c},l,m}$ 相关，其协方差矩阵 $\boldsymbol{\Phi}_{\varepsilon_{\mathrm{c},l,m}}^{\bar{f}_{\mathrm{c},l,m}}=\mathbb{E}\left[\boldsymbol{v}_{\mathrm{c},l,m}\boldsymbol{v}_{\mathrm{c},l,m}^{\mathrm{H}}\right]$ 的第 n_1,n_2 个元素可表示为

$$\begin{gathered}\boldsymbol{\Phi}_{\varepsilon_{\mathrm{c},l,m}}^{\bar{f}_{\mathrm{c},l,m}}(n_1,n_2)=\mathrm{e}^{\mathrm{j}2\pi\bar{f}_{\mathrm{c},l,m}k}\frac{\sin\left[\pi\varepsilon_{\mathrm{c},l,m}k\right]}{\pi\varepsilon_{\mathrm{c},l,m}k}\\ \forall(n_1,n_2)\in\left\{1,2,3,\cdots,KN_{\mathrm{R}}N_{\mathrm{T}}\right\}^2\\ k\in\left\{-N_{\mathrm{R}}-N_{\mathrm{T}}+2,\cdots,K-1\right\}\end{gathered} \tag{8.116}$$

为体现 $f_{\mathrm{c},l,m}$ 的不确定性，令 $\boldsymbol{M}_{\mathrm{c},l,m}$ 为杂波的导向矢量协方差矩阵，类似考虑二次不确定性约束，则对于第 $r+l$ 距离单元的第 m 个杂波有

$$\left\|\boldsymbol{M}_{\mathrm{c},l,m}-\hat{\boldsymbol{M}}_{\mathrm{c},l,m}\right\|_{\mathrm{F}}\leqslant\delta_{\mathrm{c},l,m} \tag{8.117}$$

其中，$\hat{\boldsymbol{M}}_{\mathrm{c},l,m}$=$\sigma_{\mathrm{c},l,m}^2\boldsymbol{\Phi}_{\varepsilon_{\mathrm{c},l,m}}^{\bar{f}_{\mathrm{c},l,m}}$ 表示协方差估计，$\delta_{\mathrm{c},l,m}$ 描述了矩阵 $\boldsymbol{M}_{\mathrm{c},l,m}$ 的不确定度大小，故式（8.113）所述杂波协方差矩阵可重写为

$$\tilde{\boldsymbol{R}}_{\mathrm{c}}=\sum_{l=-P}^{P}\sum_{m=1}^{M}\tilde{\boldsymbol{S}}_l^{\mathrm{T}}\boldsymbol{M}_{\mathrm{c},l,m}\tilde{\boldsymbol{S}}_l^{*} \tag{8.118}$$

综上所述，基于以上信号模型及不确定模型，考虑发射序列的恒模约束，以输出 SINR 为优化准则，可构建如下稳健设计优化问题：

$$\mathcal{P}_0\begin{cases}\max\limits_{\boldsymbol{S},\boldsymbol{w}} \min\limits_{\substack{\boldsymbol{M}_{(m,l)}\\ l=-P,\cdots,P;m=1,2,3,\cdots,M}} \Upsilon\left(\boldsymbol{S},\boldsymbol{w},\boldsymbol{M}_{(\mathrm{c},-P,1)},\cdots,\boldsymbol{M}_{(\mathrm{c},P,M)}\right)\\ \text{s.t. } \left\|\boldsymbol{M}_{\mathrm{c},l,m}-\hat{\boldsymbol{M}}_{\mathrm{c},l,m}\right\|_{\mathrm{F}}\leqslant\delta_{\mathrm{c},l,m},\boldsymbol{M}_{\mathrm{c},l,m}\succeq 0\\ \left|S_{i,j}\right|=1/\sqrt{N_{\mathrm{T}}L_1},i=1,2,3,\cdots,N_{\mathrm{T}},j=1,2,3,\cdots,L_1\\ l=-P,-P+1,\cdots,P;m=1,2,3,\cdots,M\end{cases} \tag{8.119}$$

以此优化不确定 $\boldsymbol{M}_{\mathrm{c},l,m}$ 下的 W-SINR 值。其中，$\Upsilon\left(\boldsymbol{S},\boldsymbol{w},\boldsymbol{M}_{(\mathrm{c},-P,1)},\cdots,\boldsymbol{M}_{(\mathrm{c},P,M)}\right)$ 表示式（8.112）所述目标函数，$S_{i,j}$ 表示信号矩阵 $\boldsymbol{S}$ 的第 (i,j) 个元素，$i=1,2,3,\cdots,N_{\mathrm{T}},j=1,2,3,\cdots,L_1$。

8.4.4.2　稳健设计优化问题求解

不难看出，可先解决原问题式（8.119）的内部优化问题，即解得一组使目标函数 SINR 值最小的 $\boldsymbol{M}_{\mathrm{c},l,m}\left(l=-P,-P+1,\cdots,P;\ m=1,2,3,\cdots,M\right)$，由于最小化 SINR 等价于最大化干扰输出功率 $P_{\mathrm{c}}=\boldsymbol{w}^{\mathrm{H}}\tilde{\boldsymbol{R}}_{\mathrm{c}}\boldsymbol{w}$，且 P_{c} 关于 $\boldsymbol{M}_{\mathrm{c},l,m}$ 在二次约束 $\left\|\boldsymbol{M}_{\mathrm{c},l,m}-\hat{\boldsymbol{M}}_{\mathrm{c},l,m}\right\|_{\mathrm{F}}\leqslant\delta_{\mathrm{c},l,m}$ 下为单调增函数，则最优解为 $\boldsymbol{M}_{\mathrm{opt}(\mathrm{c},l,m)}=\hat{\boldsymbol{M}}_{\mathrm{c},l,m}+\delta_{\mathrm{c},l,m}\boldsymbol{I}_{KN_{\mathrm{R}}N_{\mathrm{T}}}$。问题式（8.119）最终可转化为

$$\mathcal{P}_1\begin{cases}\max\limits_{\boldsymbol{s},\boldsymbol{w}}\hat{\Upsilon}\left(\boldsymbol{S},\boldsymbol{w}\right)=\dfrac{\left|\alpha_{\mathrm{T}}\right|^2\left|\boldsymbol{w}^{\mathrm{H}}\tilde{\boldsymbol{S}}^{\mathrm{T}}\boldsymbol{v}_{\mathrm{T}}\right|^2}{\boldsymbol{w}^{\mathrm{H}}\hat{\boldsymbol{R}}_{\mathrm{c}}\boldsymbol{w}+\sigma_n^2\left\|\boldsymbol{w}\right\|_{\mathrm{F}}^2\boldsymbol{I}_{N_{\mathrm{R}}ML}}\\ \text{s.t. } \left|S_{i,j}\right|=1/\sqrt{N_{\mathrm{T}}L_1},i=1,2,3,\cdots,N_{\mathrm{T}},j=1,2,3,\cdots,L_1\end{cases} \tag{8.120}$$

其中，$\hat{\Upsilon}\left(\boldsymbol{S},\boldsymbol{w}\right)$ 表示基于 $\boldsymbol{M}_{\mathrm{opt}(\mathrm{c},l,m)}\left(l=-P,-P+1,\cdots,P;m=1,2,3,\cdots,M\right)$ 的 SINR，$\hat{\boldsymbol{R}}_{\mathrm{c}}$ 为杂波协方差矩阵，重写如下：

$$\hat{\boldsymbol{R}}_{\mathrm{c}}=\sum_{l=-P}^{P}\sum_{m=1}^{M}\tilde{\boldsymbol{S}}_l^{\mathrm{T}}\boldsymbol{M}_{\mathrm{opt}(\mathrm{c},l,m)}\tilde{\boldsymbol{S}}_l^{*} \tag{8.121}$$

可见式（8.120）也是一个 NP-hard 问题，可通过序列迭代得到一个符合条件的优质解。算法思路如下：对于一个给定的发射序列矩阵 $\boldsymbol{S}^{(n)}$，式（8.120）可化简为以下的 MVDR 问题[28]：

$$\mathcal{P}_1\begin{cases}\max\limits_{\boldsymbol{w}}\dfrac{\left|\alpha_{\mathrm{T}}\right|^2\left|\boldsymbol{w}^{\mathrm{H}}\left[\tilde{\boldsymbol{S}}^{(n)}\right]^{\mathrm{T}}\boldsymbol{v}_{\mathrm{T}}\right|^2}{\boldsymbol{w}^{\mathrm{H}}\hat{\boldsymbol{R}}_{\mathrm{c}}\boldsymbol{w}+\sigma_n^2\left\|\boldsymbol{w}\right\|_{\mathrm{F}}^2\boldsymbol{I}_{N_{\mathrm{R}}KL_1}}\\ \text{s.t. } \left|\boldsymbol{w}^{\mathrm{H}}\left[\tilde{\boldsymbol{S}}^{(n)}\right]^{\mathrm{T}}\boldsymbol{v}_{\mathrm{T}}\right|=1\end{cases} \tag{8.122}$$

进而可解得最优 $\boldsymbol{w}^{(n)}$ 为

$$\boldsymbol{w}^{(n)}=\frac{\left[\hat{\boldsymbol{R}}_{\mathrm{c}}+\sigma_n^2\boldsymbol{I}_{N_{\mathrm{R}}KL}\right]^{-1}\left[\tilde{\boldsymbol{S}}^{(n)}\right]^{\mathrm{T}}\boldsymbol{v}_{\mathrm{T}}}{\left(\left[\tilde{\boldsymbol{S}}^{(n)}\right]^{\mathrm{T}}\boldsymbol{v}_{\mathrm{T}}\right)^{\mathrm{H}}\left[\hat{\boldsymbol{R}}_{\mathrm{c}}+\sigma_n^2\boldsymbol{I}_{N_{\mathrm{R}}KL}\right]^{-1}\left[\tilde{\boldsymbol{S}}^{(n)}\right]^{\mathrm{T}}\boldsymbol{v}_{\mathrm{T}}} \tag{8.123}$$

对于给定的 $\boldsymbol{w}^{(n)}$ 和 $\boldsymbol{W}^{(n)}\in C^{L_1\times KN_{\mathrm{R}}}$ 满足 $\boldsymbol{w}^{(n)}=\mathrm{vec}\left\{\boldsymbol{W}^{(n)}\right\}$，若同样定义 $\boldsymbol{s}=\mathrm{vec}\{\boldsymbol{S}\}$，则问题式（8.120）化简为以下求解 $\boldsymbol{s}^{(n+1)}$ 的问题：

$$\begin{cases}\max\limits_{s}\dfrac{\boldsymbol{s}^{\mathrm{T}}\boldsymbol{X}\left(\boldsymbol{W}^{(n)},\boldsymbol{v}_{\mathrm{T}}\right)\boldsymbol{s}^*}{\boldsymbol{s}^{\mathrm{T}}\hat{\boldsymbol{R}}_{\mathrm{D}}\left(\boldsymbol{W}^{(n)}\right)\boldsymbol{s}^*}\\ \text{s.t.}\quad |s_i|=1/\sqrt{N_{\mathrm{T}}L_1},i=1,2,3,\cdots,L_1N_{\mathrm{T}}\end{cases} \tag{8.124}$$

其中，

$$\boldsymbol{X}\left(\boldsymbol{W}^{(n-1)},\boldsymbol{v}_{\mathrm{T}}\right)=\left(\left[\boldsymbol{W}^{(n-1)}\right]^*\otimes\boldsymbol{I}_{N_{\mathrm{T}}}\right)\boldsymbol{v}_{\mathrm{T}}\boldsymbol{v}_{\mathrm{T}}^{\mathrm{H}}\left(\left[\boldsymbol{W}^{(n-1)}\right]^{\mathrm{T}}\otimes\boldsymbol{I}_{N_{\mathrm{T}}}\right) \tag{8.125}$$

$$\hat{\boldsymbol{R}}_{\mathrm{D}}\left(\boldsymbol{W}^{(n-1)}\right)=\hat{\boldsymbol{R}}_{\mathrm{c}}\left(\boldsymbol{W}^{(n-1)}\right)+\sigma_n^2\left\|\boldsymbol{w}^{(n-1)}\right\|_{\mathrm{F}}^2\boldsymbol{I}_{LN_{\mathrm{T}}} \tag{8.126}$$

$$\hat{\boldsymbol{R}}_{\mathrm{c}}\left(\boldsymbol{W}^{(n-1)}\right)=\sum_{l=-P}^{P}\sum_{m=1}^{M}\left(\boldsymbol{J}_l\left[\boldsymbol{W}^{(n-1)}\right]^*\otimes\boldsymbol{I}_{N_{\mathrm{T}}}\right)\boldsymbol{M}_{\mathrm{c},l,m}\left(\left[\boldsymbol{W}^{(n-1)}\right]^{\mathrm{T}}\boldsymbol{J}_{-l}\otimes\boldsymbol{I}_{N_{\mathrm{T}}}\right) \tag{8.127}$$

对于式（8.124）所述分式规划问题，可借助 DA 提出的解非线性分式规划的思想[11-12]，将其转化为可用迭代算法快速求解的 UQP 问题[28]：

$$\begin{cases}\max\limits_{s}\boldsymbol{s}^{\mathrm{T}}\boldsymbol{T}^{(n,i)}\boldsymbol{s}^*\\ \text{s.t.}\quad |s_i|=1/\sqrt{N_{\mathrm{T}}L_1},i=1,2,3,\cdots,L_1N_{\mathrm{T}}\end{cases} \tag{8.128}$$

其中，$\boldsymbol{T}^{(n+1,i)}=\boldsymbol{X}\left(\boldsymbol{W}^{(n)},\boldsymbol{v}_{\mathrm{T}}\right)-f^{(n+1,i)}\hat{\boldsymbol{R}}_{\mathrm{D}}\left(\boldsymbol{W}^{(n)}\right)+\mu\boldsymbol{I}_{N_{\mathrm{T}}L}$，$f^{(n+1,i)}$ 是第 i 次迭代所得到的 $\boldsymbol{s}^{(n+1,i)}$ 代入式（8.124）后算得的目标函数值，μ 是一个保证矩阵 $\boldsymbol{T}^{(n+1,i)}$ 正定的正常数，则根据迭代算法可得其内部迭代更新表达式为

$$\boldsymbol{s}^{(n+1,i+1)}=\mathrm{e}^{\mathrm{j}\arg\left(\boldsymbol{T}^{(n+1,i)}\boldsymbol{s}^{(n+1,i)}\right)} \tag{8.129}$$

直到满足收敛条件 $\dfrac{\left|f^{(n+1,i)}-f^{(n+1,i-1)}\right|}{f^{(n+1,i)}}<\varsigma$，其中，$\varsigma>0$ 为停止参数。

8.4.4.3 仿真实验

本节通过 MATLAB 仿真实验对基于 STAP 的稳健设计及算法性能进行仿真，并通过空时二维等高图展示了基于 STAP 的杂波抑制作用，同时也展示了稳健设计的优化效果。

考虑机载 MIMO 雷达收发阵元个数均为 4，即 $N_{\mathrm{R}}=N_{\mathrm{T}}=4$，且相邻阵元间隔均为 $d=\lambda/2$，窄带信号载频 $f_0=1\mathrm{GHz}$，带宽 $B=1\mathrm{MHz}$。平台运动速度为

$v_a = 150\text{m/s}$，若每个阵元在一个 CPI 内重复发送 $K=8$ 个脉冲序列，每个脉冲序列长度 $L_1 = 8$，且发射脉冲的重复频率 $f_r = 1/T_R = 2\text{kHz}$，则平台运动的归一化多普勒频率 $\overline{f}_a = 0.5$。假设目标存在于 $l=0$ 距离单元上，其归一化多普勒频率 $f_d = -0.1$，信噪比为 $\text{SNR} = 10\lg\left(|\alpha_T|^2/\sigma_n^2\right) = 10\text{dB}$。

前面已经讨论，对任意入射锥角 $\psi_{c,l,m} \in (0,\pi)$ 的杂波，其 $f_{c,l,m} \in (-0.5, 0.5)$。为有效抑制整个区间范围内的杂波干扰，本仿真考虑以下两种杂波向量模型。

模型 1：仅考虑目标距离单元上的杂波影响，建模 c 为 $M=9$ 个位于 $l=0$ 距离单元独立杂波的叠加，且假设第 m 个杂波归一化多普勒频率 $f_{c,l,m}$ 在区间 $\left[\hat{f}_{c,l,m} - \varepsilon_{c,l,m}/2, \hat{f}_{c,l,m} + \varepsilon_{c,l,m}/2\right]$ 内均匀分布，中心多普勒频率为 $\hat{f}_{c,0,m} = -0.5 + 0.1m$，多普勒不确定度 $\varepsilon_{c,0,m} = 0.2, m = 1,2,3,\cdots,M$。

模型 2：同样仅考虑 $l=0$ 距离单元的杂波影响，假设 c 仅表示 $M=1$ 个杂波点，其归一化多普勒在区间 $(-0.5,0.5)$ 内均匀分布，中心多普勒频率 $\hat{f}_{c,0} = 0$，多普勒不确定度 $\varepsilon_{c,0} = 1$。

两种杂波模型下的杂噪比（Clutter to Noise Ratio，CNR）为 $\text{CNR}_m = 10 \times \lg(|\alpha_{c,0,m}|^2/\sigma_n^2) = 20\text{dB}$，$m = 1,2,3,\cdots,M$。

协方差矩阵 $\boldsymbol{M}_{c,l,m}$ 的归一化不确定度大小为 $\rho_{c,l,m} = \delta_{c,l,m}/\lambda_0 = 0.01$，$m=1,2,3,\cdots,M$，其中 $\lambda_0 = \min\limits_{(m,l)} \lambda_{\max}(\boldsymbol{M}_{c,l,m})$。另外，考虑初始序列为随机相位编码信号，并设置算法迭代次数为 50 次，Power-Method 内部迭代的收敛参数 $\varsigma = 10^{-3}$，常数 $\mu = 10^{-8}$。

首先对本算法的优化性能进行仿真说明，图 8.19 针对两种杂波模型，分别给出了优化 W-SINR 随算法迭代次数的变化曲线，其中，图中所示 SINR 皆为 100 次蒙特卡罗实验的平均值。可以看出，两种模型本算法都能使 SINR 在有限步迭代后得到显著的提高，对于有 9 个杂波点的模型 1，50 次迭代后可达到 2.67dB，相对于仅经过一次 MVDR 滤波处理的初始情况提升了 3.03dB；而虚线所示模型 2 的 W-SINR 优化值一直高于模型 1，最高可达 4.53dB，改善增益达 3.52dB。实际上，由于模型 2 的杂波点数相对于模型 1 要少，即对问题式（8.119）而言其不确定约束个数少，在相同优化自由度下，可优化的效果更好。此外，若杂波点功率相同，则点数越少，干扰总能量也相对越小，故模型 2 的初始值也高于模型 1。

另外，本算法也具有较高的效率，对于模型 1 和模型 2，平均每步迭代分别用时 0.046s 和 0.016s。其实，由于本算法杂波协方差矩阵的求解中涉及循环求和计算，且杂波点数越多，算法计算耗时越长，故模型 1 相对于模型 2 有较长的迭代优化时间。同时需要指出，算法每步迭代中都会涉及矩阵求逆运算，归一化不确定度求解中又需要进行矩阵特征值分解，然而 STAP 本身具有不可避免的高维度特性，且其维度随着阵元数（N_R, N_T）、脉冲个数（K）及序列长度（L_1）的增大而成倍增加，这必然会导致算法计算量的急剧增加，恶化算法效率。实际上，对于模型 1，若取 $K = L_1 = 16$，则每步迭代耗时为 1.03s，约为 $K = L_1 = 8$ 时的 22 倍。

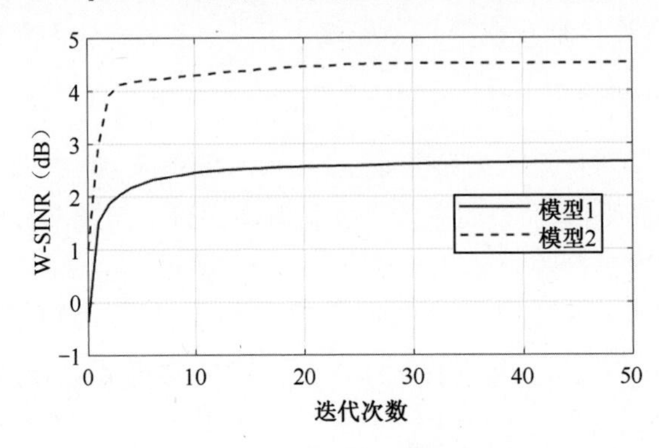

图 8.19　W-SINR 迭代优化曲线

为更加直观地展现杂波抑制效果，下面对空时二维平面进行联合分析，定义空时互模糊函数（STCAF）如下：

$$P_{w,s}(\gamma, f_{\mathrm{d}}) = \left|\boldsymbol{w}^{\mathrm{H}} \tilde{\boldsymbol{S}}^{\mathrm{T}} \boldsymbol{v}_{\mathrm{T}}(\gamma, f_{\mathrm{d}})\right|^2 \tag{8.130}$$

其表示各空间频率 γ、归一化多普勒 f_{d} 下的空时快拍信号滤波后的输出功率，其中，$\boldsymbol{w}$ 为滤波向量，$\tilde{\boldsymbol{S}} = \boldsymbol{I}_K \otimes \boldsymbol{I}_{N_{\mathrm{R}}} \otimes \boldsymbol{S}$，$\boldsymbol{S}$ 为发射序列矩阵，导向矢量 $\boldsymbol{v}_{\mathrm{T}}(\gamma, f_{\mathrm{d}}) = \boldsymbol{u}(f_{\mathrm{d}}) \otimes \boldsymbol{a}_{\mathrm{T}}(\psi) \otimes \boldsymbol{a}_{\mathrm{R}}(\psi)$，其中 $\boldsymbol{u}(f_{\mathrm{d}})$、$\boldsymbol{a}_{\mathrm{T}}(\psi)$ 和 $\boldsymbol{a}_{\mathrm{R}}(\psi)$ 分别表示频率向量、接收导向矢量及发射导向矢量，且入射锥角 $\psi = \arccos(\lambda\gamma/d) = \arccos(2\gamma)$。

图 8.20（a）和图 8.20（b）分别描绘了两种模型下基于优化序列 $\boldsymbol{s}_{\mathrm{opt}}$ 及权向量 $\boldsymbol{w}_{\mathrm{opt}}$ 的 STCAF 等高图，可以观察到，两个等高图在 $\gamma = f_{\mathrm{d}}, -0.5 < f_{\mathrm{d}} < 0.5$ 范围内都有很低的输出功率值，且在二维平面内形成了一个很明显的杂波抑制带，这说明无论哪种模型，本算法都能有效抑制机载雷达中 $(-0.5, 0.5)$ 多普勒范围内的任意地物杂波，只是抑制效果略有差异。具体而言，杂波点个数多的模型 1 沿直线 $\gamma = f_{\mathrm{d}}$ 有更加清晰的凹槽，而只有单一杂波点的模型 2 在中心频率 0 附近凹槽明显，但随着频率范围的扩大，凹槽形状逐渐不清晰。另外，从该二维等高图也能看出，杂波空间频率 γ 和归一化多普勒频率 f_{d} 确实存在线性关系，且本仿真中该线性关系的斜率为 1。

下面对本设计的稳健性进行评估。针对前面讨论的两种杂波模型，分别对其进行忽略杂波导向矢量协方差失配的最优设计（$\delta = 0$）和考虑失配情况的稳健设计（$\delta \neq 0$），并求解两种设计在杂波信息不准确场景下的 W-SINR。

图 8.21 描述了最优设计和稳健设计下 W-SINR 随归一化不确定度 ρ 的变化曲线，其中各杂波归一化不确定度 $\rho_{\mathrm{c},l,m} = \rho, m = 1,2,3,\cdots,M$，$\rho = [0\ 0.01\ \cdots\ 0.1]$。由图 8.21 得知，两种模型下稳健设计所能实现的 W-SINR 均高于最优设计，具体而言，对于模型 1，最高能实现 2.3dB 的 SINR 增益，而对于模型 2 也能实现 0.2dB

的改善增益。同时也能看出，对于杂波点数多、杂波点分布子区间小的模型 1，其稳健设计的优化效果受归一化不确定度 ρ 的影响大，而对于杂波分布子区间大的模型 2，稳健设计受不确定参数 ρ 的影响小，实际上此时主要的影响因素是子区间分布范围参数 ε。

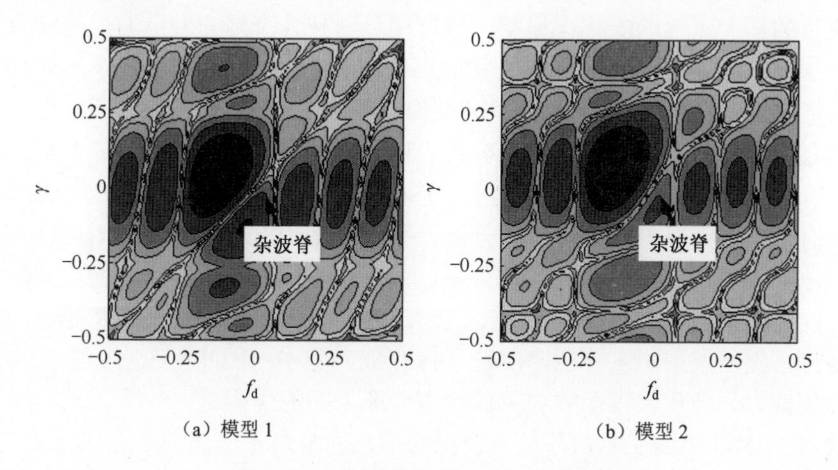

（a）模型 1　　（b）模型 2

图 8.20　两种模型下的 STCAF 等高图

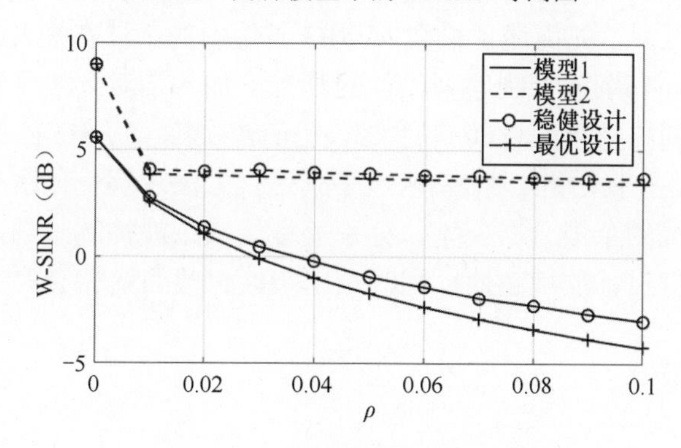

图 8.21　W-SINR 随 ρ 的变化曲线

8.5　本章小结

本章首先描述了信号相关距离模糊杂波背景下 MIMO 雷达慢时间回波模型，并通过最大化 SINR，建立了基于恒模与相似性约束下的发射与接收联合优化问题。然后提出了基于 BCD 的发射与接收联合优化方法，每次迭代将原问题转换为多个子问题，并导出了每个子问题的最优解。理论分析表明，BCD 算法能够保证 SINR 单调递增至收敛。同时，相比其他算法，BCD 算法具有更低的计算复杂度。数值结果表明，当考虑相似性约束时，相比 NSDP-RA 算法，BCD 算法具有更高的 SINR 与计算效率，同时优化的模糊函数能够在信号相关距离模糊杂波区域实现置零，能够有效对抗信号相关距离模糊杂波干扰。相似性参数越大，慢时间模糊函数性能越好，但输出 SINR 越低。在实际中，应当合理考虑检测性能与模糊函数性能之间的关系。另外，目标的归一化多普勒频率与方位知识越不准确，SINR 越低，目标检测性能越差。

为进一步提高波形优化自由度，本章构建了基于波形变模、相似性和天线功率约束下的最大化 SINR 优化模型。通过序列迭代各个阵元发射波形与接收滤波器，提出了一种基于 SGO 的发射与接收联合优化算法。为了更新每个发射阵元的发射波形，通过利用 DA 将原问题转换为非凸的 QCQP 问题，进而提出了基于 ADPM 的优化算法将其求解，理论分析表明，在一定条件下优化的每个发射波形满足一阶最优性条件，所提算法能够保证 SINR 单调递增至收敛，同时较 BSUM-M 算法具有更低的计算复杂度。仿真分析表明，相比 BSUM-M 算法，SGO-ADPM 优化算法具有更高的 SINR 与计算效率。另外，波形相似性约束越强，波形模糊函数性能越好，但输出的 SINR 越低。波形幅度动态范围越大，SINR 越高，检测性能越好，然而发射机工作效率越低，探测威力越小。因此，在实际中应当折中考虑探测威力、波形模糊函数与目标检测性能之间的平衡。

针对 MIMO 雷达在复杂环境下获得的信息通常是不准确甚至无法预知的，因此先验信息存在偏差的问题，本章研究了信号相关杂波环境下的稳健恒模收发联合设计与处理方法。首先简述了机载 MIMO 雷达中的杂波特性及 STAP 技术的基本原理，然后在原有杂波抑制序列设计的基础上加入了对杂波信息不确定度的讨论，定义杂波导向矢量且假设其满足二次不确定约束，以 SINR 为优化准则建立 Max-min 优化问题，并采用文献[28]所述序列迭代方法求解优化序列及滤波向量。仿真针对两种不同的杂波分布模型，分别验证了其杂波抑制效果，并与最优设计对比，证明了稳健设计的优越性，同时指出杂波点数的增加会限制优化性能。

本章参考文献

[1] AUBRY A, MAIO A D, JIANG B, et al. Ambiguity function shaping for cognitive radar via complex quartic optimization[J]. IEEE Transactions on Signal Processing, 2013, 61(22): 5603-5619.

[2] AUBRY A, MAIO A D, FARINA A, et al. Knowledge-aided (potentially cognitive) transmit signal and receive filter design in signal-dependent clutter[J]. IEEE Transactions on Aerospace and Electronic Systems, 2013, 49(1): 93-117.

[3] SOLTANALIAN M, STOICA P. Designing unimodular codes via quadratic optimization[J]. IEEE Transactions on Signal Processing, 2014, 62(5): 1221-1234.

[4] AUBRY A, MAIO A D, NAGHSH M M. Optimizing radar waveform and doppler filter bank via generalized fractional programming[J]. IEEE Journal of Selected Topics in Signal Processing, 2015, 9(8): 1387-1399.

[5] CUI G, FU Y, YU X, et al. Robust transmitter-receiver design in the presence of

signal-dependent clutter[J]. IEEE Transactions on Aerospace and Electronic Systems, 2018, 54(4):1871-1882.

[6] NAGHSH M M, SOLTANALIAN M, STOICA P, et al. A Doppler robust design of transmit sequence and receive filter in the presence of signal-dependent interference[J]. IEEE Transactions on Signal Processing, 2014, 62(4): 772-785.

[7] WU L, BABU P, PALOMAR D P. Cognitive radar-based sequence design via SINR maximization[J]. IEEE Transactions on Signal Processing, 2017, 65(3):779-793.

[8] ZHU W, TANG J. Robust design of transmit waveform and receive filter for colocated MIMO radar[J]. IEEE Signal Processing Letter, 2015, 22(11): 2112-2116.

[9] AUBRY A, MAIO A D, PIEZZO M, et al. Cognitive design of the receive filter and transmitted phase code in reverberating environment[J]. IET Radar Sonar and Navigation, 2012, 6(9): 822-833.

[10] KARBASI S, AUBRY A, CAROTENUTO V, et al. Knowledge-based design of space-time transmit code and receive filter for a multiple-input-multiple-output radar in signal-dependent interference[J]. IET Radar Sonar and Navigation, 2015, 9(8): 1124-1135.

[11] GOLUB G, LOAN C. Matrix computations[M]. 4th ed. Baltimore: The Johns Hopkins Univercity Press, 2013.

[12] CUI G, LI H, RANGASWAMY M. MIMO radar waveform design with constant modulus and similarity constraints[J]. IEEE Transactions on Signal Processing, 2014, 62(2): 343-353.

[13] CUI G, YU X, FOGLIA G, et al. Quadratic optimization with similarity constraint for unimodular sequence synthesis[J]. IEEE Transactions on Signal Processing, 2017, 65(18): 4756-4769.

[14] LI J, GUERCI R, XU L. Signal waveform's optimal-under-restriction design for active sensing[J]. IEEE Signal Processing Letter, 2006, 13(9): 565-568.

[15] MAIO A D, NICOLA D S, HUANG Y, et al. Design of phase codes for radar performance optimization with a similarity constraint[J]. IEEE Transactions on Signal Processing, 2009, 57(2): 610-621.

[16] HUANG K, SIDIROPOULOS N D. Consensus-ADMM for general quadratically constrained quadratic programming[J]. IEEE Transactions on Signal Processing, 2016, 64(20): 5297-5310.

[17] ERSEGHE T. A distributed and maximum-likelihood sensor network localization algorithm based upon a nonconvex problem formulation[J]. IEEE Transactions on Signal and Information Processing over Networks, 2015, 1(4): 247-258.

[18] MAGNÚSSON S, WEERADDANA P, RABBAT M, et al. On the convergence of alternating direction lagrangian methods for nonconvex structured optimization

problems[J]. IEEE Transactions on Control of Network Systems, 2016, 3(3): 296-309.
[19] BOYD S, PARIKH N, CHU E, et al. Distributed optimization and statistical learning via the alternating direction method of multipliers[M]. Boston: Now Publishers, 2011.
[20] GHADIMI E, TEIXEIRA A, SHAMES I, et al. Optimal parameter selection for the alternating direction method of multipliers (ADMM): Quadratic problems[J]. IEEE Transactions on Automatic Control, 2015, 60(3): 644-658.
[21] CHENG Z, HE Z, LIAO B, et al. MIMO radar waveform design with PAPR and similarity constraints[J]. IEEE Transactions on Signal Processing, 2018, 66(4): 968-981.
[22] ANTONIK P, WICKS M C. Waveform diversity: Past, present, and future[C]. IET International Conference on Radar Systems, Edinburgh, UK, 2007: 1-5.
[23] 吴顺君，梅晓春. 雷达信号处理和数据处理技术[M]. 北京：电子工业出版社, 2008: 228-240.
[24] 孙英. 机载雷达空时自适应处理技术研究[D]. 南京：南京邮电大学, 2013.
[25] BRENNAN L E, REED L S. Theory of adaptive radar[J]. IEEE Transaction on Aerospace and Electronic Systems, 1973, AES-9(2): 237-252.
[26] GUERCI J R. Space-time adaptive processing for radar[M]. Boston: Artech House Publishers, 2003.
[27] 何子述，夏威. 现代数字信号处理及其应用[M]. 北京：清华大学出版社, 2009.
[28] TANG B, TANG J. Joint design of transmit waveforms and receive filters for MIMO radar space-time adaptive processing[J]. IEEE Transactions on Signal Processing, 2016, 64(18): 4707-4722.

第 9 章

MIMO 雷达与通信共存波形设计

- MIMO 雷达与 MIMO 通信共存系统发射设计
- MIMO 雷达与 MIMO 通信共存系统收发联合设计
- 频谱共存下 MIMO 雷达正交波形设计
- 频谱共存下 MIMO 雷达快时间发射与接收联合设计

由于大量电子设备的使用，因此在复杂电磁环境中存在大量电磁干扰，如在电子战中，敌方针对我方实施的压制干扰与欺骗干扰等电子干扰；民/军用通信、电台、广播和卫星等非敌意电磁信号，同频段信号也会对探测产生同频干扰。本章针对 MIMO 雷达与 MIMO 通信系统共存情况下系统间存在的互扰问题进行研究。对于频谱共存研究，先前的研究工作利用系统接收数据特性进行共存设计，这些设计在应用场景上往往存在一定的局限性。因此，本章首先针对 MIMO 雷达与 MIMO 通信发射设计，通过约束共存系统发射端以实现通信速率的最优化[1]。其次，为进一步扩展其适用性，研究了运动平台环境下的共存系统设计，在杂波环境中，基于 MIMO 雷达和 MIMO 通信系统共存时最优化雷达输出 SINR，同时利用雷达和通信系统约束对雷达空时收发和通信空时码本进行设计，也考虑了在雷达输出 SINR 约束下的最大化通信速率的雷达空时收发和通信空时码本[2-3]设计。另外，在频谱兼容的约束条件下，考虑了 MIMO 雷达系统的波形设计，包括正交波形设计和快时间发射与接收联合波形设计。区别于第 6 章和第 7 章仅考虑信号相关杂波干扰下的单目标检测场景，本章的快时间发射与接收联合波形设计针对信号相关杂波背景下多目标检测性能的问题，考虑恒模与频谱约束，提出了一种基于 NICE 与 NMICE 的优化算法，提升了复杂电磁环境下多目标检测性能，保证了 MIMO 雷达系统频谱共存的能力。

9.1 MIMO 雷达与 MIMO 通信共存系统发射设计

针对 MIMO 雷达与 MIMO 通信系统共存情况下系统间存在的互扰问题，先前的研究工作利用系统接收数据特性进行共存设计，这些设计在应用场景上往往存在一定的局限性。本节针对 MIMO 雷达与 MIMO 通信发射设计，通过约束共存系统发射端以实现通信速率的最优化[1]。

9.1.1 系统模型

假设通信雷达共存系统中的 MIMO 通信系统和集中式 MIMO 雷达具有相同的载波频率。图 9.1 描述了所考虑的共存系统模型。假设 MIMO 通信系统配备了 M_{T} 个发射阵元和 M_{R} 个接收阵元，MIMO 雷达具有相同数量的发射阵元和接收阵元用 N_{T} 表示。在假定的窄带慢衰落环境中，雷达和通信系统采样时间保持同步，并且各个通道在 L 个符号间隔中保持不变，则通信接收端在第 l 个时刻时接收信号为

$$\overline{\boldsymbol{y}}_{\mathrm{C}}(l)=\overline{\boldsymbol{y}}_{l,\mathrm{C}}=\overline{\boldsymbol{H}}\,\overline{\boldsymbol{x}}(l)+\overline{\boldsymbol{z}}(l)+\overline{\boldsymbol{n}}_{\mathrm{C}}(l) \tag{9.1}$$

其中，$\overline{\boldsymbol{H}}\in\mathbb{C}^{M_{\mathrm{R}}\times M_{\mathrm{T}}}$ 表示通信信道矩阵，$\overline{\boldsymbol{x}}(l)=\overline{\boldsymbol{x}}_l\in\mathbb{C}^{M_{\mathrm{T}}\times 1}$ 表示第 l 个通信发射符号向量，$\overline{\boldsymbol{n}}_{\mathrm{C}}(l)=\overline{\boldsymbol{n}}_{\mathrm{C},l}\sim\mathcal{CN}(0,\sigma_{\mathrm{C}}^2 I_{M_{\mathrm{R}}})$ 表示通信系统中高斯白噪声向量，$\overline{\boldsymbol{z}}(l)=\overline{\boldsymbol{z}}_l$ 表示通信系统中来自雷达发射端的干扰信号，其表达式为

$$\overline{z}_l = \boldsymbol{G}_1 \overline{\boldsymbol{s}}_l \mathrm{e}^{\mathrm{j}\alpha_l} \tag{9.2}$$

其中，$\boldsymbol{G}_1 \in \mathbb{C}^{M_\mathrm{R} \times N_\mathrm{T}}$ 表示从雷达发射机到通信接收机的传输信道，$\overline{\boldsymbol{s}}_l \in \mathbb{C}^{N_\mathrm{T} \times 1}$ 表示雷达发射波形向量，$\mathrm{e}^{\mathrm{j}\alpha_l}$ 是雷达发射端和通信接收端之间的随机相位偏移[4]。对于雷达到通信系统的传输信道，将 MIMO 通信中的几何通道模型扩展应用到该共存系统中[5]，具体可表示为

$$\boldsymbol{G}_1 = \sum_{p=1}^{P} \beta(p) \boldsymbol{v}_\mathrm{R}^* \left(\varphi_p\right) \boldsymbol{a}_\mathrm{T}^\mathrm{H} \left(\theta_p\right) \tag{9.3}$$

其中，$\beta(p)$ 表示第 p 个传播路径的衰减系数。假设 $\beta(p), p = 1,2,3,\cdots,P$ 是零均值不相关随机变量，其方差为 $\sigma_p^2 = \mathbb{E}[|\beta(p)|^2], \varphi_p$ 和 θ_p 分别表示相应的接收角和发射角，$\boldsymbol{v}_\mathrm{R}(\cdot)$ 和 $\boldsymbol{a}_\mathrm{T}(\cdot)$ 分别表示对应的 $M_\mathrm{R} \times 1$ 维的通信接收导向向量和 $N_\mathrm{T} \times 1$ 维的雷达发射导向矢量，对于均匀线阵，其广义表达式可表示为

$$\begin{cases} \boldsymbol{v}_\mathrm{R}(\varphi) = \dfrac{1}{\sqrt{M_\mathrm{R}}} \left[1, \mathrm{e}^{\mathrm{j}2\pi \frac{d_{1\mathrm{R}} \sin\varphi}{\lambda}}, \mathrm{e}^{\mathrm{j}2\pi \frac{2d_{1\mathrm{R}} \sin\varphi}{\lambda}}, \cdots, \mathrm{e}^{\mathrm{j}2\pi \frac{(M_\mathrm{R}-1)d_{1\mathrm{R}} \sin\varphi}{\lambda}} \right]^\mathrm{T} \\ \boldsymbol{a}_\mathrm{T}(\theta) = \dfrac{1}{\sqrt{N_\mathrm{T}}} \left[1, \mathrm{e}^{\mathrm{j}2\pi \frac{d_{2\mathrm{T}} \sin\theta}{\lambda}}, \mathrm{e}^{\mathrm{j}2\pi \frac{2d_{2\mathrm{T}} \sin\theta}{\lambda}}, \cdots, \mathrm{e}^{\mathrm{j}2\pi \frac{(N_\mathrm{T}-1)d_{2\mathrm{T}} \sin\theta}{\lambda}} \right]^\mathrm{T} \end{cases} \tag{9.4}$$

其中，λ 是载波波长，$d_{1\mathrm{R}}$ 和 $d_{2\mathrm{T}}$ 分别表示通信接收端和雷达发射端阵元之间的间隔。本节主要研究共存系统的传输设计，目标是在共存系统的传输约束下，最大限度地提高通信系统的传输速率。

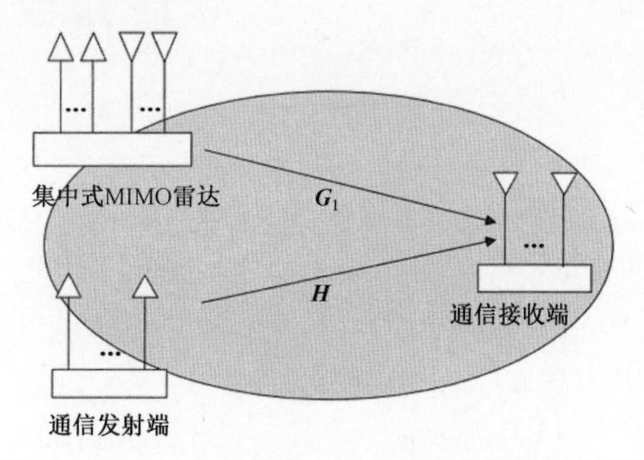

图 9.1　MIMO 通信系统与雷达谱共存模型

9.1.2　问题描述与求解

定义 $\boldsymbol{x} = [\overline{\boldsymbol{x}}_1^\mathrm{T}, \overline{\boldsymbol{x}}_2^\mathrm{T}, \overline{\boldsymbol{x}}_3^\mathrm{T}, \cdots, \overline{\boldsymbol{x}}_L^\mathrm{T}]^\mathrm{T}$，$\boldsymbol{s} = [\overline{\boldsymbol{s}}_1^\mathrm{T}, \overline{\boldsymbol{s}}_2^\mathrm{T}, \overline{\boldsymbol{s}}_3^\mathrm{T}, \cdots, \overline{\boldsymbol{s}}_L^\mathrm{T}]^\mathrm{T}$，$\boldsymbol{z} = [\overline{\boldsymbol{z}}_1^\mathrm{T}, \overline{\boldsymbol{z}}_2^\mathrm{T}, \overline{\boldsymbol{z}}_3^\mathrm{T}, \cdots, \overline{\boldsymbol{z}}_L^\mathrm{T}]^\mathrm{T}$，$\boldsymbol{n}_\mathrm{C} = [\overline{\boldsymbol{n}}_{\mathrm{C},1}^\mathrm{T}, \overline{\boldsymbol{n}}_{\mathrm{C},2}^\mathrm{T}, \overline{\boldsymbol{n}}_{\mathrm{C},3}^\mathrm{T}, \cdots, \overline{\boldsymbol{n}}_{\mathrm{C},L}^\mathrm{T}]^\mathrm{T}$ 和 $\boldsymbol{H} = \left[\overline{\boldsymbol{H}}_1^\mathrm{T}, \overline{\boldsymbol{H}}_2^\mathrm{T}, \overline{\boldsymbol{H}}_3^\mathrm{T}, \cdots, \overline{\boldsymbol{H}}_L^\mathrm{T}\right]^\mathrm{T}$ 可得

$$\boldsymbol{y}_\mathrm{C} = \boldsymbol{H}\boldsymbol{x} + \boldsymbol{z} + \boldsymbol{n}_\mathrm{C} \tag{9.5}$$

通信系统中干扰加噪声的协方差可以表示为

$$\begin{aligned}\boldsymbol{R}_{\mathrm{Cin}} &= \mathbb{E}\left\{(\boldsymbol{z}+\boldsymbol{n}_{\mathrm{C}})(\boldsymbol{z}+\boldsymbol{n}_{\mathrm{C}})^{\mathrm{H}}\right\} \\ &= \sum_{p=1}^{P}\sigma_p^2\tilde{\boldsymbol{G}}(p)\left(\boldsymbol{s}\boldsymbol{s}^{\mathrm{H}}\right)(\tilde{\boldsymbol{G}}(p))^{\mathrm{H}}+\sigma_{\mathrm{C}}^2\boldsymbol{I}_{M_{\mathrm{R}}L}\end{aligned} \tag{9.6}$$

其中，$\tilde{\boldsymbol{G}}(p)=\overline{\boldsymbol{G}}(p)\otimes\boldsymbol{I}_L,\overline{\boldsymbol{G}}(p)=\boldsymbol{v}_{\mathrm{R}}^*(\varphi_p)\boldsymbol{a}_{\mathrm{T}}^{\mathrm{H}}(\theta_p)$。应当注意的是，当通信系统中雷达干扰加噪声不是高斯分布时，通信系统的瞬时信息速率很难确定。相应地，当通信码元 $\boldsymbol{x}$ 分布为 $\mathcal{CN}(0,\boldsymbol{R}_x)$ [6]时，可以获得通信速率的下界。因此，可定义每通道使用率和每自由度（Degree of Freedom，DoF）的速率（单位为比特数/DoF/通道使用率）下界为

$$\underline{C}(\boldsymbol{R}_x,\boldsymbol{s})\triangleq\frac{1}{M_{\mathrm{T}}M_{\mathrm{R}}L}\log_2\det\left\{\boldsymbol{I}_{M_{\mathrm{R}}L}+\boldsymbol{R}_{\mathrm{Cin}}^{-1}\boldsymbol{H}\boldsymbol{R}_x\boldsymbol{H}^{\mathrm{H}}\right\} \tag{9.7}$$

接下来的目标是对式（9.7）中通信传输速率的下界最大化。关于约束限制，首先对雷达发射波形进行约束[7]。一般情况下，雷达发射波形的能量是有限的，假设$\|\boldsymbol{s}\|^2=E_{\mathrm{R}}$。另外，在波形设计中通常期望所设计的雷达发射波形位于参考波形 $\boldsymbol{s}_0$ 附近，其中$\|\boldsymbol{s}_0\|^2=E_{\mathrm{R}}$。为满足所期望雷达发射波形性质（如距离分辨率、旁瓣电平和包络恒定性等），可采用相似性约束$\|\boldsymbol{s}-\boldsymbol{s}_0\|^2\leqslant\varepsilon$，实参数$\varepsilon\in[0,2E_{\mathrm{R}}]$用于控制与参考发射波形的相似度。对于通信系统，对传输波形施加能量约束，即$\mathbb{E}\left[\mathrm{tr}\{\boldsymbol{x}\boldsymbol{x}^{\mathrm{H}}\}\right]=\mathrm{tr}\{\boldsymbol{R}_x\}\leqslant E_{\mathrm{C}}$。该优化问题的数学表达式可表示为

$$\begin{cases}\max\limits_{\boldsymbol{R}_x,\boldsymbol{s}} & \log_2\det\left(\boldsymbol{I}_{M_{\mathrm{R}}L}+\boldsymbol{R}_{\mathrm{Cin}}^{-1}\boldsymbol{H}\boldsymbol{R}_x\boldsymbol{H}^{\mathrm{H}}\right)\\ \text{s.t.} & \mathrm{tr}\left\{\boldsymbol{R}_x\right\}\leqslant E_{\mathrm{C}}\\ & \|\boldsymbol{s}-\boldsymbol{s}_0\|^2\leqslant\varepsilon\\ & \|\boldsymbol{s}\|^2=E_{\mathrm{R}},\boldsymbol{R}_x\succcurlyeq\boldsymbol{0}\end{cases} \tag{9.8}$$

显然，式（9.8）中的问题关于变量$(\boldsymbol{R}_x,\boldsymbol{s})$是非凸的并且很难直接得到最优解[8]。为求解这一非凸优化问题，根据前面所述多变量问题优化，采用以下两步交替的方法。

首先，固定雷达发射波形 $\boldsymbol{s}$，优化通信码本 $\boldsymbol{R}_x$

$$\begin{cases}\max\limits_{\boldsymbol{R}_x}\log_2\det\left(\boldsymbol{I}_{M_{\mathrm{R}}L}+\boldsymbol{R}_{\mathrm{Cin}}^{-1}\boldsymbol{H}\boldsymbol{R}_x\boldsymbol{H}^{\mathrm{H}}\right)\\ \text{s.t. }\mathrm{tr}\left\{\boldsymbol{R}_x\right\}\leqslant E_{\mathrm{C}},\ \boldsymbol{R}_x\succcurlyeq\boldsymbol{0}\end{cases} \tag{9.9}$$

容易得知，式（9.9）描述的问题是关于 $\boldsymbol{R}_x$ 的一个凸问题，并且可以通过注水算法求得式（9.9）的最优解为[9]

$$\boldsymbol{R}_x^*=\boldsymbol{U}\boldsymbol{\Sigma}\boldsymbol{U}^{\mathrm{H}} \tag{9.10}$$

其中，$\boldsymbol{U}$ 是矩阵 $\tilde{\boldsymbol{H}}=\boldsymbol{R}_{\mathrm{Cin}}^{-1/2}\boldsymbol{H}$ 的右奇异矩阵，$\boldsymbol{\Sigma}=\mathrm{diag}\left\{\gamma_1,\gamma_2,\gamma_3,\ldots,\gamma_r\right\},\gamma_i=(\eta-1/\sigma_i^2)^+$，$(\cdot)^+\triangleq\max(\cdot,0)$，$r$ 和 $\{\sigma_i^2\}_{i=1}^r$ 分别表示矩阵 $\tilde{\boldsymbol{H}}$ 的秩和正奇异值。η 用于限定满足

$\sum_{i=1}^{N_{\min}}\gamma_i = E_{\mathrm{C}}$ 的约束，其中 $N_{\min} \triangleq \min(M_{\mathrm{R}}L, M_{\mathrm{T}}L)$。可以看出，相应的优化通信速率为

$$C_{\max}(E_{\mathrm{C}}) = \sum_{i=1}^{N_{\min}}\log_2\left(1+\frac{\gamma_i\lambda_i^2}{\sigma_{\mathrm{C}}^2}\right) \tag{9.11}$$

其中，λ_i 是矩阵的第 i 个特征值。可知：$C_{\max}(E_{\mathrm{C}})$ 是关于 E_{C} 的单调增加函数；如果没有雷达发射机对通信接收机的干扰，$C_{\max}(E_{\mathrm{C}})$ 能达到最大的通信速率，即雷达在信道矩阵 $\boldsymbol{G}_1$ 的零空间传输。

其次，固定通信码本 $\boldsymbol{R}_x$，优化雷达波形 $\boldsymbol{s}$。该优化问题可被化简为

$$\begin{cases}\max\limits_{\boldsymbol{s}} & \log_2\det\left(\boldsymbol{I}_{M_{\mathrm{R}}L} + \boldsymbol{R}_{\mathrm{Cin}}^{-1}\boldsymbol{H}\boldsymbol{R}_x\boldsymbol{H}^{\mathrm{H}}\right)\\ \text{s.t.} & \left\|\boldsymbol{s}-\boldsymbol{s}_0\right\|^2 \leqslant \varepsilon\\ & \left\|\boldsymbol{s}\right\|^2 = E_{\mathrm{R}}\end{cases} \tag{9.12}$$

由于式(9.12)中描述的是最大化一个凸目标函数并且 $\left\|\boldsymbol{s}\right\|^2 = E_{\mathrm{R}}$ 为非凸约束，因此式（9.12）中的问题关于 $\boldsymbol{s}$ 是非凸的。定义 $\boldsymbol{S} = \boldsymbol{s}\boldsymbol{s}^{\mathrm{H}}$ 和 $\boldsymbol{S}_0 = \boldsymbol{s}_0\boldsymbol{s}_0^{\mathrm{H}}$ [10]，则该优化问题可以被进一步转化为下列矩阵优化形式：

$$\begin{cases}\max\limits_{\boldsymbol{S}\geqslant\boldsymbol{0}} \log_2\det\left[\boldsymbol{I}_{M_{\mathrm{R}}L} + \boldsymbol{R}_{\mathrm{Cin}}^{-1}\boldsymbol{H}\boldsymbol{R}_x\boldsymbol{H}^{\mathrm{H}}\right]\\ \text{s.t.}\ \ \mathrm{tr}\left\{\boldsymbol{S}\boldsymbol{S}_0\right\} \geqslant \left(E_{\mathrm{R}} - \dfrac{\varepsilon}{2}\right)^2\\ \qquad \mathrm{tr}\left\{\boldsymbol{S}\right\} = E_{\mathrm{R}}\\ \qquad \mathrm{rank}\left\{\boldsymbol{S}\right\} = 1\end{cases} \tag{9.13}$$

可知由于秩一约束，所以式（9.13）中的问题关于 $\boldsymbol{S}$ 仍然是非凸的。可以采用一阶泰勒近似作为目标函数的下界[11]。假设 $\bar{\boldsymbol{S}} = \bar{\boldsymbol{s}}\,\bar{\boldsymbol{s}}^{\mathrm{H}}$，其中 $\bar{\boldsymbol{s}}$ 可由前一次迭代的优化解代替，$\underline{C}\left(\boldsymbol{R}_x, \boldsymbol{S}\right)$ 在 $\boldsymbol{S}$ 的一阶泰勒展开可表示为

$$C\left(\boldsymbol{R}_x, \boldsymbol{S}\right) \approx \underline{C}\left(\boldsymbol{R}_x, \bar{\boldsymbol{S}}\right) - \mathrm{tr}\left(\boldsymbol{D}\left(\boldsymbol{S}-\bar{\boldsymbol{S}}\right)\right) \tag{9.14}$$

其中

$$\begin{aligned}\bar{\boldsymbol{D}} &\triangleq -\left(\frac{\partial\underline{C}\left(\boldsymbol{R}_x,\boldsymbol{S}\right)}{\partial\boldsymbol{S}}\right)^{\mathrm{T}}_{\boldsymbol{S}=\bar{\boldsymbol{S}}}\\ &= \sum_{p=1}^{P}\left(\tilde{\boldsymbol{G}}(p)\right)^{\mathrm{H}}\left[\left(\sum_{p=1}^{P}\tilde{\boldsymbol{G}}(p)\bar{\boldsymbol{S}}\left(\tilde{\boldsymbol{G}}(p)\right)^{\mathrm{H}} + \sigma_{\mathrm{C}}^2\boldsymbol{I}_{M_{\mathrm{R}}L}\right)^{-1} - \right.\\ &\quad \left.\left(\sum_{p=1}^{P}\tilde{\boldsymbol{G}}(p)\bar{\boldsymbol{S}}\left(\tilde{\boldsymbol{G}}(p)\right)^{\mathrm{H}} + \sigma_{\mathrm{C}}^2\boldsymbol{I}_{M_{\mathrm{R}}L} + \boldsymbol{H}\boldsymbol{R}_x\boldsymbol{H}^{\mathrm{H}}\right)^{-1}\right]\tilde{\boldsymbol{G}}(p)\end{aligned} \tag{9.15}$$

可知矩阵 $\bar{\boldsymbol{D}}$ 是半正定矩阵[11]。式（9.15）可以重写为

$$\begin{cases}\max\limits_{\boldsymbol{S}\geqslant 0} C\left(\boldsymbol{R}_x,\bar{\boldsymbol{S}}\right)-\operatorname{tr}\left\{\bar{\boldsymbol{D}}(\boldsymbol{S}-\bar{\boldsymbol{S}})\right\}\\ \text{s.t. } \operatorname{tr}\left\{\boldsymbol{S}\boldsymbol{S}_0\right\}\geqslant\left(E_{\mathrm{R}}-\dfrac{\varepsilon}{2}\right)^2\\ \qquad \operatorname{tr}\left\{\boldsymbol{S}\right\}=E_{\mathrm{R}}\\ \qquad \operatorname{rank}\left\{\boldsymbol{S}\right\}=1\end{cases} \tag{9.16}$$

上述问题可以采用 SDR 处理，但其计算复杂度一般较高。为降低式（9.16）中问题的计算复杂度，可采用拉格朗日乘子法实现一种高效的算法，并且可尝试获得一个闭合解。根据 $\operatorname{tr}\left\{\bar{\boldsymbol{D}}\boldsymbol{S}\right\}=\operatorname{tr}\left\{\bar{\boldsymbol{D}}\boldsymbol{s}\boldsymbol{s}^{\mathrm{H}}\right\}=\boldsymbol{s}^{\mathrm{H}}\bar{\boldsymbol{D}}$，并去掉无关常量项，式（9.16）可以等效地转换为

$$\begin{cases}\min\limits_{\boldsymbol{s}} \boldsymbol{s}^{\mathrm{H}}\bar{\boldsymbol{D}}\boldsymbol{s}\\ \text{s.t. } \|\boldsymbol{s}-\boldsymbol{s}_0\|^2\leqslant\varepsilon\\ \qquad \|\boldsymbol{s}\|^2=E_{\mathrm{R}}\end{cases} \tag{9.17}$$

为了确定式（9.17）中问题的解，首先考虑上述无相似性约束的问题，即

$$\begin{cases}\min\limits_{\boldsymbol{s}} \boldsymbol{s}^{\mathrm{H}}\bar{\boldsymbol{D}}\boldsymbol{s}\\ \text{s.t. } \|\boldsymbol{s}\|^2=E_{\mathrm{R}}\end{cases} \tag{9.18}$$

易知式（9.18）中问题的最优解 $\boldsymbol{s}_{\mathrm{obt}}$ 对应的是矩阵 $\bar{\boldsymbol{D}}$ 最小特征值所对应的特征向量，并且 $\boldsymbol{s}_{\mathrm{obt}}^2=E_{\mathrm{R}}$。如果得到的解满足相似性约束，那么所寻求的解 $\boldsymbol{s}^*$ 同样也是式（9.17）中问题的解。否则，$\varepsilon<2E_{\mathrm{R}}-2\Re\left\{\boldsymbol{s}_{\mathrm{obt}}^{\mathrm{H}}\boldsymbol{s}_0\right\}\leqslant 2E_{\mathrm{R}}$。

对于式（9.17）中问题的拉格朗日函数可表示为

$$f_1(\boldsymbol{s},\tilde{\lambda},\tilde{\mu})=\boldsymbol{s}^{\mathrm{H}}\bar{\boldsymbol{D}}\boldsymbol{s}+\tilde{\lambda}\left(\|\boldsymbol{s}\|^2-E_{\mathrm{R}}\right)+\tilde{\mu}\left(2E_{\mathrm{R}}-2\Re\left\{\boldsymbol{s}^{\mathrm{H}}\boldsymbol{s}_0\right\}-\varepsilon\right) \tag{9.19}$$

其中，$\tilde{\lambda}$ 和 $\tilde{\mu}$ 是实数值拉格朗日乘子，并且 $\tilde{\mu}\geqslant 0,\tilde{\lambda}$ 满足

$$\bar{\boldsymbol{D}}+\tilde{\lambda}\boldsymbol{I}>\boldsymbol{0} \tag{9.20}$$

因此，代价函数关于 $\boldsymbol{s}$ 可以最小化。式（9.20）意味着 $\tilde{\lambda}$ 应该大于矩阵 $\bar{\boldsymbol{D}}$ 最小特征值的相反数。经过代数运算，式（9.19）可以重写为

$$\begin{aligned}f_1(\boldsymbol{s},\tilde{\lambda},\tilde{\mu})=&\left[\boldsymbol{s}-\tilde{\mu}(\bar{\boldsymbol{D}}+\tilde{\lambda}\boldsymbol{I})^{-1}\boldsymbol{s}_0\right]^{\mathrm{H}}(\bar{\boldsymbol{D}}+\tilde{\lambda}\boldsymbol{I})\left[\boldsymbol{s}-\tilde{\mu}(\bar{\boldsymbol{D}}+\tilde{\lambda}\boldsymbol{I})^{-1}\boldsymbol{s}_0\right]-\\&\tilde{\mu}^2\boldsymbol{s}_0^{\mathrm{H}}(\bar{\boldsymbol{D}}+\tilde{\lambda}\boldsymbol{I})^{-1}\boldsymbol{s}_0-\tilde{\lambda}E_{\mathrm{R}}+\tilde{\mu}\left(2E_{\mathrm{R}}-\varepsilon\right)\end{aligned} \tag{9.21}$$

该优化问题类似于文献[12]中的设计。因此，固定 $\tilde{\lambda}$ 和 $\tilde{\mu}$，关于 $\boldsymbol{s}$ 的无约束极小化问题的解为

$$\boldsymbol{s}=\tilde{\mu}\left(\bar{\boldsymbol{D}}+\tilde{\lambda}\boldsymbol{I}\right)^{-1}\boldsymbol{s}_0 \tag{9.22}$$

其中

$$\tilde{\mu}=\frac{E_{\mathrm{R}}-\dfrac{\varepsilon}{2}}{\boldsymbol{s}_0^{\mathrm{H}}\left(\bar{\boldsymbol{D}}+\tilde{\lambda}\boldsymbol{I}\right)^{-1}\boldsymbol{s}_0} \tag{9.23}$$

$\tilde{\lambda}$ 是以下方程的解：

$$f_2\left(\tilde{\lambda}\right)=\frac{\boldsymbol{s}_0^{\mathrm{H}}\left(\bar{\boldsymbol{D}}+\tilde{\lambda}\boldsymbol{I}\right)^{-2}\boldsymbol{s}_0}{\left[\boldsymbol{s}_0^{\mathrm{H}}\left(\bar{\boldsymbol{D}}+\tilde{\lambda}\boldsymbol{I}\right)^{-1}\boldsymbol{s}_0\right]^2}=\frac{E_{\mathrm{R}}}{\left(E_{\mathrm{R}}-\dfrac{\varepsilon}{2}\right)} \tag{9.24}$$

将式（9.23）代入式（9.24）可得

$$f_2\left(\tilde{\lambda}\right)=\frac{\sum\limits_{n=1}^{N}\dfrac{\left|v_n\right|^2}{\left(\tilde{\gamma}_n+\tilde{\lambda}\right)}}{\left[\sum\limits_{n=1}^{N}\dfrac{\left|v_n\right|^2}{\left(\tilde{\gamma}_n+\tilde{\lambda}\right)}\right]^2} \tag{9.25}$$

根据式（9.25），对于已知的 $\tilde{\lambda}$，可以得到 $\boldsymbol{s}$ 的一个闭合表达式，$\tilde{\lambda}$ 的值可以通过牛顿法有效求得。

接下来需要推导 $\tilde{\lambda}$ 的上界和下界。矩阵 $\bar{\boldsymbol{D}}$ 可以被特征分解为 $\bar{\boldsymbol{D}}=\boldsymbol{\Phi}\boldsymbol{\Lambda}\boldsymbol{\Phi}^{\mathrm{H}}$，$\boldsymbol{\Phi}$ 的列包含了矩阵 $\bar{\boldsymbol{D}}$ 的特征向量，对角矩阵 $\boldsymbol{\Lambda}$ 的对角元素 $\tilde{\gamma}_1\geqslant\tilde{\gamma}_2\geqslant\cdots\geqslant\tilde{\gamma}_N$ 是降序排列的特征值。假设 $\boldsymbol{v}=\boldsymbol{\Phi}^{\mathrm{H}}\boldsymbol{S}_0$，$v_n$ 表示 $\boldsymbol{v}$ 的第 n 个元素。式（9.24）可以重写为

$$f_2\left(\tilde{\lambda}\right)=\frac{\sum\limits_{n=1}^{N}\dfrac{\left|v_n\right|^2}{\left(\tilde{\gamma}_n+\tilde{\lambda}\right)}}{\left[\sum\limits_{n=1}^{N}\dfrac{\left|v_n\right|^2}{\left(\tilde{\gamma}_n+\tilde{\lambda}\right)}\right]^2} \tag{9.26}$$

由式（9.24）和式（9.26）可以得到

$$\frac{E_{\mathrm{R}}}{\left(E_{\mathrm{R}}-\dfrac{\varepsilon}{2}\right)^2}=\frac{\sum\limits_{n=1}^{N}\dfrac{\left|v_n\right|^2}{\left(\tilde{\gamma}_n+\tilde{\lambda}\right)}}{\left[\sum\limits_{n=1}^{N}\dfrac{\left|v_n\right|^2}{\left(\tilde{\gamma}_n+\tilde{\lambda}\right)}\right]^2}\leqslant\frac{\dfrac{\left\|\boldsymbol{s}_0\right\|^2}{\left(\tilde{\gamma}_{N_{\mathrm{T}}}+\tilde{\lambda}\right)^2}}{\dfrac{\left\|\boldsymbol{s}_0\right\|^4}{\left(\tilde{\gamma}_1+\tilde{\lambda}\right)^2}}=\frac{\left(\tilde{\gamma}_1+\tilde{\lambda}\right)^2}{E_{\mathrm{R}}\left(\tilde{\gamma}_{N_{\mathrm{T}}}+\tilde{\lambda}\right)^2} \tag{9.27}$$

根据式（9.20）和式（9.27），最终可以得到 $\tilde{\lambda}$ 的上界和下界

$$-\tilde{\gamma}_{N_{\mathrm{T}}}\leqslant\tilde{\lambda}\leqslant\frac{\tilde{\gamma}_1-\dfrac{E_{\mathrm{R}}}{E_{\mathrm{R}}-\dfrac{\varepsilon}{2}}\tilde{\gamma}_{N_{\mathrm{T}}}}{\dfrac{E_{\mathrm{R}}}{E_{\mathrm{R}}-\dfrac{\varepsilon}{2}}-1} \tag{9.28}$$

此外，因为$\left|\sqrt{E_{\mathrm{R}}}\boldsymbol{v}_{N_{\mathrm{T}}}^{\mathrm{H}}\boldsymbol{s}_0\right|^2=\Re\left\{\boldsymbol{s}^{\mathrm{H}}\boldsymbol{s}_0\right\}^2<\left(E_{\mathrm{R}}-\varepsilon/2\right)^2$，其中$\boldsymbol{v}_{N_{\mathrm{T}}}$表示$\boldsymbol{\Phi}$中最后一个特征向量，对于式（9.24）存在满足$\tilde{\lambda}\geqslant-\tilde{\gamma}_{N_{\mathrm{T}}}$的唯一解。基于$\tilde{\lambda}$解的唯一性和它的上界和下界的信息，$\tilde{\lambda}$可以通过求解式（9.26）获得。因此，式（9.12）中问题可以得到求解，并且获得一个封闭形式的解。

容易证明，式（9.8）中的目标函数，在$\boldsymbol{R}_x$和$\boldsymbol{s}$交替迭代时，通信系统的传输速率是不下降的，并且是有上界的。根据收敛性定理[13]，该交替方法保证了收敛性。假设迭代次数参数用k表示，算法 9.1 总结了交替优化$\boldsymbol{s}$和$\boldsymbol{R}_x$的流程。

算法 9.1 流程　交替优化$\boldsymbol{s}$和$\boldsymbol{R}_x$的流程

输入： $\boldsymbol{H},\boldsymbol{G}_1,E_{\mathrm{R}},E_{\mathrm{C}},\boldsymbol{s}_0,\delta,k=0,\boldsymbol{s}^{(k)}=\boldsymbol{s}_0$；

输出： 最优解$\boldsymbol{s}$和$\boldsymbol{R}_x$。

（1）根据式（9.10）计算$\boldsymbol{R}_x^{(0)}$；

（2）$k=k+1$；

（3）$\boldsymbol{R}_x$被$\boldsymbol{R}^{(k-1)}$替代，求解式（9.18）得到$\boldsymbol{s}_{\mathrm{obt}}$；

（4）如果$\left\|\boldsymbol{s}_{\mathrm{obt}}-\boldsymbol{s}_0\right\|^2\leqslant\varepsilon$，则$\boldsymbol{s}^{(k)}=\boldsymbol{s}_{\mathrm{obt}}$；

（5）否则，求解式（9.26）得到$\tilde{\lambda}$；

（6）根据式（9.25）计算$\boldsymbol{s}^{(k)}$；

（7）根据式（9.10）计算$\boldsymbol{R}_x^{(k)}$，式中的$\boldsymbol{s}$被$\boldsymbol{s}^{(k)}$替换；

（8）若$\left|\underline{C}\left(\boldsymbol{R}_x^{(k)},\boldsymbol{s}^{(k)}\right)-\underline{C}\left(\boldsymbol{R}_x^{(k+1)},\boldsymbol{s}^{(k+1)}\right)\right|<\delta$，$\boldsymbol{R}_x^*=\boldsymbol{R}_x^{(k+1)}$，$\boldsymbol{s}^*=\boldsymbol{s}^{(k+1)}$。否则，返回步骤（3）。

接下来将分析算法 9.1 的计算复杂度。求解$\boldsymbol{R}_x$时，可直接根据式（9.10）中的封闭表达式求得通信编码的最优解，该表达式的复杂度为$\mathcal{O}\left(M_{\mathrm{T}}^3L^3\right)$。求解$\boldsymbol{s}$时，主要的计算复杂度来自矩阵特征分解和求逆运算，其复杂度为$\mathcal{O}\left(N_{\mathrm{T}}^3L^3\right)$。

总的来说，联合优化$\boldsymbol{s}$和$\boldsymbol{R}_x$的迭代过程的计算复杂度为$\mathcal{O}\left(kN_{\mathrm{T}}^3L^3+kM_{\mathrm{T}}^3L^3\right)$。

9.1.3 性能分析

本节将通过一些数值仿真来验证 MIMO 雷达与 MIMO 通信发射设计的性能。假设 MIMO 通信系统由间隔为半个波长的$M_{\mathrm{T}}=5$个发射单元和$M_{\mathrm{R}}=5$个接收单元组成。集中式 MIMO 雷达由间隔半个波长的$N_{\mathrm{T}}=6$个阵元的均匀线性阵列构成。对于相似性约束设计，选择文献[7]中所讨论的正交 LFM 信号作为参考波形$\boldsymbol{s}_0$。

不失一般性，假设$\sigma_{\mathrm{C}}^2=0.001$，$E_{\mathrm{C}}=E_{\mathrm{R}}=1$。通信信道矩阵$\boldsymbol{H}$是具有零均值和单位方差的独立同分布高斯变量。从雷达发射机到通信接收机的传输信道$\boldsymbol{G}_1$，在不失一般性的情况下，假设在雷达和通信系统之间的链路上有 $P=21$ 条路径，角度参数 $\theta_p=\varphi_p$ 均匀分布在[−30°,−9°]内。干扰噪声比（Interference-to-Noise Ratio，INR）简称干噪比，$\mathrm{INR}=\sigma_p^2/\sigma_\mathrm{C}^2$ =15dB。关于算法 9.1 的运行停止条件，设置为 $\delta=10^{-3}$。

下面首先分析不同相似度参数对 MIMO 通信速率的影响。图 9.2 展示了通信速率与迭代次数的关系。仿真结果表明，通信速率随着迭代次数的增加而增加，并且该方案收敛速度很快。另外，更大的相似性约束参数 ε 可以达到更高的通信速率，其主要原因是随着 ε 增加，雷达发射波形的可行性集合越来越大，其可设计的空间也就越大，进而减弱雷达在通信区域内的干扰强度。这一趋势表明，通过对雷达波形进行设计能有效地将雷达发射能量分配到可有效降低通信接收机干扰能量的方向。

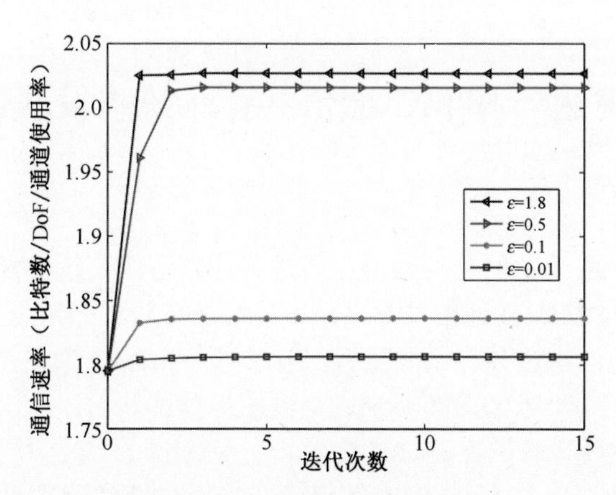

图 9.2　通信速率与迭代次数的关系，相似性约束参数 $\varepsilon=0.01,0.1,0.5,1.8$（$\boldsymbol{s}_0$ 作为文献[7]中的初始点）

其次评估传输信道 $\boldsymbol{G}_1$ 中不同的 σ_p^2 对通信系统速率的影响。为了进行比较，本节还实现了在固定 $\boldsymbol{s}$ 的场景下仅对通信码本 $\boldsymbol{R}_x$ 进行优化，雷达发射阵元使用参考码 $\boldsymbol{s}_0$（仿真图中标记为“通信系统设计”）。其他参数与图 9.2 中的参数相同，图 9.3 展示了通信速率与 INR 的关系。正如预期的那样，通信速率随着 INR 的增加而下降。特别是“通信系统设计”方法的通信速率在高 INR 时严重下降，其主要原因是未对 $\boldsymbol{s}$ 进行设计而仅仅优化通信码本 $\boldsymbol{R}_x$，该方案是没有能力降低雷达向通信接收机发射的干扰能量的。相反，$\varepsilon=1.8$ 的联合设计方法的曲线几乎保持稳定，说明了最大限度地优化 $\boldsymbol{s}$ 能够有效降低雷达对通信系统的干扰，进而提升通信速率。此外，可以观察到，随着 ε 的减小，联合设计方法的性能变差，这是由相似性约束的影响造成的。这也表明在优化通信速率和控制其他期望的雷达波形性质时，需要进行适当的折中。

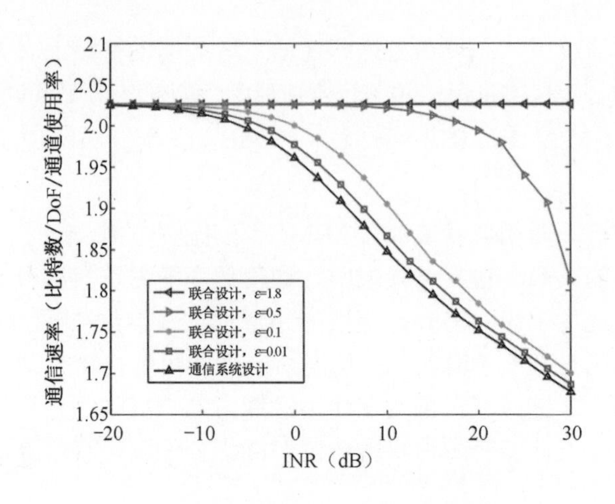

图 9.3　不同 INR 下的通信速率变化曲线

9.2　MIMO 雷达与 MIMO 通信共存系统收发联合设计

9.2.1　系统模型

在 9.1 节中，由于发射端的来源主要是雷达或通信系统的发射端，因此可通过对 MIMO 雷达与 MIMO 通信共存系统发射端进行设计来降低互扰[2-3]。本节将介绍更为一般的通信雷达共存系统模型。考虑一个 MIMO 通信系统，它与一个集中式 MIMO 雷达共存，如图 9.4 所示。为进一步扩展其适用性，研究了运动平台环境下的谱共存系统设计，在杂波环境中，基于 MIMO 雷达与 MIMO 通信系统共存时最优化雷达输出 SINR，同时利用雷达和通信系统约束来对雷达空时收发和通信空时码本进行设计，也考虑了在雷达输出 SINR 约束下的最优化通信速率的雷达空时收发和通信空时码本[2-3]设计。假设 MIMO 雷达是一个窄带系统，具有 N_{T} 个发射阵元和 N_{R} 个接收阵元，而窄带 MIMO 通信系统中发射端和接收端分

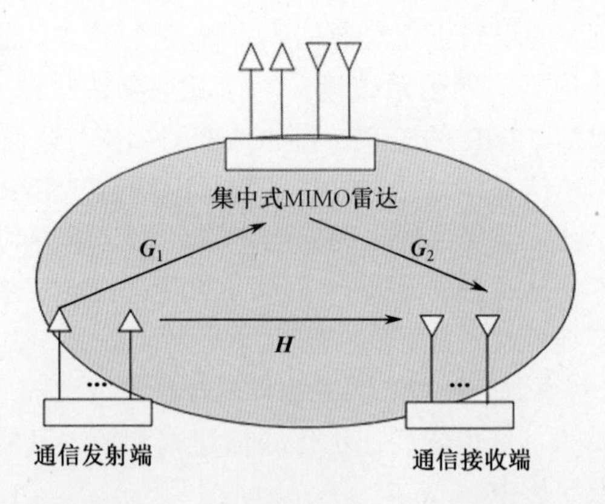

图 9.4　MIMO 通信系统与集中式 MIMO 雷达系统共享频谱

别有 M_{T} 和 M_{R} 个阵元[4]，假定 MIMO 雷达与 MIMO 通信系统使用具有相同符号率的窄带波形并且在采样时间方面同步。值得注意的是，雷达和通信系统之间的信息交换可以通过认知模式来控制[14-15]。

9.2.2　雷达系统模型

MIMO 雷达使用给定的 PRT 从每个发射阵元发射 L 个调制的窄带脉冲。定义 $\overline{\boldsymbol{s}}(l)=\overline{\boldsymbol{s}}_l=\left[\boldsymbol{s}_1(l),\boldsymbol{s}_2(l),\boldsymbol{s}_3(l),\cdots,\boldsymbol{s}_{N_{\mathrm{T}}}(l)\right]^{\mathrm{T}}\in\mathbb{C}^{N_{\mathrm{T}}\times 1}$ 为在第 l 个发射脉冲的慢时间编码，可以通过空时码矩阵 $\boldsymbol{S}_{\mathrm{T}}=[\overline{\boldsymbol{s}}(1),\overline{\boldsymbol{s}}(2),\overline{\boldsymbol{s}}(3),\cdots,\overline{\boldsymbol{s}}(L)]\in\mathbb{C}^{N_{\mathrm{T}}\times L}$ 或 $N_{\mathrm{T}}L$ 维向量 $\boldsymbol{s}=\mathrm{vec}\left\{\boldsymbol{S}_{\mathrm{T}}\right\}\in\mathbb{C}^{N_{\mathrm{T}}L\times 1}$ 将发射波形等同表达，$\mathrm{vec}\{\cdot\}$ 表示矩阵向量化操作。最终，远场移动目标在方位角 θ_0 上产生回波，在考虑的共存场景中，雷达接收端的信号 $\overline{\boldsymbol{y}}_{\mathrm{R}}(l)=\overline{\boldsymbol{y}}_{\mathrm{R},l}\in\mathbb{C}^{N_{\mathrm{R}}\times 1}$ 可表示为[16-17]

$$\overline{\boldsymbol{y}}_{\mathrm{R}}(l)=\alpha_0\mathrm{e}^{\mathrm{j}2\pi(l-1)f_{\mathrm{d},0}}\boldsymbol{a}_{\mathrm{R}}^{*}\left(\theta_0\right)\boldsymbol{a}_{\mathrm{T}}^{\mathrm{H}}\left(\theta_0\right)\overline{\boldsymbol{s}}(l)+\overline{\boldsymbol{d}}(l)+\overline{\boldsymbol{x}}_{\mathrm{C}}(l)+\overline{\boldsymbol{n}}_{\mathrm{R}}(l) \tag{9.29}$$

其中，α_0 表示复杂的路径损耗，包括传播损耗和反射系数，$f_{\mathrm{d},0}$ 是目标归一化多普勒频率，$\overline{\boldsymbol{d}}_l=\overline{\boldsymbol{d}}(l)$ 代表接收端的杂波（信号相关干扰），$\overline{\boldsymbol{x}}_{\mathrm{C},l}=\overline{\boldsymbol{x}}_{\mathrm{C}}(l)$ 表示通信系统产生的干扰（信号无关干扰），$\overline{\boldsymbol{n}}_{\mathrm{R},l}=\overline{\boldsymbol{n}}_{\mathrm{R}}\left(l\right)$ 是雷达接收端的加性高斯白噪声，其分布为 $\mathcal{CN}\left(0,\sigma_{\mathrm{R}}^2\boldsymbol{I}_{N_{\mathrm{R}}}\right)$。针对均匀线阵（Uniform Linear Array，ULA），$\boldsymbol{a}_{\mathrm{T}}(\cdot)$ 和 $\boldsymbol{a}_{\mathrm{R}}(\cdot)$ 分别表示相应的 $N_{\mathrm{T}}\times 1$ 和 $N_{\mathrm{R}}\times 1$ 维导向矢量，它有如下表达式：

$$\begin{aligned}
\boldsymbol{a}_{\mathrm{T}}(\theta)&=\frac{1}{\sqrt{N_{\mathrm{T}}}}\left[1,\mathrm{e}^{\mathrm{j}2\pi\frac{d_{2\mathrm{T}}\sin\theta}{\lambda}},\mathrm{e}^{\mathrm{j}2\pi\frac{2d_{2\mathrm{T}}\sin\theta}{\lambda}},\cdots,\mathrm{e}^{\mathrm{j}2\pi\frac{(N_{\mathrm{T}}-1)d_{2\mathrm{T}}\sin\theta}{\lambda}}\right]^{\mathrm{T}}\\
\boldsymbol{a}_{\mathrm{R}}(\theta)&=\frac{1}{\sqrt{N_{\mathrm{R}}}}\left[1,\mathrm{e}^{\mathrm{j}2\pi\frac{d_{2\mathrm{R}}\sin\theta}{\lambda}},\mathrm{e}^{\mathrm{j}2\pi\frac{2d_{2\mathrm{R}}\sin\theta}{\lambda}},\cdots,\mathrm{e}^{\mathrm{j}2\pi\frac{(N_{\mathrm{R}}-1)d_{2\mathrm{R}}\sin\theta}{\lambda}}\right]^{\mathrm{T}}
\end{aligned} \tag{9.30}$$

其中，λ 是载波波长，$d_{2\mathrm{T}}$ 和 $d_{2\mathrm{R}}$ 分别是雷达发射端和雷达接收端的阵元间距。定义 $\boldsymbol{A}(\theta)=\boldsymbol{a}_{\mathrm{R}}^{*}(\theta)\boldsymbol{a}_{\mathrm{T}}^{\mathrm{H}}(\theta)$，$\boldsymbol{y}_{\mathrm{R}}=\mathrm{vec}\left\{\overline{\boldsymbol{y}}_{\mathrm{R},1},\overline{\boldsymbol{y}}_{\mathrm{R},2},\overline{\boldsymbol{y}}_{\mathrm{R},3},\cdots,\overline{\boldsymbol{y}}_{\mathrm{R},L}\right\}$，$\boldsymbol{s}=\mathrm{vec}\left\{\overline{\boldsymbol{s}}_1,\overline{\boldsymbol{s}}_2,\overline{\boldsymbol{s}}_3,\cdots,\overline{\boldsymbol{s}}_L\right\}$，$\boldsymbol{d}=\mathrm{vec}\left\{\overline{\boldsymbol{d}}_1,\overline{\boldsymbol{d}}_2,\overline{\boldsymbol{d}}_3,\cdots,\overline{\boldsymbol{d}}_L\right\}$，$\boldsymbol{x}_{\mathrm{C}}=\mathrm{vec}\left\{\overline{\boldsymbol{x}}_{\mathrm{C},1},\overline{\boldsymbol{x}}_{\mathrm{C},2},\overline{\boldsymbol{x}}_{\mathrm{C},3},\cdots,\overline{\boldsymbol{x}}_{\mathrm{C},L}\right\}$ 和 $\boldsymbol{n}_{\mathrm{R}}=\mathrm{vec}\{\overline{\boldsymbol{n}}_{\mathrm{R},1},\overline{\boldsymbol{n}}_{\mathrm{R},2},\overline{\boldsymbol{n}}_{\mathrm{R},3},\cdots,\overline{\boldsymbol{n}}_{\mathrm{R},L}\}$，进而可得一个紧凑的表达式

$$\tilde{\boldsymbol{A}}\left(f_{\mathrm{d},0},\theta_0\right)=\mathrm{diag}\left\{\boldsymbol{p}\left(f_{\mathrm{d},0}\right)\right\}\otimes\boldsymbol{A}\left(\theta_0\right) \tag{9.31}$$

其中，$\boldsymbol{p}\left(f_{\mathrm{d},0}\right)=\left[1,\mathrm{e}^{\mathrm{j}2\pi f_{\mathrm{d},0}},\mathrm{e}^{\mathrm{j}2\pi f_{\mathrm{d},0}\cdot 2},\cdots,\mathrm{e}^{\mathrm{j}2\pi f_{\mathrm{d},0}(L-1)}\right]^{\mathrm{T}}$ 是时间导向矢量。为了处理信号模型，需要对干扰贡献进行统计表征，首先从信号相关干扰即杂波项 $\boldsymbol{d}$ 开始。假设目标信号位于给定的距离方位单元中，定义为 $(0,0)$，其中第一个坐标对应距离，第二个坐标对应方位角。测试单元中的杂波可能同时包含相邻的多个距离环中的回波干扰，回波干扰的间隔为 $c\mathrm{PRT}/2$ 整数倍，其中 c 是光速，此时处理周期为 $L\cdot\mathrm{PRT}$。因此，在测试区域中，数目为 K 的信号相干干扰分布在处理区域中，如

图9.5所示，与文献[17]和[7]中模型描述的一致。假设点杂波中第 k 个位于 $r_k \in \{0,1,2,\cdots,\tilde{L}-1\}$，$\tilde{L}\leqslant L$，信号相关干扰模型为

$$\bar{\boldsymbol{d}}(l)=\sum_{k=1}^{K}\alpha_k \mathrm{e}^{\mathrm{j}2\pi f_{\mathrm{d},k}(l-1)}\boldsymbol{A}(\theta_k)\bar{\boldsymbol{s}}(l-r_k),0\leqslant r_k\leqslant l-1 \tag{9.32}$$

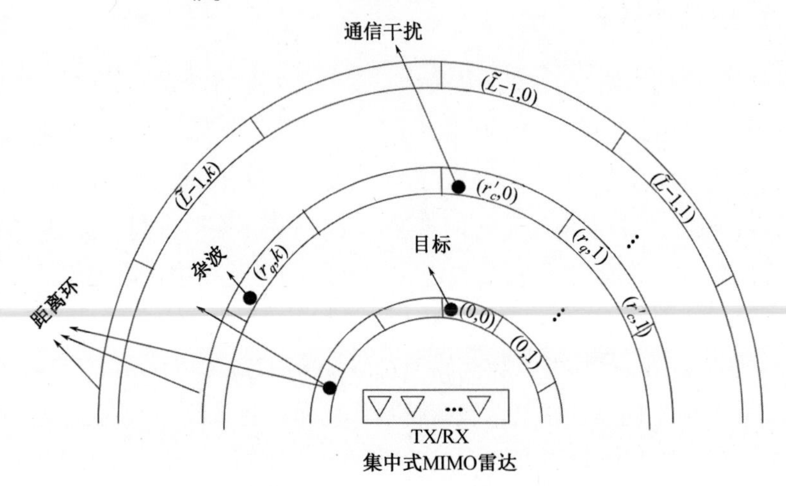

图 9.5　集中式 MIMO 雷达系统中的距离方位点

其中，$\alpha_k, f_{\mathrm{d},k}, \theta_k$ 分别表示复振幅、归一化多普勒频率、第 k 个杂波的指向角度。信号相关干扰向量 $\boldsymbol{d}$ 有一个由 L^2 个 $N_{\mathrm{R}}\times N_{\mathrm{R}}$ 块组成的协方差矩阵，第 (l,m) 块可以表示为

$$\mathbb{E}\left[\bar{\boldsymbol{d}}(l)\bar{\boldsymbol{d}}^{\mathrm{H}}(m)\right]=\sum_{k=1}^{K}\sigma_k^2\boldsymbol{A}(\theta_k)\bar{\boldsymbol{s}}(l-r_k)\bar{\boldsymbol{s}}^{\mathrm{H}}(m-r_k)\boldsymbol{A}^{\mathrm{H}}(\theta_k)\mathrm{e}^{\mathrm{j}2\pi(l-m)f_{\mathrm{d},k}} \tag{9.33}$$

其中，$\sigma_k^2=\mathbb{E}\left[\left|\alpha_k\right|^2\right]$。需要注意的是，如果多普勒频率本身被建模为随机的，则上述表达式应该相对于这些量被进一步平均。例如，参照文献[7]中推荐的模型，$f_{\mathrm{d},k}$ 均匀分布在均值 $\bar{f}_{\mathrm{d},k}$ 附近：

$$f_{\mathrm{d},k}\sim U\left(\bar{f}_{\mathrm{d},k}-\frac{\varepsilon_k}{2},\bar{f}_{\mathrm{d},k}+\frac{\varepsilon_k}{2}\right),\quad k\in 1,2,3,\cdots,K \tag{9.34}$$

同时，ε_k 表示关于 $\bar{f}_{\mathrm{d},k}$ 的不确定性。式（9.33）变为（保留相同的符号以避免过多重复符号）

$$\begin{aligned}&\mathbb{E}\left[\bar{\boldsymbol{d}}(l)\bar{\boldsymbol{d}}^{\mathrm{H}}(m)\right]\\&=\sum_{k=1}^{K}\sigma_k^2\boldsymbol{A}(\theta_k)\bar{\boldsymbol{s}}(l-r_k)\,\bar{\boldsymbol{s}}^{\mathrm{H}}(m-r_k)\boldsymbol{A}^{\mathrm{H}}(\theta_k)\mathrm{e}^{\mathrm{j}2\pi\bar{f}_{\mathrm{d},k}^{(l-m)}}\frac{\sin\left[\pi\varepsilon_k(l-m)\right]}{\pi\varepsilon_k(l-m)}\end{aligned} \tag{9.35}$$

并列展开信号相关干扰向量协方差矩阵可以被定义为一个交替的、更紧凑的形式。定义一个转移矩阵为 $\boldsymbol{J}^r=\left(\boldsymbol{J}^{-r}\right)^{\mathrm{T}}\in\mathbb{C}^{L\times L}$

$$\boldsymbol{J}^{r}\left(l_1,l_2\right)=\begin{cases}1, & l_1-l_2=r\\0, & l_1-l_2\neq r\end{cases} \tag{9.36}$$

则杂波协方差矩阵可被表示为

$$\begin{aligned}\boldsymbol{\Sigma}_{\boldsymbol{d}}(\boldsymbol{s})&=\mathbb{E}\left[\boldsymbol{d}\boldsymbol{d}^{\mathrm{H}}\right]\\&=\sum_{k=1}^{K}\left(\boldsymbol{J}^{r_k}\otimes\boldsymbol{A}\left(\theta_k\right)\right)\left[\left(\boldsymbol{s}\boldsymbol{s}^{\mathrm{H}}\right)\odot\boldsymbol{\Xi}_k\right]\left(\boldsymbol{J}^{r_k}\otimes\boldsymbol{A}\left(\theta_k\right)\right)^{\mathrm{H}}\end{aligned} \tag{9.37}$$

其中

$$\boldsymbol{\Xi}_k=\sigma_k^2\boldsymbol{\Phi}_{\varepsilon_k}^{\bar{f}_{\mathrm{d},k}}\otimes\boldsymbol{Y}_{N_{\mathrm{T}}} \tag{9.38}$$

并且

$$\boldsymbol{\Phi}_{\varepsilon_k}^{\bar{d}_{\mathrm{d},k}}\left(l_1,l_2\right)=\mathrm{e}^{\mathrm{j}2\pi\bar{f}_{\mathrm{d},k}\left(l_1-l_2\right)}\frac{\sin\left[\pi\varepsilon_k\left(l_1-l_2\right)\right]}{\pi\varepsilon_k\left(l_1-l_2\right)},\forall\left(l_1,l_2\right)\in\{1,2,3,\cdots,L\}^2 \tag{9.39}$$

其中，$\boldsymbol{Y}_{N_{\mathrm{T}}}=\mathbf{1}_{N_{\mathrm{T}}}\mathbf{1}_{N_{\mathrm{T}}}^{\mathrm{T}}$。

对于来自 MIMO 通信系统中与 MIMO 信号无关的干扰，假设通信系统中空时高斯随机编码是通过矩阵 $\boldsymbol{X}=[\bar{\boldsymbol{x}}_1,\bar{\boldsymbol{x}}_2,\bar{\boldsymbol{x}}_3,\cdots,\bar{\boldsymbol{x}}_L]$ 编码的，其中 L 是符号长度。如果 $\boldsymbol{x}=\mathrm{vec}\left\{\boldsymbol{X}\right\}\in\mathbb{C}^{M_{\mathrm{T}}L\times1}$，假设 $\boldsymbol{x}\sim\mathcal{CN}(\mathbf{0},\boldsymbol{R}_x)$，因此 $\boldsymbol{R}_x$ 可作为通信系统设计变量，这个设计思路将在 9.2.4.2 节进行阐述。

例如，文献[18]中参考的 MIMO 系统通信信道模型，对雷达通信系统之间的信道采用几何信道模型。具体地，考虑通信发射和雷达接收之间存在 P_1 条干扰通道，第 p_1 个 DOD 表示为 φ_{p_1}，第 p_1 个 DOA 表示为 θ_{p_1}，其中 $p_1=1,2,3,\cdots,P_1$。相应的信道矩阵按照物理传播路径参数写成

$$\boldsymbol{G}_1=\sum_{p_1=1}^{P_1}\sqrt{\gamma_{p_1}}\beta_1(p_1)\boldsymbol{a}_{\mathrm{R}}^{*}(\theta_{p_1})\boldsymbol{v}_{\mathrm{T}}^{\mathrm{H}}(\varphi_{p_1})=\sum_{p_1=1}^{P_1}\beta_1\left(p_1\right)\boldsymbol{G}_{1,p_1} \tag{9.40}$$

其中，$\beta_1(p_1)$ 表示到达雷达接收端的第 p_1 条传播路径的单位均方值衰落系数，γ_{p_1} 是它的平均强度，$\boldsymbol{v}_{\mathrm{T}}(\varphi_{p_1})$ 是通信系统传送 p_1 条传播路径的导向矢量，后文将明确给出其定义，$\boldsymbol{a}_{\mathrm{R}}^{*}(\theta_{p_1})$ 是雷达系统接收导向矢量。此外，假设

$$\boldsymbol{G}_{1,p_1}=\sqrt{\gamma_{p_1}}\boldsymbol{a}_{\mathrm{R}}^{*}(\theta_{p_1})\boldsymbol{v}_{\mathrm{T}}^{\mathrm{H}}(\varphi_{p_1}) \tag{9.41}$$

在本章研究中，矩阵 $\boldsymbol{G}_{1,p_1}$ 是已知的，即 $\gamma_{p_1},\varphi_{p_1}$ 和 θ_{p_1} 的认知在雷达处是可以用的，由于通信系统本身就是窄带的，所以通信系统产生的干扰可以简单表示为

$$\bar{\boldsymbol{x}}_{\mathrm{C}}(l)=\sum_{p_1=1}^{P_1}\beta_1(p_1)\sqrt{\gamma_{p_1}}\boldsymbol{a}_{\mathrm{R}}^{*}(\theta_{p_1})\boldsymbol{v}_{\mathrm{T}}^{\mathrm{H}}(\varphi_{p_1})\bar{\boldsymbol{x}}(l-r'_{p_1})\mathrm{e}^{\mathrm{j}2\pi f'_{\mathrm{d},p_1}(l-1)},0\leqslant r'_{p_1}\leqslant l-1 \tag{9.42}$$

进而可得

$$\bar{\boldsymbol{x}}_{\mathrm{C}}(l)=\mathrm{e}^{\mathrm{j}2\pi f'_{\mathrm{d},p_1}(l-1)}\boldsymbol{G}_1\bar{\boldsymbol{x}}(l-r'_c),0\leqslant r'_c\leqslant l-1 \tag{9.43}$$

在上面的表达式中，f'_{d,p_1} 和 r'_{p_1} 分别代表第 p_1 条路径的通信多普勒频率和时延，同时 r'_c 表示相对中心距离环的时延。

根据式（9.37）～式（9.39）可知，信号独立干扰向量 $\boldsymbol{x}_C$ 的协方差矩阵与信号相干向量的协方差矩阵相似。通信信号的多普勒频移通过导频信号可被预先估算，并且精确已知。定义 f'_{d,p_1} 表示多普勒频移，可得

$$\boldsymbol{\Xi}_C = \boldsymbol{\Psi}_{\mathrm{d},p_1}^{f'_1} \otimes \boldsymbol{Y}_{M_\mathrm{T}} \tag{9.44}$$

其中，

$$\boldsymbol{\Psi}_{\mathrm{d},p_1}^{f'_1}\left(l_1,l_2\right) = \mathrm{e}^{\mathrm{j}2\pi f'_{\mathrm{d},p_1}(l_1-l_2)}, \forall (l_1,l_2) \in \{1,2,3,\cdots,L\}^2 \tag{9.45}$$

$\boldsymbol{Y}_{M_\mathrm{T}} = \boldsymbol{1}_{M_\mathrm{T}}\boldsymbol{1}_{M_\mathrm{T}}^\mathrm{T}$，因此，通信干扰协方差矩阵有一个与矩阵式（9.37）相似的形式，通过 $\boldsymbol{J}^{r_k}$ 被 $\boldsymbol{J}^{r_{p_1}}$ 替换，$\boldsymbol{A}(\theta_k)$ 被 $\boldsymbol{G}_{1,p_1}$ 替换，$(\boldsymbol{ss}^\mathrm{H}) \odot \boldsymbol{\Xi}_k$ 被 $\boldsymbol{R}_x \odot \boldsymbol{\Xi}_\mathrm{C}$ 替换，即

$$\begin{aligned}\boldsymbol{\Sigma}_{\boldsymbol{x}_\mathrm{C}}\left(\boldsymbol{R}_x\right) &= \mathbb{E}\left[\boldsymbol{x}_\mathrm{C}\boldsymbol{x}_\mathrm{C}^\mathrm{H}\right] \\ &= \sum_{p_1=1}^{P_1}\left(\boldsymbol{J}^{r_{p_1}} \otimes \boldsymbol{G}_{1,p_1}\right)\left[\mathbb{E}\left[\boldsymbol{xx}^\mathrm{H}\right] \odot \boldsymbol{\Xi}_\mathrm{C}\right]\left(\boldsymbol{J}^{r_{p_1}} \otimes \boldsymbol{G}_{1,p_1}\right)^\mathrm{H} \\ &= \sum_{p_1=1}^{P_1}\left(\boldsymbol{J}^{r_{p_1}} \otimes \boldsymbol{G}_{1,p_1}\right)\left[\boldsymbol{R}_x \odot \boldsymbol{\Xi}_\mathrm{C}\right]\left(\boldsymbol{J}^{r_{p_1}} \otimes \boldsymbol{G}_{1,p_1}\right)^\mathrm{H}\end{aligned} \tag{9.46}$$

由式（9.37）和式（9.46）可知，干扰的协方差矩阵中要求知道干扰功率和干扰的多普勒参数。这些信息可以借助于认知模式来获得。

9.2.3 通信系统模型

在所考虑的窄带平坦衰落环境中，通信系统接收端的信号可表示为

$$\overline{\boldsymbol{y}}_\mathrm{C}(l) = \overline{\boldsymbol{y}}_{\mathrm{C},l} = \boldsymbol{H}\,\overline{\boldsymbol{x}}(l)\mathrm{e}^{\mathrm{j}2\pi\mu_0(l-1)} + \overline{\boldsymbol{z}}(l) + \overline{\boldsymbol{n}}_\mathrm{C}(l) \tag{9.47}$$

其中，$\boldsymbol{H} \in \mathbb{C}^{M_\mathrm{R}\times M_\mathrm{T}}$ 表示通信系统发射端和接收端之间的信道矩阵，μ_0 表示相对通信系统接收端通信系统发射端的多普勒频移，$\overline{\boldsymbol{n}}_\mathrm{C}(l) = \overline{\boldsymbol{n}}_{\mathrm{C},l}$ 是通信系统接收阵列上的高斯白噪声向量，其分布为 $\mathcal{CN}(0,\sigma_\mathrm{C}^2\boldsymbol{I}_{M_\mathrm{R}})$，$\overline{\boldsymbol{z}}(l) = \overline{\boldsymbol{z}}_l$ 表示来自雷达系统的干扰。为了模拟这种干扰，本节借用了用于模拟通信系统对雷达影响的相同论据。定义 P_2 为映射在通信系统接收端路径的数量，μ_{d,p_2} 是第 p_2 条路径的多普勒频移，φ_{p_2} 是可见路径下的方向，θ_{p_2} 是发射方向：

$$\overline{\boldsymbol{z}}(l) = \mathrm{e}^{\mathrm{j}2\pi\mu_{\mathrm{d},p_2}(l-1)}\boldsymbol{G}_2\overline{\boldsymbol{s}}(l) \tag{9.48}$$

矩阵 $\boldsymbol{G}_2$ 与前面定义的矩阵 $\boldsymbol{G}_1$ 有相同的结构，因此，矩阵 $\boldsymbol{G}_2$ 可表达为

$$\boldsymbol{G}_2 = \sum_{p_2=1}^{P_2}\beta_2(p_2)\sqrt{\eta_{p_2}}\boldsymbol{v}_\mathrm{R}^*(\varphi_{p_2})\boldsymbol{a}_\mathrm{T}^\mathrm{H}(\theta_{p_2}) \in \mathbb{C}^{M_\mathrm{R}\times N_\mathrm{T}} = \sum_{p_2=1}^{P_2}\beta_2(p_2)\boldsymbol{G}_{2,p_2} \tag{9.49}$$

其中，$\beta_2(p_2)$ 表示模拟雷达发射端和通信接收端之间干扰信道第 p_2 条传播路径的随机复数单位均方值路径增益，η_{p_2} 是强度，并且

$$\boldsymbol{v}_{\mathrm{T}}(\varphi)=\frac{1}{\sqrt{M_{\mathrm{T}}}}\left[1,\mathrm{e}^{\mathrm{j}2\pi\frac{d_{1\mathrm{T}}\sin\varphi}{\lambda}},\mathrm{e}^{\mathrm{j}2\pi\frac{2d_{1\mathrm{T}}\sin\varphi}{\lambda}},\cdots,\mathrm{e}^{\mathrm{j}2\pi\frac{(M_{\mathrm{T}}-1)d_{1\mathrm{T}}\sin\varphi}{\lambda}}\right]^{\mathrm{T}}$$
$$\boldsymbol{v}_{\mathrm{R}}(\varphi)=\frac{1}{\sqrt{M_{\mathrm{R}}}}\left[1,\mathrm{e}^{\mathrm{j}2\pi\frac{d_{1\mathrm{R}}\sin\varphi}{\lambda}},\mathrm{e}^{\mathrm{j}2\pi\frac{2d_{1\mathrm{R}}\sin\varphi}{\lambda}},\cdots,\mathrm{e}^{\mathrm{j}2\pi\frac{(M_{\mathrm{T}}-1)d_{1\mathrm{T}}\sin\varphi}{\lambda}}\right]^{\mathrm{T}} \tag{9.50}$$

其中，$d_{1\mathrm{T}}$ 和 $d_{1\mathrm{R}}$ 分别是通信发射端和通信接收端阵元间的间隔。

令 $\boldsymbol{n}_{\mathrm{C}}=\mathrm{vec}\{\bar{\boldsymbol{n}}_{\mathrm{C},1},\bar{\boldsymbol{n}}_{\mathrm{C},2},\bar{\boldsymbol{n}}_{\mathrm{C},3},\cdots,\bar{\boldsymbol{n}}_{\mathrm{C},L}\}\in\mathbb{C}^{M_{\mathrm{R}}L\times1}$。所有的信道都被假设为平坦衰落，并且在 L 符号间隔内保持相同，则式（9.47）可以采用紧凑的空时表达式

$$\boldsymbol{y}_{\mathrm{C}}=\tilde{\boldsymbol{H}}\boldsymbol{x}+\sum_{p_2=1}^{P_2}\beta_2(p_2)\tilde{\boldsymbol{G}}_{2,p_2}(\mu_{\mathrm{d},p_2})\boldsymbol{s}+\boldsymbol{n}_{\mathrm{C}} \tag{9.51}$$

其中，$\tilde{\boldsymbol{H}}=\mathrm{diag}\{\boldsymbol{p}(\mu_0)\}\otimes\boldsymbol{H},\tilde{\boldsymbol{G}}_{2,p_2}(\mu_{\mathrm{d},p_2})=\mathrm{diag}\{\boldsymbol{p}(\mu_{\mathrm{d},p_2})\}\otimes\boldsymbol{G}_{2,p_2}$。假设矩阵的认知为 $\{\boldsymbol{G}_{2,p_2}\}_{p_2=1}^{P_2}$，这意味着信道状态信息可以通过导频信道周期性地在通信接收端、发射端和雷达系统之间进行通信。

9.2.4　问题描述与求解

9.2.4.1　以最大化雷达输出 SINR 为准则的共存波形设计

式（9.29）中雷达接收到的信号通过 $\boldsymbol{w}$ 进行滤波可得

$$\boldsymbol{w}^{\mathrm{H}}\boldsymbol{y}_{\mathrm{R}}=\alpha_0\boldsymbol{w}^{\mathrm{H}}\tilde{\boldsymbol{A}}(f_{\mathrm{d},0},\theta_0)\boldsymbol{s}+\boldsymbol{w}^{\mathrm{H}}\boldsymbol{d}+\boldsymbol{w}^{\mathrm{H}}\boldsymbol{x}_{\mathrm{C}}+\boldsymbol{w}^{\mathrm{H}}\boldsymbol{n}_{\mathrm{R}} \tag{9.52}$$

由此可得雷达输出 SINR 的表达式为

$$\begin{aligned}\mathrm{SINR}(\boldsymbol{s},\boldsymbol{w},\boldsymbol{R}_x)&=\frac{\mathbb{E}\left[\left|\alpha_0\boldsymbol{w}^{\mathrm{H}}\tilde{\boldsymbol{a}}(f_{\mathrm{d},0},\theta_0)\boldsymbol{s}\right|^2\right]}{\mathbb{E}\left[\left|\boldsymbol{w}^{\mathrm{H}}\boldsymbol{d}\right|^2\right]+\mathbb{E}\left[\left|\boldsymbol{w}^{\mathrm{H}}\boldsymbol{x}_{\mathrm{C}}\right|^2\right]+\mathbb{E}\left[\left|\boldsymbol{w}^{\mathrm{H}}\boldsymbol{n}_{\mathrm{R}}\right|^2\right]}\\&=\frac{\sigma_0^2\left|\boldsymbol{w}^{\mathrm{H}}\tilde{\boldsymbol{a}}(f_{\mathrm{d},0},\theta_0)\boldsymbol{s}\right|^2}{\boldsymbol{w}^{\mathrm{H}}\boldsymbol{\Sigma}_{\mathrm{d}}(\boldsymbol{s})\boldsymbol{w}+\boldsymbol{w}^{\mathrm{H}}\boldsymbol{\Sigma}_{\boldsymbol{x}_{\mathrm{C}}}(\boldsymbol{R}_x)\boldsymbol{w}+\sigma_{\mathrm{R}}^2\boldsymbol{w}^{\mathrm{H}}\boldsymbol{w}}\end{aligned} \tag{9.53}$$

因此, 通信系统设计变量为通信码本，即发射协方差矩阵 $\boldsymbol{R}_x$，雷达系统中设计变量为 $(\boldsymbol{s},\boldsymbol{w})$。采用基于约束的式（9.53）中雷达输出 SINR 最大化来设计。需要注意的是，在式（9.53）中已经隐含地认为 α_0 是确定性的, 否则需要用均方值 $\sigma_0^2=\mathbb{E}\left[\left|\alpha_0\right|^2\right]$ 来代替，优化实现平均 SINR 最大化。

关于约束条件，依然从雷达发射波形开始。具体而言，在通常标准化雷达发射能量约束 $\|\boldsymbol{s}\|^2=1$ 的基础上，可强制相似性约束

$$\left\|\boldsymbol{s}-\boldsymbol{s}_0\right\|^2\leqslant\xi \tag{9.54}$$

其中，$0\leqslant\xi<2$ 是约束相似程度的实参数，并且 $\boldsymbol{s}_0\in\mathbb{C}^{M_{\mathrm{T}}L}$ 是参考发射波形向量，

其期望的性质包含距离分辨率、旁瓣电平和包络恒定性，或其他需求。该相似性约束可实现 SINR 和合适的波形特征之间的折中。

在通信系统方面，首先强制约束传输波形的能量，即

$$\mathbb{E}\left[\operatorname{tr}\left\{\boldsymbol{x}\boldsymbol{x}^{\mathrm{H}}\right\}\right]=\operatorname{tr}\left\{\boldsymbol{R}_x\right\}\leqslant E_{\mathrm{T}} \tag{9.55}$$

此外，式（9.51）中定义的通信信号包含了高斯噪声和来自雷达的干扰。如果雷达到通信系统的信道矩阵 $\tilde{\boldsymbol{G}}_{2,p_2}\left(\mu_{\mathrm{d},p_2}\right)$ 是可用的，则通信系统中干扰加噪声的协方差矩阵可以表示为

$$\begin{aligned}\boldsymbol{R}_{\mathrm{Cin}}&=\mathbb{E}\left[\left(\sum_{p_2=1}^{P_2}\tilde{\boldsymbol{G}}_{2,p_2}\left(\mu_{\mathrm{d},p_2}\right)\boldsymbol{s}+\boldsymbol{n}_{\mathrm{C}}\right)\left(\sum_{p_2=1}^{P_2}\tilde{\boldsymbol{G}}_{2,p_2}\left(\mu_{\mathrm{d},p_2}\right)\boldsymbol{s}+\boldsymbol{n}_{\mathrm{C}}\right)^{\mathrm{H}}\right]\\&=\sum_{p_2=1}^{P_2}\tilde{\boldsymbol{G}}_{2,p_2}\left(\mu_{\mathrm{d},p_2}\right)\left(\boldsymbol{s}\boldsymbol{s}^{\mathrm{H}}\right)\left(\tilde{\boldsymbol{G}}_{2,p_2}\left(\mu_{\mathrm{d},p_2}\right)\right)^{\mathrm{H}}+\sigma_{\mathrm{C}}^2\boldsymbol{I}_{M_{\mathrm{R}}L}\end{aligned} \tag{9.56}$$

由于使用了 L 次 $M_{\mathrm{T}}M_{\mathrm{R}}$ 维的空间信道，所以如果干扰是高斯的，可约束每通道使用率和每 DoF 的速率 $C(\boldsymbol{R}_x,\boldsymbol{s})$ 下限以保证通信性能，具体表示为

$$C(\boldsymbol{R}_x,\boldsymbol{s})\geqslant C_{\mathrm{T}} \tag{9.57}$$

其中，$C(\boldsymbol{R}_x,\boldsymbol{s})$

$$C(\boldsymbol{R}_x,\boldsymbol{s})\triangleq\frac{1}{M_{\mathrm{T}}M_{\mathrm{R}}L}\log_2\det(\boldsymbol{I}_{M_{\mathrm{R}}L}+\boldsymbol{R}_{\mathrm{Cin}}^{-1}\tilde{\boldsymbol{H}}\boldsymbol{R}_x\tilde{\boldsymbol{H}}^{\mathrm{H}}) \tag{9.58}$$

式（9.58）并不能保证是一个可以实现的速率：多普勒频移 $\left\{\mu_{\mathrm{d},p_2}\right\}_{p_2=1}^{P_2}$ 是随机的，共存的雷达系统将不再是高斯的。但是，假设高斯扰动是直接计算的一个保守选择[6,19-20]。

综上所述，该约束优化问题可以表示为

$$\mathcal{P}_{\boldsymbol{s},\boldsymbol{w},\boldsymbol{R}_x}\begin{cases}\max\limits_{\boldsymbol{s},\boldsymbol{w},\boldsymbol{R}_x\geqslant 0}\ \dfrac{\left|\boldsymbol{w}^{\mathrm{H}}\tilde{\boldsymbol{A}}(f_{\mathrm{d},0},\theta_0)\boldsymbol{s}\right|^2}{\boldsymbol{w}^{\mathrm{H}}\boldsymbol{\Sigma}_{\mathrm{d}}(\boldsymbol{s})\boldsymbol{w}+\boldsymbol{w}^{\mathrm{H}}\boldsymbol{\Sigma}_{x_{\mathrm{C}}}(\boldsymbol{R}_x)\boldsymbol{w}+\sigma_{\mathrm{R}}^2\boldsymbol{w}^{\mathrm{H}}\boldsymbol{w}}\\ \text{s.t.}\ \ \dfrac{1}{M_{\mathrm{T}}M_{\mathrm{R}}L}\log_2\det(\boldsymbol{I}_{M_{\mathrm{R}}L}+\boldsymbol{R}_{\mathrm{Cin}}^{-1}\tilde{\boldsymbol{H}}\boldsymbol{R}_x\tilde{\boldsymbol{H}}^{\mathrm{H}})\geqslant C_{\mathrm{T}}\\ \qquad\left\|\boldsymbol{s}-\boldsymbol{s}_0\right\|^2\leqslant\xi\\ \qquad\operatorname{tr}\left\{\boldsymbol{R}_x\right\}\leqslant E_{\mathrm{T}}\\ \qquad\left\|\boldsymbol{s}\right\|^2=1\end{cases} \tag{9.59}$$

在继续讨论问题的求解方案之前，首先与现有的方案进行比较。类似文献[7,16-17]中的考虑，为保证雷达系统的性能，本章也将雷达输出 SINR 作为基本目标函数，但这些方案中仅考虑了对雷达的优化。在文献[21-22,28]中，作者考虑了单输入单输出（Single Input Single Output，SISO）雷达与通信系统的共存，考虑了对雷达波形进行优化，使得雷达发射机对通信接收机的干扰小于给定的限制，但并未对通信系统进行优化。在文献[4]和[21]中，作者研究了 MIMO 雷达矩阵填

充和 MIMO 通信系统频谱共享设计，并对通信发射协方差矩阵和基于矩阵填充的 MIMO 雷达采样方案进行了优化，以减少对雷达的有效干扰，目标函数不包括杂波和多普勒频率等因素，未考虑雷达接收端滤波器设计。在文献[29]中考虑了 SISO 雷达波形和通信编码矩阵共同设计，以减少相互干扰，提高两个系统的性能，但并未考虑雷达接收机的设计。与现有文献相比，这里考虑了 MIMO 雷达和 MIMO 通信的联合优化，其中考虑了杂波、相互干扰和多普勒效应。在通信约束方面，除通信传输能量约束外，引入了对每通道使用每 DoF 的系统速率的约束。最后提出了 MIMO 雷达和 MIMO 通信系统的新的频谱共存框架。为表述清晰，对比的结果如表 9.1 所示。值得注意的是，该共存系统也考虑到了可能的平台运动，这加剧了共存系统中固有位置的干扰，并使得共同设计问题显得更具挑战性。

表 9.1　共存系统设计对比

设计方案		本节方案	文献[29]	文献[4,21]	文献[21-22,28]	文献[16-17]
系统类型	MIMO 雷达和 MIMO 通信	√	—	√	—	—
	SISO 雷达和 SISO 通信	—	√	—	√	—
	仅雷达	—	—	—	—	√
目标函数	雷达 SINR	√	—	—	√	√
	雷达有效干扰	—	—	√	—	—
	通信速率	—	√	—	—	—
约束	通信速率	√	—	√	—	—
	能量	√	√	√	√	√
	相似性	√	—	—	√	√
干扰类型	杂波	√	√	—	—	√
	来自通信的干扰 TX 到雷达 RX	√	√	√	—	—
	来自雷达的干扰 TX 到通信 RX	√	√	√	√	—

问题 $\mathcal{P}_{\boldsymbol{s},\boldsymbol{w},\boldsymbol{R}_x}$ 是关于三变量 $(\boldsymbol{s}, \boldsymbol{w}, \boldsymbol{R}_x)$ 的非凸问题，其求解方案需要复杂的计算。因此，接下来将介绍一个基于交替优化的迭代过程：按照这种方法的惯例导出了三个低复杂度的子问题，其求解方案代表了每次迭代需要采取的三个基本步骤。

为说明上述交替优化算法，将问题 $\mathcal{P}_{\boldsymbol{s},\boldsymbol{w},\boldsymbol{R}_x}$ 分解为 $\mathcal{P}_{\boldsymbol{R}_x}$、$\mathcal{P}_{\boldsymbol{w}}$ 和 $\mathcal{P}_{\boldsymbol{s}}$ 三个子问题，求解流程如下所示。

1. 关于 $\boldsymbol{R}_x$ 的优化

首先考虑固定雷达波形 $\boldsymbol{s}$ 和雷达接收滤波器 $\boldsymbol{w}$ 情况下，对通信系统中空时协方差矩阵 $\boldsymbol{R}_x$ 进行优化。由于通信干扰通过雷达接收滤波器进行滤波 $\boldsymbol{w} \in \mathbb{C}^{N_R L}$，可直接关注目标函数中从通信系统接收到的能量，因此可以得出如下子问题：

$$\mathcal{P}_{\boldsymbol{R}_x}\begin{cases}\min\limits_{\boldsymbol{R}_x\geqslant\boldsymbol{0}} \boldsymbol{w}^{\mathrm{H}}\boldsymbol{\Sigma}_{\boldsymbol{x}_{\mathrm{C}}}(\boldsymbol{R}_x)\boldsymbol{w} \\ \text{s.t.}\ \dfrac{1}{M_{\mathrm{T}}M_{\mathrm{R}}L}\log_2\det(\boldsymbol{I}_{M_{\mathrm{R}}L}+\boldsymbol{R}_{\mathrm{Cin}}^{-1}\tilde{\boldsymbol{H}}\boldsymbol{R}_x\tilde{\boldsymbol{H}}^{\mathrm{H}})\geqslant C_{\mathrm{T}} \\ \mathrm{tr}\{\boldsymbol{R}_x\}\leqslant E_{\mathrm{T}}\end{cases} \tag{9.60}$$

定义$\boldsymbol{W}=\boldsymbol{w}\boldsymbol{w}^{\mathrm{H}}$并利用上节讨论的结果，通信系统对雷达的干扰可表示为

$$\begin{aligned}&\boldsymbol{w}^{\mathrm{H}}\boldsymbol{\Sigma}_{\boldsymbol{x}_{\mathrm{C}}}(\boldsymbol{R}_x)\boldsymbol{w}\\&=\sum_{p_1=1}^{P_1}\mathbb{E}\left[\boldsymbol{x}^{\mathrm{H}}(\boldsymbol{J}^{r_{p_1}}\otimes\boldsymbol{G}_1(p_1))^{\mathrm{H}}[\boldsymbol{W}\odot\bar{\boldsymbol{\Xi}}_{\mathrm{C}}](\boldsymbol{J}^{r_{p_1}}\otimes\boldsymbol{G}_1(p_1))\boldsymbol{x}\right]\\&=\mathrm{tr}\left\{\sum_{p_1=1}^{P_1}(\boldsymbol{J}^{r_{p_1}}\otimes\boldsymbol{G}_1(p_1))^{\mathrm{H}}[\boldsymbol{W}\odot\bar{\boldsymbol{\Xi}}_{\mathrm{C}}](\boldsymbol{J}^{r_{p_1}}\otimes\boldsymbol{G}_1(p_1))\boldsymbol{R}_x\right\}\\&=\mathrm{tr}\left\{\bar{\boldsymbol{\Sigma}}_{\boldsymbol{x}_{\mathrm{C}}}(\boldsymbol{W})\boldsymbol{R}_x\right\}\end{aligned} \tag{9.61}$$

为了简化符号，假设$\bar{\boldsymbol{\Sigma}}_{\boldsymbol{x}_{\mathrm{C}}}(\boldsymbol{W})=\sum_{p_1=1}^{P_1}(\boldsymbol{J}^{r_{p_1}}\otimes\boldsymbol{G}_1(p_1))^{\mathrm{H}}[\boldsymbol{W}\odot\bar{\boldsymbol{\Xi}}_{\mathrm{C}}](\boldsymbol{J}^{r_{p_1}}\otimes\boldsymbol{G}_1(p_1))$，其中

$$\bar{\boldsymbol{\Xi}}_{\mathrm{C}}=(\boldsymbol{\psi}^{f'_{\mathrm{d},p_1}}(l_1,l_2))^*\otimes\boldsymbol{\Upsilon}_{N_{\mathrm{R}}} \tag{9.62}$$

并且$\boldsymbol{\Upsilon}_{N_{\mathrm{R}}}=\boldsymbol{1}_{N_{\mathrm{R}}}\boldsymbol{1}_{N_{\mathrm{R}}}^{\mathrm{T}}$。问题$\mathcal{P}_{\boldsymbol{R}_x}$可以重写为

$$\tilde{\mathcal{P}}_{\boldsymbol{R}_x}\begin{cases}\min\limits_{\boldsymbol{R}_x\geqslant 0}\mathrm{tr}\left\{\bar{\boldsymbol{\Sigma}}_{\boldsymbol{x}_{\mathrm{C}}}(\boldsymbol{W})\boldsymbol{R}_x\right\} \\ \text{s.t.}\ \dfrac{1}{M_{\mathrm{T}}M_{\mathrm{R}}L}\log_2\det(\boldsymbol{I}_{M_{\mathrm{R}}L}+\boldsymbol{R}_{\mathrm{Cin}}^{-1}\tilde{\boldsymbol{H}}\boldsymbol{R}_x\tilde{\boldsymbol{H}}^{\mathrm{H}})\geqslant C_{\mathrm{T}} \\ \mathrm{tr}\{\boldsymbol{R}_x\}\leqslant E_{\mathrm{T}}\end{cases} \tag{9.63}$$

易知问题$\tilde{\mathcal{P}}_{\boldsymbol{R}_x}$关于$\boldsymbol{R}_x$是凸的[8]。因此，问题$\tilde{\mathcal{P}}_{\boldsymbol{R}_x}$可通过标准凸优化工具来求解[25]。根据矩阵维度可知半定矩阵变量$\boldsymbol{R}_x$拥有$(LM_{\mathrm{T}})^2$个真实变量①，如果使用内点法计算，其复杂度为$\mathcal{O}(((LM_{\mathrm{T}})^2)^{3.5})$[26]。$\tilde{\mathcal{P}}_{\boldsymbol{R}_x}$的拉格朗日函数可表示为

$$\begin{aligned}\mathcal{L}(\boldsymbol{R}_x,\lambda_1,\lambda_2)=&\mathrm{tr}\left\{\bar{\boldsymbol{\Sigma}}_{\boldsymbol{x}_{\mathrm{C}}}(\boldsymbol{W})\boldsymbol{R}_x\right\}+\lambda_1(\mathrm{tr}\{\boldsymbol{R}_x\}-E_{\mathrm{T}})+\\&\lambda_2\left(C_{\mathrm{T}}-\frac{1}{M_{\mathrm{T}}M_{\mathrm{R}}L}\log_2\det(\boldsymbol{I}_{M_{\mathrm{R}}L}+\boldsymbol{R}_{\mathrm{Cin}}^{-1}\tilde{\boldsymbol{H}}\boldsymbol{R}_x\tilde{\boldsymbol{H}}^{\mathrm{H}})\right)\end{aligned} \tag{9.64}$$

其中，$\lambda_1(\lambda_1\geqslant 0)$和$\lambda_2(\lambda_2\geqslant 0)$是与通信系统传输能量约束和通信系统速率约束相关的对偶变量。对偶问题可表示为

$$\max_{\lambda_1\geqslant 0,\lambda_2\geqslant 0,\boldsymbol{R}_x\geqslant 0}\inf\mathcal{L}(\boldsymbol{R}_x,\lambda_1,\lambda_2)\triangleq\max_{\lambda_1\geqslant 0,\lambda_2\geqslant 0}g(\lambda_1,\lambda_2) \tag{9.65}$$

---

① 未知的$\boldsymbol{R}_x$有LM_{T}个实变量和$LM_{\mathrm{T}}(LM_{\mathrm{T}}-1)/2$个复变量，相当于$(LM_{\mathrm{T}})^2$个真实变量。

其中，$g(\lambda_1,\lambda_2)$ 表示对偶函数。由于 $\tilde{\mathcal{P}}_{\boldsymbol{R}_x}$ 是满足 Slater 条件[8]的凸函数，因此 $\tilde{\mathcal{P}}_{\boldsymbol{R}_x}$ 和它的拉格朗日对偶函数式(9.65)的最优值之间的对偶间隙是 0，即强对偶成立。由注水算法可知，对于给定的可行非负变量 λ_1 和 λ_2[30]，$\tilde{\mathcal{P}}_{\boldsymbol{R}_x}$ 的优化求解方案可以通过下式获取

$$\boldsymbol{R}_{\boldsymbol{x}}^{*}(\lambda_1,\lambda_2)=(\bar{\boldsymbol{\Sigma}}_{\boldsymbol{x}_{\mathrm{C}}}(\boldsymbol{W})+\lambda_1\boldsymbol{I}_{M_{\mathrm{T}}L})^{-1/2}\boldsymbol{U}\boldsymbol{\Sigma}\boldsymbol{U}^{\mathrm{H}}(\bar{\boldsymbol{\Sigma}}_{\boldsymbol{x}_{\mathrm{C}}}(\boldsymbol{W})+\lambda_1\boldsymbol{I}_{M_{\mathrm{T}}L})^{-1/2} \tag{9.66}$$

其中，$\boldsymbol{R}_{\boldsymbol{x}}^{*}(\lambda_1,\lambda_2)$ 代表 $\boldsymbol{R}_x$ 的优化解，$\boldsymbol{U}$ 是 $\hat{\boldsymbol{H}}=\boldsymbol{R}_{\mathrm{Cin}}^{-1/2}\tilde{\boldsymbol{H}}(\bar{\Sigma}_{\boldsymbol{x}_{\mathrm{C}}}(\boldsymbol{W})+\lambda_1\boldsymbol{I}_{M_{\mathrm{T}}L})^{-1/2}$ 的右奇异矩阵，$\boldsymbol{\Sigma}=\mathrm{diag}\{\gamma_1,\gamma_2,\gamma_3,\cdots,\gamma_r\}$，其中 $\gamma_i=(\lambda_2-1/\sigma_i^2)^{+}$，$i=1,2,3,\cdots,r$，并且 r 和 σ_i 分别表示 $\hat{\boldsymbol{H}}$ 的秩和正奇异值。最优对偶变量可以通过椭球方法求解对偶问题式（9.65）来获得。定义 $\boldsymbol{\lambda}=[\lambda_1,\lambda_2]^{\mathrm{T}}$，如文献[31]中所述，中心在 $\boldsymbol{\lambda}$ 及由半正定对称矩阵定义的椭球形状 $\boldsymbol{Z}$ 的椭球可以表示为

$$\varepsilon(\boldsymbol{\lambda},\boldsymbol{Z})=\left\{\nu:(\nu-\boldsymbol{\lambda})^{\mathrm{T}}\boldsymbol{Z}^{-1}(\nu-\boldsymbol{\lambda})\leqslant 1\right\} \tag{9.67}$$

对于椭球方法，首先给出一个初始椭球 $\varepsilon(\boldsymbol{\lambda}^{(0)},\boldsymbol{Z}^{(0)})$，假定初始椭球为足够大且可以包括所有可行解的集合，然后以这个可行的椭球中心的梯度为中心消除一个不能包含最优解的半空间。$g(\lambda_1,\lambda_2)$ 的次梯度由 $\boldsymbol{d}_{\lambda}=[d_{\lambda_1},d_{\lambda_2}]^{\mathrm{T}}$ 定义，其中

$$\begin{aligned}d_{\lambda_1}&=C_{\mathrm{T}}-\frac{1}{M_{\mathrm{T}}M_{\mathrm{R}}L}\log_2\det(\boldsymbol{I}_{M_{\mathrm{R}}L}+\boldsymbol{R}_{\mathrm{Cin}}^{-1}\tilde{\boldsymbol{H}}\boldsymbol{R}_{\boldsymbol{x}}^{*}\tilde{\boldsymbol{H}}^{\mathrm{H}})\\ d_{\lambda_2}&=\mathrm{tr}\left\{\boldsymbol{R}_{\boldsymbol{x}}^{*}(\lambda_1,\lambda_2)\right\}-E_{\mathrm{T}}\end{aligned} \tag{9.68}$$

因此，椭球中心 $\boldsymbol{\lambda}$ 及椭球形状矩阵 $\boldsymbol{Z}$ 被更新为①

$$\begin{aligned}\boldsymbol{\lambda}^{(m_1+1)}&=\boldsymbol{\lambda}^{(m_1)}-\frac{1}{3}\boldsymbol{Z}^{(m_1)}\tilde{\boldsymbol{d}}_{\lambda}\\ \boldsymbol{Z}^{(m_1+1)}&=\frac{4}{3}(\boldsymbol{Z}^{(m_1)}-\frac{2}{3}\boldsymbol{Z}^{(m_1)}\tilde{\boldsymbol{d}}_{\lambda}\tilde{\boldsymbol{d}}_{\lambda}^{\mathrm{T}}\boldsymbol{Z}^{(m_1)})\end{aligned} \tag{9.69}$$

其中，

$$\tilde{\boldsymbol{d}}_{\lambda}=\frac{1}{\sqrt{(\boldsymbol{d}_{\lambda})^{\mathrm{T}}\boldsymbol{Z}^{(m_1)}\boldsymbol{d}_{\lambda}}}\boldsymbol{d}_{\lambda} \tag{9.70}$$

是归一化的次梯度。这个迭代过程直到 $\sqrt{(\boldsymbol{d}_{\lambda})^{\mathrm{T}}\boldsymbol{Z}^{(m_1)}\boldsymbol{d}_{\lambda}}<\varsigma_0$ 时结束，其中 ς_0 是一个控制收敛的小正常数。因此，$\tilde{\mathcal{P}}_{\boldsymbol{R}_x}$ 能够通过式（9.66）得到。最终的流程如算法 9.2 所示。

根据前面所述，如果直接使用内点法，求解问题 $\tilde{\mathcal{P}}_{\boldsymbol{R}_x}$ 则需要相对较高的计算复杂度。当问题 $\tilde{\mathcal{P}}_{\boldsymbol{R}_x}$ 基于对偶分解来求解时，有未知的对偶变量 λ_1 和 λ_2 两个实变量，同时，通过式（9.69）中的椭球方法更新次数是 2^2，即椭球算法的更新复杂度是 $\mathcal{O}(1)$，这是非常低的复杂度[25]。另外，在每次迭代中，最优解需要以闭合形式计

① 这里上标 m_1 表示求解 $\mathcal{P}_{\boldsymbol{R}_x}$ 的内部迭代次数。

算表达式，即式（9.66），它的计算复杂度是$\mathcal{O}((LM_\mathrm{T})^3)$ ①。因此，拉格朗日对偶分解方法比内点方法具有更低的计算复杂度。

算法 9.2 流程　求解 $\mathcal{P}_{\boldsymbol{R}_x}$ 的流程

输入： $\boldsymbol{H},\ \mu_0, \boldsymbol{G}_1, \{f'_{\mathrm{d},p_1}\}, \boldsymbol{G}_2, \{\mu_{\mathrm{d},p_2}\}, \xi, E_\mathrm{T}, C_\mathrm{T}, \varsigma_0, \boldsymbol{s}, \boldsymbol{w}$；

输出： 最优解 $\boldsymbol{R}_x^*(\lambda_1,\lambda_2)$。

初始化： $\boldsymbol{Z}^{(m_1)}=\alpha\boldsymbol{I},\alpha\gg 1,\ \lambda_1^{(m_1)}\geqslant 0,\ \lambda_2^{(m_1)}\geqslant 0,\ m_1=0$。

（1）用已知的变量计算 $\lambda_1^{(m_1)}$ 和 $\lambda_2^{(m_1)}$，根据式（9.70）计算 $\boldsymbol{R}_x^{(m_1)}(\lambda_1^{(m_1)},\lambda_2^{(m_1)})$；

（2）根据式（9.70）计算 $g(\lambda_1^{(m_1)},\lambda_2^{(m_1)})$ 的次梯度 $\boldsymbol{d}_\lambda$；

（3）通过式（9.69）计算 $\boldsymbol{\lambda}^{(m_1+1)}$ 和 $\boldsymbol{Z}^{(m_1+1)}$；

（4）$m_1=m_1+1$；

（5）若 $\sqrt{\boldsymbol{d}_\lambda^\mathrm{T}\boldsymbol{Z}^{(m_1)}\boldsymbol{d}_\lambda}<\varsigma_0$；$\boldsymbol{R}_x^*(\lambda_1,\lambda_2)=\boldsymbol{R}_x^{(m_1)}(\lambda_1^{(m_1)},\lambda_2^{(m_1)})$。否则，返回步骤（2）。

2. 关于接收滤波器 $\boldsymbol{w}$ 的优化

对于给定的通信发射协方差矩阵 $\boldsymbol{R}_x$ 和雷达发射波形 $\boldsymbol{s}$，关于雷达接收滤波器 $\boldsymbol{w}$ 的优化问题可以写成

$$\mathcal{P}_{\boldsymbol{w}}:\max_{\boldsymbol{w}}\frac{\left|\boldsymbol{w}^\mathrm{H}\tilde{\boldsymbol{A}}(f_{\mathrm{d},0},\theta_0)\boldsymbol{s}\right|^2}{\boldsymbol{w}^\mathrm{H}\Sigma_\mathrm{d}(\boldsymbol{s})\boldsymbol{w}+\boldsymbol{w}^\mathrm{H}\Sigma_{\boldsymbol{x}_\mathrm{C}}(\boldsymbol{R}_x)\boldsymbol{w}+\sigma_\mathrm{R}^2\boldsymbol{w}^\mathrm{H}\boldsymbol{w}} \tag{9.71}$$

注意 $\mathcal{P}_{\boldsymbol{w}}$ 是一个典型的 SINR 最大化问题，相当于 MVDR 问题[32]，这个问题是可以求解的②，并可得一个封闭形式的最优解

$$\boldsymbol{w}=\frac{(\Sigma_\mathrm{in}(\boldsymbol{s},\boldsymbol{R}_x))^{-1}(\tilde{\boldsymbol{A}}(f_{\mathrm{d},0},\theta_0)\boldsymbol{s})}{(\tilde{\boldsymbol{A}}(f_{\mathrm{d},0},\theta_0)\boldsymbol{s})^\mathrm{H}(\Sigma_\mathrm{in}(\boldsymbol{s},\boldsymbol{R}_x))^{-1}(\tilde{\boldsymbol{A}}(f_{\mathrm{d},0},\theta_0)\boldsymbol{s})} \tag{9.72}$$

其中，$\Sigma_\mathrm{in}(\boldsymbol{s},\boldsymbol{R}_x)=\Sigma_\mathrm{d}(\boldsymbol{s})+\Sigma_{\boldsymbol{x}_\mathrm{C}}(\boldsymbol{R}_x)+\sigma_\mathrm{R}^2\boldsymbol{I}_{N_\mathrm{R}L}$。因此，关于问题 $\mathcal{P}_{\boldsymbol{w}}$，可得一个封闭的求解方案。

3. 关于雷达波形 $\boldsymbol{s}$ 的优化

对于给定的 $\boldsymbol{R}_x$ 和 $\boldsymbol{w}$ 的波形设计问题可以写成

---

① 请注意，难以分析量化需要收敛的迭代次数（数量很大但有限）。一般来说，随着 L 增加，需要设置相应大的迭代次数来控制收敛。

② 如果问题是可行的和有界的，并且达到最优值，则问题被称为可解（参照文献[26]）。

$$\mathcal{P}_s\begin{cases}\max\limits_{s}\dfrac{\left|\boldsymbol{w}^{\mathrm{H}}\tilde{\boldsymbol{A}}(f_{\mathrm{d},0},\theta_0)\boldsymbol{s}\right|^2}{\boldsymbol{w}^{\mathrm{H}}\Sigma_{\mathrm{d}}(\boldsymbol{s})\boldsymbol{w}+\boldsymbol{w}^{\mathrm{H}}\Sigma_{\boldsymbol{x}_{\mathrm{C}}}(\boldsymbol{R}_x)\boldsymbol{w}+\sigma_{\mathrm{R}}^2\boldsymbol{w}^{\mathrm{H}}\boldsymbol{w}}\\ \text{s.t.}\quad \dfrac{1}{M_{\mathrm{T}}M_{\mathrm{R}}L}\log_2\det(\boldsymbol{I}_{N_{\mathrm{R}}L}+\boldsymbol{R}_{\mathrm{Cin}}^{-1}\tilde{\boldsymbol{H}}\boldsymbol{R}_x\tilde{\boldsymbol{H}}^{\mathrm{H}})\geqslant C_{\mathrm{T}}\\ \qquad\left\|\boldsymbol{s}-\boldsymbol{s}_0\right\|^2\leqslant\xi\\ \qquad\left\|\boldsymbol{s}\right\|^2=1\end{cases}\tag{9.73}$$

命题 9.1　设$\boldsymbol{W}\triangleq\boldsymbol{w}\boldsymbol{w}^{\mathrm{H}}$表示一个滤波矩阵，那么优化问题$\mathcal{P}_s$的目标函数可以写成

$$\max_{s}\frac{\left|\boldsymbol{w}^{\mathrm{H}}\tilde{\boldsymbol{A}}(f_{\mathrm{d},0},\theta_0)\boldsymbol{s}\right|^2}{\boldsymbol{s}^{\mathrm{H}}\Sigma_{\mathrm{in}}(\boldsymbol{w},\boldsymbol{R}_x)\boldsymbol{s}}\tag{9.74}$$

其中，

$$\begin{aligned}\Sigma_{\mathrm{in}}(\boldsymbol{w},\boldsymbol{R}_x)=&\sum_{k=1}^{K_0}(\boldsymbol{J}^{r_k}\otimes\boldsymbol{A}(\theta_k))^{\mathrm{H}}(\boldsymbol{W}\odot\bar{\Xi}_k)(\boldsymbol{J}^{r_k}\otimes\boldsymbol{A}(\theta_k))+\\&\mathrm{tr}\left\{\sum_{p_1=1}^{P_1}(\boldsymbol{J}^{r_k}\otimes\boldsymbol{G}_1(p_1)\right\}[(\boldsymbol{R}_x)\odot\Xi_{\mathrm{C}}](\boldsymbol{J}^{r_{p_1}}\otimes\boldsymbol{G}_1(p_1))^{\mathrm{H}}\boldsymbol{w})\boldsymbol{I}_{N_{\mathrm{T}}L}+\\&\sigma_{\mathrm{R}}^2\mathrm{tr}\{\boldsymbol{W}\}\boldsymbol{I}_{N_{\mathrm{T}}L}\end{aligned}\tag{9.75}$$

$$\bar{\Xi}_k=\sigma_k^2(\boldsymbol{\Phi}_{\varepsilon_k}^{\bar{f}_{\mathrm{d},k}}(l_1,l_2))^*\otimes\Upsilon_{N_{\mathrm{R}}},\ \forall(l_1,l_2)\in\{1,2,3,\cdots,L\}^2\tag{9.76}$$

具体证明过程见附录 M。

那么优化问题$\mathcal{P}_s$可以被重写为

$$\begin{cases}\max\limits_{s}\dfrac{\left|\boldsymbol{w}^{\mathrm{H}}\tilde{\boldsymbol{A}}(f_{\mathrm{d},0},\theta_0)\boldsymbol{s}\right|^2}{\boldsymbol{s}^{\mathrm{H}}\Sigma_{\mathrm{in}}(\boldsymbol{W},\boldsymbol{R}_x)\boldsymbol{s}}\\ \text{s.t.}\quad \dfrac{1}{M_{\mathrm{T}}M_{\mathrm{R}}L}\log_2\det(\boldsymbol{I}_{M_{\mathrm{R}}L}+\boldsymbol{R}_{\mathrm{Cin}}^{-1}\tilde{\boldsymbol{H}}\boldsymbol{R}_x\tilde{\boldsymbol{H}}^{\mathrm{H}})\geqslant C_{\mathrm{T}}\\ \qquad\left\|\boldsymbol{s}-\boldsymbol{s}_0\right\|^2\leqslant\xi\\ \qquad\left\|\boldsymbol{s}\right\|^2=1\end{cases}\tag{9.77}$$

由于式（9.77）中目标函数和通信速率约束都是非凸的，所以上述问题是非凸的。引入$\boldsymbol{S}=\boldsymbol{s}\boldsymbol{s}^{\mathrm{H}}$，那么速率可以写成

$$C(\boldsymbol{R}_x,\boldsymbol{S})=\frac{1}{M_{\mathrm{T}}M_{\mathrm{R}}L}\log_2\det(\boldsymbol{I}_{M_{\mathrm{R}}L}+\boldsymbol{R}_{\mathrm{Cin}}^{-1}\tilde{\boldsymbol{H}}\boldsymbol{R}_x\tilde{\boldsymbol{H}}^{\mathrm{H}})\tag{9.78}$$

为了去掉式（9.77）中的非凸约束，可在$\bar{\boldsymbol{S}}=\bar{\boldsymbol{s}}\,\bar{\boldsymbol{s}}^{\mathrm{H}}$处对$C(\boldsymbol{R}_x,\boldsymbol{S})$使用一阶泰勒展开式来逼近该约束，其中$\bar{\boldsymbol{s}}$是之前的迭代结果，可得

$$C(\boldsymbol{R}_x,\boldsymbol{S})\approx C(\boldsymbol{R}_x,\bar{\boldsymbol{S}})-\left(\mathrm{tr}\left\{\bar{\boldsymbol{D}}(\boldsymbol{S}-\bar{\boldsymbol{S}})\right\}\right)\tag{9.79}$$

其中

$$\begin{aligned}\bar{\boldsymbol{D}} &\triangleq -\left(\frac{\partial C(\boldsymbol{R}_x,\boldsymbol{S})}{\partial(\boldsymbol{S})}\right)^{\mathrm{T}}_{\boldsymbol{S}=\bar{\boldsymbol{S}}} \\ &= \sum_{k=1}^{K}(\tilde{\boldsymbol{G}}_{2,p_2}(\mu_{\mathrm{d},p_2}))^{\mathrm{H}}\left[\left(\sum_{k=1}^{K}\tilde{\boldsymbol{G}}_2(f_{\mathrm{d},k},k)\bar{\boldsymbol{S}}(\tilde{\boldsymbol{G}}_2(f_{\mathrm{d},k},k))^{\mathrm{H}}+\sigma_{\mathrm{C}}^2\boldsymbol{I}_{M_{\mathrm{R}}L}\right)^{}-\right. \\ &\left.\left(\sum_{k=1}^{K}\tilde{\boldsymbol{G}}_{2,p_2}(\mu_{\mathrm{d},p_2})\bar{\boldsymbol{S}}(\tilde{\boldsymbol{G}}_{2,p_2}(\mu_{\mathrm{d},p_2}))^{\mathrm{H}}+\sigma_{\mathrm{C}}^2\boldsymbol{I}_{M_{\mathrm{R}}L}+\tilde{\boldsymbol{H}}\boldsymbol{R}_x\tilde{\boldsymbol{H}}^{\mathrm{H}}\right)^{-1}\right]\tilde{\boldsymbol{G}}_{2,p_2}(\mu_{\mathrm{d},p_2})\end{aligned} \tag{9.80}$$

因此，式（9.77）中通信速率约束可以被表示为

$$C(\boldsymbol{R}_x,\bar{\boldsymbol{S}})-\operatorname{tr}\left\{\bar{\boldsymbol{D}}\boldsymbol{S}\right\}+\operatorname{tr}\left\{\bar{\boldsymbol{D}}\bar{\boldsymbol{S}}\right\}\geqslant M_{\mathrm{T}}M_{\mathrm{R}}LC_{\mathrm{T}} \tag{9.81}$$

需要注意的是，$C(\boldsymbol{R}_x,\boldsymbol{S})$ 是关于 $\bar{\boldsymbol{s}}$ 的非凸函数。因此，近似值一旦大于或等于 C_{T}，则 $C(\boldsymbol{R}_x,\boldsymbol{S})$ 也大于或等于 C_{T}。根据 $\operatorname{tr}\left\{\bar{\boldsymbol{D}}\boldsymbol{S}\right\}=\boldsymbol{s}^{\mathrm{H}}\bar{\boldsymbol{D}}\boldsymbol{s}$，$\mathcal{P}_{\boldsymbol{s}}$ 的优化算法可以重写为

$$\mathcal{P}_{\boldsymbol{s}}'\begin{cases}\max\limits_{\boldsymbol{s}}\dfrac{\left|\boldsymbol{w}^{\mathrm{H}}\tilde{\boldsymbol{A}}(f_{\mathrm{d},0},\theta_0)\boldsymbol{s}\right|^2}{\boldsymbol{s}^{\mathrm{H}}\Sigma_{\mathrm{in}}(\boldsymbol{w},\boldsymbol{R}_x)\boldsymbol{s}} \\ \text{s.t.}\quad \boldsymbol{s}^{\mathrm{H}}\bar{\boldsymbol{D}}\boldsymbol{s}\leqslant C(\boldsymbol{R}_x,\bar{\boldsymbol{S}})+\operatorname{tr}\left\{\bar{\boldsymbol{D}}\bar{\boldsymbol{S}}\right\}-M_{\mathrm{T}}M_{\mathrm{R}}LC_{\mathrm{T}} \\ \qquad \left\|\boldsymbol{s}-\boldsymbol{s}_0\right\|^2\leqslant\xi \\ \qquad \left\|\boldsymbol{s}\right\|^2=1\end{cases} \tag{9.82}$$

问题 $\mathcal{P}_{\boldsymbol{s}}'$ 是关于 $\boldsymbol{s}$ 的二次分式优化问题，该非凸问题可使用 SDR 和 Charnes Cooper 变换进行优化求解，其计算复杂度为 $\mathcal{O}((LN_{\mathrm{T}})^{4.5}+(LN_{\mathrm{T}})^3)$ [24]。为减少复杂度，可将二次分式优化问题 $\mathcal{P}_{\boldsymbol{s}}'$ 进行等价转换，此目标函数为非负凹函数与正凸函数的比值，可行集合为凸紧集合。然后通过 DA 求解变换的分数规划问题[33]。以下命题说明了问题 $\mathcal{P}_{\boldsymbol{s}}'$ 的等价形式。

命题 9.2　问题 $\mathcal{P}_{\boldsymbol{s}}'$，即式（9.82）是可以求解的，同时可以等效写为

$$\bar{\mathcal{P}}_{\boldsymbol{s}}'\begin{cases}\max\limits_{\boldsymbol{s}}\dfrac{\Re\left\{\boldsymbol{w}^{\mathrm{H}}\tilde{\boldsymbol{A}}(f_{\mathrm{d},0},\theta_0)\boldsymbol{s}\right\}}{\sqrt{\boldsymbol{s}^{\mathrm{H}}\Sigma_{\mathrm{in}}(\boldsymbol{W},\boldsymbol{R}_x)\boldsymbol{s}}} \\ \text{s.t.}\quad \boldsymbol{s}^{\mathrm{H}}\bar{\boldsymbol{D}}\boldsymbol{s}\leqslant\tilde{C} \\ \qquad \left\|\boldsymbol{s}\right\|^2\leqslant 1 \\ \qquad \Re\left\{\boldsymbol{s}_0^{\mathrm{H}}\boldsymbol{s}\right\}\geqslant 1-\xi/2 \\ \qquad \Re\left\{\boldsymbol{w}^{\mathrm{H}}\tilde{\boldsymbol{A}}(f_{\mathrm{d},0},\theta_0)\boldsymbol{s}\right\}\geqslant 0\end{cases} \tag{9.83}$$

其中，$\tilde{C}=C(\boldsymbol{R}_x,\bar{\boldsymbol{S}})+\operatorname{tr}\left\{\bar{\boldsymbol{D}}\bar{\boldsymbol{S}}\right\}-M_{\mathrm{T}}M_{\mathrm{R}}LC_{\mathrm{T}}$，$\Re\{\cdot\}$ 表示取参数的实部。

具体证明过程见附录 N。

对于问题 $\mathcal{P}_{\boldsymbol{s}}'$ 的目标函数，分子是线性函数的实部，分母对 $\boldsymbol{s}$ 来说是一个正的凸函数，即问题 $\mathcal{P}_{\boldsymbol{s}}'$ 的目标函数是非负凹函数与正凸函数之间的比率。另外，可行

集合是一个凸紧集[34]。因此，$\mathcal{P}_s'$ 是可解的，并通过 DA 得到最优解，可应用于以下关于 μ 的参数问题[33]。

$$\bar{\mathcal{P}}_s'(\mu)\begin{cases} F(\mu)=\max_{s}\Re\left\{\boldsymbol{w}^{\mathrm{H}}\tilde{\boldsymbol{A}}(f_{\mathrm{d},0},\theta_0)\boldsymbol{s}\right\}-\mu\sqrt{\boldsymbol{s}^{\mathrm{H}}\Sigma_{\mathrm{in}}(\boldsymbol{W},\boldsymbol{R}_x)\boldsymbol{s}} \\ \text{s.t.}\quad \boldsymbol{s}^{\mathrm{H}}\bar{\boldsymbol{D}}\boldsymbol{s}\leqslant\tilde{C} \\ \qquad \|\boldsymbol{s}\|^2\leqslant 1 \\ \qquad \Re\left\{\boldsymbol{s}_0^{\mathrm{H}}\boldsymbol{s}\right\}\geqslant 1-\xi/2 \\ \qquad \Re\left\{\boldsymbol{w}^{\mathrm{H}}\tilde{\boldsymbol{A}}(f_{\mathrm{d},0},\theta_0)\boldsymbol{s}\right\}\geqslant 0 \end{cases} \tag{9.84}$$

算法 9.3 总结了基于上述 DA 处理的雷达波形设计。在这个流程中，每个算法①只需要求解 $\bar{\mathcal{P}}_s'(\mu)$ 这个凸问题，可以通过标准凸优化工具来求解。此外，$\bar{\mathcal{P}}_s'(\mu)$ 的目标函数单调收敛于 $\bar{\mathcal{P}}_s'(\mu)$ 的最优值，在终止运行条件 $F_\mu<\varsigma_1$ 的场景下，ς_1 是预定义的阈值。

算法 9.3 流程　DA 求解 $\mathcal{P}_s$

输入： $\theta_0,f_{\mathrm{d},0},\left\{\bar{f}_{\mathrm{d},q}\right\},\left\{\varepsilon_q\right\},\boldsymbol{H},\boldsymbol{G}_1$，$\left\{f_{\mathrm{d},p_1}'\right\},\boldsymbol{G}_2,\left\{\mu_{\mathrm{d},p_2}\right\},\xi,E_{\mathrm{T}},C_{\mathrm{T}},\varsigma_1,\boldsymbol{w},\boldsymbol{R}_x$；

输出： 最优解 $\boldsymbol{s}^*$。

初始化： 设置 $\mu^{(m_2)}=0$，初始化 $\mu^{(m_2)}$ 且 $F(\mu^{(m_2)})\geqslant 0$，$m_2=0$。

（1）求解 $\bar{\varphi}_s'(\mu)$ 得 $\boldsymbol{s}^{(m_2)}$；

（2）更新 $\mu^{(m_2+1)}=\Re(\boldsymbol{w}^{\mathrm{H}}\tilde{\boldsymbol{A}}(f_{\mathrm{d},0},\theta_0)\boldsymbol{s}^{(m_2)})/\sqrt{(\boldsymbol{s}^{(m_2)})^{\mathrm{H}}\Sigma_{\mathrm{in}}(\boldsymbol{W},\boldsymbol{R}_x)\boldsymbol{s}^{(m_2)}}$；

（3）$m_2=m_2+1$；

（4）若 $F(\mu^{(m_2)})<\varsigma_1$；$\boldsymbol{s}^*=\boldsymbol{s}^{(m_2)}$；否则，返回步骤（2）。

4. 算法收敛性和计算复杂度分析

针对变量 $\boldsymbol{R}_x,\boldsymbol{s}$ 和 $\boldsymbol{w}$ 的交替优化过程在算法 9.4 中进行了总结。当预先设置的停止运算条件被满足时，算法 9.4 中的交替迭代流程终止；即对于一个给定的 δ_1，$\left|\mathrm{SINR}(\boldsymbol{s}^{(n)},\boldsymbol{w}^{(n)},\boldsymbol{R}_x^{(n)})-\mathrm{SINR}(\boldsymbol{s}^{(n-1)},\boldsymbol{w}^{(n-1)},\boldsymbol{R}_x^{(n-1)})\right|\leqslant\delta_1$ 时停止运算，其中 n 表示外部迭代次数。

算法 9.4 流程　联合优化 $\boldsymbol{s}$，$\boldsymbol{w}$ 和 $\boldsymbol{R}_x$ 交替流程

输入： $\theta_0,f_{\mathrm{d},0},\left\{\bar{f}_{\mathrm{d},k}\right\},\left\{\varepsilon_k\right\},\boldsymbol{H},\mu_0,\boldsymbol{G}_1,\left\{f_{\mathrm{d},p_1}'\right\},\boldsymbol{G}_2,\left\{\mu_{\mathrm{d},p_2}\right\},\xi,E_{\mathrm{T}},C_{\mathrm{T}},\delta_1,\boldsymbol{s}_0$；

输出： 最优化 SINR。

① 在此，用 m_2 来表示处理优化问题 $\bar{\mathcal{P}}_s'(\mu)$ 的内部迭代次数。

初始化：设置 $\boldsymbol{R}_x^{(n)}=\dfrac{E_t}{M_\mathrm{T}L}\boldsymbol{I}_{M_\mathrm{T}L}$，$\boldsymbol{s}^{(n)}=\boldsymbol{s}_0$，$n=0$。

（1）通过式（9.72）计算 $\boldsymbol{w}^{(0)}$；

（2）$n=n+1$；

（3）运行算法 9.2 计算 $\boldsymbol{R}_x^{(n)}$，式（9.66）中的 $\boldsymbol{w}$ 和 $\boldsymbol{s}$ 分别被 $\boldsymbol{w}^{(n-1)}$ 和 $\boldsymbol{s}^{(n-1)}$ 替换；

（4）根据式（9.72）计算 $\boldsymbol{w}^{(n)}$，式中 $\boldsymbol{R}_x$ 和 $\boldsymbol{s}$ 分别被 $\boldsymbol{R}_x^{(n)}$ 和 $\boldsymbol{s}^{(n-1)}$ 替换；

（5）根据算法 9.3 求解式（9.84）中的 $\boldsymbol{s}^{(n)}$，$\boldsymbol{w}$ 和 $\boldsymbol{R}_x$ 分别被 $\boldsymbol{w}^{(n)}$ 和 $\boldsymbol{R}_x^{(n)}$ 替换；

（6）若 $\left|\mathrm{SINR}(\boldsymbol{s}^{(n)},\boldsymbol{w}^{(n)},\boldsymbol{R}_x^{(n)})-\mathrm{SINR}(\boldsymbol{s}^{(n-1)},\boldsymbol{w}^{(n-1)},\boldsymbol{R}_x^{(n-1)})\right|\leqslant\delta_1$，则 $\boldsymbol{R}_x^*=\boldsymbol{R}_x^{(n)}$，$\boldsymbol{w}^*=\boldsymbol{w}^{(n)}$，$\boldsymbol{s}^*=\boldsymbol{s}^{(n)}$，否则返回步骤（3）。

命题 9.3　假设 $\mathcal{P}_{\boldsymbol{R}_x}$，$\mathcal{P}_{\boldsymbol{w}}$ 和 $\mathcal{P}_{\boldsymbol{s}}$ 是有解的，且使 $(\boldsymbol{s}^{(n)},\boldsymbol{w}^{(n)},\boldsymbol{R}_x^{(n)})$ 成为通过所提出的迭代程序获得的一系列点。那么，序列 $\mathrm{SINR}(\boldsymbol{s}^{(n)},\boldsymbol{w}^{(n)},\boldsymbol{R}_x^{(n)})$ 是一个单调递增序列，并收敛到一个有限的值。

具体证明过程见附录 O。

关于算法 9.4 的计算复杂度，在每次外部迭代中，通信系统发射协方差矩阵 $\boldsymbol{R}_x$ 可以通过使用具有低计算复杂度的拉格朗日对偶法来获得。式(9.71)～式(9.84)阐述了雷达空时接收滤波器 $\boldsymbol{w}$ 和雷达空时发射波形序列 $\boldsymbol{s}$ 的设计。式(9.72)描述了 $\boldsymbol{w}$ 封闭的求解方案，其计算复杂度为 $\mathcal{O}((LN_\mathrm{R})^3)$。对于算法 9.3 中关于 $\boldsymbol{s}$ 的求解方案，在每次内部迭代中，它主要基于 DA 实现，该问题属于二阶锥规划问题，其计算复杂度为 $\mathcal{O}((LN_\mathrm{T})^{3.5})$ [26]。最终，每次外部迭代算法 9.4 的计算复杂度为 $\mathcal{O}(m_1(LM_\mathrm{T})^3+(LN_\mathrm{R})^3+m_2(LN_\mathrm{T})^{3.5})$。

9.2.4.2　以最大化通信系统传输速率为准则的共存波形设计

在某些情况下，系统的目标可能是最大化通信系统的传输速率，同时要求雷达满足 SINR 约束条件。类似于 9.2.4.1 节中的问题描述，优化问题可以表示为

$$
\mathcal{P}_\mathrm{C}\begin{cases}\displaystyle\max_{\boldsymbol{s},\boldsymbol{w},\boldsymbol{R}_x\geqslant 0}\frac{1}{M_\mathrm{T}M_\mathrm{R}L}\log_2\det(\boldsymbol{I}_{M_\mathrm{R}L}+\boldsymbol{R}_\mathrm{Cin}^{-1}\tilde{\boldsymbol{H}}\boldsymbol{R}_x\tilde{\boldsymbol{H}}^\mathrm{H})\\ \text{s.t.}\quad\dfrac{\sigma_0^2\left|\boldsymbol{w}^\mathrm{H}\tilde{\boldsymbol{A}}(f_{\mathrm{d},0},\theta_0)\boldsymbol{s}\right|^2}{\boldsymbol{w}^\mathrm{H}\Sigma_\mathrm{d}(\boldsymbol{s})+\boldsymbol{w}^\mathrm{H}\Sigma_{\boldsymbol{x}_\mathrm{c}}(\boldsymbol{R}_x)\boldsymbol{w}+\sigma_\mathrm{R}^2\boldsymbol{w}^\mathrm{H}\boldsymbol{w}}\geqslant\mathrm{SINR}_0\\ \qquad\|\boldsymbol{s}-\boldsymbol{s}_0\|^2\leqslant\xi\\ \qquad\mathrm{tr}\{\boldsymbol{R}_x\}\leqslant E_\mathrm{T}\\ \qquad\|\boldsymbol{s}\|^2=1\end{cases}\tag{9.85}
$$

其中，$\mathrm{SINR}_0 \geqslant 0$ 是雷达所需的输出 SINR。通过预处理变换，式（9.85）中的倒数第二行可以被重写为

$$\mathrm{tr}\left\{\bar{\Sigma}_{x_{\mathrm{C}}}(\boldsymbol{W})\boldsymbol{R}_x\right\} \leqslant D_{\boldsymbol{R}_x} \tag{9.86}$$

其中，

$$D_{\boldsymbol{R}_x} \triangleq \sigma_0^2 \left|\boldsymbol{w}^{\mathrm{H}}\tilde{\boldsymbol{A}}(f_{\mathrm{d},0},\theta_0)\boldsymbol{s}\right|^2 / \mathrm{SINR}_0 - (\boldsymbol{w}^{\mathrm{H}}\Sigma_{\mathrm{d}}(\boldsymbol{s})\boldsymbol{w}+\sigma_{\mathrm{R}}^2\boldsymbol{w}^{\mathrm{H}}\boldsymbol{w})$$

易知问题 $\mathcal{P}_{\mathrm{C}}$ 关于优化三变量 $(\boldsymbol{s}, \boldsymbol{w}, \boldsymbol{R}_x)$ 是非凸的，可再次使用交替优化来求解该问题。当 $\boldsymbol{w}$ 和 $\boldsymbol{s}$ 固定时，对于 $\boldsymbol{R}_x$ 的最优解，需要求解

$$\mathcal{P}_{\mathrm{C}_{\boldsymbol{R}_x}} \begin{cases} \max\limits_{\boldsymbol{R}_x \geqslant 0} \log_2 \det(\boldsymbol{I}_{M_{\mathrm{R}}L} + \boldsymbol{R}_{\mathrm{Cin}}^{-1}\tilde{\boldsymbol{H}}\boldsymbol{R}_x\tilde{\boldsymbol{H}}^{\mathrm{H}}) \\ \quad \text{s.t.} \quad \mathrm{tr}\left\{\bar{\Sigma}_{x_{\mathrm{C}}}(\boldsymbol{W})\boldsymbol{R}_x\right\} \leqslant D_{\boldsymbol{R}_x} \\ \qquad\qquad \mathrm{tr}\left\{\boldsymbol{R}_x\right\} \leqslant E_{\mathrm{T}} \end{cases} \tag{9.87}$$

问题 $\mathcal{P}_{\mathrm{C}_{\boldsymbol{R}_x}}$ 是凸的，可以直接采用标准凸优化工具求解。遵循算法 9.2 中的优化步骤：通过解其拉格朗日对偶问题得到最优解，其定义为

$$\min_{\lambda_1 \geqslant 0,\ \lambda_2 \geqslant 0} \tilde{g}(\lambda_1,\lambda_2) \tag{9.88}$$

其中，

$$\begin{aligned} \tilde{g}(\lambda_1,\lambda_2) \triangleq & \max_{\boldsymbol{R}_x} \log_2 \det(\boldsymbol{I}_{M_{\mathrm{R}}L} + \boldsymbol{R}_{\mathrm{Cin}}^{-1}\tilde{\boldsymbol{H}}\boldsymbol{R}_x\tilde{\boldsymbol{H}}^{\mathrm{H}}) - \\ & \lambda_1(\mathrm{tr}\left\{\boldsymbol{R}_x\right\} - E_{\mathrm{T}}) - \lambda_2\left(\mathrm{tr}\left\{\bar{\Sigma}_{x_{\mathrm{C}}}(\boldsymbol{W})\boldsymbol{R}_x\right\} - D_{\boldsymbol{R}_x}\right) \end{aligned} \tag{9.89}$$

由于问题 $\mathcal{P}_{\mathrm{C}_{\boldsymbol{R}_x}}$ 是凸的并且满足 Slater 条件[8]，问题 $\mathcal{P}_{\mathrm{C}_{\boldsymbol{R}_x}}$ 的最优值和式（9.88）的对偶问题之间的对偶间隙是零，同时它的最优解为

$$\boldsymbol{R}_{\boldsymbol{x}}^*(\lambda_1,\lambda_2) = (\lambda_1\boldsymbol{I}_{M_{\mathrm{R}}L} + \lambda_2\bar{\Sigma}_{x_{\mathrm{C}}}(\boldsymbol{W}))^{-1/2}\tilde{\boldsymbol{U}}\tilde{\Sigma}\tilde{\boldsymbol{U}}^{\mathrm{H}}(\lambda_1\boldsymbol{I}_{M_{\mathrm{R}}L} + \lambda_2\bar{\Sigma}_{x_{\mathrm{C}}}(\boldsymbol{W}))^{-1/2} \tag{9.90}$$

其中，$\tilde{\boldsymbol{U}}$ 是 $\hat{\boldsymbol{H}}=\boldsymbol{R}_{\mathrm{Cin}}^{-1/2}\tilde{\boldsymbol{H}}(\lambda_1\boldsymbol{I}_{M_{\mathrm{R}}L} + \lambda_2\bar{\Sigma}_{x_{\mathrm{C}}}(\boldsymbol{W}))^{-1/2}$ 的右奇异矩阵 $\tilde{\Sigma} = \mathrm{diag}\left\{\gamma_1,\gamma_2,\gamma_3,\cdots,\gamma_r\right\}$，$\gamma_i = (1-1/\sigma_i^2)^+$，$i=1,2,3,\cdots,r$，$r$ 和 σ_i 分别表示秩和 $\hat{\boldsymbol{H}}$ 的正奇异值。可以看出，这个优化问题类似于式（9.65），即通过椭球方法求解对偶问题式（9.88）也可以得到最优的对偶变量。$\tilde{g}(\lambda_1,\lambda_2)$ 相应的次梯度由下式给出：

$$\tilde{d}_{\lambda_1} = \mathrm{tr}\left\{\boldsymbol{R}_x\right\} - E_{\mathrm{T}},\ \tilde{d}_{\lambda_2} = \mathrm{tr}\left\{\bar{\Sigma}_{x_{\mathrm{C}}}(\boldsymbol{W})\boldsymbol{R}_x\right\} - D_{\boldsymbol{R}_x} \tag{9.91}$$

最终，最优求解方案可以通过算法 9.2 获得，其中 $d_{\lambda_1}, d_{\lambda_2}$,和 $g(\lambda_1,\lambda_2)$ 分别被 $\tilde{d}_{\lambda_1}, \tilde{d}_{\lambda_2}$ 和 $\tilde{g}(\lambda_1,\lambda_2)$ 代替。

当固定 $\boldsymbol{R}_x$ 和 $\boldsymbol{s}$ 时，对于 $\boldsymbol{w}$ 的最优解，需要注意的是，$\mathcal{P}_{\mathrm{C}}$ 的目标函数与 $\boldsymbol{w}$ 是无关紧要的，关于 $\boldsymbol{w}$ 的问题 $\mathcal{P}_{\mathrm{C}}$ 只有式（9.85）的第一个约束。因此，可采用最大 SINR 度量来满足约束条件，即可以根据式（9.72）直接计算最优 $\boldsymbol{w}$ 。

当固定 $\boldsymbol{R}_x$ 和 $\boldsymbol{w}$ 时，$\boldsymbol{s}$ 的最优解可以重写为

$$\mathcal{P}_{\mathrm{C}_s}\begin{cases}\max\limits_{s}\dfrac{1}{M_{\mathrm{T}}M_{\mathrm{R}}L}\log_2\det(\boldsymbol{I}_{M_{\mathrm{R}}L}+\boldsymbol{R}_{\mathrm{Cin}}^{-1}\tilde{\boldsymbol{H}}\boldsymbol{R}_x\tilde{\boldsymbol{H}}^{\mathrm{H}})\\ \text{s.t.}\quad \dfrac{\sigma_0^2\left|\boldsymbol{w}^{\mathrm{H}}\tilde{\boldsymbol{A}}(f_{\mathrm{d},0},\theta_0)\boldsymbol{s}\right|^2}{\boldsymbol{s}^{\mathrm{H}}\Sigma_{\mathrm{in}}(\boldsymbol{W},\boldsymbol{R}_x)\boldsymbol{s}}\geqslant\mathrm{SINR}_0\\ \qquad \|\boldsymbol{s}-\boldsymbol{s}_0\|^2\leqslant\xi\\ \qquad \|\boldsymbol{s}\|^2=1\end{cases}\tag{9.92}$$

由于问题 $\mathcal{P}_{\mathrm{C}_s}$ 的目标函数和雷达性能约束的非凸性，该问题是非凸的。引入变量 $\boldsymbol{S}=\boldsymbol{s}\boldsymbol{s}^{\mathrm{H}}$（相当于 $\boldsymbol{S}\geqslant\boldsymbol{0}$ 和 $\mathrm{rank}\{\boldsymbol{S}\}=1$）并用它的凸近似代替目标函数。问题 $\mathcal{P}_{\mathrm{C}_s}$ 可以通过从 SDR 方法导出的 SDP 问题求解。暂时不考虑式（9.92）中 $\boldsymbol{s}$ 上的秩约束可得

$$\mathcal{P}'_{\mathrm{C}_s}\begin{cases}\min\limits_{\boldsymbol{S}=\boldsymbol{S}^{\mathrm{H}}}\mathrm{tr}\{\bar{\boldsymbol{D}}\boldsymbol{S}\}\\ \text{s.t.}\ \ \mathrm{tr}\{\boldsymbol{Q}_1\boldsymbol{S}\}\geqslant 0\\ \qquad \mathrm{tr}\{\boldsymbol{S}_0\boldsymbol{S}\}\geqslant(1-\xi/2)^2\\ \qquad \mathrm{tr}\{\boldsymbol{S}\}=1,\ \boldsymbol{S}\geqslant 0\end{cases}\tag{9.93}$$

其中，$\boldsymbol{Q}_1\triangleq\sigma_0^2(\boldsymbol{w}^{\mathrm{H}}\tilde{\boldsymbol{A}}(f_{\mathrm{d},0},\theta_0))^{\mathrm{H}}(\boldsymbol{w}^{\mathrm{H}}\tilde{\boldsymbol{A}}(f_{\mathrm{d},0},\theta_0))-\mathrm{SINR}_0(\Sigma_{\mathrm{in}}(\boldsymbol{W},\boldsymbol{R}_x))$，$\boldsymbol{S}_0=\boldsymbol{s}_0\boldsymbol{s}_0^{\mathrm{H}}$。那么，问题 $\mathcal{P}'_{\mathrm{C}_s}$ 可以通过标准的凸优化技术来求解[8]。前面已经阐述，对于一个复数值问题，当约束的数量不超过 3 个时，松弛的 SDP 问题等价于原始的 QCQP 问题，即原始设计是隐凸问题，SDP 松弛是紧的[23-24]。因此，在式（9.93）中的松弛 SDP 问题 $\mathcal{P}'_{\mathrm{C}_s}$ 是紧的，因为事实上原始问题 $\mathcal{P}_{\mathrm{C}_s}$ 有 3 个约束。对于问题 $\mathcal{P}'_{\mathrm{C}_s}$，优化矩阵 $\boldsymbol{S}^*$ 获得之后，可以检查 $\boldsymbol{S}^*$ 的秩。如果 $\boldsymbol{S}^*$ 的秩是 1，那么最优解 $\boldsymbol{S}^*$ 可以通过应用特征分解立即获得。如果的 $\boldsymbol{S}^*$ 秩大于 1，可以通过矩阵分解定理构造一个最优解[24]。对于 $\mathcal{P}'_{\mathrm{C}_s}$ 矩阵分解定理的使用条件：容易验证任何非零复 Hermitian 半正定矩阵 $\boldsymbol{Y}$，其中 $N_{\mathrm{T}}L\times N_{\mathrm{T}}L$，$(\mathrm{tr}\{\bar{\boldsymbol{D}}\boldsymbol{Y}\},\mathrm{tr}\{\boldsymbol{Q}_1\boldsymbol{Y}\},\mathrm{tr}\{\boldsymbol{S}_0\boldsymbol{Y}\},\mathrm{tr}\{\boldsymbol{I}_{N_{\mathrm{T}}L}\boldsymbol{Y}\})\neq(0,0,0,0)$。更确切地说，存在 $(a_1,a_2,a_3,a_4)\in\mathbb{R}_+^4$，因此 $a_1\bar{\boldsymbol{D}}+a_2\boldsymbol{Q}_1+a_3\boldsymbol{S}_0+a_4\boldsymbol{I}_{N_{\mathrm{T}}L}>\boldsymbol{0}$。另外，条件 $N_{\mathrm{T}}L\geqslant 3$ 是温和而实用的（发射阵元数量和发射脉冲数量的乘积通常大于 3）。因此，与文献[24]中的假设是相符的，那么则有

（1）如果 $\mathrm{rank}\{\boldsymbol{S}^*\}\geqslant 3$，可以找到一个非零的向量 $\boldsymbol{s}^*\in\mathrm{Range}(\boldsymbol{S}^*)$（综合表示为 $\boldsymbol{s}^*=\mathcal{D}_1(\boldsymbol{S}^*,\bar{\boldsymbol{D}},\boldsymbol{Q}_1,\boldsymbol{S}_0,\boldsymbol{I}_{N_{\mathrm{T}}L})$）满足

$$\begin{aligned}&\left(\mathrm{tr}\{\bar{\boldsymbol{D}}\boldsymbol{S}^*\},\mathrm{tr}\{\boldsymbol{Q}_1\boldsymbol{S}^*\},\mathrm{tr}\{\boldsymbol{S}_0\boldsymbol{S}^*\},\mathrm{tr}\{\boldsymbol{I}_{N_{\mathrm{T}}L}\boldsymbol{S}^*\}\right)\\&=((\boldsymbol{s}^*)^{\mathrm{H}}\bar{\boldsymbol{D}}\boldsymbol{s}^*,(\boldsymbol{s}^*)^{\mathrm{H}}\boldsymbol{Q}_1\boldsymbol{s}^*,(\boldsymbol{s}^*)^{\mathrm{H}}\boldsymbol{S}_0\boldsymbol{s}^*,(\boldsymbol{s}^*)^{\mathrm{H}}\boldsymbol{s}^*)\end{aligned}\tag{9.94}$$

（2）如果 $\mathrm{rank}\{\boldsymbol{S}^*\}=2$，存在一个秩一分解 $\boldsymbol{S}^*=\boldsymbol{s}_1\boldsymbol{s}_1^{\mathrm{H}}+\boldsymbol{s}_2\boldsymbol{s}_2^{\mathrm{H}}$，由于 $N_{\mathrm{T}}L\geqslant 3$，则可得 $\mathbb{C}^{N_{\mathrm{T}}L}/\mathrm{Range}(\boldsymbol{S}^*)\neq\varnothing$。因此，对于任何 $\boldsymbol{z}\notin\mathrm{Range}(\boldsymbol{S}^*)$，可以找到一个非零的

向量$\boldsymbol{s}^*$在$\{z\}\bigcup \mathrm{Range}(\boldsymbol{S}^*)$的线性子空间（综合表示为$\boldsymbol{s}^*=\mathcal{D}_2(\boldsymbol{S}^*,\bar{\boldsymbol{D}},\boldsymbol{Q}_1,\boldsymbol{S}_0,\boldsymbol{I}_{N_\mathrm{T}L})$），满足式（9.94）。最终，可以得到

$$\mathrm{tr}\left\{\bar{\boldsymbol{D}}\boldsymbol{s}^*(\boldsymbol{s}^*)^\mathrm{H}\right\}=\mathrm{tr}\left\{\bar{\boldsymbol{D}}\boldsymbol{S}^*\right\}$$

并且

$$\mathrm{tr}\left\{\boldsymbol{Q}_1\boldsymbol{s}^*(\boldsymbol{s}^*)^\mathrm{H}\right\}=\mathrm{tr}\left\{\boldsymbol{Q}_1\boldsymbol{S}^*\right\}\geqslant 0$$
$$\mathrm{tr}\left\{\boldsymbol{S}_0\boldsymbol{s}^*(\boldsymbol{s}^*)^\mathrm{H}\right\}=\mathrm{tr}\left\{\tilde{\boldsymbol{S}}_0\boldsymbol{S}^*\right\}\geqslant(1-\xi/2)^2$$
$$\mathrm{tr}\left\{\boldsymbol{s}^*(\boldsymbol{s}^*)^\mathrm{H}\right\}=\mathrm{tr}\left\{\boldsymbol{S}^*\right\}=1$$
$$\mathrm{rank}\left\{\boldsymbol{s}^*(\boldsymbol{s}^*)^\mathrm{H}\right\}=1,\boldsymbol{s}^*(\boldsymbol{s}^*)^\mathrm{H}\geqslant 0$$

因此，$\boldsymbol{s}^*(\boldsymbol{s}^*)^\mathrm{H}$是式（9.93）中问题的秩一解，同时$\boldsymbol{s}^*$是式（9.92）中问题的最优求解方案。算法 9.5 总结了基于 SDR 和矩阵分解算法的雷达波形设计。

算法 9.5 流程　求解$\mathcal{P}_{\mathrm{C}s}$的流程

输入：$\theta_0,f_{\mathrm{d},0},\left\{\bar{f}_{\mathrm{d},k}\right\},\left\{\varepsilon_k\right\},\boldsymbol{H},\mu_0,\boldsymbol{G}_1,\left\{f'_{\mathrm{d},p_1}\right\},\boldsymbol{G}_2,\left\{\mu_{\mathrm{d},p_2}\right\},\xi,\mathrm{SINR}_0,\boldsymbol{w},\boldsymbol{R}_x$；

输出：最优化$\boldsymbol{s}^*$。

初始化：设置$\boldsymbol{R}_x^{(n)}=\dfrac{E_\mathrm{T}}{M_\mathrm{T}L}\boldsymbol{I}_{M_\mathrm{T}L}$，$\boldsymbol{s}^{(n)}=\boldsymbol{s}_0$，$n=0$。

（1）如果$\mathrm{rank}\left\{\boldsymbol{S}^*\right\}=1$则设置$\boldsymbol{s}^*=\sqrt{\lambda_{\max}}\boldsymbol{v}$，其中$\lambda_{\max}$是关于$\boldsymbol{S}^*$的最大特征值，$\boldsymbol{v}$是特征向量；
（2）如果$\mathrm{rank}\left\{\boldsymbol{S}^*\right\}=2$则求解$\boldsymbol{s}^*=\mathcal{D}_2\left(\boldsymbol{S}^*,\bar{\boldsymbol{D}},\boldsymbol{Q}_1,\boldsymbol{S}_0,\boldsymbol{I}_{M_\mathrm{T}L}\right)$；
（3）否则求解$\boldsymbol{s}^*=\mathcal{D}_1\left(\boldsymbol{S}^*,\bar{\boldsymbol{D}},\boldsymbol{Q}_1,\boldsymbol{S}_0,\boldsymbol{I}_{M_\mathrm{T}L}\right)$；
（4）$\boldsymbol{s}=\boldsymbol{s}^*$。

综上所述，通信码本$\boldsymbol{R}_x$、雷达空时接收滤波器$\boldsymbol{w}$和雷达空时发射序列$\boldsymbol{s}$可分别根据算法 9.2、式（9.72）和算法 9.5 求得。类似于算法 9.4，关于$(\boldsymbol{s},\boldsymbol{w},\boldsymbol{R}_x)$的问题$\mathcal{P}_\mathrm{C}$也可以通过交替优化来求解，直到满足预定义的运算停止条件①，例如，$\left|C\left(\boldsymbol{R}_x^{(n+1)},\boldsymbol{s}^{(n+1)}\right)-C\left(\boldsymbol{R}_x^{(n)},\boldsymbol{s}^{(n)}\right)\right|\leqslant\delta_2$，其中$\delta_2$是确定两个连续获得的通信速率值之间的差异足够小的阈值。整体交替优化流程如算法 9.6 所示。

算法 9.6 流程　联合优化$\boldsymbol{s}$，$\boldsymbol{w}$和$\boldsymbol{R}_x$的交替流程

输入：$\theta_0,f_{\mathrm{d},0},\{\bar{f}_{\mathrm{d},k}\},\{\varepsilon_k\},\boldsymbol{H},\mu_0,\boldsymbol{G}_1,\{f'_{\mathrm{d},p_1}\},\boldsymbol{G}_2,\{\mu_{\mathrm{d},p_2}\},\xi,E_\mathrm{T},\mathrm{SINR}_0,\delta_2,\boldsymbol{s}_0$；

输出：最优化$C(\boldsymbol{R}_x,\boldsymbol{s})$。

---

① 需要注意的是，为了在初始迭代中满足雷达 SINR 约束，迭代交替顺序可为$\boldsymbol{w}^n\to\boldsymbol{s}^n\to\boldsymbol{R}^n$。

初始化： 设置 $\boldsymbol{R}_x^{(n)}=\dfrac{E_{\mathrm{T}}}{M_{\mathrm{T}}L}\boldsymbol{I}_{M_{\mathrm{T}}L},\boldsymbol{s}^{(n)}=\boldsymbol{s}_0,n=0$；

（1）$n=n+1$；

（2）根据式（9.72）计算 $\boldsymbol{w}^{(n)}$，其中 $\boldsymbol{R}_x$ 和 $\boldsymbol{s}$ 分别被 $\boldsymbol{R}_x^{(n-1)}$ 和 $\boldsymbol{s}^{(n-1)}$ 代替；

（3）根据算法 9.5 求解式（9.93）中的 $\boldsymbol{s}^{(n)}$，$\boldsymbol{w}$ 和 $\boldsymbol{R}_x$ 分别被 $\boldsymbol{w}^{(n)}$ 和 $\boldsymbol{R}_x^{(n-1)}$ 代替；

（4）运行算法 9.2，求解式（9.90）中的 $\boldsymbol{R}_x^{(n)}$，$\boldsymbol{w}$ 和 $\boldsymbol{s}$ 分别用 $\boldsymbol{w}^{(n)}$ 和 $\boldsymbol{s}^{(n)}$ 代替；

（5）若 $\left|C\left(\boldsymbol{R}_x^{(n+1)},\boldsymbol{s}^{(n+1)}\right)-C\left(\boldsymbol{R}_x^{(n)},\boldsymbol{s}^{(n)}\right)\right|\leqslant\delta_2$；则 $\boldsymbol{R}_x^*=\boldsymbol{R}_x^{(n)},\boldsymbol{w}^*=\boldsymbol{w}^{(n)},\boldsymbol{s}^*=\boldsymbol{s}^{(n)}$；否则返回步骤（1）。

关于算法 9.6 的计算复杂度，其中通信码本 $\boldsymbol{R}_x$ 和雷达空时滤波器 $\boldsymbol{w}$ 依然基于算法 9.2 和式（9.72）获得，其计算复杂度保持不变。对于雷达空时发射序列 $\boldsymbol{s}$ 的优化，在本节中由于问题 $\mathcal{P}_{\mathrm{C}s}$ 架构的特殊性，采用了 SDP 和矩阵秩一分解理论求得，该部分的计算复杂度为 $\mathcal{O}\left((LN_{\mathrm{T}})^{4.5}+(LN_{\mathrm{T}})^3\right)$[24]。

9.2.5　性能分析

本节将通过一些数值仿真来验证 MIMO 雷达与 MIMO 通信发射设计的性能，除非另有明确说明，否则系统参数使用以下默认值。假设一个运动平台的 MIMO 雷达系统，其中包含 $N_{\mathrm{T}}=4$ 个发射阵元和 $N_{\mathrm{R}}=6$ 个接收阵元。MIMO 通信系统由 $M_{\mathrm{T}}=3$ 个发射阵元和 $M_{\mathrm{R}}=3$ 个接收阵元组成。将雷达发射码长设置为 $L=5$，并将 LFM 信号作为雷达参考波形 $\boldsymbol{s}_0$。在仿真中需使用的一些其他基本参数：

（1）目标位于(0, 0)，其中 $\mathrm{SNR}=\sigma_0^2/\sigma_{\mathrm{R}}^2$ 为 9dB，归一化多普勒频率 $f_{\mathrm{d},0}=0.35$。

（2）设杂波由点状的地面干扰散射体产生，$P_1=P_2=21$。在式（9.32）中，对于信道矩阵每个距离方位角杂波点，假设 $\mathrm{CNR}(\sigma_k^2/\sigma_{\mathrm{R}}^2)$ 为 20dB，多普勒不确定度 $\varepsilon_k=0.04$。杂波在方位角扇形区 $[-\pi/2,\pi/2]$ 中均匀地产生，每个环中方位角单元的个数为 90，所有杂波距离环 $r_k=0$。

（3）假设雷达和通信系统之间路径数 $P_1=P_2=21$。对于信道矩阵 $\boldsymbol{G}_1$，假设角度参数 $\theta_{p_1}=\varphi_{p_1}$ 在范围[−30°,−9°]内均匀生成，相应的多普勒频移属于区间[−0.35,−0.2]，通信干扰距离环 $r_c'=0$，$\mathrm{INR}=\gamma_{p_1}/\sigma_{\mathrm{R}}^2=15\mathrm{dB}$。对于信道矩阵 $\boldsymbol{G}_2$，假设角度参数 $\varphi_{p_2}=\theta_{p_2}$ 在范围[9°,30°]内均匀生成，相应的多普勒频移属于区间[0.2,0.35]，相应地，$\mathrm{INR}=\eta_{p_2}/\sigma_{\mathrm{C}}^2=25\mathrm{dB}$。

（4）假设通信系统中信道为瑞利衰落信道[4]，即 $\boldsymbol{H}$ 的输入是具有零均值的高斯变量且值为 1。通信能量约束 $E_{\mathrm{T}}=1$（能量由加性噪声能量归一化）和通信速率约束 $C_{\mathrm{T}}=1$ 比特数/DoF/通道使用率。雷达噪声方差为 $\sigma_{\mathrm{R}}^2=0.001$，通信噪声方差

为 $\sigma_{\mathrm{C}}^2=0.001$。对于所提出算法的停止条件，考虑算法停止运算条件，算法的退出条件设置为 $\sigma_0=10^{-3},\delta_1=10^{-3},\delta_2=10^{-3}$。

9.2.5.1　以最大化雷达输出 SINR 为准则的共存波形设计性能分析

本节验证求解问题 $\mathcal{P}_{\boldsymbol{s},\boldsymbol{w},\boldsymbol{R}_x}$（仿真中标记为“联合优化 $\boldsymbol{w}$，$\boldsymbol{s}$ 和 $\boldsymbol{R}_x$”）的有效性。为了比较，这里将实现以下不同级别的雷达和通信合作的算法。

（1）固定 $\boldsymbol{w}$ 和 $\boldsymbol{s}$，优化 $\boldsymbol{R}_x$：通过求解式（9.60）中的 $\mathcal{P}_{\mathrm{C}_s}$，固定 $\boldsymbol{w}$ 和 $\boldsymbol{s}$ 以优化设计 $\boldsymbol{R}_x$。雷达系统发射阵元使用参考码 $\boldsymbol{s}_0$。假设 $\boldsymbol{w}=\boldsymbol{I}_L\otimes\boldsymbol{v}_{\mathrm{R}}^*(\theta_0)/\sqrt{L}$，运行算法 9.2 获得优化结果。

（2）固定 $\boldsymbol{w}$，优化 $\boldsymbol{s}$ 和 $\boldsymbol{R}_x$：通过交替求解式（9.73）中的 $\boldsymbol{s}$ 和式（9.60）中的 $\boldsymbol{R}_x$，固定 $\boldsymbol{w}$ 以优化设计 $\boldsymbol{s}$ 和 $\boldsymbol{R}_x$。使用非自适应静态权重向量 $\boldsymbol{w}=\boldsymbol{I}_L\otimes\boldsymbol{v}_{\mathrm{R}}^*(\theta_0)/\sqrt{L}$ 作为接收滤波器。迭代运行算法 9.5 和算法 9.2 以获得优化结果。

（3）固定 $\boldsymbol{s}$，优化 $\boldsymbol{w}$ 和 $\boldsymbol{R}_x$：通过交替求解式（9.71）中的问题 $\boldsymbol{w}$ 和式（9.60）中的问题 $\boldsymbol{R}_x$，固定 $\boldsymbol{s}$ 以优化设计 $\boldsymbol{w}$ 和 $\boldsymbol{R}_x$。雷达系统发射阵元使用参考码 $\boldsymbol{s}_0$。迭代运行式（9.72）和算法 9.2 以获得优化结果。

（4）固定 $\boldsymbol{R}_x$，优化 $\boldsymbol{s}$ 和 $\boldsymbol{w}$：交替求解式（9.73）中的 $\boldsymbol{s}$ 和式（9.71）中的 $\boldsymbol{w}$，固定 $\boldsymbol{R}_x$ 以优化 $\boldsymbol{s}$ 和 $\boldsymbol{w}$。假设 $\boldsymbol{w}=\dfrac{1}{\sqrt{L}}\boldsymbol{I}_L\otimes\boldsymbol{v}_{\mathrm{R}}^*(\theta_0)$，迭代运行算法 9.5 和式（9.72）以获得优化结果。

首先研究约束参数的效果。在图 9.6 中，根据雷达相似性参数 ξ 的不同，展示了雷达输出 SINR 行为与外部迭代次数的关系。正如预期的那样，增加 ξ 的值会导致优化问题的可行集更大，从而增大 SINR 的输出值。在本节的其他部分，假设相似性参数 $\xi=1.8$。

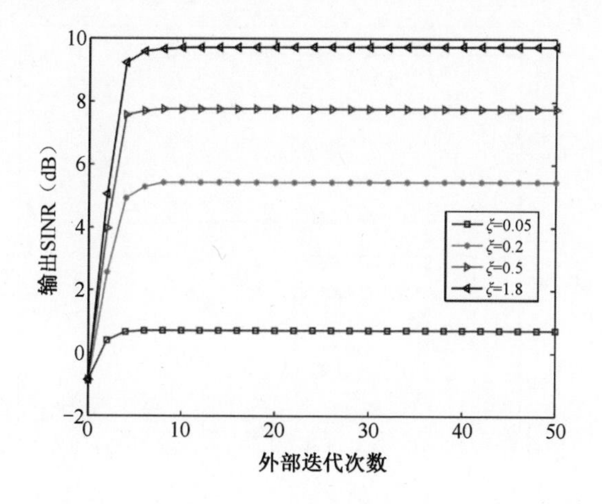

图 9.6　雷达输出 SINR 随外部迭代次数的变化曲线，其中相似性参数分别为 $\xi=0.05,0.2,0.5,1.8$

易知在单独的通信系统中，可以利用传输导频信号[27]获得的信道状态信息（Channel State Information，CSI）来求得通信信道容量，即

$$C_{\max} \triangleq \max_{\operatorname{tr}(\boldsymbol{R}_x)\leqslant E_{\mathrm{T}}} \frac{1}{M_{\mathrm{T}}M_{\mathrm{R}}L}\log_2 \det\left(\boldsymbol{I}_{M_{\mathrm{R}}L} + \boldsymbol{R}_{\mathrm{Cin}}^{-1}\tilde{\boldsymbol{H}}\boldsymbol{R}_x\tilde{\boldsymbol{H}}^{\mathrm{H}}\right) \tag{9.95}$$

在通信系统发射功率的约束下，式（9.95）中关于 $\boldsymbol{R}_x$ 的优化问题是凸的，并且可以根据注水算法求得该问题的封闭解[30]。当系统以非并存模式运行时，相应的通信信道容量为

$$C_{\max} = \frac{1}{M_{\mathrm{T}}M_{\mathrm{R}}L}\sum_{i=1}^{M_{\min}}\log_2\left(1+\frac{E_i\lambda_i^2}{\sigma_{\mathrm{C}}^2}\right) \tag{9.96}$$

其中，E_i 为注水能量分布，即 $E_i = \left(\mu - \dfrac{\sigma_{\mathrm{C}}^2}{\lambda_i^2}\right)$，$\mu$ 被选择以满足总能量约束 $\sum_{i=1}^{M_{\min}} E_i = E_{\mathrm{T}}$, $M_{\min} = \min(M_{\mathrm{T}}L, M_{\mathrm{R}}L)$, λ_i 是第 i 个特征值。易知，这样一个最大速率在共存下是不可达到的。因此，引入参数 $\alpha = C_{\mathrm{T}}/C_{\max}$ 作为比较结果的标准，并研究优化的雷达输出 SINR 在不同 α 时的值，同样，限定雷达输出 SINR 可以实现 α 的最大值。

图 9.7 展示了不同算法的雷达输出 SINR 随参数 α 的变化曲线，可以观察到，“联合设计 $\boldsymbol{w}$，$\boldsymbol{s}$ 和 $\boldsymbol{R}_x$”算法能够获得比其他算法更高的输出 SINR，并且在整个 α 比较范围内都能保持相对稳定的输出效果，这主要是由于滤波器 $\boldsymbol{w}$ 的联合优化，通信系统中干扰通信码本 $\boldsymbol{R}_x$ 的设计可能对雷达系统造成干扰，通过对 $\boldsymbol{w}$ 的设计进一步削弱了通信系统对雷达引起的干扰。需要注意的是，由于雷达在通信系统上产生的干扰，所以 α 是不能达到 1 的。

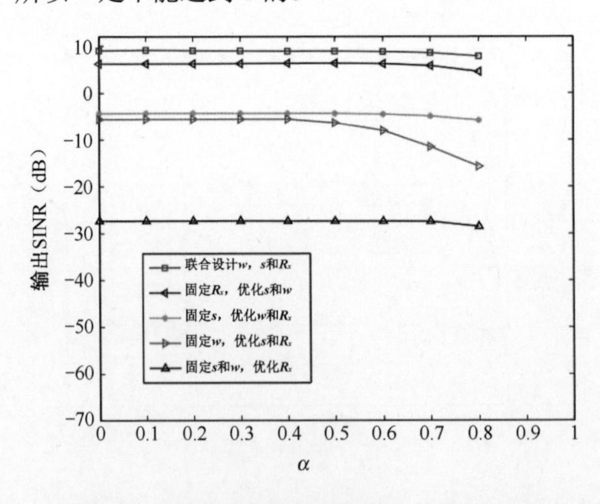

图 9.7　雷达输出 SINR 随参数 α 的变化曲线

接下来，分别描述当外部迭代次数 $n = 3$ 和 $n = 30$ 时雷达的互模糊函数（Cross

Ambiguity Function，CAF）[16]，如图 9.8 所示。准确地说，图 9.8 绘制了相对目标响应的归一化多普勒方位维 CAF。

$$g(\boldsymbol{s},\boldsymbol{w},\theta,f_{\mathrm{d}})=\left|\boldsymbol{w}^{\mathrm{H}}(\boldsymbol{J}^{r}\otimes\boldsymbol{I}_{N_{\mathrm{R}}})\tilde{\boldsymbol{A}}(f_{\mathrm{d}},\theta)\boldsymbol{s}\right|^{2} \tag{9.97}$$

其中，$r=0$（目标距离环）。如图 9.8 所示，该算法可以在目标位置观察到主瓣。另外可以看出，杂波在时空域中耦合，其杂波脊在雷达的侧视图中对角分布。随着迭代次数的增加，$g(\boldsymbol{s},\boldsymbol{w},\theta,f_{\mathrm{d}})$ 在杂波区域中呈现较小的值。这一趋势表明，联合设计能够适当地塑造 CAF 以抑制干扰。需要注意的是，$\boldsymbol{R}_x$ 设计可以有效降低雷达接收阵元处的干扰能量，从而在通信干扰区域并不保证零陷，即 $g(\boldsymbol{s},\boldsymbol{w},\theta,f_{\mathrm{d}})$，但不能保证在迭代次数增加时，在通信干扰区域中显示更小的值。

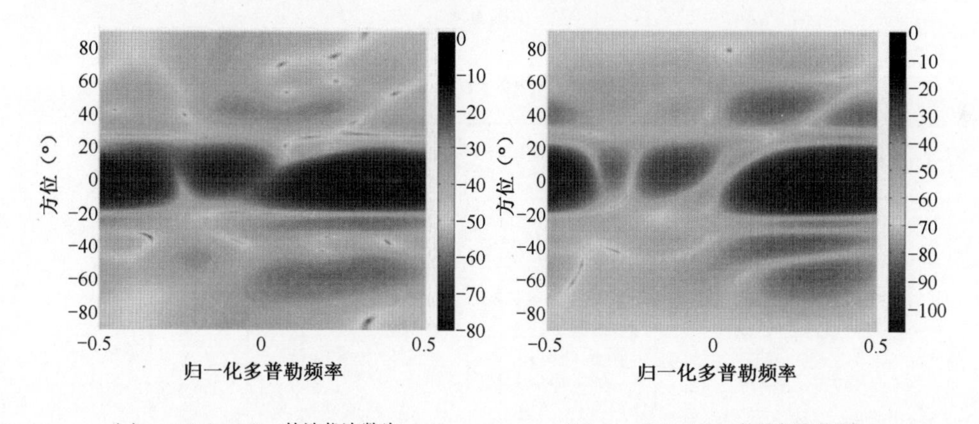

（a）$r_k=0,\xi=1.8$，外迭代次数为 $n=3$　　（b）$r_k=0,\xi=1.8$，外迭代次数为 $n=30$

图 9.8　归一化多普勒方位维 CAF

在图 9.9 和图 9.10 中研究了干扰对雷达输出 SINR 的影响，包含信号相关（杂波）和信号不相关（由通信系统产生）两种情况。图 9.9 显示了不同 CNR 下的雷达输出 SINR 性能。可以观察到，“联合设计 $\boldsymbol{w}$，$\boldsymbol{s}$ 和 $\boldsymbol{R}_x$”算法实现了最高的 SINR，并且该算法能够适合大范围 CNR 的值，而“固定 $\boldsymbol{s}$ 和 $\boldsymbol{w}$，优化 $\boldsymbol{R}_x$”方法在 CNR 的所有值下都仅达到低的 SINR，因为这种算法无法抑制杂波。与“联合设计 $\boldsymbol{w}$，$\boldsymbol{s}$ 和 $\boldsymbol{R}_x$”算法相比，“固定 $\boldsymbol{R}_x$，优化 $\boldsymbol{s}$ 和 $\boldsymbol{w}$”算法具有较差的 SINR 性能，主要是因为雷达收发器的自由度不足，而在“联合设计 $\boldsymbol{w}$，$\boldsymbol{s}$ 和 $\boldsymbol{R}_x$”算法中有效地设计 $\boldsymbol{R}_x$ 可以使通信系统沿正确的方向成功地分配传输能量，从而减轻雷达接收端的通信干扰能量。雷达输出 SINR 与 INR 的关系如图 9.10 所示。可以看出，“联合设计 $\boldsymbol{w}$，$\boldsymbol{s}$ 和 $\boldsymbol{R}_x$”算法实现了令人满意的 SINR 性能，并且明显优于其他算法，同样，“固定 $\boldsymbol{R}_x$，优化 $\boldsymbol{s}$ 和 $\boldsymbol{w}$”算法的输出 SINR 由于雷达系统的自由度不足而导致 INR 大于 0dB 时会产生相当大的损失。

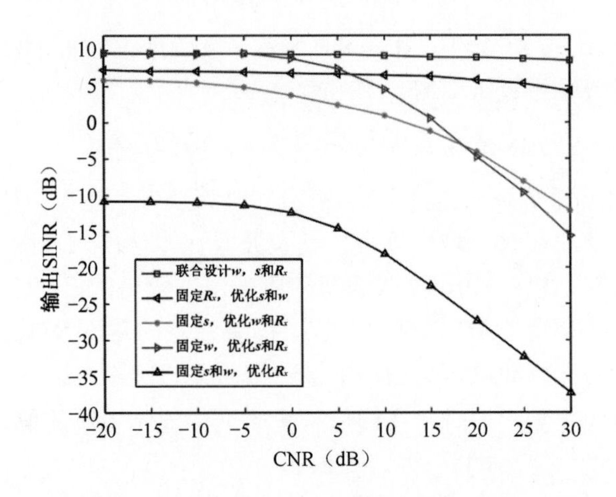

图 9.9　雷达输出 SINR 随 CNR 的变化曲线

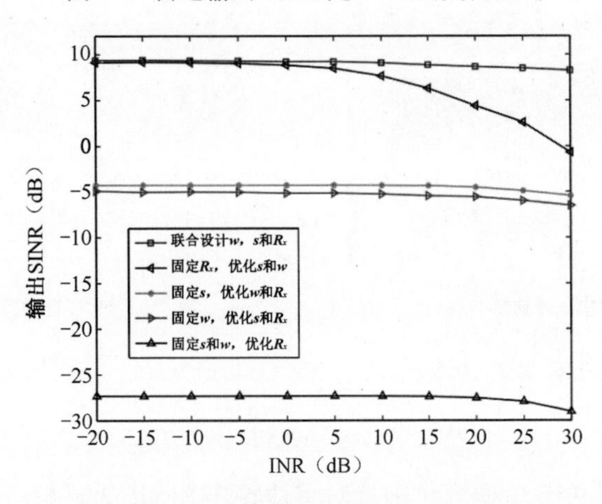

图 9.10　雷达输出 SINR 随 INR 的变化曲线

9.2.5.2　以最大化通信系统传输速率为准则的共存波形设计性能分析

本节将研究求解问题 $\mathcal{P}_{\mathrm{C}}$（仿真中标记为"联合设计 $\boldsymbol{w}$，$\boldsymbol{s}$ 和 $\boldsymbol{R}_x$"）的有效性，仿真中研究了雷达处于不同 SINR 约束条件下可实现的通信速率。为简单起见，假设无杂波环境，除非另有说明，其他参数与 9.2.5.1 节设置的参数相同。另外，还对几种算法进行了比较，具体算法包括：

（1）固定 $\boldsymbol{w}$ 和 $\boldsymbol{s}$，优化 $\boldsymbol{R}_x$：通过求解式（9.87）中的问题 $\mathcal{P}_{\mathrm{C}_{R_x}}$，固定 $\boldsymbol{w}$ 和 $\boldsymbol{s}$，优化 $\boldsymbol{R}_x$。雷达系统的发射阵元使用参考码 $\boldsymbol{s}_0$。运行算法 9.2 以获得优化结果。

（2）固定 $\boldsymbol{w}$，优化 $\boldsymbol{s}$ 和 $\boldsymbol{R}_x$：通过交替求解式（9.92）中的问题 $\mathcal{P}_{\mathrm{C}s}$ 和式（9.87）中的问题 $\mathcal{P}_{\mathrm{C}_{R_x}}$。固定 $\boldsymbol{w}$ 迭代优化 $\boldsymbol{s}$ 和 $\boldsymbol{R}_x$。假设 $\boldsymbol{w}=\boldsymbol{I}_L\otimes\boldsymbol{v}_{\mathrm{R}}^{*}(\theta_0)\big/\sqrt{L}$。

（3）固定 $\boldsymbol{s}$，优化 $\boldsymbol{w}$ 和 $\boldsymbol{R}_x$：通过固定 $\boldsymbol{s}$ 迭代设计 $\boldsymbol{w}$ 和 $\boldsymbol{R}_x$。雷达系统的发射阵元使用参考码 $\boldsymbol{s}_0$。问题 $\mathcal{P}_{\mathrm{C}_{R_x}}$ 通过算法 9.2 来求解。迭代运行式（9.72）和算法 9.2 以获得优化结果。

(4) 固定$\boldsymbol{R}_x$，优化$\boldsymbol{s}$ 和$\boldsymbol{w}$：通过固定$\boldsymbol{R}_x$迭代设计$\boldsymbol{s}$ 和$\boldsymbol{w}$ 。假设$\boldsymbol{R}_x = \boldsymbol{I}_{N_\mathrm{T}L} E_\mathrm{T} / \sqrt{L}$，算法 9.5 和式（9.72）被迭代运行以获得优化结果。

在本节仿真中，首先评估雷达SINR 约束的影响：图 9.11 显示了在不同的约束参数SINR_0下可达到的通信速率。可以看出，“联合设计$\boldsymbol{s}$，$\boldsymbol{w}$和$\boldsymbol{R}_x$”算法设计实现了最佳的通信速率。“固定$\boldsymbol{R}_x$，优化$\boldsymbol{s}$和$\boldsymbol{w}$”算法的通信速率与“联合设计$\boldsymbol{s}$，$\boldsymbol{w}$和$\boldsymbol{R}_x$”算法的通信速率非常接近。其主要原因有两个：一是$\boldsymbol{s}$设计可以有效地减少通信系统上传输的能量；二是对于没有雷达干扰的情况，受传输能量的影响，最大化通信速率的最优协方差矩阵$\boldsymbol{R}_x$是缩放后的单位矩阵[9]。请注意，根据附录 O 证明，SINR_0表示雷达SINR 的下界，雷达SINR 的上界为 9dB。如前所述，在初始迭代中将始终存在残余干扰。因此，由于残余雷达干扰存在，这些算法的SINR_0被限制在 9dB 以内而不能达到上界。此外，本节还评估了干扰信道$\boldsymbol{G}_2$在不同的η_{p_2}下的影响。为方便比较，设置$\mathrm{SINR}_0 = 0\mathrm{dB}$。图 9.12 展示了通信速率在不同雷达信道干扰强度下的变化曲线。可以观察到，“联合设计$\boldsymbol{s}$，$\boldsymbol{w}$和$\boldsymbol{R}_x$”算法实现了最高的通信速率并且在大范围的 INR 保持相对稳定。同样，“固定$\boldsymbol{R}_x$，优化$\boldsymbol{s}$和$\boldsymbol{w}$”算法与“联合设计$\boldsymbol{s}$，$\boldsymbol{w}$和$\boldsymbol{R}_x$”算法具有相似的通信速率。“固定$\boldsymbol{w}$，优化$\boldsymbol{s}$和$\boldsymbol{R}_x$”算法获得了比“固定$\boldsymbol{R}_x$，优化$\boldsymbol{s}$和$\boldsymbol{w}$”算法高的通信速率，这是因为通过对$\boldsymbol{s}$的设计可以有效减少通信系统上传输的能量。需要注意的是，仿真中没有展示“固定$\boldsymbol{w}$和$\boldsymbol{s}$，优化$\boldsymbol{R}_x$”算法的曲线，是由于该算法无法满足 SINR 约束条件，即在此雷达性能约束条件下该算法是无效的。

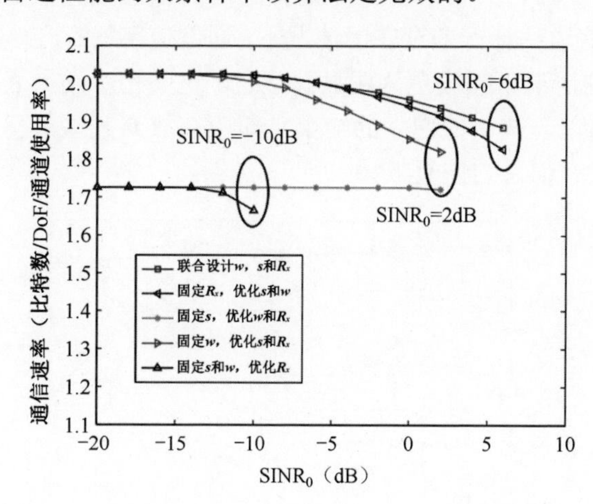

图 9.11　通信速率随不同雷达 SINR 参数 SINR_0变化曲线

前面仿真是在基于信道模型精确已知的情况下讨论设计的有效性，由于在实际场景中，估计误差经常存在，因此设计算法对误差的灵敏度分析也很有必要，下面对雷达与通信系统存在信道估计误差的情况下进行讨论，即假设信道矩阵$\hat{\boldsymbol{G}}_1$和$\hat{\boldsymbol{G}}_2$存在估计误差，具体模型分别为$\hat{\boldsymbol{G}}_1 = \boldsymbol{G}_1 + \Delta\boldsymbol{G}_1$，$\hat{\boldsymbol{G}}_2 = \boldsymbol{G}_2 + \Delta\boldsymbol{G}_2$，其中$\boldsymbol{G}_1$和

$\boldsymbol{G}_2$ 分别表示 $\hat{\boldsymbol{G}}_1$ 和 $\hat{\boldsymbol{G}}_2$ 的估计矩阵；$\Delta\boldsymbol{G}_1$ 和 $\Delta\boldsymbol{G}_2$ 分别表示 $\hat{\boldsymbol{G}}_1$ 和 $\hat{\boldsymbol{G}}_2$ 信道估计误差矩阵。不失一般性，假设 $\Delta\boldsymbol{G}_1$ 和 $\Delta\boldsymbol{G}_2$ 的输入是独立同分布零均值的高斯变量。

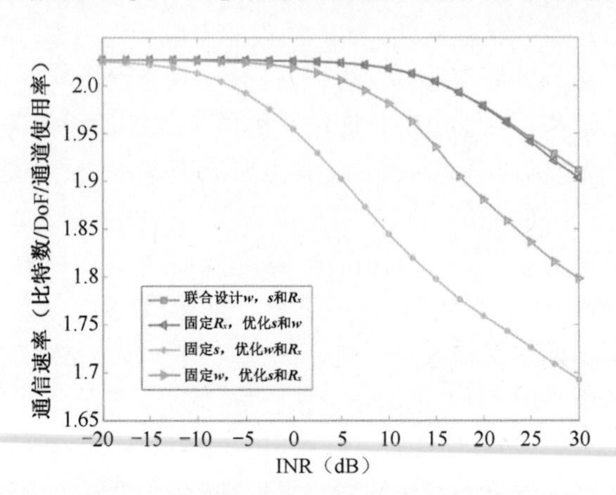

图 9.12　通信速率随 INR 的变化曲线

图 9.13 展示了在信道估计误差存在的情况下雷达输出 SINR 随 INR 变化的曲线，其他系统参数假定与图 9.10 保持一致。对比图 9.13 和图 9.10 可以很直观地看出，即使很小的估计误差仍可以导致比较明显的性能下降，尤其是“固定 $\boldsymbol{R}_x$，优化 $\boldsymbol{s}$ 和 $\boldsymbol{w}$”算法，不过仍然可以看出联合设计方案针对该估计误差存在一定的稳健性。相对于图 9.12，图 9.14 评估了通信速率在信息估计误差存在情况下的效果。可以看出，在信道估计误差存在的情况下，通信速率均存在一定程度的下降，尤其是在大 INR 的情况下损失更为明显。总之，这些初步结果表明本节提出的优化设计策略应该辅以一些“稳健”的约束，即应该放弃某些最优性，而选择更好的对不完整信道状态信息的恢复效果。

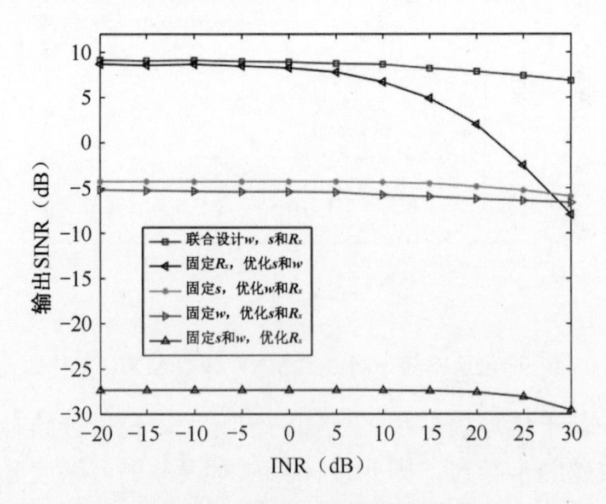

图 9.13　非理想信道模型下雷达输出 SINR 随 INR 的变化曲线

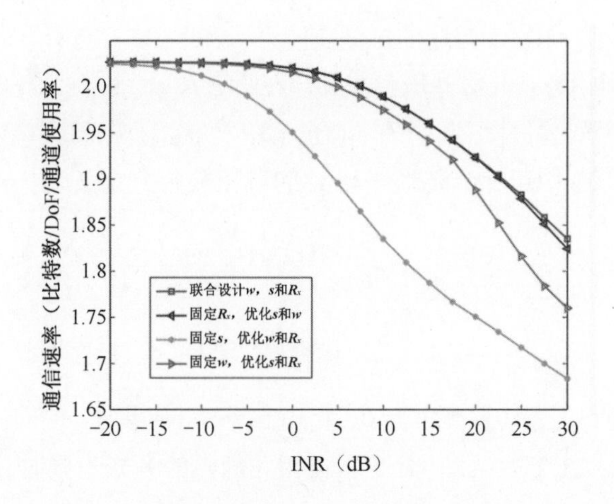

图 9.14　非理想信道模型下通信速率随 INR 的变化曲线

9.3　频谱共存下 MIMO 雷达正交波形设计

作为 MIMO 雷达最常用的波形，正交波形对于 MIMO 雷达具有重要的意义。对于集中式 MIMO 雷达系统，发射正交波形可以在接收端形成虚拟孔径，获得更好的角度估计精度，以及更多的干扰抑制自由度，同时提升雷达的低截获能力；而对于分布式 MIMO 雷达系统，利用正交波形可以在接收端提取各个路径中的目标信息，从而可以获得目标空间分集增益，以提高对目标的检测性能。在复杂电子设备共存的系统中，雷达和通信设备的频谱将会相互重叠，使得雷达接收机受到通信设备端信号的干扰。这种通信干扰一般以窄带干扰信号形式对雷达在特定带宽内的有用信号造成影响，且当通信干扰信号能量强于雷达信号能量时，雷达回波信号甚至会被干扰完全掩盖，严重削弱了雷达的探测性能。为避免雷达同频带内的通信窄带干扰，本节研究在频谱兼容约束下的雷达正交波形设计。

9.3.1　信号模型

假设 MIMO 雷达系统有 N_{T} 个发射阵元，每个阵元发射独立的波形为 $s_n(i)$，$n=1,2,3,\cdots,N_{\mathrm{T}}$，$i=1,2,3,\cdots,N$，$N$ 表示一个脉冲波形采样数。不失一般性，本节假设发射波形可以表示为

$$s_n(i)=\mathrm{e}^{\mathrm{j}\phi_n(i)} \tag{9.98}$$

其中，$\phi_n(i)\in[0,\ 2\pi]$，定义 $\boldsymbol{s}_n=[s_n(1),s_n(2),s_n(3),\cdots,s_n(N)]^{\mathrm{T}}$ 为第 n 个阵元发射的 N 个时域编码，$\boldsymbol{S}=[\boldsymbol{s}_1,\boldsymbol{s}_2,\boldsymbol{s}_3,\cdots,\boldsymbol{s}_{N_{\mathrm{T}}}]^{\mathrm{T}}\in\mathbb{C}^{N_{\mathrm{T}}\times N}$ 为空时波形矩阵。首先，由于相位编码信号具有极高的设计自由度，其自相关函数的旁瓣峰值电平和互相关函数的峰值旁瓣电平可以达到很低的水平，有利于对目标的检测；其次，相位编码信号可以具有

较大的带宽，提升了 MIMO 雷达的抗截获能力。因此，本章选择相位编码信号作为 MIMO 雷达的发射信号，并对其进行设计。为便于表示，可将空时波形矩阵写成向量形式 $\boldsymbol{s}$，即 $\boldsymbol{s}=\mathrm{vec}(\boldsymbol{S})=\left[s_1(1),s_1(2),s_1(3),\cdots,s_1(N),s_2(1),s_2(2),s_2(3),\cdots,s_{N_\mathrm{T}}(N)\right]^\mathrm{T}$。

空时波形矩阵 $\boldsymbol{S}$ 中第 n 个波形序列 s_n 的自相关函数定义为

$$r_n(k)=\begin{cases}\sum\limits_{i=k+1}^{N} s_n(i)s_n^*(i-k), & 0\leqslant k<N\\ \sum\limits_{i=1}^{N+k} s_n(i)s_n^*(i-k), & -N<k<0\end{cases}\tag{9.99}$$

其中，当 $k=0$ 时，$r_n(0)$ 表示第 n 个相位编码波形信号的能量，$\{r_n(k), k=-N+1,-N,\cdots,-1,1,2,3,\cdots,N-1\}$ 表示自相关函数的旁瓣。同时，

$$r_n(k)=r_n^*(-k), k\in\{1,2,3,\cdots,N-1\}\tag{9.100}$$

第 n 个波形序列的自相关函数的积分旁瓣电平为

$$\mathrm{AISL}_n=\sum_{k=-N+1,k\neq0}^{N-1}\left|r_n(k)\right|^2=2\sum_{k=1}^{N-1}\left|r_n(k)\right|^2,\ n\in\{1,2,3,\cdots,N_\mathrm{T}\}\tag{9.101}$$

那么，N_T 个发射信号所有自相关积分旁瓣电平的和为

$$\mathrm{AISL}=\sum_{n=1}^{N_\mathrm{T}}\mathrm{AISL}_n=2\sum_{n=1}^{N_\mathrm{T}}\sum_{k=1}^{N-1}\left|r_n(k)\right|^2\tag{9.102}$$

第 n_1 个波形序列 s_{n_1} 和第 n_2 个波形序列 s_{n_2} 的互相关函数定义为

$$r_{n_1n_2}(k)=\begin{cases}\sum\limits_{i=k+1}^{N} s_{n_1}(i)s_{n_2}^*(i-k), & 0\leqslant k<N\\ \sum\limits_{i=1}^{N+k} s_{n_1}(i)s_{n_2}^*(i-k), & -N<k<0\end{cases}\tag{9.103}$$

其中，$r_{n_1n_2}(k)=r_{n_2n_1}^*(-k)$，$n_1,n_2\in\{1,2,3,\cdots,N_\mathrm{T}\};k\in\{0,1,2,\cdots,N-1\}$。

定义第 n_1 个波形序列和第 n_2 个波形序列间的互相关积分旁瓣电平为

$$\mathrm{CISL}_{n_1n_2}=\sum_{k=-N+1}^{N-1}\left|r_{n_1n_2}(k)\right|^2,\ n_1,n_2\in\{1,2,3,\cdots,N_\mathrm{T}\};n_1\neq n_2\tag{9.104}$$

则 MIMO 雷达的所有互相关积分旁瓣电平的和为

$$\mathrm{CISL}=\sum_{n_1=1}^{N_\mathrm{T}}\sum_{n_2=1,n_2\neq n_1}^{N_\mathrm{T}}\sum_{k=-N+1}^{N-1}\left|r_{n_1n_2}(k)\right|^2\tag{9.105}$$

这里考虑一个更为通用的优化模型，利用两组非负数的权值 $\{\gamma_k\}_{k=1}^{N-1}$ 和 $\{w_k\}_{k=1-N}^{N-1}$ 来分别控制自相关旁瓣电平和互相关电平。则定义所有设计波形的 WAISL 为

$$\mathrm{WAISL}=2\sum_{n=1}^{N_\mathrm{T}}\sum_{k=1}^{N-1}\gamma_k\left|r_n(k)\right|^2,\ k\in\{1,2,3,\cdots,N-1\}\tag{9.106}$$

加权积分互相关旁瓣电平 WCISL 可定义为

$$\text{WCISL}=\sum_{n_1=1}^{N_{\mathrm{T}}}\sum_{n_2=1,n_2\neq n_1}^{N_{\mathrm{T}}}\sum_{k=-N+1}^{N-1}w_k\left|r_{n_1n_2}(k)\right|^2,\quad k\in\{-N+1,-N,\cdots,0,1,2,\cdots,N-1\} \tag{9.107}$$

考虑同时优化所有设计的 N_{T} 个发射波形的相关函数，可得到优化问题的代价函数为

$$\begin{aligned}f(\boldsymbol{s})&=\text{WAISL}+\text{WCISL}\\&=\sum_{n=1}^{N_{\mathrm{T}}}\sum_{k=-N+1,k\neq 0}^{N-1}\gamma_k\left|r_n(k)\right|^2+\sum_{n_1=1}^{N_{\mathrm{T}}}\sum_{n_2=1,n_2\neq n_1}^{N_{\mathrm{T}}}\sum_{k=-N+1}^{N-1}w_k\left|r_{n_1n_2}(k)\right|^2\end{aligned} \tag{9.108}$$

其中，对于任意的 $k\in\{-N+1,-N,\cdots,0,1,2,\cdots,N-1\}$，$\gamma_k$ 和 w_k 关于原点对称。

为保证功率放大器工作在饱和状态，在实际应用中通常要求雷达的发射波形具备恒模特性。所以在此将发射相位编码波形集的每个码片约束为恒模的。

为避免雷达同频带内的通信窄带干扰，选择对 MIMO 雷达的波形进行频谱置零的方式来实现波形频谱共存的功能。将雷达的归一化频带划分为可用频带和干扰频带，如图 9.15 的 ESD 分布所示。通信干扰频带为$\left\{\Omega_1,\Omega_2,\Omega_3,\cdots,\Omega_Q\right\}$，令

$$\Omega_q=\left[f_1^q,f_2^q\right],q\in\{1,2,3,\cdots,Q\} \tag{9.109}$$

其中，f_1^q 和 f_2^q 分别表示第 q 个干扰频带的上界、下界归一化频率。

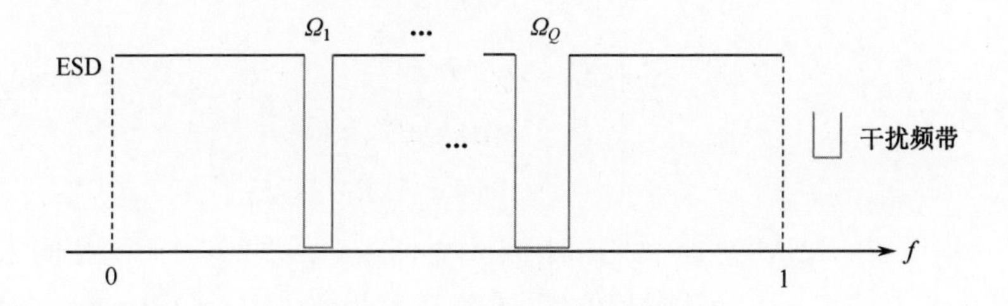

图 9.15　发射波形 ESD 示意图

对 MIMO 雷达而言，设计的 N_{T} 个发射波形在当前干扰所在频带的频谱能量可以表示为

$$\sum_{n=1}^{N_{\mathrm{T}}}\int_{f_1^q}^{f_2^q}S_{\mathrm{c}n}(f)\mathrm{d}f=\sum_{n=1}^{N_{\mathrm{T}}}\boldsymbol{s}_n^{\mathrm{H}}\boldsymbol{R}_{\mathrm{I}}^q\boldsymbol{s}_n \tag{9.110}$$

其中，$\int_{f_1^q}^{f_2^q}S_{\mathrm{c}n}(f)$ 为第 n 个发射信号 $\boldsymbol{s}_n$ 的 ESD，表示为

$$S_{\mathrm{c}n}(f)=\left|\sum_{i=1}^{N-1}\boldsymbol{s}_n(i)\mathrm{e}^{-\mathrm{j}2\pi f_i}\right|^2 \tag{9.111}$$

结合式（9.110）和式（9.111），得到矩阵 $\boldsymbol{R}_{\mathrm{I}}^p$ 为

$$\boldsymbol{R}_{\mathrm{I}}^{p}(a,b)=\begin{cases} f_2^p - f_1^p, & a=b \\ \dfrac{\mathrm{e}^{\mathrm{j}2\pi f_2^p(a-b)}-\mathrm{e}^{\mathrm{j}2\pi f_1^p(a-b)}}{\mathrm{j}2\pi(a-b)}, & a\neq b \end{cases} \tag{9.112}$$

其中，$a,b\in\{1,2,3,\cdots,N\}$。

假设在第 q 个干扰频带内雷达的最大容许能量为 E_{I}^{q}，则发射信号需要进行的频谱能量约束可以表示为

$$\sum_{n=1}^{N_{\mathrm{T}}}\boldsymbol{s}_n^{\mathrm{H}}\boldsymbol{R}_{\mathrm{I}}^{q}\boldsymbol{s}_n\leqslant E_{\mathrm{I}}^{q}, q\in\{1,2,3,\cdots,Q\} \tag{9.113}$$

令所有 Q 个干扰频带所能承受的最大能量为 E_{I}，那么可将 MIMO 雷达 N_{T} 个发射波形的频谱约束写为

$$\boldsymbol{s}^{\mathrm{H}}\left(\boldsymbol{I}_{N_{\mathrm{T}}}\otimes\boldsymbol{R}_{\mathrm{I}}\right)\boldsymbol{s}\leqslant E_{\mathrm{I}} \tag{9.114}$$

其中，$\boldsymbol{R}_{\mathrm{I}}=\sum_{q=1}^{Q}c_q\boldsymbol{R}_{\mathrm{I}}^{q}$，$c_q$ 代表第 q 个频带干扰对雷达的影响系数。

考虑 MIMO 雷达数字信号发生器中所能产生相位的有限性，通过约束波形为恒模和离散的相位来确保硬件兼容性。因此，频谱共存 MIMO 恒模离散相位波形优化问题构建如下：

$$\mathcal{P}_1\begin{cases}\min\limits_{\boldsymbol{s}} & f(\boldsymbol{s}) \\ \text{s.t.} & \phi_n\in\boldsymbol{\Phi} \\ & \boldsymbol{s}(n)=\mathrm{e}^{\mathrm{j}\phi_n}, n\in\mathcal{N} \\ & \boldsymbol{s}^{\mathrm{H}}\left(\boldsymbol{I}_{N_{\mathrm{T}}}\otimes\boldsymbol{R}_{\mathrm{I}}\right)\boldsymbol{s}\leqslant E_{\mathrm{I}}\end{cases} \tag{9.115}$$

其中，ϕ_n 表示 MIMO 雷达空时波形向量 $\boldsymbol{s}$ 的第 n 个元素的相位，$\boldsymbol{\Phi}=\{0,1,2,\cdots,\bar{L}-1\}2\pi/\bar{L}$ 为有限相位集，$\bar{L}$ 为离散相位个数，$\mathcal{N}=\{1,2,3,\cdots,N_{\mathrm{T}}N\}$。问题式（9.115）是关于波形向量 $\boldsymbol{s}$ 的 4 次问题，且包括恒模约束和离散约束，所以不能在多项式时间内得到其可行解。

9.3.2　基于 IADPM 的频谱共存正交波形设计算法

针对频谱共存离散相位正交波形优化设计问题 $\mathcal{P}_1$，这里提出基于非精确交替方向惩罚法（Inexact Alternating Direction Penalty Method，IADPM）的频谱共存正交波形设计算法。通过引入辅助变量分离非凸的目标函数与多约束条件，构造增广拉格朗日函数将问题转化为多个易于求解的并行子问题，并在每次迭代时根据原始残差更新拉格朗日乘子与惩罚因子。不同于求得每个子问题全局解的 ADPM，IADPM 在目标函数为 4 次的子问题中保留了原问题的部分约束条件求得局部最优解。在一定条件下，可以证明 IADPM 在任意初始优化值下都是收敛的。

9.3.2.1　算法描述

1. 问题 $\mathcal{P}_1$

针对问题 $\mathcal{P}_1$，本节提出一种基于非精确的 IADPM 算法的正交波形设计方法。具体地，对于问题式（9.115），首先引入两个辅助变量 $\boldsymbol{x}$ 和 $\boldsymbol{y}$，则优化问题 $\mathcal{P}_1$ 可重写为

$$\mathcal{P}_2\begin{cases}\min\limits_{\boldsymbol{s},\boldsymbol{x},\boldsymbol{y}} & f(\boldsymbol{s})\\ \text{s.t.} & \boldsymbol{x}=\boldsymbol{s}\\ & \arg\{\boldsymbol{x}(n)\}\in\boldsymbol{\Phi}\\ & |\boldsymbol{x}(n)|=1\\ & \boldsymbol{y}=\boldsymbol{s}\\ & \boldsymbol{y}^{\mathrm{H}}\left(\boldsymbol{I}_{N_{\mathrm{T}}}\otimes\boldsymbol{R}_{\mathrm{I}}\right)\boldsymbol{y}\leqslant E_{\mathrm{I}}\\ & |\boldsymbol{s}(n)|=1,n\in\mathcal{N}\end{cases}\tag{9.116}$$

进而，构造增广拉格朗日函数

$$\begin{aligned}L(\boldsymbol{s},\boldsymbol{x},\boldsymbol{y},\boldsymbol{u}_1,\boldsymbol{u}_2,\varrho_1,\varrho_2)=f(\boldsymbol{s})+\Re\left\{\boldsymbol{u}_1^{\mathrm{H}}(\boldsymbol{x}-\boldsymbol{s})\right\}+\frac{\varrho_1}{2}\|\boldsymbol{x}-\boldsymbol{s}\|^2+\\ \Re\left\{\boldsymbol{u}_2^{\mathrm{H}}(\boldsymbol{y}-\boldsymbol{s})\right\}+\frac{\varrho_2}{2}\|\boldsymbol{y}-\boldsymbol{s}\|^2\end{aligned}\tag{9.117}$$

其中，$\boldsymbol{u}_p\in\mathbb{C}^{N\times1}$ 和 $\varrho_p>0,p\in\{1,2\}$ 分别为拉格朗日向量乘子和惩罚因子。

本节根据 IADPM 算法求解问题 $\mathcal{P}_2$，具体方式为交替更新 $\boldsymbol{s},\boldsymbol{x},\boldsymbol{y},\boldsymbol{u}_1,\boldsymbol{u}_2,\varrho_1,\varrho_2$ 来最小化 $L(\boldsymbol{s},\boldsymbol{x},\boldsymbol{y},\boldsymbol{u}_1,\boldsymbol{u}_2,\varrho_1,\varrho_2)$。假设 $\boldsymbol{s},\boldsymbol{x},\boldsymbol{y},\boldsymbol{u}_1,\boldsymbol{u}_2,\varrho_1,\varrho_2$ 在第 $t-1$ 次迭代的解分别为 $\boldsymbol{s}^{(t-1)},\boldsymbol{x}^{(t-1)},\boldsymbol{y}^{(t-1)},\boldsymbol{u}_1^{(t-1)},\boldsymbol{u}_2^{(t-1)},\varrho_1^{(t-1)},\varrho_2^{(t-1)}$，则 IADPM 算法的迭代规则如下：

（1）已知 $\boldsymbol{s}^{(t-1)},\boldsymbol{y}^{(t-1)},\boldsymbol{u}_p^{(t-1)}$，和 $p\in\{1,2\}$，求解

$$\mathcal{P}_{\boldsymbol{x}^{(t)}}\begin{cases}\min\limits_{\boldsymbol{x}} & L(\boldsymbol{s}^{(t-1)},\boldsymbol{x},\boldsymbol{y}^{(t-1)},\boldsymbol{u}_p^{(t-1)},\varrho_p^{(t-1)})\\ \text{s.t.} & \arg\{\boldsymbol{x}(n)\}\in\boldsymbol{\Phi},n\in\mathcal{N}\\ & |\boldsymbol{x}(n)|=1,n\in\mathcal{N}\end{cases}\tag{9.118}$$

（2）已知 $\boldsymbol{s}^{(t-1)},\boldsymbol{x}^{(t)},\boldsymbol{u}_p^{(t-1)}$，和 $p\in\{1,2\}$，求解

$$\mathcal{P}_{\boldsymbol{y}^{(t)}}\begin{cases}\min\limits_{\boldsymbol{y}} & L(\boldsymbol{s}^{(t-1)},\boldsymbol{x}^{(t)},\boldsymbol{y},\boldsymbol{u}_p^{(t-1)},\varrho_p^{(t-1)})\\ \text{s.t.} & \boldsymbol{y}^{\mathrm{H}}\left(\boldsymbol{I}_{N_{\mathrm{T}}}\otimes\boldsymbol{R}_{\mathrm{I}}\right)\boldsymbol{y}\leqslant E_{\mathrm{I}}\end{cases}\tag{9.119}$$

（3）已知 $\boldsymbol{x}^{(t)},\boldsymbol{y}^{(t)},\boldsymbol{u}_p^{(t-1)}$，和 $p\in\{1,2\}$，求解

$$\mathcal{P}_{\boldsymbol{s}^{(t)}}\begin{cases}\min\limits_{\boldsymbol{s}} & L(\boldsymbol{s},\boldsymbol{x}^{(t)},\boldsymbol{y}^{(t)},\boldsymbol{u}_p^{(t-1)},\varrho_p^{(t-1)})\\ \text{s.t.} & |\boldsymbol{s}(n)|=1,n\in\mathcal{N}\end{cases}\tag{9.120}$$

（4）更新

$$\varrho_p^{(t)}=\begin{cases}\varrho_p^{(t-1)}, & \Delta r_p^{(t)}\leqslant\delta_{1c}\Delta r_p^{(t-1)}\\ \varrho_p^{(t-1)}\delta_{2c}, & 其他\end{cases}\tag{9.121}$$

其中，$p\in\{1,2\}$，$\Delta r_1^{(t)}=\|\boldsymbol{x}^{(t)}-\boldsymbol{s}^{(t)}\|$，$\Delta r_2^{(t)}=\|\boldsymbol{y}^{(t)}-\boldsymbol{s}^{(t)}\|$，$\delta_{1c}$ 和 δ_{2c} 为接近 1 的两个常数，且满足 $0<\delta_{1c}<1$ 和 $\delta_{2c}>1$。

（5）更新

$$\boldsymbol{u}_p^{(t)}=\begin{cases}\tilde{\boldsymbol{u}}_p^{(t)}, & u_{p\max}^{(t)}\leqslant\nu\\ \dfrac{\tilde{\boldsymbol{u}}_p^{(t)}}{u_{p\max}^{(t)}}, & 其他\end{cases}\tag{9.122}$$

其中，$p\in\{1,2\}$，$\tilde{\boldsymbol{u}}_1^{(t)}=\boldsymbol{u}_1^{(t-1)}+\varrho_1^{(t)}(\boldsymbol{x}^{(t)}-\boldsymbol{s}^{(t)})$，$\tilde{\boldsymbol{u}}_2^{(t)}=\boldsymbol{u}_2^{(t-1)}+\varrho_2^{(t)}(\boldsymbol{y}^{(t)}-\boldsymbol{s}^{(t)})$，$u_{p\max}^{(t)}=\max[|\tilde{\boldsymbol{u}}_p^{(t)}(1)|,|\tilde{\boldsymbol{u}}_p^{(t)}(2)|,\cdots,|\tilde{\boldsymbol{u}}_p^{(t)}(N_\mathrm{T}N)|]$，且 ν 是一个足够大的正数。

重复以上步骤，直到满足算法的停止条件。

2. 求解子问题

接下来，将给出具体求解子问题 $\mathcal{P}_{\boldsymbol{x}^{(t)}}$，$\mathcal{P}_{\boldsymbol{y}^{(t)}}$ 和 $\mathcal{P}_{\boldsymbol{s}^{(t)}}$ 的过程。

（1）求子问题式（9.118）

首先，固定 $\boldsymbol{s}^{(t-1)},\boldsymbol{y}^{(t-1)},\boldsymbol{u}_p^{(t-1)},\varrho_p^{(t-1)}$，$p\in\{1,2\}$，忽略目标函数 $L(\boldsymbol{s}^{(t-1)},\boldsymbol{x},\boldsymbol{y}^{(t-1)},\boldsymbol{u}_p^{(t-1)},\varrho_p^{(t-1)})$ 中与 $\boldsymbol{x}$ 的无关项，则式（9.118）可以化简为

$$\mathcal{P}_{\boldsymbol{x}}\begin{cases}\min\limits_{\boldsymbol{x}} & \Re\left\{-\boldsymbol{c}^{(t)\mathrm{H}}\boldsymbol{x}\right\}\\ \text{s.t.} & \arg\{\boldsymbol{x}(n)\}\in\boldsymbol{\Phi},\ n\in\mathcal{N}\\ & |\boldsymbol{x}(n)|=1,\ n\in\mathcal{N}\end{cases}\tag{9.123}$$

其中，$\boldsymbol{c}^{(t)}=\boldsymbol{s}^{(t-1)}-\boldsymbol{u}_1^{(t-1)}/\varrho_1^{(t-1)}$。

值得注意的是，问题式（9.123）中的目标函数和约束之间是可分离的，所以当只针对 $\boldsymbol{x}$ 的第 n 个元素时，问题可以写为

$$\max_{\theta_n\in\boldsymbol{\Phi}}\cos(\theta_n-\varphi_n)\tag{9.124}$$

其中，θ_n 和 φ_n 分别表示 $\boldsymbol{x}(n)$ 和 $\boldsymbol{c}^{(t)}(n)$ 的相位。可以看出，当 $\theta_n=\varphi_n$ 时，问题式（9.124）取得最大值。由于考虑离散相位，则选取最接近最优值的离散相位即可，进而问题式（9.124）的最优解为 $\theta_n^*=2\pi/\bar{L}p$，其中

$$p=\left\lfloor\frac{\varphi_n}{2\pi/\bar{L}}\right\rceil\tag{9.125}$$

因此，可得问题式（9.123）的最优解为

$$\boldsymbol{x}^{(t)}=\mathrm{e}^{\mathrm{j}\theta^*}\tag{9.126}$$

其中，$\boldsymbol{\theta}^*=\left[\theta_1^*,\theta_2^*,\cdots,\theta_{N_\mathrm{T}N}^*\right]^\mathrm{T}$。

（2）求子问题式（9.119）。

固定 $\boldsymbol{x}^{(t)},\boldsymbol{s}^{(t-1)},\boldsymbol{u}_p^{(t-1)},\varrho_p^{(t-1)}$，$p\in\{1,2\}$，忽略目标函数 $L(\boldsymbol{s}^{(t-1)},\boldsymbol{x}^{(t)},\boldsymbol{y},\boldsymbol{u}_p^{(t-1)},\varrho_p^{(t-1)})$ 中与 $\boldsymbol{y}$ 的无关项，则优化问题式（9.119）可以重写为

$$\mathcal{P}_{\boldsymbol{y}}\begin{cases}\min\limits_{\boldsymbol{y}} & \|\boldsymbol{y}-\boldsymbol{v}^{(t)}\|^2\\ \text{s.t.} & \boldsymbol{y}^\mathrm{H}\left(\boldsymbol{I}_{N_\mathrm{T}}\otimes\boldsymbol{R}_\mathrm{I}\right)\boldsymbol{y}\leqslant E_\mathrm{I}\end{cases}\tag{9.127}$$

其中，$\boldsymbol{v}^{(t)}=\boldsymbol{s}^{(t-1)}-\boldsymbol{u}_2^{(t-1)}/\varrho_2^{(t-1)}$。上述问题是一个二次约束二次规划，可以采用一致交替方向乘子法进行求解。

为了快速更新 $\boldsymbol{y}$，令 $\boldsymbol{I}_{N_\mathrm{T}}\otimes\boldsymbol{R}_\mathrm{I}$ 特征分解为 $(\boldsymbol{U}_\mathrm{I}\boldsymbol{\varLambda}\boldsymbol{U}_\mathrm{I}^\mathrm{H})$，其中 $\boldsymbol{\varLambda}$ 为对角矩阵，$\boldsymbol{U}_\mathrm{I}$ 是由特征向量组成的矩阵。因此，问题可以等价写为

$$\mathcal{P}_{\bar{\boldsymbol{y}}}\begin{cases}\min\limits_{\bar{\boldsymbol{y}}} & \|\bar{\boldsymbol{y}}-\bar{\boldsymbol{v}}^{(t)}\|^2\\ \text{s.t.} & \bar{\boldsymbol{y}}^\mathrm{H}\boldsymbol{\varLambda}\bar{\boldsymbol{y}}\leqslant E_\mathrm{I}\end{cases}\tag{9.128}$$

其中，$\bar{\boldsymbol{y}}=\boldsymbol{U}_\mathrm{I}^\mathrm{H}\boldsymbol{y}$，$\bar{\boldsymbol{v}}=\boldsymbol{U}_\mathrm{I}^\mathrm{H}\boldsymbol{v}$。令 η 表示与频谱约束相关的拉格朗日乘子，则相应的拉格朗日函数可表示为

$$L(\boldsymbol{y},\eta)=\|\bar{\boldsymbol{y}}-\bar{\boldsymbol{v}}^{(t)}\|^2+\eta\left(\bar{\boldsymbol{y}}^\mathrm{H}\boldsymbol{\varLambda}\bar{\boldsymbol{y}}-E_\mathrm{I}\right)\tag{9.129}$$

因此，根据 KKT 条件，最优解应该满足如下的等式关系：

$$\nabla L(\bar{\boldsymbol{y}},\eta)=2(\bar{\boldsymbol{y}}-\bar{\boldsymbol{v}}^{(t)})+2\eta\bar{\boldsymbol{y}}^\mathrm{H}\boldsymbol{\varLambda}=\boldsymbol{0}\tag{9.130}$$

容易得到问题式（9.128）的最优解为 $\bar{\boldsymbol{y}}=\boldsymbol{E}^{-1}\bar{\boldsymbol{v}}^{(t)}$，而 $\boldsymbol{E}=\boldsymbol{I}_{N_\mathrm{T}N}+\eta\boldsymbol{\varLambda}$。为了得到拉格朗日乘子 η，将 $\bar{\boldsymbol{y}}$ 代入问题式（9.128）的约束条件中，则需要求解下述关于 η 的非线性方程：

$$\bar{\boldsymbol{v}}^{(t)\mathrm{H}}\boldsymbol{E}^{-1}\boldsymbol{\varLambda}\boldsymbol{E}^{-1}\bar{\boldsymbol{v}}^{(t)}=E_\mathrm{I}\tag{9.131}$$

令 λ_k 和 $\bar{\upsilon}_k,k\in\mathcal{N}$ 分别表示 $\boldsymbol{I}_{N_\mathrm{T}}\otimes\boldsymbol{R}_\mathrm{I}$ 的特征值和向量 $\bar{\boldsymbol{v}}^{(t)}$ 内的元素，则可以将式（9.131）重写为

$$\sum_{k=1}^{N_\mathrm{T}N}\frac{\lambda_k}{\left(1+\eta\lambda_k\right)^2}\left|\bar{\upsilon}_k\right|^2=E_\mathrm{I}\tag{9.132}$$

此时，能够利用二分法或牛顿法处理问题式（9.132），有效地得到 η 值。因 $\bar{\boldsymbol{y}}=\boldsymbol{E}^{-1}\bar{\boldsymbol{v}}^{(t)}$，$\boldsymbol{E}=\boldsymbol{I}_{N_\mathrm{T}N}+\eta\boldsymbol{\varLambda}$，求得 η 值，即可得 $\bar{\boldsymbol{y}}$ 值，而优化问题式（9.119）的解为 $\boldsymbol{y}=\boldsymbol{U}_\mathrm{I}\bar{\boldsymbol{y}}$。

（3）求子问题式（9.120）。

对于给定的 $\boldsymbol{x}^{(t)},\boldsymbol{s}^{(t-1)},\boldsymbol{u}_p^{(t-1)},\varrho_p^{(t-1)}$，$p\in\{1,2\}$，忽略目标函数 $L(\boldsymbol{x}^{(t)},\boldsymbol{y}^{(t)},\boldsymbol{s},\boldsymbol{u}_p^{(t-1)},\varrho_p^{(t-1)})$ 中与 $\boldsymbol{s}$ 无关的项，则优化问题式（9.120）可以化简为

$$\mathcal{P}_{s}\begin{cases}\min\limits_{s} & f(\boldsymbol{s})+1/2\|\boldsymbol{s}-\boldsymbol{q}^{(t)}\|^{2}\\ \text{s.t.} & |\boldsymbol{s}(n)|=1, n\in\mathcal{N}\end{cases} \tag{9.133}$$

其中，$\boldsymbol{q}^{(t)}=\boldsymbol{u}_{1}^{(t-1)}+\boldsymbol{u}_{2}^{(t-1)}+\varrho_{1}^{(t-1)}\boldsymbol{x}^{(t)}+\varrho_{2}^{(t-1)}\boldsymbol{y}^{(t)}$。

上述优化问题是一个目标函数为 4 次和恒模约束的非凸问题，因此不能在多项式时间复杂度内找到一个可行解。与其他有竞争力优化算法（如 MM 和 CD 算法）相比，ROQO 算法具有较快的收敛速度，因此，本节选择 ROQO 算法求解问题式（9.133）。

根据 ROQO 算法，令第 i 次迭代的解为 $\boldsymbol{s}_{(i)}$，优化问题式（9.133）可以通过依次优化以下近似问题进行求解

$$\mathcal{P}_{(i+1)}\begin{cases}\min\limits_{s} & l\left(\boldsymbol{s},\boldsymbol{s}_{(i)}\right)\\ \text{s.t.} & |\boldsymbol{s}(n)|=1/\sqrt{N_{\mathrm{T}}N}, n\in\mathcal{N}\end{cases} \tag{9.134}$$

其中，

$$\begin{aligned}l\left(\boldsymbol{s},\boldsymbol{s}_{(i)}\right)&=f_{0}\left(\boldsymbol{s},\boldsymbol{s}_{(i)}\right)+f_{1}\left(\boldsymbol{s},\boldsymbol{s}_{(i)}\right)+f_{2}\left(\boldsymbol{s},\boldsymbol{s}_{(i)}\right)+\\&\quad\Re\left\{\frac{1}{2}(\boldsymbol{s}_{(i)}-\boldsymbol{q}^{(t)})^{\mathrm{H}}(\boldsymbol{s}-\boldsymbol{q}^{(t)})\right\}\\&=\operatorname{vec}\left\{\boldsymbol{s}\boldsymbol{s}^{\mathrm{H}}\right\}^{\mathrm{H}}\boldsymbol{L}\operatorname{vec}\left\{\boldsymbol{s}_{(i)}\boldsymbol{s}_{(i)}{}^{\mathrm{H}}\right\}+\boldsymbol{s}^{\mathrm{H}}\boldsymbol{Q}(\boldsymbol{S}_{(i)})\boldsymbol{s}+\\&\quad\Re\left\{\frac{1}{2}(\boldsymbol{s}_{(i)}-\boldsymbol{q}^{(t)})^{\mathrm{H}}(\boldsymbol{s}-\boldsymbol{q}^{(t)})\right\}\end{aligned} \tag{9.135}$$

$\mathcal{P}_{(i+1)}$ 的目标函数是一个关于 $\boldsymbol{s}$ 的二次函数，令 $\lambda\geqslant\lambda_{\max}(\boldsymbol{Q}(\boldsymbol{S}_{(i)}))+\lambda_{\max}(\boldsymbol{G}_{(i)})$，则式（9.134）可以等价写为

$$\mathcal{P}_{s_{1}}\begin{cases}\max\limits_{s} & \lambda\boldsymbol{s}^{\mathrm{H}}\boldsymbol{s}-l\left(\boldsymbol{s},\boldsymbol{s}_{(i)}\right)\\ \text{s.t.} & |\boldsymbol{s}(n)|=1,\ n\in\mathcal{N}\end{cases} \tag{9.136}$$

又由于 $\mathcal{P}_{s_{1}}$ 的目标函数是一个凸函数，因此可利用其一阶泰勒展开函数这个下界函数来代替目标函数进行优化，进一步地，$\mathcal{P}_{s_{1}}$ 可以转换为

$$\mathcal{P}_{\boldsymbol{s}_{(i+1)}}\begin{cases}\max\limits_{s} & \Re\left\{\boldsymbol{z}_{(i)}^{\mathrm{H}}\boldsymbol{s}\right\}\\ \text{s.t.} & \left|\boldsymbol{s}\left(n\right)\right|=1,\ n\in\mathcal{N}\end{cases} \tag{9.137}$$

其中，

$$\boldsymbol{z}_{(i)}=(\lambda\boldsymbol{I}_{N_{\mathrm{T}}N}-\boldsymbol{Q}(\boldsymbol{S}_{(i)})-\boldsymbol{G}_{(i)})\boldsymbol{s}_{(i)}-(\boldsymbol{s}_{(i)}-\boldsymbol{q}^{(t)})/4 \tag{9.138}$$

即可得到问题 $\mathcal{P}_{\boldsymbol{s}_{(i+1)}}$ 的闭式解为

$$\boldsymbol{s}_{(i+1)}=\mathrm{e}^{\mathrm{j}\arg\left\{\boldsymbol{z}_{(i)}\right\}} \tag{9.139}$$

最后采用 SQUAREM 加速过程，得到利用 ROQO 算法求解问题式（9.120）的流程如算法 9.7 所示。

算法 9.7 流程　ROQO 算法求解问题式（9.120）

输入：$N_{\mathrm{T}},N,w_k,\gamma_k$；

输出：$\mathcal{P}_{s^{(t)}}$ 的解 $\boldsymbol{s}^{(t)}$ 。

（1）$i=0$，令 $\boldsymbol{s}_{(0)}=\boldsymbol{s}^{(t-1)}$；

（2）根据式（9.138）计算得到 $\boldsymbol{z}_{(i)}$；

（3）$\boldsymbol{v}_1=\mathrm{e}^{\mathrm{j}\arg\{\boldsymbol{z}_{(i)}\}}$；

（4）$\boldsymbol{v}_2=\mathrm{e}^{\mathrm{j}\arg\{\boldsymbol{v}_1\}}$；

（5）如果 $(f(\boldsymbol{v}_1)+1/2\|\boldsymbol{v}_1-\boldsymbol{q}^{(t)}\|^2)>(f(\boldsymbol{v}_2)+1/2\|\boldsymbol{v}_2-\boldsymbol{q}^{(t)}\|^2)$；

输出 $\boldsymbol{s}^{(t)}=\boldsymbol{s}_{(i)}$，退出；

（6）$\boldsymbol{r}=\boldsymbol{v}_1-\boldsymbol{s}^{(t)},\boldsymbol{u}=\boldsymbol{v}_2-\boldsymbol{v}_1-\boldsymbol{r}$；

（7）计算步长 $\alpha=-\|\boldsymbol{r}\|/\|\boldsymbol{u}\|$；

（8）$\boldsymbol{s}_{(i+1)}=\mathrm{e}^{\mathrm{j}\arg\{\boldsymbol{s}_{(i)}-2\alpha\boldsymbol{r}+\alpha^2\boldsymbol{u}\}}$；

（9）如果 $(f(\boldsymbol{s}_{(i+1)})+1/2\|\boldsymbol{s}_{(i+1)}-\boldsymbol{q}^{(t)}\|^2)>(f(\boldsymbol{s}_{(i)})+1/2\|\boldsymbol{s}_{(i)}-\boldsymbol{q}^{(t)}\|^2)$，则 $\alpha\leftarrow(\alpha-1)/2$，$\boldsymbol{s}_{(i+1)}=\mathrm{e}^{\mathrm{j}\arg\{\boldsymbol{s}_{(i)}-2\alpha\boldsymbol{r}+\alpha^2\boldsymbol{s}\}}$；

（10）若 $\boldsymbol{s}^{(t+1)}$ 满足收敛条件，则 $\boldsymbol{s}^{(t)}=\boldsymbol{s}_{(i+1)}$ 并结束，否则更新 $i=i+1$，返回步骤（2）。

（4）IADPM 算法流程。

总结提出的 IADPM 算法流程如算法 9.8 所示。

算法 9.8 流程　IADPM 算法求解问题式（9.115）

输入：$N_{\mathrm{T}},M,w_k,\gamma_k,\boldsymbol{s}^{(0)},\boldsymbol{u}_p^{(0)},\varrho_p^{(0)},p\in\{1,2\}$，$\delta_{1,c},\delta_{2,c},\nu,\epsilon_{\mathrm{abs}},\epsilon_{\mathrm{rel}},E_{\mathrm{I}},\Omega_q,q\in\{1,2,3,\cdots,Q\}$；

输出：$\mathcal{P}_0$ 的解 $\boldsymbol{s}^{(*)}$ 。

（1）$t=0$，初始化 $\boldsymbol{s}^{(0)}$，$\boldsymbol{x}^{(0)}$ 和 $\boldsymbol{y}^{(0)}$；

（2）$t=t+1$；

（3）求解问题 $\mathcal{P}_{\boldsymbol{x}^{(t)}}$ 并更新 $\boldsymbol{x}^{(t)}$；

（4）求解问题 $\mathcal{P}_{\boldsymbol{y}^{(t)}}$ 并更新 $\boldsymbol{y}^{(t)}$；

（5）求解问题 $\mathcal{P}_{\boldsymbol{s}^{(t)}}$ 并更新 $\boldsymbol{s}^{(t)}$；

（6）根据式（9.121）和式（9.122）更新 $\varrho_p^{(t)},\boldsymbol{u}_p^{(t)}$；

（7）若满足收敛条件，则 $\boldsymbol{s}^{(t)}=\boldsymbol{s}^{(*)}$ 并结束，否则返回步骤（2）。

这里根据Boyd等人提出的退出条件进行设置：

$$\| \boldsymbol{x}^{(t)} - \boldsymbol{s}^{(t)} \| + \| \boldsymbol{y}^{(t)} - \boldsymbol{x}^{(t)} \| \leqslant \epsilon_{\text{pri}}^{(t)} \tag{9.140}$$

$$\varrho_1^{(0)} \| \boldsymbol{x}^{(t-1)} - \boldsymbol{x}^{(t)} \| + \varrho_2^{(0)} \| \boldsymbol{y}^{(t-1)} - \boldsymbol{y}^{(t)} \| \leqslant \epsilon_{\text{dual}}^{(t)} \tag{9.141}$$

其中，$\epsilon_{\text{pri}}^{(t)} > 0$和$\epsilon_{\text{dual}}^{(t)} > 0$分别为第$t$次迭代时原始残差和对偶残差的可行性容忍度。这些容忍度可以根据以下条件进行选择：

$$\epsilon_{\text{pri}}^{(t)} = \sqrt{4NM}\epsilon_{\text{abs}} + \epsilon_{\text{rel}} \max\{2\| \boldsymbol{s}^{(t)} \|, \| \boldsymbol{x}^{(t)} \| + \| \boldsymbol{y}^{(t)} \|\} \tag{9.142}$$

$$\epsilon_{\text{dual}}^{(t)} = \sqrt{2NM}\epsilon_{\text{abs}} + \epsilon_{\text{rel}} (\| \boldsymbol{u}_1^{(t)} \| + \| \boldsymbol{u}_2^{(t)} \|) \tag{9.143}$$

其中，$\epsilon_{\text{abs}} > 0$和$\epsilon_{\text{rel}} > 0$分别为绝对容忍度和相对容忍度。

9.3.2.2　计算复杂度与收敛性分析

（1）计算复杂度。IADPM 算法求解问题$\mathcal{P}_1$的计算量主要与迭代次数和矢量$\boldsymbol{x}, \boldsymbol{y}, \boldsymbol{s}$的更新有关。其中，更新矢量$\boldsymbol{x}$所需的计算量为$\mathcal{O}(N_{\text{T}}N)$；由于对$\boldsymbol{I}_{N_{\text{T}}} \otimes \boldsymbol{R}_{\text{I}}$进行特征值分解的操作可以在更新矢量$\boldsymbol{y}$迭代之前进行，因此更新$\boldsymbol{y}$的计算量为$\mathcal{O}(N_{\text{T}}^2 N^2)$；更新矢量$\boldsymbol{s}$中的计算量主要来自获取$\boldsymbol{z}_{(i)}$，而$\boldsymbol{z}_{(i)}$主要在于对$\boldsymbol{Q}(\boldsymbol{S}_{(i)})\boldsymbol{s}_{(i)}$和$\boldsymbol{G}^{(t)}\boldsymbol{s}_{(i)}$的计算，更新矢量$\boldsymbol{s}$所需的计算复杂度为$\mathcal{O}(I(2N_{\text{T}}(N-1)^3/3))$，其中，$I$表示ROQO算法所需的迭代次数。因此，在IADPM算法一次迭代中的计算复杂度为$\mathcal{O}(I(2N_{\text{T}}(N-1)^3/3)) + \mathcal{O}(N^2 N_{\text{T}}^2)$。

（2）收敛性分析。如果惩罚因子$\varrho_p^{(t)}, p \in \{1,2\}$是有界的，提出的IADPM算法保证收敛。

具体证明过程见附录P。

9.3.3　性能分析

考虑MIMO雷达频谱共存要求，本节针对IADPM算法的性能进行仿真分析。假设已知有$Q=2$个通信干扰频段且它们对雷达的影响系数相同，即$c_1 = c_2 = 1$。通信干扰所在的归一化频带范围即雷达的归一化阻带范围为$\Omega_1 = [0.47, 0.5]$，$\Omega_2 = [0.7, 0.71]$。

对IADPM算法中的相关变量初始化为：$\boldsymbol{u}_p^{(0)} = \boldsymbol{0}_{N\times 1}$，$\varrho_p^{(0)} = 0.01$，$p \in \{1,2\}$，$\epsilon_{\text{abs}} = 10^{-7}$，$\epsilon_{\text{rel}} = 10^{-6}$，$\delta_{1c} = 0.99$，$\delta_{2c} = 1.01$，$v = 10^4$。

由维纳-辛钦定理可知，信号的自相关函数与其ESD互为傅里叶变换对，这意味着信号的自相关函数与信号的ESD之间是相互制约的。因此，在本节的优化准则中，为了得到较低的自相关旁瓣，可以对离主瓣较近的自相关函数旁瓣应用较大的权值，以平衡波形的相关函数和频谱形状的联合设计。

在MIMO雷达认知模式下，根据先验信息可对每个发射波形的自相关和互相关函数旁瓣区域的权值进行设置。则令自相关函数的旁瓣权值为

$$\gamma_k=\begin{cases}\max\left(0.1\times\left(K_1-k+1\right),1\right),\ k\in\left[-K_1,-1,\right]\cup\left[1,K_1\right]\\0,\ 其他\end{cases}$$

互相关函数的权值为

$$w_k=\begin{cases}1,\ k\in[-K_2,K_2]\\0,\ 其他\end{cases}$$

其中，K_p 为整数，$0\leqslant K_p\leqslant N-1$，$p\in\{1,2\}$。

为验证算法的有效性，仿真选取 MIMO 雷达的发射波形个数为 $N_\text{T}=2$，波形离散采样点数 $N=64$。考虑 MIMO 雷达的自相关和互相关函数的权值为 K_1=K_2=16。图 9.16 和图 9.17 分别给出了在不同的离散相位个数约束 $\overline{L}=16$ 和 $\overline{L}=128$ 条件下的迭代曲线图。其中，仿真选择了不同的 E_I（E_I=−40dB，E_I=−30dB 和 E_I=−20dB）作为波形在通信干扰所在频带内最大可容许能量。可以看出，在所有仿真场景中，IADPM 算法的迭代曲线是波动下降的，但它们都能分别收敛到某个特定的值，说明本章方法具有良好的收敛性能。同时注意到，当波形的频谱约束较强时（如 E_I=−40dB），算法收敛得到的目标函数值 WISL 会较大。这一结果验证了信号相关函数与功率谱密度相互约束的理论。

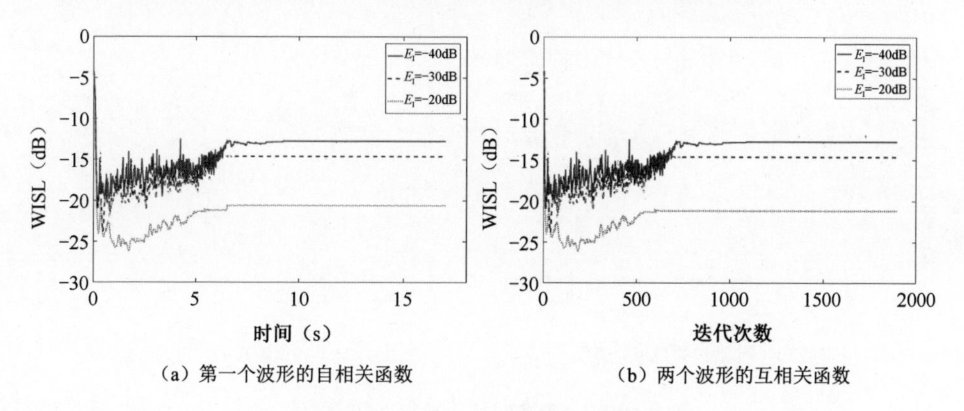

（a）第一个波形的自相关函数　　　　（b）两个波形的互相关函数

图 9.16　$\overline{L}=16$ 时的迭代曲线图

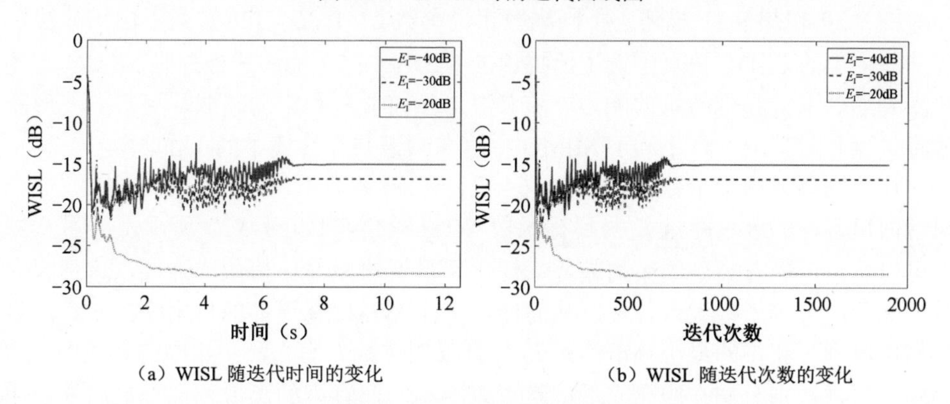

（a）WISL 随迭代时间的变化　　　　（b）WISL 随迭代次数的变化

图 9.17　$\overline{L}=128$ 时的迭代曲线图

图 9.18 和图 9.19 分别画出了不同离散相位个数 $\bar{L}=16, \bar{L}=128$ 参数下设计的 MIMO 雷达波形的自相关函数和互相关函数。仿真结果表明，优化得到波形的旁瓣电平与设计模型是一致的。观察两个参数下设计的第一个波形的自相关函数，可以看出，对于权重大于 1 的区域即 $k \in [-6,-1] \cup [1,6]$，离主瓣越近，其自相关旁瓣电平越低。波形的自相关函数和互相关函数均能在抑制区域形成凹槽。

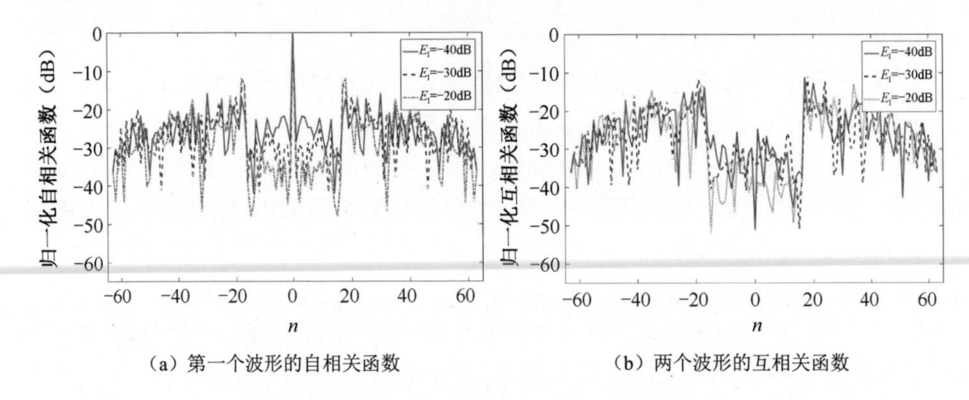

（a）第一个波形的自相关函数　　（b）两个波形的互相关函数

图 9.18　$\bar{L}=16$ 时优化波形的相关函数

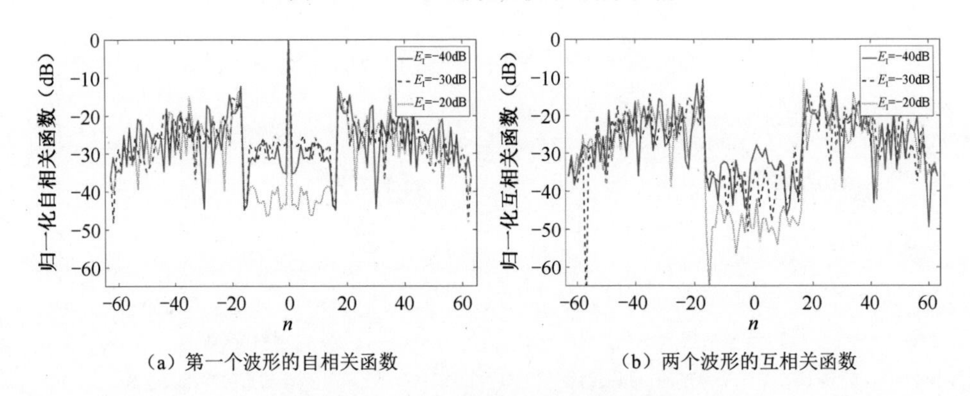

（a）第一个波形的自相关函数　　（b）两个波形的互相关函数

图 9.19　$\bar{L}=128$ 时优化波形的相关函数

图 9.20 和图 9.21 描述了不同离散相位个数 $\bar{L}=16, \bar{L}=128$ 参数下由该算法合成的波形集的 ESD。仿真强调了所提出的 IADPM 算法能够适当控制 MIMO 雷达泄露到通信干扰频带能量的能力。随着波形频谱能量约束的减弱，更多的波形能量将传输到阻带中，将不利于 MIMO 雷达在频谱共存环境中的工作。

在不同离散相位个数 $\bar{L}=16, \bar{L}=64$ 和 $\bar{L}=256$ 参数下，MIMO 雷达发射波形在阻带内可容许的最大能量 E_I 对目标函数 WISL 的影响如图 9.22 所示。从图 9.22 中可以看出，随着频谱约束的减弱，优化后得到的 WISL 值依次降低。这是因为放松能量约束等于扩大可行集，从而使最小化 WISL 有更多的自由度。同时，离散相位序列可获得的最小频谱约束 E_I 与有限相位数 $\bar{L}$ 有关。在相同的参数中，当 $\bar{L}$ 较大时，波形分布在阻带上的能量可以更小。而较少的离散相位个数通常会使得优化之后的波形在 WISL 和频谱能量约束方面具有较差的性能。

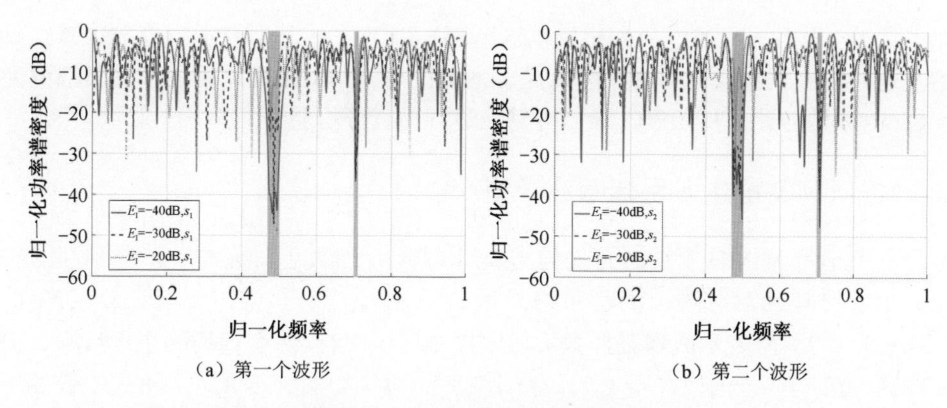

（a）第一个波形　（b）第二个波形

图 9.20　$\bar{L}=16$ 时优化波形的 ESD

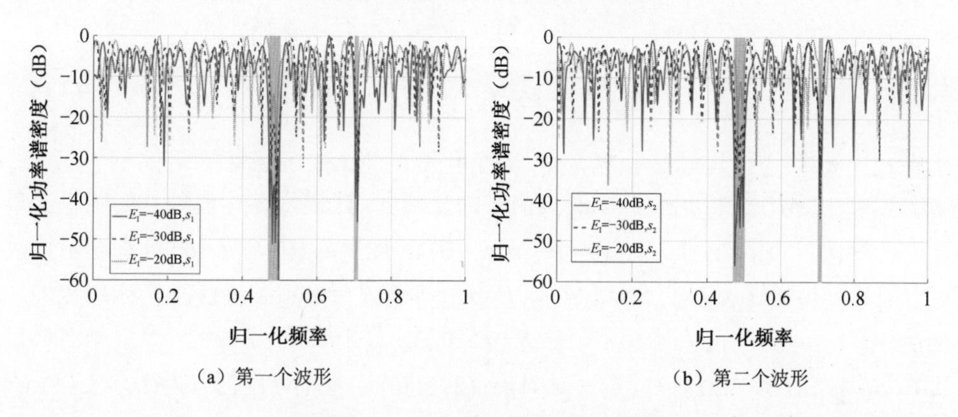

（a）第一个波形　（b）第二个波形

图 9.21　$\bar{L}=128$ 时优化波形的 ESD

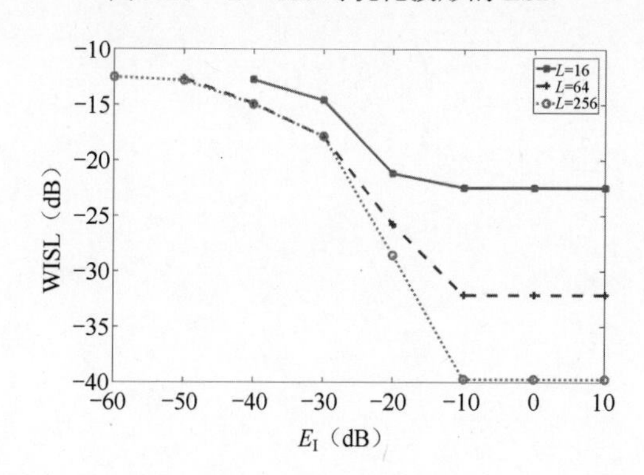

图 9.22　不同离散相位个数下的 WISL 关于 E_I 的变化曲线

9.4　频谱共存下 MIMO 雷达快时间发射与接收联合设计

当 MIMO 雷达在执行多任务时，会同时对多个感兴趣目标进行探测。因此，本节针对如何提高频谱兼容与信号相关杂波背景下多目标检测性能的问题，从发射与接收端联合处理的角度，建立了多目标回波模型及不同距离-方位单元的信号相关杂波干扰模型，通过最大化最差输出 SINR，建立了基于波形恒模与频谱约束的发射与接收联合设计问题，进而提出 NICE 与 NMICE 优化算法，并详细讨论 NICE 收敛性与计算复杂度，最后对算法进行仿真分析验证。

9.4.1 MIMO 雷达多目标回波模型

假定窄带 MIMO 雷达具有均匀布阵形式的 N_{T} 个发射阵元与 N_{R} 个接收阵元。第 n 个发射阵元发射离散的基带信号形式记为 $\boldsymbol{s}_n(i)$，其中，$n=1,2,3,\cdots,N_{\mathrm{T}}$，$i=1,2,3,\cdots,N$，$N$ 表示波形采样数。假定探测环境中有 M 个远场静止点目标，相应距离-方位单元分别为 (θ_m,l_m)，$m=1,2,3,\cdots,M$，如图 9.23 所示。不失一般性，假设 $l_1\leqslant l_2\leqslant l_3\leqslant\cdots\leqslant l_M$，则 M 个目标回波经过下变频，然后进行采样，最终回波离散形式可写为多个目标回波、杂波和其他干扰信号的叠加，即

$$\boldsymbol{Y}=\sum_{m=1}^{M}\alpha_m\boldsymbol{A}(\theta_m)\widetilde{\boldsymbol{S}}\boldsymbol{J}_{l_m-l_1}+\boldsymbol{D}+\boldsymbol{N} \tag{9.144}$$

其中，$\boldsymbol{Y}\in\mathbb{C}^{N_{\mathrm{R}}\times(l_M-l_1+N)}$ 表示第 l_1 个距离单元至第 l_M 个距离单元的回波。α_m ($m=1,2,3,\cdots,M$)是第 m 个目标回波信号的复幅度，建模为零均值独立的随机变量，其方差为 $\delta_m^2=\mathbb{E}[|\alpha_m|^2]$。$\boldsymbol{A}(\theta)=\boldsymbol{a}_{\mathrm{R}}^*(\theta)\boldsymbol{a}_{\mathrm{T}}^{\mathrm{H}}(\theta)$，其中 $\boldsymbol{a}_{\mathrm{R}}(\theta)$ 与 $\boldsymbol{a}_{\mathrm{T}}(\theta)$ 分别表示接收与发射导向矢量。$\widetilde{\boldsymbol{S}}\in\mathbb{C}^{N_{\mathrm{T}}\times(l_M-l_1+N)}$ 由发射信号矩阵与零矩阵构成，具体形式为

$$\widetilde{\boldsymbol{S}}=[\boldsymbol{S},\boldsymbol{0}_{N_{\mathrm{T}}\times(l_M-l_1)}] \tag{9.145}$$

其中，$\boldsymbol{S}=[\boldsymbol{s}_1,\boldsymbol{s}_2,\boldsymbol{s}_3,\cdots,\boldsymbol{s}_{N_{\mathrm{T}}}]^{\mathrm{T}}$，$\boldsymbol{s}_n=[\boldsymbol{s}_n(1),\boldsymbol{s}_n(2),\boldsymbol{s}_n(3),\cdots,\boldsymbol{s}_n(N)]^{\mathrm{T}}$。$\boldsymbol{J}_{\mathrm{R}}$ 为 $(l_M-l_1+N)\times(l_M-l_1+N)$ 维的矩阵，即

$$\boldsymbol{J}_r(i,j)=\begin{cases}1, & j-i=r\\0, & \text{其他}\end{cases} \tag{9.146}$$

其中，$(i,j)\in\{1,2,3,\cdots,l_M-l_1+N\}^2$。

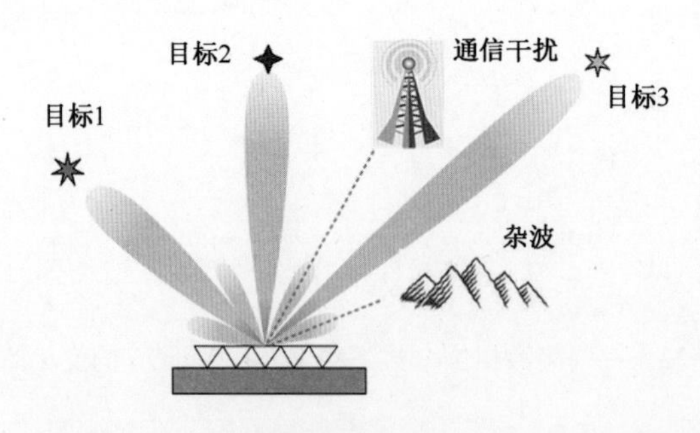

图 9.23 频谱兼容与杂波环境下的 MIMO 雷达多目标探测示意图

$\boldsymbol{D}$ 建模为 K 个独立的信号相关点杂波回波的叠加，即

$$\boldsymbol{D}=\sum_{k=1}^{K}\beta_k\boldsymbol{A}(\phi_k)\widetilde{\boldsymbol{S}}\boldsymbol{J}_{r_k} \tag{9.147}$$

其中，$(\phi_k, l_1 + r_k)$ 对应第 k 个杂波点的距离-方位单元。β_k ($k = 1,2,3,\cdots,K$)是第 k 个目标回波信号的复幅度，建模为零均值独立随机变量，方差 $\sigma_k^2 = \mathbb{E}[|\beta_k|^2]$。$\phi_k$ ($k = 1,2,3,\cdots,K$)建模为独立的随机变量，服从以下均匀分布：

$$\phi_k \sim \mathbb{U}\left(\bar{\phi}_k - \frac{\vartheta_k}{2}, \bar{\phi}_k + \frac{\vartheta_k}{2}\right) \tag{9.148}$$

其中，$\bar{\phi}_k$ 为均值，ϑ_k 为不确定度。基于上面的假设，杂波回波矢量 $\boldsymbol{d}$=vec$\{\boldsymbol{D}\}$ 的协方差矩阵为

$$\boldsymbol{\Sigma}(\boldsymbol{s}) = \sum_{k=1}^{K} \sigma_k^2 \mathbb{E}[(\boldsymbol{J}_{-r_k} \otimes \boldsymbol{A}(\phi_k))\tilde{\boldsymbol{s}}\tilde{\boldsymbol{s}}^{\mathrm{H}}(\boldsymbol{J}_{-r_k} \otimes \boldsymbol{A}(\phi_k))^{\mathrm{H}}] \tag{9.149}$$

其中，

$$\tilde{\boldsymbol{s}} = \mathrm{vec}\left\{\widetilde{\boldsymbol{S}}\right\} = [\boldsymbol{s}^{\mathrm{T}}, \boldsymbol{0}_{1\times N_{\mathrm{T}}(l_M - l_1)}]^{\mathrm{T}} \in \mathbb{C}^{N_{\mathrm{T}}(l_M - l_1 + N)} \tag{9.150}$$

其中，$\boldsymbol{s} = \mathrm{vec}\{\boldsymbol{S}\}$。从上式可知，计算 $\boldsymbol{\Sigma}(\boldsymbol{s})$ 需要已知 $\sigma_k^2, r_k, \vartheta_k, \bar{\phi}_k, k = 1,2,3,\cdots,K$，这些信息可通过认知模式获取，如利用已知的杂波知识库得到，或者通过 MIMO 雷达扫描感兴趣的空域进行在线估计[35]，这里不再赘述。

最后 $\boldsymbol{N} \in \mathbb{C}^{N_{\mathrm{R}}\times(l_M - l_1 + N)}$ 建模为信号无关干扰，主要包括民用通信信号、电子干扰及高斯白噪声回波等。

9.4.2 MIMO 雷达快时间发射与接收联合设计模型

回波 $\boldsymbol{Y}$ 中可能包含 M 个目标回波，为实现对该 M 个感兴趣的距离-方位单元回波进行检测，可将其回波分别通过相应的 M 个 FIR 接收滤波器 $\boldsymbol{w}_m, m = 1,2,3,\cdots,M$，从而可得到 M 个目标的信息，即

$$\boldsymbol{w}^{\mathrm{H}}\mathrm{vec}\{\boldsymbol{Y}\} = \boldsymbol{w}^{\mathrm{H}}\mathrm{vec}\left\{\alpha_m \boldsymbol{A}(\theta_m)\widetilde{\boldsymbol{S}}\boldsymbol{J}_{l_m - l_1}\right\} + \boldsymbol{w}_m^{\mathrm{H}}\mathrm{vec}\{\boldsymbol{T}_m + \boldsymbol{D} + \boldsymbol{N}\} \tag{9.151}$$

其中，

$$\boldsymbol{T}_m = \sum_{\substack{p=1 \\ p\neq m}}^{M} \alpha_p \boldsymbol{A}(\theta_p)\widetilde{\boldsymbol{S}}\boldsymbol{J}_{l_p - l_1} \tag{9.152}$$

为提升 M 个目标的检测性能，定义第 m 个目标回波的 SINR 为

$$\mathrm{SINR}_m(\boldsymbol{s}, \boldsymbol{w}_m) = \frac{\mathbb{E}[|\boldsymbol{w}_m^{\mathrm{H}}\alpha_m \mathrm{vec}\left\{\boldsymbol{A}(\theta_m)\widetilde{\boldsymbol{S}}\boldsymbol{J}_{l_m - l_1}\right\}|^2]}{\mathbb{E}[|\boldsymbol{w}_m^{\mathrm{H}}\mathrm{vec}\{\boldsymbol{T}_m + \boldsymbol{D} + \boldsymbol{N}\}|^2]} \tag{9.153}$$

$\mathrm{SINR}_m(\boldsymbol{s}, \boldsymbol{w}_m)$ 的分子表示第 m 个目标回波功率，分母表示剩余 $M-1$ 个目标回波与杂波、干扰功率总和。需要指出的是，计算 $\mathrm{SINR}_m(\boldsymbol{s}, \boldsymbol{w}_m)$ 需要精确已知方位-距离单元 (θ_m, l_m)，$m = 1,2,3,\cdots,M$。在实际中，由于导向矢量的不匹配性，目标 θ_m 可能无法精确得到。因此，建模 θ_m 为一个服从均匀分布的随机变量，即

$$\theta_m \sim \mathbb{U}\left(\bar{\theta}_m - \frac{\varepsilon_m}{2}, \bar{\theta}_m + \frac{\varepsilon_m}{2}\right) \tag{9.154}$$

其中，$\bar{\theta}_m$ 是均值，ε_m 是方位不确定度。

通过数学运算，式（9.153）可等效表示为

$$\begin{aligned}\mathrm{SINR}_m(\boldsymbol{s},\boldsymbol{w}_m) &= \frac{\boldsymbol{w}_m^{\mathrm{H}}\boldsymbol{\Gamma}_m(\boldsymbol{s})\boldsymbol{w}_m}{\boldsymbol{w}_m^{\mathrm{H}}\boldsymbol{\Psi}_m(\boldsymbol{s})\boldsymbol{w}_m} \\ &= \frac{\tilde{\boldsymbol{s}}^{\mathrm{H}}\widetilde{\boldsymbol{\Theta}}_m(\boldsymbol{w}_m)\boldsymbol{s}^{\mathrm{H}}}{\tilde{\boldsymbol{s}}^{\mathrm{H}}\widetilde{\boldsymbol{\Phi}}_m(\boldsymbol{w}_m)\tilde{\boldsymbol{s}}}\end{aligned} \tag{9.155}$$

其中，

$$\boldsymbol{\Gamma}_m(\boldsymbol{s})=\delta_m^2\mathbb{E}\left[\left(\boldsymbol{J}_{l_1-l_m}\otimes\boldsymbol{A}(\theta_m)\right)\tilde{\boldsymbol{s}}\tilde{\boldsymbol{s}}^{\mathrm{H}}\left(\boldsymbol{J}_{l_m-l_1}\otimes\boldsymbol{A}^{\mathrm{H}}(\theta_m)\right)\right] \tag{9.156}$$

$$\boldsymbol{\Psi}_m(\boldsymbol{s})=\sum_{\substack{p=1\\p\neq m}}^{M}\delta_p^2\mathbb{E}\left[\left(\boldsymbol{J}_{l_1-l_p}\otimes\boldsymbol{A}(\theta_p)\right)\tilde{\boldsymbol{s}}\tilde{\boldsymbol{s}}^{\mathrm{H}}\left(\boldsymbol{J}_{l_p-l_1}\otimes\boldsymbol{A}^{\mathrm{H}}(\theta_p)\right)\right]+\boldsymbol{\Sigma}(\boldsymbol{s})+\boldsymbol{\Upsilon}_{\mathrm{in}} \tag{9.157}$$

$$\widetilde{\boldsymbol{\Theta}}_m(\boldsymbol{w}_m)=\delta_m^2\mathbb{E}\left[\left(\boldsymbol{J}_{l_m-l_1}\otimes\boldsymbol{A}^{\mathrm{H}}(\theta_m)\right)\boldsymbol{w}_m\boldsymbol{w}_m^{\mathrm{H}}\left(\boldsymbol{J}_{l_1-l_m}\otimes\boldsymbol{A}(\theta_m)\right)\right] \tag{9.158}$$

$$\begin{aligned}\widetilde{\boldsymbol{\Phi}}_m(\boldsymbol{w}_m) &= \sum_{\substack{p=1\\p\neq m}}^{M}\delta_p^2\mathbb{E}\left[\left(\boldsymbol{J}_{l_p-l_1}\otimes\boldsymbol{A}^{\mathrm{H}}(\theta_p)\right)\boldsymbol{w}_m\boldsymbol{w}_m^{\mathrm{H}}\left(\boldsymbol{J}_{l_1-l_p}\otimes\boldsymbol{A}(\theta_p)\right)\right]+ \\ &\quad \sum_{k=1}^{K}\sigma_k^2\mathbb{E}\left[\left(\boldsymbol{J}_{-r_k}\otimes\boldsymbol{A}(\phi_k)\right)^{\mathrm{H}}\boldsymbol{w}_m\boldsymbol{w}_m^{\mathrm{H}}\left(\boldsymbol{J}_{-r_k}\otimes\boldsymbol{A}(\phi_k)\right)\right]+ \\ &\quad \frac{\boldsymbol{w}_m^{\mathrm{H}}\boldsymbol{\Upsilon}_{\mathrm{in}}\boldsymbol{w}_m\boldsymbol{I}_{N_{\mathrm{T}}(l_M-l_1+N)}}{\|\boldsymbol{s}\|^2}\end{aligned} \tag{9.159}$$

其中，

$$\boldsymbol{\Upsilon}_{\mathrm{in}}=\mathbb{E}\left[\mathrm{vec}\{\boldsymbol{N}\}\mathrm{vec}\{\boldsymbol{N}\}^{\mathrm{H}}\right] \tag{9.160}$$

利用 $\tilde{\boldsymbol{s}}=[\boldsymbol{s}^{\mathrm{T}},\boldsymbol{0}_{1\times N_{\mathrm{T}}(l_M-l_1)}]^{\mathrm{T}}$，$\mathrm{SINR}_m(\boldsymbol{s},\boldsymbol{w}_m)$ 可以重写为

$$\mathrm{SINR}_m(\boldsymbol{s},\boldsymbol{w}_m)=\frac{\boldsymbol{s}^{\mathrm{H}}\boldsymbol{\Theta}_m(\boldsymbol{w}_m)\boldsymbol{s}}{\boldsymbol{s}^{\mathrm{H}}\boldsymbol{\Phi}_m(\boldsymbol{w}_m)\boldsymbol{s}} \tag{9.161}$$

其中，$\boldsymbol{\Theta}_m(\boldsymbol{w}_m)\in\mathbb{C}^{N_{\mathrm{T}}N\times N_{\mathrm{T}}N}$ 与 $\boldsymbol{\Phi}_m(\boldsymbol{w}_m)\in\mathbb{C}^{N_{\mathrm{T}}N\times N_{\mathrm{T}}N}$ 分别定义为

$$\boldsymbol{\Theta}_m(\boldsymbol{w}_m)(i,j)=\widetilde{\boldsymbol{\Theta}}_m(\boldsymbol{w}_m)(i,j) \tag{9.162}$$

$$\boldsymbol{\Phi}_m(\boldsymbol{w}_m)(i,j)=\widetilde{\boldsymbol{\Phi}}_m(\boldsymbol{w}_m)(i,j) \tag{9.163}$$

其中，$i,j\in\{1,2,3,\cdots,N_{\mathrm{T}}N\}^2$。

为提高多目标检测能力，通常最大化 M 个目标中最小的 SINR。因此，这里考虑以最差 SINR 作为设计准则

$$\min_{m}\mathrm{SINR}_m(\boldsymbol{s},\boldsymbol{w}_m) \tag{9.164}$$

假定 MIMO 雷达系统与其他通信系统频段共享，其中通信系统占据 Q 个频段

$$(f_1^q,f_2^q),\ q=1,2,3,\cdots,Q \tag{9.165}$$

其中，f_1^q 与 f_2^q 分别为第 q 个通信系统工作频段的上、下界。为了使得 MIMO 雷

达与通信系统频谱共存，要求 MIMO 雷达每个阵元发射的波形在通信频段辐射尽可能少的能量。从数学上看，该约束表示为

$$\boldsymbol{s}^{\mathrm{H}}\boldsymbol{R}_n\boldsymbol{s}\leqslant\eta \tag{9.166}$$

其中，η 是 MIMO 雷达在通信频段产生能量的上限，即

$$\boldsymbol{R}_n=\boldsymbol{E}_n^{\mathrm{T}}\boldsymbol{R}\boldsymbol{E}_n \tag{9.167}$$

其中，$\boldsymbol{E}_n$ 是一个 $N\times NN_{\mathrm{T}}$ 的矩阵，即

$$\boldsymbol{E}_n(i,j)=\begin{cases}1, & j=n+(i-1)N_{\mathrm{T}}, i=1,2,3,\cdots,N\\ 0, & 其他\end{cases} \tag{9.168}$$

$$\boldsymbol{R}=\sum_{q=1}^{Q}\boldsymbol{\Omega}_q \tag{9.169}$$

$$\boldsymbol{\Omega}_q(i,j)=\begin{cases}\dfrac{\mathrm{e}^{\mathrm{j}2\pi f_2^q(i-j)}-\mathrm{e}^{\mathrm{j}2\pi f_1^q(i-j)}}{\mathrm{j}2\pi(i-j)}, & i\neq j\\ f_2^q-f_1^q,\ i=j\end{cases} \tag{9.170}$$

其中，$i,j\in\{1,2,3,\cdots,N\}^2$。

另外，为保证雷达非线性放大器工作处于饱和或临近饱和状态，避免输出的波形非线性失真，优化波形通常具有恒模特征，即

$$|\boldsymbol{s}(n)|=\frac{1}{\sqrt{N_{\mathrm{T}}N}},\forall n \tag{9.171}$$

综上所述，以最差 SINR 作为优化准则，基于 MIMO 雷达发射与接收滤波器联合设计问题可建模为

$$\mathcal{P}_1\begin{cases}\max\limits_{\boldsymbol{s},\{\boldsymbol{w}_m\}_{m=1}^{M}} & \min\limits_{m}\mathrm{SINR}_m(\boldsymbol{s},\boldsymbol{w}_m)\\ \text{s.t.} & \boldsymbol{s}^{\mathrm{H}}\boldsymbol{R}_n\boldsymbol{s}\leqslant\eta,\forall n\\ & |\boldsymbol{s}(i)|=\dfrac{1}{\sqrt{N_{\mathrm{T}}N}},\forall i\\ & \|\boldsymbol{w}_m\|^2=1,\forall m\end{cases} \tag{9.172}$$

在求解该问题之前，首先分析它的解的可行性。针对第 n 个发射阵元的波形，约束条件可写为

$$\boldsymbol{s}_n^{\mathrm{H}}\boldsymbol{R}\boldsymbol{s}_n\leqslant\eta,\ |\boldsymbol{s}_n(i)|=\frac{1}{\sqrt{N_{\mathrm{T}}N}},i=1,2,3,\cdots,N \tag{9.173}$$

为保证上述约束条件有可行点，可通过最小化 $\boldsymbol{s}_n^{\mathrm{H}}\boldsymbol{R}\boldsymbol{s}_n$ 得到 η 的下界，即

$$\begin{cases}\min\limits_{\boldsymbol{s}_n} & \boldsymbol{s}_n^{\mathrm{H}}\boldsymbol{R}\boldsymbol{s}_n\\ \text{s.t.} & |\boldsymbol{s}_n(i)|=\dfrac{1}{\sqrt{N_{\mathrm{T}}N}},\ i=1,2,3,\cdots,N\end{cases} \tag{9.174}$$

上述问题可通过 ADPM 等优化算法得到一个目标函数值 η_0。为保证问题 $\mathcal{P}_1$

的可行性，η 应满足$\eta \geqslant \eta_0$。

观察$\mathcal{P}_1$可以看出，目标函数为一个分式非光滑的非凸函数，恒模约束为 NP-hard 约束。因此，无法在多项式时间复杂度内求得最优解。下面将详细讨论如何利用迭代算法获取次优解。

9.4.3　基于 NICE 算法的 MIMO 雷达发射与接收滤波器组联合设计算法

本节介绍通过 NICE 算法求解$\mathcal{P}_1$。该算法的主要思想是利用交替最小化方法分离出两个分别关于滤波器与波形的子问题。针对滤波器子问题，采用广义特征值分解方法获取最优解。针对波形子问题，提出迭代凸增强（Iteration Convex Enhancement，ICE）算法得到满足一阶最优性条件的解。

9.4.3.1　算法描述

为便于分析求解，重新定义目标函数

$$g\left(\boldsymbol{s},\{\boldsymbol{w}_m\}_{m=1}^{M}\right)=\min_{m}\ \mathrm{SINR}_m(\boldsymbol{s},\boldsymbol{w}_m) \tag{9.175}$$

观察$\mathcal{P}_1$可知，滤波器与波形约束条件相互独立，因此可借助交替最小化求解滤波器与波形。具体而言，通过固定$\boldsymbol{s}$最大化$g\left(\boldsymbol{s},\{\boldsymbol{w}_m\}_{m=1}^{M}\right)$求解$\{\boldsymbol{w}_m\}_{m=1}^{M}$，然后固定$\{\boldsymbol{w}_m\}_{m=1}^{M}$最大化$g\left(\boldsymbol{s},\{\boldsymbol{w}_m\}_{m=1}^{M}\right)$求解$\boldsymbol{s}$。重复上述步骤直到收敛。基于上面的讨论，在第$i$次迭代，分别需要求解

$$\mathcal{P}_{\boldsymbol{s}^{(i)}}\begin{cases}\max\limits_{\boldsymbol{s}}\quad \min\limits_{m}\dfrac{\boldsymbol{s}^{\mathrm{H}}\boldsymbol{\Theta}_m(\boldsymbol{w}_m^{(i-1)})\boldsymbol{s}}{\boldsymbol{s}^{\mathrm{H}}\boldsymbol{\Phi}_m(\boldsymbol{w}_m^{(i-1)})\boldsymbol{s}}\\ \text{s.t.}\quad \boldsymbol{s}^{\mathrm{H}}\boldsymbol{R}_n\boldsymbol{s}\leqslant\eta,\forall n\\ \qquad\ |\boldsymbol{s}(i)|=\dfrac{1}{\sqrt{N_{\mathrm{T}}N}},\forall i\end{cases} \tag{9.176}$$

$$\mathcal{P}_{\{\boldsymbol{w}_m^{(i)}\}_{m=1}^{M}}\begin{cases}\max\limits_{\{\boldsymbol{w}_m\}_{m=1}^{M}}\quad \dfrac{\boldsymbol{w}_m^{\mathrm{H}}\boldsymbol{\Gamma}_m(\boldsymbol{s}^{(i)})\boldsymbol{w}_m}{\boldsymbol{w}_m^{\mathrm{H}}\boldsymbol{\Psi}_m(\boldsymbol{s}^{(i)})\boldsymbol{w}_m}\\ \text{s.t.}\quad \|\boldsymbol{w}_m\|^2=1,\forall m\end{cases} \tag{9.177}$$

（1）更新$\{\boldsymbol{w}_m\}_{m=1}^{M}$。

观察式（9.177）可知，目标函数与约束条件均关于$\boldsymbol{w}_m,m=1,2,3,\cdots,M$独立。因此，可等效求解$M$个子问题，其中第$m$个子问题表示为

$$\mathcal{P}_{\boldsymbol{w}_m^{(i)}}\begin{cases}\max\limits_{\boldsymbol{w}_m}\quad \dfrac{\boldsymbol{w}_m^{\mathrm{H}}\boldsymbol{\Gamma}_m(\boldsymbol{s}^{(i)})\boldsymbol{w}_m}{\boldsymbol{w}_m^{\mathrm{H}}\boldsymbol{\Psi}_m(\boldsymbol{s}^{(i)})\boldsymbol{w}_m}\\ \text{s.t.}\quad \|\boldsymbol{w}_m\|^2=1\end{cases} \tag{9.178}$$

上述问题是一个经典的分式规划问题，其最优解为矩阵$(\boldsymbol{\Psi}_m(\boldsymbol{s}^{(i)}))^{-1}\boldsymbol{\Gamma}_m(\boldsymbol{s}^{(i)})$

的最大特征值对应的归一化特征向量。

（2）更新 $\boldsymbol{s}$ 。

$\mathcal{P}_{s^{(i)}}$ 是一个非凸分式二次规划问题，在多项式时间内无法找到最优解。因此，提出一种 ICE 算法。具体而言，可将问题 $\mathcal{P}_{s^{(i)}}$ 等效转换为

$$\begin{cases}\max\limits_{s,t} & t \\ \text{s.t.} & \min\limits_{m}\dfrac{\boldsymbol{s}^{\mathrm{H}}\boldsymbol{\Theta}_m(\boldsymbol{w}_m^{(i-1)})\boldsymbol{s}}{\boldsymbol{s}^{\mathrm{H}}\boldsymbol{\Phi}_m(\boldsymbol{w}_m^{(i-1)})\boldsymbol{s}}\geqslant t \\ & \boldsymbol{s}^{\mathrm{H}}\boldsymbol{R}_n\boldsymbol{s}\leqslant\eta,\forall n \\ & |\boldsymbol{s}(i)|=\dfrac{1}{\sqrt{N_{\mathrm{T}}N}},\forall i\end{cases} \tag{9.179}$$

进一步地，可将第一个约束等价写为

$$\boldsymbol{s}^{\mathrm{H}}\boldsymbol{\Phi}_m(\boldsymbol{w}_m^{(i-1)})\boldsymbol{s}-\frac{\boldsymbol{s}^{\mathrm{H}}\boldsymbol{\Theta}_m(\boldsymbol{w}_m^{(i-1)})\boldsymbol{s}}{t}\leqslant 0,\forall m \tag{9.180}$$

此外，等式约束可重写为一个凸集与非凸集的交集，即

$$|\boldsymbol{s}(n)|^2-\frac{1}{N_{\mathrm{T}}N}\leqslant 0,\frac{1}{N_{\mathrm{T}}N}-|\boldsymbol{s}(n)|^2\leqslant 0 \tag{9.181}$$

最后式（9.179）可等价重写为

$$\begin{cases}\min\limits_{s,t} & -t \\ \text{s.t.} & (1)\ \boldsymbol{s}^{\mathrm{H}}\boldsymbol{\Phi}_m(\boldsymbol{w}_m^{(i-1)})\boldsymbol{s}-\dfrac{\boldsymbol{s}^{\mathrm{H}}\boldsymbol{\Theta}_m(\boldsymbol{w}_m^{(i-1)})\boldsymbol{s}}{t}\leqslant 0,\forall m \\ & (2)\ \boldsymbol{s}^{\mathrm{H}}\boldsymbol{R}_n\boldsymbol{s}\leqslant\eta,\forall n \\ & (3)\ |\boldsymbol{s}(i)|^2-\dfrac{1}{N_{\mathrm{T}}N}\leqslant 0,\forall i \\ & (4)\ \dfrac{1}{N_{\mathrm{T}}N}-|\boldsymbol{s}(i)|^2\leqslant 0,\forall i\end{cases} \tag{9.182}$$

上述问题仍是一个非凸的问题，接下来对非凸约束进行逼近。首先将优化问题式（9.182）的约束（1）重写为

$$f_m^0(\boldsymbol{s})-f_m^1(\boldsymbol{s},t)\leqslant 0,\forall m \tag{9.183}$$

其中，

$$f_m^0(\boldsymbol{s})=\boldsymbol{s}^{\mathrm{H}}\boldsymbol{\Phi}_m(\boldsymbol{w}_m^{(i-1)})\boldsymbol{s} \tag{9.184}$$

$$f_m^1(\boldsymbol{s},t)=\frac{\boldsymbol{s}^{\mathrm{H}}\boldsymbol{\Theta}_m(\boldsymbol{w}_m^{(i-1)})\boldsymbol{s}}{t} \tag{9.185}$$

利用泰勒一阶展开，将优化问题式（9.180）的非凸约束（1）放松为一个凸约束，即

$$f_m^1(\boldsymbol{s},t)\geqslant f_m^1(\boldsymbol{s}_0,t_0)+\Re\left\{\nabla f_m^1(\boldsymbol{s},t)^{\mathrm{H}}|_{(s,t)=(s_0,t_0)}\begin{bmatrix}\boldsymbol{s}-\boldsymbol{s}_0\\ t-t_0\end{bmatrix}\right\} \tag{9.186}$$

其中，$(\boldsymbol{s}_0,t_0)$为优化问题式（9.182）的可行点，即

$$t_0=\min_m\frac{\boldsymbol{s}_0^{\mathrm{H}}\boldsymbol{\Theta}_m\left(\boldsymbol{w}_m^{(i-1)}\right)\boldsymbol{s}_0}{\boldsymbol{s}_0^{\mathrm{H}}\boldsymbol{\Phi}_m\left(\boldsymbol{w}_m^{(i-1)}\right)\boldsymbol{s}_0} \tag{9.187}$$

此外，

$$\nabla f_m^1(\boldsymbol{s},t)=\begin{bmatrix}\nabla_{\boldsymbol{s}}f_m^1(\boldsymbol{s},t)\\ \dfrac{\partial f_m^1(\boldsymbol{s},t)}{\partial t}\end{bmatrix} \tag{9.188}$$

$$\nabla_{\boldsymbol{s}}f_m^1(\boldsymbol{s},t)=\frac{2\boldsymbol{\Theta}_m\left(\boldsymbol{w}_m^{(i-1)}\right)\boldsymbol{s}}{t} \tag{9.189}$$

$$\frac{\partial f_m^1(\boldsymbol{s},t)}{\partial t}=\frac{-\boldsymbol{s}^{\mathrm{H}}\boldsymbol{\Theta}_m\left(\boldsymbol{w}_m^{(i-1)}\right)\boldsymbol{s}}{t^2} \tag{9.190}$$

结合式（9.183）与式（9.186）可得

$$f_m^0(\boldsymbol{s})-f_m^1(\boldsymbol{s},t)\leqslant f_m^0(\boldsymbol{s})-f_m^1(\boldsymbol{s}_0,t_0)-\Re\left\{\nabla^{\mathrm{H}}f_m^1(\boldsymbol{s}_0,t_0)\begin{bmatrix}\boldsymbol{s}-\boldsymbol{s}_0\\ t-t_0\end{bmatrix}\right\} \tag{9.191}$$

进一步可化简为

$$\boldsymbol{s}^{\mathrm{H}}\boldsymbol{\Phi}_m(\boldsymbol{w}_m^{(i-1)})\boldsymbol{s}-\frac{2\Re\{\boldsymbol{s}_0^{\mathrm{H}}\boldsymbol{\Theta}_m(\boldsymbol{w}_m^{(i-1)})\boldsymbol{s}\}}{t_0}+t\frac{\boldsymbol{s}_0^{\mathrm{H}}\boldsymbol{\Theta}_m(\boldsymbol{w}_m^{(i-1)})\boldsymbol{s}_0}{t_0^2}\leqslant 0 \tag{9.192}$$

基于相同的思路，优化问题式（9.182）的约束（4）可松弛为

$$\frac{1}{N_{\mathrm{T}}N}-(2\Re\{\boldsymbol{s}_0^*(n)\boldsymbol{s}(n)\}-|\boldsymbol{s}_0(n)|^2)\leqslant 0 \tag{9.193}$$

最后利用式（9.192）与式（9.193）替换原优化问题式（9.182）的约束（1）与约束（4），则原优化问题可转换为

$$\begin{cases}\min\limits_{\boldsymbol{s},t} & -t\\ \text{s.t.} & \boldsymbol{s}^{\mathrm{H}}\boldsymbol{\Phi}_m(\boldsymbol{w}_m^{(i-1)})\boldsymbol{s}-\dfrac{2\Re\{\boldsymbol{s}_0^{\mathrm{H}}\boldsymbol{\Theta}_m(\boldsymbol{w}_m^{(i-1)})\boldsymbol{s}\}}{t_0}+t\dfrac{\boldsymbol{s}_0^{\mathrm{H}}\boldsymbol{\Theta}_m(\boldsymbol{w}_m^{(i-1)})\boldsymbol{s}_0}{t_0^2}\leqslant 0,\forall m\\ & \boldsymbol{s}^{\mathrm{H}}\boldsymbol{R}_n\boldsymbol{s}\leqslant\eta,\forall n\\ & |\boldsymbol{s}(i)|^2-\dfrac{1}{N_{\mathrm{T}}N}\leqslant 0,\forall i\\ & \dfrac{1}{N_{\mathrm{T}}N}-(2\Re\{\boldsymbol{s}_0^*(i)\boldsymbol{s}(i)\}-|\boldsymbol{s}_0(i)|^2)\leqslant 0,\forall i\end{cases} \tag{9.194}$$

观察式（9.194）中最后两个约束可知，其可行点只有一个且为$(\boldsymbol{s}_0,t_0)$。因此，针对最后一个约束引进一系列非负的松弛变量$\boldsymbol{u}(n)$，对任意n，同时也最小化$\|\boldsymbol{u}\|_1$，并提出一种基于 ICE 算法。具体而言，在l次迭代，需求解

$$
\mathcal{P}^{s(l)}\begin{cases}\min\limits_{s,t} & -t+\lambda\|\boldsymbol{u}\|_1+\varrho\|\boldsymbol{s}-\boldsymbol{s}_{(l-1)}\|^2\\ \text{s.t.} & \boldsymbol{s}^{\mathrm{H}}\boldsymbol{\Phi}_m(\boldsymbol{w}_m^{(i-1)})\boldsymbol{s}-\dfrac{2\Re\{\boldsymbol{s}_0^{\mathrm{H}}\boldsymbol{\Theta}_m(\boldsymbol{w}_m^{(i-1)})\boldsymbol{s}\}}{t_0}+t\dfrac{\boldsymbol{s}_0^{\mathrm{H}}\boldsymbol{\Theta}_m(\boldsymbol{w}_m^{(i-1)})\boldsymbol{s}_0}{t_0^2}\leqslant 0,\forall m\\ & \boldsymbol{s}^{\mathrm{H}}\boldsymbol{R}_n\boldsymbol{s}\leqslant\eta,\forall n\\ & |s(i)|^2-\dfrac{1}{N_{\mathrm{T}}N}\leqslant 0,\forall i\\ & \dfrac{1}{N_{\mathrm{T}}N}-(2\Re\{\boldsymbol{s}_0^*(i)\boldsymbol{s}(i)\}-|s_0(i)|^2)-\boldsymbol{u}(i)\leqslant 0,\forall i\\ & \boldsymbol{u}(i)\geqslant 0,\forall i\end{cases}\tag{9.195}
$$

其中，λ 与 ϱ 都是正常数。$(\boldsymbol{s}_{(l-1)},t_{(l-1)})$ 是第 $l-1$ 次迭代问题 $\mathcal{P}_{\boldsymbol{s}_{(l-1)}}$ 的解，在第 0 次迭代，$(\boldsymbol{s}_{(0)},t_{(0)})=(\boldsymbol{s}_0,t_0)$。上述问题是一个凸问题，可通过 CVX 进行求解，然后增加 l 并进一步更新 $(\boldsymbol{s}_{(l-1)},t_{(l-1)})$，连续迭代求解上述凸问题直到满足一定的收敛条件，其流程如算法 9.9 所示。

算法 9.9 流程　基于 ICE 算法求解

输入：$\mathcal{P}^{s^{(i)}}$ 的一个可行点 $(\boldsymbol{s}_0,t_0)$，$\left\{\boldsymbol{w}_m^{(i-1)}\right\}_{m=1}^{M}$，$\lambda>0,\alpha>0$ 与 ϵ；

输出：$\mathcal{P}^{s^{(i)}}$ 的一个次优解 $\boldsymbol{s}^{(i)}$。

（1）$l=0$；

（2）$\boldsymbol{s}_{(l)}\leftarrow\boldsymbol{s}_0,t_{(l)}\leftarrow t_0$；

（3）求解凸问题 $\mathcal{P}^{s(l+1)}$ 得到 $\left(\boldsymbol{s}_{(l+1)},t_{(l+1)},\boldsymbol{u}_{(l+1)}\right)$；

（4）若 $\|\boldsymbol{u}_{(l+1)}\|_1<\epsilon$，则输出 $\boldsymbol{s}^{(i)}=\boldsymbol{s}_{(l+1)}$，否则继续下一步；

（5）$\boldsymbol{s}_0\leftarrow\boldsymbol{s}_{(l+1)}$,$t_0\leftarrow t_{(l+1)}$，$l=l+1$，返回步骤（2）。

需说明的是，算法中设置了退出条件 $\|\boldsymbol{u}\|_1\leqslant\epsilon$，其中，$\epsilon$ 是一个非常小的正常数。这是由于当 $\|\boldsymbol{u}\|_1\leqslant\epsilon$ 时，对应 $\boldsymbol{u}(i)\to 0$，此时得到了一个恒模的可行点。因此，为保证随着迭代次数增加，$\boldsymbol{u}(i)\to 0$，通常设置一个较大的 λ。另外，目标函数也包含惩罚项 $\|\boldsymbol{s}-\boldsymbol{s}_{(l-1)}\|^2$，其目的是保证收敛解满足一阶最优性条件（相关证明可参照收敛性分析）。

最后基于 NICE 的发射与接收联合优化算法总结如下。

算法 9.10 流程　基于 NICE 算法求解 $\mathcal{P}_1$

输入：初始点 $\boldsymbol{s}^{(0)},\eta,\kappa$；

输出：$\mathcal{P}_1$ 的一个次优解 $\boldsymbol{s}^{(*)},\left\{\boldsymbol{w}_m^{(*)}\right\}_{m=1}^{M}$。

（1）$i=0$，构造 $\boldsymbol{\Gamma}_m(\boldsymbol{s}^{(0)}),\boldsymbol{\Psi}_m(\boldsymbol{s}^{(0)})$；

（2）求解 $\mathcal{P}_{\{\boldsymbol{w}_m^{(0)}\}_{m=1}^M}$ 得到 $\left\{\boldsymbol{w}_m^{(0)}\right\}_{m=1}^M$，计算 $g\left(\boldsymbol{s}^{(0)},\left\{\boldsymbol{w}_m^{(0)}\right\}_{m=1}^M\right)$；

（3）$i=i+1$；

（4）构造 $\boldsymbol{\Theta}_m(\boldsymbol{w}_m^{(i-1)}),\boldsymbol{\Phi}_m(\boldsymbol{w}_m^{(i-1)})$，调用 ICE 算法求解 $\mathcal{P}_{\boldsymbol{s}^{(i)}}$ 得到 $\boldsymbol{s}^{(i)}$；

（5）构造 $\boldsymbol{\Gamma}_m(\boldsymbol{s}^{(i)}),\boldsymbol{\Psi}_m(\boldsymbol{s}^{(i)})$，求解 $\mathcal{P}_{\{\boldsymbol{w}_m^{(i)}\}_{m=1}^M}$ 得到 $\left\{\boldsymbol{w}_m^{(i)}\right\}_{m=1}^M$；

（6）计算 $g\left(\boldsymbol{s}^{(i)},\left\{\boldsymbol{w}_m^{(i)}\right\}_{m=1}^M\right)$，若 $\left|g\left(\boldsymbol{s}^{(i)},\left\{\boldsymbol{w}_m^{(i)}\right\}_{m=1}^M\right)-g\left(\boldsymbol{s}^{(i-1)},\left\{\boldsymbol{w}_m^{(i-1)}\right\}_{m=1}^M\right)\right|<\kappa$，则输出 $\boldsymbol{s}^{(*)}=\boldsymbol{s}^{(i)}$，$\left\{\boldsymbol{w}_m^{(*)}\right\}_{m=1}^M=\left\{\boldsymbol{w}_m^{(i)}\right\}_{m=1}^M$，否则返回步骤（3）。

9.4.3.2 计算复杂度分析

由算法 9.10 流程可知，每步迭代的计算量主要与求解 $\mathcal{P}_{\boldsymbol{s}^{(i)}}$ 与 $\mathcal{P}_{\{\boldsymbol{w}_m^{(i)}\}_{m=1}^M}$ 相关。其中，求解 $\mathcal{P}_{\{\boldsymbol{w}_m^{(i)}\}_{m=1}^M}$ 需计算 $\boldsymbol{\Psi}_m(\boldsymbol{s}^{(i)}\boldsymbol{s}^{(i)\mathrm{H}})$, $m=1,2,3,\cdots,M$ 的逆矩阵，相应的计算复杂度为 $\mathcal{O}\left(M\left(N_{\mathrm{R}}N\right)^3\right)$。此外，求解 $\mathcal{P}_{\boldsymbol{s}^{(i)}}$ 需要调用 ICE 算法，其中 ICE 算法的每次迭代需要求解一个凸的 QCQP 问题。该问题可调用 CVX 工具箱进行求解，相应的计算复杂度为 $\mathcal{O}\left(\left(N_{\mathrm{T}}N\right)^3\right)$。综上讨论可知，在第 i 次迭代，NICE 算法的计算复杂度为 $\mathcal{O}\left(M\left(N_{\mathrm{R}}N\right)^3\right)+\mathcal{O}\left(I_i\left(N_{\mathrm{T}}N\right)^3\right)$，其中，$I_i$ 表示在 NICE 算法的第 i 次迭代中 ICE 算法的总迭代次数。

9.4.3.3 收敛性分析

为分析 NICE 算法的收敛性，首先讨论 ICE 算法的收敛性。令 $(\boldsymbol{s}_{(l)},t_{(l)},\boldsymbol{u}_{(l)})$ 为 $\mathcal{P}_{\boldsymbol{s}^{(i)}}$ 算法的最优解，定义问题 $\mathcal{P}_{\boldsymbol{s}^{(i)}}$ 修正的目标函数为

$$\overline{t_{(l)}}=-t_{(l)}+\lambda\|\boldsymbol{u}_{(l)}\|_1 \tag{9.196}$$

定理 9.1　①$\mathcal{P}_{\boldsymbol{s}^{(i)}}$ 修正的目标函数值序列 $\{\overline{t_{(l)}}\}_{l=1}^{\infty}$ 是非增序列，②序列 $\{\overline{t_{(l)}}\}_{l=1}^{\infty}$ 收敛至有限值，③假定每次迭代的 $\mathcal{P}_{\boldsymbol{s}^{(i)}}$ 满足 Slater's 正则性条件，并且随着 $l\to\infty$，$\|\boldsymbol{u}_{(l)}\|_1\to 0$，$(\boldsymbol{s}_{(l)},t_{(l)})$ 的极限点 $(\boldsymbol{s}_{(*)},t_{(*)})$ 满足 $\mathcal{P}_{\boldsymbol{s}^{(i)}}$ 一阶 KKT 最优性条件。

具体证明过程见附录 Q。

定理 9.1 说明了 ICE 算法具有良好的稳定性，同时能保证获得的解满足局部最优性条件。

下面分析 NICE 算法的收敛性。实际上在 NICE 算法的第 i 次迭代中，$\boldsymbol{s}^{(i-1)}$ 是 $\mathcal{P}_{\boldsymbol{s}^{(i)}}$ 的一个解。因此，可将 ICE 算法的第 0 次迭代初始解 $(\boldsymbol{s}_{(0)},t_{(0)},\boldsymbol{0}_{N_{\mathrm{T}}N\times 1})$ 赋值为 $\boldsymbol{s}_{(0)}=\boldsymbol{s}^{(i-1)}$，$t_{(0)}=g(\boldsymbol{s}^{(i-1)},\{\boldsymbol{w}_m^{(i-1)}\}_{m=1}^M)$，$\boldsymbol{u}_{(0)}=\boldsymbol{0}_{N_{\mathrm{T}}N\times 1}$。因此，基于上述定理第一条性质，可得

$$\begin{aligned}\overline{t}_{(l)} &= -t_{(l)} + \lambda \| \boldsymbol{u}_{(l)} \|_1 \leqslant \overline{t}_{(l-1)} \leqslant \cdots \leqslant \overline{t}_{(0)} \\ &= -t_{(0)} + \lambda \| \boldsymbol{u}_{(0)} \|_1 \\ &= -g\left(\boldsymbol{s}^{(i-1)}, \left\{\boldsymbol{w}_m^{(i-1)}\right\}_{m=1}^M\right)\end{aligned} \tag{9.197}$$

基于定理 9.1 中第③条性质可得

$$\lim_{l\to\infty} \| \boldsymbol{u}_{(l)} \|_1 = 0 \tag{9.198}$$

进而可得

$$\lim_{l\to\infty} \overline{t}_{(l)} = -t_{(l)} + \lambda \| \boldsymbol{u}_{(l)} \|_1 = -t_{(*)} = -g\left(\boldsymbol{s}_{(*)}, \left\{\boldsymbol{w}_m^{(i-1)}\right\}_{m=1}^M\right) = -g\left(\boldsymbol{s}^{(i)}, \left\{\boldsymbol{w}_m^{(i-1)}\right\}_{m=1}^M\right) \tag{9.199}$$

对此，可推导

$$g\left(\boldsymbol{s}^{(i)}, \left\{\boldsymbol{w}_m^{(i-1)}\right\}_{m=1}^M\right) \geqslant g\left(\boldsymbol{s}^{(i-1)}, \left\{\boldsymbol{w}_m^{(i-1)}\right\}_{m=1}^M\right) \tag{9.200}$$

因为$\left\{\boldsymbol{w}_m^{(i)}\right\}_{m=1}^M$是$\mathcal{P}^{\{\boldsymbol{w}_m^{(i)}\}_{m=1}^M}$的最优解，所以可推得

$$g\left(\boldsymbol{s}^{(i)}, \left\{\boldsymbol{w}_m^{(i)}\right\}_{m=1}^M\right) \geqslant g\left(\boldsymbol{s}^{(i)}, \left\{\boldsymbol{w}_m^{(i-1)}\right\}_{m=1}^M\right) \geqslant g\left(\boldsymbol{s}^{(i-1)}, \left\{\boldsymbol{w}_m^{(i-1)}\right\}_{m=1}^M\right) \tag{9.201}$$

故 NICE 算法保证了 SINR 目标值单调递增并收敛至有限值。

9.4.4　基于 NMICE 算法的 MIMO 雷达发射与接收滤波器组联合设计算法

问题$\mathcal{P}^{\boldsymbol{s}^{(l)}}$随着迭代次数变化而改变，通常使用一个固定的$\lambda$不是最优选择。为解决$\lambda$的选择问题，这里提出了一种修正的迭代凸优化增强算法。具体而言，基于先前迭代的$\boldsymbol{u}$值，自适应选择λ使得当前求得的$\boldsymbol{u}$非递增，在第l次迭代，修正的$\mathcal{P}^{\boldsymbol{s}^{(l)}}$为

$$\begin{cases}\min\limits_{\boldsymbol{s},t} & -t + \lambda_{(l)} \| \boldsymbol{u} \|_1 + \varrho \| \boldsymbol{s} - \boldsymbol{s}_{(l-1)} \|^2 \\ \text{s.t.} & \boldsymbol{s}^{\mathrm{H}} \boldsymbol{\Phi}_m(\boldsymbol{w}_m^{(i-1)}) \boldsymbol{s} - \dfrac{2\Re\{\boldsymbol{s}_0^{\mathrm{H}} \boldsymbol{\Theta}_m(\boldsymbol{w}_m^{(i-1)}) \boldsymbol{s}\}}{t_0} + t \dfrac{\boldsymbol{s}_0^{\mathrm{H}} \boldsymbol{\Theta}_m(\boldsymbol{w}_m^{(i-1)}) \boldsymbol{s}_0}{t_0^2} \leqslant 0, \forall m \\ & \boldsymbol{s}^{\mathrm{H}} \boldsymbol{R}_n \boldsymbol{s} \leqslant \eta, \forall n \\ & |\boldsymbol{s}(i)|^2 - \dfrac{1}{N_{\mathrm{T}} N} \leqslant 0, \forall i \\ & \dfrac{1}{N_{\mathrm{T}} N} - (2\Re\{\boldsymbol{s}_0^*(i) \boldsymbol{s}(i)\} - |\boldsymbol{s}_0(i)|^2) - \boldsymbol{u}(i) \leqslant 0, \forall i \\ & \boldsymbol{u}(i) \geqslant 0, \forall i \\ & \| \boldsymbol{u} \|_1 \leqslant \| \boldsymbol{u}_{(l-1)} \|_1 \\ & t \geqslant t_{(0)}\end{cases} \tag{9.202}$$

其中，

$$\lambda_{(l)} = \begin{cases}\lambda_{(l-1)}, & \| \boldsymbol{u}_{(l-1)} \|_1 \leqslant \xi_1 \| \boldsymbol{u}_{(l-2)} \|_1 \\ \xi_2 \lambda_{(l-1)}, & \text{其他}\end{cases} \tag{9.203}$$

其中，$\xi_1 < 1$但接近 1，$\xi_2 > 1$。从问题$\overline{\mathcal{P}}_{\boldsymbol{s}_{(l)}}$中可知，当$\| \boldsymbol{u}_{(l-1)} \|_1 > \xi_1 \| \boldsymbol{u}_{(l-2)} \|_1$时，将会设置更多的权重在$\| \boldsymbol{u} \|_1$上。此外，约束$\| \boldsymbol{u} \|_1 \leqslant \| \boldsymbol{u}_{(l-1)} \|_1$保证了$\boldsymbol{u}_{(l)}$为一个非增加

的序列。因此，随着 l 增加，$\boldsymbol{u}_{(l)}$ 将会收敛至 0。因此，可求得一个可行解。相比 $\boldsymbol{s}^{(i-1)}$，最后一个约束保证了优化的解仍是 $\mathcal{P}_{s^{(i)}}$ 的一个增强解。

由于 NMICE 求解 $\mathcal{P}_1$ 的步骤、计算复杂度和收敛性分析与 NICE 类似，这里不再详细展开。

9.4.5　性能分析

本节通过数值仿真分析 NICE 与 NMICE 算法的有效性。假定 MIMO 雷达发射阵元与接收阵元个数分别为 $N_{\mathrm{T}}=4$ 与 $N_{\mathrm{R}}=8$，发射与接收阵元间距 $d_{2\mathrm{T}}=d_{2\mathrm{R}}=\lambda/2$，波形采样个数 $N=32$，目标个数 $M=3$，信号相关杂波干扰个数 $K=40$，具体的目标信息与信号相关杂波信息如表 9.2 和表 9.3 所示。

表 9.2　目标信息

目标索引	距离单元	方位均值	方位不确定参数	功　率
目标 1	100	0°	6°	20dB
目标 2	106	−20°	6°	20dB
目标 3	109	30°	6°	20dB

表 9.3　信号相关杂波信息

杂波个数	距离单元	方位均值	方位不确定参数	功　率
5	110	20°,25°,30°,35°,40°	6°	30dB
5	111	20°,25°,30°,35°,40°	6°	30dB
11	[95, 105]	−10°	6°	30dB
9	[100, 108]	−30°	6°	30dB

将信号无关干扰 $\boldsymbol{n}=\mathrm{vec}\{\boldsymbol{N}\}$ 建模为通信频谱干扰与高斯白噪声干扰之和，其相关矩阵为

$$\sigma_v^2\boldsymbol{I}_{N_{\mathrm{R}}(l_M-l_1+N)}+\sum_{q=1}^{Q}\frac{\tilde{\delta}_q}{f_2^q-f_1^q}\boldsymbol{U}(\psi_q)\boldsymbol{\Omega}_q\boldsymbol{U}^{\mathrm{H}}(\psi_q) \tag{9.204}$$

其中，σ_v^2 为高斯白噪声功率，通信系统个数为 Q，对应的归一化工作频带与方位分别为 $[f_1^q,f_2^q],\psi_q,q=1,2,3,\cdots,Q$，$\tilde{\delta}_q$ 表示第 q 个通信频带的功率。

$$\boldsymbol{U}(\psi_q)=\boldsymbol{I}_{l_M-l_1+N}\otimes\boldsymbol{a}^*(\psi_q) \tag{9.205}$$

本节的仿真中设置 $\sigma_v^2=0\mathrm{dB},Q=2,\tilde{\delta}_1=\tilde{\delta}_2=10\mathrm{dB},f_1^1=0.2,f_2^1=0.3,$ $f_1^2=0.7,f_2^2=0.75,\psi_1=-15°,\psi_2=20°$。另外，在仿真中设定 ICE 算法的惩罚因子 $\lambda=300$，修正的迭代凸增强（Modified Iterative Convex Enhancement，MICE）中惩罚因子初始值 $\lambda_{(0)}=100$，$\rho=10^{-5}$。

假定每个发射阵元具有相同的发射功率，图 9.24 画出了当 $\eta=10^{-4}$ 时不同 N_{T} 下 NMICE 的发射方向图，可以观察到发射方向图的能量主要集中在方位

$\theta=0^\circ,-20^\circ,30^\circ$ 的附近，可使得 3 个目标方向上回波能量大，能够有效提升回波 SINR。N_T 越大，3 个目标方向上的主瓣越窄，这是由于增大 N_T 等效于增加天线孔径，从而可获得更好的空间分辨率。

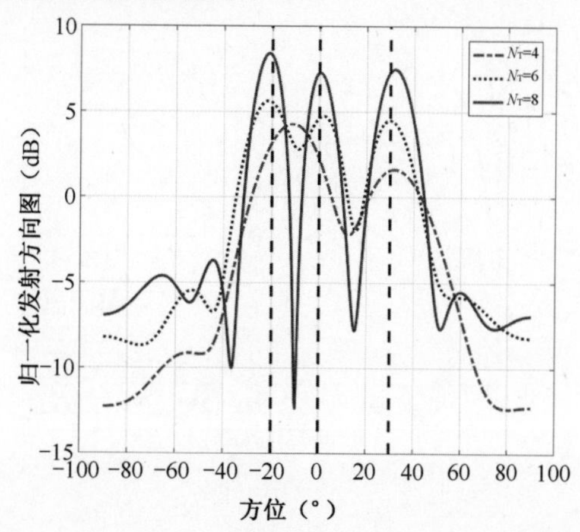

图 9.24 $\eta=10^{-4}$ 的不同 N_T 下 NMICE 的发射方向图

选择文献[39]中的对偶上升法（Dual Ascent Method，DAM）与文献[40]中的序列拟凸算法（Sequential Quasi-convex-based Algorithm，SQCA）进行对比实验。图 9.25 展示了不同 η 下最差 SINR 随迭代次数增加的变化曲线。仿真结果表明，NICE 与 NMICE 算法均能够单调提高最差的 SINR 至收敛，与理论收敛性证明相符合。针对 $\eta=10^{-2}$，NMICE、NICE 与 DAM 算法优于 SQCA，并且 SQCA 迭代几次后就收敛，这是由于 SQCA 中随机化方法很难找到一个满足约束的可行解，并且当 η 值越小时，SQCA 中的随机化步骤越难找到一个可行解。因此，当 $\eta=10^{-3},10^{-4}$ 时，SQCA 失效。此外，也可观察到当 $\eta=10^{-4}$ 时，NMICE 与 NICE 算法优于 DAM 算法，并且 DAM 算法不能保证 SINR 单调提升。

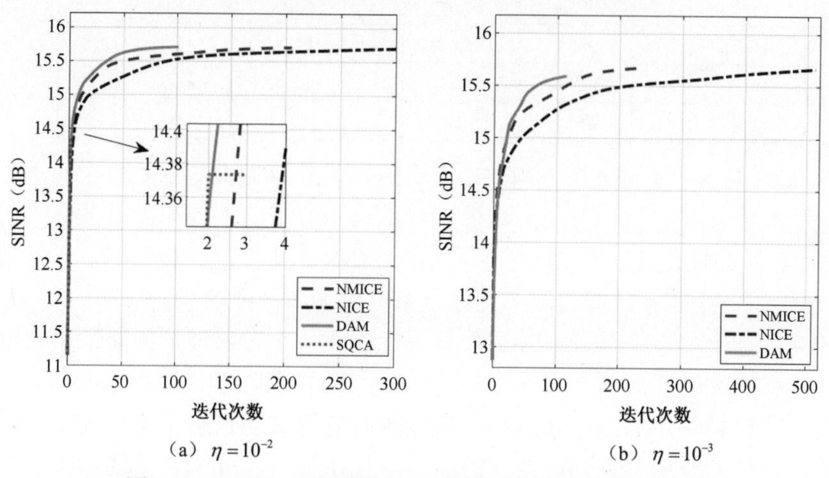

（a）$\eta=10^{-2}$ （b）$\eta=10^{-3}$

图 9.25 不同 η 下的最差 SINR 随着迭代次数的变化曲线

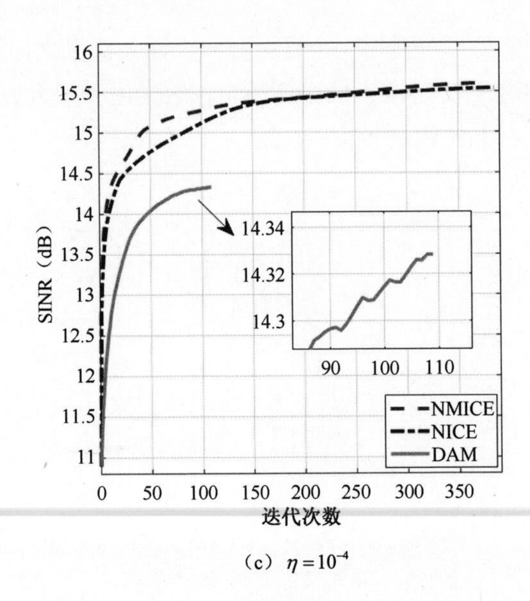

（c）$\eta=10^{-4}$

图 9.25　不同η下的最差 SINR 随着迭代次数的变化曲线（续）

表 9.4 描绘了不同η下所有算法的最差 SINR、迭代次数和计算时间。可知当$\eta=10^{-2},10^{-3}$时，NMICE 和 NICE 算法的 SINR 接近于 DAM 算法，但 NMICE 与 NICE 算法收敛速度更快。当$\eta=10^{-4}$时，NMICE 和 NICE 算法的 SINR 高于 DAM 算法。

表 9.4　不同η下的最差 SINR、迭代次数和计算时间

算法	$\eta=10^{-2}$			$\eta=10^{-3}$			$\eta=10^{-4}$		
	最差 SINR（dB）	i^*	时间（s）	最差 SINR（dB）	i^*	时间（s）	最差 SINR（dB）	i^*	时间（s）
NMICE	15.71	206	783.4	15.67	234	8210.5	15.60	370	1395.4
NICE	15.70	309	985.0	15.67	513	1478.0	15.54	386	1182.9
DAM	15.71	102	3530.9	15.59	115	8038.4	14.32	76	1274.8
SQCA	14.37	4	444.7	—	—	—	—	—	—

图 9.26 展示了不同η下 NMICE 算法的 3 个目标回波 SINR 随迭代次数变化的曲线。尽管 3 个目标的 SINR 呈现上升趋势，但是并不能保证单调性，这是因为 NMICE 算法仅优化 3 个 SINR 中最小的 SINR。此外，可观察到，η值越大，SINR 越大，这是随η的增大波形优化自由度增加所导致的。

图 9.27 展示了不同η下 NMICE 算法优化的 4 个发射波形的能量谱密度，结果表明所有的发射波形均在归一化频段[0.2,0.3]，[0.7,0.75]出现零陷凹口，并且η值越小，凹口越深。这是由η越小，在该频段放置的能量越小所导致的。该结果也表明，设计的波形具备频谱共存的能力，且η越小，MIMO 雷达系统与其他通信系统的频谱共存性能越好。

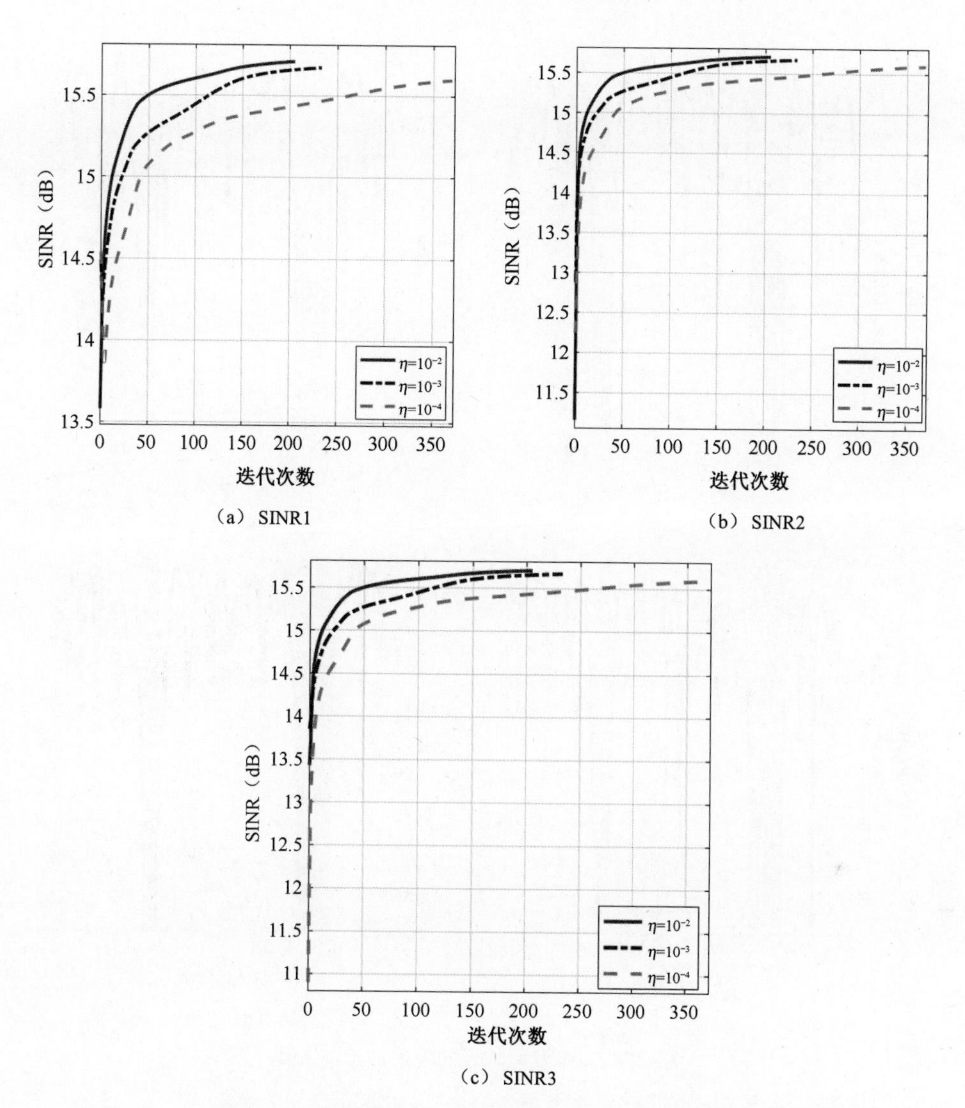

（a）SINR1　　（b）SINR2

（c）SINR3

图 9.26　不同 η 下的 SINR 随迭代次数的变化曲线

接下来分析互模糊函数性能，其定义为

$$\mathrm{CAF}(\boldsymbol{s}^*,\boldsymbol{w}_m^*,\overline{l},\theta)=|\boldsymbol{w}_m^{*\mathrm{H}}(\boldsymbol{J}_{l_1-\overline{l}}\otimes\boldsymbol{A}(\theta))\boldsymbol{s}^*|^2 \tag{9.206}$$

其中，$\overline{l}=l_1-N+1,l_1-N+2,\cdots,l_1+N-1$。图 9.28（a）～图 9.28（c）分别给出了对应 3 个目标位置的互模糊函数 $\mathrm{CAF}(\boldsymbol{s}^*,\boldsymbol{w}_1^*,\overline{l},\theta)$, $\mathrm{CAF}(\boldsymbol{s}^*,\boldsymbol{w}_2^*,\overline{l},\theta)$ 和 $\mathrm{CAF}(\boldsymbol{s}^*,\boldsymbol{w}_3^*,\overline{l},\theta)$ 的等高图。观察可知，$\mathrm{CAF}(\boldsymbol{s}^*,\boldsymbol{w}_m^*,\overline{l},\theta)$ 均在第 m 个目标位置处呈现尖峰，在信号相关杂波干扰及不感兴趣的目标区域形成零陷凹口。结果表明，所设计的波形与滤波器组能够有效抑制信号相关杂波干扰，提升多目标检测性能。

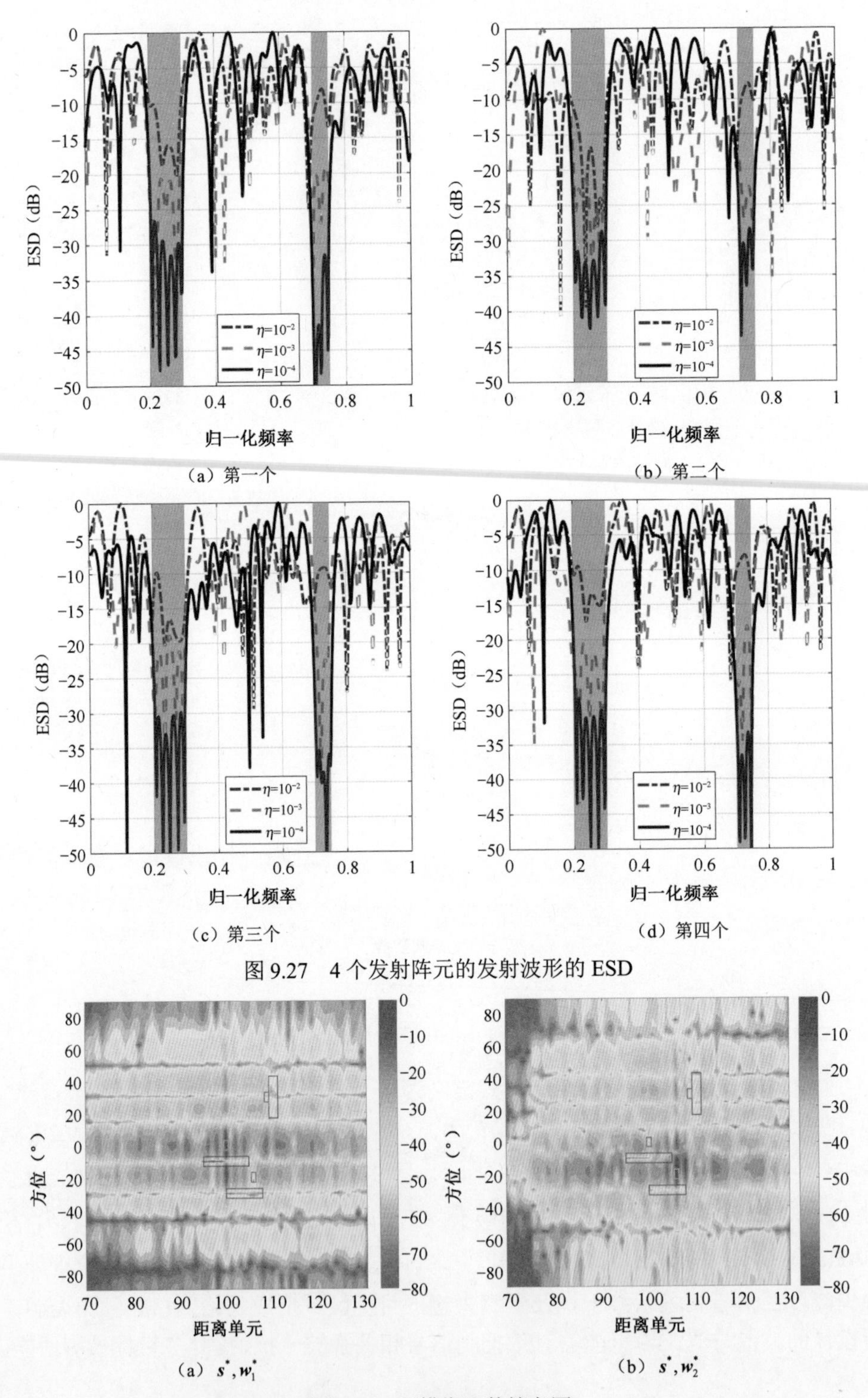

图 9.27　4 个发射阵元的发射波形的 ESD

图 9.28　互模糊函数等高图

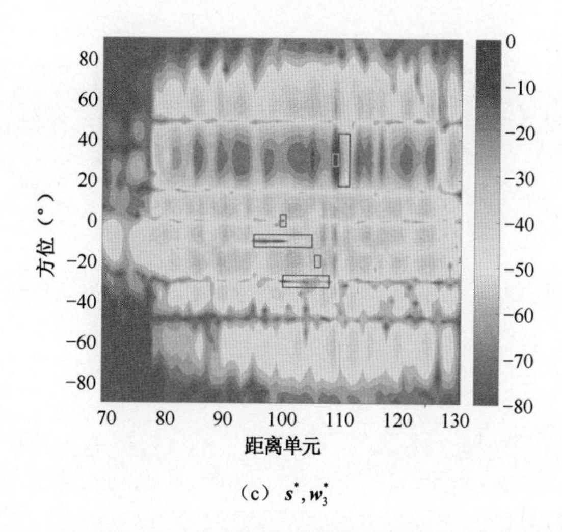

（c）$\boldsymbol{s}^{*}, \boldsymbol{w}_{3}^{*}$

图 9.28 互模糊函数等高图（续）

图 9.29 为$\eta=10^{-4}$时最差的 SINR 及 3 个目标回波 SINR 随发射阵元个数变化的性能曲线图。观察可知，NMICE 算法的 SINR 靠近于 NICE 算法，且 NMICE 与 NICE 算法的最差 SINR 优于 DAM 算法。尽管如此，NMICE 与 NICE 算法并不能保证 3 个目标回波 SINR 优于 DAM 算法，这是 3 种算法优化的是 3 个目标回波 SINR 中最小的 SINR 所导致的。但在大多数情况下，NMICE 与 NICE 算法的 3 个目标回波 SINR 优于 DAM 算法。

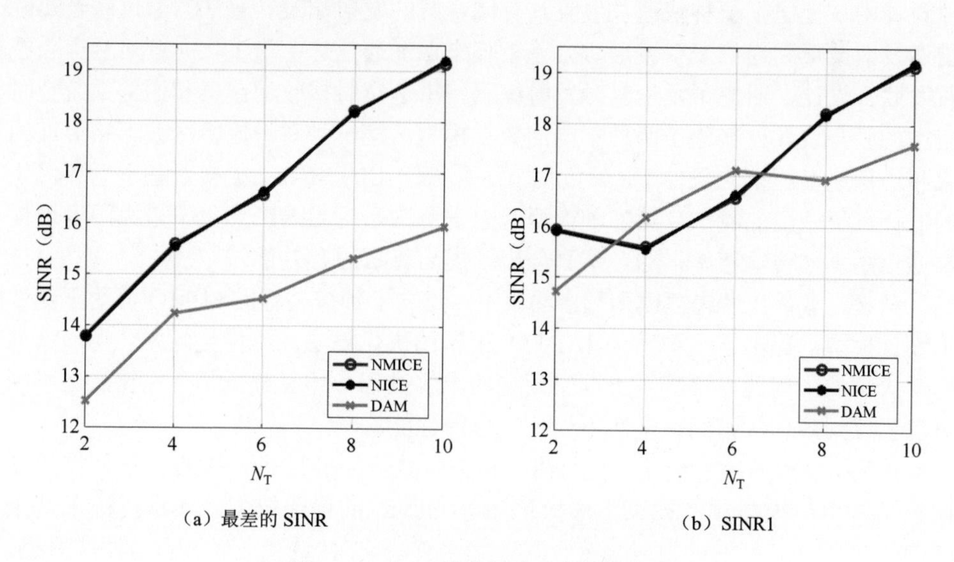

（a）最差的 SINR （b）SINR1

图 9.29 SINR 随发射阵元个数变化图

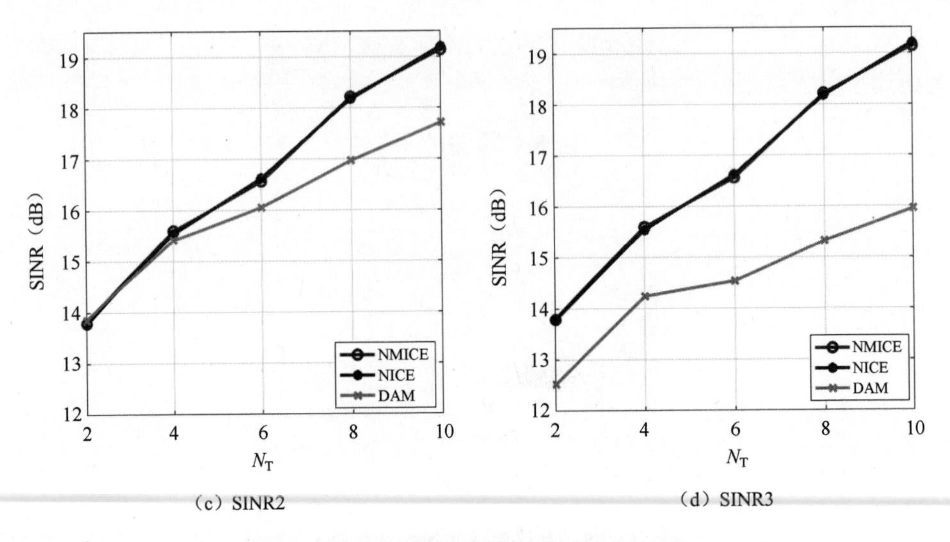

（c）SINR2　（d）SINR3

图 9.29　SINR 随发射阵元个数变化图（续）

9.5　本章小结

首先，本章基于 MIMO 雷达与 MIMO 通信系统共存进行设计，分别提出了基于发射设计的 MIMO 雷达与 MIMO 通信共存系统设计及基于 MIMO 雷达 MIMO 通信共存系统收发联合设计两种算法。在 MIMO 雷达与 MIMO 通信共存系统发射设计中，提出了一种快速收敛且具有闭合解的发射端设计算法。通过联合实际雷达发射波形和通信发射波形协方差矩阵来保证通信速率最大化。针对共存系统收发联合设计，研究了雷达空时发射编码、雷达空时接收滤波器和通信系统空时码本的联合设计，构建了两种不同的数学模型。第一种在考虑雷达波形相似性约束和通信速率约束的条件下，最大化雷达系统输出的 SINR，提出了基于循环优化的低计算复杂度的算法。第二种模型考虑在雷达系统 SINR 约束下最大限度地提高通信系统的传输速率，通过仿真分析了提出算法的有效性。

其次，本章在考虑恒模和频谱约束下，建立了频谱共存的 MIMO 雷达正交波形设计模型，提出了一种基于 IADPM 架构的优化算法，将优化问题转为一系列易于求解的子问题，推导了不同子问题的求解过程，仿真分析了所提算法在不同离散相位约束和频谱约束参数下设计波形的性能。

最后，本章描述了频谱干扰与信号相关杂波下的多目标 MIMO 雷达回波模型，构建了基于恒模与频谱约束下最大化最差 SINR 的优化模型。本章提出了基于 NICE 与 NMICE 算法的发射与接收联合优化算法，交替迭代发射波形与滤波器组。在求解发射波形时，通过将原目标函数通过一系列凸问题进行逼近，提出了基于 ICE 与 MICE 的波形设计算法，通过理论证明了相应解能够满足一阶最优性条件。本章还分析论证了 NICE 与 NMICE 算法能够保证最差的 SINR 单调递增至收敛。

仿真结果表明，相比 DAM、SQCA 算法，NICE 与 NMICE 算法能使最差的 SINR 单调递增至收敛。当考虑不同的发射阵元个数时，NICE 与 NMICE 算法优于 DAM 算法。

本章参考文献

[1] QIAN J, HE Z, HUANG N, et al. Transmit designs for spectral coexistence of MIMO radar and MIMO communication system[J]. IEEE Transactions on Circuits and Systems Ⅱ: Express Briefs, 2018, 65(12): 2072-2076.

[2] QIAN J, LOPS M, ZHENG L, et al. Joint system design for coexistence of MIMO radar and MIMO communication[J]. IEEE Transactions on Signal Processing, 2018, 66(13): 3504-3519.

[3] QIAN J, LOPS M, ZHENG L, et al. Joint design for coexistence of MIMO radar and MIMO communication system[C]. 2017 51st Asilomar Conference on Signals, Systems, and Computers, Pacific Grove, USA, 2017.

[4] LI B, PETROPULU A P, TRAPPE W. Optimum co-design for spectrum sharing between matrix completion based MIMO radars and a MIMO communication system[J]. IEEE Transactions on Signal Processing, 2016, 64(17): 4562-4575.

[5] YOUSIF E, KHAN F, RATNARAJAH T, et al. On the spectral coexistence of colocated MIMO radars and wireless communications systems[C]. 17th International Workshop on Signal Processing. Advances in Wireless Communications, Edinburgh, UK, 2016.

[6] DIGGAVI S N, COVER T M. The worst additive noise under a covariance constraint[J]. IEEE Transactions on Information Theory, 2001, 47(7): 3072-3081.

[7] CUI G, YU X, CAROTENUTO V, et al. Space-time transmit code and receive filter design for colocated MIMO radar[J]. IEEE Transactions on Signal Processing, 2017, 65(5): 1116-1129.

[8] BOYD S, VANDENBERGHE L. Convex optimization[M]. Cambridge: Cambridge University Press, 2004.

[9] TSE D, VISWANATH P. Fundamentals of wireless communication[M]. Cambridge: Cambridge University Press, 2005.

[10] MAIO A D, NICOLA S D, HUANG Y, et al. Code design for radar STAP via optimization theory[J]. IEEE Transactions on Signal Processing, 2010, 58(2): 679-694.

[11] SUN Y, BABU P, PALOMAR D P. Majorization-minimization algorithms in signal processing, communications, and machine learning[J]. IEEE Transactions on Signal Processing, 2017, 65(3): 794-816.

[12] LI J, GUERCI J R, XU L. Signal waveform's optimal-under-restriction design for active sensing[J]. IEEE Signal Processing Letters, 2006, 13(9): 565-568.

[13] YEH J. Real analysis, theory of measure and integration[M]. Singapore: World Scientific, 2006.

[14] HAYKIN S. Cognitive radar: A way of the future[J]. IEEE Signal Processing Magazine, 2006, 23(1): 30-40.

[15] MAHAL J A, KHAWAR A, ABDELHADI A, et al. Spectral coexistence of MIMO radar and MIMO cellular system[J]. IEEE Transactions on Aerospace and Electronic Systems, 2017, 53(2): 655-668.

[16] KARBASI S M, AUBRY A, CAROTENUTO V, et al. Knowledge-based design of space-time transmit code and receive filter for a multiple-input-multiple-output radar in signal-dependent interference[J]. IET Radar, Sonar Navigation, 2015, 9(8): 1124-1135.

[17] AUBRY A, MAIO A D, FARINA A, et al. Knowledge-aided (potentially cognitive) transmit signal and receive filter design in signal-dependent clutter[J]. IEEE Transactions on Aerospace and Electronic Systems, 2013, 49(1): 93-117.

[18] SAYEED A M. Deconstructing multi-antenna fading channels[J]. IEEE Transactions on Signal Processing, 2002, 50(10): 2563-2579.

[19] SAYEED A M, RAGHAVAN V. The ideal MIMO channel: maximizing capacity in sparse multipath with reconfigurable arrays[C]. IEEE International Symposium on Information Theory, Seattle, USA, 2006: 1036-1040.

[20] COVER T M, THOMAS J A. Elements of information theory[M]. New Jersey: John Wiley & Sons, 2006.

[21] AUBRY A, MAIO A D, PIEZZO M, et al. Radar waveform design in a spectrally crowded environment via nonconvex quadratic optimization[J]. IEEE Transactions on Aerospace and Electronic Systems, 2014, 50(2): 1138-1152.

[22] AUBRY Y H M P A, MAIO A D, FARINA A. A new radar waveform design algorithm with improved feasibility for spectral coexistence[J]. IEEE Transactions on Aerospace and Electronic Systems, 2015, 51(2): 1029-1038.

[23] LI B, PETROPULU A. Spectrum sharing between matrix completion based MIMO radars and a MIMO communication system[C]. IEEE International Conference on Acoustics, Speech Signal Processing, South. Brisbane, Australia, 2015: 2444-2448.

[24] AI W, HUANG Y, ZHANG S. New results on Hermitian matrix rank-one decomposition[J]. Mathematical Programming, 2011, 128(1-2): 253-283.

[25] GRANT M. CVX: MATLAB software for disciplined convex programming[J]. Glob. Opt., 2014: 155-210.

[26] BEN-TAL A, NEMIROVSKI A. Lectures on modern convex optimization:

Analysis, algorithms, and engineering applications[M]. Society for Industrial and Applied Mathematics, 1987.
[27] GUERCI J R. Space-time adaptive processing for radar[M]. London: Artech House Publishers, 2014.
[28] AUBRY A, CAROTENUTO V, MAIO A D. Forcing multiple spectral compatibility constraints in radar waveforms[J]. IEEE Signal Processing Letters, 2016, 23(4): 483-487.
[29] ZHENG L, LOPS M, WANG X, et al. Joint design of overlaid communication systems and pulsed radars[J]. IEEE Transactions on Signal Processing, 2018, 66(1): 139-154.
[30] ZHANG R, LIANG Y C, CUI S. Dynamic resource allocation in cognitive radio networks[J]. IEEE Signal Processing Magazine, 2010, 27(3): 102-114.
[31] BLAND R G, GOLDFARB D, TODD M J. The ellipsoid method: A survey[J]. Operations Research, 1981, 29(6): 1039-1091.
[32] VAN TREES H L. Optimum array processing, part Ⅳ of detection, estimation, and modulation theory[M]. New Yersey: John Wiley & Sons, 2002.
[33] AUBRY A, MAIO A D, NAGHSH M M. Optimizing radar waveform and Doppler filter bank via generalized fractional programming[J]. IEEE Journal of Selected Topics in Signal Processing, 2015, 9(8): 1387-1399.
[34] DINKELBACH W. On nonlinear fractional programming[J]. Management Science, 1967, 13(7): 492-498.
[35] AUBRY A, MAIO A D, FARINA A, et al. Knowledge-aided (potentially cognitive) transmit signal and receive filter design in signal-dependent clutter[J]. IEEE Transactions on Aerospace and Electronic Systems, 2013, 49(1): 93-117.

第 10 章

MIMO 探通一体化系统多功能波形设计

- 基于预编码矩阵通信调制的探通一体化波形设计
- 基于空间频谱能量调制的探通一体化波形设计

随着现代军事技术的快速发展和信息化对抗程度的不断提升，作战平台必须符合多功能、多任务、综合化这一发展趋势。其中，共享软硬件资源的探通一体化系统可同时实现目标探测和保密通信功能，具有高度集成化、功能互增强及频谱兼容等重要意义，成为多功能综合电子信息系统的关键技术。MIMO 雷达在波形分集和方向图赋形上具有更高的自由度，从而受到了极大关注。MIMO 探通一体化的工作可根据载频数量分为以下两种。

（1）多载频 MIMO 一体化系统：以 FH[1,2]和 OFDM[3]信号为代表，通信信息可调制于频率、频率增量、相位、方向图等参数中。

（2）单载频 MIMO 一体化系统：通过设计发射波形矩阵或正交波形加权矩阵，根据用途经过视距无多径、莱斯衰落、瑞利衰落等不同模型的信道，用户端通信信息可采用幅移键控（Amplitude Shift Keying，ASK）[8]、PSK[9]、QAM[10]等调制。

因此，可根据不同的应用需求选定探测或通信作为首要功能，根据通信场景确定信道建模和参数估计需求。

本章首先针对视距无多径精确估计信道，研究基于预编码矩阵通信调制的一体化 MIMO 发射波束赋形设计方法，旨在设计正交波形加权矩阵以实现理想雷达方向图，同时控制通信方向用户密码本相位。在此基础上，不同预编码矩阵可改变用户接收相位顺序，进一步研究排序学习优化解调算法。

本章还提出一种基于空间频谱能量调制的探通一体化设计方法，通过对通信方向上合成信号的 ESD 赋形来传输信息。考虑最小化发射方向图 ISL 来保证雷达的探测性能，同时考虑波形 PAR 和功率约束来满足系统硬件的要求，此外对波束主瓣宽度也进行了约束。提出一种基于新的序列块增强（Sequence Block Enhancement，SBE）框架的优化方法，交替更新每个发射阵元的波形，从而使 ISL 单调递减。最后通过仿真证明提出算法的优越性。

10.1　基于预编码矩阵通信调制的探通一体化波形设计

本节针对视距无多径精确估计信道，研究基于预编码矩阵通信调制的一体化 MIMO 发射波束赋形设计方法。

10.1.1　基于预编码矩阵调制的 MIMO 探通一体化系统架构

图 10.1 描绘了基于预编码矩阵调制的 MIMO 探通一体化系统框架[1]。一体化系统通过置换矩阵混排正交波形位置调制通信信息，通过优化设计权重矩阵得到发射信号矩阵，限制密码本约束，从而便于通信方向解调、防止当前脉冲非通信用户方向截获信息，同时抑制发射方向图旁瓣电平以保证探测性能。为解调通信信息，通信接收端接收的信号与原正交波形组中的每个波形。由于通信方向密码

本各元素不同（图 10.1 以 PSK 调制为例），因此可通过恢复置换位置进行解调。而非通信方向脉压后信号元素全部相同，无法解调获取通信信息。本节首先介绍该一体化系统的发射信号模型和通信信息嵌入方法，进而介绍其雷达方向图；其次针对用户端，介绍对应的接收信号模型；最后提出基于 ADPM 的排序学习优化解调算法。

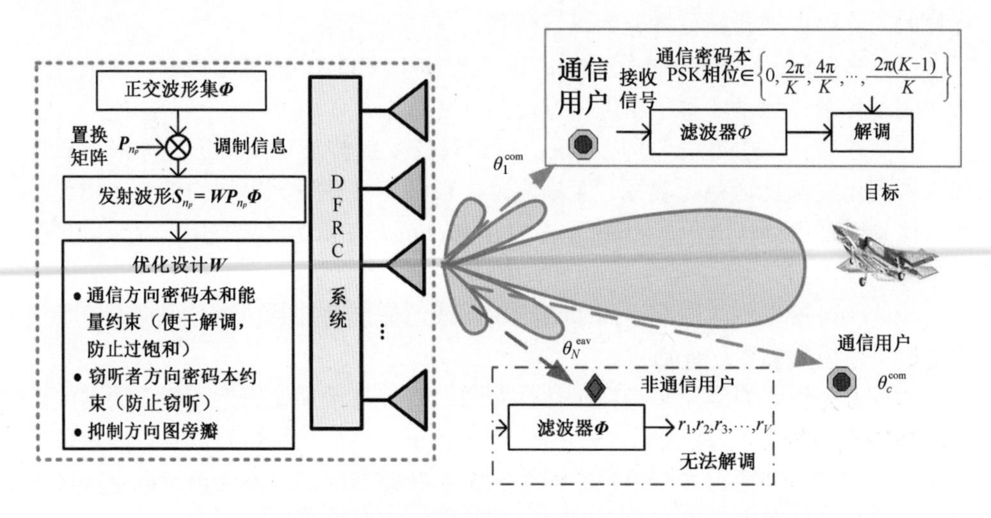

图 10.1　基于预编码矩阵调制的 MIMO 探通一体化系统框架

10.1.1.1　发射信号模型和通信信息嵌入方法

考虑窄带 DFRC 系统发射阵列为一个具有 N_T 个正交共置天线，间距为 d 的均匀线阵。令 $\boldsymbol{\Phi}\in\mathbb{C}^{K\times M}$ 为正交离散波形集，并满足所有时滞和多普勒位移下的正交条件，其中 K 和 M 分别为正交波形个数和每个脉冲的快拍数，则 $\boldsymbol{\Phi}$ 满足

$$\boldsymbol{\Phi}\boldsymbol{\Phi}^\mathrm{H}=\boldsymbol{I}_K \tag{10.1}$$

为了在 MIMO 雷达任务中嵌入通信信息，采用预编码矩阵以置换预设正交波形集 $\boldsymbol{\Phi}$ [1]，则第 n_p 个脉冲的重构正交波形集可表示为

$$\boldsymbol{\Psi}_{n_p}=\boldsymbol{P}_{n_p}\boldsymbol{\Phi} \tag{10.2}$$

其中，$\boldsymbol{P}_{n_p}\in\mathbb{C}^{K\times K}$ 为任意置换矩阵并满足

$$\boldsymbol{P}_{n_p}\boldsymbol{P}_{n_p}^\mathrm{T}=\boldsymbol{P}_{n_p}^\mathrm{T}\boldsymbol{P}_{n_p}=\boldsymbol{I}_K \tag{10.3}$$

为便于描述，在本节中省略下标 n_p。需要注意的是，每个脉冲的置换转置矩阵是不一样的。

因此，单个脉冲嵌入信息量为

$$E=\left\lfloor\log_2(K!)\right\rfloor \tag{10.4}$$

为了控制发射方向图和通信性能，采用权重矩阵 $\boldsymbol{W}=\left[\boldsymbol{w}_1,\boldsymbol{w}_2,\boldsymbol{w}_3,\cdots,\boldsymbol{w}_K\right]\in\mathbb{C}^{N_\mathrm{T}\times K}$，则基带发射信号可表示为

$$\boldsymbol{S}_{\boldsymbol{\Phi}} = \boldsymbol{W}\boldsymbol{\Psi} \in \mathbb{C}^{N_{\mathrm{T}} \times L} \tag{10.5}$$

10.1.1.2　雷达发射方向图

假设传播是非分散的，在第 n_p 个脉冲目标方向 θ 的合成信号为

$$\boldsymbol{y}(\theta) = \left(\boldsymbol{a}^{\mathrm{H}}(\theta)\boldsymbol{S}_{\boldsymbol{\Phi}}\right)^{\mathrm{T}} \tag{10.6}$$

其中，$\boldsymbol{a}(\theta)$ 是空域导向矢量，表达式为

$$\boldsymbol{a}(\theta) = \left[1, \mathrm{e}^{\mathrm{j}2\pi\frac{d\sin\theta}{\lambda}}, \mathrm{e}^{\mathrm{j}2\pi\frac{2d\sin\theta}{\lambda}}, \cdots, \mathrm{e}^{\mathrm{j}2\pi\frac{(N_{\mathrm{T}}-1)d\sin\theta}{\lambda}}\right]^{\mathrm{T}} \tag{10.7}$$

λ 为波长；d 为天线间的间隔。则探测信号在 θ 方向上的能量，即发射方向图，可写作

$$P(\theta) = \left\|\boldsymbol{a}^{\mathrm{H}}(\theta)\boldsymbol{S}_{\boldsymbol{\Phi}}\right\|^2 = \left\|\boldsymbol{a}^{\mathrm{H}}(\theta)\boldsymbol{W}\right\|^2 = \left\|\boldsymbol{A}_{\boldsymbol{\Phi}}^{\mathrm{H}}(\theta)\boldsymbol{w}\right\|^2 \tag{10.8}$$

其中，$\boldsymbol{w} = \mathrm{vec}(\boldsymbol{W}),\ \boldsymbol{A}_{\boldsymbol{\Phi}}(\theta) = \boldsymbol{I}_K \otimes \boldsymbol{a}(\theta)$。注意：$P(\theta)$ 与 $\boldsymbol{P}$ 无关，即通信信息的传输对雷达性能无影响。

如第 4 章所述，为提高 MIMO 雷达回波 SINR，增强系统的探测性能，MIMO 雷达发射波束赋形旨在通过控制发射波形能量尽可能集中于主瓣区域，获得更大能量感兴趣方位目标信息，降低从旁瓣区域辐射能量，以减少信号相关干扰回波返回，是重要的 MIMO 雷达探测性能指标之一。

10.1.1.3　通信接收信号模型

假设 $\boldsymbol{S}_{\boldsymbol{\Phi}}$ 是第 n_p 个脉冲发射波形矩阵，C 个单天线通信用户分别位于 θ_c^{com}，$c = 1,2,3,\cdots,C$，则第 c 个通信接收机的输入基带信号可表示为

$$\boldsymbol{r}_c = \alpha_c\left(\boldsymbol{a}^{\mathrm{H}}\left(\theta_c^{\mathrm{com}}\right)\boldsymbol{S}_{\boldsymbol{\Phi}}\right)^{\mathrm{T}} + \boldsymbol{n}_c \in \mathbb{C}^L \tag{10.9}$$

其中，$\alpha_c\ (c = 1,2,3,\cdots,C)$ 是第 n_p 个脉冲 MIMO 雷达发射阵列与第 c 个通信接收机之间传播环境的信道系数；$\boldsymbol{n}_c$ 为加性噪声，并建模为一个零均值圆对称高斯随机复向量。

然后，接收信号通过与发射波形集 $\mathcal{P}_{\boldsymbol{h}_i}$ 对应的匹配滤波器 $\boldsymbol{\Phi}$，可得

$$\boldsymbol{x}_c = \alpha_c\boldsymbol{P}^{\mathrm{T}}\overline{\boldsymbol{p}}_{\theta_c^{\mathrm{com}}} + \hat{\boldsymbol{n}}_c \tag{10.10}$$

其中，$\hat{\boldsymbol{n}}_c$ 是协方差矩阵为 $\sigma_n^2\boldsymbol{I}_K$ 的加性噪声，且

$$\overline{\boldsymbol{p}}_\theta = \left(\boldsymbol{a}^{\mathrm{H}}(\theta)\boldsymbol{W}\right)^{\mathrm{T}} = \boldsymbol{A}_{\boldsymbol{\Phi}}^{\mathrm{H}}(\theta)\boldsymbol{w} \tag{10.11}$$

表示通信密码本，并满足 $P(\theta) = \left\|\overline{\boldsymbol{p}}_\theta\right\|^2$。

可得 $\boldsymbol{x}_c$ 是 $\overline{\boldsymbol{p}}_{\theta_c^{\mathrm{com}}}$ 的放缩、置乱和加噪。因此，用户端调制方式取决于 $\overline{\boldsymbol{p}}_{\theta_c^{\mathrm{com}}}$，若 $\overline{\boldsymbol{p}}_{\theta_c^{\mathrm{com}}}$ 为 PSK 密码本，则无噪下 $\boldsymbol{x}_c$ 可视为特殊的 PSK 调制信号，其中 $\overline{\boldsymbol{p}}_{\theta_c^{\mathrm{com}}}$ 各元素均出现且只出现一次。解调的过程即为通过比较 $\boldsymbol{x}_c$ 和 $\overline{\boldsymbol{p}}_{\theta_c^{\mathrm{com}}}$ 的各元素，确定置换顺

序，从而恢复$\boldsymbol{P}$。因此，在一体化波形优化设计过程中，须令通信方向$\bar{\boldsymbol{p}}_{\theta_c^{\text{com}}}$固定以保证通信性能。此外，由于非通信用户$\theta_v^{\text{eav}}(v=1,2,3,\cdots,V)$具有不同的任务，为保证其与多一体化系统兼容，可通过在设计过程中令$\bar{\boldsymbol{p}}_{\theta_v^{\text{eav}}}$各元素完全相同，防止通信串扰。

10.1.1.4 解调方法

假设每个通信接收机都完全已知正交波形集$\boldsymbol{\Phi}$和$\bar{\boldsymbol{p}}_{\theta_c^{\text{com}}}$，解调过程可建模为预编码矩阵$\boldsymbol{P}$的优化问题[1]

$$\begin{cases}\min\limits_{\boldsymbol{P}} & \left\|\boldsymbol{x}_c-\boldsymbol{P}^{\mathrm{T}}\bar{\boldsymbol{p}}_{\theta_c^{\text{com}}}\right\|^2\\ \text{s.t.} & \boldsymbol{P}\in\mathcal{F}\end{cases}\tag{10.12}$$

其中，$\mathcal{F}=\{\boldsymbol{P}\mid\boldsymbol{P}(i,j)\in\{0,1\},\ \boldsymbol{P}\mathbf{1}_K=\mathbf{1}_K,\boldsymbol{P}^{\mathrm{T}}\mathbf{1}_K=\mathbf{1}_K\}$定义了置换矩阵集合[12]。

问题式（10.12）是一个混合-布尔优化问题，文献[1]通过穷举法解决该问题，然而无法应对K很大时带来的维度灾难问题。因此，本节提出了基于 ADPM 的混合-布尔迭代优化算法。

首先将目标函数重新参数化为

$$\begin{aligned}\left\|\boldsymbol{x}_c-\boldsymbol{P}^{\mathrm{T}}\bar{\boldsymbol{p}}_{\theta_c^{\text{com}}}\right\|^2&=-2\Re\left\{\bar{\boldsymbol{p}}_{\theta_c^{\text{com}}}^{\mathrm{H}}\boldsymbol{P}\boldsymbol{x}_c\right\}+b\\&=-2\boldsymbol{g}^{\mathrm{T}}\boldsymbol{p}+b\end{aligned}\tag{10.13}$$

其中，$b=\left\|\boldsymbol{x}_c\right\|^2+\left\|\bar{\boldsymbol{p}}_{\theta_c^{\text{com}}}\right\|^2$，$\boldsymbol{g}=\Re\left\{\boldsymbol{x}_c\otimes\bar{\boldsymbol{p}}_{\theta_c^{\text{com}}}^{*}\right\}\in\mathbb{R}^{K^2}$，$\boldsymbol{p}=\text{vec}(\boldsymbol{P})\in\mathbb{R}^{K^2}$。有趣的是，式(10.13)表明解调可被视为寻找一个置换矩阵以最大化密码本$\bar{\boldsymbol{p}}_{\theta_c^{\text{com}}}$与$\boldsymbol{P}\boldsymbol{x}_c$的互相关。

进一步地，引入辅助变量$\boldsymbol{P}\boldsymbol{x}_c$，问题式（10.13）可被等价转化为

$$\begin{cases}\min\limits_{\boldsymbol{p}} & -\boldsymbol{g}^{\mathrm{T}}\boldsymbol{p}\\ \text{s.t.} & p_{\bar{i}}\in\{0,1\},\bar{i}=1,2,3,\cdots,K^2\\ & \bar{\boldsymbol{q}}_1=\boldsymbol{p}\\ & \boldsymbol{B}\bar{\boldsymbol{q}}_1=\mathbf{1}_K\\ & \bar{\boldsymbol{q}}_2=\boldsymbol{p}\\ & \boldsymbol{C}\bar{\boldsymbol{q}}_2=\mathbf{1}_K\end{cases}\tag{10.14}$$

其中，$\boldsymbol{B}=\mathbf{1}_K^{\mathrm{T}}\otimes\boldsymbol{I}_K$，$\boldsymbol{C}=\boldsymbol{I}_K\otimes\mathbf{1}_K^{\mathrm{T}}$。因此，增广拉格朗日函数可被定义为

$$\mathcal{L}_{\rho}\left(\boldsymbol{p},\bar{\boldsymbol{q}}_1,\bar{\boldsymbol{q}}_2,\kappa_1,\kappa_2\right)=-\boldsymbol{g}^{\mathrm{T}}\boldsymbol{p}+\frac{\rho}{2}\left\|\bar{\boldsymbol{q}}_1-\boldsymbol{p}+\frac{\kappa_1}{\rho}\right\|^2+\frac{\rho}{2}\left\|\bar{\boldsymbol{q}}_2-\boldsymbol{p}+\frac{\kappa_2}{\rho}\right\|^2\tag{10.15}$$

其中，κ_1和κ_2为对偶变量；ρ为惩罚因子。

令$\boldsymbol{p}^l,\bar{\boldsymbol{q}}_1^l,\bar{\boldsymbol{q}}_2^l,\kappa_1^l,\kappa_2^l,\rho^l$表示第$l$次迭代$\boldsymbol{p},\bar{\boldsymbol{q}}_1,\bar{\boldsymbol{q}}_2,\kappa_1,\kappa_2,\rho$的值，令$\delta_0$为 ADPM 算法迭代时惩罚因子更新调整变量，$\delta_1$为 ADPM 算法的退出条件。基于 ADPM 的排序学习优化解调算法流程如算法 10.1 所示。

算法 10.1 流程　基于 ADPM 的排序学习优化解调算法

输入： $\boldsymbol{p}^0,\bar{\boldsymbol{q}}_1^0,\bar{\boldsymbol{q}}_2^0,\kappa_1^0,\kappa_2^0,\rho^0,\boldsymbol{g},\boldsymbol{B},\boldsymbol{C},\delta_0,\delta_1$；

输出： 问题式（10.14）的最优解 $\boldsymbol{p}^{(\star)}$。

（1）$l=0$；

（2）通过求解以下问题更新 $\boldsymbol{p}^{l+1},\bar{\boldsymbol{q}}_1^{l+1},\bar{\boldsymbol{q}}_2^{l+1}$：

$$\begin{cases}\boldsymbol{p}^{l+1}:=\arg\min\limits_{\boldsymbol{p}}\mathcal{L}_{\rho^l}\left(\boldsymbol{p},\bar{\boldsymbol{q}}_1^l,\bar{\boldsymbol{q}}_2^l,\kappa_1^l,\kappa_2^l\right)\\ \text{s.t. } p_{\bar{i}}\in\{0,1\},\bar{i}=1,2,3,\cdots,K^2\end{cases}\tag{10.16}$$

$$\begin{cases}\bar{\boldsymbol{q}}_1^{l+1}:=\arg\min\limits_{\bar{\boldsymbol{q}}_1}\mathcal{L}_{\rho^l}\left(\boldsymbol{p}^{l+1},\bar{\boldsymbol{q}}_1,\bar{\boldsymbol{q}}_2^l,\kappa_1^l,\kappa_2^l\right)\\ \text{s.t. } \boldsymbol{B}\bar{\boldsymbol{q}}_1=\boldsymbol{1}_K\end{cases}\tag{10.17}$$

$$\begin{cases}\bar{\boldsymbol{q}}_2^{l+1}:=\arg\min\limits_{\bar{\boldsymbol{q}}_2}\mathcal{L}_{\rho^l}\left(\boldsymbol{p}^{l+1},\bar{\boldsymbol{q}}_1^{l+1},\bar{\boldsymbol{q}}_2,\kappa_1^l,\kappa_2^l\right)\\ \text{s.t. } \boldsymbol{C}\,\bar{\boldsymbol{q}}_2=\boldsymbol{1}_K\end{cases}\tag{10.18}$$

（3）通过下列公式更新 $\kappa_1^{l+1},\kappa_2^{l+1},\rho^{l+1}$：

$$\rho^{l+1}=\begin{cases}\delta_0\rho^l, & \left\|\boldsymbol{p}^{l+1}-\boldsymbol{p}^l\right\|=0\\ \rho^l, & \text{其他}\end{cases}\tag{10.19}$$

$$\kappa_1^{l+1}:=\kappa_1^l+\rho^{l+1}\left(\bar{\boldsymbol{q}}_1^{l+1}-\boldsymbol{p}^{l+1}\right)\tag{10.20}$$

$$\kappa_2^{l+1}:=\kappa_2^l+\rho^{l+1}\left(\bar{\boldsymbol{q}}_2^{l+1}-\boldsymbol{p}^{l+1}\right)\tag{10.21}$$

（4）如果 $\left\|\bar{\boldsymbol{q}}_1^{l+1}-\boldsymbol{p}^{l+1}\right\|^2+\left\|\bar{\boldsymbol{q}}_2^{l+1}-\boldsymbol{p}^{l+1}\right\|^2<\delta_1$，则输出 $\boldsymbol{p}^\star=\boldsymbol{p}^{l+1}$，否则 $l:=l+1$，回到步骤（2）。

（1）式（10.16）的求解。忽略常数项，问题式（10.16）可重写为

$$\begin{cases}\min\limits_{\boldsymbol{p}} & f_1(\boldsymbol{p})\\ \text{s.t.} & p_{\bar{i}}\in\{0,1\},\ \bar{i}=1,2,3,\cdots,K^2\end{cases}\tag{10.22}$$

其中，$f_1(\boldsymbol{p})=\rho^l\boldsymbol{p}^{\mathrm{T}}\boldsymbol{p}-\boldsymbol{g}_2^{l\mathrm{T}}\boldsymbol{p}=\sum\limits_{\bar{i}=1}^{K^2}\left(\rho^l p_{\bar{i}}^2-g_{2,\bar{i}}^l p_{\bar{i}}\right)$，$\boldsymbol{g}_2^l=\boldsymbol{g}+\rho^l\left(\bar{\boldsymbol{q}}_1^l+\bar{\boldsymbol{q}}_2^l\right)+\kappa_1^l+\kappa_2^l$。

观察式（10.22）可知，目标函数和约束对于 $\boldsymbol{p}$ 中各元素相互独立，则问题式（10.22）的最优解为

$$p_{\bar{i}}^{l+1}=\begin{cases}0, & \tilde{p}_{\bar{i}}\leqslant 0.5\\ 1, & \text{其他}\end{cases}\tag{10.23}$$

其中，$\tilde{p}=\boldsymbol{g}_2^l/(2\rho^l)$。

（2）式（10.17）和式（10.18）的求解。问题式（10.17）可重写为

$$\begin{cases} \min\limits_{\boldsymbol{q}_1} & \left\| \bar{\boldsymbol{q}}_1 - \boldsymbol{p}^{l+1} + \dfrac{\boldsymbol{\kappa}_1^l}{\rho^l} \right\|^2 \\ \text{s.t.} & \boldsymbol{B}\bar{\boldsymbol{q}}_1 = \mathbf{1}_K \end{cases} \tag{10.24}$$

将式（10.24）中的等式约束并入增广拉格朗日函数中，即

$$L_1(\bar{\boldsymbol{q}}_1, \boldsymbol{v}_1) = \left\| \bar{\boldsymbol{q}}_1 - \boldsymbol{p}^{l+1} + \frac{\boldsymbol{\kappa}_1^l}{\rho^l} \right\|^2 + \boldsymbol{v}_1^{\mathrm{T}} \left(\boldsymbol{B}\bar{\boldsymbol{q}}_1 - \mathbf{1}_K \right) \tag{10.25}$$

令 $L_1(\bar{\boldsymbol{q}}_1, \boldsymbol{v}_1)$ 相对于 $\bar{\boldsymbol{q}}_1$ 和 $\boldsymbol{v}_1$ 的偏导为 0，可写作

$$2\left(\bar{\boldsymbol{q}}_1 - \boldsymbol{p}^{l+1} + \frac{\boldsymbol{\kappa}_1^l}{\rho^l} \right) + \boldsymbol{B}^{\mathrm{T}} \boldsymbol{v}_1 = 0 \tag{10.26}$$

$$\boldsymbol{B}\bar{\boldsymbol{q}}_1 = \mathbf{1}_K \tag{10.27}$$

由于 $\boldsymbol{B}\boldsymbol{B}^{\mathrm{T}} = \left(\mathbf{1}_K^{\mathrm{T}} \mathbf{1}_K \right) \otimes \boldsymbol{I}_K = K\boldsymbol{I}_K$，因此经过一些代数处理后可得优化问题式（10.24）的闭式解为

$$\bar{\boldsymbol{q}}_1^{l+1} = \boldsymbol{p}^{l+1} - \frac{\boldsymbol{\kappa}_1^l}{\rho^l} + \boldsymbol{B}^{\mathrm{T}} \frac{\mathbf{1}_K + \dfrac{\boldsymbol{B}\boldsymbol{\kappa}_1^l}{\rho^l} - \boldsymbol{B}\boldsymbol{p}^{l+1}}{K} \tag{10.28}$$

另外，问题式（10.18）可以重写为

$$\begin{cases} \min\limits_{\boldsymbol{q}_2} & \left\| \bar{\boldsymbol{q}}_2 - \boldsymbol{p}^{l+1} + \dfrac{\boldsymbol{\kappa}_2^l}{\rho^l} \right\|^2 \\ \text{s.t.} & \boldsymbol{C}\bar{\boldsymbol{q}}_2 = \mathbf{1}_K \end{cases} \tag{10.29}$$

类似问题式（10.17）的求解，且 $\boldsymbol{C}\boldsymbol{C}^{\mathrm{T}} = K\boldsymbol{I}_K$，则问题式（10.29）的最优解为

$$\bar{\boldsymbol{q}}_2^{l+1} = \boldsymbol{p}^{l+1} - \frac{\boldsymbol{\kappa}_2^l}{\rho^l} + \boldsymbol{C}^{\mathrm{T}} \frac{\mathbf{1}_K + \dfrac{\boldsymbol{C}\boldsymbol{\kappa}_2^l}{\rho^l} - \boldsymbol{C}\boldsymbol{p}^{l+1}}{K} \tag{10.30}$$

（3）计算复杂度。算法 10.1 的计算复杂度与迭代次数及 $\boldsymbol{P}$ 的大小有关。每次迭代中，$\tilde{\boldsymbol{p}}$ 和更新 $\kappa_1^{l+1}, \kappa_2^{l+1}$ 所需计算复杂度为 $\mathcal{O}(K^2)$，更新 $\bar{\boldsymbol{q}}_1^{l+1}$ 和 $\bar{\boldsymbol{q}}_2^{l+1}$ 所需计算复杂度为 $\mathcal{O}(K^3)$。因此，每次迭代所需总计算复杂度为 $\mathcal{O}(K^3)$。

10.1.2 基于 ADMM 的一体化加权矩阵设计

10.1.1 节介绍了 MIMO 探通一体化架构下的系统模型，详述了 MIMO 雷达探测性能重要指标雷达方向图，以及通信所需调制解调方法。本节中，令通信密码本为 PSK 调制，非通信用户密码本元素全部相同，从而在实现阻止窃听的同时有较好的解调效果；在此基础上，提出基于 ADMM 的密码本相位控制下的方向图优化（Beampattern Optimization based on Codebook Phase Control，BOC）算法，通

过最大化峰值主瓣旁瓣比（Peak Mainlobe to Sidelobe Level Ratio，PMSR）实现方向图赋形。

10.1.2.1　探通一体化波形设计问题建模

为了使设计的探通一体化系统具有较好的雷达和通信性能，本节优化问题同时考虑了 MIMO 雷达的发射方向图，以及通信合作用户和非通信用户的符号相位分布。所有可能的方位角被分为以下三种离散格点集：主瓣区域 $\Theta_{\text{main}} = \{\theta_i\}_{i=1}^{I}$，旁瓣区域 $\Theta_{\text{side}} = \{\vartheta_s\}_{s=1}^{S}$ 和过渡带 Π 。考虑以发射波束 PMSR 作为衡量 MIMO 雷达方向图性能的目标函数，其定义为[13-14]

$$J(\boldsymbol{w}) = \frac{\min\limits_{\theta_i \in \Theta_{\text{main}}} \left\| \boldsymbol{A}_{\boldsymbol{\Phi}}^{\text{H}}(\theta_i)\boldsymbol{w} \right\|^2}{\max\limits_{\vartheta_s \in \Theta_{\text{side}}} \left\| \boldsymbol{A}_{\boldsymbol{\Phi}}^{\text{H}}(\vartheta_s)\boldsymbol{w} \right\|^2} \tag{10.31}$$

另外，假设当前脉冲通信用户方向为 $\Theta_{\text{com}} = \{\theta_c^{\text{com}}\}_{c=1}^{C}$， $\bar{\boldsymbol{p}}_{\theta_c^{\text{com}}}$ 采用 PSK 调制，即

$$\bar{\boldsymbol{p}}_{\theta_c^{\text{com}}} = b_c \bar{\boldsymbol{a}}_1 \tag{10.32}$$

其中， $\bar{\boldsymbol{a}}_1 = \left[1, \mathrm{e}^{\mathrm{j}\frac{2\pi}{K}}, \mathrm{e}^{\mathrm{j}\frac{4\pi}{K}}, \cdots, \mathrm{e}^{\mathrm{j}\frac{2\pi(K-1)}{K}}\right]^{\text{T}}$， $b_c \in \mathbb{R}$ 是 $\bar{\boldsymbol{p}}_{\theta_c^{\text{com}}}$ 的幅度，并满足

$$P(\theta_c^{\text{com}}) = K\left|b_c\right|^2 \tag{10.33}$$

因用户设备有其他通信任务或被敌人截获等可能，所以当前脉冲我方一体化系统不与部分用户通信，以令用户与多台一体化系统兼容，防止通信串扰或防止敌方获取我方信息。假设该非通信用户方向为 $\Theta_{\text{eav}} = \{\theta_v^{\text{eav}}\}_{v=1}^{\text{H}}$，令 $\bar{\boldsymbol{p}}_{\theta_v^{\text{eav}}}$ 中各元素相同，即

$$\bar{\boldsymbol{p}}_{\theta_v^{\text{eav}}} = r_v \boldsymbol{1}_K, v = 1,2,3,\cdots,V \tag{10.34}$$

其中， $r_v \in \mathbb{C}$ 为 $\bar{\boldsymbol{p}}_{\theta_v^{\text{eav}}}$ 的元素值，并满足

$$P(\theta_v^{\text{eav}}) = K\left|r_v\right|^2 \tag{10.35}$$

最后，该 MIMO 探通一体化系统的方向图设计问题可被表示为

$$\mathcal{P}_0 \begin{cases} \max\limits_{\boldsymbol{w}, r_v, b_c \in \mathbb{R}} & \log(J(\boldsymbol{w})) \\ \text{s.t.} & \boldsymbol{A}_{\boldsymbol{\Phi}}^{\text{H}}(\theta_c^{\text{com}})\boldsymbol{w} = b_c \bar{\boldsymbol{a}}_1, c = 1,2,3,\cdots,C \\ & \boldsymbol{A}_{\boldsymbol{\Phi}}^{\text{H}}(\theta_v^{\text{eav}})\boldsymbol{w} = r_v \boldsymbol{1}_K, v = 1,2,3,\cdots,V \end{cases} \tag{10.36}$$

其中，log 函数是为了便于事后对分式目标函数进行处理[13]。一旦得到式（10.36）的最优解， $\boldsymbol{w}$ 可以归一化到所需能量。

问题式（10.36）旨在抑制方向图峰值旁瓣，同时控制密码本相位，是一个 NP-hard 非凸优化问题。接下来将提出基于 ADMM 的迭代算法求解该问题。

10.1.2.2　BOC 算法

首先，通过引入辅助变量$\eta, \epsilon, \boldsymbol{y}_i, \boldsymbol{z}_s, \boldsymbol{x}_c$ 和$\boldsymbol{v}_v$，问题式（10.36）可被等价转化为[13]

$$\mathcal{P}_1\begin{cases}\min\limits_{\substack{\boldsymbol{w}, r_v, b_c \in \mathbb{R} \\ \boldsymbol{y}_i, \boldsymbol{z}_s, \epsilon, \eta}} & -\log\dfrac{\epsilon}{\eta} \\ \text{s.t.} & \boldsymbol{y}_i = \boldsymbol{A}_{\boldsymbol{\Phi}}^{\mathrm{H}}(\theta_i)\boldsymbol{w}, \|y_i\|^2 \geqslant \epsilon,\ \theta_i \in \Theta_{\text{main}} \\ & \boldsymbol{z}_s = \boldsymbol{A}_{\boldsymbol{\Phi}}^{\mathrm{H}}(\vartheta_s)\boldsymbol{w}, \|z_s\|^2 \leqslant \eta,\ \vartheta_s \in \Theta_{\text{side}} \\ & \boldsymbol{x}_c = \boldsymbol{A}_{\boldsymbol{\Phi}}^{\mathrm{H}}(\theta_c^{\text{com}})\boldsymbol{w}, \boldsymbol{x}_c = b_c\bar{\boldsymbol{a}}_1,\ c = 1,2,3,\cdots,C \\ & \boldsymbol{v}_v = \boldsymbol{A}_{\boldsymbol{\Phi}}^{\mathrm{H}}(\theta_v^{\text{eav}})\boldsymbol{w}, \boldsymbol{v}_v = r_v\boldsymbol{1}_K,\ v = 1,2,3,\cdots,V \end{cases} \tag{10.37}$$

因此，增广拉格朗日函数被定义为

$$\begin{aligned} & L_{\boldsymbol{\rho}}\left(\boldsymbol{w}, \boldsymbol{y}_i, \epsilon, \boldsymbol{z}_s, \eta, \boldsymbol{x}_c, \boldsymbol{v}_v, \boldsymbol{\mu}_i, \boldsymbol{\iota}_s, \boldsymbol{\xi}_c, \boldsymbol{\lambda}_v\right) \\ = & -\log\frac{\epsilon}{\eta} + \frac{\rho_1}{2}\sum_{i=1}^{I}\left(\left\|\boldsymbol{y}_i - \boldsymbol{A}_{\boldsymbol{\Phi}}^{\mathrm{H}}(\theta_i)\boldsymbol{w} + \boldsymbol{\mu}_i\right\|^2 - \|\boldsymbol{\mu}_i\|^2\right) + \\ & \frac{\rho_1}{2}\sum_{s=1}^{S}\left(\left\|\boldsymbol{z}_s - \boldsymbol{A}_{\boldsymbol{\Phi}}^{\mathrm{H}}(\vartheta_s)\boldsymbol{w} + \boldsymbol{\iota}_s\right\|^2 - \|\boldsymbol{\iota}_s\|^2\right) + \\ & \frac{\rho_2}{2}\sum_{c=1}^{C}\left(\left\|\boldsymbol{x}_c - \boldsymbol{A}_{\boldsymbol{\Phi}}^{\mathrm{H}}\left(\theta_c^{\text{com}}\right)\boldsymbol{w} + \boldsymbol{\xi}_c\right\|^2 - \|\boldsymbol{\xi}_c\|^2\right) + \\ & \frac{\rho_3}{2}\sum_{v=1}^{V}\left(\left\|\boldsymbol{v}_v - \boldsymbol{A}_{\boldsymbol{\Phi}}^{\mathrm{H}}\left(\theta_v^{\text{eav}}\right)\boldsymbol{w} + \boldsymbol{\lambda}_v\right\|^2 - \|\boldsymbol{\lambda}_v\|^2\right) \end{aligned} \tag{10.38}$$

其中，$\boldsymbol{\rho} = [\rho_1, \rho_2, \rho_3]^{\mathrm{T}}$ 为惩罚因子向量，$\boldsymbol{\mu}_i$，$\boldsymbol{\iota}_s, \boldsymbol{\xi}_c, \boldsymbol{\lambda}_v$ 为对偶变量。

接下来，采用 ADMM 算法迭代最小化增广拉格朗日函数$L_{\boldsymbol{\rho}}\left(\boldsymbol{w}, \boldsymbol{y}_i, \epsilon, \boldsymbol{z}_s, \eta, \boldsymbol{x}_c, \boldsymbol{v}_v, \boldsymbol{\mu}_i, \boldsymbol{\iota}_s, \boldsymbol{\xi}_c, \boldsymbol{\lambda}_v\right)$，以迭代更新$\boldsymbol{w}, \boldsymbol{y}_i, \epsilon, \boldsymbol{z}_s, \eta, \boldsymbol{x}_c, \boldsymbol{v}_v, \boldsymbol{\mu}_i, \boldsymbol{\iota}_s, \boldsymbol{\xi}_c, \boldsymbol{\lambda}_v$。具体地，令$\boldsymbol{w}^{(t)}$，$\boldsymbol{y}_i^{(t)}, \epsilon^{(t)}, \boldsymbol{z}_s^{(t)}, \eta^{(t)}, \boldsymbol{x}_c^{(t)}, \boldsymbol{v}_v^{(t)}, \boldsymbol{\mu}_i^{(t)}, \boldsymbol{\iota}_s^{(t)}, \boldsymbol{\xi}_c^{(t)}, \boldsymbol{\lambda}_v^{(t)}$ 分别表示$\boldsymbol{w}, \boldsymbol{y}_i, \epsilon, \boldsymbol{z}_s, \eta, \boldsymbol{x}_c, \boldsymbol{v}_v, \boldsymbol{\mu}_i, \boldsymbol{\iota}_s, \boldsymbol{\xi}_c, \boldsymbol{\lambda}_v$的第$t$次迭代值。BOC 算法流程如算法 10.2 所示。

算法 10.2 流程　基于 ADMM 的 BOC 算法

输入：$\left\{\boldsymbol{y}_i^{(0)}\right\}, \epsilon^{(0)}, \left\{\boldsymbol{z}_s^{(0)}\right\}, \eta^{(0)}, \left\{\boldsymbol{x}_c^{(0)}\right\}, \left\{\boldsymbol{v}_v^{(0)}\right\}, \left\{\boldsymbol{\mu}_i^{(0)}\right\}, \left\{\boldsymbol{\iota}_s^{(0)}\right\}, \left\{\boldsymbol{\xi}_c^{(0)}\right\}, \left\{\boldsymbol{\lambda}_v^{(0)}\right\}, \boldsymbol{\rho}, E, \delta_2$；

输出：MIMO 一体化系统加权向量$\boldsymbol{w}^\star$。

（1）$t = 0$；

（2）通过求解以下问题更新$\boldsymbol{w}^{(t)}, \left\{\boldsymbol{y}_i^{(t)}\right\}, \epsilon^{(t)}, \left\{\boldsymbol{z}_s^{(t)}\right\}, \eta^{(t)}, \left\{\boldsymbol{x}_c^{(t)}\right\}, \left\{\boldsymbol{v}_v^{(t)}\right\}$：

$$\begin{aligned}\boldsymbol{w}^{(t+1)} := \arg\min_{\boldsymbol{w}} L_{\boldsymbol{\rho}}\Big(&\boldsymbol{w}, \left\{\boldsymbol{y}_i^{(t)}\right\}, \epsilon^{(t)}, \left\{\boldsymbol{z}_s^{(t)}\right\}, \eta^{(t)}, \\ &\left\{\boldsymbol{x}_c^{(t)}\right\}, \left\{\boldsymbol{v}_v^{(t)}\right\}, \left\{\boldsymbol{\mu}_i^{(t)}\right\}, \left\{\boldsymbol{\iota}_s^{(t)}\right\}, \left\{\boldsymbol{\xi}_c^{(t)}\right\}, \boldsymbol{\lambda}_v^{(t)}\Big)\end{aligned} \tag{10.39}$$

$$\begin{cases}\left\{\boldsymbol{y}_i^{(t+1)},\epsilon^{(t+1)}\right\}:=\arg\min\limits_{\boldsymbol{y}_i,\epsilon} L_{\boldsymbol{\rho}}\Big(\boldsymbol{w}^{(t+1)},\left\{\boldsymbol{y}_i\right\},\epsilon,\left\{\boldsymbol{z}_s^{(t)}\right\},\\ \qquad\eta^{(t)},\left\{\boldsymbol{x}_c^{(t)}\right\},\left\{\boldsymbol{v}_v^{(t)}\right\},\left\{\boldsymbol{\mu}_i^{(t)}\right\},\left\{\boldsymbol{\iota}_s^{(t)}\right\},\left\{\boldsymbol{\xi}_c^{(t)}\right\},\boldsymbol{\lambda}_v^{(t)}\Big)\\ \text{s.t. } \left\|\boldsymbol{y}_i\right\|^2\geqslant\epsilon, i=1,2,3,\cdots,I\end{cases} \tag{10.40}$$

$$\begin{cases}\left\{\boldsymbol{z}_s^{(t+1)},\eta^{(t+1)}\right\}:=\arg\min\limits_{\boldsymbol{z}_s,\eta} L_{\boldsymbol{\rho}}\Big(\boldsymbol{w}^{(t+1)},\left\{\boldsymbol{y}_i^{(t+1)}\right\},\epsilon^{(t+1)},\left\{\boldsymbol{z}_s\right\},\\ \qquad\eta,\left\{\boldsymbol{x}_c^{(t)}\right\},\left\{\boldsymbol{v}_v^{(t)}\right\},\left\{\boldsymbol{\mu}_i^{(t)}\right\},\left\{\boldsymbol{\iota}_s^{(t)}\right\},\left\{\boldsymbol{\xi}_c^{(t)}\right\},\boldsymbol{\lambda}_v^{(t)}\Big)\\ \text{s.t. } \left\|\boldsymbol{z}_s\right\|^2\leqslant\eta, s=1,2,3,\cdots,S\end{cases} \tag{10.41}$$

$$\begin{cases}\left\{\boldsymbol{x}_c^{(t+1)},b_c^{(t+1)}\right\}:=\arg\min\limits_{\boldsymbol{x}_c,b_c\in\mathbb{R}} L_{\boldsymbol{\rho}}\Big(\boldsymbol{w}^{(t+1)},\left\{\boldsymbol{y}_i^{(t+1)}\right\},\epsilon^{(t+1)},\left\{\boldsymbol{z}_s^{(t+1)}\right\},\\ \qquad\eta^{(t+1)},\left\{\boldsymbol{x}_c\right\},\left\{\boldsymbol{v}_v^{(t)}\right\},\left\{\boldsymbol{\mu}_i^{(t)}\right\},\left\{\boldsymbol{\iota}_s^{(t)}\right\},\left\{\boldsymbol{\xi}_c^{(t)}\right\},\boldsymbol{\lambda}_v^{(t)}\Big)\\ \text{s.t. } \boldsymbol{x}_c=b_c\bar{\boldsymbol{a}}_1,\ c=1,2,3,\cdots,C\end{cases} \tag{10.42}$$

$$\begin{cases}\left\{\boldsymbol{v}_v^{(t+1)},r_v^{(t+1)}\right\}:=\arg\min\limits_{\boldsymbol{v}_v,r_v} L_{\boldsymbol{\rho}}\Big(\boldsymbol{w}^{(t+1)},\left\{\boldsymbol{y}_i^{(t+1)}\right\},\epsilon^{(t+1)},\left\{\boldsymbol{z}_s^{(t+1)}\right\},\\ \qquad\eta^{(t+1)},\left\{\boldsymbol{x}_c^{(t+1)}\right\},\left\{\boldsymbol{v}_v\right\},\left\{\boldsymbol{\mu}_i^{(t)}\right\},\left\{\boldsymbol{\iota}_s^{(t)}\right\},\left\{\boldsymbol{\xi}_c^{(t)}\right\},\boldsymbol{\lambda}_v^{(t)}\Big)\\ \text{s.t. } \boldsymbol{v}_v=r_v\boldsymbol{1}_K,\ v=1,2,3,\cdots,V\end{cases} \tag{10.43}$$

（3）通过下列公式更新 $\left\{\boldsymbol{\mu}_i^{(t+1)}\right\},\left\{\boldsymbol{\iota}_s^{(t+1)}\right\},\left\{\boldsymbol{\xi}_c^{(t+1)}\right\},\left\{\boldsymbol{\lambda}_v^{(t+1)}\right\}$：

$$\boldsymbol{\mu}_i^{(t+1)}:=\boldsymbol{\mu}_i^{(t)}+\boldsymbol{y}_i^{(t+1)}-\boldsymbol{A}_{\boldsymbol{\Phi}}^{\mathrm{H}}(\theta_i)\boldsymbol{w}^{(t+1)} \tag{10.44}$$

$$\boldsymbol{\iota}_s^{(t+1)}:=\boldsymbol{\iota}_s^{(t)}+\boldsymbol{z}_s^{(t+1)}-\boldsymbol{A}_{\boldsymbol{\Phi}}^{\mathrm{H}}(\vartheta_s)\boldsymbol{w}^{(t+1)} \tag{10.45}$$

$$\boldsymbol{\xi}_c^{(t+1)}:=\boldsymbol{\xi}_c^{(t)}+\boldsymbol{x}_c^{(t+1)}-\boldsymbol{A}_{\boldsymbol{\Phi}}^{\mathrm{H}}(\theta_c^{\mathrm{com}})\boldsymbol{w}^{(t+1)} \tag{10.46}$$

$$\boldsymbol{\lambda}_v^{(t+1)}:=\boldsymbol{\lambda}_v^{(t)}+\boldsymbol{v}_v^{(t+1)}-\boldsymbol{A}_{\boldsymbol{\Phi}}^{\mathrm{H}}(\theta_v^{\mathrm{eav}})\boldsymbol{w}^{(t+1)} \tag{10.47}$$

（4）如果 $\varTheta^{(t+1)}=\sum_{i=1}^{I}\left\|\boldsymbol{y}_i^{(t+1)}-\boldsymbol{A}_{\boldsymbol{\Phi}}^{\mathrm{H}}(\theta_i)\boldsymbol{w}^{(t+1)}\right\|^2+\sum_{s=1}^{S}\left\|\boldsymbol{z}_s^{(t+1)}-\boldsymbol{A}_{\boldsymbol{\Phi}}^{\mathrm{H}}(\vartheta_s)\boldsymbol{w}^{(t+1)}\right\|^2+\sum_{c=1}^{C}\left\|\boldsymbol{x}_c^{(t+1)}-\boldsymbol{A}_{\boldsymbol{\Phi}}^{\mathrm{H}}(\theta_c^{\mathrm{com}})\boldsymbol{w}^{(t+1)}\right\|^2+\sum_{v=1}^{V}\left\|\boldsymbol{v}_v^{(t+1)}-\boldsymbol{A}_{\boldsymbol{\Phi}}^{\mathrm{H}}(\theta_v^{\mathrm{eav}})\boldsymbol{w}\right\|^2<\delta_2$，则输出 $\boldsymbol{w}^*=\sqrt{E}\boldsymbol{w}^{(t+1)}/\left\|\boldsymbol{w}^{(t+1)}\right\|$，其中 E 为期望能量；否则 $t=t+1$，回到步骤（2）。

注意到如果无非通信用户，即无约束式(10.34)，仍可通过上述思路，令 $\rho_3=0$ 并忽略式（10.43）和式（10.47）求解过程，以解决简化的 $\mathcal{P}_0$ 问题。

（1）式（10.39）的求解。问题式（10.39）可等价变换为

$$\min_{\boldsymbol{w}} \boldsymbol{w}^{\mathrm{H}}\boldsymbol{R}\boldsymbol{w}-\Re\left\{\boldsymbol{d}^{\mathrm{H}}\boldsymbol{w}\right\} \tag{10.48}$$

其中，

$$\boldsymbol{R}=\frac{1}{2}\sum_{\phi\in\Omega}\rho(\phi)\boldsymbol{A}_{\boldsymbol{\Phi}}(\phi)\boldsymbol{A}_{\boldsymbol{\Phi}}^{\mathrm{H}}(\phi) \tag{10.49}$$

$$\boldsymbol{d}=\sum_{\phi\in\Omega}\rho(\phi)\boldsymbol{A}_{\boldsymbol{\Phi}}(\phi)\boldsymbol{u}(\phi) \tag{10.50}$$

$$\rho(\phi)=\begin{cases}\rho_1,\ \phi\in\Theta_{\mathrm{main}}\cup\Theta_{\mathrm{side}}\\ \rho_2,\ \phi\in\Theta_{\mathrm{com}}\\ \rho_3,\ \phi\in\Theta_{\mathrm{eav}}\end{cases} \tag{10.51}$$

$$\boldsymbol{u}(\phi)=\begin{cases}\boldsymbol{y}_i+\boldsymbol{\mu}_i,\ \ \phi=\theta_i,\theta_i\in\Theta_{\mathrm{main}}\\ \boldsymbol{z}_s+\boldsymbol{\iota}_s,\ \ \phi=\vartheta_s,\vartheta_s\in\Theta_{\mathrm{side}}\\ \boldsymbol{x}_c+\boldsymbol{\xi}_s,\ \ \phi=\theta_c^{\mathrm{com}},\theta_c^{\mathrm{com}}\in\Theta_{\mathrm{com}}\\ \boldsymbol{v}_v+\boldsymbol{\lambda}_v,\ \ \phi=\theta_v^{\mathrm{eav}},\theta_v^{\mathrm{eav}}\in\Theta_{\mathrm{eav}}\end{cases} \tag{10.52}$$

其中，$\Omega=\Theta_{\mathrm{main}}\cup\Theta_{\mathrm{side}}\cup\Theta_{\mathrm{com}}\cup\Theta_{\mathrm{eav}}$。因此，该问题的闭式解为

$$\boldsymbol{w}^{(t+1)}=\frac{\boldsymbol{R}^{-1}\boldsymbol{d}}{2} \tag{10.53}$$

（2）式（10.40）和式（10.41）的求解。忽略无关常数项，问题式（10.40）和式（10.41）可分别等价转换为[13]

$$\begin{cases}\min\limits_{\boldsymbol{y}_i,\epsilon}\ \ -\log\epsilon+\dfrac{\rho_1}{2}\sum\limits_{i=1}^{I}\left\|\boldsymbol{y}_i-\overline{\boldsymbol{y}}_i^{(t)}\right\|^2\\ \text{s.t.}\ \ \ \left\|\boldsymbol{y}_i\right\|^2\geqslant\epsilon,i=1,2,3,\cdots,I\end{cases} \tag{10.54}$$

和

$$\begin{cases}\min\limits_{\boldsymbol{z}_s,\eta}\ \ \log\eta+\dfrac{\rho_1}{2}\sum\limits_{s=1}^{S}\left\|\boldsymbol{z}_s-\overline{\boldsymbol{z}}_s^{(t)}\right\|^2\\ \text{s.t.}\ \ \ \left\|\boldsymbol{z}_s\right\|^2\leqslant\eta,s=1,2,3,\cdots,S\end{cases} \tag{10.55}$$

其中，$\overline{\boldsymbol{y}}_i^{(t)}=\boldsymbol{A}_{\boldsymbol{\Phi}}^{\mathrm{H}}(\theta_i)\boldsymbol{w}^{(t+1)}-\boldsymbol{\mu}_i^{(t)}$，$\overline{\boldsymbol{z}}_s^{(t)}=\boldsymbol{A}_{\boldsymbol{\Phi}}^{\mathrm{H}}(\vartheta_s)\boldsymbol{w}^{(t+1)}-\boldsymbol{\iota}_s^{(t)}$。

首先针对问题式（10.40），一旦获得$\epsilon^{(t+1)}$，$\{\boldsymbol{y}_i^{(t+1)}\}$即可通过$\overline{\boldsymbol{y}}_i^{(t)}$放缩得到，即

$$\overline{\boldsymbol{y}}_i^{(t+1)}=\begin{cases}\overline{\boldsymbol{y}}_i^{(t)}, & \left\|\overline{\boldsymbol{y}}_i^{(t)}\right\|^2\geqslant\epsilon^{(t+1)}\\ \sqrt{\epsilon^{(t+1)}}\dfrac{\overline{\boldsymbol{y}}_i^{(t)}}{\left\|\overline{\boldsymbol{y}}_i^{(t)}\right\|}, & \text{其他}\end{cases} \tag{10.56}$$

然后将式（10.56）代回式（10.54），即可得到关于ϵ的优化问题

$$\min_{\epsilon}f_1(\epsilon) \tag{10.57}$$

其中，

$$f_1(\epsilon) = -\log(\epsilon) + \frac{\rho_1}{2}\sum_{i=1}^{I}\hat{\omega}_i\left(\sqrt{\epsilon} - \left\|\overline{\boldsymbol{y}}_i^{(t)}\right\|\right)^2 \tag{10.58}$$

$$\hat{\omega}_i = \begin{cases} 0, & \left\|\overline{\boldsymbol{y}}_i^{(t)}\right\|^2 \geqslant \epsilon \\ 1, & \text{其他} \end{cases} \tag{10.59}$$

相似地，给定$\eta^{(t+1)}$，$\{\boldsymbol{z}_s^{(t+1)}\}$可通过$\overline{\boldsymbol{z}}_s^{(t)}$放缩得到，即

$$\boldsymbol{z}_s^{(t+1)} = \begin{cases} \sqrt{\eta^{(t+1)}}\dfrac{\overline{\boldsymbol{z}}_s^{(t)}}{\left\|\overline{\boldsymbol{z}}_s^{(t)}\right\|}, & \left\|\overline{\boldsymbol{z}}_s^{(t)}\right\|^2 > \eta^{(t+1)} \\ \overline{\boldsymbol{z}}_s^{(t)}, & \text{其他} \end{cases} \tag{10.60}$$

将式（10.60）代回式（10.55）可得

$$\min\nolimits_{\eta} f_2(\eta) \tag{10.61}$$

其中，

$$f_2(\eta) = \log(\eta) + \frac{\rho_1}{2}\sum_{s=1}^{S}\overline{\omega}_s\left(\sqrt{\eta} - \left\|\overline{\boldsymbol{z}}_s^{(t)}\right\|\right)^2 \tag{10.62}$$

$$\overline{\omega}_s = \begin{cases} 0, & \left\|\overline{\boldsymbol{z}}_s^{(t)}\right\|^2 \leqslant \eta \\ 1, & \text{其他} \end{cases} \tag{10.63}$$

注意到式（10.57）和式（10.61）具有相似的结构，均为无约束优化问题，可通过文献[2]给出的求解方法求得闭式解。

（3）式（10.42）和式（10.43）的求解。问题式（10.42）可以重写为

$$\min_{b_c \in \mathbb{R}}\left\|b_c\overline{\boldsymbol{a}}_1 - \overline{\boldsymbol{x}}_c^{(t)}\right\|^2 \tag{10.64}$$

其中，$\overline{\boldsymbol{x}}_c^{(t)} = \boldsymbol{A}_{\boldsymbol{\Phi}}^{\mathrm{H}}\left(\theta_c^{\mathrm{com}}\right)\boldsymbol{w}^{(t+1)} - \boldsymbol{\xi}_c^{(t)}$。注意：目标函数是关于$b_c$的二次函数，其闭式解为

$$b_c^{(t+1)} = \frac{\Re\left\{\overline{\boldsymbol{a}}_1^{\mathrm{H}}\overline{\boldsymbol{x}}_c^{(t)}\right\}}{K} \tag{10.65}$$

则有$\boldsymbol{x}_c^{(t+1)} = b_c^{(t+1)}\overline{\boldsymbol{a}}_1$。

类似地，问题式（10.43）可重写为

$$\min\nolimits_{r_h}\left\|r_v\boldsymbol{1}_K - \overline{\boldsymbol{v}}_v^{(t)}\right\|^2 \tag{10.66}$$

其中，$\overline{\boldsymbol{v}}_v^{(t)} = \boldsymbol{A}_{\boldsymbol{\Phi}}^{\mathrm{H}}\left(\theta_v^{\mathrm{eav}}\right)\boldsymbol{w}^{(t+1)} - \boldsymbol{\lambda}_v^{(t)}$。闭式解为

$$r_h^{(t+1)} = \frac{\boldsymbol{1}_K^{\mathrm{T}}\overline{\boldsymbol{v}}_v^{(t)}}{K} \tag{10.67}$$

则有$\boldsymbol{v}_v^{(t+1)} = r_v^{(t+1)}\boldsymbol{1}_K$。

（4）计算复杂度和收敛性。算法 10.2 的计算复杂度分析如下。$\boldsymbol{R}^{-1}$和$\boldsymbol{d}$可在算法开始前计算并保存，其计算复杂度分别为$\mathcal{O}(QN_{\mathrm{T}}^2 + (KN_{\mathrm{T}})^{2.373})$ [13]和

$\mathcal{O}(QN_{\mathrm{T}}K)$，其中 $Q=I+S+C+V$ 为约束个数。每次迭代中，式（10.39）～式（10.47）可用简单的闭式解来解决。因此，只需要基本的矩阵到向量的乘法。具体地，式(10.39)、式（10.40）～式（10.43）、式（10.44）～式（10.47）的计算复杂度分别为 $\mathcal{O}(K^2N_{\mathrm{T}}^2)$、$\mathcal{O}(KQ)$ 和 $\mathcal{O}(KN_{\mathrm{T}}Q)$。因此，提出的 BOC 算法的总计算复杂度为 $\mathcal{O}(QN_{\mathrm{T}}^2+(KN_{\mathrm{T}})^{2.373}+T_0(K^2N_{\mathrm{T}}^2+KN_{\mathrm{T}}Q))$，其中 T_0 为迭代次数。

算法 10.2 的收敛性分析如下[13,15]。

定理 10.1 假设 $\lim\limits_{t\to\infty}\boldsymbol{\mu}_i^{(t)}-\boldsymbol{\mu}_i^{(t-1)}=\mathbf{0}$，$\lim\limits_{t\to\infty}\boldsymbol{\iota}_s^{(t)}-\boldsymbol{\iota}_s^{(t-1)}=\mathbf{0}$，$\lim\limits_{t\to\infty}\boldsymbol{\xi}_c^{(t)}-\boldsymbol{\xi}_c^{(t-1)}=\mathbf{0}$，$\lim\limits_{t\to\infty}\boldsymbol{\lambda}_v^{(t)}-\boldsymbol{\lambda}_v^{(t-1)}=\mathbf{0}$，存在点 $\{\boldsymbol{w}^*,\boldsymbol{y}_i^*,\epsilon^*,\boldsymbol{z}_s^*,\eta^*,\boldsymbol{x}_c^*,\boldsymbol{v}_v^*,\boldsymbol{\mu}_i^*,\boldsymbol{\iota}_s^*,\boldsymbol{\xi}_c^*,\boldsymbol{\lambda}_v^*\}$ 为问题 $\mathcal{P}_1$ 的优化解。

证明：由于 $\lim\limits_{t\to\infty}\boldsymbol{\mu}_i^{(t)}-\boldsymbol{\mu}_i^{(t-1)}=\mathbf{0}$，$\lim\limits_{t\to\infty}\boldsymbol{\iota}_s^{(t)}-\boldsymbol{\iota}_s^{(t-1)}=\mathbf{0}$，$\lim\limits_{t\to\infty}\boldsymbol{\xi}_c^{(t)}-\boldsymbol{\xi}_c^{(t-1)}=\mathbf{0}$，$\lim\limits_{t\to\infty}\boldsymbol{\lambda}_v^{(t)}-\boldsymbol{\lambda}_v^{(t-1)}=\mathbf{0}$，则

$$\lim_{t\to\infty}\boldsymbol{y}_i^{(t)}-\boldsymbol{A}_{\boldsymbol{\Phi}}^{\mathrm{H}}(\theta_i)\boldsymbol{w}^{(t)}=\mathbf{0},i=1,2,3,\cdots,I \tag{10.68}$$

$$\lim_{t\to\infty}\boldsymbol{z}_s^{(t)}-\boldsymbol{A}_{\boldsymbol{\Phi}}^{\mathrm{H}}(\vartheta_s)\boldsymbol{w}^{(t)}=\mathbf{0},s=1,2,3,\cdots,S \tag{10.69}$$

$$\lim_{t\to\infty}\boldsymbol{x}_c^{(t)}-\boldsymbol{A}_{\boldsymbol{\Phi}}^{\mathrm{H}}(\theta_c^{\mathrm{com}})\boldsymbol{w}^{(t)}=\mathbf{0},c=1,2,3,\cdots,C \tag{10.70}$$

$$\lim_{t\to\infty}\boldsymbol{v}_v^{(t)}-\boldsymbol{A}_{\boldsymbol{\Phi}}^{\mathrm{H}}(\theta_v^{\mathrm{eav}})\boldsymbol{w}^{(t)}=\mathbf{0},v=1,2,3,\cdots,V \tag{10.71}$$

此外，由于式（10.39）生成的序列 $\{\boldsymbol{w}^{(t)}\}$ 为闭式解，存在稳定点 $\boldsymbol{w}^*$ 满足 $\lim\limits_{t\to\infty}\{\boldsymbol{w}^{(t)}\}=\boldsymbol{w}^*$。从而可得下列不等式：

$$\left\|\boldsymbol{y}_i^{(t)}\right\|\leqslant\left\|\boldsymbol{y}_i^{(t)}-\boldsymbol{A}_{\boldsymbol{\Phi}}^{\mathrm{H}}(\theta_i)\boldsymbol{w}^{(t)}\right\|+\left\|\boldsymbol{A}_{\boldsymbol{\Phi}}^{\mathrm{H}}(\theta_i)\boldsymbol{w}^{(t)}\right\|,i=1,2,3,\cdots,I$$

$$\left\|\boldsymbol{y}_i^{(t)}\right\|\leqslant\left\|\boldsymbol{y}_i^{(t)}-\boldsymbol{A}_{\boldsymbol{\Phi}}^{\mathrm{H}}(\theta_i)\boldsymbol{w}^{(t)}\right\|+\left\|\boldsymbol{A}_{\boldsymbol{\Phi}}^{\mathrm{H}}(\theta_i)\boldsymbol{w}^{(t)}\right\|,s=1,2,3,\cdots,S$$

$$\left\|\boldsymbol{x}_c^{(t)}\right\|\leqslant\left\|\boldsymbol{x}_c^{(t)}-\boldsymbol{A}_{\boldsymbol{\Phi}}^{\mathrm{H}}(\theta_c^{\mathrm{com}})\boldsymbol{w}^{(t)}\right\|+\left\|\boldsymbol{A}_{\boldsymbol{\Phi}}^{\mathrm{H}}(\theta_c^{\mathrm{com}})\boldsymbol{w}^{(t)}\right\|,c=1,2,3,\cdots,C$$

$$\left\|\boldsymbol{v}_v^{(t)}\right\|\leqslant\left\|\boldsymbol{v}_v^{(t)}-\boldsymbol{A}_{\boldsymbol{\Phi}}^{\mathrm{H}}(\theta_v^{\mathrm{eav}})\boldsymbol{w}^{(t)}\right\|+\left\|\boldsymbol{A}_{\boldsymbol{\Phi}}^{\mathrm{H}}(\theta_v^{\mathrm{eav}})\boldsymbol{w}^{(t)}\right\|,v=1,2,3,\cdots,V$$

因此，序列 $\left\{\boldsymbol{y}_i^{(t)}\right\},\left\{\boldsymbol{z}_s^{(t)}\right\},\left\{\boldsymbol{x}_c^{(t)}\right\},\left\{\boldsymbol{v}_v^{(t)}\right\}$ 有界，存在稳定点 $\left\{\left(\boldsymbol{w}^{(t)},\boldsymbol{y}_i^{(t)},\boldsymbol{z}_s^{(t)},\boldsymbol{x}_c^{(t)},\boldsymbol{v}_v^{(t)}\right)\right\}$ 满足

$$\lim_{t\to\infty}\left\{\left(\boldsymbol{w}^{(t)},\boldsymbol{y}_i^{(t)},\boldsymbol{z}_s^{(t)},\boldsymbol{x}_c^{(t)},\boldsymbol{v}_v^{(t)}\right)\right\}=\left\{\left(\boldsymbol{w}^*,\boldsymbol{y}_i^*,\boldsymbol{z}_s^*,\boldsymbol{x}_c^*,\boldsymbol{v}_v^*\right)\right\} \tag{10.72}$$

和

$$\mathbf{0}=\lim_{t\to\infty}\boldsymbol{y}_i^{(t)}-\boldsymbol{A}_{\boldsymbol{\Phi}}^{\mathrm{H}}(\theta_i)\boldsymbol{w}^{(t)}=\boldsymbol{y}_i^*-\boldsymbol{A}_{\boldsymbol{\Phi}}^{\mathrm{H}}(\theta_i)\boldsymbol{w}^*,i=1,2,3,\cdots,I$$

$$\mathbf{0}=\lim_{t\to\infty}\boldsymbol{z}_s^{(t)}-\boldsymbol{A}_{\boldsymbol{\Phi}}^{\mathrm{H}}(\vartheta_s)\boldsymbol{w}^{(t)}=\boldsymbol{z}_s^*-\boldsymbol{A}_{\boldsymbol{\Phi}}^{\mathrm{H}}(\vartheta_s)\boldsymbol{w}^*,s=1,2,3,\cdots,S$$

$$\mathbf{0}=\lim_{t\to\infty}\boldsymbol{x}_c^{(t)}-\boldsymbol{A}_{\boldsymbol{\Phi}}^{\mathrm{H}}(\theta_c^{\mathrm{com}})\boldsymbol{w}^{(t)}=\boldsymbol{x}_c^*-\boldsymbol{A}_{\boldsymbol{\Phi}}^{\mathrm{H}}(\theta_c^{\mathrm{com}})\boldsymbol{w}^*,c=1,2,3,\cdots,C$$

$$\mathbf{0}=\lim_{t\to\infty}\boldsymbol{v}_v^{(t)}-\boldsymbol{A}_{\boldsymbol{\Phi}}^{\mathrm{H}}(\theta_v^{\mathrm{eav}})\boldsymbol{w}^{(t)}=\boldsymbol{v}_h^*-\boldsymbol{A}_{\boldsymbol{\Phi}}^{\mathrm{H}}(\theta_v^{\mathrm{eav}})\boldsymbol{w}^*,v=1,2,3,\cdots,V$$

此外，式（10.40）和式（10.41）所得$\epsilon^{(t+1)}$和$\eta^{(t+1)}$有界，满足$\lim\limits_{t\to\infty}\epsilon^{(t+1)}=\epsilon^*$和$\lim\limits_{t\to\infty}\eta^{(t+1)}=\eta^*$，其中，$\epsilon^*$和$\eta^*$为稳定点。

10.1.3　性能分析

本节主要从雷达方向图、符号相位分布、SER 及收敛性等方面对所提框架进行性能评估。考虑具有$N_{\mathrm{T}}=10$个发射天线且间隔为半波长的均匀线阵 MIMO 雷达，空间角间隔1°均匀划分离散格点，$\Theta_{\text{main}}=[-15^\circ,15^\circ]$，$\Pi=[-23^\circ,-16^\circ]\cup[16^\circ,23^\circ]$，$\Theta_{\text{side}}=[-90^\circ,-24^\circ]\cup[24^\circ,90^\circ]$。BOC 算法中，令退出条件为$\delta_2=K\times10^{-8}$，惩罚因子为$\rho_1=\rho_2=1$，当$E\geqslant1$时，$\rho_3=1$，否则$\rho_3=0$。

10.1.3.1　单通信用户 JRC 性能

考虑发射方向图不变和选择法[1]（Transmit Radiation Pattern Invariance and Selection，TRPIS）、基于线性化近似的交替方向乘子法（Linear Approximation-ADMM，LA-ADMM）和基于二次近似的交替方向乘子法（Quadratic Approximation-ADMM，QA-ADMM）[16]，以及基于频谱整形的单调迭代法[17]（Monotonic Iterative Method for Spectrum Shaping，MISS）作为对比算法。其中，TRPIS 的波束形成权向量由文献[18]生成，其母权向量采用最小极大准则优化，副瓣电平保持在 20dB 以下。此外，TRPIS 只能处理一个通信接收机，而不能同时考虑波束性能和非通信用户方向的同相位约束。不同算法采用相同空间区域划分，所得波束形成权向量$\boldsymbol{w}$的能量都归一化为$E=N_{\mathrm{T}}$。

首先考虑单个通信接收机（$C=1,\ V=0$）位于$\theta_1^{\text{com}}=-14^\circ$，图 10.2（a）～图 10.2（c）描述了在设计阶段分别假设$K=4,8,16$时 BOC、TRPIS、LA-ADMM、QA-ADMM 和 MISS 等算法所得 MIMO 雷达方向图。此外，表 10.1 显示了所得$J(\boldsymbol{w})$（dB）和运行时间，以进一步阐明相应算法的计算复杂度。K越大，运行时间越长。此外，本章提出的 BOC 优于其他算法，可在不设定方向图模板下用更短

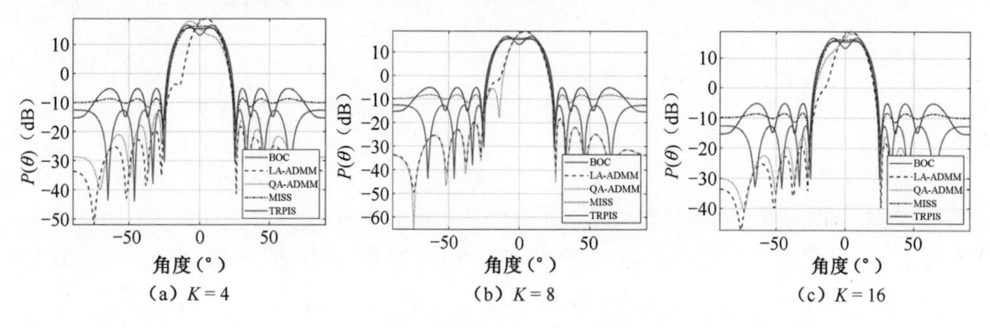

图 10.2　假设$\theta_1^{\text{com}}=-14^\circ$时，雷达方向图

的运行时间获得更高的 PMSR，证明了 BOC 的有效性。相对而言，TRPIS 从 $2^{N_T-1}-1$ 个复数根中选择 K 个，与母权向量相乘，形成相同的方向图和通信方向不同的相位角。因此，TRPIS 在不同 K 下所得方向图相同，且将能量等分到 K 个波束中。LA-ADMM 和 QA-ADMM 由于最小化积分副瓣与主瓣比，没有考虑纹波控制，因此有较高的 PMSR 电平。MISS 有较大的计算复杂度，因此需要大量的运算时间。

表 10.1 不同算法实现的 $J(\boldsymbol{w})/\text{dB}$ 和所需时间

算法	BOC		TRPIS		LA-ADMM		QA-ADMM		MISS	
K	$J(\boldsymbol{w})$（dB）	时间（s）	$J(\boldsymbol{w})$（dB）	时间（s）	$J(\boldsymbol{w})$（dB）	时间（s）	$J(\boldsymbol{w})$（dB）	时间（s）	$J(\boldsymbol{w})$（dB）	时间（s）
K=4	25.859	9.147	18.434	20.934	8.004	285.012	14.797	101.395	20.583	1940.693
K=8	25.868	10.920		20.994	10.103	412.551	18.918	199.568	20.376	1944.878
K=16	25.854	33.071		21.242	11.941	1048.964	17.323	619.481	20.480	2030.410

$K=4,8,16$ 时对应的通信发射符号分布（极坐标下密码本幅度 $\left|\bar{\boldsymbol{p}}_{\theta_1^{\text{com}}}\right|$ 随相位 $\arg\left\{\bar{\boldsymbol{p}}_{\theta_1^{\text{com}}}\right\}$ 的变化分布）分别如图 10.3（a）～图 10.3（c）所示。$\left|\bar{\boldsymbol{p}}_{\theta_1^{\text{com}}}\right|$ 一般随 K 的增大而减小。在给定 K 时，BOC 相比其他算法，一般能得到更大的 $\bar{\boldsymbol{p}}_{\theta_1^{\text{com}}}$ 幅度，这与图 10.2 中 $P(\theta_1^{\text{com}})$ 的大小一致。由于 BOC、LA-ADMM、QA-ADMM 的设计中均考虑了约束式（10.32），因此所得的参考字段相位角度都均匀分布在 $2\pi(k-1)/K,\ k=1,2,3,\cdots,K$，而 TRPIS 采用了复根选择方案，因此相位略有偏差。

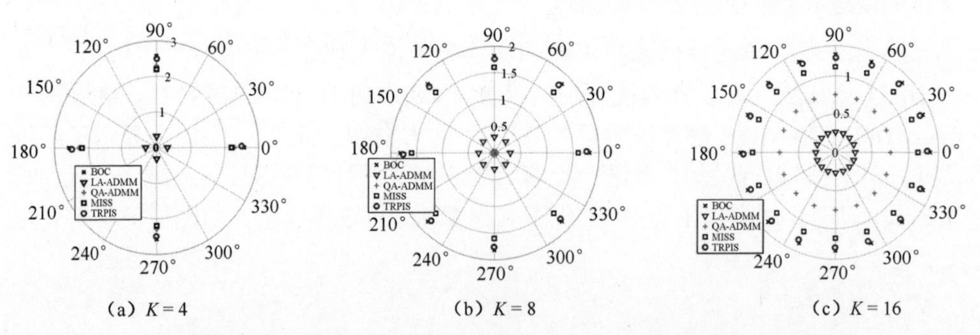

图 10.3 假设 $\theta_1^{\text{com}}=-14^\circ$ 时，极坐标下 $|\bar{\boldsymbol{p}}_{\theta_1^{\text{com}}}|$ 随 $\arg(\bar{\boldsymbol{p}}_{\theta_1^{\text{com}}})$ 变化

为了阐明解调性能，从 $K!$ 种情况中随机产生 10^4 个符号。此时穷举法在 K 较大时无法工作（$K=4,8,16$ 时总的符号个数分别为 4!=24，8!=40320 和 16!>2^{13}）。因此，采用算法 10.1 以实现信息解调，相关参数设为 $\rho^0=0.01$，$\delta_0=1.01$ 和 $\delta_1=10^{-4}$。首先定义第 c 个通信用户接收端的 PNR 和 SNR 分别为 $\text{PNR}=|\alpha_c|^2/\sigma_n^2$ 和 $\text{SNR}=\left\|\alpha_c\boldsymbol{P}_i^{\text{T}}\bar{\boldsymbol{p}}_{\theta_c^{\text{com}}}\right\|^2/\sigma_n^2=P(\theta)\times\text{PNR}$。本章提出的 BOC、TRPIS、LA-ADMM、

QA-ADMM 和 MISS 的通信用户端 SER 随 PNR 和 SNR 的变化曲线分别如图 10.4(a) 和图 10.4（b）所示。如预期的那样，PNR 或 SNR 的增加使得 SER 性能得到改善。更高的发射增益和更稀疏的 $\bar{\boldsymbol{p}}_{\theta_1^{\text{com}}}$ 相位分布导致了更大的差异性，波束性能权向量越少，解调性能越好，这与图 10.3 一致。另外，在固定 K 的情况下，由于提出的 BOC 相比其他算法可得更高的增益 b_c，其在固定 PNR 下有更低的 SER，然而 SER 随 SNR 变化曲线在给定 K 时是几乎重合的。换而言之，只要 $\arg\{\bar{\boldsymbol{p}}_{\theta_1^{\text{com}}}\}$ 均匀分布在 $[0,2\pi)$，解调性能仅依赖于接收 SNR 和 K，其中 SNR 取决于 PNR 和 $P(\theta)$。因此，通信接收端相同的 PNR 下，具有较高的 $P(\theta_c^{\text{com}})$ 值，进而较高的 SNR 的加权矩阵具有更好的解调性能。

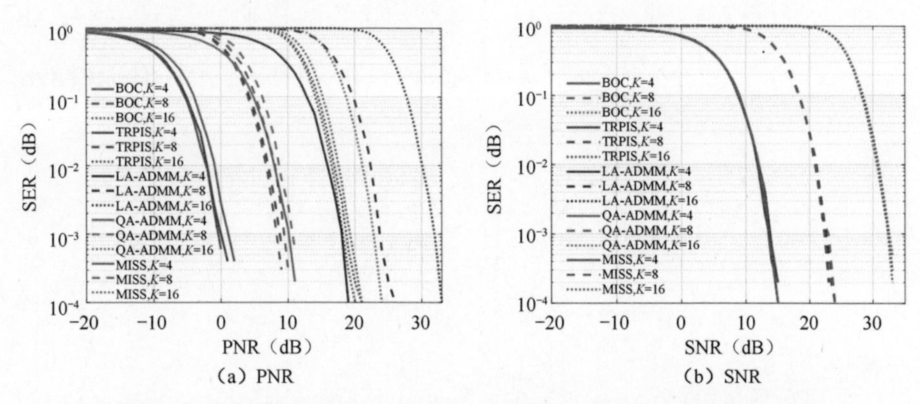

（a）PNR　（b）SNR

图 10.4　$\theta_1^{\text{com}} = -14^\circ$ 时，不同 K 下 SER 随 PNR 和 SNR 的变化曲线

10.1.3.2　多通信用户 JRC 性能

在 10.1.3.1 节基础上增加一个位于 $\theta_2^{\text{com}} = 40^\circ$ 的通信接收机，研究 $K = 4$ 时所提框架的性能。此时，文献[1]无法同时与两个通信用户通信。图 10.5（a）描述了 $C = 2$ 个通信用户下 BOC 所得雷达方向图，并与只有位于 $\theta_1^{\text{com}} = -14^\circ$ 的一个通信用户的情况做对比，即图 10.2（a）中 BOC 对应的曲线。结果显示，不同 C 下方向图相似，然而 $C=1$ 时方向图有更深的凹槽。此外，极坐标下 $|\bar{\boldsymbol{p}}_{\theta_c^{\text{com}}}|$ 随相位 $\arg(\bar{\boldsymbol{p}}_{\theta_c^{\text{com}}})$，$c = 1,2$ 的变化图如图 10.5（b）所示。由于 $P(\theta_1^{\text{com}}) > P(\theta_2^{\text{com}})$，幅度 b_1 高于 b_2。

$\theta_c^{\text{com}}, c = 1,2$ 方向的用户 SER 随 PNR 和 SNR 的变化曲线分别如图 10.6（a）和图 10.6（b）所示。由于位于 -14° 的通信用户有更高的方向图增益，其 SER 在相同 PNR 下远低于 40° 方向的通信用户。该结果与图 10.5（b）一致。如图 10.6（b）所示，两个通信用户的 SER 随 SNR 的变化曲线几乎一致，这是 PNR 补偿导致的 $\alpha_c b_c, c = 1,2$ 具有相同的振幅。结果再一次表明，解调性能在固定 K 和均匀分布的 $\arg(\bar{\boldsymbol{p}}_{\theta_c^{\text{com}}})$ 下仅与 SNR 有关，其中 SNR 又进一步受到 PNR 和辐射到用户能量的影响。

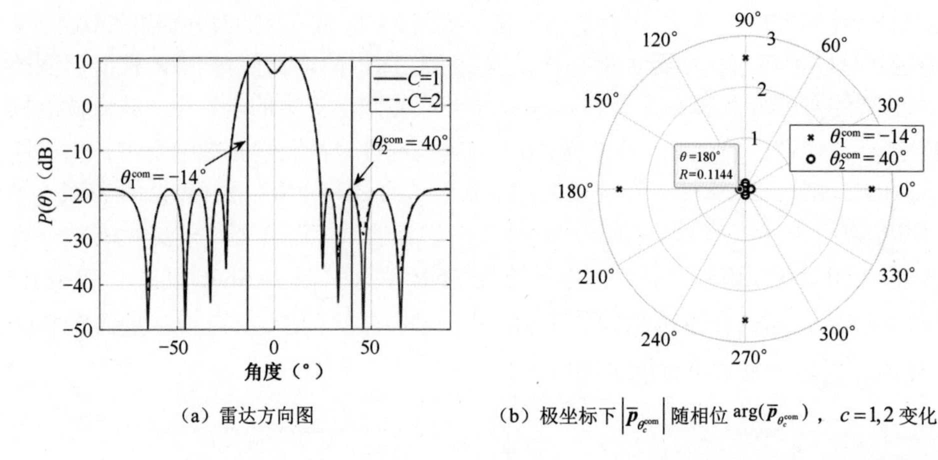

（a）雷达方向图　　（b）极坐标下 $\left|\bar{\boldsymbol{p}}_{\theta_c^{com}}\right|$ 随相位 $\arg(\bar{\boldsymbol{p}}_{\theta_c^{com}})$，$c=1,2$ 变化

图 10.5　K=4 下用户角度分别为 $\theta_1^{com}=-14°$ 和 $\theta_2^{com}=40°$ 时设计的加权向量的探通性能

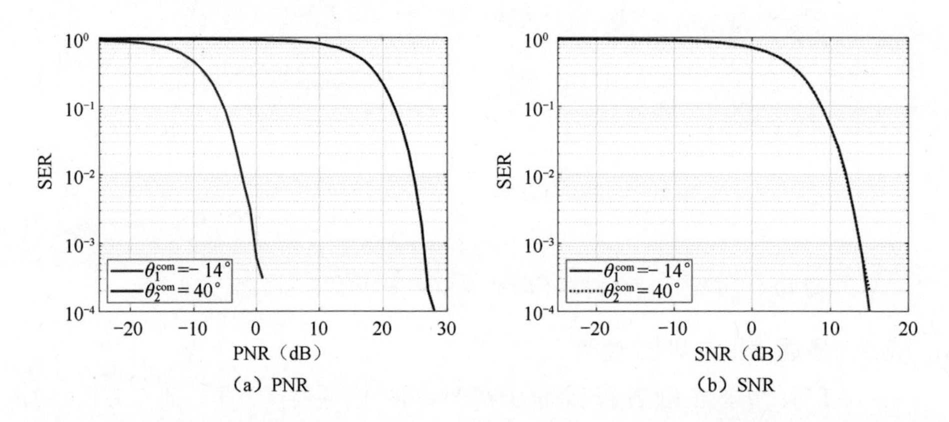

（a）PNR　　（b）SNR

图 10.6　K=4 下 $\theta_1^{com}=-14°$ 和 $\theta_2^{com}=40°$ 方向通信用户的 SER 随 PNR 和 SNR 变化曲线

假设当前脉冲一个非通信用户位于 $\theta_1^{eav}=7°$，一个通信接收机位于 $\theta_1^{com}=-14°$。在图 10.7（a）和图 10.7（b）中，分别提供了雷达方向图，以及 $\bar{\boldsymbol{p}}_{\theta_1^{com}}$ 和 $\bar{\boldsymbol{p}}_{\theta_1^{eav}}$ 极坐标分布情况。图 10.7（a）中不同 K 下方向图几乎重合，PMSR 电平约为 25.58dB。进一步地，图 10.7（b）中用“×”标记 $\bar{\boldsymbol{p}}_{\theta_1^{com}}$ 每个元素均匀分布于 $[0,2\pi)$，而用“○”标记的 $\bar{\boldsymbol{p}}_{\theta_1^{eav}}$ 各元素是完全相同的，因此在极坐标系中 $\bar{\boldsymbol{p}}_{\theta_1^{eav}}$ 各元素完全重合。图 10.7 突出了所提 BOC 算法有同时优化雷达方向图并控制通信和非通信用户方向的参考密码本相位分布的能力，然而 TRPIS 算法无法实现这一点。图 10.8 进一步描述了不同 K 值下 $\theta_1^{com}=-14°$ 方向通信用户 SER 随 PNR 的变化曲线。该图再一次显示了相同 PNR 下，由于有限的波束能量被等分为 K 个波束，SER 随着 K 的增大而增大。

为了评价设计阶段考虑非通信用户的重要性，接下来对比 $\theta_1^{\text{eav}}=7°$ 非通信用户的解调性能。分别发射 $K=4$ 时采用 BOC 所得的一体化信号，非通信用户解调 SER 随其接收 PNR 曲线如图 10.9 所示。当不考虑设计非通信角度密码本时，该方向在较大 PNR 下仍可获得较为准确的解调信息。然而，由于图 10.7（a）中加权向量设计中考虑了约束式（10.34），该方向接收信号无信息调制。因此，非通信用户的解调性能清楚地表明了波形设计阶段考虑该方向密码本约束对防止通信串扰或防止窃听的有效性。

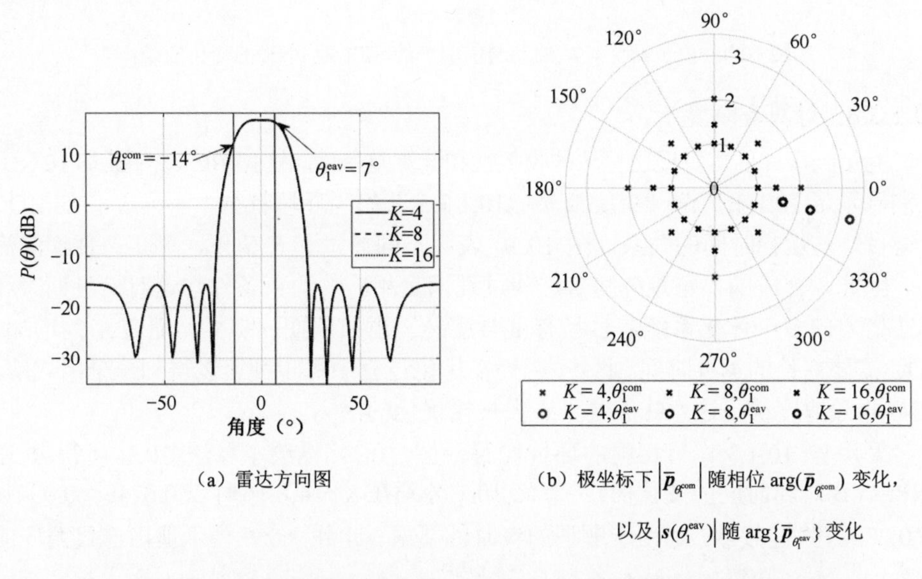

（a）雷达方向图

（b）极坐标下 $\left|\bar{\boldsymbol{p}}_{\theta_1^{\text{com}}}\right|$ 随相位 $\arg(\bar{\boldsymbol{p}}_{\theta_1^{\text{com}}})$ 变化，以及 $\left|\boldsymbol{s}(\theta_1^{\text{eav}})\right|$ 随 $\arg\{\bar{\boldsymbol{p}}_{\theta_1^{\text{eav}}}\}$ 变化

图 10.7　K=4, 8, 16 时 $\theta_1^{\text{com}}=-14°$ 和 $\theta_1^{\text{eav}}=7°$ 下设计的加权向量探通性能

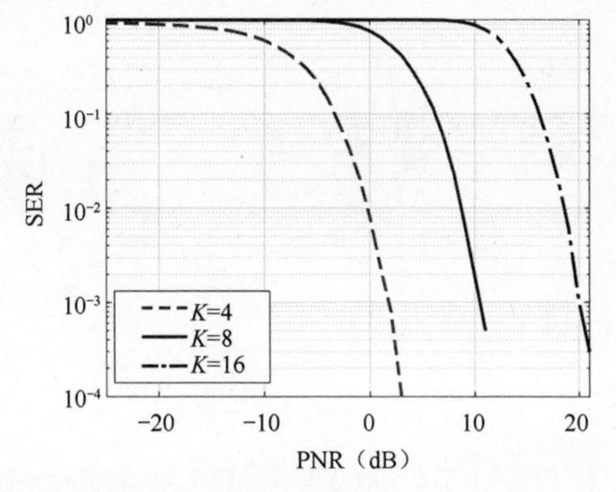

图 10.8　$\theta_1^{\text{com}}=-14°$ 角度通信用户的 SER 随 PNR 变化

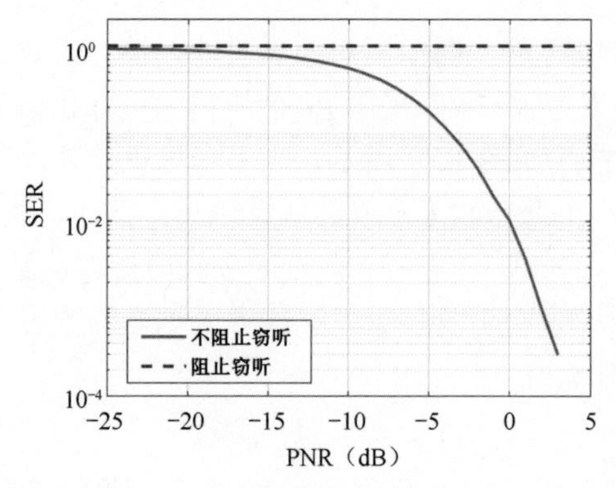

图 10.9　位于 $\theta_1^{\mathrm{eav}} = 7^\circ$ 的非通信用户的 SER 随 PNR 的变化曲线

10.1.3.3　计算复杂度

为进一步评估本章提出算法的收敛性和计算复杂度，图 10.10（a）～图 10.10（c）分别显示了 10.1.3.1 节、10.1.3.2 节、10.1.3.3 节相同环境特征下不同 K 值的 BOC 所得 $\Theta^{(t)}$ 与运行时间的关系。图 10.10 表明不同场景和 K 值下，停止条件逐渐满足。因此，合成的权重矩阵随着迭代过程满足相应的约束条件，这对信息调制和非通信方向多一体化系统兼容具有重要意义。正如预期的那样，随着 K 的增加，BOC 需要更长的运行时间。此外，因为在优化过程中每步都可以得到一个闭式解，BOC 收敛速度快，这意味着其具有大规模优化的潜力。

采用与 10.1.3.1 节相同的环境配置，图 10.11 描绘了算法 10.1 所得 Λ^l 在 PNR=0dB 时随时间的变化曲线。算法 10.1 分别在 $K = 4,8,16$ 时以 0.0248s、0.0341s 和 0.2898s 快速收敛，适用于解调的实时性要求。此外，令 l^* 表示退出迭代循环前的最后一次迭代次数，收敛参数 $\Lambda^{l^*} = \left\|\boldsymbol{q}_1^{l^*} - \boldsymbol{p}^{l^*}\right\|^2 + \left\|\boldsymbol{q}_2^{l^*} - \boldsymbol{p}^{l^*}\right\|^2$ 非常接近 0，暗示 $\lim\limits_{l\to\infty} \boldsymbol{p}^l = \lim\limits_{l\to\infty} \boldsymbol{q}_1^l = \lim\limits_{l\to\infty} \boldsymbol{q}_2^l$，因此，$\boldsymbol{p}^l$ 在满足置换矩阵约束的情况下收敛。

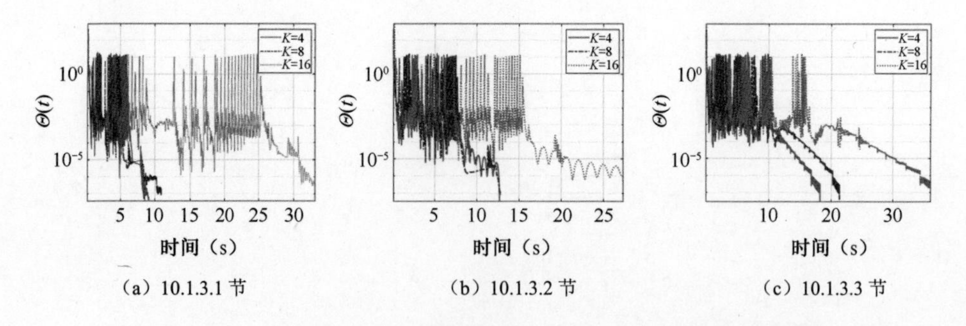

（a）10.1.3.1 节　　（b）10.1.3.2 节　　（c）10.1.3.3 节

图 10.10　与 10.1.3.1 节、10.1.3.2 节、10.1.3.3 节相同参数下 BOC 所得 $\Theta^{(t)}$ 随运算时间的变化曲线

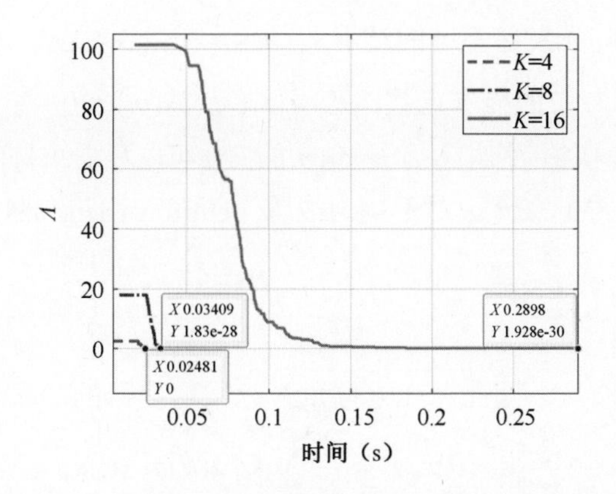

图 10.11　$K = 4,8,16$ 下算法 10.1 所得 Λ^l 随时间的变化曲线

10.2　基于空间频谱能量调制的探通一体化波形设计

本节介绍一种基于空间频谱能量调制的探通一体化设计方法，通过对通信方向上合成信号的 ESD 赋形来传输信息；考虑最小化发射方向图 ISL 来保证雷达的探测性能，同时考虑波形 PAR 和功率约束来满足系统硬件的要求，此外对波束主瓣宽度也进行了约束；提出一种基于新的 SBE 框架的优化方法，交替更新每个发射阵元的波形，从而使 ISL 单调递减。

10.2.1　系统模型

假设一个具有 N_{T} 个发射阵元的集中式窄带双功能 MIMO DFRC 系统在形成窄波束探测目标的同时，向 C 个通信用户传送通信信息，如图 10.12 所示。

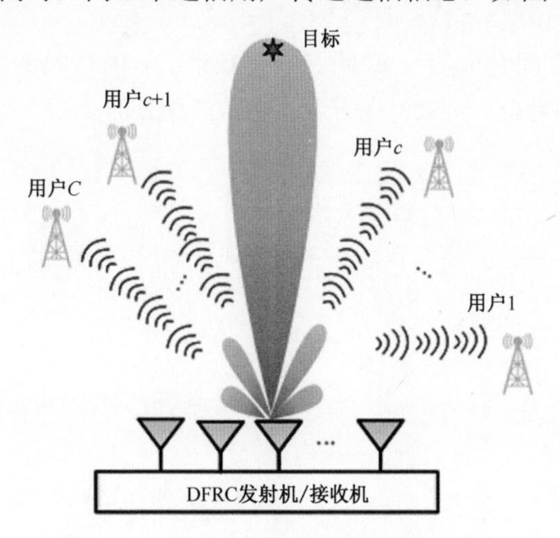

图 10.12　双功能 MIMO DFRC 工作场景

假设每个发射阵元发射不同的波形 $\boldsymbol{s}_n(m), n=1,2,3,\cdots,N_{\mathrm{T}}, m=1,2,3,\cdots,M$，其中 M 是每个发射脉冲中的样本点数。$\overline{\boldsymbol{s}}_m=[\boldsymbol{s}_1(m),\boldsymbol{s}_2(m),\boldsymbol{s}_3(m),\cdots,\boldsymbol{s}_{N_{\mathrm{T}}}(m)]^{\mathrm{T}}\in\mathbb{C}^{N_{\mathrm{T}}}$ 表示发射波形的第 m 个快拍。到达目标方位角 θ 的信号可以写成 $\boldsymbol{x}(m)=\boldsymbol{a}^{\mathrm{H}}(\theta)\overline{\boldsymbol{s}}_m$ [19-20,23]，其中 $\boldsymbol{a}(\theta)$ 表示发射导向矢量。对于均匀线阵（Uniform Linear Array，ULA），发射导向矢量为 $\boldsymbol{a}(\theta)=\left[1,\mathrm{e}^{\mathrm{j}2\pi\frac{d\sin\theta}{\lambda}},\mathrm{e}^{\mathrm{j}2\pi\frac{2d\sin\theta}{\lambda}},\cdots,\mathrm{e}^{\mathrm{j}2\pi\frac{d(N_{\mathrm{T}}-1)\sin\theta}{\lambda}}\right]^{\mathrm{T}}$ 给出，其中 d 和 λ 分别是发射阵元间距和波长。因此，在方位角 θ 处发射信号的功率可以计算为

$$\begin{aligned}\frac{1}{M}\sum_{m=1}^{M}\left\|\boldsymbol{a}^{\mathrm{H}}(\theta)\overline{\boldsymbol{s}}_m\right\|^2&=\frac{1}{M}\sum_{m=1}^{M}\overline{\boldsymbol{s}}_m^{\mathrm{H}}\boldsymbol{a}(\theta)\boldsymbol{a}^{\mathrm{H}}(\theta)\overline{\boldsymbol{s}}_m\\&=\frac{1}{M}\left\|\left(\boldsymbol{I}_M\otimes\boldsymbol{a}^{\mathrm{H}}(\theta)\right)\boldsymbol{s}\right\|^2=\boldsymbol{s}^{\mathrm{H}}\boldsymbol{A}(\theta)\boldsymbol{s}\end{aligned}\tag{10.73}$$

其中，$\boldsymbol{s}=\operatorname{vec}\left\{\left[\boldsymbol{s}_1,\boldsymbol{s}_2,\boldsymbol{s}_3,\cdots,\boldsymbol{s}_{N_{\mathrm{T}}}\right]^{\mathrm{T}}\right\}\in\mathbb{C}^{N_{\mathrm{T}}M}$，$\boldsymbol{A}(\theta)=\frac{1}{M}\boldsymbol{I}_M\otimes\left(\boldsymbol{a}(\theta)\boldsymbol{a}^{\mathrm{H}}(\theta)\right)$。

接下来，我们提出一种新的基于空间频谱能量的信息调制与解调方法。

10.2.1.1　基于空间频谱能量的信息调制方法

MIMO DFRC 系统发射一体化波形，同时完成目标检测和通信，发射波形会随着MIMO雷达探测工作环境的变化而变化，并且通常需要嵌入固定的通信协议。因此，这里提出了一种基于空间频谱能量的信息调制方法。具体地，假设 DFRC 系统分别与位于方位角 $\varphi_c, c=1,2,3,\cdots,C$ 的 C 个用户通信，朝向方位 φ_c 空间合成远场基带离散信号 $\boldsymbol{x}_c\in\mathbb{C}^M$ 可写为（忽略传播路径损耗）

$$\boldsymbol{x}_c=\boldsymbol{S}\boldsymbol{a}^*(\varphi_c)\tag{10.74}$$

其中，$\boldsymbol{S}=\left[\boldsymbol{s}_1,\boldsymbol{s}_2,\boldsymbol{s}_3,\cdots,\boldsymbol{s}_{N_{\mathrm{T}}}\right]^{\mathrm{T}}\in\mathbb{C}^{M\times N_{\mathrm{T}}}$。

朝向方位 φ_c 空间合成信号 $\boldsymbol{x}_c$ 的归一化频带 $\Omega\in[0,1)$ 如图 10.13 所示。用 L 个频带 $\Omega_l=(f_{l,1},f_{l,2})\in\Omega, l=1,2,3,\cdots,L$ 表示 L 位二进制序列。

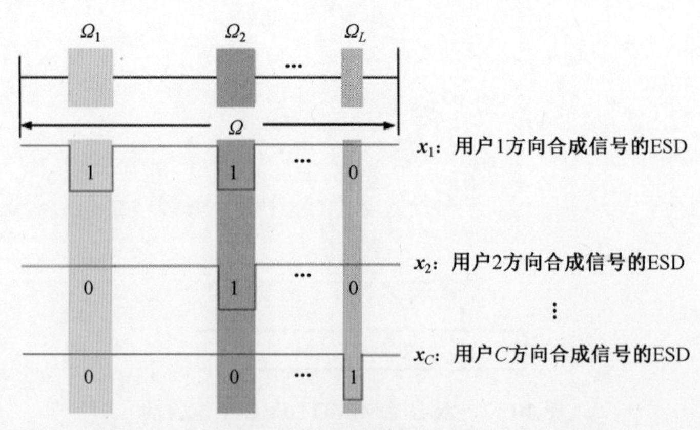

图 10.13　基于空间频谱通带和阻带的信息调制

不失一般性的假设，如果 Ω_l 是阻带，则所传送的二进制数据是“1”，对于通带则为“0”，其中 $f_{l,1}$ 和 $f_{l,2}$ 分别表示与 Ω_l 相关联的归一化频率的下界和上界。

MIMO DFRC 系统的 PRF 为 f_{PRF}，对于每个脉冲，它将为每个用户传递 L 比特信息，通信速率为

$$C_r = Lf_{\text{PRF}} \tag{10.75}$$

那么向第 c 个用户传送的最大通信符号数为 2^L。

10.2.1.2　基于空间频谱能量的信息解调方法

本节介绍一种通过双阈值准则的信息解调方法。假设理想的信道状态信息已知，则第 c 个用户接收到的基带回波 $\tilde{\boldsymbol{x}}_c \in \mathbb{C}^M$ 可以写为

$$\tilde{\boldsymbol{x}}_c = \beta_c \boldsymbol{S}\boldsymbol{a}^*(\varphi_c) + \boldsymbol{v}_c \tag{10.76}$$

其中，β_c 为表征信道传播衰减的复数常数，$\boldsymbol{v}_c \in \mathbb{C}^M$ 表示由均值为 0，方差为 σ_c^2 的独立随机变量构成的加性噪声矢量。

在第 c 个通信接收机处，我们可以检测相应的频段能量来解调信息。更详细地说，我们对 $\tilde{\boldsymbol{x}}_c$ 进行 $\bar{K}$ 点 DFT 运算，然后计算 $\Omega_l, l=1,2,3,\cdots,L$ 对应的平均频带能量 $e_{l,c}$（单位为 dB），即

$$e_{l,c} = 10\lg\left(\hat{\boldsymbol{x}}_c^{\text{H}} \boldsymbol{F}_l \boldsymbol{F}_l^{\text{H}} \hat{\boldsymbol{x}}_c / N_l\right) \tag{10.77}$$

其中，$\hat{\boldsymbol{x}}_c = \left[\tilde{\boldsymbol{x}}_c^{\text{T}}, \boldsymbol{0}_{\bar{K}-M}^{\text{T}}\right]^{\text{T}} \in \mathbb{C}^{\bar{K}}$，$\boldsymbol{F}_l \in \mathbb{C}^{\bar{K}\times(N_l+1)}$ 是 DFT 矩阵，它的第 n_l 列为 $\left[1, \mathrm{e}^{\mathrm{j}2\pi f_l^{n_l}}, \mathrm{e}^{\mathrm{j}2\pi\cdot 2f_l^{n_l}}, \cdots, \mathrm{e}^{\mathrm{j}2\pi f_l^{n_l}(\bar{K}-1)}\right]^{\text{T}}$，这里 $f_l^{n_l} = f_{l,1} + (n_l - 1)2\pi/\bar{K}, n_l = 1,2,3,\cdots,N_l+1$，$N_l = \left\lfloor \dfrac{f_{l,2} - f_{l,1}}{2\pi/\bar{K}} \right\rfloor$，$2\pi/\bar{K}$ 是频率步长。

那么，第一重阈值为

$$\text{th}_0 = \frac{\max\limits_{l=1,2,3,\cdots,L} e_{l,c} + \min\limits_{l=1,2,3,\cdots,L} e_{l,c}}{2} \tag{10.78}$$

如果 $e_{l,c} \geqslant \text{th}_0$，则通信信息为“0”，对应的索引集合为 $\gamma_0 = \{l_{0,1}, l_{0,2}, l_{0,3}, \cdots, l_{0,L_0}\}$；其余索引集为 $\gamma_1 = \{l_{1,1}, l_{1,2}, l_{1,3}, \cdots, l_{1,L_1}\}$，满足 $L_0 + L_1 = L$。

由于通信通带内可能存在零频点，因此在存在高噪声水平的情况下可能被分类为阻带。因此，有必要对这些具有对应指标集合 γ_1 的频段进行第二阈值判断。现在，对 $e_{l,c}, l \in \gamma_1$ 的值进行排序，并表示为 $[e_1, e_2, e_3, \cdots, e_{L_1}]$，其中 $e_1 \leqslant e_2 \leqslant e_3 \leqslant \cdots \leqslant e_{L_1}$。如果 $L_1 = 1$，则不执行第二次阈值判断。否则，计算第二个阈值：

$$\mathrm{th}_1 = \frac{a+b}{2} \tag{10.79}$$

其中 $a = e_{L_1}$，并且如果 $L_1 = 2$，则 $b = e_1$，如果 $L_1 > 2$，则 $b = e_2$，如果 $|e_{l,c} - \mathrm{th}_0| < |e_{l,c} - \mathrm{th}_1|$，这意味着 $e_{l,c}$ 更接近 th_0，则信息是“0”，否则为“1”。

从上面的讨论来看，当在每个脉冲中传输全 0 或全 1 序列时，双阈值方法可能不能正确解调。假设全 0 或全 1 序列在所考虑的场景中不会被调制。

10.2.2 问题描述

本节重点介绍在通信阻带和通带、主瓣电平、PAR 和天线功率约束的情况下，通过最小化发射方向图的 ISL 来构造 MIMO DFRC 波形设计问题。

假设 $\psi_k, k=1,2,3,\cdots,\hat{K}$ 表示波束主瓣方向，由 $\phi_k, k=1,2,3,\cdots,\tilde{K}$ 表示旁瓣区域。因此，发射方向图的 ISL 定义为

$$\mathrm{ISL} = \frac{\sum_{k=1}^{\tilde{K}} \boldsymbol{s}^{\mathrm{H}} \boldsymbol{A}(\phi_k) \boldsymbol{s}}{\sum_{k=1}^{\hat{K}} \boldsymbol{s}^{\mathrm{H}} \boldsymbol{A}(\psi_k) \boldsymbol{s}} = \frac{\boldsymbol{s}^{\mathrm{H}} \boldsymbol{A}_{\mathrm{s}} \boldsymbol{s}}{\boldsymbol{s}^{\mathrm{H}} \boldsymbol{A}_{\mathrm{m}} \boldsymbol{s}} \tag{10.80}$$

其中，$\boldsymbol{A}_{\mathrm{s}} = \frac{1}{M} \sum_{k=1}^{\tilde{K}} \boldsymbol{I}_M \otimes \boldsymbol{a}(\phi_k) \boldsymbol{a}^{\mathrm{H}}(\phi_k)$，$\boldsymbol{A}_{\mathrm{m}} = \frac{1}{M} \sum_{k=1}^{\hat{K}} \boldsymbol{I}_M \otimes \boldsymbol{a}(\psi_k) \boldsymbol{a}^{\mathrm{H}}(\psi_k)$。

（1）通信阻带约束：当传输比特“1”表示阻带时，第 c 个用户的空间频谱阻带能量可以表示为

$$E_{\mathrm{sc}} = \sum_{l=1}^{L} \beta_{l,c} \boldsymbol{x}_c^{\mathrm{H}} \boldsymbol{R}_l \boldsymbol{x}_c = \sum_{l=1}^{L} \beta_{l,c} \boldsymbol{a}^{\mathrm{T}}(\varphi_c) \boldsymbol{S}^{\mathrm{H}} \boldsymbol{R}_l \boldsymbol{S} \boldsymbol{a}^*(\varphi_c) \tag{10.81}$$

其中，$\boldsymbol{R}_l$ 的第 (m,n) 个元素为[24-27]

$$\boldsymbol{R}_l(m,n) = \begin{cases} \dfrac{\mathrm{e}^{\mathrm{j}2\pi f_{l,2}(m-n)} - \mathrm{e}^{\mathrm{j}2\pi f_{l,1}(m-n)}}{\mathrm{j}2\pi(m-n)}, & m \neq n \\ f_{l,2} - f_{l,1}, & m \neq n \end{cases} \tag{10.82}$$

$\beta_{l,c} \in \{0,1\}$ 表示第 l 个频带的加权参数，具体地，如果 $\beta_{l,c} = 1$，则为“1”，否则为“0”。基于 $\mathrm{tr}\{\boldsymbol{AXBX}^{\mathrm{T}}\boldsymbol{C}\} = \mathrm{vec}\{\boldsymbol{X}\}^{\mathrm{T}} (\boldsymbol{B}^{\mathrm{T}} \otimes \boldsymbol{CA}) \mathrm{vec}\{\boldsymbol{X}\}$ [28]，$E_{\mathrm{sc}} = \sum_{l=1}^{L} \beta_{l,c} \boldsymbol{s}^{\mathrm{H}} \cdot [\boldsymbol{R}_l^{\mathrm{H}} \otimes (\boldsymbol{a}(\varphi_c) \boldsymbol{a}^{\mathrm{H}}(\varphi_c))] \boldsymbol{s}$，那么 C 个用户的总频谱阻带能量为 $E_{\mathrm{s}} = \sum_{c=1}^{C} E_{\mathrm{sc}} = \boldsymbol{s}^{\mathrm{H}} \boldsymbol{R}_{\mathrm{s}} \boldsymbol{s}$，其中 $\boldsymbol{R}_{\mathrm{s}} = \sum_{c=1}^{C} \sum_{l=1}^{L} \beta_{l,c} [\boldsymbol{R}_l^{\mathrm{H}} \otimes (\boldsymbol{a}(\varphi_c) \boldsymbol{a}^{\mathrm{H}}(\varphi_c))]$。为实现有效通信，需要添加阻带约束，即

$$\boldsymbol{s}^{\mathrm{H}}\boldsymbol{R}_{\mathrm{s}}\boldsymbol{s} \leqslant \eta_s \tag{10.83}$$

其中，η_{s} 是允许传输阻带能量的上界。

（2）通信通带约束：与通信阻带约束类似，第 c 个用户的频谱通带能量可以表示为

$$E_{\mathrm{pc}} = \sum_{l=1}^{L} v_{l,c}\boldsymbol{x}_c^{\mathrm{H}}\boldsymbol{R}_l\boldsymbol{x}_c = \sum_{l=1}^{L} v_{l,c}\boldsymbol{a}^{\mathrm{T}}(\varphi_c)\boldsymbol{S}^{\mathrm{H}}\boldsymbol{R}_l\boldsymbol{S}\boldsymbol{a}^{*}(\varphi_c) \tag{10.84}$$

其中，$v_{l,c} \in \{0,1\}$ 表示第 l 个频带的加权参数，具体地，如果 $v_{l,c}=1$，则为“0”，否则为“1”。C 个用户总的频谱通带能量为 C，其中 $\boldsymbol{R}_c = \sum_{l=1}^{L} v_{l,c}[\boldsymbol{R}_l^{\mathrm{H}} \otimes (\boldsymbol{a}(\varphi_c)\boldsymbol{a}^{\mathrm{H}}(\varphi_c))]$。

为保证通信的可靠性，我们对每个用户添加频谱通带能量约束，即

$$\eta_{\mathrm{pc}} \leqslant \boldsymbol{s}^{\mathrm{H}}\boldsymbol{R}_c\boldsymbol{s},\quad c=1,2,3,\cdots,C \tag{10.85}$$

其中，η_{pc} 是第 c 个用户所需发射能量的下限。

（3）主瓣宽度约束：为保证发射方向图的大部分能量指向目标区域，需添加主瓣宽度约束[20]

$$P_L - \delta \leqslant \frac{\boldsymbol{s}^{\mathrm{H}}\boldsymbol{A}_k\boldsymbol{s}}{\boldsymbol{s}^{\mathrm{H}}\boldsymbol{A}_0\boldsymbol{s}} \leqslant P_L + \delta,\ k=1,2 \tag{10.86}$$

其中，$\boldsymbol{A}_k = \frac{1}{M}\boldsymbol{I}_M \otimes \boldsymbol{a}(\theta_k)\boldsymbol{a}^{\mathrm{H}}(\theta_k)$，$\theta_2-\theta_1$（满足 $\theta_2 \geqslant \theta_0 \geqslant \theta_1$）表示主瓣宽度，$P_L \in (0,1)$，$\delta$ 是一个小的正数。特别是当 $\delta=0$ 和 $P_L=0.5$ 时，即为 3dB 主瓣宽度。设定 $\delta>0$ 可换取更大的优化自由度。

（4）PAR 约束：为避免大功率放大器工作在接近饱和模式时的发射信号失真，同时降低数模转换器的动态范围要求[24,29]，考虑如下波形 PAR 约束

$$\frac{\max\limits_{m=1,2,3,\cdots,M} |\boldsymbol{s}_n(m)|^2}{\frac{1}{M}\|\boldsymbol{s}_n\|^2} \leqslant \gamma, n=1,2,3,\cdots,N_{\mathrm{T}} \tag{10.87}$$

其中，γ 控制 $\boldsymbol{s}_n$ 上允许的最大 PAR。当 $\gamma=1$ 时，PAR 约束退化为常用的恒模约束。本节设定 $\gamma>1$ 以确保有更多的优化自由度。

（5）功率约束：为控制发射功率的大小，考虑每个发射阵元的功率约束和总功率约束[19-20]，即

$$\begin{gathered}\frac{p_0}{N_{\mathrm{T}}}(1-\kappa) \leqslant \frac{1}{M}\|\boldsymbol{s}_n\|^2 \leqslant \frac{p_0}{N_{\mathrm{T}}}(1+\kappa),\ n=1,2,3,\cdots,N_{\mathrm{T}} \\ \frac{1}{M}\|\boldsymbol{s}\|^2 = p_0\end{gathered} \tag{10.88}$$

其中，κ 是一个小的正标量，第二个约束为总传输功率恒为 p_0。

为了在实现通信信息传输的同时保证良好的 MIMO 雷达发射方向图性能，在多个实际约束条件下最大化 1/ISL，即

$$
\mathcal{P}_1\begin{cases}\max\limits_{s} & \dfrac{s^{\mathrm{H}}A_{\mathrm{m}}s}{s^{\mathrm{H}}A_{\mathrm{s}}s}\\ \text{s.t.} & (1)\ s^{\mathrm{H}}R_{\mathrm{s}}s\leqslant\eta_{\mathrm{s}}\\ & (2)\ \eta_{\mathrm{pc}}\leqslant s^{\mathrm{H}}R_{c}s,\ c=1,2,3,\cdots,C\\ & (3)\ P_L-\delta\leqslant\dfrac{s^{\mathrm{H}}A_{k}s}{s^{\mathrm{H}}A_{0}s}\leqslant P_L+\delta,\ k=1,2\\ & (4)\ \dfrac{\max\limits_{m=1,2,3,\cdots,M}\left|s_n(m)\right|^2}{\dfrac{1}{M}\|s_n\|^2}\leqslant\gamma,\ n=1,2,3,\cdots,N_{\mathrm{T}}\\ & (5)\ \dfrac{p_0}{N_{\mathrm{T}}}(1-\kappa)\leqslant\dfrac{1}{M}\|s_n\|^2\leqslant\dfrac{p_0}{N_{\mathrm{T}}}(1+\kappa),\ n=1,2,3,\cdots,N_{\mathrm{T}}\\ & (6)\ \dfrac{1}{M}\|s\|^2=p_0\end{cases}\tag{10.89}
$$

因为目标函数和可行集都是非凸的，$\mathcal{P}_1$ 是一个多约束高维非凸优化问题。为求解该优化问题，这里提出了一种具有多项式时间计算复杂度的迭代算法。

10.2.3 基于 SBE-DSADMM 算法的探通一体化波形设计

本节采用 SBE-DSADMM 算法来求解 $\mathcal{P}_1$。首先基于数学特征，将 $\mathcal{P}_1$ 等价变换为 $\mathcal{P}_2$，进而顺序优化块变量 $(s_1,s_2,s_3,\cdots,s_{N_{\mathrm{T}}})$ 单调递增目标函数，在每次求解块变量 $(s_1,s_2,s_3,\cdots,s_{N_{\mathrm{T}}})$ 的过程中首先利用 DA 将原分式问题转换为一个二次优化问题，然后利用 SCA 算法把非凸的二次优化问题近似转换为凸二次优化问题，最后采用 ADMM 算法求解该凸问题。

10.2.3.1 算法描述

首先，将上述问题等价地转化为

$$
\mathcal{P}_2\begin{cases}\max\limits_{s} & \dfrac{s^{\mathrm{H}}A_{\mathrm{m}}s}{s^{\mathrm{H}}A_{\mathrm{s}}s}\\ \text{s.t.} & (1)\ s^{\mathrm{H}}R_{\mathrm{s}}s\leqslant\eta_{\mathrm{s}}\\ & (2)\dfrac{\eta_{\mathrm{pc}}}{Mp}\leqslant\dfrac{s^{\mathrm{H}}R_c s}{\|s\|^2},\ \forall c=1,2,3,\cdots,C\\ & (3)\ P_L-\delta\leqslant\dfrac{s^{\mathrm{H}}A_k s}{s^{\mathrm{H}}A_0 s}\leqslant P_L+\delta,\ k=1,2\\ & (4)\dfrac{\max\limits_{m=1,2,3,\cdots,M}\left|s_n(m)\right|^2}{\dfrac{1}{M}\|s_n\|^2}\leqslant\gamma,\ n=1,2,3,\cdots,N_{\mathrm{T}}\\ & (5)\dfrac{1}{M}\|s_n\|^2\leqslant\dfrac{p_0}{N_{\mathrm{T}}}(1+\kappa),\ n=1,2,3,\cdots,N_{\mathrm{T}}\\ & (6)\dfrac{1}{N_{\mathrm{T}}}(1-\kappa)\leqslant\dfrac{\|s_n\|^2}{\|s\|^2},\ n=1,2,3,\cdots,N_{\mathrm{T}}\\ & (7)\dfrac{1}{Mp_0}\|s\|^2\geqslant 1\end{cases}\tag{10.90}
$$

具体证明过程见附录 R。

接下来，提出了一种基于 SBE-DSADMM 的算法来求解 $\mathcal{P}_2$。基于 SBE 框架，顺序优化 $(s_1,s_2,s_3,\cdots,s_{N_{\mathrm{T}}})$ 单调递增 $f\left(s_1,s_2,s_3,\cdots,s_{N_{\mathrm{T}}}\right)=\dfrac{s^{\mathrm{H}}A_{\mathrm{m}}s}{s^{\mathrm{H}}A_{\mathrm{s}}s}$。在每次迭代过程中，在保持其他变量不变的情况下，依次优化 $f\left(s_1,s_2,s_3,\cdots,s_{N_{\mathrm{T}}}\right)$ 在 $\left(s_1,s_2,s_3,\cdots,s_{N_{\mathrm{T}}}\right)$ 中的一个块变量，如 s_n。设 $s_n^{(i)}$，$n=1,2,3,\cdots,N_{\mathrm{T}}$ 表示第 i 次迭代的第 n 个阵元的发射波形，在第 i 次迭代时，需要依次求解非凸问题 $\mathcal{P}_{s_n^{(i)}},n=1,2,3,\cdots,N_{\mathrm{T}}$，具体表达如下：

$$
\mathcal{P}_{s_n^{(i)}}\begin{cases}\max\limits_{s_i} & f(s_1^{(i)},s_2^{(i)},s_3^{(i)},\cdots,s_{n-1}^{(i)},s_n,s_{n+1}^{(i-1)},\cdots,s_{N_{\mathrm{T}}}^{(i-1)})\\ \text{s.t.} & s_n\in\mathcal{S}_n^{(i)}\end{cases}\tag{10.91}
$$

并且 $\mathcal{S}_n^{(i)}$ 表示第 i 次迭代 s_n 的可行集。

接下来，提出求解 $\mathcal{P}_{s_n^{(i)}}$ 的 DSADMM 算法，并证明相应的收敛解是 $\mathcal{P}_{s_n^{(i)}}$ 的 KKT 点。然后，给出 SBE-DSADMM 算法求解 $\mathcal{P}_2$ 的整个过程。最后给出求解 $\mathcal{P}_2$ 的初始可行点算法。

1）基于 DSADMM 算法求解 $\mathcal{P}_{s_n^{(i)}}$

本节结合 DA、SCA 和 ADMM 的 DSADMM 算法来获得 $s_n^{(i)}$。更具体地说，首先介绍 DA 的逐次优化非凸二次问题的迭代过程[30]。其次在每次迭代中，SCA

将非凸优化问题近似为凸优化问题，最后利用 ADMM 算法求解上述凸优化问题。通过一些代数运算，$\mathcal{P}_{s_n^{(i)}}$ 可以被转化为

$$\mathcal{P}_{s_n^{(i)}}\begin{cases}\max\limits_{s_n} & f(\boldsymbol{s}_n;\overline{\boldsymbol{s}}_{-n}^{(i)}) \\ \text{s.t.} & (1)\ \boldsymbol{s}_n^{\mathrm{H}}\boldsymbol{R}_{\mathrm{s}n}\boldsymbol{s}_n+\Re\{\boldsymbol{r}_{\mathrm{s}n}^{\mathrm{H}}\boldsymbol{s}_n\}+r_{\mathrm{s}n}\leqslant 0 \\ & (2)\ \overline{\eta}_{\mathrm{pc}}(\boldsymbol{s}_n^{\mathrm{H}}\boldsymbol{A}_{cn}\boldsymbol{s}_n+\Re\{\boldsymbol{a}_{cn}^{\mathrm{H}}\boldsymbol{s}_n\}+a_{cn})\leqslant\boldsymbol{s}_n^{\mathrm{H}}\boldsymbol{R}_{cn}\boldsymbol{s}_n+\Re\{\boldsymbol{r}_{cn}^{\mathrm{H}}\boldsymbol{s}_n\}+r_{cn}, \\ & \quad c=1,2,3,\cdots,C \\ & (3)\ (P_L-\delta)(\boldsymbol{s}_n^{\mathrm{H}}\boldsymbol{A}_{0n}\boldsymbol{s}_n+\Re\{\boldsymbol{a}_{0n}^{\mathrm{H}}\boldsymbol{s}_n\}+a_{0n})-(\boldsymbol{s}_n^{\mathrm{H}}\boldsymbol{A}_{kn}\boldsymbol{s}_n \\ & \quad +\Re\{\boldsymbol{a}_{kn}^{\mathrm{H}}\boldsymbol{s}_n\}+a_{kn})\leqslant 0,k=1,2 \\ & (4)\ (\boldsymbol{s}_n^{\mathrm{H}}\boldsymbol{A}_{kn}\boldsymbol{s}_n+\Re\{\boldsymbol{a}_{kn}^{\mathrm{H}}\boldsymbol{s}_n\}+a_{kn})-(P_L+\delta)\times(\boldsymbol{s}_n^{\mathrm{H}}\boldsymbol{A}_{0n}\boldsymbol{s}_n+ \\ & \quad \Re\{\boldsymbol{a}_{0n}^{\mathrm{H}}\boldsymbol{s}_n\}+a_{0n})\leqslant 0,k=1,2 \\ & (5)\ |\boldsymbol{s}_n(m)|^2-\dfrac{\gamma}{M}\|\boldsymbol{s}_n\|^2\leqslant 0,\forall m \\ & (6)\ \|\boldsymbol{s}_n\|^2+p_{0n}\leqslant 0 \\ & (7)\ -\|\boldsymbol{s}_n\|^2+e_n\leqslant 0\end{cases}\tag{10.92}$$

其中，$f(\boldsymbol{s}_n;\overline{\boldsymbol{s}}_{-n}^{(i)})=\dfrac{\boldsymbol{s}_n^{\mathrm{H}}\boldsymbol{B}_n\boldsymbol{s}_n+\Re\{\boldsymbol{b}_n^{\mathrm{H}}\boldsymbol{s}_n\}+b_n}{\boldsymbol{s}_n^{\mathrm{H}}\boldsymbol{W}_n\boldsymbol{s}_n+\Re\{\boldsymbol{w}_n^{\mathrm{H}}\boldsymbol{s}_n\}+w_n}$。

具体证明过程见附录 S。

注意 $\mathcal{P}_{s_n^{(i)}}$ 仍然是一个非凸问题。借助于广义分式规划理论，我们引入一个参数 y，用于将目标函数 $f(\boldsymbol{s}_n;\overline{\boldsymbol{s}}_{-n}^{(i)})$ 变换为以下目标函数：

$$\chi(y,\boldsymbol{s}_n)=f_0(\boldsymbol{s}_n)-yf_1(\boldsymbol{s}_n)$$

其中，$f_0(\boldsymbol{s}_n)=\boldsymbol{s}_n^{\mathrm{H}}\boldsymbol{B}_n\boldsymbol{s}_n+\Re\{\boldsymbol{b}_n^{\mathrm{H}}\boldsymbol{s}_n\}+b_n$，$f_1(\boldsymbol{s}_n)=\boldsymbol{s}_n^{\mathrm{H}}\boldsymbol{W}_n\boldsymbol{s}_n+\Re\{\boldsymbol{w}_n^{\mathrm{H}}\boldsymbol{s}_n\}+w_n$。求解 $\mathcal{P}_{s_n^{(i)}}$ 可以转化为求解如下问题：

$$\begin{cases}\max\limits_{y,s_n} & \chi(y,\boldsymbol{s}_n) \\ \text{s.t.} & \{\boldsymbol{s}_n\}\in\mathcal{S}_n^{(i)}\end{cases}\tag{10.93}$$

采用 DA 求解上述问题。假设第 t 次迭代解分别为 $y_{(t)}$ 和 $\boldsymbol{s}_{n(t)}$。

（1）给定 $\boldsymbol{s}_{n(t-1)},y_{(t)}=f_0(\boldsymbol{s}_{n(t-1)})/f_1(\boldsymbol{s}_{n(t-1)})$。

（2）给定 $y_{(t)}$，通过求解下式来更新 $\boldsymbol{s}_n$：

$$\begin{cases}\max\limits_{s_n} & \chi(y_{(t)},\boldsymbol{s}_n) \\ \text{s.t.} & \{\boldsymbol{s}_n\}\in\mathcal{S}_n^{(t)}\end{cases}\tag{10.94}$$

其中，$\mathcal{S}_n^{(t)}$ 为 DA 中第 t 次 $\boldsymbol{s}_n$ 的可行集。

（3）重复上述过程直至收敛。

然而，由于非凸约束和非凹目标函数，问题式（10.94）仍然难以解决。接下来采用 SCA 将问题式（10.94）近似为如下凸优化问题：

$$
\mathcal{P}_{s_{n(t)}}\begin{cases}\max\limits_{s_n} & \boldsymbol{s}_n^{\mathrm{H}}\boldsymbol{D}_n\boldsymbol{s}_n+\Re\{\boldsymbol{d}_n^{\mathrm{H}}\boldsymbol{s}_n\}+d_n\\ \text{s.t.} & \boldsymbol{s}_n^{\mathrm{H}}\boldsymbol{R}_{sn}\boldsymbol{s}_n+\Re\{\boldsymbol{r}_{sn}^{\mathrm{H}}\boldsymbol{s}_n\}+r_{sn}\leqslant 0\\ & \boldsymbol{s}_n^{\mathrm{H}}\overline{\boldsymbol{R}}_{cn}\boldsymbol{s}_n+\Re\{\overline{\boldsymbol{r}}_{cn}^{\mathrm{H}}\boldsymbol{s}_n\}+\overline{r}_{cn}\leqslant 0,\ c=1,2,3,\cdots,C\\ & \boldsymbol{s}_n^{\mathrm{H}}\overline{\boldsymbol{A}}_{kn}\boldsymbol{s}_n+\Re\{\overline{\boldsymbol{a}}_{kn}^{\mathrm{H}}\boldsymbol{s}_n\}+\overline{a}_{kn}\leqslant 0,\ k=1,2\\ & \boldsymbol{s}_n^{\mathrm{H}}\tilde{\boldsymbol{A}}_{kn}\boldsymbol{s}_n+\Re\{\tilde{\boldsymbol{a}}_{kn}^{\mathrm{H}}\boldsymbol{s}_n\}+\tilde{a}_{kn}\leqslant 0,\ k=1,2\\ & |\boldsymbol{s}_n(m)|^2+\Re\{\boldsymbol{q}_n^{\mathrm{H}}\boldsymbol{s}_n\}+q_n\leqslant 0,\ m=1,2,3,\cdots,M\\ & \|\boldsymbol{s}_n\|^2+p_{0n}\leqslant 0\\ & \Re\{\overline{\boldsymbol{q}}_n^{\mathrm{H}}\boldsymbol{s}_n\}+\overline{q}_n\leqslant 0\end{cases}\tag{10.95}
$$

具体证明过程见附录 T。

最后采用 ADMM 的快速迭代算法来求解 $\mathcal{P}_{s_{n(t)}}$，通过引入辅助变量 $\{\boldsymbol{h}_{\overline{c}}\},\{\boldsymbol{g}_{\overline{n}}\}$，首先将 $\mathcal{P}_{s_{n(t)}}$ 等价地变为

$$
\begin{cases}\min\limits_{\boldsymbol{h},\{\boldsymbol{h}_{\overline{c}}\},\{\boldsymbol{g}_{\overline{n}}\}} & -\boldsymbol{h}^{\mathrm{H}}\boldsymbol{D}_n\boldsymbol{h}-\Re\{\boldsymbol{d}_n^{\mathrm{H}}\boldsymbol{h}\}-d_n\\ \text{s.t.} & \boldsymbol{h}_0=\boldsymbol{h}\\ & \boldsymbol{h}_0^{\mathrm{H}}\boldsymbol{R}_{sn}\boldsymbol{h}_0+\Re\{\boldsymbol{r}_{sn}^{\mathrm{H}}\boldsymbol{h}_0\}+r_{sn}\leqslant 0\\ & \boldsymbol{h}_c=\boldsymbol{h},c=1,2,3,\cdots,C\\ & \boldsymbol{h}_c^{\mathrm{H}}\overline{\boldsymbol{R}}_{cn}\boldsymbol{h}_c+\Re\{\overline{\boldsymbol{r}}_{cn}^{\mathrm{H}}\boldsymbol{h}_c\}+\overline{r}_{cn}\leqslant 0\\ & \boldsymbol{h}_k=\boldsymbol{h},k=C+1,C+2\\ & \boldsymbol{h}_k^{\mathrm{H}}\overline{\boldsymbol{A}}_{k_0 n}\boldsymbol{h}_k+\Re\{\overline{\boldsymbol{a}}_{k_0 n}^{\mathrm{H}}\boldsymbol{h}_k\}+\overline{a}_{k_0 n}\leqslant 0\\ & \boldsymbol{h}_{\overline{k}}=\boldsymbol{h},\overline{k}=C+3,C+4\\ & \boldsymbol{h}_{\overline{k}}^{\mathrm{H}}\tilde{\boldsymbol{A}}_{k_1 n}\boldsymbol{h}_{\overline{k}}+\Re\{\tilde{\boldsymbol{a}}_{k_1 n}^{\mathrm{H}}\boldsymbol{h}_{\overline{k}}\}+\tilde{a}_{k_1 n}\leqslant 0\\ & \boldsymbol{g}_0=\boldsymbol{h},\boldsymbol{g}_1=\boldsymbol{Q}^{\mathrm{H}}\boldsymbol{h}\\ & |\boldsymbol{g}_0(m)|^2+\Re\{\boldsymbol{g}_1(m)\}+q_n\leqslant 0,\forall m\\ & \boldsymbol{g}_2=\boldsymbol{h}\\ & \|\boldsymbol{g}_2\|^2+p_{0n}\leqslant 0\\ & \Re\{\overline{\boldsymbol{q}}_n^{\mathrm{H}}\boldsymbol{g}_2\}+\overline{q}_n\leqslant 0\end{cases}\tag{10.96}
$$

其中，$k_0=k-C$，$k_1=\overline{k}-C-2$，$\boldsymbol{Q}=[\boldsymbol{q}_n,\cdots,\boldsymbol{q}_n]\in\mathbb{C}^{M\times M}$。构建上述问题的增广拉格朗日函数为[31]

$$
\begin{aligned}&L_{\varrho}(\boldsymbol{h},\{\boldsymbol{h}_{\overline{c}}\},\{\boldsymbol{g}_{\overline{n}}\},\{\boldsymbol{\mu}_{\overline{c}}\},\{\boldsymbol{u}_{\overline{n}}\})\\ &=-\boldsymbol{h}^{\mathrm{H}}\boldsymbol{D}_n\boldsymbol{h}-\Re\{\boldsymbol{d}_n^{\mathrm{H}}\boldsymbol{h}\}-d_n+\sum_{\overline{c}=0}^{C+4}\frac{\varrho}{2}\|\boldsymbol{h}_{\overline{c}}-\boldsymbol{h}+\frac{\boldsymbol{\mu}_{\overline{c}}}{\varrho}\|^2+\\ &\frac{\varrho}{2}(\|\boldsymbol{g}_0-\boldsymbol{h}+\frac{\boldsymbol{u}_0}{\varrho}\|^2+\|\boldsymbol{g}_1-\boldsymbol{Q}^{\mathrm{H}}\boldsymbol{h}+\frac{\boldsymbol{u}_1}{\varrho}\|^2+\\ &\|\boldsymbol{g}_2-\boldsymbol{h}+\frac{\boldsymbol{u}_2}{\varrho}\|^2)\end{aligned}\tag{10.97}
$$

其中，$\{\mu_{\bar{c}}\}$ 和 $\{u_{\bar{n}}\}$ 是对偶变量，$\varrho>0$ 是惩罚因子。

ADMM 算法的思想为交替迭代求解 $\boldsymbol{h},\{\boldsymbol{h}_{\bar{c}}\},\{\boldsymbol{g}_{\bar{n}}\},\{\boldsymbol{\mu}_{\bar{c}}\},\{\boldsymbol{u}_{\bar{n}}\}$，以最小化 $L_{\varrho}(\boldsymbol{h},\{\boldsymbol{h}_{\bar{c}}\},\{\boldsymbol{g}_{\bar{n}}\},\{\boldsymbol{\mu}_{\bar{c}}\},\{\boldsymbol{u}_{\bar{n}}\})$ [31]。具体的 ADMM 算法过程如附录 U 所示。ADMM 算法的主要计算量与 M 的大小和迭代次数有关。更具体地说，在每次迭代中的计算复杂度为 $\mathcal{O}(M^2)$。最后，值得注意的是，当 $\varrho>0$ 时，ADMM 可以收敛到 $\mathcal{P}_{\boldsymbol{s}_{n(t)}}$ 的最优解[31]。

在算法 10.3 中总结了求解 $\mathcal{P}_{\boldsymbol{s}_n^{(i)}}$ 的 DSADMM。

算法 10.3 流程　DSADMM 算法求解 $\mathcal{P}_{\boldsymbol{s}_n^{(i)}}$

输入： $\boldsymbol{s}_n^{(i-1)},\boldsymbol{B}_n,\boldsymbol{b}_n,b_n,\boldsymbol{W}_n,\boldsymbol{w}_n,w_n,\boldsymbol{R}_{sn},\boldsymbol{r}_{sn},r_{sn},\{\overline{\boldsymbol{R}}_{cn}\},\{\overline{\boldsymbol{r}}_{cn}\},\{\overline{r}_{cn}\}$, $\{\overline{\boldsymbol{A}}_{kn}\},\{\overline{\boldsymbol{a}}_{kn}\}$, $\{\overline{a}_{kn}\}$, $\{\tilde{\boldsymbol{A}}_{kn}\},\{\tilde{\boldsymbol{a}}_{kn}\},\{\tilde{a}_{kn}\},\boldsymbol{q}_n,q_n,\overline{\boldsymbol{q}}_n,\overline{q}_n,p_n$；

输出： $\mathcal{P}_{\boldsymbol{s}_n^{(i)}}$ 的一个最优解 $\boldsymbol{s}_n^{(i)}$

（1）$t=0$, $\boldsymbol{s}_{n(t)}=\boldsymbol{s}_n^{(i-1)}$；

（2）$t=t+1$；

（3）计算 $y_{(t)}=f_0(\boldsymbol{s}_{n(t-1)})/f_1(\boldsymbol{s}_{n(t-1)})$，$\boldsymbol{D}_n$ 和 $\boldsymbol{d}_n$；

（4）利用 ADMM 算法求 $\mathcal{P}_{\boldsymbol{s}_{n(t)}}$ 的一个最优解 $\boldsymbol{s}_{n(t)}$；

（5）如果 $|y_{(t)}-y_{(t-1)}|\leqslant\kappa_1$，则 $\boldsymbol{s}_n^{(i)}=\boldsymbol{s}_{n(t)}$，否则返回步骤（2）。

2）基于 SBE-DSADMM 算法求解 $\mathcal{P}_2$

算法 10-4 总结了 SBE-DSADMM 算法求解 $\mathcal{P}_2$ 的过程。

算法 10.4 流程　SBE-DSADMM 算法求解 $\mathcal{P}_2$

输入： $\boldsymbol{s}_0$；

输出： $\mathcal{P}_2$ 的一个最优解 $\boldsymbol{s}^{(*)}$。

（1）对于 $i=0$，初始化 $\boldsymbol{s}^{(i)}=\boldsymbol{s}_0$，计算 $f(\boldsymbol{s}_1^{(i)},\boldsymbol{s}_2^{(i)},\boldsymbol{s}_3^{(i)},\cdots,\boldsymbol{s}_{N_\mathrm{T}-1}^{(i)},\boldsymbol{s}_{N_\mathrm{T}}^{(i)})$；

（2）$i:=i+1$；

（3）通过 DSADMM 算法成功求解 $\mathcal{P}_{\boldsymbol{s}_n^{(i)}},n=1,2,3,\cdots,N_\mathrm{T}$，得到 $\boldsymbol{s}_n^{(i)},n=1,2,3,\cdots,N_\mathrm{T}$；

（4）如果 $|f(\boldsymbol{s}_1^{(i-1)},\boldsymbol{s}_2^{(i-1)},\boldsymbol{s}_3^{(i-1)},\cdots,\boldsymbol{s}_{N_\mathrm{T}}^{(i-1)})-f(\boldsymbol{s}_1^{(i)},\boldsymbol{s}_2^{(i)},\boldsymbol{s}_3^{(i)},\cdots,\boldsymbol{s}_{N_\mathrm{T}}^{(i)})|\leqslant\kappa_2$，则输出 $\boldsymbol{s}^{(*)}=\boldsymbol{s}^{(i)}$，否则返回步骤（2）。

10.2.3.2　计算复杂度分析

DSADMM 算法需要通过 ADMM 算法构造 $\boldsymbol{B}_n,\boldsymbol{b}_n,b_n,\boldsymbol{W}_n,\boldsymbol{w}_n,w_n,\boldsymbol{R}_{sn},\boldsymbol{r}_{sn},r_{sn},\{\overline{\boldsymbol{R}}_{cn}\},\{\overline{\boldsymbol{r}}_{cn}\},\{\overline{r}_{cn}\}$，$\{\overline{\boldsymbol{A}}_{kn}\},\{\overline{\boldsymbol{a}}_{kn}\},\{\overline{a}_{kn}\}$，$\{\tilde{\boldsymbol{A}}_{kn}\},\{\tilde{\boldsymbol{a}}_{kn}\}$，$\{\tilde{a}_{kn}\},\boldsymbol{q}_n,q_n,\overline{\boldsymbol{q}}_n,\overline{q}_n,p_n$ 并求解 $\mathcal{P}_{\boldsymbol{s}_{n(t)}}$，其计算复杂度为 $\mathcal{O}(\overline{C}N_\mathrm{T}^2M^2)+\mathcal{O}(TL_AM^2)$，其中 $\overline{C}=C+5$，L_A 和 T 分别为

ADMM 算法和 DSADMM 算法的迭代次数。

对于算法 10.4 的计算复杂度（SBE-DSADMM），因为在每次迭代中按顺序求解 $\mathcal{P}_{s_n^{(i)}}, n=1,2,3,\cdots,N_\mathrm{T}$ 。因此，其计算复杂度取决于块变量的个数 N_T 及采用 DSADMM 算法求解 $\mathcal{P}_{s_n^{(i)}}$ 的复杂度。综上所述，SBE-DSADMM 算法总的计算复杂度为$\mathcal{O}(\bar{C}\bar{N}_\mathrm{T}^3 N_\mathrm{T}^3 M^2)+\mathcal{O}(\bar{N}_\mathrm{T} T L_A N_\mathrm{T} M^2)+\mathcal{O}(\bar{C} N_\mathrm{T} M^3)$，其中，$\bar{N}_\mathrm{T}$ 是 SBE-DSADMM 算法的迭代次数，$\mathcal{O}(\bar{C} N_\mathrm{T} M^3)$ 是矩阵 $\boldsymbol{W}_n$ 求逆以及对 $\boldsymbol{R}_{sn},\{\bar{\boldsymbol{R}}_{cn}\},\{\bar{\boldsymbol{A}}_{kn}\}$ 和 $\{\tilde{\boldsymbol{A}}_{kn}\}$ 进行特征值分解的计算复杂度。

10.2.3.3　收敛性分析

DSADMM 算法具有如下性质：

设 $\boldsymbol{s}_{n(t)}$ 是凸问题 $\mathcal{P}_{\boldsymbol{s}_{n(t)}}$ 的一个最优解，那么则有

（1）序列 $y_{(t)}$ 是非递减的。

（2）序列 $\left\{y_{(t)}\right\}_{t=1}^{\infty}$ 收敛到有限值 y_*。

（3）假设 $\boldsymbol{s}_n^{(i)}$ 是 DSADMM 算法迭代生成的极限点，并且 Slater 的约束条件在 $\boldsymbol{s}_n^{(i)}=\boldsymbol{s}_{n(t)}$ 的极限近似问题 $\mathcal{P}_{\boldsymbol{s}_{n(t)}}$ 上成立，则 $\boldsymbol{s}_n^{(i)}$ 是 $\mathcal{P}_{\boldsymbol{s}_{n(t)}}$ 的一个 KKT 点。

具体证明过程参阅附录 V。

因此，上述性质突出了所提出的 DSAMM 算法是一个稳定的算法，由于满足必要的最优性条件，因此而收敛值是一个高质量的解。

基于算法 10.3 和 DSADMM 算法的性质，可得

$$
\begin{aligned}
& f(\boldsymbol{s}_1^{(i-1)},\boldsymbol{s}_2^{(i-1)},\boldsymbol{s}_3^{(i-1)},\cdots,\boldsymbol{s}_{N_\mathrm{T}}^{(i-1)}) \leqslant f(\boldsymbol{s}_1^{(i)},\boldsymbol{s}_2^{(i-1)},\boldsymbol{s}_3^{(i-1)},\cdots,\boldsymbol{s}_{N_\mathrm{T}}^{(i-1)}) \leqslant \cdots \\
& \leqslant f(\boldsymbol{s}_1^{(i)},\boldsymbol{s}_3^{(i)},\boldsymbol{s}_3^{(i)},\cdots,\boldsymbol{s}_{N_\mathrm{T}-1}^{(i)},\boldsymbol{s}_{N_\mathrm{T}}^{(i-1)}) \leqslant f(\boldsymbol{s}_1^{(i)},\boldsymbol{s}_2^{(i)},\boldsymbol{s}_3^{(i)},\cdots,\boldsymbol{s}_{N_\mathrm{T}-1}^{(i)},\boldsymbol{s}_{N_\mathrm{T}}^{(i)})
\end{aligned}
\tag{10.98}
$$

式（10.98）意味着目标函数值（1/ISL）随着迭代次数的增加而单调增加。此外，$f(\boldsymbol{s}_1,\boldsymbol{s}_2,\boldsymbol{s}_3,\cdots,\boldsymbol{s}_{N_\mathrm{T}-1},\boldsymbol{s}_{N_\mathrm{T}})$ 的上界是矩阵 $\boldsymbol{A}_s^{-1}\boldsymbol{A}_0$ 对应的最大特征值。因此，所提出的算法可以提供单调降低的 ISL 值，并确保收敛到一个有限的值。

最后，值得注意的是，算法 10.4 需要问题 $\mathcal{P}_2$ 的初始可行点 $\boldsymbol{s}_0$ 来启动。该初始可行点求解问题实际上为非凸 QCQP 问题，可以使用多种方法解决，包括可行点追踪-序列凸逼近（Feasible Point Pursuit-Sequential Convex Approximation，FPP-SCA）[32]、CoADMM[33]和快速的一阶方法[34]。这里采用 FPP-SCA 来获得初始可行点。附录 W 中有简要说明。

10.2.4　性能分析

本节从发射方向图性能、通信可靠性和计算复杂性方面评估所提出算法的性能。为了对比，SBE-DSIPM 算法、CD[22,35]算法、QA-ADMM 算法和 LA-ADMM 算法[21]被设定为对比基准。其中，SBE-DSIPM 算法与 SBE-DSADMM 算法的区别在于 SBE-DSIPM 算法使用 IPM 来求解 $\mathcal{P}_{\boldsymbol{s}_{n(t)}}$ 。考虑一个阵元数 $N_\mathrm{T}=8$、间隔为

半波长的均匀线阵，假设波形采样数量 $M=32$，能量限制参数设置为 $p=1$，$\kappa=0.5$。主瓣宽度约束参数 $\theta=0^\circ$，$\theta_1=-8^\circ$，$\theta_2=8^\circ$，$P_L=0.5$ 和 $\delta=0.05$。进一步假设通信信息嵌入在 9 个归一化频带中，即 $\Omega_1=[0.1,0.13]$，$\Omega_2=[0.2,0.23]$，$\Omega_3=[0.3,0.33]$，$\Omega_4=[0.4,0.43]$，$\Omega_5=[0.5,0.53]$，$\Omega_6=[0.6,0.63]$，$\Omega_7=[0.7,0.73]$，$\Omega_8=[0.8,0.83]$，$\Omega_9=[0.9,0.93]$。在一个脉冲之内，两个独立的比特序列“010101101”和“110001001”被分别传输至位于 $\varphi_1=60^\circ$ 和 $\varphi_2=-70^\circ$ 方向的通信接收机。旁瓣区域为 $[-90^\circ,-10^\circ]\cup[10^\circ,90^\circ]$。除非额外说明，否则阻带能量为 $\eta_s=2.5\times10^{-5}\times n_s$，其中 n_s 代表指向所有通信用户空间合成信号的阻带数量。SBE-DSADMM 算法中的 ADMM 算法，退出条件为 $\epsilon_{\text{pri}}=10^{-3}$ 和 $\epsilon_{\text{dual}}=10^{-4}$，惩罚因子 $\rho=5$。DA 和 SBE 框架的退出条件分别为 $\kappa_1=10^{-2}$ 和 $\kappa_2=10^{-4}$，LA-ADMM 算法和 QAADMM 算法中的惩罚因子均设置为 5。

10.2.4.1 SBE-DSADMM 算法收敛性和计算复杂度分析

本节分析在不同的 γ 和通带能量约束下界 η_p 下，SBE-DSADMM 算法收敛性和计算复杂度，其中 $\eta_p=\eta_{pc}/n_{pc}$，n_{pc} 代表指向第 c 个通信用户空间合成信号的通带数量。

图 10.14（a）展示了在 $\eta_p=0.5,\ 2$，$\gamma=1.1$ 条件下 ISL 随迭代次数的变化。可得对所有算法 ISL 均随着迭代次数的上升而单调下降。SBE-DSADMM 算法和 SBE-DSIPM 算法相较于 LA-ADMM 算法、QA-ADMM 算法和 CD 算法的迭代次数更少。SBE-DSADMM 算法、SBE-DSIPM 算法和 LA-ADMM 算法具有相似的 ISL 的收敛值，且优于 QAADMM 算法和 CD 算法。此外，因为 CD 算法很容易陷入局部最优，所以当 $\gamma=1.1$ 和 $\eta_p=2$ 时，CD 算法具有最差的收敛 ISL 值。值得关注的是，对于不同的 γ 和 η_p 值，通过 SBE-DSADMM 算法得到的曲线与 SBE-DSIPM 算法得到的曲线几乎完全匹配，这是因为所提出的 ADMM 算法在 SBE 框架下求解 $\mathcal{P}_{\mathcal{S}_{n(t)}}$ 时可以获得全局最优解。相应的 ISL 随迭代时间的变化如图 10.14（b）所示。可得 SBE-DSADMM 算法比 SBE-DSIPM 算法、LA-ADMM 算法、QA-ADMM 算法和 CD 算法的收敛速度快。此外，η_p 越小，$\mathcal{P}_1(\mathcal{P}_2)$ 上的可行域越大，收敛的 ISL 值越小。

图 10.14（c）为 $\eta_p=1.1,1.5$，$\eta_p=0.5$ 条件下 ISL 随迭代次数的变化。结果再次表明，所提出的 SBE-DSADMM 算法可以使 ISL 值单调下降，并确保在 500 次迭代内收敛，而 LA-ADMM 算法、QA-ADMM 算法和 CD 算法则需要更多的迭代次数。可以清楚地看出，由 SBE-DSADMM 算法、SBE-DSIPM 算法和 LA-ADMM 算法得到的收敛 ISL 值相近且小于 QA-ADMM 算法和 CD 算法。更进一步，SBE-DSADMM 算法和 SBE-DSIPM 算法的曲线几乎一致。图 10.14（d）为对应的 ISL 值随迭代时间的变化。实验结果再次表明，SBE-DSADMM 算法比其他算法的收敛速度更快。此外，γ 越大，波形幅度上的自由度越大，ISL 越低。

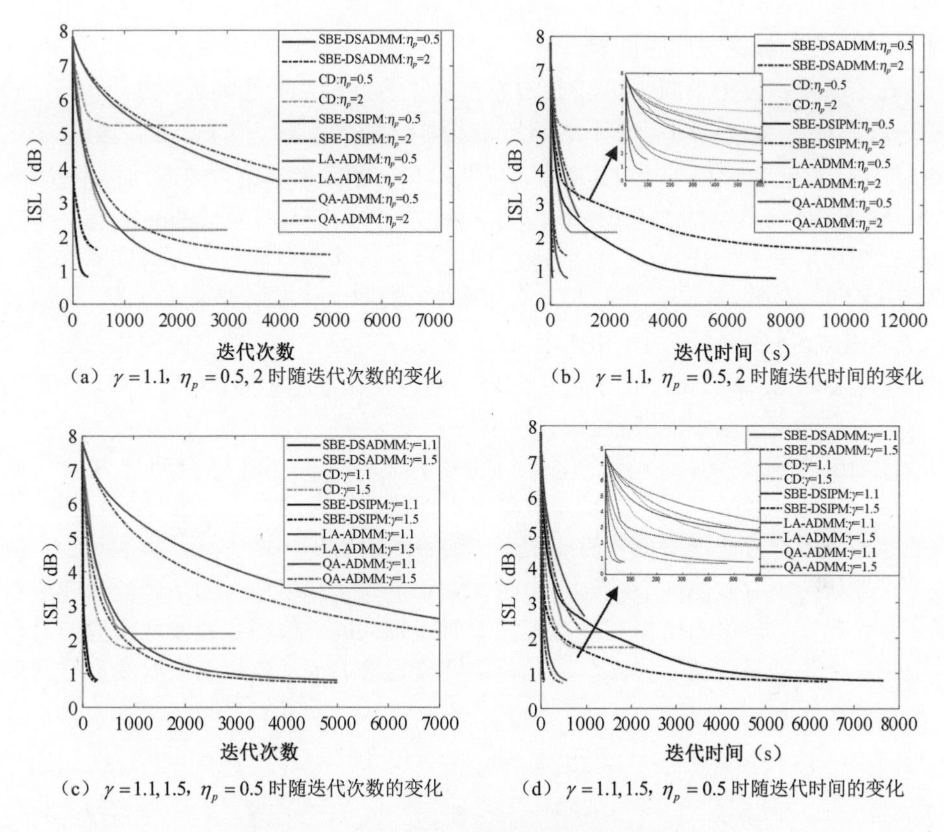

（a）$\gamma = 1.1$，$\eta_p = 0.5, 2$ 时随迭代次数的变化　（b）$\gamma = 1.1$，$\eta_p = 0.5, 2$ 时随迭代时间的变化

（c）$\gamma = 1.1, 1.5$，$\eta_p = 0.5$ 时随迭代次数的变化　（d）$\gamma = 1.1, 1.5$，$\eta_p = 0.5$ 时随迭代时间的变化

图 10.14　ISL 随迭代次数和迭代时间的变化

表 10.2 为在一次试验中考虑不同参数时对应的收敛 ISL 值、迭代次数和迭代时间。当前迭代和上一次迭代的目标函数值之间的差值小于或等于10^{-4}则被认为 CD 算法中的退出条件。对于 LA-ADMM 算法和 QA-ADMM 算法，最大迭代次数分别设置为 5000 次和 7000 次。表 10.2 中的数据再次证实了所提出的 SBE-DSADMM 算法相对于其他算法收敛速度更快。

表 10.2　不同算法收敛的 ISL 值、算法迭代次数和迭代时间

参数	对比项	SBE-DSADMM	CD	SBE-DSIPM	LA-ADMM	QA-ADMM
$\gamma = 1.1$ $\eta_p = 0.5$	ISL（dB）	0.8	2.3	0.8	0.8	2.6
	迭代次数	292	694	296	5000	7000
	迭代时间（s）	73.6	489.5	7655.3	574	964.1
$\gamma = 1.1$ $\eta_p = 2$	ISL（dB）	1.6	5.6	1.6	1.5	3.1
	迭代次数	497	282	419	5000	7000
	迭代时间（s）	100.8	204.7	10461	579.7	998.7
$\gamma = 1.5$ $\eta_p = 0.5$	ISL（dB）	0.7	1.9	0.8	0.7	2.2
	迭代次数	262	630	257	5000	7000
	迭代时间（s）	60.9	438.0	6391.5	475.7	884.3

10.2.4.2　发射波束方向图性能

在本节中，讨论不同γ和η_p值对发射波束方向图性能的影响。图 10.15（a）为在$\eta_p = 0.5, 2$，$\gamma = 1.1$条件下的归一化发射波束方向图。结果表明，通过 SBE-DSADMM 算法和 SBE-DSIPM 算法可以获得相似的发射波束方向图，比通过 LA-ADMM 算法和 QA-ADMM 算法获得的发射波束方向图具有更低的 PSL 值。与其他算法相比，当$\gamma = 1.1$和$\eta_p = 2$时由 CD 算法获得的发射波束方向图性能最差。图 10.15（b）为在$\gamma = 1.1, 1.5$，$\eta_p = 0.5$条件下的归一化发射波束方向图。再次说明，由 SBE-DSADMM 算法和 SBE-DSIPM 算法获得的发射波束方向图非常接近，比由 LA-ADMM 算法获得的方向图的 PSL 略低，比 QA-ADMM 算法和 CD 算法获得的发射波束方向图的旁瓣低。

图 10.15 还表明，所有优化得到的发射波束方向图在通信用户方向（如$\varphi_1 = 60^\circ$和$\varphi_2 = -70^\circ$）都具有较高旁瓣电平。这是因为设置了合适的η_p，相较于其他非通信用户方向需要更多的能量来传输给通信用户。此外，η_p值越小，γ值越大，发射波束方向图性能越好，与图 10.14 的结论相一致。但从硬件实现的角度来看，当雷达放大器工作在近饱和区域时，较大的γ值将导致波形模值的高动态范围，产生严重的波形失真。因此，需要设置合适的γ值权衡发射波束方向图性能与波形失真。

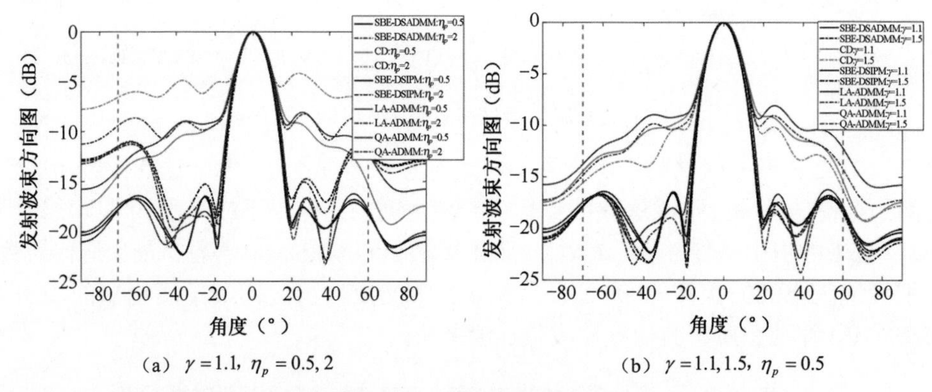

（a）$\gamma = 1.1$，$\eta_p = 0.5, 2$　　（b）$\gamma = 1.1, 1.5$，$\eta_p = 0.5$

图 10.15　发射波束方向图

10.2.4.3　雷达探测和通信性能

本节侧重于通过误码率（Bit Error Ratio，BER）指标对所提出的 SBE-DSADMM 算法的通信性能进行分析。根据式（10.76）中的基带回波$\tilde{\boldsymbol{x}}_c \in \mathbb{C}^{M\times 1}$，第$c$个用户接收的 PNR 定义为$|\beta_c|^2 / \sigma_c^2$。

图 10.16 描绘了固定$\gamma = 1.1$时，针对两个在$\varphi_1 = 60^\circ$和$\varphi_2 = -70^\circ$方向上的通信用户的最优 ESD。可得，随着η_p的增加，可以获得更大的通带能量。实验曲线还表明，SBE-DSADMM 算法能够根据传输的信息对空间合成信号的 ESD 准确赋形，从而实现多用户通信。

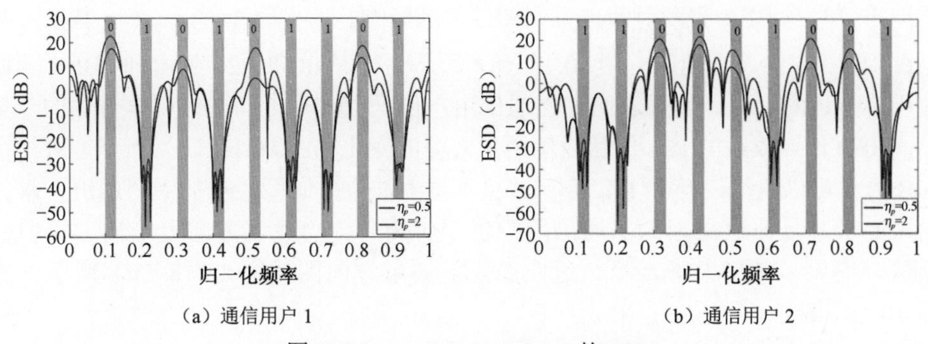

（a）通信用户 1　　　　（b）通信用户 2

图 10.16　$\gamma = 1.1$, $\eta_p = 0.5, 2$ 的 ESD

当$\eta_p = 0.5, 2$，$\gamma = 1.1, 1.5$时，两个通信用户的 BER 随 PNR 的变化如图 10.17 所示。可以清楚地看到，PNR 越高，BER 越低，这是因为噪声功率的减少将降低对阻带辨别的负面影响。此外，η_p越大，BER 越低；实际上，η_p越大，越多的能量被传输到通信用户，相当于增加了 PNR。然而，不同的γ值几乎不会对 BER 产生影响，因为不同的γ值对 ESD 赋形影响不大。最后，观察图 10.15 和图 10.17 可以发现，应该合理设置η_p值以满足发射波束方向图性能和通信 BER 要求。

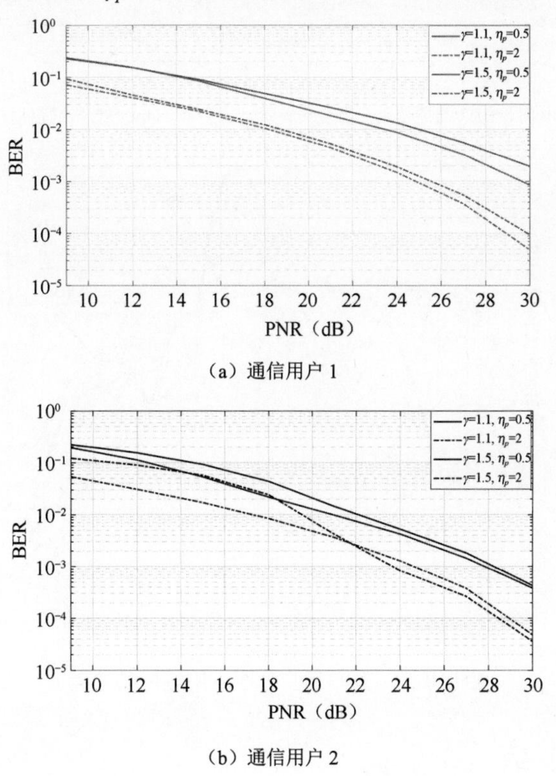

（a）通信用户 1

（b）通信用户 2

图 10.17　$\eta_p = 0.5, 2$ 时 BER 随 PNR 的变化

最后，假设传输比特序列“010101101”给一个通信用户，分析通信用户位于

不同方位时对 BER 和发射波束方向图性能的影响。设 $\gamma=1.1$，$\eta_p=2$，其余参数与图 10.15 中的设置相同。图 10.18（a）所示为当 PNR=20, 26, 30dB 时 BER 随通信用户方位的变化。结果表明，当通信用户位于主瓣时，向通信用户传输的能量高，BER 低。收敛的 ISL 值随通信用户方向的变化如图 10.18（b）所示。可得在 3dB 方位可以获得最低的 ISL 值，并且离发射波束方向图主瓣的中心越近，收敛的 ISL 值越低。这是因为当通信用户位于旁瓣时，向通信方向上传输了较多的能量，增大了旁瓣电平水平。对应的发射波束方向图如图 10.18（c）所示，与图 10.18（b）一致。

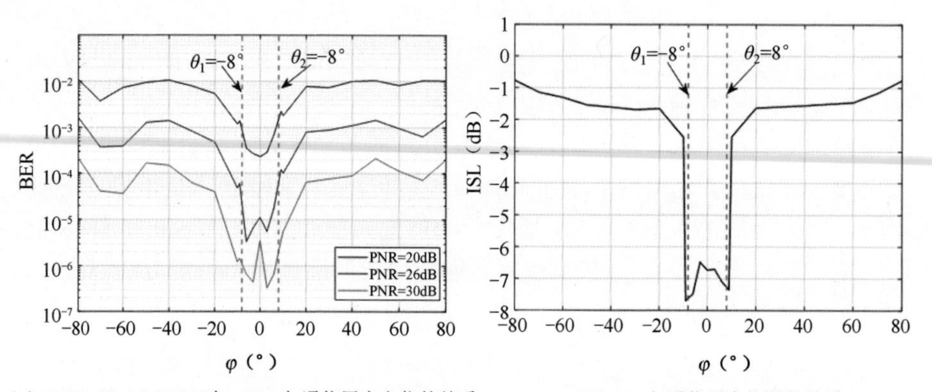

（a）PNR= 20, 26, 30dB 时，BER 与通信用户方位的关系　　（b）ISL 与通信用户位置的关系

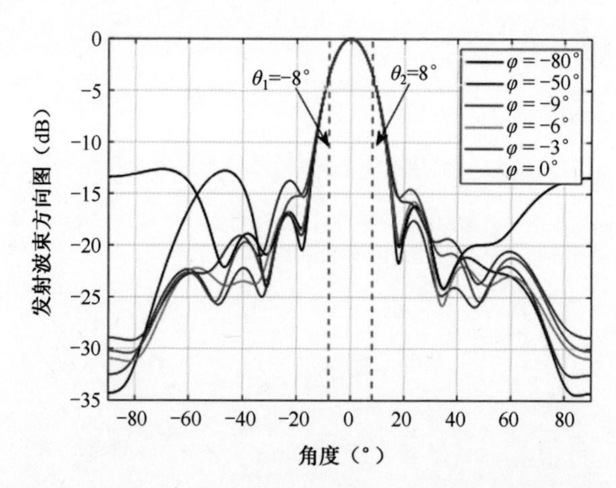

（c）通信用户方位为 $\varphi=-80°,-50°,-9°,-6°,-3°,0°$ 时的发射波束方向图

图 10.18　通信用户位于不同方位的性能

10.3　本章小结

（1）本章首先描述了基于预编码矩阵调制的 MIMO 探通一体化系统模型，详述了该体制下雷达发射方向图数学模型、通信发射调制解调机理，并提出了基于

ADPM 的排序学习优化解调算法；通过最大化峰值主瓣旁瓣比和限制通信与非通信方向密码本，构建了符号相位控制下的方向图优化模型，进而提出了基于 ADMM 的一体化加权矩阵优化设计算法，通过引入辅助变量将二次分式耦合问题转换为多个有闭式解的二次优化子问题。

仿真分析表明了所提算法在一体化系统中探通性能的有效性。相比其他算法，BOC 算法能在保证密码本约束的同时实现最大的峰值主瓣旁瓣比，不需要事先设计模板，且收敛速度较快，通信用户的解调性能仅与密码本设置和 SNR 有关。

（2）本章提出了一种基于空间频谱能量调制的 MIMO 雷达与通信一体化波形设计方法。在空间合成信号频谱阻带和通带、PAR、主瓣宽度和功率约束的条件下，最小化了发射波束方向图的 ISL，在保证雷达探测性能的同时实现了多用户通信。提出了一种新的 SBE-DSADMM 算法，该算法能够使目标函数单调递减，基于 SBE 框架，序列优化块变量，在每次优化块变量的过程中使用了 DA 算法、SCA 和 ADMM 算法，给出了最优解为 KKT 点的解析证明。数值仿真结果表明，所设计的一体化波形能够同时实现双功能，并且具有收敛速度快、发射波束方向图 ISL 低等优点。未来的工作可能考虑将所提出的框架扩展到 MIMO 雷达在信号相关干扰和频谱竞争环境场景中[36-39]。

本章参考文献

[1] BAXTER W, ABOUTANIOS E, HASSANIEN A. Joint radar and communications for frequency-hopped MIMO systems[J]. IEEE Transactions on Signal Processing, 2022(70): 729-742.

[2] XU J, WANG X, HASSANIEN A, et al. Hybrid index modulation for dual-functional radar communications systems[J]. IEEE Transactions on Vehicular Technology, 2023(72): 3186-3200.

[3] LIU Y, LIAO G, YANG Z, et al. Design of integrated radar and communication system based on MIMO-OFDM waveform[J]. Journal of Systems Engineering and Electronics, 2017, 28(4): 669-680.

[4] LIU Y, LIAO G, YANG Z, et al. Joint range and angle estimation for an integrated system combining MIMO radar with OFDM communication[J]. Multidimensional Systems and Signal Processing, 2019, 30(2): 661-687.

[5] TEMIZ M, ALSUSA E, BAIDAS M W, A dual-functional massive MIMO OFDM communication and radar transmitter architecture[J]. IEEE Transactions on Vehicular Technology, 2020, 69(12): 14974-14988.

[6] TEMIZ M, ALSUSA E, BAIDAS M W. Optimized precoders for massive MIMO OFDM dual radar-communication systems[J]. IEEE Transactions on Communications, 2021, 69(7): 4781-4794.

[7] TIAN T, ZHANG T, KONG L, et al. Transmit/Receive beamforming for MIMO-OFDM based dual-function radar and communication[J]. IEEE Transactions on Vehicular Technology, 2021, 70(5): 4693-4708.

[8] GEMECHU A Y, CUI G, YU X, et al. Beampattern synthesis with sidelobe control and applications[J]. IEEE Transactions on Antennas and Propagation, 2019(68): 297-310.

[9] HASSAMIEN A, AMIN M G, ZHANG Y D, et al. Phase modulation based dual-function radar-communications[J]. IET Radar, Sonar and Navigation, 2016(10): 1411-1421.

[10] AHMED A, ZHANG Y D, GU Y. Dual-function radar communications using QAM-based sidelobe modulation[J]. Digit Signal Process, 2018(82): 166-174.

[11] HASSANIEN A, AMIN M G, ZHANG Y D, et al. Dual-function radar-communications: Information embedding using sidelobe control and waveform diversity[J]. IEEE Transactions on Signal Processing, 2015, 64(8): 2168-2181.

[12] SANTA C R, FERNANDO B, CHERIAN A, et al. Visual permutation learning[J]. IEEE Transactions on Pattern Analysis and Machine Intelligence, 2018, 41(12): 3100-3114.

[13] FAN W, LIANG J, LI J. Constant modulus MIMO radar waveform design with minimum peaksidelobe transmit beampattern[J]. IEEE Transactions on Signal Processing, 2018, 66(16): 4207-4222.

[14] LIANG J, FAN X, SO H C, et al. Array beampattern synthesis without specifying lobe level masks[J]. IEEE Transactions on Antennas and Propagation, 2020, 68(6): 4526-4539.

[15] WEN Z, YANG C, LIU X, et al. Alternating direction methods for classical and ptychographic phase retrieval[J]. Inverse Problems, 2012, 28(11): 115010.

[16] CHENG Z, HAN C, LIAO B, et al. Communication-aware waveform design for MIMO radar with good transmit beampattern[J]. IEEE Transactions on Signal Processing, 2018, 66(21): 5549-5562.

[17] WU L, PALOMAR D P. Sequence design for spectral shaping via minimization of regularized spectral level ratio[J]. IEEE Transactions on Signal Processing, 2019, 67(18): 4683-4695.

[18] HASSANIEN A, VOROBYOV S A, KHABBAZIBASMENJ A. Transmit radiation pattern invariance in MIMO radar with application to DOA estimation[J]. IEEE Signal Processing Letters, 2015, 22(10): 1609-1613.

[19] STOICA P, LI J, XIE Y. On probing signal design for MIMO radar[J]. IEEE Transactions on Signal Processing, 2007, 55(8): 4151-4161.

[20] AUBRY A, MAIO A D, HUANG Y. MIMO radar beampattern design via PSL/ISL

optimization[J]. IEEE Transactions on Signal Processing, 2016, 64(15): 3955-3967.

[21] CHENG Z, HAN C, LIAO B, et al. Communication-aware waveform design for MIMO radar with good transmit beampattern[J]. IEEE Transactions on Signal Processing, 2018, 66(21): 5549-5562.

[22] RAEI E, ALAEE-KERAHROODI M, MYSORE R B S. Spatial-and range-ISLR trade-off in MIMO radar via waveform correlation optimization[J]. IEEE Transactions on Signal Processing, 2021, 69: 3283-3298.

[23] YU X, CUI G, KONG L, et al. Constrained waveform design for colocated MIMO radar with uncertain steering matrices[J]. IEEE Transactions on Aerospace Electronic Systems, 2019, 55(1): 356-370.

[24] HE H, LI J, STOICA P. Waveform design for active sensing systemsa computational approach[M]. New York: Cambridge University Press, 2012.

[25] AUBRY A, MAIO A D, PIEZZO M, et al. Radar waveform design in a spectrally crowded environment via nonconvex quadratic optimization[J]. IEEE Transactions on Aerospace Electronic Systems, 2014, 50(2): 1138-1152.

[26] YU X, ALHUJAILI K, CUI G, et al. MIMO radar waveform design in the presence of multiple targets and practical constraints[J]. IEEE Transactions on Signal Processing, 2020(68): 1974-1989.

[27] YU X, CUI G, YANG J, et al. Quadratic optimization for unimodular sequence design via an ADPM framework[J]. IEEE Transactions on Signal Processing, 2020, (68): 3619-3634.

[28] SEBER G A. A matrix handbook for statisticians[J]. New Jersey: John Wiley & Sons, 2008.

[29] FAN W, LIANG J, YU G, et al. MIMO radar waveform design for quasi-equiripple transmit beampattern synthesis via weighted l_p-minimization[M]. IEEE Transactions on Signal Procesing, 2019, 67(13): 3397-3411.

[30] CROUZEIX J P, FERLAND J A, SCHAIBLE S. An algorithm for generalized fractional programs[J]. Journal of Optimization Theory and Applications, 1985, 47(8): 35-49.

[31] BERTSEKAS D P, TSITSIKLIS J N. Parallel and distributed computation: Numerical methods[M]. New York: Athena Scientifific, 1997.

[32] MEHANNA O, HUANG K, GOPALAKRISHNAN B, et al. Feasible point pursuit and successive approximation of non-convex QCQPs[J]. IEEE Signal Processing Letters, 2015, 22(7): 804-808.

[33] HUANG K, SIDIROPOULOS N D. Consensus-ADMM for general quadratically constrained quadratic programming[J]. IEEE Transactions on Signal Processing, 2016, 64(20): 5297-5310.

[34] KONAR A, SIDIROPOULOS N D. First-order methods for fast feasibility pursuit of non-convex QCQPs[J]. IEEE Transactions on Signal Processing, 2017, 65(22): 5927-5941.
[35] YANG J, AUBRY A, MAIO A D, et al. Multi-spectrally constrained transceiver design against signal-dependent interference[J]. IEEE Transactions on Signal Processing, 2022, 70: 1320-1332.
[36] YU X, CUI G, YANG J, et al. MIMO radar transmit-receive design for moving target detection in signal-dependent clutter[J]. IEEE Transactions on Vehicular Technology, 2020, 69(1): 522-536.
[37] TANG B, LI J. Spectrally constrained MIMO radar waveform design based on mutual information[J]. IEEE Transactions on Signal Processing, 2019, 67(3): 821-834.
[38] TANG B, LIANG J. Effificient algorithms for synthesizing probing waveforms with desired spectral shapes[J]. IEEE Transactions on Aerospace and Electronic Systems, 2019, 55(3): 1174-1189.
[39] FAN W, LIANG J, SO H C, et al. Min-max metric for spectrally compatible waveform design via log-exponential smoothing[J]. IEEE Transactions on Signal Processing, 2020(68): 1075-1090.

附　录

附录 A　ROQO 算法的收敛性证明

对于一个初始值 $\boldsymbol{s}^{(0)}$，通过对问题式（3.68）进行优化可知，问题式（3.68）的目标函数随着迭代次数 t 的增加而单调递增，因此可以得到下列关系式：

$$g\left(\boldsymbol{s}^{(t+1)},\boldsymbol{s}^{(t)}\right)\geqslant g\left(\boldsymbol{s}^{(t)},\boldsymbol{s}^{(t)}\right) \tag{A.1}$$

$$g\left(\boldsymbol{s}^{(t+1)},\boldsymbol{s}^{(t)}\right)= g\left(\boldsymbol{s}^{(t)},\boldsymbol{s}^{(t+1)}\right) \tag{A.2}$$

$$g\left(\boldsymbol{s}^{(t+2)},\boldsymbol{s}^{(t+1)}\right)\geqslant g\left(\boldsymbol{s}^{(t)},\boldsymbol{s}^{(t+1)}\right) \tag{A.3}$$

进一步地，可以得到

$$\begin{aligned} & g\left(\boldsymbol{s}^{(t)},\boldsymbol{s}^{(t)}\right)\leqslant g\left(\boldsymbol{s}^{(t+1)},\boldsymbol{s}^{(t)}\right) \\ = & g\left(\boldsymbol{s}^{(t)},\boldsymbol{s}^{(t+1)}\right)\leqslant g\left(\boldsymbol{s}^{(t+2)},\boldsymbol{s}^{(t+1)}\right) \\ = & g\left(\boldsymbol{s}^{(t+1)},\boldsymbol{s}^{(t+2)}\right)\leqslant g\left(\boldsymbol{s}^{(t+3)},\boldsymbol{s}^{(t+2)}\right) \end{aligned} \tag{A.4}$$

假设 $\lim\limits_{t\to\infty}\boldsymbol{s}^{(t)}=\boldsymbol{s}^{(t+1)}=\boldsymbol{s}^{*}$，则此时

$$g\left(\boldsymbol{s}^{(t)},\boldsymbol{s}^{(t)}\right)=g\left(\boldsymbol{s}^{(t+1)},\boldsymbol{s}^{(t)}\right) \tag{A.5}$$

这意味着 $\mathcal{P}_{\boldsymbol{s}_t}$ 的目标函数值在之后的迭代中不再改变，那么可得在该假设条件下

$$f\left(\boldsymbol{s}^{(t)}\right)=f\left(\boldsymbol{s}^{(t+1)}\right)=f\left(\boldsymbol{s}^{*}\right) \tag{A.6}$$

以上讨论说明，虽然通过依次优化问题式（3.68）来求解问题式（3.49）的目标函数单调性不能直接证明，但在一定的假设条件下，可以得到一个非常小的目标函数值，而且可以保证其收敛性。所以，问题式（3.49）可以通过依次优化一个近似的二次问题来解决。

附录 B 问题式（5.53）等价变换为实值优化形式

经过数学化简，问题式（5.17）可等效转换为

$$\begin{cases} \min\limits_{s} & s^{\mathrm{H}}Rs+2\Re\{s^{\mathrm{H}}r^{(q)}\} \\ \text{s.t.} & \Re\{\overline{s}^{\mathrm{H}}E_i s\}\geqslant\varsigma_i \\ & s^{\mathrm{H}}E_i s\leqslant\chi^2,\ i\in\mathcal{S} \\ & \Re\{\overline{s}^{\mathrm{H}}H_n s\}\geqslant\eta_n \\ & s^{\mathrm{H}}H_n s\leqslant\epsilon_2,\ n\in\mathcal{N} \\ & \Re\{\overline{s}^{\mathrm{H}}s\}\geqslant\overline{e}_1,\ s^{\mathrm{H}}s\leqslant e_2 \end{cases} \tag{B.1}$$

其中，$\varsigma_i=\lambda\|E_i\overline{s}\|,\ \eta_n=\sqrt{\epsilon_1}\|H_n\overline{s}\|,\ \overline{e}_1=\sqrt{e_1}\|\overline{s}\|$。假定 $x=[(\Re\{s\})^{\mathrm{T}},(\Im\{s\})^{\mathrm{T}}]^{\mathrm{T}}$，$\overline{x}^{(0)}=[(\Re\{\overline{s}\})^{\mathrm{T}},(\Im\{\overline{s}\})^{\mathrm{T}}]^{\mathrm{T}}$，$c_q=2[(\Re\{r^{(q)}\})^{\mathrm{T}},(\Im\{r^{(q)}\})^{\mathrm{T}}]^{\mathrm{T}}$，上述问题式（B.1）可等价转换为实数形式，即

$$\begin{cases} \min\limits_{x} & x^{\mathrm{T}}Ax+c_q^{\mathrm{T}}x \\ \text{s.t.} & \overline{x}^{(0)\mathrm{T}}\Lambda_i x\geqslant\varsigma_i \\ & x^{\mathrm{T}}\Lambda_i x\leqslant\chi^2,\ i\in\mathcal{S} \\ & \overline{x}^{(0)\mathrm{T}}\Gamma_n x\geqslant\eta_n \\ & x^{\mathrm{T}}\Gamma_n x\leqslant\epsilon_2,\ n\in\mathcal{N} \\ & \overline{x}^{(0)\mathrm{T}}x\geqslant\overline{e}_1,\ x^{\mathrm{T}}x\leqslant e_2 \end{cases} \tag{B.2}$$

其中，

$$A=\begin{bmatrix}\Re\{R\} & -\Im\{R\} \\ \Im\{R\} & \Re\{R\}\end{bmatrix} \tag{B.3}$$

$$\Lambda_i=\begin{bmatrix}\Re\{E_i\} & -\Im\{E_i\} \\ \Im\{E_i\} & \Re\{E_i\}\end{bmatrix} \tag{B.4}$$

$$\Gamma_n=\begin{bmatrix}\Re\{H_n\} & -\Im\{H_n\} \\ \Im\{H_n\} & \Re\{H_n\}\end{bmatrix} \tag{B.5}$$

通过引入辅助变量 $y=x,\ z=x,\ h=x$，即可推得问题式（5.54）。

附录 C　问题式（5.66）的最优解求解方法

由于 $\overline{s}$ 是问题式（5.54）可行域的一个内点，问题式（5.66）的约束条件满足 Slater 正则性条件，进而满足强对偶条件。因此，问题式（5.66）的最优解满足 KKT 条件，可通过 KKT 条件求解问题式（5.66）的最优解。首先问题式（5.66）的 KKT 条件可写为

$$\begin{cases} \boldsymbol{\alpha}_i^{*\mathrm{T}}\boldsymbol{\alpha}_i^* + c_3 \leqslant 0 \\ \boldsymbol{c}_4^{\mathrm{T}}\boldsymbol{\alpha}_i^* + c_5 \leqslant 0 \\ \lambda_1 \geqslant 0,\ \lambda_2 \geqslant 0 \\ \lambda_1(\boldsymbol{\alpha}_i^{*\mathrm{T}}\boldsymbol{\alpha}_i^* + c_3) = 0 \\ \lambda_2(\boldsymbol{c}_4^{\mathrm{T}}\boldsymbol{\alpha}_i^* + c_5) = 0 \\ 2c_1\boldsymbol{\alpha}_i^* + \boldsymbol{c}_2 + 2\lambda_1\boldsymbol{\alpha}_i^* + \lambda_2\boldsymbol{c}_4 = 0 \end{cases} \tag{C.1}$$

上述最后一个 KKT 条件意味着最优解满足

$$\boldsymbol{\alpha}_i^* = -\frac{\lambda_2\boldsymbol{c}_4 + \boldsymbol{c}_2}{2(c_1 + \lambda_1)} \tag{C.2}$$

下面分 4 种情况进行讨论。

情况 1： 如果 $\lambda_1 = 0,\ \lambda_2 = 0$，则 $\boldsymbol{\alpha}_i^* = -\boldsymbol{c}_2/2c_1$。然后判断 $\boldsymbol{\alpha}_i^*$ 是否都满足 $\boldsymbol{\alpha}_i^{*\mathrm{T}}\boldsymbol{\alpha}_i^* + c_3 \leqslant 0$ 与 $\boldsymbol{c}_4^{\mathrm{T}}\boldsymbol{\alpha}_i^* + c_5 \leqslant 0$；若满足，则 $\boldsymbol{\alpha}_i^*$ 是问题式（5.66）的最优解；否则继续情况 2。

情况 2： 如果 $\lambda_1 = 0,\ \lambda_2 > 0$，则 $\boldsymbol{\alpha}_i^* = -\left(\lambda_2\boldsymbol{c}_4 + \boldsymbol{c}_2\right)/2c_1$。基于 $\boldsymbol{c}_4^{\mathrm{T}}\boldsymbol{\alpha}_i^* + c_5 = 0$，则可得

$$-\boldsymbol{c}_4^{\mathrm{T}}\frac{\lambda_2\boldsymbol{c}_4 + \boldsymbol{c}_2}{2c_1} + c_5 = 0 \tag{C.3}$$

因此，可求得

$$\lambda_2 = \frac{2c_1c_5 - \boldsymbol{c}_4^{\mathrm{T}}\boldsymbol{c}_2}{\boldsymbol{c}_4^{\mathrm{T}}\boldsymbol{c}_4} \tag{C.4}$$

对此，将 λ_2 代入 $-(\lambda_2\boldsymbol{c}_4 + \boldsymbol{c}_2)/2c_1$，然后判断 $\boldsymbol{\alpha}_i^*$ 是否满足 $\boldsymbol{\alpha}_i^{*\mathrm{T}}\boldsymbol{\alpha}_i^* + c_3 \leqslant 0$ 与 $\lambda_2 > 0$；若满足，则 $\boldsymbol{\alpha}_i^*$ 是问题式（5.66）的最优解；否则继续情况 3。

情况 3： 若 $\lambda_1 > 0,\ \lambda_2 = 0$，则 $\boldsymbol{\alpha}_i^* = -\boldsymbol{c}_2/2(c_1 + \lambda_1)$。基于 $\boldsymbol{\alpha}_i^{*\mathrm{T}}\boldsymbol{\alpha}_i^* + c_3 = 0$，可得

$$\frac{\boldsymbol{c}_2^{\mathrm{T}}\boldsymbol{c}_2}{4(c_1 + \lambda_1)^2} + c_3 = 0 \tag{C.5}$$

上述问题解为

$$\lambda_1 = \pm\frac{-\boldsymbol{c}_2^{\mathrm{T}}\boldsymbol{c}_2}{4c_3} + c_1 \tag{C.6}$$

对此，将 λ_1 代入 $-\boldsymbol{c}_2/2(c_1+\lambda_1)$，然后判断 $\boldsymbol{\alpha}_i^*$ 是否满足 $\boldsymbol{c}_4^{\mathrm{T}}\boldsymbol{\alpha}_i^*+c_5\leqslant 0$ 与 $\lambda_1>0$；若满足，则 $\boldsymbol{\alpha}_i^*$ 是问题式（5.66）的最优解；否则继续情况 4。

情况 4： 若 $\lambda_1>0,\ \lambda_2>0$，则基于上述 KKT 条件，可得 $\boldsymbol{\alpha}_i^{*\mathrm{T}}\boldsymbol{\alpha}_i^*+c_3=0$ 与 $\boldsymbol{c}_4^{\mathrm{T}}\boldsymbol{\alpha}_i^*+c_5=0$，进一步有

$$\frac{(\lambda_2\boldsymbol{c}_4+\boldsymbol{c}_2)^{\mathrm{T}}(\lambda_2\boldsymbol{c}_4+\boldsymbol{c}_2)}{4(c_1+\lambda_1)^2}+c_3=0 \tag{C.7}$$

$$-\boldsymbol{c}_4^{\mathrm{T}}\frac{\lambda_2\boldsymbol{c}_4+\boldsymbol{c}_2}{2(c_1+\lambda_1)}+c_5=0 \tag{C.8}$$

上述问题的解为

$$\lambda_1=\frac{-c_7\pm\sqrt{c_7^2-4c_6c_8}}{2c_6}-c_1 \tag{C.9}$$

$$\lambda_2=\frac{2c_5(c_1+\lambda_1)-\boldsymbol{c}_4^{\mathrm{T}}\boldsymbol{c}_2}{\boldsymbol{c}_4^{\mathrm{T}}\boldsymbol{c}_4} \tag{C.10}$$

其中，

$$c_6=2c_5\boldsymbol{c}_4^{\mathrm{T}}\boldsymbol{c}_4+4c_3,\ c_7=3\frac{(\boldsymbol{c}_4^{\mathrm{T}}\boldsymbol{c}_2)^2}{\boldsymbol{c}_4^{\mathrm{T}}\boldsymbol{c}_4}+\boldsymbol{c}_2^{\mathrm{T}}\boldsymbol{c}_2,\ c_8=8c_5\frac{\boldsymbol{c}_4^{\mathrm{T}}\boldsymbol{c}_2}{\boldsymbol{c}_4^{\mathrm{T}}\boldsymbol{c}_4} \tag{C.11}$$

找到 $\lambda_1>0,\ \lambda_2>0$ 的解，然后代入 $-(\lambda_2\boldsymbol{c}_4+\boldsymbol{c}_2)/2(c_1+\lambda_1)$ 即得到问题式（5.66）的最优解。

附录 D　SADMM 的收敛性证明

观察可知 $\boldsymbol{s}_{(l-1)}$ 是问题式（5.53）的一个可行点。此外，$\boldsymbol{s}_{(l)}$ 是问题式（5.53）的最优解。因此可得

$$v_q(\boldsymbol{s}_{(l-1)}) \geqslant v_q(\boldsymbol{s}_{(l)}) \tag{D.1}$$

此外，由于 $v_q(\boldsymbol{s}) = f_0(\boldsymbol{s},\{\phi_{l,k}^{(q-1)}\}) - \overline{c}^{(q)}$ 并且 $f_0(\boldsymbol{s},\{\phi_{l,k}^{(q-1)}\}) \geqslant 0$，因此 $v_q(\boldsymbol{s})$ 有下界。可知 $v_q(\boldsymbol{s}_{(l)})$ 单调递减至收敛。

接下来证明收敛解 $\boldsymbol{s}_{(*)}$ 满足问题式（5.53）的 KKT 条件。由于问题式（5.53）的约束条件满足 Slater 正则性条件，并且 $\boldsymbol{s}_{(l)}$ 是问题式（5.53）的最优解。因此，$\boldsymbol{s}_{(l)}$ 是优化问题式（5.53）的一个 KKT 点，则可得

$$\begin{cases} \varsigma_i^{(l)} - \Re\{\boldsymbol{s}_{(l-1)}^{\mathrm{H}}\boldsymbol{E}_i\boldsymbol{s}_{(l)}\} \leqslant 0,\ i \in \mathcal{S} \\ \boldsymbol{s}_{(l)}^{\mathrm{H}}\boldsymbol{E}_i\boldsymbol{s}_{(l)} - \chi^2 \leqslant 0,\ i \in \mathcal{S} \\ \eta_n^{(l)} - \Re\{\boldsymbol{s}_{(l-1)}^{\mathrm{H}}\boldsymbol{H}_n\boldsymbol{s}_{(l)}\} \leqslant 0,\ n \in \mathcal{N} \\ \boldsymbol{s}_{(l)}^{\mathrm{H}}\boldsymbol{H}_n\boldsymbol{s}_{(l)} - \epsilon_2 \leqslant 0,\ n \in \mathcal{N} \\ \overline{e}_1^{(l)} - \Re\{\boldsymbol{s}_{(l-1)}^{\mathrm{H}}\boldsymbol{s}_{(l)}\} \leqslant 0 \\ \boldsymbol{s}_{(l)}^{\mathrm{H}}\boldsymbol{s}_{(l)} - e_2 \leqslant 0 \\ \lambda_{1,i}^{(l)} \geqslant 0,\ \lambda_{2,i}^{(l)} \geqslant 0,\ \alpha_{1,n}^{(l)} \geqslant 0,\ \alpha_{2,n}^{(l)} \geqslant 0,\ n \in \mathcal{N},\ i \in \mathcal{S} \\ \beta_1^{(l)} \geqslant 0,\ \beta_2^{(l)} \geqslant 0 \\ \lambda_{1,i}^{(l)}(\varsigma_i^{(l)} - \Re\{\boldsymbol{s}_{(l-1)}^{\mathrm{H}}\boldsymbol{E}_i\boldsymbol{s}_{(l)}\}) = 0,\ i \in \mathcal{S} \\ \lambda_{2,i}^{(l)}(\boldsymbol{s}_{(l)}^{\mathrm{H}}\boldsymbol{E}_i\boldsymbol{s}_{(l)} - \chi^2) = 0,\ i \in \mathcal{S} \\ \alpha_{1,n}^{(l)}(\eta_n^{(l)} - \Re\{\boldsymbol{s}_{(l-1)}^{\mathrm{H}}\boldsymbol{H}_n\boldsymbol{s}_{(l)}\}) = 0,\ n \in \mathcal{N} \\ \alpha_{2,n}^{(l)}(\boldsymbol{s}_{(l)}^{\mathrm{H}}\boldsymbol{H}_n\boldsymbol{s}_{(l)} - \epsilon_2) = 0,\ n \in \mathcal{N} \\ \beta_1^{(l)}(\overline{e}_1^{(l)} - \Re\{\boldsymbol{s}_{(l)}^{\mathrm{H}}\boldsymbol{s}_{(l)}\}) = 0 \\ \beta_2^{(l)}(\boldsymbol{s}_{(l)}^{\mathrm{H}}\boldsymbol{s}_{(l)} - e_2) = 0 \\ 2\boldsymbol{R}\boldsymbol{s}_{(l)} + 2\boldsymbol{r}^{(q)} + \boldsymbol{v}_{(l)} - \beta_1^{(l)}\boldsymbol{s}_{(l-1)} + 2\beta_2^{(l)}\boldsymbol{s}_{(l)} = \boldsymbol{0} \end{cases} \tag{D.2}$$

其中，$\varsigma_i^{(l)} = \lambda \| \boldsymbol{E}_i\boldsymbol{s}_{(l-1)} \|,\ \eta_n^{(l)} = \sqrt{\epsilon_1}\,\| \boldsymbol{H}_n\boldsymbol{s}_{(l-1)} \|,\ \overline{e}_1^{(l)} = \sqrt{e_1}\,\| \boldsymbol{s}_{(l-1)} \|,\ i \in \mathcal{S},\ n \in \mathcal{N}$，

$$\boldsymbol{v}_{(l)} = \sum_{i=1}^{N_{\mathrm{T}}M} \boldsymbol{E}_i(2\lambda_{2,i}^{(l)}\boldsymbol{s}_{(l)} - \lambda_{1,i}^{(l)}\boldsymbol{s}_{(l-1)}) + \sum_{n=1}^{N_{\mathrm{T}}} \boldsymbol{H}_n(2\alpha_{2,n}^{(l)}\boldsymbol{s}_{(l)} - \alpha_{1,n}^{(l)}\boldsymbol{s}_{(l-1)}) \tag{D.3}$$

其中，$\lambda_{1,i}^{(l)},\lambda_{2,i}^{(l)},\alpha_{1,n}^{(l)},\alpha_{2,n}^{(l)},\beta_1^{(l)},\beta_2^{(l)}$ 为拉格朗日乘子。当 SADMM 收敛时，可得 $v_q(\boldsymbol{s}_{(l-1)}) = v_q(\boldsymbol{s}_{(l)})$。由于目标函数 $\boldsymbol{s}^{\mathrm{H}}\boldsymbol{R}\boldsymbol{s} + 2\Re\{\boldsymbol{s}^{\mathrm{H}}\boldsymbol{r}^{(q)}\}$ 不是一个严格的凸函数，因此，可在目标函数中引入一个正则项 $\| \boldsymbol{s} - \boldsymbol{s}_{(l-1)} \|^2$，即构造一个新的目标函数

$$\boldsymbol{s}^{\mathrm{H}}\boldsymbol{R}\boldsymbol{s} + 2\Re\{\boldsymbol{s}^{\mathrm{H}}\boldsymbol{r}^{(q)}\} + \nu \| \boldsymbol{s} - \boldsymbol{s}_{(l-1)} \|^2 \tag{D.4}$$

上述目标函数保证了严格的凸性，但不影响原目标函数的单调性。因此，每次迭代中目标函数的严格凸性使得 $\boldsymbol{s}_{(l)}$ 为问题式（5.53）的唯一解。当 $l \to \infty$ 时，$v_q(\boldsymbol{s}_{(l-1)}) = v_q(\boldsymbol{s}_{(l)})$，进一步有 $\boldsymbol{s}_{(l-1)} = \boldsymbol{s}_{(l)} = \boldsymbol{s}_{(*)}$。假定当 $l \to \infty$，有

$$\lambda_{1,i}^{(l)} = \lambda_{1,i}^{*}, \lambda_{2,i}^{(l)} = \lambda_{2,i}^{*}, \alpha_{1,n}^{(l)} = \alpha_{1,n}^{*}, \alpha_{2,n}^{(l)} = \alpha_{2,n}^{*}, \beta_1^{(l)} = \beta_1^{*}, \beta_2^{(l)} = \beta_2^{*} \tag{D.5}$$

令 $\lambda_{1,i}^{*} = 2\bar{\lambda}_{1,i}^{*}, \alpha_{1,n}^{*} = 2\bar{\alpha}_{1,n}^{*}, \beta_1^{*} = 2\bar{\beta}_1^{*}$，将 $\boldsymbol{s}_{(*)}, 2\bar{\lambda}_{1,i}^{*}, \lambda_{2,i}^{*}, 2\bar{\alpha}_{1,n}^{*}, \alpha_{2,n}^{*}, 2\bar{\beta}_1^{*}, \beta_2^{*}$ 代入上述 KKT 条件，可得

$$\begin{cases} \|\boldsymbol{E}_i\boldsymbol{s}_{(*)}\|(\lambda - \|\boldsymbol{E}_i\boldsymbol{s}_{(*)}\|) \leqslant 0,\ i \in \mathcal{S} \\ \boldsymbol{s}_{(*)}^{\mathrm{H}}\boldsymbol{E}_i\boldsymbol{s}_{(*)} - \chi^2 \leqslant 0,\ i \in \mathcal{S} \\ \|\boldsymbol{H}_n\boldsymbol{s}_{(*)}\|(\sqrt{\epsilon_1} - \|\boldsymbol{H}_n\boldsymbol{s}_{(*)}\|) \leqslant 0,\ n \in \mathcal{N} \\ \boldsymbol{s}_{(*)}^{\mathrm{H}}\boldsymbol{H}_n\boldsymbol{s}_{(*)} - \epsilon_2 \leqslant 0,\ n \in \mathcal{N} \\ \|\boldsymbol{s}_{(*)}\|(\sqrt{e_1} - \|\boldsymbol{s}_{(*)}\|) \leqslant 0 \\ \boldsymbol{s}_{(*)}^{\mathrm{H}}\boldsymbol{s}_{(*)} - e_2 \leqslant 0 \\ \bar{\lambda}_{1,i}^{*} \geqslant 0,\ \lambda_{2,i}^{*} \geqslant 0,\ \bar{\alpha}_{1,n}^{*} \geqslant 0,\ \alpha_{2,n}^{*} \geqslant 0,\ n \in \mathcal{N},\ i \in \mathcal{S} \\ \bar{\beta}_1^{*} \geqslant 0,\ \beta_2^{*} \geqslant 0 \\ \bar{\lambda}_{1,i}^{*}(\varsigma_i^{*} - \Re\{\boldsymbol{s}_{(*)}^{\mathrm{H}}\boldsymbol{E}_i\boldsymbol{s}_{(*)}\}) = 0,\ i \in \mathcal{S} \\ \lambda_{2,i}^{*}(\boldsymbol{s}_{(*)}^{\mathrm{H}}\boldsymbol{E}_i\boldsymbol{s}_{(*)} - \chi^2) = 0,\ i \in \mathcal{S} \\ \bar{\alpha}_{1,n}^{*}(\eta_n^{*} - \Re\{\boldsymbol{s}_{(*)}^{\mathrm{H}}\boldsymbol{H}_n\boldsymbol{s}_{(*)}\}) = 0,\ n \in \mathcal{N} \\ \alpha_{2,n}^{*}(\boldsymbol{s}_{(*)}^{\mathrm{H}}\boldsymbol{H}_n\boldsymbol{s}_{(*)} - \epsilon_2) = 0,\ n \in \mathcal{N} \\ \bar{\beta}_1^{*}(\bar{e}_1^{*} - \Re\{\boldsymbol{s}_{(*)}^{\mathrm{H}}\boldsymbol{s}_{(*)}\}) = 0 \\ \beta_2^{*}(\boldsymbol{s}_{(*)}^{\mathrm{H}}\boldsymbol{s}_{(*)} - e_2) = 0 \\ 2\boldsymbol{R}\boldsymbol{s}_{(*)} + 2\boldsymbol{r}^{(q)} + \boldsymbol{v}_{(*)} - \beta_1^{*}\boldsymbol{s}_{(*)} + 2\beta_2^{*}\boldsymbol{s}_{(*)} = \boldsymbol{0} \end{cases} \tag{D.6}$$

其中，

$$\boldsymbol{v}_{(*)} = \sum_{i=1}^{N_{\mathrm{T}}M} 2\boldsymbol{E}_i(\lambda_{2,i}^{*} - \bar{\lambda}_{1,i}^{*})\boldsymbol{s}_{(*)} + \sum_{n=1}^{N_{\mathrm{T}}} 2\boldsymbol{H}_n(\alpha_{2,n}^{*} - \bar{\alpha}_{1,n}^{*})\boldsymbol{s}_{(*)} \tag{D.7}$$

显然，$\|\boldsymbol{E}_i\boldsymbol{s}_{(*)}\|(\lambda - \|\boldsymbol{E}_i\boldsymbol{s}_{(*)}\|) \leqslant 0$，$\|\boldsymbol{H}_n\boldsymbol{s}_{(*)}\|(\sqrt{\epsilon_1} - \|\boldsymbol{H}_n\boldsymbol{s}_{(*)}\|) \leqslant 0$，$\|\boldsymbol{s}_{(*)}\|(\sqrt{e_1} - \|\boldsymbol{s}_{(*)}\|) \leqslant 0$ 等于 $\lambda^2 - \boldsymbol{s}_{(*)}^{\mathrm{H}}\boldsymbol{E}_i\boldsymbol{s}_{(*)} \leqslant 0, \epsilon_1 - \boldsymbol{s}_{(*)}^{\mathrm{H}}\boldsymbol{H}_n\boldsymbol{s}_{(*)} \leqslant 0, e_1 - \boldsymbol{s}^{*\mathrm{H}}\boldsymbol{s}^{*} \leqslant 0$。因此，收敛解 $\boldsymbol{s}_{(*)}$ 满足问题式（5.53）的 KKT 条件。

附录 E　问题式（6.20）目标函数分子与分母的最优解

问题式（6.20）中的目标函数的分子优化问题可写为

$$\begin{cases}\min\limits_{\boldsymbol{A}_0} & \dfrac{\delta_0^2}{M}\boldsymbol{s}^{\mathrm{H}}\boldsymbol{A}_0\boldsymbol{s} \\ \text{s.t.} & \|\boldsymbol{A}_0-\overline{\boldsymbol{A}}_0\|_{\mathrm{F}}\leqslant\varepsilon_0,\ \boldsymbol{A}_0\succeq\boldsymbol{0}\end{cases} \tag{E.1}$$

上述约束函数$\|\boldsymbol{A}_0-\overline{\boldsymbol{A}}_0\|_{\mathrm{F}}\leqslant\varepsilon_0$可等效写为$|\lambda_i(\boldsymbol{A}_0-\overline{\boldsymbol{A}}_0)|\leqslant\varepsilon_0$，$i=1,2,3,\cdots,N_{\mathrm{T}}M$，其中，$\lambda_i(\boldsymbol{A}_0-\overline{\boldsymbol{A}}_0)$为$\boldsymbol{A}_0-\overline{\boldsymbol{A}}_0$的第$i$个特征值。因此，可推得

$$-\varepsilon_0\boldsymbol{I}_{N_{\mathrm{T}}M}\leqslant\boldsymbol{A}_0-\overline{\boldsymbol{A}}_0\leqslant\varepsilon_0\boldsymbol{I}_{N_{\mathrm{T}}M} \tag{E.2}$$

进一步可得

$$\overline{\boldsymbol{A}}_0-\varepsilon_0\boldsymbol{I}_{N_{\mathrm{T}}M}\leqslant\boldsymbol{A}_0\leqslant\overline{\boldsymbol{A}}_0+\varepsilon_0\boldsymbol{I}_{N_{\mathrm{T}}M} \tag{E.3}$$

通过利用$\boldsymbol{B}\succeq\boldsymbol{A}$，可得$\boldsymbol{s}^{\mathrm{H}}\boldsymbol{A}\boldsymbol{s}=\mathrm{tr}(\boldsymbol{A}\boldsymbol{s}\boldsymbol{s}^{\mathrm{H}})\leqslant\mathrm{tr}(\boldsymbol{B}\boldsymbol{s}\boldsymbol{s}^{\mathrm{H}})=\boldsymbol{s}^{\mathrm{H}}\boldsymbol{B}\boldsymbol{s}$。进一步基于$\boldsymbol{A}_0\succeq\boldsymbol{0}$，可推得式（E.1）的最优解为

$$\boldsymbol{A}_0^{(*)}=\begin{cases}\overline{\boldsymbol{A}}_0-\varepsilon_0\boldsymbol{I}_{MN_{\mathrm{T}}}, & \overline{\boldsymbol{A}}_0-\varepsilon_0\boldsymbol{I}_{MN_{\mathrm{T}}}\succeq\boldsymbol{0} \\ \boldsymbol{0}, & \overline{\boldsymbol{A}}_0-\varepsilon_0\boldsymbol{I}_{MN_{\mathrm{T}}}\prec\boldsymbol{0}\end{cases} \tag{E.4}$$

问题式（6.20）中的目标函数的分母优化问题可写为

$$\begin{cases}\max\limits_{\{\boldsymbol{A}_k\}_{k=1}^{K}} & \sum\limits_{k=1}^{K}\dfrac{\delta_k^2}{M}\boldsymbol{s}^{\mathrm{H}}\boldsymbol{A}_k\boldsymbol{s} \\ \text{s.t.} & \|\boldsymbol{A}_k-\overline{\boldsymbol{A}}_k\|_{\mathrm{F}}\leqslant\varepsilon_k,\ \boldsymbol{A}_k\succeq 0 \\ & k=1,2,3,\cdots,K\end{cases} \tag{E.5}$$

对此，第k个子问题可写为

$$\begin{cases}\max\limits_{\boldsymbol{A}_k} & \dfrac{\delta_k^2}{M}\boldsymbol{s}^{\mathrm{H}}\boldsymbol{A}_k\boldsymbol{s} \\ \text{s.t.} & \|\boldsymbol{A}_k-\overline{\boldsymbol{A}_k}\|_{\mathrm{F}}\leqslant\varepsilon_k,\ \boldsymbol{A}_k\succeq\boldsymbol{0}\end{cases} \tag{E.6}$$

类似分子的求解，上述问题的最优解为$\boldsymbol{A}_k^{(*)}=\overline{\boldsymbol{A}_k}+\varepsilon_k\boldsymbol{I}_{MN_{\mathrm{T}}}$，这里不再赘述。

附录 F　问题式（6.95）的证明

给定 $\boldsymbol{s}=\mathrm{vec}([\boldsymbol{s}_1,\boldsymbol{s}_2,\boldsymbol{s}_3,\cdots,\boldsymbol{s}_N]^{\mathrm{T}})\in\mathbb{C}^{NM},\boldsymbol{A}\in\mathbb{H}^{NM}$，二次函数 $g(\boldsymbol{s})=\boldsymbol{s}^{\mathrm{H}}\boldsymbol{A}\boldsymbol{s}$ 可以改写为以块变量 $\boldsymbol{s}_n$ 为变量的函数，即

$$
\begin{aligned}
(\boldsymbol{s}_n;\overline{\boldsymbol{s}}_{-n})&=(\overline{\boldsymbol{s}}_{-n}+\boldsymbol{\varLambda}_n\boldsymbol{s}_n)^{\mathrm{H}}\boldsymbol{A}(\overline{\boldsymbol{s}}_{-n}+\boldsymbol{\varLambda}_n\boldsymbol{s}_n)\\
&=\boldsymbol{s}_n^{\mathrm{H}}\boldsymbol{\varLambda}_n^{\mathrm{H}}\boldsymbol{A}\boldsymbol{\varLambda}_n\boldsymbol{s}_n+2\Re\left\{\overline{\boldsymbol{s}}_{-n}^{\mathrm{H}}\boldsymbol{A}\boldsymbol{\varLambda}_n\boldsymbol{s}_n\right\}+\overline{\boldsymbol{s}}_{-n}^{\mathrm{H}}\boldsymbol{A}\overline{\boldsymbol{s}}_{-n}
\end{aligned}
\tag{F.1}
$$

（F.2）

其中，$\overline{\boldsymbol{s}}_{-n}=\boldsymbol{s}-\boldsymbol{\varLambda}_n\boldsymbol{s}_n\in\mathbb{C}^{N_{\mathrm{T}}M}$，$\boldsymbol{\varLambda}_n\in\mathbb{C}^{N_{\mathrm{T}}M\times M}$ 的具体形式如下：

$$
\boldsymbol{\varLambda}_n(i,\overline{j})=\begin{cases}1, & i=n+(\overline{j}-1)N\\ 0, & \text{其他}\end{cases}
\tag{F.3}
$$

其中，$i\in\{1,2,3,\cdots,N_{\mathrm{T}}M\},\overline{j}\in\{1,2,3,\cdots,M\}$，$\boldsymbol{s}_{-n}=\mathrm{vec}([\boldsymbol{s}_1,\boldsymbol{s}_2,\boldsymbol{s}_3,\cdots,\boldsymbol{s}_{n-1},\boldsymbol{s}_{n+1},\cdots,\boldsymbol{s}_{N_{\mathrm{T}}}]^{\mathrm{T}})\in\mathbb{C}^{(N_{\mathrm{T}}-1)M}$。

令 $\boldsymbol{s}^{(n_i)}=\mathrm{vect}([\boldsymbol{s}_1^{(i)},\boldsymbol{s}_2^{(i)},\boldsymbol{s}_3^{(i)},\cdots,\boldsymbol{s}_{n-1}^{(i)},\boldsymbol{s}_n,\boldsymbol{s}_{n+1}^{(i-1)},\cdots,\boldsymbol{s}_{N_{\mathrm{T}}}^{(i-1)}]^{\mathrm{T}})\in\mathbb{C}^{N_{\mathrm{T}}M}$，目标函数 $f(\boldsymbol{s}_1^{(i)},\boldsymbol{s}_2^{(i)},\boldsymbol{s}_3^{(i)},\cdots,\boldsymbol{s}_{n-1}^{(i)},\boldsymbol{s}_n,\boldsymbol{s}_{n+1}^{(i-1)},\cdots,\boldsymbol{s}_{N_{\mathrm{T}}}^{(i-1)})$ 可以改写为

$$
f(\boldsymbol{s}_n;\overline{\boldsymbol{s}}_{-n}^{(i)})=\frac{\boldsymbol{s}_n^{\mathrm{H}}\boldsymbol{U}_n\boldsymbol{s}_n+\Re\left\{\boldsymbol{u}_n^{\mathrm{H}}\boldsymbol{s}_n\right\}+u_n}{\boldsymbol{s}_n^{\mathrm{H}}\boldsymbol{V}_n\boldsymbol{s}_n+\Re\left\{\boldsymbol{v}_n^{\mathrm{H}}\boldsymbol{s}_n\right\}+v_n}
\tag{F.4}
$$

其中，$\boldsymbol{U}_n=\boldsymbol{\varLambda}_n^{\mathrm{H}}\boldsymbol{U}_0\boldsymbol{\varLambda}_n$，$\boldsymbol{u}_n=2\boldsymbol{\varLambda}_n^{\mathrm{H}}\boldsymbol{U}_0^{\mathrm{H}}\overline{\boldsymbol{s}}_{-n}^{(i)}$，$u_n=\overline{\boldsymbol{s}}_{-n}^{(i)\mathrm{H}}\boldsymbol{U}_0\overline{\boldsymbol{s}}_{-n}^{(i)}$，$\boldsymbol{V}_n=\boldsymbol{\varLambda}_n^{\mathrm{H}}\boldsymbol{V}_0\boldsymbol{\varLambda}_n$，$\boldsymbol{v}_n=2\boldsymbol{\varLambda}_n^{\mathrm{H}}\boldsymbol{V}_0^{\mathrm{H}}\overline{\boldsymbol{s}}_{-n}^{(i)}$，$v_n=\overline{\boldsymbol{s}}_{-n}^{(i)\mathrm{H}}\boldsymbol{V}_0\overline{\boldsymbol{s}}_{-n}^{(i)}$，$\boldsymbol{s}_{-n}^{(i)}=\mathrm{vect}([\boldsymbol{s}_1^{(i)},\boldsymbol{s}_2^{(i)},\boldsymbol{s}_3^{(i)},\cdots,\boldsymbol{s}_{n-1}^{(i)},\boldsymbol{s}_{n+1}^{(i-1)},\cdots,\boldsymbol{s}_{N_{\mathrm{T}}}^{(i-1)}]^{\mathrm{T}})\in\mathbb{C}^{(N_{\mathrm{T}}-1)M}$，$\overline{\boldsymbol{s}}_{-n}^{(i)}=\boldsymbol{s}^{(n_i)}-\boldsymbol{\varLambda}_n\boldsymbol{s}_n\in\mathbb{C}^{N_{\mathrm{T}}M}$。

问题式（6.94）的约束条件 1 可以改写为

$$
\boldsymbol{s}_n^{\mathrm{H}}\boldsymbol{A}_{sn}\boldsymbol{s}_n+\Re\left\{\boldsymbol{a}_{sn}^{\mathrm{H}}\boldsymbol{s}_n\right\}+a_{sn}\leqslant\varepsilon\left(\boldsymbol{s}_n^{\mathrm{H}}\boldsymbol{A}_{mn}\boldsymbol{s}_n+\Re\left\{\boldsymbol{a}_{mn}^{\mathrm{H}}\boldsymbol{s}_n\right\}+a_{mn}\right)
\tag{F.5}
$$

其中

$$
\begin{cases}
\boldsymbol{A}_{sn}=\boldsymbol{\varLambda}_n^{\mathrm{H}}\boldsymbol{A}_s\boldsymbol{\varLambda}_n\\
\boldsymbol{a}_{sn}=2\boldsymbol{\varLambda}_n^{\mathrm{H}}\boldsymbol{A}_s^{\mathrm{H}}\overline{\boldsymbol{s}}_{-n}^{(i)}\\
a_{sn}=\overline{\boldsymbol{s}}_{-n}^{(i)\mathrm{H}}\boldsymbol{A}_s\overline{\boldsymbol{s}}_{-n}^{(i)}
\end{cases}
\tag{F.6}
$$

$$
\begin{cases}
\boldsymbol{A}_{mn}=\boldsymbol{\varLambda}_n^{\mathrm{H}}\boldsymbol{A}_m\boldsymbol{\varLambda}_n\\
\boldsymbol{a}_{mn}=2\boldsymbol{\varLambda}_n^{\mathrm{H}}\boldsymbol{A}_m^{\mathrm{H}}\overline{\boldsymbol{s}}_{-n}^{(i)}\\
a_{mn}=\overline{\boldsymbol{s}}_{-n}^{(i)\mathrm{H}}\boldsymbol{A}_m\overline{\boldsymbol{s}}_{-n}^{(i)}
\end{cases}
\tag{F.7}
$$

问题式（6.94）的约束条件（2）可以改写为

$$
\boldsymbol{s}_n^{\mathrm{H}}\boldsymbol{R}_{sn}\boldsymbol{s}_n+\Re\left\{\boldsymbol{r}_{sn}^{\mathrm{H}}\boldsymbol{s}_n\right\}+r_{sn}\leqslant 0
\tag{F.8}
$$

其中，$\boldsymbol{R}_{sn}=\boldsymbol{\Lambda}_n^{\mathrm{H}}\boldsymbol{R}_s\boldsymbol{\Lambda}_n$，$\boldsymbol{r}_{sn}=2\boldsymbol{\Lambda}_n^{\mathrm{H}}\boldsymbol{R}_s^{\mathrm{H}}\overline{\boldsymbol{s}}_{-n}^{(i)}$，$r_{sn}=\overline{\boldsymbol{s}}_{-n}^{(i)\mathrm{H}}\boldsymbol{R}_s\overline{\boldsymbol{s}}_{-n}^{(i)}-\eta_s$。

问题式（6.94）的约束条件（3）可以改写为

$$\eta_{pc}\leqslant\boldsymbol{s}_n^{\mathrm{H}}\boldsymbol{R}_{cn}\boldsymbol{s}_n+\Re\left\{\boldsymbol{r}_{cn}^{\mathrm{H}}\boldsymbol{s}_n\right\}+r_{cn},c=1,2,\cdots,C \tag{F.9}$$

其中，$\boldsymbol{R}_{cn}=\boldsymbol{\Lambda}_n^{\mathrm{H}}\boldsymbol{R}_c n\boldsymbol{\Lambda}_n$，$\boldsymbol{r}_{cn}=2\boldsymbol{\Lambda}_n^{\mathrm{H}}\boldsymbol{R}_c^{\mathrm{H}}\overline{\boldsymbol{s}}_{-n}^{(i)}$，$r_{cn}=\overline{\boldsymbol{s}}_{-n}^{(i)\mathrm{H}}\boldsymbol{R}_c\overline{\boldsymbol{s}}_{-n}^{(i)}$。

问题式（6.94）的约束条件（4）可以改写为

$$(P_L-\delta)\left(\boldsymbol{s}_n^{\mathrm{H}}\boldsymbol{A}_{0n}\boldsymbol{s}_n+\Re\left\{\boldsymbol{a}_{0n}^{\mathrm{H}}\boldsymbol{s}_n\right\}+a_{0n}\right)\leqslant\boldsymbol{s}_n^{\mathrm{H}}\boldsymbol{A}_{kn}\boldsymbol{s}_n+\Re\left\{\boldsymbol{a}_{kn}^{\mathrm{H}}\boldsymbol{s}_n\right\}+a_{kn},\ k=1,2 \tag{F.10}$$

$$\boldsymbol{s}_n^{\mathrm{H}}\boldsymbol{A}_{kn}\boldsymbol{s}_n+\Re\left\{\boldsymbol{a}_{kn}^{\mathrm{H}}\boldsymbol{s}_n\right\}+a_{kn}\leqslant(P_L+\delta)\left(\boldsymbol{s}_n^{\mathrm{H}}\boldsymbol{A}_{0n}\boldsymbol{s}_n+\Re\left\{\boldsymbol{a}_{0n}^{\mathrm{H}}\boldsymbol{s}_n\right\}+a_{0n}\right),\ k=1,2 \tag{F.11}$$

其中，

$$\begin{cases}\boldsymbol{A}_{kn}=\boldsymbol{\Lambda}_n^{\mathrm{H}}\boldsymbol{A}_k\boldsymbol{\Lambda}_n\\ \boldsymbol{a}_{kn}=2\boldsymbol{\Lambda}_n^{\mathrm{H}}\boldsymbol{A}_k^{\mathrm{H}}\overline{\boldsymbol{s}}_{-n}^{(i)}\\ a_{kn}=\overline{\boldsymbol{s}}_{-n}^{(i)\mathrm{H}}\boldsymbol{A}_k\overline{\boldsymbol{s}}_{-n}^{(i)}\end{cases} \tag{F.12}$$

$$\begin{cases}\boldsymbol{A}_{0n}=\boldsymbol{\Lambda}_n^{\mathrm{H}}\boldsymbol{A}_0\boldsymbol{\Lambda}_n\\ \boldsymbol{a}_{0n}=2\boldsymbol{\Lambda}_n^{\mathrm{H}}\boldsymbol{A}_0^{\mathrm{H}}\overline{\boldsymbol{s}}_{-n}^{(i)}\\ a_{0n}=\overline{\boldsymbol{s}}_{-n}^{(i)\mathrm{H}}\boldsymbol{A}_0\overline{\boldsymbol{s}}_{-n}^{(i)}\end{cases} \tag{F.13}$$

附录 G 优化问题式（6.97）的凸逼近

我们将通过求解问题式（6.97）的近似版本来找到其近似解。观察到目标函数 $\chi(w_{(t)},\boldsymbol{s}_n)$ 是两个凸函数的差。因此，目标函数可以用其下界函数来近似。具体来讲，

$$\begin{aligned}\chi(w_{(t)},\boldsymbol{s}_n)\geqslant&\boldsymbol{s}_{n(t-1)}^{\mathrm{H}}\boldsymbol{U}_n\boldsymbol{s}_{n(t-1)}+2\Re\left\{\boldsymbol{s}_{n(t-1)}^{\mathrm{H}}\boldsymbol{U}_n(\boldsymbol{s}_n-\boldsymbol{s}_{n(t-1)})\right\}+\Re\left\{\boldsymbol{u}_n^{\mathrm{H}}\boldsymbol{s}_n\right\}+\\&u_n-w_{(t)}(\boldsymbol{s}_n^{\mathrm{H}}\boldsymbol{V}_n\boldsymbol{s}_n+\Re\left\{\boldsymbol{v}_n^{\mathrm{H}}\boldsymbol{s}_n\right\}+v_n)=\boldsymbol{s}_n^{\mathrm{H}}\boldsymbol{D}_n\boldsymbol{s}_n+\Re\left\{\boldsymbol{d}_n^{\mathrm{H}}\boldsymbol{s}_n\right\}+d_n\end{aligned}\tag{G.1}$$

其中，$\boldsymbol{D}_n=-w_{(t)}\boldsymbol{V}_n$，$\boldsymbol{d}_n=-w_{(t)}\boldsymbol{v}_n+2\boldsymbol{U}_n\boldsymbol{s}_{n(t-1)}+\boldsymbol{u}_n$，$d_n=-w_{(t)}v_n-\boldsymbol{s}_{n(t-1)}^{\mathrm{H}}\boldsymbol{U}_n\boldsymbol{s}_{n(t-1)}+u_n$。

类似地，问题式（6.97）的约束（1）、（4）、（5）也是两个凸二次函数的差。具体地，如果 $\boldsymbol{A}_{sn}\succeq\varepsilon\boldsymbol{A}_{mn}$，那么约束（1）是凸的。否则，该约束被近似为

$$\begin{aligned}&(\boldsymbol{s}_n^{\mathrm{H}}\boldsymbol{A}_{sn}\boldsymbol{s}_n+\Re\left\{\boldsymbol{a}_{sn}^{\mathrm{H}}\boldsymbol{s}_n\right\}+a_{sn})-\\&\varepsilon\left(\boldsymbol{s}_{n(t-1)}^{\mathrm{H}}\boldsymbol{A}_{mn}\boldsymbol{s}_{n(t-1)}+2\Re\left\{\boldsymbol{s}_{n(t-1)}^{\mathrm{H}}\boldsymbol{A}_{mn}(\boldsymbol{s}_n-\boldsymbol{s}_{n(t-1)})\right\}+\Re\left\{\boldsymbol{a}_{mn}^{\mathrm{H}}\boldsymbol{s}_n\right\}+a_{mn}\right)\leqslant0\end{aligned}\tag{G.2}$$

对约束（3）、（4）、（5）、（7）也进行相似的近似。

综上所述，最大化目标函数 $\chi(w_{(t)},\boldsymbol{s}_n)$ 可近似为求解如下问题：

$$\mathcal{P}_{\boldsymbol{s}_{n(t)}}\begin{cases}\max\limits_{\boldsymbol{s}_n}&\boldsymbol{s}_n^{\mathrm{H}}\boldsymbol{D}_n\boldsymbol{s}_n+\Re\left\{\boldsymbol{d}_n^{\mathrm{H}}\boldsymbol{s}_n\right\}+d_n\\\text{s.t.}&\boldsymbol{s}_n^{\mathrm{H}}\boldsymbol{B}_n\boldsymbol{s}_n+\Re\left\{\boldsymbol{b}_n^{\mathrm{H}}\boldsymbol{s}_n\right\}+b_n\leqslant0\\&\boldsymbol{s}_n^{\mathrm{H}}\boldsymbol{R}_{sn}\boldsymbol{s}_n+\Re\left\{\boldsymbol{r}_{sn}^{\mathrm{H}}\boldsymbol{s}_n\right\}+r_{sn}\leqslant0\\&\boldsymbol{s}_n^{\mathrm{H}}\overline{\boldsymbol{A}}_{kn}\boldsymbol{s}_n+\Re\left\{\overline{\boldsymbol{a}}_{kn}^{\mathrm{H}}\boldsymbol{s}_n\right\}+\overline{a}_{kn}\leqslant0,\ k=1,2\\&\boldsymbol{s}_n^{\mathrm{H}}\boldsymbol{A}_{kn}\boldsymbol{s}_n+\Re\left\{\tilde{\boldsymbol{a}}_{kn}^{\mathrm{H}}\boldsymbol{s}_n\right\}+\tilde{a}_{kn}\leqslant0,\ k=1,2\\&\Re\left\{\overline{\boldsymbol{r}}_{cn}^{\mathrm{H}}\boldsymbol{s}_n\right\}+\overline{r}_{cn}\leqslant0,c=1,2,3,\ldots,C\\&\boldsymbol{s}_n(m)^{\mathrm{H}}\boldsymbol{s}_n(m)-1/N_{\mathrm{T}}-\kappa\leqslant0,m=1,2,3,\cdots,M\\&\Re\left\{\overline{p}_1\boldsymbol{s}_n(m)\right\}+\overline{p}_2\leqslant0,m=1,2,3,\cdots,M\end{cases}\tag{G.3}$$

其中，$\overline{\boldsymbol{r}}_{cn}=-2\boldsymbol{R}_{cn}\boldsymbol{s}_{n(t-1)}-\boldsymbol{r}_{cn}$，$\overline{r}_{cn}=\boldsymbol{s}_{n(t-1)}^{\mathrm{H}}\boldsymbol{R}_{cn}\boldsymbol{s}_{n(t-1)}+\eta_{pc}-r_{cn}$，$\overline{p}_1=-2\boldsymbol{s}_{n(t-1)}(m)$，$\overline{p}_2=1/N_{\mathrm{T}}-\kappa+\boldsymbol{s}_{n(t-1)}(m)^{\mathrm{H}}\boldsymbol{s}_{n(t-1)}(m)$。如果约束（4）、（5）是凸的，则

$$\begin{cases}\boldsymbol{B}_n=\boldsymbol{A}_{sn}-\varepsilon\boldsymbol{A}_{mn},\overline{\boldsymbol{A}}_{kn}=(P_L-\delta)\boldsymbol{A}_{0n}-\boldsymbol{A}_{kn},\tilde{\boldsymbol{A}}_{kn}=\boldsymbol{A}_{kn}-(P_L+\delta)\boldsymbol{A}_{0n}\\\boldsymbol{b}_n=\boldsymbol{a}_{sn}-\varepsilon\boldsymbol{a}_{mn},\overline{\boldsymbol{a}}_{kn}=(P_L-\delta)\boldsymbol{a}_{0n}-\boldsymbol{a}_{kn},\tilde{\boldsymbol{a}}_{kn}=\boldsymbol{a}_{kn}-(P_L+\delta)\boldsymbol{a}_{0n}\\b_n=a_{sn}-\varepsilon a_{mn},\overline{a}_{kn}=(P_L-\delta)a_{0n}-a_{kn},\tilde{a}_{kn}=a_{kn}-(P_L+\delta)a_{0n}\end{cases}\tag{G.4}$$

如果约束（4）、（5）是非凸的，则

$$
\begin{aligned}
&\boldsymbol{B}_n = \boldsymbol{A}_{sn}, \bar{\boldsymbol{A}}_{kn} = (P_L - \delta)\boldsymbol{A}_{0n}, \tilde{\boldsymbol{A}}_{kn} = \boldsymbol{A}_{kn}, \boldsymbol{b}_n = \boldsymbol{a}_{sn} - \varepsilon \boldsymbol{a}_{mn} - 2\varepsilon \boldsymbol{A}_{mn}\boldsymbol{s}_{n(t-1)} \\
&\tilde{\boldsymbol{a}}_{kn} = (P_L - \delta)\boldsymbol{a}_{0n} - \boldsymbol{a}_{kn} - 2\boldsymbol{A}_{kn}\boldsymbol{s}_{n(t-1)}, \tilde{\boldsymbol{a}}_{kn} = \boldsymbol{a}_{kn} - (P_L + \delta)(2\boldsymbol{A}_{0n}\boldsymbol{s}_{n(t-1)} + \boldsymbol{a}_{0n}) \\
&b_n = a_{sn} - \varepsilon a_{mn} + \varepsilon \boldsymbol{s}_{n(t-1)}^{\mathrm{H}} \boldsymbol{A}_{mn}\boldsymbol{s}_{n(t-1)}, \bar{a}_{kn} = (P_L - \delta)a_{0n} - a_{kn} + \boldsymbol{s}_{n(t-1)}^{\mathrm{H}} \boldsymbol{A}_{kn}\boldsymbol{s}_{n(t-1)} \\
&\tilde{a}_{kn} = a_{kn} - (P_L + \delta)(a_{0n} - \boldsymbol{s}_{n(t-1)}^{\mathrm{H}} \boldsymbol{A}_{0n}\boldsymbol{s}_{n(t-1)})
\end{aligned} \tag{G.5}
$$

附录 H 求解问题式（6.99）的 ADMM 过程

假设在第 l 次迭代 $\boldsymbol{h},\boldsymbol{z},\{\boldsymbol{h}_{\bar{c}}\},\{\boldsymbol{v}_c\},\{\boldsymbol{\mu}_{\bar{c}}\},\{\boldsymbol{\mu}_c\},\mu_z$ 的迭代值记为 $\boldsymbol{h}^{(l)},\boldsymbol{z}^{(l)},\{\boldsymbol{h}_{\bar{c}}^{(l)}\}$，$\{\boldsymbol{v}_c^{(l)}\},\{\boldsymbol{\mu}_{\bar{c}}^{(l)}\},\{\boldsymbol{\mu}_c^{(l)}\},\mu_z^{(l)}$，ADMM 流程如算法 H.1 所示。显而易见，我们可以并行更新 $\boldsymbol{z},\boldsymbol{h}_{\bar{c}},\bar{c}=1,2,3,\cdots,6$，$\boldsymbol{v}_c,c=1,2,3,\cdots,C$。具体而言，关于 $\boldsymbol{h}_{\bar{c}},\bar{c}=1,2,3,\cdots,6$ 的优化问题可以分解为 6 个子问题，这些子问题为只有一个约束的凸 QCQP（QCQP-1），其闭式解可以用 KKT 条件导出。关于变量 $\boldsymbol{z},\boldsymbol{v}_c,c=1,2,3,\cdots,C$ 的子问题可以利用 KKT 方法求解。最后关于 $\boldsymbol{h}$ 的问题等价为

$$\min_{\boldsymbol{h}} \quad \boldsymbol{h}^{\mathrm{H}}\boldsymbol{D}\boldsymbol{h}+\Re\{\boldsymbol{d}^{\mathrm{H}}\boldsymbol{h}\} \tag{H.1}$$

其中，

$$\begin{aligned}&\boldsymbol{D}=-\boldsymbol{D}_n+\frac{8\varrho}{2\boldsymbol{I}_M}\\&\boldsymbol{d}=-\boldsymbol{d}_n-\sum_{\bar{c}=1}^{6}\varrho\left(\boldsymbol{h}_{\bar{c}}^{(l)}+\frac{\boldsymbol{\mu}_{\bar{c}}^{(l-1)}}{\varrho}\right)-\sum_{c=1}^{C}\varrho\left(\boldsymbol{v}_c^{(l)}+\frac{\boldsymbol{\mu}_c^{(l-1)}}{\varrho}\right)-\varrho\left(\boldsymbol{z}^{(l)}+\frac{\mu_z^{(l-1)}}{\varrho}\right)\end{aligned} \tag{H.2}$$

令其一阶导数为 0，则问题式（6.99）的闭式解为 $-\boldsymbol{D}^{-1}\boldsymbol{d}/2$。

算法 H.1 流程　ADMM 求解问题式（6.99）

输入：$\boldsymbol{h}^{(0)},\boldsymbol{z}^{(0)},\{\boldsymbol{h}_{\bar{c}}^{(0)}\},\{\boldsymbol{v}_c^{(0)}\},\{\boldsymbol{\mu}_{\bar{c}}^{(0)}\},\{\boldsymbol{\mu}_c^{(0)}\},\mu_z^{(0)}$；

输出：优化问题式（6.92）的一个最优解 $\boldsymbol{s}_{n(t)}^{*}$。

（1）$l=0$；

（2）$l:=l+1$；

（3）更新 $\boldsymbol{h}^{(l)},\boldsymbol{z}^{(l)},\{\boldsymbol{h}_{\bar{c}}^{(l)}\},\{\boldsymbol{v}_c^{(l)}\},\{\boldsymbol{\mu}_{\bar{c}}^{(l)}\},\{\boldsymbol{\mu}_c^{(l)}\},\mu_z^{(l)}$：

$$\boldsymbol{h}_1^{(l)}:=\arg\min_{\boldsymbol{h}_1}\left\|\boldsymbol{h}_1-\boldsymbol{h}^{(l-1)}+\frac{\boldsymbol{\mu}_1^{(l-1)}}{\varrho}\right\|^2$$

$$\text{s.t.}\ \boldsymbol{h}_1^{\mathrm{H}}\boldsymbol{R}_{sn}\boldsymbol{h}_1+\Re\left\{\boldsymbol{r}_{sn}^{\mathrm{H}}\boldsymbol{h}_1\right\}+r_{sn}\leqslant 0$$

$$\boldsymbol{h}_2^{(l)}:=\arg\min_{\boldsymbol{h}_2}\left\|\boldsymbol{h}_2-\boldsymbol{h}^{(l-1)}+\frac{\boldsymbol{\mu}_2^{(l-1)}}{\varrho}\right\|^2$$

$$\text{s.t.}\ \boldsymbol{h}_2^{\mathrm{H}}\boldsymbol{B}_n\boldsymbol{h}_2+\Re\left\{\boldsymbol{b}_n^{\mathrm{H}}\boldsymbol{h}_2\right\}+b_n\leqslant 0$$

$$\{\boldsymbol{h}_k^{(l)}\}:=\arg\min_{\{\boldsymbol{h}_k\}}\left\|\boldsymbol{h}_k-\boldsymbol{h}^{(l-1)}+\frac{\boldsymbol{\mu}_k^{(l-1)}}{\varrho}\right\|^2$$

$$\text{s.t.}\ \boldsymbol{h}_k^{\mathrm{H}}\bar{\boldsymbol{A}}_{n,k_0}\boldsymbol{h}_k+\Re\left\{\bar{\boldsymbol{a}}_{n,k_0}^{\mathrm{H}}\boldsymbol{h}_k\right\}+\bar{a}_{n,k_0}\leqslant 0,\ k=3,4,\ k_0=k-2$$

$$\{\boldsymbol{h}_{\bar{k}}^{(l)}\} := \arg\min_{\{\boldsymbol{h}_{\bar{k}}\}} \left\| \boldsymbol{h}_{\bar{k}} - \boldsymbol{h}^{(l-1)} + \frac{\boldsymbol{\mu}_{\bar{k}}^{(l-1)}}{\varrho} \right\|^2$$

$$\text{s.t.}\ \boldsymbol{h}_{\bar{k}}^{\mathrm{H}} \tilde{\boldsymbol{A}}_{n,k_1} \boldsymbol{h}_{\bar{k}} + \Re\left\{ \tilde{\boldsymbol{a}}_{n,k_1}^{\mathrm{H}} \boldsymbol{h}_{\bar{k}} \right\} + \tilde{a}_{n,k_1} \leqslant 0,\ \bar{k} = 5,6,\ k_1 = \bar{k} - 4$$

$$\{\boldsymbol{v}_c^{(l)}\} := \arg\min_{\{\boldsymbol{v}_c\}} \left\| \boldsymbol{v}_c - \boldsymbol{h}^{(l-1)} + \frac{\boldsymbol{\mu}_c^{(l-1)}}{\varrho} \right\|^2$$

$$\text{s.t.}\ \Re\left\{ \overline{\boldsymbol{r}}_{cn}^{\mathrm{H}} \boldsymbol{v}_c \right\} + \overline{r}_{cn} \leqslant 0,\quad c = 1,2,3,\cdots,C$$

$$\boldsymbol{z}^{(l)} := \arg\min_{\boldsymbol{z}} \left\| \boldsymbol{z} - \boldsymbol{h}^{(l-1)} + \frac{\boldsymbol{\mu}_z^{(l-1)}}{\varrho} \right\|^2$$

$$\text{s.t.}\ \boldsymbol{z}(m)^{\mathrm{H}} \boldsymbol{z}(m) - \frac{1}{N_{\mathrm{T}}} - \kappa \leqslant 0,\ m = 1,2,3,\cdots,M$$

$$\Re\left\{ \overline{p}_1 \boldsymbol{z}(m) \right\} + \overline{p}_2 \leqslant 0,\ m = 1,2,3,\cdots,M$$

$$\boldsymbol{h}^{(l)} := \arg\min_{\boldsymbol{h}} L_{\varrho}(\boldsymbol{h}, \boldsymbol{z}^{(l)}, \{\boldsymbol{h}_{\bar{c}}^{(l)}\}, \{\boldsymbol{v}_c^{(l)}\}, \{\boldsymbol{\mu}_{\bar{c}}^{(l-1)}\}, \{\boldsymbol{\mu}_c^{(l-1)}\}, \{\boldsymbol{\mu}_z^{(l-1)}\})$$

（4）更新：$\{\boldsymbol{\mu}_{\bar{c}}^{(l)}\}, \{\boldsymbol{\mu}_c^{(l)}\}\ \boldsymbol{\mu}_z^{(l)} : \boldsymbol{\mu}_{\bar{c}}^{(l)} = \boldsymbol{\mu}_{\bar{c}}^{(l-1)} + \varrho(\boldsymbol{h}_{\bar{c}}^{(l)} - \boldsymbol{h}^{(l)})$，$\boldsymbol{\mu}_c^{(l)} = \boldsymbol{\mu}_c^{(l-1)} + \varrho(\boldsymbol{v}_c^{(l)} - \boldsymbol{h}^{(l)})$，$\boldsymbol{\mu}_z^{(l)} = \boldsymbol{\mu}_z^{(l-1)} + \varrho(\boldsymbol{h}_z^{(l)} - \boldsymbol{h}^{(l)})$；

（5）若满足预设的退出条件，则 $\boldsymbol{s}_{n(t)}^{*} = \boldsymbol{h}^{(l)}$，否则返回步骤（2）。

附录I 式（8.34）与式（8.35）的推导

首先将 $\boldsymbol{S}$ 写成块矩阵形式，即

$$\boldsymbol{S} = (\boldsymbol{S}_{n_1 n_2})_{K\times K} \tag{I.1}$$

其中，$\boldsymbol{S}_{n_1 n_2} \in \mathbb{C}^{N_{\mathrm{T}}\times N_{\mathrm{T}}}$ 的具体形式为

$$\boldsymbol{S}_{n_1 n_2} = \boldsymbol{s}(n_1)\boldsymbol{s}^{\mathrm{H}}(n_2), (n_1, n_2) \in \{1,2,3,\cdots,K\}^2 \tag{I.2}$$

由于 v_{d_0} 与 θ_0 建模为独立的随机变量，因此 $\boldsymbol{\Gamma}(\boldsymbol{S})$ 的块矩阵 $\boldsymbol{\Gamma}_{m_1 m_2}$ 能够表示为

$$\boldsymbol{\Gamma}_{m_1 m_2} = \sigma_0^2 \mathbb{E}\left[\mathrm{e}^{\mathrm{j}2\pi(m_1-m_2)v_{d0}}\right]\mathbb{E}\left[\boldsymbol{A}(\theta_0)\boldsymbol{S}_{m_1 m_2}\boldsymbol{A}^{\mathrm{H}}(\theta_0)\right], (m_1, m_2) \in \{1,2,3,\cdots,K\}^2 \tag{I.3}$$

由于 v_{d_0} 是一个均匀分布的随机变量，即 $v_{d_0} \sim U(\bar{v}_{d_0} - \varepsilon_0/2, \bar{v}_{d_0} + \varepsilon_0/2)$，则式（I.3）的第一个期望可计算为

$$\begin{aligned}\mathbb{E}\left[\mathrm{e}^{\mathrm{j}2\pi(m_1-m_2)v_{d0}}\right] &= \frac{1}{\varepsilon_0}\int_{\bar{v}_{d0}-\frac{\varepsilon_0}{2}}^{\bar{v}_{d0}+\frac{\varepsilon_0}{2}} \mathrm{e}^{\mathrm{j}2\pi(m_1-m_2)v_{d0}}\mathrm{d}v_{d_0} \\ &= \mathrm{e}^{\mathrm{j}2\pi\bar{v}_{d0}(m_1-m_2)}\frac{\sin[\pi\varepsilon_0(m_1-m_2)]}{\pi\varepsilon_0(m_1-m_2)}, (m_1, m_2) \in \{1,2,3,\cdots,K\}^2\end{aligned} \tag{I.4}$$

令 $\boldsymbol{\Phi}_{\vartheta_0}^{\bar{\theta}_0} = \mathbb{E}\left[\boldsymbol{A}(\theta_0)\boldsymbol{S}_{m_1 m_2}\boldsymbol{A}^{\mathrm{H}}(\theta_0)\right]$，其第 (q_1, q_2) 个元素可计算为

$$\boldsymbol{\Phi}_{\vartheta_0}^{\bar{\theta}_0}(q_1, q_2) = \mathbb{E}\left[\tilde{\boldsymbol{a}}_{q_1}^{\mathrm{T}}(\theta_0)\boldsymbol{S}_{m_1 m_2}\tilde{\boldsymbol{a}}_{q_2}^{*}(\theta_0)\right] = \mathrm{tr}\left(\boldsymbol{S}_{m_1 m_2}\bar{\boldsymbol{\Phi}}_{q_1 q_2}\right) \tag{I.5}$$

其中，$(q_1, q_2) \in \{1,2,3,\cdots,N_{\mathrm{R}}\}^2$，

$$\tilde{\boldsymbol{a}}_q(\theta_0) = \frac{1}{\sqrt{N_{\mathrm{R}}}}\mathrm{e}^{-\mathrm{j}2\pi\frac{\sin\theta_0 d_{\mathrm{R}}(q-1)}{\lambda}}\boldsymbol{a}_{\mathrm{T}}^{*}(\theta_0), q \in \{1,2,3,\cdots,N_{\mathrm{R}}\} \tag{I.6}$$

$$\bar{\boldsymbol{\Phi}}_{q_1 q_2} = \mathbb{E}\left[\tilde{\boldsymbol{a}}_{q_2}^{*}(\theta_0)\tilde{\boldsymbol{a}}_{q_1}^{\mathrm{T}}(\theta_0)\right] \tag{I.7}$$

由于 θ_0 是一个均匀分布的随机变量，即 $\theta_0 \sim U(\bar{\theta}_0 - \vartheta_0/2, \bar{\theta}_0 + \vartheta_0/2)$，因此，可推得 $\bar{\boldsymbol{\Phi}}_{q_1 q_2}$ 的第 (p_1, p_2) 个元素为

$$\bar{\boldsymbol{\Phi}}_{q_1 q_2}(p_1, p_2) = \frac{1}{N_{\mathrm{T}}N_{\mathrm{R}}\vartheta_0}\int_{\bar{\theta}_0-\frac{\vartheta_0}{2}}^{\bar{\theta}_0+\frac{\vartheta_0}{2}} \mathrm{e}^{\mathrm{j}2\pi\frac{\sin\theta_0}{\lambda}[d_{\mathrm{R}}(q_2-q_1)+d_{\mathrm{T}}(p_1-p_2)]}\mathrm{d}\theta_0 \tag{I.8}$$

其中，$(q_1, q_2) \in \{1,2,3,\cdots,N_{\mathrm{R}}\}^2, (p_1, p_2) \in \{1,2,3,\cdots,N_{\mathrm{T}}\}^2$。

基于上面类似的思路可计算 $\boldsymbol{W}$，这里不再赘述。

附录 J　问题式（8.53）目标函数的等价变换

首先，令 $\boldsymbol{s}^{(n_i)}=\mathrm{vec}([\boldsymbol{s}_1^{(n)},\boldsymbol{s}_2^{(n)},\boldsymbol{s}_3^{(n)},\cdots,\boldsymbol{s}_{i-1}^{(n)},\boldsymbol{s}_i,\boldsymbol{s}_{i+1}^{(n-1)},\cdots,\boldsymbol{s}_{N_\mathrm{T}}^{(n-1)}]^\mathrm{T})\in\mathbb{C}^{N_\mathrm{T}M\times 1}$，进一步 $\boldsymbol{s}^{(n_i)}$ 可表示为

$$\boldsymbol{s}^{(n_i)}=\boldsymbol{s}_{-i}^{(n)}+\overline{\boldsymbol{s}}^{(n_i)} \tag{J.1}$$

其中，

$$\overline{\boldsymbol{s}}^{(n_i)}(i+mN_\mathrm{T})=\boldsymbol{s}_i(m+1),m=0,1,2,\cdots,M-1 \tag{J.2}$$

其他元素为 0。

因此，$\tilde{f}\left(\boldsymbol{s}_i;\boldsymbol{s}_{-i}^{(n)},\boldsymbol{w}^{(n-1)}\right)$ 的分子 $\boldsymbol{s}^{(n_i)\mathrm{H}}\boldsymbol{\Theta}(\boldsymbol{w}^{(n-1)})\boldsymbol{s}^{(n_i)}$ 可展开为

$$\begin{aligned}\boldsymbol{s}^{(n_i)\mathrm{H}}\boldsymbol{\Theta}(\boldsymbol{w}^{(n-1)})\boldsymbol{s}^{(n_i)}=&\boldsymbol{s}_{-i}^{(n)\mathrm{H}}\boldsymbol{\Theta}(\boldsymbol{w}^{(n-1)})\boldsymbol{s}_{-i}^{(n)}+\overline{\boldsymbol{s}}^{(n_i)\mathrm{H}}\boldsymbol{\Theta}(\boldsymbol{w}^{(n-1)})\overline{\boldsymbol{s}}^{(n_i)}+\\&2\Re(\overline{\boldsymbol{s}}^{(n_i)\mathrm{H}}\boldsymbol{\Theta}(\boldsymbol{w}^{(n-1)})\boldsymbol{s}_{-i}^{(n)})\end{aligned} \tag{J.3}$$

令 $\boldsymbol{s}_{-i}^{(n)}(k)=\alpha_k,\overline{\boldsymbol{s}}^{(n_i)}(k)=\beta_k,k=1,2,3,\cdots,MN_\mathrm{T}$，则式（J.3）可进一步展开为

$$\begin{aligned}\boldsymbol{s}^{(n_i)\mathrm{H}}\boldsymbol{\Theta}(\boldsymbol{w}^{(n-1)})\boldsymbol{s}^{(n_i)}=&\sum_{m=0}^{M-1}\sum_{n=0}^{M-1}\beta_{i+nN_\mathrm{T}}h_{i+nN_\mathrm{T},i+mN_\mathrm{T}}\beta_{i+mN_\mathrm{T}}+\\&2\Re\left(\sum_{n=0}^{M-1}\beta_{i+nN_\mathrm{T}}^{*}r_{i+nN_\mathrm{T}}\right)+\boldsymbol{s}_{-i}^{(n)\mathrm{H}}\boldsymbol{\Theta}(\boldsymbol{w}^{(n-1)})\boldsymbol{s}_{-i}^{(n)}\end{aligned} \tag{J.4}$$

其中，$h_{p,q}$ 表示 $\boldsymbol{\Theta}(\boldsymbol{w}^{(n-1)})$ 的第 (p,q) 个元素，r_p 是 $\boldsymbol{\Theta}(\boldsymbol{w}^{(n-1)})\boldsymbol{s}_{-i}^{(n)}$ 的第 p 个元素。

根据 $\boldsymbol{s}^{(n_i)}$ 的定义，可得 $\beta_{i+mN_\mathrm{T}}=\boldsymbol{s}_i(m+1),m=0,1,2,\cdots,M-1$。进一步有

$$\begin{aligned}\boldsymbol{s}^{(n_i)\mathrm{H}}\boldsymbol{\Theta}(\boldsymbol{w}^{(n-1)})\boldsymbol{s}^{(n_i)}=&\sum_{m=0}^{M-1}\sum_{n=0}^{M-1}\boldsymbol{s}_i^{*}(n+1)h_{i+nN_\mathrm{T},i+mN_\mathrm{T}}\boldsymbol{s}_i(m+1)+\\&2\Re\left(\sum_{n=0}^{M-1}\boldsymbol{s}_i^{*}(n+1)r_{i+nN_\mathrm{T}}\right)+\boldsymbol{s}_{-i}^{(n)\mathrm{H}}\boldsymbol{\Theta}(\boldsymbol{w}^{(n-1)})\boldsymbol{s}_{-i}^{(n)}\end{aligned} \tag{J.5}$$

类似地，$\tilde{f}\left(\boldsymbol{s}_i;\boldsymbol{s}_{-i}^{(n)},\boldsymbol{w}^{(n-1)}\right)$ 分母可按照上述进行讨论，这里不再赘述。

附录 K 问题式（8.80）的闭式解求解方法

如图 K.1 所示为问题式（8.80）的可行域。由于目标函数为二次函数，因此其等高图是以 $(z_m^{(t)}(1), z_m^{(t)}(2))$ 为中心的一系列圆。因此，寻求问题式（8.80）的最优解等效于在可行区域内寻求一个与 $(z_m^{(t)}(1), z_m^{(t)}(2))$ 距离最小的点。由于 $(z_m^{(t)}(1), z_m^{(t)}(2))$ 可能分别位于区域 D_1, D_2, D_3, D_4，因此分 4 种情况求解问题式（8.80）。

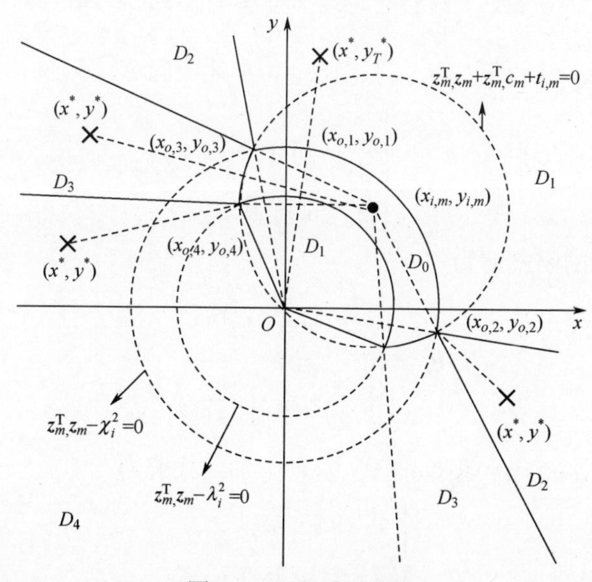

图 K.1 可行域示意图

首先假定 $(z_m^{(t)}(1), z_m^{(t)}(2))$ 位于区域 D_1，则问题式（8.80）变为

$$\begin{cases} \min\limits_{z_m} & \| z_m - z_m^{(t)} \|^2 \\ \text{s.t.} & \lambda_i^2 \leqslant z_m^T z_m \leqslant \chi_i^2 \end{cases} \tag{K.1}$$

则上述问题的闭式解易推导为

$$z_{m_1} = \begin{cases} z_m^{(t)}, & \lambda_i^2 \leqslant \| z_m^{(t)} \|^2 \leqslant \chi_i^2 \\ -c_{x_{1,m}}^{(t)} \chi_i / \| c_{x_{1,m}}^{(t)} \|, & \| z_m^{(t)} \|^2 > \chi_i^2 \\ -c_{x_{1,m}}^{(t)} \lambda_i / \| c_{x_{1,m}}^{(t)} \|, & \text{其他} \end{cases} \tag{K.2}$$

若 $(z_m^{(t)}(1), z_m^{(t)}(2))$ 位于区域 D_2，观察图 K.1 可知，问题式（8.80）可转换为

$$\begin{cases} \min\limits_{z_m} & \| z_m - z_m^{(t)} \|^2 \\ \text{s.t.} & z_m^T z_m + z_m^T c_m - t_{i,m} = 0, z_m^T z_m - \chi_i^2 = 0 \end{cases} \tag{K.3}$$

则上述问题的最优解为

$$z_{m_2} = \arg\min_{\overline{z}_1,\overline{z}_2}\left\{\| \overline{z}_1 - z_m^{(t)}\|^2, \| \overline{z}_2 - z_m^{(t)}\|^2\right\} \tag{K.4}$$

其中，$\overline{z}_1,\overline{z}_2$ 为两个圆 $z_m^{\mathrm{T}} z_m + z_m^{\mathrm{T}} \boldsymbol{c}_m - t_{i,m} = 0$ 与 $z_m^{\mathrm{T}} z_m - \chi_i^2 = 0$ 的交点。当 ξ_i 足够大时，z_{m_2} 可以忽略。

当 $(z_m^{(t)}(1), z_m^{(t)}(2))$ 位于区域 D_3 时，问题式（8.80）转换为

$$\begin{cases} \min\limits_{z_m} & \| \overline{z}_m - \overline{z}_m^{(t)}\|^2 \\ \text{s.t.} & \left\|\overline{z}_m + \dfrac{\boldsymbol{c}_m}{2}\right\|^2 \leqslant t_{i,m} + \| \boldsymbol{c}_m\|^2/4 \end{cases} \tag{K.5}$$

则令 $\boldsymbol{\eta}_m = z_m + \boldsymbol{c}_m/2, \overline{t}_{i,m} = t_{i,m} + \| \boldsymbol{c}_m\|^2/4$，上述问题可转化为

$$\begin{cases} \min\limits_{\boldsymbol{\eta}_m} & \left\|\boldsymbol{\eta}_m - z_m^{(t)} - \dfrac{\boldsymbol{c}_m}{2}\right\|^2 \\ \text{s.t.} & \| \boldsymbol{\eta}_m\|^2 \leqslant \overline{t}_{i,m} \end{cases} \tag{K.6}$$

则上述问题的闭式解为

$$\boldsymbol{\eta}_m^* = \begin{cases} \dfrac{\boldsymbol{c}_m}{2} + z_m^{(t)}, & c_\eta^2 \leqslant \overline{t}_{i,m} \\ \left(\dfrac{\boldsymbol{c}_m}{2} + z_m^{(t)}\right)\dfrac{\sqrt{\overline{t}_{i,m}}}{c_\eta}, & \text{其他} \end{cases} \tag{K.7}$$

其中，$c_\eta = \| z_m^{(t)} + \boldsymbol{c}_m/2\|$，则问题式（8.80）的闭式解为

$$z_{m_3} = \begin{cases} z_m^{(t)}, & c_\eta^2 \leqslant \overline{t}_{i,m} \\ \left(\dfrac{\boldsymbol{c}_m}{2} + z_m^{(t)}\right)\dfrac{\sqrt{\overline{t}_{i,m}}}{c_\eta} - \dfrac{\boldsymbol{c}_m}{2}, & \text{其他} \end{cases} \tag{K.8}$$

当 $(z_m^{(t)}(1), z_m^{(t)}(2))$ 位于区域 D_4 时，问题式（8.80）转换为

$$\begin{cases} \min\limits_{z_m} & \| z_m - z_m^{(t)}\|^2 \\ \text{s.t.} & z_m^{\mathrm{T}} z_m + z_m^{\mathrm{T}} \boldsymbol{c}_m - t_{i,m} = 0, z_m^{\mathrm{T}} z_m - \lambda_i^2 = 0 \end{cases} \tag{K.9}$$

其最优解为

$$z_{m_4} = \arg\min_{\overline{z}_3,\overline{z}_4}\left\{\| \overline{z}_3 - z_m^{(t)}\|^2, \| \overline{z}_4 - z_m^{(t)}\|^2\right\} \tag{K.10}$$

其中，$\overline{z}_3,\overline{z}_4$ 表示 $z_m^{\mathrm{T}} z_m + z_m^{\mathrm{T}} \boldsymbol{c}_m - t_{i,m} = 0$ 与 $z_m^{\mathrm{T}} z_m - \lambda_i^2 = 0$ 的交点。当 ξ_i 足够大时，z_{m_4} 可以忽略。

附录L　定理8.2的证明

由于ADPM解$\boldsymbol{h}_i^{(l)}$为问题$\bar{\mathcal{P}}_n^{\boldsymbol{h}_i^{(l)}}$的一个KKT点，因此可推得如下KKT条件

$$\boldsymbol{h}_i^{(l)\mathrm{H}}\boldsymbol{\Gamma}_m\boldsymbol{h}_i^{(l)}+2\Re\{\boldsymbol{h}_i^{(l)\mathrm{H}}\boldsymbol{\Gamma}_m\boldsymbol{s}_{0,i}\}-t_{i,m}\leqslant 0,\ m\in\mathcal{M} \tag{L.1}$$

$$-\boldsymbol{h}_i^{(l)\mathrm{H}}\boldsymbol{\Gamma}_m\boldsymbol{h}_i^{(l)}+\lambda_i^2\leqslant 0,\ m\in\mathcal{M} \tag{L.2}$$

$$\boldsymbol{h}_i^{(l)\mathrm{H}}\boldsymbol{\Gamma}_m\boldsymbol{h}_i^{(l)}-\chi_i^2\leqslant 0,\ m\in\mathcal{M} \tag{L.3}$$

$$d^{(n,l)}(\boldsymbol{h}_i^{(l)})+\eta\|\boldsymbol{h}_i-\boldsymbol{h}_i^{(l-1)}\|^2-d^{(n,l)}(\boldsymbol{h}_i^{(l-1)})\leqslant 0 \tag{L.4}$$

$$\boldsymbol{h}_i^{(l)\mathrm{H}}\boldsymbol{h}_i^{(l)}-\bar{\zeta}=0 \tag{L.5}$$

$$\alpha_m^{(l)}\geqslant 0,\ \beta_m^{(l)}\geqslant 0,\ \omega_m^{(l)}\geqslant 0,\ m\in\mathcal{M},\ \kappa_i^{(l)}\geqslant 0 \tag{L.6}$$

$$\alpha_m^{(l)}(\boldsymbol{h}_i^{(l)\mathrm{H}}\boldsymbol{\Gamma}_m\boldsymbol{h}_i^{(l)}+2\Re\{\boldsymbol{h}_i^{(l)\mathrm{H}}\boldsymbol{\Gamma}_m\boldsymbol{s}_{0,i}\}-t_{i,m})=0,\ m\in\mathcal{M} \tag{L.7}$$

$$\beta_m^{(l)}(-\boldsymbol{h}_i^{(l)\mathrm{H}}\boldsymbol{\Gamma}_m\boldsymbol{h}_i^{(l)}+\lambda_i^2)=0,\ m\in\mathcal{M} \tag{L.8}$$

$$\omega_m^{(l)}(\boldsymbol{h}_i^{(l)\mathrm{H}}\boldsymbol{\Gamma}_m\boldsymbol{h}_i^{(l)}-\chi_i^2)=0,\ m\in\mathcal{M} \tag{L.9}$$

$$\kappa_i^{(l)}\left(d^{(n,l)}(\boldsymbol{h}_i^{(l)})+\eta\|\boldsymbol{h}_i-\boldsymbol{h}_i^{(l-1)}\|^2-d^{(n,l)}(\boldsymbol{h}_i^{(l-1)})\right)=0 \tag{L.10}$$

$$-2\boldsymbol{R}_i^{(n,l)}\boldsymbol{h}_i^{(l)}-\boldsymbol{c}_i^{(n,l)}+\boldsymbol{v}_i^{(l)}=\boldsymbol{0} \tag{L.11}$$

其中，

$$\begin{aligned}\boldsymbol{v}_i^{(l)}=&\sum_{m=1}^{M}[\alpha_m^{(l)}(2\boldsymbol{\Gamma}_m\boldsymbol{h}_i^{(l)}+\boldsymbol{\Gamma}_m\boldsymbol{s}_{0,i})-\beta_m^{(l)}\boldsymbol{\Gamma}_m\boldsymbol{h}_i^{(l)}+\omega_m^{(l)}2\boldsymbol{\Gamma}_m\boldsymbol{h}_i^{(l)}]+\\&\varpi^{(l)}2\boldsymbol{h}_i^{(l)}+\kappa_i^{(l)}[-2\boldsymbol{R}_i^{(n,l)}\boldsymbol{h}_i^{(l)}-\boldsymbol{c}_i^{(n,l)}+2\eta(\boldsymbol{h}_i^{(l)}-\boldsymbol{h}_i^{(l-1)})]\end{aligned} \tag{L.12}$$

其中，$\boldsymbol{\Gamma}_m$是一个$M\times M$的矩阵，它的第(m,m)个元素为1，其他为0，$\alpha_m^{(l)}$，$\beta_m^{(l)}$，$\omega_m^{(l)}$，$\kappa_i^{(l)}$为第l次迭代的拉格朗日乘子。

由于相比$\boldsymbol{h}_i^{(l-1)}$，$\boldsymbol{h}_i^{(l)}$是一个增强解，因此有

$$\begin{aligned}&\boldsymbol{h}_i^{(l-1)\mathrm{H}}\boldsymbol{R}_i^{(n,l)}\boldsymbol{h}_i^{(l-1)}+\Re(\boldsymbol{h}_i^{(l-1)\mathrm{H}}\boldsymbol{c}_i^{(n,l)})+v_i^{(n,l)}\leqslant\\&\boldsymbol{h}_i^{(l)\mathrm{H}}\boldsymbol{R}_i^{(n,l)}\boldsymbol{h}_i^{(l)}+\Re(\boldsymbol{h}_i^{(l)\mathrm{H}}\boldsymbol{c}_i^{(n,l)})+v_i^{(n,l)}\end{aligned} \tag{L.13}$$

进一步可得，$\boldsymbol{h}_i^{(l)\mathrm{H}}\boldsymbol{R}_i^{(n,l)}\boldsymbol{h}_i^{(l)}+\Re(\boldsymbol{h}_i^{(l)\mathrm{H}}\boldsymbol{c}_i^{(n,l)})+v_i^{(n,l)}\geqslant 0$。此外，基于$\boldsymbol{R}_i^{(n,l)},\boldsymbol{c}_i^{(n,l)}$，$v_i^{(n,l)}$的定义，有

$$\mu^{l-1}\leqslant\tilde{f}\left(\boldsymbol{h}_i^{(l)};\boldsymbol{s}_{-i}^{(n)},\boldsymbol{w}^{(n-1)}\right)=\mu^l \tag{L.14}$$

因此，μ^l单调递增至收敛，即存在$l>L_{\boldsymbol{h}_i}$，$d^{(n,l)}(\boldsymbol{h}_i^{(l-1)})=d^{(n,l)}(\boldsymbol{h}_i^{(l)})$。此外，根据定义可知，$d^{(n,l)}(\boldsymbol{h}_i^{(l)})+\eta\|\boldsymbol{h}_i^{(l)}-\boldsymbol{h}_i^{(l-1)}\|^2\leqslant d^{(n,l)}(\boldsymbol{h}_i^{(l-1)})$，因此可推得

$$\lim_{l\to\infty}\boldsymbol{h}_i^{(l-1)}=\boldsymbol{h}_i^{(l-1)}=\boldsymbol{h}_i^{(*)} \tag{L.15}$$

令当$l\to\infty$时，$d^{(n,l)}(\boldsymbol{h}_i^{(l)})=d^{(n,*)}(\boldsymbol{h}_i^{(*)}),\alpha_m^{(l)}=\alpha_m^*,\beta_m^{(l)}=\beta_m^{(*)},\omega_m^{(l)}=\omega_m^{(*)},\kappa_i^{(l)}=\kappa_i^{(*)}$，$\boldsymbol{v}_i^{(l)}=\boldsymbol{v}_i^*,\varpi^{(l)}=\varpi^{(*)},\boldsymbol{R}_i^{(n,l)}=\boldsymbol{R}_i^{(n,*)},\boldsymbol{c}_i^{(n,l)}=\boldsymbol{c}_i^{(n,*)}$，基于上面的KKT条件可得

$$\boldsymbol{h}_i^{(*)\mathrm{H}}\boldsymbol{\Gamma}_m\boldsymbol{h}_i^{(*)}+2\Re\{\boldsymbol{h}_i^{(*)\mathrm{H}}\boldsymbol{\Gamma}_m\boldsymbol{s}_{0,i}\}-t_{i,m}\leqslant 0,\ m\in\mathcal{M} \tag{L.16}$$

$$-\boldsymbol{h}_i^{(*)\mathrm{H}}\boldsymbol{\Gamma}_m\boldsymbol{h}_i^{(*)}+\lambda_i^2\leqslant 0,\ m\in\mathcal{M} \tag{L.17}$$

$$\boldsymbol{h}_i^{(*)\mathrm{H}}\boldsymbol{\Gamma}_m\boldsymbol{h}_i^{(*)}-\chi_i^2\leqslant 0,\ m\in\mathcal{M} \tag{L.18}$$

$$d^{(n,*)}(\boldsymbol{h}_i^{(*)})+\eta\|\boldsymbol{h}_i^{(*)}-\boldsymbol{h}_i^{(*)}\|^2-d^{(n,*)}(\boldsymbol{h}_i^{(*)})\leqslant 0 \tag{L.19}$$

$$\boldsymbol{h}_i^{(*)\mathrm{H}}\boldsymbol{h}_i^{(*)}-\bar{\zeta}=0 \tag{L.20}$$

$$\alpha_m^{(*)}\geqslant 0,\ \beta_m^{(*)}\geqslant 0,\ \omega_m^{(*)}\geqslant 0,\ m\in\mathcal{M},\ \kappa_i^{(*)}\geqslant 0 \tag{L.21}$$

$$\alpha_m^{(*)}(\boldsymbol{h}_i^{(*)\mathrm{H}}\boldsymbol{\Gamma}_m\boldsymbol{h}_i^{(*)}+2\Re\{\boldsymbol{h}_i^{(*)\mathrm{H}}\boldsymbol{\Gamma}_m\boldsymbol{s}_{0,i}\}-t_{i,m})=0,\ m\in\mathcal{M} \tag{L.22}$$

$$\beta_m^{(*)}(-\boldsymbol{h}_i^{(*)\mathrm{H}}\boldsymbol{\Gamma}_m\boldsymbol{h}_i^{(*)}+\lambda_i^2)=0,\ m\in\mathcal{M} \tag{L.23}$$

$$\omega_m^{(*)}(\boldsymbol{h}_i^{(*)\mathrm{H}}\boldsymbol{\Gamma}_m\boldsymbol{h}_i^{(*)}-\chi_i^2)=0,\ m\in\mathcal{M} \tag{L.24}$$

$$\kappa_i^{(*)}\left(d^{(n,*)}(\boldsymbol{h}_i^{(*)})+\eta\|\boldsymbol{h}_i^{(*)}-\boldsymbol{h}_i^{(*)}\|^2-d^{(n,*)}(\boldsymbol{h}_i^{(*)})\right)=0 \tag{L.25}$$

$$-2\boldsymbol{R}_i^{(n,*)}\boldsymbol{h}_i^{(*)}-\boldsymbol{c}_i^{(n,*)}+\boldsymbol{v}_i^{(*)}=\boldsymbol{0} \tag{L.26}$$

其中，

$$\begin{aligned}\boldsymbol{v}_i^{(*)}=&\sum_{m=1}^{M}[\alpha_m^{(*)}(2\boldsymbol{\Gamma}_m\boldsymbol{h}_i^{(*)}+\boldsymbol{\Gamma}_m\boldsymbol{s}_{0,i})-\beta_m^{(*)}2\boldsymbol{\Gamma}_m\boldsymbol{h}_i^{(*)}+\omega_m^{(*)}2\boldsymbol{\Gamma}_m\boldsymbol{h}_i^{(*)}]+\varpi^{(*)}2\boldsymbol{h}_i^{(*)}+\\&\kappa_i^{(*)}(-2\boldsymbol{R}_i^{(n,*)}\boldsymbol{h}_i^{(*)}-\boldsymbol{c}_i^{(n,*)}+2\eta(\boldsymbol{h}_i^{(*)}-\boldsymbol{h}_i^{(*)}))\end{aligned} \tag{L.27}$$

另外，可推得

$$\begin{aligned}&-2\boldsymbol{R}_i^{(n,*)}\boldsymbol{h}_i^{(*)}-\boldsymbol{c}_i^{(n,*)}+\boldsymbol{v}_i^{(*)}\\&=-2\boldsymbol{R}_i^{(n,*)}\boldsymbol{h}_i^{(*)}-\boldsymbol{c}_i^{(n,*)}+\sum_{m=1}^{M}\left[\frac{\alpha_m^{(*)}}{1+\kappa_i^{(*)}}(2\boldsymbol{\Gamma}_m\boldsymbol{h}_i^{(*)}+\boldsymbol{\Gamma}_m\boldsymbol{s}_{0,i})-\right.\\&\left.\frac{\beta_m^{(*)}}{1+\kappa_i^{(*)}}2\boldsymbol{\Gamma}_m\boldsymbol{h}_i^{(*)}+\frac{\omega_m^{(*)}}{1+\kappa_i^{(*)}}2\boldsymbol{\Gamma}_m\boldsymbol{h}_i^{(*)}\right]+\frac{\varpi^{(*)}}{1+\kappa_i^{(*)}}2\boldsymbol{h}_i^{(*)}=\boldsymbol{0}\end{aligned} \tag{L.28}$$

由于 $\boldsymbol{R}_i^{(n,*)}=(\boldsymbol{H}_i^{(n)}-\mu^*\bar{\boldsymbol{H}}_i^{(n)})/t_i^{n,*}$，$\boldsymbol{c}_i^{(n,*)}=2(\boldsymbol{r}_i^{(n)}-\mu^*\bar{\boldsymbol{r}}_i^{(n)})/t_i^{n,*}$，$v_i^{(n,*)}=(a_i^{(n)}-\mu^*b_i^{(n)})/t_i^{n,*}$，$t_i^{n,*}=\boldsymbol{h}_i^{(*)\mathrm{H}}\bar{\boldsymbol{H}}_i^{(n)}\boldsymbol{h}_i^{(*)}+2\Re(\boldsymbol{h}_i^{(*)\mathrm{H}}\bar{\boldsymbol{r}}_i^{(n)})+b_i^{(n)}$，$\mu^*=\tilde{f}(\boldsymbol{h}_i^{(*)};\boldsymbol{s}_{-i}^{(n)},\boldsymbol{w}^{(n-1)})$，因此易推得 $\boldsymbol{h}_i^*$ 是 $\mathcal{P}_{s_i^{(n)}}$ 的一个 KKT 点。

附录 M 问题式（9.73）目标函数的等价变换证明

命题 9.1 假设$\boldsymbol{W} \triangleq \boldsymbol{w}\boldsymbol{w}^{\mathrm{H}}$表示一个滤波矩阵，则问题式（9.73）的目标可以写为

$$\max_{\boldsymbol{s}} \frac{\left|\boldsymbol{w}^{\mathrm{H}}\tilde{\boldsymbol{A}}(f_{\mathrm{d},0},\theta_0)\boldsymbol{s}\right|^2}{\boldsymbol{s}^{\mathrm{H}}\Sigma_{\mathrm{in}}(\boldsymbol{W},\boldsymbol{R}_x)\boldsymbol{s}} \tag{M.1}$$

其中

$$\begin{aligned}\Sigma_{\mathrm{in}}(\boldsymbol{W},\boldsymbol{R}_x) &= \sum_{k=1}^{K_0}(\boldsymbol{J}^{r_k}\otimes\boldsymbol{A}(\theta_k))^{\mathrm{H}}(\boldsymbol{W}\odot\bar{\boldsymbol{\Xi}}_k)(\boldsymbol{J}^{r_k}\otimes\boldsymbol{A}(\theta_k))+\\ &\quad \mathrm{tr}\left\{\sum_{p_1=1}^{P_1}(\boldsymbol{J}^{r_q}\otimes\boldsymbol{G}_1(p_1)\right\}[(\boldsymbol{R}_x\odot\boldsymbol{\Xi}_C](\boldsymbol{J}^{r_{p_1}}\otimes\\ &\quad \boldsymbol{G}_1(p_1))^{\mathrm{H}}\boldsymbol{W})\boldsymbol{I}_{N_{\mathrm{T}}L}+\sigma_{\mathrm{R}}^2\mathrm{tr}\{\boldsymbol{W}\}\boldsymbol{I}_{N_{\mathrm{T}}L}\end{aligned} \tag{M.2}$$

且

$$\bar{\boldsymbol{\Xi}}_k = \sigma_k^2(\boldsymbol{\Phi}_{\varepsilon_k}^{\bar{f}_{\mathrm{d},k}}(l_1,l_2))^*\otimes\boldsymbol{\Upsilon}_{N_{\mathrm{R}}},\forall(l_1,l_2)\in\{1,2,3,\cdots,L\}^2 \tag{M.3}$$

证明：对于滤波器输出的杂波能量，可以重新表示为

$$\begin{aligned}&\mathbb{E}\left[\left|\boldsymbol{w}^{\mathrm{H}}\boldsymbol{y}_i\right|^2\right]\\ &= \sum_{k=1}^{K_0}\sigma_k^2\boldsymbol{s}^{\mathrm{H}}\mathbb{E}\left[\left(\boldsymbol{P}_{r_k}\tilde{\boldsymbol{A}}\left(f_{\mathrm{d},k},\theta_k\right)\right)^{\mathrm{H}}\boldsymbol{w}\boldsymbol{w}^{\mathrm{H}}\boldsymbol{P}_{r_k}\tilde{\boldsymbol{V}}\left(f_{\mathrm{d},k},\theta_k\right)\right]\boldsymbol{s}\\ &= \boldsymbol{s}^{\mathrm{H}}\left(\sum_{k=1}^{K_0}\left(\boldsymbol{J}^{r_k}\otimes\boldsymbol{A}(\theta_k)\right)^{\mathrm{H}}\left[\mathrm{diag}\{\boldsymbol{w}\}\bar{\boldsymbol{\Xi}}_k\,\mathrm{diag}\{\boldsymbol{w}\}^{\mathrm{H}}\right]\left(\boldsymbol{J}^{r_k}\otimes\boldsymbol{A}(\theta_k)\right)^{\mathrm{H}}\right)\boldsymbol{s}\\ &= \boldsymbol{s}^{\mathrm{H}}\left(\sum_{k=1}^{K_0}\left(\boldsymbol{J}^{r_k}\otimes\boldsymbol{A}(\theta_k)\right)^{\mathrm{H}}\left[\boldsymbol{W}\odot\bar{\boldsymbol{\Xi}}_k\right]\sum_{k=1}^{K_0}\left(\boldsymbol{J}^{r_k}\otimes\boldsymbol{A}(\theta_k)\right)\right)\boldsymbol{s}\end{aligned} \tag{M.4}$$

由于$\mathbb{E}\left[\boldsymbol{w}^{\mathrm{H}}\Sigma_{\boldsymbol{x}_{\mathrm{C}}}(\boldsymbol{R}_x)\boldsymbol{w}\right]=\mathbb{E}\left[\mathrm{tr}\{\Sigma_{\boldsymbol{x}_{\mathrm{C}}}(\boldsymbol{R}_x)\boldsymbol{W}\}\right]$，结合能量约束$\|\boldsymbol{s}\|^2=1$可得

$$\begin{aligned}&\mathbb{E}\left[\left|\boldsymbol{w}^{\mathrm{H}}\boldsymbol{x}_{\mathrm{C}}\right|^2\right]+\mathbb{E}\left[\left|\boldsymbol{w}^{\mathrm{H}}\boldsymbol{n}_{\mathrm{R}}\right|^2\right]\\ &= \boldsymbol{w}^{\mathrm{H}}\Sigma_{\boldsymbol{x}_{\mathrm{C}}}(\boldsymbol{R}_x)\boldsymbol{w}\|\boldsymbol{s}\|^2+\sigma_{\mathrm{R}}^2\boldsymbol{w}^{\mathrm{H}}\boldsymbol{w}\|\boldsymbol{s}\|^2\\ &= \mathrm{tr}\{\Sigma_{\boldsymbol{x}_{\mathrm{C}}}(\boldsymbol{R}_x)\boldsymbol{W}\}\boldsymbol{s}^{\mathrm{H}}\boldsymbol{s}+\sigma_{\mathrm{R}}^2\mathrm{tr}\{\boldsymbol{W}\}\boldsymbol{s}^{\mathrm{H}}\boldsymbol{s}\end{aligned} \tag{M.5}$$

结合式（M.4）和式（M.5）可得

$$\begin{aligned}&\mathbb{E}\left[\left|\boldsymbol{w}^{\mathrm{H}}\boldsymbol{y}_i\right|^2\right]+\mathbb{E}\left[\left|\boldsymbol{w}^{\mathrm{H}}\boldsymbol{x}_{\mathrm{C}}\right|^2\right]+\mathbb{E}\left[\left|\boldsymbol{w}^{\mathrm{H}}\boldsymbol{n}_{\mathrm{R}}\right|^2\right]\\ &= \boldsymbol{s}^{\mathrm{H}}\left(\sum_{k=1}^{K_0}\left(\boldsymbol{J}^{r_k}\otimes\boldsymbol{A}(\theta_k)\right)^{\mathrm{H}}\left[\boldsymbol{W}\odot\bar{\boldsymbol{\Xi}}_k\right]\left(\boldsymbol{J}^{r_k}\otimes\boldsymbol{A}(\theta_k)\right)\right)\boldsymbol{s}+\\ &\quad \mathrm{tr}\{\Sigma_{\boldsymbol{x}_{\mathrm{C}}}(\boldsymbol{R}_x)\boldsymbol{W}\}\boldsymbol{s}^{\mathrm{H}}\boldsymbol{s}+\sigma_{\mathrm{R}}^2\mathrm{tr}\{\boldsymbol{W}\}\boldsymbol{s}^{\mathrm{H}}\boldsymbol{s}\\ &= \boldsymbol{s}^{\mathrm{H}}\Sigma_{\mathrm{in}}(\boldsymbol{W},\boldsymbol{R}_x)\boldsymbol{s}\end{aligned} \tag{M.6}$$

因而可得

$$\frac{\left|\boldsymbol{w}^{\mathrm{H}}\tilde{\boldsymbol{A}}(f_{\mathrm{d},0},\theta_0)\boldsymbol{s}\right|^2}{\boldsymbol{w}^{\mathrm{H}}\Sigma_{\boldsymbol{y}_i}(\boldsymbol{s})\boldsymbol{w}+\boldsymbol{w}^{\mathrm{H}}\Sigma_{\boldsymbol{x}_{\mathrm{c}}}(\boldsymbol{R}_x)\boldsymbol{w}+\sigma_{\mathrm{R}}^2\boldsymbol{w}^{\mathrm{H}}\boldsymbol{w}}=\frac{\left|\boldsymbol{w}^{\mathrm{H}}\tilde{\boldsymbol{A}}(f_{\mathrm{d},0},\theta_0)\boldsymbol{s}\right|^2}{\boldsymbol{s}^{\mathrm{H}}\Sigma_{\mathrm{in}}(\boldsymbol{W},\boldsymbol{R}_x)\boldsymbol{s}} \tag{M.7}$$

得证。

附录 N　问题式（9.82）的等价变换证明

问题式（9.82）是可解的，同时可以等效为

$$\mathcal{P}_s'\begin{cases}\max\limits_{s}\dfrac{\Re\left\{\boldsymbol{w}^{\rm H}\tilde{\boldsymbol{A}}\left(f_{\rm d,0},\theta_0\right)\boldsymbol{s}\right\}}{\sqrt{\boldsymbol{s}^{\rm H}\Sigma_{\rm in}\left(\boldsymbol{W},\boldsymbol{R}_x\right)\boldsymbol{s}}}\\ \text{s.t.}\quad \boldsymbol{s}^{\rm H}\bar{\boldsymbol{D}}\boldsymbol{s}\leqslant\tilde{C}\\ \qquad\|\boldsymbol{s}\|^2\leqslant 1\\ \qquad\Re\left\{\boldsymbol{s}_0^{\rm H}\boldsymbol{s}\right\}\geqslant 1-\xi/2\\ \qquad\Re\left\{\boldsymbol{w}^{\rm H}\tilde{\boldsymbol{A}}\left(f_{\rm d,0},\theta_0\right)\boldsymbol{s}\right\}\geqslant 0\end{cases}\tag{N.1}$$

其中，$\tilde{C}=C(\boldsymbol{R}_x,\bar{\boldsymbol{S}})+\operatorname{tr}\left\{\bar{\boldsymbol{D}}\bar{\boldsymbol{S}}\right\}-M_{\rm T}M_{\rm R}LC_{\rm T}$。

具体证明可通过以下三个步骤进行。

步骤 1　首先说明问题式（9.82）是可解的。为简化符号，引入厄米特矩阵 $\boldsymbol{A}\triangleq\sum\limits_{k=1}^{K_0}\tilde{\boldsymbol{G}}_{2,p_2}\left(\mu_{{\rm d},p_2}\right)\bar{\boldsymbol{S}}\left(\tilde{\boldsymbol{G}}_{2,p_2}\left(\mu_{{\rm d},p_2}\right)\right)^{\rm H}+\sigma_{\rm C}^2\boldsymbol{I}_{M_{\rm R}L}>\boldsymbol{0},\boldsymbol{B}\triangleq\tilde{\boldsymbol{H}}\boldsymbol{R}_x\tilde{\boldsymbol{H}}^{\rm H}\geqslant\boldsymbol{0}$ 和 $\boldsymbol{C}\triangleq\boldsymbol{A}^{-1}-(\boldsymbol{A}+\boldsymbol{B})^{-1}$，可得

$$\begin{aligned}\boldsymbol{C}&=\boldsymbol{A}^{-1}(\boldsymbol{A}+\boldsymbol{B})(\boldsymbol{A}+\boldsymbol{B})^{-1}(\boldsymbol{A}+\boldsymbol{B})^{-1}(\boldsymbol{A}+\boldsymbol{B})(\boldsymbol{A}+\boldsymbol{B})^{-1}\\&=(\boldsymbol{A}+\boldsymbol{B})^{-1}(\boldsymbol{A}+\boldsymbol{B})\boldsymbol{A}^{-1}-(\boldsymbol{A}+\boldsymbol{B})^{-1}(\boldsymbol{A}+\boldsymbol{B})(\boldsymbol{A}+\boldsymbol{B})^{-1}\\&=\boldsymbol{A}^{-1}\boldsymbol{B}(\boldsymbol{A}+\boldsymbol{B})^{-1}=(\boldsymbol{A}+\boldsymbol{B})^{-1}\boldsymbol{B}\boldsymbol{A}^{-1}\end{aligned}\tag{N.2}$$

由于 $(\boldsymbol{A}+\boldsymbol{B})^{-1}$ 是一个正定厄米特矩阵，因此存在一个唯一的正定矩阵 $\boldsymbol{V}$ 满足 $(\boldsymbol{A}+\boldsymbol{B})^{-1}=\boldsymbol{V}^2$。对式（N.2）进行简单代数运算可得

$$\boldsymbol{V}^{-1}\boldsymbol{C}\boldsymbol{V}^{-1}=(\boldsymbol{V}^{-1}\boldsymbol{A}^{-1}\boldsymbol{V}^{-1})(\boldsymbol{V}\boldsymbol{B}\boldsymbol{V})=(\boldsymbol{V}\boldsymbol{B}\boldsymbol{V})(\boldsymbol{V}^{-1}\boldsymbol{A}^{-1}\boldsymbol{V}^{-1})\tag{N.3}$$

在式（N.3）中，$\boldsymbol{V}^{-1}\boldsymbol{C}\boldsymbol{V}^{-1}$ 是由两个可交换的正半定矩阵 $\boldsymbol{V}^{-1}A^{-1}\boldsymbol{V}^{-1}$ 和 $\boldsymbol{V}\boldsymbol{B}\boldsymbol{V}$ 的积得到的。因此，矩阵 $\boldsymbol{C}$ 是半正定的。因此，式（9.80）中定义的矩阵 $\bar{\boldsymbol{D}}$ 是半正定的。这表明式（N.1）中的约束 $\boldsymbol{s}^{\rm H}\bar{\boldsymbol{D}}\boldsymbol{s}\leqslant\tilde{C}$ 定义了一个关于 $\boldsymbol{s}$ 的凸集合集。因此，问题 $\mathcal{P}_s'$ 的约束定义了一个紧凑集合。另外，问题式（9.82）的目标函数是一个连续函数。因此，问题式（9.82）是可解的。

步骤 2　接下来证明问题式（9.82）可以等效地转换为

$$\mathcal{P}_{s_1}'\begin{cases}\max\limits_{s}\dfrac{\left|\boldsymbol{w}^{\rm H}\tilde{\boldsymbol{A}}\left(f_{\rm d,0},\theta_0\right)\boldsymbol{s}\right|^2}{\boldsymbol{s}^{\rm H}\Sigma_{\rm in}\left(\boldsymbol{W},\boldsymbol{R}_x\right)\boldsymbol{s}}\\ \text{s.t.}\quad \boldsymbol{s}^{\rm H}\bar{\boldsymbol{D}}\bar{\boldsymbol{D}}\leqslant\tilde{C}\\ \qquad\|\boldsymbol{s}\|^2\leqslant 1\\ \qquad\Re\left\{\boldsymbol{s}_0^{\rm H}\boldsymbol{s}\right\}\geqslant 1-\xi/2\end{cases}\tag{N.4}$$

易知$\left\|s-s_0{}^2\right\|=2-2\Re\left\{s_0^{\mathrm{H}}s\right\}$。对于优化问题中的非凸约束$\|s\|^2=1$可等效地写成凸约束$\|s\|^2\leqslant 1$，其原因是：由于问题式（9.82）的可能集合被包含在$\mathcal{P}_{s_1}'$的可行集合中，可得$v(\mathcal{P}_s')\leqslant v(\mathcal{P}_{s_1}')$。

$v(\mathcal{P}_s')$和$v(\mathcal{P}_{s_1}')$分别代表问题式（9.82）和$\mathcal{P}_{s_1}'$的优化值；另外，对于问题$\mathcal{P}_{s_1}'$的一个可行点s，由于$\mathcal{P}_s$的目标函数关于$\|s\|$的比例不变形，$s_1=\hat{s}/\|\hat{s}\|$对问题$\mathcal{P}_s'$也是可行的。因此，约束$\|s\|^2=1$在该优化问题中可被等效地写成$\|\hat{s}\|^2\leqslant 1$。可知问题式（9.82）和$\mathcal{P}_{s_1}'$是等效的。

步骤 3 首先表明$\mathcal{P}_{s_1}'$可以被转化为

$$\mathcal{P}_{s_2}'\begin{cases}\max\limits_{s}\dfrac{\left|w^{\mathrm{H}}\tilde{A}\left(f_{\mathrm{d},0},\theta_0\right)s\right|}{\sqrt{s^{\mathrm{H}}\Sigma_{\mathrm{in}}\left(W,R_x\right)s}}\\ \text{s.t.}\quad s^{\mathrm{H}}Ds\leqslant\tilde{C}\\ \qquad\ \|s\|^2\leqslant 1\\ \qquad\ \Re\left\{s_0^{\mathrm{H}}s\right\}\geqslant 1-\xi/2\end{cases}\tag{N.5}$$

原因是$\mathcal{P}_{s_1}'$和$\mathcal{P}_{s_2}'$这两个优化问题共享可行集合，并且它们的目标值满足$v(\mathcal{P}_{s_2}')=\sqrt{v(\mathcal{P}_{s_1}')}$。接下来，证明$\mathcal{P}_{s_2}'$和$\bar{\mathcal{P}}_s'$是相等的。易知在同一个最优解时，$v(\bar{\mathcal{P}}_s')$的目标函数小于或等于$v(\mathcal{P}_{s_2}')$，即$v(\bar{\mathcal{P}}_s')\leqslant v(\mathcal{P}_{s_2}')$。另外，假设$s^*$是问题$\mathcal{P}_{s_2}'$的最优解。那么$s^*\mathrm{e}^{\mathrm{j}\arg\{(s^*)^{\mathrm{H}}s_0\}}$也是适用于问题$\bar{\mathcal{P}}_s'$的最优解，可得$v(\bar{\mathcal{P}}_s')\geqslant v(\mathcal{P}_{s_2}')$。综上所述，可知，$v(\bar{\mathcal{P}}_s')=v(\mathcal{P}_{s_2}')$。另外，根据问题$\bar{\mathcal{P}}_s'$的最优解可以构造出问题$\mathcal{P}_{s_2}'$的最优解，反之亦然。最终可得求解$\bar{\mathcal{P}}_s'$等效于求解$\mathcal{P}_s'$。即完成证明。

附录 O　算法 9.4 的收敛性分析

假设式（9.60）、式（9.71）和式（9.73）是有解的。使 $(\boldsymbol{s}^{(n)},\boldsymbol{w}^{(n)},\boldsymbol{R}_x{}^{(n)})$ 成为通过所提出的迭代程序获得的一系列点。那么，序列 $\mathrm{SINR}(\boldsymbol{s}^{(n)},\boldsymbol{w}^{(n)},\boldsymbol{R}_x^{(n)})$ 是一个单调递增序列，并收敛到一个有限的值。

证明： 算法中考虑迭代交替的流程为

$$\boldsymbol{R}_x^{(1)}\to\boldsymbol{w}^{(1)}\to\boldsymbol{s}^{(1)}\to\cdots\boldsymbol{R}_x^{(n)}\to\boldsymbol{w}^{(n)}\to\boldsymbol{s}^{(n)}\to\boldsymbol{R}_x^{(n+1)}\to\boldsymbol{w}^{(n+1)}\to\boldsymbol{s}^{(n+1)}\to \tag{O.1}$$

首先证明问题式（9.59）的目标函数在迭代处理过程中是单调递增序列，即证明

$$\mathrm{SINR}(\boldsymbol{s}^{(n)},\boldsymbol{w}^{(n)},\boldsymbol{R}_x^{(n)})\leqslant\mathrm{SINR}(\boldsymbol{s}^{(n+1)},\boldsymbol{w}^{(n+1)},\boldsymbol{R}_x^{(n+1)}) \tag{O.2}$$

固定 $\boldsymbol{s}^{(n)}$ 和 $\boldsymbol{w}^{(n)}$ 求解 $\boldsymbol{R}_x^{(n)}$ 的最优值时，即 $\boldsymbol{s}^{(n)}\to\boldsymbol{R}_x^{(n+1)}$，求解问题式（9.59）就等同于求解问题式（9.60），而问题式（9.60）是一个凸问题。这表明当固定 $\boldsymbol{s}^{(n)}$ 和 $\boldsymbol{w}^{(n)}$ 优化 $\boldsymbol{R}_x^{(n)}$ 时，$\boldsymbol{R}_x^{(n+1)}$ 是可行集合中问题式（9.60）的最优解，则

$$\mathrm{SINR}(\boldsymbol{s}^{(n)},\boldsymbol{w}^{(n)},\boldsymbol{R}_x^{(n)})\leqslant\mathrm{SINR}(\boldsymbol{s}^{(n+1)},\boldsymbol{w}^{(n+1)},\boldsymbol{R}_x^{(n+1)}) \tag{O.3}$$

对于求解 $\boldsymbol{w}^{(n+1)}$ 的最优值，即步骤 $\boldsymbol{R}_x^{(n+1)}\to\boldsymbol{w}^{(n+1)}$，由于 $\boldsymbol{w}^{(n+1)}$ 是问题式（9.71）在第 $(n+1)$ 次迭代的一个最优解，可得

$$\begin{aligned}
&\mathrm{SINR}(\boldsymbol{s}^{(n)},\boldsymbol{w}^{(n)},\boldsymbol{R}_x^{(n+1)})\\
&=\frac{\sigma_0^2\left|(\boldsymbol{w}^{(n)})^{\mathrm{H}}\tilde{\boldsymbol{A}}(f_{\mathrm{d},0},\theta_0)\boldsymbol{s}^{(n)}\right|^2}{(\boldsymbol{w}^{(n)})^{\mathrm{H}}\varSigma_{\boldsymbol{y}_i}(\boldsymbol{s}^{(n)})\boldsymbol{w}^{(n)}+(\boldsymbol{w}^{(n)})^{\mathrm{H}}\varSigma_{\boldsymbol{x}_\mathrm{c}}(\boldsymbol{R}_x^{(n+1)})\boldsymbol{w}^{(n)}+\sigma_\mathrm{R}^2(\boldsymbol{w}^{(n)})^{\mathrm{H}}\boldsymbol{w}^{(n)}}\\
&\leqslant\frac{\sigma_0^2\left|(\boldsymbol{w}^{(n+1)})^{\mathrm{H}}\tilde{\boldsymbol{A}}(f_{\mathrm{d},0},\theta_0)\boldsymbol{s}^{(n)}\right|^2}{(\boldsymbol{w}^{(n+1)})^{\mathrm{H}}\varSigma_{\boldsymbol{y}_i}(\boldsymbol{s}^{(n)})\boldsymbol{w}^{(n+1)}+(\boldsymbol{w}^{(n+1)})^{\mathrm{H}}\varSigma_{\boldsymbol{x}_\mathrm{c}}(\boldsymbol{R}_x^{(n+1)})\boldsymbol{w}^{(n+1)}+\sigma_\mathrm{R}^2(\boldsymbol{w}^{(n+1)})^{\mathrm{H}}\boldsymbol{w}^{(n+1)}}\\
&=\mathrm{SINR}(\boldsymbol{s}^{(n)},\boldsymbol{w}^{(n+1)},\boldsymbol{R}_x^{(n+1)})
\end{aligned} \tag{O.4}$$

相似地，对于 $\boldsymbol{s}^{(n+1)}$ 的最优解，按照式（O.4），步骤为 $\boldsymbol{w}^{(n+1)}\to\boldsymbol{s}^{(n+1)}$，$\boldsymbol{s}^{(n)}$ 是问题 $\bar{\mathcal{P}}_s'$ 在第 $(n+1)$ 次迭代的可行解。另外，$\mathrm{SINR}(\boldsymbol{s}^{(n)},\boldsymbol{w}^{(n+1)},\boldsymbol{R}_x^{(n+1)})\geqslant 0$ 和 $\boldsymbol{s}^{(n+1)}$ 事实上是问题 $\bar{\mathcal{P}}_s'$ 在第 $(n+1)$ 次迭代的最优解，因此可得

$$\begin{aligned}
&\mathrm{SINR}(\boldsymbol{s}^{(n)},\boldsymbol{w}^{(n+1)},\boldsymbol{R}_x^{(n+1)})\\
&=\frac{\sigma_0^2\left|(\boldsymbol{w}^{(n+1)})^{\mathrm{H}}\tilde{\boldsymbol{A}}(f_{\mathrm{d},0},\theta_0)\boldsymbol{s}^{(n)}\right|^2}{(\boldsymbol{w}^{(n+1)})^{\mathrm{H}}\varSigma_{\boldsymbol{y}_i}(\boldsymbol{s}^{(n)})\boldsymbol{w}^{(n+1)}+(\boldsymbol{w}^{(n+1)})^{\mathrm{H}}\varSigma_{\boldsymbol{x}_\mathrm{c}}(\boldsymbol{R}_x^{(n+1)})\boldsymbol{w}^{(n+1)}+\sigma_\mathrm{R}^2(\boldsymbol{w}^{(n+1)})^{\mathrm{H}}\boldsymbol{w}^{(n+1)}}\\
&\leqslant\frac{\sigma_0^2\left|(\boldsymbol{w}^{(n+1)})^{\mathrm{H}}\tilde{\boldsymbol{A}}(f_{\mathrm{d},0},\theta_0)\boldsymbol{s}^{(n+1)}\right|^2}{(\boldsymbol{w}^{(n+1)})^{\mathrm{H}}\varSigma_{\boldsymbol{y}_i}(\boldsymbol{s}^{(n+1)})\boldsymbol{w}^{(n+1)}+(\boldsymbol{w}^{(n+1)})^{\mathrm{H}}\varSigma_{\boldsymbol{x}_\mathrm{c}}(\boldsymbol{R}_x^{(n+1)})\boldsymbol{w}^{(n+1)}+\sigma_\mathrm{R}^2(\boldsymbol{w}^{(n+1)})^{\mathrm{H}}\boldsymbol{w}^{(n+1)}}\\
&=\mathrm{SINR}(\boldsymbol{s}^{(n+1)},\boldsymbol{w}^{(n+1)},\boldsymbol{R}_x^{(n+1)})
\end{aligned} \tag{O.5}$$

根据式（O.3）、式（O.4）和式（O.5）的关系可得

$$\mathrm{SINR}(\boldsymbol{s}^{(n)},\boldsymbol{w}^{(n)},\boldsymbol{R}_x^{(n)})\leqslant\mathrm{SINR}(\boldsymbol{s}^{(n+1)},\boldsymbol{w}^{(n+1)},\boldsymbol{R}_x^{(n+1)}) \tag{O.6}$$

式（O.6）表示目标函数在交替迭代期间增加，接下来可以证明目标函数是有界的。由序列 $\mathrm{SINR}(\boldsymbol{s}^{(n)},\boldsymbol{w}^{(n)},\boldsymbol{R}_x^{(n)})$ 表达式可得

$$\frac{\sigma_0^2\left|\boldsymbol{w}^{\mathrm{H}}\tilde{\boldsymbol{A}}\left(f_{\mathrm{d},0},\theta_0\right)\boldsymbol{s}\right|^2}{\boldsymbol{w}^{\mathrm{H}}\Sigma_{\boldsymbol{y}_i}(\boldsymbol{s})\boldsymbol{w}+\boldsymbol{w}^{\mathrm{H}}\Sigma_{\boldsymbol{x}_{\mathrm{C}}}\left(\boldsymbol{R}_x\right)\boldsymbol{w}+\sigma_{\mathrm{R}}^2\boldsymbol{w}^{\mathrm{H}}\boldsymbol{w}}=\frac{\sigma_0^2\left|\frac{\boldsymbol{w}^{\mathrm{H}}}{\|\boldsymbol{w}\|}\tilde{\boldsymbol{A}}\left(f_{\mathrm{d},0},\theta_0\right)\boldsymbol{s}\right|^2}{\frac{\boldsymbol{w}^{\mathrm{H}}}{\|\boldsymbol{w}\|}\left(\Sigma_{\boldsymbol{y}_i}(\boldsymbol{s})+\Sigma_{\boldsymbol{x}_{\mathrm{C}}}\left(\boldsymbol{R}_x\right)\right)\frac{\boldsymbol{w}}{\|\boldsymbol{w}\|}+\sigma_{\mathrm{R}}^2}\leqslant\frac{\sigma_0^2}{\sigma_{\mathrm{R}}^2} \tag{O.7}$$

根据单调收敛定理，交替优化变量能保证和收敛。证明结束。

附录 P　IADPM 算法的收敛性证明

惩罚因子$\left\{\varrho_p^{(t)}\right\}_{t=0}^{\infty}$，$p\in\{1,2\}$为非递减序列，因此，随着迭代次数$t$的增加，$\varrho_p^{(t)}$分为有界和无界两种情况。

当$\varrho_p^{(t)}$有界时，即存在$t\geqslant\tilde{t}$时，$\varrho_p^{(t)}$为一常数，其中$\tilde{t}$为一个足够大的值，有

$$\varrho_p^{(t)}=\varrho_p^{(t-1)}=\varrho_p^{(*)}\neq\infty, t\geqslant\tilde{t} \tag{P.1}$$

当 $t\geqslant\tilde{t}$ 时，满足$\Delta r^{(t)}\leqslant\delta_{1,c}\Delta r^{(t-1)}$，则又可以得到

$$\Delta r_p^{(t)}\leqslant\delta_{1,c}\Delta r_p^{(t-1)}\leqslant\cdots\leqslant\delta_{1,c}^{t-1}\Delta r_p^{(1)},\ p\in\{1,2\} \tag{P.2}$$

其中，$\Delta r_1^{(t)}=\|\boldsymbol{x}^{(t)}-\boldsymbol{s}^{(t)}\|$，$\Delta r_2^{(t)}=\|\boldsymbol{y}^{(t)}-\boldsymbol{s}^{(t)}\|$。

由于$\delta_{1,c}\leqslant 1$，因此有

$$\lim_{t\to\infty}\delta_{1,c}^{t-1}=0 \tag{P.3}$$

由于$\boldsymbol{x},\boldsymbol{y}$和$\boldsymbol{s}$都为有限序列，因此有$\Delta r_p^{(1)}<\infty$，且根据式（P.2）和式（P.3），可得

$$\lim_{t\to\infty}\Delta r_p^{(t)}=0 \tag{P.4}$$

因此有

$$\begin{aligned}&\lim_{t\to\infty}\left\|\boldsymbol{x}^{(t)}-\boldsymbol{s}^{(t)}\right\|=0\\&\lim_{t\to\infty}(\boldsymbol{x}^{(t)}-\boldsymbol{s}^{(t)})=\boldsymbol{0}_{N\times1}\end{aligned} \tag{P.5}$$

和

$$\begin{aligned}&\lim_{t\to\infty}\left\|\boldsymbol{y}^{(t)}-\boldsymbol{s}^{(t)}\right\|=0\\&\lim_{t\to\infty}(\boldsymbol{y}^{(t)}-\boldsymbol{s}^{(t)})=\boldsymbol{0}_{N\times1}\end{aligned} \tag{P.6}$$

根据$\boldsymbol{u}_p^{(t)}$的定义可知，如果$u_{p\max}^{(t)}\leqslant\nu$，有$\boldsymbol{u}_1^{(t)}-\boldsymbol{u}_1^{(t-1)}=\varrho_1^{(t)}(\boldsymbol{x}^{(t)}-\boldsymbol{s}^{(t)})$和$\boldsymbol{u}_2^{(t)}-\boldsymbol{u}_2^{(t-1)}=\varrho_2^{(t)}(\boldsymbol{y}^{(t)}-\boldsymbol{s}^{(t)})$。

则联合式（P.5）和式（P.6），可得

$$\lim_{t\to\infty}(\boldsymbol{u}_1^{(t-1)}-\boldsymbol{u}_1^{(t)})=\lim_{t\to\infty}\varrho_1^{(t)}(\boldsymbol{x}^{(t)}-\boldsymbol{s}^{(t)})=\varrho_1^{(*)}\times\boldsymbol{0}_{N\times1}=\boldsymbol{0}_{N\times1} \tag{P.7}$$

$$\lim_{t\to\infty}(\boldsymbol{u}_2^{(t-1)}-\boldsymbol{u}_2^{(t)})=\lim_{t\to\infty}\varrho_2^{(t)}(\boldsymbol{y}^{(t)}-\boldsymbol{s}^{(t)})=\varrho_2^{(*)}\times\boldsymbol{0}_{N\times1}=\boldsymbol{0}_{N\times1} \tag{P.8}$$

此外，根据式（P.7）和式（P.8），存在两个非常小的常数ϵ_1，ϵ_2及一个足够大的数$\overline{t}$，使得当$t\geqslant\overline{t}\geqslant\tilde{t}$时，可以得到$\varrho_1^{(*)}|\boldsymbol{x}^{(t)}(n)-\boldsymbol{s}^{(t)}(n)|<\epsilon_1$，$\varrho_2^{(*)}|\boldsymbol{y}^{(t)}(n)-\boldsymbol{s}^{(t)}(n)|<\epsilon_2$。因此，$\boldsymbol{u}_1^{(t)}=[\boldsymbol{u}_1^{(t-1)}+\varrho_1^{(*)}(\boldsymbol{x}^{(t)}-\boldsymbol{s}^{(t)})]/u_{\max}^{(t)}$，进一步可以得到当$t\geqslant\overline{t}\geqslant\tilde{t}$时，有

$$\begin{aligned}\left|\boldsymbol{u}_1^{(t+1)}(n)\right|&=|\boldsymbol{u}_1^{(t)}(n)+\varrho_1^{(*)}(\boldsymbol{x}^{(t+1)}(n)-\boldsymbol{s}^{(t+1)}(n))|\\&\leqslant 1+\varrho_1^{(*)}\epsilon_1<\nu\end{aligned} \tag{P.9}$$

那么在第 $t+1$ 次迭代时，$\boldsymbol{u}_1^{(t+1)}=\boldsymbol{u}_1^{(t)}+\varrho_1^{(*)}(\boldsymbol{x}^{(t+1)}-\boldsymbol{s}^{(t+1)})$，同理可得 $\boldsymbol{u}_2^{(t+1)}=\boldsymbol{u}_2^{(t)}+\varrho_2^{(*)}(\boldsymbol{y}^{(t+1)}-\boldsymbol{s}^{(t+1)})$。因此，$\boldsymbol{u}_p^{(t)},p\in\{1,2\}$ 是收敛的，假设 $\boldsymbol{u}_p^{(t)},p\in\{1,2\}$ 收敛至 $\boldsymbol{u}_p^{(*)},p\in\{1,2\}$，即

$$\lim_{t\to\infty}\boldsymbol{u}_p^{(t-1)}=\lim_{t\to\infty}\boldsymbol{u}_p^{(t)}=\boldsymbol{u}_p^{(*)} \tag{P.10}$$

综上所述可以得到，当 $t\geqslant\bar{t}\geqslant\tilde{t}$ 时，惩罚因子 $\varrho_p^{(t)}$ 和乘子向量 $\boldsymbol{u}_p^{(t)}$ 均是有界的且分别收敛于 $\varrho_p^{(*)}$ 和 $\boldsymbol{u}_p^{(*)}$。进而，$\boldsymbol{x},\boldsymbol{y},\boldsymbol{s}$ 分别可以通过求解以下子问题求得

$$\begin{cases}\min\limits_{\boldsymbol{x}} L(\boldsymbol{s}^{(t-1)},\boldsymbol{x},\boldsymbol{y}^{(t-1)},\ \boldsymbol{u}_p^{(*)},\varrho_p^{(*)})\\ \text{s.t.}\ \ \arg\boldsymbol{x}(n)\in\Phi,\ n\in\mathcal{N}\\ \qquad |\boldsymbol{x}(n)|=1,\ n\in\mathcal{N}\end{cases} \tag{P.11}$$

$$\begin{cases}\min\limits_{\boldsymbol{y}} L(\boldsymbol{s}^{(t-1)},\boldsymbol{x}^{(t)},\boldsymbol{y},\boldsymbol{u}_p^{(*)},\varrho_p^{(*)})\\ \text{s.t.}\ \ \boldsymbol{y}^{\mathrm{H}}(\boldsymbol{I}_{\mathrm{M}}\otimes\boldsymbol{R}_{\mathrm{I}})\boldsymbol{y}\leqslant E_{\mathrm{I}}\end{cases} \tag{P.12}$$

$$\begin{cases}\min\limits_{\boldsymbol{s}} L(\boldsymbol{s},\boldsymbol{x}^{(t)},\boldsymbol{y}^{(t)},\boldsymbol{u}_p^{(*)},\varrho_p^{(*)})\\ \text{s.t.}\ \ |\boldsymbol{s}(n)|=1,\ n\in\mathcal{N}\end{cases} \tag{P.13}$$

由于每个子问题都可求得逼近解，因此有

$$\begin{aligned}&L(\boldsymbol{s}^{(t-1)},\boldsymbol{x}^{(t-1)},\boldsymbol{y}^{(t-1)},\boldsymbol{u}_p^{(*)},\varrho_p^{(*)})\\ \geqslant&L(\boldsymbol{s}^{(t-1)},\boldsymbol{x}^{(t)},\boldsymbol{y}^{(t-1)},\boldsymbol{u}_p^{(*)},\varrho_p^{(*)})\\ \geqslant&L(\boldsymbol{s}^{(t-1)},\boldsymbol{x}^{(t)},\boldsymbol{y}^{(t)},\boldsymbol{u}_p^{(*)},\varrho_p^{(*)})\\ \geqslant&L(\boldsymbol{s}^{(t)},\boldsymbol{x}^{(t)},\boldsymbol{y}^{(t)},\boldsymbol{u}_p^{(*)},\varrho_p^{(*)})\end{aligned} \tag{P.14}$$

因此

$$\begin{aligned}&\lim_{t\to\infty}L(\boldsymbol{s}^{(t)},\boldsymbol{x}^{(t)},\boldsymbol{y}^{(t)},\boldsymbol{u}_p^{(*)},\varrho_p^{(*)})\\ =&\lim_{t\to\infty}f(\boldsymbol{s}^{(t)})+\Re\left\{\boldsymbol{u}_1^{(*)\mathrm{H}}(\boldsymbol{x}^{(t)}-\boldsymbol{s}^{(t)})\right\}+\frac{\varrho_1^{(*)}}{2}\|\boldsymbol{x}^{(t)}-\boldsymbol{s}^{(t)}\|^2+\\ &\Re\left\{\boldsymbol{u}_2^{(*)\mathrm{H}}(\boldsymbol{y}^{(t)}-\boldsymbol{s}^{(t)})\right\}+\frac{\varrho_2^{(*)}}{2}\|\boldsymbol{y}^{(t)}-\boldsymbol{s}^{(t)}\|^2\\ =&\lim_{t\to\infty}f(\boldsymbol{s}^{(t)})\end{aligned} \tag{P.15}$$

由于 $f(\boldsymbol{a},\boldsymbol{\varphi})>0$，因此目标函数有下界，根据式（P.14）和式（P.15）可知目标函数收敛至一个有限值，即

$$\lim_{t\to\infty}L(\boldsymbol{s}^{(t)},\boldsymbol{x}^{(t)},\boldsymbol{y}^{(t)},\boldsymbol{u}_p^{(*)},\varrho_p^{(*)})=\lim_{t\to\infty}f(\boldsymbol{s}^{(t)})=f^{(*)} \tag{P.16}$$

其中，$f^{(*)}$ 为函数 $f(\boldsymbol{s}^{(t)})$ 的下界。

当惩罚因子 $\varrho_p^{(t)}$ 无界时，IADPM 的收敛性无法证明。

附录 Q 定理 9.1 的证明

观察式（9.195）可知，$(\boldsymbol{s}_{(l-1)},t_{(l-1)},\boldsymbol{u}_{(l-1)})$ 是式（9.195）的一个可行点。此外，$(\boldsymbol{s}_{(l)},t_{(l)},\boldsymbol{u}_{(l)})$ 是凸问题式（9.195）的最优解。因此，可得

$$\begin{aligned}-t_{(l)}+\lambda\boldsymbol{r}^{\mathrm{T}}\boldsymbol{u}_{(l)}+\varrho\|\boldsymbol{s}_{(l)}-\boldsymbol{s}_{(l-1)}\|^2 &\leqslant -t_{(l-1)}+\lambda\boldsymbol{r}^{\mathrm{T}}\boldsymbol{u}_{(l-1)}+\varrho\|\boldsymbol{s}_{(l-1)}-\boldsymbol{s}_{(l-1)}\|^2\\ &=-t_{(l-1)}+\lambda\boldsymbol{r}^{\mathrm{T}}\boldsymbol{u}_{(l-1)}=\overline{t}_{(l-1)}\end{aligned} \tag{Q.1}$$

其中，$\boldsymbol{r}=\boldsymbol{1}_{N_{\mathrm{T}}N}$。此外，由于 $\|\boldsymbol{s}_{(l)}-\boldsymbol{s}_{(l-1)}\|^2\geqslant 0$，因此可得

$$-t_{(l)}+\lambda\boldsymbol{r}^{\mathrm{T}}\boldsymbol{u}_{(l)}+\varrho\|\boldsymbol{s}_{(l)}-\boldsymbol{s}_{(l-1)}\|^2\geqslant -t_{(l)}+\lambda\boldsymbol{r}^{\mathrm{T}}\boldsymbol{u}_{(l)}=\overline{t}_{(l)} \tag{Q.2}$$

结合式（Q.1）与式（Q.2）可得 $\overline{t}_{(l)}\leqslant\overline{t}_{(l-1)}$，定理 9.1 性质①证明完毕。

接下来证明性质②。由于 $\lambda\boldsymbol{r}^{\mathrm{T}}\boldsymbol{u}\geqslant 0$，可得 $-t+\lambda\boldsymbol{r}^{\mathrm{T}}\boldsymbol{u}_{(l)}\geqslant -t$。根据式（9.179），可得

$$\begin{aligned}-t&\geqslant -\min_{m}\frac{\boldsymbol{s}^{\mathrm{H}}\boldsymbol{\Theta}_m(\boldsymbol{w}_m^{(i-1)})\boldsymbol{s}}{\boldsymbol{s}^{\mathrm{H}}\boldsymbol{\Phi}_m(\boldsymbol{w}_m^{(i-1)})\boldsymbol{s}}\\ &=-\frac{\boldsymbol{s}^{\mathrm{H}}\boldsymbol{\Theta}_{\hat{m}}(\boldsymbol{w}_{\hat{m}}^{(i-1)})\boldsymbol{s}}{\boldsymbol{s}^{\mathrm{H}}\boldsymbol{\Phi}_{\hat{m}}(\boldsymbol{w}_{\hat{m}}^{(i-1)})\boldsymbol{s}}\\ &\geqslant -\max_{s}\frac{\boldsymbol{s}^{\mathrm{H}}\boldsymbol{\Theta}_{\hat{m}}(\boldsymbol{w}_{\hat{m}}^{(i-1)})\boldsymbol{s}}{\boldsymbol{s}^{\mathrm{H}}\boldsymbol{\Phi}_{\hat{m}}(\boldsymbol{w}_{\hat{m}}^{(i-1)})\boldsymbol{s}}\\ &=-\lambda_{\max}((\boldsymbol{\Phi}_{\hat{m}}(\boldsymbol{w}_{\hat{m}}^{(i-1)}))^{-1}\boldsymbol{\Theta}_{\hat{m}}(\boldsymbol{w}_{\hat{m}}^{(i-1)}))\end{aligned} \tag{Q.3}$$

其中，$\hat{m}$ 表示 M 个 SINR 值中最小的下标索引。因此，$-t$ 有下界，进一步推得 $\overline{t}_{(l)}$ 有下界。因此，$\overline{t}_{(l)}$ 将会收敛至有限值。

下面证明 $(\boldsymbol{s}_{(l)},t_{(l)})$ 的极限点 $(\boldsymbol{s}_{(*)},t_{(*)})$ 满足式（9.176）一阶 KKT 最优性条件。首先令 $\boldsymbol{x}=\left[\boldsymbol{s}^{\mathrm{T}},t,\boldsymbol{u}^{\mathrm{T}}\right]^{\mathrm{T}}\in\mathbb{C}^{2N_{\mathrm{T}}N+1}$，$\boldsymbol{x}_{(l)}=\left[\boldsymbol{s}_{(l)}^{\mathrm{T}},t_{(l)},\boldsymbol{u}_{(l)}^{\mathrm{T}}\right]^{\mathrm{T}}$，$\boldsymbol{s}=\boldsymbol{\Gamma}_1\boldsymbol{x},\ \boldsymbol{u}=\boldsymbol{\Gamma}_2\boldsymbol{x},\ t=\boldsymbol{c}^{\mathrm{T}}\boldsymbol{x}$，$\boldsymbol{s}(n)=\boldsymbol{e}_n^{\mathrm{T}}\boldsymbol{s},\ \boldsymbol{u}(n)=\boldsymbol{e}_n^{\mathrm{T}}\boldsymbol{u}$，其中，$\boldsymbol{e}_n\in\mathbb{C}^{N_{\mathrm{T}}N\times 1}$，相应的第 n 个元素为 1，其他为 0，即

$$\boldsymbol{\Gamma}_1=[\boldsymbol{I}_{N_{\mathrm{T}}N}\ \boldsymbol{0}_{N_{\mathrm{T}}N\times(N_{\mathrm{T}}N+1)}]\in\mathbb{C}^{N_{\mathrm{T}}N\times(2N_{\mathrm{T}}N+1)} \tag{Q.4}$$

$$\boldsymbol{\Gamma}_2=[\boldsymbol{0}_{N_{\mathrm{T}}N\times N_{\mathrm{T}}N}\ \boldsymbol{0}_{N_{\mathrm{T}}N\times 1}\ \boldsymbol{I}_{N_{\mathrm{T}}N}]\in\mathbb{C}^{N_{\mathrm{T}}N\times(2N_{\mathrm{T}}N+1)} \tag{Q.5}$$

$$\boldsymbol{c}=\left[\boldsymbol{0}_{1\times N_{\mathrm{T}}N},1,\boldsymbol{0}_{1\times N_{\mathrm{T}}N}\right]^{\mathrm{T}} \tag{Q.6}$$

因此，式（9.195）可等效重写为

$$\mathcal{P}^{\boldsymbol{x}(l)}\begin{cases}\min\limits_{\boldsymbol{x}} & g_0(\boldsymbol{x},\boldsymbol{x}_{(l-1)})\\ \text{s.t.} & g_{1,m}(\boldsymbol{x},\boldsymbol{x}_{(l-1)})\leqslant 0,\ \forall m\\ & g_{2,n_{\mathrm{T}}}(\boldsymbol{x})\leqslant 0,\ \forall n_{\mathrm{T}}\\ & g_{3,n}(\boldsymbol{x})\leqslant 0,\ \forall n\\ & g_{4,n}(\boldsymbol{x},\boldsymbol{x}_{(l-1)})\leqslant 0,\ \forall n\\ & g_{5,n}(\boldsymbol{x})\leqslant 0,\ \forall n\end{cases} \tag{Q.7}$$

其中，

$$g_0(\boldsymbol{x},\boldsymbol{x}_{(l-1)})=-\boldsymbol{c}^{\mathrm{T}}\boldsymbol{x}+\lambda\boldsymbol{r}^{\mathrm{T}}\boldsymbol{\Gamma}_2\boldsymbol{x}+\varrho\|\boldsymbol{\Gamma}_1(\boldsymbol{x}-\boldsymbol{x}_{(l-1)})\|^2 \tag{Q.8}$$

$$\begin{aligned}g_{1,m}(\boldsymbol{x},\boldsymbol{x}_{(l-1)})=&\boldsymbol{x}^{\mathrm{H}}\boldsymbol{\Gamma}_1^{\mathrm{H}}\boldsymbol{\Phi}_m(\boldsymbol{w}_m^{(i-1)})\boldsymbol{\Gamma}_1\boldsymbol{x}-2\Re\left\{\frac{\boldsymbol{s}_{(l-1)}^{\mathrm{H}}\boldsymbol{\Theta}_m(\boldsymbol{w}_m^{(i-1)})\boldsymbol{\Gamma}_1\boldsymbol{x}}{t_{(l-1)}}\right\}+\\&\frac{\boldsymbol{s}_{(l-1)}^{\mathrm{H}}\boldsymbol{\Theta}_m(\boldsymbol{w}_m^{(i-1)})\boldsymbol{s}_{(l-1)}}{t_{(l-1)}^2}\boldsymbol{c}^{\mathrm{T}}\boldsymbol{x}\ ,\forall m\end{aligned} \tag{Q.9}$$

$$g_{2,n_{\mathrm{T}}}(\boldsymbol{x})=\boldsymbol{x}^{\mathrm{H}}\boldsymbol{\Gamma}_1^{\mathrm{H}}\ \boldsymbol{R}_{n_{\mathrm{T}}}\boldsymbol{\Gamma}_1\boldsymbol{x}-\eta,\forall n_{\mathrm{T}} \tag{Q.10}$$

$$g_{3,n}(\boldsymbol{x})=\boldsymbol{x}^{\mathrm{H}}\boldsymbol{\Gamma}_1^{\mathrm{H}}\boldsymbol{e}_n\boldsymbol{e}_n^{\mathrm{T}}\boldsymbol{\Gamma}_1\boldsymbol{x}-\frac{1}{N_{\mathrm{T}}N},\forall n \tag{Q.11}$$

$$\begin{aligned}g_{4,n}(\boldsymbol{x},\boldsymbol{x}_{(l-1)})=&\frac{1}{N_{\mathrm{T}}N}-2\Re\{\boldsymbol{x}_{(l-1)}^{\mathrm{H}}\boldsymbol{\Gamma}_1^{\mathrm{H}}\boldsymbol{e}_n\boldsymbol{e}_n^{\mathrm{T}}\boldsymbol{\Gamma}_1\boldsymbol{x}\ \}+\\&\boldsymbol{x}^{(l-1)\mathrm{H}}\boldsymbol{\Gamma}_1^{\mathrm{H}}\boldsymbol{e}_n\boldsymbol{e}_n^{\mathrm{T}}\boldsymbol{\Gamma}_1\boldsymbol{x}_{(l-1)}-\boldsymbol{e}_n^{\mathrm{T}}\boldsymbol{\Gamma}_2\boldsymbol{x}^{(l)}\leqslant 0,\ \forall n\end{aligned} \tag{Q.12}$$

$$g_{5,n}(\boldsymbol{x})=-\boldsymbol{e}_n^{\mathrm{T}}\boldsymbol{\Gamma}_2\boldsymbol{x}^{(l)} \tag{Q.13}$$

在证明之前，首先假定$\mathcal{P}^{x(l)}$的约束条件满足 Slater 正则性条件，该条件易通过求解一个凸问题进行验证，即

$$\begin{cases}\text{find} & \boldsymbol{x},\xi\\ \text{s.t.} & g_{1,m}(\boldsymbol{x},\boldsymbol{x}_{(l-1)})+\xi\leqslant 0,\ \forall m\\ & g_{2,n_{\mathrm{T}}}(\boldsymbol{x})+\xi\leqslant 0,\ \forall n_{\mathrm{T}}\\ & g_{3,n}(\boldsymbol{x})+\xi\leqslant 0,\ \forall n\\ & g_{4,n}(\boldsymbol{x},\boldsymbol{x}_{(l-1)})+\xi\leqslant 0,\ \forall n\\ & g_{5,n}(\boldsymbol{x})+\xi\leqslant 0,\ \forall n\\ & \xi>0\end{cases} \tag{Q.14}$$

若式（Q.14）有解，则说明满足 Slater 正则性条件。

此外，假设随着$l\to\infty$，$\|\boldsymbol{u}_{(l)}\|_1\to 0$。由于$\boldsymbol{r}^{\mathrm{T}}\boldsymbol{\Gamma}_2\boldsymbol{x}\geqslant 0$，因此，存在一个足够大的惩罚因子$\lambda$，随着$l\to\infty$，使得$\boldsymbol{r}^{\mathrm{T}}\boldsymbol{\Gamma}_2\boldsymbol{x}_{(l)}=0$，即$\|\boldsymbol{u}_{(l)}\|_1\to 0$。

由于$\mathcal{P}^{x(l)}$的约束条件满足 Slater 正则性条件，因此，最优解$\boldsymbol{x}_{(l)}$满足$\mathcal{P}^{x(l)}$的 KKT 条件，即

$$\begin{cases} g_{1,m}(\boldsymbol{x}_{(l)},\boldsymbol{x}_{(l-1)})\leqslant 0,\ \forall m \\ g_{2,n_{\rm T}}(\boldsymbol{x}_{(l)})\leqslant 0,\ \forall n_{\rm T} \\ g_{3,n}(\boldsymbol{x}_{(l)})\leqslant 0,\ \forall n \\ g_{4,n}(\boldsymbol{x}_{(l)},\boldsymbol{x}_{(l-1)})\leqslant 0,\ \forall n \\ g_{5,n}(\boldsymbol{x}_{(l)})\leqslant 0,\ \forall n \\ \alpha_{m(l)}\geqslant 0,\forall m,\beta_{n_{\rm T}(l)}\geqslant 0,\ \forall n_{\rm T} \\ \omega_{n(l)}\geqslant 0,\kappa_{n(l)}\geqslant 0,\chi_{n(l)}\geqslant 0,\ \forall n \\ \alpha_{m(l)}g_{1,m}(\boldsymbol{x}_{(l)},\boldsymbol{x}_{(l-1)})=0,\ \forall m \\ \beta_{n_t(l)}g_{2,n_{\rm T}}(\boldsymbol{x}_{(l)})=0,\ \forall n_{\rm T} \\ \omega_{n(l)}g_{3,n}(\boldsymbol{x}_{(l)})=0,\ \forall n \\ \kappa_{n(l)}g_{4,n}(\boldsymbol{x}_{(l)},\boldsymbol{x}_{(l-1)})=0,\ \forall n \\ \chi_{n(l)}g_{5,n}(\boldsymbol{x}_{(l)})=0,\ \forall n \\ \nabla g_0(\boldsymbol{x},\boldsymbol{x}_{(l-1)})|_{\boldsymbol{x}=\boldsymbol{x}_{(l)}}+\boldsymbol{v}_{(l)}=\boldsymbol{0}_{2N_{\rm T}N\times 1} \end{cases} \tag{Q.15}$$

其中，$\alpha_{m(l)},\beta_{n_t(l)},\omega_{n(l)},\kappa_{n(l)},\chi_{n(l)}$ 为第 l 次的拉格朗日乘子，$\boldsymbol{v}_{(l)}\in\mathbb{C}^{2N_{\rm T}N+1}$ 表示所有约束条件的求导加权和，即

$$\begin{aligned}\boldsymbol{v}_{(l)}=&\sum_{m=1}^{M}\alpha_{n(l)}\nabla g_{1,m}(\boldsymbol{x},\boldsymbol{x}_{(l)})|_{\boldsymbol{x}=\boldsymbol{x}_{(l)}}+\sum_{n_{\rm T}=1}^{N_{\rm T}}\beta_{n_{\rm T}(l)}\nabla g_{2,n_{\rm T}}(\boldsymbol{x})|_{\boldsymbol{x}=\boldsymbol{x}_{(l)}}+\sum_{n=1}^{N_{\rm T}N}\omega_{n(l)}\nabla g_{3,n}(\boldsymbol{x})|_{\boldsymbol{x}=\boldsymbol{x}_{(l)}}+\\&\sum_{n=1}^{N_{\rm T}N}\kappa_{n(l)}\nabla g_{4,n}(\boldsymbol{x},\boldsymbol{x}_{(l)})|_{\boldsymbol{x}=\boldsymbol{x}_{(l)}}+\sum_{n=1}^{N_{\rm T}N}\chi_{n(l)}\nabla g_{5,n}(\boldsymbol{x})|_{\boldsymbol{x}=\boldsymbol{x}_{(l)}}\end{aligned} \tag{Q.16}$$

定理 Q.1 当 ICE 算法收敛时，即 $l\to\infty$，可得 $\boldsymbol{x}_{(l-1)}=\boldsymbol{x}_{(l)}=\boldsymbol{x}_{(*)}$。

证明: 因为 $\mathcal{P}^{s(l)}$ 是一个凸问题，可以在多项式时间内求得最优解 $\boldsymbol{s}_{(l)},\boldsymbol{t}_{(l)},\boldsymbol{u}_{(l)}$，此外，

$\boldsymbol{s}_{(l-1)},\boldsymbol{t}_{(l-1)},\boldsymbol{u}_{(l-1)}$ 也是 $\mathcal{P}^{s(l)}$ 的可行点，因此可得

$$\begin{aligned}\overline{t}_{(l)}&=-t_{(l)}+\lambda\boldsymbol{e}^{\rm T}\boldsymbol{u}_{(l)}\\&\leqslant -t_{(l)}+\lambda\boldsymbol{e}^{\rm T}\boldsymbol{u}_{(l)}+\rho\left\|\boldsymbol{s}_{(l)}-\boldsymbol{s}_{(l-1)}\right\|^2\\&\leqslant -t_{(l-1)}+\lambda\boldsymbol{e}^{\rm T}\boldsymbol{u}_{(l-1)}+\rho\left\|\boldsymbol{s}_{(l-1)}-\boldsymbol{s}_{(l-1)}\right\|^2\\&=-t_{(l-1)}+\lambda\boldsymbol{e}^{\rm T}\boldsymbol{u}_{(l-1)}\\&=\overline{t}_{(l-1)}\end{aligned} \tag{Q.17}$$

式中，$\boldsymbol{e}=[1,1,\cdots,1]^{\rm T}\in\mathbb{C}^{N_{\rm T}N}$。

基于式（Q.17），可得

$$\overline{t}_{(l)}\leqslant\overline{t}_{(l)}+\rho\left\|\boldsymbol{s}_{(l)}-\boldsymbol{s}_{(l-1)}\right\|^2\leqslant\overline{t}_{(l-1)} \tag{Q.18}$$

因此，当 $l\to\infty$ 时，可得

$$\overline{t}_{(l)}=\overline{t}_{(l-1)}=\overline{t}_{(*)} \tag{Q.19}$$

故当 $l\to\infty$ 时，可推得

$$\overline{t}_{(*)}=\overline{t}_{(l)}=\overline{t}_{(l)}+\varrho\|\boldsymbol{s}_{(l)}-\boldsymbol{s}_{(l-1)}\|^2=\overline{t}_{(l-1)} \tag{Q.20}$$

对此，有

$$\lim_{l\to\infty}\|\boldsymbol{s}_{(l)}-\boldsymbol{s}_{(l-1)}\|^2=0 \tag{Q.21}$$

进一步可推得

$$\lim_{l\to\infty}\boldsymbol{s}_{(l-1)}=\lim_{l\to\infty}\boldsymbol{s}_{(l)}=\boldsymbol{s}_{(*)} \tag{Q.22}$$

此外，基于上述假设，当$l\to\infty$时，可得

$$\lim_{l\to\infty}\boldsymbol{u}_{(l-1)}=\lim_{l\to\infty}\boldsymbol{u}_{(l)}=\boldsymbol{u}_{(*)}=\boldsymbol{0}_{N_\text{T}N\times1} \tag{Q.23}$$

进一步有

$$\lim_{l\to\infty}\boldsymbol{r}^\text{T}\boldsymbol{u}_{(l-1)}=\lim_{l\to\infty}\boldsymbol{r}^\text{T}\boldsymbol{u}_{(l)}=\boldsymbol{r}^\text{T}\boldsymbol{u}_{(*)}=0 \tag{Q.24}$$

因此，可得到

$$\begin{aligned}\lim_{l\to\infty}\overline{t}_{(l-1)}=\overline{t}_{(l)}=\overline{t}_{(*)}&\Rightarrow\lim_{l\to\infty}-t_{(l-1)}+\lambda\boldsymbol{r}^\text{T}\boldsymbol{u}_{(l-1)}\\&=-t_{(l)}+\lambda\boldsymbol{r}^\text{T}\boldsymbol{u}_{(l)}=-t_{(*)}+\lambda\boldsymbol{r}^\text{T}\boldsymbol{u}_{(*)}\\&\Rightarrow\lim_{l\to\infty}t_{(l-1)}=t_{(l)}=t_{(*)}\end{aligned} \tag{Q.25}$$

因此，当$l\to\infty$时，可推得$\boldsymbol{x}_{(l-1)}=\boldsymbol{x}_{(l)}=\boldsymbol{x}_{(*)}=\left[\boldsymbol{s}_{(*)}^\text{T},t_{(*)},\boldsymbol{u}_{(*)}^\text{T}\right]^\text{T}$。证毕。

当$l\to\infty$时，令$\alpha_{m(l-1)}=\alpha_{m(l)}=\alpha_{m(*)},\beta_{n_\text{T}(l-1)}=\beta_{n_\text{T}(l)}=\beta_{n_\text{T}(*)},\omega_{n(l-1)}=\omega_{n(l)}=\omega_{n(*)}$，$\kappa_{n(l-1)}=\kappa_{n(l)}=\kappa_{n(*)},\chi_{n(l-1)}=\chi_{n(l)}=\chi_{n(*)}$，$\mathcal{P}^{x(l)}$的 KKT 条件可变为

$$\begin{cases}g_{1,m}(\boldsymbol{x}_{(*)},\boldsymbol{x}_{(*)})\leqslant0,\ \forall m\\g_{2,n_\text{T}}(\boldsymbol{x}_{(*)})\leqslant0,\ \forall n_\text{T}\\g_{3,n}(\boldsymbol{x}_{(*)})\leqslant0,\ \forall n\\g_{4,n}(\boldsymbol{x}_{(*)},\boldsymbol{x}_{(*)})\leqslant0,\ \forall n\\g_{5,n}(\boldsymbol{x}_{(*)})\leqslant0,\ \forall n\\\alpha_{m(*)}\geqslant0,\forall m,\beta_{n_\text{T}(*)}\geqslant0,\ \forall n_\text{T}\\\omega_{n(*)}\geqslant0,\kappa_{n(*)}\geqslant0,\chi_{n(*)}\geqslant0,\ \forall n\\\alpha_{m(*)}g_{1,m}(\boldsymbol{x}_{(*)},\boldsymbol{x}_{(*)})=0,\ \forall m\\\beta_{n_t(*)}g_{2,n_\text{T}}(\boldsymbol{x}_{(*)})=0,\ \forall n_\text{T}\\\omega_{n(*)}g_{3,n}(\boldsymbol{x}_{(*)})=0,\ \forall n\\\kappa_{n(*)}g_{4,n}(\boldsymbol{x}_{(*)},\boldsymbol{x}_{(*)})=0,\ \forall n\\\chi_{n(*)}g_{5,n}(\boldsymbol{x}_{(*)})=0,\ \forall n\\\nabla g_0(\boldsymbol{x},\boldsymbol{x}_{(*)})|_{\boldsymbol{x}=\boldsymbol{x}_{(*)}}+\boldsymbol{v}_{(*)}=\boldsymbol{0}_{2N_\text{T}N\times1}\end{cases} \tag{Q.26}$$

其中，

$$\boldsymbol{v}_{(*)}=\sum_{m=1}^{M}\alpha_{n(*)}\nabla g_{1,m}(\boldsymbol{x},\boldsymbol{x}_{(*)})|_{\boldsymbol{x}=\boldsymbol{x}_{(*)}}+\sum_{n_t=1}^{N_\mathrm{T}}\beta_{n_t(*)}\nabla g_{2,n_\mathrm{T}}(\boldsymbol{x})|_{\boldsymbol{x}=\boldsymbol{x}_{(*)}}+\sum_{n=1}^{N_\mathrm{T}N}\omega_{n(*)}\nabla g_{3,n}(\boldsymbol{x})|_{\boldsymbol{x}=\boldsymbol{x}_{(*)}}+$$
$$\sum_{n=1}^{N_\mathrm{T}N}\kappa_{n(*)}\nabla g_{4,n}(\boldsymbol{x},\boldsymbol{x}_{(*)})|_{\boldsymbol{x}=\boldsymbol{x}_{(*)}}+\sum_{n=1}^{N_\mathrm{T}N}\chi_{n(*)}\nabla g_{5,n}(\boldsymbol{x})|_{\boldsymbol{x}=\boldsymbol{x}_{(*)}} \tag{Q.27}$$

第一个 KKT 条件可化简为

$$g_{1,m}(\boldsymbol{x}_{(*)},\boldsymbol{x}_{(*)})=\boldsymbol{s}_{(*)}^{\mathrm{H}}\boldsymbol{\Phi}_m(\boldsymbol{w}_m^{(i-1)})\boldsymbol{s}_{(*)}-2\Re\left\{\frac{\boldsymbol{s}_{(*)}^{\mathrm{H}}\boldsymbol{\Theta}_m\left(\boldsymbol{w}_m^{(i-1)}\right)\boldsymbol{s}_{(*)}}{t_{(*)}}\right\}+$$
$$\frac{\boldsymbol{s}_{(*)}^{\mathrm{H}}\boldsymbol{\Theta}_m\left(\boldsymbol{w}_m^{(i-1)}\right)\boldsymbol{s}_{(*)}}{t_{(*)}^2}t_{(*)} \tag{Q.28}$$
$$=\boldsymbol{s}_{(*)}^{\mathrm{H}}\boldsymbol{\Phi}_m(\boldsymbol{w}_m^{(i-1)})\boldsymbol{s}_{(*)}-\frac{\boldsymbol{s}_{(*)}^{\mathrm{H}}\boldsymbol{\Theta}_m\left(\boldsymbol{w}_m^{(i-1)}\right)\boldsymbol{s}_{(*)}}{t_{(*)}}\leqslant 0$$

$\nabla g_{1,m}(\boldsymbol{x},\boldsymbol{x}_{(*)})|_{\boldsymbol{x}=\boldsymbol{x}_{(*)}}$ 可计算为

$$\nabla g_{1,m}(\boldsymbol{x},\boldsymbol{x}_{(*)})|_{\boldsymbol{x}=\boldsymbol{x}_{(*)}}=2\boldsymbol{\Gamma}_1^{\mathrm{T}}\boldsymbol{\Phi}_m(\boldsymbol{w}_m^{(i-1)})\boldsymbol{\Gamma}_1\boldsymbol{x}_{(*)}-$$
$$2\boldsymbol{\Gamma}_1\frac{\boldsymbol{\Theta}_m\left(\boldsymbol{w}_m^{(i-1)}\right)\boldsymbol{s}_{(*)}}{t_{(*)}}+\frac{\boldsymbol{s}_{(*)}^{\mathrm{H}}\boldsymbol{\Theta}_m(\boldsymbol{w}_m^{(i-1)})\boldsymbol{s}_{(*)}}{t_{(*)}^2}\boldsymbol{c} \tag{Q.29}$$

$g_{4,n}(\boldsymbol{x}_{(*)},\boldsymbol{x}_{(*)})$ 可化简为

$$g_{4,n}(\boldsymbol{x}_{(*)},\boldsymbol{x}_{(*)})=\frac{1}{N_\mathrm{T}N}-\boldsymbol{x}_{(*)}^{\mathrm{H}}\boldsymbol{\Gamma}_1^{\mathrm{H}}\boldsymbol{e}_n\boldsymbol{e}_n^{\mathrm{T}}\boldsymbol{\Gamma}_1\boldsymbol{x}_{(*)}=\frac{1}{N_\mathrm{T}N}-|\boldsymbol{s}_{(*)}(n)|^2\leqslant 0,\forall n \tag{Q.30}$$

$\nabla g_{4,n}(\boldsymbol{x},\boldsymbol{x}_{(*)})|_{\boldsymbol{x}=\boldsymbol{x}_{(*)}}$ 重写为

$$\nabla g_{4,n}(\boldsymbol{x},\boldsymbol{x}_{(*)})|_{\boldsymbol{x}=\boldsymbol{x}_{(*)}}=-2\boldsymbol{\Gamma}_1^{\mathrm{T}}\boldsymbol{e}_n\boldsymbol{e}_n^{\mathrm{T}}\boldsymbol{\Gamma}_1\boldsymbol{x}_{(*)},\forall n \tag{Q.31}$$

$\nabla g_0(\boldsymbol{x},\boldsymbol{x}_{(*)})|_{\boldsymbol{x}=\boldsymbol{x}_{(*)}}$ 重写为

$$\nabla g_0(\boldsymbol{x},\boldsymbol{x}_{(*)})|_{\boldsymbol{x}=\boldsymbol{x}_{(*)}}=-\boldsymbol{c}+\lambda\boldsymbol{\Gamma}_2^{\mathrm{T}}\boldsymbol{r} \tag{Q.32}$$

通过利用 $\boldsymbol{\Gamma}_1=[\boldsymbol{I}_{N_\mathrm{T}N}\ \ \boldsymbol{0}_{N_\mathrm{T}N\times(N_\mathrm{T}N+1)}]$，$\boldsymbol{\Gamma}_2=[\boldsymbol{0}_{N_\mathrm{T}N\times N_\mathrm{T}N+1}\ \ \boldsymbol{I}_{N_\mathrm{T}N}]$，$\boldsymbol{c}=\left[\boldsymbol{0}_{1\times N_\mathrm{T}N},1,\boldsymbol{0}_{1\times N_\mathrm{T}N}\right]^{\mathrm{T}}$，并结合上述化简的表达式，易得到 $(\boldsymbol{s}_{(*)},t_{(*)})$ 为式（9.176）一阶 KKT 最优性条件。

附录 R　优化问题式（10.89）和优化问题式（10.90）的等价证明

假设$v(\mathcal{P}_1)$和 $v(\mathcal{P}_2)$分别表示优化问题式（10.89）和优化问题式（10.90）的目标函数值。设$\boldsymbol{s}_{(*)}=\text{vec}([\boldsymbol{s}_{1(*)},\boldsymbol{s}_{2(*)},\boldsymbol{s}_{3(*)},\cdots,\boldsymbol{s}_{N_{\text{T}}(*)}])^{\text{T}}$是优化问题式(10.89)的最优解，其中$\boldsymbol{s}_{n(*)}$是第$n$个发射阵元的最优发射波形。显然，$\boldsymbol{s}_{(*)}$在优化问题式（10.90）中满足约束（1）、（3）、（4）、（5）、（7）。现在证明$\boldsymbol{s}_{(*)}$也满足约束（2）和（6）。利用$\boldsymbol{s}_{(*)}^{\text{H}}\boldsymbol{s}_{(*)}/M=p_0$和$\boldsymbol{s}_{(*)}^{\text{H}}\boldsymbol{R}_c\boldsymbol{s}_{(*)}\geqslant\eta_{\text{pc}}$，可以推导出

$$\frac{\eta_{\text{pc}}}{Mp_0}\leqslant\frac{\boldsymbol{s}_{(*)}^{\text{H}}\boldsymbol{R}_c\boldsymbol{s}_{(*)}}{\|\boldsymbol{s}_{(*)}\|^2},\ c=1,2,3,\cdots,C \tag{R.1}$$

类似地，利用$\frac{p_0}{N_{\text{T}}}(1-\kappa)\leqslant\frac{1}{M}\|\boldsymbol{s}_{n(*)}\|^2$和$\frac{1}{M}\|\boldsymbol{s}_{(*)}\|^2=p_0$，有

$$\frac{p_0}{N_{\text{T}}}(1-\kappa)\leqslant\frac{1}{M}\|\boldsymbol{s}_{n(*)}\|^2=p_0\frac{\|\boldsymbol{s}_{n(*)}\|^2}{\|\boldsymbol{s}_{(*)}\|^2} \tag{R.2}$$

因此，$\boldsymbol{s}_{(*)}$是优化问题式（10.90）的可行点，满足$v(\mathcal{P}_1)\leqslant v(\mathcal{P}_2)$。

假设$\overline{\boldsymbol{s}}_{(*)}=\text{vec}[\overline{\boldsymbol{s}}_{1(*)},\overline{\boldsymbol{s}}_{2(*)},\overline{\boldsymbol{s}}_{3(*)},\cdots,\overline{\boldsymbol{s}}_{N_{\text{T}}(*)}]^{\text{T}}$是优化问题式（10.90）的最优解，其中$\overline{\boldsymbol{s}}_{n(*)}$是第$n$个发射阵元的发射波形。令$\tilde{\boldsymbol{s}}_{(*)}=\sqrt{Mp_0}\overline{\boldsymbol{s}}_{(*)}/\|\overline{\boldsymbol{s}}_{(*)}\|$，由于$\mathcal{P}_1$中目标函数的尺度不变性，$\overline{\boldsymbol{s}}_{(*)}$和$\tilde{\boldsymbol{s}}_{(*)}$显然具有相同的目标值$v(\mathcal{P}_2)$。由于

$$\begin{gathered}\overline{\boldsymbol{s}}_{(*)}^{\text{H}}\boldsymbol{R}_{\text{s}}\overline{\boldsymbol{s}}_{(*)}\leqslant\eta_s\Rightarrow\frac{Mp_0\overline{\boldsymbol{s}}_{(*)}^{\text{H}}\boldsymbol{R}_{\text{s}}\overline{\boldsymbol{s}}_{(*)}}{\overline{\boldsymbol{s}}_{(*)}^{\text{H}}\overline{\boldsymbol{s}}_{(*)}}\leqslant\frac{\eta_{\text{s}}}{\frac{1}{Mp_0}\overline{\boldsymbol{s}}_{(*)}^{\text{H}}\overline{\boldsymbol{s}}_{(*)}}\leqslant\eta_{\text{s}}\Rightarrow\tilde{\boldsymbol{s}}_{(*)}^{\text{H}}\boldsymbol{R}_{\text{s}}\tilde{\boldsymbol{s}}_{(*)}\leqslant\eta_{\text{s}}\\ \frac{\eta_{\text{pc}}}{Mp_0}\leqslant\frac{\overline{\boldsymbol{s}}_{(*)}^{\text{H}}\boldsymbol{R}_c\overline{\boldsymbol{s}}_{(*)}}{\|\overline{\boldsymbol{s}}_{(*)}\|^2}\Rightarrow\eta_{\text{pc}}\leqslant\frac{Mp_0\overline{\boldsymbol{s}}_{(*)}^{\text{H}}\boldsymbol{R}_c\overline{\boldsymbol{s}}_{(*)}}{\|\overline{\boldsymbol{s}}_{(*)}\|^2}\Rightarrow\eta_{\text{pc}}\leqslant\tilde{\boldsymbol{s}}_{(*)}^{\text{H}}\boldsymbol{R}_c\tilde{\boldsymbol{s}}_{(*)}\end{gathered} \tag{R.3}$$

利用尺度不变性，$\tilde{\boldsymbol{s}}_{(*)}$满足优化问题式（10.89）中的约束（5）和（6）。

$$\begin{aligned}\frac{\|\tilde{\boldsymbol{s}}_{n(*)}\|^2}{M}&=\frac{1}{M}\left\|\frac{\sqrt{Mp_0}\overline{\boldsymbol{s}}_{n(*)}}{\|\overline{\boldsymbol{s}}_{(*)}\|}\right\|^2=\frac{Mp_0}{\|\overline{\boldsymbol{s}}_{(*)}\|^2}\frac{1}{M}\|\overline{\boldsymbol{s}}_{n(*)}\|^2\\&\leqslant\frac{Mp_0}{\|\overline{\boldsymbol{s}}_{(*)}\|^2}\frac{p_0}{N_{\text{T}}}(1+\kappa)\leqslant\frac{p_0}{N_{\text{T}}}(1+\kappa)\end{aligned} \tag{R.4}$$

$$\frac{1}{N_{\mathrm{T}}}(1-\kappa)\leqslant\frac{\|\bar{\boldsymbol{s}}_{n(*)}\|^2}{\|\bar{\boldsymbol{s}}_{(*)}\|^2}\Rightarrow\frac{1}{N_{\mathrm{T}}}(1-\kappa)\leqslant\frac{\left\|\frac{\sqrt{Mp_0}\bar{\boldsymbol{s}}_{n(*)}}{\|\bar{\boldsymbol{s}}_{(*)}\|}\right\|^2}{Mp_0}\Rightarrow$$

$$\frac{p_0}{N_{\mathrm{T}}}(1-\kappa)\leqslant\frac{\left\|\frac{\sqrt{Mp_0}\bar{\boldsymbol{s}}_{n(*)}}{\|\bar{\boldsymbol{s}}_{(*)}\|}\right\|^2}{M}\Rightarrow\frac{p_0}{N_{\mathrm{T}}}(1-\kappa)\leqslant\frac{\|\tilde{\boldsymbol{s}}_{n(*)}\|^2}{M} \tag{R.5}$$

$$\frac{1}{M}\|\tilde{\boldsymbol{s}}_{(*)}\|^2=\frac{1}{M}\left\|\frac{\sqrt{Mp_0}\bar{\boldsymbol{s}}_{(*)}}{\|\bar{\boldsymbol{s}}_{(*)}\|}\right\|^2=p_0$$

可得 $\tilde{\boldsymbol{s}}_{(*)}$ 也是优化问题式（10.89）的可行点，满足 $v(\mathcal{P}_1)\geqslant v(\mathcal{P}_2)$。综上所述，$v(\mathcal{P}_1)=v(\mathcal{P}_2)$。因此，优化问题式（10.90）与优化问题式（10.89）等价。

附录 S　优化问题式（10.92）的构建

引理 S.1　对于任意波形向量 $\boldsymbol{s}=\text{vec}([\boldsymbol{s}_1,\boldsymbol{s}_2,\boldsymbol{s}_3,\cdots,\boldsymbol{s}_{N_\text{T}}]^\text{T})\in\mathbb{C}^{N_\text{T}M}$ 和一个已知矩阵 $\boldsymbol{A}\in\mathbb{H}^{N_\text{T}M}$，二次函数 $g(s)=\boldsymbol{s}^\text{H}\boldsymbol{A}s$ 可以转换为以 $\boldsymbol{s}_n$ 为变量的函数，即

$$\begin{aligned}g(\boldsymbol{s}_n;\overline{\boldsymbol{s}}_{-n})&=(\overline{\boldsymbol{s}}_{-n}+\boldsymbol{\Lambda}_n\boldsymbol{s}_n)^\text{H}\boldsymbol{A}(\overline{\boldsymbol{s}}_{-n}+\boldsymbol{\Lambda}_n\boldsymbol{s}_n)\\&=\boldsymbol{s}_n^\text{H}\boldsymbol{\Lambda}_n^\text{H}\boldsymbol{A}\boldsymbol{\Lambda}_n\boldsymbol{s}_n+2\Re\{\overline{\boldsymbol{s}}_{-n}^\text{H}\boldsymbol{A}\boldsymbol{\Lambda}_n\boldsymbol{s}_n\}+\overline{\boldsymbol{s}}_{-n}^\text{H}\boldsymbol{A}\overline{\boldsymbol{s}}_{-n}\end{aligned}\tag{S.1}$$

其中，$\overline{\boldsymbol{s}}_{-n}=\boldsymbol{s}-\boldsymbol{\Lambda}_n\boldsymbol{s}_n\in\mathbb{C}^{N_\text{T}M}$，$\boldsymbol{\Lambda}_n\in\mathbb{C}^{N_\text{T}M\times M}$ 由下式给出：

$$\boldsymbol{\Lambda}_n(i,\overline{j})=\begin{cases}1, & i=n+(\overline{j}-1)N_\text{T}\\0, & \text{其他}\end{cases}\tag{S.2}$$

$i\in\{1,2,3,\cdots,N_\text{T}M\}$，$\overline{j}\in\{1,2,3,\cdots,M\}$。$\boldsymbol{s}_{-n}=\text{vec}([\boldsymbol{s}_1,\boldsymbol{s}_2,\boldsymbol{s}_3,\cdots,\boldsymbol{s}_{n-1},\boldsymbol{s}_{n+1},\cdots,\boldsymbol{s}_N]^\text{T})\in\mathbb{C}^{(N_\text{T}-1)M}$。

令 $\boldsymbol{s}^{(n_i)}=\text{vec}([\boldsymbol{s}_1^{(i)},\boldsymbol{s}_2^{(i)},\boldsymbol{s}_3^{(i)},\cdots,\boldsymbol{s}_{n-1}^{(i)},\boldsymbol{s}_n,\boldsymbol{s}_{n+1}^{(i-1)},\cdots,\boldsymbol{s}_{N_\text{T}}^{(i-1)}]^\text{T})\in\mathbb{C}^{N_\text{T}M}$，目标函数 $f(\boldsymbol{s}_1^{(i)},\boldsymbol{s}_2^{(i)},\boldsymbol{s}_3^{(i)},\cdots,\boldsymbol{s}_{n-1}^{(i)},\boldsymbol{s}_n,\boldsymbol{s}_{n+1}^{(i-1)},\cdots,\boldsymbol{s}_{N_\text{T}}^{(i-1)})$ 可以重构为

$$f(\boldsymbol{s}_n;\overline{\boldsymbol{s}}_{-n}^{(i)})=\frac{\boldsymbol{s}_n^\text{H}\boldsymbol{B}_n\boldsymbol{s}_n+\Re\{\boldsymbol{b}_n^\text{H}\boldsymbol{s}_n\}+b_n}{\boldsymbol{s}_n^\text{H}\boldsymbol{W}_n\boldsymbol{s}_n+\Re\{\boldsymbol{w}_n^\text{H}\boldsymbol{s}_n\}+w_n}\tag{S.3}$$

其中，

$$\begin{aligned}&\boldsymbol{B}_n=\boldsymbol{\Lambda}_n^\text{H}\boldsymbol{A}_\text{m}\boldsymbol{\Lambda}_n,\boldsymbol{b}_n=2\boldsymbol{\Lambda}_n^\text{H}\boldsymbol{A}_\text{m}^\text{H}\overline{\boldsymbol{s}}_{-n}^{(i)},b_n=\overline{\boldsymbol{s}}_{-n}^{(i)\text{H}}\boldsymbol{A}_\text{m}\overline{\boldsymbol{s}}_{-n}^{(i)}\\&\boldsymbol{W}_n=\boldsymbol{\Lambda}_n^\text{H}\boldsymbol{A}_\text{s}\boldsymbol{\Lambda}_n,\boldsymbol{w}_n=2\boldsymbol{\Lambda}_n^\text{H}\boldsymbol{A}_\text{s}^\text{H}\overline{\boldsymbol{s}}_{-n}^{(i)},w_n=\overline{\boldsymbol{s}}_{-n}^{(i)\text{H}}\boldsymbol{A}_\text{s}\overline{\boldsymbol{s}}_{-n}^{(i)}\\&\boldsymbol{s}_{-n}^{(i)}=\text{vec}([\boldsymbol{s}_1^{(i)},\boldsymbol{s}_2^{(i)},\boldsymbol{s}_3^{(i)},\cdots,\boldsymbol{s}_{n-1}^{(i)},\boldsymbol{s}_{n+1}^{(i-1)},\cdots,\boldsymbol{s}_{N_\text{T}}^{(i-1)}]^\text{T})\in\mathbb{C}^{(N_\text{T}-1)M},\\&\overline{\boldsymbol{s}}_{-n}^{(i)}=\boldsymbol{s}^{(n_i)}-\boldsymbol{\Lambda}_n\boldsymbol{s}_n\in\mathbb{C}^{N_\text{T}M}\end{aligned}\tag{S.4}$$

类似地，问题式（10.92）中的约束（1）可以被重写为

$$\boldsymbol{s}_n^\text{H}\boldsymbol{R}_{\text{s}n}\boldsymbol{s}_n+\Re\{\boldsymbol{r}_{\text{s}n}^\text{H}\boldsymbol{s}_n\}+r_{\text{s}n}\leqslant 0\tag{S.5}$$

其中，$\boldsymbol{R}_{\text{s}n}=\boldsymbol{\Lambda}_n^\text{H}\boldsymbol{R}_\text{s}\boldsymbol{\Lambda}_n,\boldsymbol{r}_{\text{s}n}=2\boldsymbol{\Lambda}_n^\text{H}\boldsymbol{R}_\text{s}^\text{H}\overline{\boldsymbol{s}}_{-n}^{(i)}$，$r_{\text{s}n}=\overline{\boldsymbol{s}}_{-n}^{(i)\text{H}}\boldsymbol{R}_\text{s}\overline{\boldsymbol{s}}_{-n}^{(i)}-\eta_\text{s}$。

约束（2）可以被重写为

$$\overline{\eta}_\text{pc}(\boldsymbol{s}_n^\text{H}\boldsymbol{A}_{cn}\boldsymbol{s}_n+\Re\{\boldsymbol{a}_{cn}^\text{H}\boldsymbol{s}_n\}+a_{cn})\leqslant\boldsymbol{s}_n^\text{H}\boldsymbol{R}_{cn}\boldsymbol{s}_n+\Re\{\boldsymbol{r}_{cn}^\text{H}\boldsymbol{s}_n\}+r_{cn},c=1,2,3,\cdots,C\tag{S.6}$$

其中，$\boldsymbol{R}_{cn}=\boldsymbol{\Lambda}_n^\text{H}\boldsymbol{R}_c\boldsymbol{\Lambda}_n$，$\boldsymbol{r}_{cn}=2\boldsymbol{\Lambda}_n^\text{H}\boldsymbol{R}_c^\text{H}\overline{\boldsymbol{s}}_{-n}^{(i)}$，$r_{cn}=\overline{\boldsymbol{s}}_{-n}^{(i)\text{H}}\boldsymbol{R}_c\overline{\boldsymbol{s}}_{-n}^{(i)}$，$\boldsymbol{A}_{cn}=\boldsymbol{\Lambda}_n^\text{H}\boldsymbol{\Lambda}_n$，$\boldsymbol{a}_{cn}=2\boldsymbol{\Lambda}_n^\text{H}\overline{\boldsymbol{s}}_{-n}^{(i)}$，$a_{cn}=\overline{\boldsymbol{s}}_{-n}^{(i)\text{H}}\overline{\boldsymbol{s}}_{-n}^{(i)}$，$\overline{\eta}_\text{pc}=\eta_\text{pc}/Mp_0$。

约束（3）可以被重写为

$$(P_L-\delta)(\boldsymbol{s}_n^\text{H}\boldsymbol{A}_{0n}\boldsymbol{s}_n+\Re\{\boldsymbol{a}_{0n}^\text{H}\boldsymbol{s}_n\}+a_{0n})\leqslant\boldsymbol{s}_n^\text{H}\boldsymbol{A}_{kn}\boldsymbol{s}_n+\Re\{\boldsymbol{a}_{kn}^\text{H}\boldsymbol{s}_n\}+a_{kn},\ k=1,2\tag{S.7}$$

并且

$$\boldsymbol{s}_n^\text{H}\boldsymbol{A}_{kn}\boldsymbol{s}_n+\Re\{\boldsymbol{a}_{kn}^\text{H}\boldsymbol{s}_n\}+a_{kn}\leqslant(P_L+\delta)(\boldsymbol{s}_n^\text{H}\boldsymbol{A}_{0n}\boldsymbol{s}_n+\Re\{\boldsymbol{a}_{0n}^\text{H}\boldsymbol{s}_n\}+a_{0n}),\ k=1,2\tag{S.8}$$

其中，$\boldsymbol{A}_{kn}=\boldsymbol{\Lambda}_n^\text{H}\boldsymbol{A}_k\boldsymbol{\Lambda}_n$，$\boldsymbol{a}_{kn}=2\boldsymbol{\Lambda}_n^\text{H}\boldsymbol{A}_k^\text{H}\overline{\boldsymbol{s}}_{-n}^{(i)}$，$a_{kn}=\overline{\boldsymbol{s}}_{-n}^{(i)\text{H}}\boldsymbol{A}_k\overline{\boldsymbol{s}}_{-n}^{(i)}$，$\boldsymbol{A}_{0n}=\boldsymbol{\Lambda}_n^\text{H}\boldsymbol{A}_0\boldsymbol{\Lambda}_n$，$\boldsymbol{a}_{0n}=2\boldsymbol{\Lambda}_n^\text{H}\boldsymbol{A}_0^\text{H}\overline{\boldsymbol{s}}_{-n}^{(i)}$，

$a_{0n} = \overline{\boldsymbol{s}}_{-n}^{(i)\mathrm{H}} \boldsymbol{A}_0 \overline{\boldsymbol{s}}_{-n}^{(i)}$。

约束（5）可以被重写为

$$\| \boldsymbol{s}_n \|^2 + p_{0n} \leqslant 0 \tag{S.9}$$

其中，$p_{0n} = -\dfrac{Mp_0}{N_{\mathrm{T}}}(1+\kappa)$。

约束（6）可以被重写为

$$e_{1,n} \| \boldsymbol{s}_n \|^2 + e_{2,n} \leqslant 0 \tag{S.10}$$

其中，$e_{1,n} = \dfrac{1}{N_{\mathrm{T}}}(1-\kappa) - 1$，$e_{2,n} = \dfrac{1}{N_{\mathrm{T}}}(1-\kappa) \| \boldsymbol{s}_{-n}^{(i)} \|^2$。

约束（7）可以被重写为

$$Mp_0 - \| \boldsymbol{s}_n \|^2 - \| \boldsymbol{s}_{-n}^{(i)} \|^2 \leqslant 0 \tag{S.11}$$

实际上，约束（6）和（7）可以作为一个约束：

$$-\| \boldsymbol{s}_n \|^2 + e_n \leqslant 0 \tag{S.12}$$

其中，$e_n = \max\{Mp_0 - \| \boldsymbol{s}_{-n}^{(i)} \|^2, -e_{2,n} / e_{1,n}\}$。

综上所述，可以得到优化问题式（10.92）。

附录 T　优化问题式（10.94）的凸逼近

观察可知，目标函数 $\chi(y_{(t)},\boldsymbol{s}_n)$ 是两个凸函数的差。因此，目标函数可以通过下界函数来近似。特别地，$\chi(y_{(t)},\boldsymbol{s}_n)$ 中的 $\boldsymbol{s}_n^{\mathrm{H}}\boldsymbol{B}_n\boldsymbol{s}_n+\Re\{\boldsymbol{b}_n^{\mathrm{H}}\boldsymbol{s}_n\}+b_n$ 可以近似为

$$\begin{aligned}\chi(y_{(t)},\boldsymbol{s}_n)\geqslant&\boldsymbol{s}_{n(t-1)}^{\mathrm{H}}\boldsymbol{B}_n\boldsymbol{s}_{n(t-1)}+2\Re\{\boldsymbol{s}_{n(t-1)}^{\mathrm{H}}\boldsymbol{B}_n(\boldsymbol{s}_n-\boldsymbol{s}_{n(t-1)})\}+\Re\{\boldsymbol{b}_n^{\mathrm{H}}\boldsymbol{s}_n\}+\\&b_n-y_{(t)}(\boldsymbol{s}_n^{\mathrm{H}}\boldsymbol{W}_n\boldsymbol{s}_n+\Re\{\boldsymbol{w}_n^{\mathrm{H}}\boldsymbol{s}_n\}+w_n)\\=&\boldsymbol{s}_n^{\mathrm{H}}\boldsymbol{D}_n\boldsymbol{s}_n+\Re\{\boldsymbol{d}_n^{\mathrm{H}}\boldsymbol{s}_n\}+d_n\end{aligned}\tag{T.1}$$

其中，$\boldsymbol{D}_n=-y_{(t)}\boldsymbol{W}_n$，$\boldsymbol{d}_n=-y_{(t)}\boldsymbol{w}_n+2\boldsymbol{B}_n\boldsymbol{s}_{n(t-1)}+\boldsymbol{b}_n$，$d_n=-y_{(t)}w_n-\boldsymbol{s}_{n(t-1)}^{\mathrm{H}}\boldsymbol{B}_n\boldsymbol{s}_{n(t-1)}+b_n$。

优化问题式（10.94）中的约束（2）、（3）、（4）、（5）和（7）是两个凸二次函数的差，特别地，如果 $\overline{\eta}_{\mathrm{pc}}\boldsymbol{A}_{cn}\succeq\boldsymbol{R}_{cn}$，则约束（2）是凸的，否则，约束（2）可以近似为

$$\begin{aligned}&\overline{\eta}_{\mathrm{pc}}(\boldsymbol{s}_n^{\mathrm{H}}\boldsymbol{A}_{cn}\boldsymbol{s}_n+\Re\{\boldsymbol{a}_{cn}^{\mathrm{H}}\boldsymbol{s}_n\}+a_{cn})-(\boldsymbol{s}_{n(t-1)}^{\mathrm{H}}\boldsymbol{R}_{cn}\boldsymbol{s}_{n(t-1)}+\\&2\Re\{\boldsymbol{s}_{n(t-1)}^{\mathrm{H}}\boldsymbol{R}_{cn}(\boldsymbol{s}_n-\boldsymbol{s}_{n(t-1)})\}+\Re\{\boldsymbol{r}_{cn}^{\mathrm{H}}\boldsymbol{s}_n\}+r_{cn})\leqslant0,\\&c=1,2,3,\cdots,C\end{aligned}\tag{T.2}$$

约束（3）、（4）、（5）和（7）也可以进行类似的近似。因此，优化问题式（10.94）中的非凸约束（2）、（3）、（4）、（5）和（7）近似为相应的凸约束函数，从而得到一个凸问题。可以通过求解以下问题来近似地最大化 $\chi(y_{(t)},\boldsymbol{s}_n)$：

$$\mathcal{P}_{\boldsymbol{s}_{n(t)}}\begin{cases}\max\limits_{\boldsymbol{s}_n}\quad\boldsymbol{s}_n^{\mathrm{H}}\boldsymbol{D}_n\boldsymbol{s}_n+\Re\{\boldsymbol{d}_n^{\mathrm{H}}\boldsymbol{s}_n\}+d_n\\ \text{s.t.}\quad\boldsymbol{s}_n^{\mathrm{H}}\boldsymbol{R}_{sn}\boldsymbol{s}_n+\Re\{\boldsymbol{r}_{sn}^{\mathrm{H}}\boldsymbol{s}_n\}+r_{sn}\leqslant0\\ \qquad\boldsymbol{s}_n^{\mathrm{H}}\overline{\boldsymbol{R}}_{cn}\boldsymbol{s}_n+\Re\{\overline{\boldsymbol{r}}_{cn}^{\mathrm{H}}\boldsymbol{s}_n\}+\overline{r}_{cn}\leqslant0,\ c=1,2,3,\cdots,C\\ \qquad\boldsymbol{s}_n^{\mathrm{H}}\overline{\boldsymbol{A}}_{kn}\boldsymbol{s}_n+\Re\{\overline{\boldsymbol{a}}_{kn}^{\mathrm{H}}\boldsymbol{s}_n\}+\overline{a}_{kn}\leqslant0,\ k=1,2\\ \qquad\boldsymbol{s}_n^{\mathrm{H}}\tilde{\boldsymbol{A}}_{kn}\boldsymbol{s}_n+\Re\{\tilde{\boldsymbol{a}}_{kn}^{\mathrm{H}}\boldsymbol{s}_n\}+\tilde{a}_{kn}\leqslant0,\ k=1,2\\ \qquad|s_n(m)|^2+\Re\{\boldsymbol{q}_n^{\mathrm{H}}\boldsymbol{s}_n\}+q_n\leqslant0,\ m=1,2,3,\cdots,M\\ \qquad\|\boldsymbol{s}_n\|^2+p_{0n}\leqslant0\\ \qquad\Re\{\overline{\boldsymbol{q}}_n^{\mathrm{H}}\boldsymbol{s}_n\}+\overline{q}_n\leqslant0\end{cases}\tag{T.3}$$

如果优化问题式（10.94）中的约束（2）、（3）和（4）为凸约束，那么 $\overline{\boldsymbol{R}}_{cn}=\overline{\eta}_{\mathrm{pc}}\boldsymbol{A}_{cn}-\boldsymbol{R}_{cn}$，$\overline{\boldsymbol{A}}_{kn}=(P_L-\delta)\boldsymbol{A}_{0n}-\boldsymbol{A}_{kn}$，$\tilde{\boldsymbol{A}}_{kn}=\boldsymbol{A}_{kn}-(P_L+\delta)\boldsymbol{A}_{0n}$，$\overline{\boldsymbol{r}}_{cn}=\overline{\eta}_{\mathrm{pc}}\boldsymbol{a}_{cn}-\boldsymbol{r}_{cn}$，$\overline{\boldsymbol{a}}_{kn}=(P_L-\delta)\boldsymbol{a}_{0n}-\boldsymbol{a}_{kn}$，$\tilde{\boldsymbol{a}}_{kn}=\boldsymbol{a}_{kn}-(P_L+\delta)\boldsymbol{a}_{0n}$，$\overline{r}_{cn}=\overline{\eta}_{\mathrm{pc}}a_{cn}-r_{cn}$，$\overline{a}_{kn}=(P_L-\delta)a_{0n}-a_{kn}$，$\tilde{a}_{kn}=a_{kn}-(P_L+\delta)a_{0n}$。否则，$\overline{\boldsymbol{R}}_{cn}=\overline{\eta}_{\mathrm{pc}}\boldsymbol{A}_{cn}$，$\overline{\boldsymbol{A}}_{kn}=(P_L-\delta)\boldsymbol{A}_{0n}$，$\tilde{\boldsymbol{A}}_{kn}=\boldsymbol{A}_{kn}$，$\overline{\boldsymbol{r}}_{cn}=\overline{\eta}_{\mathrm{pc}}\boldsymbol{a}_{cn}-\boldsymbol{r}_{cn}-2\boldsymbol{R}_{cn}\boldsymbol{s}_{n(t-1)}$，$\overline{\boldsymbol{a}}_{kn}=(P_L-\delta)\boldsymbol{a}_{0n}-\boldsymbol{a}_{kn}-2\boldsymbol{A}_{kn}\boldsymbol{s}_{n(t-1)}$，$\tilde{\boldsymbol{a}}_{kn}=\boldsymbol{a}_{kn}-(P_L+\delta)(2\boldsymbol{A}_{0n}\boldsymbol{s}_{n(t-1)}+\boldsymbol{a}_{0n})$，$\overline{r}_{cn}=\overline{\eta}_{\mathrm{pc}}a_{cn}-r_{cn}+\boldsymbol{s}_{n(t-1)}^{\mathrm{H}}\boldsymbol{R}_{cn}\boldsymbol{s}_{n(t-1)}$，$\overline{a}_{kn}=(P_L-\delta)a_{0n}-a_{kn}+\boldsymbol{s}_{n(t-1)}^{\mathrm{H}}\boldsymbol{A}_{kn}\boldsymbol{s}_{n(t-1)}$，$\tilde{a}_{kn}=a_{kn}-(P_L+\delta)(a_{0n}-\boldsymbol{s}_{n(t-1)}^{\mathrm{H}}\boldsymbol{A}_{0n}\boldsymbol{s}_{n(t-1)})$ 并且 $\boldsymbol{q}_n=-\dfrac{\gamma}{M}2\boldsymbol{s}_{n(t-1)}$，$q_n=\dfrac{\gamma}{M}\boldsymbol{s}_{n(t-1)}^{\mathrm{H}}\boldsymbol{s}_{n(t-1)}$。

附录 U 求解问题式（10.97）的 ADMM 过程

设 $\boldsymbol{h}^{(l)},\{\boldsymbol{h}_{\bar{c}}^{(l)}\},\{\boldsymbol{g}_{\bar{n}}^{(l)}\},\{\boldsymbol{\mu}_{\bar{c}}^{(l)}\},\{\boldsymbol{u}_{\bar{n}}^{(l)}\}$ 表示 $\boldsymbol{h},\{\boldsymbol{h}_{\bar{c}}\},\{\boldsymbol{g}_{\bar{n}}\},\{\boldsymbol{\mu}_{\bar{c}}\},\{\boldsymbol{u}_{\bar{n}}\}$ 的第 l 次迭代值，并在算法 U.1 中介绍 ADMM 过程。

算法 U.1 ADMM 求解问题式（10.97）

输入： $\boldsymbol{h}^{(0)},\{\boldsymbol{\mu}_{\bar{c}}^{(0)}\},\{\boldsymbol{u}_{\bar{n}}^{(0)}\}$；

输出： $\mathcal{P}_{\boldsymbol{s}_{n(t)}}$ 的一个最优解 $\boldsymbol{s}_{n(t)}$。

（1）l=0；

（2）l:=l+1；

（3）通过解以下问题来更新 $\boldsymbol{h}^{(l)},\{\boldsymbol{h}_{\bar{c}}^{(l)}\},\{\boldsymbol{g}_{\bar{n}}^{(l)}\},\{\boldsymbol{\mu}_{\bar{c}}^{(l)}\},\{\boldsymbol{u}_{\bar{n}}^{(l)}\}$：

$$\begin{cases}\boldsymbol{h}_0^{(l)} := \arg\min\limits_{\boldsymbol{h}_0}\left\|\boldsymbol{h}_0-\boldsymbol{h}^{(l-1)}+\dfrac{\boldsymbol{\mu}_0^{(l-1)}}{\varrho}\right\|^2\\ \text{s.t.}\quad \boldsymbol{h}_0^{\mathrm{H}}\boldsymbol{R}_{sn}\boldsymbol{h}_0+\Re\{\boldsymbol{r}_{sn}^{\mathrm{H}}\boldsymbol{h}_0\}+r_{sn}\leqslant 0\end{cases}$$

$$\begin{cases}\{\boldsymbol{h}_c^{(l)}\} := \arg\min\limits_{\{\boldsymbol{h}_c\}}\sum\limits_{c=1}^{C}\left\|\boldsymbol{h}_c-\boldsymbol{h}^{(l-1)}+\dfrac{\boldsymbol{\mu}_c^{(l-1)}}{\varrho}\right\|^2\\ \text{s.t.}\quad \boldsymbol{h}_c^{\mathrm{H}}\overline{\boldsymbol{R}}_{cn}\boldsymbol{h}_c+\Re\{\overline{\boldsymbol{r}}_{cn}^{\mathrm{H}}\boldsymbol{h}_c\}+\overline{r}_{cn}\leqslant 0,\ c=1,2,3,\cdots,C\end{cases}$$

$$\begin{cases}\{\boldsymbol{h}_k^{(l)}\} := \arg\min\limits_{\{\boldsymbol{h}_k\}}\sum\limits_{k=C+1}^{C+2}\left\|\boldsymbol{h}_k-\boldsymbol{h}^{(l-1)}+\dfrac{\boldsymbol{\mu}_k^{(l-1)}}{\varrho}\right\|^2\\ \text{s.t.}\quad \boldsymbol{h}_k^{\mathrm{H}}\overline{\boldsymbol{A}}_{n,k_0}\boldsymbol{h}_k+\Re\{\overline{\boldsymbol{a}}_{n,k_0}^{\mathrm{H}}\boldsymbol{h}_k\}+\overline{a}_{n,k_0}\leqslant 0,\ k=C+1,\ C+2,\ k_0=k-C\end{cases}$$

$$\begin{cases}\{\boldsymbol{h}_{\bar{k}}^{(l)}\} := \arg\min\limits_{\{\boldsymbol{h}_{\bar{k}}\}}\sum\limits_{\bar{k}=C+3}^{C+4}\left\|\boldsymbol{h}_k-\boldsymbol{h}^{(l-1)}+\dfrac{\boldsymbol{\mu}_k^{(l-1)}}{\varrho}\right\|^2\\ \text{s.t.}\quad \boldsymbol{h}_{\bar{k}}^{\mathrm{H}}\tilde{\boldsymbol{A}}_{n,k_1}\boldsymbol{h}_{\bar{k}}+\Re\{\tilde{\boldsymbol{a}}_{n,k_1}^{\mathrm{H}}\boldsymbol{h}_{\bar{k}}\}+\tilde{a}_{n,k_1}\leqslant 0,\bar{k}=C+3,C+4,k_1=\bar{k}-C-2\end{cases}$$

$$\begin{cases}\{\boldsymbol{g}_0^{(l)},\boldsymbol{g}_1^{(l)}\} := \arg\min\limits_{\{\boldsymbol{g}_0,\boldsymbol{g}_1\}}\left\|\boldsymbol{g}_0-\boldsymbol{h}^{(l-1)}+\dfrac{\boldsymbol{u}_0^{(l-1)}}{\varrho}\right\|^2+\left\|\boldsymbol{g}_1-\boldsymbol{Q}^{\mathrm{H}}\boldsymbol{h}^{(l-1)}+\dfrac{\boldsymbol{u}_1^{(l-1)}}{\varrho}\right\|^2\\ \text{s.t.}\quad |\boldsymbol{g}_0(m)|^2+\Re\{\boldsymbol{g}_1(m)\}+q_n\leqslant 0,\ \forall m\end{cases}$$

$$\begin{cases}\boldsymbol{g}_2^{(l)} := \arg\min\limits_{\boldsymbol{g}_2}\left\|\boldsymbol{g}_2-\boldsymbol{h}^{(l-1)}+\dfrac{\boldsymbol{u}_2^{(l-1)}}{\varrho}\right\|^2\\ \text{s.t.}\quad \|\boldsymbol{g}_2\|^2+p_n\leqslant 0,\Re\{\overline{\boldsymbol{q}}_n^{\mathrm{H}}\boldsymbol{g}_2\}+\overline{q}_n\leqslant 0\end{cases}$$

$$\boldsymbol{h}^{(l)} := \arg\min_{\boldsymbol{h}} L_{\varrho}(\boldsymbol{h},\{\boldsymbol{h}_{\bar{c}}^{(l)}\},\{\boldsymbol{g}_{\bar{n}}^{(l)}\},\{\boldsymbol{\mu}_{\bar{c}}^{(l-1)}\},\{\boldsymbol{u}_{\bar{n}}^{(l-1)}\})$$

（4）通过 $\boldsymbol{\mu}_{\bar{c}}^{(l)}=\boldsymbol{\mu}_{\bar{c}}^{(l-1)}+\varrho(\boldsymbol{h}_{\bar{c}}^{(l)}-\boldsymbol{h}^{(l)})$, $\boldsymbol{u}_{\bar{n}}^{(l)}=\boldsymbol{u}_{\bar{n}}^{(l-1)}+\varrho(\boldsymbol{h}_{\bar{n}}^{(l)}-\boldsymbol{h}^{(l)})$ 来更新 $\{\boldsymbol{\mu}_{\bar{c}}^{(l-1)}\}$, $\{\boldsymbol{\mu}_{\bar{n}}^{(l-1)}\}$；

（5）如果满足预设的退出条件，则输出 $\boldsymbol{s}_{n(t)}=\boldsymbol{h}^{(l)}$，否则返回步骤（2）。

实际上，$\boldsymbol{h}_{\bar{c}},\bar{c}=0,1,2,\cdots,C+4,\boldsymbol{g}_0,\boldsymbol{g}_1$和$\boldsymbol{g}_2$ 的更新可以并行进行。特别地，关于 $\boldsymbol{h}_{\bar{c}},\bar{c}=0,1,2,\cdots,C+4$ 的优化问题可以分解为$(C+5)$个子问题，它们是只有一个约束的凸 QCQP 问题（QCQP-1），利用 KKT 条件可以推导出其闭式解。关于 $\boldsymbol{g}_2$ 的优化问题可以通过 KKT 技术来解决。接下来，仅详细介绍如何求解 $\{\boldsymbol{g}_0^{(l)},\boldsymbol{g}_1^{(l)}\},\boldsymbol{h}^{(l)}$，观察到 $\|\boldsymbol{g}_0-\boldsymbol{h}^{(l-1)}+\boldsymbol{u}_0^{(l-1)}/\varrho\|^2+\|\boldsymbol{g}_1-\boldsymbol{Q}^{\mathrm{H}}\boldsymbol{h}^{(l-1)}+\boldsymbol{u}_1^{(l-1)}/\varrho\|^2$ 和关于 $\boldsymbol{g}_0(m),\boldsymbol{g}_1(m),\forall m$ 的约束是相互独立的，因此，关于 $\boldsymbol{g}_0(m),\boldsymbol{g}_1(m)$ 的优化问题可以写为

$$\begin{cases}\min\limits_{\boldsymbol{g}_0(m),\boldsymbol{g}_1(m)}\left\|\boldsymbol{g}_0(m)-\boldsymbol{h}^{(l-1)}(m)+\dfrac{\boldsymbol{u}_0^{(l-1)}(m)}{\varrho}\right\|^2+\\ \left\|\boldsymbol{g}_1(m)-\boldsymbol{Q}^{\mathrm{H}}\boldsymbol{h}^{(l-1)}(m)+\dfrac{\boldsymbol{u}_1^{(l-1)}(m)}{\varrho}\right\|^2\\ \text{s.t.}\quad |\boldsymbol{g}_0(m)|^2+\Re\{\boldsymbol{g}_1(m)\}+q_n\leqslant 0\end{cases}\tag{U.1}$$

首先，将上述问题转化为

$$\begin{cases}\min\limits_{\boldsymbol{x}}\quad \boldsymbol{x}^{\mathrm{H}}\boldsymbol{x}+\Re\{\boldsymbol{c}^{\mathrm{H}}\boldsymbol{x}\}\\ \text{s.t.}\quad \boldsymbol{x}^{\mathrm{H}}\boldsymbol{\Gamma}\boldsymbol{x}+\Re\{\boldsymbol{e}^{\mathrm{H}}\boldsymbol{x}\}+q_n\leqslant 0\end{cases}\tag{U.2}$$

其中，$\boldsymbol{x}=[\boldsymbol{g}_0(m),\boldsymbol{g}_1(m)]^{\mathrm{T}}$，$\boldsymbol{c}=2[\boldsymbol{u}_0^{(l-1)}(m)/\varrho-\boldsymbol{h}^{(l-1)}(m),\ \boldsymbol{u}_1^{(l-1)}(m)/\varrho-\boldsymbol{Q}^{\mathrm{H}}\boldsymbol{h}^{(l-1)}(m)]^{\mathrm{T}}$，$\boldsymbol{e}=[0,1]^{\mathrm{T}}$ 并且

$$\boldsymbol{\Gamma}=\begin{pmatrix}1&0\\0&0\end{pmatrix}\tag{U.3}$$

问题式（U.2）的 KKT 条件由下式给出：

$$\varpi(\boldsymbol{x}^{\mathrm{H}}\boldsymbol{\Gamma}\boldsymbol{x}+\Re\{\boldsymbol{e}^{\mathrm{H}}\boldsymbol{x}\}+q_n)=0\tag{U.4}$$

$$\varpi\geqslant 0\tag{U.5}$$

$$\boldsymbol{x}^{\mathrm{H}}\boldsymbol{\Gamma}\boldsymbol{x}+\Re\{\boldsymbol{e}^{\mathrm{H}}\boldsymbol{x}\}+q_n\leqslant 0\tag{U.6}$$

$$2\boldsymbol{x}+\boldsymbol{c}+\varpi(2\boldsymbol{\Gamma}\boldsymbol{x}+\boldsymbol{e})=\boldsymbol{0}\tag{U.7}$$

接下来，讨论两种情况以获得闭式解。

情况 1： 如果$\varpi=0$，基于式（U.7）得 $\boldsymbol{x}=-\boldsymbol{c}/2$，检查 $\boldsymbol{x}$ 是否满足式（U.6），如果满足，则式（U.2）的闭式解 $\boldsymbol{x}_*$ 为$-\boldsymbol{c}/2$。否则，考虑情况 2。

情况 2： 因为$\varpi>0$，基于式（U.7）得 $\boldsymbol{x}=-(2\boldsymbol{I}+2\varpi\boldsymbol{\Gamma})^{-1}(\boldsymbol{c}+\varpi\boldsymbol{e})$，显而易见 $\boldsymbol{x}(1)=-\boldsymbol{c}(1)/(2+2\varpi)$ 和 $\boldsymbol{x}(2)=-(\varpi+\boldsymbol{c}(2))/2$。利用 $\boldsymbol{x}^{\mathrm{H}}\boldsymbol{\Gamma}\boldsymbol{x}+\Re\{\boldsymbol{e}^{\mathrm{H}}\boldsymbol{x}\}+q_n=0$，可得 $-2\varpi^3+(4q_n-2\Re\{\boldsymbol{c}(2)\}-4)\varpi^2+(8q_n-4\Re\{\boldsymbol{c}(2)\}-2)\varpi+\boldsymbol{c}^2(1)+4q_n-2\Re\{\boldsymbol{c}(2)\}=0$，这是一个三次方程。为求解这个方程，定义

$$\begin{cases} a_0 = \boldsymbol{c}^2(1) + 4q_n - 2\Re\{\boldsymbol{c}(2)\} \\ a_1 = (8q_n - 4\Re\{\boldsymbol{c}(2)\} - 2)\varpi \\ a_2 = (4q_n - 2\Re\{\boldsymbol{c}(2)\} - 4)\varpi^2 \\ a_3 = -2\varpi^3 \\ p = \dfrac{3a_3a_1 - a_2^2}{3a_3^2} \\ q = \dfrac{27a_3^2a_0 - 9a_3a_2a_1 + 2a_2^3}{27a_3^3} \end{cases} \tag{U.8}$$

利用卡尔达诺公式，可得 $\varpi = y - a_2/(3a_3)$，其中 y 满足 $y^3 + py + q = 0$，它的根为

$$y_1 = \sqrt[3]{-\frac{q}{2} + \sqrt{\left(\frac{q}{2}\right)^2 + \left(\frac{p}{3}\right)^3}} + \sqrt[3]{-\frac{q}{2} - \sqrt{\left(\frac{q}{2}\right)^2 + \left(\frac{p}{3}\right)^3}} \tag{U.9}$$

$$y_2 = \alpha \cdot \sqrt[3]{-\frac{q}{2} + \sqrt{\left(\frac{q}{2}\right)^2 + \left(\frac{p}{3}\right)^3}} + \alpha^2 \cdot \sqrt[3]{-\frac{q}{2} - \sqrt{\left(\frac{q}{2}\right)^2 + \left(\frac{p}{3}\right)^3}} \tag{U.10}$$

$$y_3 = \alpha^2 \cdot \sqrt[3]{-\frac{q}{2} + \sqrt{\left(\frac{q}{2}\right)^2 + \left(\frac{p}{3}\right)^3}} + \alpha \cdot \sqrt[3]{-\frac{q}{2} - \sqrt{\left(\frac{q}{2}\right)^2 + \left(\frac{p}{3}\right)^3}} \tag{U.11}$$

其中，$\alpha = \dfrac{-1+\sqrt{3}i}{2}$，然后求最大实根作为结果，进一步得到 $\boldsymbol{x}_*$。

至于 $\boldsymbol{h}$ 的更新，对 $L_\varrho(\boldsymbol{h}, \{\boldsymbol{h}_{\bar{c}}^{(l)}\}, \{\boldsymbol{g}_{\bar{n}}^{(l)}\}, \{\boldsymbol{\mu}_{\bar{c}}^{(l-1)}\}, \{\boldsymbol{u}_{\bar{n}}^{(l-1)}\})$ 进行数学变换并忽略常数项，则关于 $\boldsymbol{h}$ 的优化问题可表示为

$$\min_{\boldsymbol{h}} \boldsymbol{h}^{\mathrm{H}}\boldsymbol{D}\boldsymbol{h} + \Re\{\boldsymbol{d}^{\mathrm{H}}\boldsymbol{h}\} \tag{U.12}$$

其中

$$\boldsymbol{D} = -\boldsymbol{D}_n + \frac{(C+7)\varrho}{2\boldsymbol{I}_M} + \frac{\varrho}{2\boldsymbol{Q}\boldsymbol{Q}^{\mathrm{H}}} \tag{U.13}$$

$$\begin{aligned} \boldsymbol{d} = &-\boldsymbol{d}_n - \sum_{\bar{c}=0}^{C+4}\varrho\left(\boldsymbol{h}_{\bar{c}}^{(l)} + \frac{\boldsymbol{\mu}_{\bar{c}}^{(l)}}{\varrho}\right) - \varrho\left(\boldsymbol{g}_0^{(l)} + \frac{\boldsymbol{u}_0^{(l)}}{\varrho}\right) - \\ &\varrho\boldsymbol{Q}\left(\boldsymbol{g}_1^{(l)} + \frac{\boldsymbol{u}_1^{(l)}}{\varrho}\right) - \varrho\left(\boldsymbol{g}_2^{(l)} + \frac{\boldsymbol{u}_2^{(l)}}{\varrho}\right) \end{aligned} \tag{U.14}$$

令其一阶导数为零，问题式（U.12）的闭式解为 $-\boldsymbol{D}^{-1}\boldsymbol{d}/2$。

对于存在条件，Boyd 等人提出：

$$\begin{aligned} e_{\mathrm{pri}}^{(l)} &\leqslant \epsilon_{\mathrm{pri}}^{(l)} \\ e_{\mathrm{dual}}^{(l)} &\leqslant \epsilon_{\mathrm{dual}}^{(l)} \end{aligned} \tag{U.15}$$

其中

$$
\begin{aligned}
e_{\text{pri}}^{(l)} &= \left(\sum_{c=0}^{C+4} \| \boldsymbol{h}_{\bar{c}}^{(l)} - \boldsymbol{h}^{(l)} \|^2 + \| \boldsymbol{g}_0^{(l)} - \boldsymbol{h}^{(l)} \|^2 + \| \boldsymbol{g}_1^{(l)} - \boldsymbol{Q}^{\mathrm{H}} \boldsymbol{h}^{(l)} \|^2 + \| \boldsymbol{g}_2^{(l)} - \boldsymbol{h}^{(l)} \|^2 \right)^{1/2} \\
e_{\text{dual}}^{(l)} &= \rho \left(\sum_{c=0}^{C+4} \| \boldsymbol{h}_{\bar{c}}^{(l)} - \boldsymbol{h}_{\bar{c}}^{(l-1)} \|^2 + \sum_{n=0}^{2} \| \boldsymbol{g}_{\bar{n}}^{(l)} - \boldsymbol{g}_{\bar{n}}^{(l-1)} \|^2 \right)^{1/2}
\end{aligned} \tag{U.16}
$$

这里$\epsilon_{\text{pri}}^{(l)} > 0$和$\epsilon_{\text{dual}}^{(l)} > 0$分别是第$l$次迭代时原始残差和对偶残差的容许误差。可以根据绝对和相对标准来选择这些容差，例如，

$$
\begin{aligned}
\epsilon_{\text{pri}}^{(l)} &= \sqrt{(C+8)M}\,\epsilon_{\text{abs}} + \epsilon_{\text{rel}} \max\{(C+7)\| \boldsymbol{h}^{(l)} \| + \| \boldsymbol{Q}^{\mathrm{H}} \boldsymbol{h}^{(l)} \|, e_{\mathrm{r}}^{(l)}\} \\
\epsilon_{\text{dual}}^{(l)} &= \sqrt{M}\,\epsilon_{\text{abs}} + \epsilon_{\text{rel}} e_{\mathrm{u}}^{(l)}
\end{aligned} \tag{U.17}
$$

其中，$e_{\mathrm{r}}^{(l)} = \left(\sum_{c=0}^{C+4} \| \boldsymbol{h}_{\bar{c}}^{(l)} \|^2 + \sum_{n=0}^{2} \| \boldsymbol{g}_{\bar{n}}^{(l)} \|^2 \right)^{1/2}$，$e_{\mathrm{u}}^{(l)} = \left(\sum_{c=0}^{C+4} \| \boldsymbol{u}_{\bar{c}}^{(l)} \|^2 + \sum_{n=0}^{2} \| \boldsymbol{u}_{\bar{n}}^{(l)} \|^2 \right)^{1/2}$，$\epsilon_{\text{abs}} > 0$是绝对误差，$\epsilon_{\text{rel}} > 0$是相对误差。

附录V　DSADMM 有关性质的证明

首先证明目标值 $y_{(t)}$ 单调增加并收敛到有限值。更具体地，由于优化问题式（10.95）是凸问题，因此可以在多项式时间内找到优化问题式（10.95）的全局解 $\boldsymbol{s}_{n(t)}$。其次，由于所考虑的优化问题中的约束（2）、（3）、（4）、（5）和（7）是用其在任意给定点 $\boldsymbol{s}_{n(t-1)}$ 的一阶泰勒展开来近似的，因此不难证明 $\boldsymbol{s}_{n(t-1)}$ 是优化问题式（10.94）的可行点。其满足下式：

$$\begin{aligned}\chi(y_{(t)},\boldsymbol{s}_{n(t)}) &\geqslant \boldsymbol{s}_{n(t)}^{\mathrm{H}}\boldsymbol{D}_{n(t)}\boldsymbol{s}_{n(t)}+\Re\{\boldsymbol{d}_{n(t)}^{\mathrm{H}}\boldsymbol{s}_{n(t)}\}+d_{n(t)}\\ &\geqslant \boldsymbol{s}_{n(t-1)}^{\mathrm{H}}\boldsymbol{D}_{n(t)}\boldsymbol{s}_{n(t-1)}+\Re\{\boldsymbol{d}_{n(t)}^{\mathrm{H}}\boldsymbol{s}_{n(t-1)}\}+d_{n(t)}\\ &=\chi(y_{(t)},\boldsymbol{s}_{n(t-1)})\end{aligned} \tag{V.1}$$

因此，可以得出

$$\begin{aligned}\chi(y_{(t)},\boldsymbol{s}_{n(t)}) &= f_0(\boldsymbol{s}_{n(t)})-y_{(t)}f_1(\boldsymbol{s}_{n(t)})\geqslant\chi(y_{(t)},\boldsymbol{s}_{n(t-1)})\\ &=f_0(\boldsymbol{s}_{n(t-1)})-\frac{f_0(\boldsymbol{s}_{n(t-1)})}{f_1(\boldsymbol{s}_{n(t-1)})}f_1(\boldsymbol{s}_{n(t-1)})\\ &=0\end{aligned} \tag{V.2}$$

最后可得

$$y_{(t+1)}=\frac{f_0(\boldsymbol{s}_{n(t)})}{f_1(\boldsymbol{s}_{n(t)})}\geqslant y_{(t)} \tag{V.3}$$

显然 $\boldsymbol{s}^{\mathrm{H}}\boldsymbol{A}_0\boldsymbol{s}/\boldsymbol{s}^{\mathrm{H}}\boldsymbol{A}_{\mathrm{s}}\boldsymbol{s}$ 具有上限值 $\lambda_{\max}$，它是矩阵 $\boldsymbol{A}_{\mathrm{s}}^{-1}\boldsymbol{A}_0$ 的最大特征值。基于以上讨论，序列 $y_{(t)}$ 单调增加并收敛到有限值 $\tilde{y}$。现在，我们要证明收敛解 $\boldsymbol{s}_n^{(i)}$ 是优化问题式(10.94)的 KKT 点。特别地，令 $\{\boldsymbol{s}_{n(t)}\}_{t=1}^{\infty}$ 为收敛到目标值 $\overline{y}=f_0(\boldsymbol{s}_n^{(i)})/f_1(\boldsymbol{s}_n^{(i)})$ 对应的极限点 $\boldsymbol{s}_n^{(i)}$ 的序列，并且 $\chi_0(\boldsymbol{s}_{n(t)},\boldsymbol{s}_{n(t-1)})=\boldsymbol{s}_{n(t)}^{\mathrm{H}}\boldsymbol{D}_{n(t)}\boldsymbol{s}_{n(t)}+\Re\{\boldsymbol{d}_n^{\mathrm{H}}\boldsymbol{s}_{n(t)}\}+d_{n(t)}$，可得

$$\lim_{t\to\infty}\chi_0(\boldsymbol{s}_{n(t)},\boldsymbol{s}_{n(t-1)})=\chi_0(\boldsymbol{s}_n^{(i)},\boldsymbol{s}_n^{(i)})=0 \tag{V.4}$$

可以通过反证法证明上述等式。具体地，如果 $\lim\limits_{t\to\infty}\chi_0(\boldsymbol{s}_{n(t)},\boldsymbol{s}_{n(t-1)})\neq 0$，可得 $\lim\limits_{t\to\infty}(\chi(y_{(t)},\boldsymbol{s}_{n(t)})-\chi(y_{(t)},\boldsymbol{s}_{n(t-1)}))>0$ 的结论。进一步地，可得 $\lim\limits_{t\to\infty}\chi(y_{(t)},\boldsymbol{s}_{n(t)})>0$，因此，$\lim\limits_{t\to\infty}(y_{(t)}-y_{(t-1)})>0$ 与 $y_{(t)}$ 是收敛序列的矛盾。因此，式（V.4）成立。

设 $\{\boldsymbol{s}_{n(t')}\}_{t=1}^{\infty}$ 为收敛于极限点 $\boldsymbol{s}_n^{(i)}$ 的子序列。假设 Slater 约束条件在 $\boldsymbol{s}_n^{(i)}=\boldsymbol{s}_{n(t)}$ 的极限近似问题上成立，则存在一个固定值点 $\overline{\boldsymbol{s}}_n$ 满足

$$\begin{cases}\chi_1(\overline{s}_n)<0\\ \chi_{2,c}(\overline{s}_n,s_n^{(i)})<0,\ c=1,2,3,\cdots,C\\ \chi_{3,k}(\overline{s}_n,s_n^{(i)})<0,\ k=1,2\\ \chi_{4,k}(\overline{s}_n,s_n^{(i)})<0,\ k=1,2\\ \chi_{5,m}(\overline{s}_n,s_n^{(i)})<0,\ m=1,2,3,\cdots,M\\ \chi_6(\overline{s}_n)<0\\ \chi_7(\overline{s}_n,s_n^{(i)})<0\end{cases} \tag{V.5}$$

其中，

$$\begin{cases}\chi_1(\overline{s}_n)=s_n^{\mathrm{H}}\boldsymbol{R}_n s_n+\Re\{\boldsymbol{r}_n^{\mathrm{H}}s_n\}+r_n\\ \chi_{2,c}(\overline{s}_n,s_n^{(i)})=s_n^{\mathrm{H}}\overline{\boldsymbol{R}}_{cn(t)}s_n+\Re\{\overline{\boldsymbol{r}}_{cn(t)}^{\mathrm{H}}s_n\}\overline{r}_{cn(t)}\\ \chi_{2,k}(s_n,s_{n(t-1)})=s_n^{\mathrm{H}}\overline{\boldsymbol{A}}_{n,k(t)}s_n+\Re\{\overline{\boldsymbol{a}}_{n,k(t)}^{\mathrm{H}}s_n\}+\overline{a}_{n,k(t)}\\ \chi_{3,k}(s_n,s_{n(t-1)})=s_n^{\mathrm{H}}\tilde{\boldsymbol{A}}_{n,k}s_n+\Re\{\tilde{\boldsymbol{a}}_{n,k(t)}^{\mathrm{H}}s_n\}+\tilde{a}_{n,k(t)}\\ \chi_{4,m}(s_n,s_{n(t-1)})=|s_n(m)|^2+\Re\{\boldsymbol{q}_{n(t)}^{\mathrm{H}}s_n\}+q_{n(t)}\\ \chi_5=(s_n)\|s_n\|^2+p_{0n}\\ \chi_6(s_n,s_{n(t-1)})=\Re\{\overline{\boldsymbol{q}}_{n(t)}^{\mathrm{H}}s_n\}+\overline{q}_{n(t)}\end{cases} \tag{V.6}$$

那么对于一个足够大的t'，有

$$\begin{cases}\chi_1(\overline{s}_n)<0\\ \chi_{2,c}(\overline{s}_n,s_{n(t')})<0,\ c=1,2,3,\cdots,C\\ \chi_{3,k}(\overline{s}_n,s_{n(t')})<0,\ k=1,2\\ \chi_{4,k}(\overline{s}_n,s_{n(t')})<0,\ k=1,2\\ \chi_{5,m}(\overline{s}_n,s_{n(t')})<0,\ \forall m\\ \chi_6(\overline{s}_n)<0\\ \chi_7(\overline{s}_n,s_{n(t')})<0\end{cases} \tag{V.7}$$

这表明$\overline{s}_n$是迭代t'时的严格可行点。因此，有

$$\chi_0(s_{n(t'+1)},s_{n(t')})\geqslant\chi_0(\overline{s}_n,s_{n(t')}) \tag{V.8}$$

令$t'\to\infty$并利用式（V.4），可得

$$\chi_0(s_n^{(i)},s_n^{(i)})\geqslant\chi_0(\overline{s}_n,s_n^{(i)}) \tag{V.9}$$

请注意，此不等式适用于可行域中任何满足$s_{n(t-1)}=s_n^{(i)}$的$\overline{s}_n$。

此外，$\chi_1(s_n)$，$\chi_{2,c}(\overline{s}_n,s_{n(t-1)})$，$\chi_{3,k}(s_n,s_{n(t-1)})$，$\chi_{4,k}(s_n,s_{n(t-1)})$，$\chi_{5,m}(s_n,s_{n(t-1)})$，$\chi_6(s_n)$，$\chi_7(s_n,s_{n(t-1)})$具有凸性，Slater 条件等价于

$$\begin{cases} \boldsymbol{s}_n^{(i)} := \arg\max\limits_{\boldsymbol{s}_n} \ \chi_0(\boldsymbol{s}_n, \boldsymbol{s}_n^{(i)}) \\ \text{s.t.} \quad \chi_1(\boldsymbol{s}_n) \leqslant 0 \\ \qquad \chi_{2,c}(\boldsymbol{s}_n, \boldsymbol{s}_n^{(i)}) < 0, \ c = 1,2,3,\cdots,C \\ \qquad \chi_{3,k}(\boldsymbol{s}_n, \boldsymbol{s}_n^{(i)}) \leqslant 0, \ k = 1,2 \\ \qquad \chi_{4,k}(\boldsymbol{s}_n, \boldsymbol{s}_n^{(i)}) \leqslant 0, \ k = 1,2 \\ \qquad \chi_{5,m}(\boldsymbol{s}_n, \boldsymbol{s}_n^{(i)}) \leqslant 0, \ m = 1,2,3,\cdots,M \\ \qquad \chi_6(\boldsymbol{s}_n) \leqslant 0, \ \chi_7(\boldsymbol{s}_n, \boldsymbol{s}_n^{(i)}) \leqslant 0 \end{cases} \tag{V.10}$$

由于满足 Slater 条件，利用梯度一致性假设，上述优化问题的 KKT 条件意味着存在$\alpha_1, \alpha_{2,k}, \alpha_{3,k}, \alpha_{4,m}, \alpha_5, \alpha_6$，且满足

$$\begin{cases} \chi_1(\boldsymbol{s}_n^{(i)}) \leqslant 0 \\ \chi_{2,c}(\boldsymbol{s}_n^{(i)}, \boldsymbol{s}_n^{(i)}) \leqslant 0, \ c = 1,2,3,\cdots,C \\ \chi_{3,k}(\boldsymbol{s}_n^{(i)}, \boldsymbol{s}_n^{(i)}) \leqslant 0, \ k = 1,2 \\ \chi_{4,k}(\boldsymbol{s}_n^{(i)}, \boldsymbol{s}_n^{(i)}) \leqslant 0, \ k = 1,2 \\ \chi_{5,m}(\boldsymbol{s}_n^{(i)}, \boldsymbol{s}_n^{(i)}) \leqslant 0, \ m = 1,2,3,\cdots,M \\ \chi_6(\boldsymbol{s}_n^{(i)}) \leqslant 0, \ \chi_7(\boldsymbol{s}_n^{(i)}, \boldsymbol{s}_n^{(i)}) \leqslant 0 \\ \alpha_1 \chi_1(\boldsymbol{s}_n^{(i)}) = 0, \ \alpha_1 \geqslant 0 \\ \alpha_{2,c} \chi_{2,c}(\boldsymbol{s}_n^{(i)}, \boldsymbol{s}_n^{(i)}) = 0, \ \alpha_{2,c} \geqslant 0, \ c = 1,2,3,\cdots,C \\ \alpha_{3,k} \chi_{3,k}(\boldsymbol{s}_n^{(i)}, \boldsymbol{s}_n^{(i)}) = 0, \ \alpha_{3,k} \geqslant 0, \ k = 1,2 \\ \alpha_{4,k} \chi_{4,k}(\boldsymbol{s}_n^{(i)}, \boldsymbol{s}_n^{(i)}) = 0, \ \alpha_{4,k} \geqslant 0, \ k = 1,2 \\ \alpha_{5,m} \chi_{5,m}(\boldsymbol{s}_n^{(i)}, \boldsymbol{s}_n^{(i)}) = 0, \ \alpha_{5,m} \geqslant 0, \ m = 1,2,3,\cdots,M \\ \alpha_6 \chi_6(\boldsymbol{s}_n^{(i)}) = 0, \ \alpha_6 \geqslant 0 \\ \alpha_7 \chi_7(\boldsymbol{s}_n^{(i)}, \boldsymbol{s}_n^{(i)}) = 0, \ \alpha_7 \geqslant 0 \\ -\nabla \chi_0(\boldsymbol{s}_n, \boldsymbol{s}_n^{(i)})|_{\boldsymbol{s}_n = \boldsymbol{s}_n^{(i)}} + \boldsymbol{\kappa} = \boldsymbol{0} \end{cases} \tag{V.11}$$

其中，

$$\begin{aligned} \boldsymbol{\kappa} = {} & \alpha_1 \nabla \chi_1(\boldsymbol{s}_n, \boldsymbol{s}_n^{(i)})|_{\boldsymbol{s}_n = \boldsymbol{s}_n^{(i)}} + \sum_{c=1}^{C} \alpha_{2,c} \nabla \chi_{2,c}(\boldsymbol{s}_n, \boldsymbol{s}_n^{(i)})|_{\boldsymbol{s}_n = \boldsymbol{s}_n^{(i)}} + \\ & \sum_{l=3}^{4} \sum_{k=1}^{2} \alpha_{l,k} \nabla \chi_{l,k}(\boldsymbol{s}_n, \boldsymbol{s}_n^{(i)})|_{\boldsymbol{s}_n = \boldsymbol{s}_n^{(i)}} + \sum_{m=1}^{M} \alpha_{5,m} \nabla \chi_{5,m}(\boldsymbol{s}_n, \boldsymbol{s}_n^{(i)})|_{\boldsymbol{s}_n = \boldsymbol{s}_n^{(i)}} + \\ & \alpha_6 \nabla \chi_6(\boldsymbol{s}_n)|_{\boldsymbol{s}_n = \boldsymbol{s}_n^{(i)}} + \alpha_7 \nabla \chi_7(\boldsymbol{s}_n, \boldsymbol{s}_n^{(i)})|_{\boldsymbol{s}_n = \boldsymbol{s}_n^{(i)}} \end{aligned} \tag{V.12}$$

现在，推导$\boldsymbol{s}_n^{(i)}$是优化问题式（10.94）的 KKT 点。首先，可得

$$-\nabla \chi_0(\boldsymbol{s}_n, \boldsymbol{s}_n^{(i)})|_{\boldsymbol{s}_n = \boldsymbol{s}_n^{(i)}} = \frac{f_0(\boldsymbol{s}_n^{(i)}) \nabla f_1(\boldsymbol{s}_n^{(i)})}{f_1(\boldsymbol{s}_n^{(i)})} - \nabla f_0(\boldsymbol{s}_n^{(i)}) \tag{V.13}$$

因此，KKT 条件的平稳性可以进一步重构为

$$\frac{f_0(\boldsymbol{s}_n^{(i)})\nabla f_1(\boldsymbol{s}_n^{(i)})-\nabla f_0(\boldsymbol{s}_n^{(i)})f_1(\boldsymbol{s}_n^{(i)})}{f_1^2(\boldsymbol{s}_n^{(i)})}+\frac{1}{f_1(\boldsymbol{s}_n^{(i)})}\boldsymbol{\kappa}=\boldsymbol{0} \tag{V.14}$$

令 $\bar{\alpha}_1=1/f_1(\boldsymbol{s}_n^{(i)})\alpha_1,\bar{\alpha}_{2,c}=1/f_1(\boldsymbol{s}_n^{(i)})\alpha_{2,c},\bar{\alpha}_{3,k}=1/f_1(\boldsymbol{s}_n^{(i)})\alpha_{3,k},\bar{\alpha}_{4,k}=1/f_1(\boldsymbol{s}_n^{(i)})\alpha_{4,k}$，$\bar{\alpha}_5=1/f_1(\boldsymbol{s}_n^{(i)})\alpha_5,\bar{\alpha}_6=1/f_1(\boldsymbol{s}_n^{(i)})\alpha_6$ 和 $\bar{\alpha}_7=1/f_1(\boldsymbol{s}_n^{(i)})\alpha_7$，利用 $f_1(\boldsymbol{s}_n^{(i)})>0$，可以观察到式（V.14）是优化问题式（10.94）的 KKT 条件的稳定性。

此外，由于 $\chi_{2,c}(\boldsymbol{s}_n,\boldsymbol{s}_n^{(i)}),\chi_{3,k}(\boldsymbol{s}_n,\boldsymbol{s}_n^{(i)}),\chi_{4,k}(\boldsymbol{s}_n,\boldsymbol{s}_n^{(i)}),\chi_{5,m}(\boldsymbol{s}_n,\boldsymbol{s}_n^{(i)})$ 和 $\chi_7(\boldsymbol{s}_n,\boldsymbol{s}_n^{(i)})$ 是上界函数，可得，当 $\boldsymbol{s}_n=\boldsymbol{s}_n^{(i)}$ 时，它们等于原始函数，它们的一阶函数等于原始函数的一阶函数。因此，其余的 KKT 条件也满足。证明完毕。

附录 W 求解问题式（10.89）的初始可行点

使用 FPP-SCA 来寻找问题式（10.89）的一个可行解。更准确地说，相当于解决以下问题：

$$\begin{cases} \text{find} \quad \boldsymbol{s} \\ \text{s.t.} \quad (1)\ \boldsymbol{s}^{\mathrm{H}}\boldsymbol{R}_{\mathrm{s}}\boldsymbol{s} \leqslant \eta_{\mathrm{s}} \\ \qquad (2)\ \eta_{\mathrm{pc}} \leqslant \boldsymbol{s}^{\mathrm{H}}\boldsymbol{R}_c\boldsymbol{s},\ c=1,2,3,\cdots,C \\ \qquad (3)\ \boldsymbol{s}^{\mathrm{H}}((P_L-\delta)\boldsymbol{A}_0-\boldsymbol{A}_k)\boldsymbol{s} \leqslant 0,\ k=1,2 \\ \qquad (4)\ \boldsymbol{s}^{\mathrm{H}}(\boldsymbol{A}_k-(P_L+\delta)\boldsymbol{A}_0)\boldsymbol{s} \leqslant 0,\ k=1,2 \\ \qquad (5)\ |\boldsymbol{s}_n(m)|^2-\dfrac{\gamma}{M}\|\boldsymbol{s}_n\|^2 \leqslant 0,\ m=1,2,3,\cdots,M,\ \ n=1,2,3,\cdots,N_{\mathrm{T}} \\ \qquad (6)\ \dfrac{1}{M}\|\boldsymbol{s}_n\|^2-\dfrac{p_0}{N_{\mathrm{T}}}(1+\kappa) \leqslant 0,\ n=1,2,3,\cdots,N_{\mathrm{T}} \\ \qquad (7)\ \dfrac{1}{N_{\mathrm{T}}}(1-\kappa)\|\boldsymbol{s}\|^2-\|\boldsymbol{s}_n\|^2 \leqslant 0,\ n=1,2,3,\cdots,N_{\mathrm{T}} \\ \qquad (8)\ 1-\dfrac{1}{Mp_0}\|\boldsymbol{s}\|^2 \leqslant 0 \end{cases} \tag{W.1}$$

类似地，用一阶条件代替问题式（W.1）中的非凸约束，并引入相应的松弛变量以确保变换后问题的可行性。具体地，如果满足 $\eta_{\mathrm{pc}}\boldsymbol{I} \succeq \boldsymbol{R}_c$，则优化问题式（W.1）的第 2 个约束是凸的。否则约束可以被近似为

$$\overline{\eta}_{\mathrm{pc}}\boldsymbol{s}^{\mathrm{H}}\boldsymbol{I}\boldsymbol{s}-\overline{\boldsymbol{s}}^{\mathrm{H}}\boldsymbol{R}_c\overline{\boldsymbol{s}}-2\Re\{\overline{\boldsymbol{s}}^{\mathrm{H}}\boldsymbol{R}_c(\boldsymbol{s}-\overline{\boldsymbol{s}})\} \leqslant 0 \tag{W.2}$$

其中，$\overline{\boldsymbol{s}}$ 是前一次的迭代解，类似地，如果 $(P_L+\delta)\boldsymbol{A}(\theta_0) \succeq \boldsymbol{A}_k$，则约束（4）可以被近似为

$$\boldsymbol{s}^{\mathrm{H}}\boldsymbol{A}_k\boldsymbol{s}-(P_L+\delta)\overline{\boldsymbol{s}}^{\mathrm{H}}\boldsymbol{A}_0\overline{\boldsymbol{s}}-2(P_L+\delta)\Re\{\overline{\boldsymbol{s}}^{\mathrm{H}}\boldsymbol{A}_0(\boldsymbol{s}-\overline{\boldsymbol{s}})\} \leqslant 0,\ \forall k,\ \overline{k} \tag{W.3}$$

否则约束（4）不需要任何变换就是一个凸约束。

对于约束（5）、（7）和（8），也可以用一阶展开代替原来的约束进行类似的近似。因此，在每次迭代中，问题式（W.1）可以通过以下凸问题来近似处理：

$$\begin{cases}\min\limits_{\substack{s,\bar{b},\{\hat{b}_n\}\\ \{b_{m,n}\},\{b_c\}}} & \rho\left[\sum\limits_{c=0}^{C+3}b_c+\sum\limits_{n=1}^{N_{\mathrm{T}}}\hat{b}_n+\sum\limits_{m=1}^{M}\sum\limits_{n=1}^{N_{\mathrm{T}}}b_{m,n}+\bar{b}\right]\\ \text{s.t.} & \boldsymbol{s}^{\mathrm{H}}\boldsymbol{R}_{\mathrm{s}}\boldsymbol{s}\leqslant\eta_{\mathrm{s}}\\ & \boldsymbol{s}^{\mathrm{H}}\bar{\boldsymbol{R}}_c\boldsymbol{s}+\Re\{\bar{\boldsymbol{r}}_c^{\mathrm{H}}\boldsymbol{s}\}+\bar{r}_c-b_c\leqslant 0,\ b_c\geqslant 0,\ c=0,1,2,\cdots,C-1\\ & \boldsymbol{s}^{\mathrm{H}}\bar{\boldsymbol{A}}_k\boldsymbol{s}+\Re\{\bar{\boldsymbol{a}}_k^{\mathrm{H}}\boldsymbol{s}\}+\bar{a}_k-b_k\leqslant 0,\ b_k\geqslant 0,\ k=C,\ C+1\\ & \boldsymbol{s}^{\mathrm{H}}\tilde{\boldsymbol{A}}_k\boldsymbol{s}+\Re\{\tilde{\boldsymbol{a}}_k^{\mathrm{H}}\boldsymbol{s}\}+\tilde{a}_k-b_k\leqslant 0,\ b_k\geqslant 0,\ k=C+2,\ C+3\\ & |\boldsymbol{s}_n(m)|^2+\Re\{\tilde{\boldsymbol{q}}_n^{\mathrm{H}}\boldsymbol{s}_n\}+\tilde{q}_n-b_{m,n}\leqslant 0,b_{m,n}\geqslant 0,m=1,2,3,\cdots,M,n=1,2,3,\cdots,N_{\mathrm{T}}\\ & \|\boldsymbol{s}_n\|^2+p_{0n}\leqslant 0,\ n=1,2,3,\cdots,N_{\mathrm{T}}\\ & \|\boldsymbol{s}\|^2+\Re\{\hat{\boldsymbol{q}}_n^{\mathrm{H}}\boldsymbol{s}_n\}+\hat{q}_n-\hat{b}_n\leqslant 0,\ \hat{b}_n\geqslant 0,\ n=1,2,3,\cdots,N_{\mathrm{T}}\\ & \Re\{\bar{\boldsymbol{q}}^{\mathrm{H}}\boldsymbol{s}\}+\bar{q}-\bar{b}\leqslant 0,\ \bar{b}\geqslant 0\end{cases}\tag{W.4}$$

其中，$\bar{b},\{\hat{b}_n\},\{b_{m,n}\},\{b_c\}$是松弛变量，如果约束（2）、（3）和（4）不近似，那么$\bar{\boldsymbol{R}}_c=\eta_{\mathrm{pc}}\boldsymbol{I}-\boldsymbol{R}_c$，$\bar{\boldsymbol{A}}_k=(P_L-\delta)\boldsymbol{A}_0-\boldsymbol{A}_k$，$\tilde{\boldsymbol{A}}_k=\boldsymbol{A}_k-(P_L+\delta)\boldsymbol{A}_0$，$\bar{\boldsymbol{r}}_c=0$，$\bar{\boldsymbol{a}}_k=0$，$\tilde{\boldsymbol{a}}_k=0$，$\bar{r}_c=0$，$\bar{a}_k=0$并且$\tilde{a}_k=0$，否则$\bar{\boldsymbol{R}}_c=\eta_{\mathrm{pc}}\boldsymbol{I}$，$\bar{\boldsymbol{A}}_k=(P_L-\delta)\boldsymbol{A}_0$，$\tilde{\boldsymbol{A}}_k=\boldsymbol{A}_k$，$\bar{\boldsymbol{r}}_c=-2\boldsymbol{R}_c\bar{\boldsymbol{s}}$，$\bar{\boldsymbol{a}}_k=-2\boldsymbol{A}_k\bar{\boldsymbol{s}}$，$\tilde{\boldsymbol{a}}_k=-2(P_L+\delta)\boldsymbol{A}_0\bar{\boldsymbol{s}}$，$\bar{r}_c=\bar{\boldsymbol{s}}^{\mathrm{H}}\boldsymbol{R}_c\bar{\boldsymbol{s}}$，$\bar{a}_k=\bar{\boldsymbol{s}}^{\mathrm{H}}\boldsymbol{A}_k\bar{\boldsymbol{s}}$并且$\tilde{a}_k=(P_L+\delta)(\bar{\boldsymbol{s}}^{\mathrm{H}}\boldsymbol{A}_0\bar{\boldsymbol{s}})$，$\tilde{\boldsymbol{q}}_n=-\dfrac{\gamma}{M}2\bar{\boldsymbol{s}}_n$，$\tilde{q}_n=\dfrac{\gamma}{M}\bar{\boldsymbol{s}}_n^{\mathrm{H}}\bar{\boldsymbol{s}}_n$，$\hat{\boldsymbol{q}}_n=-\dfrac{N_{\mathrm{T}}}{1-\kappa}2\bar{\boldsymbol{s}}_n$，$\hat{q}_n=\dfrac{N_{\mathrm{T}}}{1-\kappa}\bar{\boldsymbol{s}}_n^{\mathrm{H}}\bar{\boldsymbol{s}}_n$而且$\bar{\boldsymbol{q}}=-2\bar{\boldsymbol{s}}$，$\bar{q}=\bar{\boldsymbol{s}}^{\mathrm{H}}\bar{\boldsymbol{s}}+Mp_0$。

值得注意的是，ρ是一个足够大的正数，用来惩罚总和接近零的松弛变量。上述问题是一个凸问题，采用 CVX 工具求解。具体来说，如果所得到的松弛变量的解接近于零，则找到问题式（10.89）的可行点。否则，更新$\bar{\boldsymbol{s}}$，直到松弛变量接近于零。